中文版 Revit 2016 建筑设计基础与实战教程

唐海玥　曲文翰　郭蓉　**编著**

人 民 邮 电 出 版 社
北　京

图书在版编目（CIP）数据

中文版Revit 2016建筑设计基础与实战教程 / 唐海玥，曲文翰，郭蓉编著. -- 北京 : 人民邮电出版社，2019.7
ISBN 978-7-115-51029-7

Ⅰ. ①中… Ⅱ. ①唐… ②曲… ③郭… Ⅲ. ①建筑设计－计算机辅助设计－应用软件－教材 Ⅳ. ①TU201.4

中国版本图书馆CIP数据核字(2019)第061203号

内 容 提 要

本书作者分别来自建筑设计公司、高校和BIM教育机构，以建筑师和培训专家的视角，通过具体的案例，全面讲解Revit的应用。

全书共19章，分成三大部分，循序渐进地介绍Revit功能命令。第1～10章，主要讲解Revit的概念和基本功能；第11～13章，从平面、立面、剖面和详图的绘制，到明细表的制作与施工图的打印输出，系统讲解了施工图的设计流程；第14～19章，讲解概念设计、设计选项和阶段化、协同工作、阴影日光、族，以及项目样板等，帮助读者系统、深入地掌握Revit的使用。

本书适合作为大专院校和培训机构的Revit专业教材，也可以作为建筑师或Revit爱好者的自学用书。

◆ 编　　著　唐海玥　曲文翰　郭　蓉
　责任编辑　刘晓飞
　责任印制　马振武
◆ 人民邮电出版社出版发行　　北京市丰台区成寿寺路11号
　邮编　100164　　电子邮件　315@ptpress.com.cn
　网址　http://www.ptpress.com.cn
　大厂聚鑫印刷有限责任公司印刷
◆ 开本：787×1092　1/16
　印张：21.5
　字数：591千字　　　　2019年7月第1版
　印数：1－3 000册　　　2019年7月河北第1次印刷

定价：59.00元

读者服务热线：(010)81055410　印装质量热线：(010)81055316
反盗版热线：(010)81055315
广告经营许可证：京东工商广登字20170147号

前 言

20世纪末期，随着计算机技术的飞速发展，CAD、SketchUp等二维制图、三维建模工具的出现，大大提高了建筑师的制图效率，也直观地表现了设计成果。

21世纪来临之际，基于三维的设计方法的出现，彻底突破了设计师和工程师之间长期存在的协同工作瓶颈，使得各专业的设计反馈能够及时传达给相关工作伙伴。BIM所代表的先进的三维数字设计解决方案，能够从根本上将建筑设计师、结构工程师和机电工程师的三维设计方案与成果展现出来。

Revit是国内主流BIM软件之一，也是我国较早引入的BIM软件，该软件上手容易、功能强大，适用于建筑设计、MEP工程、结构工程和施工领域。

本书从实用角度出发，全面、系统地讲解了Revit建筑部分的所有应用功能，涵盖了工具、面板、对话框和菜单，涉及操作界面、标高轴网、梁柱、墙体、门窗、楼板、天花板、屋顶、坡道、楼梯、洞口、建筑构件、房间面积、施工图设计、明细表、打印输出、概念设计、设计选项与阶段化、协同工作、阴影与日光研究、族的创建和项目样板等内容。

为了让读者能够快速掌握Revit的操作方法和工作方法，全书结合大量可操作性实例，系统讲解了各功能命令。对于常用的功能，都有详细的操作演示，并配以原理解释。全书结构采用“课前引导实例→功能讲解→典型实例→课后拓展练习”的形式，力求通过实战演练使读者快速高效地掌握软件功能。

本书共分为19章。第1~3章、第14~19章内容由唐海玥编写，第4~10章内容由郭蓉编写，第11~13章内容由曲文翰编写。在本书编写过程中，北京一木一石科技有限公司、北京行者筑梦教育科技有限公司、北京城市学院城市建设学部导师组等给予了大力支持，在此表示诚挚的感谢。

由于编者时间和精力有限，书中难免会有疏漏和不足之处，恳请广大读者批评指正。（作者邮箱：tanghaiyue@163.com）

本书所有的学习资源文件均可在线获取，扫描封底的“资源下载”二维码，关注“数艺社”微信公众号即可获得资源文件的获取方式。

编者

2019年1月

资源与支持

本书由数艺社出品，“数艺社”社区平台（www.shuyishe.com）为您提供后续服务。

配套资源

书中案例场景文件

在线教学视频（课前引导实例、典型实例、课后拓展练习）

资源获取请扫码

“数艺社”社区平台 为艺术设计从业者提供专业的教育产品

与我们联系

我们的联系邮箱是 szys@ptpress.com.cn。如果您对本书有任何疑问或建议，请您发邮件给我们，并请在邮件标题中注明本书书名以及ISBN，以便我们更高效地做出反馈。

如果您有兴趣出版图书、录制教学课程，或者参与技术审校等工作，可以发邮件给我们；有意出版图书的作者也可以到“数艺社”社区平台在线提交投稿（直接访问 www.shuyishe.com 即可），如果学校、培训机构或企业，想批量购买本书或数艺社出版的其他图书，也可以发邮件给我们。

如果您在网上发现有针对数艺社出品图书的各种形式的盗版行为，包括对图书全部或部分内容的非授权传播，请您将怀疑有侵权行为的链接通过邮件发给我们。您的这一举动是对作者权益的保护，也是我们持续为您提供有价值的内容的动力之源。

关于数艺社

人民邮电出版社有限公司旗下品牌“数艺社”，专注于专业艺术设计类图书出版，为艺术设计从业者提供专业的图书、U书、课程等教育产品。领域涉及平面、三维、影视、摄影与后期等数字艺术门类；字体设计、品牌设计、色彩设计等设计理论与应用门类；UI设计、电商设计、新媒体设计、游戏设计、交互设计、原型设计等互联网设计门类；环艺设计手绘、插画设计手绘、工业设计手绘等设计手绘门类。更多服务请访问“数艺社”社区平台www.shuyishe.com。我们将提供及时、准确、专业的学习服务。

目录

目录

第 11 章 施工图设计 222

第 12 章 应用明细表 236

第 13 章 施工图布图打印与输出 246

目录

第 1 章 BIM与Revit简介

本章知识索引

知识名称	作用	重要程度	所在页
BIM概念	理解BIM的概念	★★☆☆☆	P12
常用BIM软件	了解不同BIM软件的特点以及Revit的优势	★☆☆☆☆	P14
Revit软件的界面介绍	掌握Revit软件的工作界面	★★★☆☆	P16
Revit基本应用术语	为Revit的学习奠定基础	★★★☆☆	P20

1.1 BIM的概念及特点

在BIM出现以前，3ds Max、SketchUp等三维可视化设计软件已成为二维设计软件（CAD）的有效补充，即便如此，它们依然未对建筑行业造成颠覆性影响。BIM所代表的先进的三维数字设计解决方案，能够从根本上将建筑设计师、结构工程师和机电工程师的三维设计方案与成果展现出来。

基于三维的设计方法的出现，彻底突破了设计师和工程师之间长期存在的协同工作瓶颈，使得各专业的设计反馈能够及时传达给相关工作伙伴。过去由设计师定好平面方案后，反复调整剖面、立面的无效工作全部被相互关联、自动更新的BIM模型所代替，这样，设计师和工程师可以省出大量时间去做真正的设计工作，这将大大提高设计企业的产品质量。

1.1.1 BIM的概念

BIM这一方法和理念由Autodesk公司在2002年率先提出：BIM是基于先进的三维数字设计解决方案所构建的"可视化"数字建筑模型，如图1-1所示。BIM主要为设计师、建筑师、水电暖铺设工程师、开发商和最终用户等各环节人员提供"模拟和分析"的科学协作平台，帮助他们利用三维数字模型对项目进行设计、建造和运营管理。

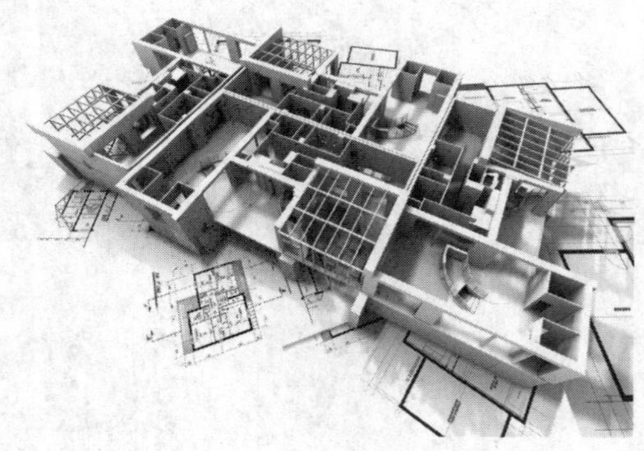

图1-1

对设计师、建筑师和工程师而言，应用BIM不仅要将设计实现从二维到三维的转变，更需要在设计阶段贯彻协同设计、绿色设计和可持续设计理念，其最终目的是使整个工程项目在设计、施工和使用等各阶段都能够有效地实现节约能源、降低成本、减少污染和提高效率，如图1-2所示。

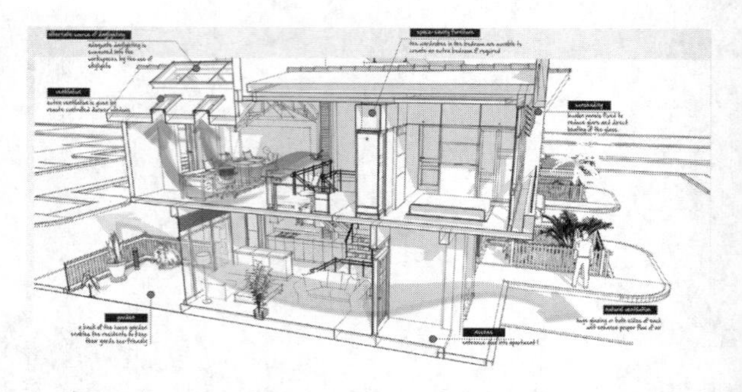

图1-2

所谓建筑信息模型（BIM），是指通过数字信息仿真模拟建筑物所具有的真实信息，在这里，信息的含义不仅仅是几何形状描述的视觉信息，还包含大量非几何信息，如材料的耐火等级、材料的传热系数、构件的造价和采购信息等，如图1-3所示。总之，BIM就是通过数字化技术，在计算机中创建一个虚拟建筑。一个建筑信息模型就是提供了一个单一的、完整逻辑的建筑信息库。

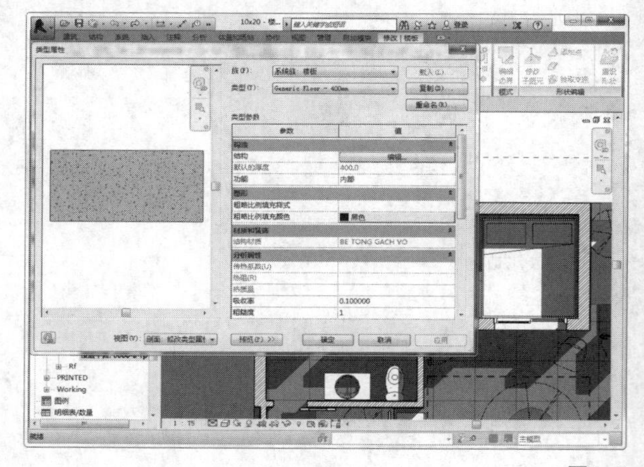

图1-3

建筑信息模型（BIM）的技术核心是一个由计算机三维模型所形成的数据库，不仅包含了建筑师的设计信息，还可以容纳从设计到建成使用，甚至使用周期终结的全过程信息，这些信息始终建立在一个三维模型数据库中。

建筑信息模型（BIM）可以持续即时地提供项目设计范围、进度和成本信息，这些信息完整可靠并且完全协调。建筑信息模型（BIM）能够在综合数字环境中保持信息不断更新并可提供访问，使建筑师、工程师、施工人员以及业主可以清楚全面地了解项目。这些信息在建筑设计、施工和管理过程中能加快决策进度、提高决策质量，从而使项目质量提高、收益增加。

建筑信息模型（BIM）的应用不仅仅局限于设计阶段，而是贯穿于整个项目全生命周期的各阶段：设计、施工和运营管理。BIM电子文件将可在参与项目的各建筑行业和企业间共享。

利用BIM技术，建筑设计专业人员可以直接生成三维实体模型，结构专业人员则可取其中墙材料强度及墙上孔洞大小进行计算，设备专业人员可以据此进行建筑能量分析、声学分析、光学分析等，施工单位则可取其墙上混凝土类型、配筋等信息进行水泥等材料的备料及下料，发展商则可取其中的造价、门窗类型、工程量等信息进行工程造价总预算、产品订货等，而物业单位也可以用其进行可视化物业管理。BIM在整个建筑行业从上游到下游的各企业间不断完善，从而实现项目全生命周期的信息化管理。

1.1.2 BIM的特点

BIM主要具有4个特点：可视化、协调性、模拟性和优化性。

1.可视化

对于BIM来说，可视化是其中的一个固有特性，BIM的工作过程和结果就是建筑物的实际形状（三维几何信息），加上构件的属性信息（如门的宽度和高度）和规则信息（如当墙删除后，墙上附着的门窗会一并自动删除；当附着在墙上的门窗删除后，原有门窗洞口的墙体会自动封闭）。

在BIM的工作环境中，由于整个过程是可视化的，所以，可视化的结果不仅可以用来汇报和展示，更重要的是，项目设计、建造、运营过程中的沟通、讨论、决策都在可视化状态下进行，如图1-4所示。

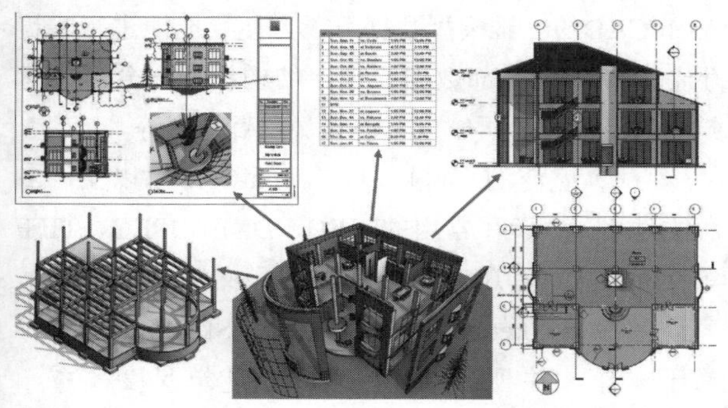

图1-4

2.协调性

BIM是项目经理们解决多方协调问题的最有效手段。通过使用BIM技术、建立建筑物的BIM模型，可以完成大量各专业间的设计协调工作，还能在设计过程中预先发现“碰撞打架”现象，如图1-5所示。

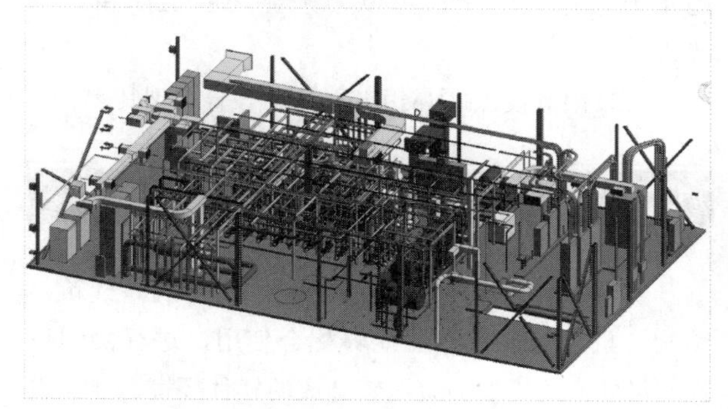

图1-5

3.模拟性

BIM能动态表达建筑物的实际状态，实现“设计—分析—模拟”一体化。目前基于BIM的模拟有以下几类。

（1）设计阶段：日照模拟、视线模拟、节能（绿色建筑）模拟、紧急疏散模拟和CFD模拟等。

（2）招投标和施工阶段：4D模拟（包括基于施工计划的宏观4D模拟和基于可建造性的微观4D模拟）、5D模拟（与施工计划匹配的投资流动模拟）等。

（3）销售运营阶段：基于Web的互动场景模拟，基于实际建筑物所有系统的培训和演练模拟（包括日常操作、紧急情况处置）等。

4.优化性

整个设计、施工、运营的过程就是一个不断优化的过程，没有准确的信息做不出合理的优化结果，BIM模型提供了建筑物的实际状态信息（几何信息、物理信息和规则信息）。目前，基于BIM的优化可以做以下工作。

（1）项目方案优化：把项目设计和投资回报分析加以集成，设计变化对投资回报的影响可以实时计算出来；这样业主对设计方案的选择便不会主要停留在对形状的评价上。

（2）特殊（异形）设计优化：裙楼、幕墙、屋顶和大空间到处可以看到异形设计，这些内容看起来占整个建筑的比例不大，但是占投资和工作量的比例却往往要大得多，而且通常也是施工难度比较大和施工问题比较多的地方，对这些内容的设计、施工方案进行优化，可以带来显著的工期和造价改进。

（3）限额设计：BIM可以让限额设计名副其实。

1.2 BIM软件比较

实现BIM需要一个理想的三维设计平台，建筑、结构、机电等多个专业能够配合使用，进行协同设计。另外，还需要拥有比较开放的软件环境，能够进行相应的二次开发，并提供与相关软件的接口。

目前建筑信息模型的概念已经在学术界和软件开发商中获得共识，Graphisoft公司的ArchiCAD、Bentley公司的MicroStation以及Autodesk公司的Revit这些引领潮流的建筑设计软件系统，都应用了建筑信息模型技术，可以支持建筑工程全生命周期的集成管理环境。

1.2.1 ArchiCAD

ArchiCAD是Graphisoft公司旗下的一款软件,这是一款为建筑师、室内设计师和结构工程师提供的具有复杂的二维图形和布局功能的BIM软件，如图1-6所示。

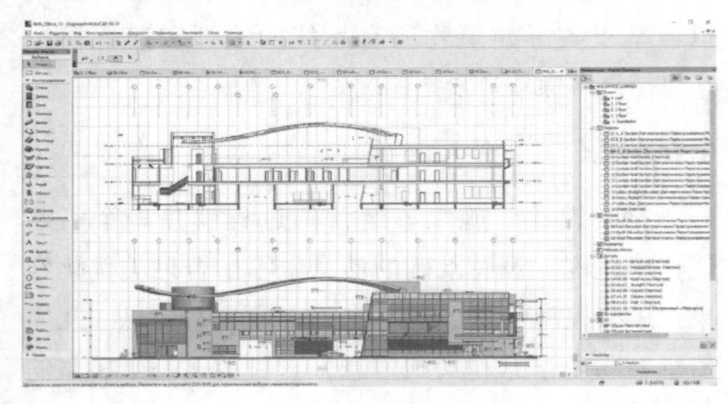

图1-6

ArchiCAD是最早三维一体化的建筑设计软件，从诞生之日起，就倡导三维虚拟建筑（3D-virtual building）的设计理念，并将此理念贯穿于软件的各版本。可以说，早在BIM概念被提出之前，就已经开始践行BIM的理念。

ArchiCAD具有如下几个特点。

（1）缩短绘图时间。多年来建筑师一直以平面图纸的方法来表达他们的设计，他们只能通过草图设计来想象空间，再根据草图绘制平面、立面、剖面。这种思考方式已严重妨碍了设计质量的提高，制约了建筑师的空间想象能力。由于ArchiCAD是构建建筑信息模型，当模型构建完成后，基本图纸也就出来了。

（2）智能化的设计评估。通过模型，建筑师和业主可以直观地从不同角度、方位浏览建筑，以便更加准确地进行方案优选和设计评价。利用非图形数据，ArchiCAD能自动生成诸如进度表、工程量、估价等报表。与其他配套软件相结合，可以进行结构工程、建筑性能、管道碰撞、建筑物理方面能效等多种分析。

（3）变更管理一体化。一直以来，永无休止的修改再修改成为建筑师最烦琐的工作之一，占用了建筑师大量宝贵时间和精力。使用ArchiCAD将彻底改变这一现状，使建筑师从绘图中解脱出来。它的三维模型与平面、立面、剖面保持一致，原理就是基于一个数据库打开的不同窗口，因此只要改动其中的一个，其余的也会做相应改动。

（4）团队协同设计。在建筑设计的协同工作上，ArchiCAD可以通过强大的teamwork 功能将一个工作组的成员通过局域网联系起来。基于新一代团队工作技术的BIM服务器，彻底革新了BIM协同工作方案，是同类解决方案中的第一个基于模型的团队协作。行业领先的delta server 技术使网络流量瞬间降至最低并支持办公室局域网及广域网的数据交换。

（5）外部交流与合作。在外部协作上，通过IFC文件标准，ArchiCAD可以实现与结构、设备、施工、物业管理等各种软件和几乎所有相关文件格式之间的数据传送。利用相关的行业软件，ArchiCAD的三维模型数据可以方便快捷地进行建筑生命周期内的全部数据管理：结构模型与分析、建筑物理及能量分析、成本估算、项目管理等。

（6）宽泛的平台接口。ArchiCAD可以支持多种文件格式，除了常用的DWG、DXF、JPEG、TIFF等文件格式，它还支持3ds Max模型文件。

（7）与SketchUp的结合。由于SketchUp简单、易于操作，并且可以较快地得到建筑尺度关系，所以在建筑师中广受好评，但如何继续开发利用

SketchUp中所做的草图模型，使之不再仅仅停留在概念阶段便成了一个难题。现在ArchiCAD提供了一个解决方案，可将SketchUp中所做的建筑模型通过某种转化原则转化成智能建筑构件，从而再次利用模型。

（8）自由造型能力。不管是2维还是3维，传统的建筑软件都没法使建筑师随心所欲地进行自由体设计，现在ArchiCAD和Cinema 4D的结合给建筑师提供了一个大的平台，它允许建筑在Cinema 4D进行造型设计，通过无缝连接将它转换为ArchiCAD中智能构件。

1.2.2 MicroStation

MicroStation 是世界领先的信息建模环境，专为公用事业系统、公路和铁路、桥梁、建筑、通信网络、给排水管网、流程处理工厂和采矿等所有类型基础设施的建筑、工程、施工和运营而设计。MicroStation 既是一款软件应用程序，也是一个技术平台，如图1-7所示。

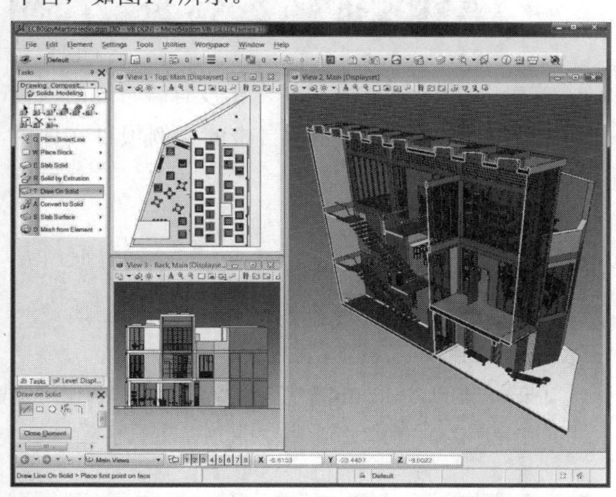

图1-7

作为一款软件应用程序，MicroStation 可将想法变成现实。它可通过三维模型和二维设计实现实境交互，确保生成值得信赖的交付成果，如精确的工程图、内容丰富的三维 PDF 和三维绘图。它还具有强大的数据和分析功能，可对设计进行性能模拟，包括逼真的渲染效果和超炫的动画。此外，它还能以全面的广度和深度整合来自各种 CAD 软件和工程格式的工程几何线形与数据，确保用户与整个项目团队实现无缝化工作。

作为适用于 Bentley 和其他软件供应商特定专业应用程序的技术平台，MicroStation 提供了功能强大的子系统，可保证几何线形和数据集成的一致性，并增强用户在大量综合的设计、工程和模拟应用程序组合方面的体验。它可以确保每个应用程序都充分利用这些优势，使跨领域团队通过具有数据互用性的软件组合受益。

1.2.3 Revit

Revit是一款三维建筑信息模型建模软件，适用于建筑设计、MEP工程、结构工程和施工领域，由Revit architecture（建筑）、Revit structure（结构）和Revit MEP（设备）三款组件组合，形成了以三维软件操作平台搭建三维建筑信息模型的工具。此外，Revit搭建出来的模型不仅仅是三维模型，还附带着关于模型的所有信息，如图1-8所示。

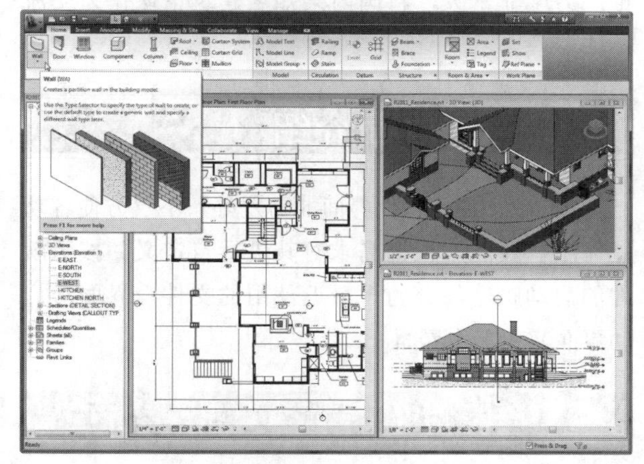

图1-8

Revit具有如下几个特点。

（1）绘图方式是通过建筑语言实现的，更容易使建筑师将精力集中在建筑设计的思考上。

（2）参数化建筑图元是Revit的核心。Revit提供了许多在设计中可以立即启用的图元，这类构件以建筑构件的形式出现；Revit也允许用户自己设计建筑构件，通过自定义“族（family）”(族就是类似几何图形的编组），可以灵活适应建筑师的创新要求。

（3）建筑图纸文档生成及修改维护简单，由于绘图方式基本是三维的，关联修改可自动避免图纸设计过程中平面、立面、剖面之间可能产生不一致的低级错误。

（4）具有及时更新能力。Revit依赖族创建的模型，当修改其中一个构件时，所有同类型的构件在所有视图中全部自动更新，节约大量人力和时间。

（5）具有可视化虚拟建筑展示功能及分析功能。应用三维可视化，可以直观、迅速地发现设计中可能产生的瑕疵。

（6）建筑设计不仅是一个模型，也是一个完整的数据库。可以导出各种建筑部件的三维尺寸，并能自动生成各种报表、工程进度及概预算等，其准确程度与建模的精确程度成正比。

（7）能解决多专业的问题。Revit不仅有建筑、结构和设备，还有协同、远程协同，带材质输入到3ds Max的渲染，云渲染，碰撞分析，绿色建筑分析等功能。

（8）Revit的设计思路和理论十分先进，代表着设计软件的发展方向。国内使用Revit制作实际案例的省院级以上设计机构达到上百家；厂商在国内的推广力度非常大，将国内某知名建筑论坛作为交流基地。

1.3 Revit界面介绍

Revit 2016的软件界面非常友好，不仅方便各功能调用，还能够根据需求对其进行自定义。按照软件的启动顺序，分为“最近使用的文件”界面（启动界面）和工作界面。

1.3.1 “最近使用的文件”界面

启动Revit 2016程序后，首先进入“最近使用的文件”界面，如图1-9所示。

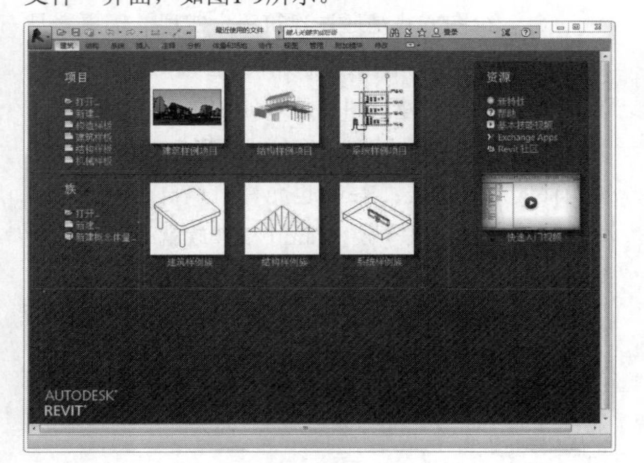

图1-9

项目文件区：提供项目文件的打开和新建。

族文件区：提供族文件的打开和新建，以及概念体量模型的创建。

资源列表：查看Revit的相关资源和帮助文件，有助于用户快速掌握Revit的使用方法。

缩略图显示区：该界面会按照时间顺序显示最近使用的项目文件和族文件的缩略图与名称，将光标移动到缩略图或文件名称时，会显示该文件的存储路径、文件尺寸和修改日期，如图1-10所示。用户可以直接用鼠标左键单击该缩略图或文件名称进入文件的编辑模式。

图1-10

首次启动Revit 2016时，由于没有编辑过的项目文件和族文件，软件会显示自带的样例项目文件供用户浏览学习使用。

技巧与提示

缩略图显示区中，项目文件和族文件各自最多显示4个最近文件的缩略图，如果对最近的文件进行移动、删除或重命名，则该文件将不会被显示在最近文件的缩略图中。

如果希望启动Revit 2016程序后直接进入到工作界面，可在“应用程序菜单”的“选项”中对其进行设置。

1.3.2 工作界面

Revit 2016继承了自Revit 2010开始采用的ribbon（功能区）工作界面，按照工作任务及流程，将软件的各功能分布在不同的选项卡和面板中，用户可以更快速便捷地找到相应功能。

A.应用程序菜单

应用程序菜单主要是对文件进行输入和输出的管理。提供了对文件的常规操作，包括新建、打开、保存和另存为，还提供了导出、发布等高级操作，如图1-11所示。

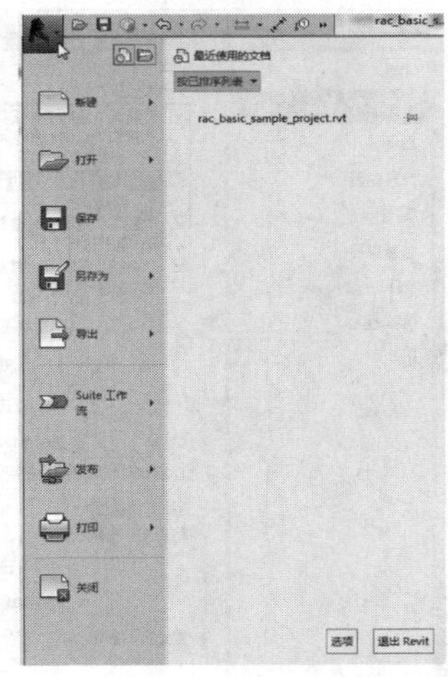

图1-11

通过选项面板对Revit软件进行整体设置，包括常规、用户界面、图形、文件位置、渲染、检查拼写、SteeringWheels、ViewCube和宏的设置，如图1-12所示。

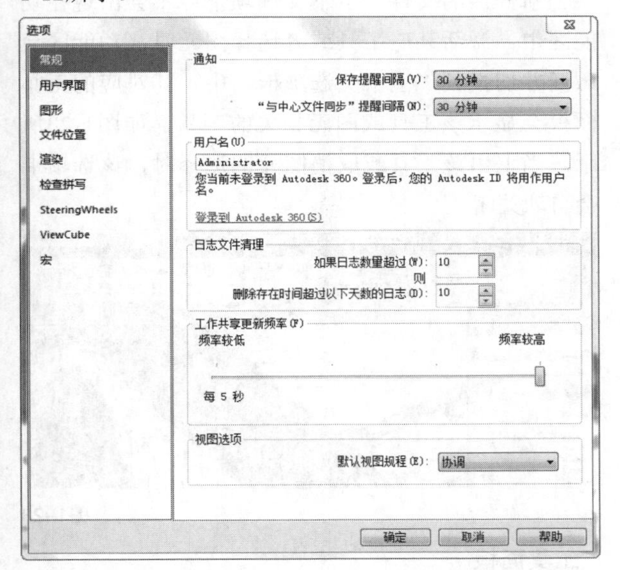

图1-12

B.快速访问工具栏

快速访问工具栏包含了默认的常用工具，如图1-13所示。用户可以对工具栏进行自定义，添加或删除功能区的工具按钮，还能够调整快速访问工具栏的位置。

图1-13

添加工具

直接在功能区的工具上单击鼠标右键，弹出“添加到快速访问工具栏”选项，单击左键即可将该工具按钮添加到快速访问工具栏，如图1-14所示。

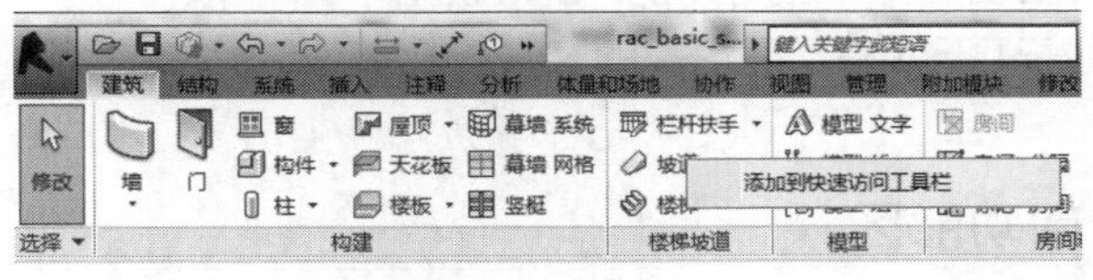

图1-14

删除工具

直接在该工具按钮上单击鼠标右键，在弹出的菜单中单击“从快速访问工具栏中删除”选项，即可完成删除，如图1-15所示。

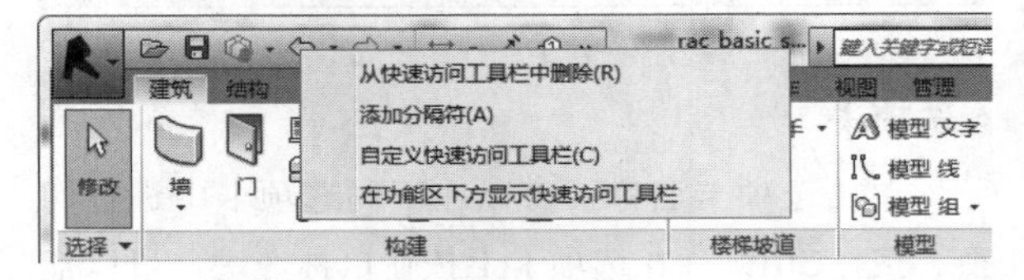

图1-15

还可以直接单击快速访问工具栏后面的下拉按钮，弹出的菜单中取消勾选某一工具即可完成其工具的删除，如图1-16所示。

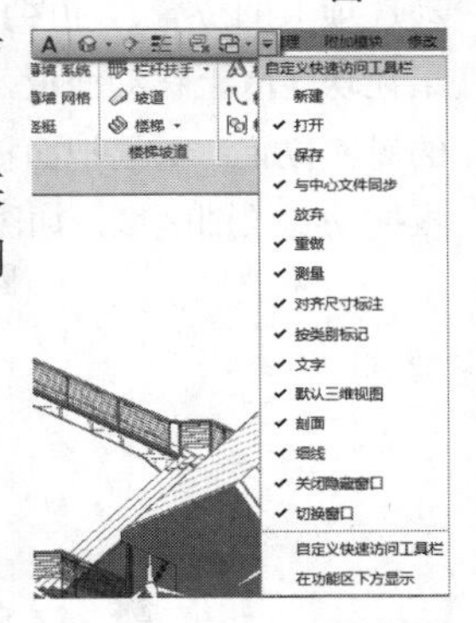

图1-16

编辑工具栏

快速访问工具栏提供了分隔符及排序的功能。单击快速访问工具栏后面的下拉按钮，然后在弹出的菜单中单击“自定义快速访问工具栏”选项，接着在弹出的对话框中可以对工具按钮进行删除、排序和分隔，如图1-17所示。

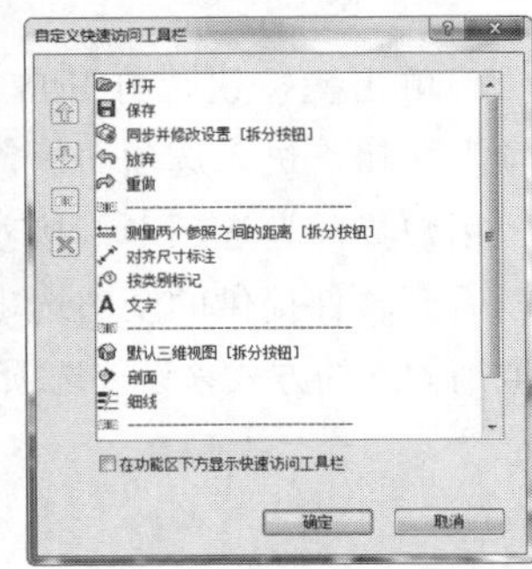

图1-17

C.帮助与信息中心

帮助与信息中心主要是为用户提供相关产品服务和帮助，工具栏包含搜索、Subscription Center、通信中心、收藏夹、登录Autodesk 360账号、Autodesk Exchange和帮助等功能，如图1-18所示。

图1-18

D.功能区

功能区提供了创建项目和族文件所需要的全部工具。功能区由3部分组成：选项卡、上下文选项卡和工具面板，如图1-19所示。

图1-19

a.选项卡

单击选项卡名称，可以在不同选项卡中进行切换。按住Ctrl键，在选项卡上按住鼠标左键，可以拖动选项卡的位置，如图1-20所示。移动选项卡时，如果在功能区上移动面板，可将其标签拖动到功能区上的对应位置；如果把面板移出功能区，那么会将该面板拖动到绘图区域，如图1-21所示。

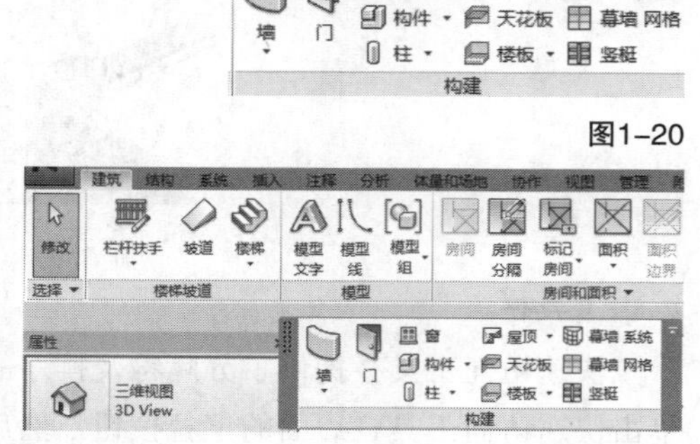

图1-20

图1-21

单击按钮，打开应用程序菜单，单击“选项”按钮，进入选项面板，然后在选项列表中单击“用户界面”选项卡，接着在右侧的配置信息中可以看到软件提供的全部选项卡内容，通过勾选或者取消勾选的方式来设置选项卡，如图1-22所示。

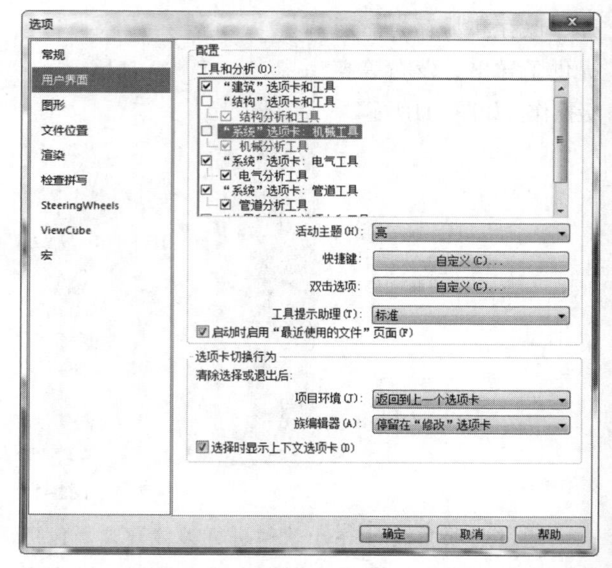

图1-22

b.上下文选项卡

新开启的文件，上下文选项卡并不会出现在功能区中。激活某些工具或者选择图元时，功能区会激活并切换到“上下文选项卡”中，其对应的工具面板会显示该工具或图元相关的工具，如图1-23所示。当退出该工具或取消图元的选择时，该选项卡会自动关闭。

图1-23

c.工具面板

每个选项卡都包含若干工具组成的面板，每个面板都会在其下方显示对应的名称。单击面板上的工具按钮，即可使用该工具。如果工具包含多重功能信息，会在下方显示下拉按钮，单击该按钮会弹出下拉菜单以选择相关功能，如图1-24所示。

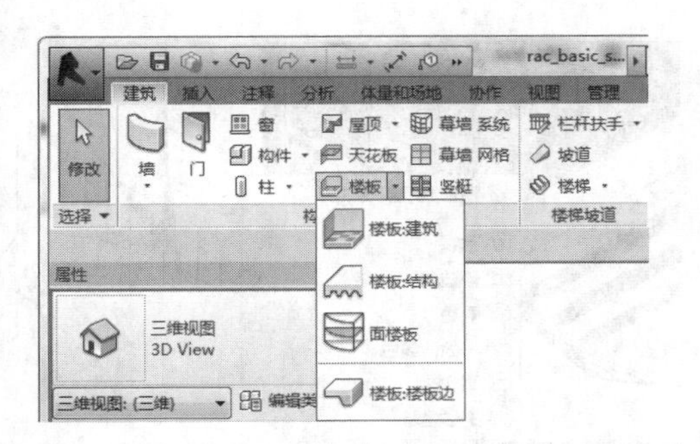

图1-24

E.选项栏

选项栏位于功能区的下方，激活不同的工具或者选择图元，会出现不同的显示内容，方便用户对工具或图元进行设置，如图1-25所示。

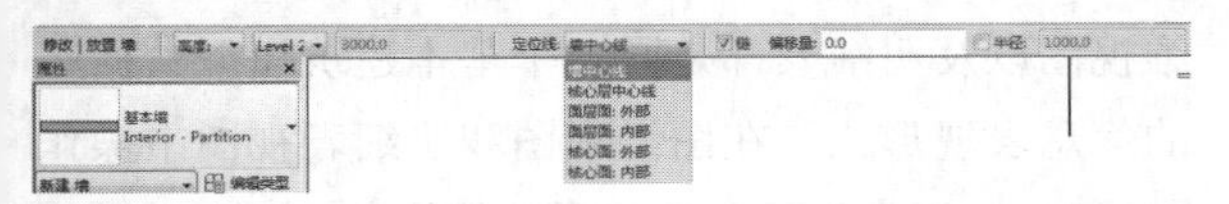

图1-25

F.属性面板

属性面板用来查看或修改当前视图或所选择图元的属性参数，面板包含类型选择器、属性过滤器、“编辑类型”按钮和实例属性，如图1-26所示。

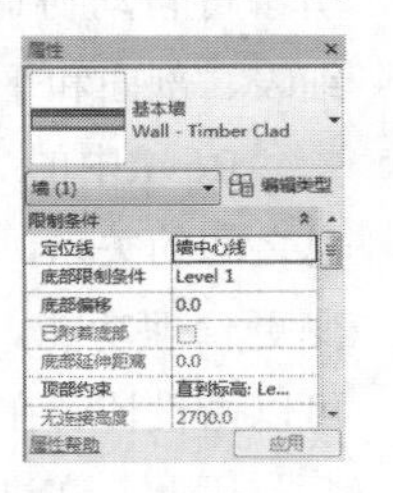

图1-26

单击属性面板右上角的关闭按钮，可以将其关闭。如果需要再次开启时，可在绘图区域单击鼠标右键，然后在弹出的菜单中选择“属性”选项，即可恢复属性面板的显示，如图1-27所示；或者直接按组合键Ctrl+1，可以快速关闭或打开属性面板。

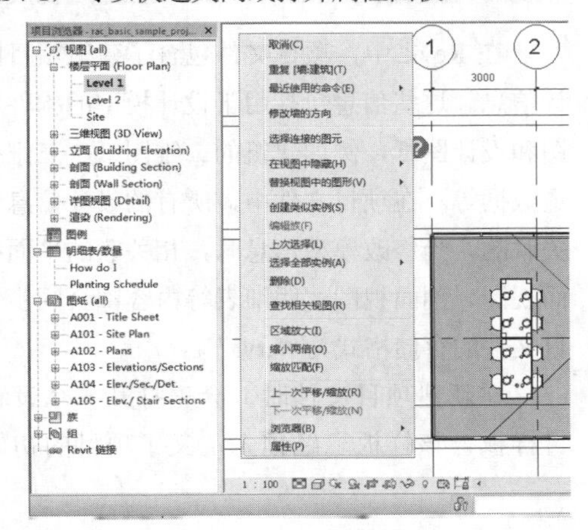

图1-27

G.项目浏览器

项目浏览器用于显示当前项目中所有视图、明细表、图纸、族、组和其他部分的逻辑层次，如图1-28所示。项目浏览器的具体使用方法详见第2章的介绍。

图1-28

H.绘图区域

Revit 窗口中的绘图区域显示当前项目文件的视图、图纸和明细表等。

当打开项目的某一视图时，前一视图并未被关闭，而是被新视图遮挡。所有被遮挡的视图仍处于打开状态。使用“视图”选项卡 “窗口”面板中的工具可排列项目视图，如图1-29所示。

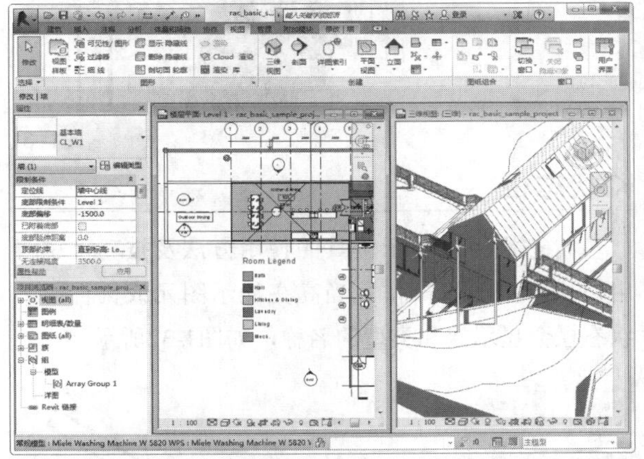

图1-29

I.ViewCube

ViewCube导航控件提供了视口当前方向的视觉反馈，用户可以调整视图方向以及在标准视图与等轴测视图之间进行切换，如图1-30所示。ViewCube的具体使用方法详见第2章的介绍。

图1-30

J.导航栏

导航栏用于访问导航工具，包括ViewCube和SteeringWheels。导航栏在绘图区域中，沿当前模型窗口的一侧显示。导航栏默认情况下会被激活。导航工具分布在导航栏的不同区域中，用于访问基于当前活动视图（二维或三维）的工具。通过单击导航栏上的某个按钮或从导航栏底部的下拉列表中选择一个工具，可以启动导航工具，如图1-31所示。

图1-31

K.状态栏

状态栏用以显示工具的使用方法及技巧，引导用户执行下一步操作。当高亮显示图元或构件时，状态栏会显示族和类型的名称，如图1-32所示。

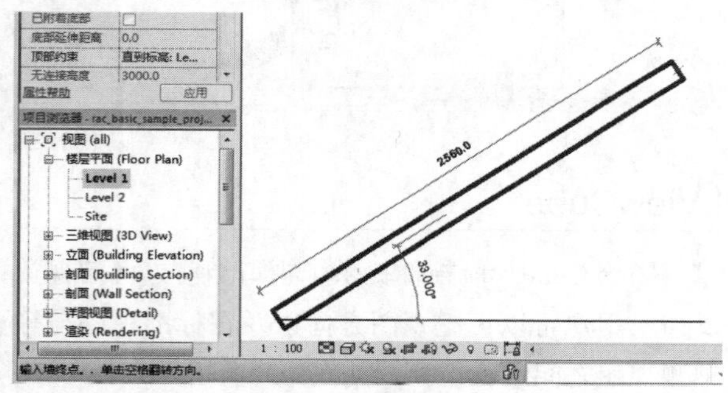

图1-32

L.视图控制栏

通过视图控制栏可以快速设置当前视图的相关信息，包括比例、详细程度、视觉样式、日光路径、阴影、渲染对话框、裁剪视图、裁剪区域、三维视图和隐藏等内容，如图1-33所示。视图控制栏的具体使用方法详见第2章的介绍。

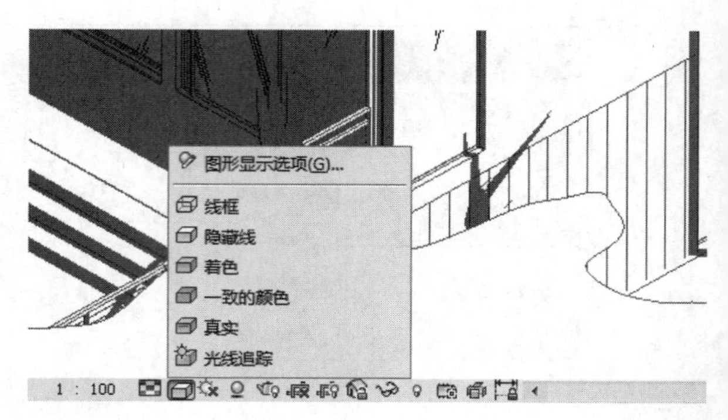

图1-33

1.4 Revit基本应用术语

在 Revit 模型中，所有的图纸、二维视图和三维视图以及明细表都是同一个基本建筑模型数据库的信息表现形式。在图纸视图和明细表视图中操作时，Revit 将收集有关建筑项目的信息，并在项目的其他所有表现形式中协调该信息。Revit 参数化修改引擎可自动协调在任何位置（模型视图、图纸、明细表、剖面和平面中）进行的修改。

Revit中的“参数化”是指模型的所有要素及信息之间的关系，这些关系可实现 Revit 提供的协调和变更管理功能。这些关系可以由软件自动创建，也可以由设计者在项目开发期间创建。

因此，在进行如此复杂数据与逻辑关系运算的平台上，需要制定相应的计算原则与标准术语。除了常见的行业标准术语，Revit还有一些针对自身特点的基本应用术语，在系统学习Revit前应当充分了解。

1.4.1 项目与项目样板

在 Revit 中，项目文件包含了建筑项目的所有设计信息。这些信息包括用于设计模型的构件、项目视图和设计图纸，例如建筑的二维图纸、三维模型、构造数据等。在项目文件中，所有的设计信息都是相互关联的，当修改模型信息时，相关联的平面视图、立面视图、剖面视图、明细表等内容都会同步修改。项目文件的存储格式为“.rvt”。

在新建项目文件时，会先打开一个设置好的项目样板，该样板已经预先定义了项目的初始参数，如视图样式、预先载入的族文件以及度量单位等。Revit提供了几种常用的项目样板，供用户直接调用。用户也可以创建自定义样板，满足项目的模型标准。项目样板的存储格式为“.rte”。

1.4.2 图元

在Revit中，基本的图形单元被称为图元，图元根据功能不同分为4类。

（1）主体图元。主体图元包括墙、天花板、楼板、场地、楼梯和坡道等。主体图元的参数选项由软件预设，用户只能在原有参数选项上进行修改，不能自行添加新选项。

（2）构件图元。构件图元包括门、窗等三维模型构件。构件图元与主体图元通常具有依附关系，如门、窗会依附到墙体上，如果删除墙体，那么墙体上的门、窗也会自动删除。不同于主体图元，构件图元是可以自行定制的，增减各类参数选项。

（3）注释图元。注释图元包括尺寸标注、符号标记、文字注释等。注释图元通常与被注释对象相关联，两者可以互相影响。例如，调整门窗位置时，尺寸标注数值会随之调整；调整尺寸标注数值时，门窗的位置会随之变化。用户可以自定义注释图元的样式和参数选项。

（4）基准面图元。基准面图元包括轴网、标高和参照平面等。在进行图纸绘制时，需要参照某一点、线或者平面来进行精确定位。基准面图元就是为了方便用户对绘制或放置的图元进行定位。

在创建项目时，可以向图纸中添加图元。一般按照类别、族和类型对图元进行分类。

类别：指的是图元的类别名称，如墙、门、窗、楼梯、尺寸标注和轴网等。

族：可以简单理解为是某一类别中图元的种类，如类别为柱的图元，圆柱、矩形柱都是该图元的族。

类型：每一个族都可以拥有多个类型。类型可以是族的特定尺寸，如400mm 或 A3标题栏；类型也可以是样式，如尺寸标注的线宽、符号样式等。

第 2 章 Revit基础操作

本章知识索引

知识名称	作用	重要程度	所在页
视图操作	熟练掌握视图的操作方法	★★★☆☆	P24
图元编辑	学会图元的选择及编辑方法	★★★★☆	P35
文件插入	掌握文件链接与导入的方法及设置要点	★★★☆☆	P44

本章实例索引

实例名称	所在页
课前引导实例：浏览别墅建筑项目	P23
典型实例：按"视图比例"对视图进行分类	P25
典型实例：自定义视图背景	P31
典型实例：指定图元类别可见性	P33
典型实例：替换图元类别图形显示	P34
典型实例：链接Revit文件	P45
典型实例：链接CAD文件	P45
典型实例：导入图像文件	P46
课后拓展练习	P47

2.1 课前引导实例：浏览别墅建筑项目

场景位置：场景文件>CH02>01别墅项目.rvt

视频位置：视频文件>CH02>01课前引导实例：浏览别墅建筑项目.mp4

实用指数：★★★☆☆

技术掌握：了解项目文件的浏览方法

本例通过浏览一个绘制完成的项目文件，来学习快速打开文件、浏览项目文件和导入图像文件。

01 启动Revit，单击按钮，打开应用程序菜单，执行"打开>项目"菜单命令，如图2-1所示。

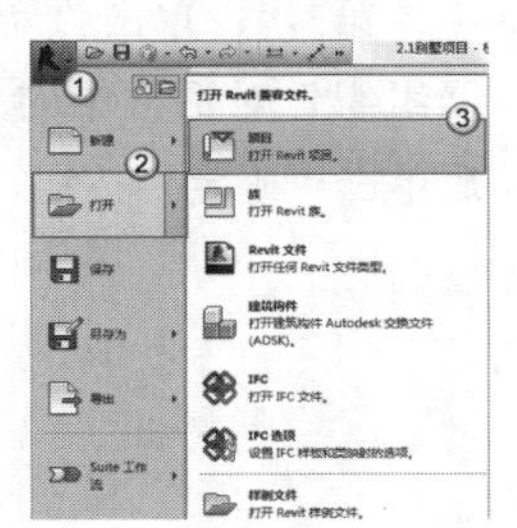

图2-1

02 在弹出的"打开"对话框中找到学习资源中的"场景文件>CH02>01别墅项目.rvt"文件，然后单击"打开"按钮，打开后的文件效果如图2-2所示。

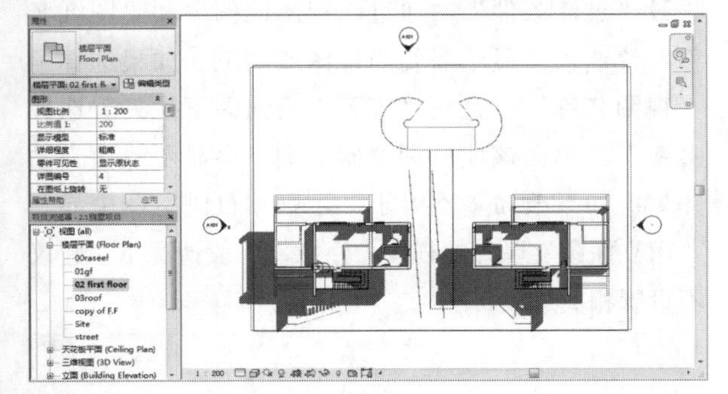

图2-2

03 在快速访问工具栏中单击"默认三维视图"按钮，将视图切换到三维视图模式，如图2-3所示。

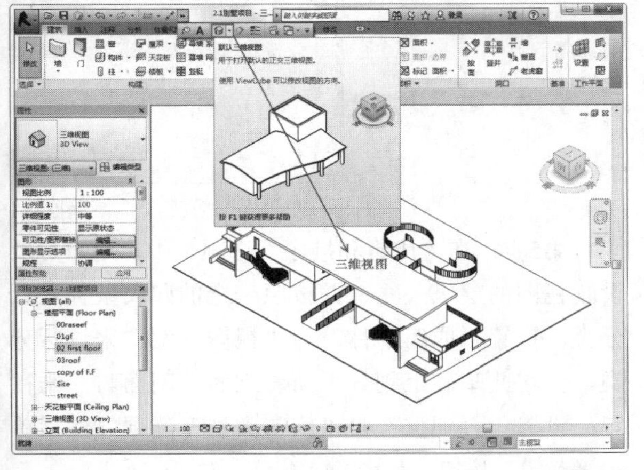

图2-3

04 在绘图区域滚动鼠标滚轮，可以缩放视图；按住鼠标滚轮（中键）拖曳光标，可以平移视图。

05 同时按住Shift键和鼠标滚轮，然后拖曳光标，可以对视图进行旋转。

06 使用鼠标左键单击选中任意窗构件，然后按Delete键可以将其删除。

07 在"项目浏览器"列表中，使用鼠标左键双击"copy of F.F"选项，可以进入到平面视图，如图2-4所示。

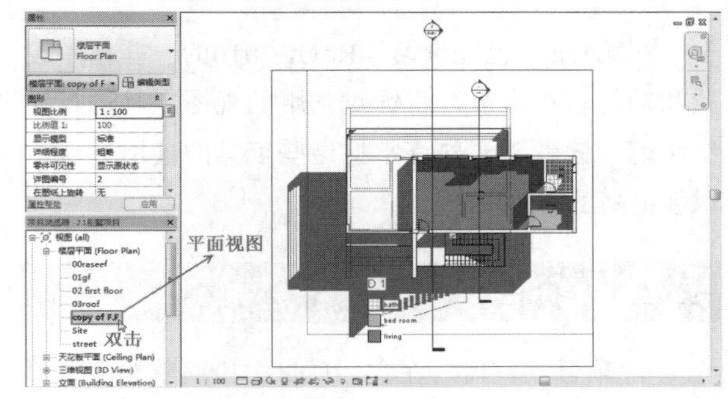

图2-4

08 单击"插入"选项卡，然后在"导入"面板中单击"图像"按钮，如图2-5所示。

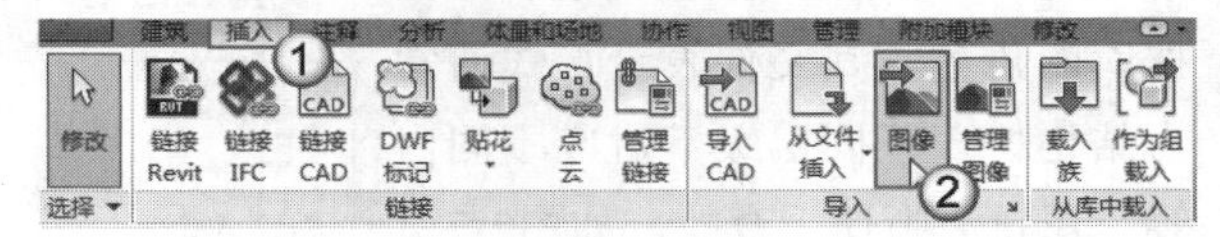

图2-5

09 在弹出的"导入图像"对话框中打开"场景文件>CH02>01别墅项目.png"文件，然后在绘图区域单击即可完成图像的插入，如图2-6所示。

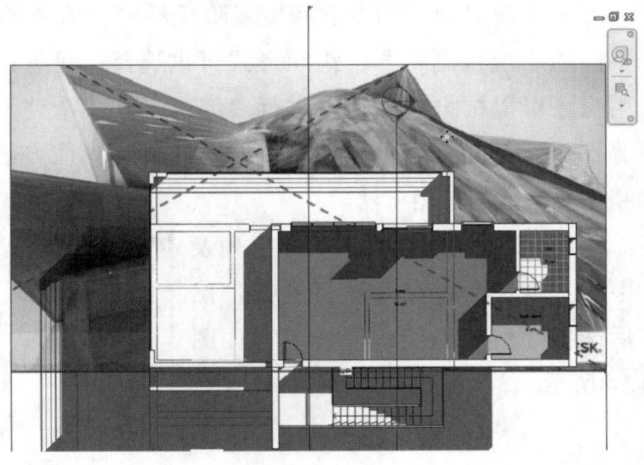

图2-6

2.2 视图控制工具

本节知识概要

知识名称	作用	重要程度
项目浏览器	图元的管理与归类	★★★☆☆
视图导航	视图浏览操作	★★★☆☆
ViewCube	视图浏览操作	★★★☆☆
视图控制栏	控制视图中图元的显示状态	★★★☆☆
可见性和图形显示	设置视图中图元的可见性	★★★☆☆

在第1章，已经学习了Revit 2016的一些基本设置和功能。在本节，将针对常用的视图工具进行详细讲解，读者需要熟练掌握这些工具的使用方法，以便提高工作效率。

2.2.1 项目浏览器

“项目浏览器”在实际项目中扮演着非常重要的角色。在项目开始后，所创建的图纸、明细表和族库等内容都会在“项目浏览器”中体现，其在Revit中相当于管理数据库的角色，其文件表示形式通常为结构树，不同层级下对应不同内容，逻辑清晰便于查找，如图2-7所示。

图2-7

基于建立模型的专业程度或阶段不同，Revit有不同的“项目浏览器”组织形式可供选择。另外，用户还可以根据实际需求进行“编辑”和“新建”等操作。下面介绍“项目浏览器”的具体操作方法和重要参数的使用方法。

第1步：在“项目浏览器”列表中的“视图”上单击鼠标右键，然后选择“浏览器组织”选项，如图2-8所示。

图2-8

第2步：在“浏览器组织”对话框中，用户可以进行“新建”“编辑”“重命名”“删除”操作，如图2-9所示。

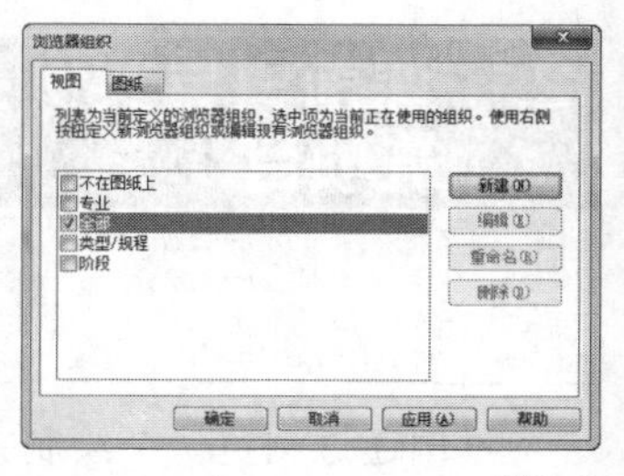

图2-9

第3步：单击“新建”按钮，在“创建新的浏览器组织”对话框中的“名称”后输入“打印”，然后单击“确定”按钮，如图2-10所示。

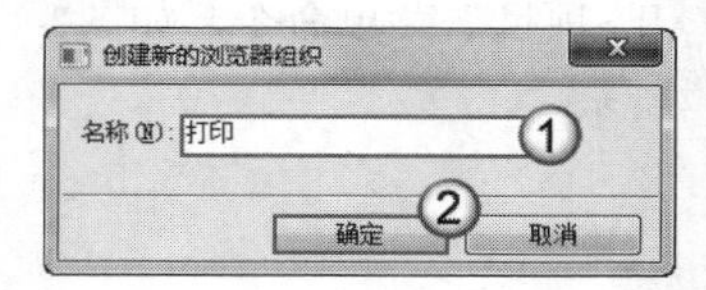

图2-10

第4步：此时会弹出“浏览器组织属性”对话框，如图2-11所示，对话框中有“过滤”与“成组和排序”两个选项卡。在“过滤”选项卡中，用户可以预设“过滤条件”，通过“视图比例”和“图纸名称”等选项来显示需要的视图或图纸。如果选择了“视图名称”，且在“等于”后面的下拉列表选择“南”，那么该项目浏览器中则只会显示“南立面图”；如果改为“不等于”，则项目浏览器中显示“南立面图”以外的视图。注意，一般情况下，建议不设置相关选项。

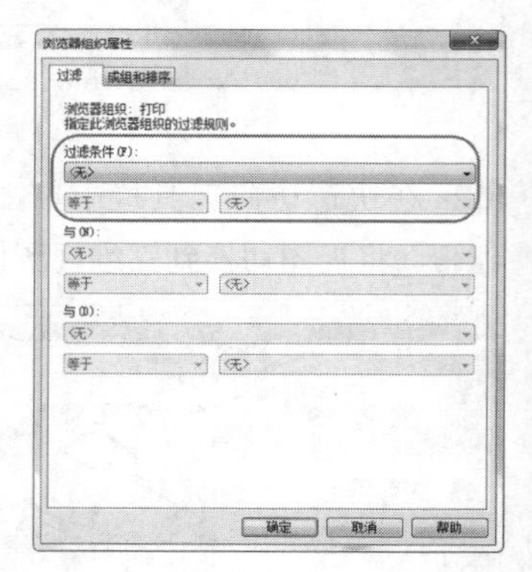

图2-11

第5步：在“成组和排序”选项卡中，用户可以设置视图的层级关系，并按照一定的归属条件进行分类。设置“成组条件”为“视图比例”来进行分类，会在此基础上划分平面、立面、剖面与三维视图；设置“否则按”为“族与类型”选项，然后单击“确定”按钮，如图2-12所示。

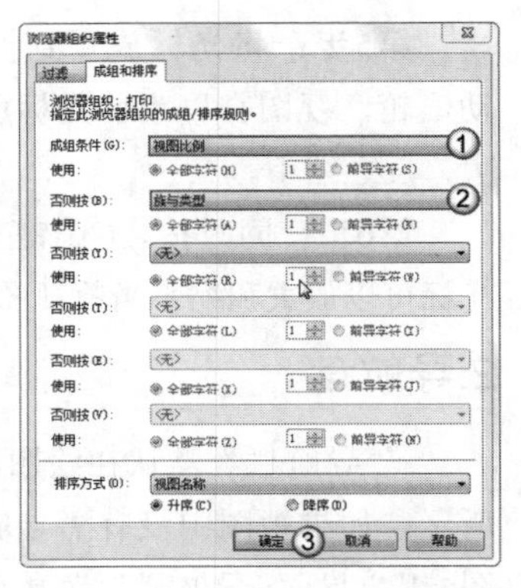
图2-12

技巧与提示

这样便设置好了新的浏览器样式。另外，浏览器的排序方式也可以自定义更改，按照固定的参数进行排序，包括“升序”和“降序”两种排列方式。

第6步：返回“浏览器组织”对话框，在“视图”选项卡下的列表中已经增加了“打印”选项。勾选“打印”选项，然后单击“确定”按钮，如图2-13所示。

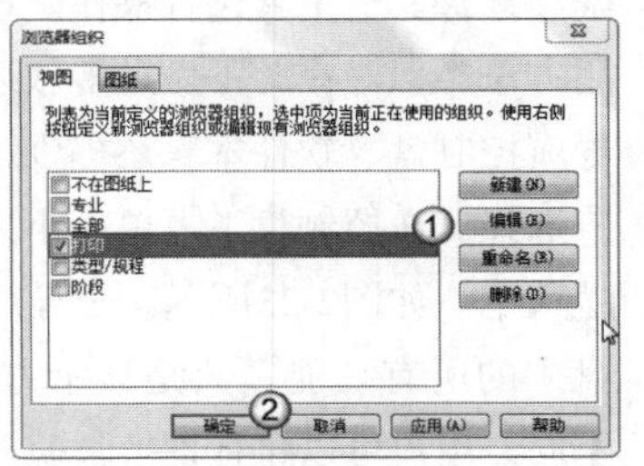
图2-13

第7步：此时，“项目浏览器”的内容已经更新为“打印”的组织形式，如图2-14所示。

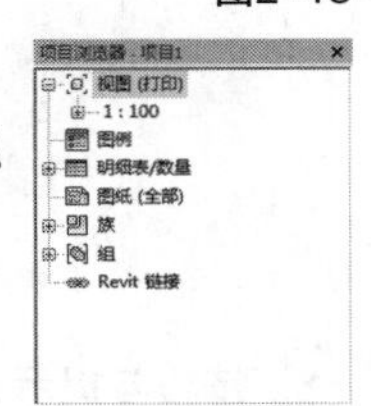
图2-14

技巧与提示

在创建项目时，“浏览器组织”的作用非常重要。在开始项目之前，一定要先构思并创建好符合项目和个人操作习惯的样式，以便在项目实施过程中方便设计人员浏览项目内容。

典型实例：按“视图比例”对视图进行分类

场景位置	无
视频位置	视频文件>CH02>02典型实例：按“视图比例”对视图进行分类.mp4
实用指数	★★☆☆☆
技术掌握	利用不同的参数对视图进行分类汇总

01 启动Revit 2016，单击按钮，打开应用程序菜单，执行“新建>项目”菜单命令。

02 在弹出的“新建项目”对话框中，设置“样板文件”为“建筑样板”，然后在“新建”中选择“项目”选项，最后单击“确定”按钮，如图2-15所示。

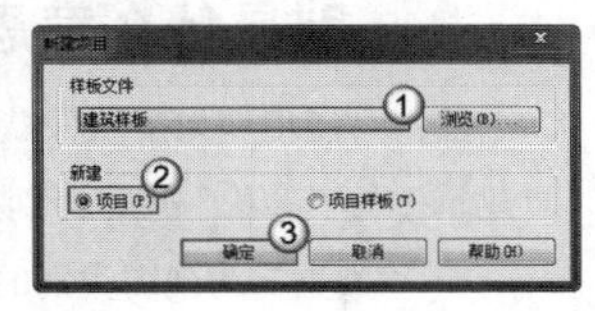
图2-15

03 查看“项目浏览器”，可以发现已经按照“建筑样板”中设置好的视图进行了分类，如图2-16所示。

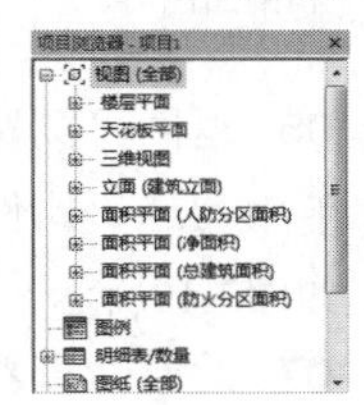
图2-16

04 在“项目浏览器”列表中的“视图”上单击鼠标右键，然后选择“浏览器组织”选项，在弹出的“浏览器组织”对话框中勾选“全部”选项，接着单击“新建”按钮，最后在弹出的“创建新的浏览器组织”对话框的“名称”后输入“比例”，如图2-17所示。

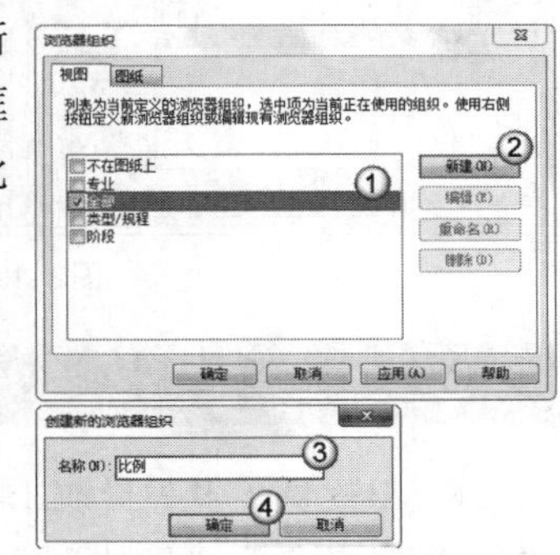
图2-17

05 在“浏览器组织属性”中切换到“成组和排序”选项卡，设置“成组条件”为“视图比例”，“否则按”为“规程”，“否则按”为“类型”，然后单击“确定”按钮，如图2-18所示。

图2-18

问：“规程”与“类型”两个选项分别是什么意思？

答：“规程”为了软件默认对专业的系统分类。例如，“建筑”与“结构”规程分别指两个专业。

“类型”为视图类别的分类。例如，平面图、立面图和剖面图等。

06 返回“浏览器组织”对话框，在“视图”选项卡中勾选“比例”选项，然后单击“确定”按钮，如图2-19所示。

07 此时，查看“项目浏览器”的修改结果，如图2-20所示。

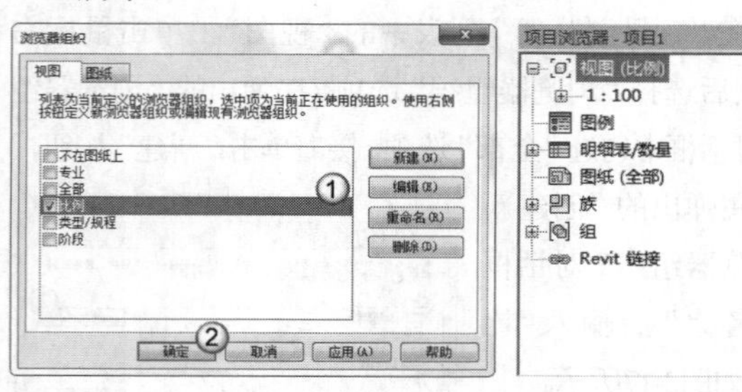

图2-19　　图2-20

2.2.2 视图导航

Revit提供了多种导航工具，可以实现视图的“平移”“旋转”“缩放”等操作。用户利用鼠标结合键盘上的功能按键，或使用Revit提供的“导航栏”均可实现视图的操作。

1.键盘结合鼠标

使用键盘结合鼠标是最快捷的视图操作方法，下面介绍具体方法。

第1步：单击快速访问工具栏中的“默认三维视图”按钮，如图2-23所示。

第2步：按住Shift键和鼠标滚轮，拖曳光标可以对当前视图进行旋转操作。

第3步：按住鼠标滚轮，然后拖曳光标，可以对视图进行平移操作。

第4步：双击鼠标滚轮，视图返回到原始状态。

第5步：将光标放置到模型上任意位置向上滚动滚轮，视图会以当前光标所在位置为中心进行放大，反之缩小。

第6步：同时按住Ctrl键和鼠标滚轮，上下移动光标可以放大和缩小当前视图。

2.导航盘

“导航栏”默认在绘图区域的右侧，如图2-21所示。如果视图中没有“导航栏”工具，执行“视图>用户界面>导航栏”菜单命令即可。单击“导航栏”中的导航控制盘按钮，弹出控制盘，如图2-22所示。将鼠标指针放置到“缩放”按钮上，这时该按钮会高亮显示，表示已经被选中。按下鼠标左键控制盘消失，视图中出现绿色圆球，表示模型中心所在的位置。通过上下移动鼠标，实现视图的放大与缩小。完成操作后，松开鼠标左键。控制盘恢复，可以继续选择其他工具进行操作。控制盘中的其他工具使用方法类似，在此不做过多叙述。视图默认显示为全导航控制盘，软件本身还提供了多种控制盘样式供用户选择。在控制盘下方单击小黑三角，会弹出样式下拉菜单，如图2-23所示。全导航盘包含其他样式控制盘中的所有功能，只是显示方式不同，用户可以自行切换体验。

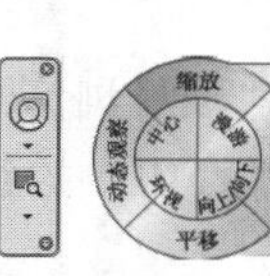

全导航控制盘
全导航控制盘(小)
查看对象控制盘(小)
巡视建筑控制盘(小)
查看对象控制盘(基本型)
巡视建筑控制盘(基本型)
二维控制盘

图2-21　　图2-22　　图2-23

技巧与提示

控制盘工具不仅可以在三维视图中使用，在二维视图中也可以使用。但只能使用二维控制盘工具，其中包括“缩放”“回放”“平移”3个工具。“全导航控制盘”中的漫游工具，不可以在默认三维视图中使用，必须在相机视图中才可使用。通过键盘上的上下箭头可以控制相机的高度。

3.视图缩放

导航栏中的视图缩放工具，可以对视图进行“区域放大”和“缩放匹配”等操作。单击“视图缩放”按钮下方的小黑三角，会弹出“区域放大”“缩小两倍”“缩放匹配”“缩放全部以匹配”“缩放图纸大小”“上一次平移/缩放”“下一次平移/缩放”选项供用户选择，如图2-24所示。

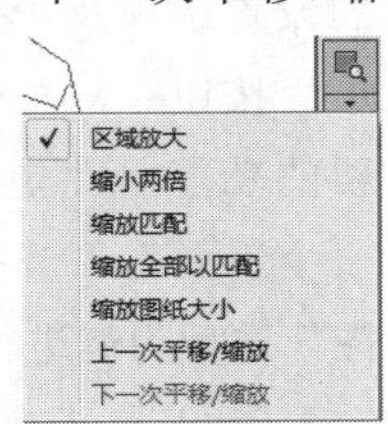

图2-24

知识讲解

• **区域放大：**单击“视图缩放”按钮，鼠标指针样式变为，在视图中任意位置按下鼠标左键向右下方拖动，形成一个范围框。松开鼠标左键，这时范围框内的图形会充满整个视图。

• **缩小两倍：**视图缩放工具的图标变为，每次单击鼠标左键，视图便会“缩小两倍”（缩为一半）。

• **缩放匹配：**视图缩放工具的图标变为，单击鼠标左键，全部可见对象充满视图显示。

• 关于“缩放全部以匹配”“缩放图纸大小”“上一次平移/缩放”“下一次平移/缩放”选项的操作，读者可以自行尝试。

4.控制栏选项

控制栏选项主要用于设置控制栏的样式，其中包括是否显示相关工具，如图2-25所示。控制栏位置的设置，如图2-26所示。控制栏不透明度的设置，如图2-27所示。

图2-25

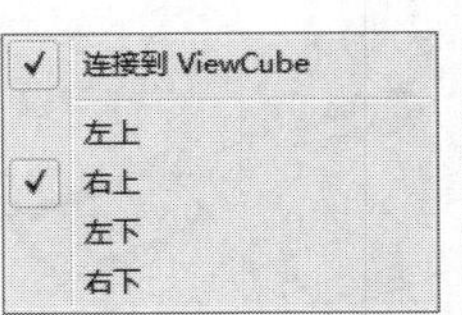

图2-26

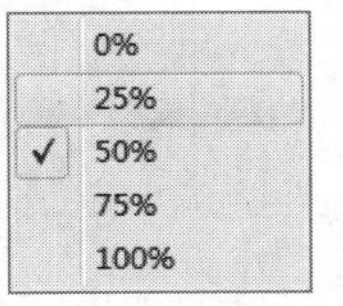

图2-27

2.2.3 使用ViewCube

除了使用控制盘所提供的工具外，软件还提供了“ViewCube”工具来控制视图，默认位置在绘图区域的右上角。使用“ViewCube”可以很方便地将模型定位于各方向和轴测图视点。利用鼠标拖动“ViewCube”，还可以实现自由观察模型，如图2-28所示。

图2-28

在“选项”对话框中，可以对“ViewCube”工具进行设置。打开应用程序菜单，单击“选项”按钮，在打开的“选项”对话框中切换到“ViewCube”选项，如图2-29所示。其中，可以进行的设置包括“大小”“位置”“不透明度”等。

图2-29

1.主视图

单击“主视图”按钮，视图将停留到之前所设置好的视点位置。在“主视图”按钮上单击鼠标右键，打开快捷菜单，选择“将当前视图设定为主视图”选项，软件将会把当前视点位置设定为主视图，如图2-30所示。将视图旋转方向，再次单击“主视图”按钮，会发现主视图已经变成刚刚设置完成的视点。

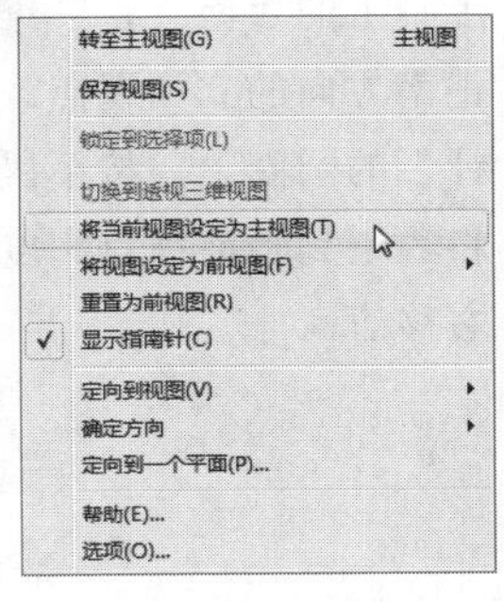

图2-30

2.ViewCube

用鼠标单击ViewCube的“上”按钮，视点将切换到模型的顶面位置，如图2-31所示。单击左下角点的位置，视图将切换到“西南轴测图”位置，如图2-32所示。将鼠标指针放置在ViewCube上，按下鼠标左键拖曳鼠标，可以自由观察视图中的模型。

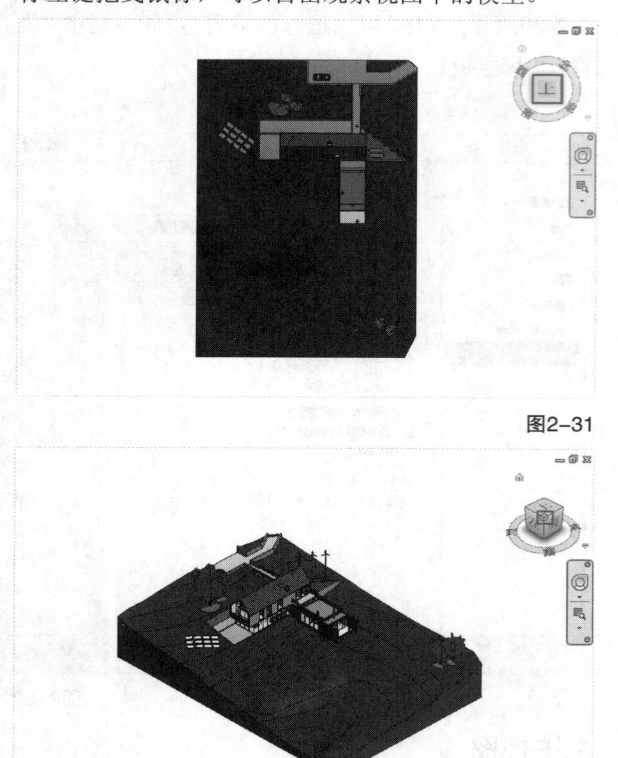

图2-31

图2-32

3.指南针

利用“指南针”工具可以快速切换到相应方向的视点，如图2-33所示。鼠标左键单击“指南针”工具上的“南”，三维视图中的视点会快速切换到正南方向的立面视点。同时，将光标移动到“指南针”的圆圈上，按下鼠标左键左右拖曳鼠标，视点将约束到当前视点高度，随着鼠标移动的方向而左右移动。

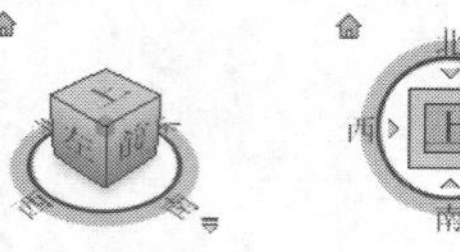

图2-33

4.关联菜单

“关联菜单”中主要提供一些关于ViewCube的设置选项及一些常用的定位工具。单击“关联菜单”按钮，打开相应的菜单选项。其中，比较重要的功能是“定向到视图”“确定方向”“定向到一个平面”。其操作方法相同，这里以“定向到视图”选项为例进行说明。

第1步：单击“定向到视图”选项，然后在弹出的子菜单中选择“剖面”选项，接着弹出当前项目中所有剖面的列表信息。选择其中任意一个剖面，视图将剖切当前模型位置，如图2-34所示。

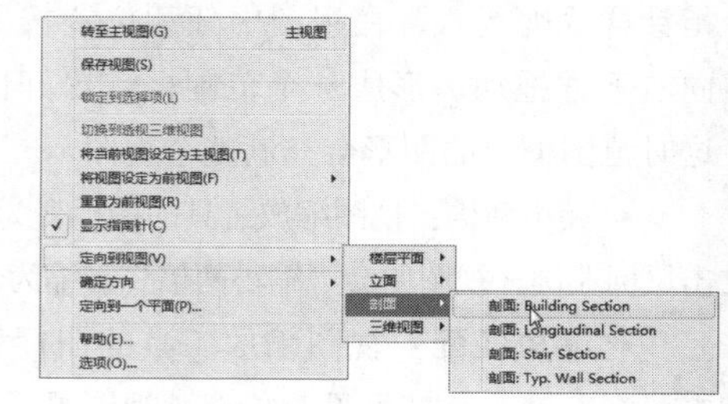

图2-34

第2步：将当前视点旋转，可以看到所选剖面剖切的位置已经在三维视图中显示，如图2-35所示，可以自由旋转查看当前剖切位置的内部信息。其他工具使用方法类似，在此不再赘述。

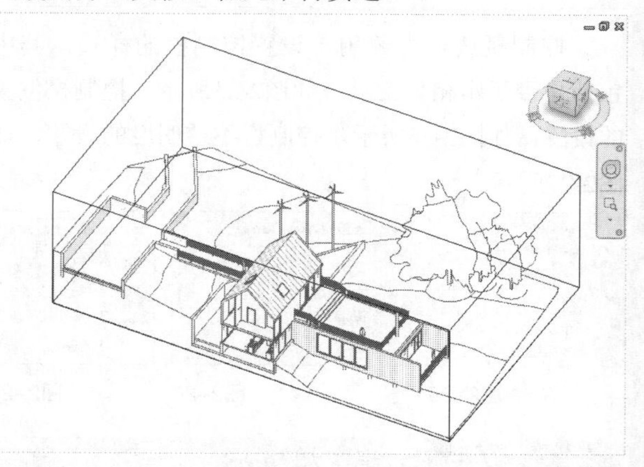

图2-35

2.2.4 使用视图控制栏

Revit在各视图均提供了视图控制栏，用于控制各视图中模型的显示状态。不同视图的视图控制栏工具也不同，下面以三维视图中的控制栏为例进行介绍，如图2-36所示。

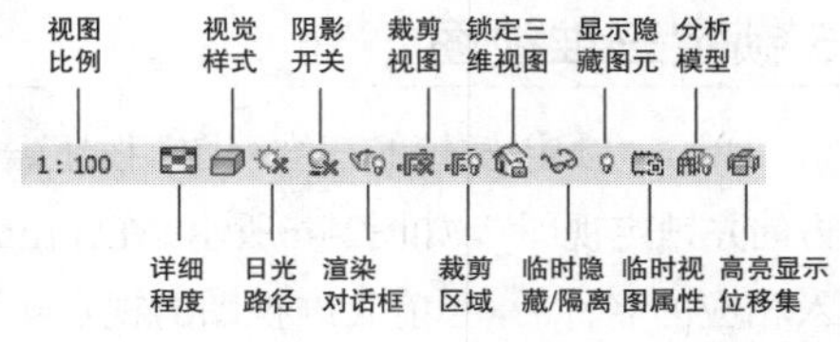

图2-36

1.视图比例

打开建筑样例模型，在“项目浏览器”中找到“楼层平面”选项，打开Level 1，然后单击“视图比例”按钮 1 : 100 ，弹出下拉菜单，如图2-37所示，其中包含常用的一些视图比例。如果没有需要的比例，用户可以通过“自定义”选项进行设置。当前视图中默认比例为1 : 100，切换到1 : 50的比例后，观察到视图中模型图元和注释图元都会发生相应改变。

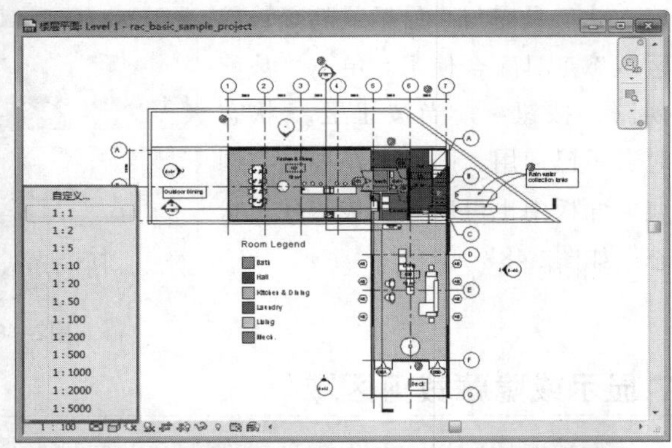

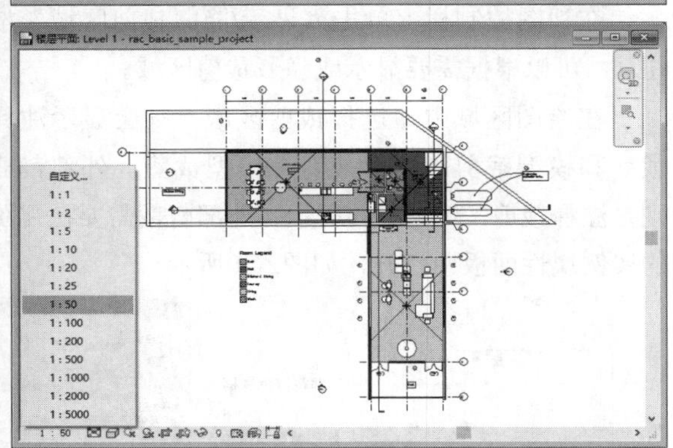

图2-37

2.详细程度

利用局部缩放工具放大右下方墙体。单击“详细程度”按钮，弹出选择列表。当前视图默认为“中等”显示，将其切换到“粗略”程度，观察墙体显示样式的变化。“中等”程度，如图2-38所示；“粗略”程度，如图2-39所示。从图中可以看出，模型在不同详细程度下的显示样式并不相同。

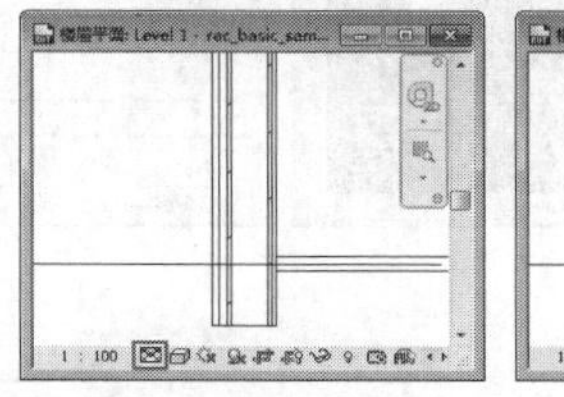

图2-38

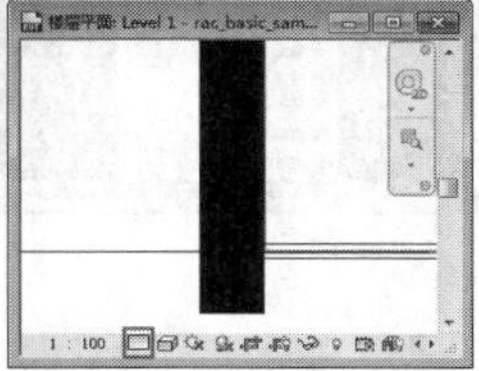

图2-39

技巧与提示

一般情况下，平面和立面视图将“详细程度”调整为“粗略”即可，以节省计算机资源。在详图、节点等细部图纸中，将“详细程度”调整为“精细”，以满足出图的要求。

3.视觉样式

在当前模型中，鼠标左键单击按钮切换到默认三维视图。单击“视觉样式”按钮，打开选择菜单，然后切换到“隐藏线”模式，将以单色调显示当前模型，如图2-40所示。除了预设的显示模式外，软件还提供了图形显示选项的控制功能。在菜单中单击“图形显示选项”，打开“图形显示选项”对话框，在其中可以设置图形显示的样式、阴影和背景等，如图2-41所示。在此以“背景”参数为例，单击左侧的小黑三角，在下拉列表中选择“天空”，如图2-42所示。单击对话框中的“确定”按钮。在三维视图中选择人视点，背景已经变为天空样式。

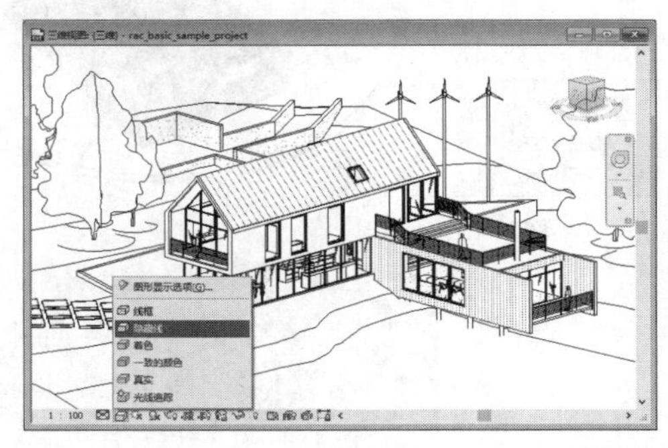

图2-40

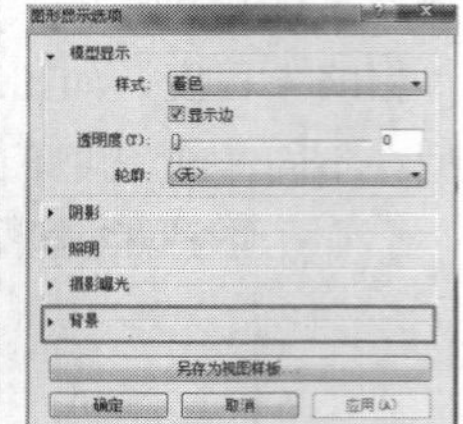

图2-41

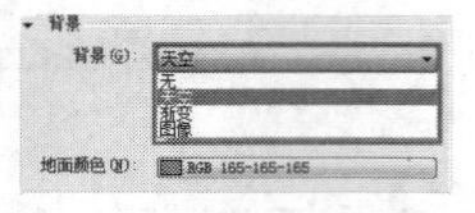

图2-42

技巧与提示

在普通二维视图中，建议将“视觉样式”调整为“隐藏线”模式。在三维或相机视图中，建议将“视觉样式”调整为“着色”。这样可以充分利用计算机资源，同时满足图形显示方面的需要。

4.日光路径

单击“日光路径”按钮，弹出下拉菜单，如图2-43所示。单击“打开日光路径”选项，视图中会出现日光路径图形，如图2-44所示。用户可以通过在菜单中选择“日光设置”选项，对太阳所在的方向、出现的时间等进行设置，如图2-45所示。如果同时打开阴影开关，视图中将会出现阴影，可以实时查看当前日光设置所形成的阴影位置和大小。

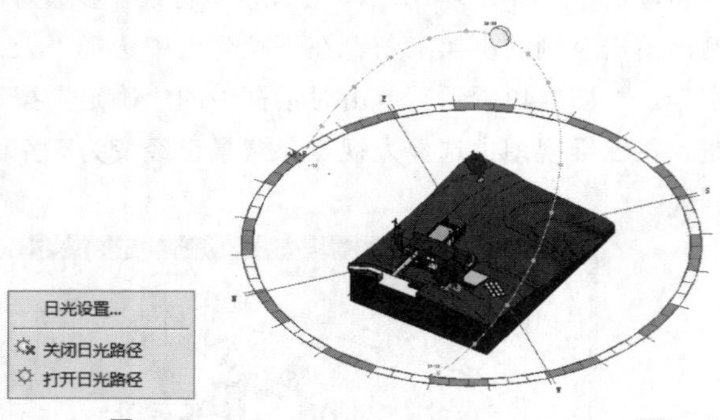

图2-43　　图2-44

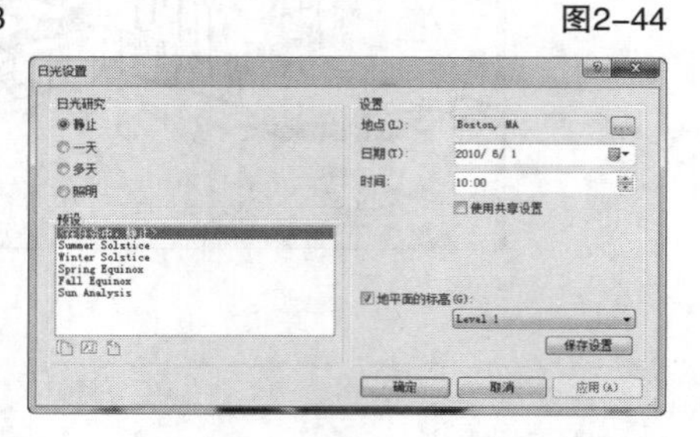

图2-45

5.锁定三维视图

单击“锁定/解锁的三维视图”按钮，选择“保存方向并锁定视图”，如图2-46所示。在弹出的对话框中输入相应的名称后，当前三维视图的视点即被锁定，如图2-47所示。锁定后的视图，视点将固定到一个方向，不允许用户进行旋转视图等操作。如果用户需要解锁当前视图，可以再次单击“锁定/解锁的三维视图”按钮，在菜单中选择“解锁视图”。

图2-46　　图2-47

6.裁剪视图

裁剪视图工具可以控制是否对当前视图进行裁剪，此工具需与“显示或隐藏裁剪区域”工具配合使用。单击“裁剪视图”按钮，当按钮呈状态时表示已启用。同时，在视图实例属性面板中也可以开启裁剪视图状态，如图2-48所示。

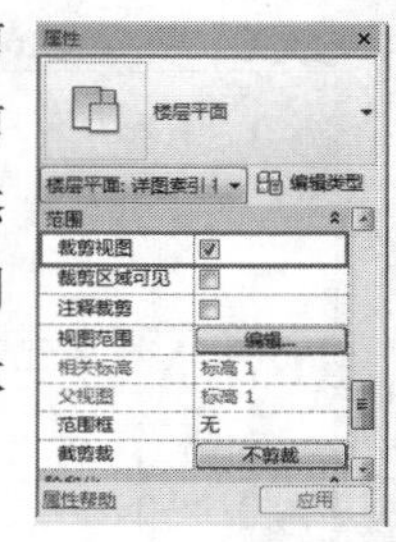

图2-48

7.显示或隐藏裁剪区域

在视图控制栏上单击“显示/隐藏裁剪区域”按钮，可以根据需要显示或隐藏裁剪区域。

在绘图区域中，选择裁剪区域，则会显示注释裁剪和模型裁剪。内部裁剪是模型裁剪，外部裁剪则是注释裁剪，如图2-49所示。外部剪裁需要在视图的实例属性面板中打开，如图2-50所示。

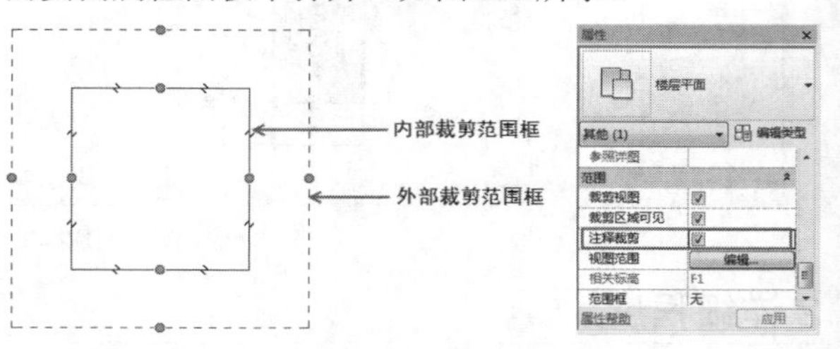

图2-49　　图2-50

裁切视图范围框的使用方法会在第11章施工图设计中做详细介绍。

8.临时隐藏/隔离

在三维或二维视图中，选中某个图元，单击“临时隐藏/隔离”按钮，打开菜单，如图2-51所示。选择“隐藏图元”选项，这时所选中的图元在当前视图中就会被隐藏。如果想恢复刚刚隐藏的图元，可以再次单击“临时隐藏/隔离”按钮，在弹出的菜单中选择“重设临时隐藏/隔离”选项。同理，如果需要隔离图元，按照上面的操作选择“隔离图元”即可。除了临时隐藏/隔离图元以外，软件还提供了对类别的操作，可以直接将某一个类别的图元批量隐藏或隔离。例如，选中一面墙体后，选择“隐藏类别”选项，这时软件会在当前视图中将所有墙体隐藏。以上操作都是临时性隐藏或隔离，可以随时恢复。如果需要永久性隐藏或隔离图元，可以在菜单中单击“将隐藏/隔离应用到视图”选项，这些图元便被永久性隐藏或隔离。

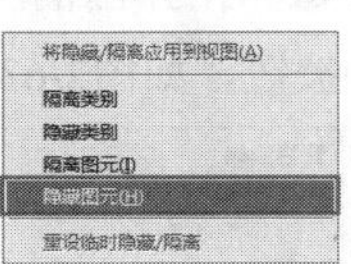

图2-51

9.显示隐藏的图元

接着上面的操作，视图中的某些图元被永久性隐藏，如果想让这些图元重新显示在当前视图中，需要单击“显示隐藏的图元”按钮，视图中以红色边框形式显示全部被隐藏的图元，如图2-52所示。

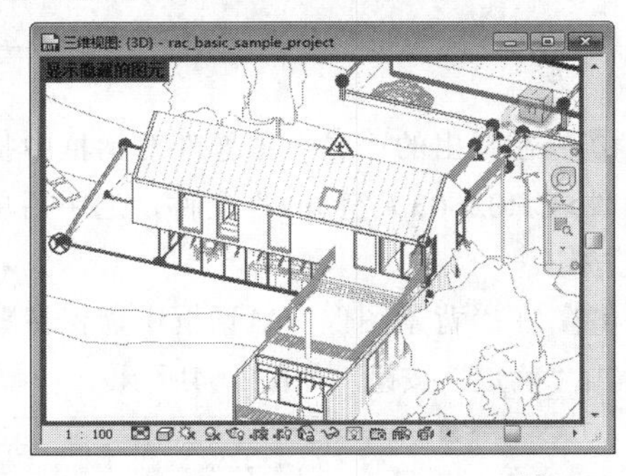

图2-52

选中需要恢复显示的图元，鼠标左键单击功能区面板内的“取消隐藏类别”按钮，如图2-53所示。

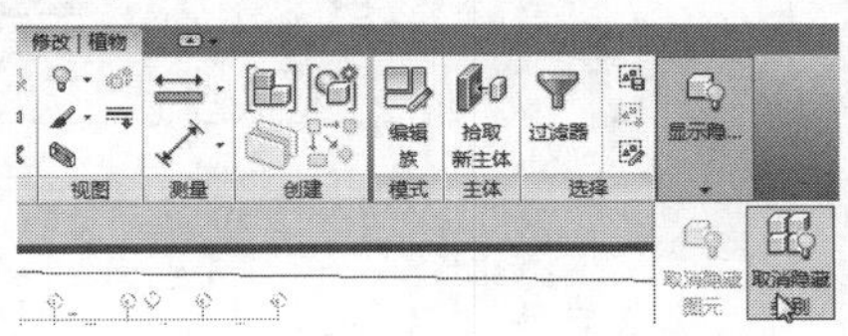

图2-53

鼠标左键再次单击“显示隐藏的图元”按钮，所选图元在当前视图中恢复显示，效果如图2-54所示。

图2-54

用户也可以通过在绘图区域单击鼠标右键，然后在弹出的快捷菜单中选择“取消在视图中隐藏>类别”选项，也可实现同样的效果，如图2-55所示。

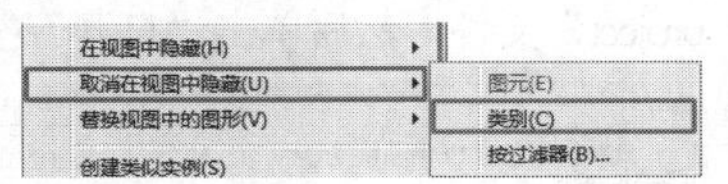

图2-55

10.临时视图属性

单击“临时视图属性”按钮，弹出如图2-56所示的菜单，可以为当前视图应用临时视图样板，在满足视图显示需求的同时，提高计算机的运行效率。

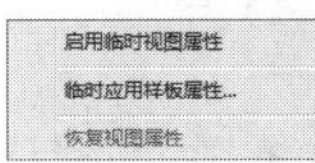

图2-56

典型实例：自定义视图背景

场景位置	素材文件>CH02>03天空.jpg
视频位置	视频文件>CH02>03典型实例：自定义视图背景.mp4
难易指数	★★☆☆☆
技术掌握	将视图背景设为自定义图像

大多数情况下，在Revit中添加相机，然后将相机视图导出为图像文件便可用于方案讨论，但效果并不是很理想。为了得到更真实的效果，可以把视图背景调整为自定义的图像，从而获得更逼真的效果。本例的完成效果如图2-57所示。

图2-57

01 启动Revit 2016，单击按钮，打开应用程序菜单，执行“打开>样例文件”菜单命令，如图2-58所示。

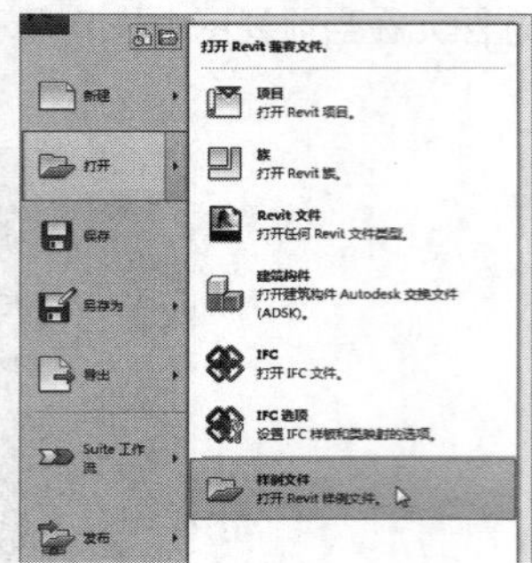

图2-58

02 在打开的对话框中选择“rac_advanced_sample_project”文件，然后单击“打开”按钮，如图2-59所示。

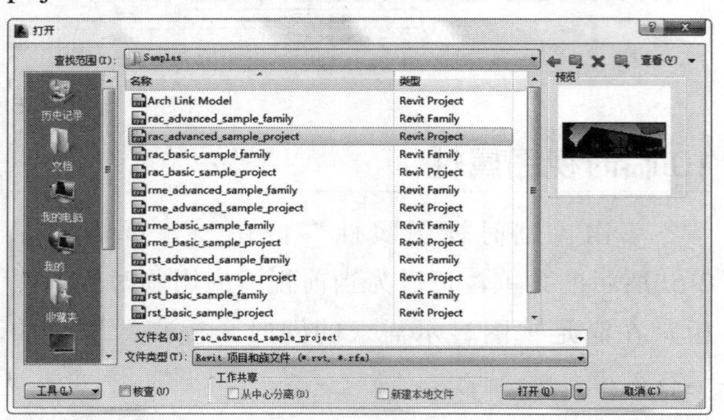

图2-59

03 在“项目浏览器”中选择“三维视图> Building Courtyard”选项，然后切换到三维视图，如图2-60所示。

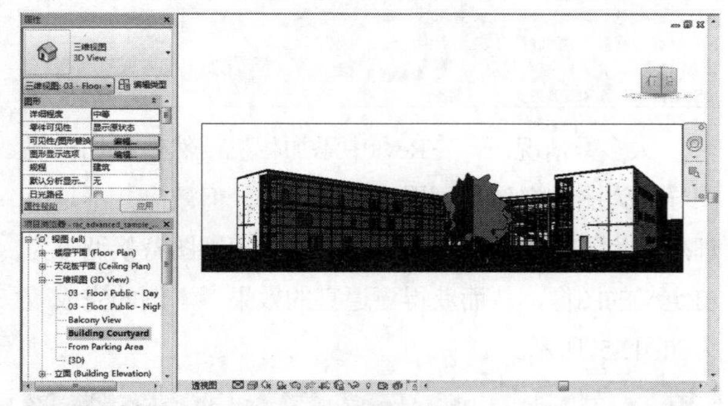

图2-60

04 单击“视觉样式”按钮，在弹出的菜单中选择“图形显示选项”选项，如图2-61所示。

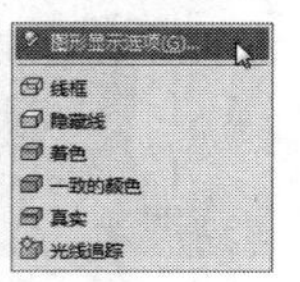

图2-61

05 打开“背景”参数栏，在“背景”列表中选择“图像”选项，然后单击“自定义图像”按钮，如图2-62所示。

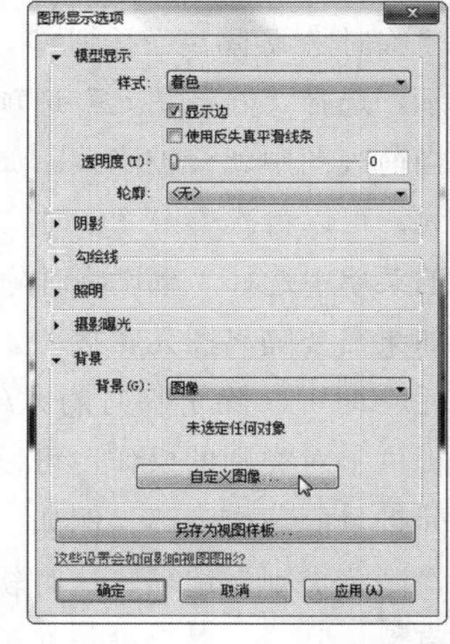

图2-62

06 在弹出的“背景图像”对话框中单击“图像”按钮，如图2-63所示。

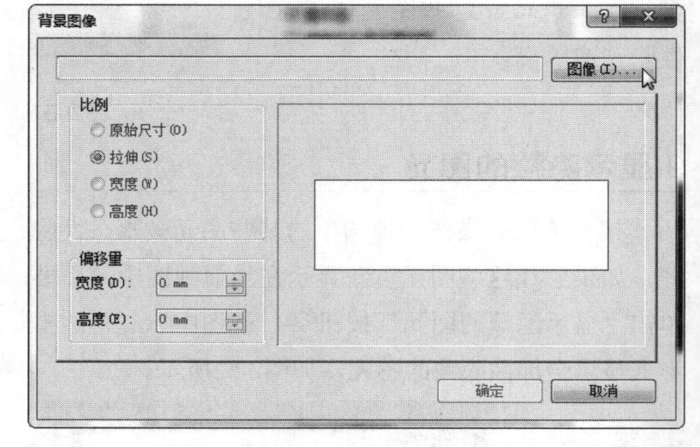

图2-63

07 在弹出的“导入图像”对话框中找到“场景文件>CH02>03天空.jpg”文件，选中后单击“打开”按钮。

08 在“背景图像”对话框中，保持默认参数，单击“确定”按钮，如图2-64所示。

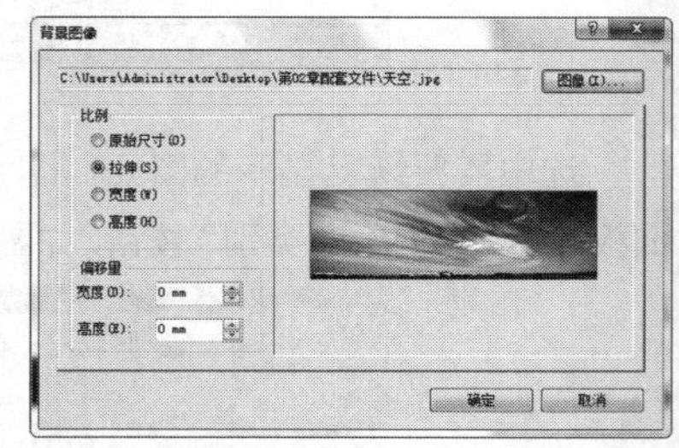

图2-64

09 单击“确定”按钮，三维视图中的背景已经替换为“03天空.jpg”图片，如图2-65所示。

图2-65

2.2.5 可见性和图形显示

该功能主要控制项目中各视图的模型图元、基准图元和视图专有图元的可见性与图形显示。可以替换模型类别和过滤器的截面、投影与表面显示。对于注释类别和导入的类别，可以编辑投影和表面显示。另外，对于模型类别和过滤器，还可以将透明应用于面，指定图元类别、过滤器或单个图元的可见性、半色调显示和详细程度。其参数设置如图2-66所示。

图2-66

典型实例：指定图元类别可见性

场景位置 场景文件>CH02>04指定图元类别可见性.rvt

视频位置 视频文件>CH02>04典型实例：指定图元类别可见性.mp4

难易指数 ★★☆☆☆

技术掌握 通过图元类别来控制在视图中的可见性

01 启动Revit 2016，单击按钮，打开应用程序菜单，执行“打开>项目”菜单命令，然后找到学习资源中的“场景文件>CH02>04指定图元类别可见性.rvt”文件，接着单击“确定”按钮打开该项目文件，如图2-67所示。

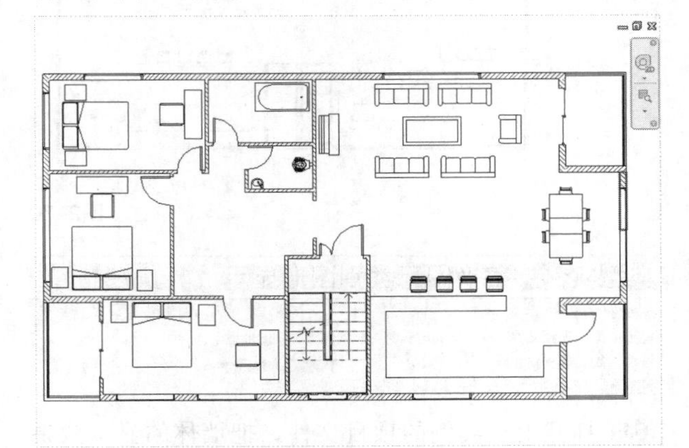

图2-67

02 进入“视图”选项卡，在“图形”面板中单击“可见性/图形”按钮，如图2-68所示。

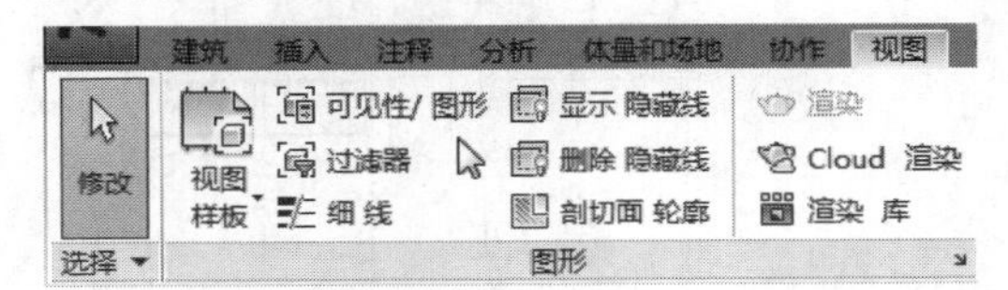

图2-68

03 单击“模型类别”选项卡，取消勾选“墙”复选项，然后单击“确定”按钮，如图2-69所示。

图2-69

04 模型中所有的“墙”在视图中将不显示，如图2-70所示。

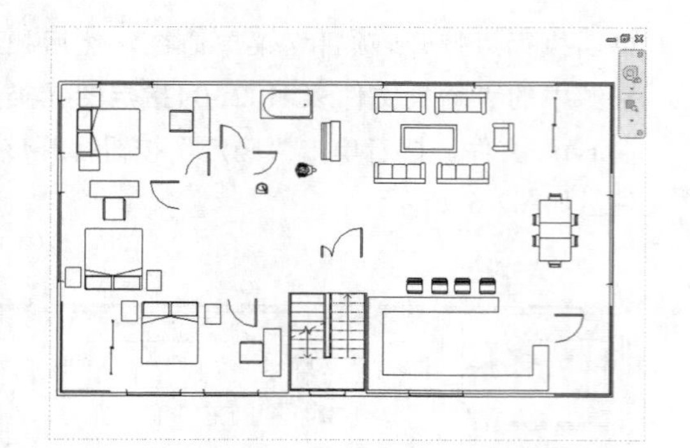

图2-70

典型实例：替换图元类别图形显示

场景位置
视频位置 视频文件>CH02>05典型实例：替换图元类别图形显示.mp4
难易指数 ★★☆☆☆
技术掌握 通过图元类别来控制在视图中的可见性

01 打开上一实例的项目文件，把墙体的显示效果放大，观察墙体的截面填充样式，如图2-71所示。

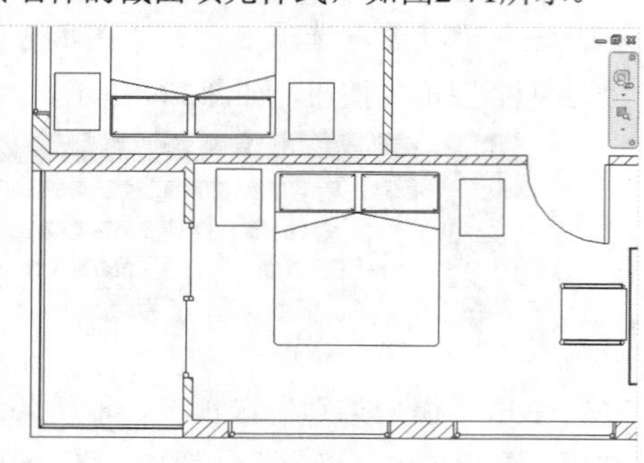

图2-71

02 进入“视图”选项卡，在“图形”面板中单击“可见性/图形”按钮，在弹出的对话框中单击“模型类别”选项卡，然后勾选“墙”复选项，接着在“截面>填充图案”参数栏中单击“替换”按钮，如图2-72所示。

图2-72

03 在弹出的“填充样式图形”对话框中，单击“填充图案”下拉列表，在弹出的下拉列表中选择“Solid fill”（实体填充）选项，如图2-73所示。

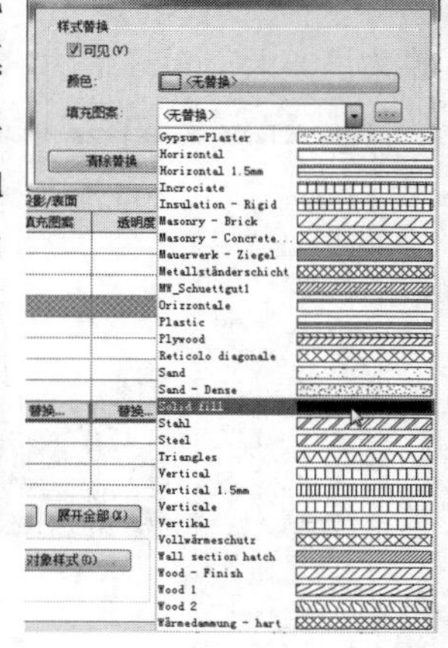

图2-73

04 依次单击“确定”按钮，完成墙体截面样式的替换，如图2-74所示。

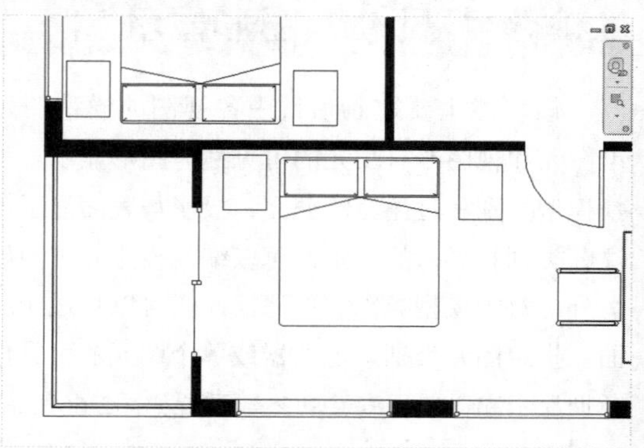

图2-74

技术专题：“投影/表面”与“截面”的区别

替换图元显示效果时，会出现“投影/表面”和“截面”两个类别。

“投影/表面”指当前视图中显示的没有被剖切图元的表面，如“家具”顶面等低于剖切线的图元，在视图中将显示“投影/表面”效果。

“截面”指当前视图中被剖切后的图元的截面，如“墙”和“柱”等顶面均高于剖切线的图元，在视图中将显示其截面效果。

疑难问答

问：除了对当前模型的样式替换，可以对链接的模型进行样式替换吗？

答： 可以替换，在“可见性/图形替换”对话框中，切换到“导入的类别”选项卡，便可以实现链接模型的样式替换。

2.3 修改项目图元

本节知识概要

知识名称	作用	重要程度
选择图元	图元的管理与归类	★★★☆☆
图元属性	视图浏览操作	★★★☆☆
编辑图元	视图浏览操作	★★★☆☆

Revit提供了多种图元编辑和修改工具，其中包括移动、旋转和复制等常用工具。在修改图元前，要先选中需要编辑的图元。

2.3.1 选择图元

在Revit中，选择图元的方法有3种：第1种是利用鼠标左键单击选择，第2种是按下鼠标左键框选，第3种是利用键盘的功能键结合鼠标循环选择。无论使用哪一种方法选择图元，都需要激活功能区的“修改”工具才可以执行。

1.修改工具的介绍

修改工具本身不需要手动去选择，在默认状态下，软件退出执行所有命令时，便会自动切换到修改工具。所以在操作软件时，很少需要单击“修改”工具按钮进行切换。但是，为了更方便地选择相应的图元，需要对修改工具做一些设置，以便提高选择效率。在功能区的“修改”工具下方单击“选择”按钮，打开下拉菜单，如图2-75所示。

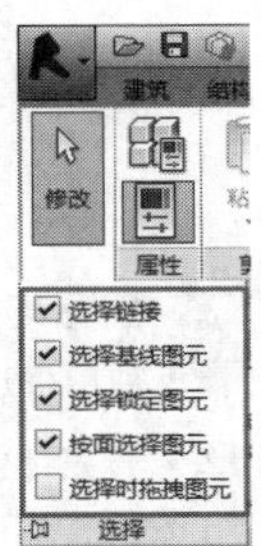

图2-75

选择工具栏位于绘图区域的右下方，如图2-76所示。

图2-76

知识讲解

- **选择链接：** 如果需要选择链接的文件和链接中的各图元时，启用“选择链接”选项。链接的文件可以包括Revit 模型、CAD 文件和点云数据。若要选择整个链接的文件及其所有图元，先将光标移动到链接上，直到其高亮显示，然后单击鼠标左键。若要选择链接文件中的单个图元，先将光标移至图元上，按 Tab键使其高亮显示，然后单击选择。如果选择链接及其图元会影响用户选择项目中的图元，则需要禁用此选项。“选择链接”被禁用时，用户仍可以捕捉并对齐链接中的图元。

- **选择基线图元：** 如果需要选择基线中包含的图元时，启用“选择基线图元”选项。如果选择基线图元会影响用户选择视图中的图元，则需要禁用此选项。“选择基线图元”被禁用时，用户仍可以捕捉并对齐基线中的图元。

- **选择锁定图元：** 如果需要选择被锁定且无法移动的图元时，启用“选择锁定图元”选项。如果选择锁定图元会影响用户选择视图中的其他图元，则需要禁用此选项。 例如，用户可能希望在交叉选择中将锁定图元忽略。

- **按面选择图元：** 如果希望通过单击内部面而不是边来选择图元时，启用“按面选择图元”选项。例如，启用此选项后，用户可通过单击墙或楼板的中心将其选中。启用后，此选项适用于所有模型视图和详图视图，但它不适用于视觉样式为“线框”的视图。禁用此选项后，用户必须单击图元的一条边才能将其选中。

- **选择时拖曳图元：** 启用此选项，可使用户无须先选择图元即可拖曳。若要避免选择图元时意外使其移动，则需要禁用此选项。此选项适用于所有模型类别和注释类别中的图元。

- **过滤器：** 当选择集中包含不同类别的图元时，可以使用过滤器从选择集里删除不需要的类别。例如，如果选择的图元中包含墙、门、窗和植物，可以使用过滤器将类别为植物的图元从选择集中排除。

技巧与提示

在不同的情况下，用户可以采用不同的选择方式。例如，在平面视图中需要选择楼板，可以启用“按面选择图元”选项。如果当前视图中链接了外部CAD图纸或Revit模型，为了避免在操作过程中误选，可以将“选择链接”选项关闭。

2.选择图元的方法

选择单个图元是将光标移动到绘图区域中的图元上，Revit 将高亮显示该图元并在状态栏和工具提示中显示该图元的信息，单击该图元即可完成选择。如果几个图元彼此非常接近或者互相重叠，可将光标移动到该区域上并按 Tab 键，直至状态栏描述所需图元为止，如图2-77所示。按组合键Shift+Tab 可以按相反的顺序循环切换图元。

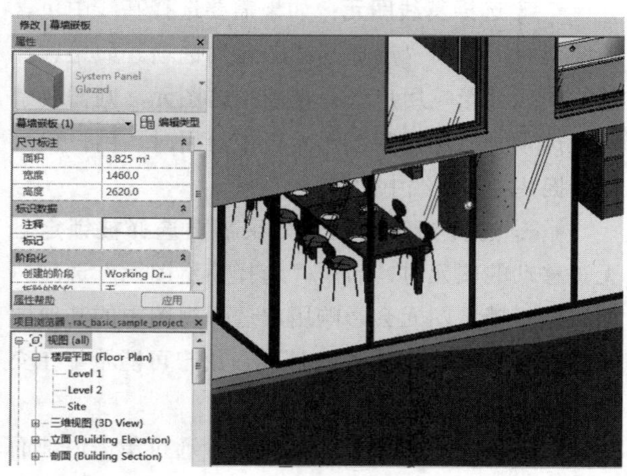

图2-77

要选择多个图元，可以在按住 Ctrl 键的同时，单击每个图元进行加选；反之，在按住 Shift 键的同时单击某图元，可以从一组选定图元中取消选择该图元。将光标放在要选择的图元一侧，并对角拖曳光标以形成矩形边界，从而绘制一个选择框进行框选，如图2-78所示。按Tab键高亮显示链接的图元，然后单击选择这些图元，可以进行墙链或线链的选择。

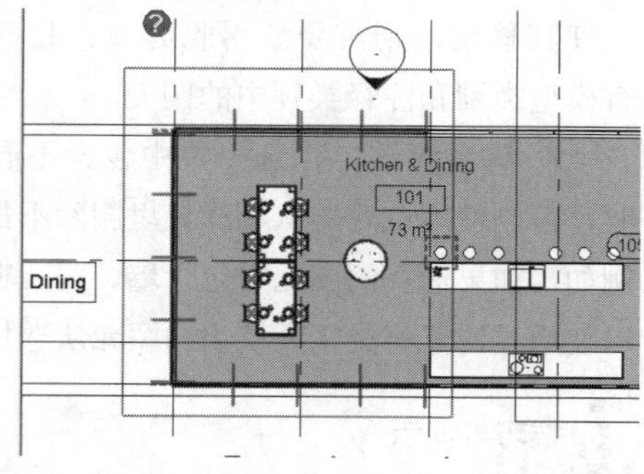

图2-78

在任何视图中的某个图元或“项目浏览器”的某个族类型上单击鼠标右键，然后选择“选择全部实例>在视图中可见/在整个项目中”命令，可以选中某个类别的图元，如图2-79所示。

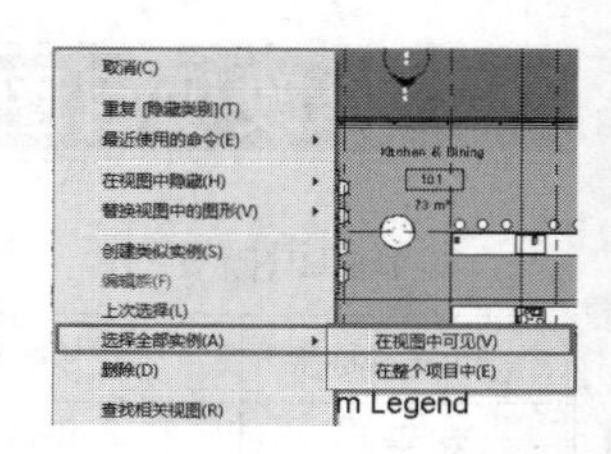

图2-79

当选择中包含不同类别的图元时，可以使用过滤器从选择中删除不需要的类别。例如，如果选择的图元中包含墙、门、窗和家具，可以使用过滤器将家具从选择集中排除。在要选择的图元周围定义一个选择框，将光标放置在图元的一侧，并沿对角线拖曳光标，以形成一个矩形边界。进入“修改 | 选择多个”选项卡，然后在“过滤器”面板中单击“过滤器”按钮，如图2-80所示。

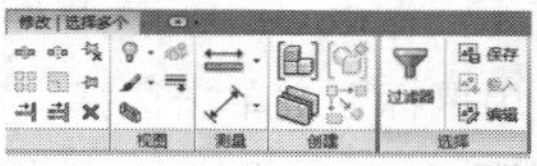

图2-80

“过滤器”对话框会列出当前选择的所有类别的图元。“合计”列指示每个类别中的已选择图元数。当前选定图元的总数显示在对话框的底部，如图2-81所示。要排除某一类别中的所有图元，取消勾选其复选项。要包含某一类别中的所有图元，勾选其复选项。如果需要选择全部类别，单击“选择全部”；如果要清除全部类别，单击“放弃全部”。修改选择内容时，对话框中和状态栏上的总数会随之更新。

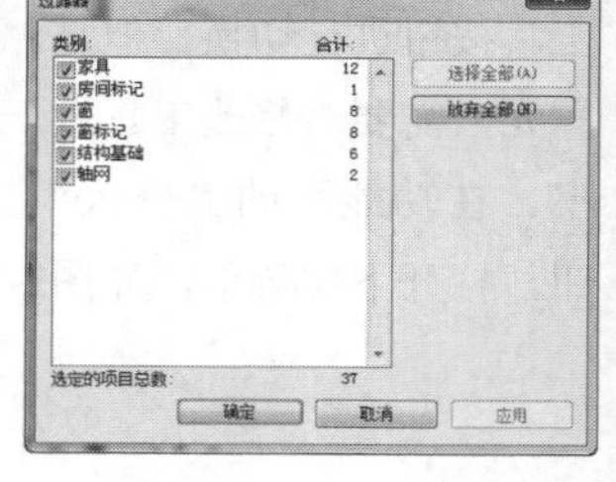

图2-81

技巧与提示

使用框选方式选择图元时，如果从左至右拖曳光标，那么只有完全位于选择框边界之内的图元才能够被选择；如果从右至左拖曳光标，全部或部分位于选择框边界之内的任何图元都将会被选择。

3.选择集

如果需要保存当前选择状态以便后面再次选择，可以使用选择集工具。在已打开的项目中，任意选中多个图元。在“修改”选项卡中会出现选择集相应的按钮，如图2-82所示。

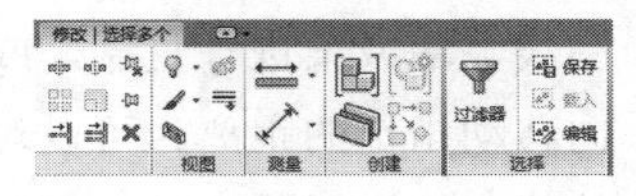

图2-82

单击“保存”按钮，打开“保存选择”对话框，输入任意字符之后单击“确定”按钮，当前选择的状态便被保存在项目中，可供随时调用。单击绘图区域空白处，退出当前选择。如需恢复之前所保存的选择集，单击“管理”选项卡，在“选择”面板中单击“载入”按钮，如图2-83所示。

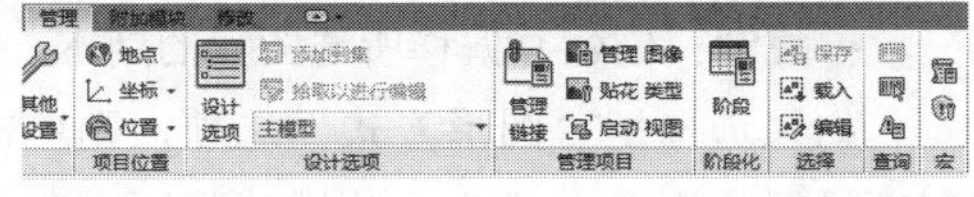

图2-83

弹出“恢复过滤器”对话框，所有保存过的选择集都在过滤器列表中，如图2-84所示。选择任一选择集，单击“确定”按钮，软件会自动选择当前选择集内包含的图元。

图2-84

如果需要编辑选择集内容，先选中任意图元，自动进入“修改 | 选择多个”选项卡，在“选择”面板中单击“编辑”按钮，如图2-85所示，在弹出的“过滤器”对话框中可以对选择集进行新建、编辑、重命名和删除操作。

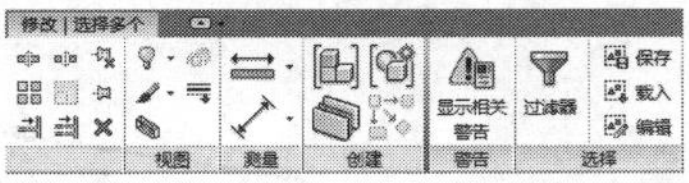

图2-85

2.3.2 图元属性

在 Revit 中，放置在图纸中的每个图元都是某个族类型的一个实例。图元有两组用来控制其外观和行为的属性：类型属性和实例属性。

类型属性：同一组类型属性由一个族中的所有图元共用，而且特定族类型的所有实例的每个属性都具有相同的值。

例如，属于“墙”族的所有图元都具有“结构”属性，包含了材质和厚度等信息，该属性的值因族类型而异。在“墙”族内，族类型为“填充墙200mm”的所有图元宽度值都为200mm，而族类型为“砖墙240mm”的所有图元宽度值都为240mm。修改类型属性的值不仅会影响该族类型新建的图元，之前创建的所有图元也会自动更新。

实例属性：同一个族具有相同的类型属性，但是可以具有不同的实例属性。当修改选定图元的实例属性参数时，只有选定的图元或即将放置的图元发生了变化，未选定的图元即使属于同一族，也不会同步修改。

例如， 两个同样为“矩形建筑柱”，类型属性为“500mm×600mm”的族的图元。选中其中一个图元，当修改类型属性中的“深”和“宽”时，两个图元的尺寸会同时修改；当修改其中一个图元的实例属性“顶部标高”为“F4”时，只有选中图元的高度发生了变化，如图2-86所示。

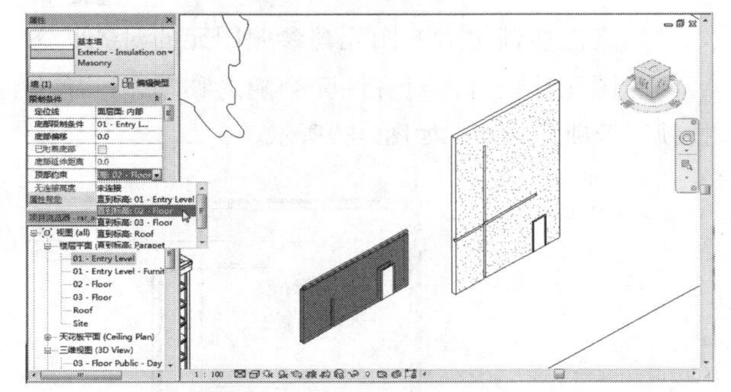

图2-86

2.3.3 编辑图元

模型绘制过程中，经常需要对图元进行修改。软件提供了大量的图元修改工具，其中包括移动、旋转和缩放等，在“修改”选项卡中可以找到这些工具，如图2-87所示。下面介绍这些工具的具体使用方法。

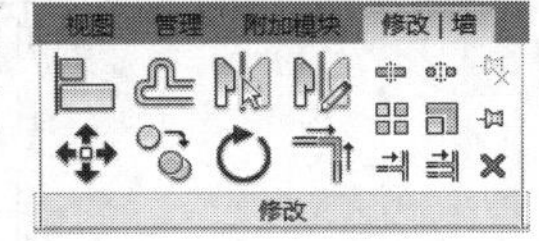

图2-87

1.对齐工具

使用“对齐”工具可将一个或多个图元与选定图元对齐。此工具通常用于对齐墙、梁和线，也可以用于其他类型的图元。例如，在三维视图中，可以将墙的表面填充图案与其他图元对齐。可以对齐同一类型的图元，也可以对齐不同族的图元。可以在平面视图、三维视图或立面视图中对齐图元。

进入“修改”选项卡，在“修改”面板中单击“对齐”按钮，光标会变为对齐符号。在选项栏中设置对齐选项，“多重对齐”是将多个图元与所选图元对齐。“首选”列表中包含4种对齐方式：“参照墙中心线”“参照墙面”“参照核心层中心”“参照核心层表面”。在绘图区域先单击参照图元（参照图元的位置不移动），然后单击选择要与参照图元对齐的一个或多个图元，如图2-88所示。

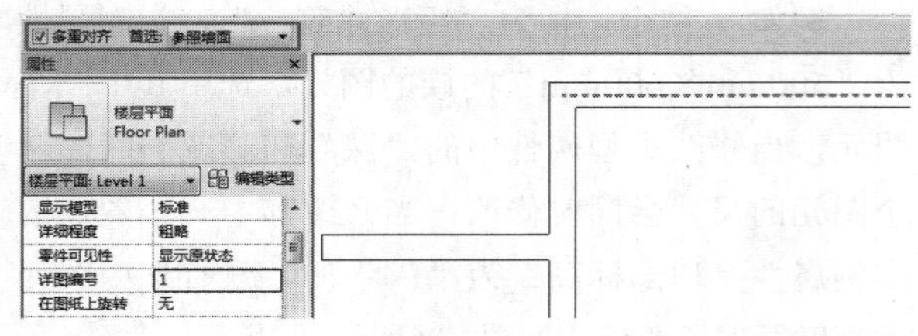

图2-88

如果需要锁定对齐图元与参照图元的对齐状态（参照图元移动时，对齐图元会随之移动），单击挂锁符号锁定对齐，如图2-89所示。

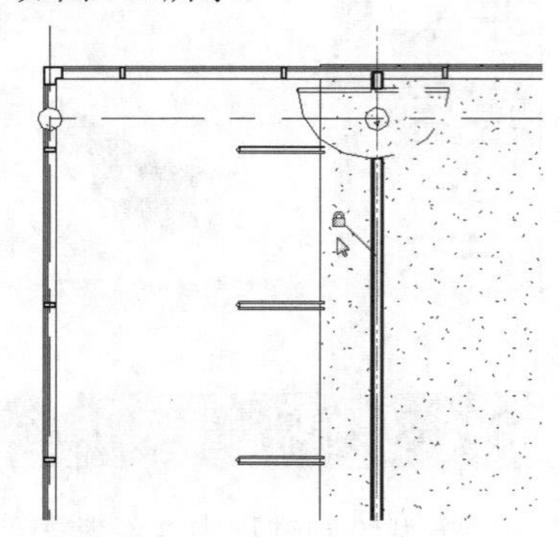

图2-89

锁定之后，对齐图元便会随参照图元移动，如图2-90所示。

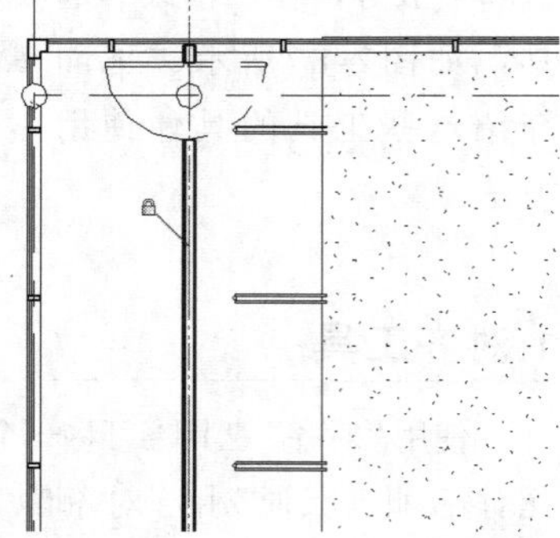

图2-90

2.偏移工具

使用“偏移”工具可以对选定的模型线、详图线、墙或梁进行复制，或将其在与长度垂直的方向移动指定的距离。可以对单个图元或属于相同族的图元链应用该工具。可以通过拖曳选定图元或输入值来指定偏移距离。

单击“修改”选项卡，在“修改”面板选择“偏移”工具，然后在选项栏中设置偏移选项。

知识讲解

- **图形方式：** 将选定图元拖曳所需距离。
- **数值方式：** 输入偏移距离值。
- **复制：** 创建并偏移所选图元的副本。

如果选择了“图形方式”选项，则单击以选择高亮显示的图元，然后将其拖动到所需距离并再次单击。开始拖动后，将显示一个关联尺寸标注，可以输入特定的偏移距离，如图2-91所示。

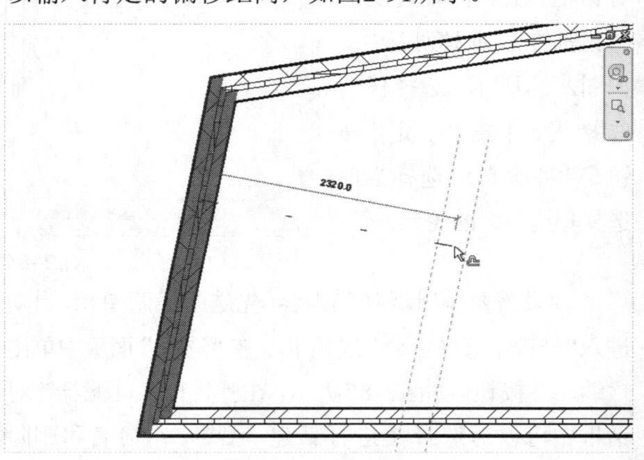

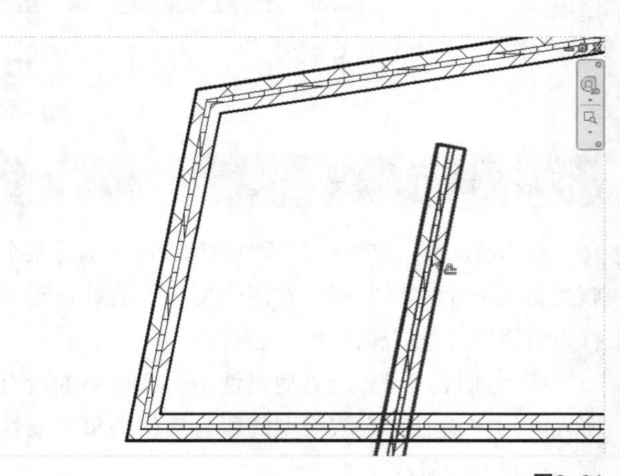

图2-91

如果使用“数值方式”选项，单击需要被偏移的图元，在该图元两侧移动鼠标会在固定距离处出现虚线，用以提示偏移后的状态，单击鼠标确认偏移方向，完成偏移，如图2-92所示。

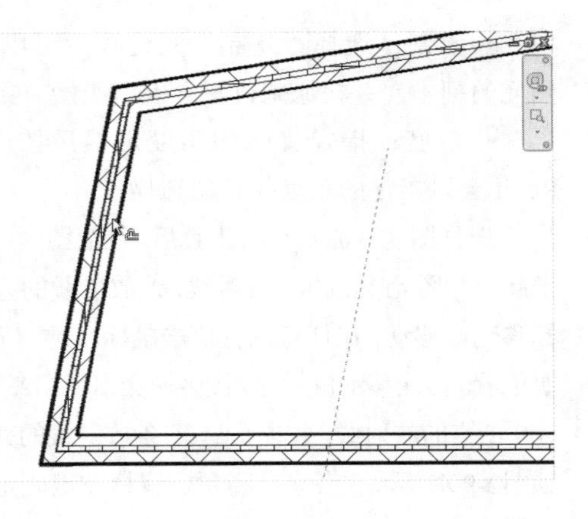

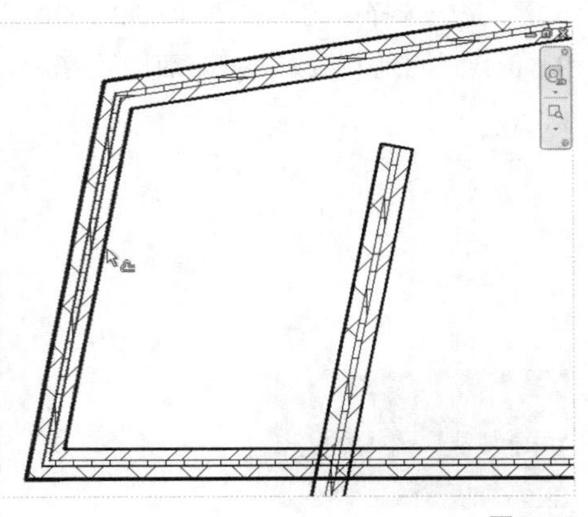

图2-92

3.镜像工具

“镜像”工具▯使用一条线作为镜像轴，对所选模型图元执行镜像（反转其位置）。用户可以拾取镜像轴，也可以绘制临时轴。使用“镜像”工具可翻转选定图元，或者生成图元的一个副本并反转其位置。

选择要镜像的图元，单击“修改”选项卡，在“修改”面板上单击▯或▯按钮，然后选择要镜像的图元，并按Enter键确认，如图2-93所示。将光标移动到墙中心线，按下鼠标左键完成镜像，如图2-94所示。要移动选定项目（不生成副本），可以在选项栏上取消勾选“复制”选项。

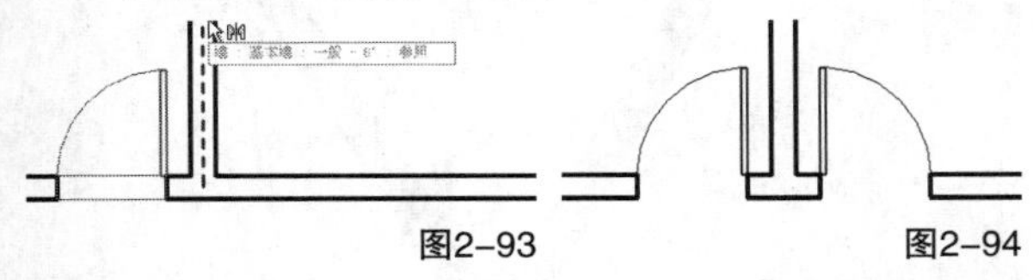

图2-93　　图2-94

技巧与提示

要选择代表镜像轴的线，请选择“镜像-拾取轴”工具；要绘制一条临时镜像轴线，请选择“镜像-绘制轴”工具。

4.移动工具

“移动”工具✥的工作方式类似于拖曳，但是它在选项栏上提供了多重选项设置，允许用户进行更精确的放置。

选择要移动的图元，进入“修改”选项卡，在“修改”面板中单击“移动”按钮✥，选择要移动的图元，然后按 Enter 键。选项栏的参数设置如图2-95所示。

修改 | 家具 □约束 □分开 □多个

图2-95

知识讲解

- **约束**：勾选该复选项，可限制图元沿着与其垂直或共线的方向移动。
- **分开**：勾选该复选项，可在移动前中断所选图元和其他图元之间的关联。例如，要移动链接到其他墙的墙时，勾选该选项，其他墙体不会随之移动。也可以使用“分开”复选项将依赖于主体的图元从当前主体移动到新的主体上。 例如，如果希望将关联到墙体上的窗移动到其他墙体上时，需要勾选“分开”复选项，否则窗只能在所在墙体上移动。使用此功能时，最好取消勾选“约束”复选项。

单击一次以确定移动的起点，将会显示该图元的预览图像。沿着希望图元移动的方向移动光标，光标会捕捉到相应位置，此时会显示尺寸标注作为参考。再次单击以完成移动操作。如果要更精确地进行移动，需输入要移动的距离值，然后按Enter键，如图2-96所示。

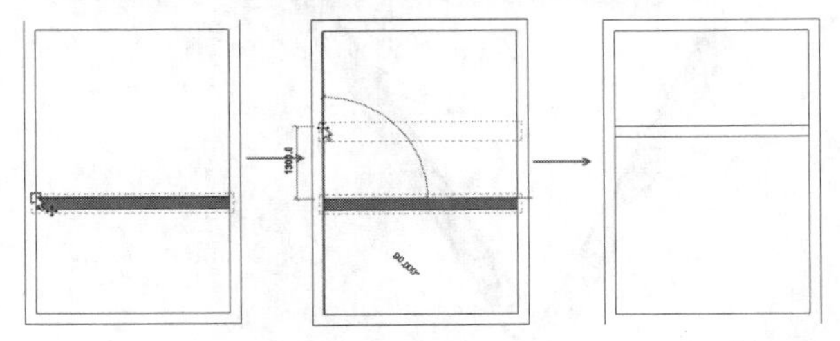

图2-96

5.复制工具

“复制”工具▯可复制一个或多个选定图元。“复制”工具与“复制到剪贴板”工具不同。要复制某个选定图元并立即放置该图元时（如在同一个视图中），可使用“复制”工具；在某些情况下可使用“复制到剪贴板”工具，如需要在放置副本之前切换视图时。

选择要复制的图元，进入“修改”选项卡，单击“修改”面板中的“复制”按钮，然后单击一次绘图区域开始移动和复制图元。将光标从原始图元上移动到相应区域后单击以放置图元副本，或输入关联尺寸标注的值。继续放置更多图元，或者按 Esc 键退出“复制”工具，如图2-97所示。

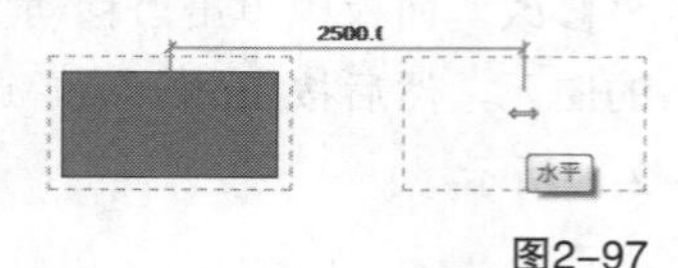

图2-97

6.旋转工具

“旋转”工具可使图元围绕轴旋转。在楼层平面视图、天花板投影平面视图、立面视图和剖面视图中，图元会围绕垂直于这些视图的轴进行旋转。在三维视图中，该轴垂直于视图的工作平面。

并非所有图元均可以围绕任何轴旋转。例如，墙不能在立面视图中旋转，窗不能在没有墙的情况下旋转。

选择要旋转的图元，进入“修改”选项卡，在“修改”面板中单击“旋转”按钮，图元的中心会出现●符号，图元将围绕该符号旋转，如图2-98所示。

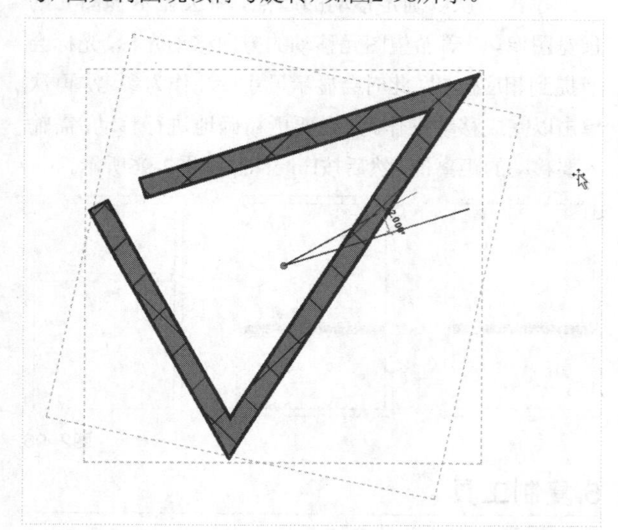

图2-98

知识讲解

• **分开**：选择“分开”复选项，可在旋转之前中断选择图元与其他图元之间的链接。例如，当需要旋转的墙体与其他墙体保持链接状态时，勾选该选项可使墙体旋转后脱离链接。

• **复制**：选择“复制”复选项，可以旋转所选图元的副本，并在原来位置上保留原始对象。

• **角度**：指定旋转的角度，然后按Enter键。Revit 会以指定的角度执行旋转操作。

选择图元并激活旋转工具后，在绘图区域会出现一条起点为图元中心点的放射线，该放射线的方向会随鼠标移动而移动，在任意位置单击鼠标左键，确定起始参照位置。再次移动鼠标，绘图区域会出现第2条起点为图元中心点的放射线，并提示与第1条放射线的夹角距离，如图2-99所示。在任意位置单击鼠标左键确定终点参照位置，完成选择图元的旋转，如图2-100所示。完成后，Revit 会返回到“修改”工具，而旋转的图元仍处于选中状态。

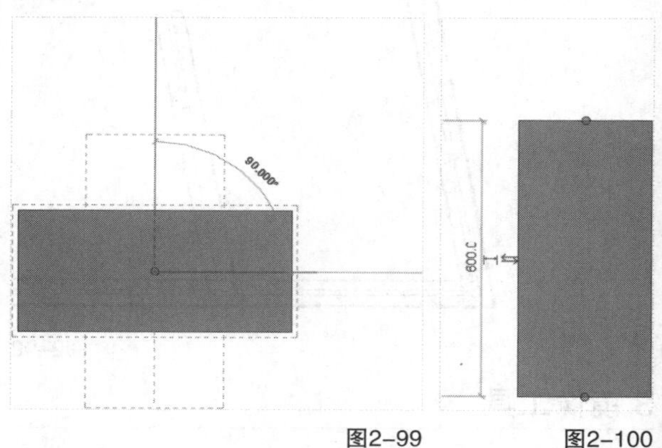

图2-99　　图2-100

技巧与提示

（1）使用旋转工具时，可以修改旋转的中心点。

选择图元并激活旋转工具后，单击图元的旋转控制点●，将鼠标放置到需要修改中心点的位置再次单击鼠标，可以发现旋转控制点的位置已经发生改变，如图2-101和图2-102所示。

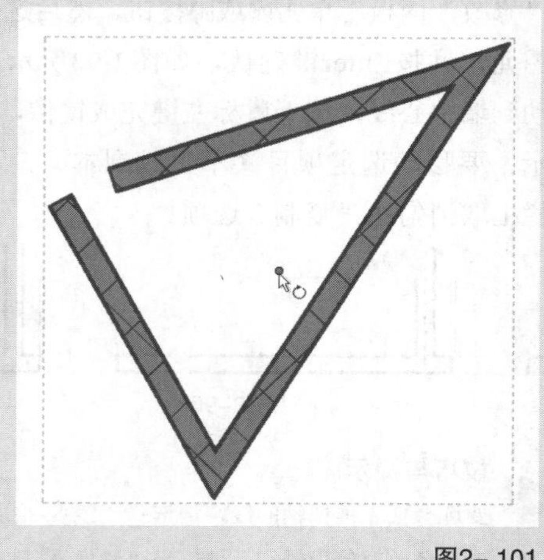

图2- 101

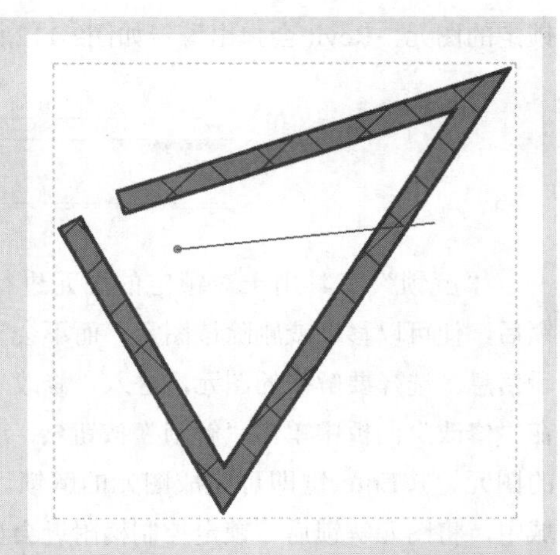
图2-102

（2）根据角度旋转图元。

在选项栏中的“角度”参数框直接输入角度，可以指定图元的旋转角度。此外，还可以单击确定起始放射线之后，直接使用键盘输入数值，然后按Enter键确定，即可完成指定角度的选择。

7.修剪/延伸工具

修剪/延伸工具包含3个工具：修剪/延伸为角、修剪/延伸单个图元、修剪/延伸多个图元。

知识讲解

• **修剪/延伸为角**：用以修剪或延伸两个图元，来形成闭合的角，常用于墙图元的操作。单击“修改”选项卡，在“修改”面板中单击“修剪/延伸为角”按钮。单击选择第1个需要修剪图元的保留部分，然后将光标放到第2个图元的保留部分，屏幕上会以虚线显示完成后的效果，如图2-103所示，单击鼠标左键完成修剪，完成后的效果如图2-104所示。

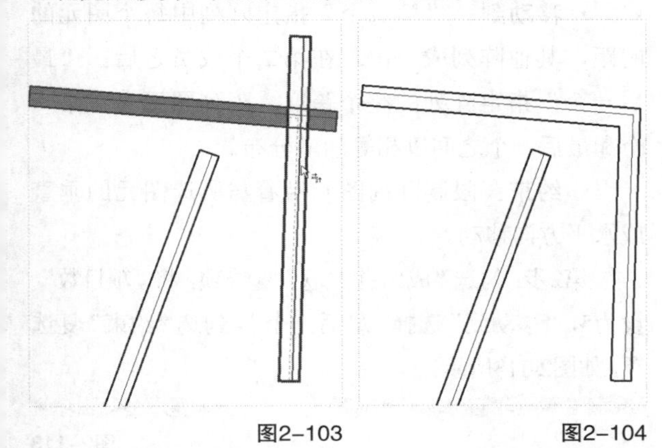
图2-103 图2-104

• **修剪/延伸单个图元**：可以修剪或延伸单个图元至由相同的图元类型定义的边界，也可以延伸不平行的图元以形成角，或者在它们相交时对它们进行修剪以形成角。选择要修剪的图元时，光标要放在需保留的图元部分。单击“修改”选项卡，在“修改”面板中单击“修剪/延伸单个图元”按钮。首先单击用作边界的参照图元，然后选择要修剪或延伸的图元，如图2-105所示。如果此图元与边界交叉，则保留所单击的部分，而修剪边界另一侧的部分，完成后的效果如图2-106所示。

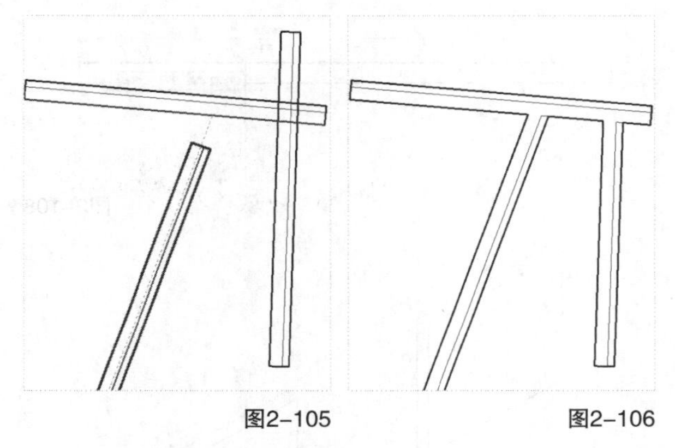
图2-105 图2-106

• **修剪/延伸多个图元**：可以对多个图元同时修剪或延伸，这样每个图元便无须重复执行修剪/延伸单个图元操作。单击“修改”选项卡，在“修改”面板中单击“修剪/延伸多个图元”按钮。首先单击用作边界的参照图元，然后依次选择多个要修剪或延伸的图元。如果此图元与边界交叉，则保留单击的部分，修剪边界另一侧的部分，如图2-107所示。

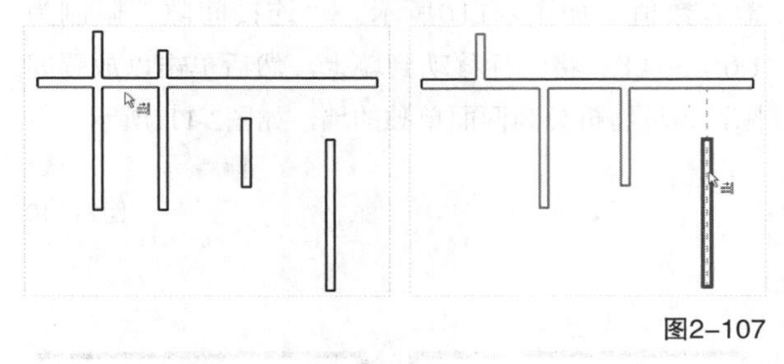
图2-107

8.拆分工具

拆分工具可将墙、线、梁和支撑等图元分割为两个单独的部分，可删除两个点之间的线段，也可在两面墙之间创建定义的间隙。拆分工具有两种使用方法：拆分图元和用间隙拆分。

知识讲解

- **拆分图元**：单击“修改”选项卡，在“修改”面板单击“拆分图元”按钮。在选项栏中，如果勾选“删除内部线段”选项，在执行拆分图元命令时，会自动删除图元上所选点之间的线段。在图元上要拆分的位置处单击鼠标左键，如果勾选了“删除内部线段”选项，则单击另一个点来删除中间部分图元，如图2-108和图2-109所示。删除一部分墙后，所得到的各部分都是单独的墙，可以单独进行处理。

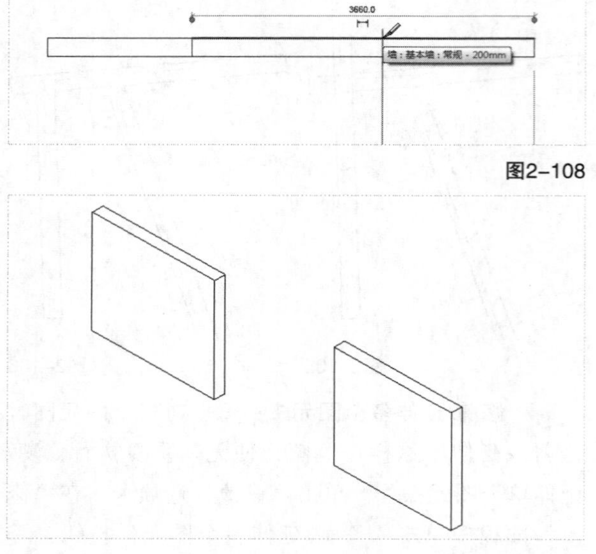

图2-108

图2-109

- **用间隙拆分**：使用定义的间隙拆分墙。单击“修改”选项卡，在“修改”面板单击“用间隙拆分”按钮。在选项栏中的“连接间隙”参数框输入数值，如图2-110所示。“连接间隙”限制为1.6～304.8。将光标移动到墙上，然后单击以放置间隙，该墙将拆分为两面单独的墙，如图2-111所示。

连接间隙: 25.4

图2-110

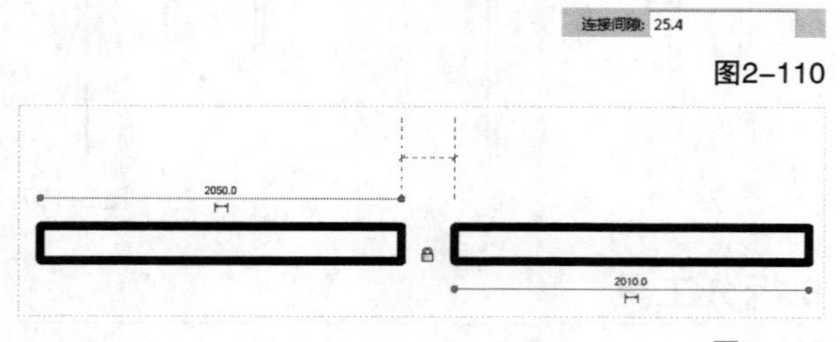

图2-111

9.锁定与解锁工具

“锁定”工具可以将图元锁定在适当的位置。将图元锁定后，该图元将无法移动。如果试图删除锁定的图元，Revit会弹出警告如图2-112所示。

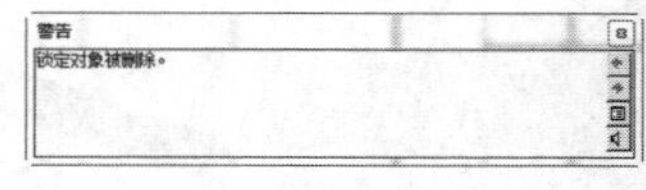

图2-112

“解锁”工具用于对锁定的图元进行解锁。解锁后，便可以移动或删除该图元，而不会显示任何提示信息。选择要解锁的图元，进入“修改”选项卡，在“修改”面板中单击“解锁”按钮。选择要解锁的图元，按Enter键即可完成图元的解锁。在绘图区域中，将图元解锁后，锁定控制柄附近会显示，用以指明该图元已解锁。

10.阵列工具

“阵列”工具可以对选定图元进行阵列操作。阵列路径可以沿一条线做“线性阵列”，也可以沿一个弧形做“径向阵列”。

线性阵列

第1步：选择需要阵列的图元，进入“修改 ”选项卡，在“修改”面板中单击“阵列”按钮，然后在选项栏中单击“线性”按钮，并设置其他选项。

知识讲解

- **成组并关联**：将阵列的每个图元包括在一个组中。如果未选择此选项，Revit将会创建指定数量的副本，而不会使它们成组。每个副本都独立于其他副本，无法再次修改阵列图元数量。
- **项目数**：指定阵列中所有选定图元的总数。
- **移动到**：“第二个”指定阵列中每个图元的间距，其他阵列成员出现在第二个成员之后。“最后一个”指定阵列的整个跨度。阵列图元会在第一个和最后一个之间以相等间隔分布。
- **约束**：限制阵列图元沿着与所选图元的垂直或水平方向移动。

第2步：勾选“成组并关联”复选项，将“项目数”设为5，“移动到”选择“最后一个”，勾选“约束”复选项，如图2-113所示。

修改 | 家具 | 激活尺寸标注 | 成组并关联 项目数: 5 移动到: 第二个 最后一个 约束

图2-113

第3步：设置完成后，将光标移动到绘图区任意位置，单击鼠标左键确定起始点。移动光标到终点位置，再次单击完成第2个成员的放置，如图2-114所示。

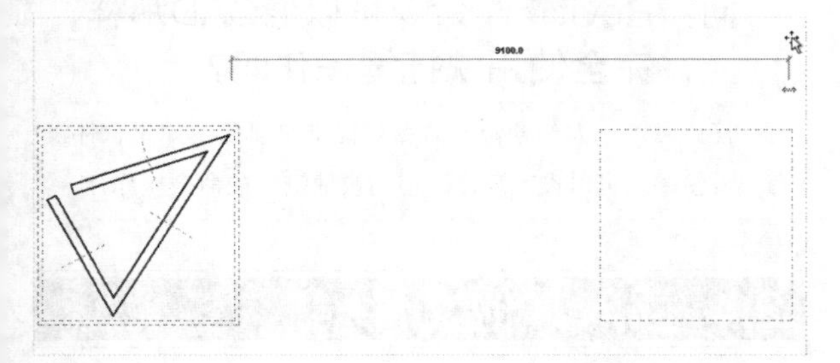

图2-114

第4步：放置完成后，还可以修改阵列图元的数量，如图2-115所示。

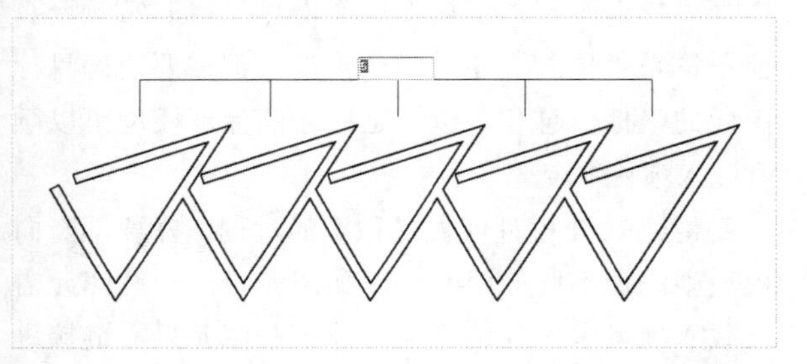

图2-115

径向阵列

第1步：选择要在阵列中复制的图元，进入“修改”选项卡，在“修改”面板中单击“阵列”按钮，然后在选项栏中单击“径向”按钮。选项栏中增加了“角度”和“旋转中心”两个参数，如图2-116所示。

图2-116

知识讲解

• **角度**：输入具体的角度值，按Enter键，选中的图元会按照该数值进行阵列。

• **旋转中心**：“默认”的旋转中心点为选中图元的中心，“地点”可以自定义旋转的中心点。用户也可以在“默认”状态下单击旋转中心控制点，然后将鼠标移动到新的位置并单击，完成自定义中心点。

第2步：设置选项栏中的“项目数”为3，“移动到”设为“最后一个”，“旋转中心”为“地点”。将光标移动到半径阵列的弧形开始的位置，单击以指定第一条旋转放射线。移动光标，此时会显示另一条旋转放射线，同时会显示临时角度标注，并会出现一个预览图像框，如图2-117所示。单击可放置第2条放射线，完成阵列。

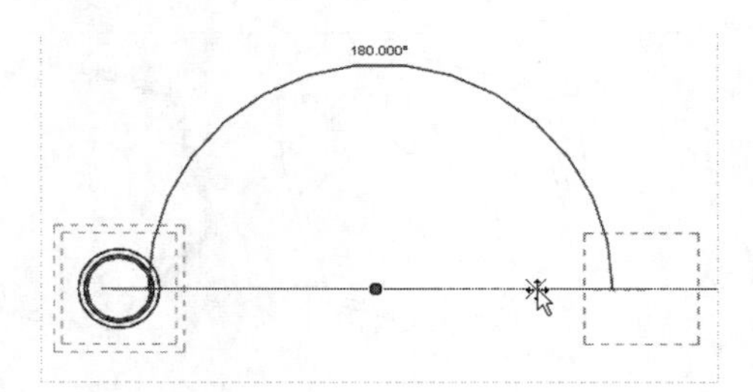

图2-117

第3步：如果需要改变阵列数量，可以直接在输入框输入阵列的数量为5，然后按Enter键完成阵列数量的改变，如图2-118所示。

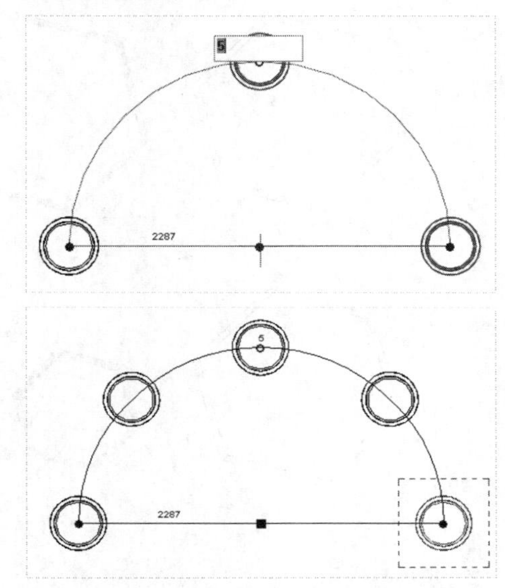

图2-118

11.缩放工具

“缩放”工具可以通过图形方式或数值方式按比例缩放图元，适用于墙、线、DWG/DXF导入、参照平面，以及尺寸标注的位置。

选择需要缩放的图元，进入“修改”选项卡，在“修改”面板中单击“缩放”按钮。选项栏中提供了“图形方式”和“数值方式”两种缩放方式，如图2-119所示。

图2-119

知识讲解

• **图形方式**：通过设置图形方式确定缩放比例。

• **数值方式**：通过输入数值确定缩放比例。

在选项栏中选择“图形方式”，在绘图区域单击确认缩放原点，移动光标到任意位置，单击确认第1条缩放参考线，如图2-120所示。

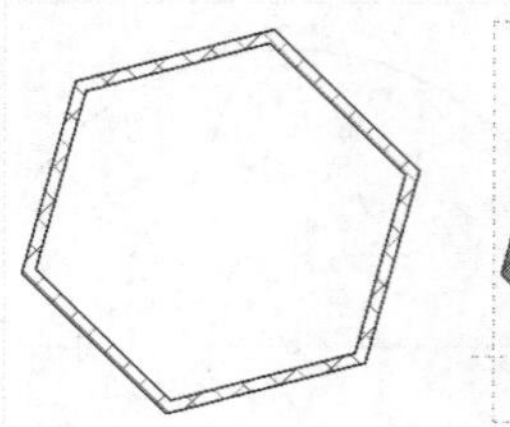

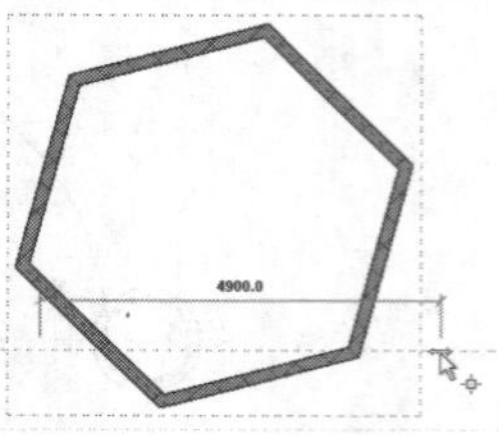

图2-120

再次移动光标，单击确认第2条缩放参考线，如图2-121所示。选中的图元将按照两次参考线长度的比例进行缩放，如图2-122所示。

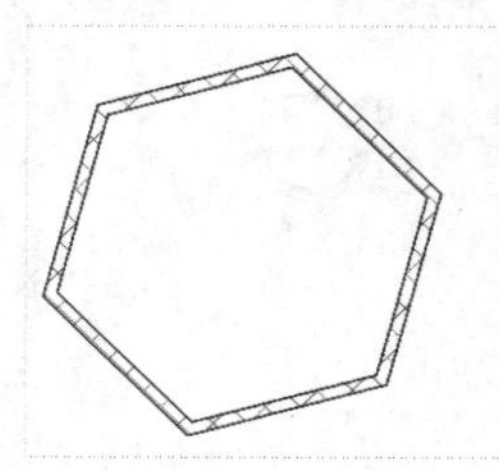

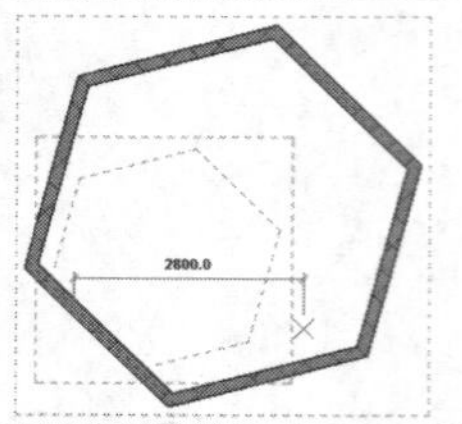

图2-121

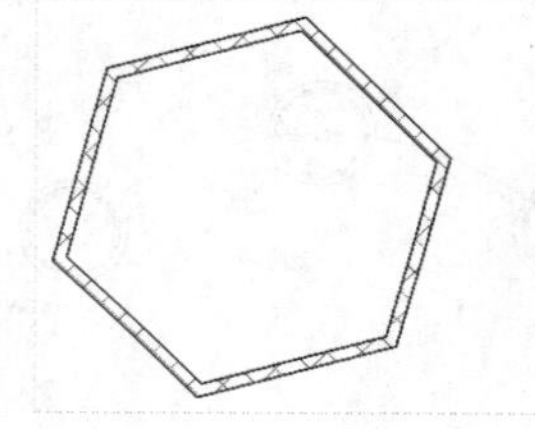

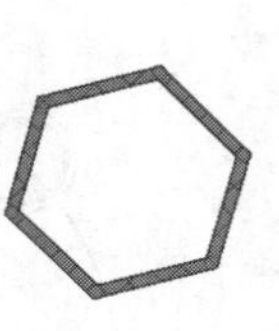

图2-122

技巧与提示

使用“缩放”工具时，需注意以下两个问题。

（1）所有图元都必须位于平行平面中。所有墙必须都具有相同的底部标高。

（2）确保仅选择支持的图元，如墙和线。只要整个选择集包含一个不受支持的图元，“缩放”工具将不可用。

12.删除工具

“删除”工具✖可将选定图元进行删除。首先要选择待删除的图元，然后进入“修改”选项卡，在“修改”面板单击“删除”按钮。或者选中图元，然后直接按Delete键将其删除。

技巧与提示

在Revit中，使用删除工具或Delete键删除图元时，图元必须处于解锁状态。如果当前图元被锁定，将无法执行删除命令，并会弹出对话框进行提示。标高、轴网等较为重要的图元，建议用户将其锁定，这样可以防止误删除。

疑难问答 ?

问：Revit修改命令可以像CAD那样，完全使用快捷键操作吗？

答：可以。大部分修改命令都提供快捷键，如果软件没有预设值，也可以设置自己习惯的快捷键完成命令操作。

2.4 插入其他文件

开始模型搭建后，经常需要从外部载入族、CAD图纸或链接其他专业的Revit模型。在此过程中，“导入”和“链接”这类操作显得非常频繁。但不论是“导入”还是“链接”，都需要明确目标图元的坐标信息和单位，这样才能保证模型可以顺利载入项目中。

构建Revit模型就像搭积木的过程，需要不断向模型中添加不同的图元。添加图元时，一些图元需要载入项目中进行编辑，另外一些图元只需链接进来作为参考。因此，Revit为用户提供了多种命令实现不同目的的导入和链接，如图2-123所示。

图2-123

2.4.1 链接外部文件

项目实施过程中，经常会用到不同的软件创建模型与图纸。例如，方案阶段会利用SketchUp创建三维模型，利用AutoCAD绘制简单的二维图纸。这些程序创建的文件都可以链接到Revit中，作为参考使用。

Revit支持如下格式的链接文件。

RVT：使用Revit软件创建的文件。

DWG：通常是由AutoCAD软件创建的文件。

DXF：由Revit或CAD等软件导出的文件。

DGN：由MicroStation软件创建的文件。

SKP：由SketchUp软件创建的文件。

SAT：由ACIS核心开发出来的应用程序的通用格式文件。

典型实例：链接Revit文件

场景位置 场景文件>CH02>06链接Revit文件.rvt
视频位置 视频文件>CH02>06典型实例：链接Revit文件.mp4
难易指数 ★★☆☆☆
技术掌握 链接Revit模型的操作方法

01 新建项目文件，打开任意平面视图，然后单击“插入”选项卡，在“链接”面板中单击“链接Revit”按钮，如图2-124所示。

图2-124

02 在对话框中选择学习资源中的“场景文件>CH02>06链接Revit文件.rvt”文件，将“定位”选项切换到“自动-原点到原点”，如图2-125所示。

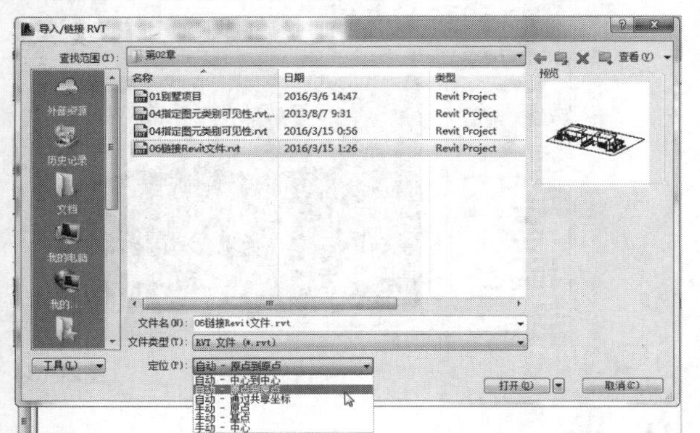

图2-125

03 单击“打开”按钮，完成Revit文件的链接，然后在绘图区域中查看模型，如图2-126所示。

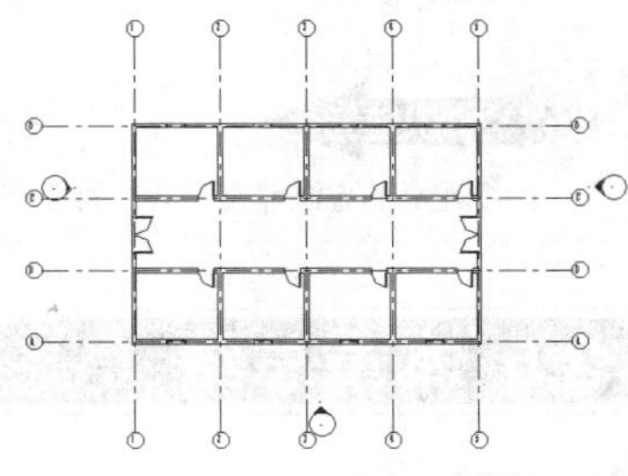

图2-126

技术专题：绑定链接模型

使用链接方式载入的模型文件不可以进行编辑。如果需要编辑链接模型，可以将模型绑定到当前项目中。选中链接模型，然后单击选项栏中的“绑定链接”按钮，如图2-127所示。

在弹出的对话框中勾选需要绑定的项目，然后单击“确定”按钮，如图2-128所示。

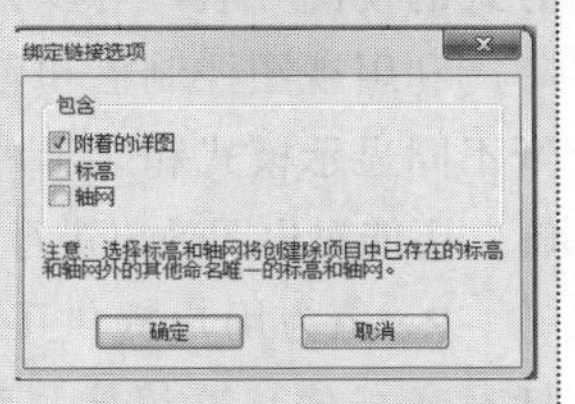

图2-127 图2-128

典型实例：链接CAD文件

场景位置 场景文件>CH02>07链接CAD文件.dwg
视频位置 视频文件>CH02>07典型实例：链接CAD文件.mp4
难易指数 ★★☆☆☆
技术掌握 链接CAD文件的操作方法

01 新建项目文件，进入“插入”选项卡，在“链接”面板中单击“链接CAD”按钮，如图2-129所示。

图2-129

02 找到学习资源中的“场景文件>CH02>07链接CAD文件.dwg”文件，然后选择该文件，设置其文件格式，在“导入单位”列表中选择“毫米”，其他参数保持默认即可，如图2-130所示。

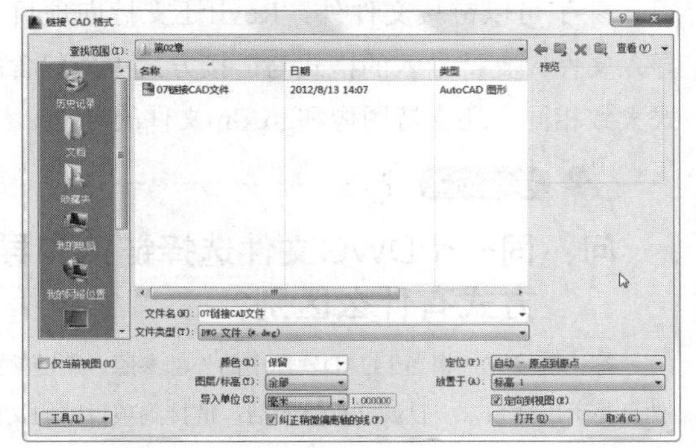

图2-130

03 单击“打开”按钮，完成CAD文件的链接，如图2-131所示。

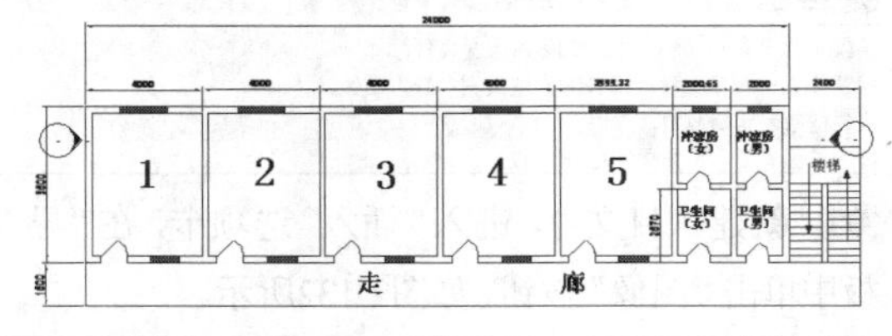

图2-131

技术专题：链接CAD对话框参数详解

链接CAD对话框中提供了丰富的设置供用户选择，用户可以根据实际情况进行设置，如图2-130所示。

仅当前视图：勾选此选项，链接或导入的文件只显示在当前视图中，不会出现在其他视图中。

颜色：提供3种选项，分别是“反选”“保留”“黑白”，代表文件原始颜色是否替换。默认选项为“保留”，导入文件后保留原始颜色状态。

图层/标高：提供3种选项，分别是“全部”“可见”“指定”。默认选项为“全部”，即原文件全部图层都会被链接或导入；“可见”表示只链接或导入原文件中可见图层；“指定”表示为用户提供图层信息表，用户可自定义选择导入哪些图层。

导入单位：指原文件的单位尺寸。一般为毫米，软件提供“自动检测”“英尺”“英寸”等。

定位：链接文件的坐标位置，选择“自动–原点到原点”表示统一文件坐标，选择“手动”表示手动设置文件的位置。

放置于：链接文件的空间位置。选择某一标高后，链接文件将放置于当前标高位置。在三维视图或立面视图中，可以体现出链接空间高度。

2.4.2 导入外部文件

除了可以链接文件外，Revit还支持向项目内部导入文件。支持导入的格式与链接方式中所包含的格式大致相同，还支持图像和gb.xlm文件的导入。

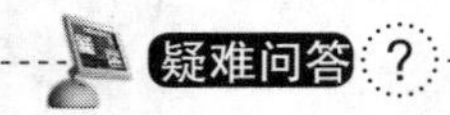

问：同一个DWG文件选择链接和导入方式有什么区别？

答：链接方式相当于CAD软件中的外部参照，所链接的文件只是引用关系。一旦源文件更新后，链接到项目中的文件也会相应更新。但如果是导入方式，所导入的文件将成为项目文件中的一部分，用户可以对其进行“分解”等操作。

典型实例：导入图像文件

场景位置　素材文件>CH02>08导入图像文件.jpg
视频位置　视频文件>CH02>08典型实例：导入图像文件.mp4
难易指数　★★☆☆☆
技术掌握　导入图像文件的操作方法

01 新建项目文件，进入“插入”选项卡，在“导入”面板中单击“图像”按钮，如图2-132所示。

图2-132

02 在“导入图像”对话框中找到“素材文件>CH02>08导入图像文件.jpg”文件。

03 单击“打开”按钮，在绘图区域出现交叉线，光标位于交叉线的交点位置，如图2-133所示。

04 移动到合适位置后，单击鼠标左键放置图片，完成图片的导入，如图2-134所示。

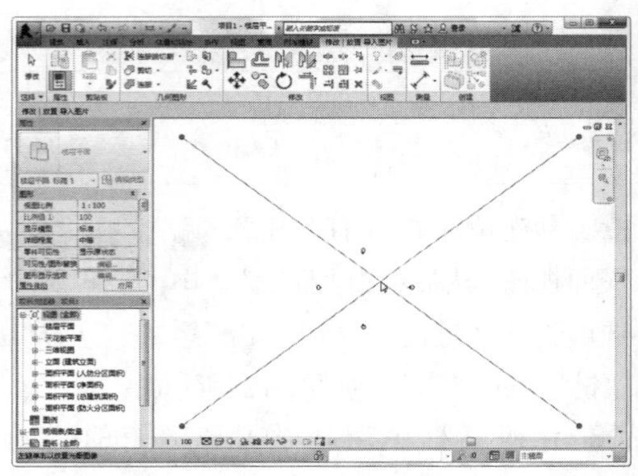

图2-133

图2-134

技巧与提示

可以将图像文件导入二维视图或图纸中，但不能将图像导入三维视图中。

图纸建立的方法非常重要，将会在第13章中做详细讲解。

2.5 本章总结

本章主要讲解了视图控制、图元修改和插入文件等3个重要的知识点，因为无论参与什么项目，它们都是最基础的操作。

熟练掌握视图控制工具，可以为项目建立逻辑清晰的图纸关系，方便管理和查阅。配合使用多种方式的视图导航，可以大大提高项目文件的浏览效率。利用视图控制栏和可见性的功能，可以切换图纸不同显示模式和显示内容，有助于图元观察和编辑，还能对出图效果进行设置。

Revit为用户提供了大量修改图元的工具，包括对齐、偏移、镜像、移动、复制、旋转、修剪/

延伸、拆分、锁定与解锁、阵列、缩放和删除等，还支持图元属性等内容的修改，非常便于图元的编辑。这些都是最常用的功能，使用Revit建模时必须掌握才行。

另外，Revit提供了大量软件接口，支持众多文件格式的链接和导入。在各阶段图纸及各专业配合中，使用非常频繁，用户需要掌握各种文件格式的链接和导入方法。

2.6 课后拓展练习

场景位置	场景文件>CH02>09扩展练习.rvt
视频位置	视频文件>CH02>09课后拓展练习.mp4
难易指数	★★☆☆☆
技术掌握	视图浏览与图元修改练习

01 启动Revit 2016，单击按钮，打开应用程序菜单，执行“打开>项目”菜单命令，在弹出的“打开”对话框中找到学习资源中的“场景文件>CH02>09扩展练习.rvt”文件。

02 单击“打开”按钮，打开项目文件，如图2-135所示。

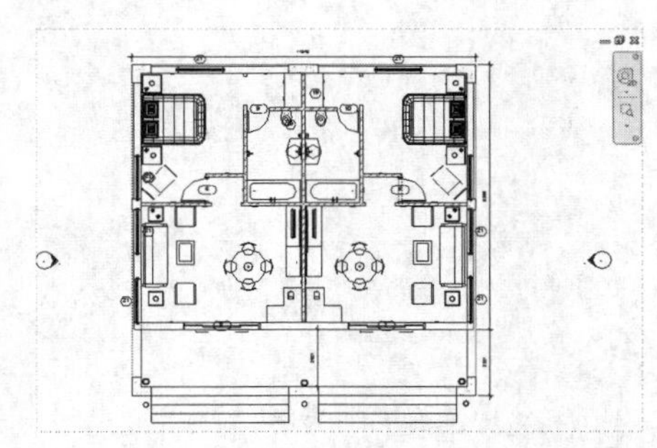

图2-135

03 切换到三维视图，对模型进行观察，如图2-136所示。

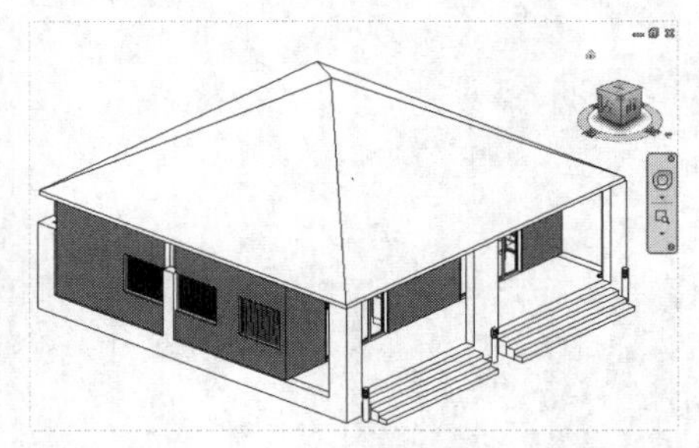

图2-136

04 单击选择屋顶，然后按Delete键删除屋顶，观察墙体和室内场景，如图2-137所示。

05 通过观察后，发现墙体高度不一致，如图2-138所示。

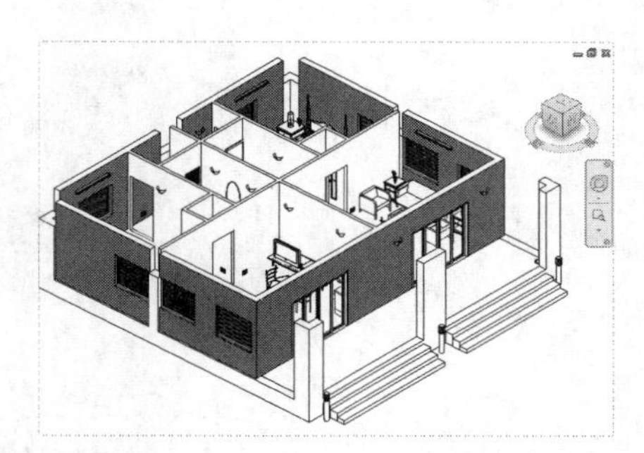

图2-137

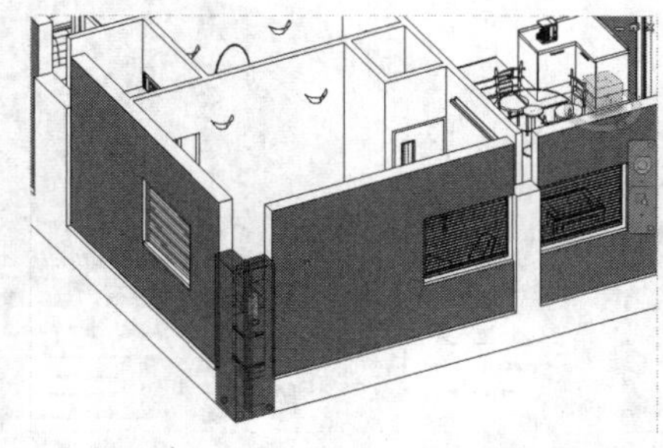

图2-138

06 切换到“修改”选项卡，单击“修改”面板中的“对齐”按钮，如图2-139所示。

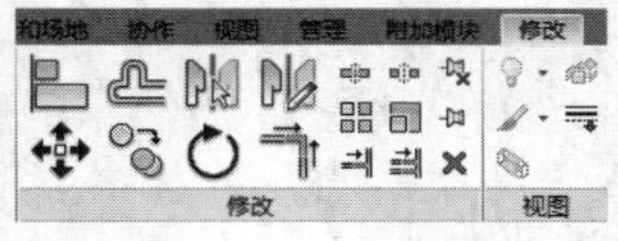

图2-139

07 单击参照墙体上表面，如图2-140所示。

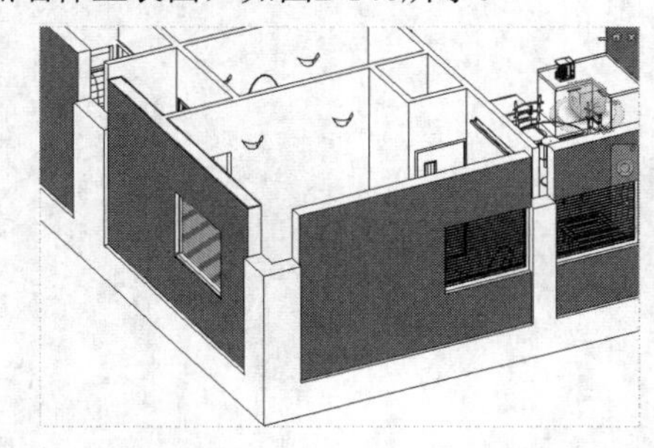

图2-140

08 单击需要调整的墙体，墙体会自动对齐，如图2-141所示。

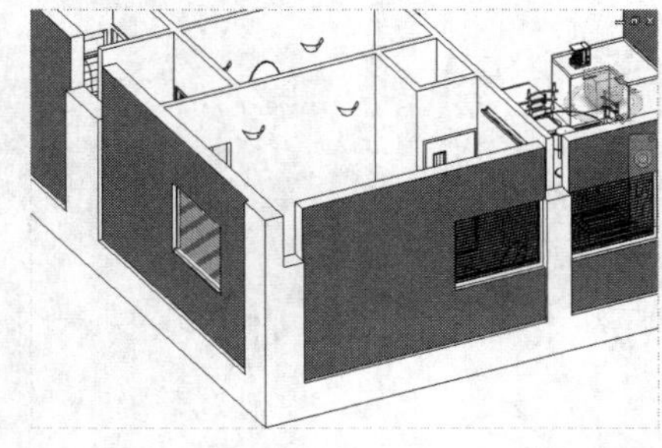

图2-141

09 依次对齐全部墙体，完成模型浏览以及编辑的练习。

第 3 章 标高和轴网

本章知识索引

知识名称	作用	重要程度	所在页
标高的创建与修改	掌握多种标高创建方法，学习编辑标高	★★★☆☆	P51
轴网的创建与修改	掌握轴网的创建及修改方法	★★★☆☆	P56
第三方插件创建标高和轴网	掌握第三方插件创建标高和轴网的方法	★★☆☆☆	P64

本章实例索引

实例名称	所在页
课前引导实例：创建别墅标高与轴网	P49
典型实例：某综合楼项目标高创建	P55
典型实例：自定义轴线	P59
典型实例：弧形办公楼轴网创建	P62
典型实例：萨伏伊别墅轴网创建	P63
课后拓展练习：参考线创建轴网	P66

3.1 课前引导实例:创建别墅标高和轴网

场景位置	无
视频位置	视频文件>CH03>01课前引导实例：创建别墅标高与轴网
实用指数	★★☆☆☆
技术掌握	了解标高与轴网的创建流程

标高和轴网是建筑设计过程中各种构件类型最基本的定位元素，是创建项目工作的基础，在Revit中，模型也是基于标高和轴网创建的,提高对标高和轴网的认识程度对后续工作有非常大的帮助。

本节通过创建别墅的标高和轴网，展示建筑项目中标高和轴网的创建流程。

01 启动Revit 2016，单击按钮，打开应用程序菜单，执行“新建>项目”菜单命令。

02 在“样板文件”列表中选择“建筑样板”，在“新建”中选择“项目”选项，如图3-1所示。

图3-1

03 单击“确定”按钮，打开建筑样板的空白项目文件，如图3-2所示。

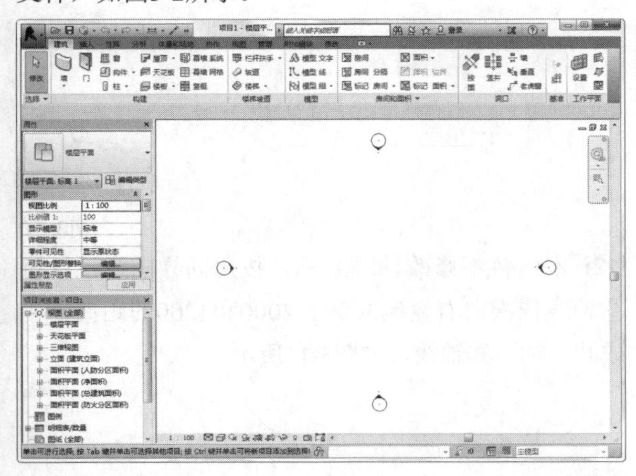

图3-2

04 在“项目浏览器”中找到“视图（全部）>立面（建筑立面）>南”，双击该名称，进入南立面图，如图3-3所示。

05 选中“标高2”的层线，在“修改 | 标高”选项卡的“修改”面板单击“复制”按钮，将“标高2”的层线向上复制，如图3-4所示。

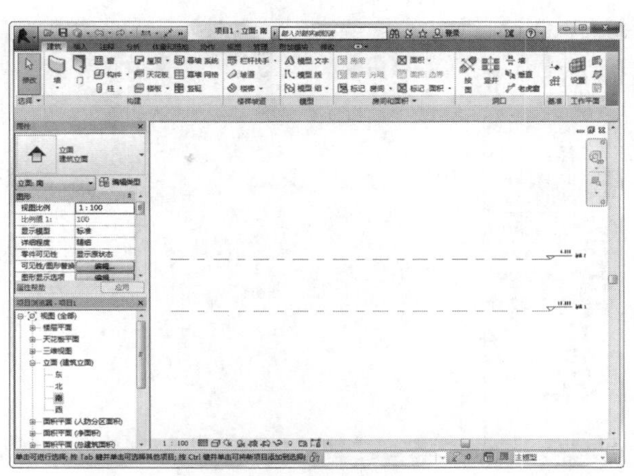

图3-3

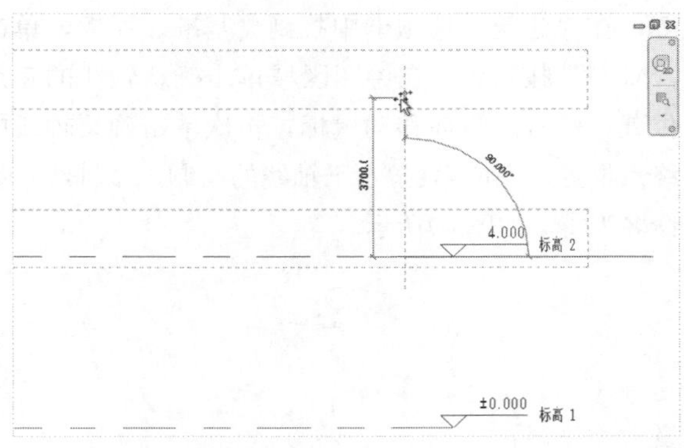

图3-4

06 新复制的标高自动命名为“标高3”，选中“标高3”层线，单击标高数值，将其修改为7.500，标高会自动根据数值发生变化，如图3-5所示。

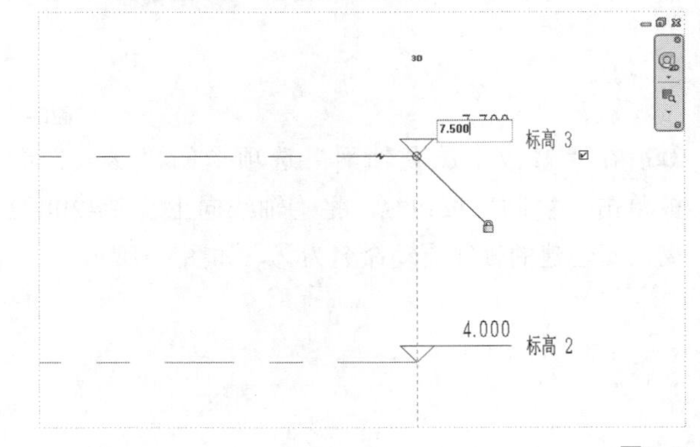

图3-5

07 标高创建完毕，在“项目浏览器”中找到“视图（全部）>楼层平面>标高1”，双击该名称，进入标高1平面图，如图3-6所示。

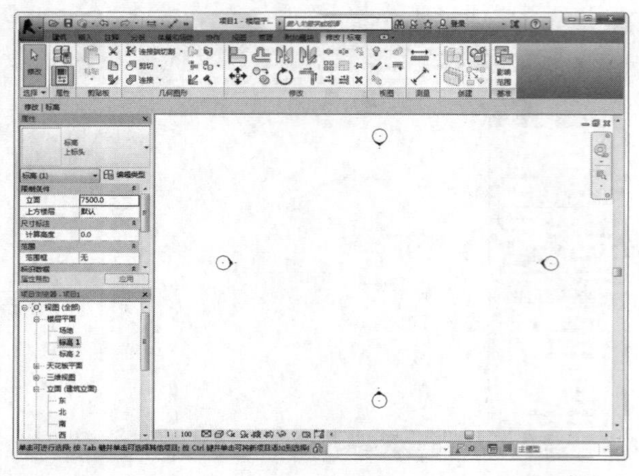

图3-6

08 在“建筑”选项卡中找到“基准”面板，单击“轴网”按钮，在绘图区域单击确认轴线的起点位置。沿水平方向移动鼠标，再次单击确认轴线的终点位置，完成第1条水平轴线的绘制，该轴线自动命名为①，如图3-7所示。

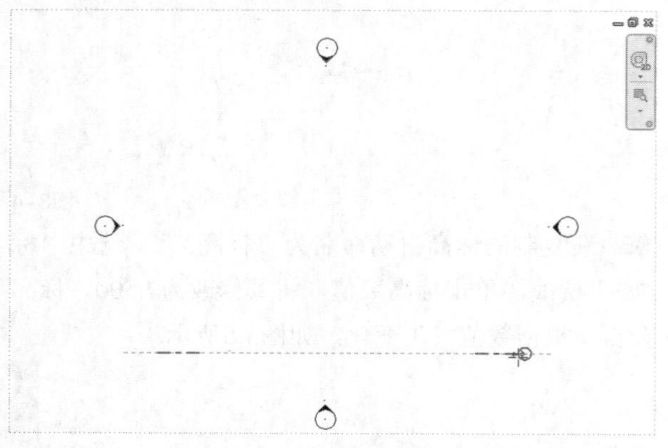

图3-7

09 在“修改 | 放置轴网”选项卡的“修改”面板单击“复制”按钮，将①轴线向上复制4200距离，新创建的轴线自动命名为②，如图3-8所示。

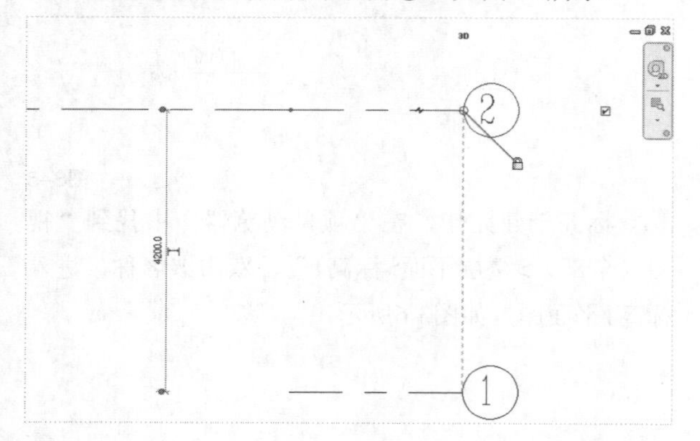

图3-8

10 使用“复制”工具将②轴线向上复制1500距离生成③轴线，将③轴线向上复制3600距离生成④轴线，如图3-9所示。

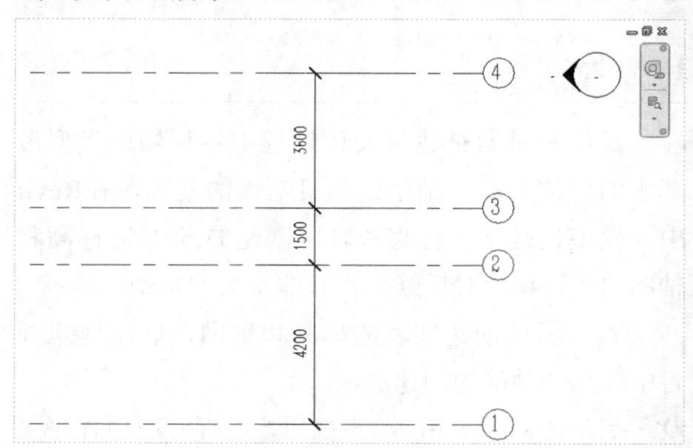

图3-9

11 在“建筑”选项卡中找到“基准”面板，单击“轴网”按钮，在绘图区域单击确认轴线的起点位置。沿竖直方向移动鼠标，再次单击确认轴线的终点位置，完成第1条竖直轴线的绘制，该轴线自动命名为⑤，如图3-10所示。

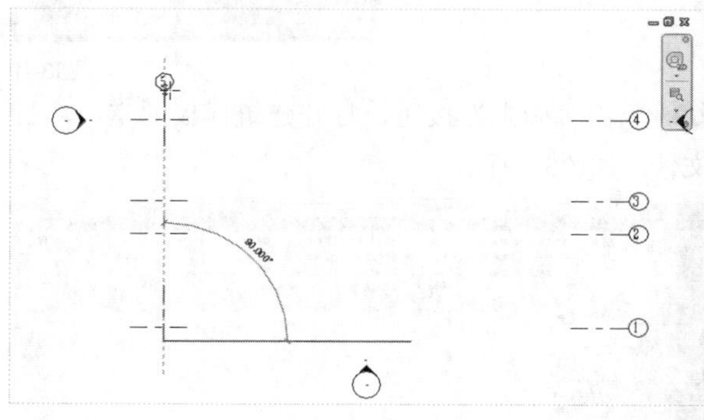

图3-10

12 本例暂不修改轴线名称，按照同样的方法，将⑤轴线依次向右复制3600、2000和4200的距离，生成⑥、⑦、⑧轴线，如图3-11所示。

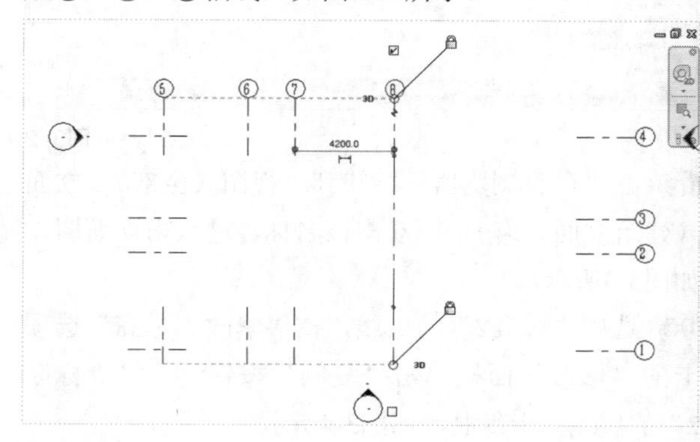

图3-11

13 完成别墅标高和轴线的创建，如图3-12所示。

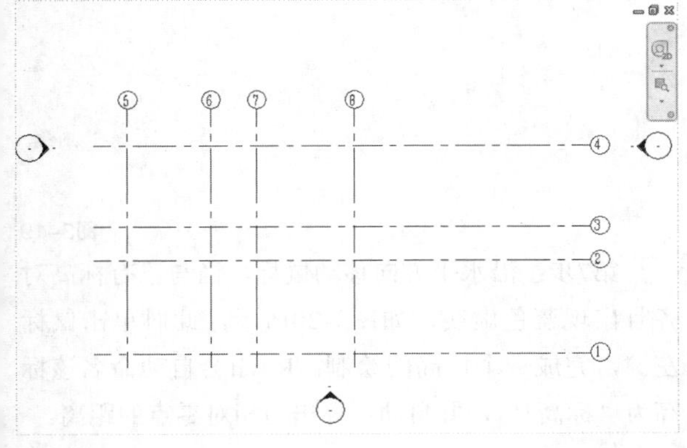

图3-12

3.2 标高

本节知识概要

知识名称	作用	重要程度
创建标高	多种方法创建标高	★★★☆☆
标高属性	设置标高样式	★★★☆☆
编辑标高	掌握标高的编辑方式	★★★☆☆

标高在建筑设计和施工中至关重要，是建筑物各部分垂直定位的基本依据。在传统的二维设计制图过程中，设计人员通过画线定义楼层标高，当楼层标高改变后也要相应地修改其他内容。如果一个项目有很多设计人员参与，并且经过了反复修改，很容易造成标高与其他部位不对应的问题，产生时间和经济上的损失。

在Revit软件中，楼层标高除了具有传统二维设计中的图示功能外，还具有重要的定位参数属性，几乎项目中的每个构件对象都是基于标高建立的，当楼层标高发生变化时，构件对象也会随之发生变化，同时在明细表中标高可以随着构件信息被统计出来。因此，无论经过多少设计人员或多少次反复修改，标高与参照标高定位的图元都是同步关联修改的，不会产生无法对应的问题。

使用“标高”工具，可定义垂直高度或建筑内的楼层标高。可以为每个已知楼层或其他必需的建筑参照（例如，第2层、墙顶或基础底端）创建标高。要添加标高，必须处于剖面视图或立面视图中。添加标高时，可以创建一个关联的平面视图。

标高是有限水平平面，用作屋顶、楼板和天花板等以标高为主体的图元的参照。可以调整其范围的大小，使其不显示在某些视图中。

3.2.1 创建单一标高

创建标高的方法有多种，首先可以使用最基本的标高命令逐一创建标高，也可以快速创建标高，如使用复制命令、阵列命令创建标准层的标高，本节会先使用基本的命令创建标高。

第1步：启动Revit 2016，打开应用程序菜单，执行“新建>项目”菜单命令，弹出“新建项目”对话框，如图3-13所示。单击“样板文件”下拉列表，选择“建筑样板”选项，设置“新建”类型为“项目”，单击“确定”按钮，Revit将以此样板创建新的项目文件。

图3-13

第2步：新建项目后，会默认打开“标高1”楼层平面视图，如图3-14所示。

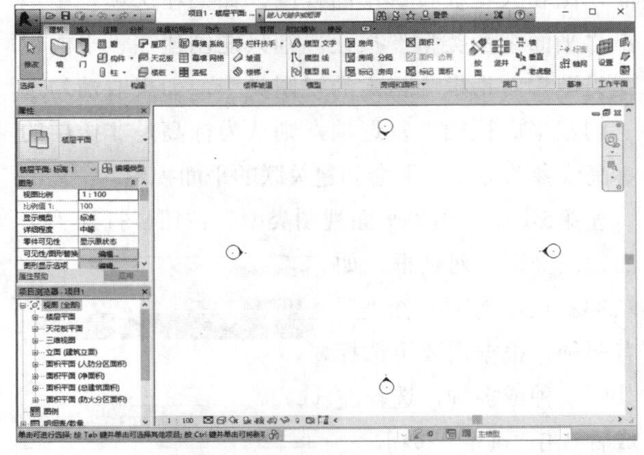

图3-14

第3步：Revit创建标高要在立面视图或剖面视图中进行，因此需要打开任意一个立面视图进行操作，为了与平面视图方向对应，通常选择在“南立面”视图进行创建标高的工作。在项目浏览器中找到“视图（全部）>立面（建筑立面）>南”，双击该名称，进入南立面视图。在南立面视图中，样板文件默认设置了两个标高即“标高1”和“标高2”，如图3-15所示。

图3-15

第4步：在“建筑”选项卡的“基准”面板中单击“标高”按钮，此时Revit会自动跳转到“修改 | 放置 标高”选项卡中，如图3-16所示。

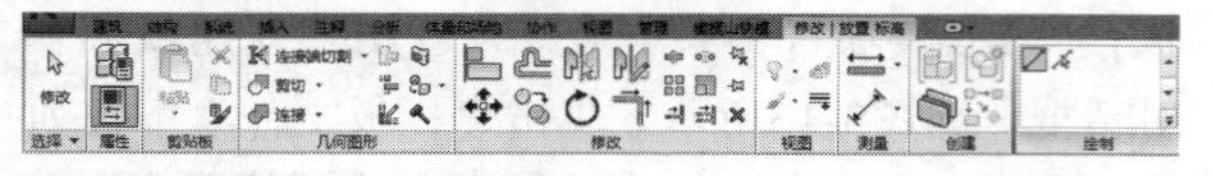

图3-16

在选项栏中，默认情况下“创建平面视图”处于选中状态，如图3-17所示。

修改 | 放置 标高　☑创建平面视图　平面视图类型...　偏移量: 0.0

图3-17

勾选“创建平面视图”复选项，表示此时所创建的每个标高都是一个楼层，并且拥有关联楼层平面视图和天花板投影平面视图。如果在选项栏中单击“平面视图类型”按钮，则只能创建在“平面视图类型”对话框中指定的视图类型，如果取消勾选“创建平面视图”复选项，则认为标高是非楼层的标高或参照标高，不会创建关联的平面视图。

第5步：单击“平面视图类型”按钮，打开“平面视图类型”对话框，如图3-18所示，默认视图类型有两种，根据需要可选择其中一种或多种，选择完成后单击“确定”按钮。

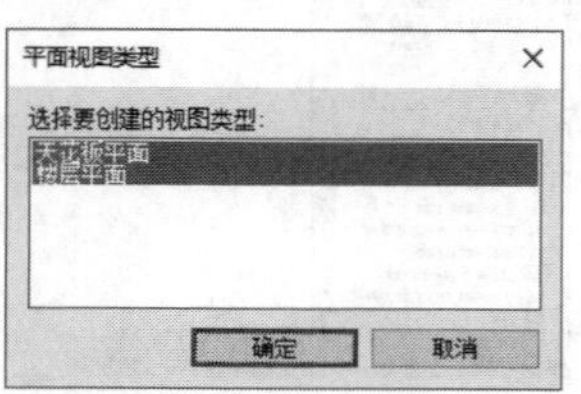

图3-18

第6步：在选项栏中设置“偏移量”为“0.0”，将鼠标指针放置在标高2上方，会出现与标高2相关的临时尺寸标注，移动鼠标至标高2的端点对齐时，Revit会捕捉到已有的标高线的端点并显示对齐的蓝色虚线，如图3-19所示，可以上下移动鼠标直到临时尺寸满足需要时单击鼠标左键定位标高起点，也可以用键盘直接输入具体尺寸“3500”，按Enter键完成。

图3-19

第7步：沿水平方向移动鼠标，当与已有标高对齐且出现蓝色虚线，如图3-20所示，此时单击鼠标左键，完成一个标高的绘制。Revit会自动命名该标高为“标高3”，并自动计算出与相对零点的距离。

图3-20

技巧与提示

（1）如果重命名标高，则需要进行确认，单击“是”意味着“项目浏览器”中的相应视图名称也会与立面视图中的标高名称一致，单击“否”则只会更改立面视图中的标高名称，而“项目浏览器”中的视图名称保持不变。

（2）如果初始命名是以如F1、F2命名的标高，新添加的标高会自动以F开头并按数字顺序命名相应标高。

3.2.2 创建多个标高

正如上文所讲，当创建多个标高时，可以采用复制或阵列的方式进行创建，这样可以大大提高创建标高的效率，本节将会讲解如何使用复制和阵列命令创建标高。

第1步：使用鼠标左键单击选择“标高3”，Revit会自动切换到“修改 | 标高”选项卡，在“修改”面板中单击“复制”按钮，同时勾选选项栏中的“约束”和“多个”复选项，如图3-21所示。

修改 | 标高　☑约束　☐分开　☑多个

图3-21

第2步：单击任意一点作为复制的基点，向上移动鼠标，在键盘上输入“3200”或“3.2m”后按Enter键确认，Revit会自动在标高3上方3200mm处生成一个新的标高，继续向上复制其他标高，如图3-22所示。

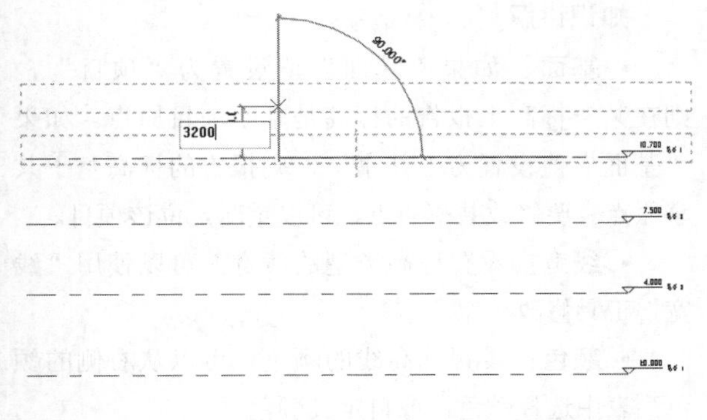

图3–22

第3步：如果楼层的标准层较多，则还可以使用阵列的方式进行创建，选择标高4后，在“修改｜标高”选项卡中单击“阵列“按钮▦，在选项栏中选择“线性”阵列，在“项目数”参数栏中输入要阵列的个数，取消勾选“成组并关联”复选项，勾选“约束”复选项，如图3-23所示。

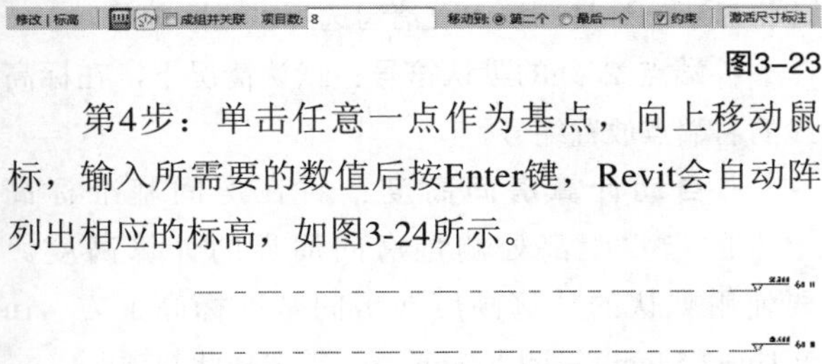

图3–23

第4步：单击任意一点作为基点，向上移动鼠标，输入所需要的数值后按Enter键，Revit会自动阵列出相应的标高，如图3-24所示。

图3–24

技巧与提示

复制和阵列生成的新标高的标头均是黑色，与原有的蓝色标头不同，并且复制或者阵列的标高不会立即在“项目浏览器”中生成相应的视图，需要从“视图”选项卡的“创建”面板中激活。

第5步：在“视图”选项卡的“创建”面板中单击“平面视图”按钮，在弹出的菜单中选择“楼层平面”命令，如图3-25所示。弹出“新建楼层平面”对话框，如图3-26所示，在对话框中选中一个或多个标高，单击“确定”按钮即可为标高创建相应的平面视图，如图3-27所示。

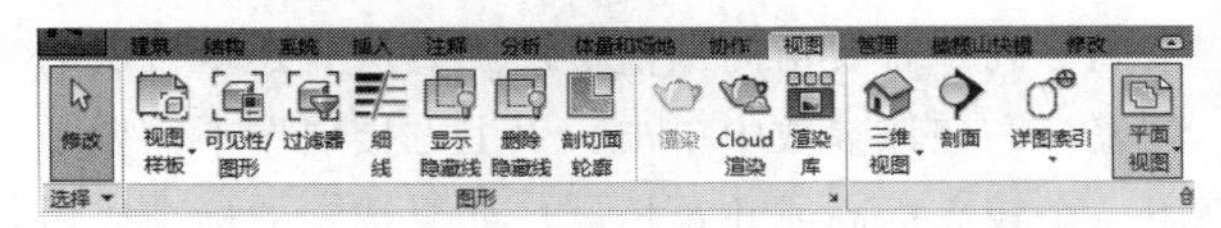

图3–25

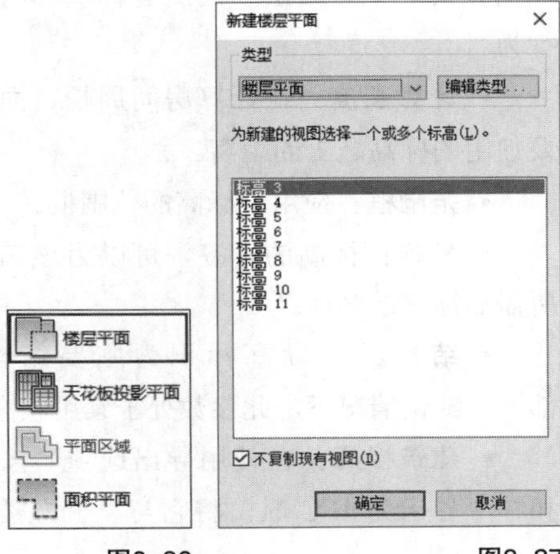

图3–26　　图3–27

3.2.3 标高属性

每个楼层标高在Revit中对应一个平面，在一个立面视图中创建的标高也会在其他立面视图和剖面视图中显示，可能其他视图中显示的标高会有某些地方不符合当前视图的要求，这就需要对标高进行修改，以满足当前视图的显示要求。

标高具有4类实例属性，分别为限制条件、尺寸标注、范围和标识数据，如图3-28所示。

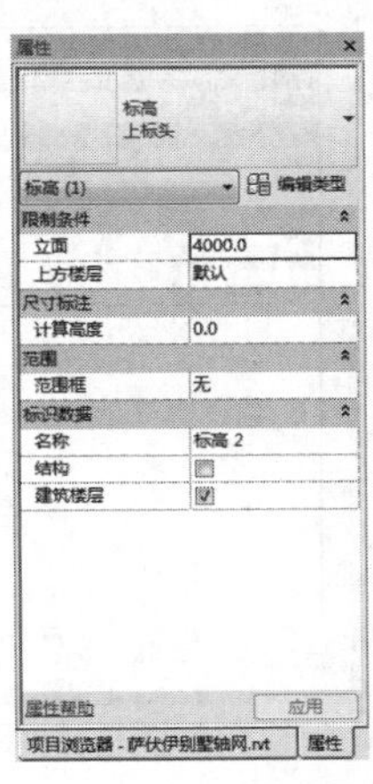

图3–28

知识讲解

• **立面**：标高的垂直高度。

• **上方楼层**：在使用导出选项“按楼层拆分墙和柱”导出为 IFC 时，与“建筑楼层”参数结合使用。此参数指示该标高的下一个建筑楼层。默认情况下，“上方楼层”是下一个启用“建筑楼层”的最高标高。若要访问当前楼层上方所有建筑楼层的列表，需在该参数中单击。“上方楼层”不需要是下一个较高标高或建筑楼层。如果选定的标高以后被删除，或者“建筑楼层”处于禁用状态，则以此标高作为“上方楼层”的所有标高都将还原为默认行为。

• **计算高度**：在计算房间周长、面积和体积时要使用的标高之上的距离。

• **范围框**：应用于标高的范围框。

• **名称**：标高的标签，可以为该属性指定任何所需的标签或名称。

• **结构**：将标高标识为主要结构（如钢顶部）。默认情况下，此参数处于禁用状态。

• **建筑楼层**：在使用导出选项“按标高拆分墙和柱”导出为 IFC 时，将它与“上方楼层”参数结合使用。

若要修改类型属性，先选择一个图元，然后单击“修改”选项卡中的“类型属性”按钮，打开“类型属性”对话框，对类型属性的更改将应用于项目中的所有实例，标高的类型属性如图3-29所示。

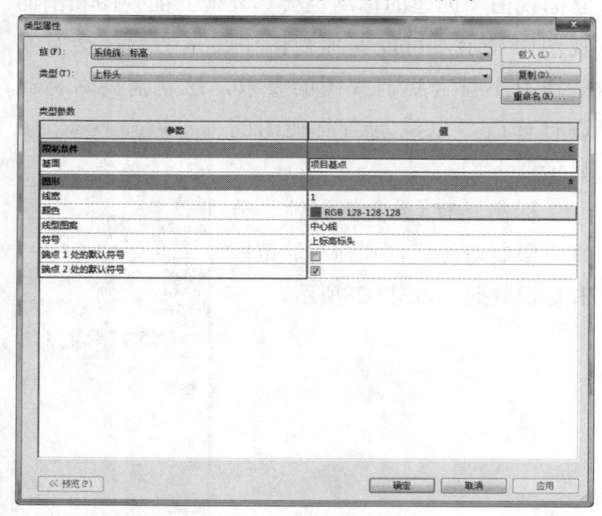

图3-29

知识讲解

• **基面**：如果“基面”值设置为“项目”，则在某一标高上报告的标高是基于项目原点。如果“基面”值设置为“共享”，则报告的标高基于共享原点。要修改共享原点，可以重新定位该项目。

• **线宽**：设置标高类型的线宽，可以使用“线宽”工具修改线宽。

• **颜色**：设置标高线的颜色，可以从右侧的颜色列表中选择颜色，或自定义颜色。

• **线型图案**：设置标高线的线型图案，可以从右侧的线型列表中选择线型，或自定义线型。

• **符号**：确定标高线的标头是否显示编号中的标高号（标高标头 - 圆圈）、显示标高号但不显示编号（标高标头 - 无编号）或不显示标高号（<无>）。

• **端点 1 处的默认符号**：默认情况下，在标高线的左端点放置编号。选择标高线时，标高编号旁边将显示一个复选框，取消勾选可以隐藏编号。

• **端点 2 处的默认符号**：默认情况下，在标高线的右端点放置编号。

• **自动计算房间高度**：将在房间基准标高上方的指定距离处测量房间周界的计算高度。要使用默认的计算高度（房间基准标高上方 4in（1in=2.54cm）或 1200mm），需选择此选项。

• **计算高度**：要启用此参数，需清除“自动计算房间高度”。计算房间面积和周长时，需输入要使用的基准标高上方的距离。如果房间包括斜墙，应考虑使用计算高度 0（零）。

3.2.4 编辑标高

标高是可以被编辑的，包括编辑标高的标头类型、标高线颜色、线宽和线型等，如图3-30所示。具体操作步骤如下。

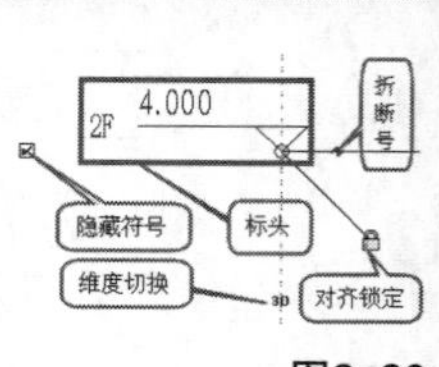

图3-30

第1步：选中任意标高，然后进入标高的“类型属性”对话框。

第2步：单击“图形”参数，展开选项中的“颜色”参数的“值”，即可打开“颜色”选择对话框，如图3-31所示，选择所需颜色，单击“确定”按钮即可。

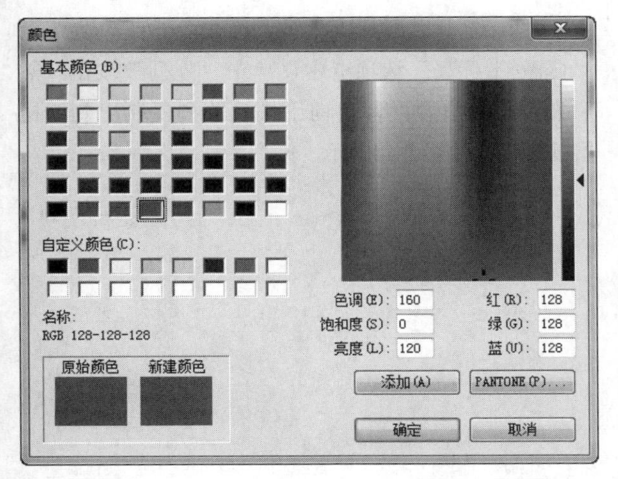

图3-31

第3步：单击“线型图案”参数的“值”的下拉列表，可以选择不同线型，如图3-32所示。

第4步：单击“符号”参数的“值”的下拉列表，可以选择不同的符号，以满足不同项目的需求，如图3-33所示。

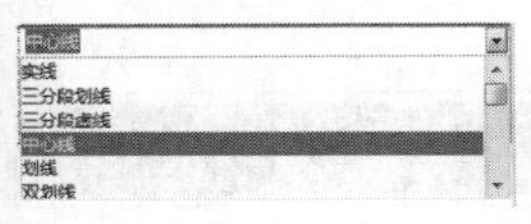

图3-32

图3-33

3.2.5 修改重叠标高

当相邻两个标高的距离较近时，会出现重叠的状况，尤其是室外地坪标高和一层楼层标高，当遇到这种情况时，要修改标高标头的类型，如图3-34所示。具体操作步骤如下。

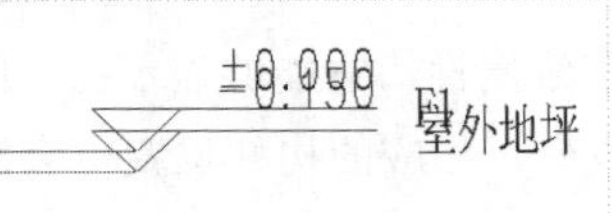

图3-34

第1步：选中“室外地坪”标高，进入标高的“属性”面板，单击“编辑类型”按钮，进入标高的“类型属性”对话框。

第2步：单击“类型”下拉列表，从中选择“下标头”选项，如图3-35所示。

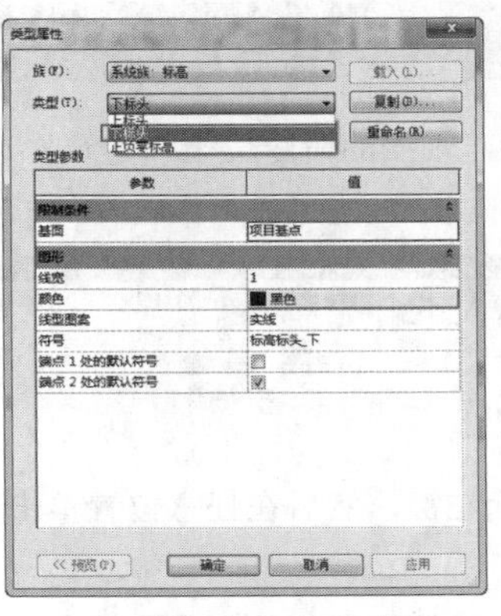

图3-35

第3步：单击“确定”按钮完成标高标头的修改，如图3-36所示。

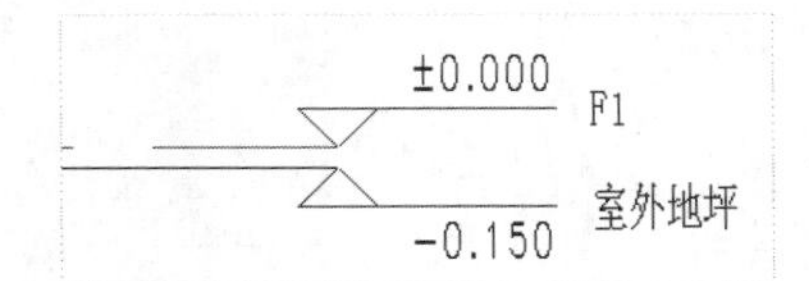

图3-36

技巧与提示

选择不同的标高标头时，也可以直接单击“属性”面板中的下拉菜单进行选择，不必进入“类型属性”面板进行选择，这样可以提高工作效率。

典型实例：某综合楼项目标高创建

场景位置：无

视频位置：视频文件>CH03>02典型实例：某综合楼项目标高创建.mp4

实用指数：★★☆☆☆

技术掌握：在Revit中创建标高

本项目是笔者工作中的一个实际案例，地下2层，地上16层。其中，第3～16层的层高相同，在创建标高时可以通过阵列或者复制的方式快速创建，创建好的标高如图3-37所示。

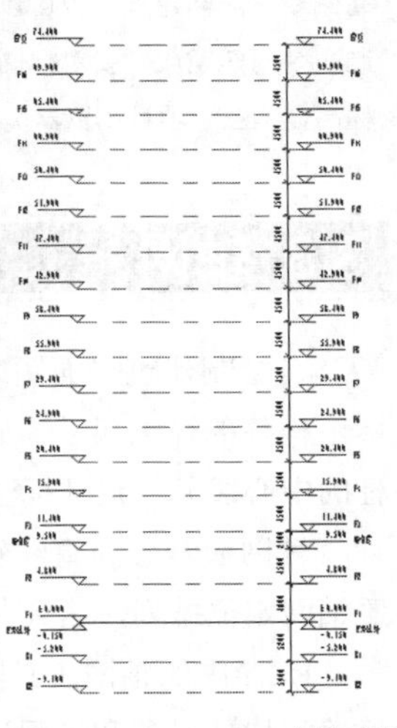

图3-37

01 新建项目文件，选择建筑样板，如图3-38所示。

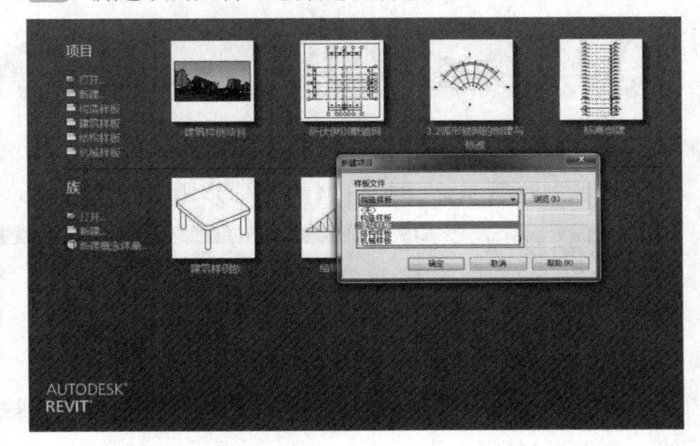

图3-38

02 双击进入“南”立面视图，然后单击“标高”按钮，接着逐一创建B2层至F3层的标高，如图3-39所示。

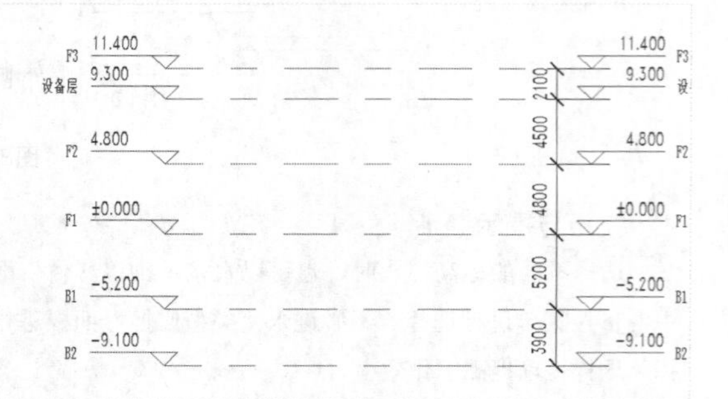

图3-39

技巧与提示

因为B2层到F3层的层高都不相同，除了可以使用创建标高命令逐一创建外，也可以使用复制命令创建标高，使用复制命令创建完成后要对标高进行激活，才能使新创建的楼层标高显示在“项目浏览器”中。

03 单击选中楼层标高“F3”，Revit自动跳转到“修改 | 标高”选项卡中，单击“阵列”按钮，然后设置相关参数，即可向上快速阵列复制出剩余楼层的标高，如图3-40所示。

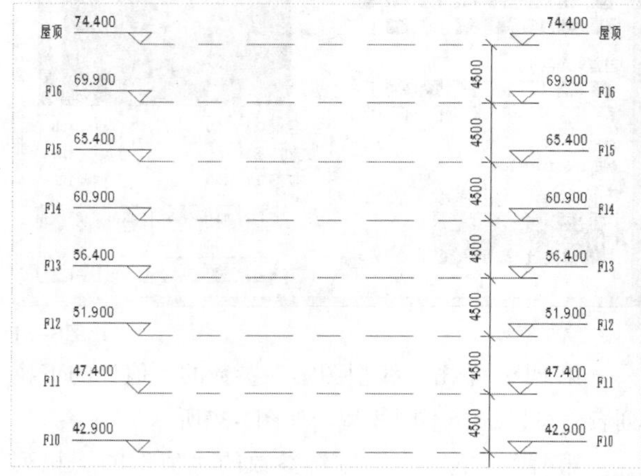

图3-40

04 创建完成后保存文件。

3.3 轴网

在绘制建筑平面图之前，需要先绘制轴网，轴网是由建筑轴线组成的网。轴网主要是为了在建筑图纸中标示构件的详细尺寸，它一般标注在对称界面或截面构件的中心线上。轴网由定位轴线（建筑结构中的墙或柱的中心线）、尺寸标注（标注建筑物定位轴线之间的距离）和轴号组成。

轴网通常分为直线轴网、斜交轴网和弧线轴网，轴网是建筑制图的主体框架，建筑物的主要支承构件按照轴网定位排列，达到井然有序的效果。

Revit中的轴网工具除了平面定位的功能外，还具有三维属性，它能够显示在不同的楼层标高中，而且还能够将构件对象和轴网进行锁定，如果轴网的位置发生改变，相应的构件位置也会发生改变，这在传统的二维设计中是没有的。在Revit中可以直接创建直线、圆弧和多段轴网。

3.3.1 添加轴网

Revit提供了最简单、最直接的添加轴网的方法，创建轴线的命令位于“建筑”选项卡中的“基准”面板中，如图3-41所示，添加轴网的具体步骤如下。

图3-41

第1步：单击“轴网”按钮，在视图空白处单击鼠标左键，然后在任意位置单击第2次，即可创建一根轴线，如图3-42所示。

第2步：创建好第1根轴线后，可以继续捕捉与第1根轴线相平齐的任意位置，作为第2根轴线的起点，如图3-43所示。

第3步：同样可以捕捉第1根轴线的末端作为第2根轴线的端点，如图3-44所示。

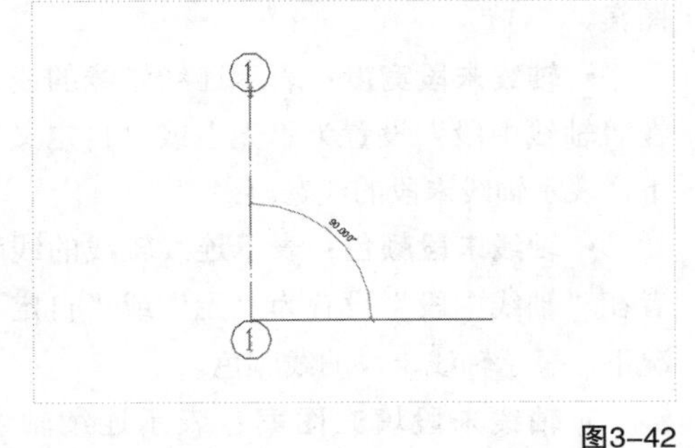

图3-42

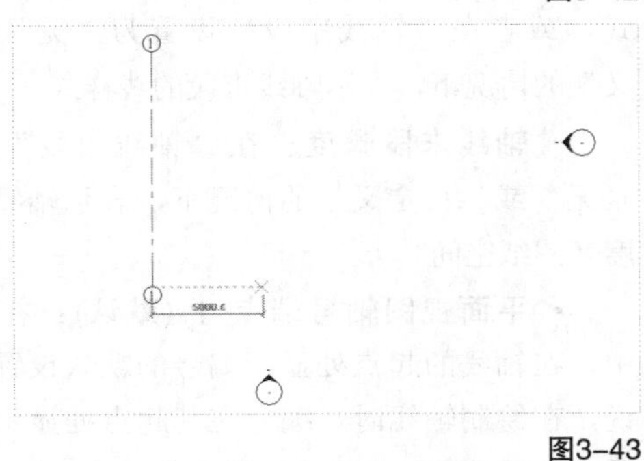

图3-43

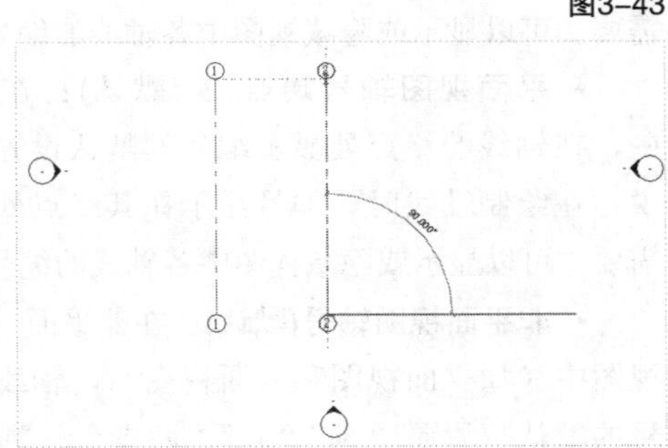

图3-44

第4步：Revit会自动为每根轴线按相应的轴号顺序编号，如果需要修改轴线编号，单击编号，输入新值，然后按Enter 键确认。可以使用字母作为轴线的值，如图3-45所示。

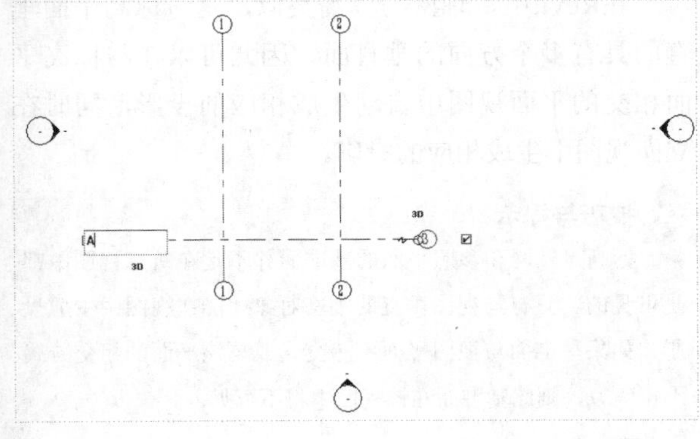

图3-45

第5步：如果将第1根轴线编号修改为字母，则所有后续的轴线将进行相应更新，连续创建3根轴线的示例，如图3-46所示。

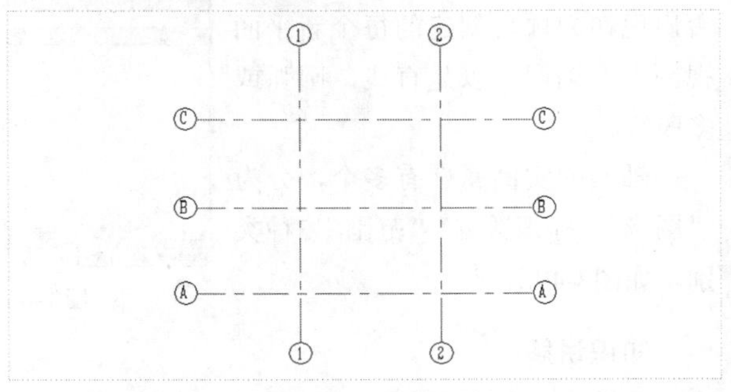

图3-46

第6步：当绘制轴线时，可以让各轴线的头部和尾部相互对齐。如果轴线是对齐的，则选择线时会出现一个锁以表明对齐，如图3-47所示。

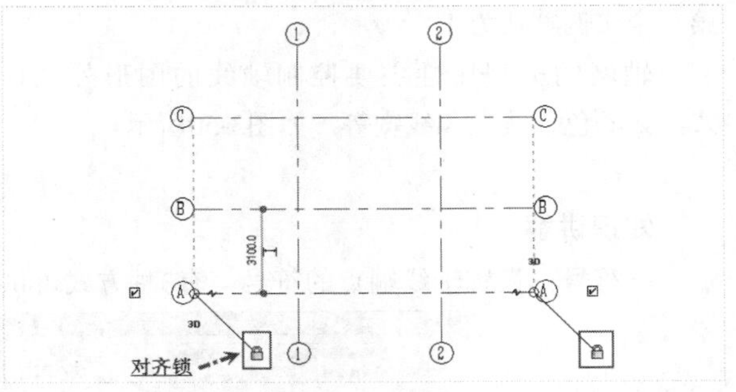

图3-47

第7步：单击轴网标头前面的圆圈，并按住鼠标左键不动，即可拖动轴网改变其长度，如果移动轴网范围，则所有对齐的轴线都会随之移动，如图3-48所示。

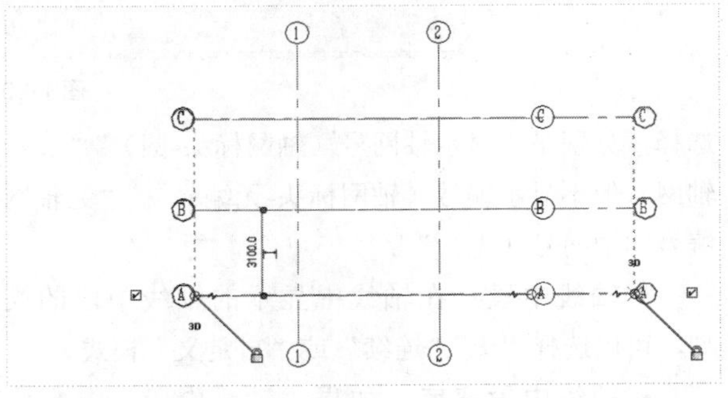

图3-48

3.3.2 轴网属性

要在Revit中创建并修改轴网类型，首先要了解轴网的一些属性。轴网除了具有普通轴网的功能外，还具有工作平面的功能。

轴线是有限平面，可以在立面视图中拖曳其范围，使其不与标高线相交。这样，便可以确定轴线是否出现在为项目创建的每个新平面视图中。轴网可以是直线、圆弧或多段线。

轴网的实例属性有多个，分为“图形”“标识数据”“范围”3种类别，如图3-49所示。

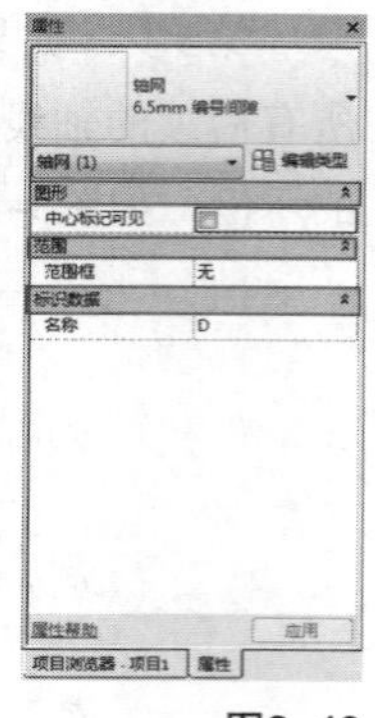

图3-49

知识讲解

• **使中心标记可见**：当项目中创建弧形轴线时，可以勾选此选项以显示其中心标记。

• **范围框**：应用于轴网的范围框。

• **名称**：轴线的值。它可以是数字或字母等，第一个实例默认为 1。

轴网的类型属性主要控制轴线的图形外观样式，如颜色、线型和线宽等，如图3-50所示。

知识讲解

• **符号**：设置轴线端点的符号，有3种方式可供

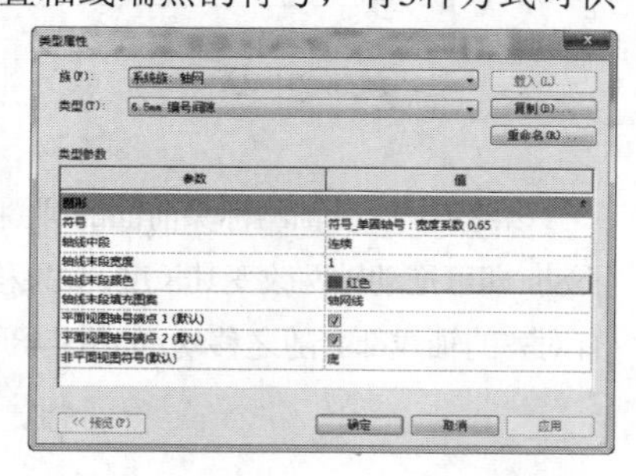

图3-50

选择，分别是“显示轴网号（轴网标头-圆）”“显示轴网号但不显示编号（轴网标头-无编号）”“无轴网编号和轴网号（无）”。

• **轴线中段**：在轴线中显示的轴线中段的类型，可以选择“无”“连续”或“自定义”模式。

• **轴线中段宽度**：如果“轴线中段”参数为“自定义”，则使用线宽表示轴线中段的宽度。

• **轴线中段颜色**：如果“轴线中段”参数为“自定义”，则使用线颜色表示轴线中段的颜色，用户可以自定义线颜色。

• **轴线中段填充图案**：如果“轴线中段”参数为“自定义”，则使用填充图案表示轴线中段的填充图案。

• **轴线末段宽度**：表示连续轴线的线宽，或者在“轴线中段”设置为“无”或“自定义”的情况下，表示轴线末段的线宽。

• **轴线末段颜色**：表示连续轴线的线颜色，或者在“轴线中段”设置为“无”或“自定义”的情况下，表示轴线末段的线颜色。

• **轴线末段填充图案**：表示连续轴线的线样式，或者在“轴线中段”设置为“无”或“自定义”的情况下，表示轴线末段的线样式。

• **轴线末段长度**：在“轴线中段”的参数为“无”或“自定义”的情况下，表示轴线末段的长度（图纸空间）。

• **平面视图轴号端点 1 (默认)**：在平面视图中，在轴线的起点处显示编号的默认设置（也就是说，在绘制轴线时，编号在其起点处显示）。如果需要，可以显示或隐藏视图中各轴线的编号。

• **平面视图轴号端点 2 (默认)**：在平面视图中，在轴线的终点处显示编号的默认设置（也就是说，在绘制轴线时，编号显示在其终点处）。如果需要，可以显示或隐藏视图中各轴线的编号。

• **非平面视图轴号(默认)**：在非平面视图的项目视图中（如立面视图和剖面视图），轴线上显示编号的默认位置是“顶”“底”“两者”（顶和底）或“无”。如果需要，可以显示或隐藏视图中各轴线的编号。

3.3.3 修改轴网属性

在Revit中，轴网与标高类似，是与标高平面垂直的具有多个方向的垂直面，因此可以在与标高平面相交的平面视图中自动生成相应的投影，同时在立面视图中生成相应的投影。

技巧与提示

标高、轴网和参照平面的基准面并不是在所有视图中都是可见的。只有与视图垂直的轴网对象才能在视图中生成投影，如果基准面与视图平面不相交（或与该平面的相交方式不正确），则此基准面在该视图中将不可见。

Revit中的轴网对象同样由轴网标头和轴线两部分组成，如图3-51所示。

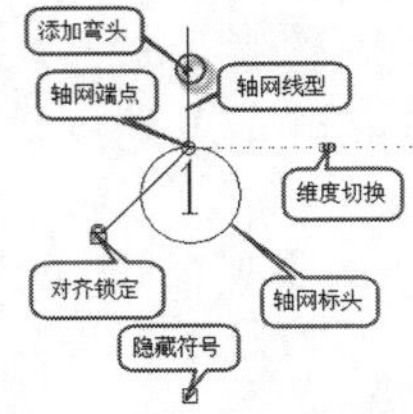

图3-51

在“类型属性”对话框中，可以修改整个轴线的线颜色、线宽和填充图案。修改轴线的方法与修改标高的方法类似，两种对象的修改和编辑方法通用，如图3-52所示。具体操作步骤如下。

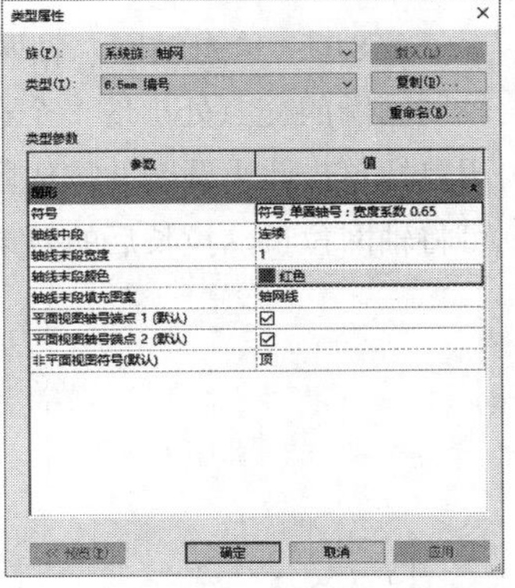

图3-52

第1步：打开显示轴线的视图。

第2步：选择一条轴线，然后单击“修改 | 轴网”选项卡中的“类型属性”按钮。

第3步：在“类型属性”对话框中执行下列操作。

① 选择“连续”作为“轴线中段”。

② 为“轴线末段宽度”“轴线末段颜色”和“轴线末段填充图案”指定轴线的线宽、颜色和填充图案。

③ 使用其他参数确定要使用的轴网编号及其要显示的位置。

第4步：单击“确定”按钮，Revit 将更新所有视图中该类型的所有轴线。

典型实例：自定义轴线

场景位置：无
视频位置：视频文件>CH03>03典型实例：自定义轴线.mp4
实用指数：★★☆☆☆
技术掌握：掌握自定义轴线的方法

用户可以通过修改轴网的“类型属性”自定义轴线，具体流程如下。

01 修改整个轴线的颜色、线宽和填充图案（修改“编号”轴网类型，或自己创建该类型），如图3-53所示。

02 隐藏轴线的轴线中段以创建间隙，这样将仅在视图中显示轴线末段（修改“编号间隙”轴网类型，或自己创建该类型），如图3-54所示。

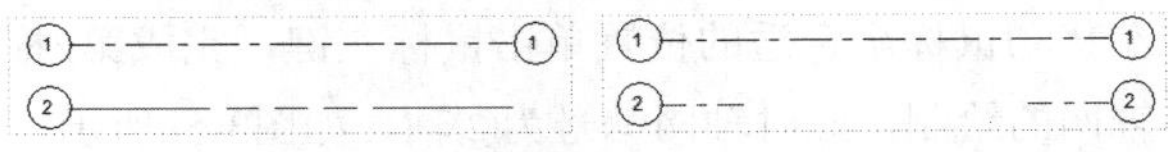

图3-53　　图3-54

03 使用与轴线末段不同的线颜色、线宽和填充图案，显示轴线的轴线中段（修改“编号自定义间隙”轴网类型，或自己创建该类型），如图3-55所示。

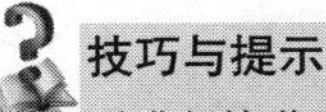

图3-55

技巧与提示

要进行这些自定义操作，必须修改轴网类型。在视图中，该类型的所有轴线都会反映修改的变化。

3.3.4 创建正交轴网

正交轴网是常规项目中应用最多的一种轴网类型，正交轴网通常由水平轴线和垂直轴线构成。具体操作步骤如下。

第1步：继续操作3.3.3节的项目文件，切换到“场地”楼层平面图，在此视图中创建垂直字母轴网和水平数字轴网系统。

技巧与提示

为了方便在实际工作中和其他专业协同设计，需要制定项目的基本定位点，通常指定Ⓐ轴和①轴的交点为各专业模型的基准定位点，而为了方便各专业的模型链接整合，常常把Ⓐ轴和①轴的交点定位为坐标原点。在Revit中，项目基点默认只在“场地”视图中显示，故将Ⓐ轴和①轴在“场地”视图中创建。

第2步：打开“建筑”选项卡，在“基准”面板中单击“轴网”按钮，Revit会自动跳转到“修改 | 放置 轴网”选项卡中，然后激活放置轴网状态，如图3-56所示。

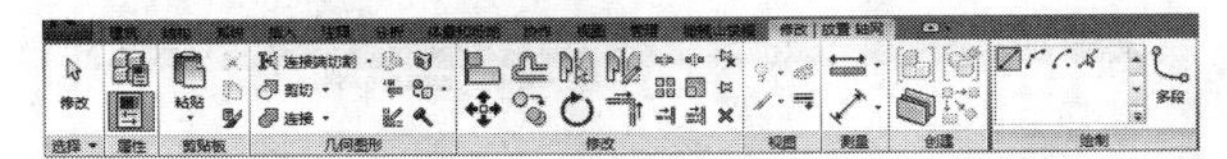

图3-56

第3步：切换到“轴网属性”面板，选择轴网类型为“6.5mm编号”，选项栏的“偏移量”设置为0.0，同时“绘制”面板中的绘制方式为“直线”。

第4步：移动鼠标至项目基点处，鼠标会捕捉到基点，单击鼠标左键确定轴网起点，默认第1根轴网编号为①轴，故向下移动鼠标至合适的位置再次单击鼠标左键，完成①轴的绘制，如图3-57所示。

第5步：再次捕捉到项目基点重复上述动作，向左移动鼠标至合适的位置单击鼠标左键，完成第2根轴网的绘制，此时轴网编号为②轴，如图3-58所示。

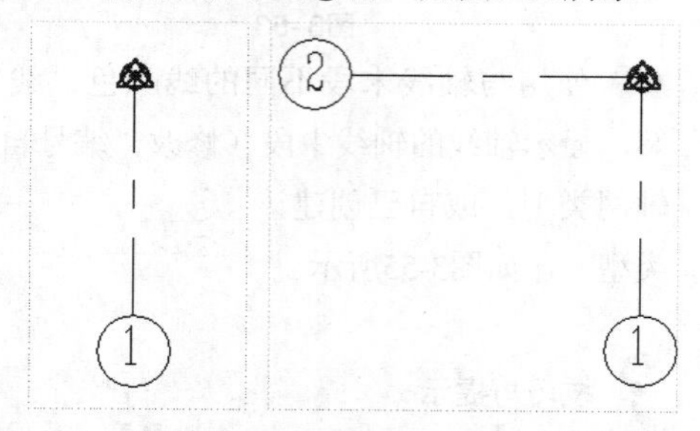

图3-57　　图3-58

第6步：根据制图标准需要将②轴改为Ⓐ轴，选择②轴后会高亮显示，然后单击轴网标头激活标头编辑状态，在键盘上输入大写的A，按Enter键完成修改，如图3-59所示。

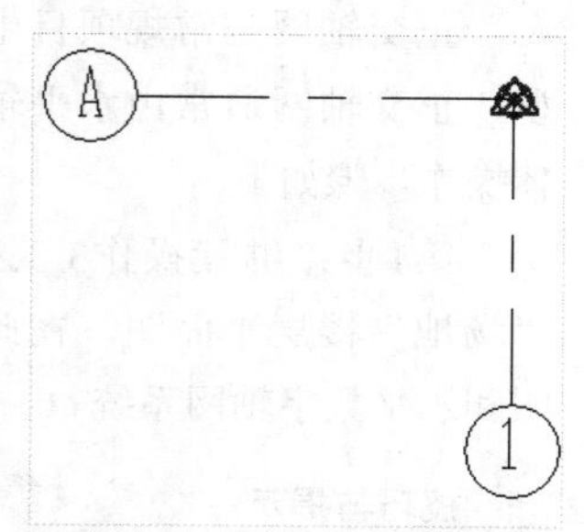

图3-59

第7步：切换到F1楼层平面视图中，继续对①轴和Ⓐ轴进行修改。单击①轴，进入“轴网属性”面板，单击“编辑类型”按钮，打开“类型属性”对话框，如图3-60所示，勾选“平面视图轴号端点1（默认）”复选项，最后单击“确定”按钮，结果如图3-61所示。

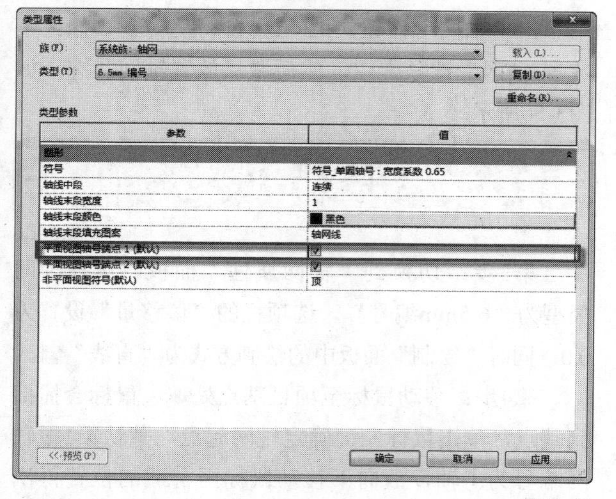

图3-60

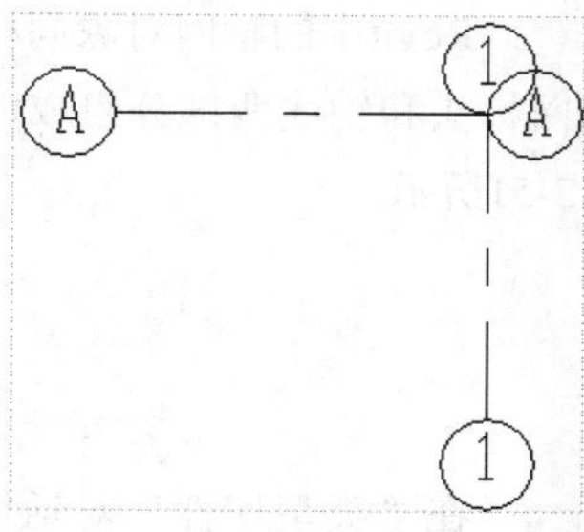

图3-61

第8步：单击轴网，轴网高亮显示后会在轴线和轴网圆圈的交点处出现一个小圆圈，如图3-62所示，用鼠标单击此小圆圈并按住鼠标不放向上拖曳鼠标即可将轴网拉长，拉长后的效果如图3-63所示。

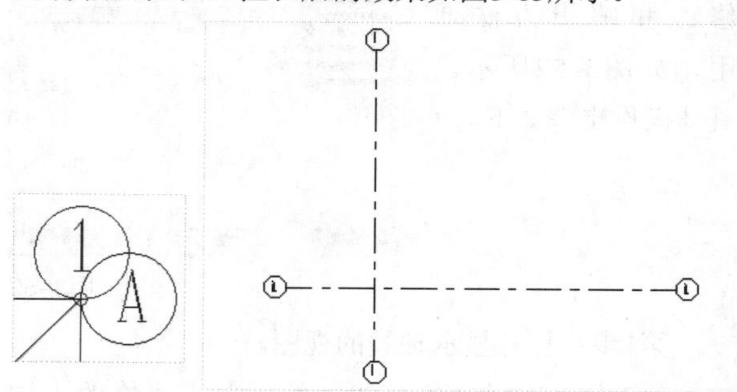

图3-62　　图3-63

第9步：继续单击“轴网”按钮，然后沿水平方向移动鼠标直至捕捉到与Ⓐ轴端点对齐的参考线，且显示与Ⓐ轴的临时尺寸标注，标记出光标与Ⓐ轴的间距，通过键盘输入“7200”并按Enter键确认，将会在Ⓐ轴上确认新建轴网的起点，如图3-64所示。

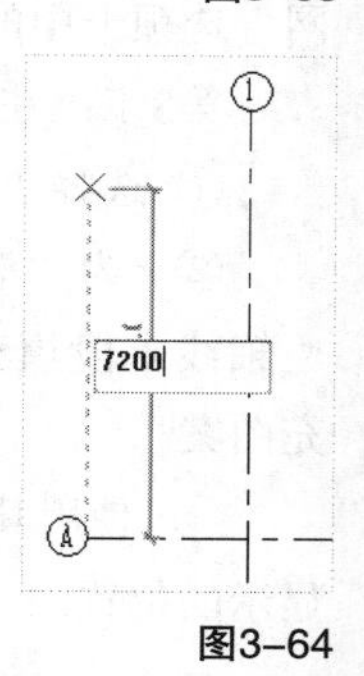

图3-64

第10步：承接上述步骤继续在水平方向移动鼠标，直至捕捉到Ⓐ轴的右侧端点时单击鼠标左键，结束并完成第3根轴线的绘制。该轴线编号会自动变为Ⓑ轴，按Esc键两次结束绘制轴线命令，结果如图3-65所示。

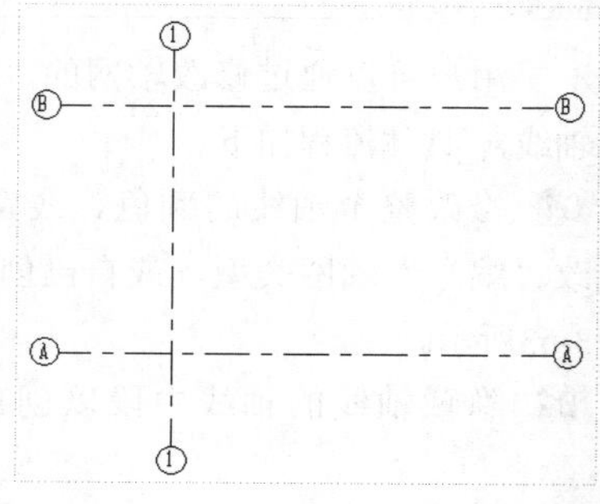

图3-65

第11步：与创建标高类似，其他轴网同样可以通过“复制”或“阵列”实现。单击选中Ⓑ轴，进入“修改 | 轴网”选项卡，单击“修改”面板中的“复制”按钮，在选项栏中勾选“约束”和“多个”复选项，在任意位置单击鼠标左键并向上移动鼠标，输入要复制的数值，即可依次创建水平轴线，创建结果如图3-66所示。

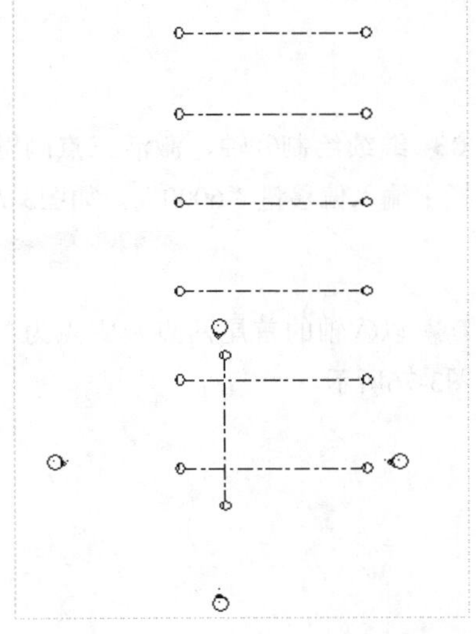

图3-66

第12步：按步骤7讲述的方法，将①轴拉长至合适位置。继续创建垂直方向的轴线，单击“轴网”按钮，然后沿水平方向移动鼠标直至捕捉到①轴的端点对齐参考线，在键盘上输入“6000”，按Enter键确认，接着向上移动鼠标至①轴的另一个端点处单击鼠标左键完成创建。

第13步：新创建的轴网继承了字母轴号的属性，单击此轴网，修改轴网编号为②轴，如图3-67所示。

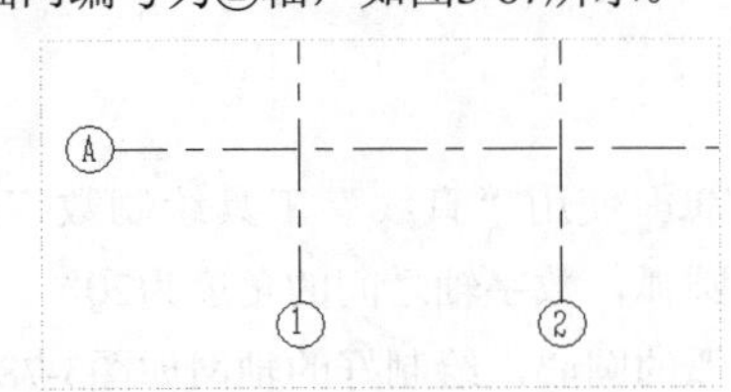

图3-67

第14步：继续使用“复制”或“阵列”工具创建剩余的垂直轴网。当使用“阵列”工具时，要在“阵列”选项栏中取消勾选“成组并关联”复选项，如图3-68所示。

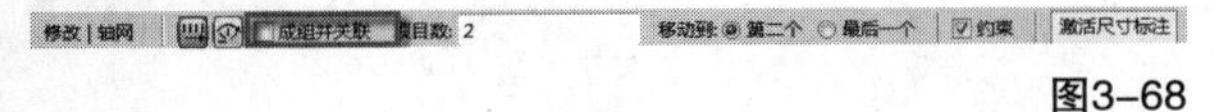

图3-68

第15步：垂直轴网创建完成，如图3-69所示。

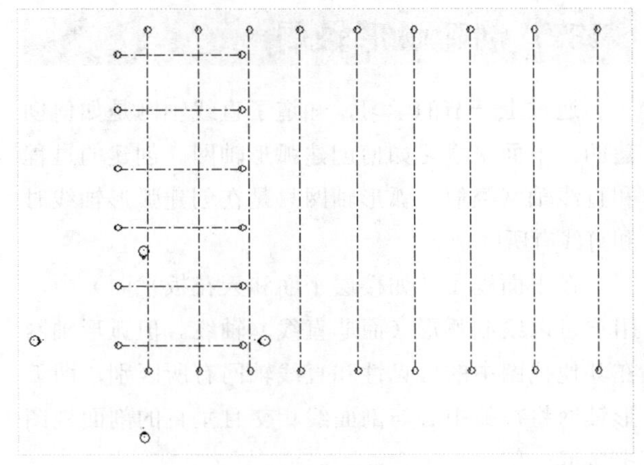

图3-69

第16步：还需要进一步调整轴网的样式。单击任意一根水平轴线，如图3-70所示，与此轴线端点位于同一直线上的其他水平轴线会同时被对齐参考线关联，然后水平拖曳鼠标，将选中的轴线向右拖曳至合适的位置，同时其他水平轴线也会被拖曳相同的距离。拖曳完成后的结果如图3-71所示。

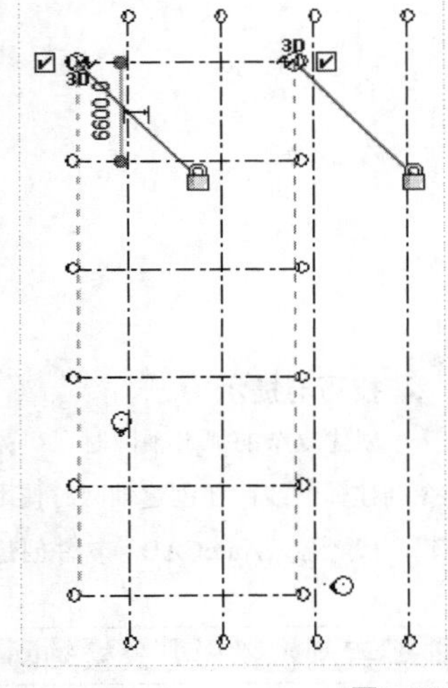

图3-70

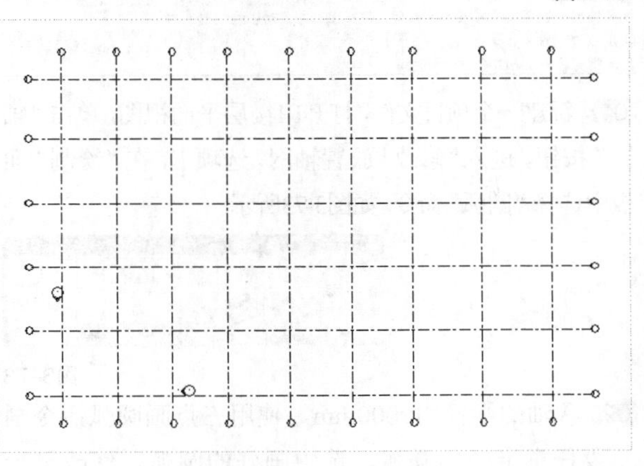

图3-71

3.3.5 创建弧形轴网

通过上一节的学习，知道了直线轴网是如何创建的，下面来学习如何创建弧形轴网。创建的过程和直线轴网类似，弧形轴网只是在创建弧形轴线时和直线有所区别。

在平面视图（如楼层平面和天花板平面）中，用户可以绘制弧形（而非直线）轴线。但弧形轴网在其他视图中的可见性和直线轴网有所区别，即弧形轴网将在弧中心与剖面线相交且垂直的剖面视图中显示。

本节将通过创建一组比较简单的弧形轴网来学习弧形轴网的创建方法，如图3-72所示。

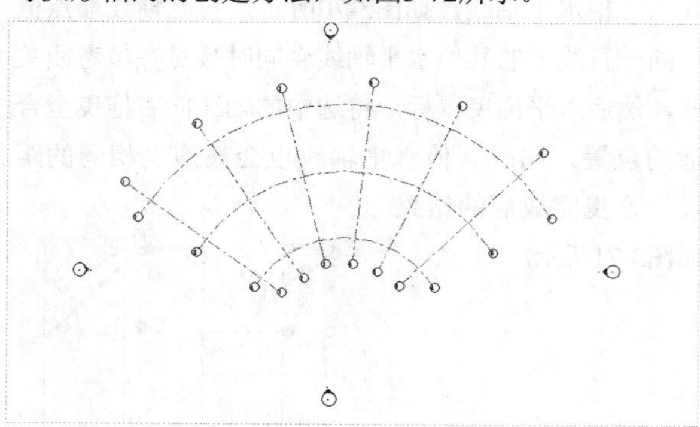

图3-72

技巧与提示

创建复杂的弧形轴网时，可先使用详图线等二维画线命令创建辅助线，在创建轴网时使用“拾取线”工具进行创建，或者导入AutoCAD等软件创建好的轴网进行拾取。

典型实例：弧形办公楼轴网创建

场景位置：无

视频位置：视频文件>CH03>04典型实例：弧形办公楼轴网创建.mp4

实用指数：★★☆☆☆

技术掌握：在Revit中创建弧形轴网

01 新建一个项目文件，打开F1楼层平面视图，单击“轴网”按钮，进入“修改 | 放置轴网”选项卡，在“绘制”面板中选择“圆弧”命令，如图3-73所示。

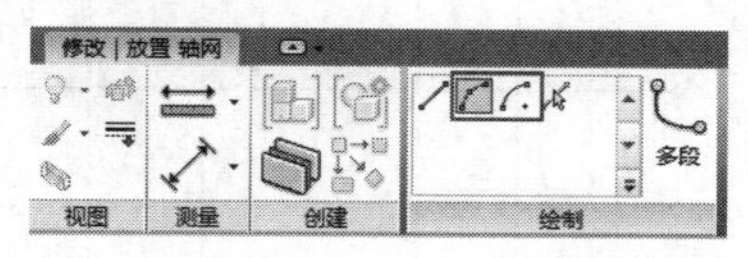

图3-73

02 Ⓐ轴的半径为9000mm，使用三点画圆弧命令画一段任意半径的圆弧，选中画好的圆弧，修改半径为9000mm，如图3-74所示。

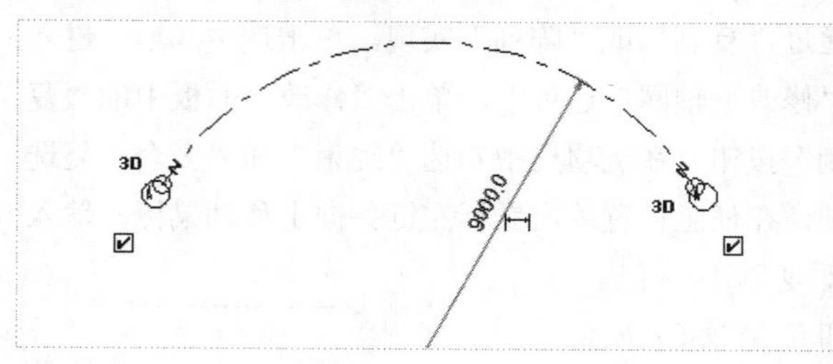

图3-74

03 继续绘制Ⓑ轴，激活三点画圆弧命令后在选项栏中输入偏移量“6000”，如图3-75所示。

图3-75

04 以Ⓐ轴的首尾两点及中点为参照绘制Ⓑ轴，如图3-76所示。

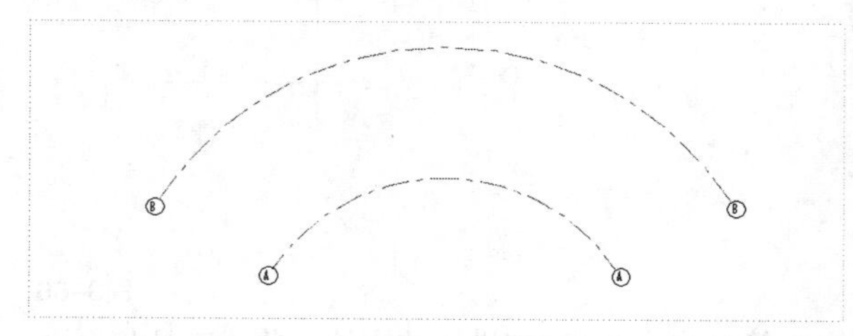

图3-76

05 以同样的方法绘制出Ⓒ轴，如图3-77所示。

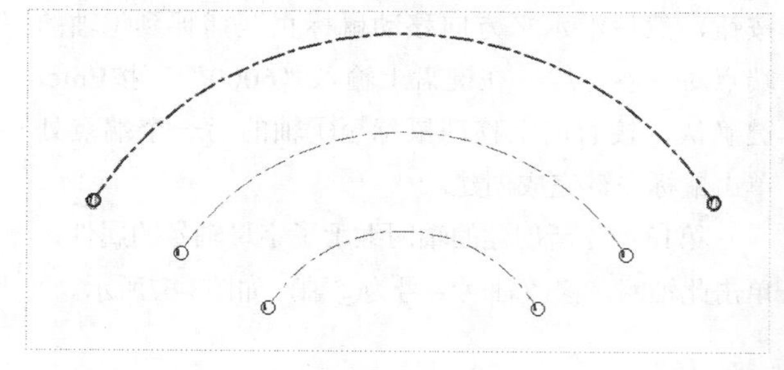

图3-77

06 使用“直线”工具绘制数字轴，字母轴为同心圆弧，数字轴之间的角度为20°，延长线通过同心圆弧的圆心，绘制好的轴网如图3-78所示。

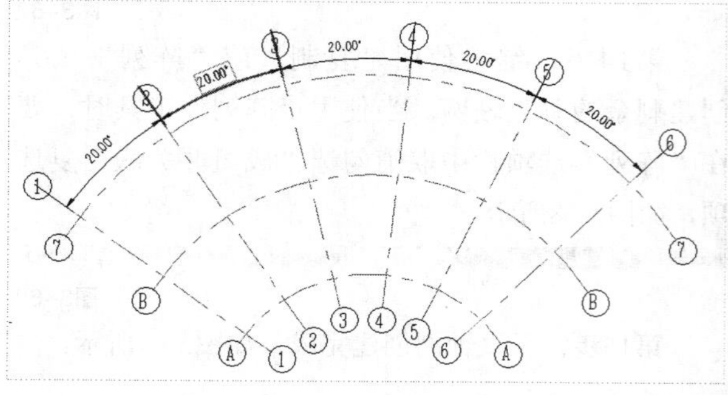

图3-78

3.3.6 创建多段轴网

多段轴网是Revit的一种特殊属性的轴网，一条多段轴线内可以包含多条连续线段或曲线，创建多段轴网的过程和创建普通轴网类似。如图3-79所示，项目中的轴线很多都是由多段轴线命令创建的，具体操作步骤如下。

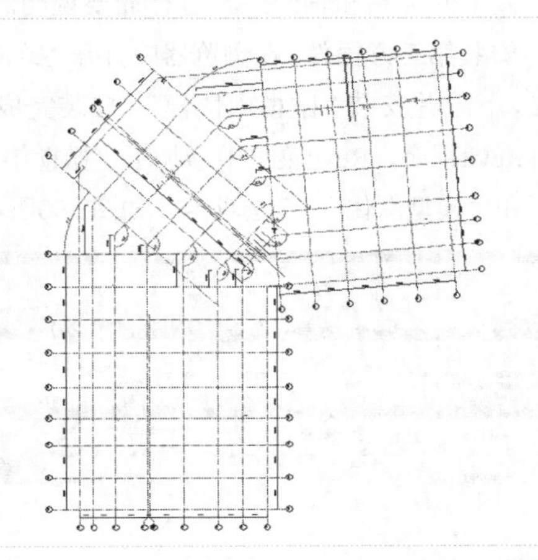

图3-79

第1步：单击“轴网”按钮，进入“修改 | 放置轴网”选项卡。

第2步：单击“绘制”面板中的“多段”按钮，如图3-80所示。

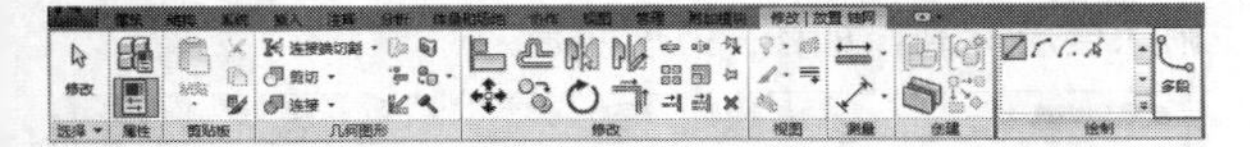

图3-80

第3步：激活命令后，自动进入“修改 | 多段轴网>编辑草图”模式，如图3-81所示。

图3-81

第4步：使用“直线”命令在工作区绘制如图3-82所示轴线。

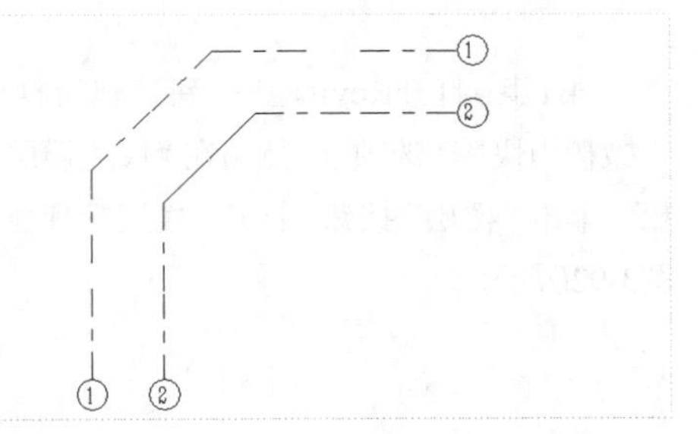

图3-82

第5步：如果要修改多段轴网，需要单击选中轴线，然后单击“编辑草图”按钮，如图3-83所示。

图3-83

第6步：进入草图编辑模式后，即可对创建好的轴线进行修改。

第7步：读者可自行完成如图3-79所示轴网系统。

典型实例：萨伏伊别墅轴网创建

场景位置：无

视频位置：视频文件>CH03>05典型实例：萨伏伊别墅轴网创建.mp4

实用指数：★★☆☆☆

技术掌握：通过实际案例练习轴网的创建方法

萨伏伊别墅（The Villa Savoye）是著名现代建筑大师勒·柯布西耶（Le Corbusier）的作品，是现代主义建筑的经典作品之一，其柱网为直线轴网，本例将以此项目来练习创建直线轴网的方法，完成后的效果如图3-84所示。

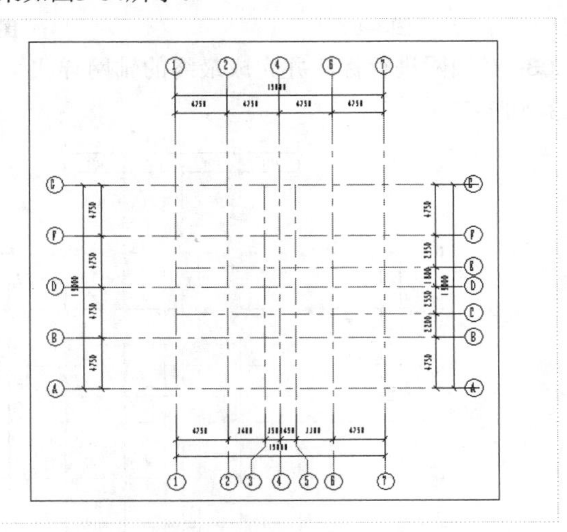

图3-84

01 新建项目文件，将其命名为“萨伏伊别墅轴网”，并保存项目文件。使用“轴网”命令逐次创建垂直数字轴线，①~⑦轴间距分别为4750、3400、350、450、3300和4750，如图3-85所示。然后对轴线进行修改，修改后的结果如图3-86所示。

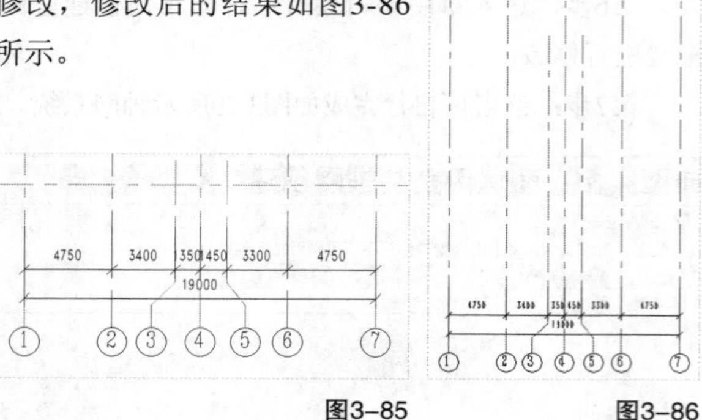

图3-85　　图3-86

02 继续创建水平字母轴线，Ⓐ~Ⓖ轴线间距分别为4750、2200、2550、1800、2950和4750，如图3-87所示。同样对轴线进行修改，效果如图3-88所示。

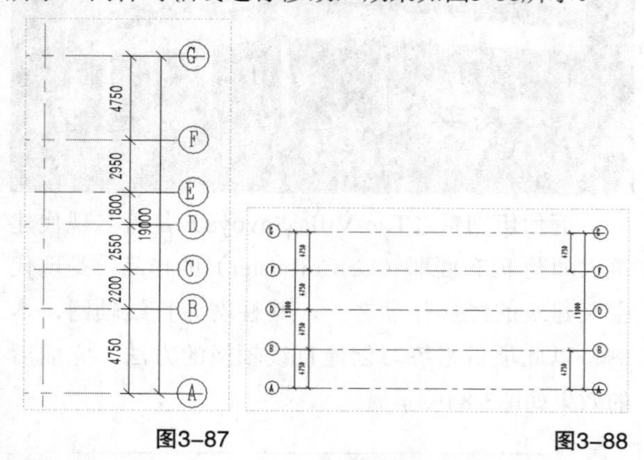

图3-87　　图3-88

03 对轴网进行标注并完成最终的轴网样式，如图3-89所示。

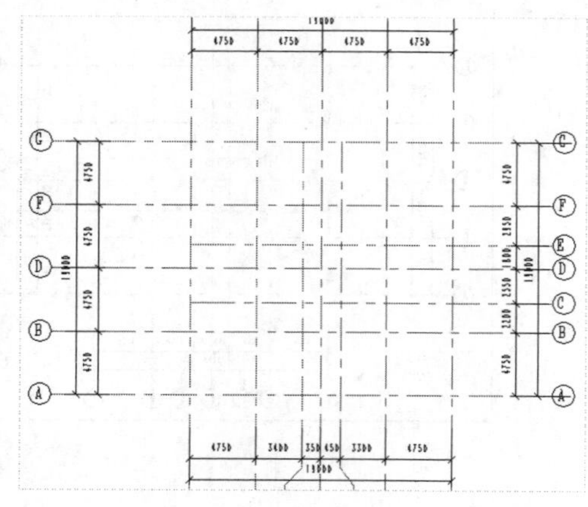

图3-89

3.4 第三方插件创建标高及轴网

用户可以下载一些针对标高和轴网的第三方插件，使用插件可以快速创建、修改和编辑标高与轴网。国内开发的插件大都与天正建筑中的轴网创建工具类似，在此仅对“橄榄山快模”（简称“橄榄山”）中的标高和轴网工具进行简要说明。

安装第三方插件：在浏览器中打开“橄榄山软件”网站，下载并安装“橄榄山快模”。安装完成后，重新打开Revit程序，Revit菜单中增加了“橄榄山快模”“快图”和“模型深化”3个选项卡，如图3-90所示。

图3-90

3.4.1 第三方标高创建工具

与Revit的标高工具相比，很多二次开发的插件对标高创建更为友好和快捷。例如，在“橄榄山快模”工具集中的“楼层管理器”，用户可快速创建、删除楼层标高，如图3-91所示。

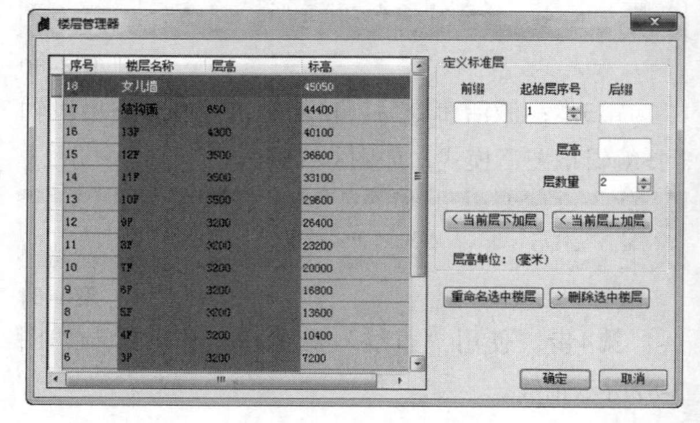

图3-91

第1步：打开Revit程序，新建建筑样板文件，进入“橄榄山快模”选项卡，然后在“快速楼层轴网工具”面板中单击“楼层”按钮，打开“楼层管理器”对话框，如图3-92所示。

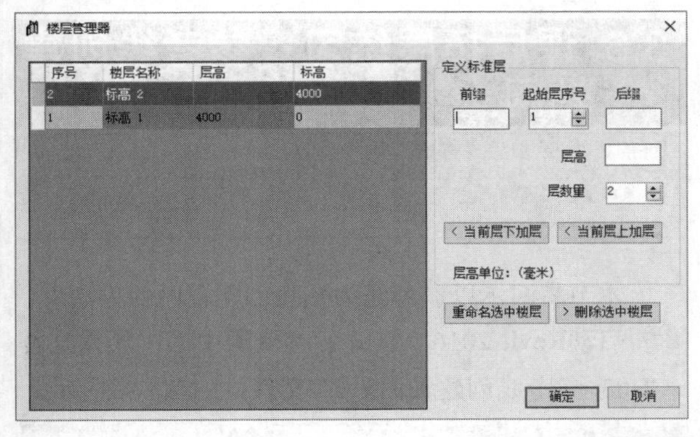

图3-92

第2步：在“前缀”中输入“新增”，在“起始层序号”中输入1，在“层高”中输入4500，在“层数量”中输入10，如图3-93所示。

第3步：单击“当前层上加层”按钮，在“楼层管理器”中新增了10层，如图3-94所示。

第4步：设置完成后，单击“确定”按钮，在“项目浏览器”中切换到南立面视图，可以看到已根据楼层管理器自动创建了相应的标高，如图3-95所示。

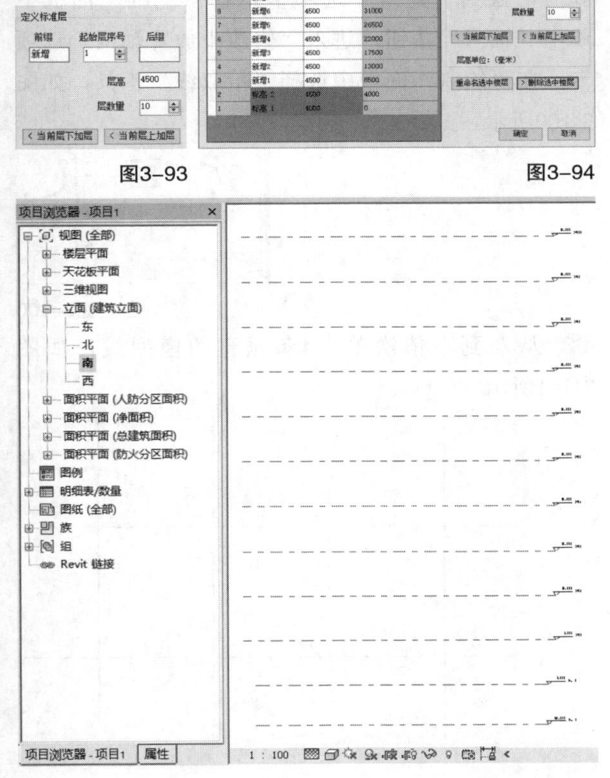

图3-93　　图3-94

图3-95

3.4.2 第三方轴网创建工具

橄榄山插件的轴网工具与天正建筑中的轴网工具很相近，切换到“橄榄山快模”选项卡，即可看到“橄榄山快模”的各类面板，如图3-96所示。

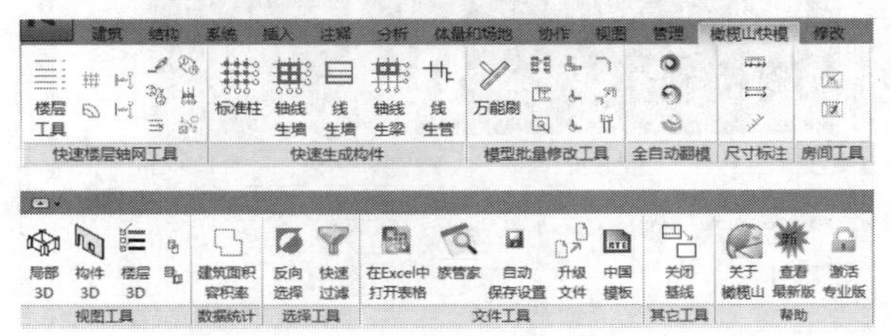

图3-96

单击“快速楼层轴网工具”面板中的“矩形”轴网工具，可以通过“轴间距”“个数”“插入基点”“旋转角度”“排列方式”“轴线标注样式”等参数来设置矩形轴网，如图3-97所示。

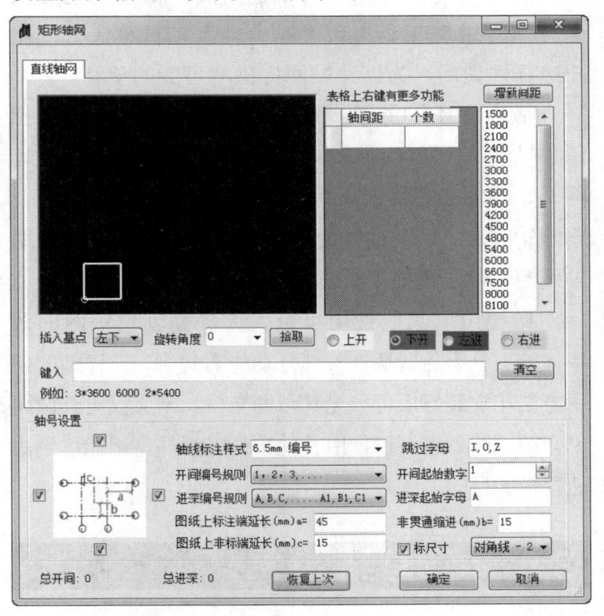

图3-97

橄榄山还提供了创建弧形轴网的工具，单击“快速楼层轴网工具”面板中的“弧形”轴网工具，可以通过“轴间距”“个数”“圆心角”“进深”“角度方向”“起始角”“轴线标注样式”等参数来设置弧形轴网，如图3-98所示。

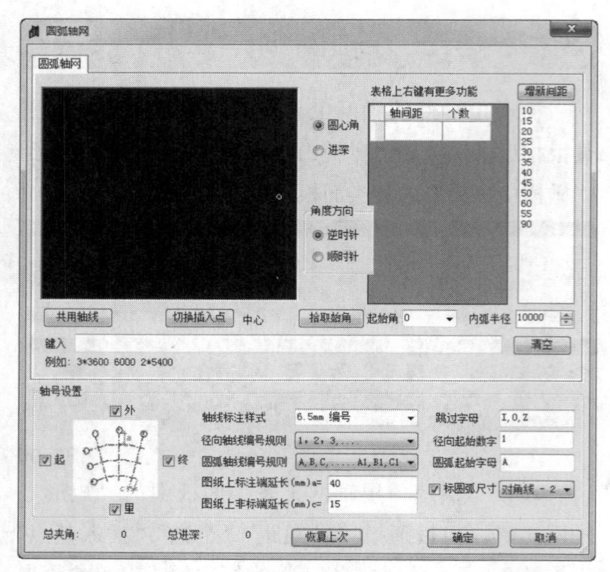

图3-98

除了以上两种基本的创建工具，橄榄山还提供了“墙生轴”工具和“线生轴”工具，方便用户选择性使用，为创建轴网提供尽可能的便利。

橄榄山还提供了一系列的轴网修改工具，包括添加轴线（后续轴线会自动更名，仅支持直线型轴网）、改轴线名称（后续紧邻轴线会自动更名）、删除轴线（后续轴线会自动更名）、主轴线转辅助轴线、轴线重拍工具和逐一编号工具等。

橄榄山工具的使用可以大大提高创建轴网的效率，该工具为免费插件（部分功能需购买），详细的使用方法在安装好后可参见其帮助文件，本文仅对其做简单介绍。读者也可以使用其他第三方插件，都能达到快速建模的目的。

3.5 本章总结

通过本章的学习，相信读者对Revit中的标高和轴网已经有了较深入的理解，轴网和标高是使用Revit进行模型搭建及深化出图的基础，一切构件都是基于标高和轴网进行定位，各专业协同工作也是基于此开展的。由此可见，标高和轴网在Revit中的地位是很高的，读者要细细品味标高和轴网的用法及含义，灵活并熟练地使用。

3.6 课后拓展练习：参考线创建轴网

场景位置：场景文件>CH03>参考线创建轴网.rvt
视频位置：视频文件>CH03>06课后拓展练习：参考线创建轴网.mp4
实用指数：★★☆☆☆
技术掌握：使用参考线创建轴网的流程

本节将演示以参考线为依托创建轴网的方法。

01 启动Revit 2016，打开学习资源中的“场景文件>CH03>参考线创建轴网.rvt”文件，如图3-99所示。

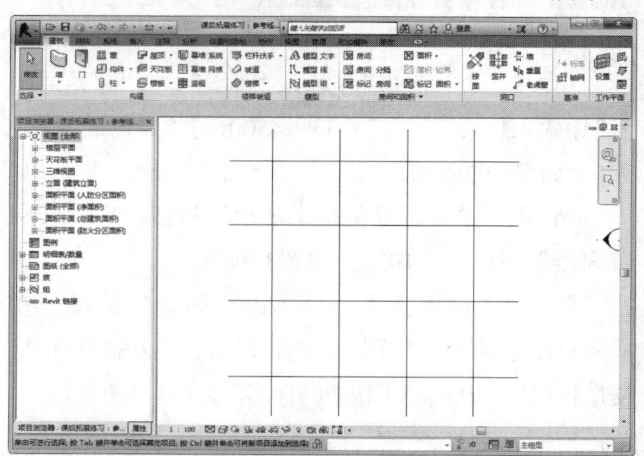

图3-99

02 切换到“建筑”选项卡，在“基准”面板中单击“轴网”按钮，进入“修改 | 放置轴网”选项卡，在“绘制”面板中选择“拾取线”工具，如图3-100所示。

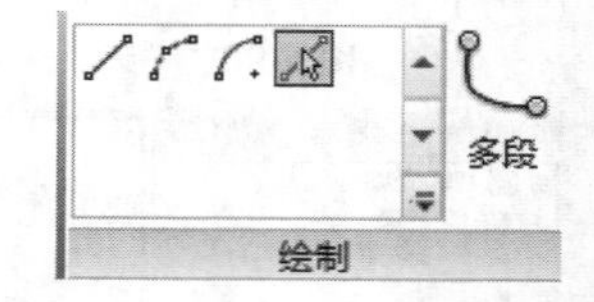

图3-100

03 从左到右依次单击4条垂直的模型线，如图3-101所示。

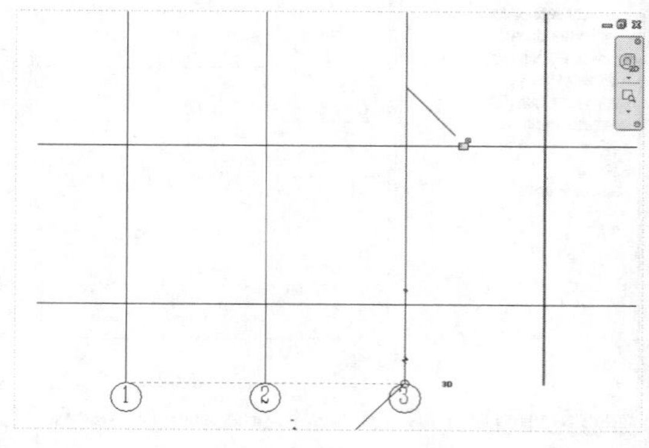

图3-101

04 单击最下面的水平模型线，自动生成名为5的轴线，双击轴号，将其修改为A，如图3-102所示。

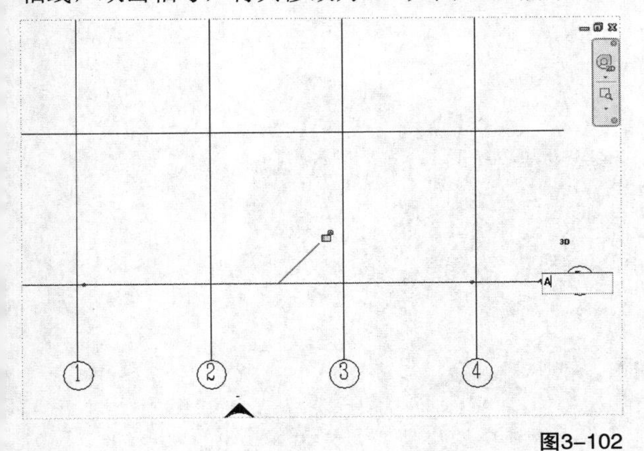

图3-102

05 从下到上依次单击第2、3、4条模型线，完成参考线生成轴线的练习，如图3-103所示。

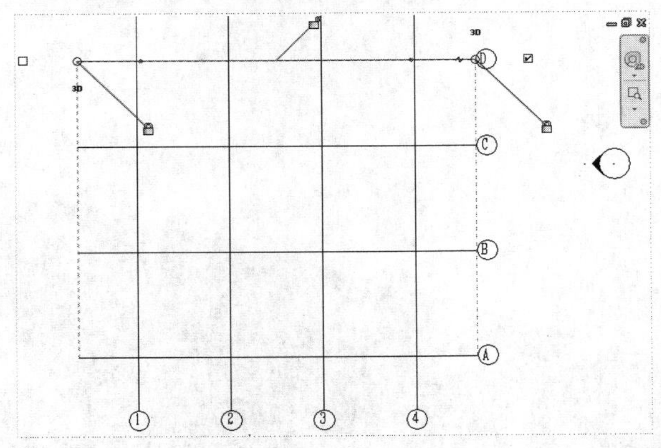

图3-103

第 4 章 柱与梁

本章知识索引

知识名称	作用	重要程度	所在页
建筑柱	掌握建筑柱的载入、调整与布置	★★★☆☆	P71
结构柱	掌握结构柱的载入、调整与布置	★★★★☆	P76
梁	掌握梁的载入、调整与快速复制的方法	★★★☆☆	P85

本章实例索引

实例名称	所在页
课前引导实例：柱与梁的布置	P69
典型实例：建筑柱的布置	P74
典型实例：办公楼中结构柱的布置	P84
课后拓展练习：框架结构绘制	P87

4.1 课前引导实例：柱与梁的布置

场景位置：场景文件>CH04>01结构-轴网.rvt
视频位置：视频文件>CH04>01课前引导实例：柱与梁的布置.mp4
实用指数：★★★☆☆
技术掌握：了解建筑柱与梁的载入、调整与布置

在第3章学习标高和轴网的基础上，本节以小型框架结构建筑为例，讲解如何载入、调整和布置建筑的结构柱与梁。

01 启动Revit 2016，单击按钮，打开应用程序菜单，执行“打开>项目”菜单命令。

02 在弹出的“打开”对话框中找到学习资源中的“场景文件>CH04>01结构-轴网.rvt”文件，然后单击“打开”按钮，打开项目文件，如图4-1所示。

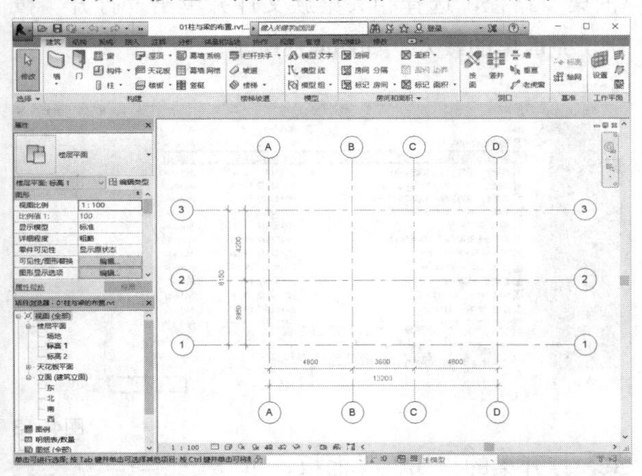

图4-1

03 单击“建筑”选项卡，然后在“构建”面板中单击“柱”按钮，在弹出的下拉菜单中选择“结构柱”选项，如图4-2所示。

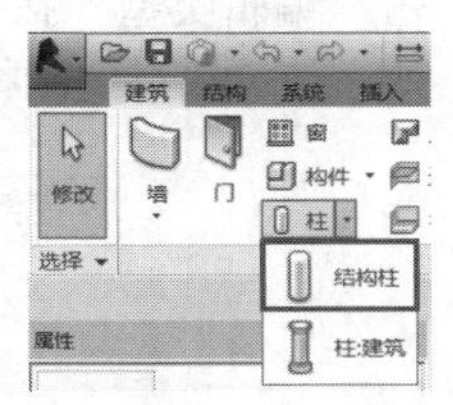

图4-2

04 光标变成柱样式，然后进入“修改|放置 结构柱”选项卡，在“模式”面板中单击“载入族”按钮，如图4-3所示。

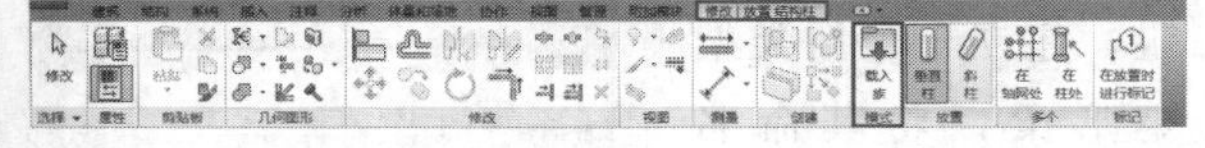

图4-3

05 弹出“载入族”对话框，它会自动打开Revit安装路径下的Libraries\China文件夹，进入“China\结构\柱”路径，选择“混凝土-矩形-柱”，然后单击“打开”按钮，完成柱的载入，如图4-4所示。

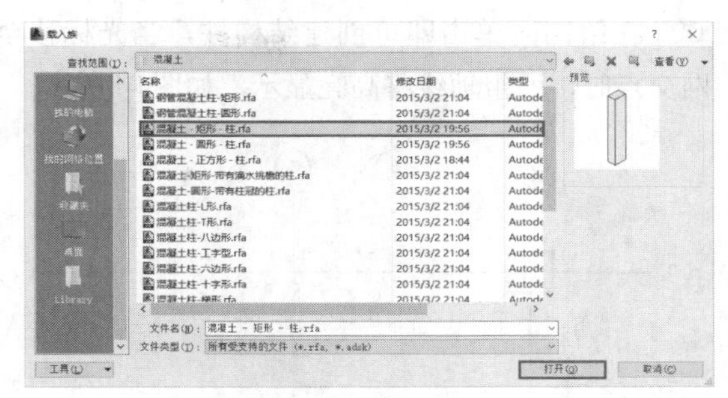

图4-4

06 在放置柱的状态下，单击“编辑类型”按钮，如图4-5所示，此时会打开“类型属性”对话框

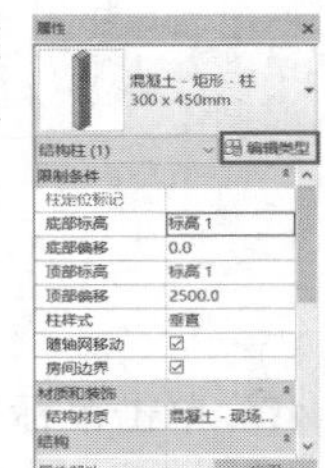

图4-5

07 在“类型属性”对话框中单击“复制”按钮，然后输入新建的柱尺寸“400mm×500mm”，完成后单击“确定”按钮，如图4-6所示。

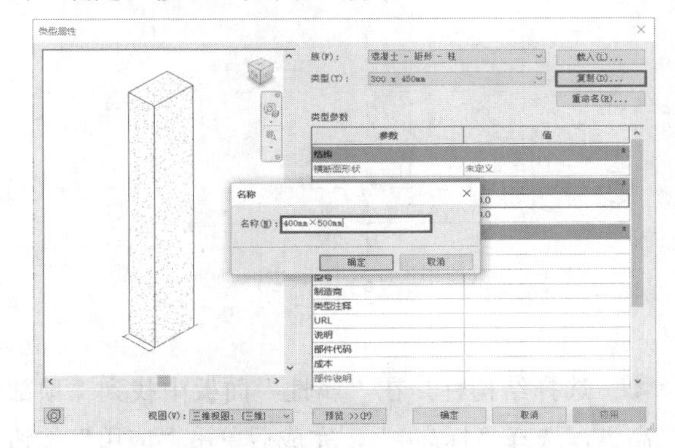

图4-6

08 修改尺寸标注下的*b*、*h*值，在*b*值的参数框中输入“400”，在*h*值的参数框中输入“500”，单击“确定”按钮，完成类型属性的设置，如图4-7所示。

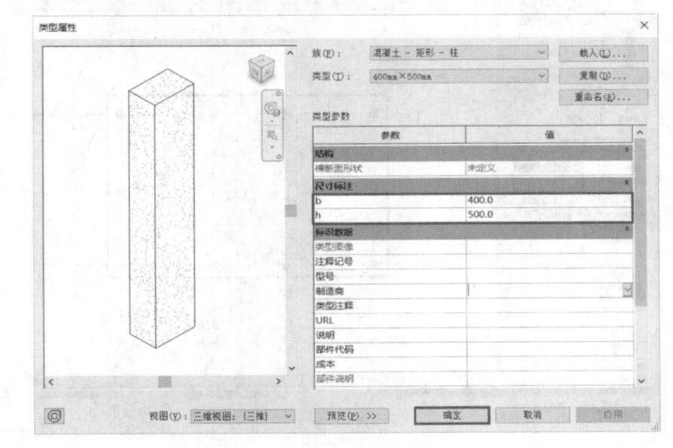

图4-7

09 在绘图区单击即可创建结构柱，当光标移至轴网交点时，两组轴线将高亮显示，如图4-8所示。

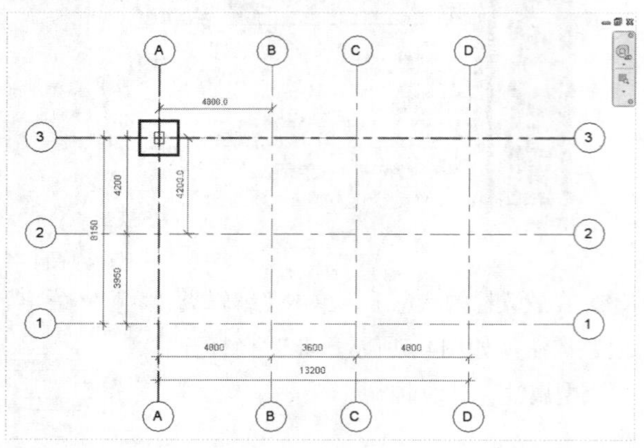

图4-8

10 单击鼠标左键放置该结构柱，然后完成标高1中所有结构柱的创建，如图4-9所示。

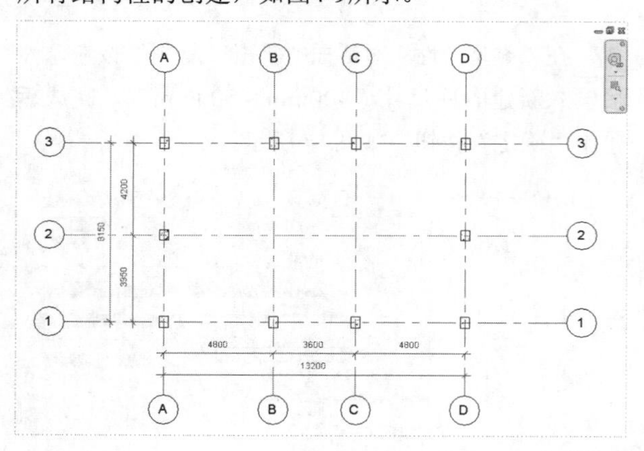

图4-9

11 选择结构柱，在"属性"面板中找到"顶部标高"，选择"标高4"，完成后单击"应用"按钮，如图4-10所示。

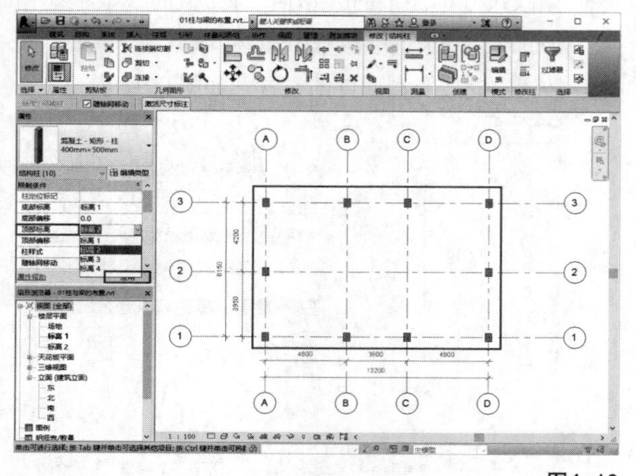

图4-10

12 单击"结构"选项卡，在"结构"面板中单击"梁"按钮，如图4-11所示。

图4-11

13 跳转至"修改｜放置 梁"选项卡，在其中单击"载入族"按钮，如图4-12所示。

图4-12

14 弹出"载入族"对话框，自动打开Revit安装路径下的Libraries\China文件夹，进入"China\结构\框架"路径，选择相关梁族文件并单击"打开"按钮，完成梁的载入，如图4-13所示。

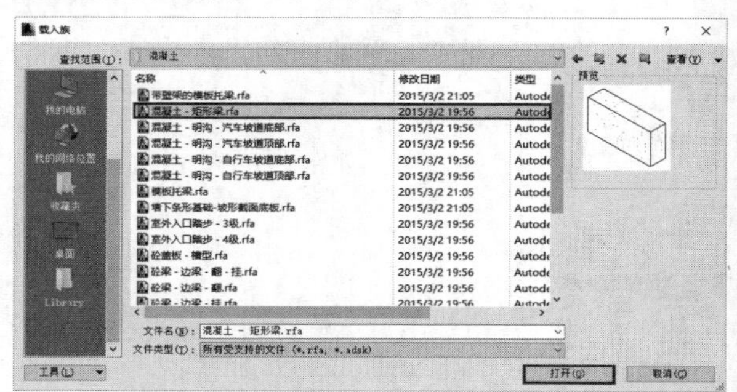

图4-13

15 打开梁的"属性"面板，单击"编辑类型"按钮，如图4-14所示。

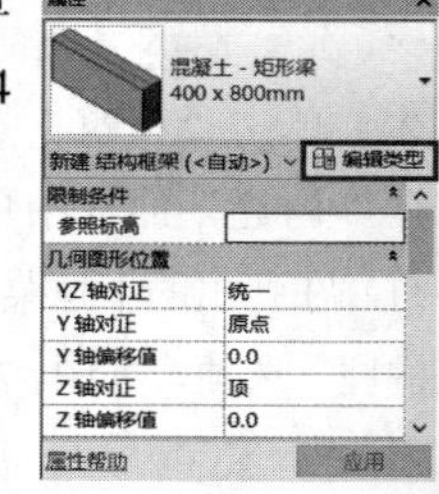

图4-14

16 在弹出的"类型属性"对话框中单击"复制"按钮，建立一个新类型矩形梁，将其命名为"钢筋混凝土梁250mm×700mm"，完成后单击"确定"按钮，如图4-15所示。

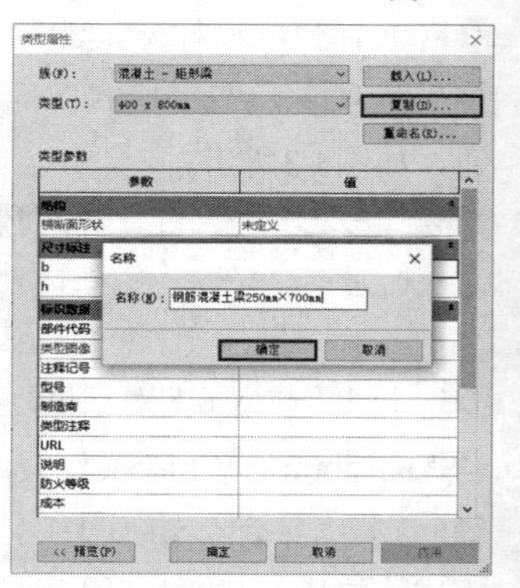

图4-15

17 修改梁截面尺寸，在b值参数框中输入“250”，在h值参数框中输入“700”，单击“确定”按钮，即新建了一个截面尺寸为250mm×700mm的钢筋混凝土矩形梁，如图4-16所示。

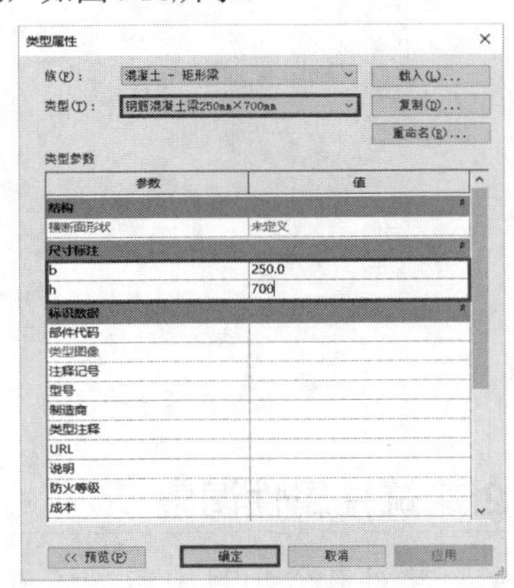

图4-16

18 双击展开“楼层平面”，选择“标高2”，进入二层平面视图中，创建一层的主梁和次梁。在“绘制”面板中选择梁的绘制工具，将光标移动到绘图区域即可进行绘制，完成主梁的创建（梁截面为250mm×700mm），如图4-17所示。

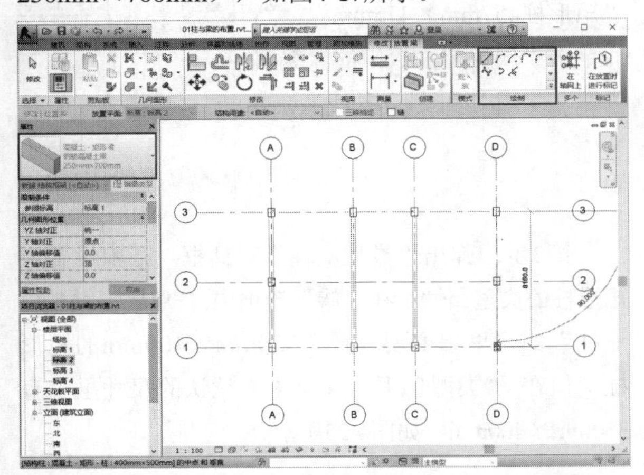

图4-17

19 创建次梁和创建主梁的方法一致，梁截面设置为250mm×400mm，如图4-18所示。

20 创建其余楼层梁的方法与之相同，创建完成后，单击三维视图按钮，如图4-19所示。

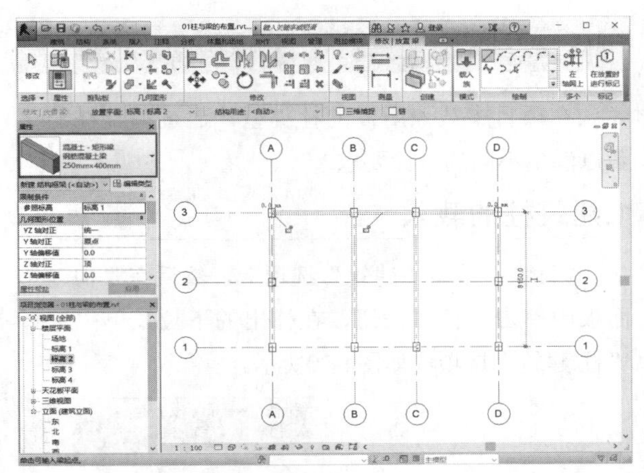

图4-18

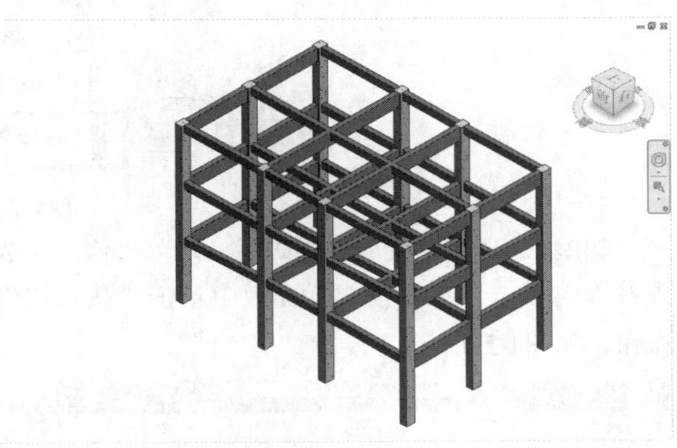

图4-19

4.2 建筑柱

本节知识概要

知识名称	作用	重要程度
建筑柱的类型	了解建筑柱的各种类型	★★☆☆☆
建筑柱的载入	掌握建筑柱的载入方法	★★★☆☆
建筑柱的布置与调整	掌握建筑柱的布置与调整方法	★★★☆☆

在Revit中，柱分为建筑柱和结构柱两类，本节将重点介绍建筑柱的类型、载入和属性调整，以及建筑柱的布置方法。

4.2.1 建筑柱类型

建筑柱种类繁多，主要在建筑中起装饰作用，通常根据设计要求确定其形式。柱的类型除矩形柱外，还有壁柱、倒角柱、欧式柱、中式柱、现代柱、圆柱和圆锥形柱等。同时，还可以根据设计需求，通过自定义族模型创建设计所需的柱类型。

4.2.2 建筑柱的载入和属性调整

在项目中载入所需的柱类型，通过调整柱的参数以满足不同的设计要求。

1.建筑柱的载入

第1步：单击“建筑”选项卡，然后在“构建”面板中单击“柱”按钮，在弹出的下拉菜单中选择“柱:建筑”选项，如图4-20所示。

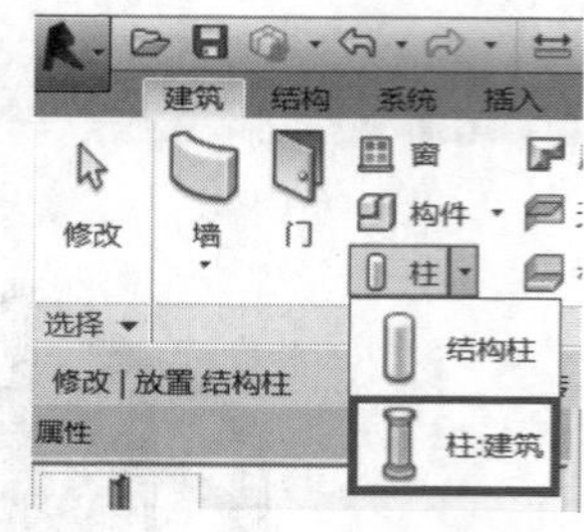

图4-20

第2步：当光标变成柱样式后，进入“修改 | 放置柱”选项卡，在“模式”面板中单击“载入族”按钮，如图4-21所示。

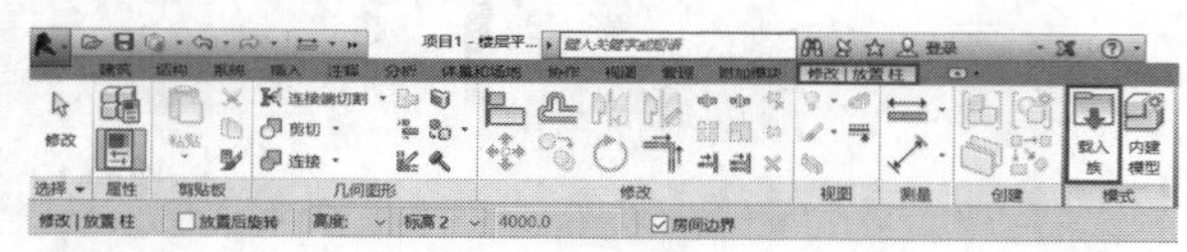

图4-21

第3步：弹出“载入族”对话框，自动打开Revit安装路径下的Libraries\China文件夹，进入“China\建筑\柱”路径，选择相关建筑柱族文件，然后单击“打开”按钮，完成柱的载入，如图4-22所示。

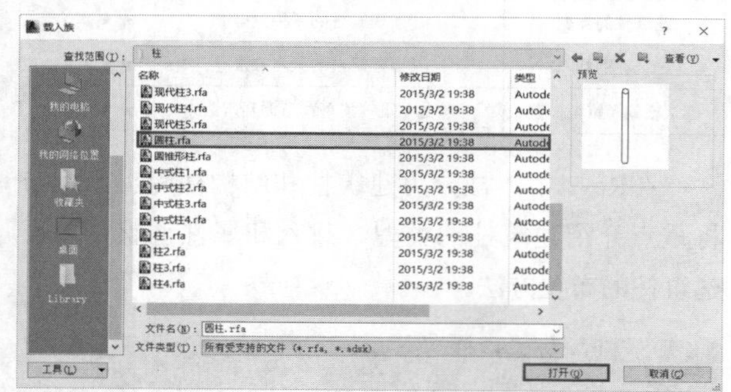

图4-22

第4步：单击“属性”面板中的“类型”下拉菜单，即可看到载入的柱族，如图4-23所示。

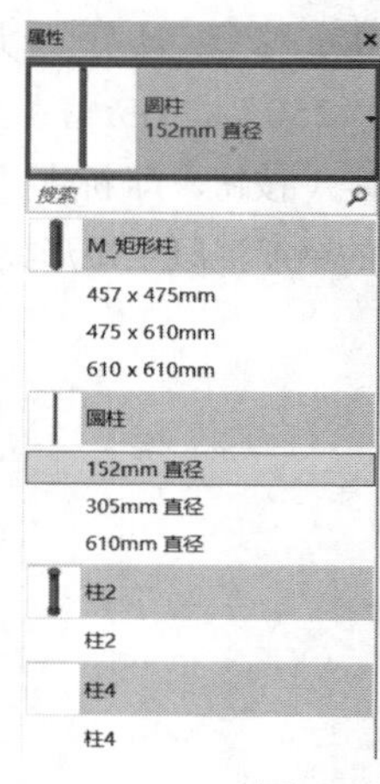

图4-23

2.建筑柱属性调整

将柱载入项目中后，还需对柱的属性进行调整，从而满足设计要求。柱属性的设置包括“类型属性”和“实例属性”两种。在操作时通常先设置类型属性，再设置实例属性。

第1步：在放置柱的状态下，任意选择一种类型的柱，如“矩形柱457mm×475mm”，然后单击“属性”面板中的“编辑类型”按钮，如图4-24所示。

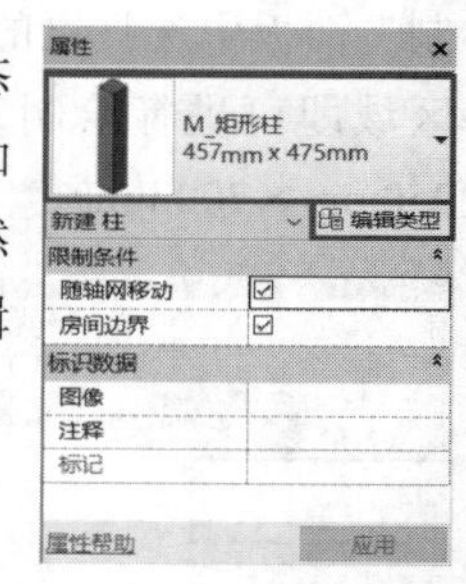

图4-24

第2步：弹出“类型属性”对话框，当前设置为矩形柱的类型属性，在“族”选项中，默认为“M_矩形柱”。这里想要创建一个350mm×400mm的矩形柱，但在“类型”下拉菜单中，默认的尺寸里没有350mm×400mm，如图4-25所示。

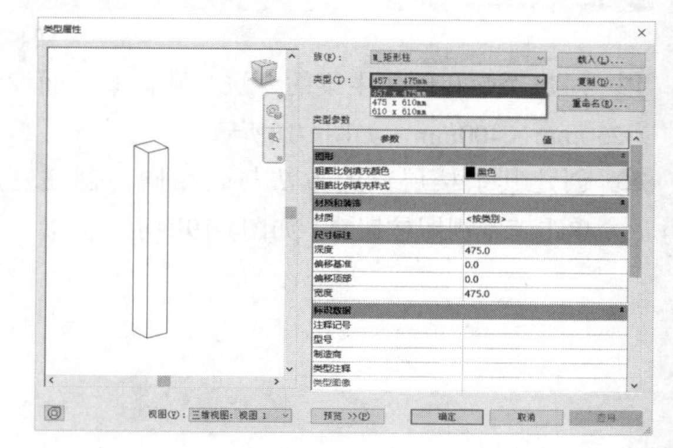

图4-25

第3步：单击“复制”按钮，在“名称”对话框中输入“350mm×400mm”，单击“确定”按钮，如图4-26所示。此时“类型”下拉列表中出现尺寸值350mm×400mm，如图4-27所示。

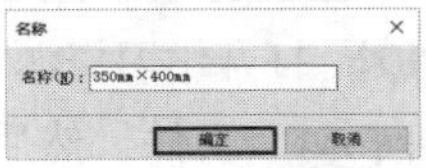

图4-26

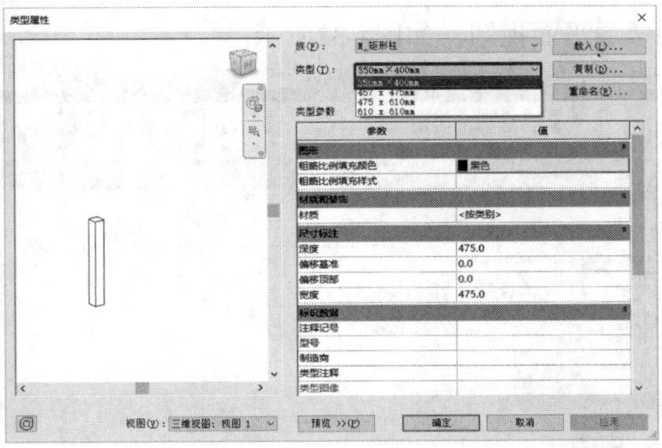

图4-27

知识讲解

• **粗略比例填充颜色**：指在任一粗略平面视图中，粗略比例填充样式的颜色，单击可选择其他颜色。

• **粗略比例填充样式**：指在任一粗略平面视图中，柱内显示的截面填充图案样式。单击后面的…按钮（单击该参数后显示按钮）可以添加图案样式。

• **材质**：给柱赋予某种材质，单击该行后的…按钮添加材质。

• **深度**：放置时柱的深度，矩形柱截面显示为长方形，该值表示长方形的宽度。

• **偏移基准**：设置柱基准的偏移量，默认为0。

• **偏移顶部**：设置柱顶部的偏移量，默认为0。

• **宽度**：放置时柱的宽度，矩形柱截面显示为长方形，该值表示长方形的长度。

类型属性设置完成，如图4-28所示。

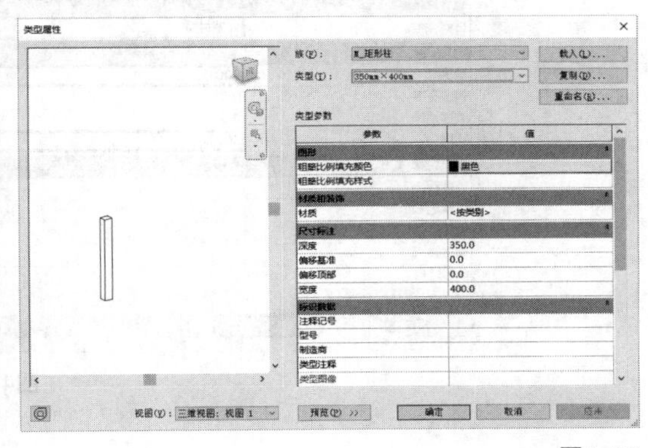

图4-28

完成类型属性设置后，下面进行实例属性设置。

建筑的实例属性分为“限制条件”“标识数据”“阶段化”，如图4-29所示。

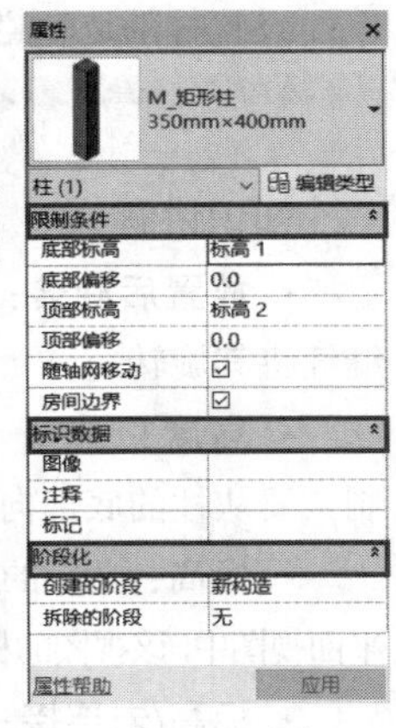

图4-29

知识讲解

• **底部标高**：指定柱基准所在的标高，默认柱的基准标高是创建时打开的平面视图标高。

• **底部偏移**：指定与基准标高的距离，默认值为0。

• **顶部标高**：指定柱顶部所在的标高，在创建好柱后可以任意调整顶部标高的值。

• **顶部偏移**：指定与顶部标高的距离，默认值为0。

• **随轴网移动**：若勾选此复选项，若轴网位置变化，相应的柱也会发生改变。

• **房间边界**：确定此柱是否是房间的边界。

• **注释**：指定柱实例的注释。

• **标记**：出于参照目的，将标记应用于任何柱。对于项目中的每个柱，此值必须唯一。如果此值已被使用，Revit会发出警告信息，但允许继续使用它。

• **创建的阶段**：创建柱的阶段。

• **拆除的阶段**：拆除柱的阶段。

4.2.3 建筑柱的布置和调整

在完成建筑柱的载入和属性调整后，即可将柱放到项目中的相应位置。建筑柱只有一种放置方式——手动放置，即在平面视图和三维视图中添加柱。柱的高度由“底部标高”和“顶部标高”以及偏移来定义。

单击“建筑”选项卡，在“构建”面板中单击“柱”按钮，接着在弹出的下拉菜单中选择“柱:建筑”选项。

设置柱的选项栏参数，如图4-30所示。

修改 | 放置 柱　☐放置后旋转　高度: 　标高 2　3600.0　☑房间边界

图4-30

知识讲解

• **放置后旋转**：选择此选项，可以在放置柱后继续将其旋转。

• **高度**：选择“高度”，从柱的底部向上绘制。要从柱的底部向下绘制，请选择“深度”。

• **标高**：为柱的底部选择标高（仅限三维视图）。在平面视图中，该视图的标高即为柱的底部标高。

• **标高/未连接**：选择柱的顶部标高；或者选择“未连接”，然后指定柱的高度。

• **房间边界**：选择此选项，可以在放置柱之前将其指定为房间边界。

布置柱设置参数后，将鼠标移至绘图区域，柱的平面视图形状将跟随鼠标移动，将鼠标移动到横纵轴网的交汇处，相应的轴网将会高亮显示，单击将柱放置在交汇点上，按两次Esc键退出当前状态，单击选择放置的柱，通过临时尺寸标注将柱调整到合适的位置，如图4-31所示。

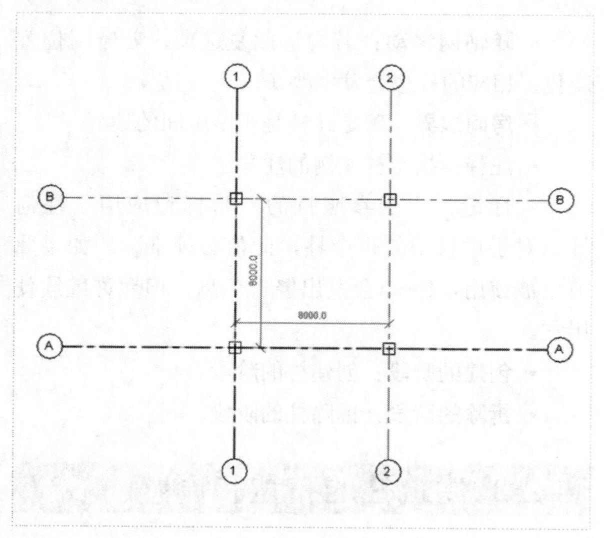

图4-31

技巧与提示

一般情况下，通过选择轴线或墙放置柱时将会对齐柱。如果在随意放置柱之后要将它们对齐，需单击“修改”选项卡，在“修改”面板中单击“对齐”按钮，然后选择要对齐的柱。柱的中间有两个可选择用于对齐的垂直参照平面。

典型实例：建筑柱的布置

场景位置	场景文件>CH04>02建筑-轴网.rvt
视频位置	视频文件>CH04>02典型实例：建筑柱的布置.mp4
难易指数	★★☆☆☆
技术掌握	在项目中载入建筑柱，调整属性及布置

01 打开学习资源中的“场景文件>CH04>02建筑-轴网.rvt”文件，然后在“项目浏览器”中展开“楼层平面”目录，接着双击“1F±0.000”名称进入标高1楼层平面视图，如图4-32所示。

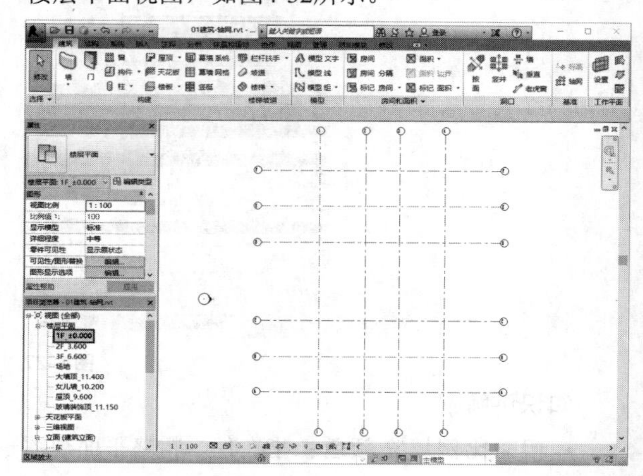

图4-32

02 单击“建筑”选项卡中的“柱”按钮，在弹出的菜单中选择“柱:建筑”命令，在类型选择器中选择某一尺寸的矩形柱，在“类型属性”对话框中单击“复制”按钮，输入“300mm×300mm”创建新的矩形柱，修改原尺寸的深度和宽度均为300mm，并赋予和外墙一致的材质，单击“确定”按钮，如图4-33所示。

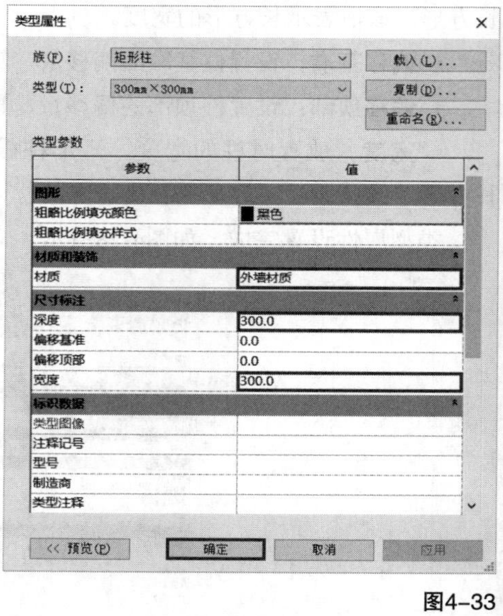

类型属性

族(F)：矩形柱　载入(L)...
类型(T)：300mm×300mm　复制(D)...
重命名(R)...

类型参数

参数	值
图形	
粗略比例填充颜色	黑色
粗略比例填充样式	
材质和装饰	
材质	外墙材质
尺寸标注	
深度	300.0
偏移基准	0.0
偏移顶部	0.0
宽度	300.0
标识数据	
类型图像	
注释记号	
型号	
制造商	
类型注释	

<< 预览(P)　确定　取消　应用

图4-33

03 在类型选择器列表中选择创建完成的“矩形柱300mm×300mm”，设置底部标高为1F±0.000，底部偏移−500.0，顶部标高为2F_3.600，单击“应用”按钮，如图4-34所示。

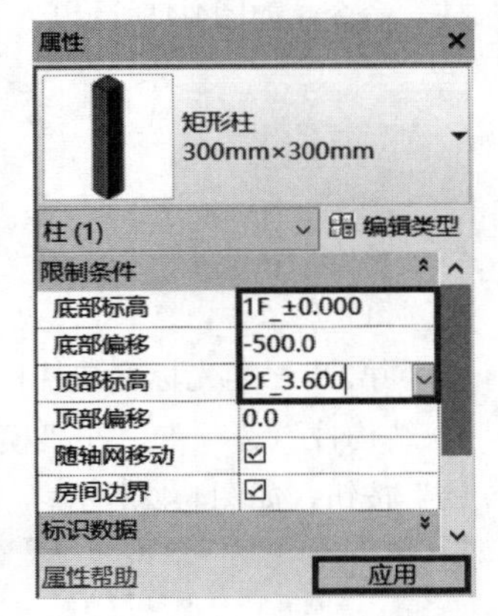

图4-34

04 在轴线②-Ⓓ、③-Ⓓ交点处分别放置该柱，选中②-Ⓓ轴线交点上的柱，通过临时尺寸标注修改柱中心到轴线②、轴线Ⓓ的距离分别为25mm、325mm，选中③-Ⓓ轴线交点上的柱，通过临时尺寸标注修改柱中心到轴线③、轴线Ⓓ的距离分别为25mm、325mm，如图4-35所示。

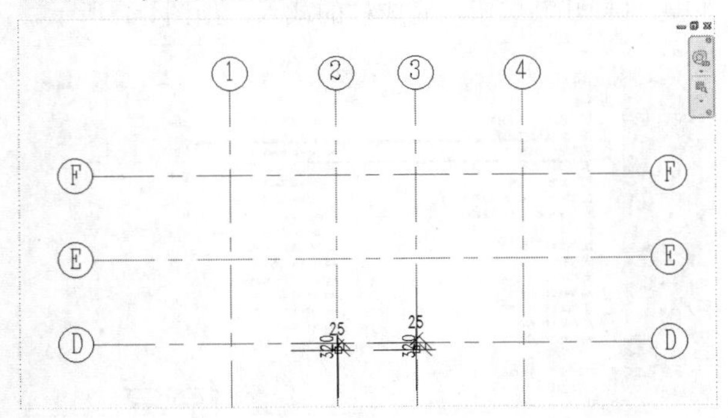

图4-35

05 按照上述步骤继续创建其他尺寸类型的柱，并放置到项目中的轴网交点位置，如图4-36所示。

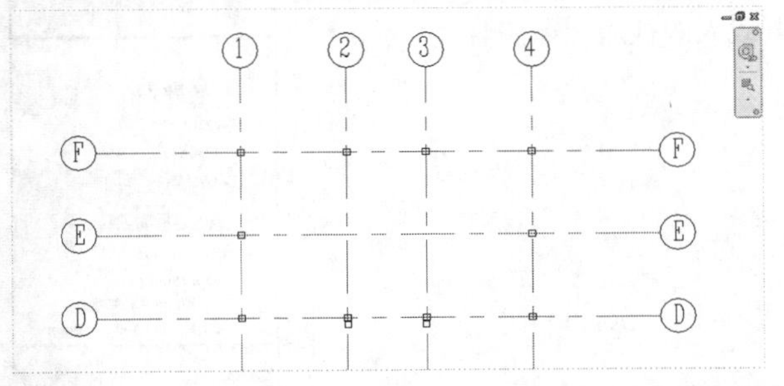

图4-36

06 框选当前视图中所有建筑柱，配合使用过滤器进行过滤，如图4-37和图4-38所示。只保留柱类型，单击“镜像-拾取轴”按钮，单击轴线1/C，软件将自动生成平面视图下方的柱，如图4-39所示。

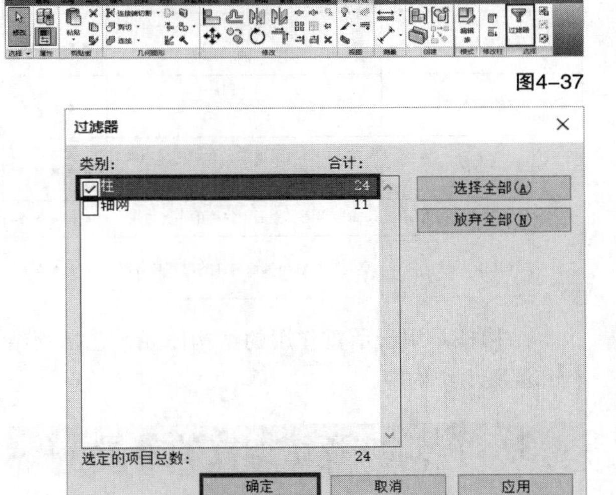

图4-38

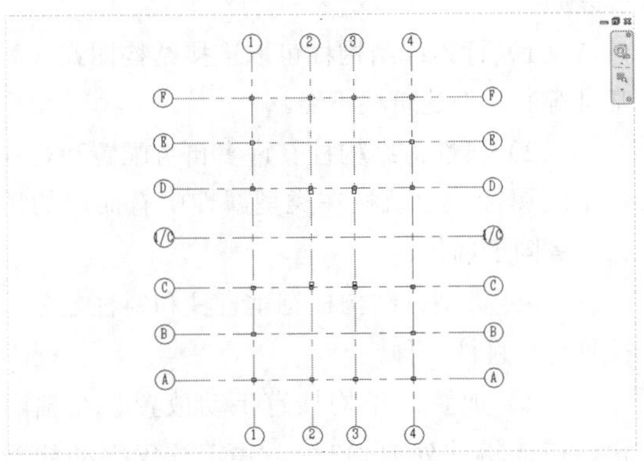

图4-39

07 单击“三维视图”按钮，将项目文件另存为“建筑柱”，完成对该项目柱的布置，如图4-40所示。

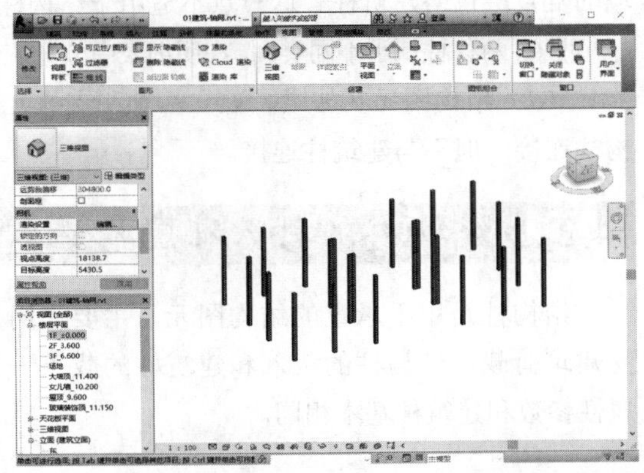

图4-40

4.3 结构柱

本节知识概要

知识名称	作用	重要程度
建筑柱和结构柱的差异	了解二者行为、属性、放置方式等的异同	★★☆☆☆
结构柱的载入与调整	掌握结构柱的载入与调整方法	★★★☆☆
垂直柱的布置	掌握结构柱直接放置、在轴网交点处放置和在建筑柱处放置的方法	★★★☆☆
斜柱的创建与布置	掌握平面、立面中斜柱的布置方法	★★★☆☆
结构柱的修改	掌握结构柱与其他构件的附着与分离	★★★☆☆

结构柱是用于承重作用的结构图元，包括钢结构和混凝土结构等。

4.3.1 建筑柱和结构柱的差异

结构柱和建筑柱共享许多属性，但两者仍有诸多差异。

（1）行为：结构柱可以连接结构图元（如梁、基础等），但建筑柱不能。

（2）属性：结构柱有许多自身配置和行业标准规定的属性；建筑柱在类型属性中有简单的填充样式，等同于墙体。

（3）类型：结构柱有垂直柱和斜柱之分，建筑柱只有垂直柱一种。

（4）放置：结构柱有手动放置、在轴网处放置、在建筑柱处放置3种，建筑柱仅手动放置一种方式。

（5）建筑柱将集成链接到其他图元的材质，如墙的复合层包络建筑柱。这一点不适用于结构柱。

(6) 两种柱属于不同类别，在明细表中分开统计。

（7）结构图元（如梁、独立基础和支撑）与结构柱连接，但不与建筑柱连接。

4.3.2 结构柱的载入和属性设置

结构柱是用于承重的结构图元，主要作用是承受建筑荷载。结构柱的载入和建筑柱的载入一致，属性参数和建筑柱基本相同。

1.结构柱的载入

第1步：单击“建筑”选项卡，在“构建”面板中单击“柱”按钮，然后在弹出的菜单中选择“结构柱”命令，如图4-41所示。

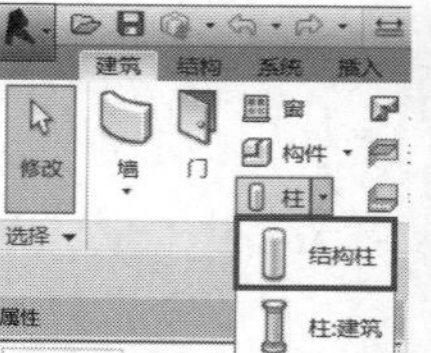

图4-41

第2步：当光标变成柱样式后，进入“修改 | 放置 结构柱”选项卡，在“模式”面板中单击“载入族”按钮，如图4-42所示。

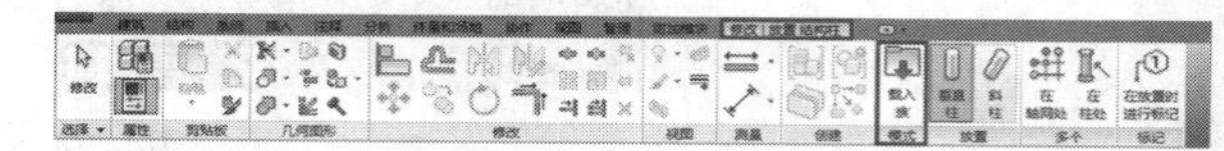

图4-42

第3步：打开“载入族”对话框，自动打开Revit安装路径下的Libraries\China文件夹，进入“China\结构\柱”路径，可以看到软件自带结构柱分为钢柱、混凝土柱、木质柱、轻型钢柱和预制混凝土柱，选择“混凝土”中的“混凝土-矩形-柱”并单击“打开”按钮，完成柱的载入，如图4-43所示。

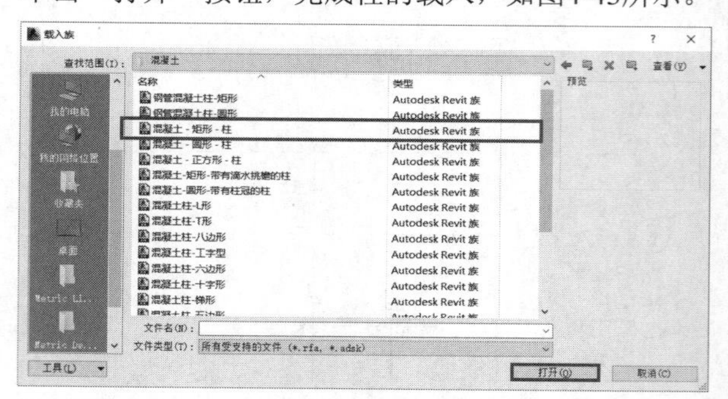

图4-43

第4步：单击“属性”面板中类型选择下拉菜单，即可看到载入的柱族，如图4-44所示。

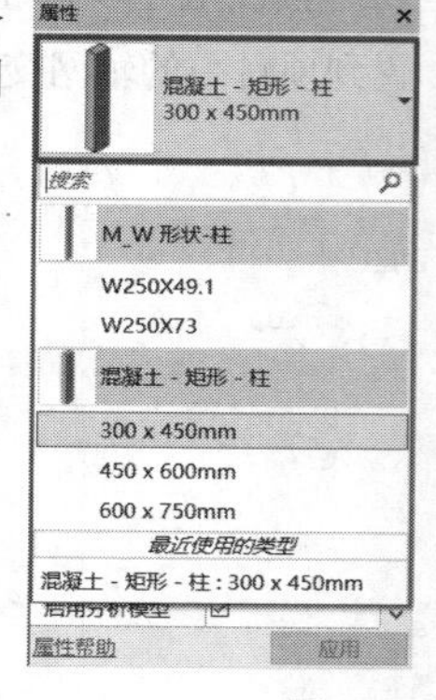

图4-44

2.结构柱属性调整

第1步：在放置柱的状态下，单击“编辑类型”按钮，进入“类型属性”对话框，如图4-45所示。

图4-45

第2步：单击“复制”按钮，在“名称”对话框中输入新建的柱尺寸，如图4-46所示。

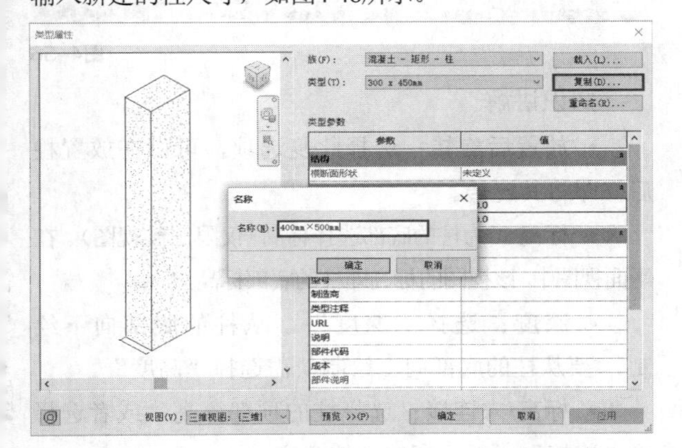

图4-46

第3步：完成后单击“确定”按钮，回到“类型属性”对话框中，此时在该对话框中的“类型”一栏即显示已命名的柱尺寸，如图4-47所示。

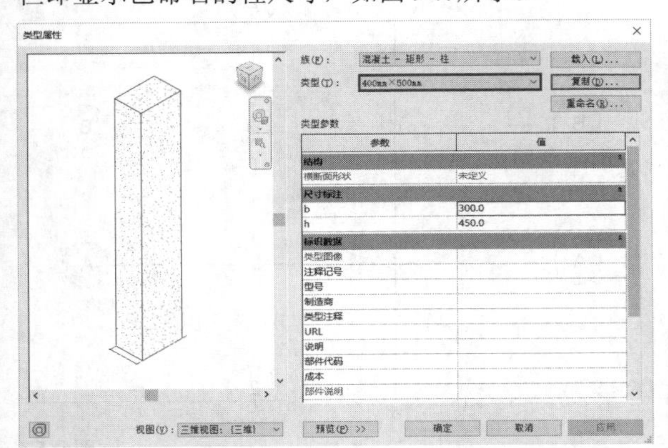

图4-47

第4步：修改尺寸标注下的*b*×*h*值。在平面或截面视图下，*b*代表柱的长度，*h*代表柱的宽度，如图4-48所示。单击“确定”按钮，完成类型属性的设置。

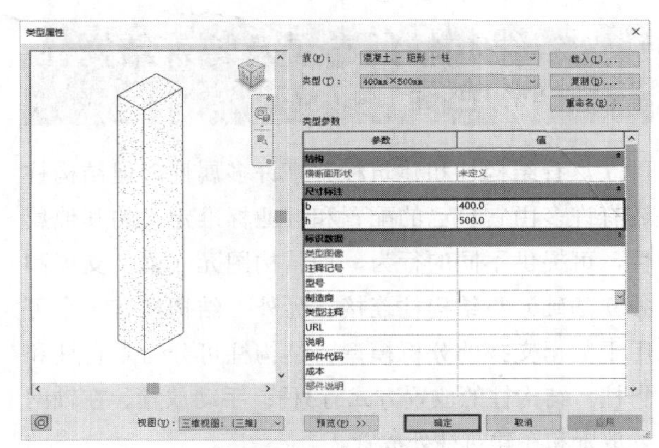

图4-48

第5步：完成类型属性的设置后，进行实例属性的设置，返回到“属性”面板，如图4-49所示。

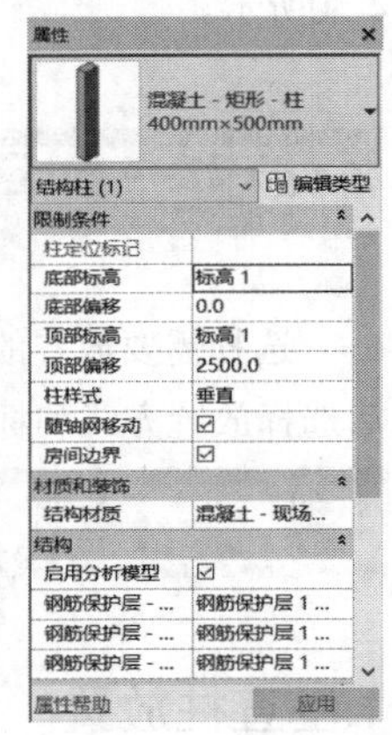

图4-49

知识讲解

- **随轴网移动：**勾选此复选项，轴网发生移动时柱也随之移动。
- **房间边界：**勾选此复选项，即可将柱作为房间边界的一部分。
- **结构材质：**可以为当前结构柱赋予某种材质类型。
- **启用分析模型：**勾选此复选项，即可显示分析模型，并将它包含在分析模型中。在建模过程中建议不勾选，以保证建模的流畅性。
- **钢筋保护层-顶面：**设置与柱顶面间的钢筋保护层距离，此参数项只适用于混凝土柱。
- **钢筋保护层-底面：**设置与柱底面间的钢筋保护层距离，此参数项只适用于混凝土柱。
- **钢筋保护层-其他面：**设置与其他图元面间的钢筋保护层距离，此参数项只适用于混凝土柱。

4.3.3 结构柱的布置及特殊结构柱的创建

尽管结构柱和建筑柱共享许多属性，但结构柱还有许多由它自己的配置和行业标准定义的其他属性，可提供不同的行为，如结构图元（梁、支撑和独立基础）与结构柱连接。另外，结构柱有一个可用于数据交换的分析模型。结构柱可分为垂直柱和斜柱。结构柱的放置方式有3种：手动放置、在轴网处放置和在建筑柱处放置。

切换到要放置结构柱的平面，然后单击“结构”选项卡，在“结构”面板中单击“柱”按钮，如图4-50所示。

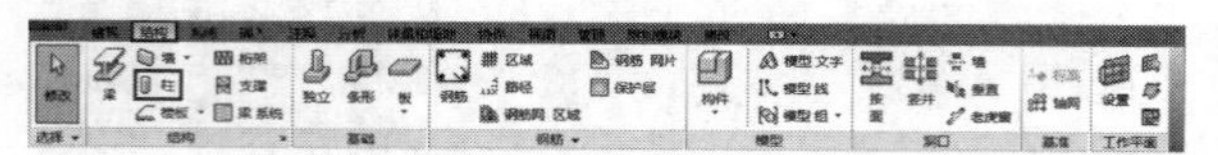

图4-50

选择需要放置的结构柱类型，如图4-51所示，然后选择放置方式和标记。

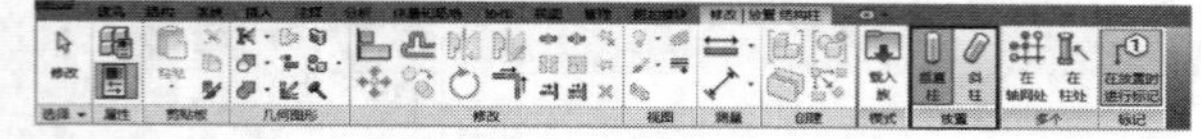

图4-51

1.垂直柱放置

可通过以下方式放置结构柱：手动放置、使用“在轴网处”工具将柱添加到选定的轴网交点和在建筑柱处放置，如图4-52所示。

图4-52

手动放置

创建结构柱的命令有两个，只是位置不同，效果完全一样：一是在“建筑”选项卡的“构建”面板中有“结构柱”命令，如图4-53所示；二是在“结构”选项卡的“结构”面板中有“柱”命令，如图4-54所示。

图4-53

图4-54

单击“属性”面板的类型选择下拉菜单，选择一种柱类型，如图4-55所示。此时注意在选项栏中指定相应内容，如图4-56所示。

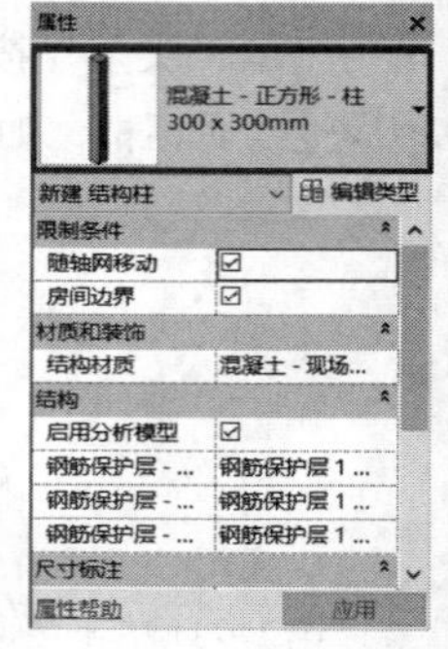

图4-55

图4-56

知识讲解

- **放置后旋转**：选择此复选项，可以在放置柱后立即将其旋转。
- **标高**：为柱的底部选择标高（仅限三维视图）。在平面视图中，该视图的标高即柱的底部标高。
- **深度**：选择“深度”，从柱的底部向下绘制。要从柱的底部向上绘制，需选择“高度”。
- **标高/未连接**：选择柱的顶部标高；或者选择“未连接”，然后指定柱的高度。

在绘图区单击即可创建结构柱，当放置在轴网交点时，两组轴线将高亮显示，如图4-57所示。

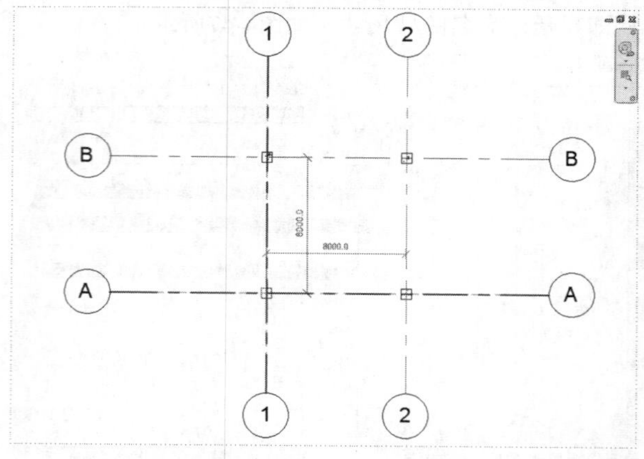

图4-57

在轴网交点布置

通过轴网交点快速创建结构柱是实际应用中一项高效的方法。

单击“在轴网处”按钮，激活在轴网交点处

布置的命令，从右向左框选需要添加结构柱的轴网交点，轴线会高亮显示，如图4-58所示。

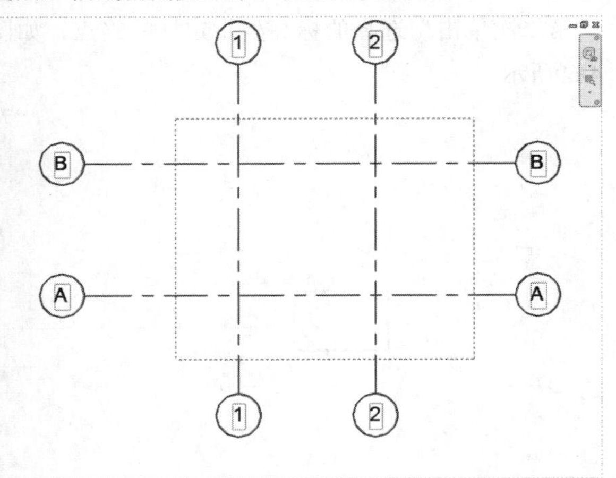

图4–58

松开鼠标左键，单击“完成”按钮，如图4-59所示。完成对结构柱的批量创建，如图4-60所示。

图4–59

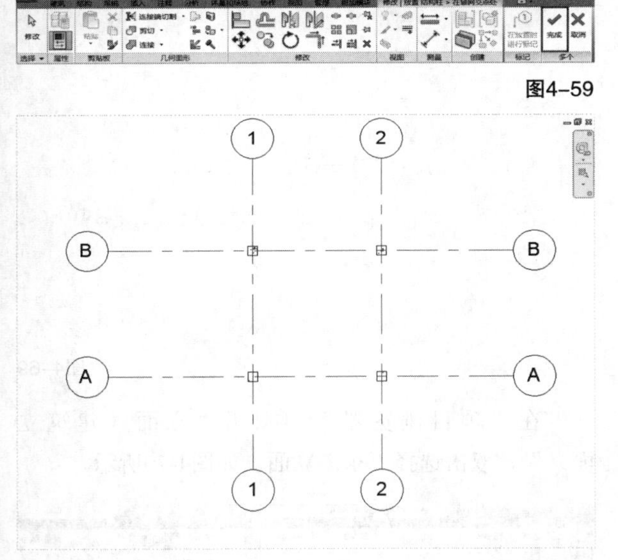

图4–60

在建筑柱处放置

使用“在柱处”工具，将结构柱捕捉到平面视图中的建筑柱中心处。

单击“结构”选项卡中的“柱”按钮，如图4-61所示。从“属性”面板的“类型选择器”下拉列表中选择一种柱类型，如图4-62所示。

图4–61

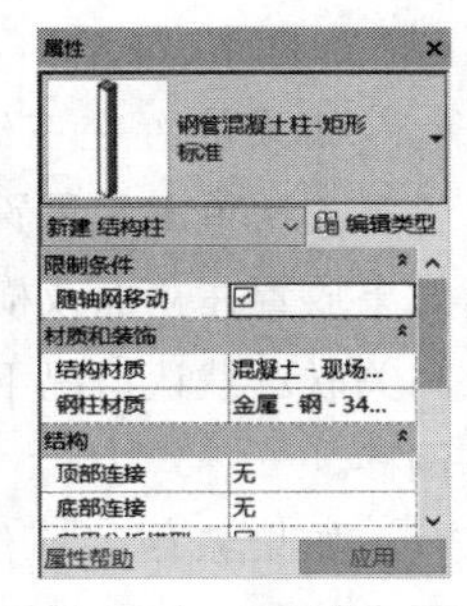

图4–62

进入“修改 | 放置 结构柱”选项卡，在“多个”面板中单击“在柱处”按钮，如图4-63所示。然后选择所有的建筑柱，或者在视图中框选所有的建筑柱，此时建筑柱会高亮显示，如图4-64所示。

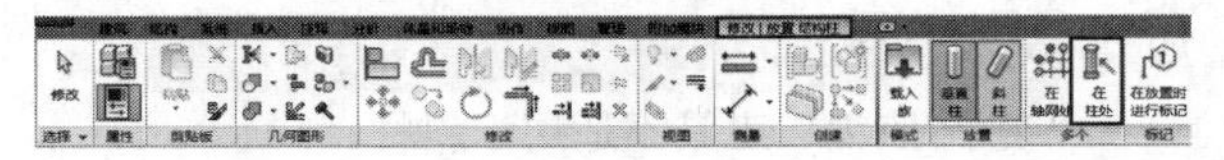

图4–63

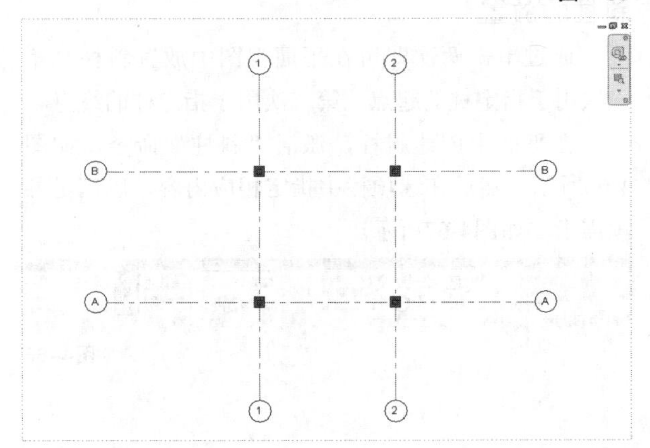

图4–64

结构柱捕捉到建筑柱的中心，然后在“修改 | 放置 结构柱>在建筑柱处”选项卡中单击“多个”面板中的“完成”按钮✔，完成结构柱的布置，如图4-65所示。

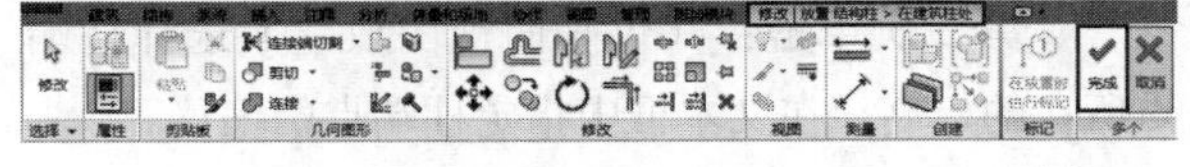

图4–65

2.斜柱放置

斜柱的特性

放置斜柱时，柱顶部的标高始终比底部的标高要高。放置柱时，处于较高标高的端点为顶部，处于较低标高的端点为底部。定义后，不得将顶部设置在底部下方。

如果放置在三维视图中，“第一次单击”和“第二次单击”设置将定义柱的关联标高和偏移。如果放置在立面或横截面中，端点将与其最近的标高关联。默认情况下，端点与立面之间的距离就是偏移。

如果禁用“三维捕捉”，则针对当前工作平面中的图元显示捕捉参照，以及典型的临时尺寸标注。在启用“三维捕捉”的情况下放置柱时，如果未发现或利用捕捉参照，则将使用“第一次单击”和“第二次单击”标高设置。

斜柱不会出现在图形柱明细表中。处于倾斜状态的柱不会显示与图形柱明细表相关的图元属性，如“柱定位轴线”。

“复制/监视”工具不适用于斜柱。

斜柱的放置

通过单击两次即可在平面视图中放置斜柱：第一次用于指定柱的起点，第二次用于指定柱的终点。

在平面中创建斜柱，激活“斜柱”命令，如图4-66所示，然后在选项栏中指定相应内容，以满足各项需求，如图4-67所示。

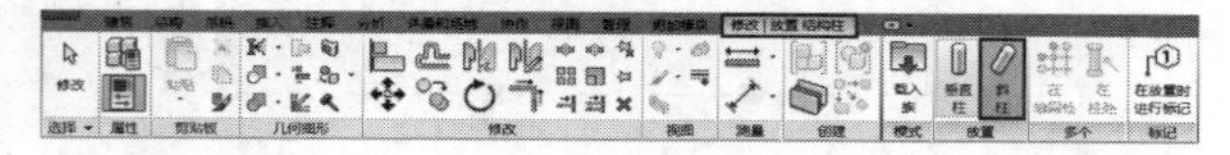

图4-66

图4-67

知识讲解

• **第一次单击**：（仅平面视图放置）选择柱起点所在的标高。在文本框中指定柱端点的偏移。

• **第二次单击**：（仅平面视图放置）选择柱端点所在的标高。在文本框中指定柱端点的偏移。

• **三维捕捉**：如果希望柱的起点和终点之一或两者都捕捉到之前放置的结构图元，需选择“三维捕捉”。

技巧与提示

如果在剖面、立面或三维视图中进行放置，开启“三维捕捉”是最准确的放置方法。

在平面区域中单击，为“第一次单击”选择的标高处指定柱的起点，如图4-68所示；再次单击，为“第二次单击”选择的标高处指定柱的终点，如图4-69所示。

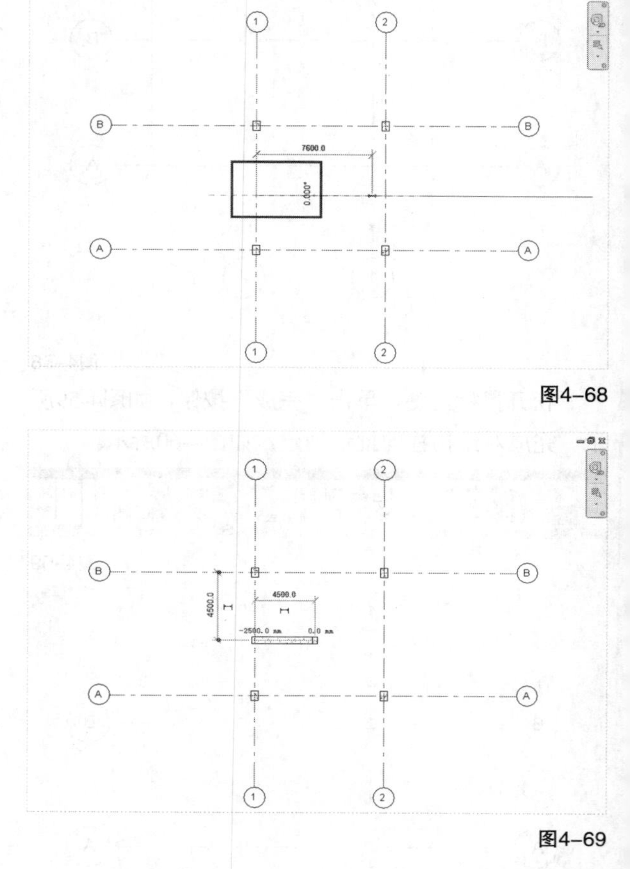

图4-68

图4-69

在“项目浏览器”中双击“立面（建筑立面）”，双击选择“东”立面，如图4-70所示。

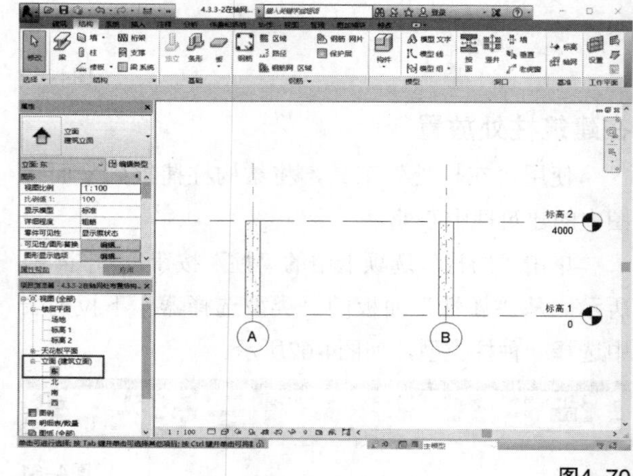

图4-70

单击“结构”选项卡，在“结构”面板中单击“柱”按钮▯，打开“工作平面”对话框，如图4-71所示。选择“拾取一个平面”单选项，然后单击“确定”按钮，最后单击Ⓑ轴线，如图4-72所示。

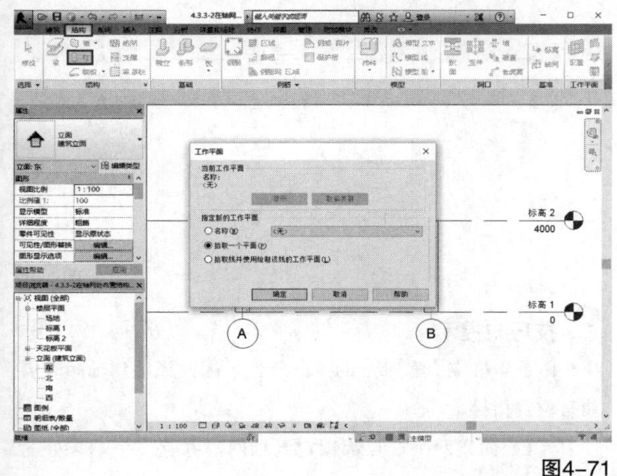

图4-71

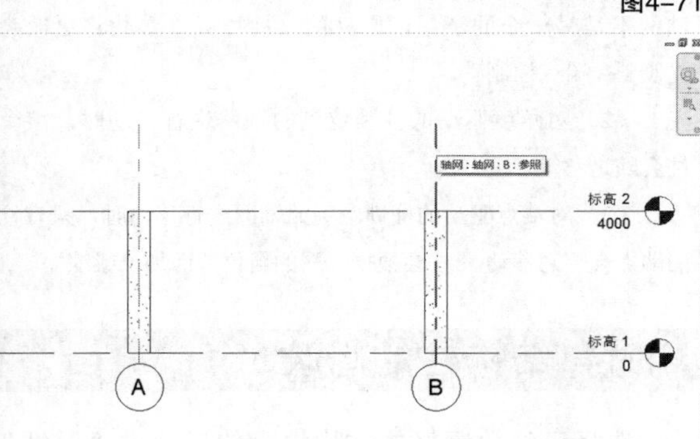

图4-72

弹出“转到视图”对话框，选择“立面：南”，然后单击“打开视图”按钮，如图4-73所示。进入“南”立面视图，激活“斜柱”命令，开启“三维捕捉”，如图4-74所示。

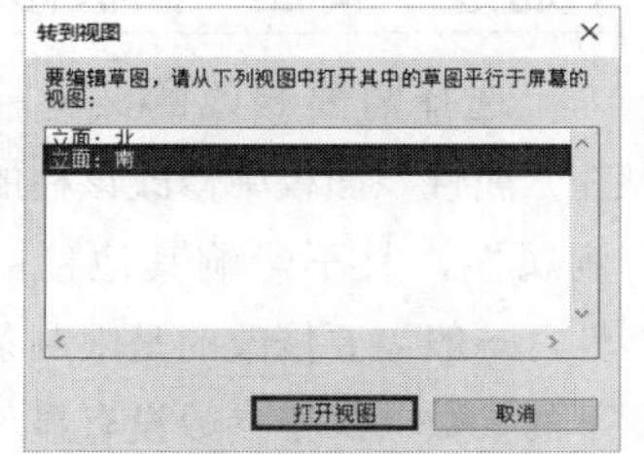

图4-73

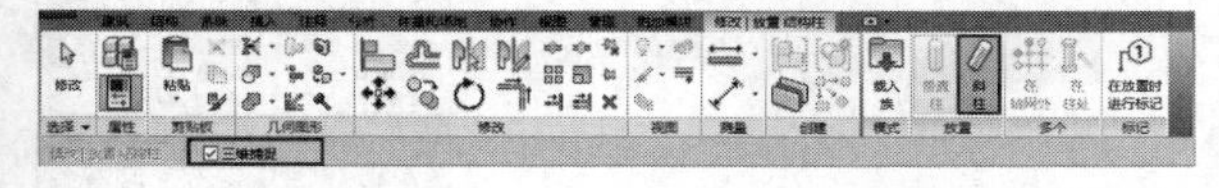

图4-74

捕捉相应的图元，然后单击鼠标左键作为斜柱的起点，如图4-75所示;继续捕捉第二点作为斜柱的终点，即可完成斜柱的创建，如图4-76所示。

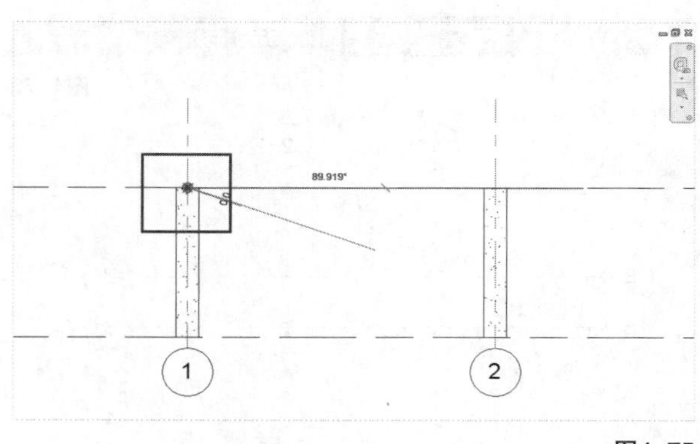

图4-75

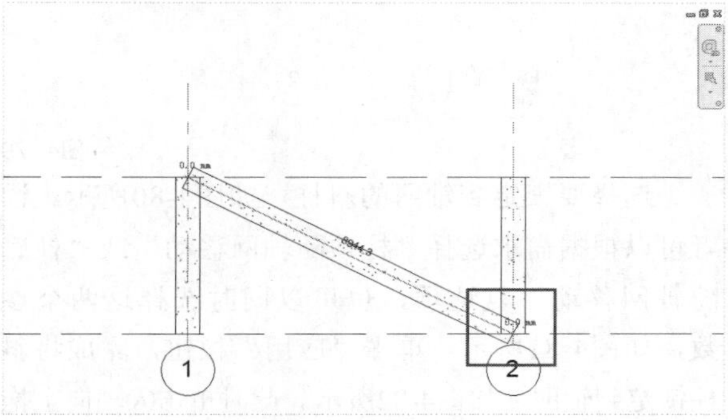

图4-76

将垂直柱或斜柱的顶部和底部限制在某个轴网处，在此状态下移动轴网时，柱或端点将保持在轴网的指定位置。对于垂直柱，柱必须在轴网内，并且具有有效的柱定位轴线。对于斜柱，由于其端点可以彼此独立移动，因此可以将柱的顶部、底部或两者锁定到轴网。

选择要锁定到轴网的垂直柱，如图4-77所示，然后在“属性”选项栏的“限制条件”部分，选择“随轴网移动”，如图4-78所示。此时单击Ⓑ轴向下拖动，Ⓑ轴的垂直柱也跟随轴网移动，如图4-79所示。

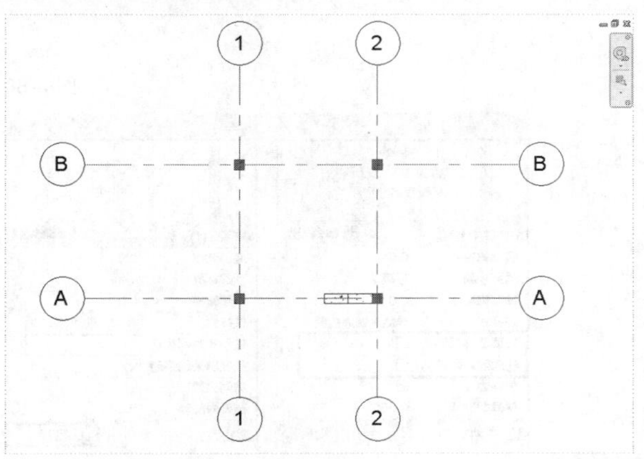

图4-77

修改 | 结构柱 ☑ 随轴网移动 激活尺寸标注

图4-78

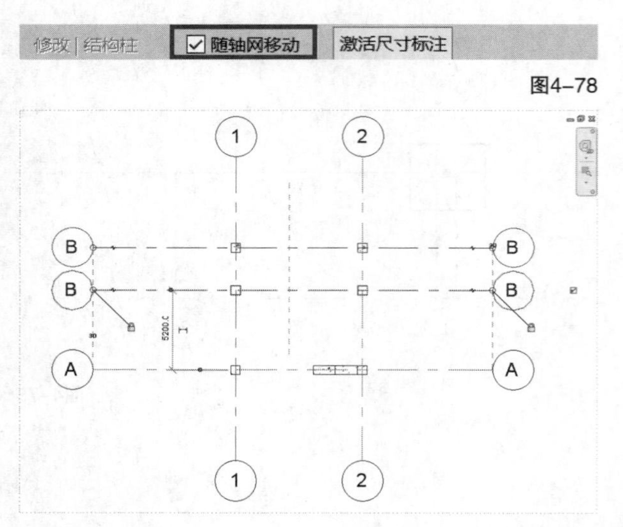

图4-79

选择要锁定到轴网的斜柱，如图4-80所示。读者可以根据需求选择“柱顶随轴网移动”或“柱底随轴网移动”复选项，也可以同时选择这两个参数，如图4-81所示。单击“应用”按钮，完成将斜柱锁定到轴网，如图4-82所示。此时单击Ⓐ轴向上拖动，Ⓐ轴的斜柱与之前锁定到轴网的垂直柱将跟随轴网移动，如图4-83所示。

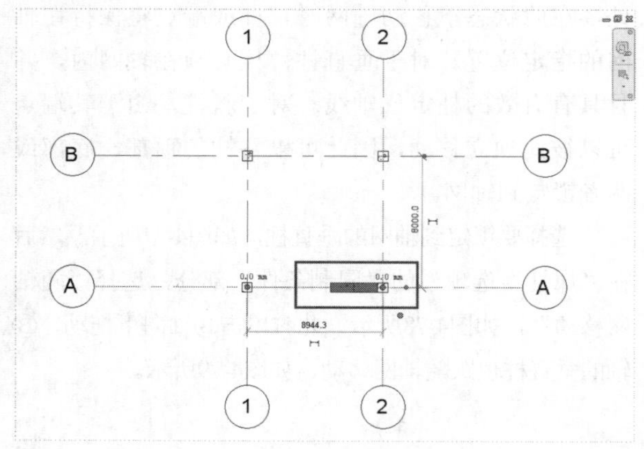

图4-80

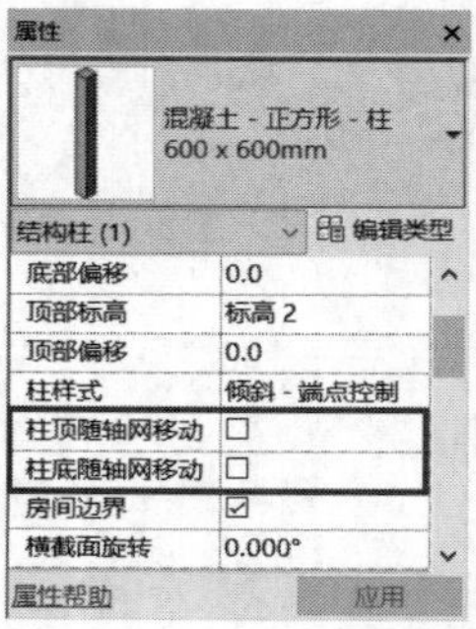

属性

混凝土 - 正方形 - 柱 600 x 600mm

结构柱 (1) 编辑类型

参数	值
底部偏移	0.0
顶部标高	标高 2
顶部偏移	0.0
柱样式	倾斜 - 端点控制
柱顶随轴网移动	☐
柱底随轴网移动	☐
房间边界	☑
横截面旋转	0.000°

属性帮助 应用

图4-81

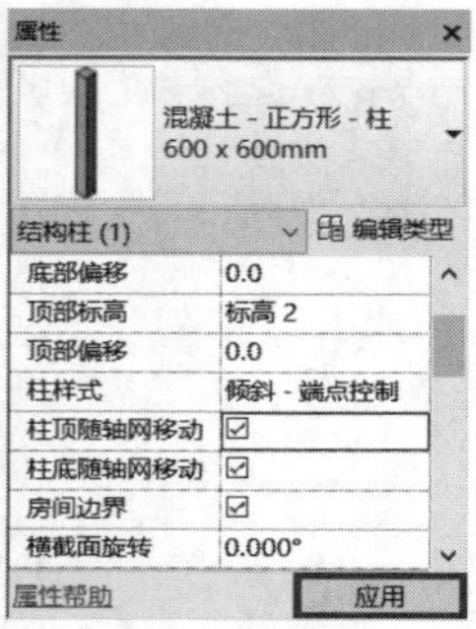

属性

混凝土 - 正方形 - 柱 600 x 600mm

结构柱 (1) 编辑类型

参数	值
底部偏移	0.0
顶部标高	标高 2
顶部偏移	0.0
柱样式	倾斜 - 端点控制
柱顶随轴网移动	☑
柱底随轴网移动	☑
房间边界	☑
横截面旋转	0.000°

属性帮助 应用

图4-82

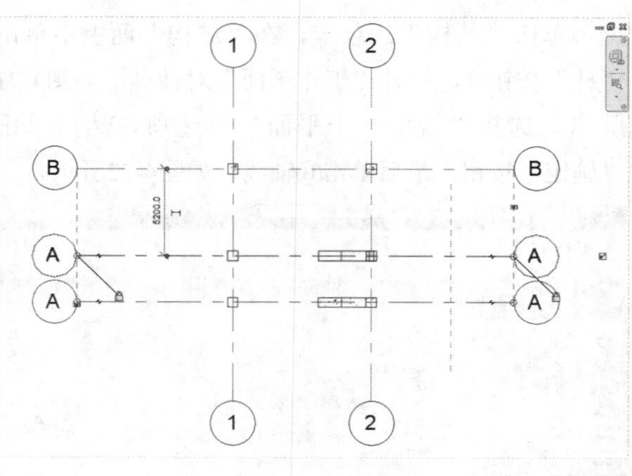

图4-83

技巧与提示

由于斜柱端点有唯一的方向属性，因此锁定到轴网时需要有位置指导。

（1）如果两个端点都锁定到轴网，并且一个端点处的轴网不是另一个的子集，则柱的“柱样式”参数将更改为“倾斜 - 端点控制”。

（2）对角度驱动的柱锁定到的轴网进行移动时，整个柱会随之移动。

（3）对端点驱动的柱锁定到的轴网进行移动时，只有柱的端点会随之移动。柱会根据轴网的新位置而加长或缩短。

4.3.4 结构柱的修改

选择已经放置好的结构柱，然后通过“属性”面板或“修改 | 结构柱”选项卡，可以对结构柱进行修改。

1.通过“属性”面板修改

选择需要修改的结构柱，在“属性”面板中修改该柱的实例属性，且不影响其他柱的属性，一般需要修改的是限制条件下的参数（部分参数没有显示出来），如图4-84所示。

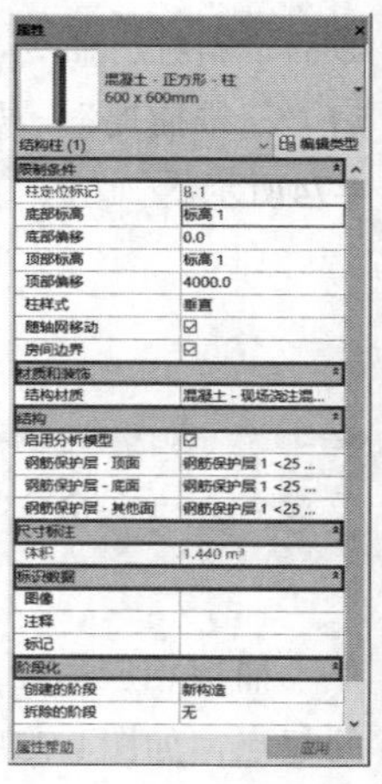

图4-84

知识讲解

• **柱定位标记**：项目轴网上的垂直柱的坐标位置，如Ⓐ-①表示Ⓐ轴与①轴的交点。

• **基准标高**：柱基准标高的限制。

• **底部偏移**：从基准标高到底部的偏移。

• **顶部标高**：柱顶部标高的限制。

• **顶部偏移**：从顶部标高到顶部的偏移。

• **柱顶随轴网移动**：将斜柱的顶部端点约束到轴网。

• **顶部截面样式**：未附着到参照或图元时，确定柱顶部的截面样式，有"垂直""水平""竖直"3种方式供选择。

• **柱样式**：可使用类型特有的修改工具，对柱的倾斜样式进行修改，具体修改方式包括"垂直""倾斜-端点控制""倾斜-角度控制"3种方式。

2.通过"修改｜结构柱"选项卡修改

选择结构柱，在"修改丨结构柱"选项卡中可以看到如图4-85所示面板工具，使用这些工具可以修改结构柱。

图4-85

知识讲解

• **编辑族**：可通过族编辑器修改当前的柱族，然后将其载入项目中。

• **高亮显示分析**：在当前视图中，高亮显示与选定的物理模型相关联的分析模型。

• **附着顶部/底部**：指示将柱附着到屋顶和楼板等模型图元上。

在Revit中，结构柱可以附着到屋顶、楼板和天花板等图元上；但不会自动附着，可以通过手动的方式附着。选择一根柱（或多根柱）时，可以将其附着到屋顶、楼板、天花板、参照平面、结构框架构件，以及其他参照标高。

具体操作如下。

第1步：打开学习资源中的"场景文件>CH04>03结构柱附着屋顶.rvt"文件，在"项目浏览器"中双击"剖面（建筑剖面）"，双击选择"剖面1"，如图4-86所示。

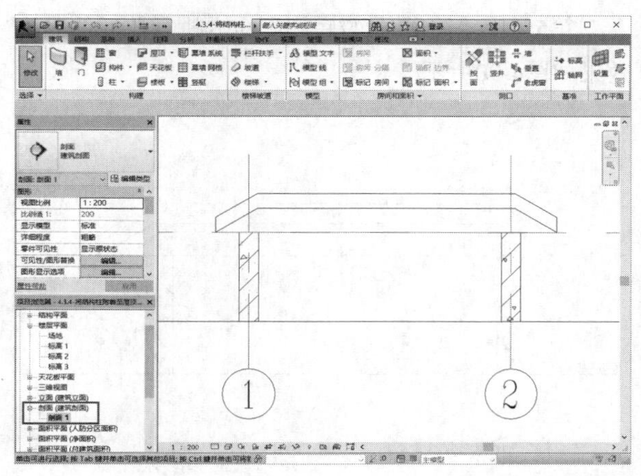

图4-86

第2步：在绘图区域内，选择一根或多根已经创建好的柱，如图4-87所示。

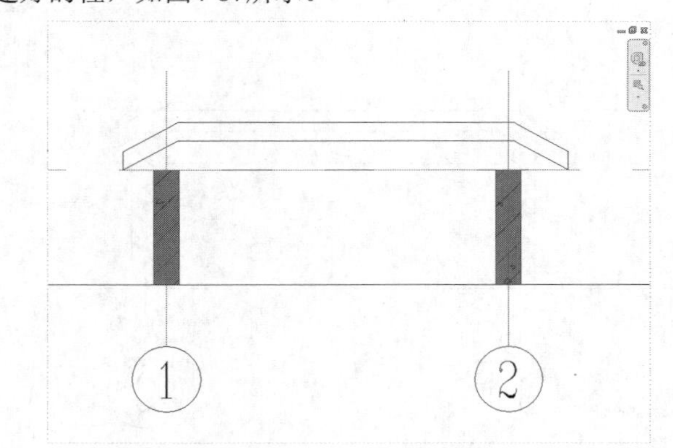

图4-87

第3步：进入"修改 | 结构柱"选项卡，单击"附着顶部/底部"按钮，如图4-88所示。

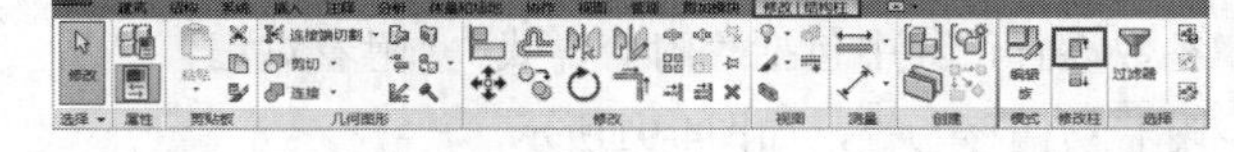

图4-88

第4步：继续单击附着目标，如图4-89所示。

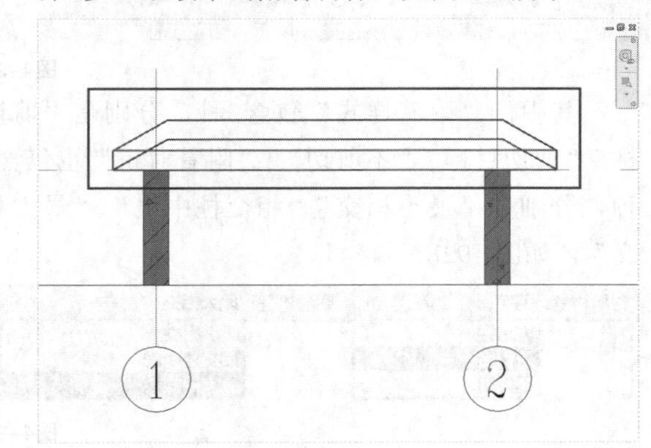

图4-89

第5步："附着顶部/底部"命令执行前后的对比效果如图4-90所示。

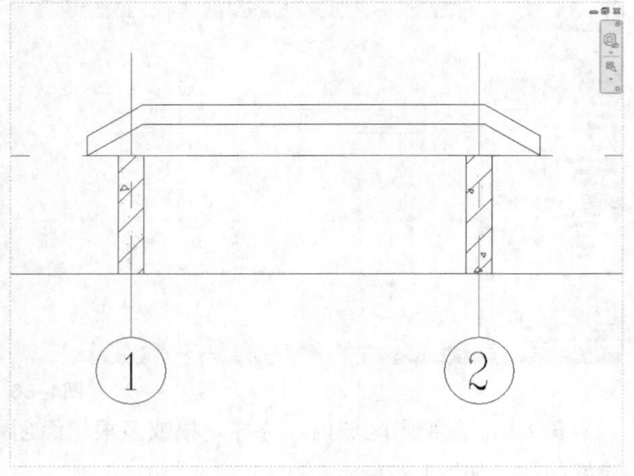

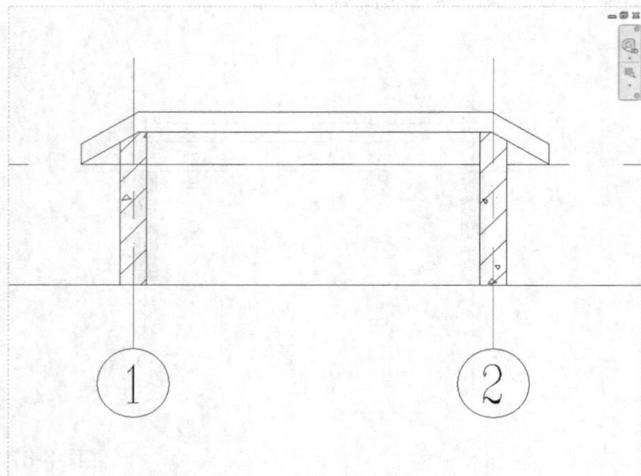

图4-90

第6步：激活附着命令后，选项栏中出现相关的参数设置，其中包括"附着样式""附着对正""从附着物偏移"等，如图4-91所示。

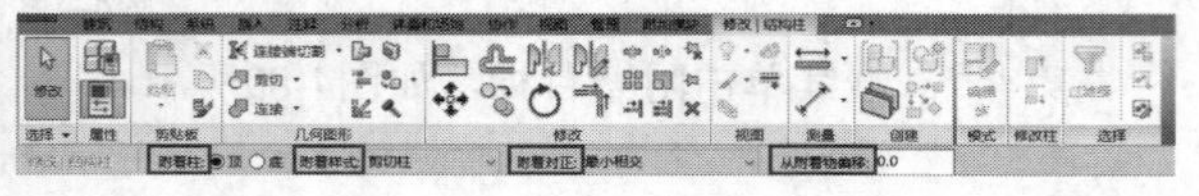

图4-91

其中，"附着样式"包含3种，分别是"剪切柱""剪切目标""不剪切"；"附着对正"也包含3种，分别是"最小相交""相交柱中线""最大相交"，如图4-92所示。

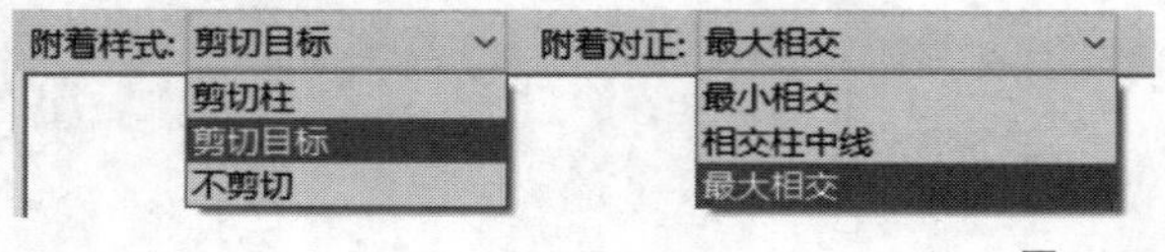

图4-92

如需将已附着到屋顶、楼板或其他图元的柱分离，可以使用"分离顶部/底部"工具来反向附着，具体操作如下。

第1步：在绘图区域中选择要分离的柱，可以选择多个柱，如图4-93所示。

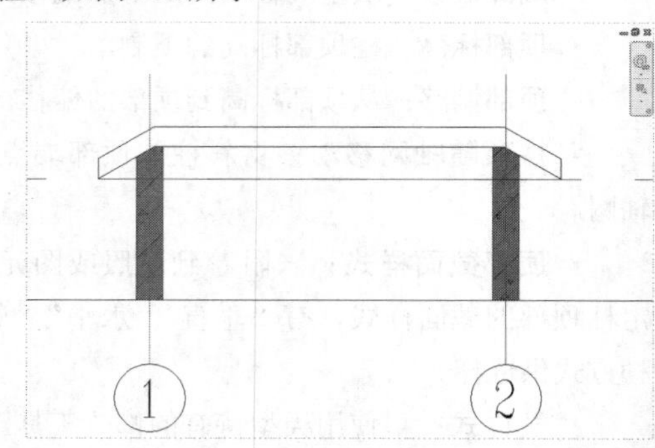

图4-93

第2步：进入"修改 | 结构柱"选项卡，单击"分离顶部/底部"按钮，如图4-94所示。

图4-94

第3步：单击要从中分离柱的目标，完成操作，如图4-95所示。

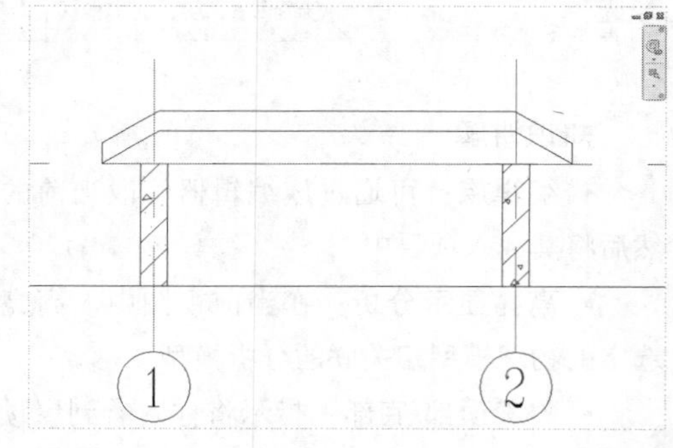

图4-95

典型实例：办公楼中结构柱的布置

场景位置	场景文件>CH04>04弧形轴网.rvt
视频位置	视频文件>CH04>03典型实例：办公楼中结构柱的布置.mp4
难易指数	★★☆☆☆
技术掌握	弧形轴网中布置结构柱的方法

01 打开学习资源中的"场景文件>CH04>04弧形轴网.rvt"文件，在"项目浏览器"中双击展开"楼层平面"，选择"标高1"，进入一层平面视图。激活"结构柱"命令，自动切换到"修改|放置 结构柱"选项卡，可以看到有多种布置柱的方式，如图4-96所示。

图4-96

02 向项目中载入“混凝土-正方形-柱”，然后选择柱截面尺寸为600×600mm的柱类型，如图4-97所示。

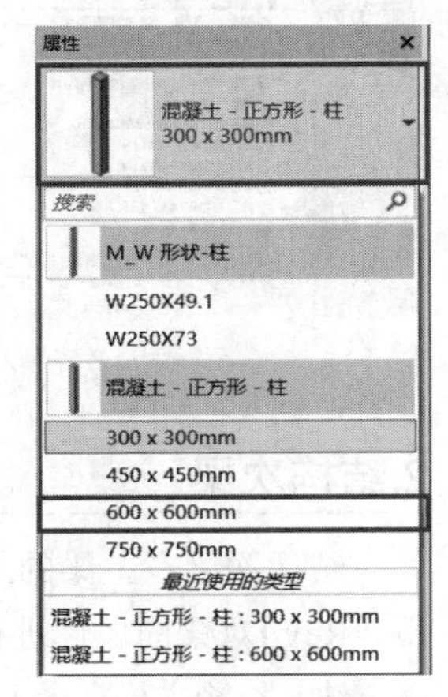

图4-97

03 在放置结构柱之前，在选项栏中选择合适的创建类型，在此选择“高度”一项，标高选择“标高2”，同时勾选“房间边界”复选项，如图4-98所示。

图4-98

技巧与提示

在轴网交点处单击鼠标左键即可单根布置结构柱，勾选选项栏中的“放置后旋转”复选项，即可在单击鼠标左键后旋转结构柱至合适的位置。

04 为了快速在轴网交点处布置结构柱，可使用“在轴网交点处”命令批量布置结构柱。从屏幕右侧向左侧框选轴网，或按Ctrl键同时单击鼠标左键加选轴线，框选后预览到布置结构柱的情况，如图4-99所示。

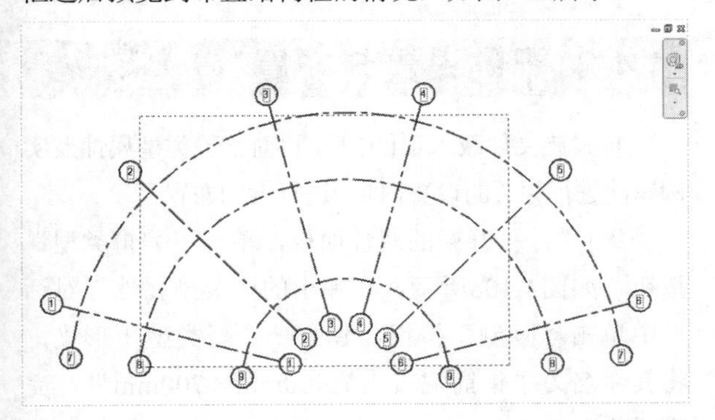

图4-99

05 确认无误后单击“完成”按钮结束放置，如图4-100所示。

图4-100

06 单击“默认三维视图”按钮，可快速切换到三维视图中查看已创建好的结构柱，如图4-101所示。

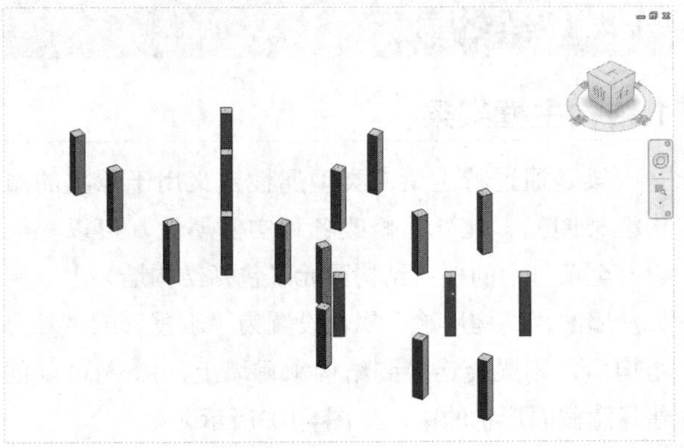

图4-101

07 除了布置垂直柱外，也可以布置斜柱，斜柱的布置为：在合适的位置单击鼠标左键两次，第一次单击是柱底标高的位置，第二次单击是柱顶标高的位置，可以在柱的属性面板中通过调节使用角度或端点来控制斜柱的倾斜程度，如图4-102所示。

图4-102

技巧与提示

在实际项目中，最常用的是结构柱，只有个别装饰性的柱会用到建筑柱，因其不具有结构属性，在结构模型中是无法看到建筑柱的。

4.4 梁

本节知识概要

知识名称	作用	重要程度
梁的载入	掌握梁的载入与调整方法	★★★☆☆
梁的设置与布置	掌握梁类型属性和实例属性的设置与布置方式	★★★☆☆

梁是用于承重的结构框架图元，在实际项目操作中，结构梁应由结构工程师在结构计算的基础上进行创建，本书仅对此做简要说明，以便与其他内

容衔接，为后面施工图的学习做铺垫，同时建筑设计师也可借此了解结构构件在Revit中如何创建及使用的。

在Revit中，结构梁的结构用途属性分为多种，本节主要对大梁（主框架梁）和水平支撑梁（结构次梁）进行介绍。

4.4.1 梁的载入

1.结构主框架梁

梁是通过特定梁族类型属性定义用于承重的结构框架图元。此外，修改各种实例属性，可以将梁附着至项目中的任何结构图元（包括结构墙）上。例如，墙的“结构用途”属性设置为“承重”或“复合结构”，则梁会连接到结构承重墙上，Revit可以创建任意截面形状的梁，如图4-103所示。

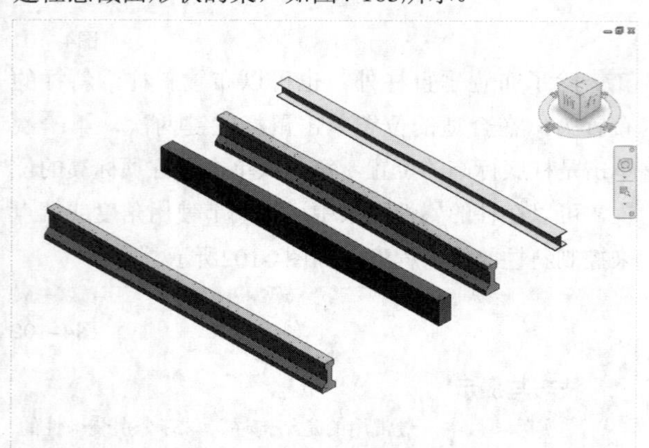

图4-103

在绘制梁之前，需要将项目所需的梁样式族载入当前项目中，以满足绘制目的，具体操作如下。

第1步：打开项目文件，单击“结构”选项卡，在“结构”面板中单击 “梁”按钮， 如图4-104所示。跳转至“修改丨放置 梁”选项卡，单击“载入族”按钮，如图4-105所示。

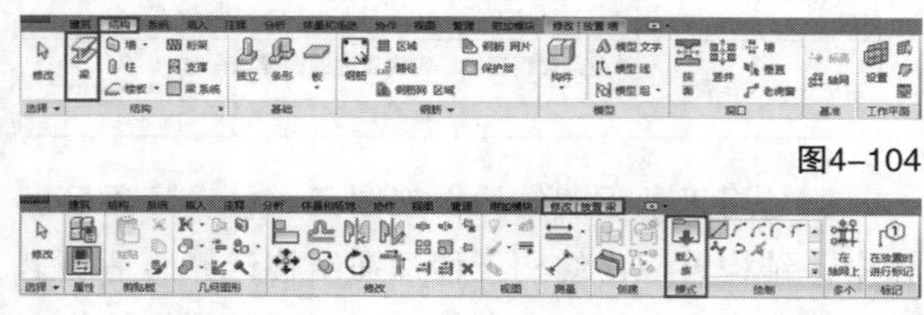

图4-104

图4-105

第2步：弹出“载入族”对话框，它自动打开Revit安装路径下的Libraries\China文件夹，进入“China\结构\框架”路径，选择相关梁族文件并单击“打开”按钮，完成梁的载入，如图4-106所示。

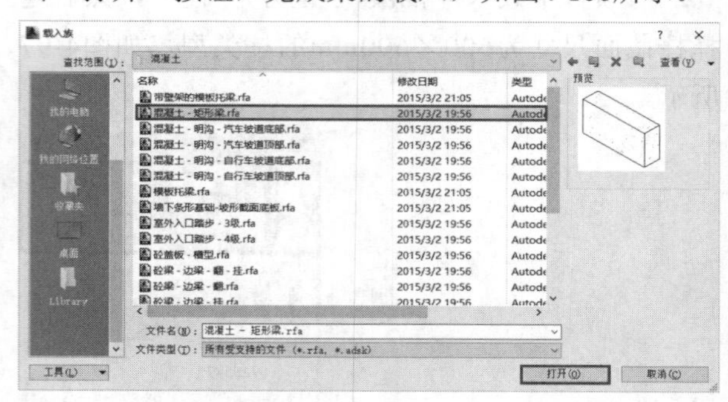

图4-106

2.结构次梁

结构次梁在主梁的上部，主要起传递荷载的作用。Revit对梁的属性进行了区分，但结构次梁的载入方法与结构主梁完全一致，仅梁的截面尺寸小于主梁。值得注意的是，在梁的属性面板中，“结构用途”会区分梁的属性，如图4-107所示。

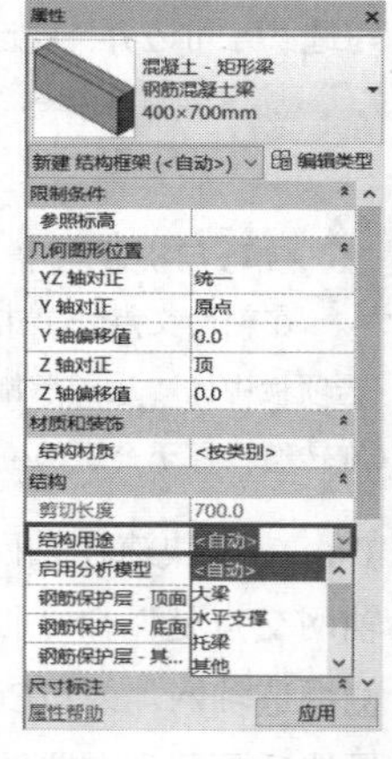

图4-107

4.4.2 梁的设置与布置

将梁族文件载入项目中后，再对梁的类型属性及实例属性进行相关的设置，即可进行梁的布置。

第1步：打开梁的属性面板，单击“编辑类型”按钮，如图4-108所示，在弹出的“类型属性”对话框中单击“复制”按钮，建立一个新类型矩形梁，将其命名为“钢筋混凝土梁400mm×700mm”，完成后单击“确定”按钮，如图4-109所示。

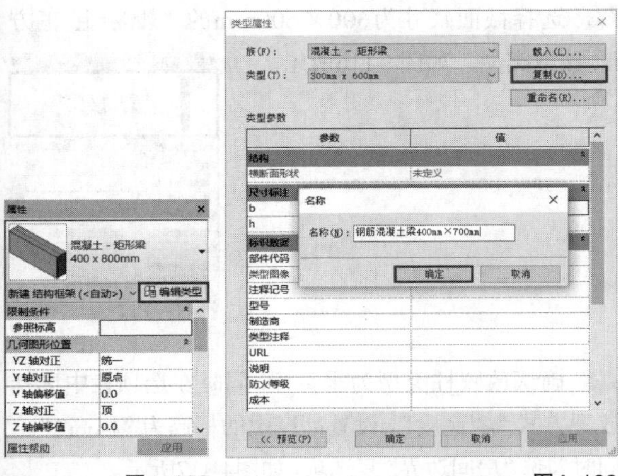

图4-108　　　　图4-109

第2步：修改梁截面尺寸，设置b为400.0、h为700.0，单击“确定”按钮即新建了一个截面尺寸为400mm×700mm的钢筋混凝土矩形梁，如图4-110所示。要设置梁的实例属性，可以进入“属性”面板设置相关实例参数，如图4-111所示。

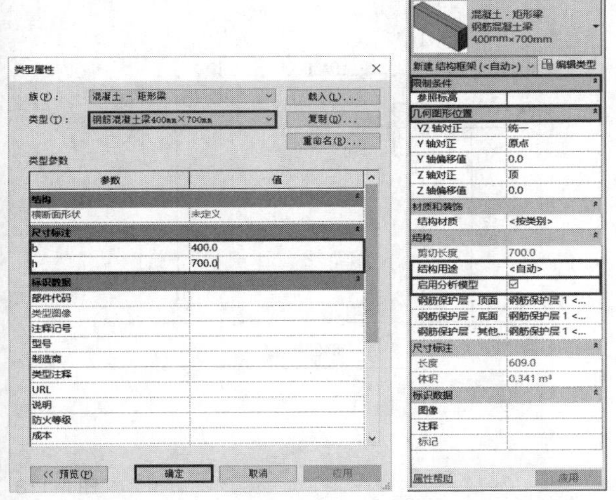

图4-110　　　　图4-111

第3步：在完成以上步骤后，还需在选项栏进行相关设置，将视图切换到需要绘制梁的标高结构平面，在选项栏确定梁的放置标高，选择梁的结构用途，确定是否勾选“三维捕捉”和“链”复选项，如图4-112所示。

修改 | 放置 梁　放置平面：标高：标高 1　结构用途：<自动>　□三维捕捉　□链

图4-112

第4步：在完成上述设置后，在“绘制”面板中选择梁的绘制工具，将光标移动到绘图区域，即可进行绘制。

知识讲解

- **参照标高：** 设置梁的放置位置标高，一般取决于放置梁时的工作平面。
- **几何图形位置：** “YZ轴对正”参数的“统一”或“独立”表示可为梁的起点和终点设置相同的参数或不同的参数，且只适用于钢梁。其他4个参数只适用于“统一”对齐钢梁。
- **结构用途：** 为创建的梁制定结构用途，有“大梁”“水平支撑”“托梁”“其他”“檩条”5种用途。
- **启用分析模型：** 勾选此复选项，即可显示分析模型，并将它包含在分析模型中。在建模过程中，建议不勾选以保证建模的速度和流畅性。
- **钢筋保护层-顶面：** 设置与柱顶面间的钢筋保护层距离，此参数项只适用于混凝土柱。
- **钢筋保护层-底面：** 设置与柱底面间的钢筋保护层距离，此参数项只适用于混凝土柱。
- **钢筋保护层-其他面：** 设置与其他图元面间的钢筋保护层距离，此项只适用于混凝土柱。

4.5 本章总结

本章主要从柱、梁两部分内容出发，详细讲解了建筑柱与结构柱的异同、载入、属性调整、布置和修改，以及梁的绘制。

在项目开始阶段，建筑设计师确定结构柱的大体位置和尺寸，在建模初期进行布置，随着项目的深入，由结构工程师完成结构计算后再次进行模型中结构柱的尺寸和位置调整。通过建筑设计师与结构工程师的配合完成建筑模型的柱和梁设计。熟练掌握柱与梁的绘制特别是族的运用，有利于标准化、模块化、协同化及多专业配合设计。

4.6 课后拓展练习：框架结构绘制

场景位置	场景文件>CH04>05框架结构-轴网.rvt
视频位置	视频文件>CH04>04课后拓展练习：框架结构绘制.mp4
难易指数	★★☆☆☆
技术掌握	掌握框架结构梁与柱的绘制方法

梁和柱是建筑承重构件的最重要的组成部分，掌握柱和梁的创建方法非常必要。本例将通过梁柱功能创建一个基本框架结构单元，如图4-113所示。

图4-113

4.6.1 创建一层结构

在设计阶段创建柱的方法有两种：一是将一根柱创建成通高的形式，二是将柱按楼层断开。前者会更快捷，但是也会遇到随着项目的深化而产生修改不断的问题；后者创建的过程会稍显复杂，但随着项目的深化，修改起来会更有秩序。

在下面的操作中，笔者将以不同的方式创建结构柱，具体操作如下。

01 打开学习资源中的“场景文件>CH04>05框架结构-轴网.rvt”文件，在“项目浏览器”中双击展开“楼层平面”，选择“标高1”，进入一层平面视图，如图4-114所示。

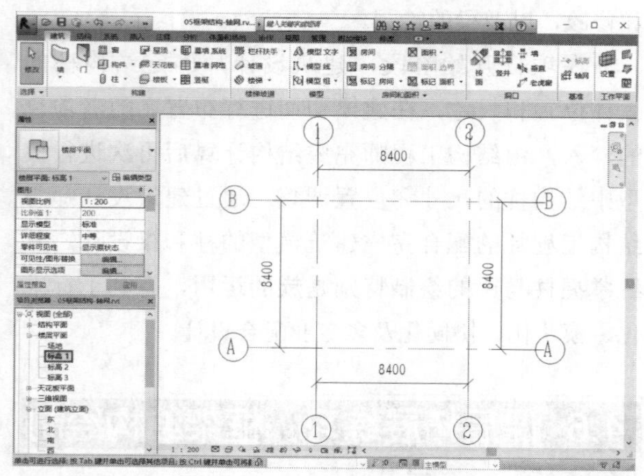

图4-114

02 进入“结构”选项卡，在“结构”面板中单击“柱”按钮，如图4-115所示。

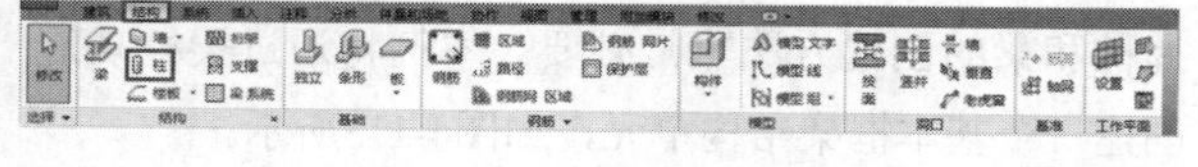

图4-115

03 选择截面尺寸为600×600mm的“混凝土-正方形-柱”类型，如图4-116所示。

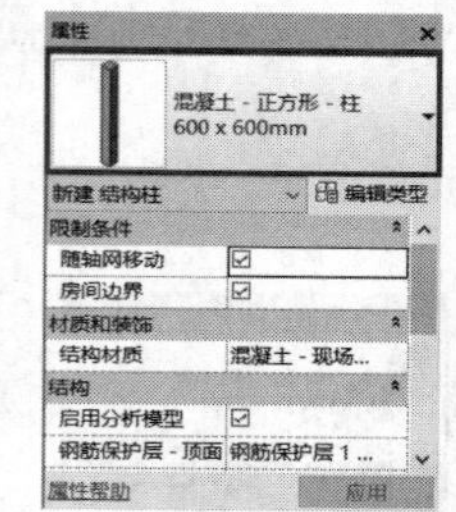

图4-116

04 确认放置柱类型为垂直柱，同时在选项栏中选择放置方式为“高度”，设置高度上的标高为“标高2”，同时勾选“房间边界”复选项，如图4-117所示。

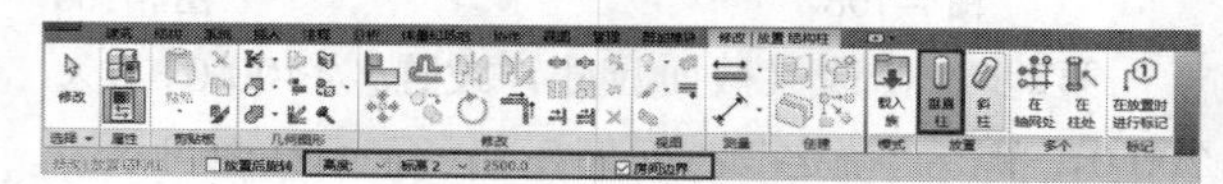

图4-117

05 将鼠标移至轴网的交点处时，相交的两根轴网将高亮显示，单击鼠标左键放置结构柱，如图4-118所示。

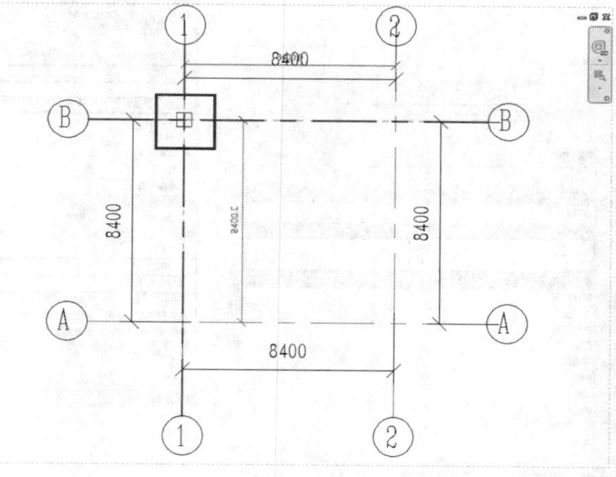

图4-118

06 通过“复制”创建其他结构柱，单击创建好的结构柱，将自动跳转到“修改 | 结构柱”选项卡，单击“复制”按钮，勾选选项栏中的“约束”和“多个”复选项，如图4-119所示。

图4-119

07 单击鼠标左键选择复制的基点，然后单击鼠标左键选择复制的结束点，依次创建其他结构柱，如图4-120所示。

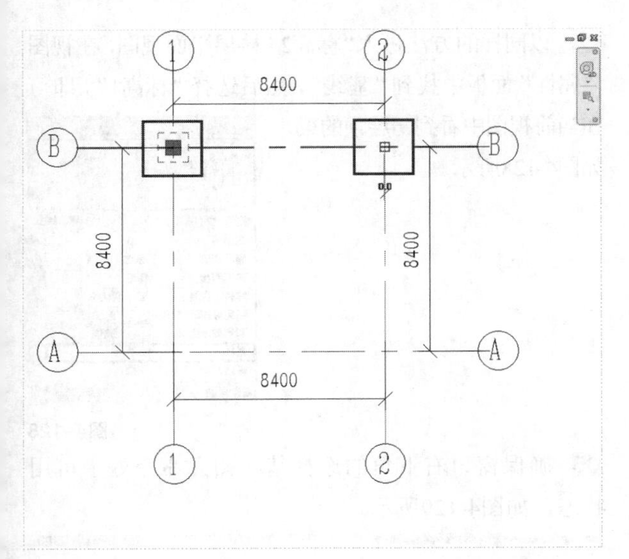

图4-120

08 也可以使用“在轴网处”命令快速创建所有柱，如图4-121所示。

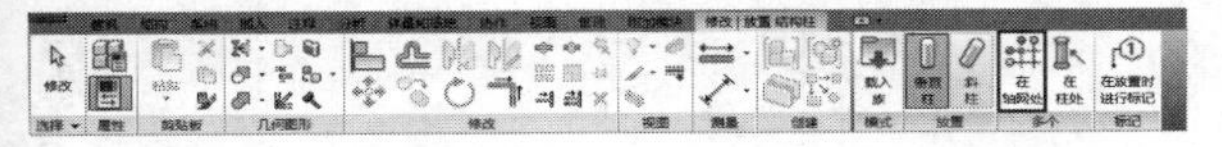

图4-121

09 双击展开“楼层平面”，选择“标高2”，进入二层平面视图，继续创建一层的主梁和次梁。在“绘制”面板中，选择梁绘制工具，将光标移动至绘图区域即可进行绘制，完成周圈主梁的创建（梁截面选择400×800mm），如图4-122所示。

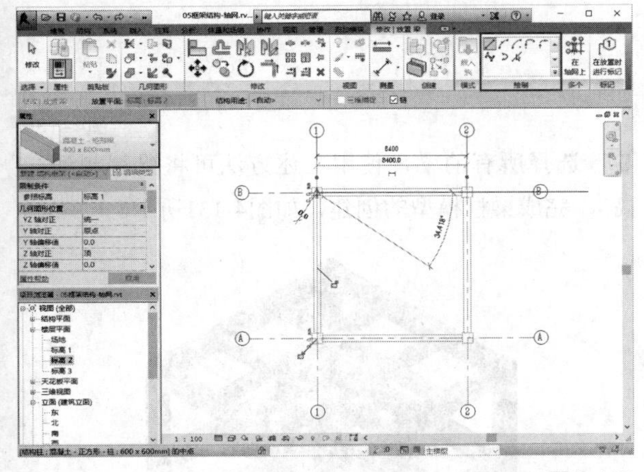

图4-122

10 创建双向的次梁（梁截面选择300×600mm），次梁和主梁的创建方法基本一致。单击轴线①与轴线Ⓑ交点，输入尺寸值“2800”，调整次梁的位置，如图4-123所示。

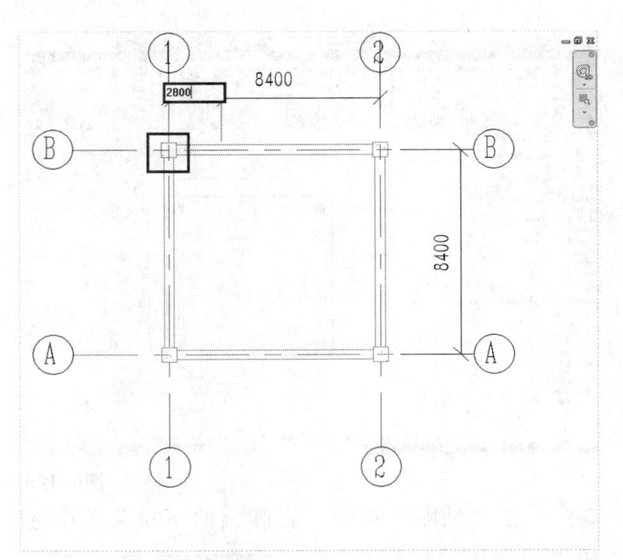

图4-123

11 也可通过临时尺寸标注快速将次梁调整到合适的位置，然后激活尺寸标注工具，完成对次梁的标注，如图4-124所示。

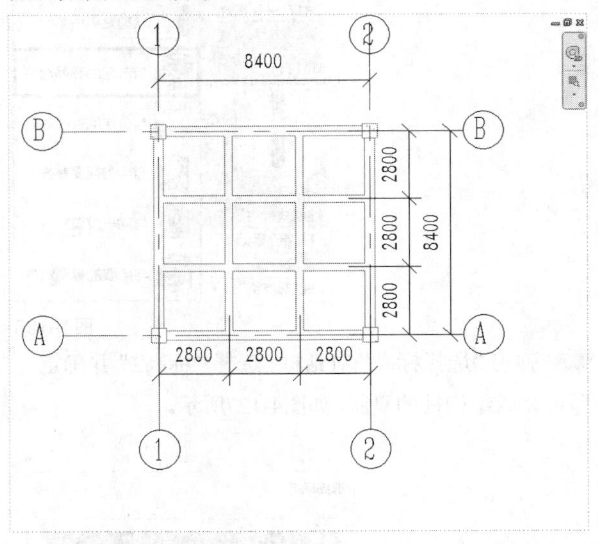

图4-124

4.6.2 创建二层结构

创建二层结构可以采取与创建一层结构类似的方法。不过，笔者在此将通过另一种高效的方法进行创建，具体操作如下。

01 双击展开“楼层平面”，选择“标高1”，进入一层平面视图，选择所有的柱，单击“复制到剪贴板”按钮，如图4-125所示。

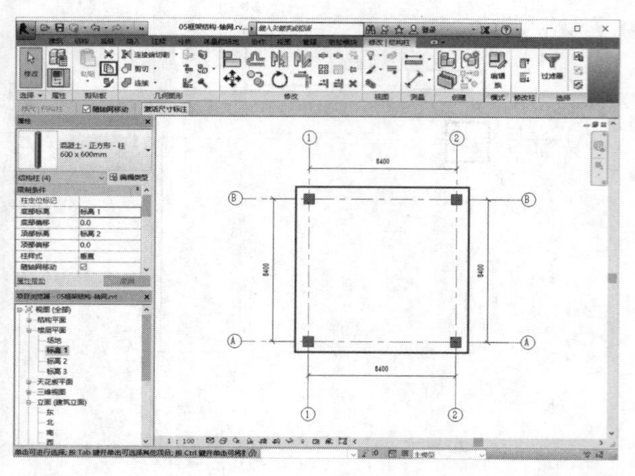

图4-125

02 单击“粘贴”按钮，在弹出的下拉菜单中选择“与选定的标高对齐”命令，如图4-126所示。

图4-126

03 弹出“选择标高”对话框，选择“标高2”并确定，即可完成结构柱的复制，如图4-127所示。

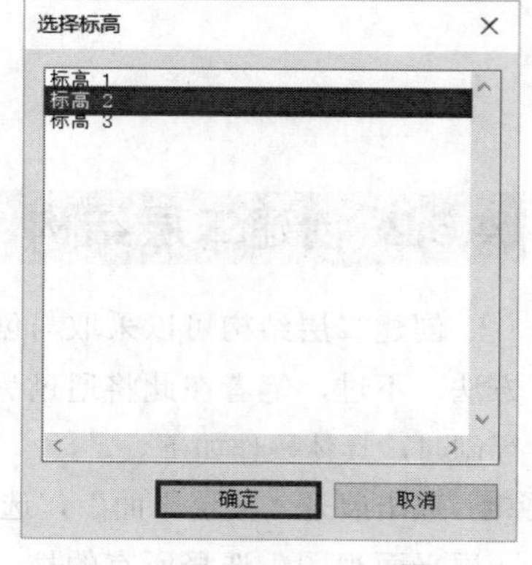

图4-127

04 以同样的方法进入“标高2”楼层平面视图，在视图“属性”面板中找到“基线”，然后选择“标高1”，即可在当前视图中看到一层顶的梁，如图4-128所示。

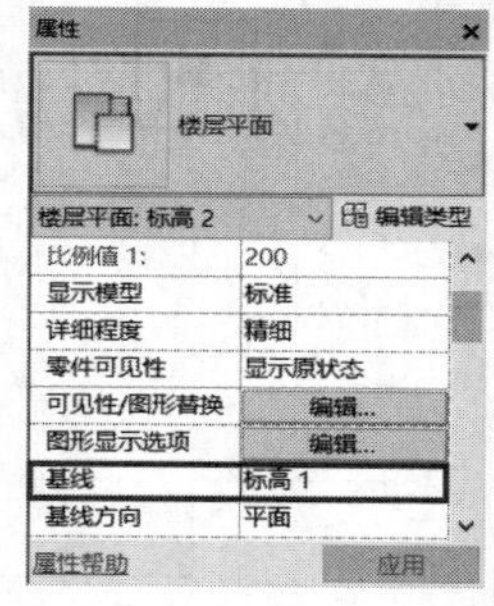

图4-128

05 确保窗口右下角的选择基线图元命令处于可用状态，如图4-129所示。

图4-129

06 选择所有的梁，使用上述方法可将梁复制到标高2，完成梁柱模型的创建，如图4-130所示。

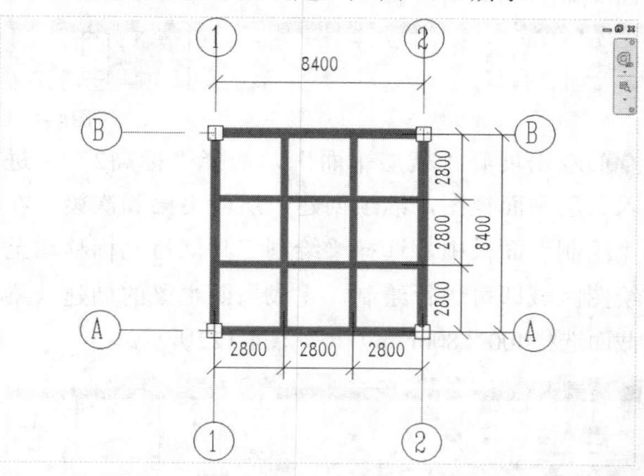

图4-130

07 选择所有的梁，使用上述方法可将梁复制到标高3，完成梁柱模型的创建，如图4-131所示。

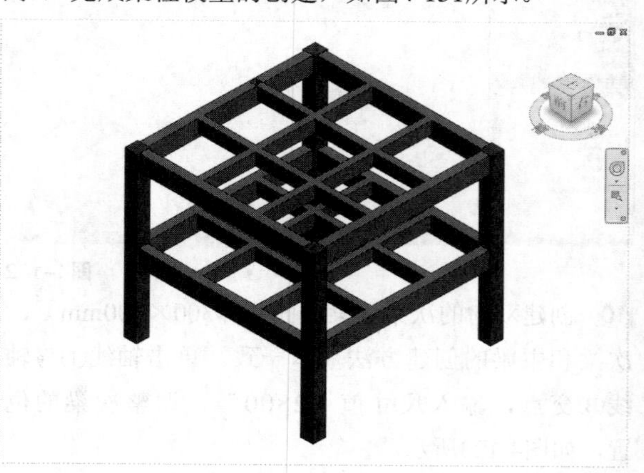

图4-131

第 5 章 墙体

本章知识索引

本章实例索引

5.1 课前引导实例：农宅墙体的绘制

场景位置：场景文件>CH05>01农宅-轴网.rvt
视频位置：视频文件>CH05>01课前引导实例：农宅墙体的绘制.mp4
实用指数：★★★☆☆
技术掌握：了解建筑墙体的绘制方法

01 启动Revit 2016，单击按钮，打开应用程序菜单，执行“打开>项目”菜单命令。

02 在弹出的“打开”对话框中找到“场景文件>CH05>01农宅-轴网.rvt”文件，然后单击“打开”按钮打开项目文件。在“项目浏览器”中展开“楼层平面”选项，然后双击“标高1”进入一层视图平面，如图5-1所示。

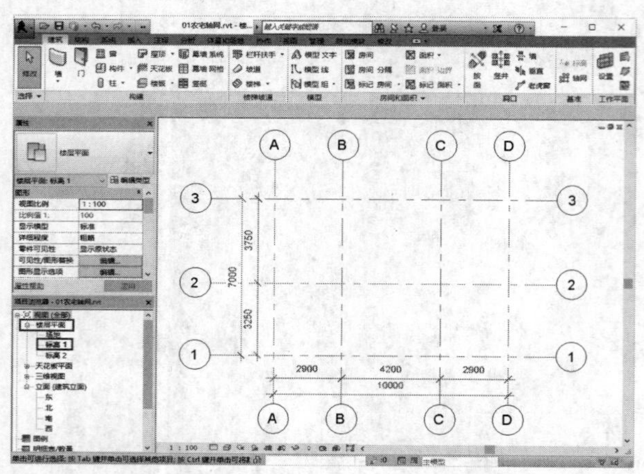

图5-1

03 进入“建筑”选项卡，然后在“构建”面板中单击“墙”按钮，在弹出的下拉菜单中选择“墙:结构”命令，如图5-2所示。

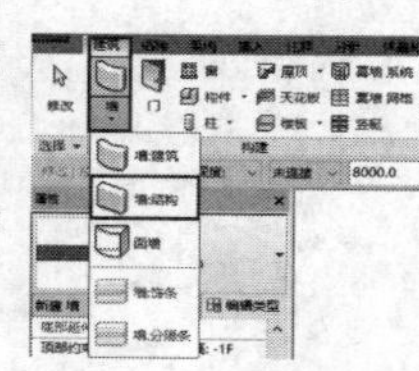

图5-2

04 在族类型选择器中选择“基本墙 常规-250mm”，如图5-3所示。

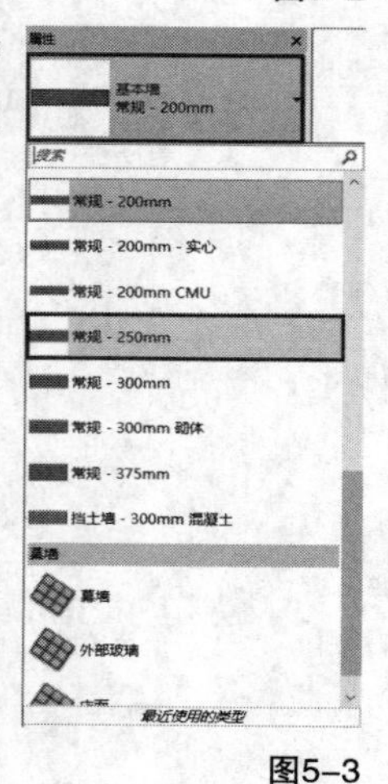

图5-3

05 在选项栏中指定绘制方式为“高度”、顶部标高为“标高2”、定位线为“墙中心线”，然后勾选“链”选项，如图5-4所示。

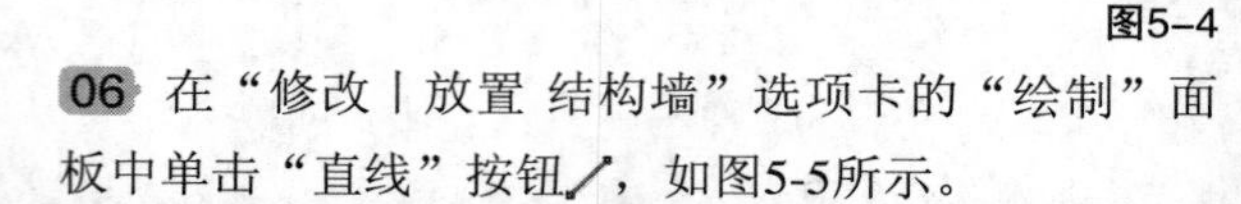

图5-4

06 在“修改丨放置 结构墙”选项卡的“绘制”面板中单击“直线”按钮，如图5-5所示。

图5-5

07 移动光标单击捕捉Ⓐ轴线和①轴线的交点，定义为墙的起点，而后顺时针单击捕捉Ⓐ轴线和③轴线的交点、Ⓓ轴线和③轴线的交点、Ⓓ轴线和①轴线的交点，绘制完成后按一次Esc键，如图5-6所示。

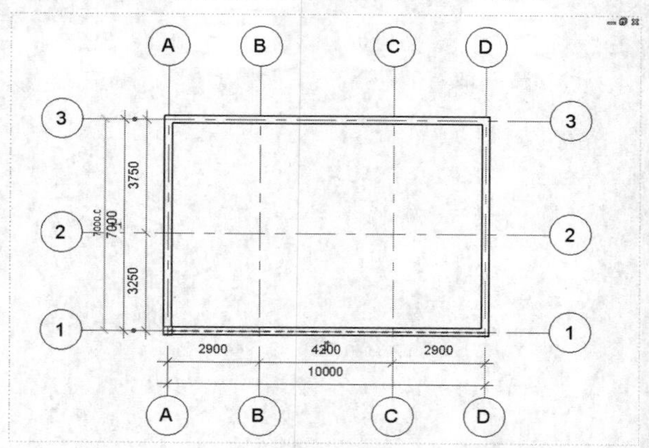

图5-6

08 单击“建筑”选项卡，然后在“构建”面板中单击“墙”按钮，在弹出的下拉菜单中选择“墙:建筑”命令，如图5-7所示。

09 在族类型选择器中选择“基本墙 常规-200mm”，如图5-8所示。

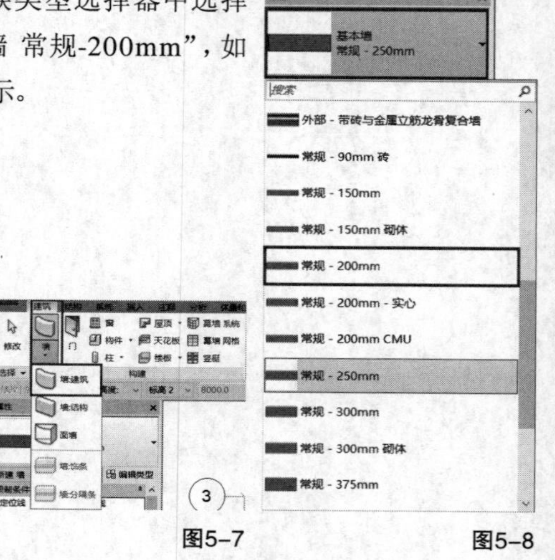

图5-7　图5-8

10 在选项栏中指定绘制方式为“高度”、顶部标高为“标高2”、定位线为“墙中心线”，然后勾选“链”选项，如图5-9所示。

图5-9

11 在“修改丨放置 结构墙”选项卡的“绘制”面板中单击“直线”按钮，如图5-10所示。

图5-10

12 移动光标单击捕捉Ⓑ轴线和①轴线的交点，定义为墙的起点，然后单击捕捉Ⓑ轴线和③轴线的交点，定义为终点，如图5-11所示。

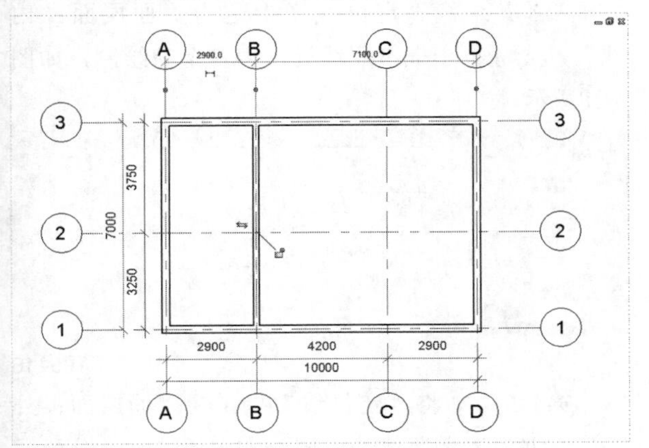

图5-11

13 移动光标单击捕捉Ⓐ轴线和②轴线的交点，定义为墙的起点，然后单击捕捉Ⓑ轴线和①轴线的交点，定义为终点，如图5-12所示。

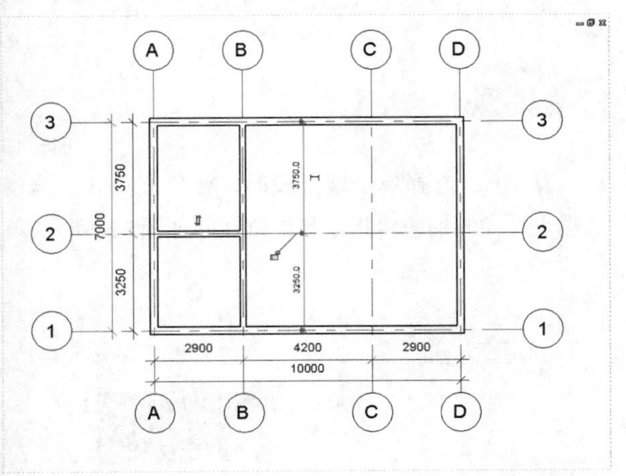

图5-12

14 移动光标单击捕捉Ⓒ轴线和③轴线的交点，定义为墙的起点，然后沿Ⓒ轴垂直向下移动光标，输入数值“1800”，接着按Enter键，如图5-13所示。

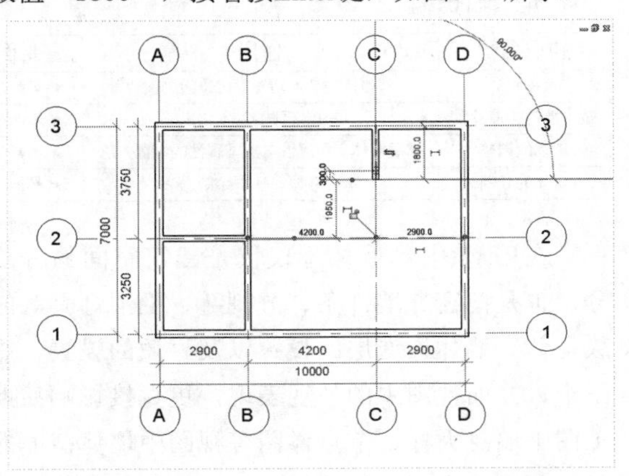

图5-13

15 继续水平移动光标，单击捕捉与Ⓓ轴的交点，绘制完成后按一次Esc键，如图5-14所示。

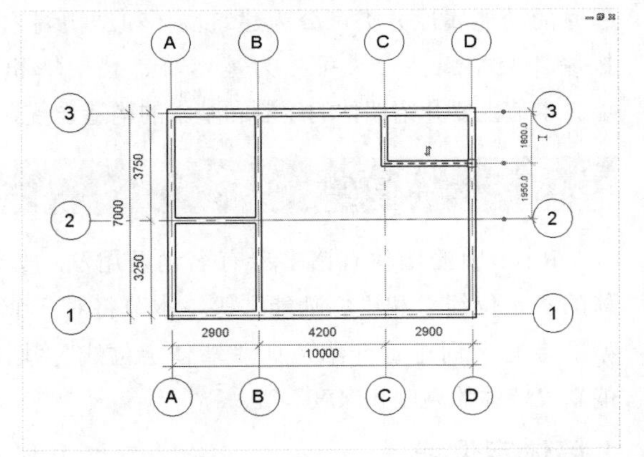

图5-14

16 单击“默认三维视图”按钮，完成墙的创建与绘制，如图5-15所示。

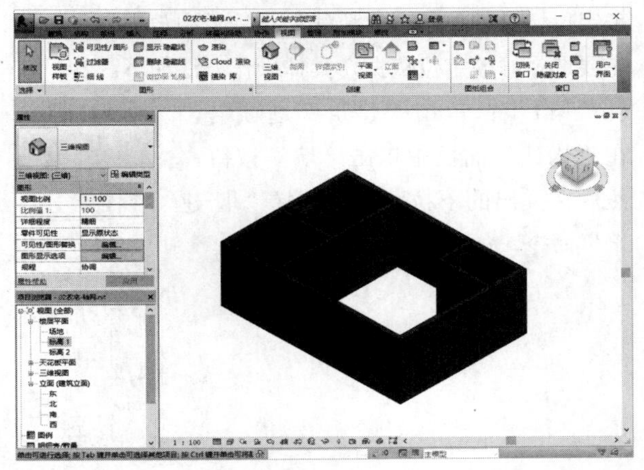

图5-15

5.2 墙体概述

本节知识概要

知识名称	作用	重要程度
墙体简介	了解墙体的基本功能、定位线的设置等	★★☆☆☆
基本墙的构造设置	掌握墙体的基本构造	★★☆☆☆
墙体的调整	掌握墙体实例属性与类型属性的设置方法	★★★☆☆
墙体的绘制	掌握墙体的基本绘制方法	★★★☆☆

在Revit中，墙体不仅仅是建筑空间的分割部分，也是门窗、墙饰条、分割缝、卫浴灯具等的承载主体。墙体构造层的设置以及材质的设置，影响三维、立面视图中的外观表现，更直接影响后期施工图中墙身大样、节点详图等视图中墙体截面的显示。与建筑模型中的其他基本图元类似，墙也是预定义系统族类型的实例，表示墙功能、组合和厚度的标准变化形式。墙体的类型有许多种，按墙体创建时的功能属性分类可分为建筑墙体和结构墙体，按墙体类型属性分类可分为基本墙、叠层墙和幕墙。本节主要介绍墙体的绘制和基本的构造设置。

5.2.1 墙体简介

Revit中的墙体有诸多专有名词及用法，如墙体的“定位线”和“墙功能”等，本节将对几个典型的专有名词进行介绍，如“墙体定位线”“墙功能”“墙体的高度和深度”等。

1.墙体定位线

墙体的“定位线”属性指定使用墙的哪一个垂直平面相对于所绘制的路径或绘图区域中指定的路径来定位墙。墙体的“定位线”是项目中放置墙体时首先要选择好的定位依据，具体操作方法如下。

第1步：单击“建筑”选项卡，在“构建”面板中单击“墙”按钮，然后在弹出的下拉菜单中选择“墙:建筑”命令，如图5-16所示。

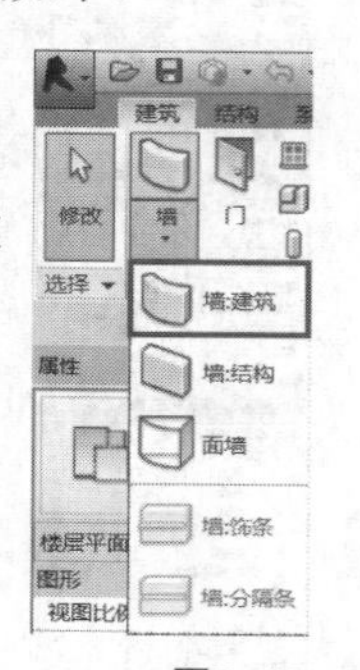

图5-16

第2步：在布置连接的复合墙时，可以根据重要的特定材质层精确放置。不论是哪种墙类型，均可以在选项栏（放置墙之前）或属性面板（放置墙之前或之后）中选择一个，如图5-17所示。

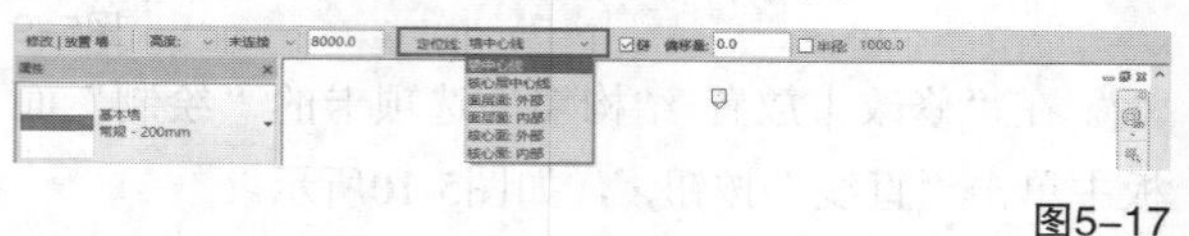

图5-17

技巧与提示

在 Revit 术语中，墙的核心是指其主结构层。在简单的砖墙中，“墙中心线”和“核心层中心线”平面将会重合，然而它们在复合墙中可能会不同。从左到右绘制墙时，其外部面（面层面: 外部）默认情况下位于顶部。

第3步：将“定位线”指定为“面层面：内部”，光标位于虚参照线处，由左至右绘制，如图5-18所示。

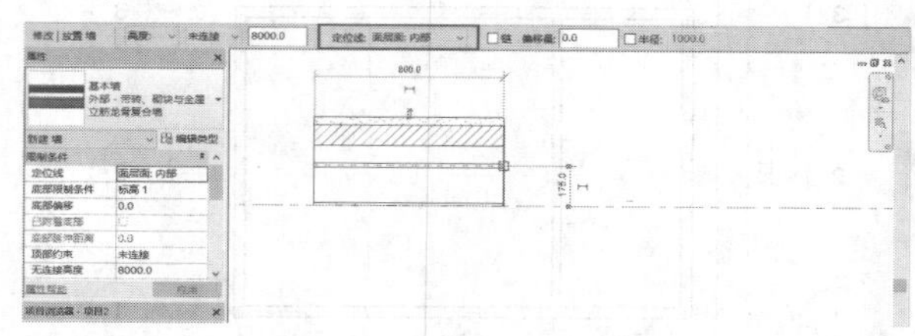

图5-18

第4步：如将“定位线”指定为“面层面：外部”，并沿着参照线按照同一方向绘制另一分段，则新的分段将位于参照线下方，如图5-19所示。

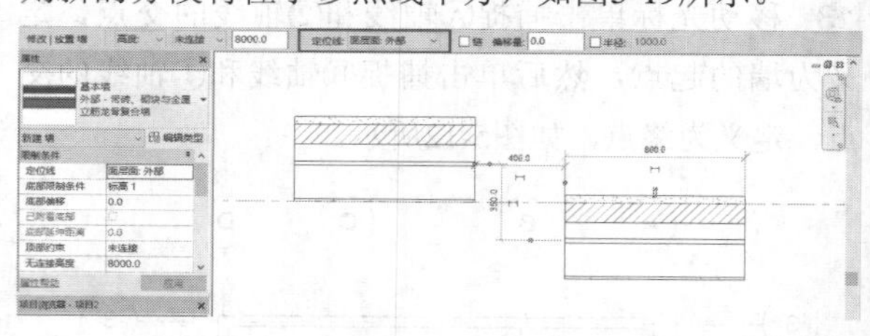

图5-19

第5步：选择单个墙分段时，蓝色圆点（“拖曳墙端点”控制柄）将指示其定位线，如图5-20所示。

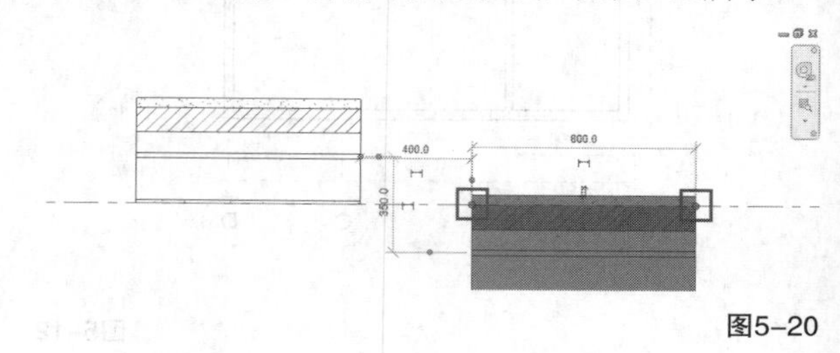

图5-20

第6步：放置墙后，其定位线将永久存在，即使修改其类型的结构或修改为其他类型也是如此。修改现有墙的“定位线”属性的值不会改变墙的位置。如使用Space键或屏幕上的翻转控制柄⇅来切换墙的内部/外部方向，定位线为墙翻转所围绕的轴，如图5-21所示。

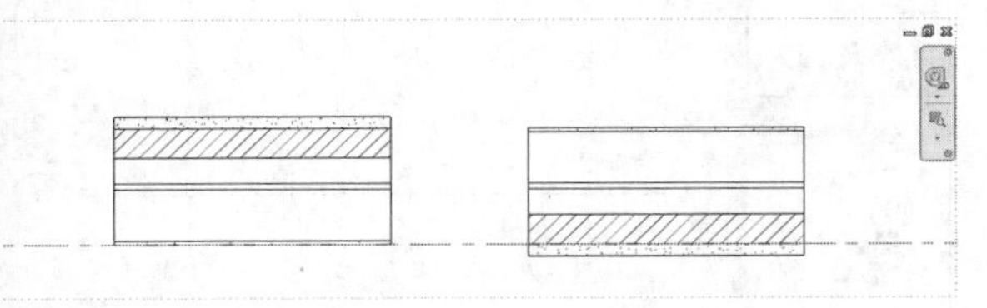

图5-21

因此，如果修改“定位线”值，然后修改方向，则可能会改变墙位置。

2.墙的结构用途

Revit中“基本墙”和“叠层墙”族中的所有墙类型都具有名为“结构用途”的实例属性，该属性指定墙是非承重墙或3种结构墙（承重墙、抗剪墙及复合结构墙）之一，如图5-22所示。

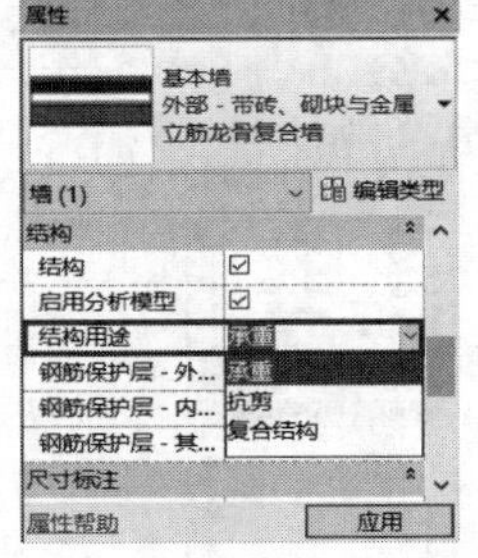

图5-22

在使用“墙:建筑”命令时，默认“结构用途”值为“非承重”；如果使用“墙：结构”工具，则“结构用途”值为“承重”，可通过勾选“结构”复选项实现两者的转换，如图5-23所示。

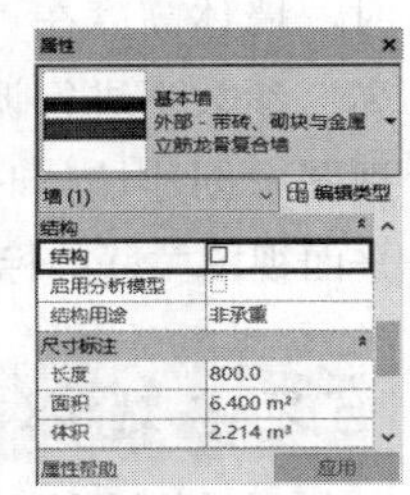

图5-23

3.墙体的高度和深度

创建墙时，需指定好墙体的标高，即墙体的底标高和顶标高，此时会用到多个属性来控制墙体，如图5-24所示。

图5-24

进入“建筑”选项卡，在“构建”面板中单击“墙”按钮，在弹出的下拉菜单中选择“墙:建筑”命令，在选项栏中指定绘制方式为“高度”，顶部标高为F1，定位线为“墙中心线”，如图5-25所示。

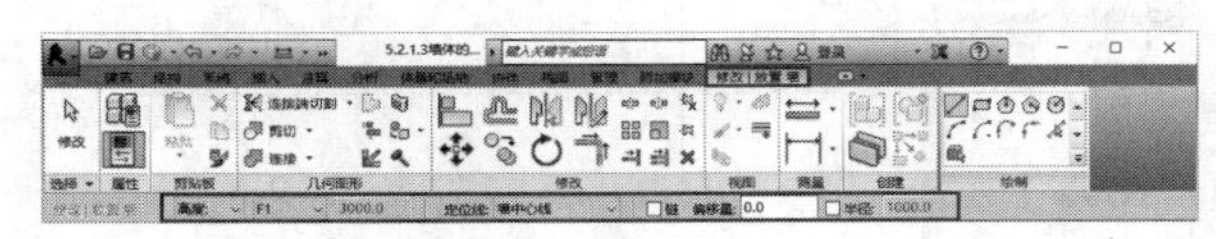

图5-25

知识讲解

• **标高（仅限三维视图）**：墙底位置标高，如图5-26所示。

图5-26

• **高度/深度**：墙顶定位标高，或为默认设置“未连接”输入值。

• **定位线**：选择在绘制时要将墙的哪个垂直平面与光标对齐，或要将哪个垂直平面与绘图区域中选定的线或面对齐。

• **链**：勾选与否表示是否绘制一系列在端点处连接的墙分段。勾选后可连续绘制并形成墙链。

• **偏移**：墙的定位线与光标位置或选定的线、面之间的位置偏移量。

• **半径**：绘制弧形墙体时的半径数值。

除了以上在选项栏中对墙进行定义，还可以定义“墙顶定位标高”和“无连接高度”。

在墙底定位标高为F1条件下，使用不同高度/深度设置创建四面墙的剖面图，具体设置如下。

第1步：单击“建筑”选项卡，在“构建”面板中单击“墙”按钮，然后在弹出的下拉菜单中选择“墙:建筑”命令，接着在“修改|放置 墙”选项卡的“绘图”面板中选择“直线”工具／，在绘图区单击定义墙的起点，墙会自动按照鼠标移动的方向绘制，再次单击定义墙的终点，按两次Esc键完成墙的绘制，如图5-27所示。

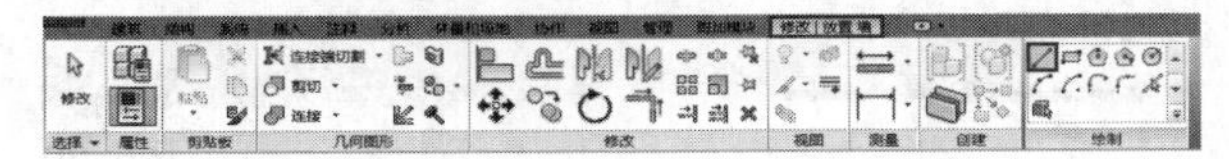

图5-27

第2步：在选项栏中设置绘制方式为“深度”，在“属性”面板中设置底部偏移为−5000.0，顶部约束为“直到标高F1”，然后在Ⓐ轴绘制墙A，如图5-28所示。

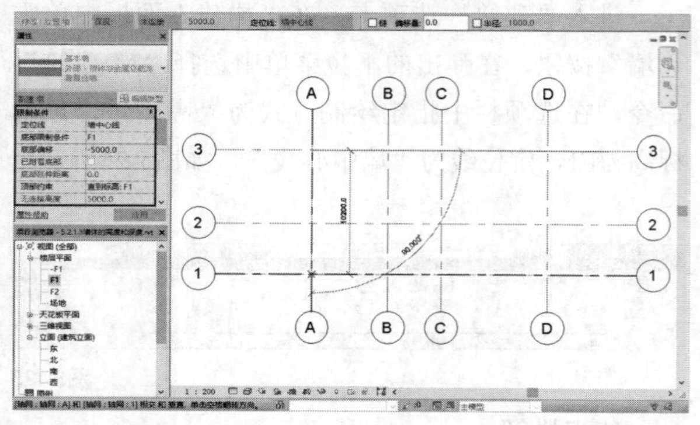

图5-28

第3步：在选项栏中设置绘制方式为“深度”，在“属性”面板中设置底部偏移为−3000.0，顶部约束为“直到标高F1”，然后在Ⓑ轴绘制墙B，如图5-29所示。

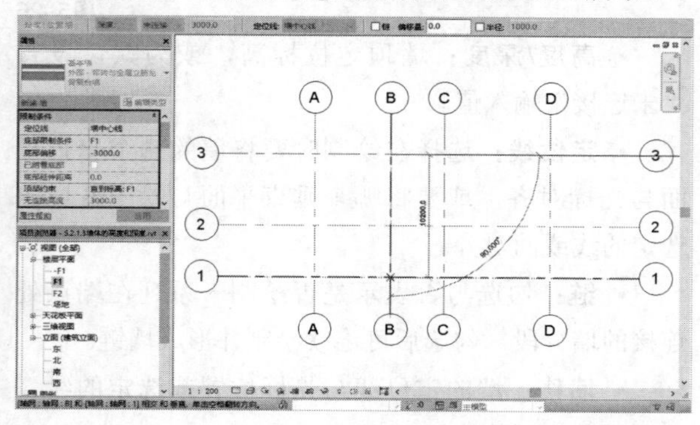

图5-29

第4步：在选项栏中设置绘制方式为“高度”，在“属性”面板中设置底部偏移为0.0，顶部约束为“未连接”，无法连接高度为5000.0，然后在Ⓒ轴绘制墙C，如图5-30所示。

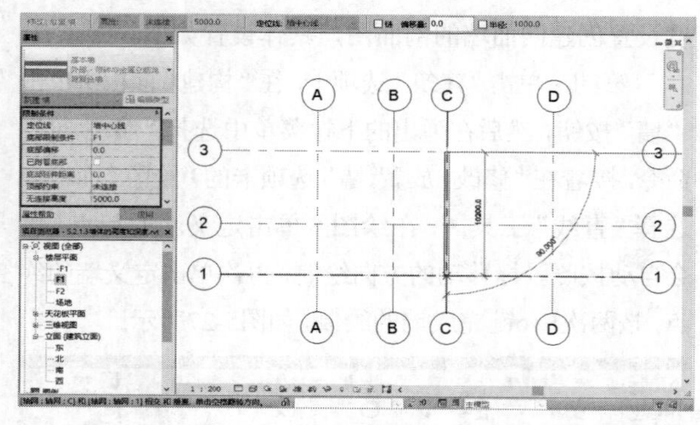

图5-30

第5步：在选项栏中设置绘制方式为“高度”，在“属性”面板中设置底部偏移为0.0，顶部约束为“直到标高F2”，然后在Ⓓ轴绘制墙D，如图5-31所示。

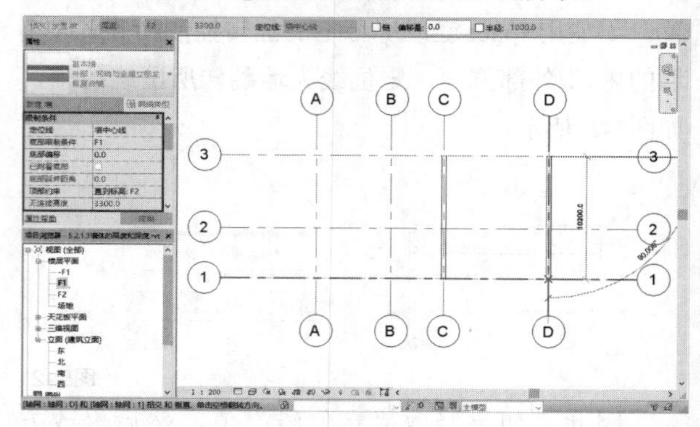

图5-31

第6步：在“项目浏览器”中双击“剖面（建筑剖面）”，然后选择“剖面1”，绘图区中显示墙底定位标高为F1，使用不同高度/深度设置创建的4面墙的剖面效果如图5-32所示。

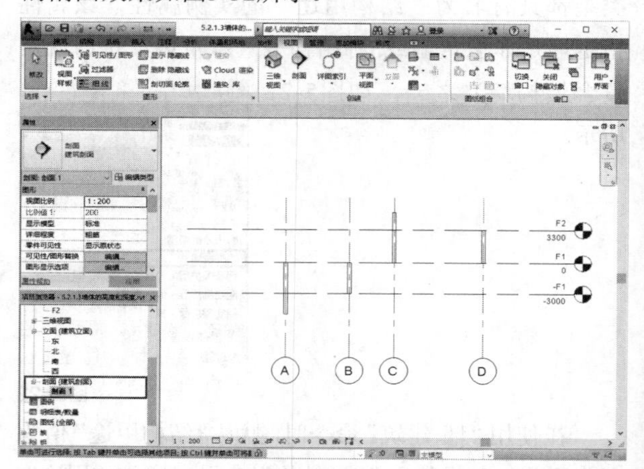

图5-32

使用上述属性在指定标高向上或向下绘制墙体时，墙体高度在“墙底定位标高”或“墙顶定位标高”参数下进行调整改变。需要说明的是，在平面视图中创建墙体时，“墙底定位标高”参数是与该平面视图关联的标高。

5.2.2 墙体的构造

1.基本墙的构造设置

基本墙的构造设置如下。

第1步：单击“建筑”选项卡，在“构建”面板中单击“墙”按钮，然后在弹出的下拉菜单中选择“墙:建筑”命令，如图5-33所示。

第2步：在“属性”对话框中选择相应的墙类型，然后单击“编辑类型”按钮，如图5-34所示。

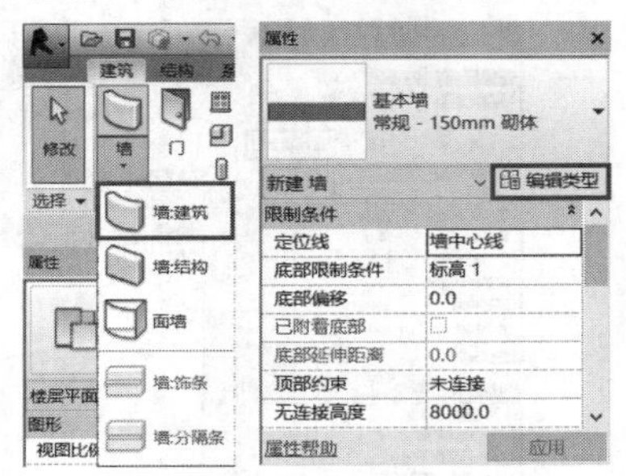

图5-33　　　　图5-34

第3步：弹出“类型属性”对话框，在其中的“结构”参数右侧单击“编辑”选项，如图5-35所示。

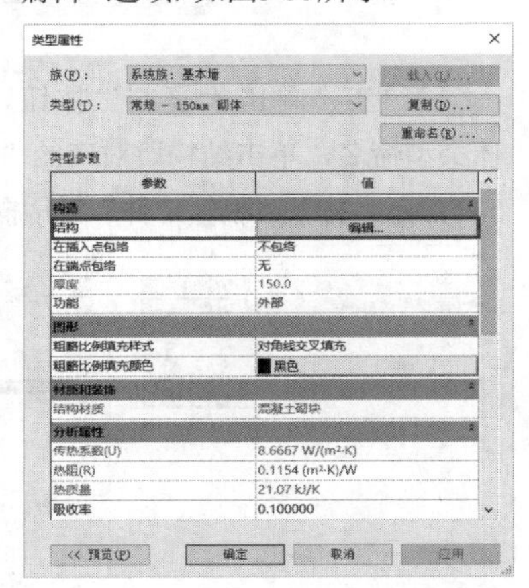

图5-35

第4步：在弹出的“编辑部件”对话框中，默认的墙体的已有功能只有结构部分，在此基础上可插入其他功能结构层，以完善墙体的实际构造，如图5-36所示。

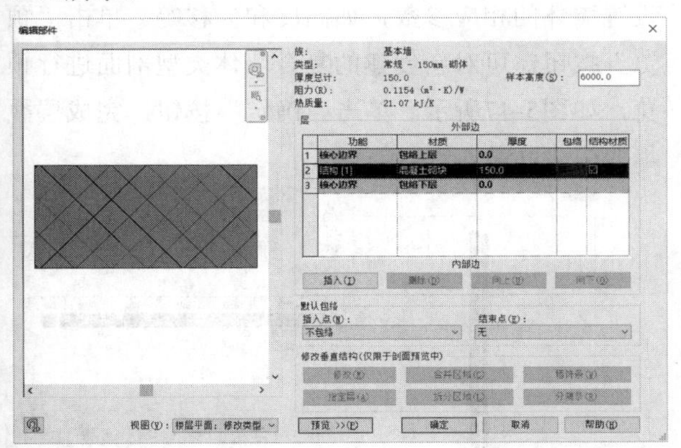

图5-36

第5步：单击第3行最前面的数字编号3，此时该行处于全选状态，然后单击下边的“插入”按钮，此时在第3行的上方将出现新的添加行，如图5-37和图5-38所示。

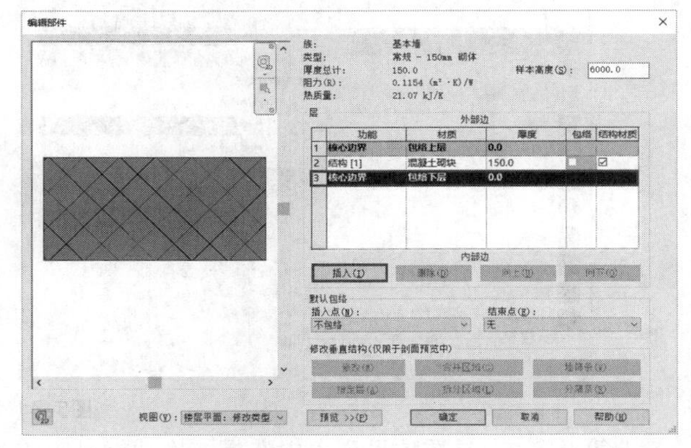

图5-37

层

外部边

	功能	材质	厚度	包络	结构材质
1	核心边界	包络上层	0.0		
2	结构 [1]	混凝土砌块	150.0	□	☑
3	结构 [1]	<按类别>	0.0		□
4	核心边界	包络下层	0.0		

内部边

插入(I)　删除(D)　向上(U)　向下(O)

图5-38

第6步：单击“功能”版块下的“结构[1]”参数，打开一个下拉列表，可以在其中选择新的功能类型，如图5-39所示。

层

外部边

	功能	材质	厚度	包络	结构材质
1	核心边界	包络上层	0.0		
2	结构 [1]	混凝土砌块	150.0	□	☑
3	结构 [1]	<按类别>	0.0	□	□
4	结构 [1]	络下层	0.0		

衬底 [2]
保温层/空气层 [3]
面层 1 [4]
面层 2 [5]

内部边

插入(I)　删除(D)　向上(U)　向下(O)

图5-39

第7步：完成墙体构造功能的添加后，可以选择某行，单击下面的“向上”或“向下”按钮调整功能所处的位置，如果需要删除，在选择状态下单击“删除”按钮。在完成功能的添加后，需要对每一项功能赋予相应的材质，使得墙体在“着色”或“真实”模式下都能呈现更好的效果。单击材质面板下每行后面的按钮...，打开“材质浏览器”对话框，如图5-40和图5-41所示。

层

外部边

	功能	材质	厚度	包络	结构材质
1	核心边界	包络上层	0.0		
2	结构 [1]	混凝土砌块	150.0	□	☑
3	结构 [1]	<按类别>	0.0	□	□
4	核心边界	包络下层	0.0		

内部边

插入(I)　删除(D)　向上(U)　向下(O)

图5-40

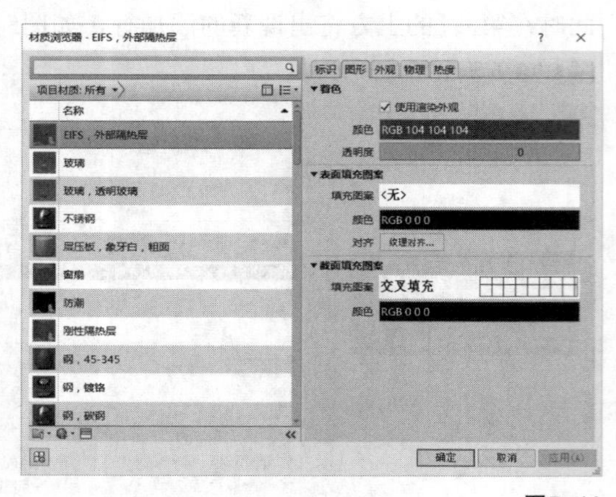

图5-41

第8步：在材质项目列表中选择结构功能对应的材质，如果列表中没有，可以单击下方的按钮添加新材质。选择某一材质后，在右边的材质属性框中将会显示当前材质的参数信息，包括颜色、外观和物理特征等，部分参数可自行设置。如果要设置厚度，在每项结构功能后的厚度框中输入相应的数据即可，当所有的厚度值设置完成后，“墙体信息厚度总计”一项将会显示当前墙体的总厚度值。单击“确定”按钮，完成基本墙体构造的设置，如图5-42所示。

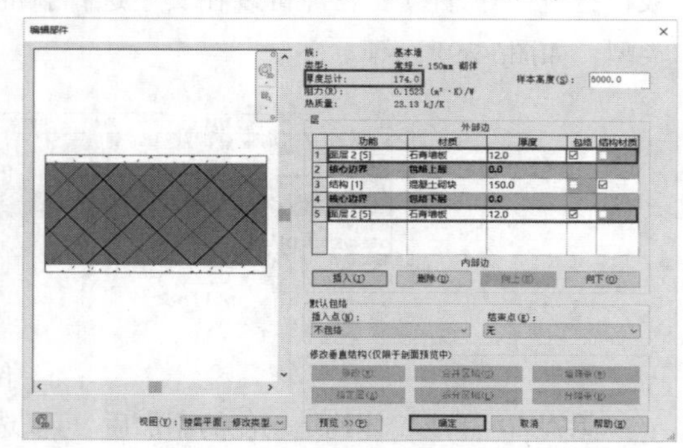

图5-42

2.叠层墙的构造设置

层叠墙是基本墙体叠加而形成的复合墙体，具体设置步骤如下。

第1步：在“墙体类型”下拉列表中选择“外部-砌块勒脚砖墙”，如图5-43所示。

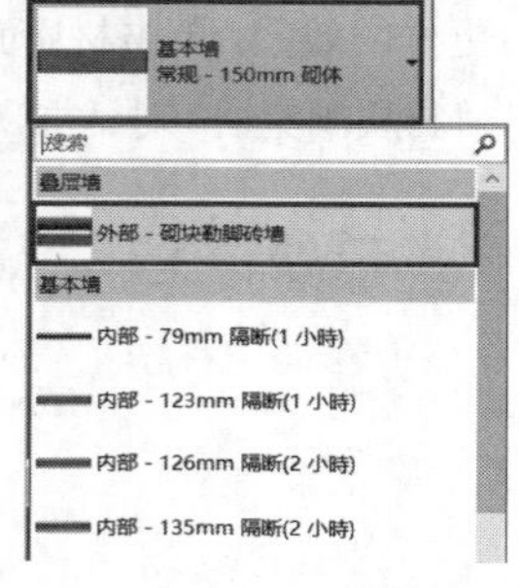

图5-43

第2步：单击“编辑类型”按钮，打开“类型属性”对话框，如图5-44所示。

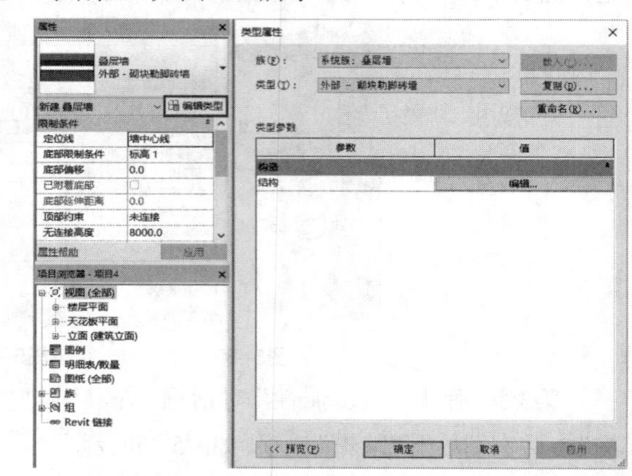

图5-44

第3步：单击“复制”按钮，并为新创建的墙体类型命名，单击结构所对应的“编辑”按钮，如图5-45所示，打开“编辑部件”对话框，如图5-46所示。

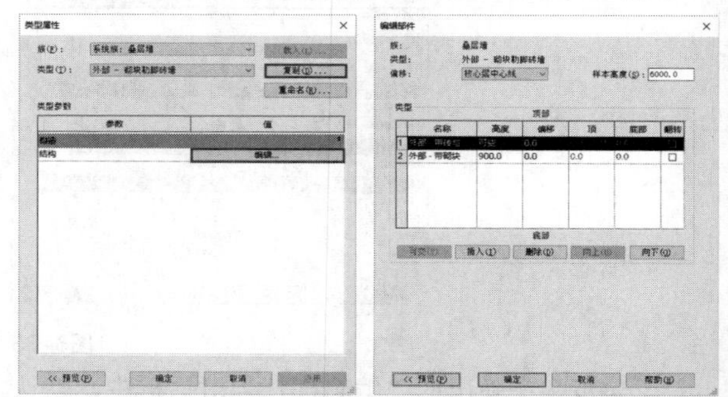

图5-45　　图5-46

第4步：单击“插入”按钮，并在名称列表中选择相应的墙体对象作为复合墙体的子墙体，同时设置墙体的相应参数，如高度和偏移等。单击“预览”按钮，可对新创建的复合墙体类型剖面进行预览，如图5-47所示。单击“确定”按钮，完成层叠墙的构造设置。

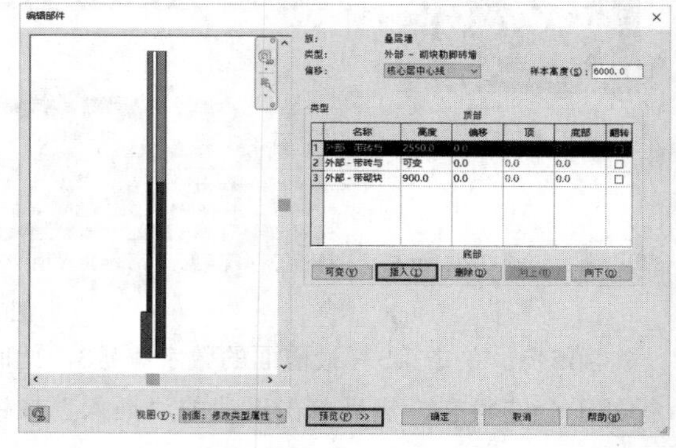

图5-47

5.2.3 墙体的类型与属性调整

在功能区中单击“建筑”选项卡，然后在“构建”面板中单击“墙”按钮，在打开的下拉菜单中有“墙:建筑”“墙:结构”“面墙”“墙:饰条”“墙:分割条”5种类别，如图5-48所示。

以“墙：建筑”为例，在族类型选择器中选择“基本墙 常规-300mm”，如图5-49所示。

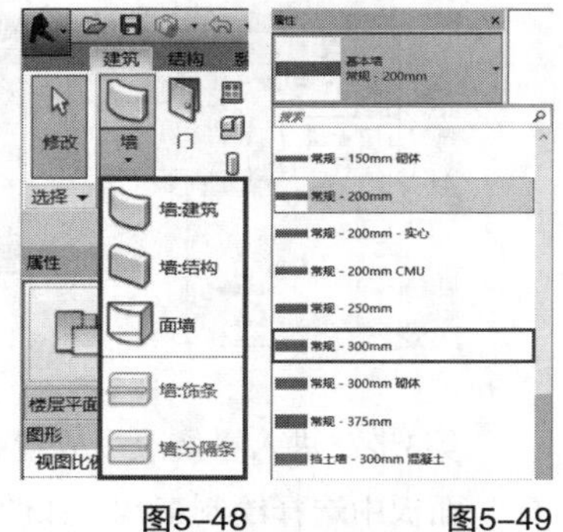

图5-48　　图5-49

1.建筑墙体的类型选择

选择建筑墙体后，在“属性类型”下拉列表中，建筑墙体分为叠层墙、基本墙和幕墙3类，如图5-50所示。

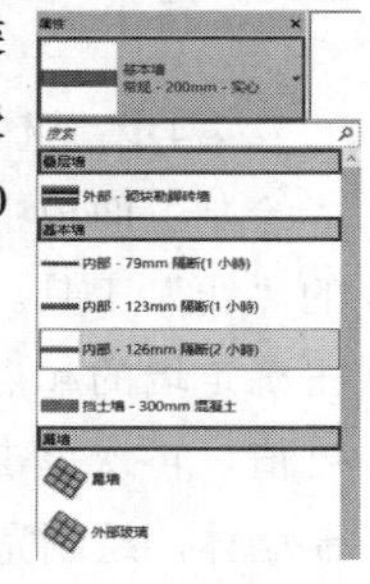

图5-50

知识讲解

• **层叠墙**：指由叠放在一起的两面或多面子墙组成的组合墙体。

• **基本墙**：一般的垂直结构构造墙体，其使用频率很高。

• **幕墙**：附着到建筑结构，不承担建筑的楼板或屋顶荷载的一种外墙。

2.墙的类型属性

选好墙体类型（以“基本墙 常规-200mm-实心”为例），其属性调整包括类型属性调整和实例属性调整。单击“属性”面板中的“编辑类型”按钮，打开“类型属性”对话框，如图5-51和图5-52所示。

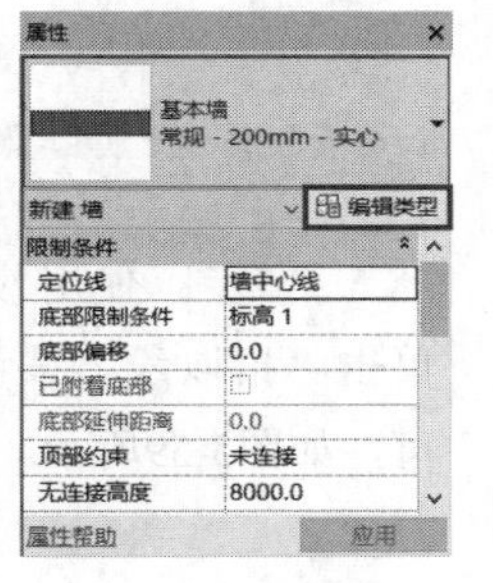

图5-51

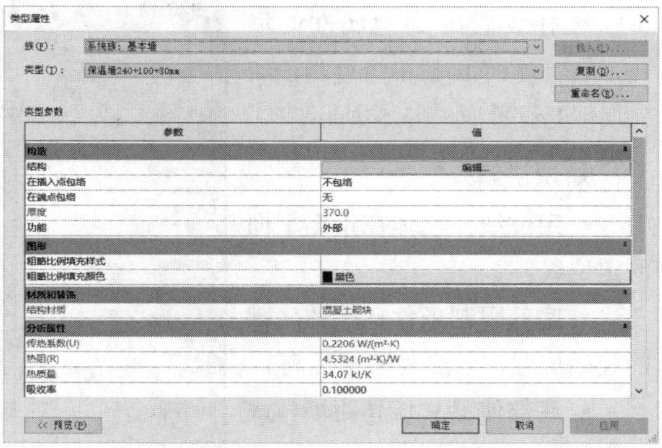

图5-52

知识讲解

• **结构**：单击后面的“编辑”按钮，在对话框中可设置墙体的结构、材质和厚度等信息。

• **在插入点包络**：设置位于插入点墙的层包络，可包络复杂的插入对象，如非矩形对象、门窗等。

• **厚度**：通过结构功能的设置，显示墙体的具体厚度值。

• **功能**：可将创建的墙体设置为外墙、内墙、挡土墙、基础墙和核心竖井等类别。

• **粗略比例填充样式**：在粗略比例视图中，设置墙的填充样式。

• **幕墙**：勾选与否表示是否在墙体中插入幕墙系统。

完成墙的类型属性设置后，单击左下角的“预览”按钮，查看墙体的实例样式，如满足要求即可单击“确定”按钮，完成类型属性的设置，如图5-53所示。

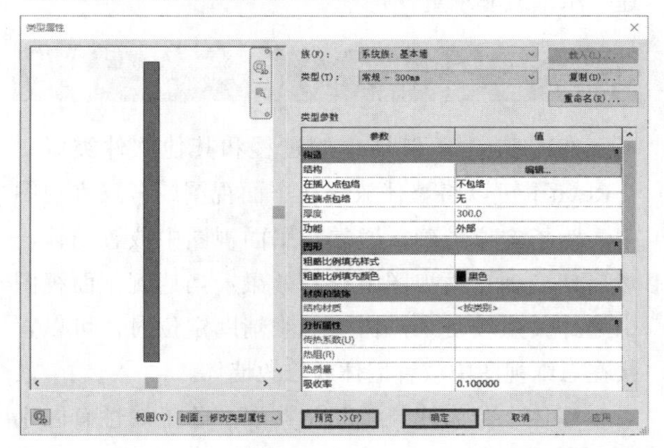

图5-53

选择设置好类型属性的墙体，在“属性”面板中进行当前实例属性的设置，如图5-54所示。

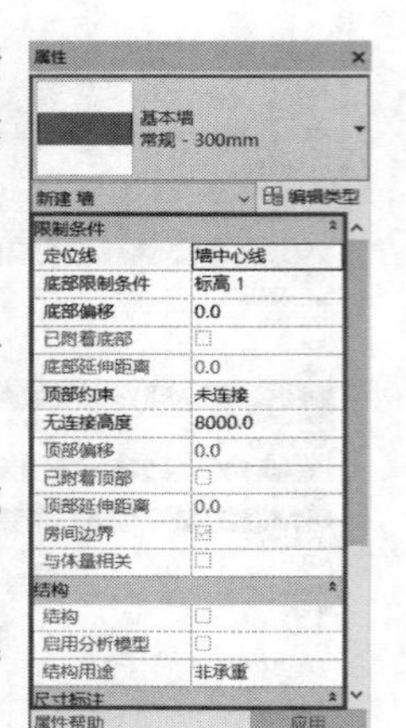

图5-54

知识讲解

• **定位线**：墙体在指定平面的定位线。

• **底部限制条件**：墙体底部的起始位置，一般为某层标高。

• **底部偏移**：墙体距墙体底部限制标高的距离。

• **已附着底部**：墙体底部是否附着到另一个模型构件，如楼板。

• **底部延伸距离**：当墙层可延伸时，墙层底部偏移的距离。

• **顶部约束**：墙体顶部的高度约束限定，一般为某层标高。

• **无连接高度**：绘制墙体时，从其底部到顶部的测量高度值。

• **顶部偏移**：墙体距墙体顶部限制标高的距离。

• **已附着顶部**：墙体顶部是否附着到另一个模型构件，如屋顶或天花板等。

• **顶部延伸距离**：墙层顶部偏移的距离。

• **房屋边界**：勾选与否决定墙体是否成为房间边界的一部分。

• **结构**：将当前的建筑墙体转化为结构墙体，在明细表统计时进行划分。

• **结构用途**：指示当前创建的墙体的结构用途，承重或非承重。

5.2.4 墙体的绘制

在Revit中绘制墙体的过程和其他软件类似，在Revit中可以将墙体放置在平面视图或者三维视图中。为了定位准确，通常在平面视图中放置墙体，然后切换到三维视图中查看效果；当遇到平面视图中墙体关系较复杂，需要三维辅助定位时，可以直接在三维视图中放置墙体或修改墙体。

墙体也分为建筑墙和结构墙，除了属性有区别外，放置方法完全一致，以绘制建筑墙为例，具体操作如下。

第1步：单击“建筑”选项卡，然后在“构建”面板中单击“墙”按钮，在弹出的下拉菜单中单击“墙:建筑”命令，如图5-55所示。

第2步：或者单击“结构”选项卡，然后在“结构”面板中单击“墙”按钮，在弹出的下拉菜单中单击“墙:建筑”命令，如图5-56所示。

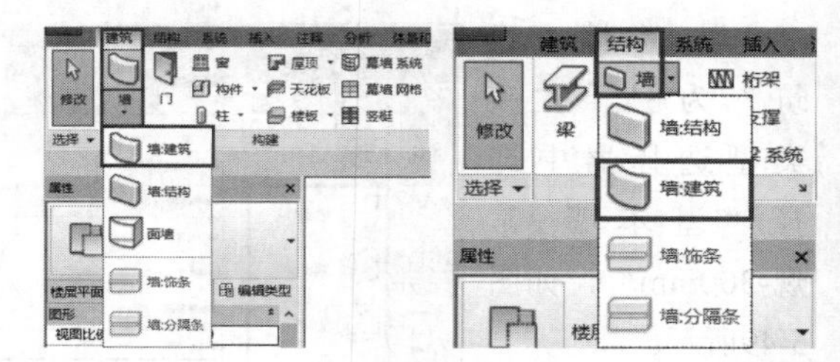

图5-55　图5-56

第3步：进入“修改丨放置 墙”选项卡，在“绘制”面板中选择绘制工具，如图5-57所示。

图5-57

第4步：选择“基本墙 常规-200mm”，然后在“绘制”面板中选择一个绘制工具，在此使用默认的“线”工具。单击“直线”按钮，在绘图区单击确定墙的起点，沿所需方向移动光标，输入墙长度值，再次单击确定墙体的终点，沿顺时针方向绘制墙体，绘制完成后，按Esc键退出当前状态，如图5-58所示。

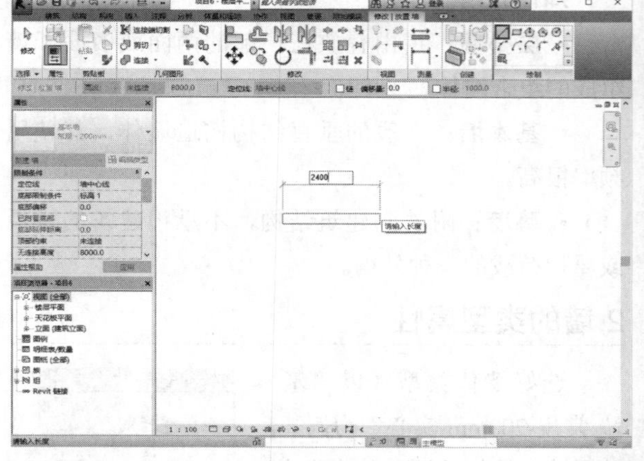

图5-58

第5步：使用快速拾取线工具自动生成墙体。单击“拾取线”按钮，在绘图区单击已有线条即可，如图5-59所示。

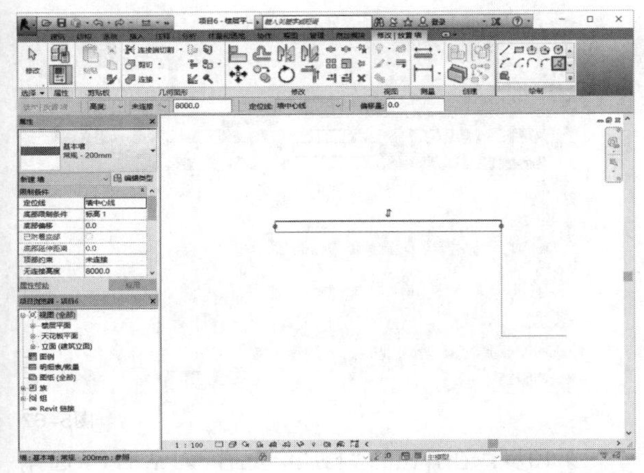
图5-59

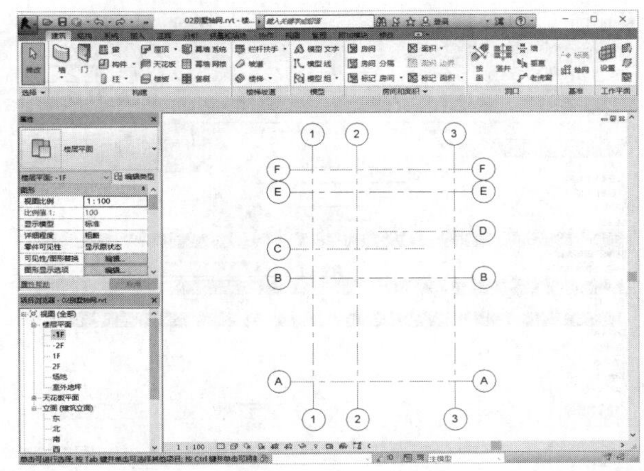
图5-60

5.3 墙体类型创建

本节知识概要

知识名称	作用	重要程度
剪力墙类型创建	掌握剪力墙的创建、属性编辑与绘制	★★★☆☆
填充墙类型创建	掌握填充墙的创建、属性编辑与绘制	★★★☆☆
保温墙类型创建	掌握保温墙的创建、属性编辑与绘制	★★★☆☆
幕墙类型创建	掌握线性幕墙与面幕墙的创建、属性编辑与绘制	★★★☆☆

创建墙体需要先定义好墙体的类型、厚度、做法、材质和功能等，然后指定墙体的平面位置和高度参数等。本节将以剪力墙、填充墙、保温墙和幕墙为例，详细讲解不同类型墙体的创建方法。

5.3.1 剪力墙类型创建

剪力墙类型的创建方法如下。

第1步：启动Revit 2016，单击按钮，打开应用程序菜单，执行“打开>项目”菜单命令。

第2步：系统弹出“打开”对话框，找到“场景文件>CH05>02别墅轴网.rvt”文件，单击“打开”按钮，将文件打开。在“项目浏览器”中展开“楼层平面”选项，然后双击“－1F”进入地下一层视图平面，如图5-60所示。

第3步：单击“建筑”选项卡，在“构建”面板中单击“墙”按钮，然后在弹出的下拉菜单中单击“墙:结构”命令，如图5-61所示。

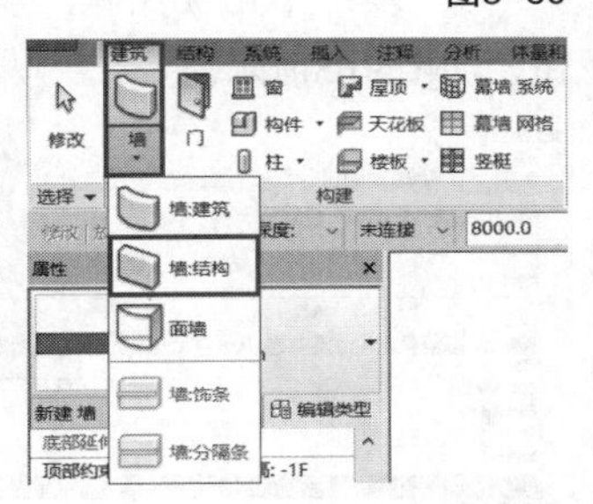
图5-61

第4步：在族类型选择器中选择“基本墙 常规-250mm”，如图5-62所示。

第5步：单击“属性”面板中的“编辑类型”按钮，如图5-63所示。

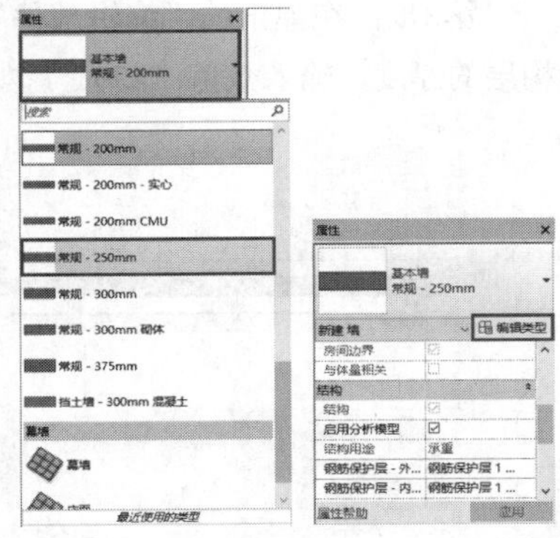
图5-62　图5-63

第6步：弹出“类型属性”对话框，单击“类型”后的“复制”按钮，在“名称”对话框中输入“剪力墙-250mm”，完成后单击“确定”按钮，如图5-64所示。

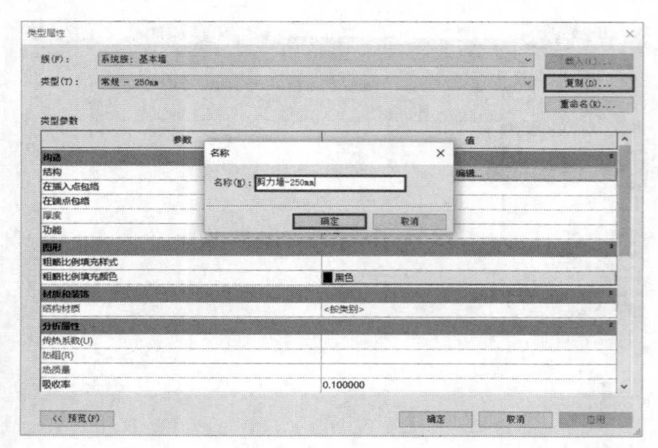

图5-64

第7步：单击“结构”参数组中的“编辑”按钮，如图5-65所示。

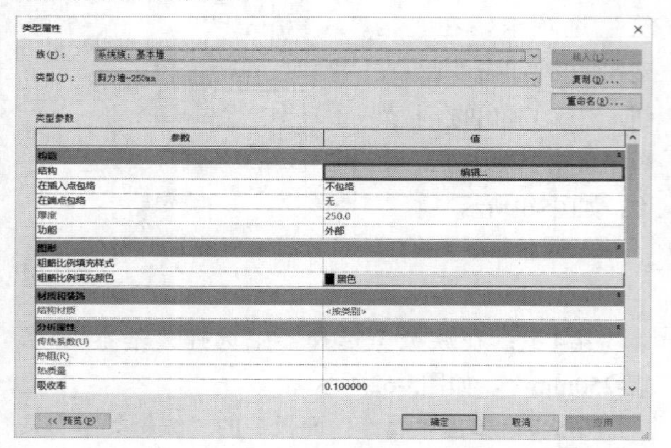

图5-65

第8步：在弹出的“编辑部件”对话框中修改结构层的厚度，输入数值“250”，如图5-66所示。

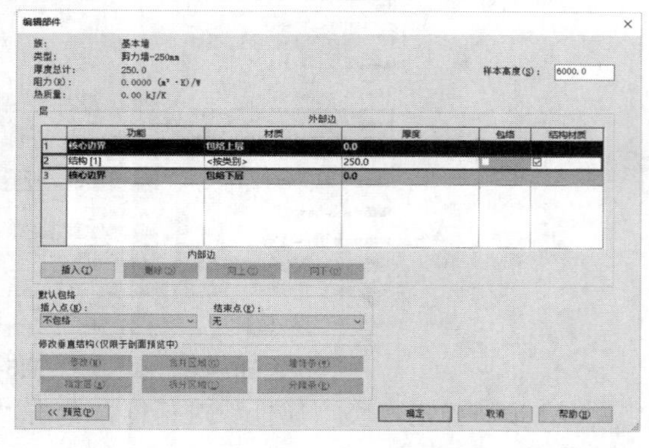

图5-66

第9步：单击“结构[1]”的“材质”选项，单击“<按类别>”后的按钮▭，打开“材质浏览器”对话框，如图5-67所示。

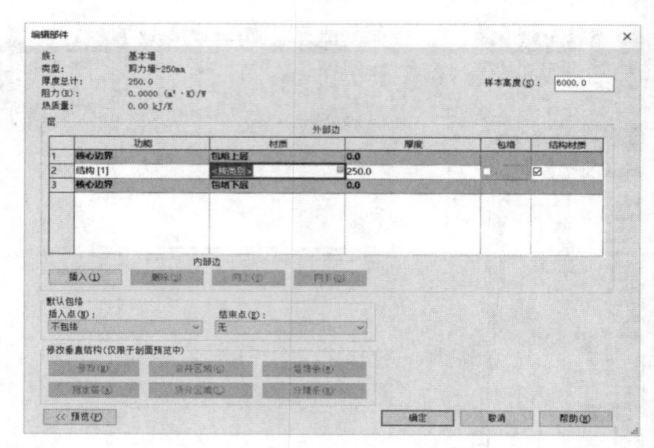

图5-67

第10步：在弹出的“材质浏览器”对话框中，选择“混凝土，现场浇注灰色”，完成后单击“确定”按钮返回“编辑部件”对话框，然后单击“确定”按钮，完成对墙厚度和材质的设置，如图5-68和图5-69所示。

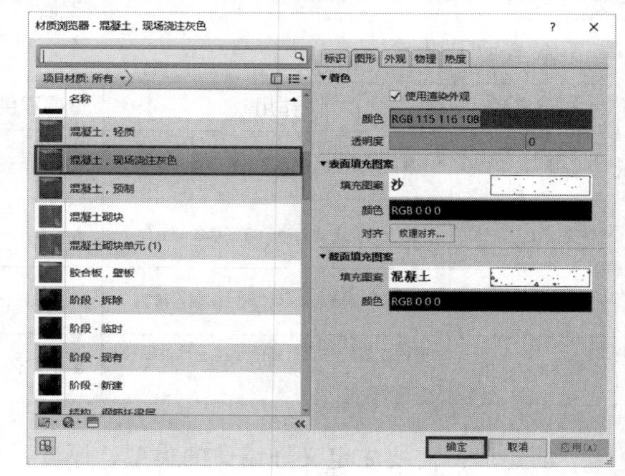

图5-68

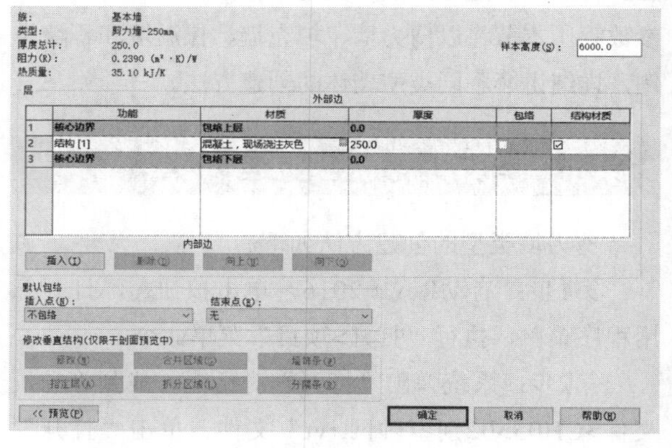

图5-69

第11步：在选项栏中指定绘制方式为“高度”、顶部标高为1F、定位线为“墙中心线”，然后勾选“链”选项，如图5-70所示。

图5-70

第12步：进入“修改丨放置 结构墙”选项卡，在“绘制”面板中单击“直线”按钮，如图5-71所示。

图5-71

第13步：移动光标单击捕捉Ⓐ轴线和②轴线的交点，定义为墙的起点，而后顺时针单击捕捉Ⓑ轴线和②轴线的交点、Ⓑ轴线和①轴线的交点、Ⓕ轴线和①轴线的交点、Ⓕ轴线和③轴线的交点、Ⓐ轴线和③轴线的交点、Ⓐ轴线和②轴线的交点，绘制完成后按一次Esc键，如图5-72所示。

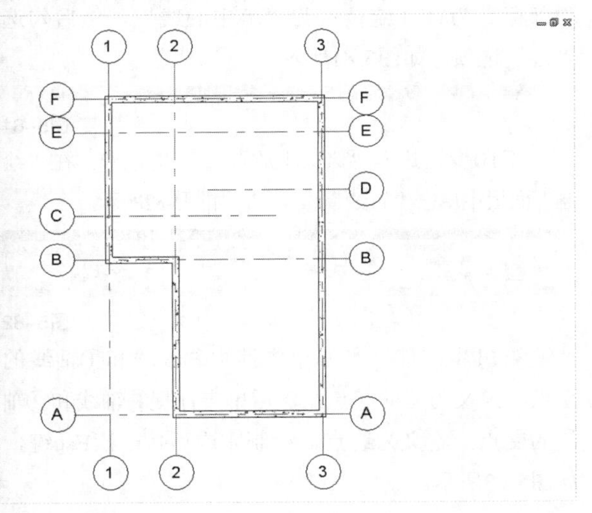

图5-72

第14步：单击默认三维视图按钮，如图5-73所示。

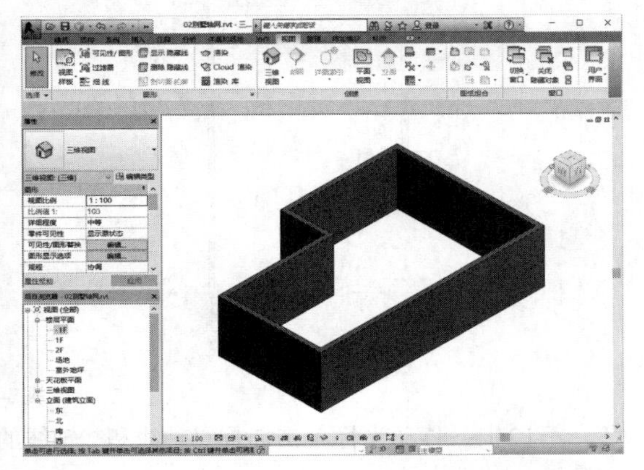

图5-73

5.3.2 填充墙类型创建

填充墙类型创建步骤如下。

第1步：启动Revit 2016，单击按钮，打开应用程序菜单，执行“打开>项目”菜单命令。

第2步：弹出“打开”对话框，找到“场景文件>CH05>03别墅轴网-剪力墙.rvt”文件，单击“打开”按钮，打开项目文件。在“项目浏览器”中展开“楼层平面”选项，双击“－1F”进入地下一层视图平面，如图5-74所示。

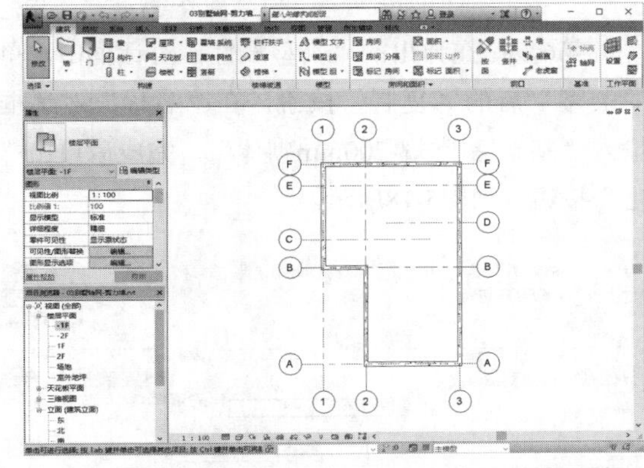

图5-74

第3步：单击“建筑”选项卡，在“构建”面板中单击“墙”按钮，然后在弹出的下拉菜单中单击“墙：建筑”命令，如图5-75所示。

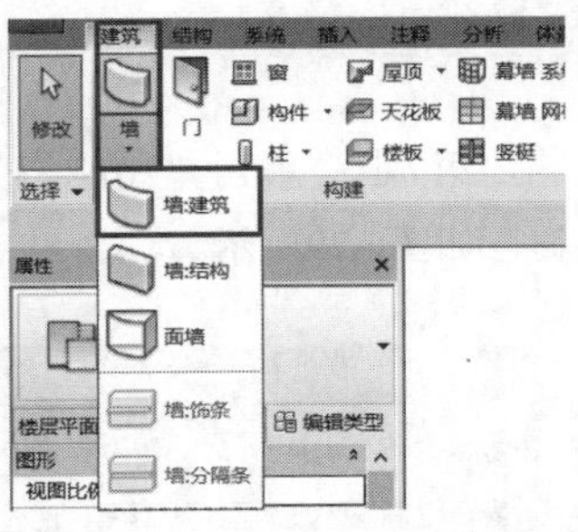

图5-75

第4步：在族类型选择器中选择“基本墙 常规-150mm砌体”，如图5-76所示。

第5步：单击“属性”面板中的“编辑类型”按钮，如图5-77所示。

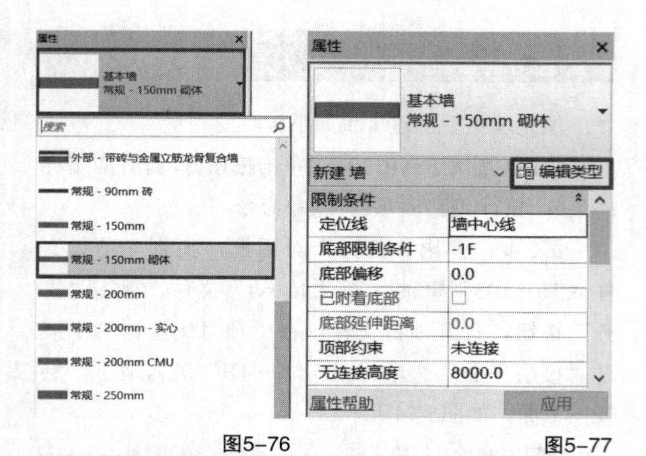

图5-76　　图5-77

第6步：在弹出的"类型属性"对话框中，单击"类型"后的"复制"按钮，在"名称"对话框中输入"基本墙 常规-200mm砌体"，完成后单击"确定"按钮，如图5-78所示。

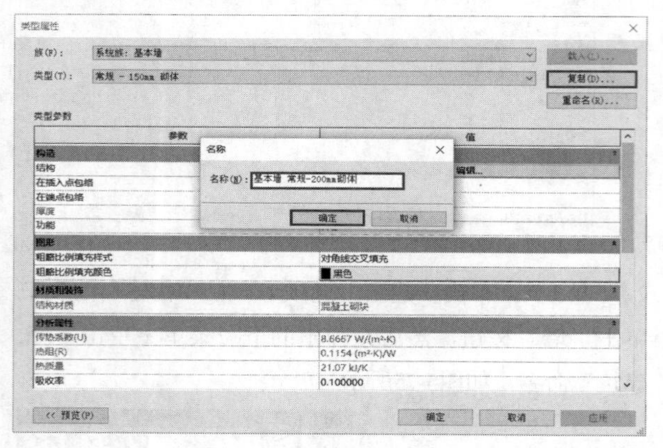

图5-78

第7步：单击"结构"参数组中的"编辑"按钮，如图5-79所示。

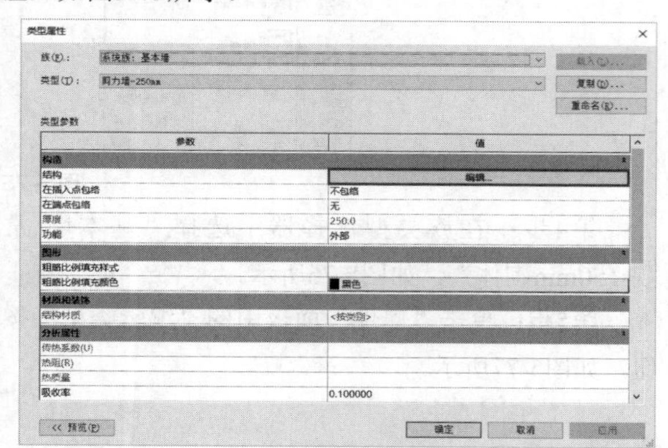

图5-79

第8步：弹出"编辑部件"对话框，在其中修改结构层的厚度为200，完成后单击"确定"按钮，返回"编辑部件"对话框后再次单击"确定"按钮，完成对墙厚度的设置，如图5-80所示。

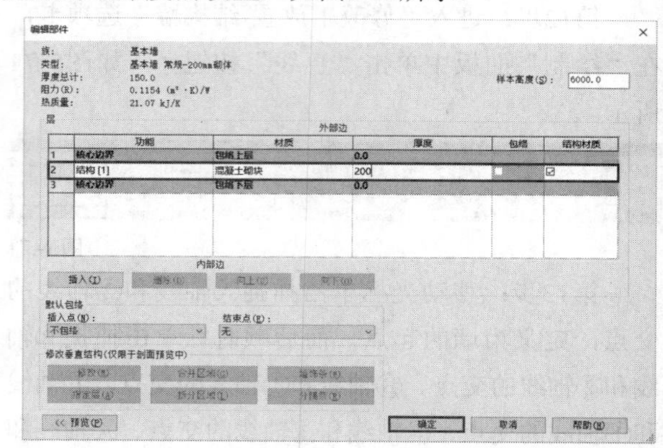

图5-80

第9步：在选项栏中指定绘制方式为"高度"、顶部标高为1F、定位线为"墙中心线"，然后勾选"链"选项，如图5-81所示。

图5-81

第10步：进入"修改丨放置 墙"选项卡，在"绘制"面板中单击"直线"按钮，如图5-82所示。

图5-82

第11步：移动光标单击捕捉Ⓔ轴线和①轴线的交点，定义为墙的起点，然后单击捕捉Ⓔ轴线和②轴线的交点，定义为终点，绘制完成后按一次Esc键，如图5-83所示。

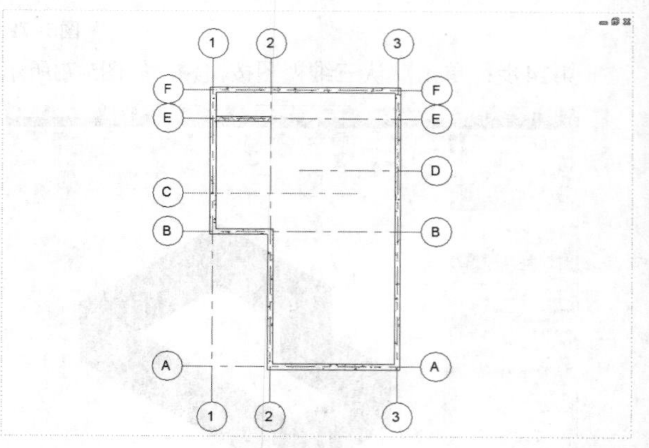

图5-83

第12步：移动光标单击捕捉Ⓒ轴线和②轴线的交点定义为起点，然后单击捕捉Ⓕ轴线和②轴线的交点定义为终点，绘制完成后按一次Esc键，如图5-84所示。

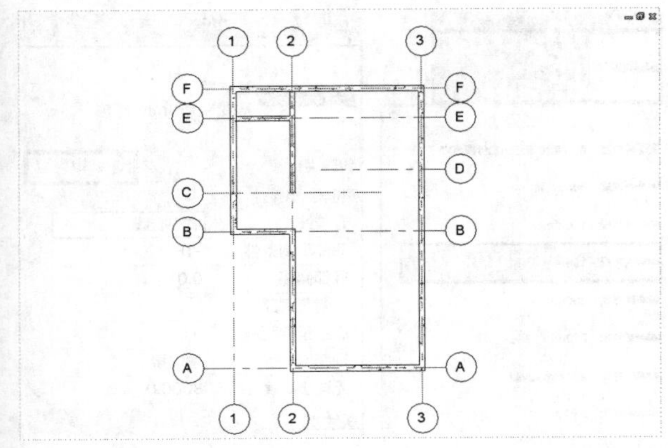

图5-84

第13步：移动光标单击捕捉Ⓑ轴线和②轴线的交点定义为起点，然后单击捕捉Ⓑ轴线和③轴线的交点定义为终点，绘制完成后按一次Esc键，如图5-85所示。

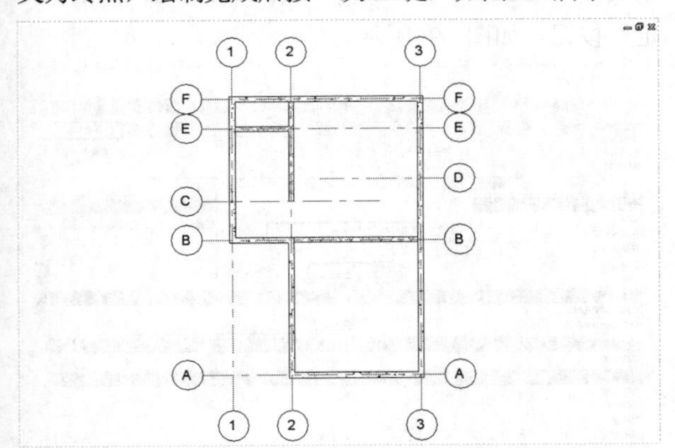

图5-85

第14步：向上滚动鼠标滚轮，局部放大，单击对齐按钮，依次单击对齐时的参考墙、需要对齐的墙体，完成内墙与外部剪力墙的对齐，如图5-86所示。

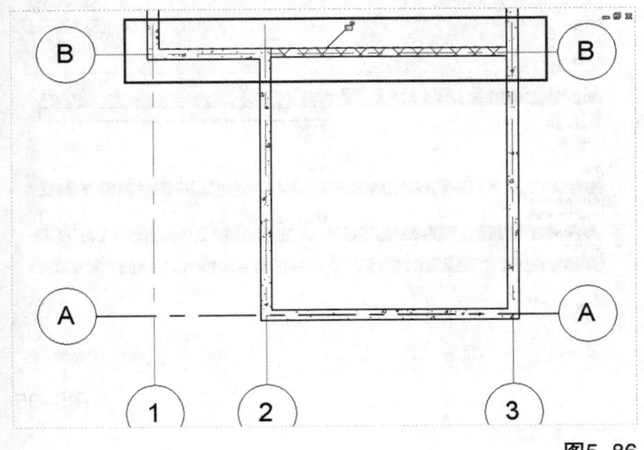

图5-86

第15步：移动光标单击捕捉Ⓓ轴线和③轴线的交点定义为起点，鼠标光标向左移动，输入数值“2100”，如图5-87所示。

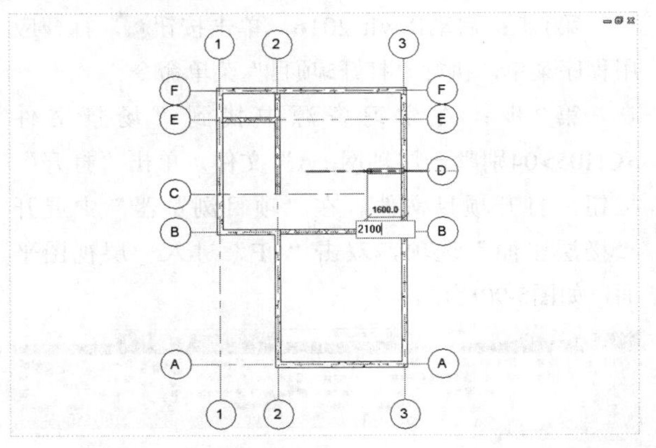

图5-87

第16步：按Enter键，向下移动鼠标光标自动捕捉垂直方向，然后单击捕捉Ⓑ轴线定义为终点。绘制完成后按一次Esc键，如图5-88所示。

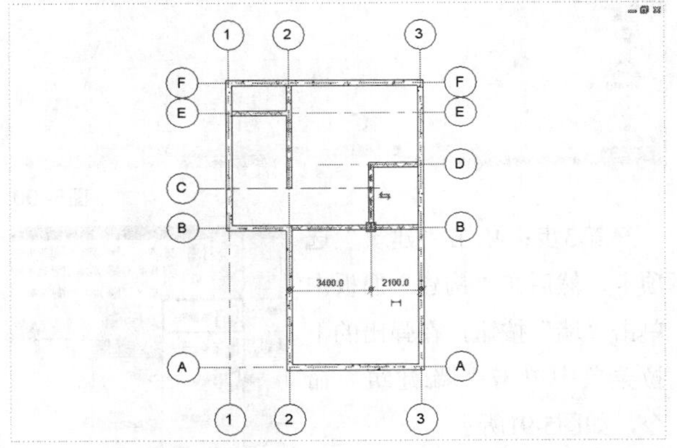

图5-88

第17步：单击默认三维视图按钮，如图5-89所示。

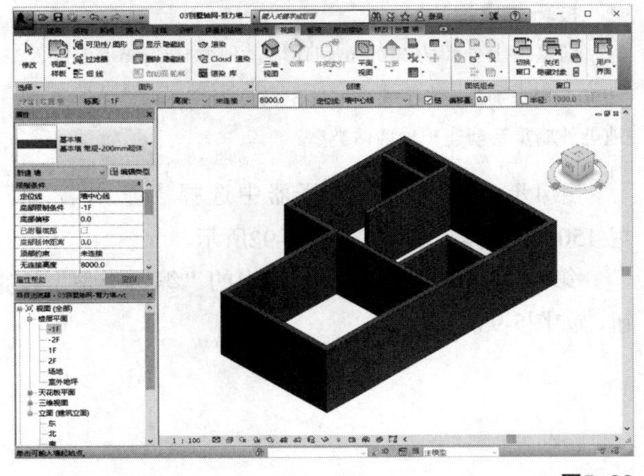

图5-89

5.3.3 保温墙类型创建

保温墙类型创建步骤如下。

第1步：启动Revit 2016，单击按钮，打开应用程序菜单，执行“打开>项目”菜单命令。

第2步：在学习资源中找到“场景文件>CH05>04别墅一层轴网.rvt”文件，单击“打开”按钮，打开项目文件。在“项目浏览器”中展开“楼层平面”选项，双击“1F”进入一层视图平面，如图5-90所示。

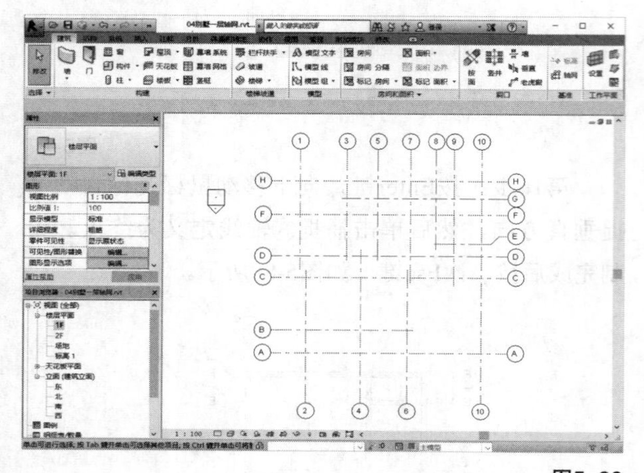

图5-90

第3步：单击“建筑”选项卡，然后在“构建”面板中单击“墙”按钮，在弹出的下拉菜单中单击“墙:建筑”命令，如图5-91所示。

图5-91

技巧与提示

别墅地上外墙为240mm砌体墙，外贴100mm保温层及30mm装饰面层，软件现有墙体中没有该类型墙体，需要为地上外墙重新创建一种墙体类型。

第4步：在族类型选择器中选择“基本墙 常规-150mm砌体”选项，如图5-92所示。

第5步：单击“属性”面板中的“编辑类型”按钮，如图5-93所示。

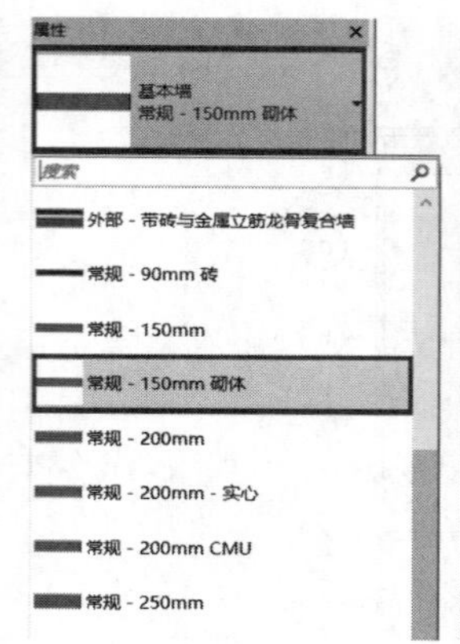

图5-92

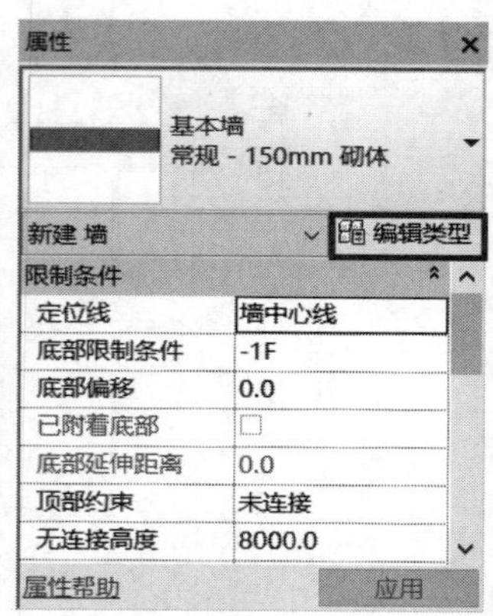

图5-93

第6步：在弹出的“类型属性”对话框中，单击“类型”后的“复制”按钮，在“名称”对话框中输入“保温墙240+100+30mm”，完成后单击“确定”按钮，如图5-94所示。

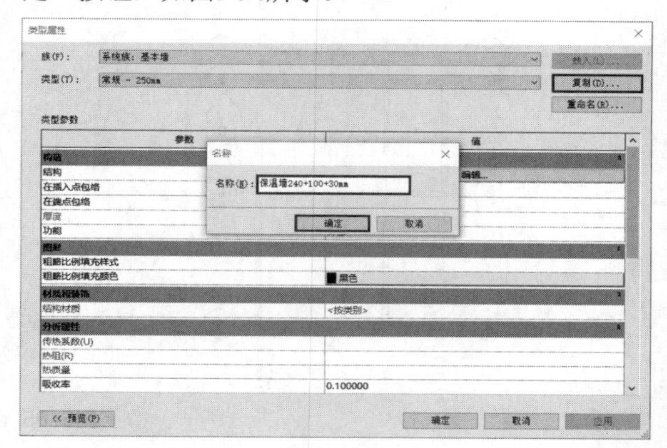

图5-94

第7步：单击“结构”参数组中的“编辑”按钮，如图5-95所示。

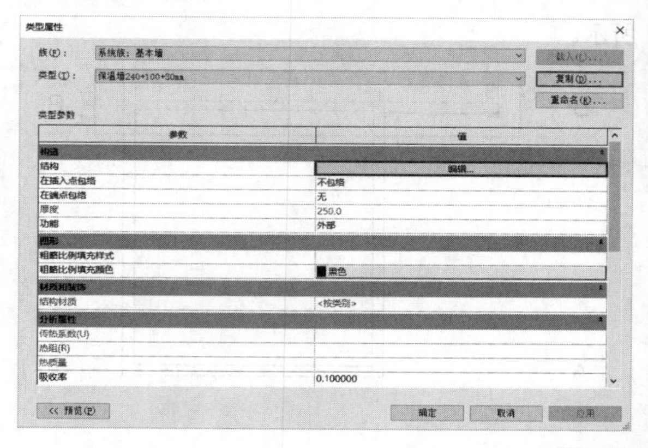

图5-95

第8步：在弹出的“编辑部件”对话框中，单击第1行的“核心边界”栏，该行将出现黑色底色，如图5-96所示。

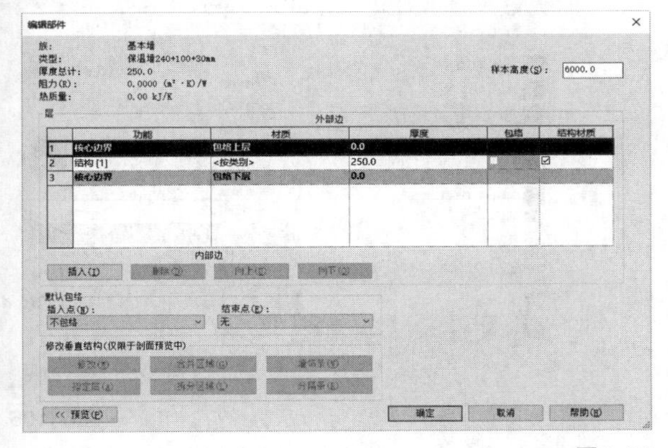

图5-96

第9步：单击两次“插入”按钮，插入两个新的结构层，如图5-97所示。

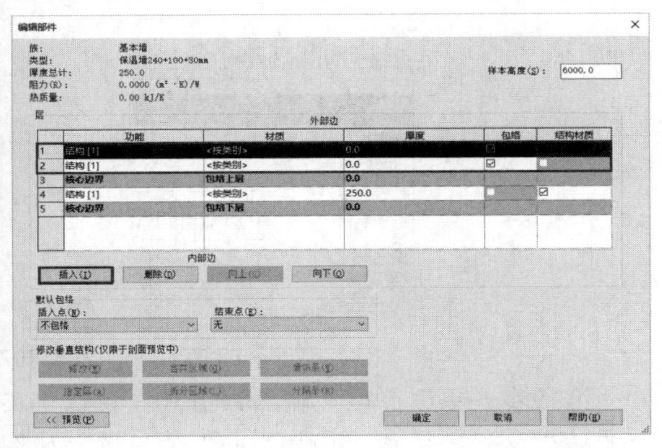

图5-97

第10步：单击第1行的“结构[1]”，在下拉列表中选择“面层1[4]”选项，如图5-98所示。

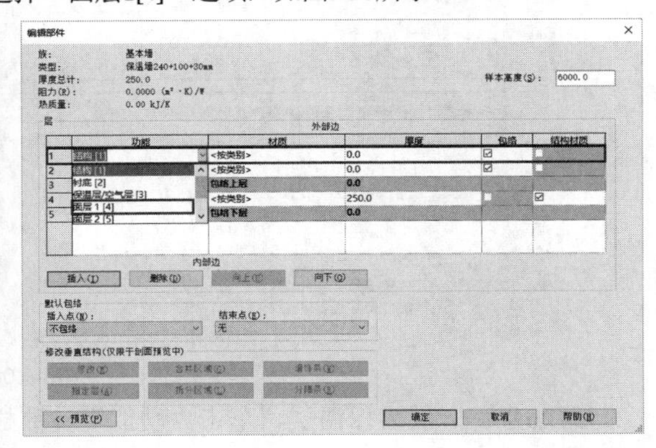

图5-98

第11步：单击“材质”参数栏中的“<按类别>”，然后单击按钮▢，打开“材质浏览器”对话框，单击其中的“创建并复制材质”按钮，新建材质，如图5-99所示。

第12步：单击“打开/关闭资源浏览器”按钮▤，打开“资源浏览器”，进入“外观库>陶瓷>瓷砖”目录，选择“四英寸方形和矩形-柔和粉红色”，然后单击鼠标右键，选择“在编辑器中替代”命令，如图5-100和图5-101所示。

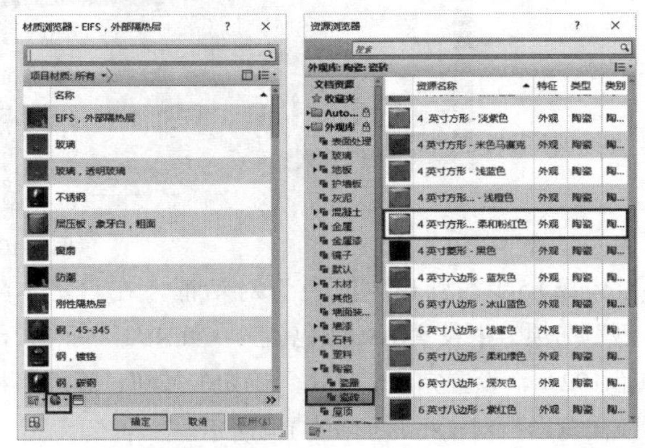

图5-99　　图5-100

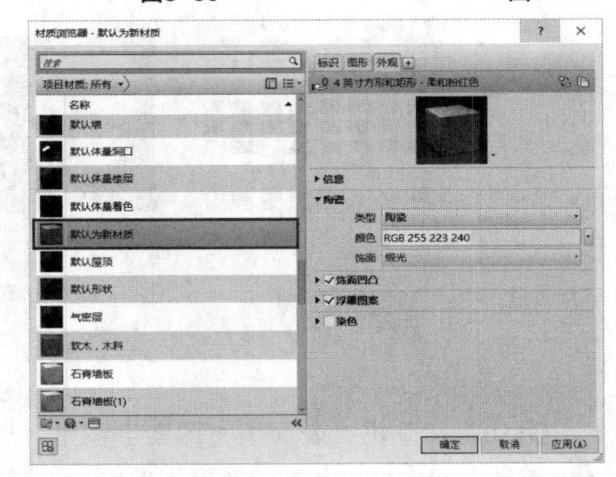

图5-101

第13步：此时新建材质已替换，用鼠标右键单击“默认为新材质”，然后单击“重命名”命令，将其重命名为“装饰面层-瓷砖-外墙”，如图5-102所示。

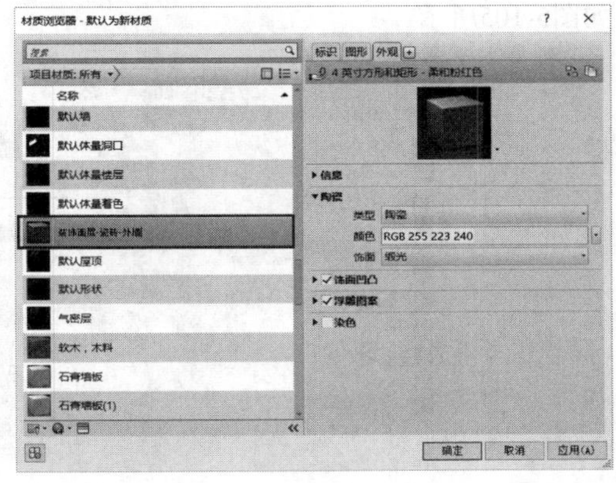

图5-102

第14步：单击“图形”选项卡中“着色”参数下的“颜色”按钮，如图5-103所示。

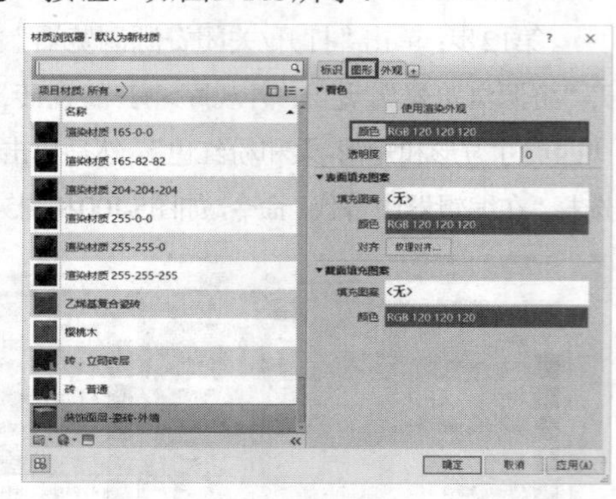

图5-103

第15步：弹出“颜色”对话框，在“基本颜色”选项卡中设置RGB颜色值为（红:192，绿:192，蓝:192），设置完成后单击“确定”按钮，返回“材质浏览器”对话框，如图5-104所示。

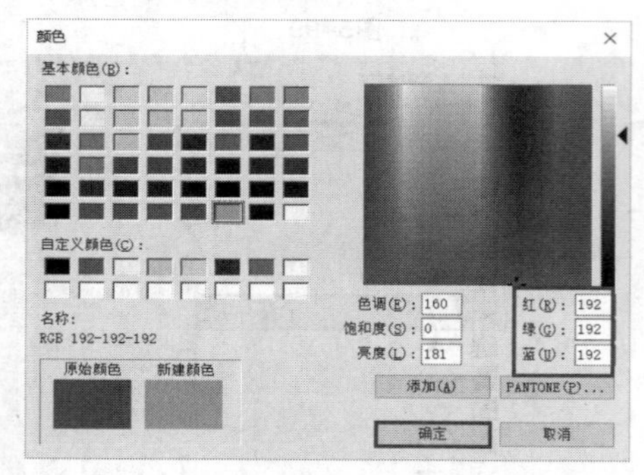

图5-104

第16步：单击“表面填充图案”按钮，然后将“表面填充图案”参数下的“填充图案”设置为“<无>”，接着单击“颜色”按钮，在弹出的“颜色”对话框的“基本颜色”选项卡中设置RGB颜色值为（红:0，绿:0，蓝:0），完成后单击“确定”按钮，如图5-105所示。

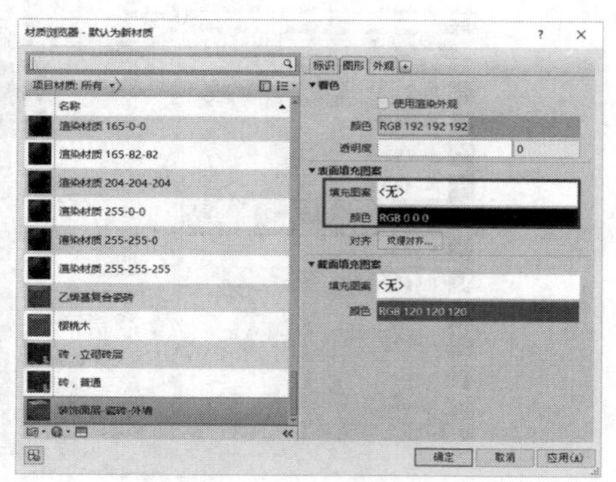

图5-105

第17步：在“截面填充图案”下的“填充图案”中选择“<无>”选项，如图5-106所示。

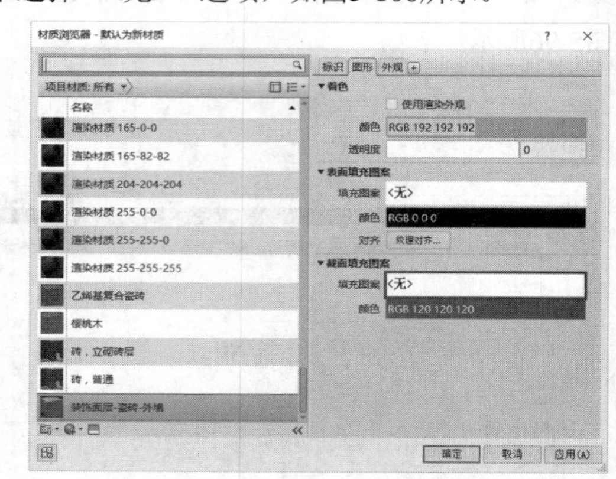

图5-106

第18步：打开“填充样式”对话框，选择“上对角线”，完成后单击“确定”按钮，如图5-107所示。

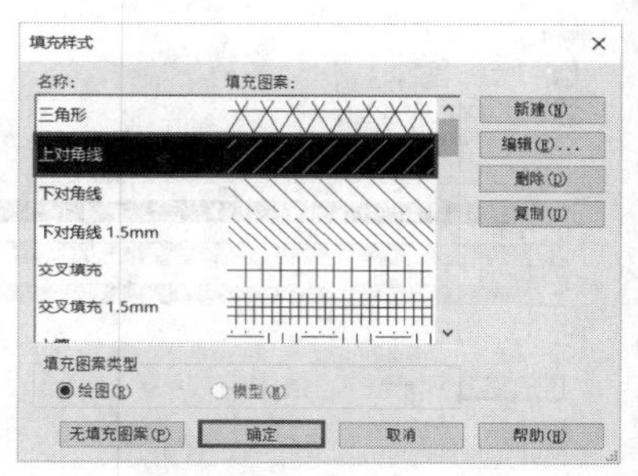

图5-107

第19步：更改厚度，输入数值30，再次单击“确定”按钮，完成“面层1[4]”的设置，如图5-108所示。

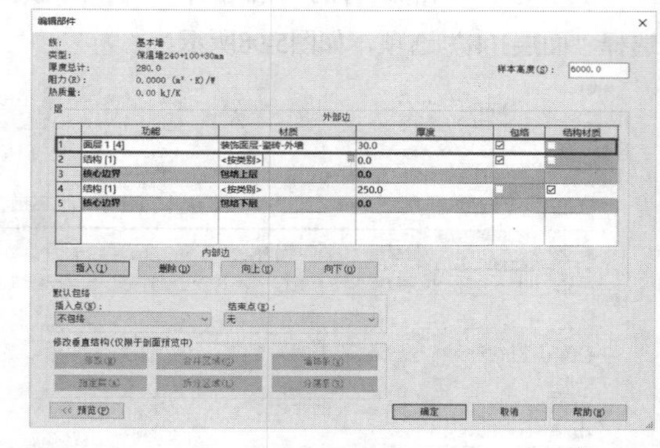

图5-108

第20步：二层为保温层，单击“功能”参数栏中的“结构[1]”选项，然后在下拉列表中选择“保温层/空气层[3]”，如图5-109所示。

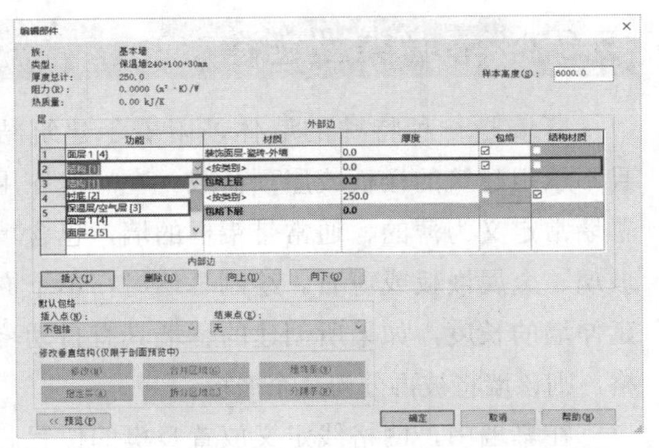

图5-109

第21步：单击“材质”参数栏中的“<按类别>”，然后单击按钮，打开“材质浏览器”对话框，单击“EIFS，外部隔热层”，完成后单击“确定”按钮，如图5-110所示。

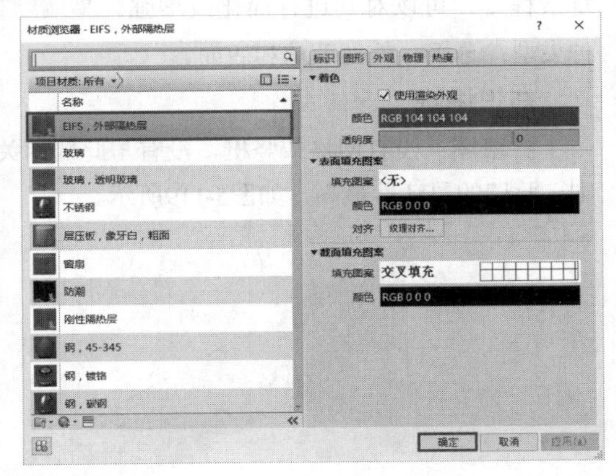

图5-110

第22步：回到“材质浏览器”，更改厚度，输入数值100，再次单击“确定”按钮，完成“保温层/空气层 [3]”的设置，如图5-111所示。

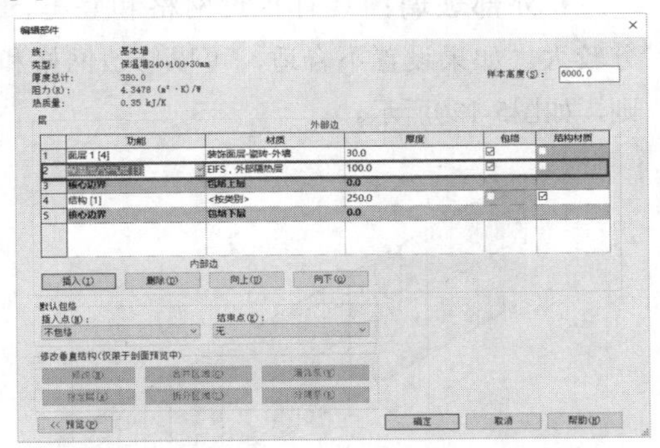

图5-111

第23步：三层为结构层，单击第4行的“结构[1]”选项，然后单击“材质”参数栏中的“<按类别>”，接着单击按钮，打开“材质浏览器”对话框，单击“混凝土砌块”选项，完成后单击“确定”按钮，如图5-112所示。

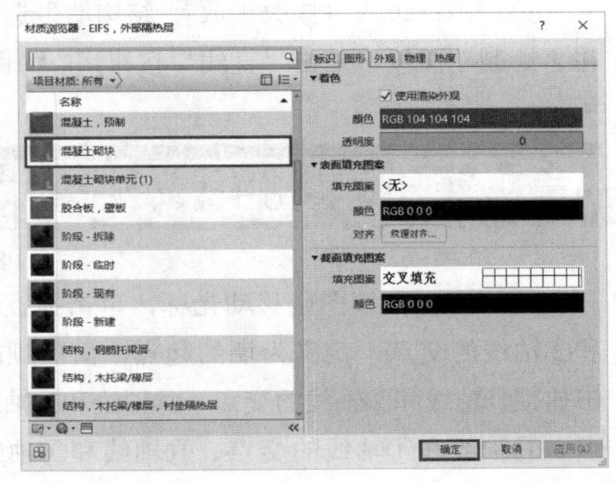

图5-112

第24步：回到“材质浏览器”，更改厚度，输入数值240，再次单击“确定”按钮，完成“结构[1]”的设置，最后单击“确定”按钮，如图5-113所示。

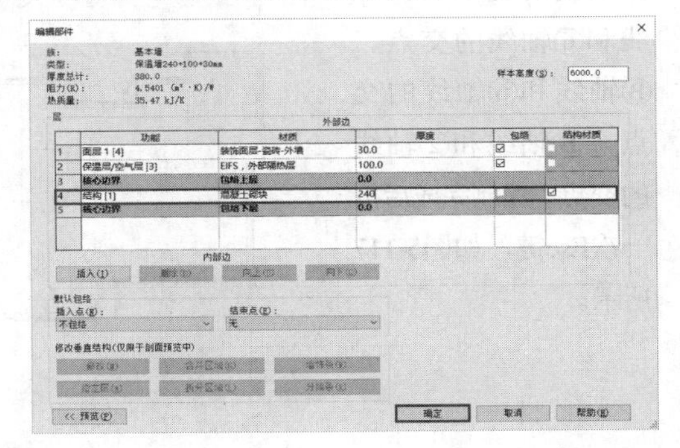

图5-113

第25步：返回到“类型属性”对话框，单击“确定”按钮，完成墙体类型属性的设置，如图5-114所示。

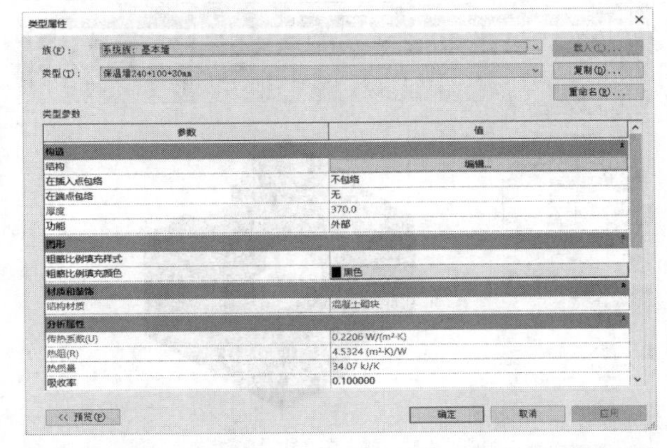

图5-114

第26步：在选项栏中指定绘制方式为“高度”、顶部标高为2F、定位线为“墙中心线”，然后勾选“链”选项，如图5-115所示。

图5-115

第27步：进入“修改丨放置 结构墙”选项卡，在“绘制”面板中单击“直线”按钮，如图5-116所示。

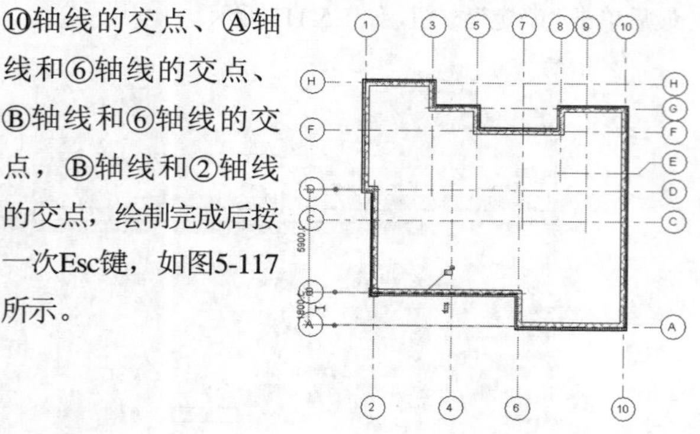

图5-116

第28步：在绘图区移动光标，单击捕捉Ⓑ轴线和②轴线的交点，定义为墙的起点，而后顺时针单击捕捉Ⓓ轴线和②轴线的交点、Ⓓ轴线和①轴线的交点、Ⓗ轴线和①轴线的交点、Ⓗ轴线和③轴线的交点、Ⓖ轴线和③轴线、Ⓓ轴线和⑤轴线的交点、Ⓕ轴线和⑤轴线的交点、Ⓕ轴线和⑧轴线的交点、Ⓖ轴线和⑧轴线的交点，Ⓖ轴线和⑩轴线的交点、Ⓐ轴线和⑩轴线的交点、Ⓐ轴线和⑥轴线的交点、Ⓑ轴线和⑥轴线的交点，Ⓑ轴线和②轴线的交点，绘制完成后按一次Esc键，如图5-117所示。

图5-117

第29步：单击默认三维视图按钮，如图5-118所示。

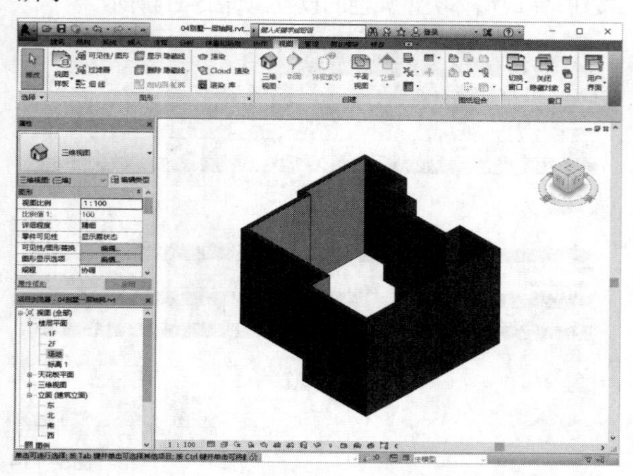

图5-118

5.3.4 幕墙类型创建

幕墙是一种特殊的墙体，附着于建筑结构，且不承担建筑的楼板或屋顶荷载。在一般应用中，幕墙常定义为薄的、通常带铝框的墙，包含填充的玻璃、金属嵌板或薄石。绘制幕墙时，单个嵌板可延伸墙的长度，如果所创建的幕墙具有自动幕墙网格，则该墙将被再分为几个嵌板。

在幕墙中，网格线定义放置竖梃的位置。竖梃是分割相邻窗单元的结构图元。可通过选择幕墙并单击鼠标右键访问关联菜单来修改该幕墙。在关联菜单中有几个用于操作幕墙的选项，如选择嵌板和竖梃。可使用默认Revit幕墙类型设置幕墙，墙类型提供3种复杂程度，可以对其进行简化或增强。幕墙默认有3种类型：幕墙、外部玻璃和店面。

知识讲解

• **幕墙**：没有网格或竖梃，没有与此墙相关的规则。此墙的灵活性最高，如图5-119所示。

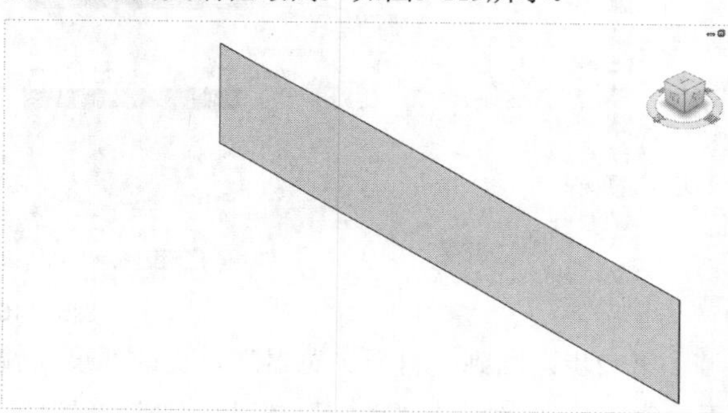

图5-119

• **外部玻璃**：具有预设网格和竖梃，网格划分较大。如果设置不合适，可以修改网格和竖梃规则，如图5-120所示。

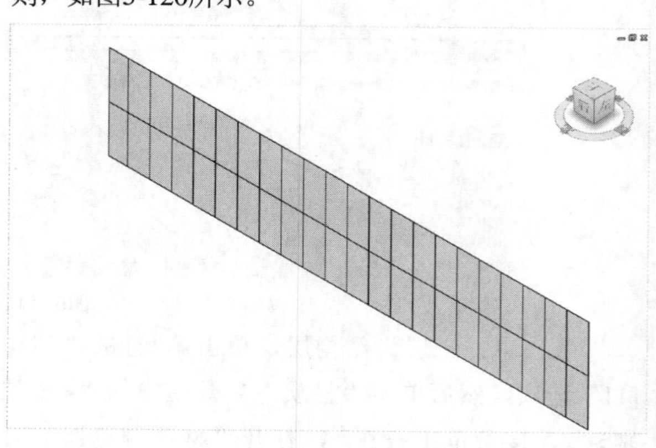

图5-120

• **店面**：具有预设网格，网格划分较小，与常规窗玻璃相当。如果设置不合适，可以修改网格规则，如图5-121所示。

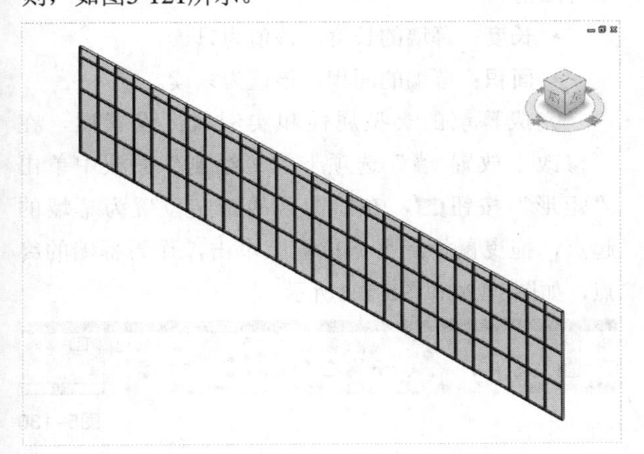

图5-121

1.幕墙的分类

在Revit中，幕墙根据其绘制方式分为线性幕墙和面幕墙（幕墙系统）。线性幕墙的创建方式与基本墙体创建方式类似，而幕墙系统一般基于体量模型创建，并可以根据体量模型面的变化而变化，如图5-122和图5-123所示。

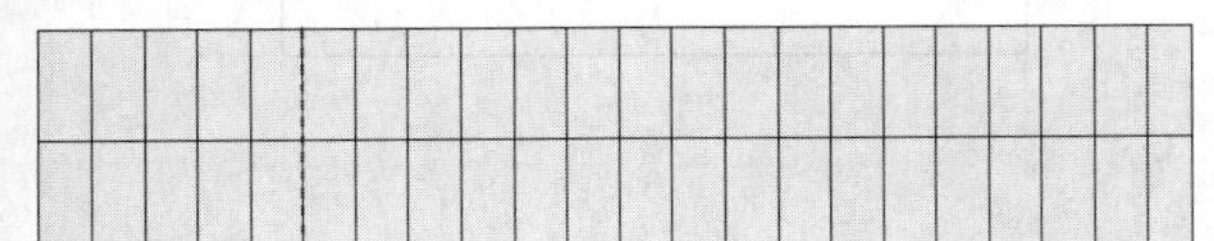

图5-122

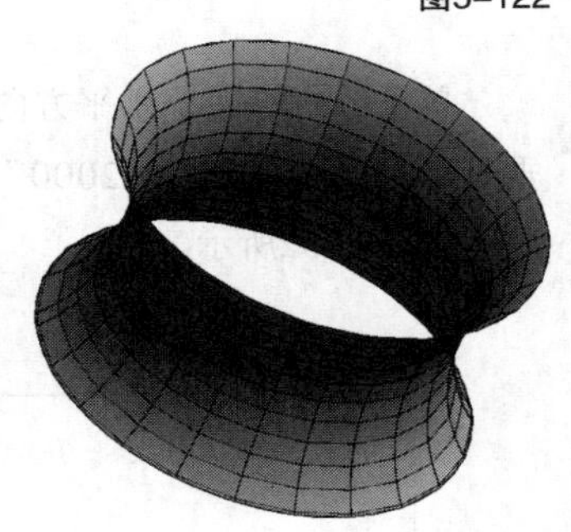

图5-123

2.线性幕墙绘制

在“项目浏览器”中单击“楼层平面”，然后双击“标高1”，接着打开需要绘制幕墙的平面视图，如图5-124所示。

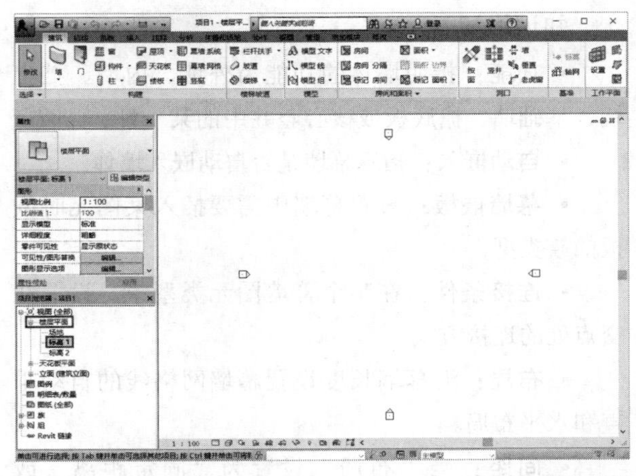

图5-124

单击“建筑”选项卡，然后在“构建”面板中单击“墙”按钮，在弹出的下拉菜单中单击“墙:建筑”命令，如图5-125所示。

在“属性”面板中，单击实例属性类型下拉菜单，可看到幕墙类型，然后单击选择“外部玻璃”，如图5-126所示。

图5-125　图5-126

在幕墙绘制状态下，单击“属性”面板中的“编辑类型”按钮，如图5-127所示。弹出幕墙的“类型属性”对话框，对幕墙的属性进行设置，如图5-128所示。

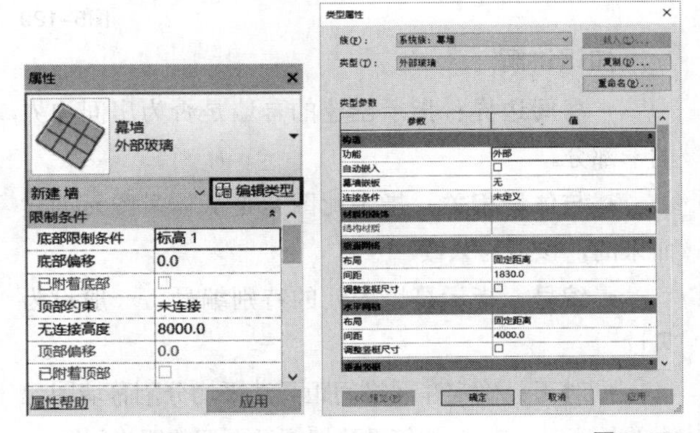

图5-127　图5-128

知识讲解

• **功能**：指明墙体的功能为外墙、内墙、挡土墙、基础墙、檐底板或核心竖井中的某一种。

• **自动嵌入**：指示幕墙是否自动嵌入墙体。

• **幕墙嵌板**：设置幕墙中需要插入某图元时嵌板的族类型。

• **连接条件**：在某个幕墙图元类型中，设置在交点处的连接方式。

• **布局**：沿幕墙长度设置幕墙网格线的自动垂直和水平布局。

• **间距**：当“布局”设置为“固定距离”或“最大间距”时启用。间距值为固定值、最小值或最大值。

• **调整竖梃尺寸**：通过调整网格线的位置，使得幕墙嵌板的尺寸相同。

• **内部类型**：指定内部垂直、水平竖梃的竖梃族类型。

• **边界1类型**：指定左边界上垂直、水平竖梃的竖梃族类型。

• **边界2类型**：指定右边界上垂直、水平竖梃的竖梃族类型。

完成类型属性参数的设置后，单击“确定”按钮返回到“属性”面板中，进行实例属性参数的设置，如图5-129所示。

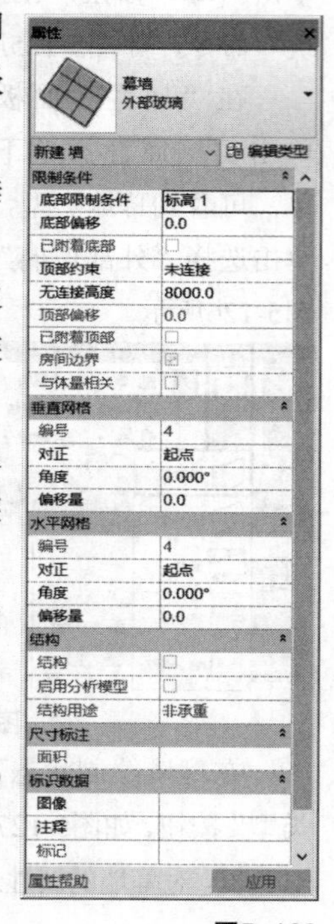

图5-129

知识讲解

• **房间边界**：指示创建的幕墙是否为房间边界的一部分。

• **与体量相关**：指示此图元是从体量图元创建而来的，该值为只读。

• **编号**：指示幕墙图元的特别编号，一般设为只读。

• **对正**：确定在网格间距无法平均分割幕墙图元面的长度时，Revit 如何沿幕墙图元面调整网格间距。

• **角度**：将幕墙网格旋转到指定角度。

• **偏移量**：从距离网格对正点的指定位置开始放置网格。

• **长度**：幕墙的长度，该值为只读。

• **面积**：幕墙的面积，该值为只读。

完成幕墙的类型属性和实例属性设置后，在“修改 | 放置 墙”选项卡的“绘制”面板中单击“矩形”按钮，在绘图区的指定位置为幕墙的起点，拖曳鼠标到另一位置上单击，作为幕墙的终点，如图5-130和图5-131所示。

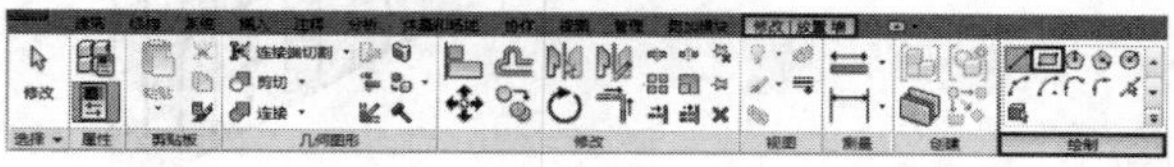

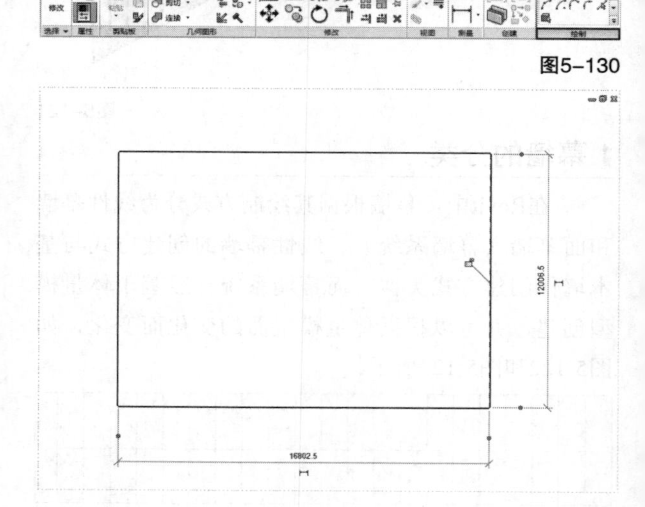

图5-130

图5-131

单击临时标注，水平方向输入数值“16800”，垂直方向输入数值“12000”，完成线性幕墙的绘制，如图5-132所示。

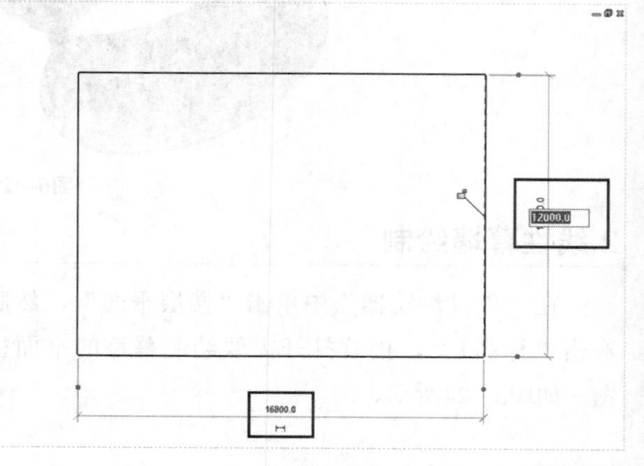

图5-132

3.幕墙系统的创建

幕墙系统的创建步骤如下。

第1步：启动Revit 2016，单击按钮，打开应用程序菜单，执行“打开>项目”菜单命令。

第2步：弹出“打开”对话框，找到“场景文件>CH05>05幕墙系统的创建.rvt”文件，然后单击“打开”按钮，打开已创建的体量文件，如图5-133所示。

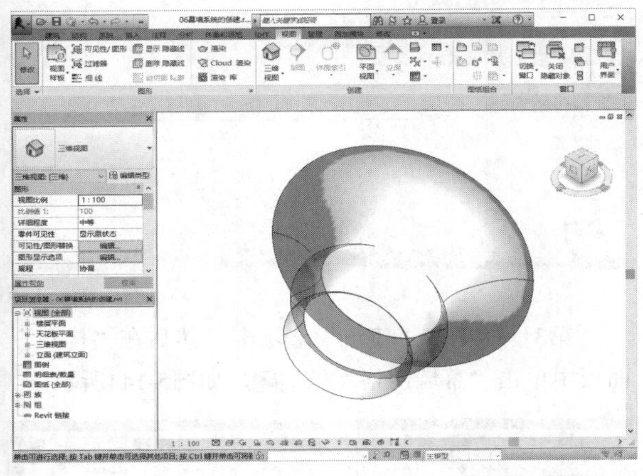

图5-133

第3步：单击“建筑”选项卡，然后在“构建”面板中单击“幕墙系统”按钮，如图5-134所示。

图5-134

第4步：进入“修改丨放置面幕墙系统”选项卡，在“多重选择”面板中单击“选择多个”按钮，如图5-135所示。

图5-135

第5步：在绘图区选择要添加到幕墙的面，选中的面高亮显示，如图5-136所示。

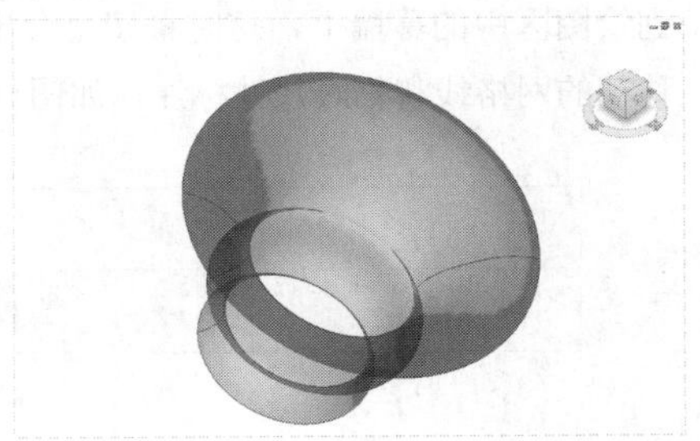

图5-136

技巧与提示

当体量模型中包含多个面时，可使用Tab键切换选择。

第6步：选择完成后，单击“创建系统”按钮，完成幕墙系统的创建，如图5-137所示。

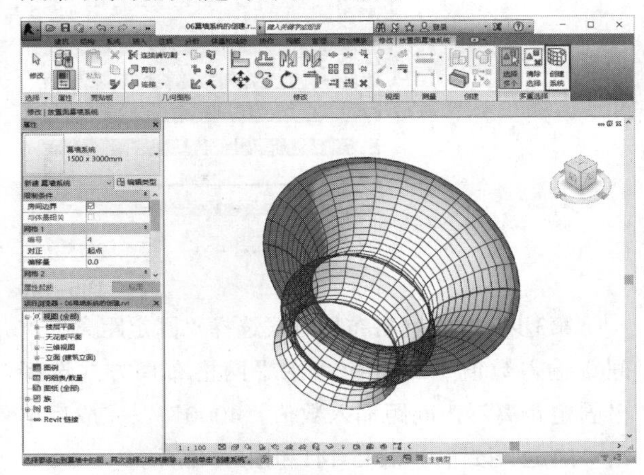

图5-137

4.幕墙网格的划分

幕墙绘制完成后，通过绘制幕墙网格，将幕墙划分为指定大小的网格。网格的绘制方法有两种：手动和自动。

幕墙网格自动划分

第1步：单击选择需要自动划分网格的幕墙图元，图元将高亮显示，如图5-138所示。

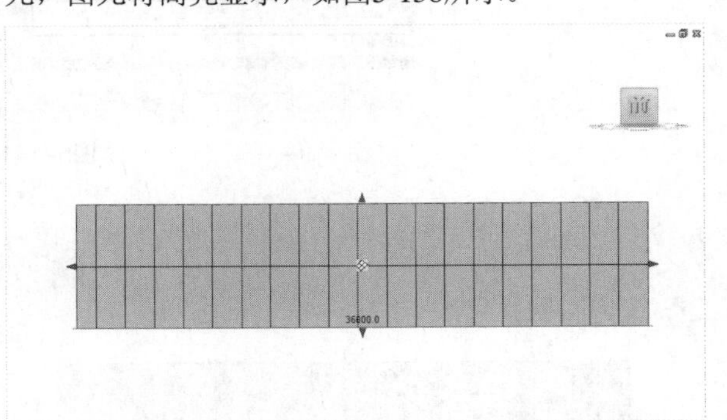

图5-138

第2步：单击“属性”面板中的“编辑类型”按钮，进入“类型属性”对话框，设置幕墙的布局模式和相关间距，如图5-139和图5-140所示。

图5-139

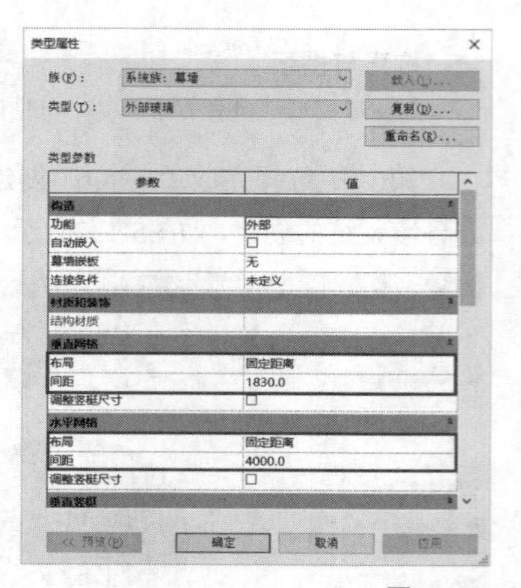

图5-140

第3步：垂直网格布局方式选择“固定距离”，间距输入数值“2000”；水平网格布局方式选择“固定距离”，间距输入数值“4000”。完成后单击“确定”按钮，如图5-141和图5-142所示。

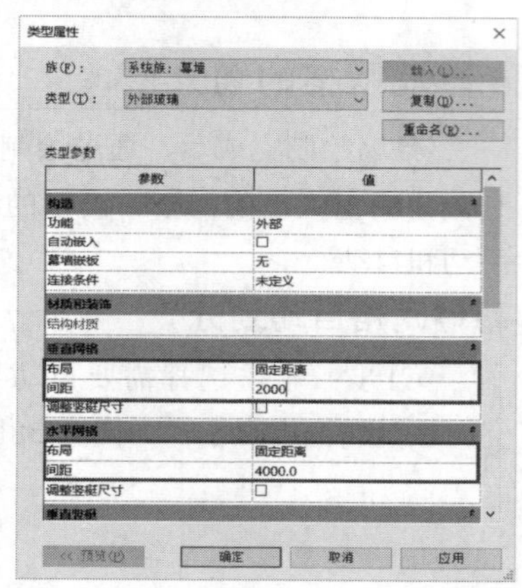

图5-141

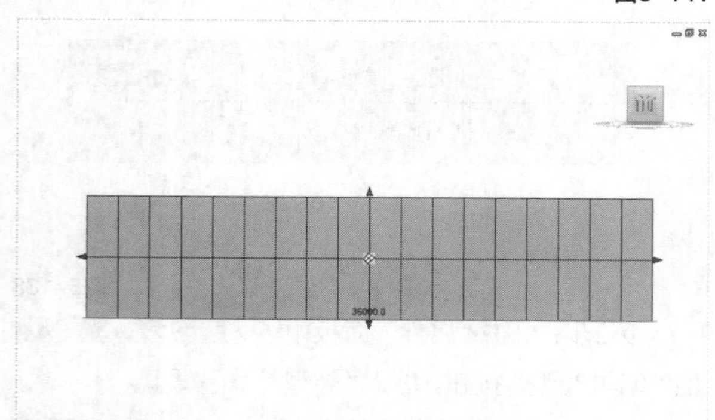

图5-142

幕墙网格手动划分

当相邻网格的间距不统一时，可手动划分网格。

第1步：启动Revit 2016，单击按钮，打开应用程序菜单，执行“打开>项目”菜单命令。

第2步：弹出“打开”对话框，在学习资源中找到“场景文件>CH05>06幕墙网格手动划分.rvt”文件，单击“打开”按钮，打开已创建的幕墙文件，如图5-143所示。

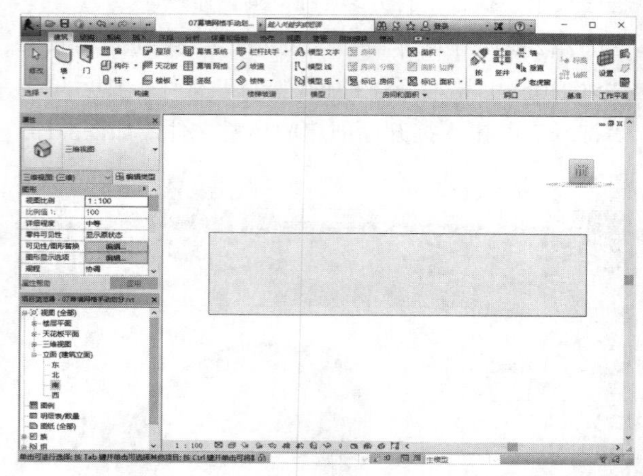

图5-143

第3步：单击“建筑”选项卡，然后在“构建”面板中单击“幕墙网格”按钮，如图5-144所示。

图5-144

第4步：在“修改|放置 幕墙网格”选项卡中，“放置”面板上出现3种划分方式：（全部分段）、（一段）和（除拾取外的全部），如图5-145所示。

图5-145

技巧与提示

全部分段：在出现预览的所有嵌板上放置网格线段。

一段：在出现预览的所有嵌板上放置一条网格线段。

除拾取外的全部：除了选择排除的嵌板之外，在所有嵌板上放置网格线段。

第5步：单击“全部分段”按钮，将光标移动到绘图区中的幕墙上，这时幕墙上会出现随鼠标指针移动的网格线和临时尺寸标注，如图5-146所示。

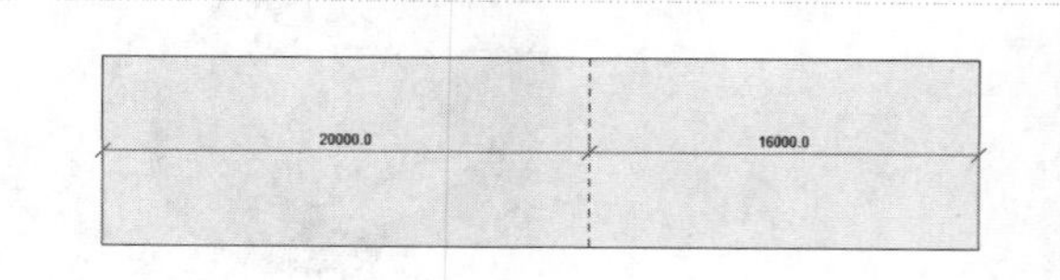

图5-146

第6步：单击鼠标左键放置，生成网格，通过临时尺寸标注进行精确定位，输入尺寸值“2000”，完成网格尺寸的调整，如图5-147和图5-148所示。

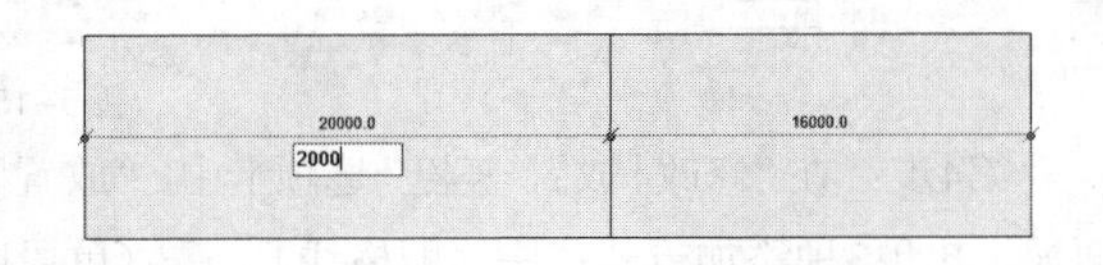

图5-147

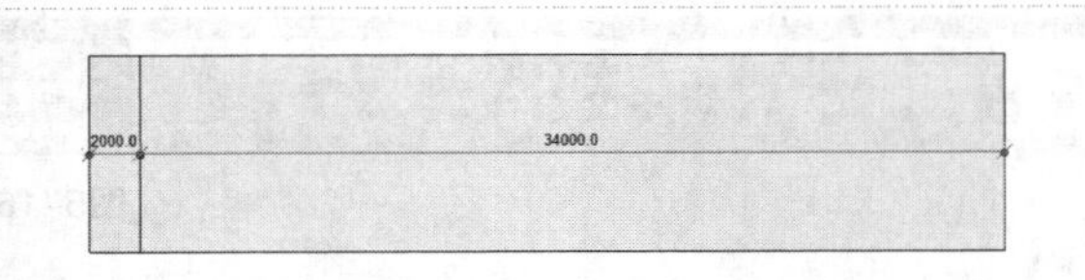

图5-148

第7步：按上述方式创建垂直网格，完成后单击Esc键，退出操作，如图5-149所示。

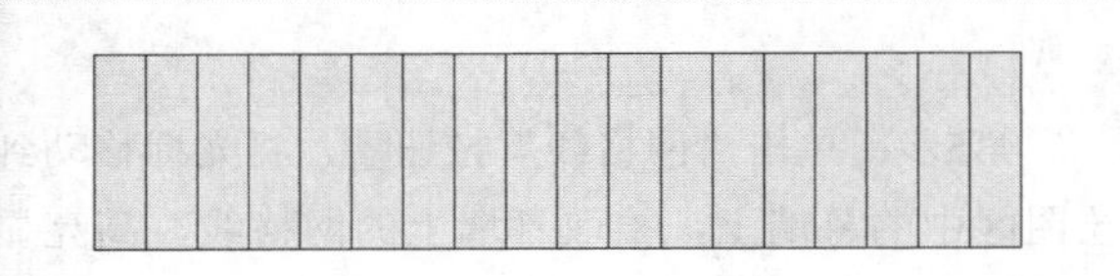

图5-149

第8步：将光标移动到绘图区中的幕墙上，这时幕墙上会出现随鼠标指针移动的网格线和临时尺寸标注，如图5-150所示。

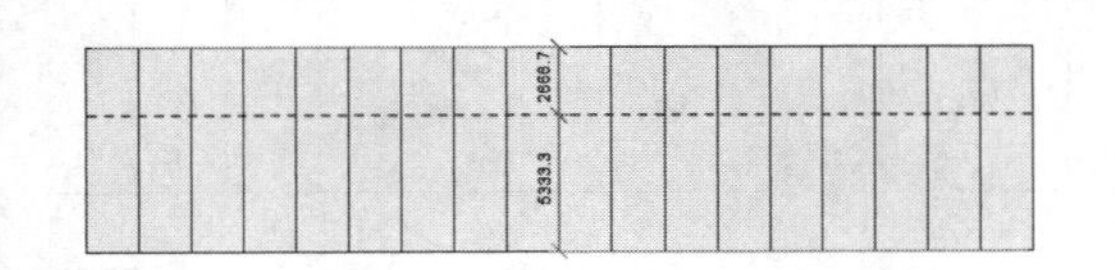

图5-150

第9步：单击鼠标左键放置，生成网格，通过临时尺寸标注进行精确定位，输入尺寸值“2700”，完成网格尺寸的调整，如图5-151和图5-152所示。

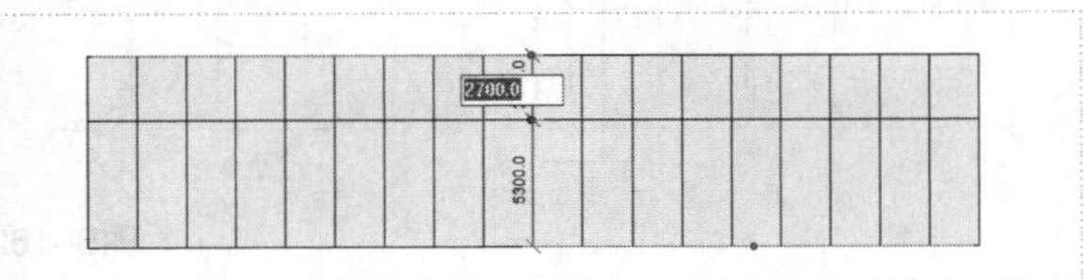

图5-151

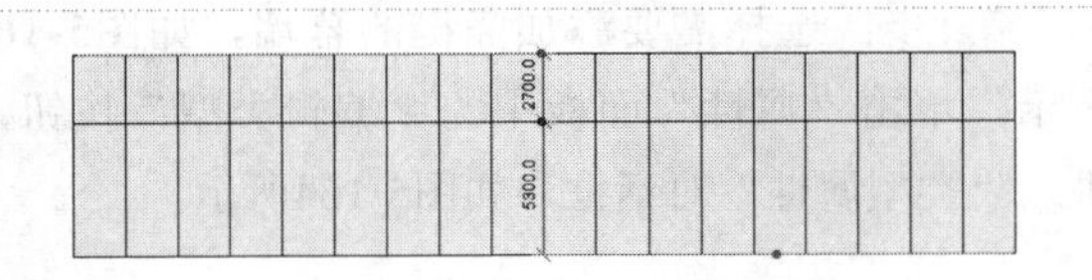

图5-152

第10步：按上述方式创建水平网格，完成后单击Esc键，退出操作，如图5-153所示。

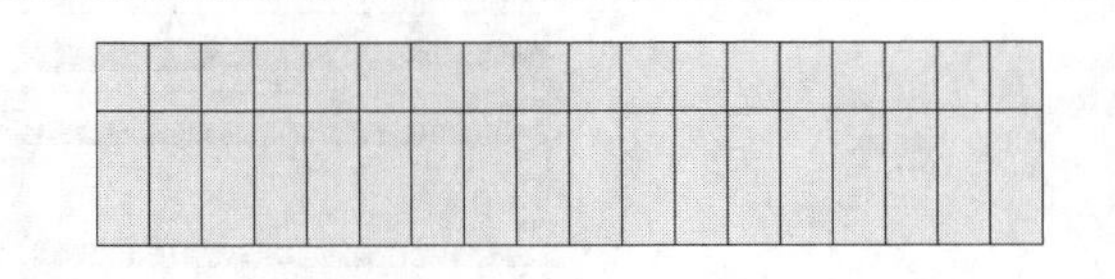

图5-153

第11步：单击需要修改的网格线，进入“修改丨放置 幕墙网格”选项卡，单击“幕墙网格”面板中的“添加/删除线段”按钮，在绘图区单击需要删除的网格线，此时网格线为虚线，如图5-154所示。

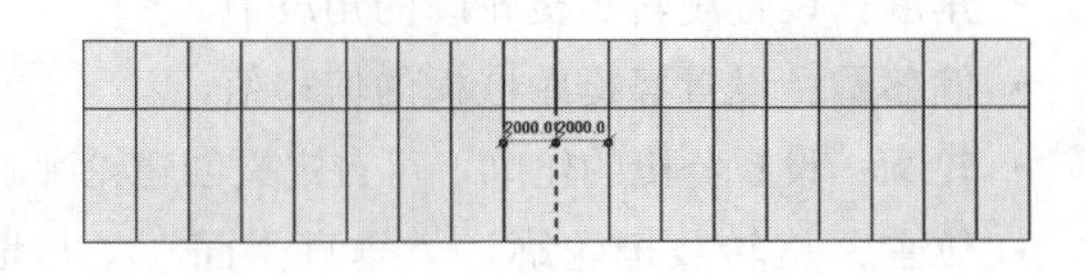

图5-154

第12步：按Enter键，完成网格线的删除，如图5-155所示。

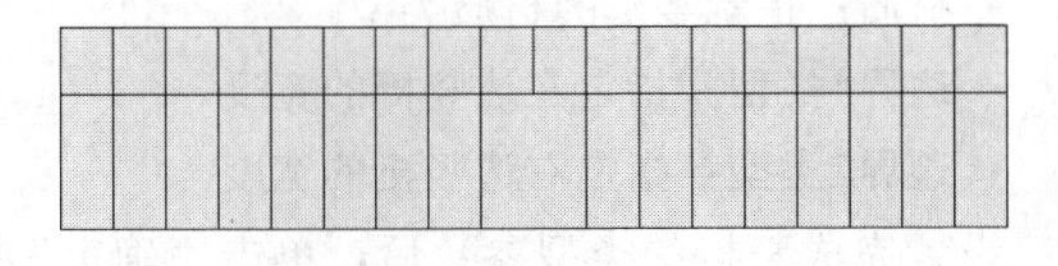

图5-155

5.添加竖梃

完成网格线的绘制后，可以网格线为基础，生成相应的竖梃，竖梃的生成方式与网格线相似，有手动和自动两种方式。

竖梃属性设置

单击“建筑”选项卡，在“构建”面板中单击“竖梃”按钮，如图5-156所示。

图5-156

单击“属性”面板中的“编辑类型”按钮，弹出竖梃的“类型属性”对话框，对竖梃的属性进行设置，如图5-157所示。

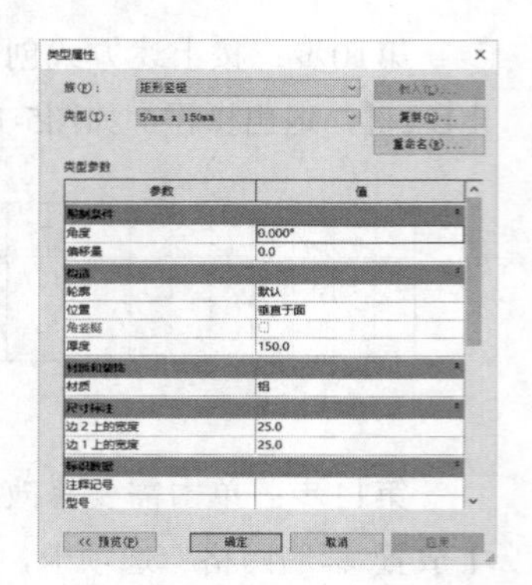

图5-157

知识讲解

- **角度**：设置旋转竖梃轮廓的角度值。
- **偏移量**：设置竖梃距嵌板的偏移值。
- **轮廓**：设置竖梃的轮廓，可自定义创建轮廓。
- **位置**：旋转竖梃轮廓，“垂直于面”“与地面平行”适用于倾斜的幕墙嵌板类型。
- **角竖梃**：指示竖梃是否为角竖梃。
- **厚度**：设置竖梃的厚度值。
- **材质**：指示竖梃的材质类型。
- **边界1类型**：指定左边竖梃的宽度。
- **边界2类型**：指定右边竖梃的宽度。

设置完成竖梃的类型参数后，单击“确定”按钮完成竖梃属性设置。

手动添加

第1步：启动Revit 2016，单击按钮，打开应用程序菜单，执行“打开>项目”菜单命令。

第2步：弹出“打开”对话框，在学习资源中找到“场景文件>CH05>07幕墙竖梃添加.rvt”文件，选择该文件后，单击“打开”按钮，打开已创建的幕墙文件，如图5-158所示。

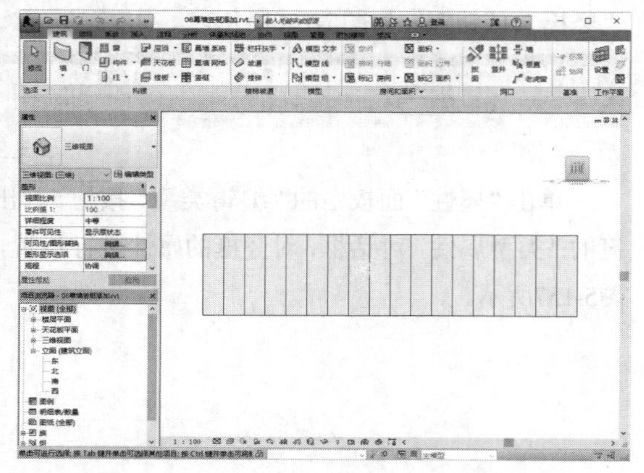

图5-158

第3步：单击“建筑”选项卡，然在“构建”面板中单击“竖梃”按钮，如图5-159所示。

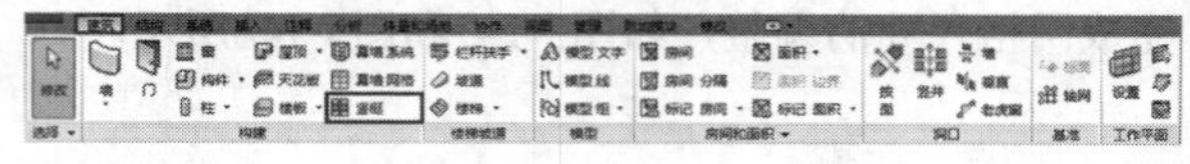

图5-159

第4步：在“修改|放置 竖梃”选项卡中，“放置”面板上出现3种添加方式：（网格线）、（单段网格线）和（全部网格线），如图5-160所示。

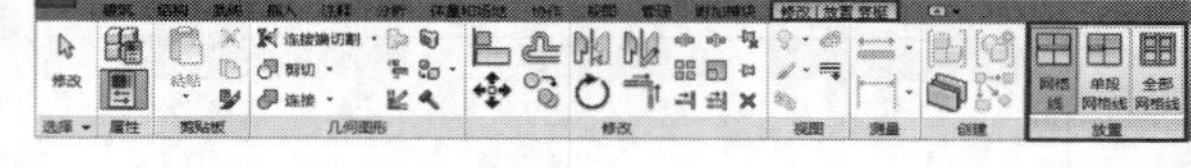

图5-160

技巧与提示

网格线：可将竖梃放置在一条网格线上。

单段网格线：可将竖梃放置在网格线的一段上。

全部网格线：可将竖梃放置在选定网格上的所有网格线上面。

第5步：单击“网格线”按钮，将光标移动到绘图区中的幕墙上，拾取幕墙上的网格线，高亮显示时单击，此时在网格线处生成竖梃，如图5-161和图5-162所示。

图5-161

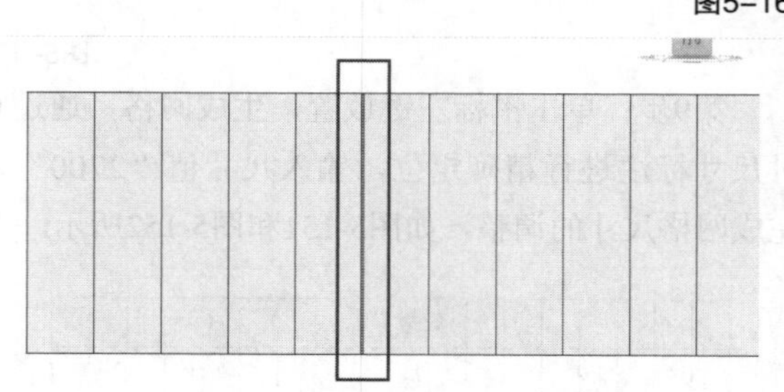

图5-162

自动添加

第1步：选择需要添加竖梃的幕墙，如图5-163所示。单击“属性”面板中的“编辑类型”按钮，进入“类型属性”对话框，如图5-164所示。

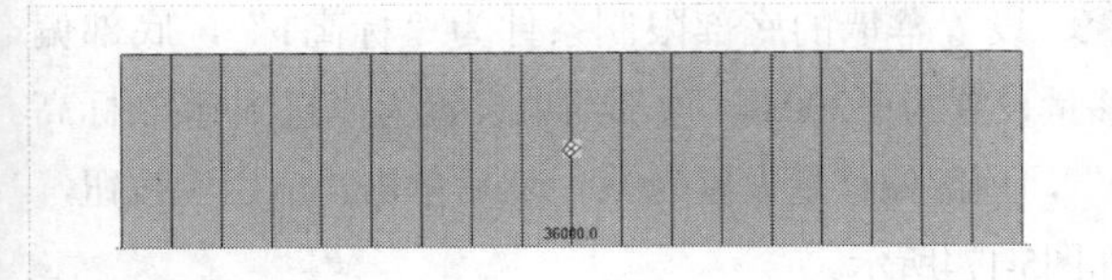

图5-163

图5-164

第2步：在弹出的“类型属性”对话框中，修改垂直竖梃对应的参数值，如图5-165所示。

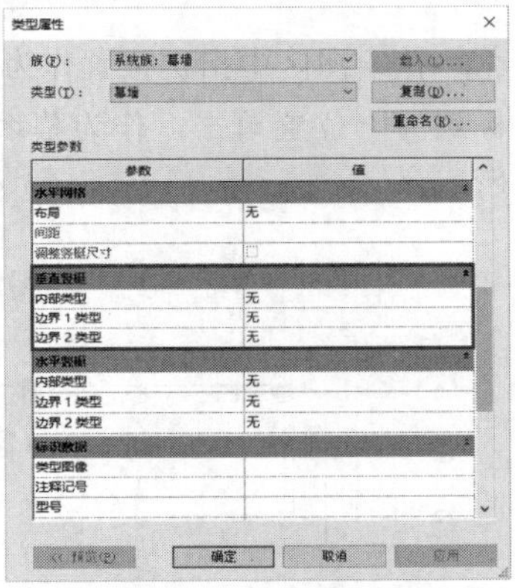

图5-165

第3步：将“内部类型”“边界1类型”“边界2类型”均设置为“矩形竖梃：50mm×150mm”，完成后单击“确定”按钮，如图5-166所示，完成竖梃的自动添加，如图5-167所示。

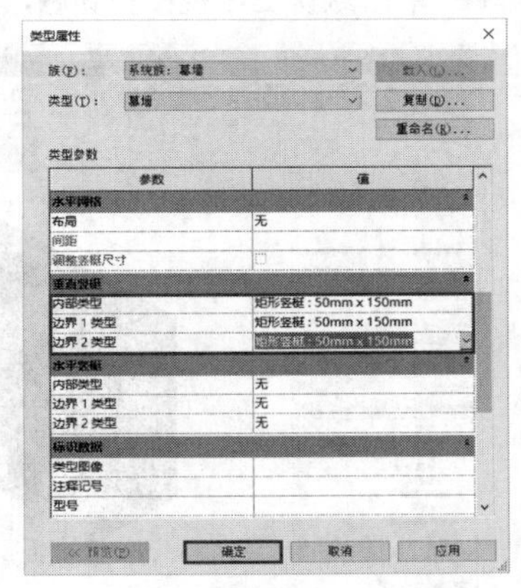

图5-166

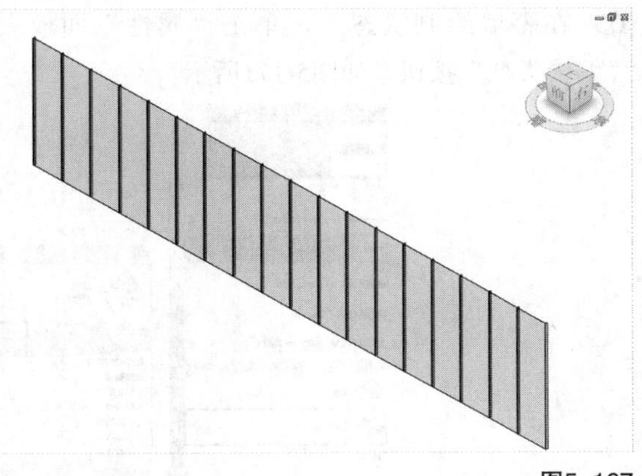

图5-167

典型实例：幕墙的创建与调整

场景位置 场景文件>CH05>08轴网-墙.rvt
视频位置 视频文件>CH05>02典型实例：幕墙的创建与调整.mp4
难易指数 ★★☆☆☆
技术掌握 掌握幕墙的创建与调整

01 启动Revit 2016，单击按钮，打开应用程序菜单，执行“打开>项目”菜单命令。

02 弹出“打开”对话框，在学习资源中找到“场景文件>CH05>08轴网-墙.rvt”文件，单击“打开”按钮，打开项目文件，如图5-168所示。

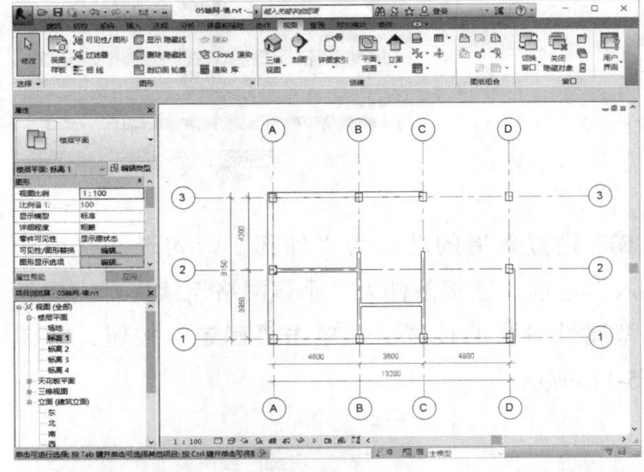

图5-168

03 单击“建筑”选项卡，然后在“构建”面板中单击“墙”按钮，在弹出的下拉菜单中单击“墙:建筑”命令，如图5-169所示。

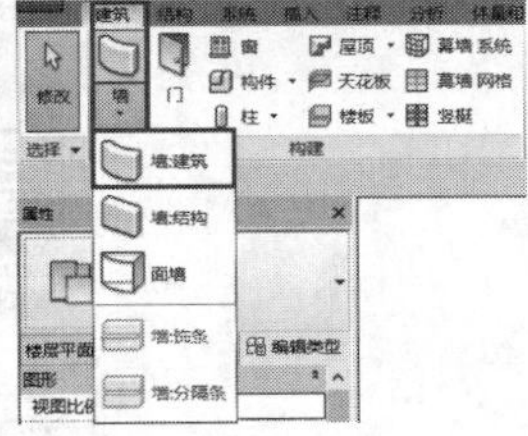

图5-169

04 在“属性”面板中单击实例属性类型下拉菜单，可以看到幕墙类型，单击选择“外部玻璃”，如图5-170所示。

05 在幕墙绘制状态下，单击“属性”面板中的“编辑类型”按钮，如图5-171所示。

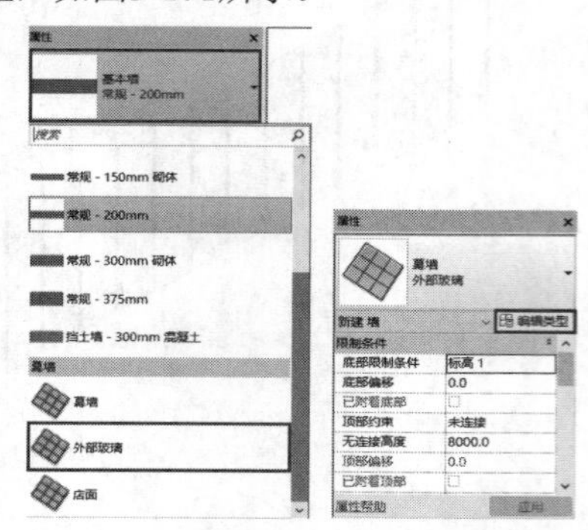

图5-170　　图5-171

06 弹出幕墙的“类型属性”对话框，对幕墙的属性进行设置，如图5-172所示。

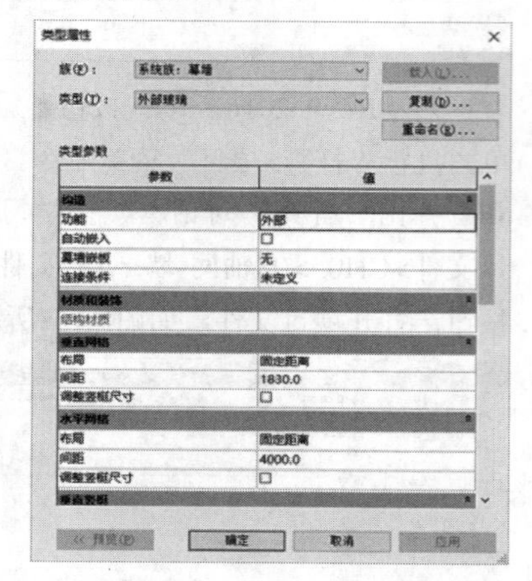

图5-172

07 设置幕墙的功能为“外部”，勾选“自动嵌入”选项，连接条件为“垂直网格连续”，完成类型属性参数的设置后，单击“确定”按钮，如图5-173所示。

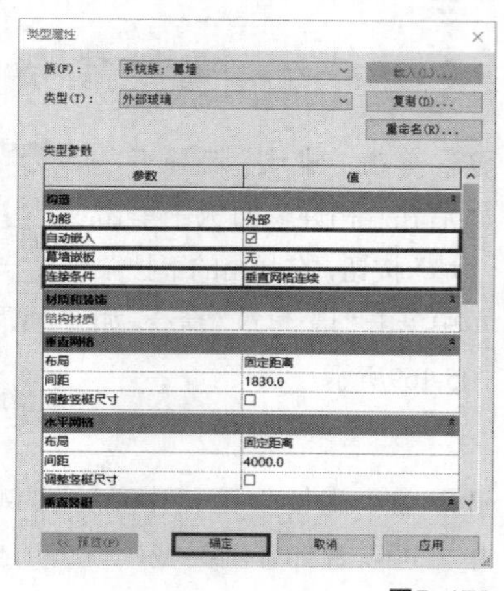

图5-173

08 设置幕墙的底部限制条件为“标高1”，底部偏移量设置为－300.0，顶部约束设置为“直到标高:标高4”，顶部偏移量设置为0.0，然后单击“应用”按钮，如图5-174所示。

图5-174

09 进入“修改 | 放置 墙”选项卡，在“绘制”面板中单击“直线”按钮，如图5-175所示。

图5-175

10 在绘图区中指定位置作为幕墙的起点，拖动鼠标到另一位置单击，作为幕墙的终点，如图5-176所示。

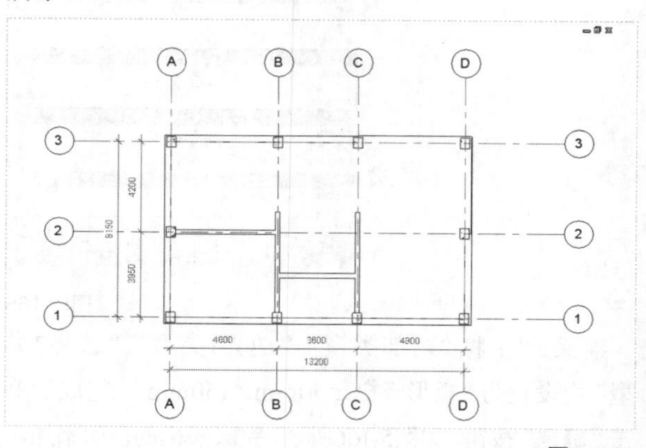

图5-176

11 单击默认三维视图按钮，如图5-177所示。

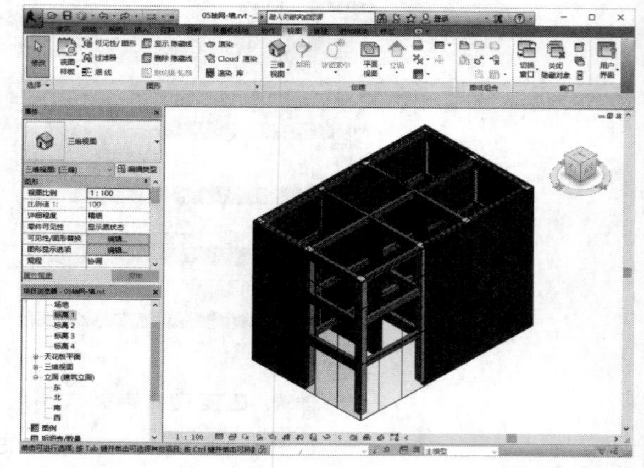

图5-177

12 在绘图区将光标移动至幕墙，单击鼠标左键选择幕墙，按Ctrl键加选另一面幕墙，此时被选中的幕墙将高亮显示，如图5-178所示。

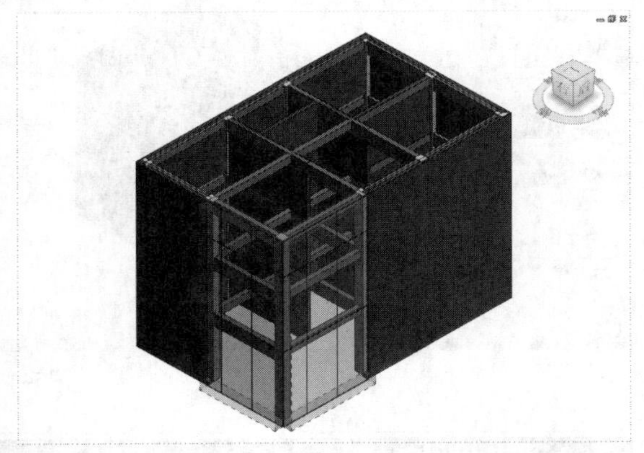

图5-178

13 在视图控制栏单击“临时隐藏/隔离”按钮，打开选项菜单，单击“隔离图元”命令，如图5-179所示。

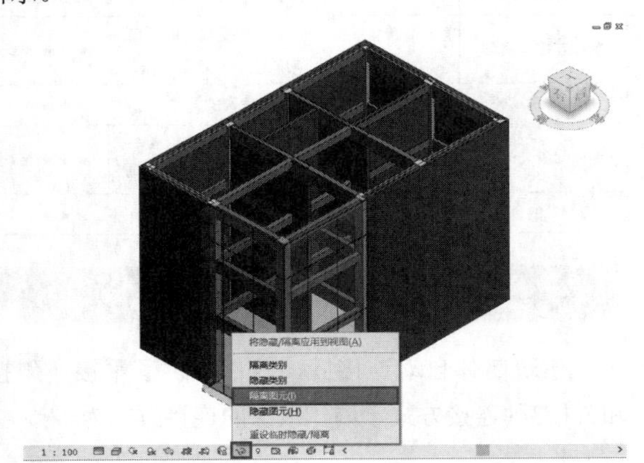

图5-179

14 此时幕墙被单独隔离，便于对其进行编辑与调整，如图5-180所示。

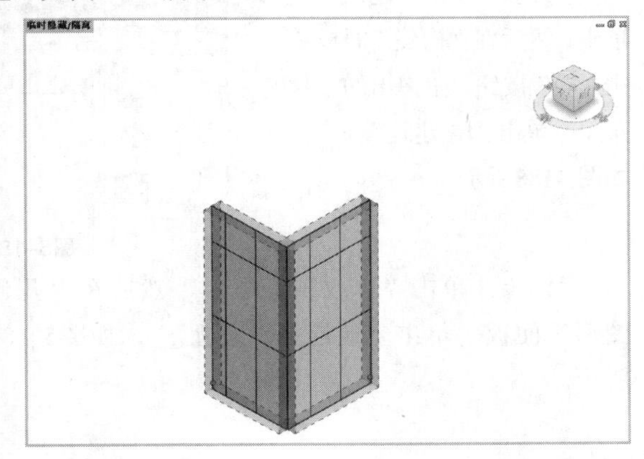

图5-180

15 单击“属性”面板中的“编辑类型”按钮，进入“类型属性”设置对话框。

16 在弹出的“类型属性”对话框中，修改网格和竖梃对应的参数值。设置幕墙的垂直网格的布局方式为“固定距离”，间距数值为1000.0；设置水平网格的布局方式为“固定距离”，间距数值为2000.0，如图5-181所示。

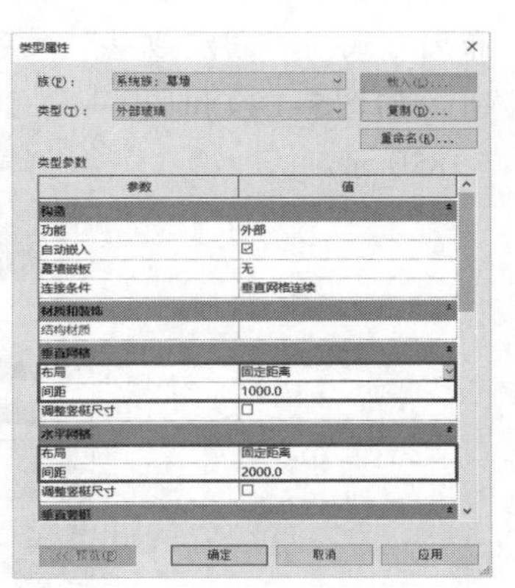

图5-181

17 将垂直竖梃、水平竖梃的“内部类型”“边界1类型”“边界2类型”均设置为“矩形竖梃:50mm×150mm”，完成后单击“确定”按钮，如图5-182和图5-183所示。

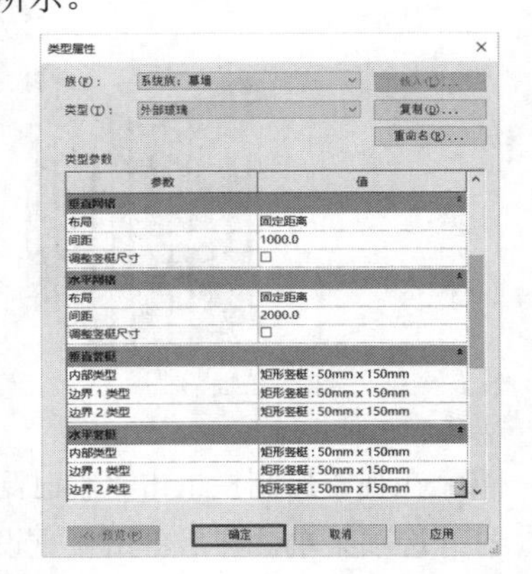

图5-182

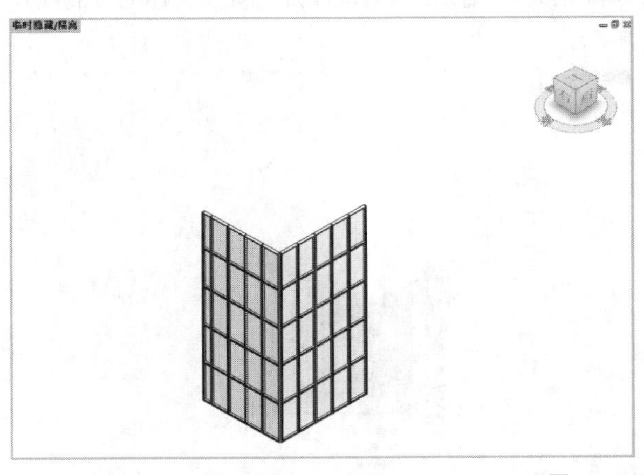

图5-183

18 选择全部幕墙，再次单击“编辑类型”按钮，进入“类型属性”对话框，修改幕墙的垂直网格的布局方式为“固定数量”，完成后单击“确定”按钮，如图5-184和图5-185所示。

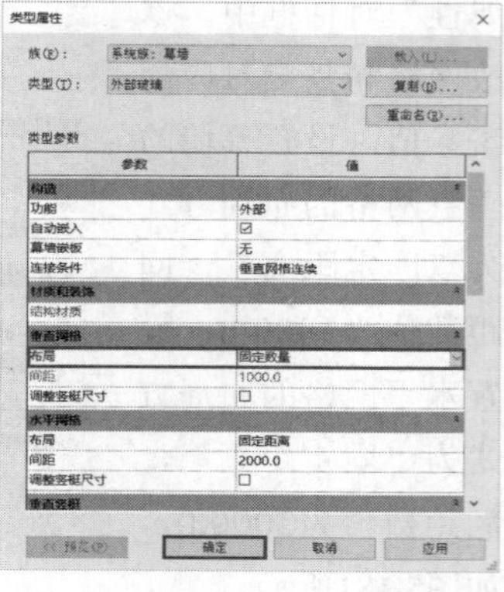

图5-184

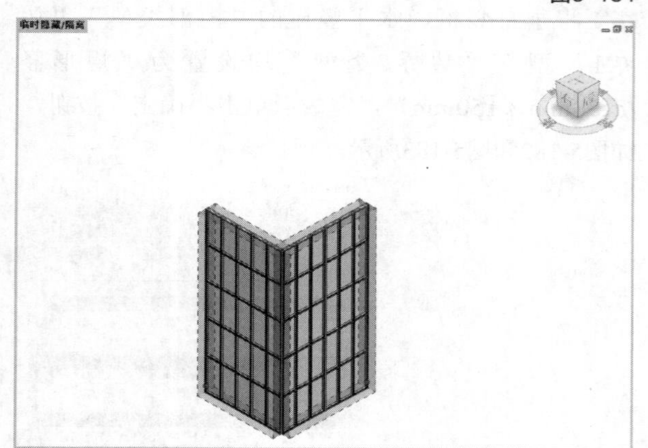

图5-185

19 在视图控制栏单击“临时隐藏/隔离”按钮，打开选项菜单，然后单击“重设临时隐藏/隔离”命令，完成幕墙竖梃的自动添加，如图5-186和图5-187所示。

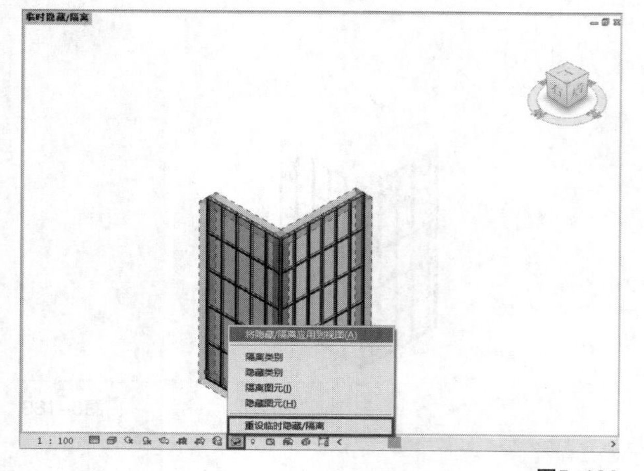

图5-186

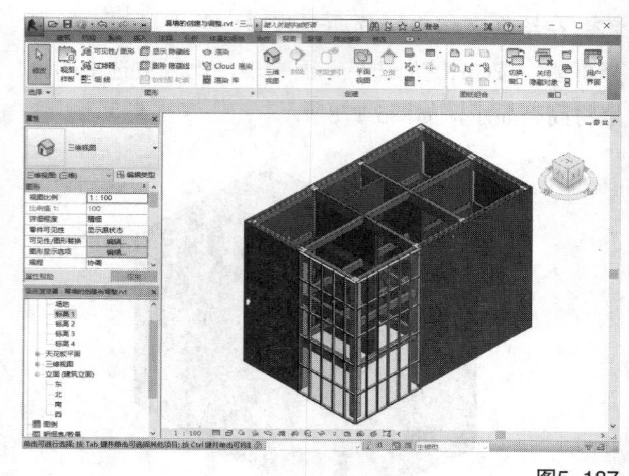

图5-187

5.4 墙体编辑

本节知识概要

知识名称	作用	重要程度
墙体连接与清理	掌握两道墙平接、斜接、方接与清理连接的方式	★★★☆☆
墙体轮廓编辑	掌握编辑异形墙体轮廓的方式	★★★☆☆
墙体附着与分离	掌握墙体与屋顶、楼板等结构图元附着与分离的方式	★★★☆☆
墙洞口的创建	掌握墙体开洞的方式	★★★☆☆

5.4.1 墙体连接与清理

建筑墙体自动连接后，软件提供了平接、斜接和方接3种连接方式，墙体默认的连接方式为平接。

1.墙体的连接

第1步：单击“建筑”选项卡，然后在“构建”面板单击“墙”按钮，在弹出的下拉菜单中单击“墙:建筑”命令，如图5-188所示。

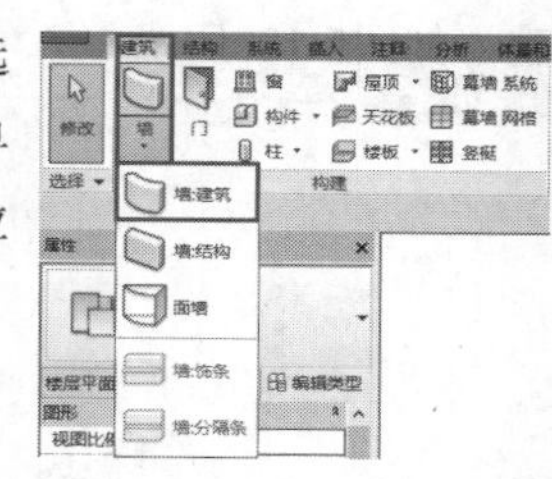

图5-188

第2步：单击“修改”选项卡，然后在“几何图形”面板中单击“墙连接”按钮，如图5-189所示。

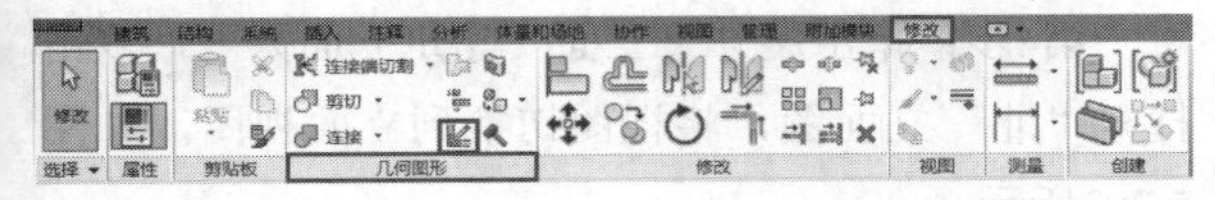

图5-189

第3步：单击墙连接的位置，如图5-190所示。将鼠标放置在墙体连接位置后，在选项栏切换墙体连接方式及显示样式，选择平接，如图5-191和图5-192所示。

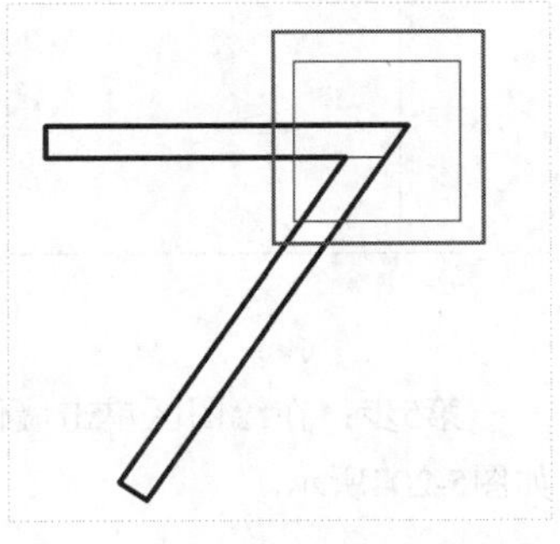

图5-190

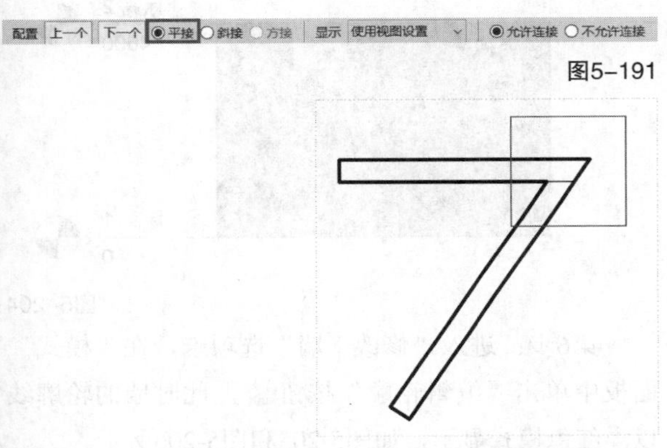

图5-191

图5-192

第4步：选择斜接，如图5-193所示。选择方接，如图5-194所示。

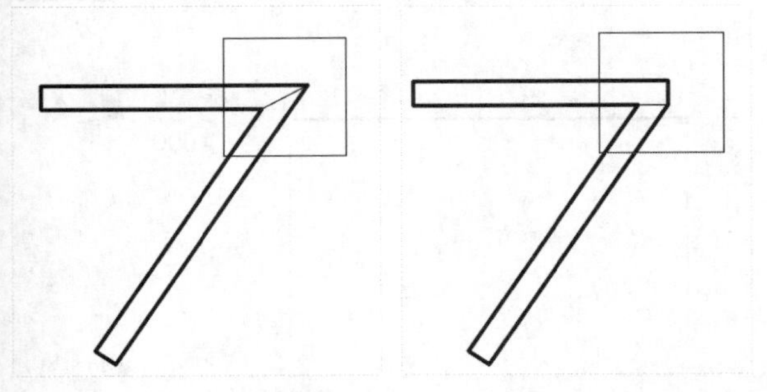

图5-193　　图5-194

第5步：在选项栏中单击“显示”下拉菜单，可选择显示样式，如图5-195所示。

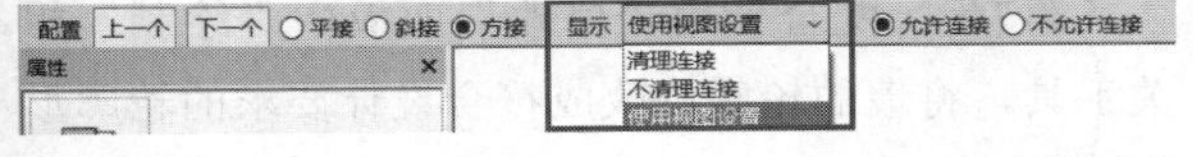

图5-195

第6步：使用显示连接可在二维平面显示连接交线，如图5-196所示。

图5-196

2.墙体的清理

第1步：若要清理已连接的墙体，可以单击“修改”选项卡，然后在“几何图形”面板中单击“墙连接”按钮，如图5-197所示

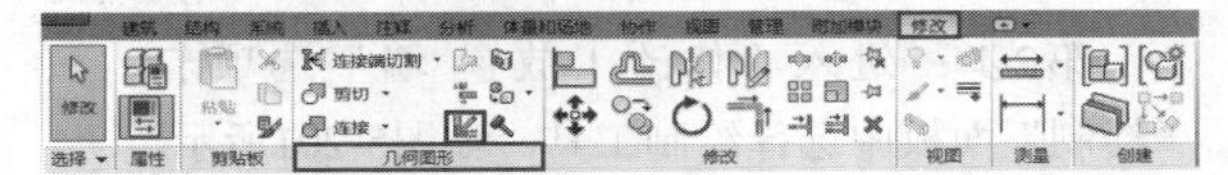

图5-197

第2步：将光标移至墙连接上，然后在显示的方块中单击，如图5-198所示。

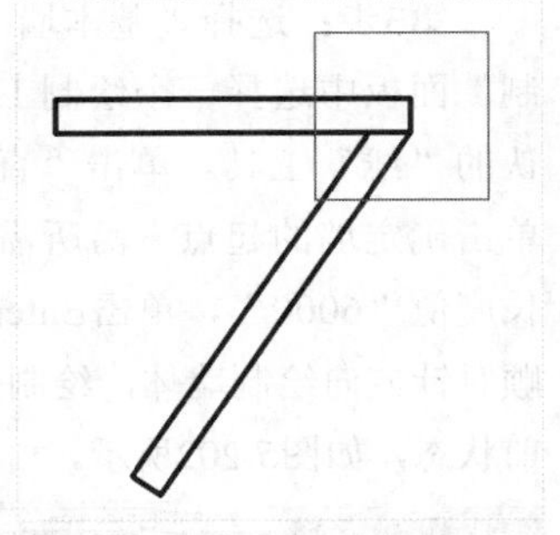

图5-198

第3步：在选项栏中单击“显示”下拉菜单，然后单击“清理连接”选项，如图5-199所示。

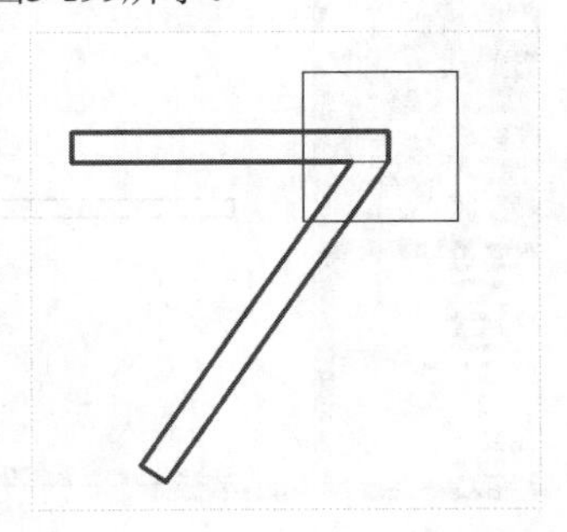

图5-199

技巧与提示

若要选择多个相交墙连接进行清理，需在连接周围绘制一个选择框，或在按下 Ctrl 键的同时选择每个连接。

5.4.2 墙体轮廓编辑

一般在创建墙体时，墙的轮廓为矩形，如果在设计中有墙体为其他轮廓形式，需要对墙体进行轮廓编辑。

第1步：单击“建筑”选项卡，然后在“构建”面板中单击“墙”按钮，在弹出的下拉菜单中单击“墙:建筑”命令，如图5-200所示。

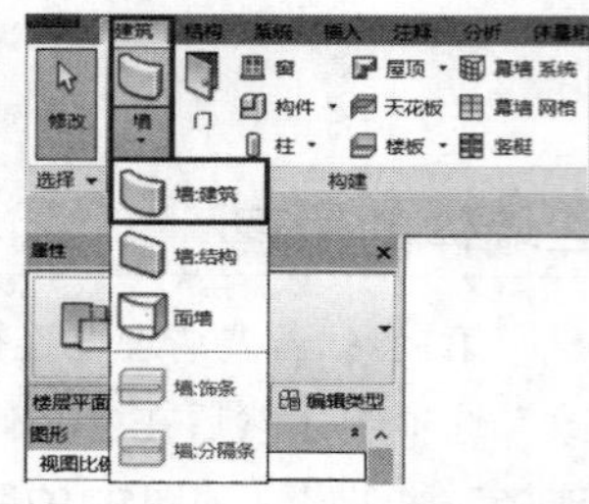

图5-200

第2步：进入“修改 | 放置 墙”选项卡，在“绘制”面板中选择绘制工具，如图5-201所示。

图5-201

第3步：选择“基本墙 常规200mm”，在“绘制”面板中选择一个绘制工具绘制墙，在此使用默认的“线”工具。单击“直线”按钮，在绘图区单击确定墙的起点，沿所需方向移动光标，输入墙长度值“6000”，单击Enter键确定墙体的终点，沿顺时针方向绘制墙体，绘制完成后，按Esc键退出当前状态，如图5-202所示。

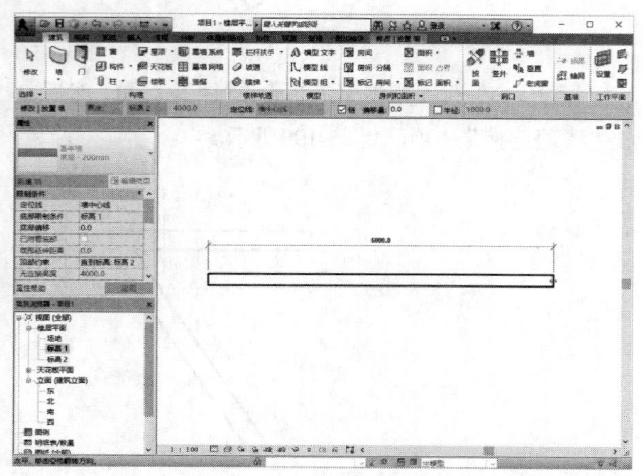

图5-202

第4步：单击展开“立面（建筑立面）”，双击打开“北”立面图，将视图切换到立面视图，如图5-203所示。

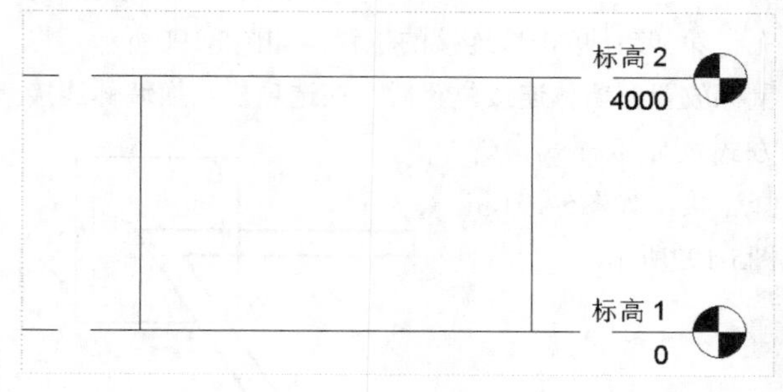

图5-203

第5步：在绘图区单击墙体，墙体将高亮显示，如图5-204所示。

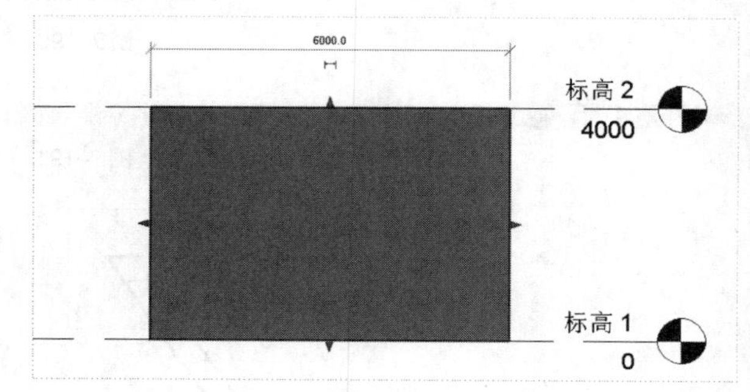

图5-204

第6步：进入“修改 | 墙”选项卡，在“模式”面板中单击“编辑轮廓”按钮，此时墙的轮廓线以洋红色模式显示，如图5-205和图5-206所示。

图5-205

图5-206

第7步：配合使用“修改”面板中“绘制”相关工具，将墙的轮廓修改成符合设计要求的轮廓形式，完成后单击 “模式”面板中的“完成编辑模式”按钮✔，如图5-207和图5-208所示。

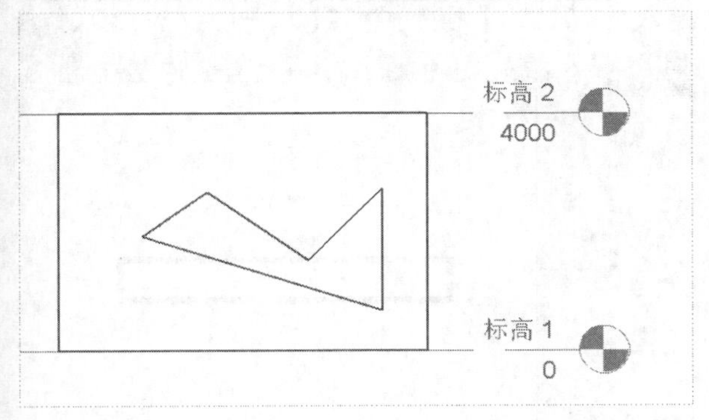

图5-207

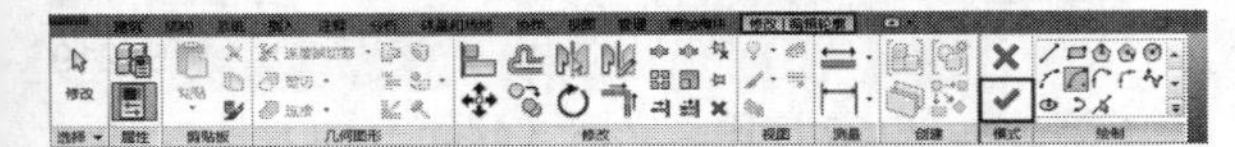

图5-208

5.4.3 墙体附着与分离

在第4章中讲到柱可以通过附着的模式改变柱顶或柱底的标高限制，同样墙体也适用于此命令，在做带有坡屋顶的建筑时，墙体附着的应用尤其重要，使用此功能可以很高效地对墙体进行修改。

第1步：打开学习资源中的“场景文件>CH05>09墙体附着屋顶.rvt”文件，在“项目浏览器”中双击“剖面（建筑剖面）”，双击选择“剖面1”，如图5-209所示。

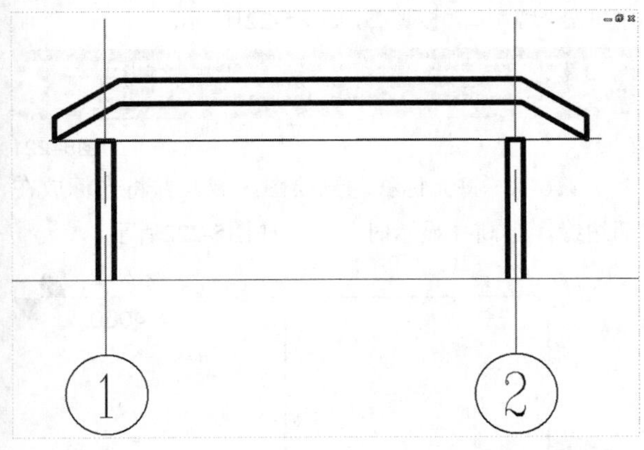

图5-209

第2步：用鼠标左键单击选择墙体，此时墙体将高亮显示，在“修改 | 墙”选项卡中可见如图5-210所示的修改工具。

图5-210

第3步：在“修改 | 墙”选项卡中单击“附着顶部/底部”按钮，如图5-211所示。

图5-211

第4步：继续单击附着目标，如图5-212所示。

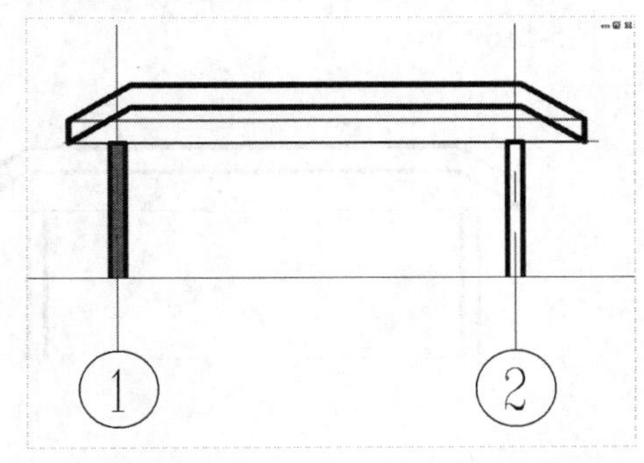

图5-212

第5步：“附着顶部/底部”命令执行后的效果如图5-213所示。

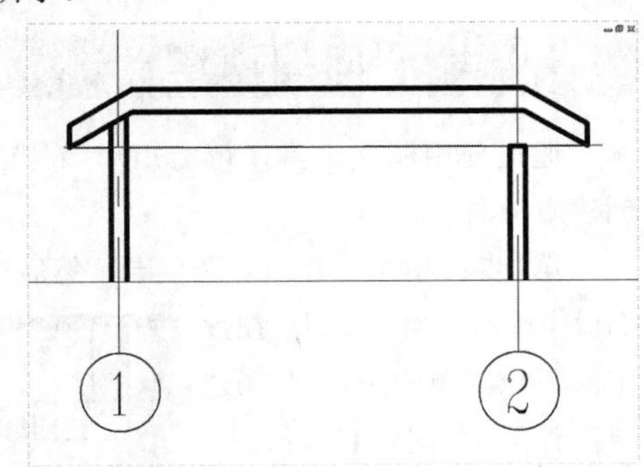

图5-213

技巧与提示

如需将已附着到屋顶、楼板或其他图元的墙分离，可以使用“分离顶/底”工具来反向附着。

第6步：在绘图区域中选择要分离的墙，如图5-214所示。

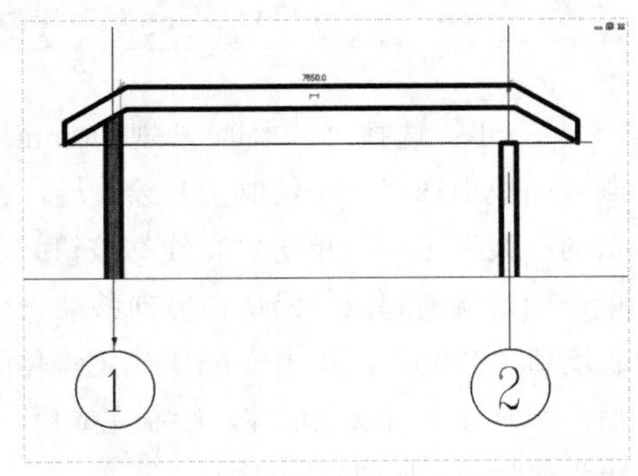

图5-214

第7步：单击“修改 | 墙”选项卡中的“分离顶部/底部”按钮，如图5-215所示。

图5-215

第8步：单击要从中分离墙的目标，完成操作，如图5-216所示。

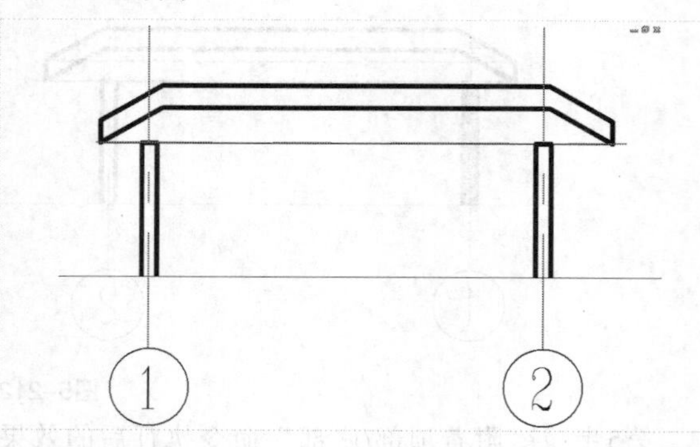

图5-216

5.4.4 墙洞口的创建

通过使用洞口工具，可为矩形墙体或弧形墙体创建矩形洞口。

第1步：单击“建筑”选项卡，然后在“构建”面板中单击“墙”按钮，在弹出的下拉菜单中单击“墙:建筑”命令，如图5-217所示。

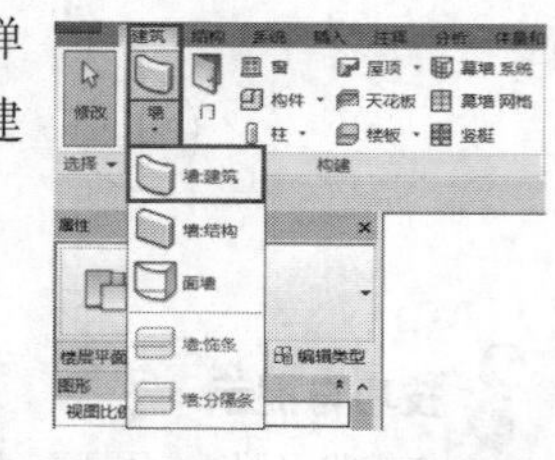

图5-217

第2步：进入“修改 | 放置 墙”选项卡，然后在“绘制”面板中选择绘制工具，如图5-218所示。

图5-218

第3步：选择“基本墙 常规200mm”，在“绘制”面板中选择一个绘制工具绘制墙，在此使用默认的“线”工具。单击“直线”按钮，在绘图区单击确定墙的起点，沿所需方向移动光标，输入墙长度值“4200”，单击Enter键确定墙体的终点，然后沿顺时针方向绘制墙体，绘制完成后，按Esc键退出当前状态，如图5-219所示。

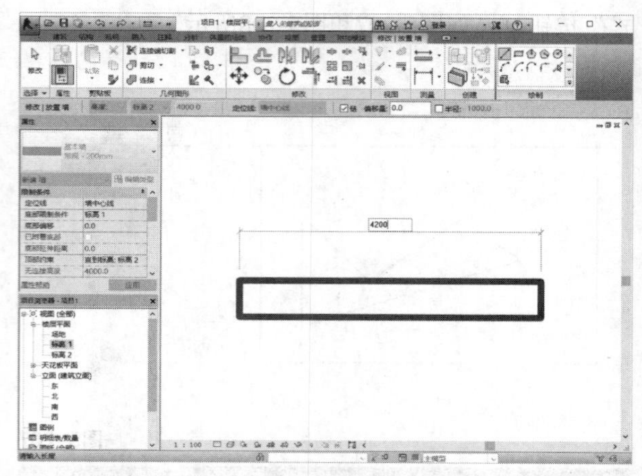

图5-219

第4步：单击展开“立面（建筑立面）”，然后双击打开“北”立面图，将视图切换到立面视图，如图5-220所示。

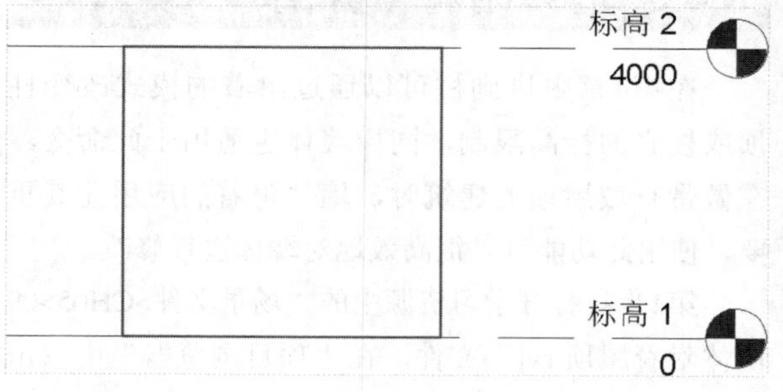

图5-220

第5步：单击“建筑”选项卡，然后在“洞口”面板中单击“墙洞口”按钮，如图5-221所示。

图5-221

第6步：将光标移动到绘图区域，并将光标放在墙边缘，当高亮显示时单击，如图5-222所示。

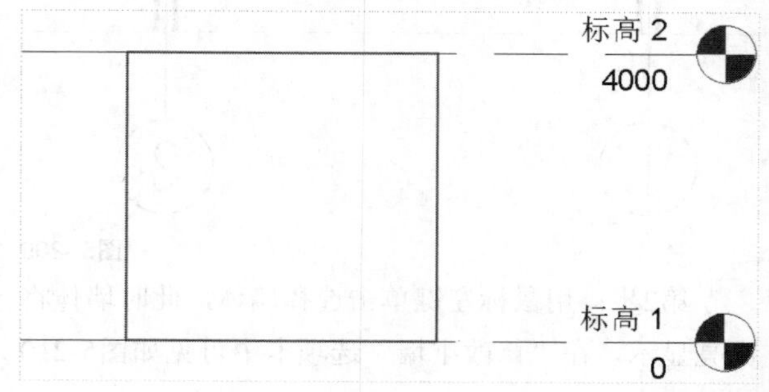

图5-222

第7步：将光标移动到墙上，单击作为洞口的起点，继续沿斜下方滑动鼠标到另一点，单击作为洞口的终点，如图5-223所示。

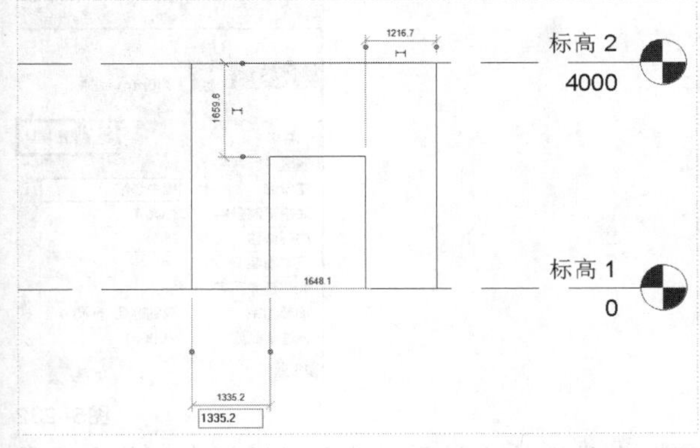

图5-223

第8步：修改左下角临时尺寸标注，输入数值“600”；修改门顶部至标高2之间的临时尺寸，输入数值“1800”。

第9步：修改门宽，输入数值“900”，按Esc键退出当前状态，矩形洞口创建完成，如图5-224所示。单击默认三维视图按钮，如图5-225所示。

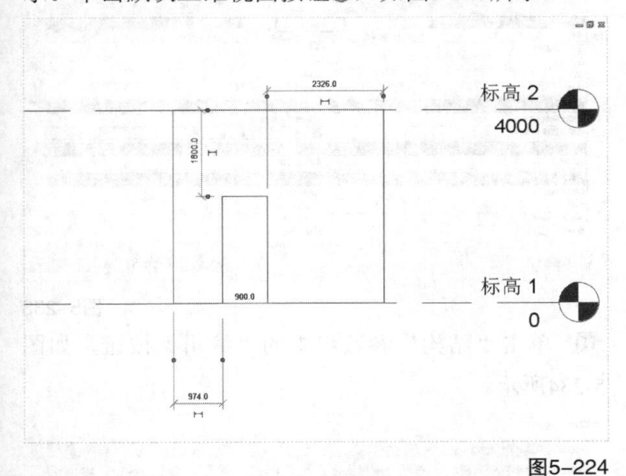

图5-224

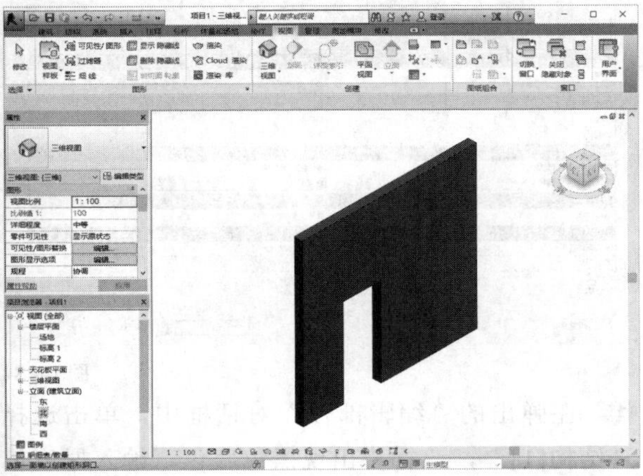

图5-225

5.5 本章总结

本章从墙体概念、墙体类型和墙体编辑3个知识点出发，详细讲解了墙的属性设置、不同墙体的创建方法、墙体的连接与清理、墙体的附着与分离、洞口的创建方法等。熟练掌握不同类型墙体的绘制方法，综合考虑墙体的高度、构造、立面显示，以及墙身大样详图和内外墙体的区别等，有利于设计师逻辑清晰地表达建筑图纸。

5.6 课后拓展练习：墙的创建与调整

场景位置	场景文件>CH05>10轴网.rvt
视频位置	视频文件>CH05>03课后拓展练习：墙的创建与调整.mp4
难易指数	★★☆☆☆
技术掌握	掌握墙的创建与调整

01 启动Revit 2016，单击按钮，打开应用程序菜单，执行“打开>项目”菜单命令。

02 找到学习资源中的“场景文件>CH05>10轴网.rvt”文件，然后打开项目文件。在“项目浏览器”中展开“楼层平面”选项，双击“1F”进入一层视图平面，如图5-226所示。

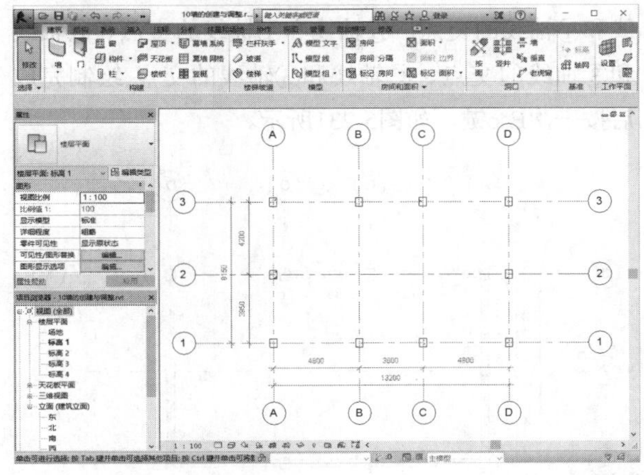

图5-226

03 单击“建筑”选项卡，然后在“构建”面板中单击“墙”按钮，在弹出的下拉菜单中单击“墙:建筑”命令，如图5-227所示。

04 外墙为300mm砌体墙，在族类型选择器中选择“基本墙 常规-300mm砌体”，如图5-228所示。

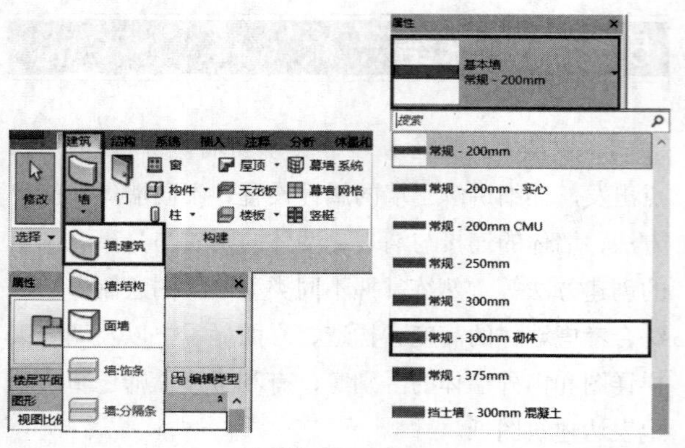

图5-227　　图5-228

05 在选项栏中指定绘制方式为“高度”，设置顶部标高为“标高4”，定位线为“墙中心线”，然后勾选“链”选项，如图5-229所示。

图5-229

06 在“修改丨放置 结构墙”选项卡的“绘制”面板中单击“直线”按钮／，如图5-230所示。

图5-230

07 在绘图区移动光标单击捕捉Ⓓ轴线和②轴线的交点，定义为墙的起点，而后顺时针单击捕捉Ⓓ轴线和①轴线的交点、Ⓐ轴线和①轴线的交点、Ⓐ轴线和③轴线的交点、Ⓒ轴线和③轴线的交点,绘制完成后按一次Esc键，如图5-231所示。

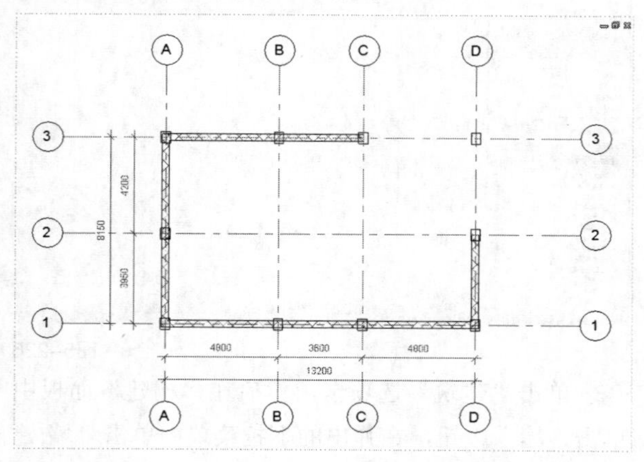

图5-231

08 内墙为200mm砌体墙，在族类型选择器中单击“编辑类型”按钮，如图5-232所示。

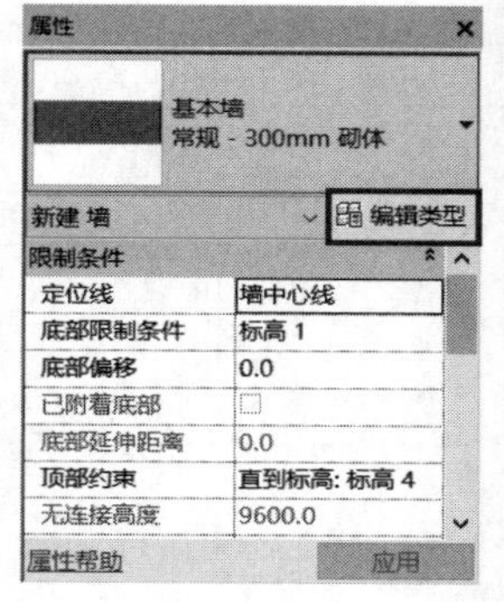

图5-232

09 在弹出的“类型属性”对话框中，单击“类型”后的“复制”按钮，在“名称”对话框中输入“常规-200mm砌体”，完成后单击“确定”按钮，如图5-233所示。

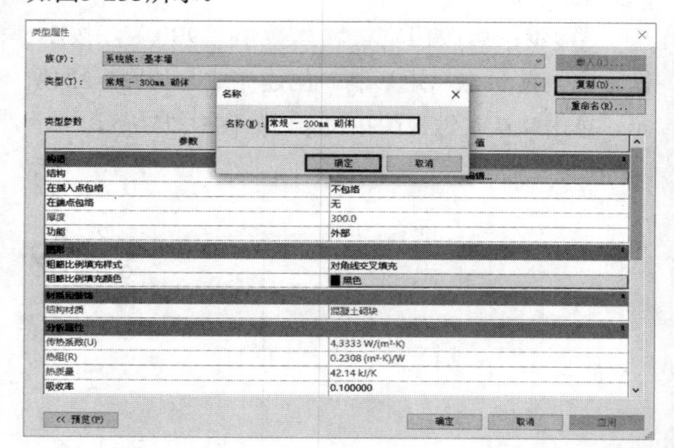

图5-233

10 单击“结构”参数组中的“编辑”按钮，如图5-234所示。

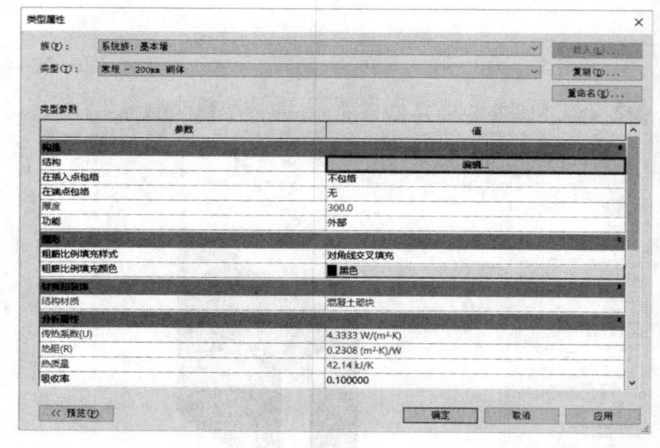

图5-234

11 在弹出的“编辑部件”对话框中，单击选择“结构[1]”，该行将出现黑色底色，输入厚度值“200”，修改完成后单击“确定”按钮，如图5-235所示。

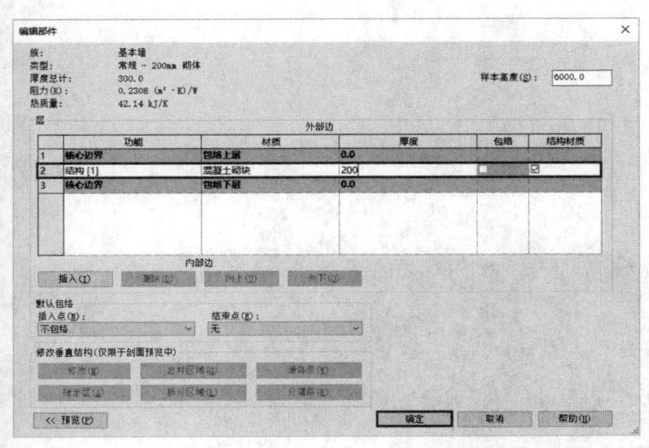

图5-235

12 在选项栏中指定绘制方式为“高度”，设置顶部标高为“标高4”，定位线为“墙中心线”，然后取消勾选“链”选项，如图5-236所示。

高度： 标高 4 9600.0 定位线： 墙中心线 链 偏移量： 0.0 半径： 1000.0

图5-236

13 在绘图区移动光标单击捕捉Ⓑ轴线和①轴线的交点，定义为墙的起点，而后垂直移动鼠标指针，输入数值“5100”，单击捕捉Ⓒ轴线和①轴线的交点，定义为墙的起点，而后垂直移动鼠标指针，输入数值“5100”，如图5-237所示。

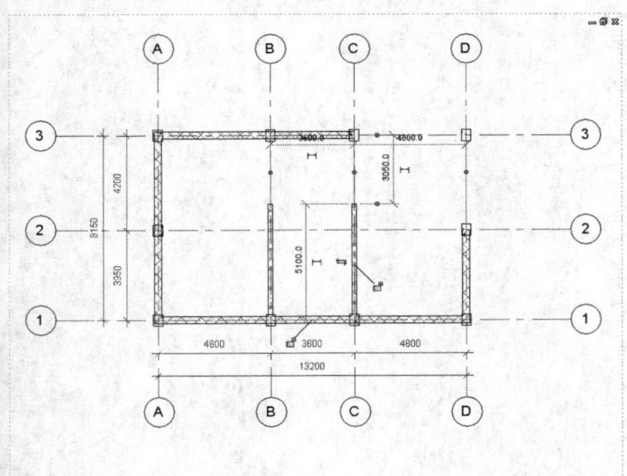

图5-237

14 单击捕捉Ⓐ轴线和②轴线的交点，定义为墙的起点，单击捕捉Ⓑ轴线和②轴线的交点定义为终点，如图5-238所示。

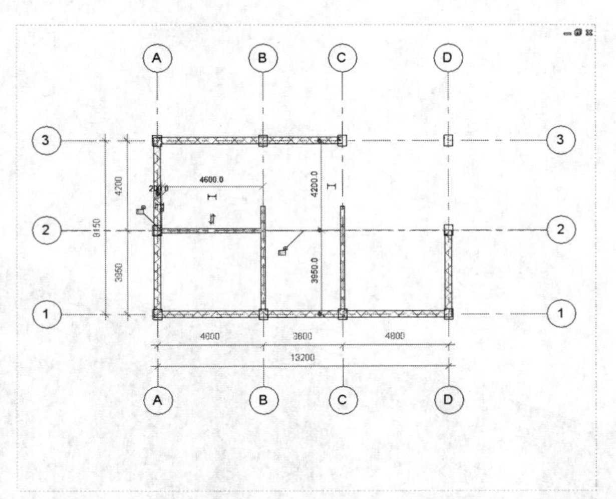

图5-238

15 单击捕捉Ⓑ轴线和②轴线的交点，定义为墙的起点，单击捕捉Ⓒ轴线和②轴线的交点定义为终点，修改临时尺寸标注，输入数值“2100”，单击Enter键，完成墙体的绘制和调整，如图5-239所示。

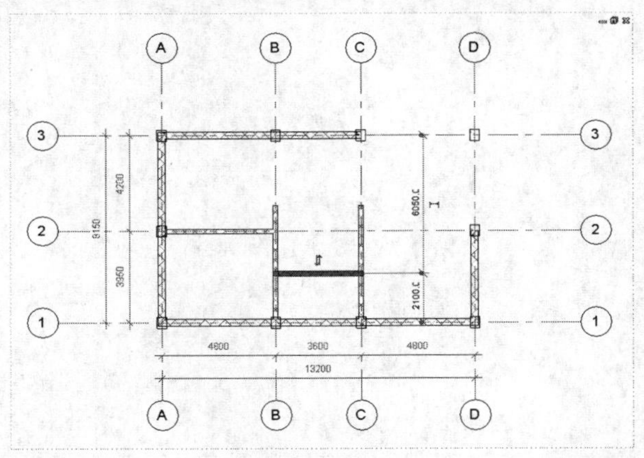

图5-239

16 单击默认三维视图按钮，如图5-240所示。

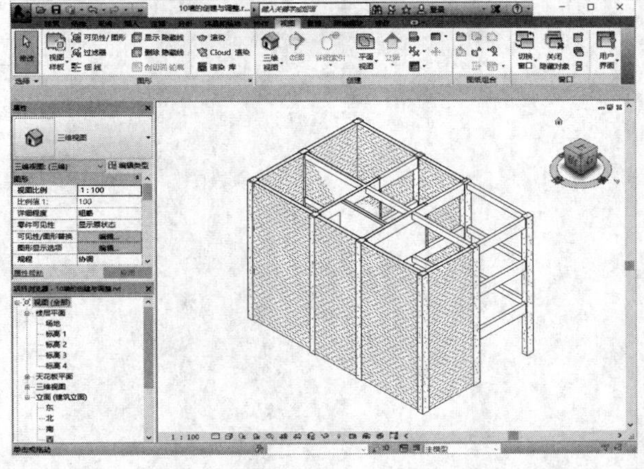

图5-240

第 6 章 门与窗

本章知识索引

知识名称	作用	重要程度	所在页
门	掌握门的载入、调整与布置	★★★☆☆	P131
窗	掌握窗的载入、调整与布置	★★★★☆	P138
幕墙门窗的绘制	掌握幕墙嵌板的使用	★★★☆☆	P142

本章实例索引

实例名称	所在页
课前引导实例：门与窗的布置	P129
典型实例：门的添加	P135
典型实例：窗的添加	P140
课后拓展练习：门窗的载入与布置	P144

6.1 课前引导实例：门与窗的布置

场景位置：场景文件>CH06>01结构-轴网墙.rvt
视频位置：视频文件>CH06>01课前引导实例：门与窗的布置.mp4
实用指数：★★★☆☆
技术掌握：门与窗的载入、调整与布置

本节以农宅为例，讲解如何载入、调整以及布置建筑的门和窗。

01 启动Revit 2016，单击按钮，打开应用程序菜单，执行“打开>项目”菜单命令。

02 弹出“打开”对话框，找到“场景文件>CH06>01结构-轴网墙.rvt”文件，然后单击“打开”按钮，打开项目文件，如图6-1所示。

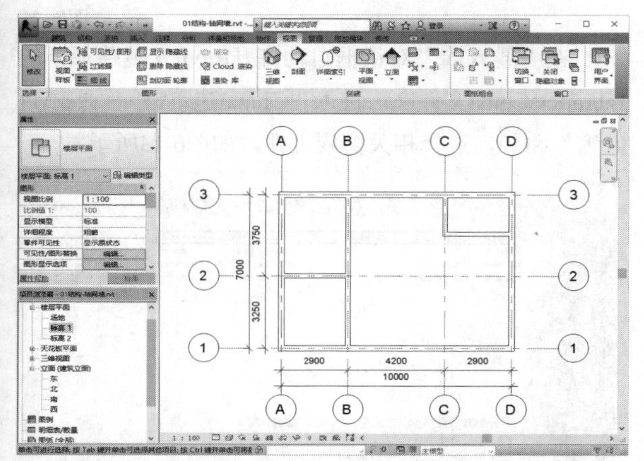

图6-1

03 单击“建筑”选项卡，然后在“构建”面板中单击“门”按钮，如图6-2所示。

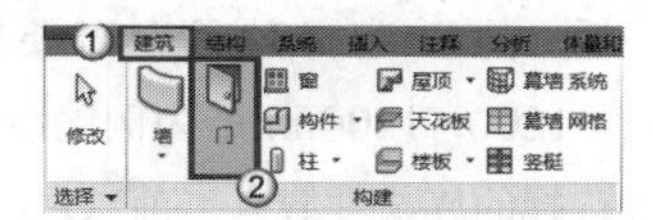

图6-2

04 单击“修改丨放置 门” 选项卡，在“模式”面板中单击“载入族”按钮，如图6-3所示。

图6-3

05 弹出“载入族”对话框，且自动打开Revit安装路径下的Libraries\China文件夹，进入“China\建筑\门\普通门\平开门\单扇”路径，选择相关门族文件后单击“打开”按钮，完成门的载入，如图6-4所示。

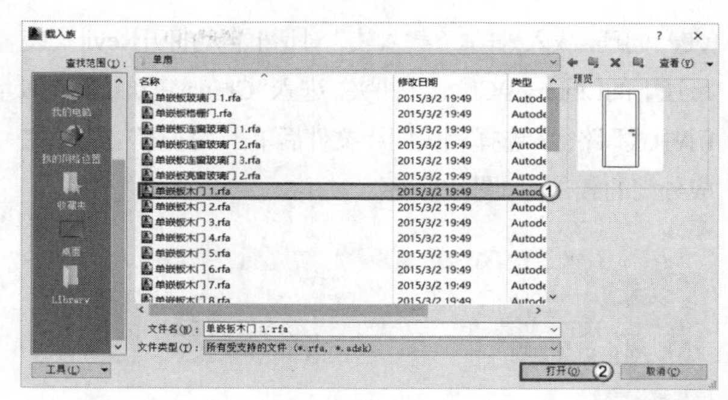

图6-4

06 单击“属性”面板中类型选择下拉菜单，即可看到载入的门族，如图6-5所示。

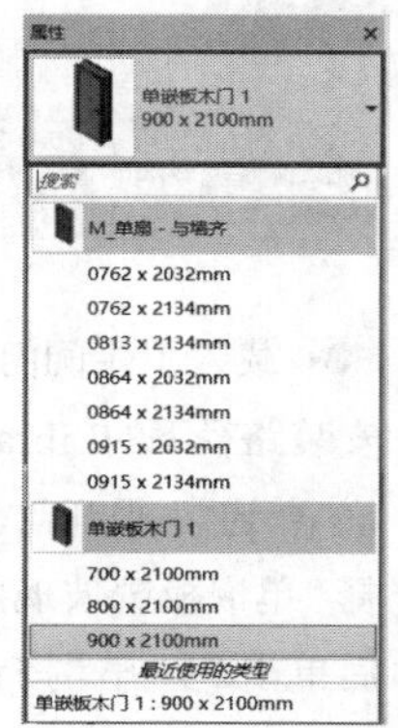

图6-5

07 在“项目浏览器”中双击展开“楼层平面”，选择“标高1”，进入一层平面视图中，在放置门的状态下，在类型属性下拉菜单中选择“单嵌板木门1 900×2100mm”，如图6-6所示。

图6-6

08 将光标移动到墙体平面上时，会显示门的平面视图，使用鼠标确定位置并单击，完成门的布置，如图6-7所示。

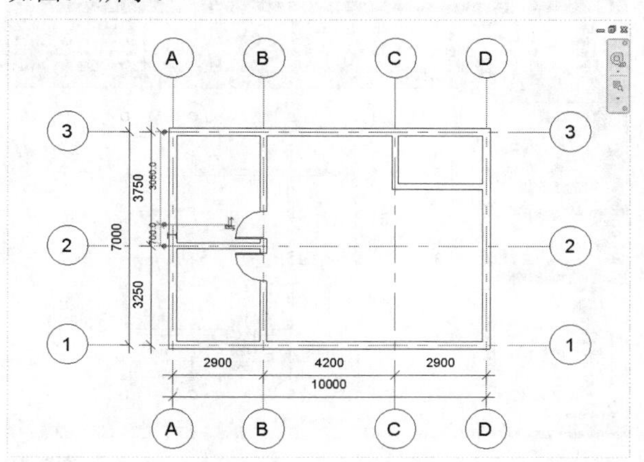

图6-7

09 同理，载入外门。“载入族”对话框自动打开Revit安装路径下的Libraries\China文件夹，进入“China\建筑\门\装饰门\中式”路径，选择相关门族文件后单击“打开”按钮，完成外门的载入，如图6-8所示。

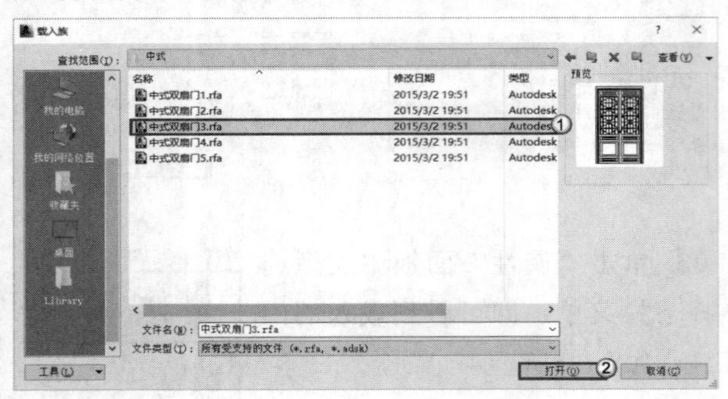

图6-8

10 载入卫生间门。在“载入族”对话框自动打开Revit安装路径下的Libraries\China文件夹，进入“China\建筑\门\普通门\平开门\单扇”路径，选择“单嵌板镶玻璃门 1”门族文件后单击“打开”按钮。在“属性”面板的类型选择器下拉列表中可找到新载入的“单嵌板镶玻璃门 1 800×2100mm”，如图6-9所示。

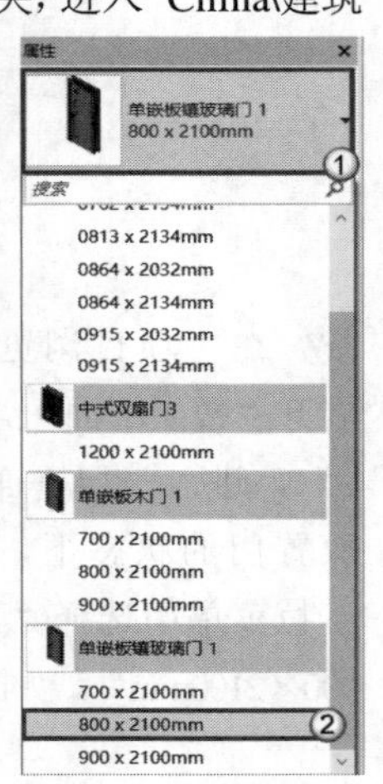

图6-9

11 完成门的载入，使用鼠标确定位置并单击，完成门的布置，如图6-10所示。

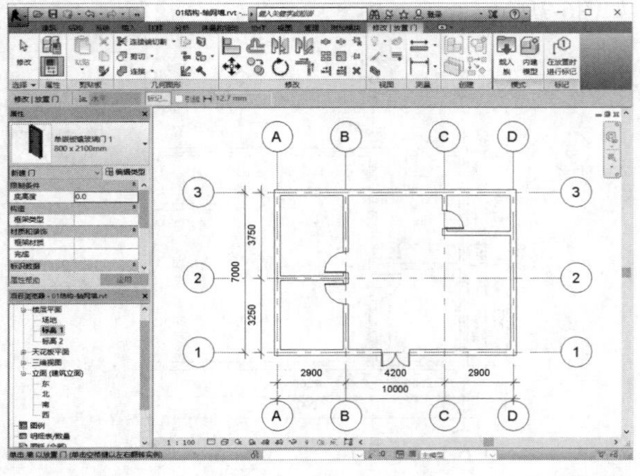

图6-10

12 单击“建筑”选项卡，然后在“构建”面板中单击“窗”按钮，如图6-11所示。

图6-11

13 进入“修改 | 放置 窗”选项卡，在“模式”面板中单击“载入族”按钮，如图6-12所示。

图6-12

14 在“载入族”对话框自动打开Revit安装路径下的Libraries\China文件夹，进入“China\建筑\窗\普通窗\百叶窗”路径，选择相关窗族文件，如图6-13所示。

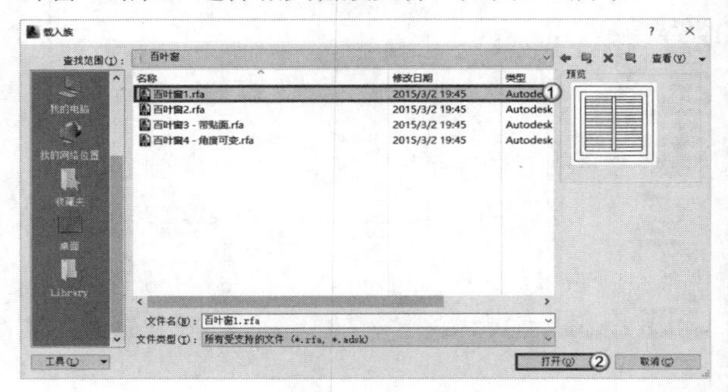

图6-13

15 单击“打开”按钮，弹出“指定类型”选择面板，然后选择项目中需要的窗尺寸类型，在此以“1200×1200mm”为例，完成后单击“确定”按钮，将选择的族文件载入当前项目，如图6-14所示。

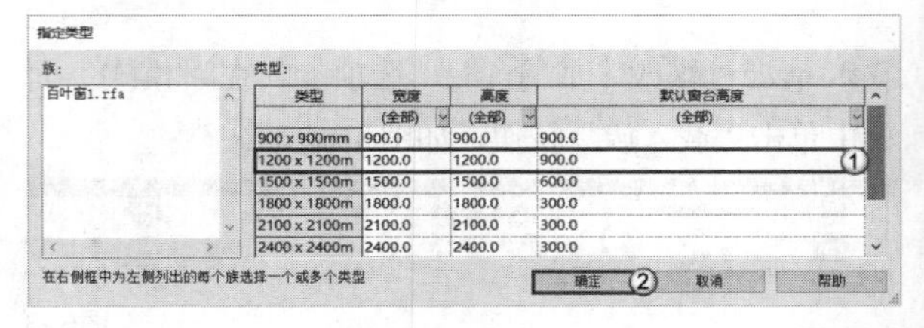

类型	宽度	高度	默认窗台高度
	(全部)	(全部)	(全部)
900 x 900mm	900.0	900.0	900.0
1200 x 1200mm	1200.0	1200.0	900.0
1500 x 1500mm	1500.0	1500.0	600.0
1800 x 1800mm	1800.0	1800.0	300.0
2100 x 2100mm	2100.0	2100.0	300.0
2400 x 2400mm	2400.0	2400.0	300.0

图6-14

16 双击展开“楼层平面”，选择“标高1”，进入一层平面视图，将光标移动到墙体平面上时，会显示窗的平面视图，使用鼠标确定位置并单击，完成窗的布置，如图6-15所示。

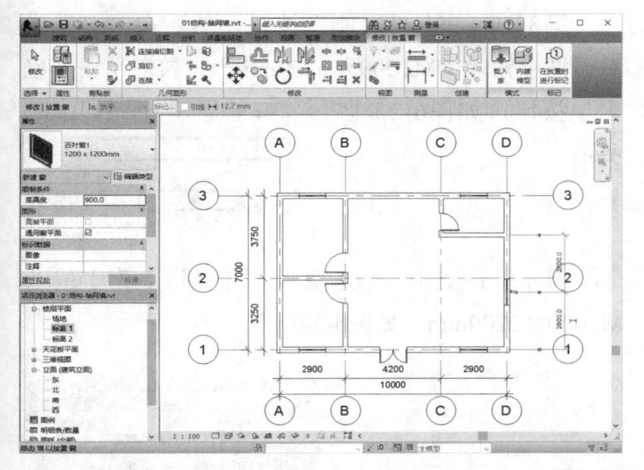

图6-15

17 单击默认三维视图按钮，完成对该项目的门窗布置，如图6-16所示。

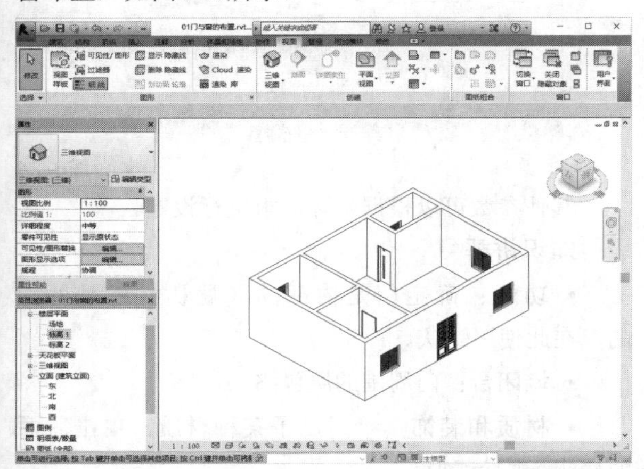

图6-16

6.2 门

本节知识概要

知识名称	作用	重要程度
门的类型	了解门的分类	★★★☆☆
门的载入与调整	了解门的载入方法及属性调整	★★★☆☆
门的布置与调整	掌握门的插入及门扇开启方向的调整	★★★☆☆
门的标记	掌握门按类别标记和全部标记两种方法	★★☆☆☆

门是基于主体的构件，可以添加到任何类型的墙内。在图纸的绘制中，可以在平面视图、剖面视图、立面视图或三维视图中添加门。选择要添加的门类型，指定门在墙上的位置，Revit 将自动剪切洞口并放置门。

本节主要介绍门的类型、载入与属性调整，以及放置与调整。

6.2.1 门的类型

在Revit中，门的种类繁多，在建筑中通常根据防火要求与设计要求来确定。门的类型除普通门，还包括卷帘门和装饰门等，按照防火类型分为甲级、乙级和丙级防火门。同时，还可根据设计需求，通过自定义族模型，创建设计要求的门类型。

6.2.2 门的载入与属性调整

在项目中载入所需的门类型，通过调整门的参数信息以满足设计的要求。

1.门的载入

第1步：单击“建筑”选项卡，在“构建”面板中单击“门”按钮，如图6-17所示。

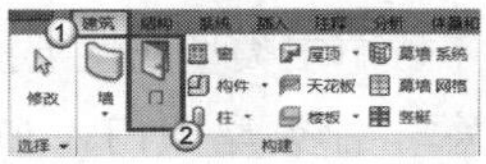

图6-17

第2步：进入“修改|放置 门” 选项卡，在“模式”面板中单击“载入族”按钮，如图6-18所示。

图6-18

第3步：弹出“载入族”对话框，且自动打开Revit安装路径下的Libraries\China文件夹，进入“China\建筑\门\普通门\平开门\单扇”路径，选择相关门族文件，然后单击“打开”按钮，如图6-19所示。

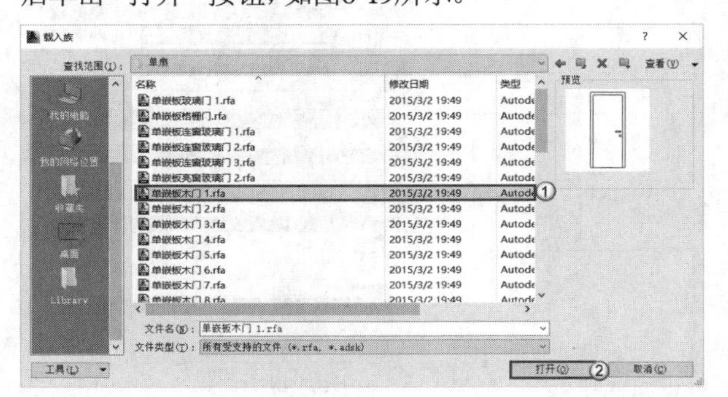

图6-19

第4步：单击“属性”面板中的类型选择下拉菜单，即可看到载入的门族，如图6-20所示。

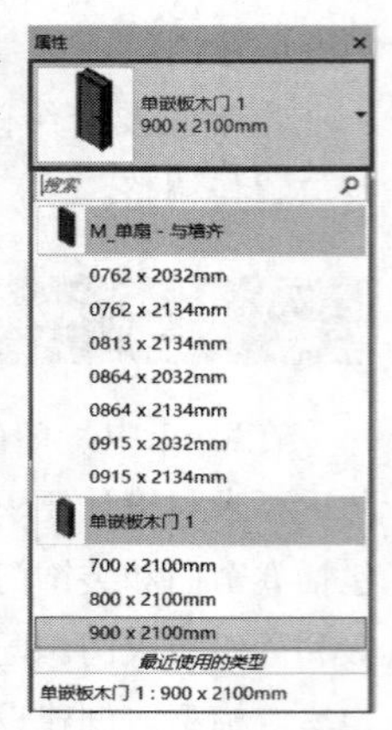

图6–20

2.门的属性调整

将门载入项目后，还需对门的属性进行调整，从而满足设计要求。门属性的设置包括类型属性设置和实例属性设置两种。在操作时通常先设置类型属性，然后设置实例属性。

第1步：在放置门的状态下，单击类型属性下拉菜单中任意一种类型的门，如“单嵌板木门1 900×2100mm”，然后单击“编辑类型”按钮，如图6-21所示。

图6–21

第2步：当前设置为门的类型属性，若想要创建“单嵌板木门1000×2200mm”，在“族”中选择“单嵌板木门1”，单击“类型”下拉菜单，其中并无1000×2200mm尺寸，如图6-22所示。

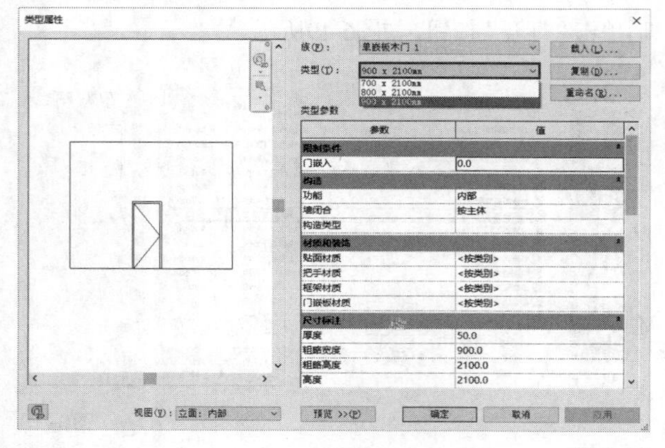

图6–22

第3步：单击“复制”按钮，然后在“名称”对话框中输入“M1000×2200mm”，接着单击“确定”按钮，如图6-23所示。

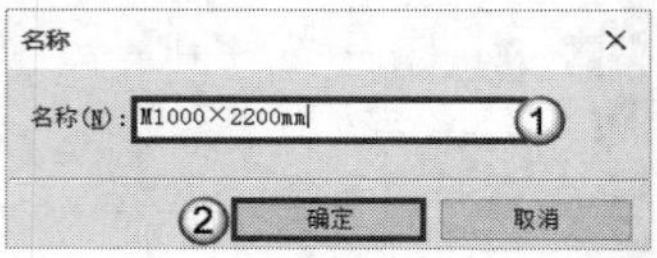

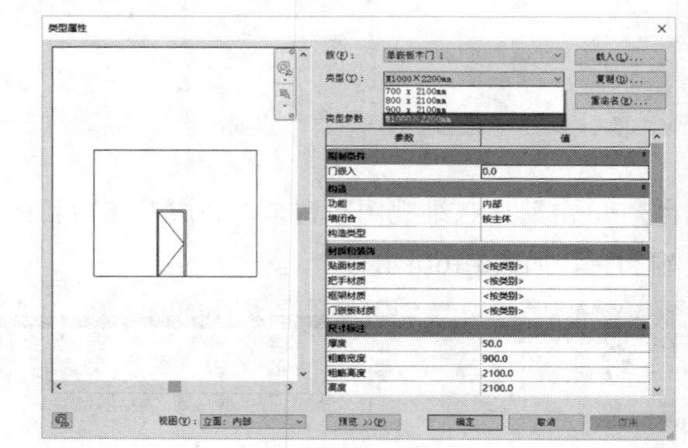

图6–23

第4步：此时“类型”一栏显示尺寸值为M1000×2200mm，如图6-24所示。

图6–24

其他参数可以根据实际需求进行设定。

知识讲解

• **功能**：确定门是内部的（默认）还是外部的，在此使用默认。

• **墙闭合**：门周围的层包络。

• **材质和装饰**：给门赋予某种材质，单击后面的按钮进行添加。

• **厚度**：该值表示门的厚度，输入值“50”。

• **粗略宽度**：门的粗略洞口宽度，输入值“1000”。

• **粗略高度**：门的粗略洞口高度，输入值“2200”。

类型属性设置完成，如图6-25所示。

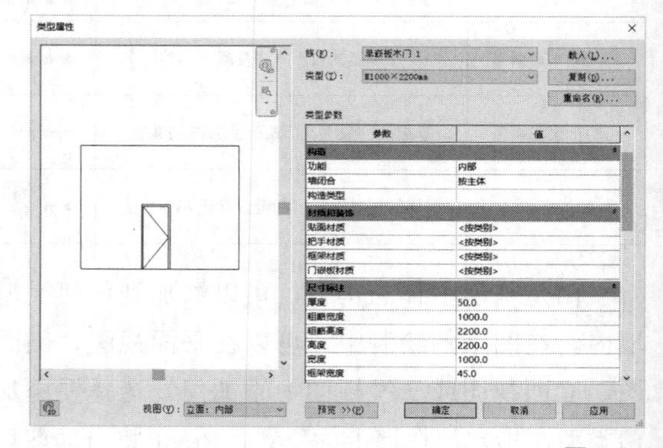

图6–25

完成类型属性设置后进行实例属性设置。

门的实例属性分为“限制条件”“构造”“材质和装饰”“标识数据”“其他”，如图6-26所示。

图6–26

知识讲解

- **底高度**：放置门的底标高，默认值为0。
- **框架类型**：指门的构造类型。
- **标记**：对所选择的图元进行标注设置。
- **顶高度**：放置门的顶部高度，修改此值不会修改门的实际尺寸。

6.2.3 门的布置与调整

1.门的布置

在完成门的载入与属性调整后，即可将门布置到项目中。

单击“建筑”选项卡，然后在“构建”面板中单击“门”按钮，如图6-27所示。

图6–27

在放置门时，可在楼层平面视图中放置，也可以在三维视图、立面视图或剖面视图中放置。

在完成门的属性参数调整后，将光标移动到绘图区进行布置。门是基于主体的构件族，将光标移动到无墙体区域时，显示状态为不能放置；而移动到墙体平面上时，会显示门的平面视图，使用鼠标确定放置的位置并单击，完成门的布置，如图6-28所示。

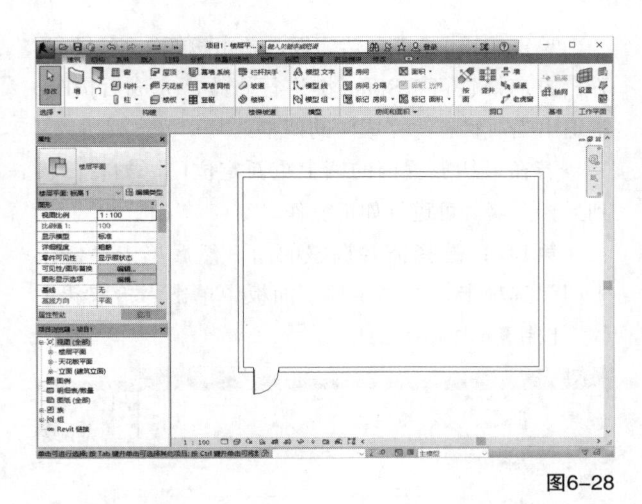

图6–28

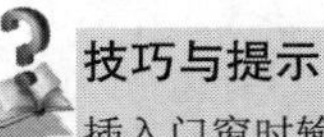

技巧与提示

插入门窗时输入SM，自动捕捉中点插入。

2.门的调整

第1步：将门放置到墙体上后，还需调整门的精确位置、开门方向，以及门板的翻转方向。单击已放置的门构件，此时会激活针对该门的设置符号，如图6-29所示。

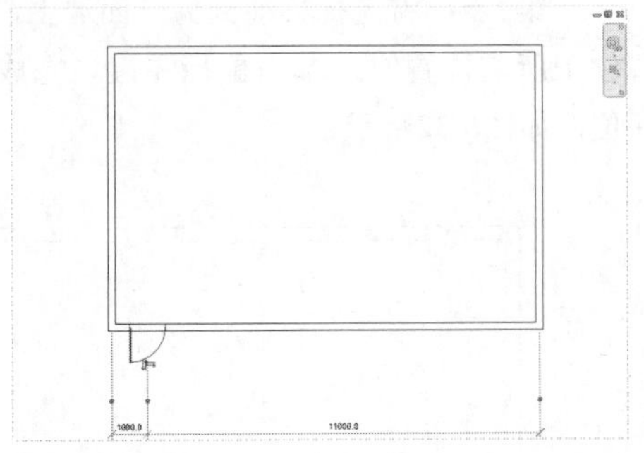

图6–29

第2步：单击临时尺寸标注，输入门与墙之间的相对位置尺寸“800”，然后按Enter键完成准确位置的调整，如图6-30所示。

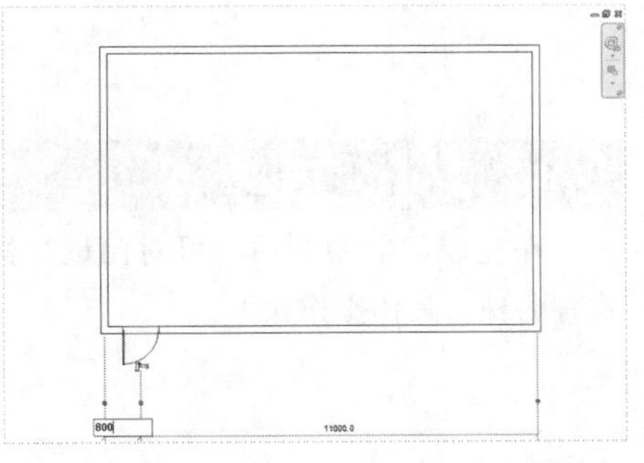

图6–30

单击按钮⇅可以翻转门板，单击按钮⇆可以调整开门方向，也可按Space键进行修改，完成后按Esc键退出当前状态，完成门的调整。

若在最初放置门的墙上重新定位门，如将门移到另一面墙，可进行如下操作。

第1步：选择需要调整的门，然后单击“修改|门”选项卡，在“主体”面板中单击“拾取新主体”按钮，如图6-31所示。

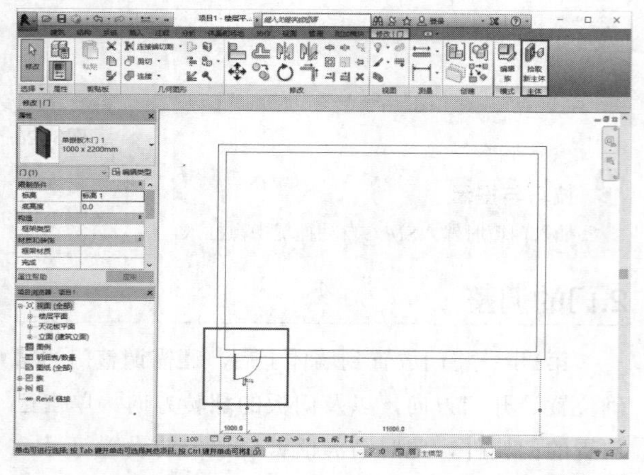

图6-31

第2步：将光标移动到另一面墙上，当预览图像位于所需位置时，单击鼠标左键，完成门的重新定位，如图6-32所示。

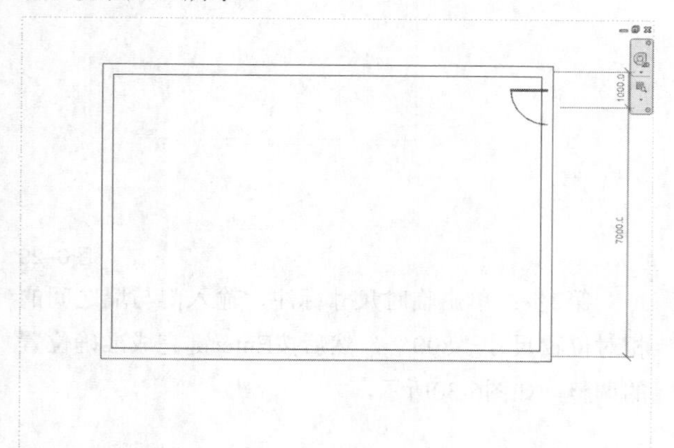

图6-32

6.2.4 门的标记

在完成门的绘制后，可对门进行标记，标记方式有两种，具体操作如下。

1.按类别标记

第1步：在放置门的状态下，单击“属性”对话框中的“编辑类型”按钮，如图6-33所示。

图6-33

第2步：弹出“类型属性”对话框，然后在“类型标记”一栏后输入“M1022”，接着单击“确定”按钮，如图6-34所示。

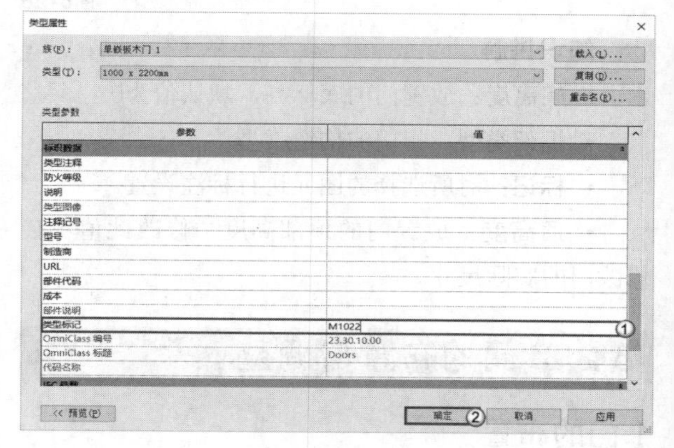

图6-34

第3步：单击“注释”选项卡，然后在“标记”面板中单击“按类别标记”按钮，如图6-35所示。

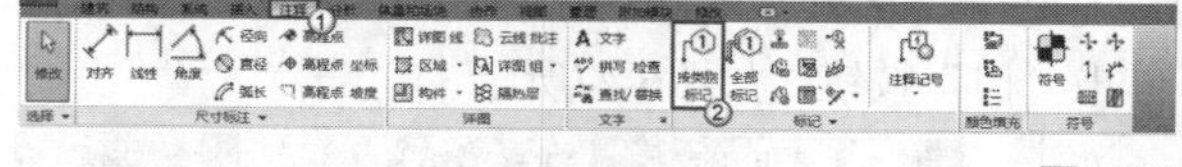

图6-35

第4步：单击需标注的门，用鼠标左键单击按钮✣同时拖曳，将标注移动至合适位置，放开鼠标左键，完成门的标记，如图6-36所示。

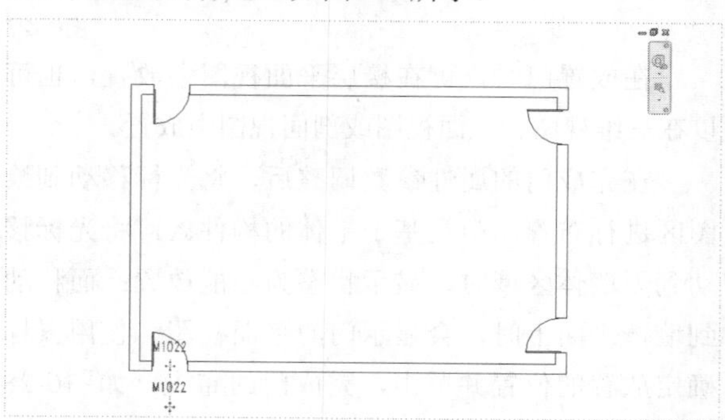

图6-36

2.全部标记

第1步：单击“注释”选项卡，在“标记”面板中单击“全部标记”按钮，如图6-37所示。

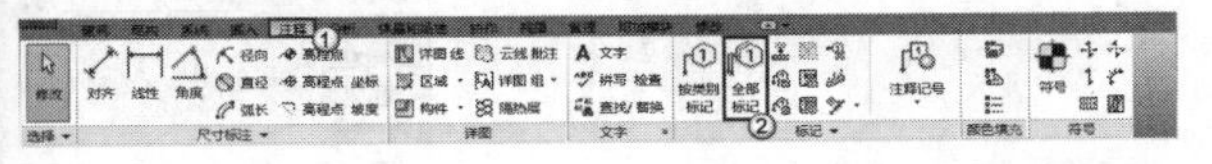

图6-37

第2步：在弹出的“标记所有未标记的对象”对话框中，选择“标记_门”选项，完成后单击“确定”按钮，如图6-38所示。

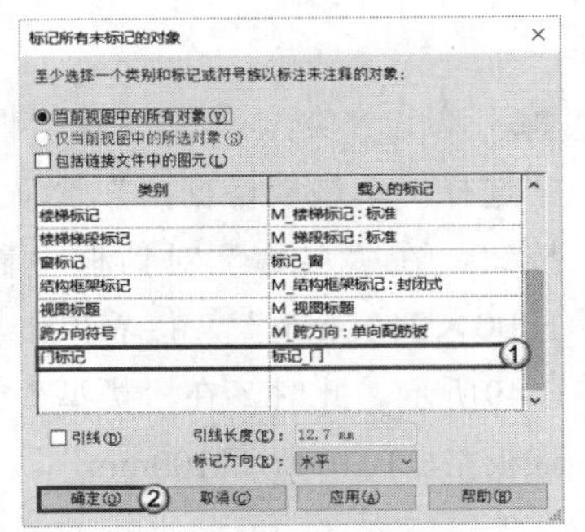

图6-38

第3步：标注完成后可见标注位置并不符合常规制图要求，如图6-39所示。

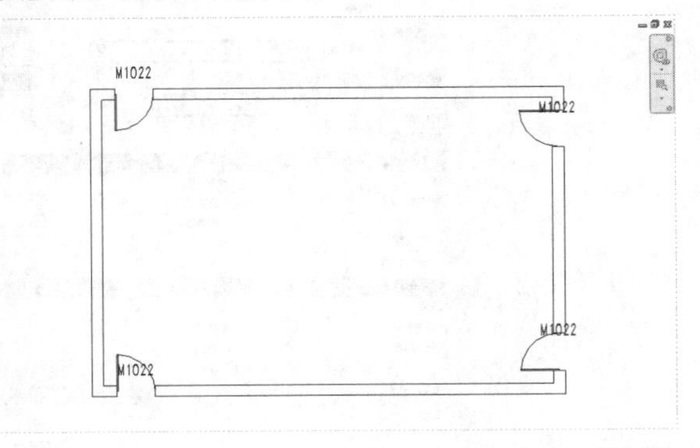

图6-39

第4步：选择水平方向的门，通过如上操作进行标注，然后单击鼠标左键选中门标记，接着单击“移动”按钮进行拖曳，将标注移动至合适位置，完成标注，如图6-40所示。

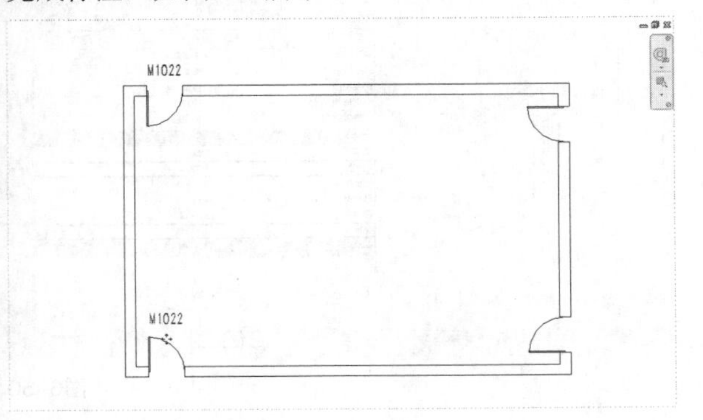

图6-40

第5步：选择垂直方向的门，单击“注释”选项卡，然后在“标记”面板中单击“全部标记”按钮，如图6-41所示。

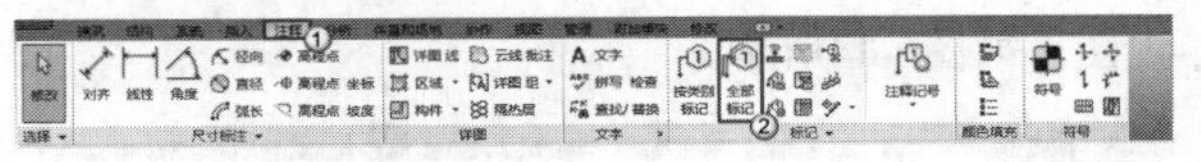

图6-41

第6步：在弹出的“标记所有未标记的对象”对话框中，选择“标记_门”选项，然后选择标记方向为“垂直”，完成后单击“确定”按钮，如图6-42所示。

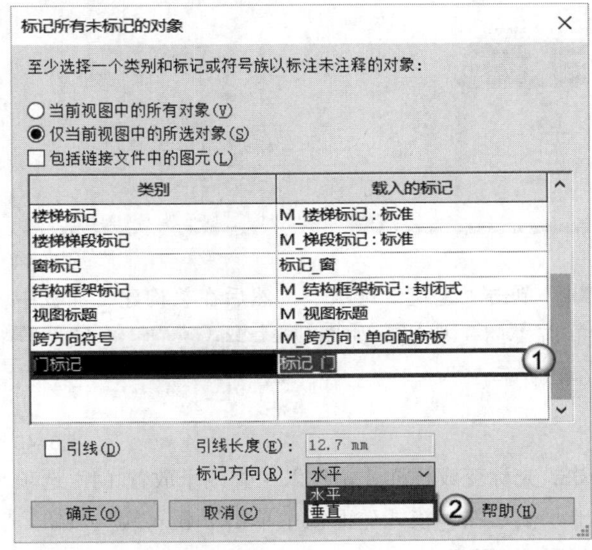

图6-42

第7步：按住Ctrl键加选垂直方向的两个门，然后按Tab键切换识别标注，通过鼠标左键选中标记同时拖曳，将标注移动至合适位置，完成标注，如图6-43所示。

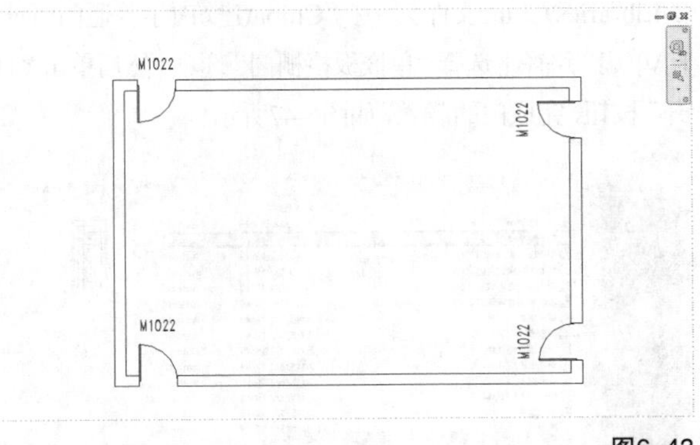

图6-43

典型实例：门的添加

场景位置	场景文件>CH06>02建筑-墙-轴网.rvt
视频位置	视频文件>CH06>02典型实例：门的添加.mp4
难易指数	★★☆☆☆
技术掌握	在项目中载入门，调整属性及布置

01 打开学习资源中的“场景文件>CH06>02建筑-墙-轴网.rvt”文件，在“项目浏览器”中展开楼层平面目录，接着双击“标高1”，进入标高1楼层平面视图，如图6-44所示。

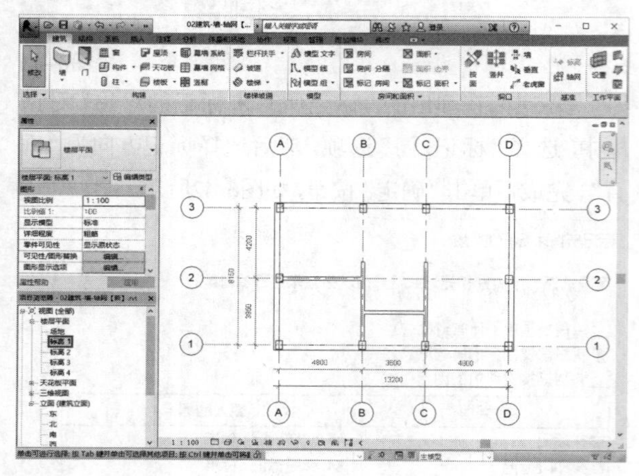

图6–44

02 单击“建筑”选项卡，然后在“构建”面板中单击“门”按钮，如图6-45所示。

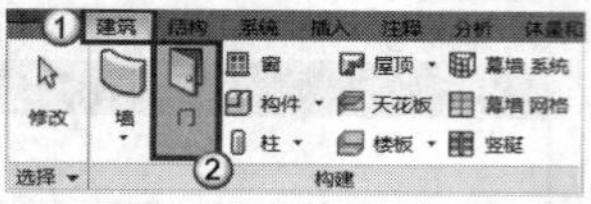

图6–45

03 光标变成柱样式，进入“修改丨放置 门”选项卡，然后在“模式”面板中单击“载入族”按钮，如图6-46所示。

图6–46

04 弹出“载入族”对话框，且自动打开Revit安装路径下的Libraries\China文件夹，在“China\建筑\门\普通门\平开门\单扇”路径下选择“单嵌板格栅门”选项，然后单击“打开”按钮，完成门的载入，如图6-47所示。

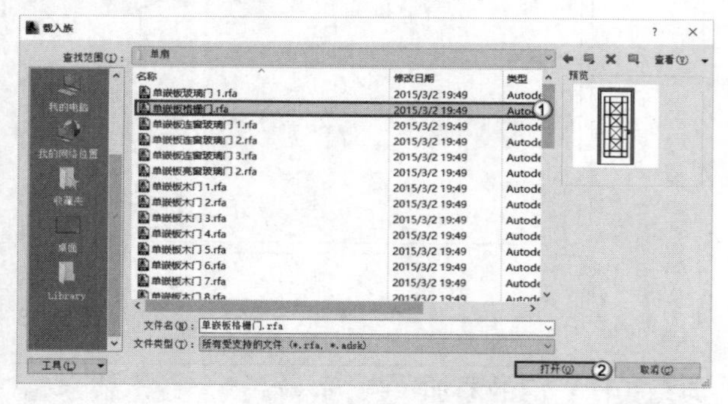

图6–47

05 在放置门的状态下，单击“属性”对话框中的“编辑类型”按钮，如图6-48所示。

图6–48

06 弹出“类型属性”对话框，在“族”参数栏中选择“单嵌板格栅门”选项，然后单击“复制”按钮，在“名称”对话框中输入“单嵌板格栅门1000×2100mm”，接着单击“确定”按钮，如图6-49所示。此时，在“类型”参数栏中将显示“单嵌板格栅门1000×2100mm”。

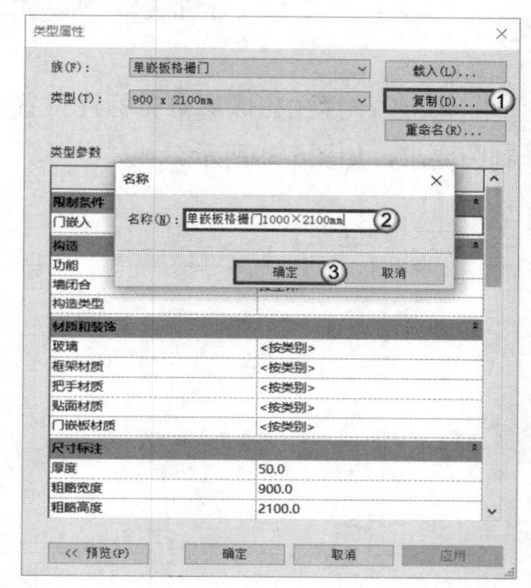

图6–49

07 修改尺寸标注中“粗略宽度”和“宽度”为1000.0，完成类型属性的设置，如图6-50所示。

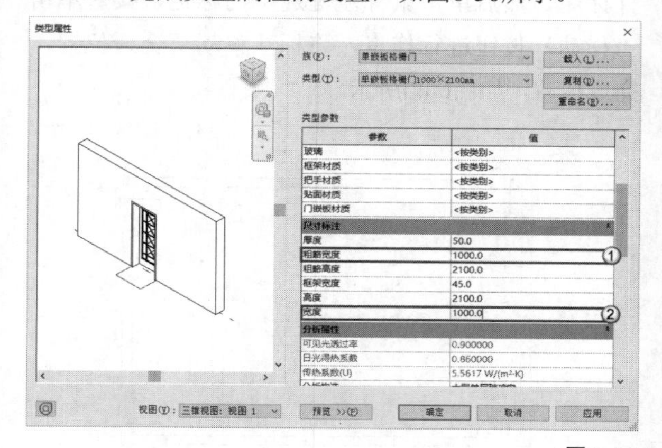

图6–50

08 切换操作视图，在此选择在楼层平面视图中放置。将光标移动到墙体平面上时，显示门的平面视图，使用鼠标确定位置并单击，完成门的布置，如图6-51所示。

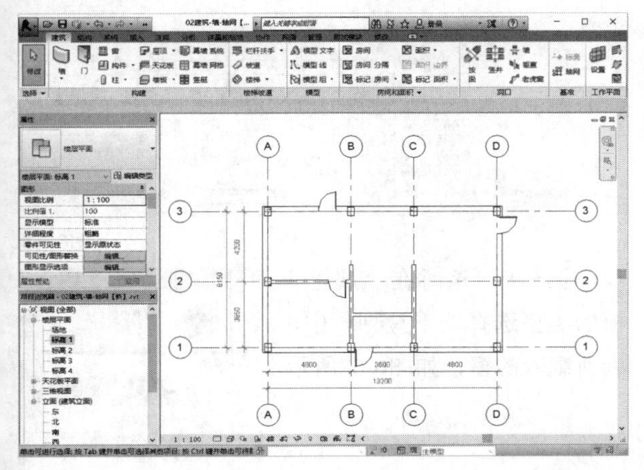

图6-51

09 单击已放置的门构件，此时会激活针对该门的设置符号，单击临时尺寸标注，输入门与墙之间的相对位置尺寸“800”，按Enter键完成准确位置的调整，如图6-52所示。

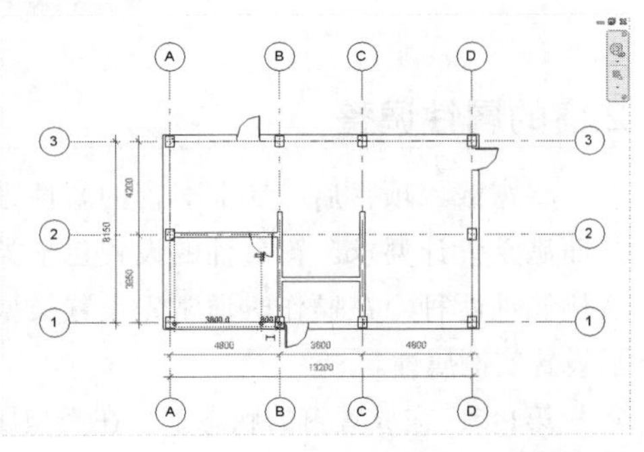

图6-52

10 单击“对齐”按钮，或使用快捷键A+L，单击选择参照对象。调整完成后按Esc键退出操作，如图6-53所示。

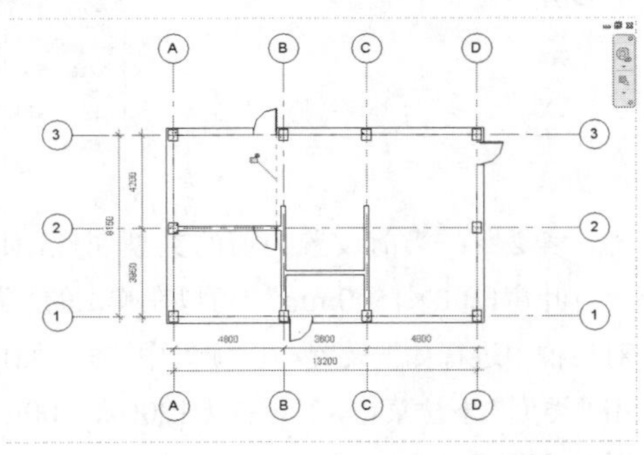

图6-53

11 双击展开“楼层平面”，选择“标高1”，进入一层平面视图，然后选择门，接着单击“复制到剪贴板”按钮，如图6-54所示。

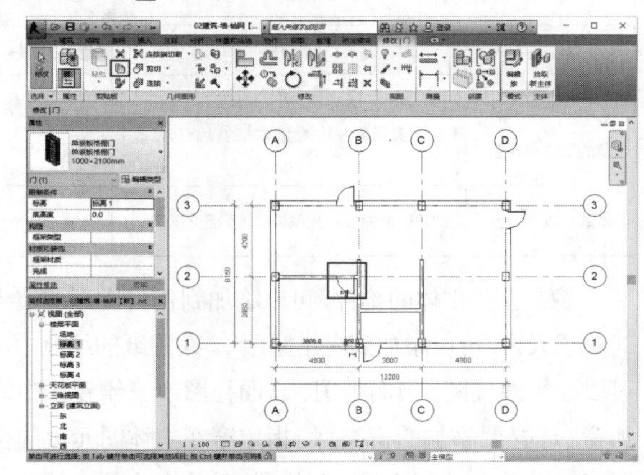

图6-54

12 单击“粘贴”按钮，然后选择“与选定的标高对齐”命令，如图6-55所示。

13 弹出“选择标高”对话框，然后选择“标高2”和“标高3”选项，接着单击“确定”按钮，即可完成门的复制，如图6-56所示。

图6-55 图6-56

14 单击默认三维视图按钮，完成门的布置，如图6-57所示。

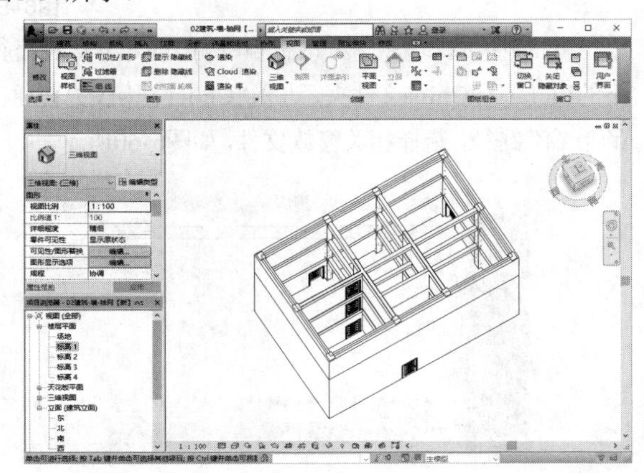

图6-57

6.3 窗

本节知识概要

知识名称	作用	重要程度
窗的载入	掌握窗的载入方法	★★☆☆☆
窗的属性与调整	了解窗实例属性与类型属性的设置与修改方法	★★★☆☆
窗的布置与调整	掌握窗的插入及精确位置调整的方法	★★★☆☆

窗是基于主体的构件，可以添加到任何类型的墙内（对于天窗，可以添加到内建屋顶）。在图纸的绘制中，可以在平面视图、剖面视图、立面视图或三维视图中添加窗。选择要添加的窗类型，指定窗在主体图元上的位置，Revit 将自动剪切洞口并放置窗。本节主要介绍窗的类型、载入与属性调整，以及放置与调整。

6.3.1 窗的载入与属性调整

窗与门的载入方法相同，可以通过载入族的方式将项目中需要的窗类型载入，通过调整窗的参数信息以满足设计的要求。

1.窗的载入

第1步：单击“建筑”选项卡，然后在“构建”面板中单击“窗”按钮，如图6-58所示。

图6-58

第2步：进入“修改|放置 窗” 选项卡，在“模式”面板中单击“载入族”按钮，如图6-59所示。

图6-59

第3步：“载入族”对话框自动打开Revit安装路径下的Libraries\China文件夹，进入“China\建筑\窗\普通窗\百叶窗”路径，选择相关窗族文件，如图6-60所示。

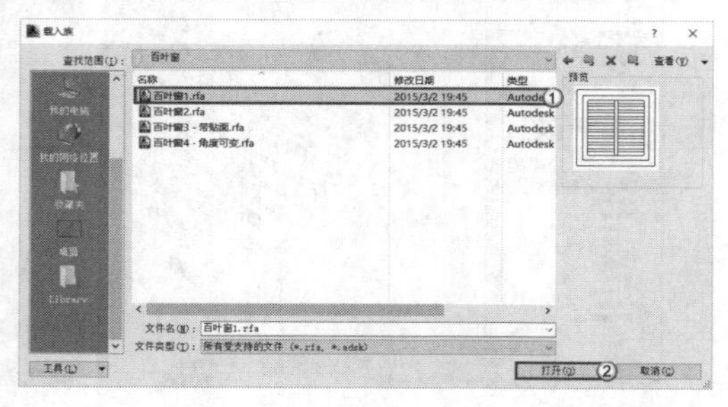

图6-60

第4步：单击“打开”按钮，弹出“指定类型”选择面板，接着在面板中选择项目需要的窗尺寸类型，在此以“900×900mm”为例，完成后单击“确定”按钮，将选择的族文件载入当前项目，如图6-61所示。

图6-61

第5步：这时在“属性”面板的类型选择器下拉列表中可找到新载入的窗，如图6-62所示。

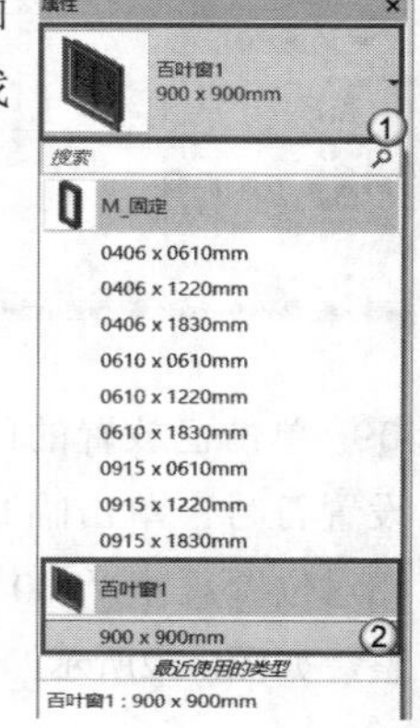

图6-62

2.窗的属性调整

将窗载入项目后，还需对窗的属性进行调整，从而满足设计要求。窗属性的设置包括类型属性和实例属性两种。在操作时通常先设置类型属性，然后设置实例属性。

第1步：在放置窗的状态下，在类型属性下拉菜单中任意选择一种类型的窗，如“百叶窗1 900×900mm”，然后单击“编辑类型”按钮，如图6-63所示。

图6-63

第2步：当前设置为窗的类型属性，如果需创建“百叶窗1200×1500mm”，可以在弹出的“类型属性”对话框中进行如下设置。在“族”中选择“百叶窗1”，单击“类型”下拉菜单，其中并无1200×1500mm尺寸，如图6-64所示。

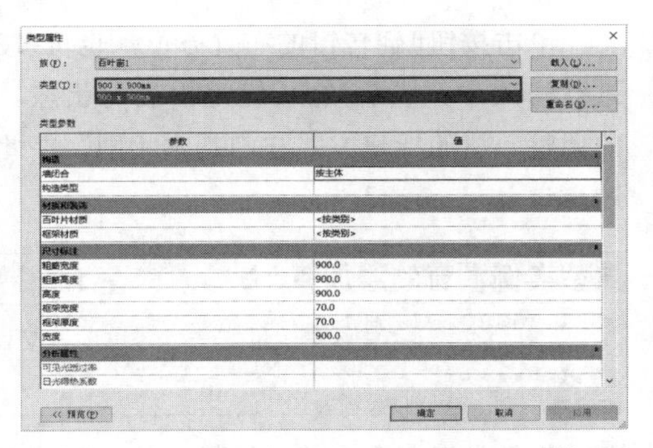

图6-64

第3步：单击“复制”按钮，在“名称”对话框中输入“C1200×1500mm”，然后单击“确定”按钮，如图6-65所示。此时“类型”中便出现C1200×1500mm，如图6-66所示。

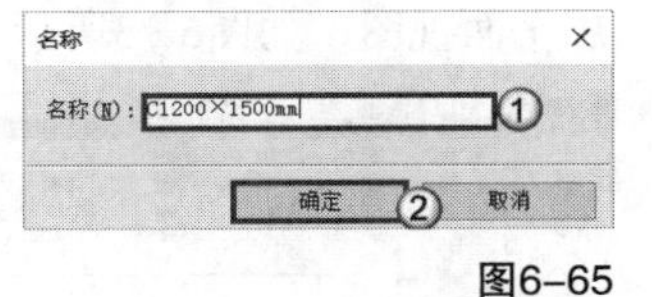

图6-65

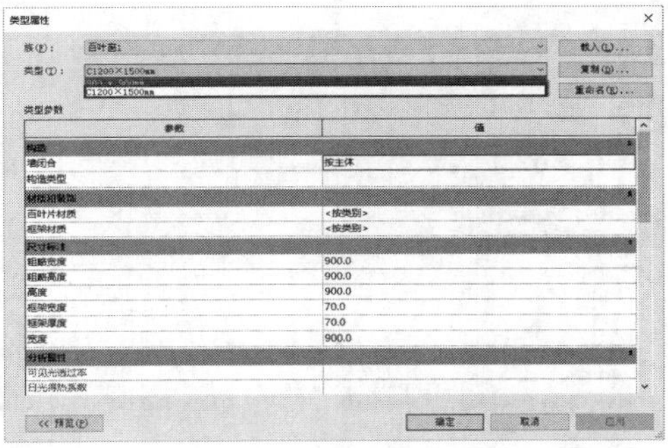

图6-66

知识讲解

• **墙闭合**：用于设置窗周围的层包络，替换主体中的任何设置。

• **粗略宽度**：窗的粗略洞口宽度，输入值“1200”。

• **粗略高度**：窗的粗略洞口高度，输入值“1500”。

类型属性设置完成，如图6-67所示。

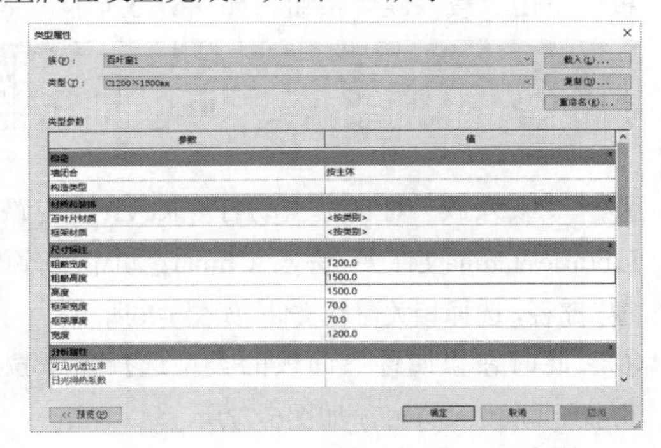

图6-67

完成类型属性设置后进行实例属性设置。窗的实例属性分为“限制条件”“图形”“标识数据”“其他”，如图6-68所示。

图6-68

知识讲解

• **底高度**：指定相对于放置此实例的标高的底高度，默认值为900.0，修改此值不会修改实例尺寸。

• **注释**：显示输入或从下拉列表中选择的注释，输入注释后，便可以为同一类别中图元的其他实例选择该注释，无须考虑类型或族。

• **标记**：通过为放置的每个实例按1递增标记值来标记类别中的实例。例如，默认情况下在项目中放置的第一扇窗的“标记”值为1，接下来放置的窗的“标记”值为2，无须考虑窗类型。如果将此值修改为另一扇窗已使用的值，则Revit将发出警告，但仍允许继续使用此值。

• **顶高度**：放置的窗的顶部高度，修改此值不会修改窗的实际尺寸。

6.3.2 窗的布置与调整

1.窗的布置

在完成窗的载入和属性调整后，即可将窗插入项目中的相关位置。单击“建筑”选项卡，然后在“构建”面板中单击“窗”按钮，如图6-69所示。

图6-69

切换布置窗的操作视图，可在楼层平面视图中放置，也可以在三维视图、立面视图或剖面视图中放置。

在完成属性参数调整后，将光标移动到绘图区进行布置。窗是基于主体的构件族，将光标移动到无墙体区域时，显示状态为不能放置；而移动到墙体平面上时，会显示窗的平面视图，使用鼠标确定位置并单击，完成窗的布置，如图6-70所示。

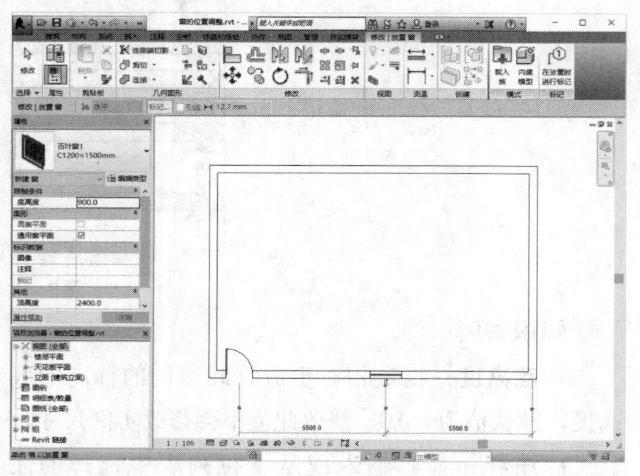

图6-70

2.窗的调整

将窗放置到墙体上后，还需调整窗的精确位置和布置方位。单击已放置的窗构件，此时会激活针对该窗的设置符号，如图6-71所示。

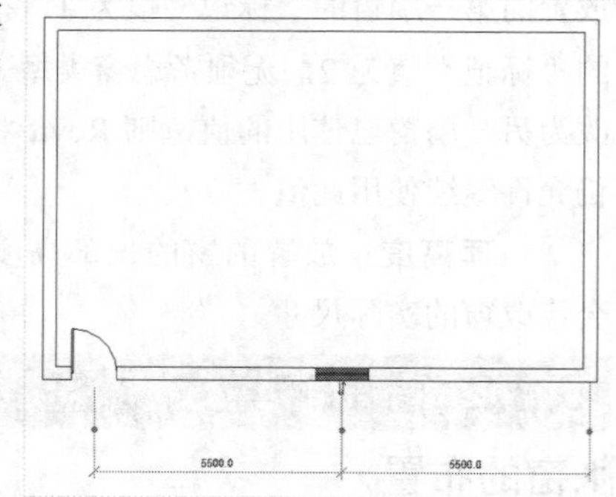

图6-71

单击临时尺寸标注，输入窗与墙之间相对位置尺寸“4800”，然后按Enter键完成窗准确位置的调整，如图6-72所示。

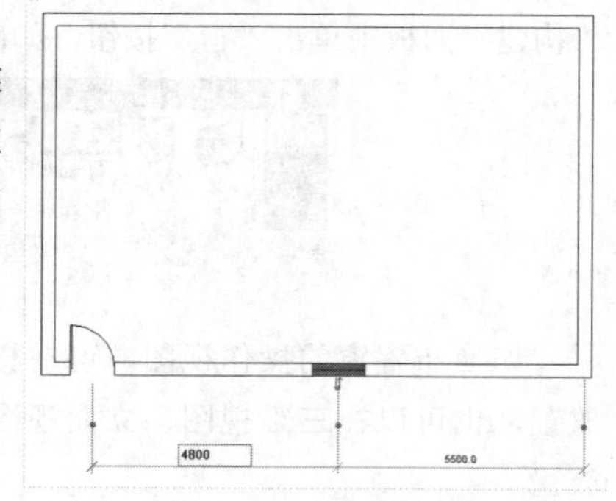

图6-72

单击按钮⇅翻转窗的布置方位，也可按Space键进行修改，完成后按Esc键退出当前状态，完成窗的调整。窗的标记方式与门基本相同，在此不再赘述。

典型实例：窗的添加

场景位置	场景文件>CH06>02建筑-墙门-轴网.rvt
视频位置	视频文件>CH06>02典型实例：窗的添加.mp4
难易指数	★★☆☆☆
技术掌握	在项目中载入窗，调整属性及布置

01 打开学习资源中的“场景文件>CH06>02建筑-墙门-轴网.rvt”文件，然后在“项目浏览器”中展开楼层平面目录，接着双击“标高1”，进入标高1楼层平面视图，如图6-73所示。

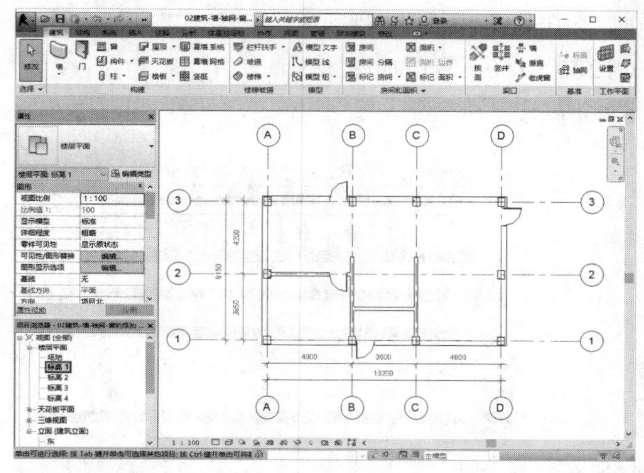

图6-73

02 单击“建筑”选项卡，然后在“构建”面板中单击“窗”按钮，如图6-74所示。

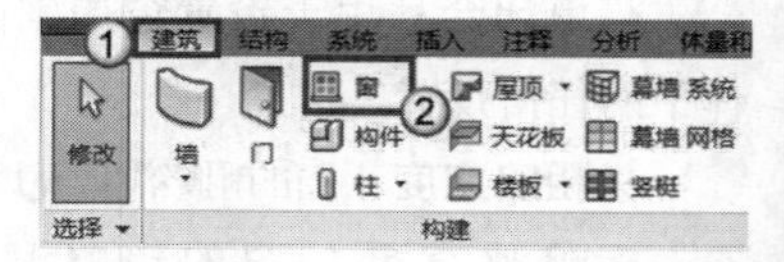

图6-74

03 进入“修改 | 放置 窗”选项卡，在“模式”面板中单击“载入族”按钮，如图6-75所示。

图6-75

04 “载入族”对话框自动打开Revit安装路径下的Libraries\China文件夹，进入“China\建筑\窗\普通窗\平开窗”路径，选择相关窗族文件，如图6-76所示。

05 此时在“属性”面板的类型选择器下拉列表中可找到新载入的窗，如图6-77所示。

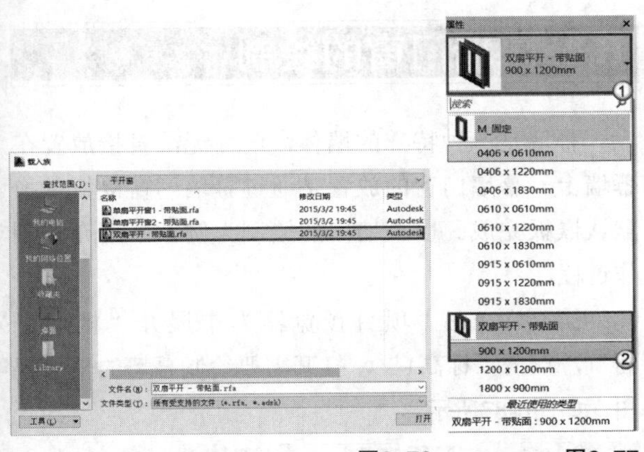

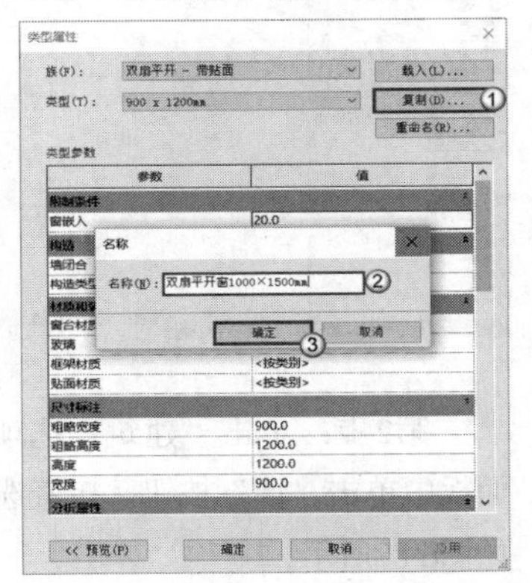

图6-76 图6-77

06 在放置窗的状态下，单击“属性”对话框中的“编辑类型”按钮。

07 在“族”中选择“双扇平开-带贴面”选项，单击“复制”按钮，然后在“名称”对话框中输入“双扇平开窗1000×1500mm”，接着单击“确定”按钮，如图6-78所示。此时“类型”一栏将会显示“双扇平开窗1000×1500mm”。

图6-78

08 修改尺寸标注中的“粗略宽度”为1000.0，“粗略高度”为1500.0，类型属性设置完成，如图6-79所示。

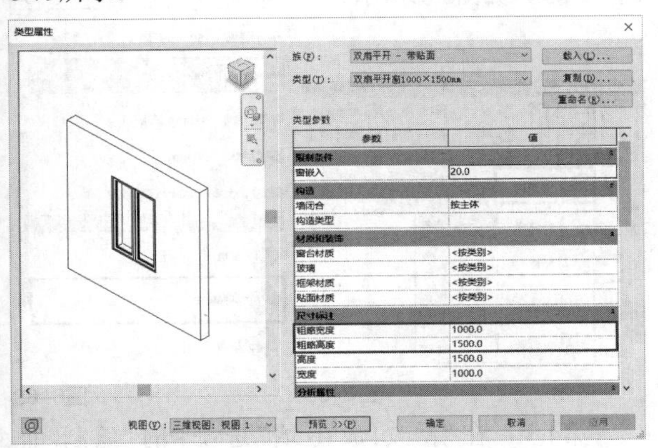

图6-79

09 切换操作视图，在此选择在楼层平面视图中放置。将光标移动到墙体平面上时，显示窗的平面视图，使用鼠标确定位置并单击，完成窗的布置，如图6-80所示。

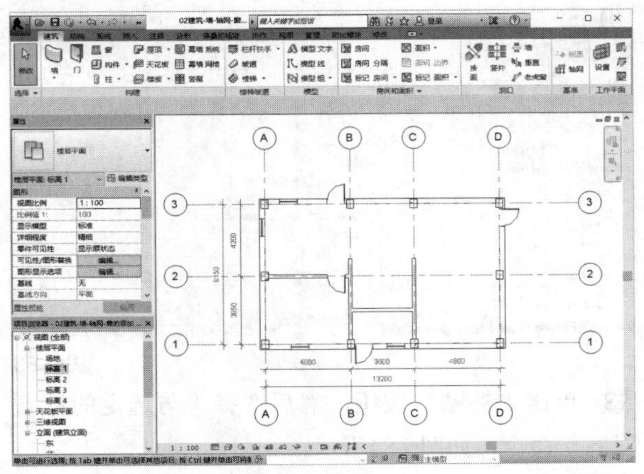

图6-80

10 双击展开“楼层平面”，选择“标高1”，进入一层平面视图，然后选择全部图元，接着单击“选择”面板中的“过滤器”按钮，如图6-81所示。

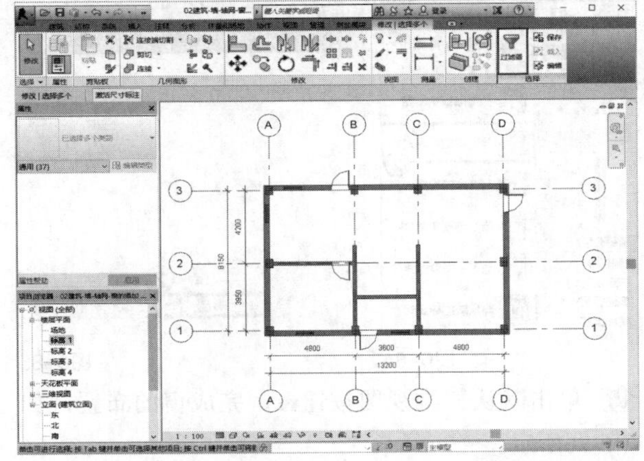

图6-81

11 在弹出的“过滤器”对话框中勾选“窗”选项，然后单击“确定”按钮完成选择，如图6-82所示。

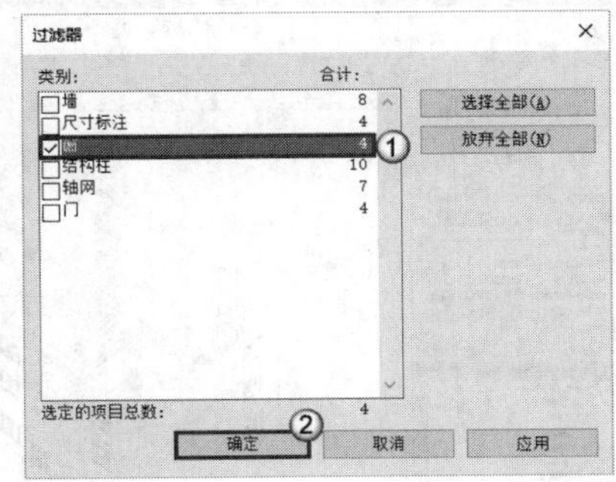

图6-82

12 单击“剪贴板”面板中的“复制到剪贴板”按钮，如图6-83所示。

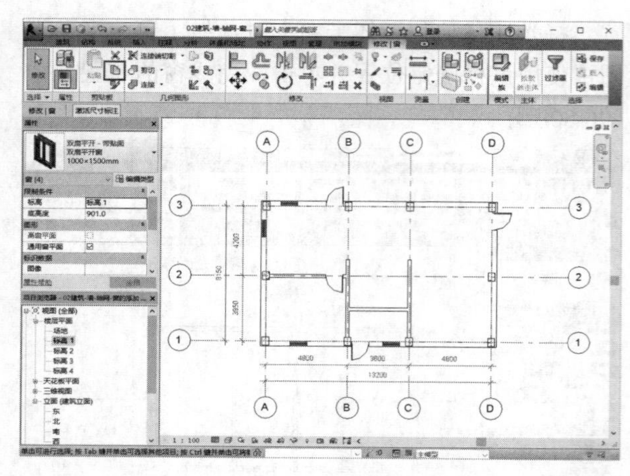

图6-83

13 单击"粘贴"按钮，然后选择"与选定的标高对齐"命令，如图6-84所示。

14 弹出"选择标高"对话框，选择"标高2"和"标高3"，单击"确定"按钮，完成窗的复制，如图6-85所示。

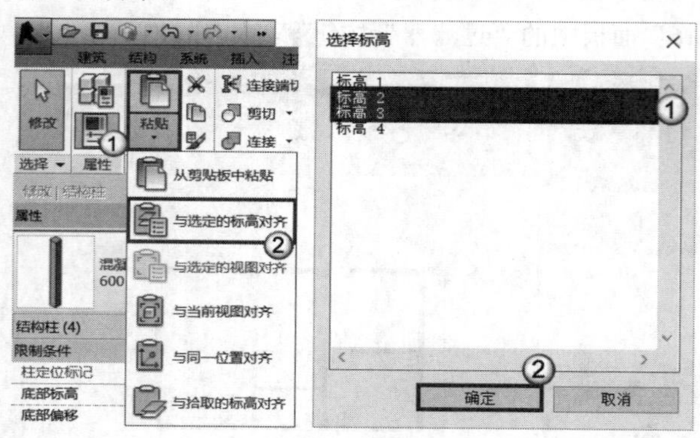

图6-84　图6-85

15 单击默认三维视图按钮，完成窗的布置，如图6-86所示。

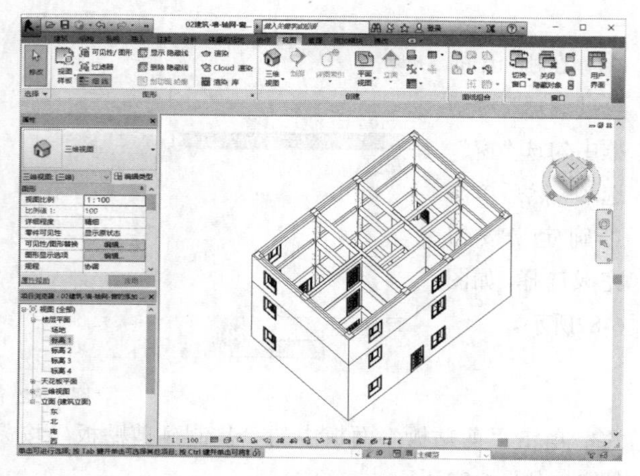

图6-86

6.4 幕墙门窗的绘制

幕墙是一种特殊的墙体，门窗无法直接放置在幕墙上。幕墙门窗的放置是通过幕墙门窗嵌板替换默认嵌板完成。以幕墙门的绘制为例，下面介绍制作过程。

第1步：在"项目预览器"中展开"楼层平面"，双击"标高1"，打开需要绘制幕墙的平面视图，如图6-87所示。

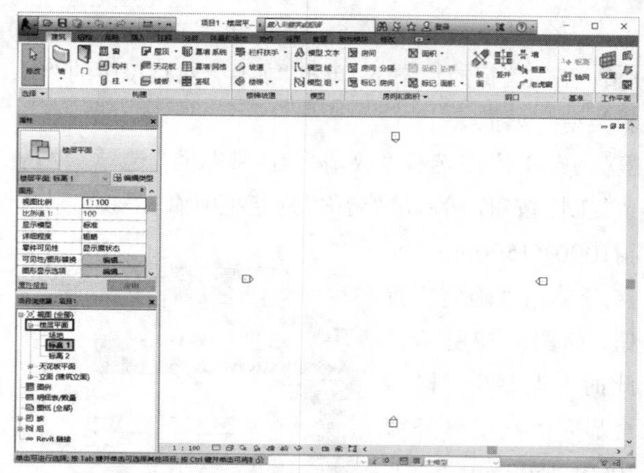

图6-87

第2步：单击"建筑"选项卡，然后在"构建"面板中单击"墙"按钮，接着选择"墙:建筑"命令，如图6-88所示。

第3步：在"属性"对话框中，单击实例属性类型下拉菜单，可看到幕墙类型，然后单击选择"外部玻璃"选项，如图6-89所示。

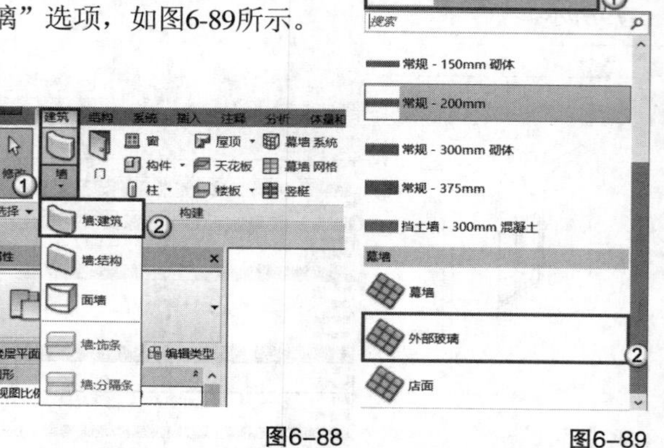

图6-88　图6-89

第4步：在"修改|放置 墙"选项卡的"绘制"面板中单击"直线"按钮，如图6-90所示。

图6-90

第5步：在绘图区中指定位置为幕墙的起点，拖曳鼠标到另一位置单击，作为幕墙的终点，如图6-91所示。

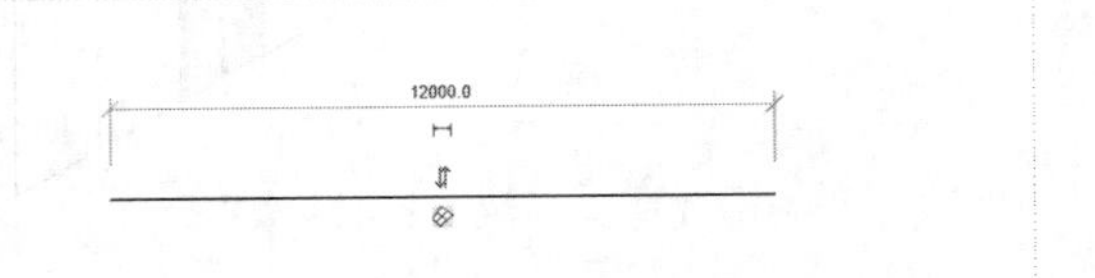

图6-91

第6步：单击默认三维视图按钮，选择前视图，如图6-92所示。

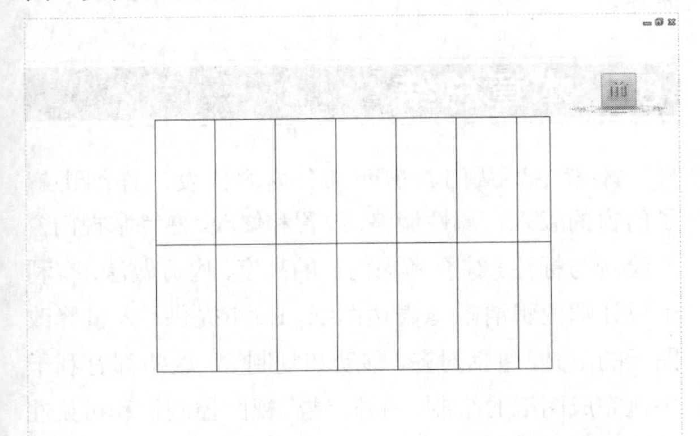

图6-92

第7步：单击选择需要自动划分网格的幕墙图元，图元将高亮显示，如图6-93所示。

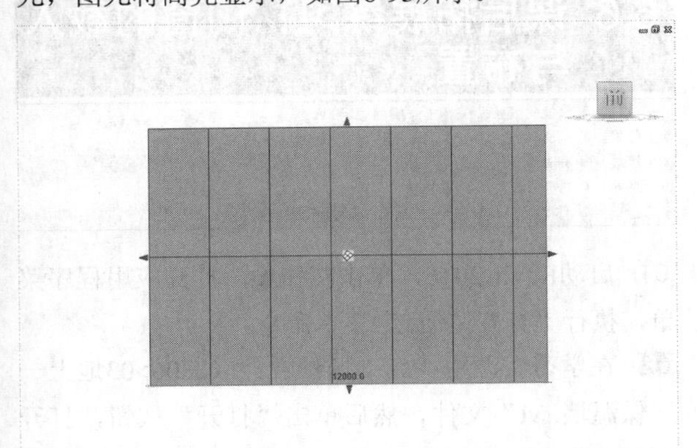

图6-93

第8步：单击“属性”面板中的“编辑类型”按钮，进入“类型属性”对话框，然后设置幕墙的布局模式和相关间距，如图6-94所示。

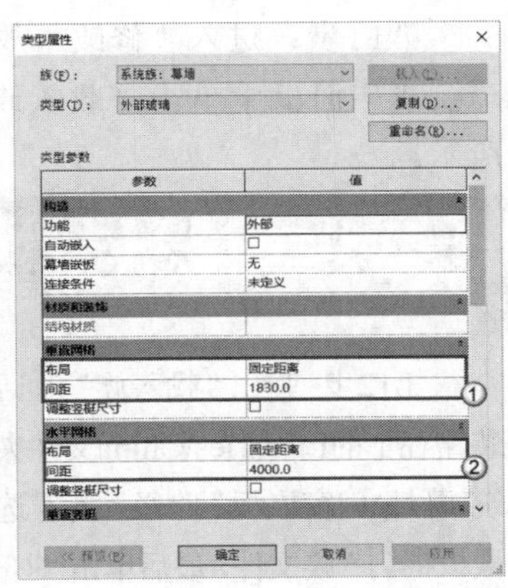

图6-94

第9步：垂直网格布局方式选择“固定距离”，输入间距值“2000”，水平网格布局方式选择“固定距离”，输入间距值“4000”，完成后单击“确定”按钮，如图6-95和图6-96所示。

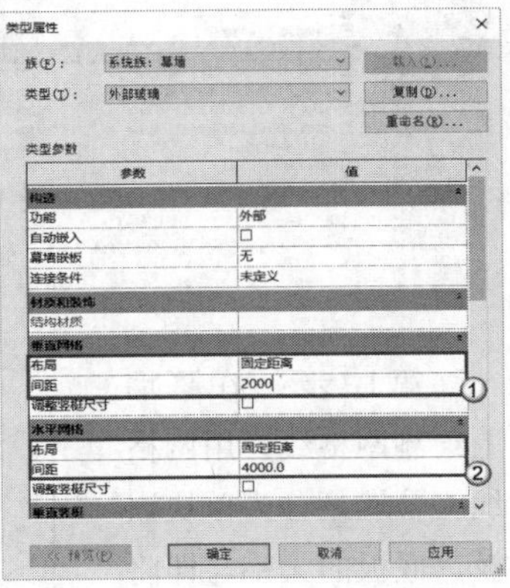

图6-95

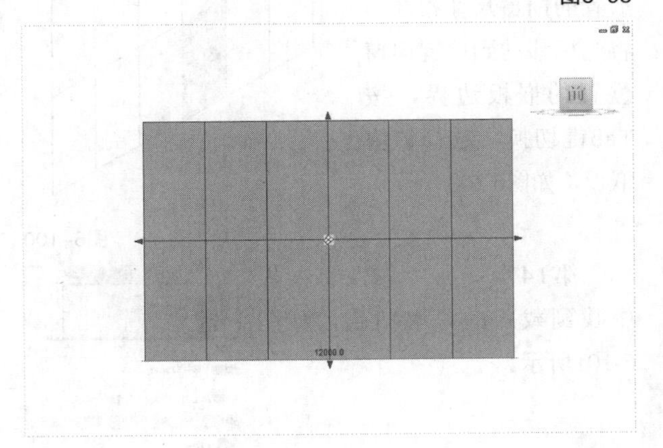

图6-96

第10步：单击“建筑”选项卡，然后在“构建”面板中单击“门”按钮，如图6-97所示。

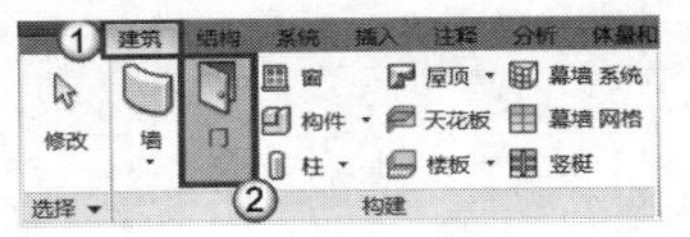

图6-97

第11步：进入“修改 | 放置 门”选项卡，在“模式”面板中单击“载入族”按钮，如图6-98所示。

图6-98

第12步：弹出“载入族”对话框并自动打开Revit安装路径下的Libraries\China文件夹，然后进入“China\建筑\幕墙\门窗嵌板”路径，接着选择“门嵌板 50-70 双嵌板铝门”族文件，最后单击“打开”按钮，完成门窗嵌板的载入，如图6-99所示。

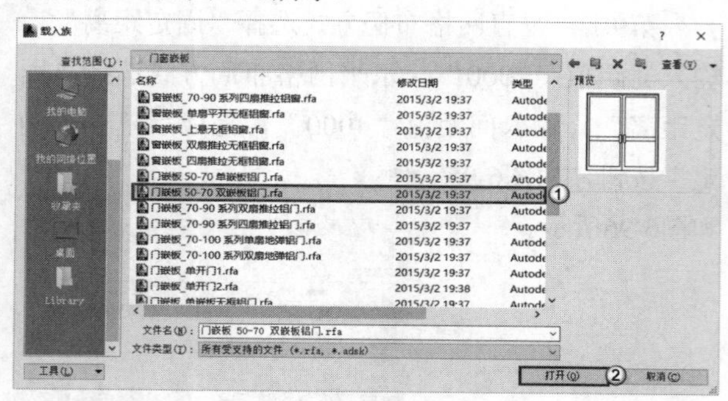

图6-99

第13步：在幕墙上绘制网格线，用网格线将幕墙划分为单块嵌板，嵌板的大小与即将放置的门窗尺寸相同。将光标移动到放置门窗位置的嵌板边界，按Tab键切换，选择该块嵌板，如图6-100所示。

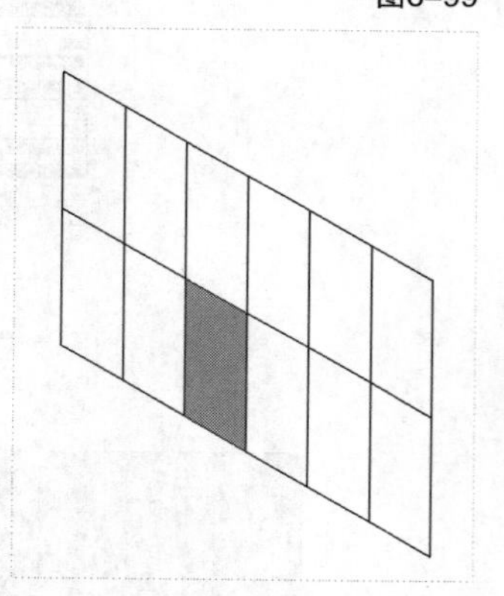

图6-100

第14步：在“属性”面板中找到载入的幕墙门族，如图6-101所示。

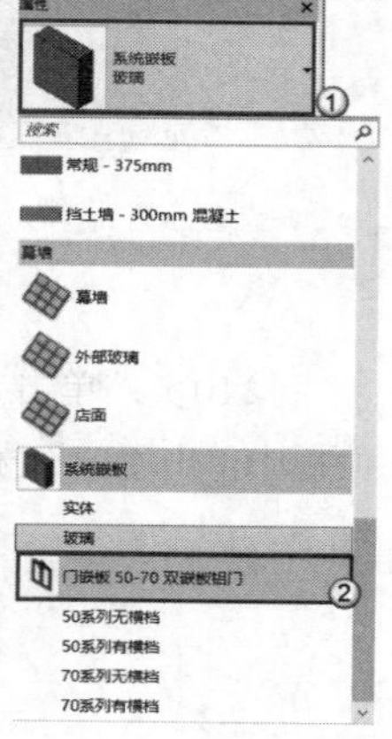

图6-101

第15步：单击选择“70系列无横档”，完成幕墙门的置换，如图6-102所示。

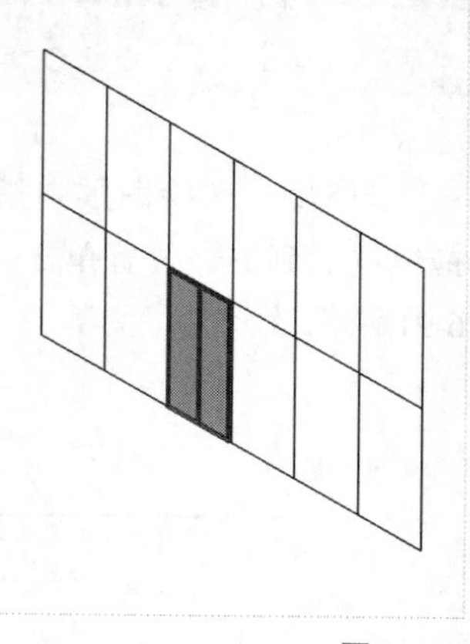

图6-102

幕墙窗的绘制方法与幕墙门的相同，在此不再赘述。

6.5 本章总结

本章主要从门、窗两部分内容出发，详细讲解了门窗的载入、属性调整、放置和修改。熟练掌握门窗的绘制与标注，综合考虑门窗的高度、构造做法，有利于设计师逻辑清晰地表达图纸。Revit提供了大量修改图元的工具，包括对齐、移动和复制等，这些都有利于快速完成图纸的绘制。另外，结合视图控制栏和可见性的功能，可以切换图纸不同显示模式和显示内容，有助于图元观察和编辑。

6.6 课后拓展练习：门窗的载入与布置

场景位置：	场景文件>CH06>03地上一层保温墙.rvt
视频位置：	视频文件>CH06>03课后拓展练习：门窗的载入与布置.mp4
实用指数：	★★★☆☆
技术掌握：	门与窗的载入、调整与布置
学习目标	学习导入素材、创建合成、制作动画和输出影片的方法

01 启动Revit 2016，单击按钮，打开应用程序菜单，执行“打开>项目”菜单命令。

02 在学习资源中找到“场景文件>CH06>03地上一层保温墙.rvt”文件，然后单击“打开”按钮，打开项目文件，如图6-103所示。

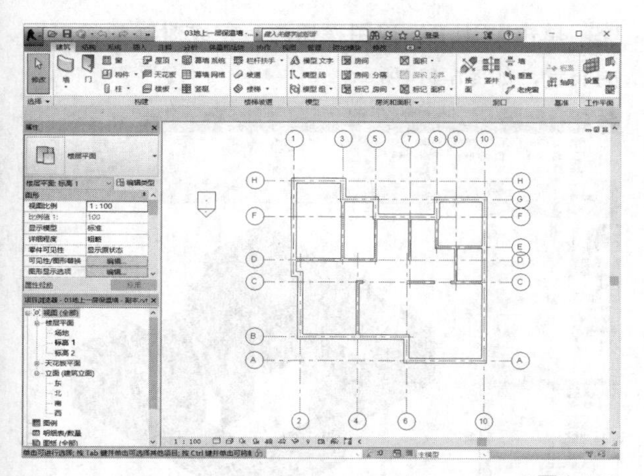

图6-103

03 单击“建筑”选项卡，然后在“构建”面板中单击“门”按钮，如图6-104所示。

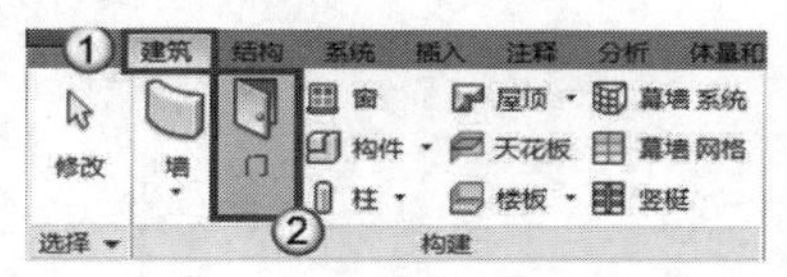

图6-104

04 进入“修改 | 放置 门”选项卡，在“模式”面板中单击“载入族”按钮，如图6-105所示。

图6-105

05 “载入族”对话框自动打开Revit安装路径下的Libraries\China文件夹，进入“China\建筑\门\普通门\平开门\单扇”路径，选择相关门族文件单击“打开”按钮，完成门的载入，如图6-106所示。

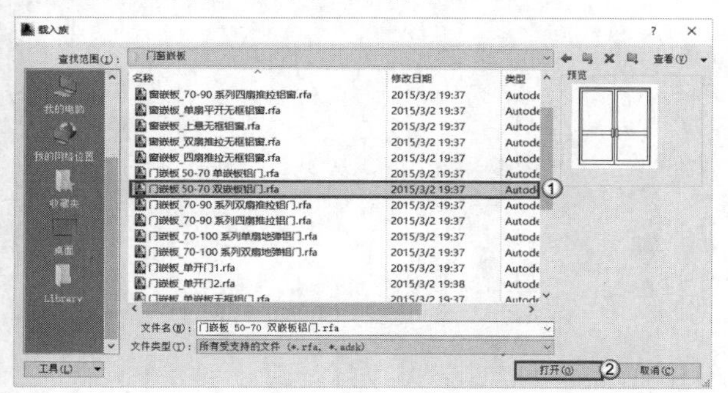

图6-106

06 单击“属性”面板的类型选择下拉菜单，即可看到载入的门族，在其中选择一种类型的门“单嵌板木门1 900×2100mm”，如图6-107所示。

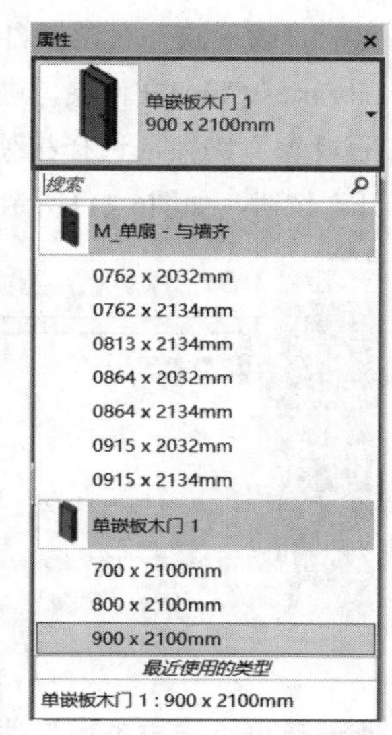

图6-107

07 将光标移动到墙体平面上时，会显示门的平面视图，使用鼠标确定位置并单击，完成门的布置，如图6-108所示。

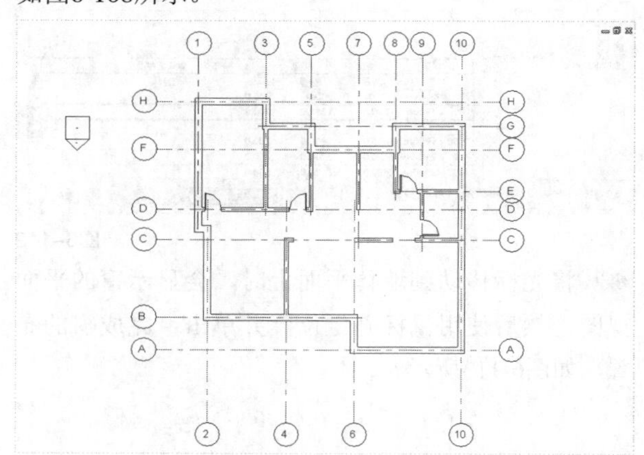

图6-108

08 单击“建筑”选项卡，然后在“构建”面板中单击“窗”按钮，如图6-109所示。

图6-109

09 进入“修改 | 放置 窗”选项卡，在“模式”面板中单击“载入族”按钮，如图6-110所示。

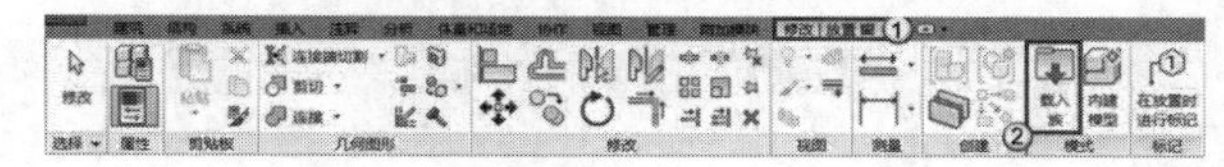

图6-110

10 “载入族”对话框自动打开Revit安装路径下的Libraries\China文件夹，进入“China\建筑\窗\普通窗\百叶窗”路径，选择相关窗族文件，然后单击“打开”按钮，如图6-111所示。

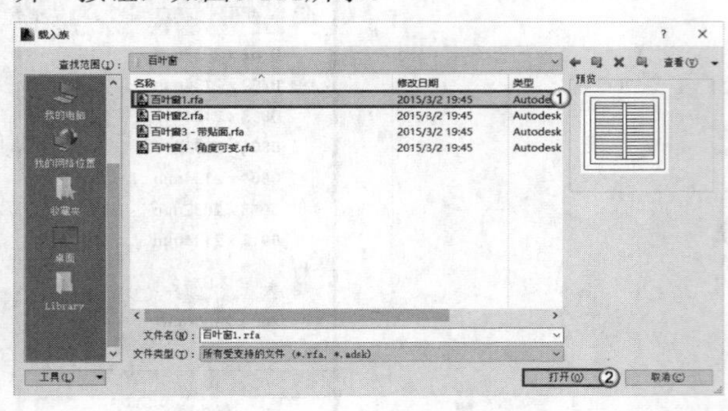

图6-111

11 弹出“指定类型”选择面板，在面板中选择项目需要的窗尺寸类型，在此以1200×1200mm为例，完成后单击“确定”按钮，将选择的族文件载入当前项目，如图6-112所示。

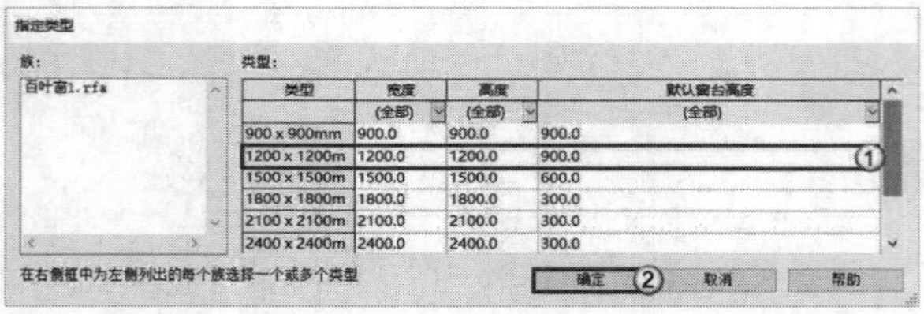

指定类型

族：百叶窗1.rfa

类型：

类型	宽度	高度	默认窗台高度
	(全部)	(全部)	(全部)
900 x 900mm	900.0	900.0	900.0
1200 x 1200mm	1200.0	1200.0	900.0
1500 x 1500mm	1500.0	1500.0	600.0
1800 x 1800mm	1800.0	1800.0	300.0
2100 x 2100mm	2100.0	2100.0	300.0
2400 x 2400mm	2400.0	2400.0	300.0

在右侧框中为左侧列出的每个族选择一个或多个类型

确定　取消　帮助

图6-112

12 将光标移动到墙体平面上时，会显示窗的平面视图，然后使用鼠标确定位置并单击，完成窗的布置，如图6-113所示。

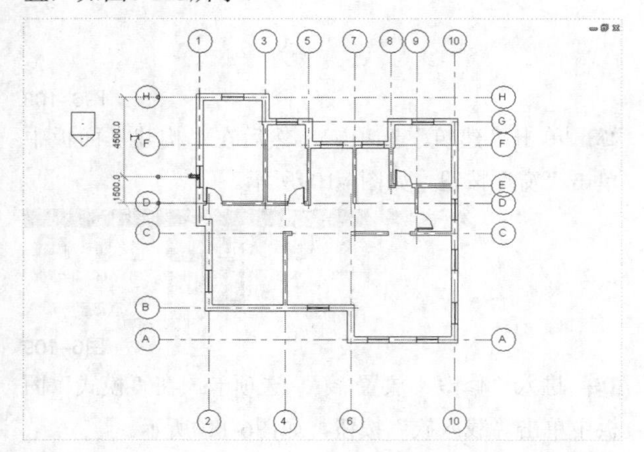

图6-113

13 单击默认三维视图按钮，完成对该项目门窗的布置，如图6-114所示。

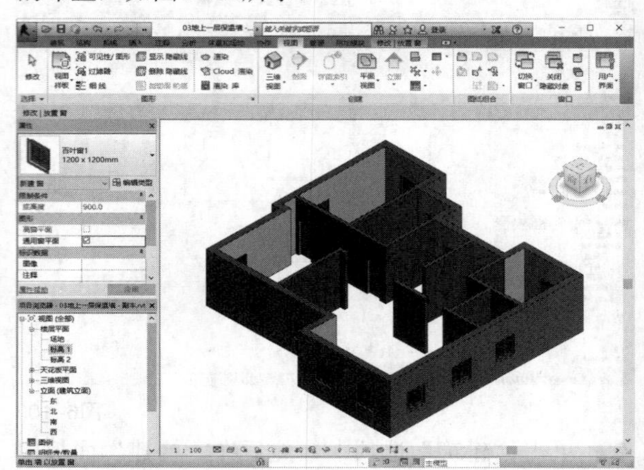

图6-114

第 7 章 楼板、天花板与屋顶

本章知识索引

本章实例索引

7.1 课前引导实例：农宅楼板、天花板、屋顶的创建

场景位置：场景文件>CH07>01农宅-轴网.rvt

视频位置：视频文件>CH07>01课前引导实例：农宅楼板天花板屋顶的创建.mp4

实用指数：★★★☆☆

技术掌握：楼板、天花板、屋顶的绘制方法

01 启动Revit 2016，单击按钮，打开应用程序菜单，执行“打开>项目”菜单命令。

02 在学习资源中找到“场景文件>CH07>01农宅-轴网.rvt”文件，然后单击“打开”按钮，打开项目文件。接着在“项目浏览器”的平面图目录下展开“楼层平面”，双击“标高2”，进入楼层平面视图，如图7-1所示。

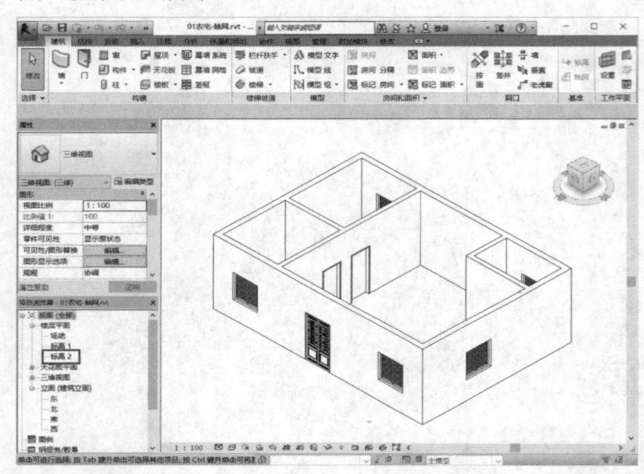

图7-1

03 单击“建筑”选项卡，然后在“构建”面板中单击“楼板”按钮，在弹出的下拉菜单中选择“楼板:结构”命令，如图7-2所示。

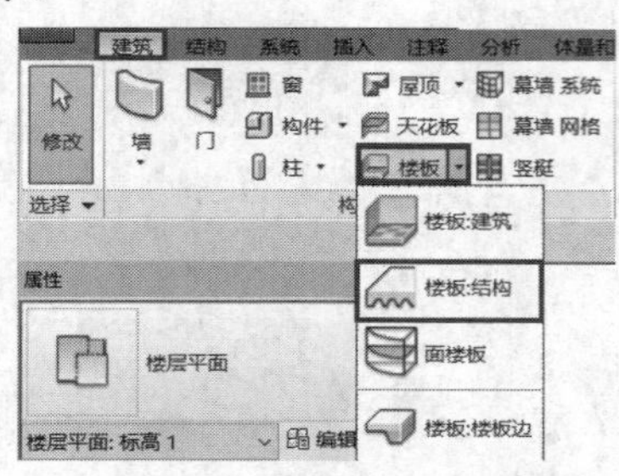

图7-2

04 进入“修改 | 创建楼层边界”选项卡，在“绘制”面板中单击“矩形”按钮，在绘图区域绘制楼板的边界线，如图7-3所示。

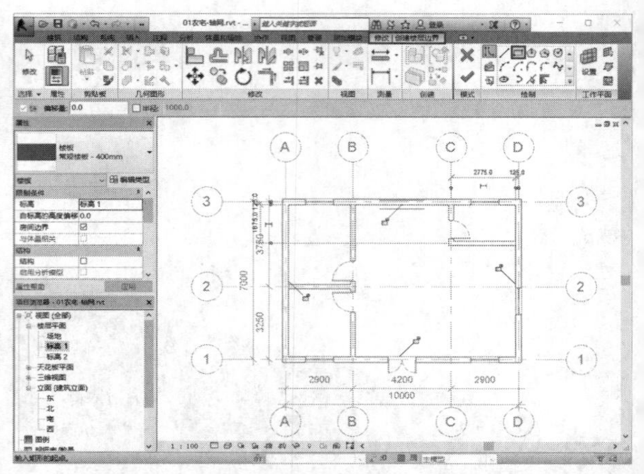

图7-3

05 设置完成后，单击“完成编辑模式”按钮，完成楼板的绘制，如图7-4所示。

图7-4

06 完成楼板的生成后，可在平面视图或三维视图中查看楼板的效果，若需要修改楼板，单击选择楼板，楼板将高亮显示，如图7-5所示。

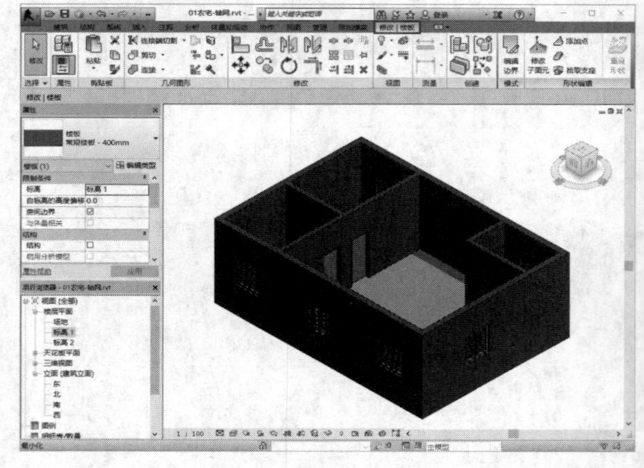

图7-5

07 单击“建筑”选项卡，在“构建”面板中单击“天花板”按钮，如图7-6所示。

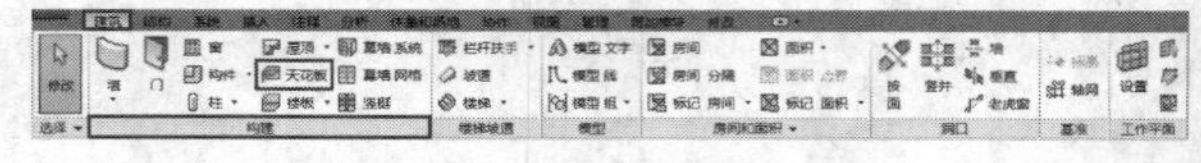

图7-6

08 对天花板构造进行设置，在天花板的“属性”对话框中选择天花板类型为“复合天花板600×600mm轴网”，如图7-7所示。

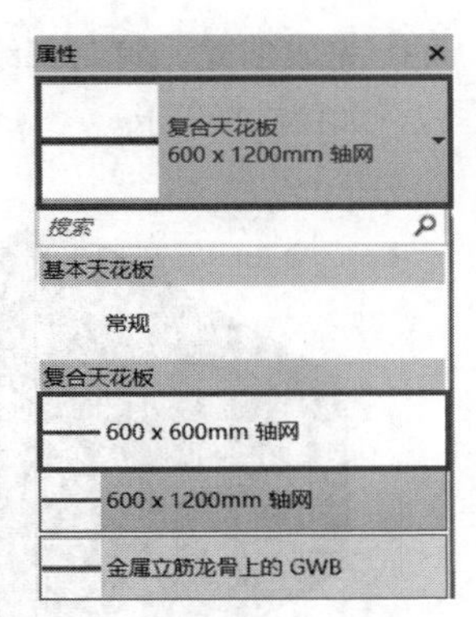

图7-7

09 切换工作平面为天花板投影平面视图，展开“楼层平面”，双击“标高2”，如图7-8所示。

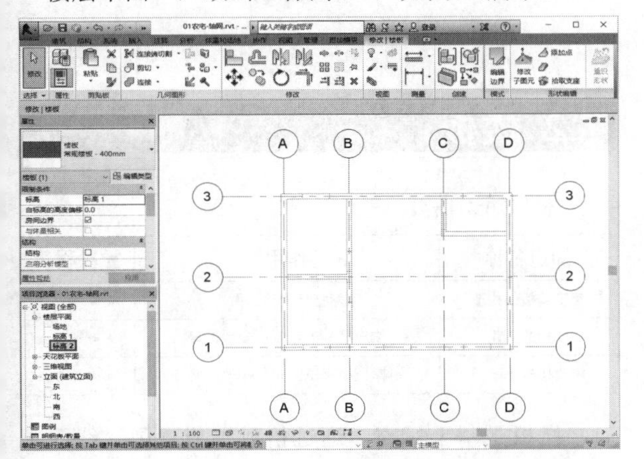

图7-8

10 进入“修改 | 放置 天花板”选项卡，然后在“天花板”面板中单击“绘制天花板”按钮，如图7-9所示。

图7-9

11 进入“修改 | 创建天花板边界”选项卡，在“绘制”面板中单击“矩形”按钮，如图7-10所示。

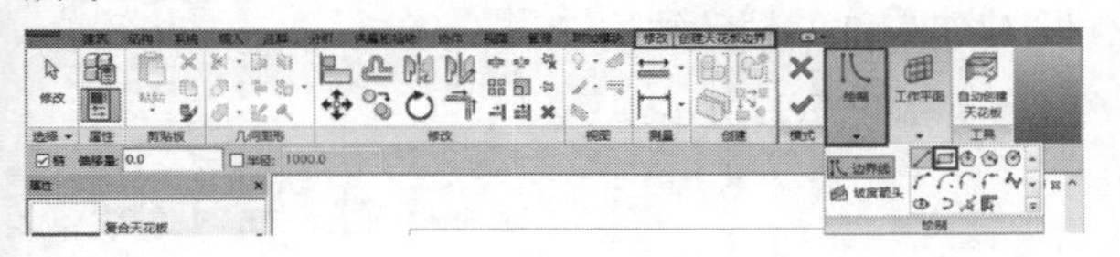

图7-10

12 在绘图区绘制天花板边界，如图7-11所示。

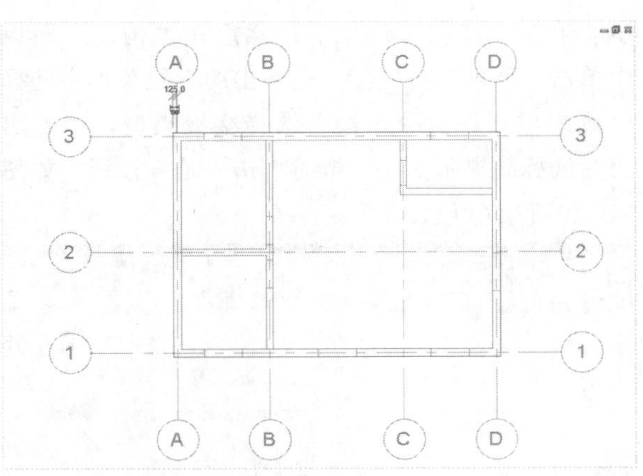

图7-11

13 完成后单击“完成编辑模式”按钮，退出编辑状态，如图7-12所示。

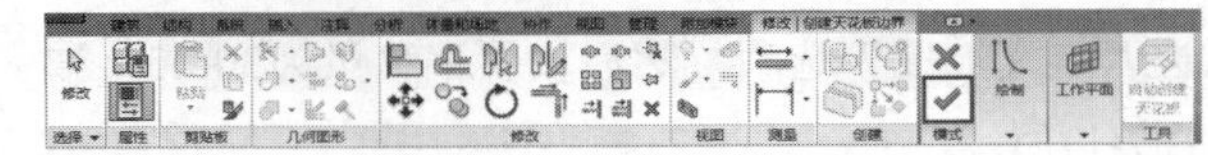

图7-12

14 修改天花板的实例属性，更改限制条件。标高设为“标高2”，“自标高的高度偏移”值为0，完成后单击“应用”按钮，如图7-13所示。

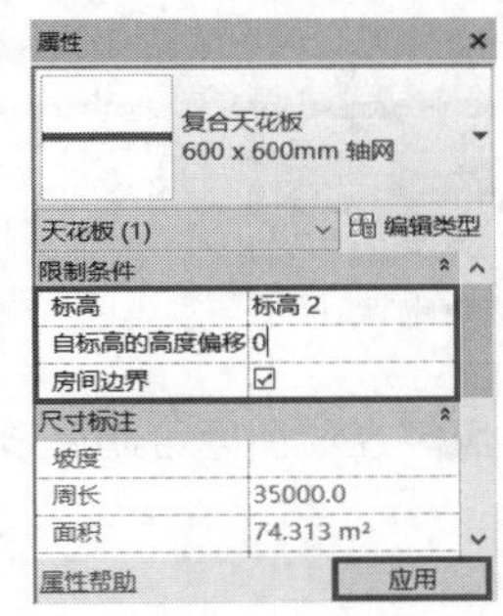

图7-13

15 单击默认三维视图按钮，查看天花板样式，如图7-14所示。

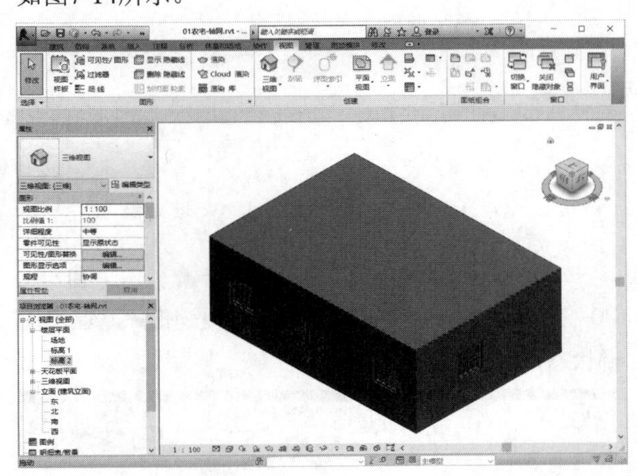

图7-14

16 单击“建筑”选项卡，然后在“构建”面板中单击“屋顶”按钮，在弹出的下拉菜单中选择“迹线屋顶”命令，接着选择楼板类型，当弹出“最低标高提示”对话框时单击“是”按钮，如图7-15和图7-16所示。

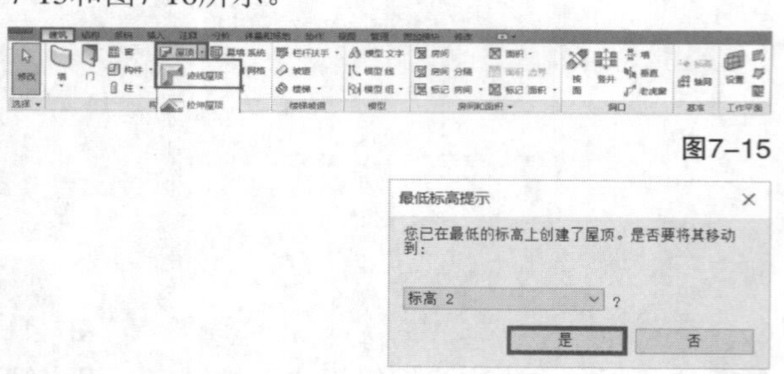

图7-15

图7-16

17 设置屋顶选项栏，在屋顶草图绘制模式下，勾选“定义坡度”选项，然后设置偏移量为300.0，如图7-17所示。

图7-17

18 进入“修改 | 创建屋顶迹线”选项卡，然后在“绘制”面板中单击“矩形”按钮，如图7-18所示。

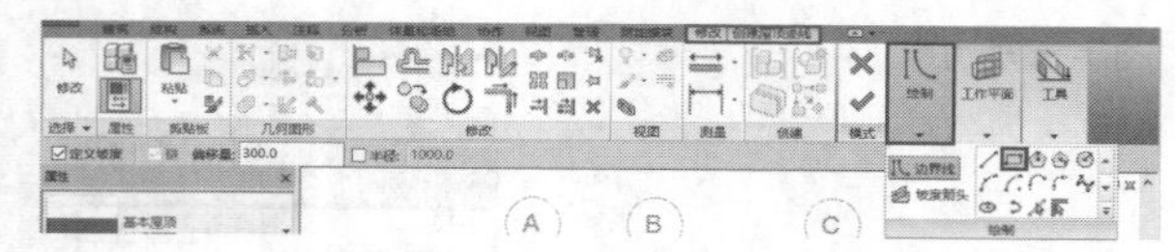

图7-18

19 在绘图区绘制屋顶边界，如图7-19所示。

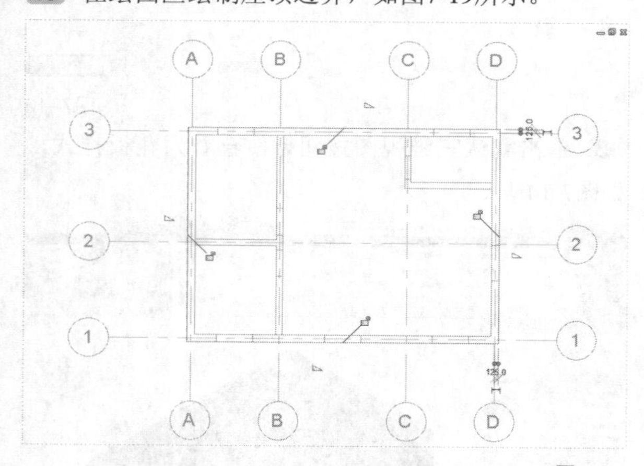

图7-19

20 完成后单击“完成编辑模式”按钮，退出编辑状态，如图7-20所示。

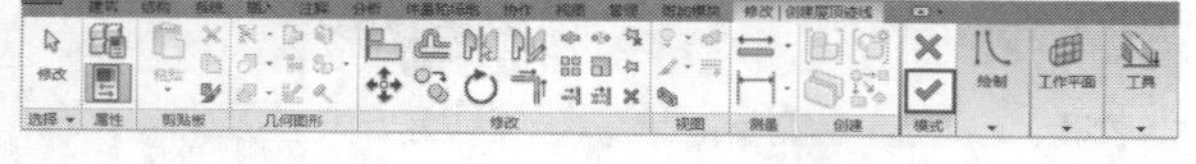

图7-20

21 完成创建，单击三维视图按钮，查看屋顶样式，如图7-21所示。

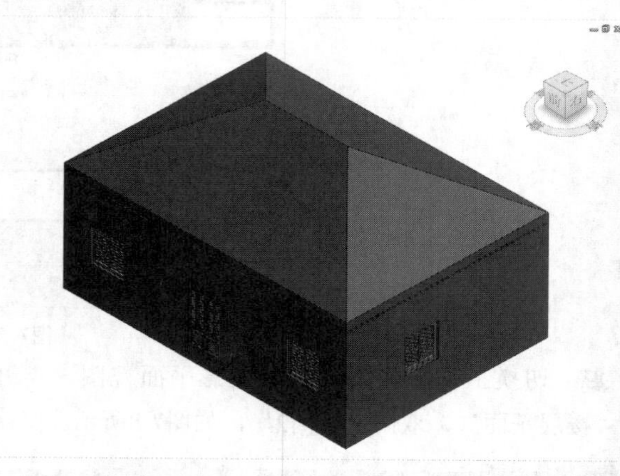

图7-21

7.2 楼板

本节知识概要

知识名称	作用	重要程度
建筑楼板的构造	了解楼板的构造做法	★★☆☆☆
楼板的创建	掌握楼板的绘制与参数设置	★★★☆☆
修改楼板子图元	掌握楼板子图元的修改方式	★★★☆☆

楼板是基于标高，通过拾取墙或使用“线”工具绘制楼板草图创建的系统族。通常在平面视图中绘制楼板，也可以使用三维视图绘制楼板。

7.2.1 建筑楼板的构造

本节主要介绍楼板的构造，包括楼板的功能、材质和厚度设置等。

第1步：单击“建筑”选项卡，然后在“构建”面板中单击“楼板”按钮，在弹出的下拉菜单中有“楼板:建筑”和“楼板:结构”等选项，如图7-22所示。

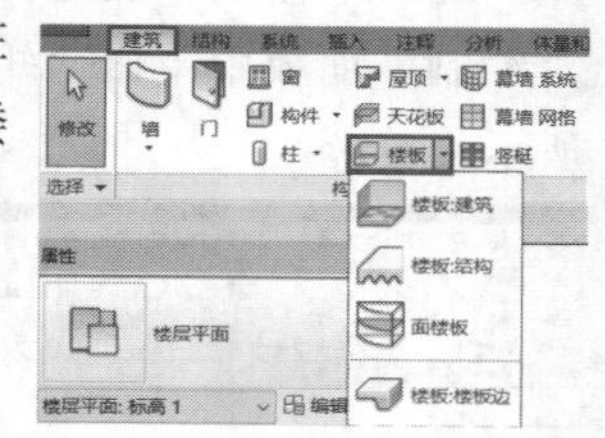

图7-22

第2步：单击选择楼板类型，在此以“楼板:结构”为例，如图7-23所示。

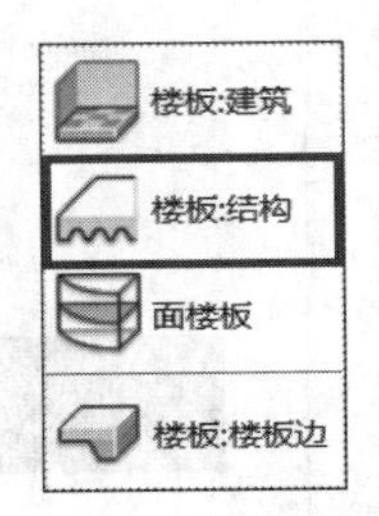

图7-23

第3步：在楼板“属性”对话框中单击“编辑类型”按钮，打开“类型属性”面板，可以对楼板构造进行设置，如图7-24所示。

第4步：在“类型属性”面板中，单击“结构”参数后面的“编辑”选项，可以打开“编辑部件”对话框，如图7-25所示。

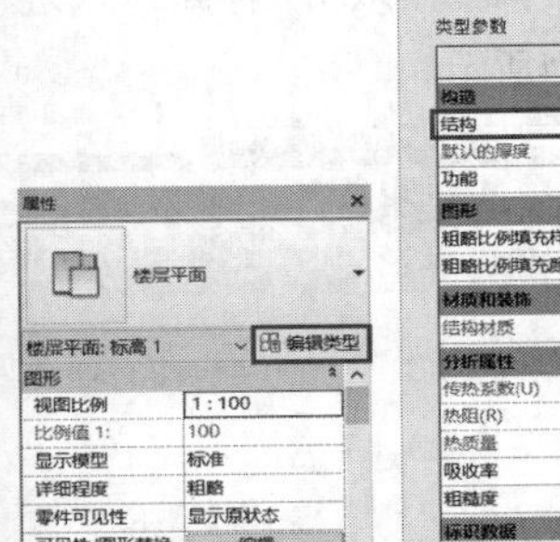

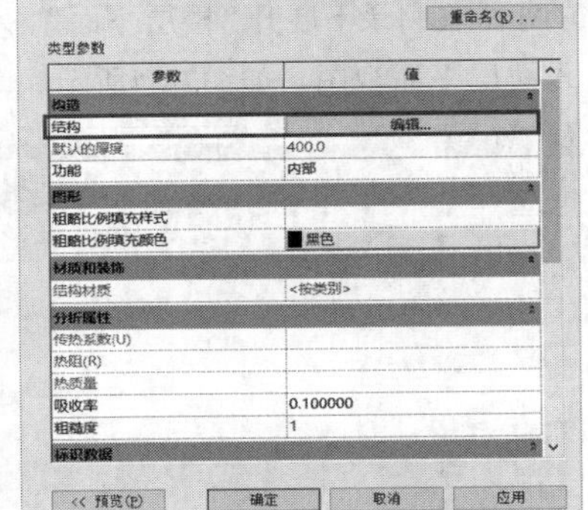

图7-24　　图7-25

第5步：默认的楼板功能只有“结构[1]”部分，在此基础上可插入其他功能结构层，以完善实际的构造。单击功能版块前的序号，此时该行显示为黑色，处于选择状态，如图7-26所示。

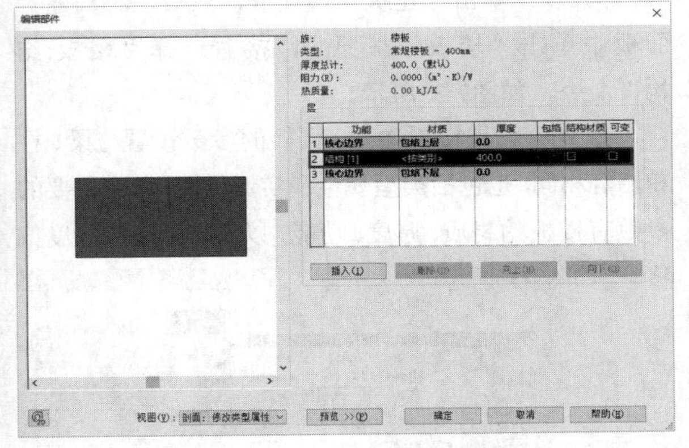

图7-26

第6步：再次单击下面的“插入”按钮，会在选择行的上方出现新添加的行，如图7-27所示。

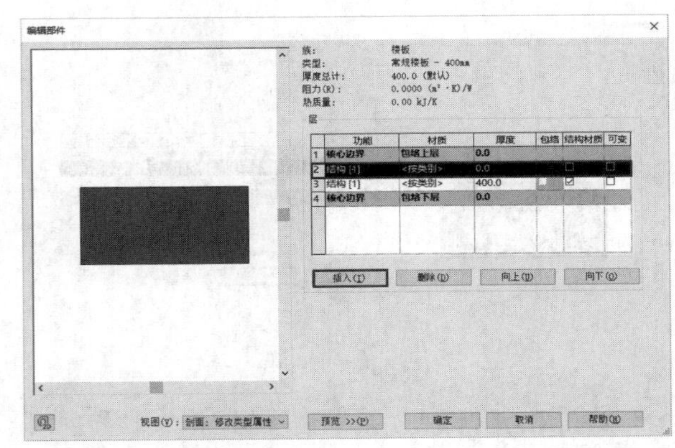

图7-27

第7步：单击功能版块下的“结构[1]”选项的下拉菜单，然后在下拉选项中选择新的功能类型，如图7-28所示。

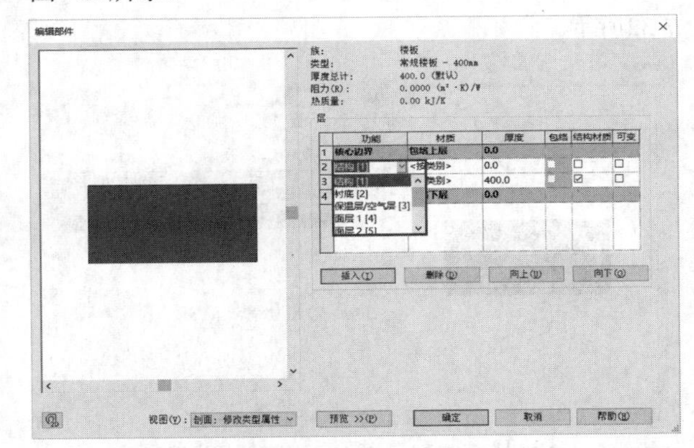

图7-28

第8步：结构层添加完成后可选择某行，然后单击下面的“向上”和“向下”按钮，调整功能所在的位置，如图7-29所示。

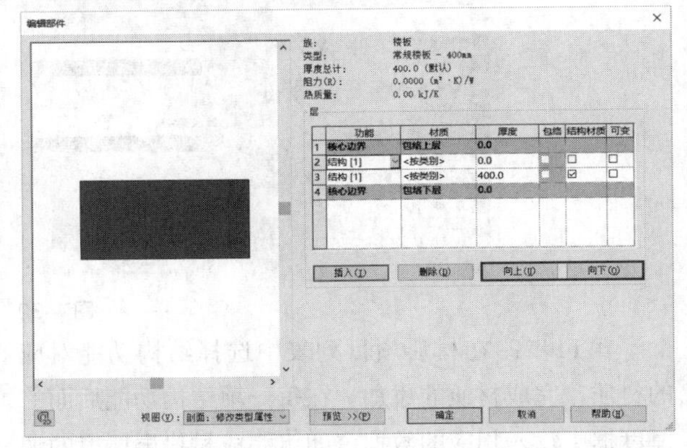

图7-29

第9步：如果需要删除，在选择状态下单击“删除”按钮即可，如图7-30所示。

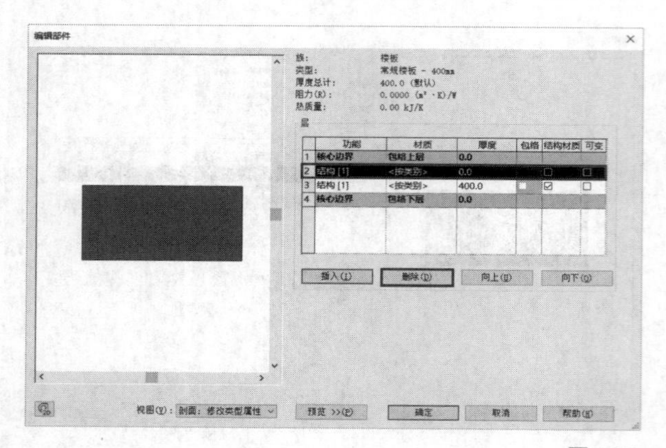

图7-30

第10步：在完成功能的添加后，需要对每一项功能赋予相应的材质，单击“材质”参数栏下的按钮...，弹出“材质浏览器”对话框，如图7-31和图7-32所示。

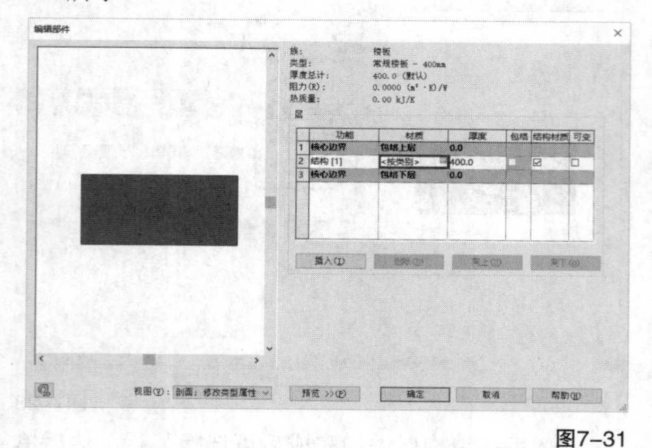

图7-31

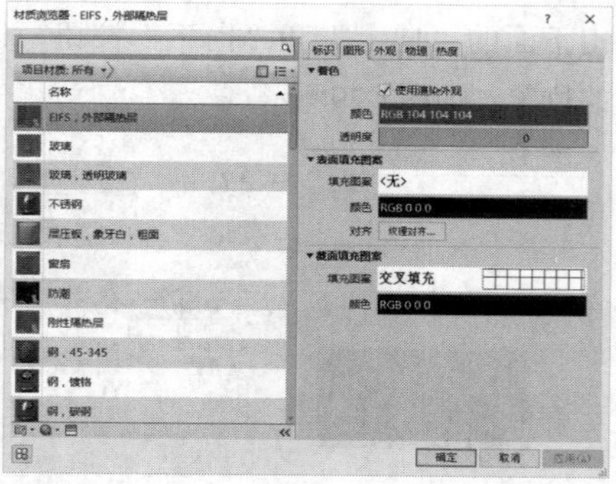

图7-32

第11步：在材质项目列表中选择结构功能对应的材质，完成材质的添加。在每一项结构功能后面的厚度框中输入相应的数据，即可完成材料层厚度的调整，同时在“厚度总计”中会显示当前楼板的总厚度值，完成后单击“确定”按钮，如图7-33所示。

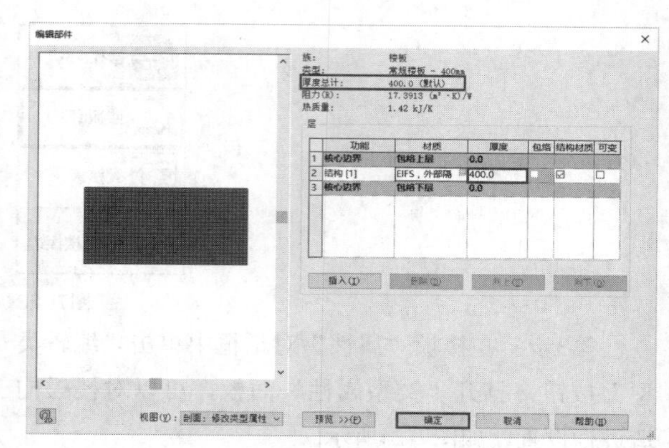

图7-33

7.2.2 楼板的创建

第1步：楼板是基于标高绘制的，在“项目浏览器”的平面图目录下展开“楼层平面”，双击“标高2”，进入楼层平面视图，如图7-34所示。

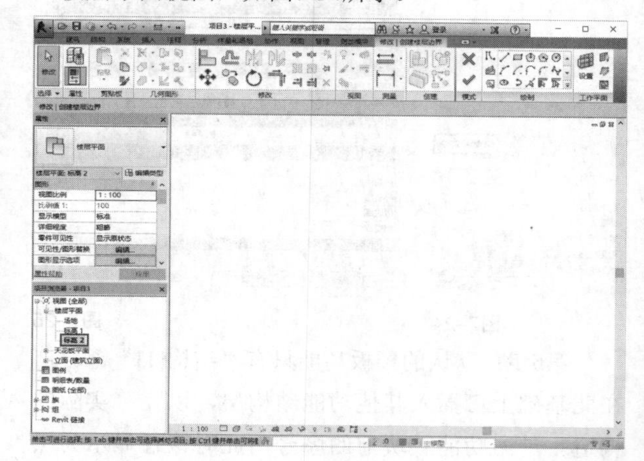

图7-34

第2步：单击“建筑”选项卡，然后在“构建”面板中单击“楼板”按钮，接着选择“楼板:结构”命令，如图7-35所示。

第3步：设置楼板参数。楼板的参数设置与梁、柱和墙等相同，也包括类型属性和实例属性，其中主要的参数有楼板的材质、厚度、功能，以及自标高的高度偏移等，如图7-36所示。

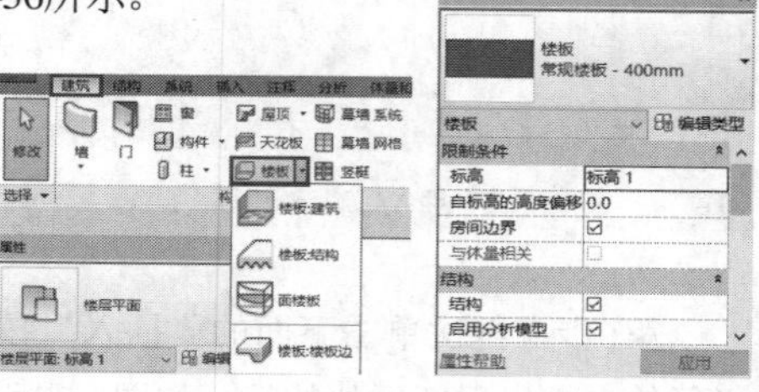

图7-35　图7-36

第4步：进入“修改丨创建楼层边界”选项卡，在“绘制”面板中单击“矩形”按钮，然后选取绘制方式，在绘图区域绘制楼板的边界线，如图7-37所示。

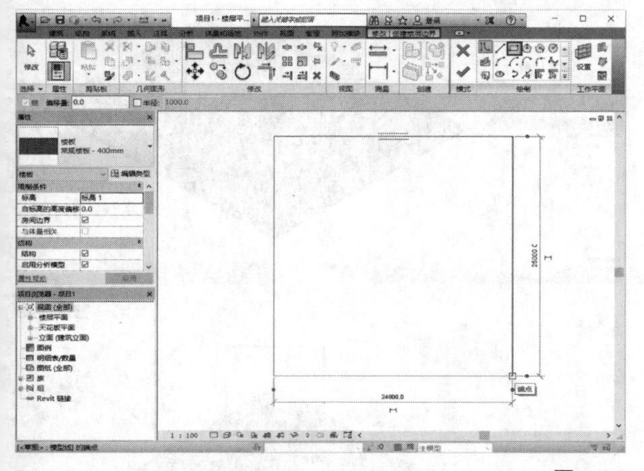

图7-37

第5步：楼板的边界轮廓必须为闭合环，若要在楼板上开洞，需要在开洞位置绘制另一个闭合环，如图7-38所示。

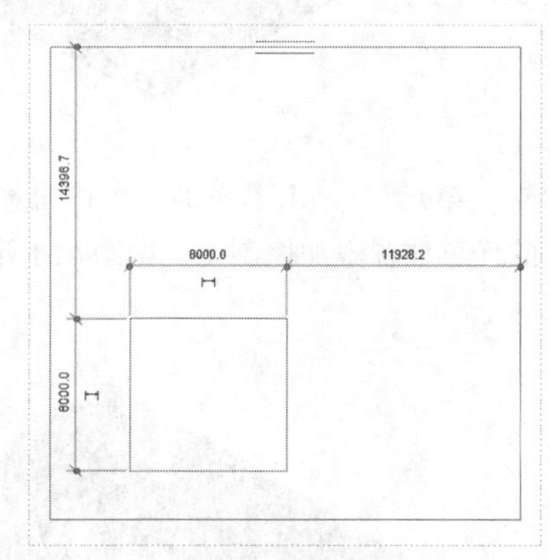

图7-38

第6步：当楼板存在一定的坡度时，可绘制坡度箭头，在“修改丨创建楼层边界”选项卡中，单击“绘制”面板中的“坡度箭头”按钮，如图7-39所示。

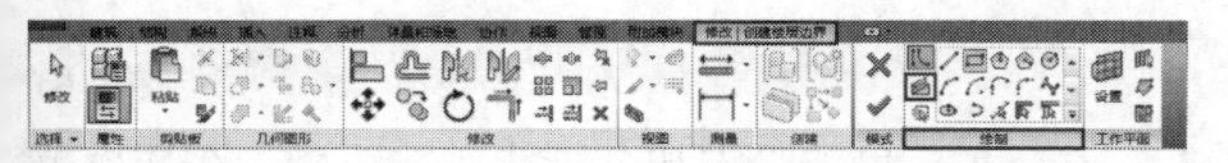

图7-39

第7步：选择坡度箭头，在实例属性中设置坡度、首高和尾高等参数，控制楼板的坡度，如图7-40~图7-42所示。

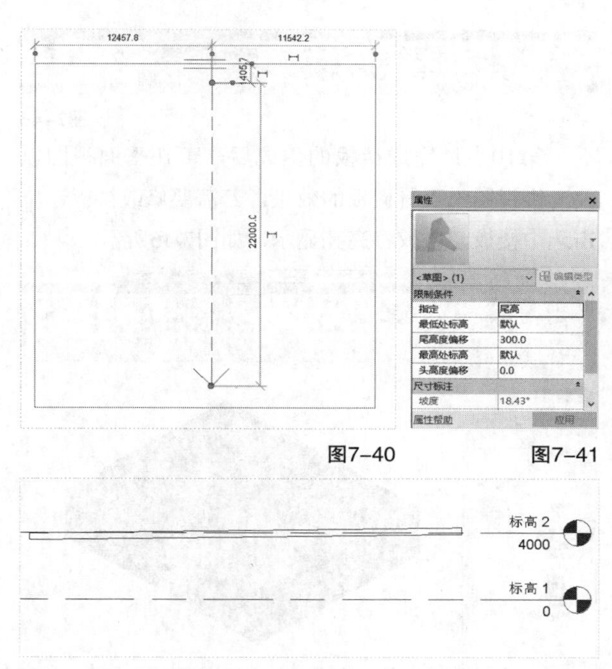

图7-40 图7-41

图7-42

第8步：在“修改丨创建楼层边界”选项卡中，单击“绘制”面板中的“跨方向”按钮，跨方向构件用于修改平面中钢面板的方向，如图7-43和图7-44所示。

图7-43

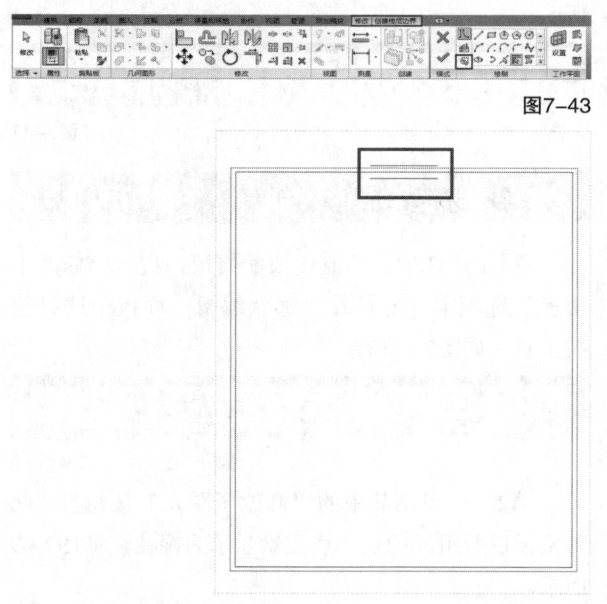

图7-44

第9步：设置完成后，单击“完成编辑模式”按钮，完成楼板的绘制，如图7-45所示。

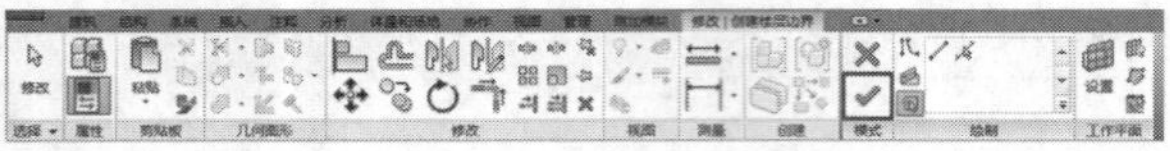

图7-45

第10步：完成楼板的生成后，可在平面视图以及三维视图中查看楼板的效果，若需要修改楼板，单击选中楼板，楼板将高亮显示，如图7-46所示。

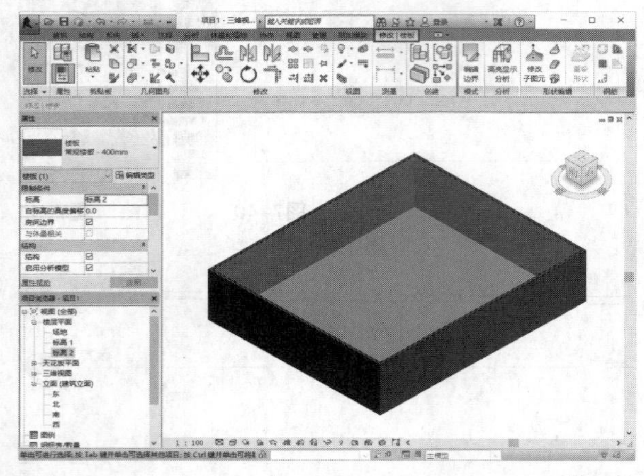

图7-46

第11步：进入“修改 | 楼板”选项卡，单击“模式”面板中的“编辑边界”按钮，此时将自动跳转至楼板编辑模式，此时可对楼板进行二次编辑，如图7-47所示。

图7-47

7.2.3 楼板的修改

第1步：选中已绘制完成的楼板，进入“修改 | 楼板”选项卡，然后在“形状编辑”面板中选择相关工具，如图7-48所示。

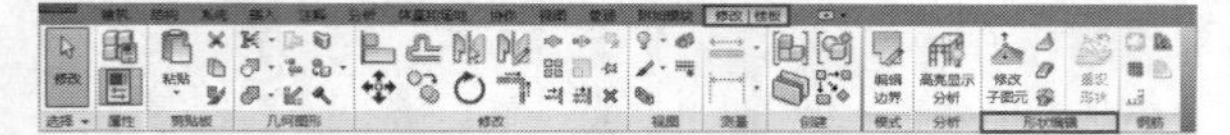

图7-48

第2步：单击其中的“修改子图元”按钮，此时楼板以所组成的点、线元素显示为绿色，如图7-49所示。

第3步：楼板的子图元进入编辑状态后，单击子图元，输入高程值“500”，调整楼板的形状，如图7-50所示。

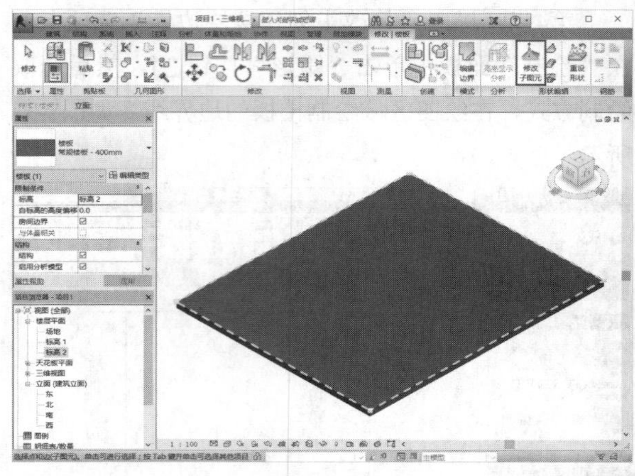

图7-49

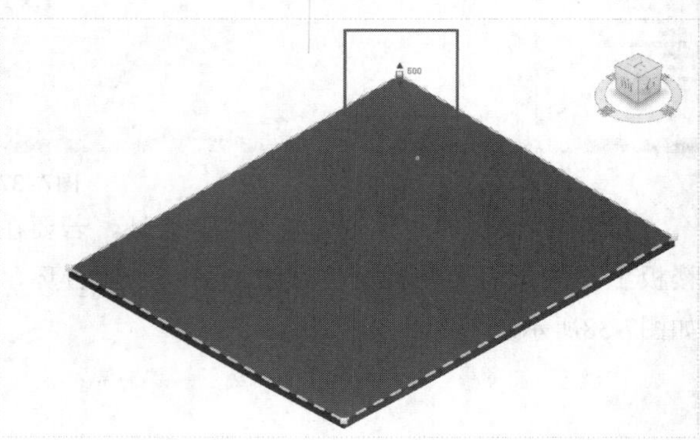

图7-50

第4步：单击“添加点”按钮，在楼板范围内的任意位置添加控制点，如图7-51所示。

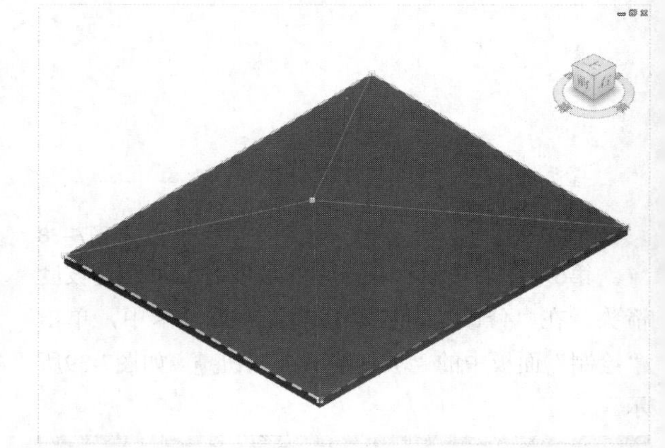

图7-51

第5步：单击“添加分割线”按钮，在楼板范围内添加相应的分割线，同时在分割线端点处将自动产生可控制点，如图7-52所示。

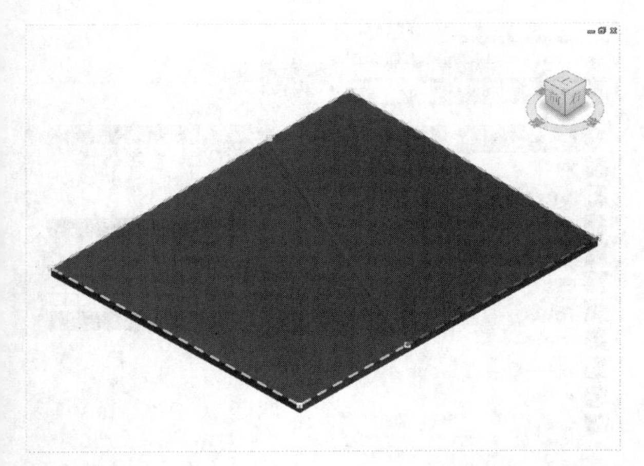

图7-52

第6步：单击楼板，选中的楼板将高亮显示，单击“拾取支座”按钮，拾取结构梁，软件会根据支座位置自动添加分割线，并对高程进行调整，确保楼板和支座结合，如图7-53和图7-54所示。

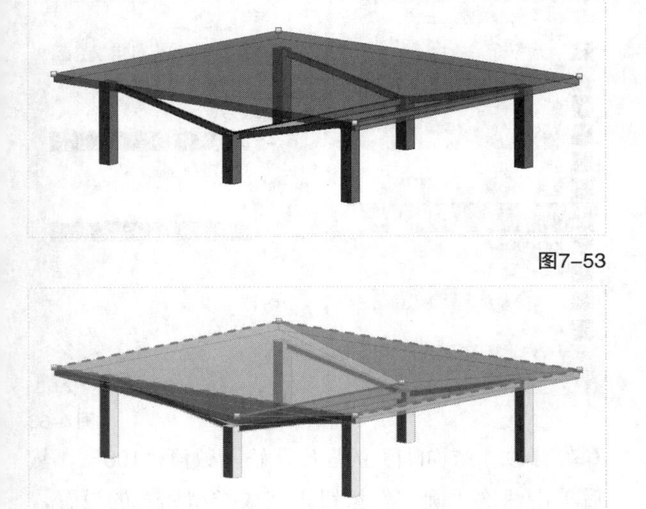

图7-53

图7-54

第7步：完成后按Esc键退出编辑，如图7-55所示。

图7-55

典型实例：楼板的创建

场景位置	场景文件>CH07>02轴网-墙.rvt
视频位置	视频文件>CH07>02典型实例：楼板的创建.mp4
难易指数	★★☆☆☆
技术掌握	掌握楼板的创建方法

01 启动Revit 2016，单击按钮，打开应用程序菜单，执行“打开>项目”菜单命令。

02 在学习资源中找到“场景文件>CH07>02轴网-墙.rvt”文件，然后单击“打开”按钮，打开项目文件，如图7-56所示。

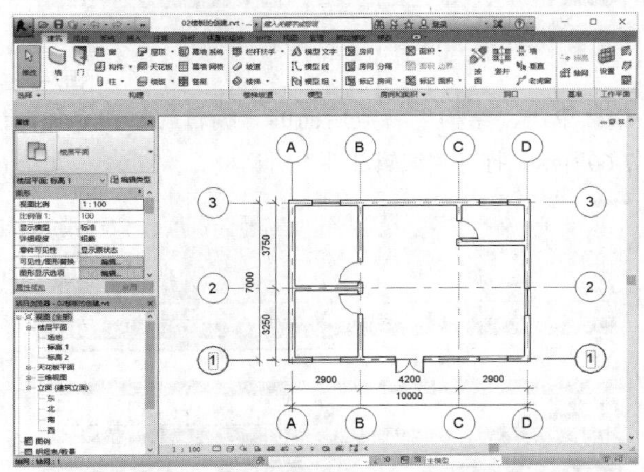

图7-56

03 单击“建筑”选项卡，然后在“构建”面板中单击“楼板”按钮，接着选择“楼板:建筑”命令，如图7-57所示。

04 在楼板类型选择器中选择“常规楼板-400mm”楼板，然后单击“编辑类型”按钮，如图7-58所示。

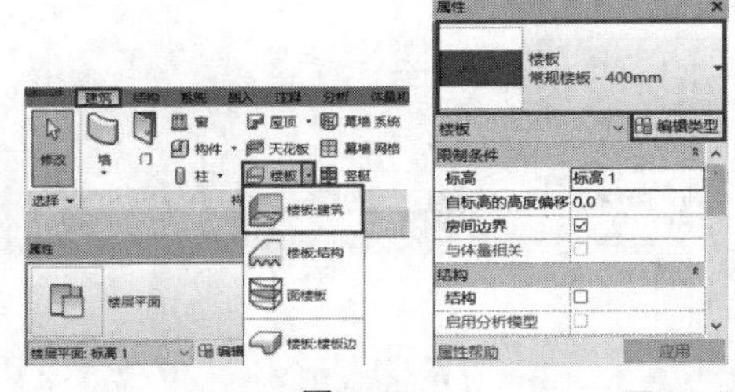

图7-57 图7-58

05 在弹出的“类型属性”面板中单击“类型”后的“复制”按钮，然后创建“木一层楼板100mm”，完成后单击“确定”按钮，如图7-59所示。

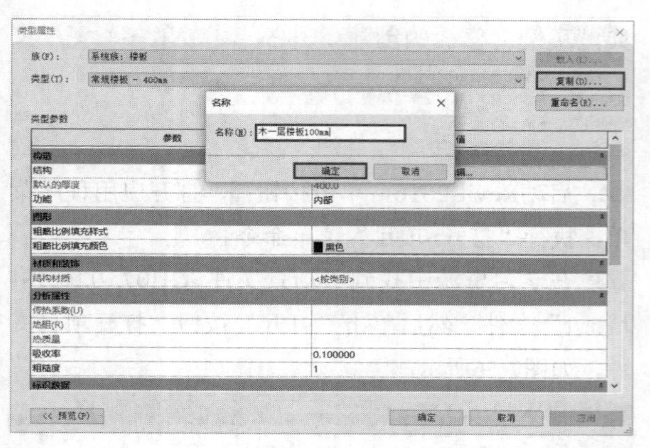

图7-59

06 单击“结构”参数后面的“编辑”按钮，如图7-60所示，打开“编辑部件”对话框。

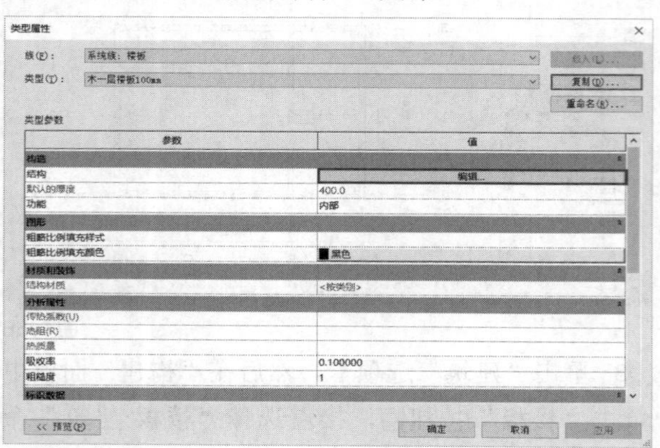

图7-60

07 默认的楼板功能只有“结构[1]”部分，单击“材质”参数栏下的按钮，打开“材质浏览器”对话框，如图7-61和图7-62所示。

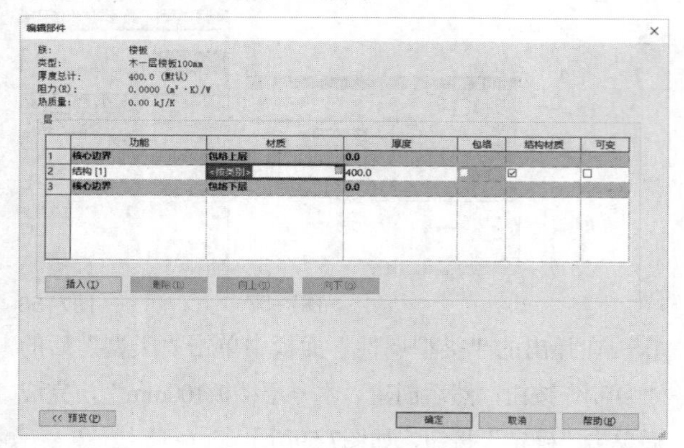

图7-61

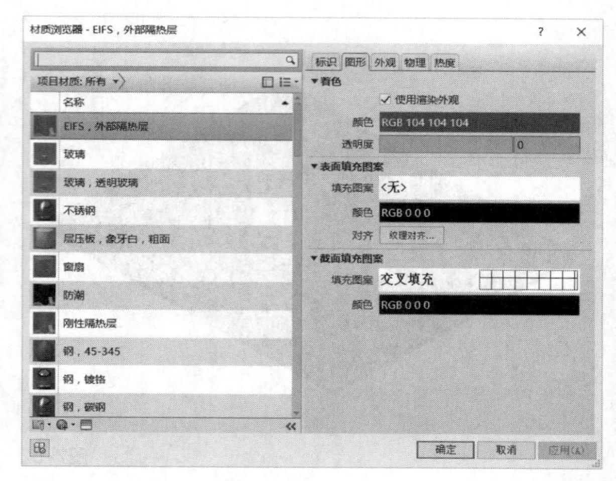

图7-62

08 选择“橡木地板”选项，然后单击“确定”按钮，如图7-63所示。

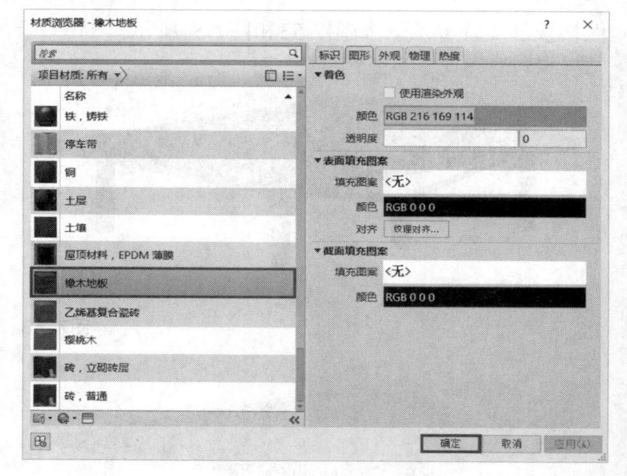

图7-63

09 修改“结构[1]”的厚度，输入数值“100”，然后单击两次“确定”按钮，完成类型属性的设置，如图7-64所示。

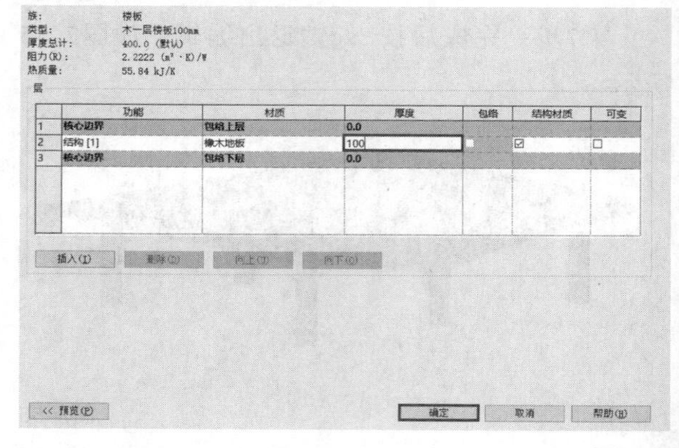

图7-64

10 在“属性”面板中设置“自标高的高度偏移”值为0，单击“应用”按钮，如图7-65所示。

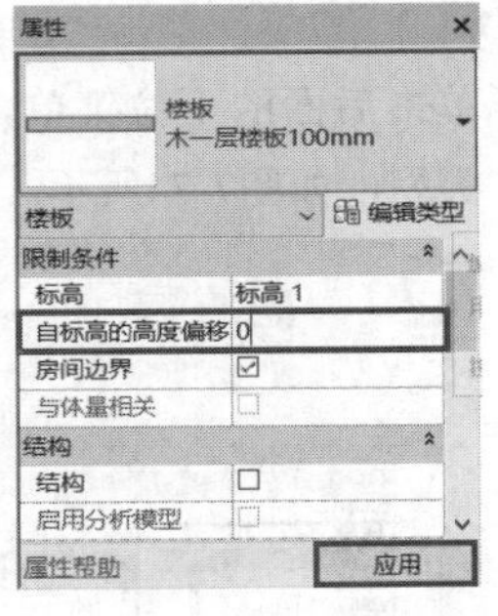

图7-65

11 进入“修改丨创建楼层边界”选项卡，在“绘制”面板中单击“矩形”按钮，选取绘制方式，在绘图区域绘制楼板的边界线，完成后单击“完成编辑模式”按钮，退出编辑状态，如图7-66所示。

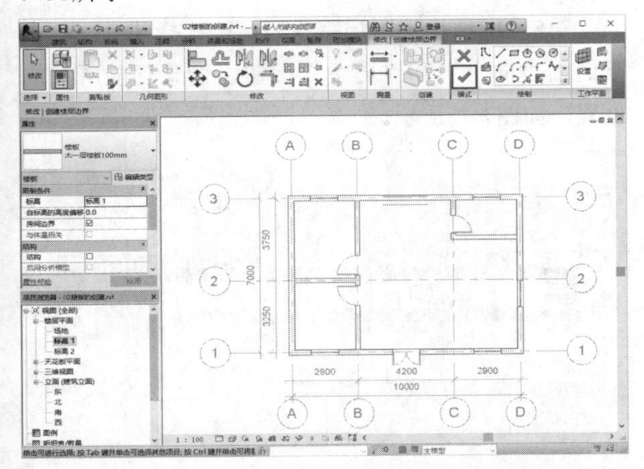

图7-66

12 单击默认三维视图按钮，查看楼板样式，如图7-67所示。

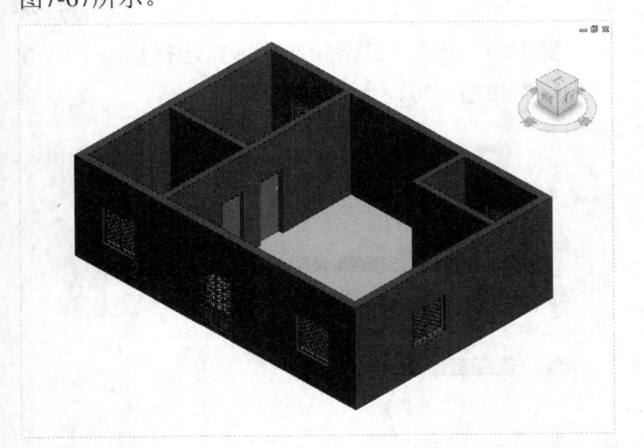

图7-67

7.3 天花板

本节知识概要

知识名称	作用	重要程度
天花板的构造	了解天花板的构造设置	★★★☆☆
天花板的创建	掌握天花板的绘制与参数设置	★★★☆☆

不同于楼板，天花板是基于所在标高以上指定某一高度值所创建的图元。可以创建由墙定义的天花板，也可以绘制其边界。

7.3.1 天花板的构造

本节主要介绍天花板的构造设置，包括其功能、材质和厚度设置等。

第1步：单击“建筑”选项卡，然后在“构建”面板中单击“天花板”按钮，如图7-68所示。

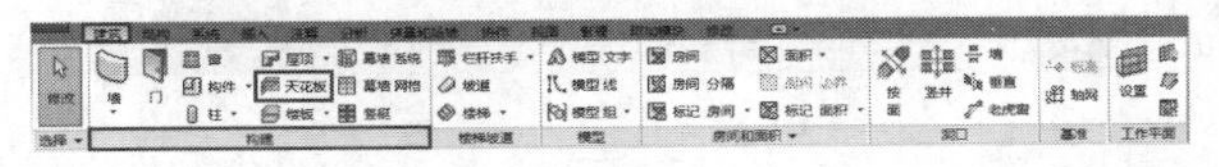

图7-68

第2步：对天花板构造进行设置，然后在天花板“属性”面板中选择天花板类型为“复合天花板600×1200mm 轴网”，如图7-69所示。

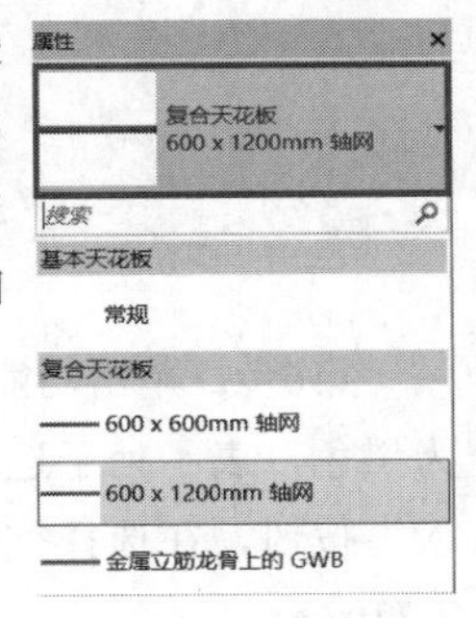

图7-69

第3步：单击“编辑类型”按钮，打开天花板类型属性对话框，如图7-70所示。

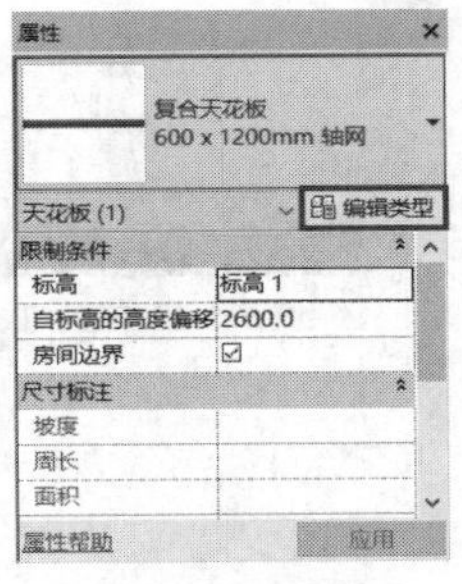

图7-70

第4步：在弹出的“类型属性”对话框中单击“编辑”选项，如图7-71所示。打开“编辑部件”对话框。

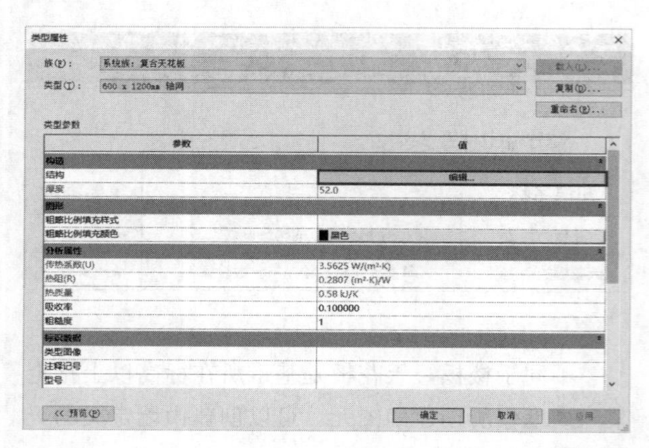

图7-71

第5步：默认的天花板功能包括“结构[1]”和“面层2[5]”两部分，在此基础上可插入其他功能结构层，以完善实际的构造，如图7-72所示。

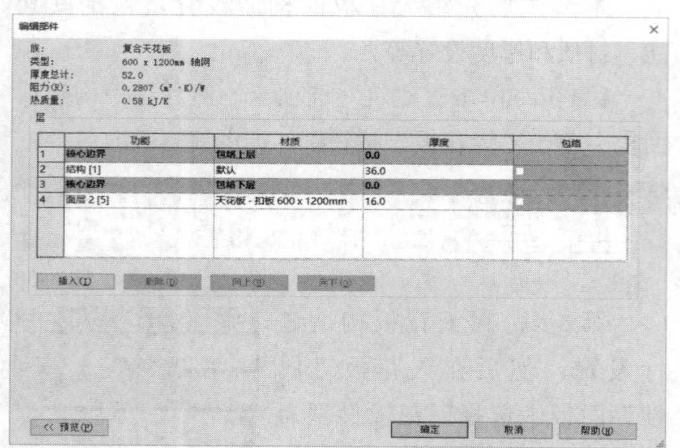

图7-72

第6步：单击功能版块前的序号，此时该行显示为黑色，表示处于选中状态，然后单击下面的“插入”按钮，在选择行的上方出现新添加的行，如图7-73所示。

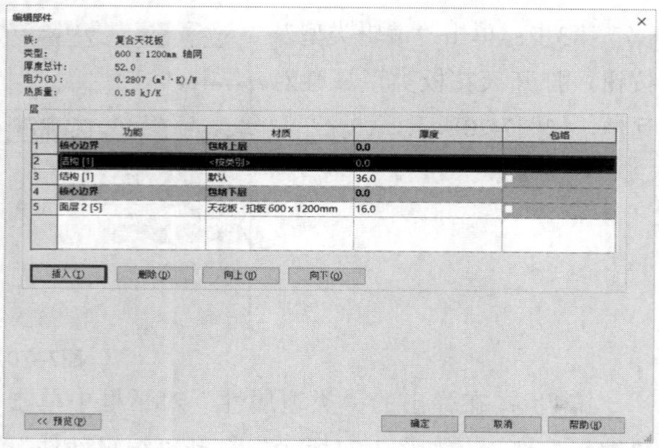

图7-73

第7步：单击“功能”参数栏下的“结构[1]”，单击后面的下拉菜单，在下拉列表中选择新的功能类型，如图7-74所示。

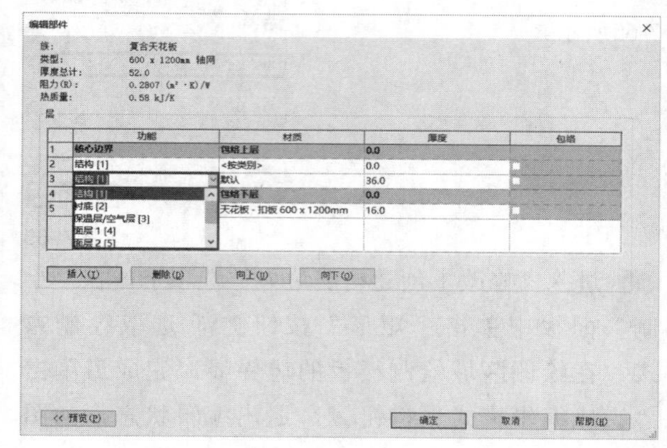

图7-74

第8步：结构层添加完成后，可选择某行，单击下面的“向上”和“向下”按钮，调整功能所在的位置，如图7-75所示。

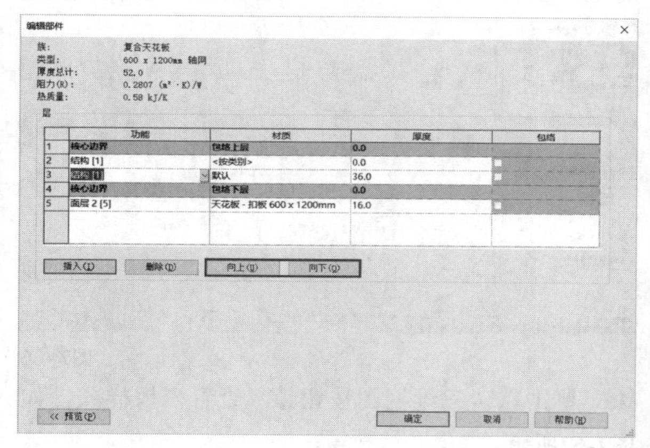

图7-75

第9步：如果需要删除选项，在选择状态下单击“删除”按钮即可，如图7-76所示。

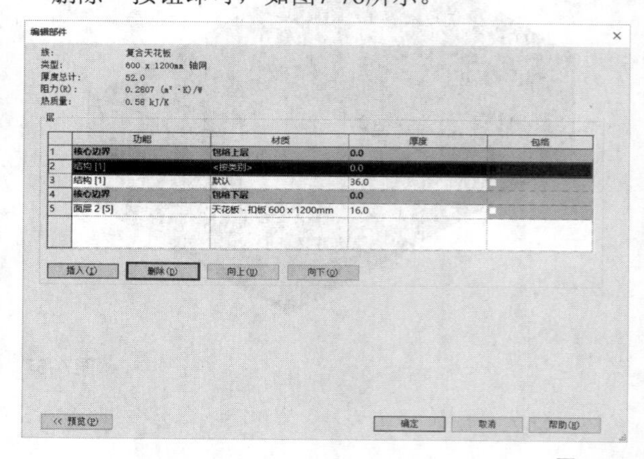

图7-76

第10步：在完成功能的添加后，需要对每一项功能赋予相应的材质，单击“材质”参数栏下的按钮⋯，如图7-77所示。打开“材质浏览器”对话框。

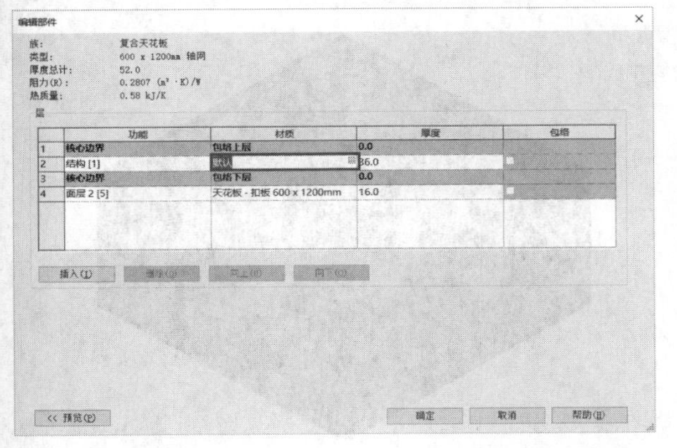

图7-77

第11步：在材质项目列表中选择结构功能对应的材质，完成材质的添加。在每一项结构功能后面的厚度框中输入相应的数据即可完成材料层厚度的调整，同时在“厚度总计”中会显示当前楼板的总厚度值，完成后单击“确定”按钮，完成天花板的构造设置，如图7-78所示。

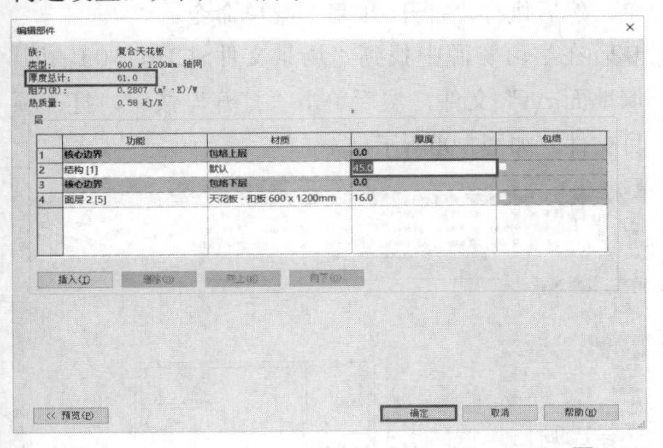

图7-78

7.3.2 天花板的创建

天花板的创建有两种方式，即自动创建天花板和绘制天花板。

第1步：展开“楼层平面”，双击“标高2”，如图7-79所示。

第2步：单击“建筑”选项卡，然后在“构建”面板中单击“天花板”按钮，如图7-80所示。

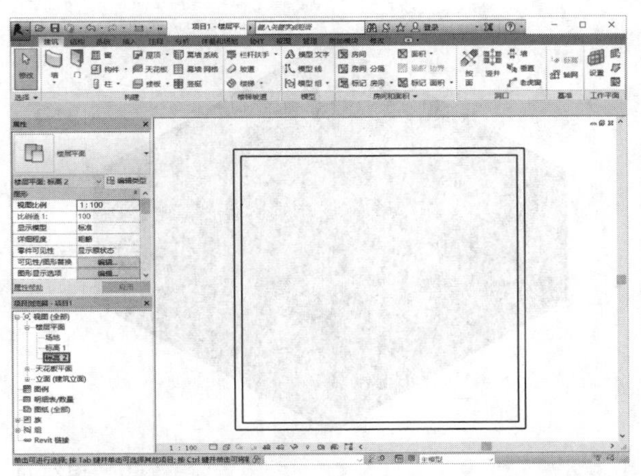

图7-79

图7-80

第3步：天花板的参数设置与楼板相同，也包括类型属性和实例属性，其中主要的参数有楼板的材质、厚度、功能，以及自标高的高度偏移等。设置限制标高为“标高2”选项，“自标高的高度偏移”值为150，如图7-81所示。

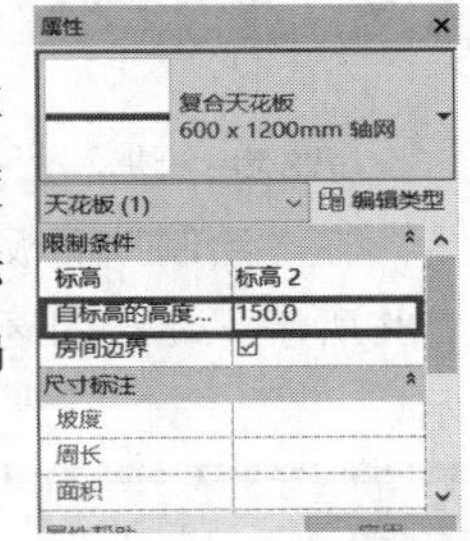

图7-81

第4步：进入“修改|放置 天花板”选项卡，在“天花板”面板中单击“自动创建天花板”按钮，如图7-82所示。

图7-82

第5步：将光标移动到封闭的墙体内部时，软件会自动拾取当前所能创建的天花板边界线，此时边界线显示为红色，如图7-83所示。

图7-83

第6步：完成创建后，单击默认三维视图按钮，查看天花板样式，如图7-84所示。

图7-84

第7步：在“修改丨放置 天花板”选项卡中，单击“天花板”面板中的“绘制天花板”按钮，如图7-85所示。

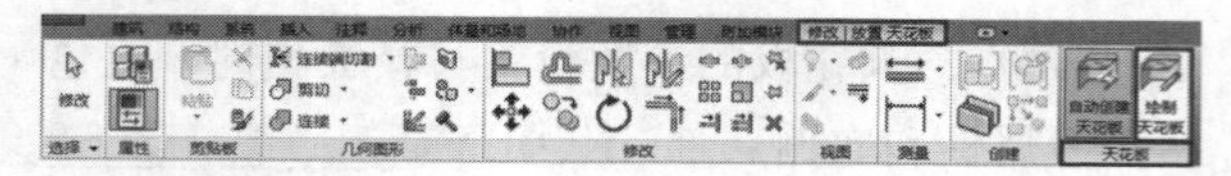

图7-85

第8步：进入“修改丨创建天花板边界”选项卡，在“绘制”面板中单击“矩形”按钮，如图7-86所示。在绘图区绘制天花板边界，如图7-87所示。

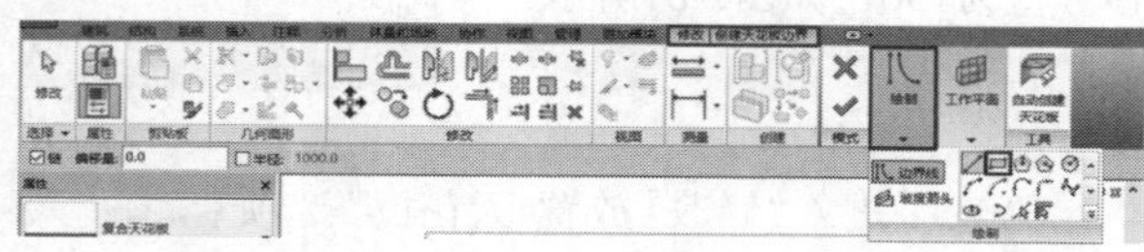

图7-86

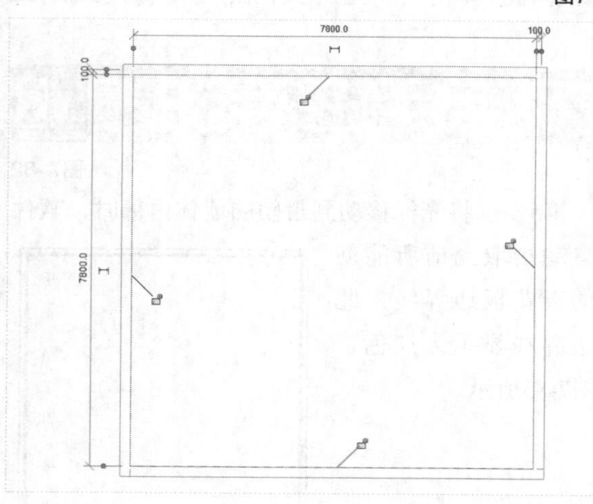

图7-87

第9步：完成后单击“完成编辑模式”按钮，退出编辑状态，如图7-88所示。单击默认三维视图按钮，查看天花板样式，如图7-89所示。

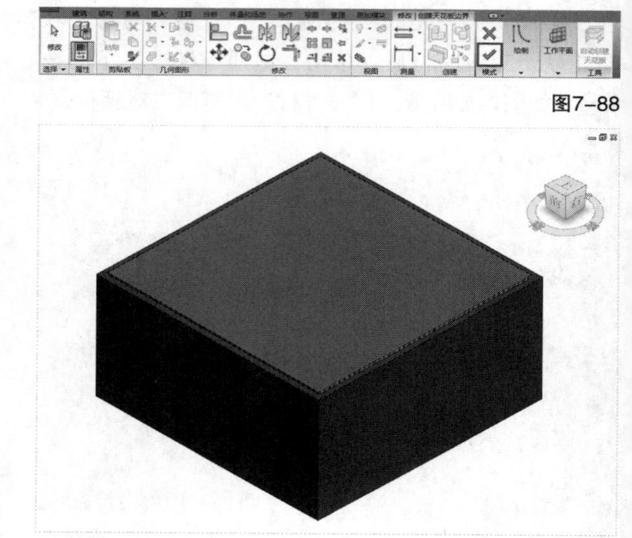

图7-88

图7-89

典型实例：天花板的创建

场景位置	场景文件>CH07>03轴网-墙地面.rvt
视频位置	视频文件>CH07>03典型实例：天花板的创建.mp4
难易指数	★★☆☆☆
技术掌握	掌握天花板的创建方法
学习目标	学习导入素材、创建合成、制作动画以及输出影片的方法

01 启动Revit 2016，单击按钮，打开应用程序菜单，然后执行“打开>项目”菜单命令。

02 在学习资源中找到“场景文件>CH07>03轴网-墙地面.rvt”文件，然后单击“打开”按钮，打开项目文件，如图7-90所示。

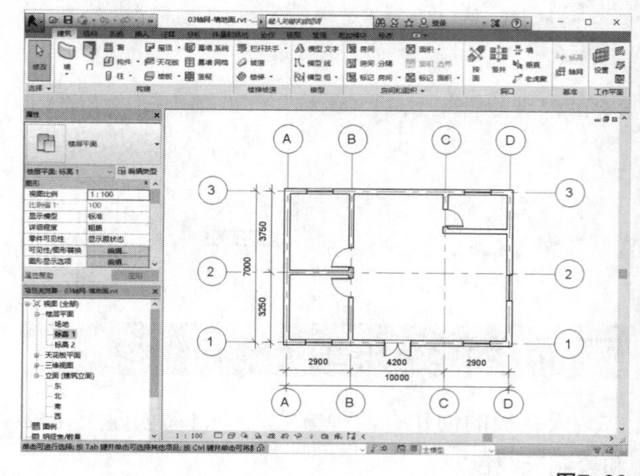

图7-90

03 单击“建筑”选项卡，然后在“构建”面板中单击“天花板”按钮，如图7-91所示。

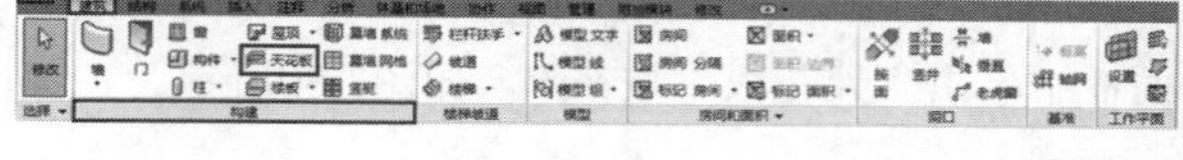

图7-91

04 对天花板构造进行设置，在天花板的“属性”对话框中选择天花板类型为“复合天花板 600×600mm 轴网”，如图7-92所示。

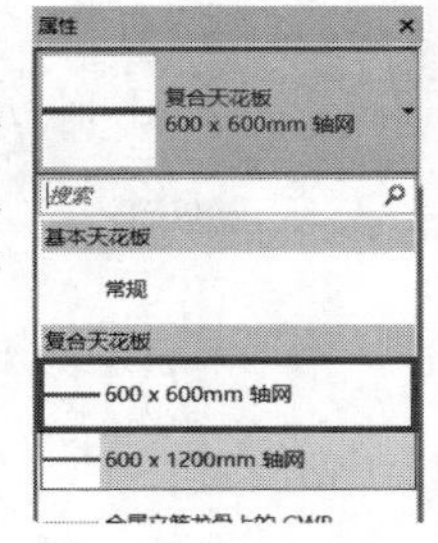

图7-92

05 单击“编辑类型”按钮，在弹出的“类型属性”对话框中单击“编辑”按钮，打开“编辑部件”对话框，如图7-93所示。

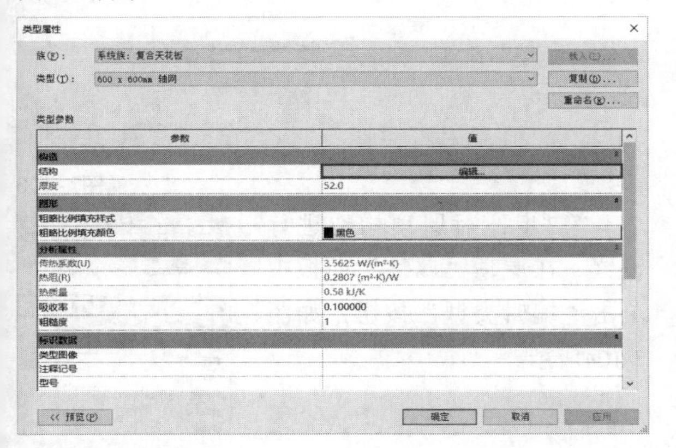

图7-93

06 默认的天花板功能包括“结构[1]”和“面层2[5]”两部分，完成后单击“确定”按钮退出编辑，如图7-94所示。

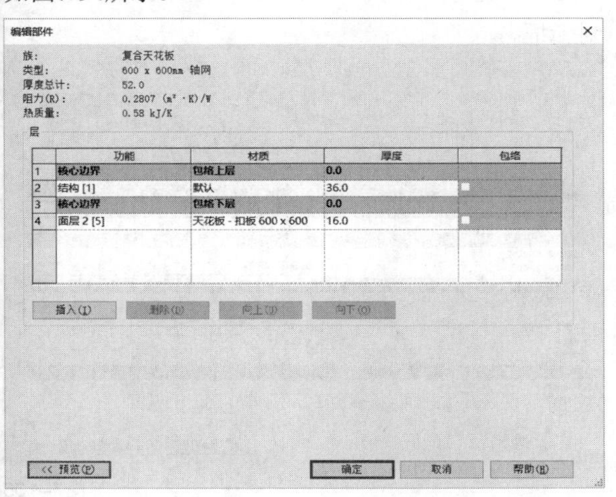

	功能	材质	厚度	包络
1	核心边界	包络上层	0.0	
2	结构 [1]	默认	36.0	
3	核心边界	包络下层	0.0	
4	面层 2 [5]	天花板 - 扣板 600 x 600	16.0	

图7-94

07 展开“楼层平面”，双击“标高2”，如图7-95所示。

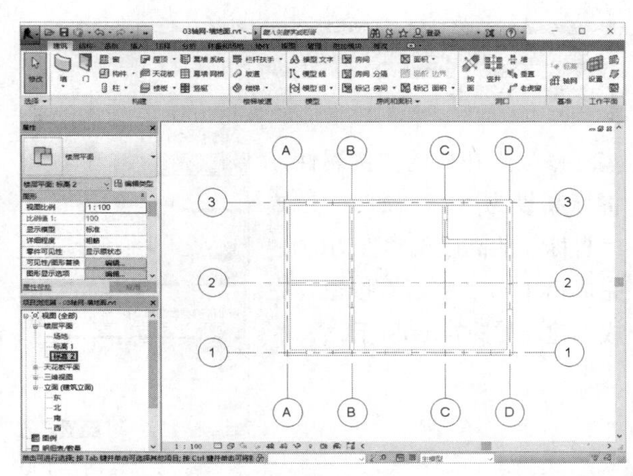

图7-95

08 进入“修改 | 放置 天花板”选项卡，在“天花板”面板中单击“绘制天花板”按钮，如图7-96所示。

图7-96

09 进入“修改 | 创建天花板边界”选项卡，然后在“绘制”面板中单击“矩形”按钮，如图7-97所示。

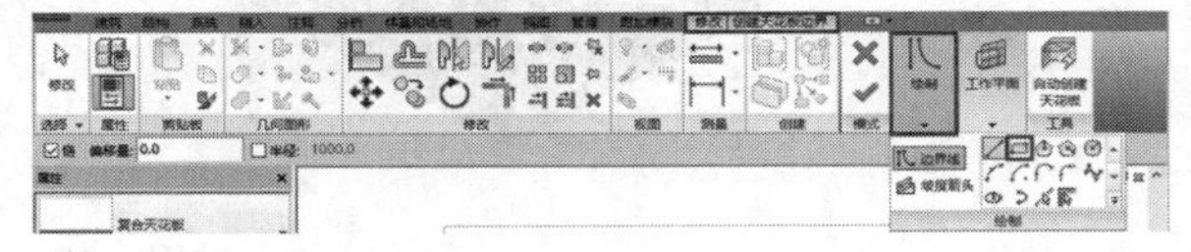

图7-97

10 在绘图区绘制天花板边界，如图7-98所示。

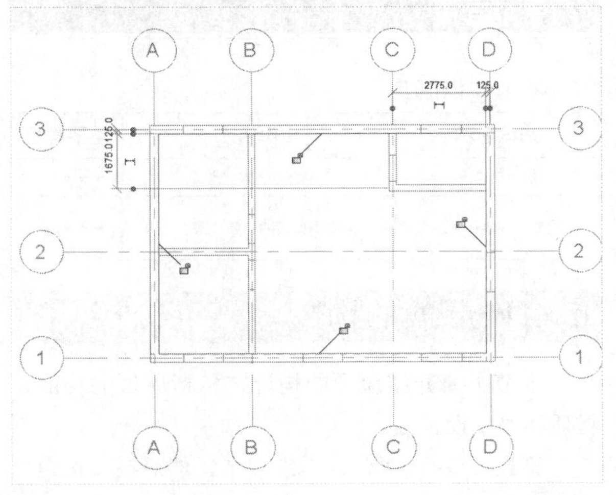

图7-98

11 完成后单击“完成编辑模式”按钮，退出编辑状态，如图7-99所示。

图7-99

12 修改天花板的实例属性，将标高设为“标高2”，设置“自标高的高度偏移”为0.0，完成后单击“应用”按钮，完成创建，如图7-100所示。

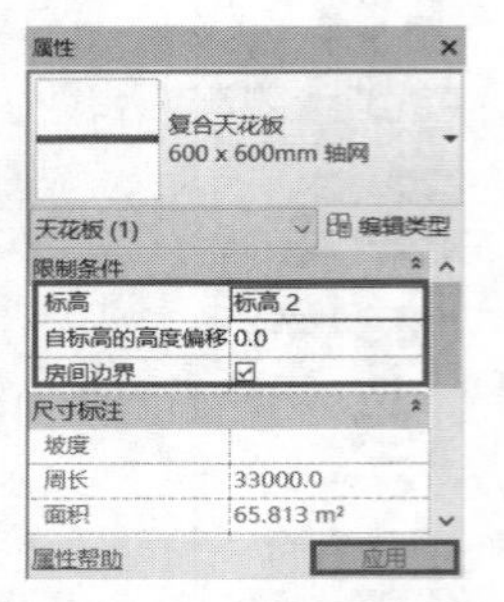

图7-100

13 单击默认三维视图按钮，查看天花板样式，如图7-101所示。

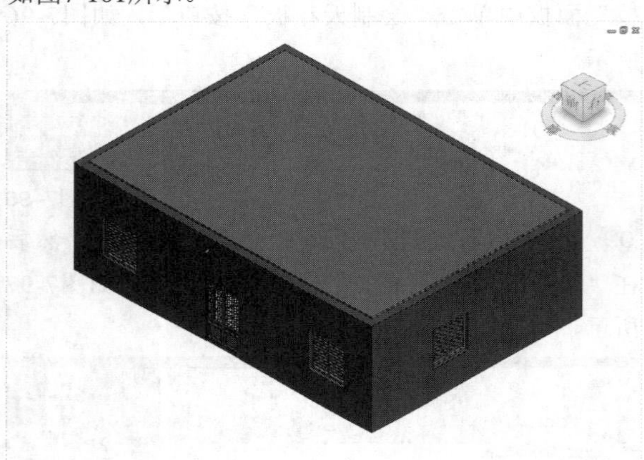

图7-101

7.4 屋顶

本节知识概要

知识名称	作用	重要程度
屋顶的构造	了解屋顶的构造设置	★★★☆☆
屋顶的创建和修改	掌握屋顶的绘制与调整	★★★☆☆

7.4.1 屋顶的构造

本节主要介绍屋顶的构造，包括屋顶的功能、材质和厚度设置等。

第1步：单击“建筑”选项卡，然后在“构建”面板中单击“屋顶”按钮，在弹出的下拉菜单中有“迹线屋顶”“拉伸屋顶”“面屋顶”等命令，如图7-102所示。

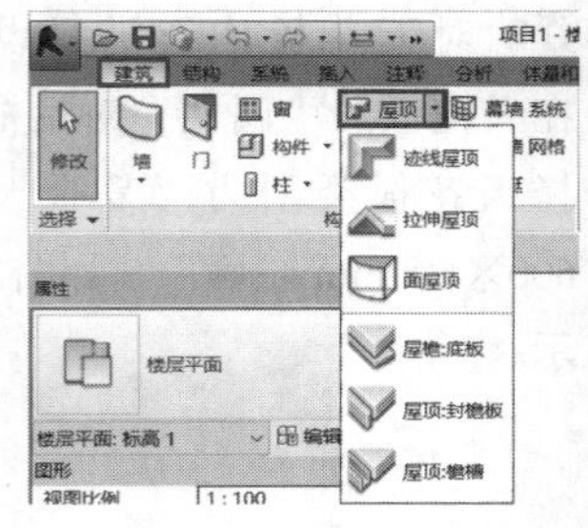

图7-102

第2步：单击选择楼板类型，以“迹线屋顶”为例，单击“迹线屋顶”命令，当弹出“最低标高提示”时单击“是”按钮，如图7-103所示。

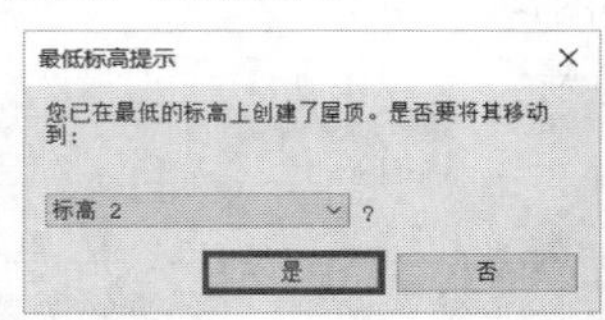

图7-103

第3步：对屋顶构造进行设置。在屋顶“属性”面板中单击“编辑类型”按钮，如图7-104所示。

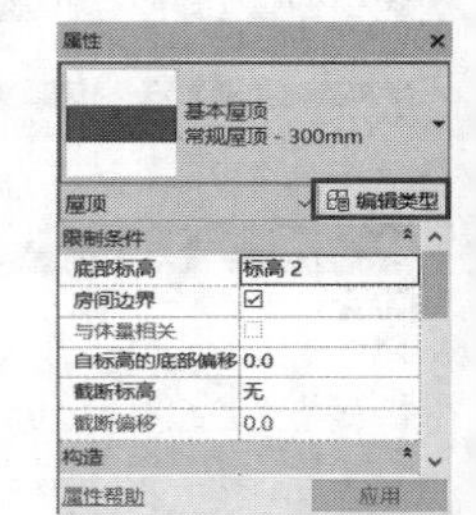

图7-104

第4步：在弹出的“类型属性”对话框中单击“编辑”选项，如图7-105所示，打开“编辑部件”对话框。

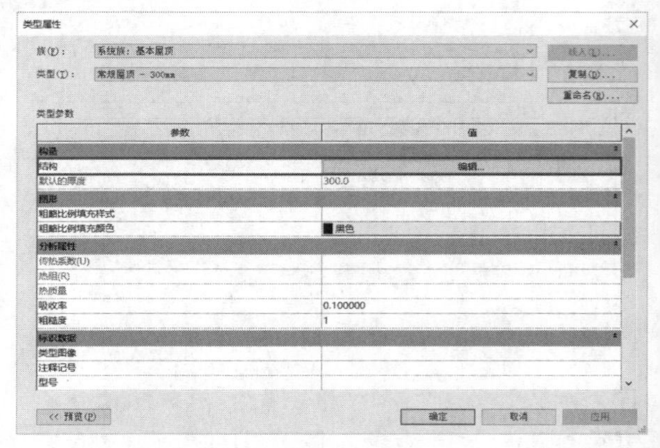

图7-105

第5步：默认的屋顶功能只有“结构[1]”部分，在此基础上可插入其他功能结构层，以完善实际的构造，如图7-106所示。

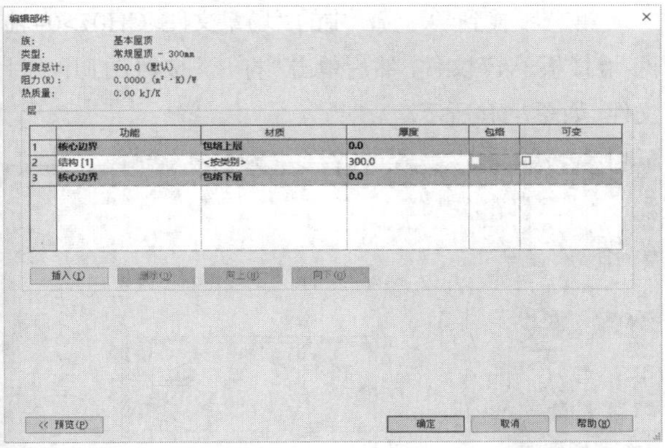

图7-106

第6步：单击第2层最前面的序号，此时该行显示为黑色，处于选中状态。单击下面的“插入”按钮，在选择行的上方出现新添加的行，如图7-107所示。

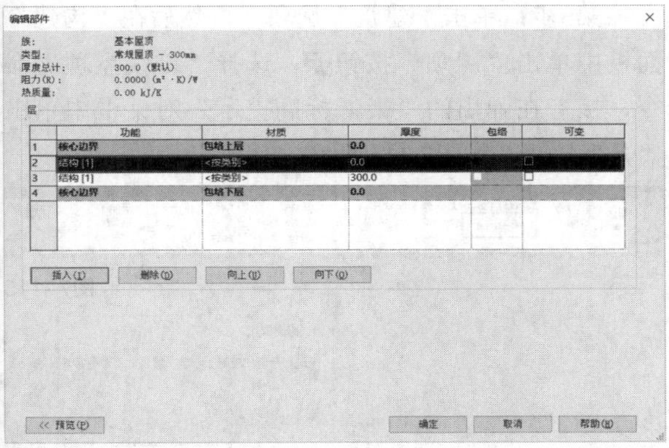

图7-107

第7步：单击“功能”参数栏下的“结构[1]”，单击后面的下拉菜单，然后选择新功能类型，如图7-108所示。

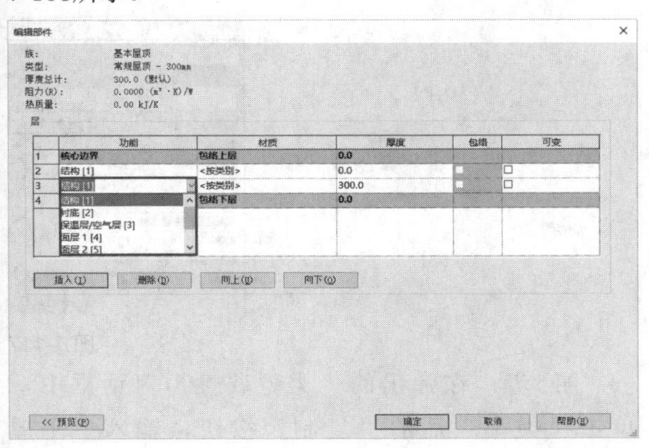

图7-108

第8步：结构层添加完成后，可选择某行，单击下面的“向上”和“向下”按钮，调整功能所在的位置，如图7-109所示。

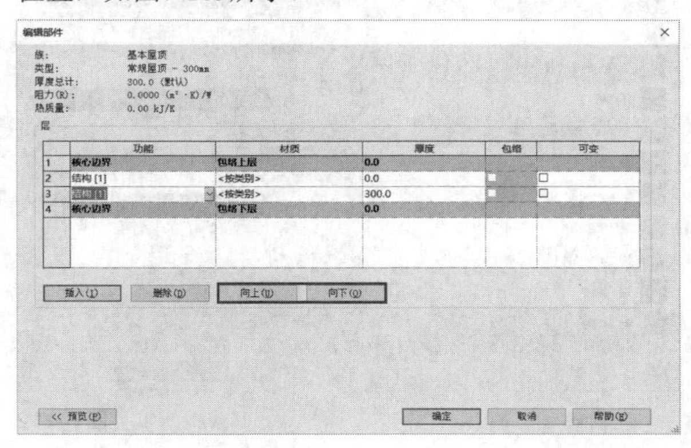

图7-109

第9步：如果需要删除，在选择状态下单击“删除”按钮即可，如图7-110所示。

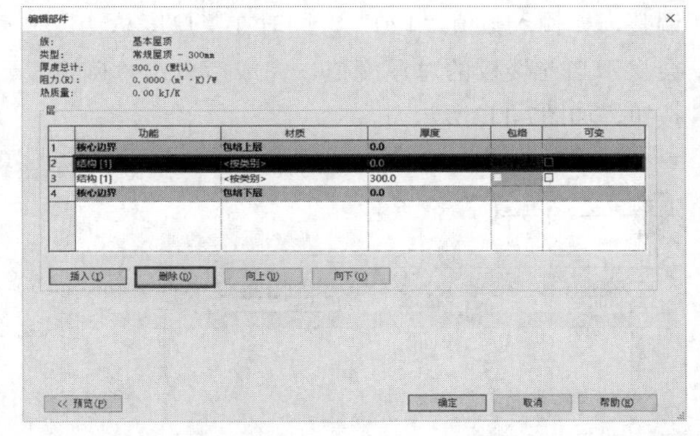

图7-110

第10步：在完成功能的添加后，需要对每一项功能赋予相应的材质。单击“材质”参数栏下的按钮...，弹出“材质浏览器”对话框，如图7-111和图7-112所示。

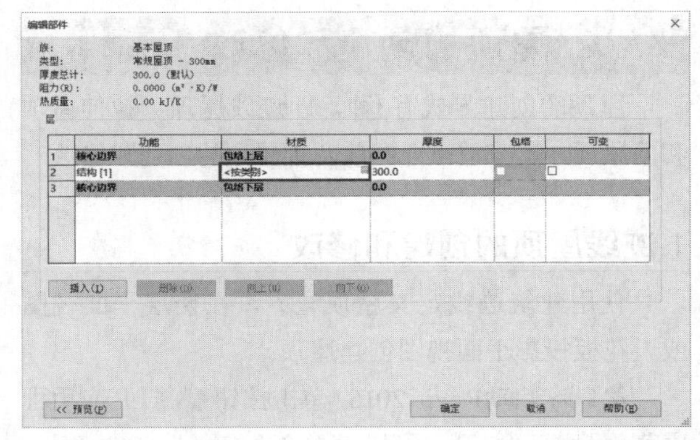

图7-111

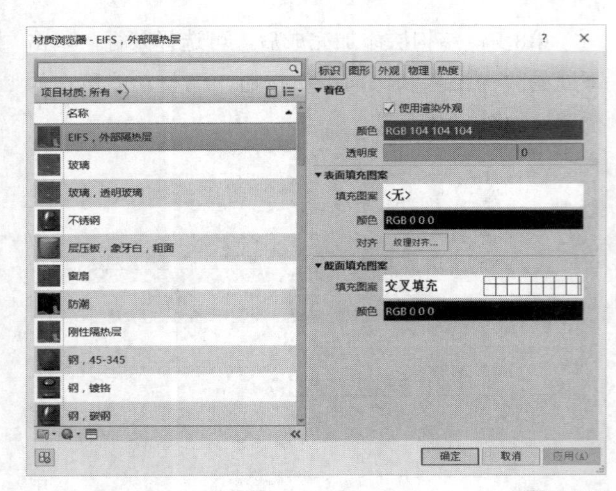

图7-112

第11步：在材质项目列表中选择结构功能对应的材质，完成材质的添加。在每一项结构功能后面的厚度框中输入相应的数据即可完成材料层厚度的调整，如输入数值“120”，同时在“厚度总计”中会显示当前楼板的总厚度值，完成后单击“确定”按钮，如图7-113所示。

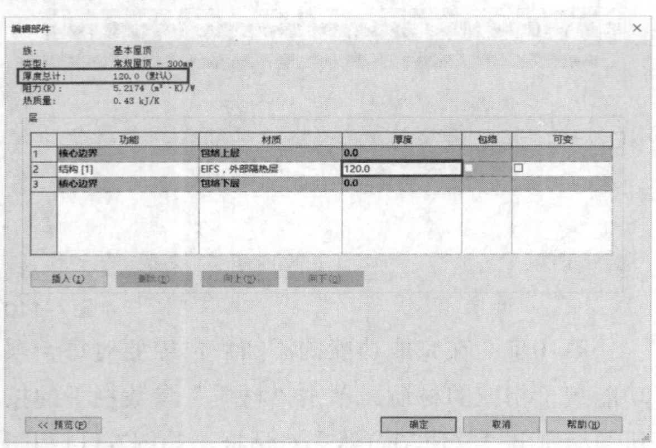

图7-113

7.4.2 屋顶的创建和修改

屋顶的创建方式有3种，即迹线屋顶、拉伸屋顶和面屋顶，本节重点介绍前两种屋顶的创建和修改。

1.迹线屋顶的创建和修改

使用建筑迹线定义屋顶边界，在楼层平面视图或天花板投影平面视图创建屋顶。

第1步：启动Revit 2016，单击按钮，打开应用程序菜单，执行“打开>项目”菜单命令。

第2步：找到学习资源中的“场景文件>CH07>04轴网-墙楼板.rvt”文件，然后单击“打开”按钮，打开项目文件，如图7-114所示。

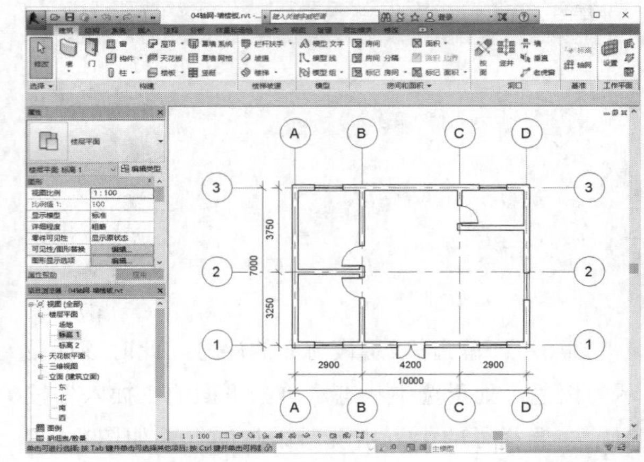

图7-114

第3步：单击“建筑”选项卡，然后在“构建”面板中单击“屋顶”按钮，选择“迹线屋顶”命令，接着在弹出的“最低标高提示”对话框中单击“是”按钮，如图7-115和图7-116所示。

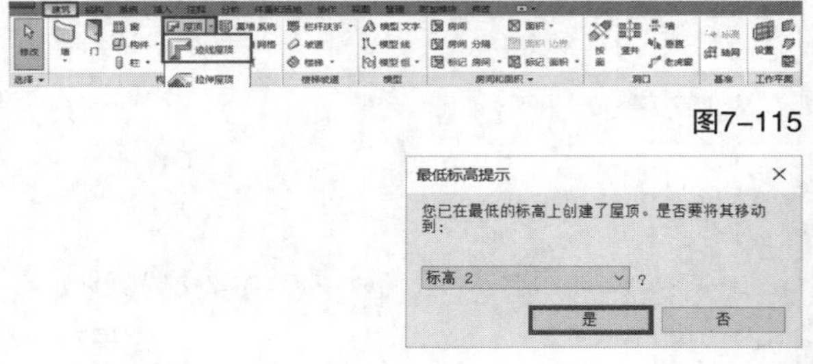

图7-115

图7-116

第4步：对屋顶构造进行设置。在“属性”面板中单击“编辑类型”按钮，如图7-117所示。

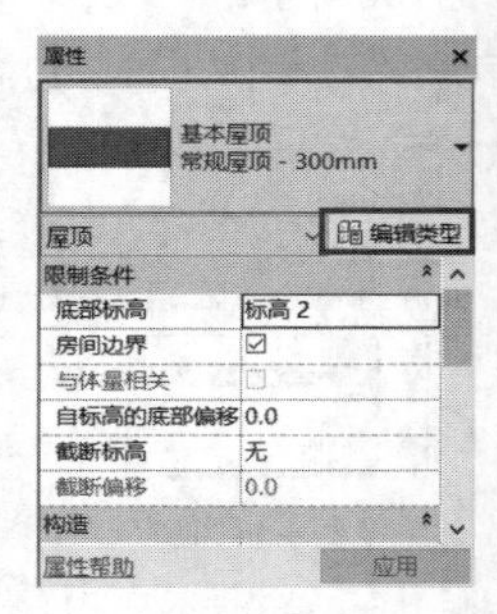

图7-117

第5步：在弹出的“类型属性”对话框中，单击“类型”后的“复制”按钮，输入“平屋顶-150mm”，完成后单击“确定”按钮，如图7-118所示。

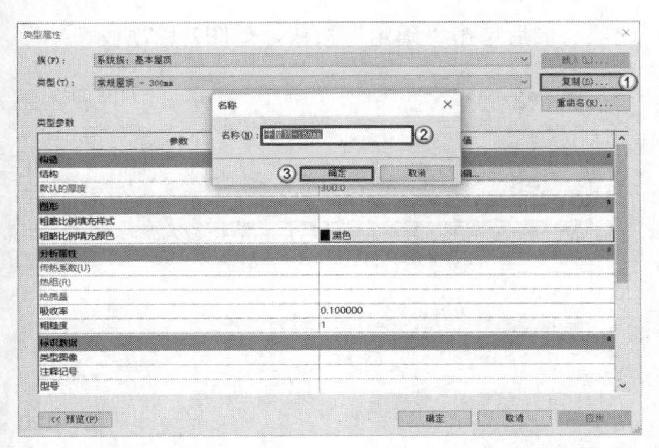

图7-118

第6步：单击“编辑”按钮，如图7-119所示，打开“编辑部件”对话框。

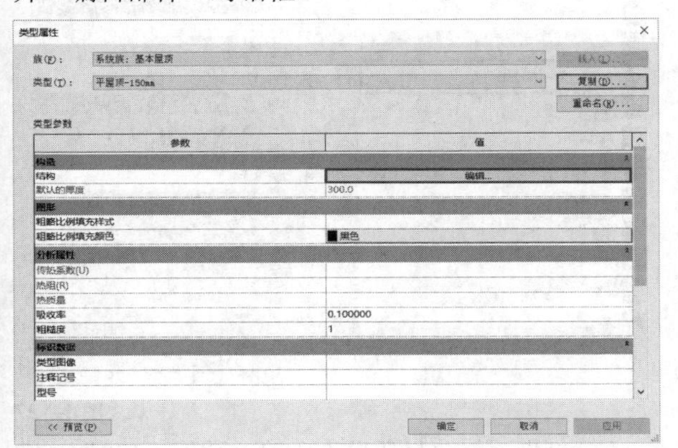

图7-119

第7步：默认的屋顶功能只有“结构[1]”部分，选择第1层，此时该行将以黑色显示，单击“插入”按钮，在上面插入两层，如图7-120所示。

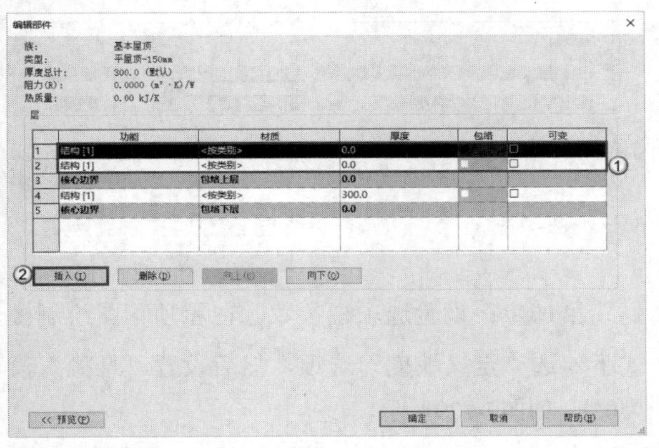

图7-120

第8步：修改第1层的“结构[1]”为“面层2[5]”，单击“材质”参数栏中的按钮，打开“材质浏览器”对话框。单击“创建并复制材质”按钮，选择“新建材质”命令，如图7-121所示。

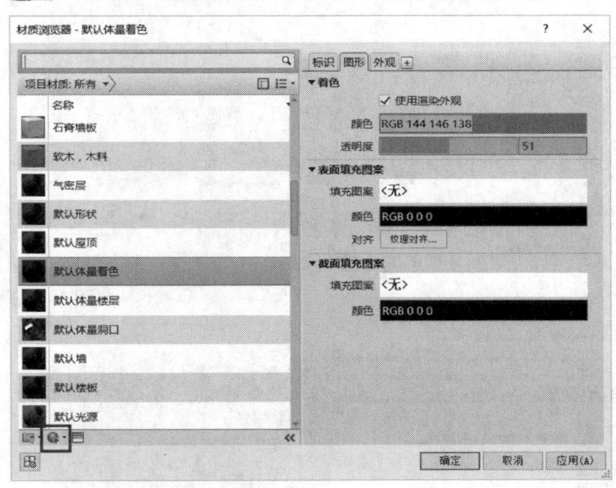

图7-121

第9步：单击“打开/关闭资源浏览器”按钮，如图7-122所示。

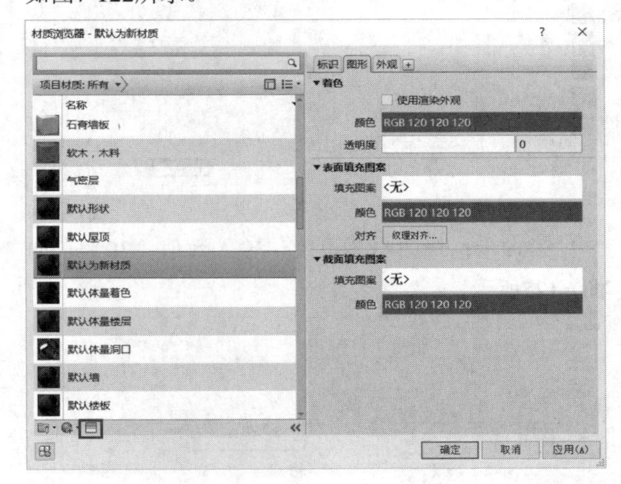

图7-122

第10步：打开“资源浏览器”对话框，在搜索栏中输入“水泥砂浆”，鼠标移动至“水泥砂浆”一栏，单击“使用此资源替换编辑器中的当前资源”按钮，完成后关闭对话框，如图7-123所示。

第11步：用鼠标右键单击“默认为新材质”，对材质重命名为“水泥砂浆”，完成后单击“确定”按钮，如图7-124所示。

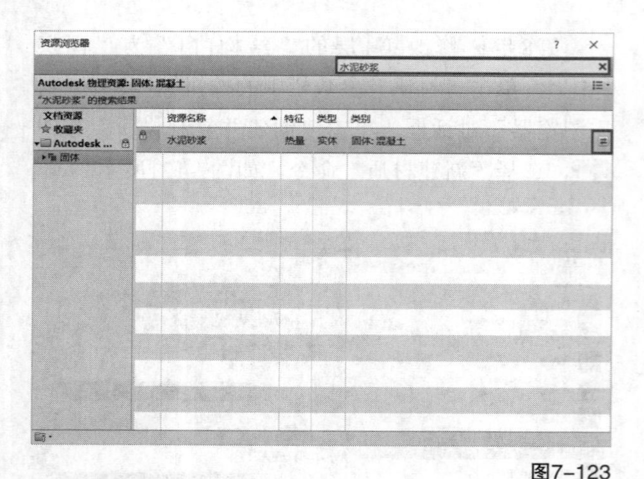

图7-123

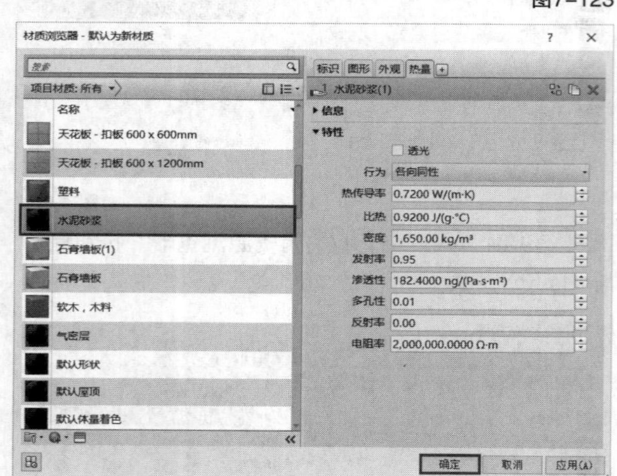

图7-124

第12步：修改材质厚度，输入数值“30”，如图7-125所示。

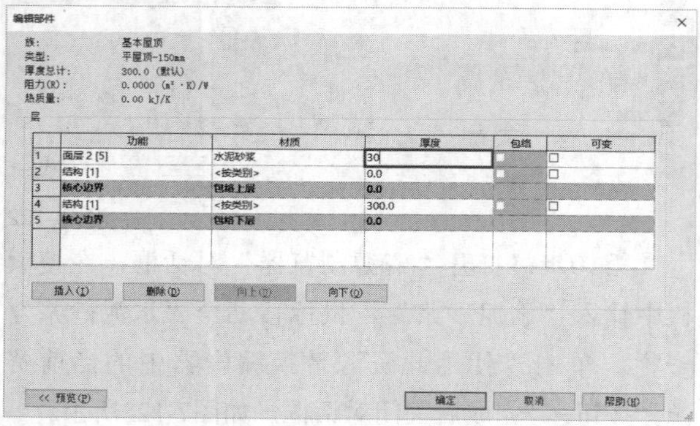

图7-125

第13步：修改第2层的“结构[1]”为“涂膜层”，输入厚度值“0”，如图7-126所示。

第14步：修改第4层的“结构[1]”，单击“材质”参数栏中的按钮，打开“材质浏览器-水泥砂浆”对话框，接着单击“混凝土，现场浇注灰色”选项，最后单击“确定”按钮，如图7-127所示。

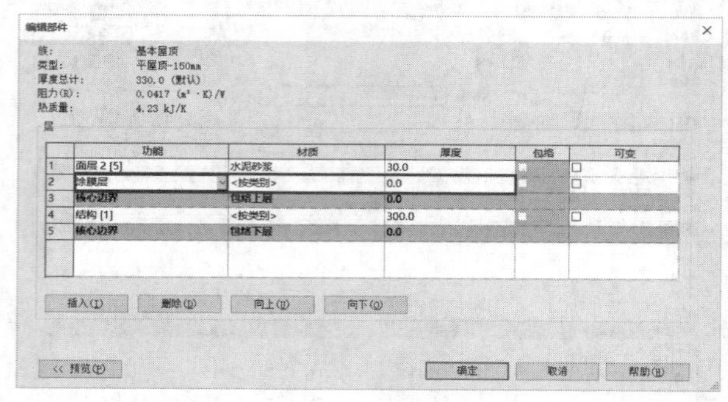

图7-126

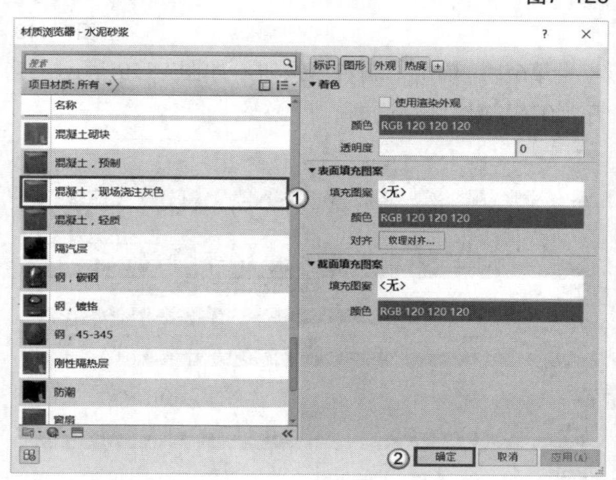

图7-127

第15步：修改材质厚度，输入数值“120”，完成后单击“确定”按钮，如图7-128所示。

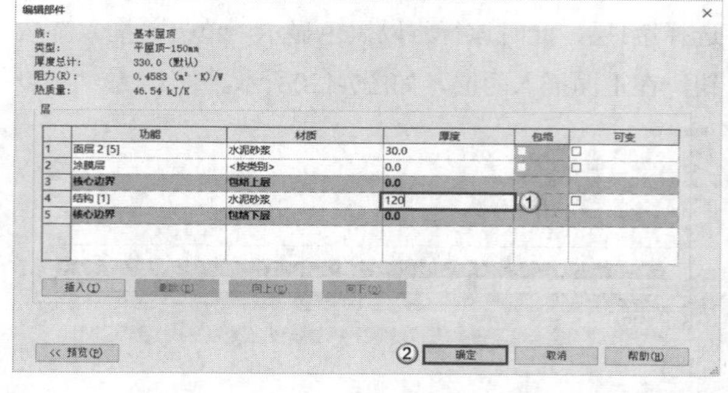

图7-128

第16步：设置选项栏参数。在屋顶草图绘制模式下勾选“定义坡度”选项，然后设置“悬挑”值为0.0，如图7-129所示。

图7-129

第17步：进入“修改 | 创建屋顶迹线”选项卡，在“绘制”面板中单击“矩形”按钮，如图7-130所示。

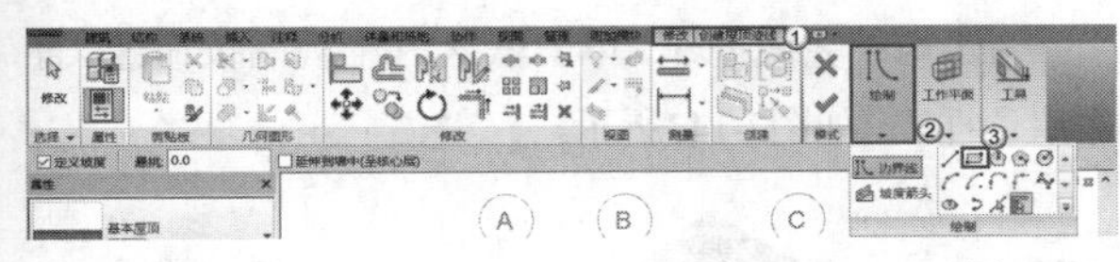

图7-130

第18步：在绘图区绘制屋顶边界，如图7-131所示。

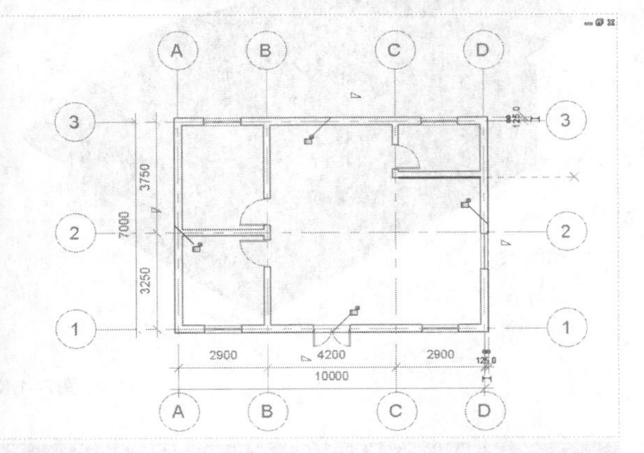

图7-131

第19步：完成后单击“完成编辑模式”按钮，退出编辑状态，如图7-132所示。

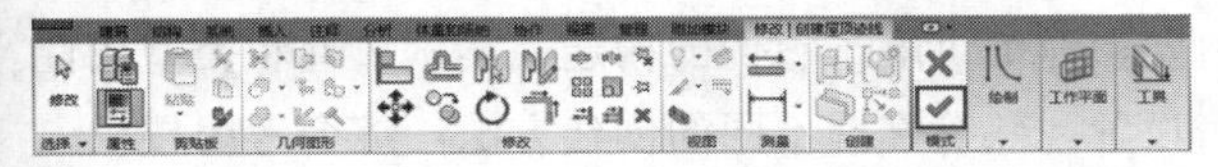

图7-132

第20步：完成创建，单击默认三维视图按钮，查看屋顶样式，如图7-133所示。

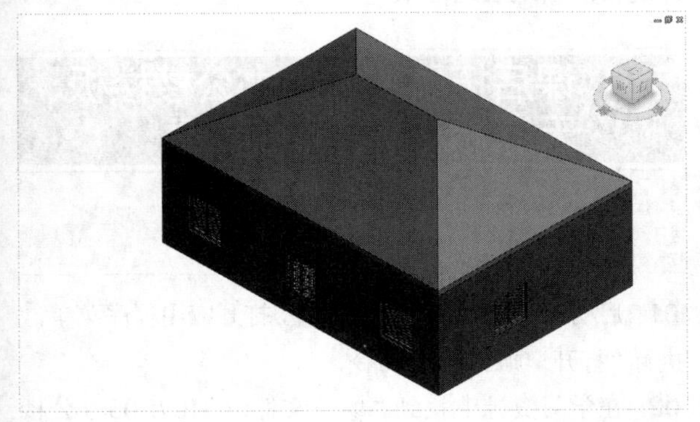

图7-133

2.拉伸屋顶的创建和修改

通过拉伸轮廓创建屋顶。

第1步：启动Revit 2016，单击按钮，打开应用程序菜单，执行“打开>项目”菜单命令。

第2步：在学习资源中找到“场景文件>CH07>04轴网-墙楼板.rvt”文件，然后单击“打开”按钮，打开项目文件，如图7-134所示。

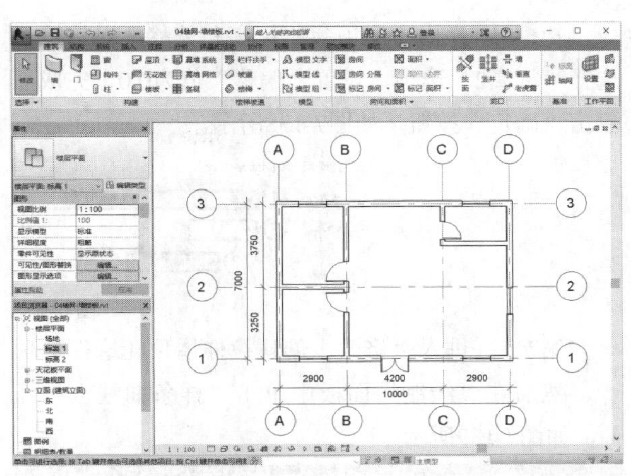

图7-134

第3步：单击“建筑”选项卡，在“构建”面板中单击“屋顶”按钮，然后选择“拉伸屋顶”命令，如图7-135所示。

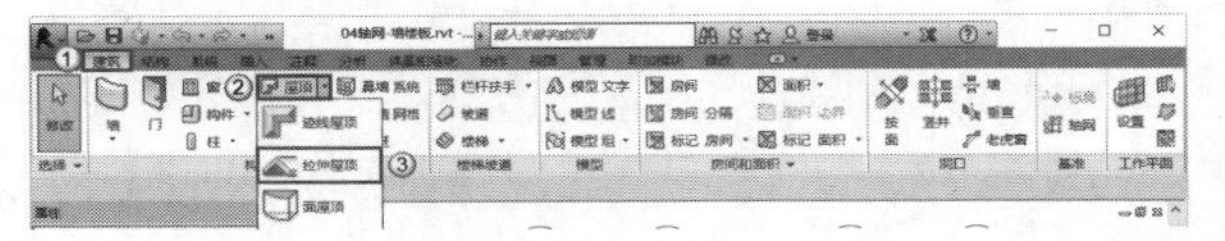

图7-135

第4步：执行“拉伸屋顶”命令后，弹出“工作平面”对话框，在对话框中选择“拾取一个平面”选项，单击“确定”按钮，如图7-136所示。

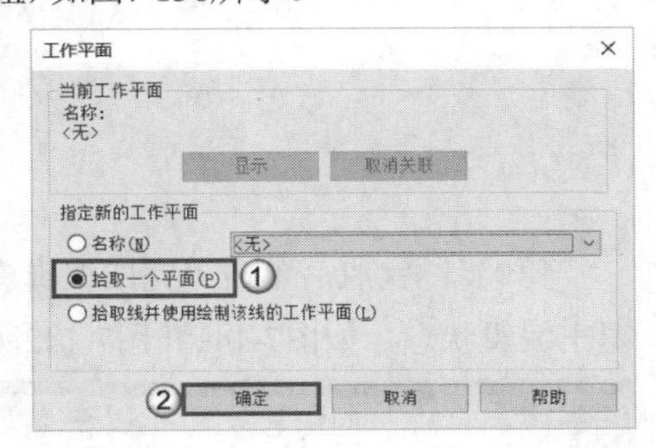

图7-136

第5步：当光标呈十字形时拾取垂直平面，弹出“转到视图”对话框，选择“立面：北”，然后单击“确定”按钮，如图7-137所示。

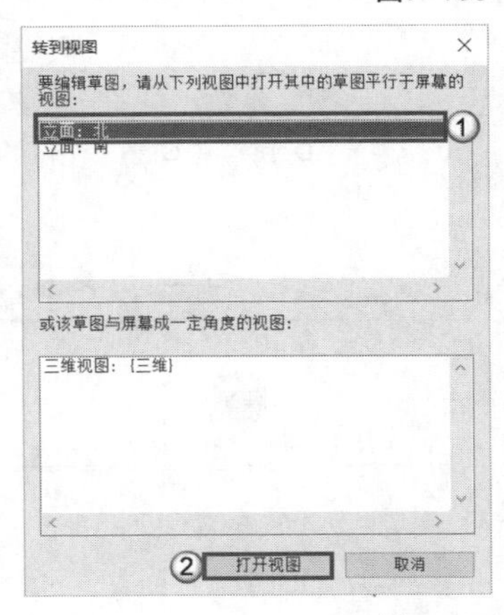

图7-137

第6步：弹出“屋顶参照标高和偏移”对话框，选择“标高2”选项，设置“偏移”值为0.0，完成后单击“确定”按钮，如图7-138所示。

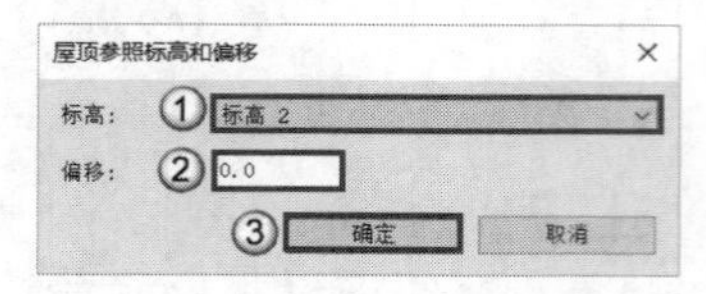

图7-138

第7步：进入“修改 | 创建拉伸屋顶轮廓”选项卡，然后在“绘制”面板中单击“样条曲线”按钮，如图7-139所示。

图7-139

第8步：在绘图区绘制屋顶轮廓线，如图7-140所示。

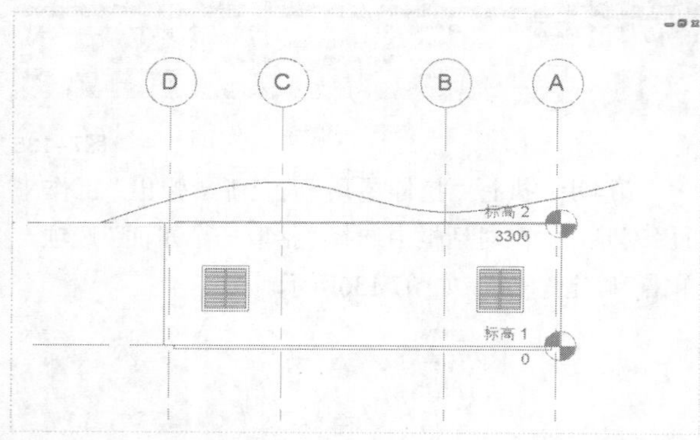

图7-140

第9步：完成后单击“完成编辑模式”按钮，退出编辑状态，如图7-141和图7-142所示。

图7-141

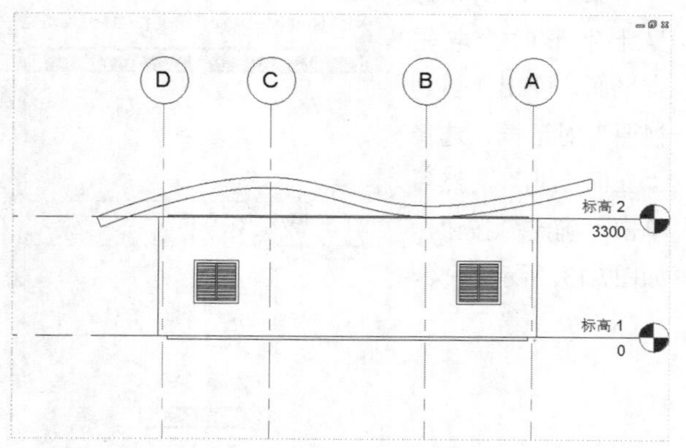

图7-142

第10步：完成创建，单击默认三维视图按钮，查看屋顶样式，如图7-143所示。

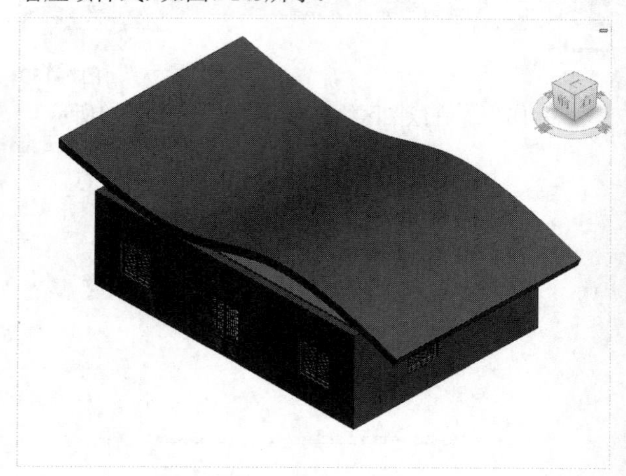

图7-143

7.5 本章总结

本章从楼板、天花板和屋顶的创建与编辑出发，详细讲解了它们的构造、实例属性和类型属性设置。熟练掌握不同的创建方法，综合考虑楼板、天花板和屋顶的高度、坡度、立面显示，以及大样详图、图纸粗略与精细程度的显示等，有利于设计师逻辑清晰地表达图纸。

7.6 课后拓展练习：办公楼楼板、天花板、屋顶的创建

场景位置：场景文件>CH07>05办公楼轴网-墙.rvt
视频位置：视频文件>CH07>04课后拓展练习：办公楼板天花板屋顶的创建.mp4
实用指数：★★★☆☆
技术掌握：楼板、天花板、屋顶的绘制方法

01 启动Revit 2016，单击按钮，打开应用程序菜单，执行“打开>项目”菜单命令。

02 在学习资源中找到“场景文件>CH07>05办公楼轴网-墙.rvt”文件，单击“打开”按钮，打开项目文件，如图7-144所示。在“项目浏览器”的平面图目录下展开“楼层平面”，双击“标高1”，进入楼层平面视图。

03 单击“建筑”选项卡，在“构建”面板中单击“楼板”按钮，然后选择“楼板:结构”命令，如图7-145所示。

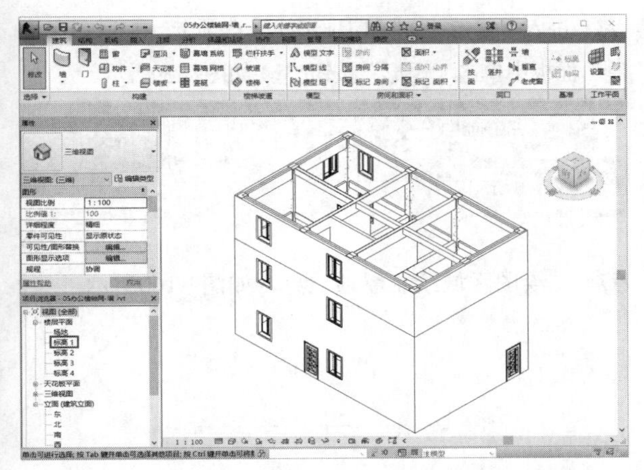

图7-144

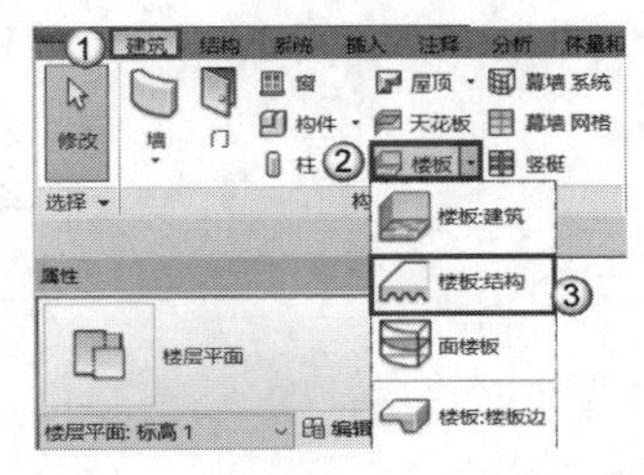

图7-145

04 进入“修改 | 创建楼层边界”选项卡，在“绘制”面板中单击“矩形”按钮，选择绘制方式，在绘图区域绘制楼板的边界线，如图7-146所示。

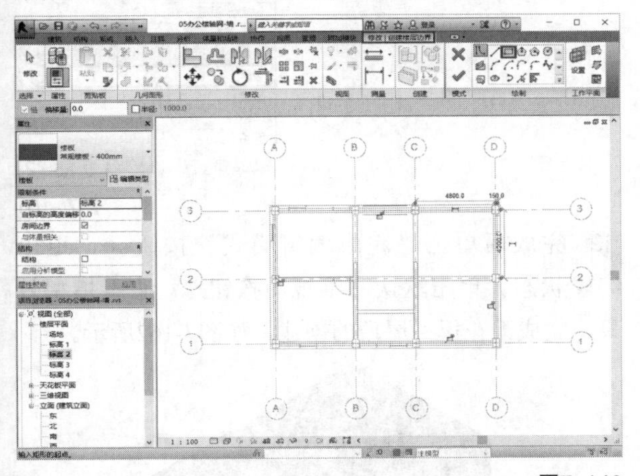

图7-146

05 设置完成后，单击“完成编辑模式”按钮，完成楼板的绘制，如图7-147所示。

图7-147

06 单击“建筑”选项卡，在“构建”面板中单击“天花板”按钮，如图7-148所示。

图7-148

07 对天花板构造进行设置，在天花板“属性”面板中选择天花板类型为“复合天花板600×600mm 轴网”，如图7-149所示。

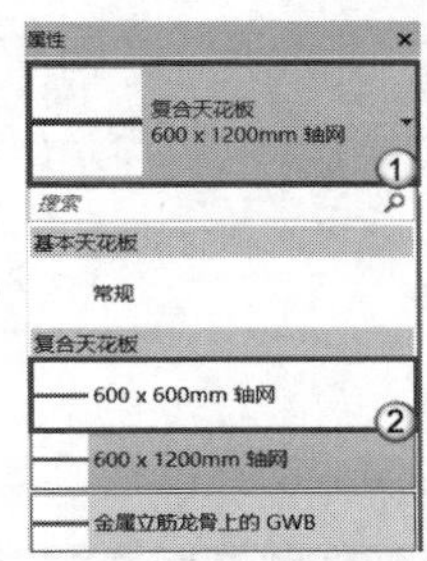

图7-149

08 展开“楼层平面”，双击“标高2”，如图7-150所示。

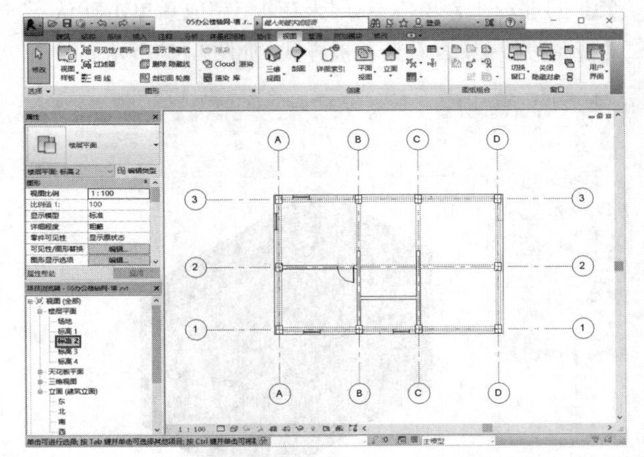

图7-150

09 进入“修改 | 放置 天花板”选项卡，在“天花板”面板中单击“绘制天花板”按钮，如图7-151所示。

图7-151

10 进入“修改 | 创建天花板边界”选项卡，在“绘制”面板中单击“矩形”按钮，如图7-152所示。

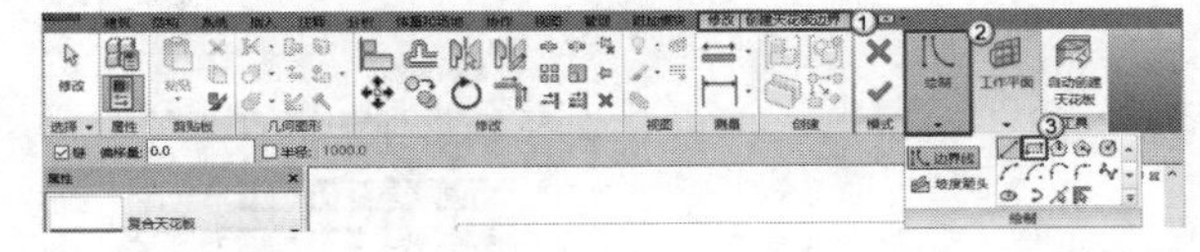

图7-152

11 在绘图区域绘制天花板边界，如图7-153所示。

12 完成后单击“完成编辑模式”按钮，退出编辑状态，如图7-154所示。

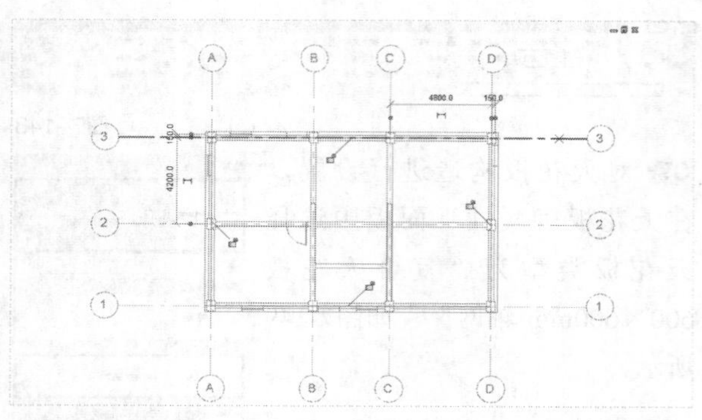

图7-153

图7-154

13 同理，创建第二、三层天花板，完成后单击默认三维视图按钮，查看天花板样式，如图7-155所示。

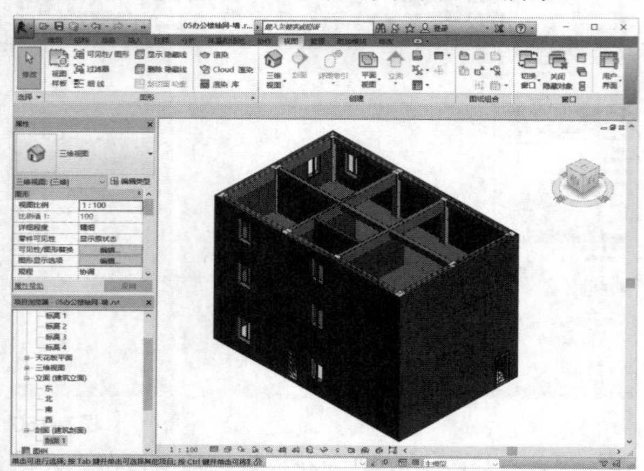

图7-155

14 单击“建筑”选项卡，在“构建”面板中单击“屋顶”按钮，然后选择“迹线屋顶”命令，接着选择楼板类型，在弹出的“最低标高提示”对话框中更改为“标高4”，最后单击“是”按钮，如图7-156和图7-157所示。

图7-156

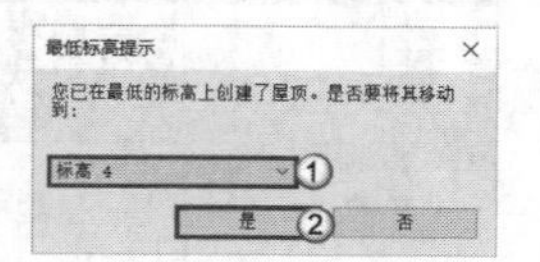

图7-157

15 设置选项栏参数，在屋顶草图绘制模式下勾选“定义坡度”选项，设置悬挑值为0.0，如图7-158所示。

图7-158

16 进入“修改 | 创建屋顶迹线”选项卡，然后在“绘制”面板中单击“矩形”按钮，如图7-159所示。

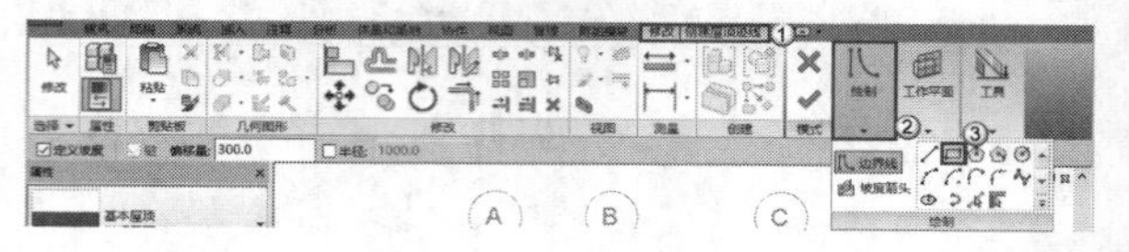

图7-159

17 在绘图区域绘制屋顶边界，如图7-160所示。

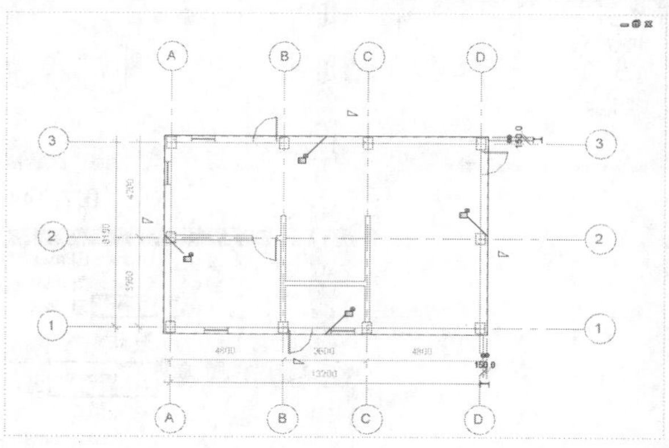

图7-160

18 修改屋顶属性，然后在尺寸标注中设置“坡度”为0.0，接着单击“应用”按钮，如图7-161所示。

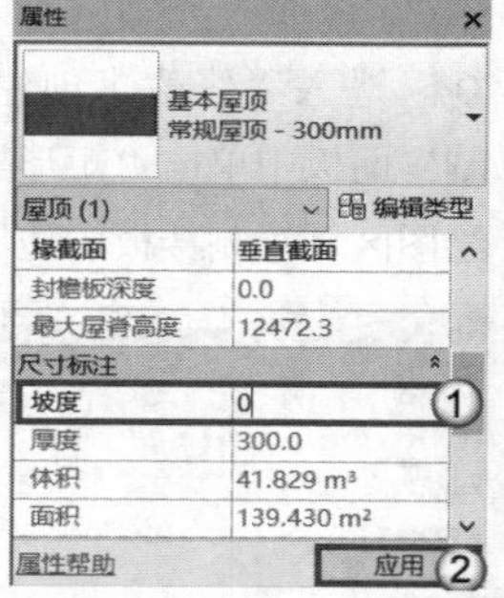

图7-161

19 完成后单击“完成编辑模式”按钮，退出编辑状态。单击默认三维视图按钮，查看模型效果，完成天花板、屋顶的创建，如图7-162所示。

图7-162

第 8 章 楼梯、坡道与洞口

本章知识索引

本章实例索引

8.1 课前引导实例：别墅楼梯绘制

场景位置：场景文件>CH08>01别墅.rvt
视频位置：视频文件>01CH08>课前引导实例：别墅楼梯绘制.mp4
实用指数：★★★☆☆
技术掌握：了解洞口的创建和建筑内部楼梯的绘制方法

01 启动Revit 2016，单击按钮，打开应用程序菜单，执行“打开>项目”菜单命令。

02 在学习资源中找到“场景文件>CH08>01别墅.rvt”文件，单击“打开”按钮，打开项目文件，如图8-1所示。

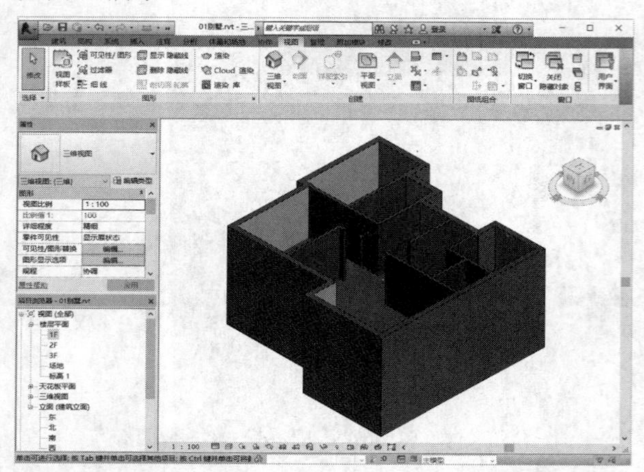

图8-1

03 在“项目浏览器”中展开“楼层平面”，双击“1F”，切换至标高1平面视图，如图8-2所示。

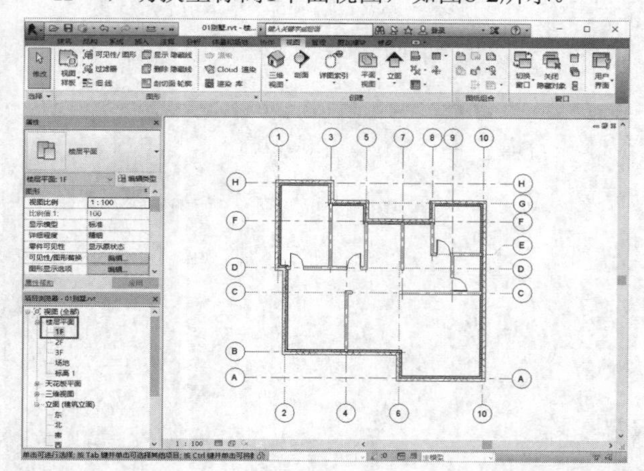

图8-2

04 单击“建筑”选项卡，在“洞口”面板中单击“竖井”按钮，如图8-3所示。

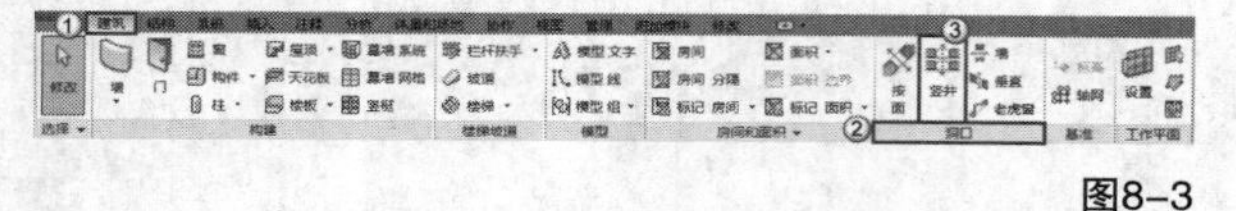

图8-3

05 自动切换至“修改丨创建竖井洞口草图”选项卡，单击“绘制”面板中的“矩形”按钮，如图8-4所示。

图8-4

06 在“属性”面板中修改洞口的相关参数。更改底部限制条件为“1F”，底部偏移量为0.0，顶部约束为“直到标高：3F”，顶部偏移量为0.0，如图8-5所示。

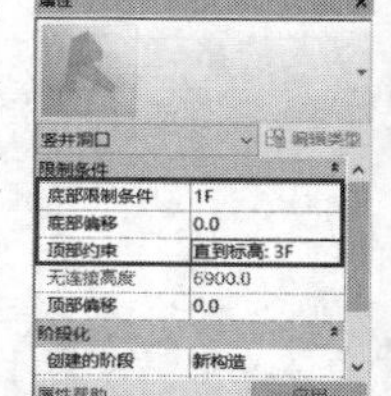

图8-5

07 单击鼠标左键确定起点，移动鼠标再次单击左键，完成矩形洞口的绘制，如图8-6所示。

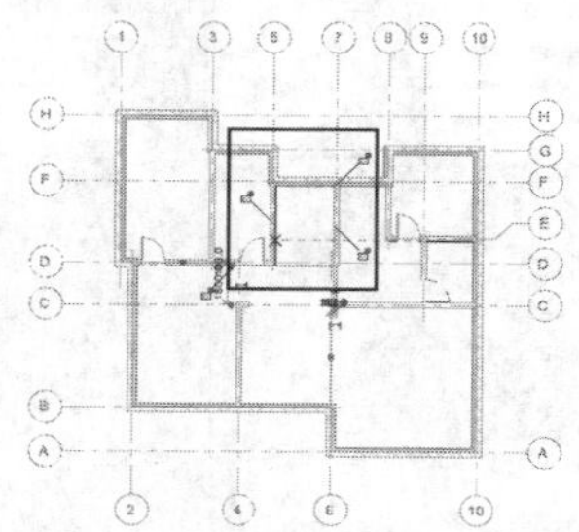

图8-6

08 完成后单击“完成编辑模式”按钮，退出编辑状态，如图8-7所示。

图8-7

09 单击默认三维视图按钮，查看已创建完成的洞口，此时竖井洞口所经过的楼板进行了相应的剪切，如图8-8所示。

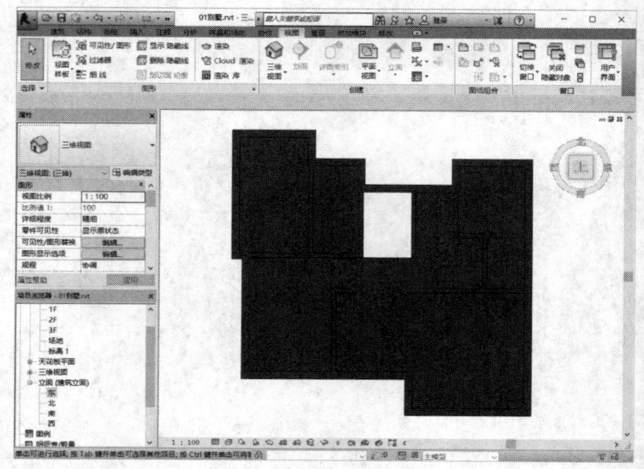

图8-8

10 单击“建筑”选项卡，在“楼梯坡道”面板中单击“楼梯”按钮，然后选择“楼梯（按构件）”命令，如图8-9和图8-10所示。

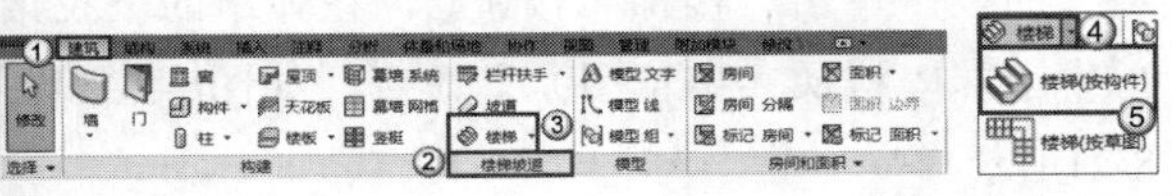

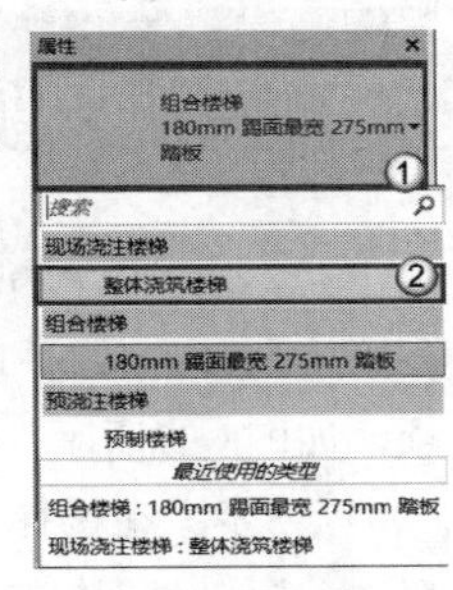

图8-9 图8-10

11 进入“修改 | 创建楼梯”模式，在实例属性下拉列表中选择“整体浇筑楼梯”选项，如图8-11所示。

图8-11

12 设置完成后，将光标移动到绘图区域的平面视图中，单击楼梯的起始位置，然后拖动鼠标，此时软件会提示已创建的踢面数和剩余个数，如图8-12所示。

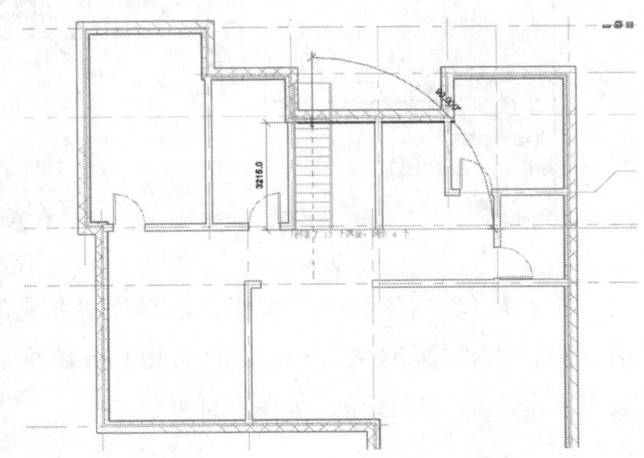

图8-12

13 继续拖动鼠标，然后单击这一段楼梯的末端位置，完成一段楼梯的绘制，如图8-13所示。

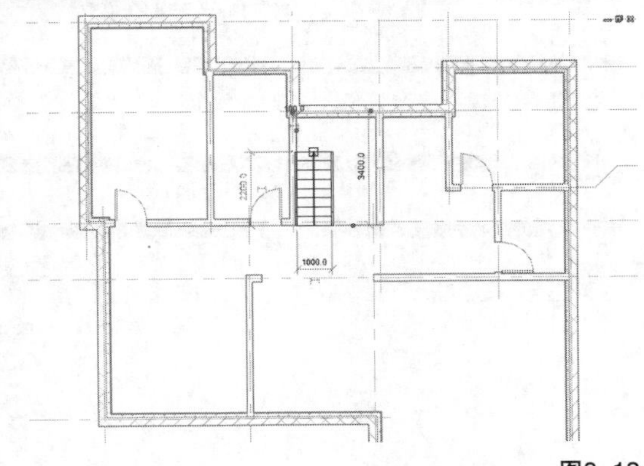

图8-13

14 完成一段梯段后，绘制下一段梯段，直到软件提示剩余0个，单击梯段末端位置，完成楼梯梯段的绘制，如图8-14所示。

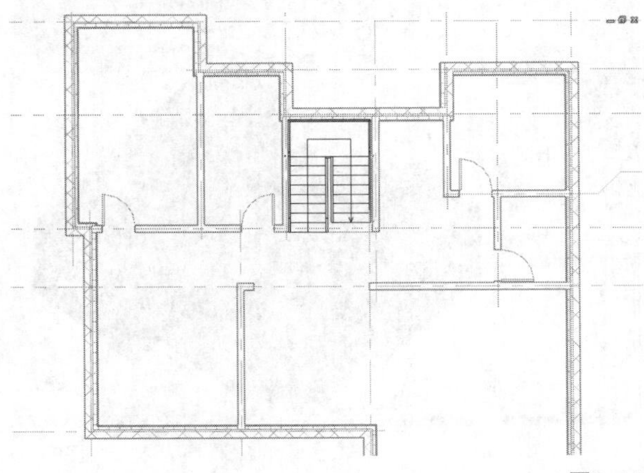

图8-14

15 楼梯由梯段构件和平台构件组成，在编辑状态下，可对任意构件进行二次编辑。以修改梯段构件为例，单击梯段，此时梯段构件将高亮显示，可对其进行编辑，移动梯段改变起始位置。

16 完成后单击“完成编辑模式”按钮，退出编辑状态，如图8-15所示。

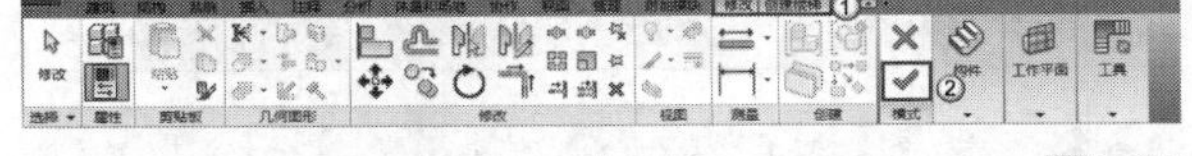

图8-15

17 单击“工具”面板中的“栏杆扶手”按钮，如图8-16和图8-17所示，然后在“扶手栏杆”对话框中设置栏杆扶手的类型和放置方式。

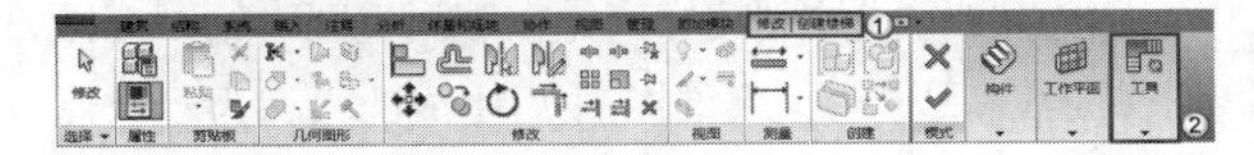

图8-16

图8-17

18 设置栏杆扶手为“900mm圆管”、位置为“踏板”，完成后单击“确定”按钮，如图8-18所示。

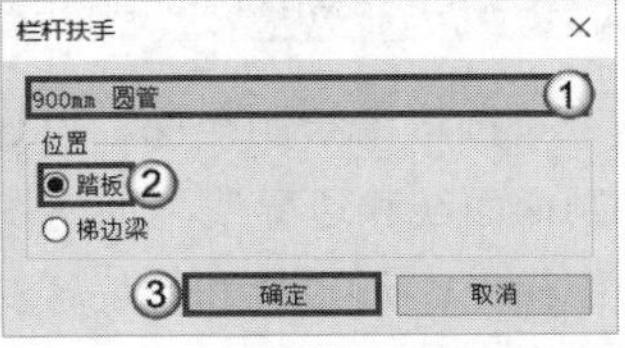

图8-18

19 完成后单击“完成编辑模式”按钮，退出编辑状态。

20 单击默认三维视图按钮，查看楼梯样式，如图8-19所示。

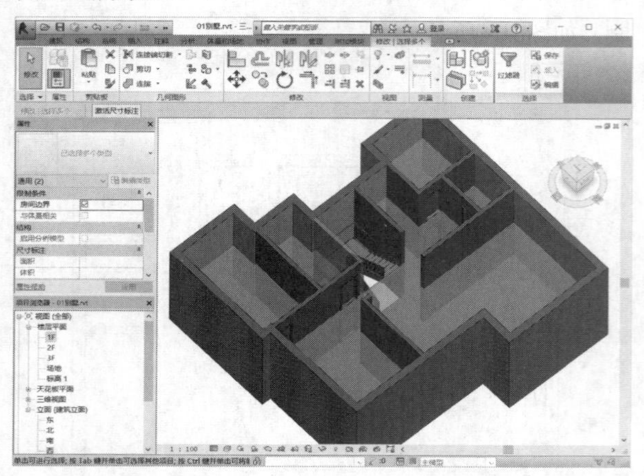

图8-19

8.2 楼梯

本节知识概要

知识名称	作用	重要程度
楼梯的绘制方式	了解楼梯的绘制方式	★★☆☆☆
按草图绘制楼梯	掌握按草图绘制楼梯的方法	★★★☆☆
按构件绘制楼梯	掌握按构件绘制楼梯的方法	★★★☆☆

8.2.1 楼梯的绘制方式

在Revit中，可以按草图或构件两种方式绘制楼梯。

按草图方式绘制楼梯，先在平面视图中绘制楼梯的梯面线和边界线，绘制完成后生成的楼梯为一个建筑构件。按构件方式绘制楼梯，先创建梯段构件、平台构件等多个构件，通过构件组合形成楼梯，其绘制方式更加灵活，还可以对楼梯添加楼梯路径等符号。

8.2.2 按草图绘制楼梯

按草图绘制楼梯，可通过定义楼梯梯段，或绘制梯面线和边界线，创建直线楼梯、带平台的L形楼梯、U形楼梯和螺旋楼梯。也可以通过修改草图改变楼梯的外边界，踢面和梯段会相应更新。Revit可为楼梯自动生成栏杆扶手，在多层建筑物中，可以只设计一组楼梯，然后为其他楼层创建相同的楼梯，直到楼梯属性中定义的最高标高。

1.楼梯属性设置

第1步：单击“建筑”选项卡，然后在“楼梯坡道”面板中单击“楼梯”按钮，在弹出的下拉菜单中选择“楼梯（按草图）”命令，如图8-20和图8-21所示。

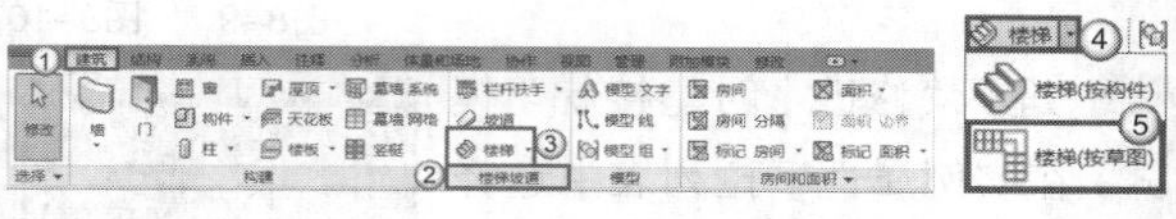

图8-20　图8-21

第2步：进入草图编辑模式，在实例属性下拉列表中选择“楼梯 180mm踢面最宽275mm踏板”选项，如图8-22所示。

第3步：在楼梯“属性”面板中，单击“编辑类型”按钮，如图8-23所示，然后打开“类型属性”对话框。

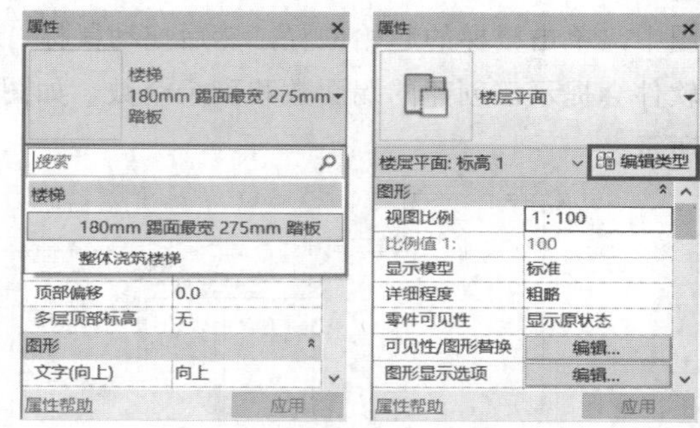

图8-22　图8-23

第4步：单击“复制”按钮，然后在“名称”对话框中输入“楼梯150mm踢面最宽300mm踏面”，接着单击“确定”按钮，如图8-24所示。

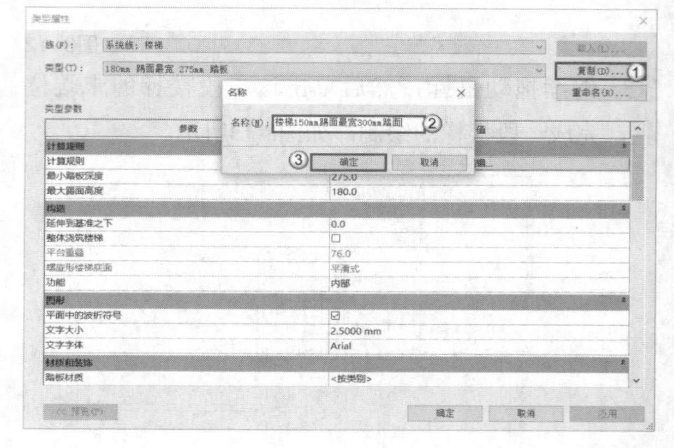

图8-24

知识讲解

• **计算规则**：单击其后的“编辑”按钮，设置楼梯计算规则，一般保持默认。

• **最小踏板深度**：设置实例的踏板深度的初始值，输入数值300。

• **最大踢面高度**：设置每个踢面的最大高度，输入数值150。

• **延伸到基准之下**：对于梯边梁附着至楼板洞口表面，而不是放置在楼板表面的情况，此时设置负值可将梁延伸到楼梯底部标高之下。

• **功能**：该参数指示所创建的楼梯是内部的还是外部的。

第5步：类型属性设置完成后，单击“确定”按钮，回到草图绘制模式，如图8-25所示。

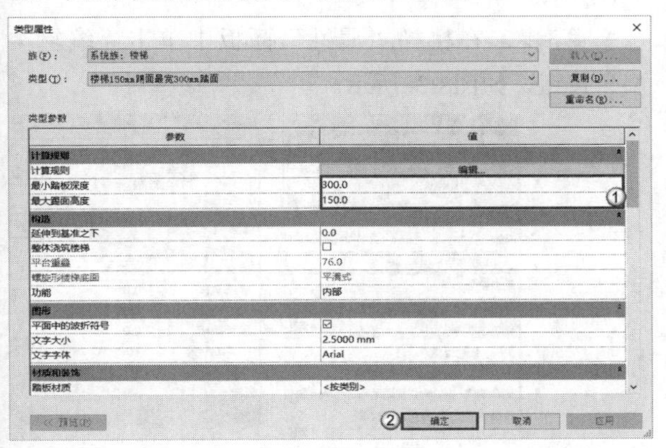

图8-25

第6步：完成类型属性设置后，进行实例属性设置，如图8-26所示。

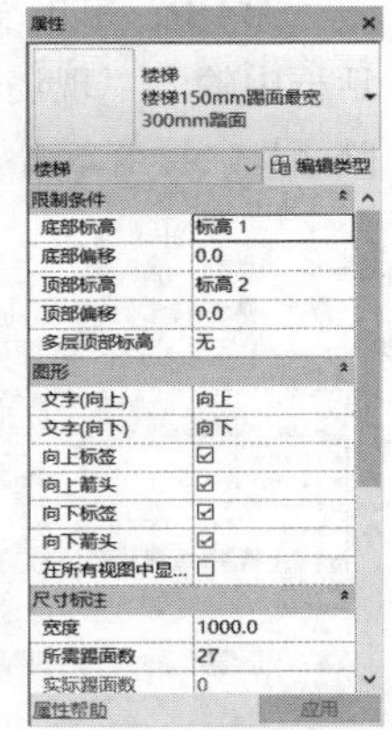

图8-26

知识讲解

• **多层顶部标高**：设置多层建筑中楼梯的顶部，相对于绘制单体梯段，如果修改一个梯段上的栏杆扶手，则会在所有梯段上修改此栏杆扶手。

• **所需踢面数**：踢面数是根据标高间的高度计算出来的，如果需要其他值的踢面数，可自行设置。

2.楼梯的绘制

第1步：设置完成后，将光标移动到绘图区域的平面视图中，然后单击楼梯的起始位置，移动鼠标，此时软件会提示已创建的踢面数和剩余个数，如图8-27所示。

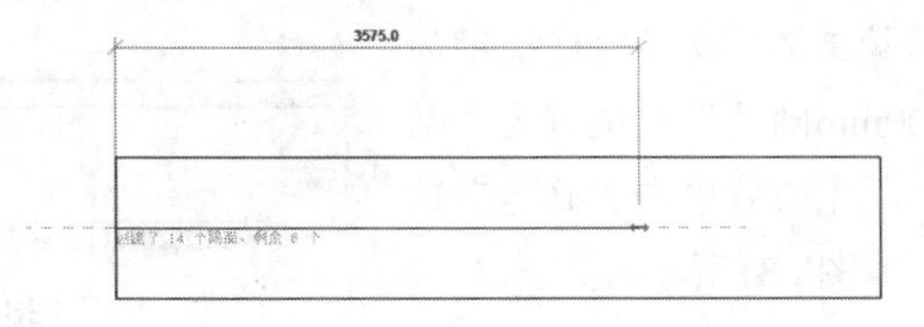

图8-27

第2步：继续移动鼠标，单击本段楼梯的末端位置，完成一段楼梯的绘制，如图8-28所示。

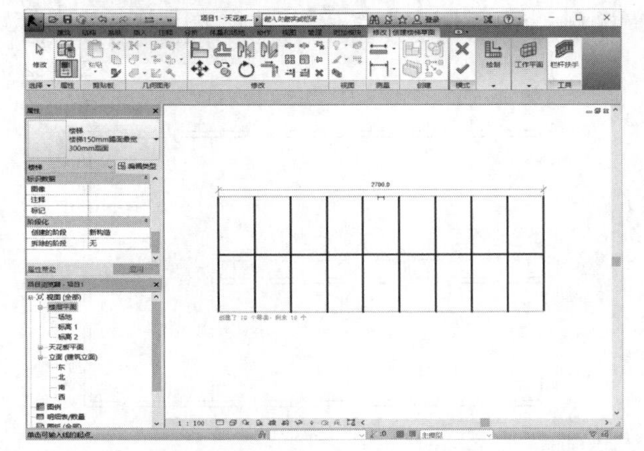

图8-28

第3步：绘制下一段，直到软件提示剩余0个，楼梯草图绘制完成，如图8-29所示。

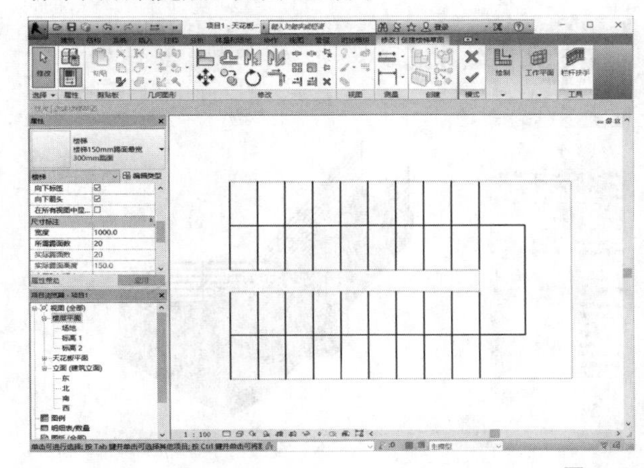

图8-29

第4步：此时楼梯草图由梯面线和边界线组成，可对梯面线和边界线进行再次编辑。单击“工具”面板中的“楼梯扶手”按钮，如图8-30所示，然后在“栏杆扶手”对话框中设置栏杆扶手的类型和放置方式。

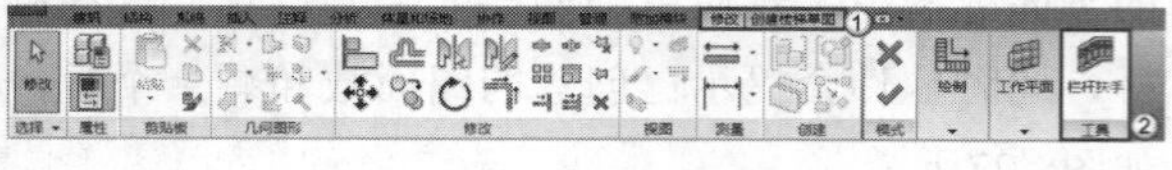

图8-30

第5步：设置栏杆扶手为“900mm圆管”，位置为“踏板”，完成后单击“确定”按钮，如图8-31所示。

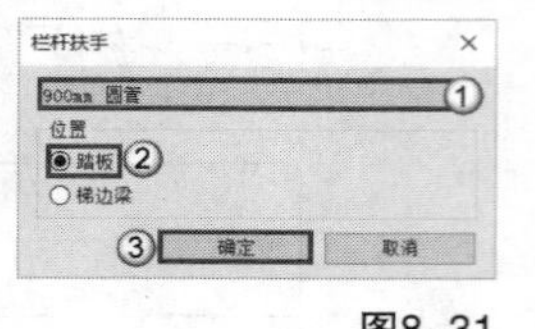

图8-31

第6步：完成后单击“完成编辑模式”按钮，退出编辑状态，如图8-32和图8-33所示。

图8-32

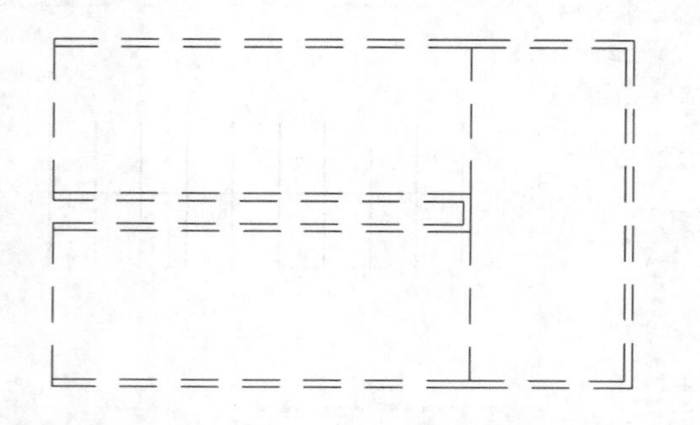

图8-33

第7步：单击默认三维视图按钮，查看楼梯样式，如图8-34所示。

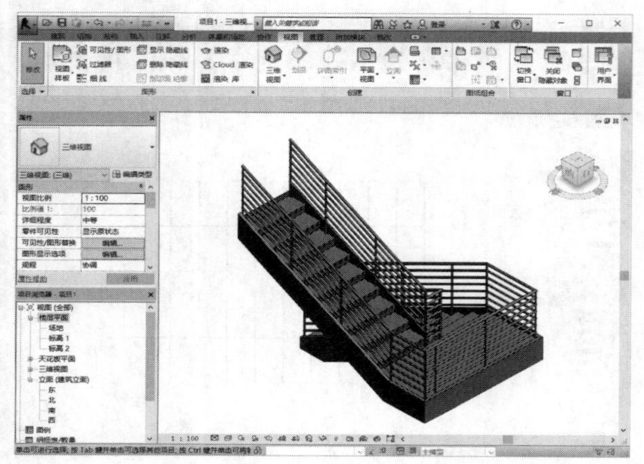

图8-34

8.2.3 按构件绘制楼梯

按构件绘制楼梯，可通过定义楼梯梯段、平台等构件组合完成楼梯的绘制。

1.楼梯属性设置

第1步：单击“建筑”选项卡，在“楼梯坡道”面板中单击“楼梯”按钮，然后选择“楼梯（按构件）”命令，如图8-35和图8-36所示。

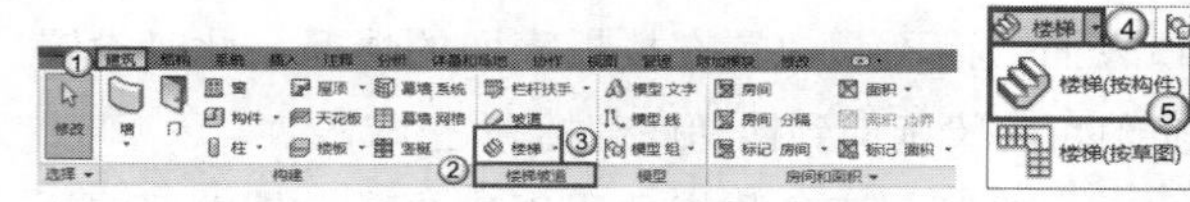

图8-35 图8-36

第2步：进入“修改丨创建楼梯”模式，在实例属性下拉列表中选择“整体浇筑楼梯”选项，如图8-37所示。

第3步：在楼梯“属性”面板中单击“编辑类型”按钮，如图8-38所示。

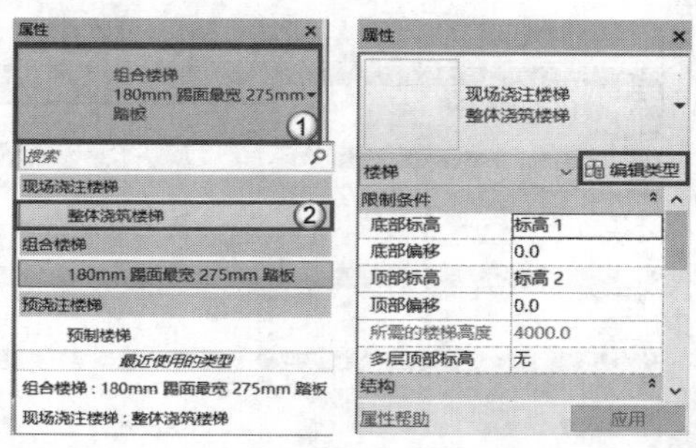

图8-37 图8-38

第4步：单击“复制”按钮，然后在“名称”对话框中输入“现浇楼梯楼梯150mm踢面最宽300mm踏面”，接着单击“确定”按钮，如图8-39所示。

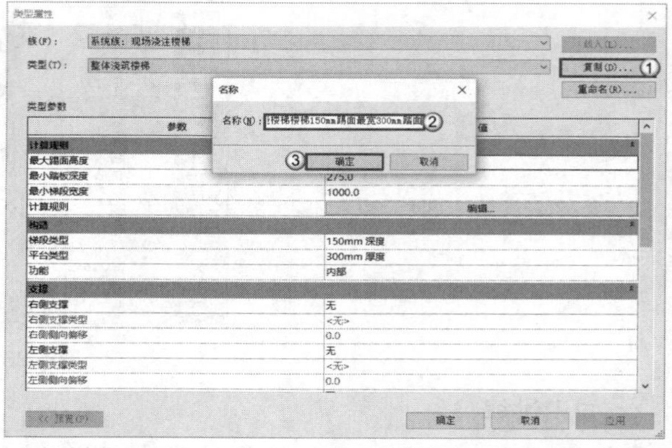

图8-39

知识讲解

• **最大踢面高度：**设置最大踢面高度值，可计算实际踢面高度，输入数值“150”。

• **最小踏板深度：**设置踏板最小深度值，输入数值300。

• **最小梯段宽度：**设置楼梯梯段最小宽度值，输入数值“1200”，如图8-40所示。

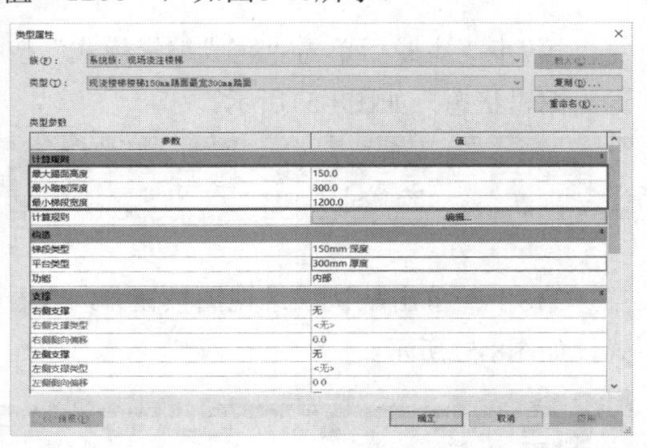

图8–40

• **梯段类型：**对梯段结构参数进行设置，单击“150mm深度”后的按钮...，打开“类型属性”对话框，如图8-41所示。

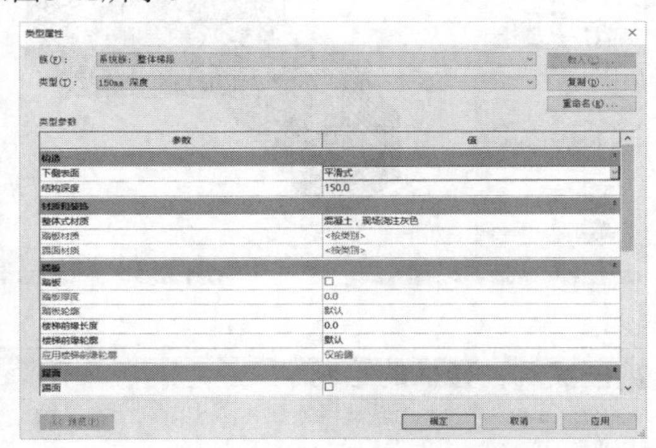

图8–41

• **平台类型：**对平台结构参数进行设置，单击“300mm厚度”后的按钮...，打开“类型属性”对话框，如图8-42所示。

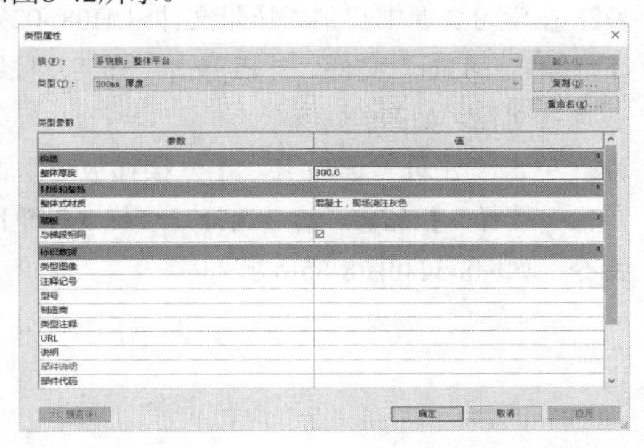

图8–42

度5步：类型属性设置完成后，单击“确定”按钮，回到创建楼梯模式。

第6步：继续进行实例属性的设置，如图8-43所示。

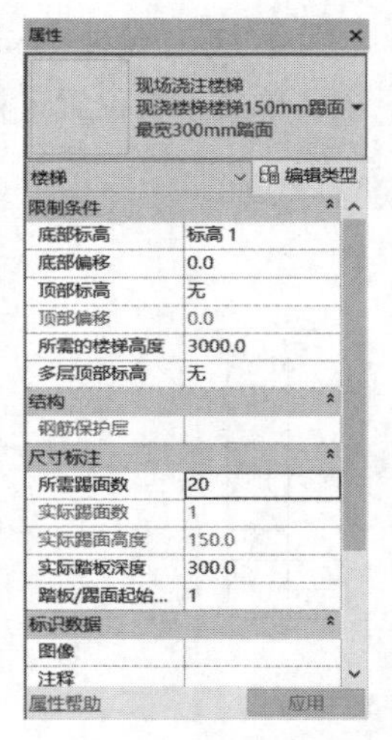

图8–43

知识讲解

• **多层顶部标高：**设置多层建筑中楼梯的顶部，相对于绘制单体梯段，如果修改一个梯段上的栏杆扶手，则会在所有梯段上修改此栏杆扶手。

• **所需踢面数：**踢面数是根据标高间的高度计算出来的，如果需要其他值的踢面数，可自行设置，前提是保证由此计算出的实际踢面高度值小于类型属性中的设定值。

2.楼梯的绘制

第1步：设置完成后，将光标移动到绘图区域的平面视图中，单击楼梯的起始位置，拖动鼠标，此时软件会提示已创建的踢面数和剩余个数，如图8-44所示。

第2步：继续移动鼠标，单击本段楼梯的末端位置，完成一段楼梯的绘制，如图8-45所示。

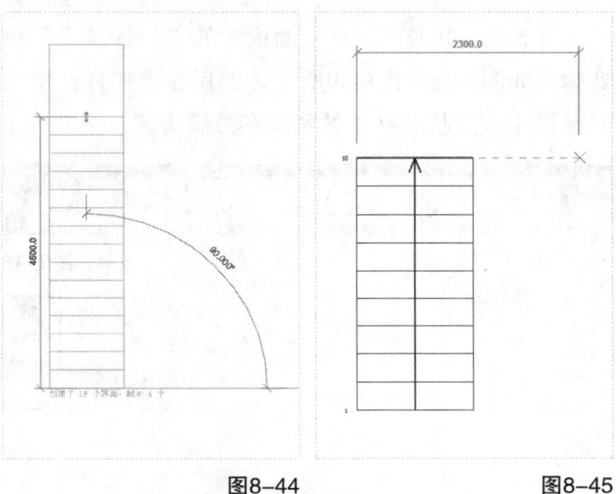

图8–44　　图8–45

第3步：绘制下一段梯段，直到软件提示剩余0个，单击末端位置，楼梯梯段绘制完成，如图8-46所示。

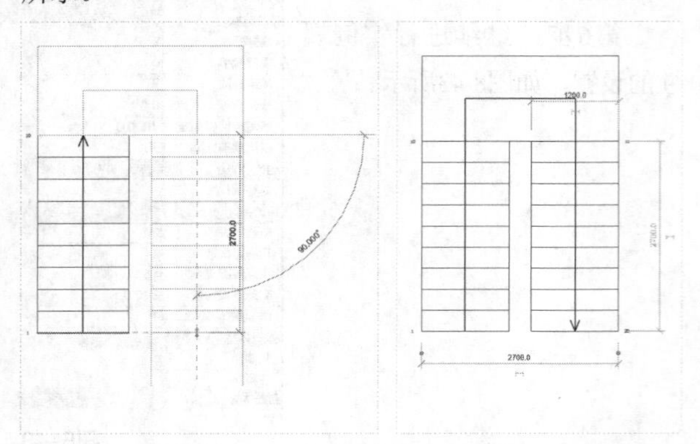

图8-46

第4步：此时楼梯由梯段构件和平台构件组成，在编辑状态下，可对任意构件进行二次编辑。以修改平台构件为例，单击平台，此时平台构件将高亮显示，可对其进行编辑，如图8-47所示。

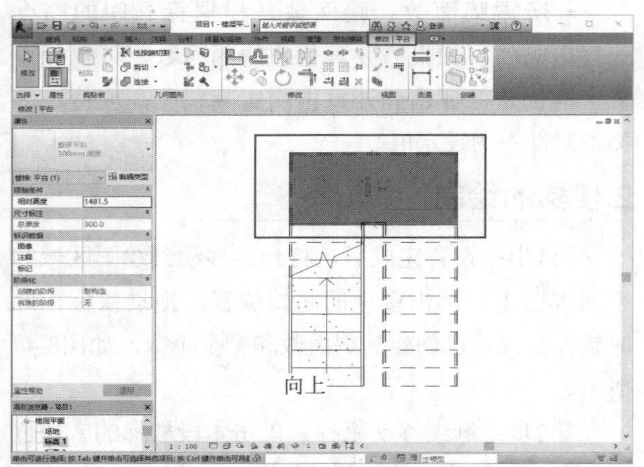

图8-47

第5步：单击“工具”面板中的“栏杆扶手”按钮，如图8-48和图8-49所示，然后在“栏杆扶手”对话框中设置栏杆扶手的类型和放置方式。

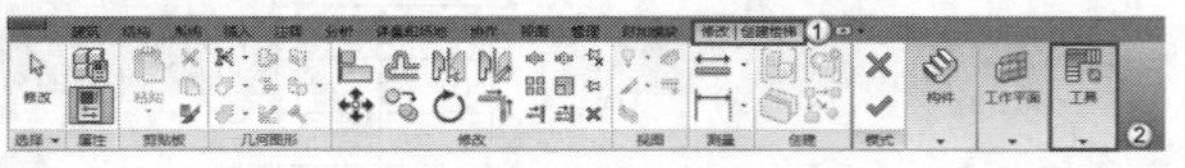

图8-48

图8-49

第6步：设置栏杆扶手为“900mm圆管”，位置为“踏板”，然后单击“确定”按钮，如图8-50所示。

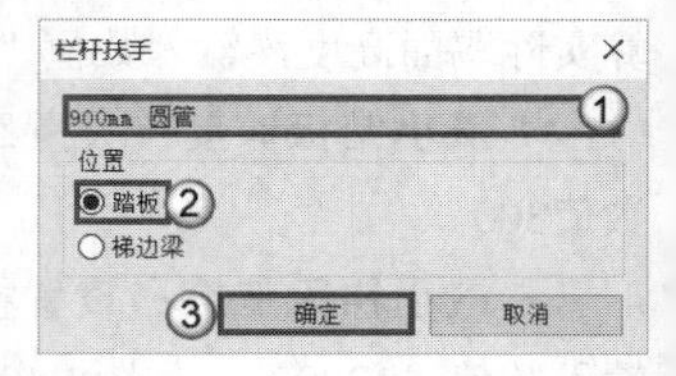

图8-50

第7步：完成后单击“完成编辑模式”按钮，退出编辑状态，如图8-51所示。

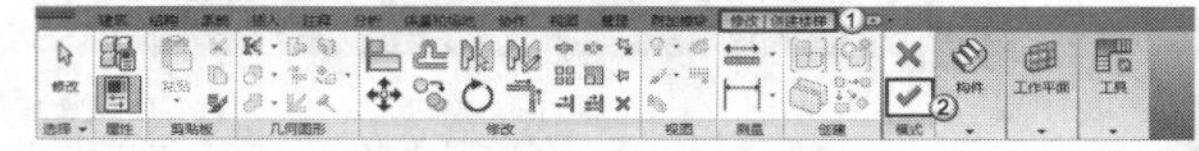

图8-51

第8步：单击默认三维视图按钮，查看楼梯样式，如图8-52所示。

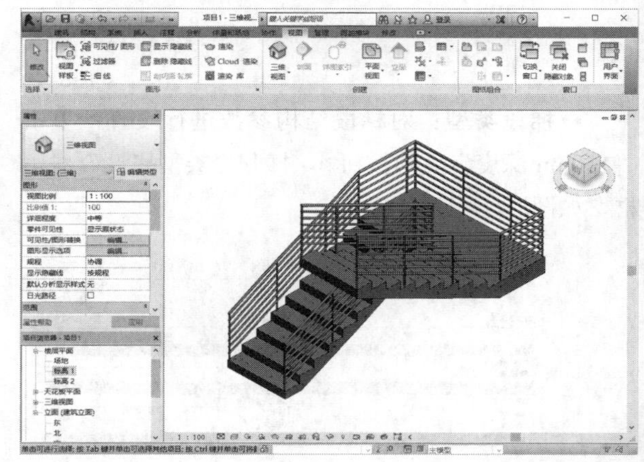

图8-52

典型实例：楼梯的绘制

场景位置	场景文件>CH08>02别墅地下一层-轴网.rvt
视频位置	视频文件>CH08>02典型实例：楼梯的绘制.mp4
难易指数	★★☆☆☆
技术掌握	掌握楼梯的创建与绘制

01 启动Revit 2016，单击按钮，打开应用程序菜单，然后执行“打开>项目”菜单命令。

02 在学习资源中找到“场景文件>CH08>02别墅地下一层-轴网.rvt”文件，然后单击“打开”按钮，打开项目文件，如图8-53所示。

03 单击“建筑”选项卡，在“楼梯坡道”面板中单击“楼梯”按钮，然后选择“楼梯（按草图）”命令，如图8-54和图8-55所示。

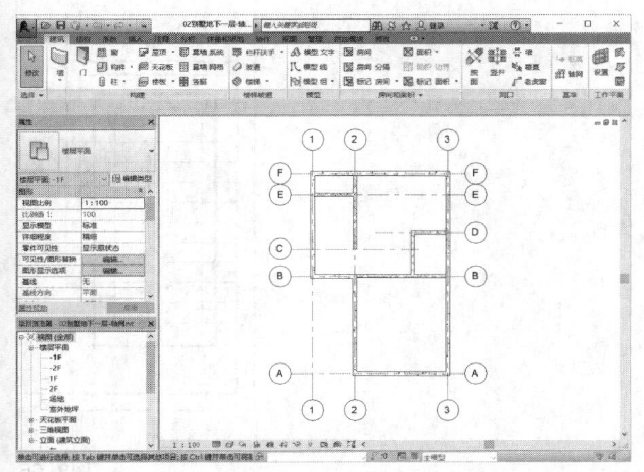

图8-53

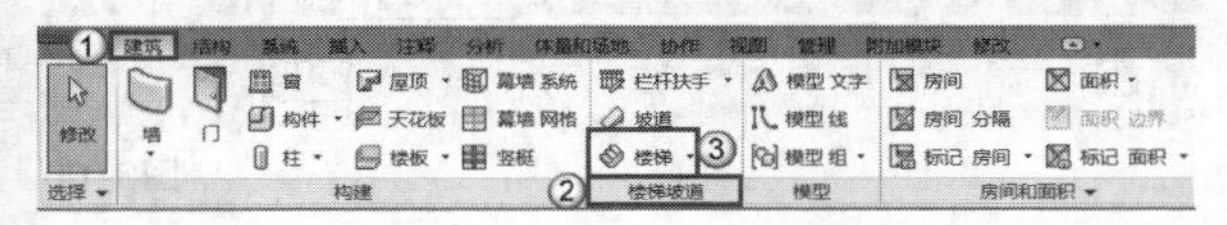

图8-54

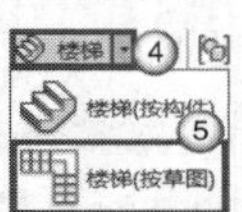

图8-55

04 软件进入草图编辑模式，在实例属性下拉列表中选择“楼梯 180mm踢面最宽275mm踏板”，如图8-56所示。

05 在楼梯“属性”面板中单击“编辑类型”按钮，如图8-57所示。

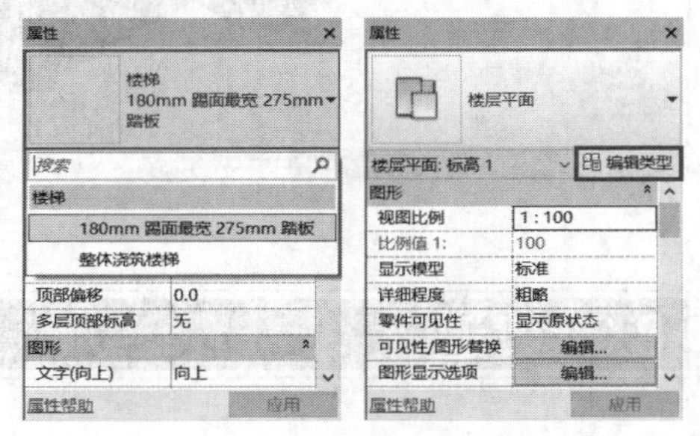

图8-56　图8-57

06 单击“复制”按钮，在“名称”对话框中输入“楼梯150mm踢面最宽300mm踏面”，单击“确定”按钮，如图8-58所示。

07 在“类型属性”对话框中更改最小踏板深度，输入数值“300”；更改最大踢面高度，输入数值“150”，设置完成后单击“确定”按钮，回到草图绘制模式，如图8-59所示。

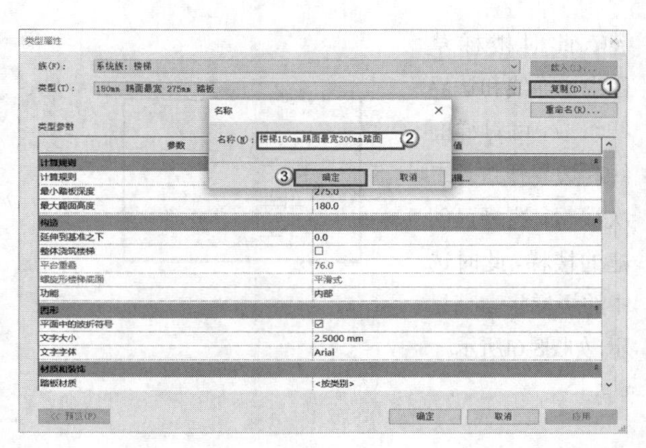

图8-58

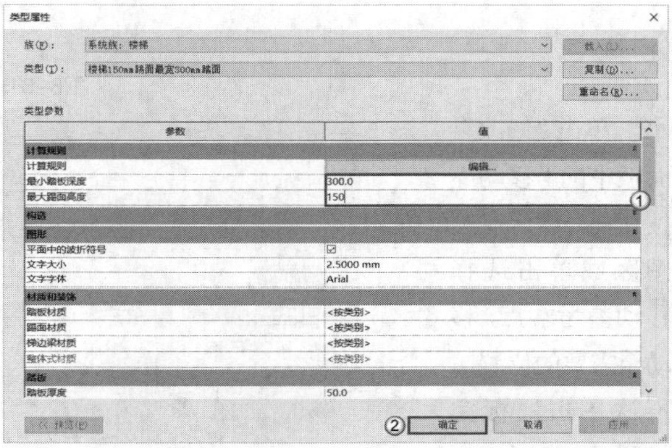

图8-59

08 完成类型属性设置后进行实例属性设置，修改底部标高为－1F，底部偏移值为0.0，顶部标高为1F，顶部偏移值为0.0，如图8-60所示。

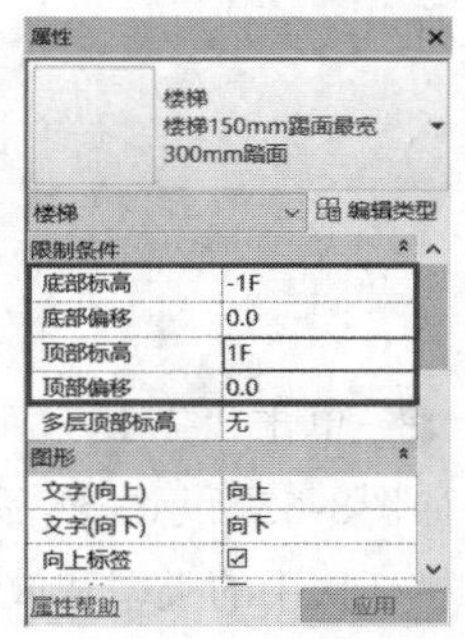

图8-60

09 设置完成后，将光标移动到绘图区域的平面视图中，单击①轴与Ⓒ轴的交点，将其设为楼梯的起始位置，移动鼠标，软件会提示已创建的踢面数和剩余个数，当剩余个数为10时，单击鼠标完成本段的绘制。

10 绘制下一段梯段，直到软件提示剩余0个，楼梯草图绘制完成。

11 此时楼梯草图由梯面线和边界线组成，可对梯面线和边界线进行二次编辑，选择已创建的楼梯，此时选中的楼梯将高亮显示，如图8-61所示。

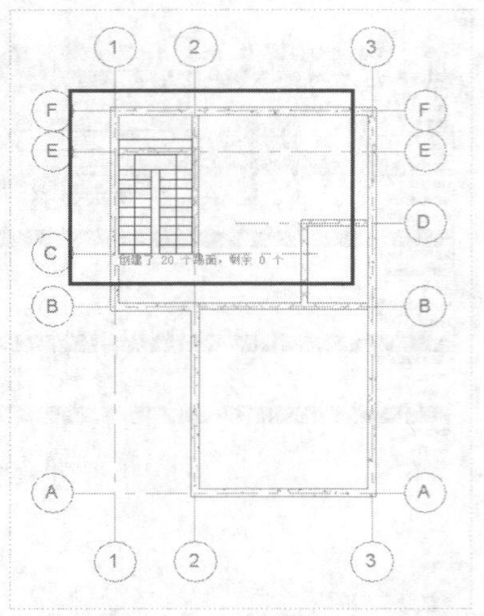

图8-61

12 单击“修改”面板中的“移动”按钮，然后在绘图区域单击选择移动参考端点，移动至需要的位置，再次单击鼠标完成移动，如图8-62所示。

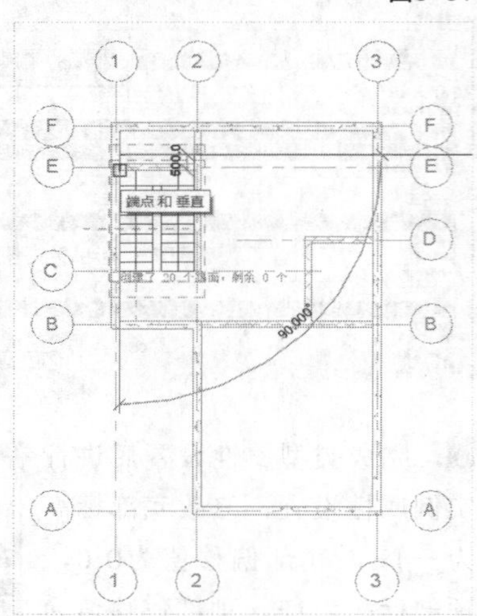

图8-62

13 单击“工具”面板中的“栏杆扶手”按钮，如图8-63所示，然后在“栏杆扶手”对话框中设置栏杆扶手的类型和放置方式。

图8-63

14 设置栏杆扶手为“900mm圆管”，位置为“踏板”，完成后单击“确定”按钮，如图8-64所示。

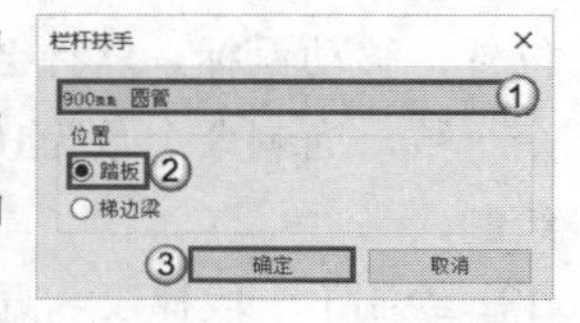

图8-64

15 在楼梯平面图中，按Ctrl键同时选择多条需要添加栏杆扶手的边线，完成后单击“完成编辑模式”按钮，退出编辑状态，如图8-65和图8-66所示。

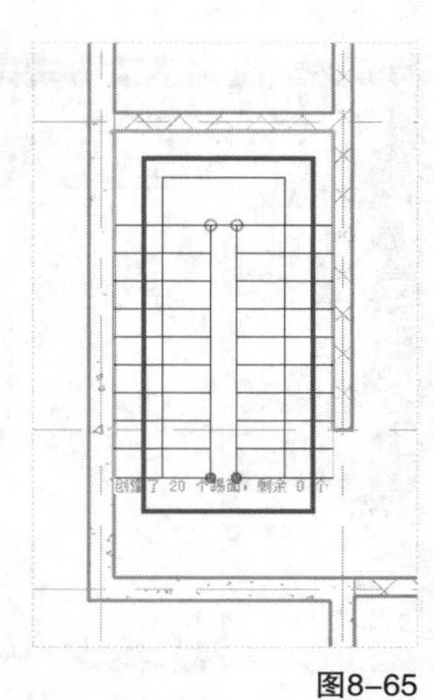

图8-65

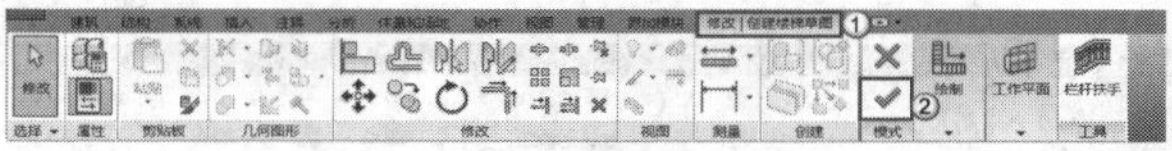

图8-66

16 单击默认三维视图按钮，查看楼梯样式，如图8-67所示。

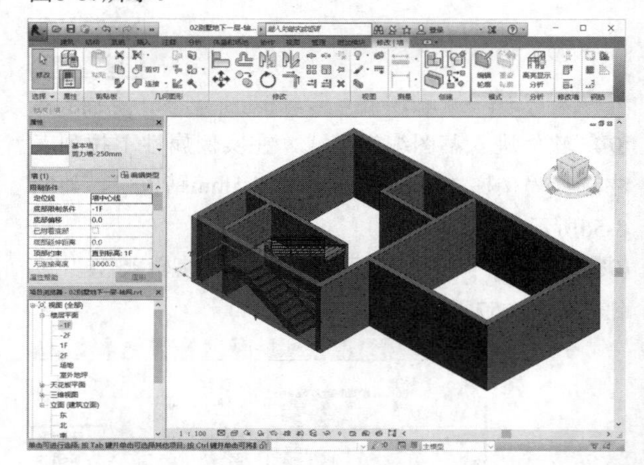

图8-67

8.3 坡道

本节知识概要

知识名称	作用	重要程度
坡道的属性	了解坡道的类型属性和实例属性	★★★☆☆
坡道的绘制和调整	掌握坡道的绘制和调整方法	★★★☆☆

坡道的创建和楼梯有相似之处，在绘制坡道的梯段之前需要设置坡道的属性，然后在平面视图或三维视图中将坡道添加到建筑模型中。

8.3.1 坡道的属性

本节主要介绍坡道的属性，包括类型属性和实例属性。

第1步：单击“建筑”选项卡，然后在“楼梯坡道”面板中单击“坡道”按钮，如图8-68所示。

图8-68

第2步：软件进入草图编辑模式，在实例属性下拉列表中选择“坡道1”，如图8-69所示。

第3步：在坡道“属性”对话框中单击“编辑类型”按钮，如图8-70所示。

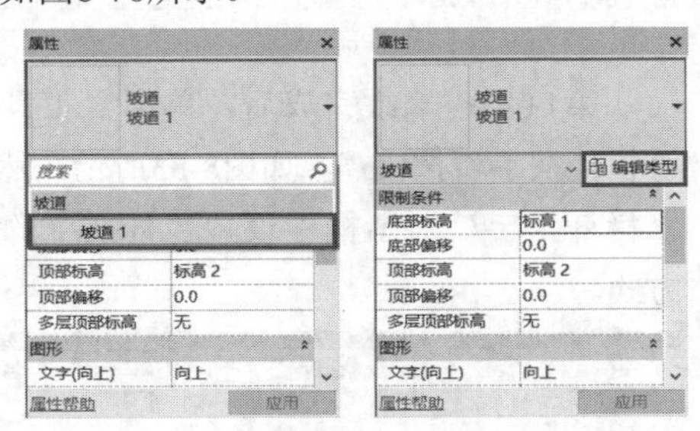

图8-69　　图8-70

第4步：在弹出的“类型属性”对话框中进行参数的修改，如图8-71所示。

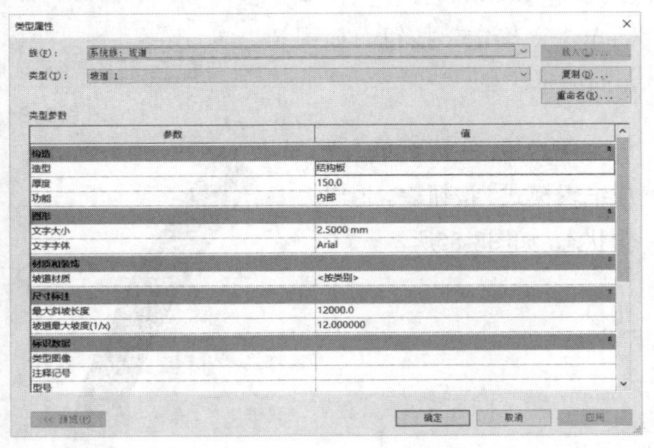

图8-71

知识讲解

- **厚度**：设置坡道的厚度，仅在“造型”属性设置为“结构板”时，厚度设置才会启用。
- **功能**：指示创建的坡道为建筑内部还是建筑外部。
- **最大斜坡长度**：指定创建的坡道中连续踢面高度的最大数量值。
- **坡道最大坡度**：设置坡道的最大坡度值。
- **造型**：设置造型为“实体”或“结构板”，当选择为“结构板”时才能启用厚度设置。

第5步：类型属性设置完成后单击“确定”按钮返回，进行实例属性设置，如图8-72所示。

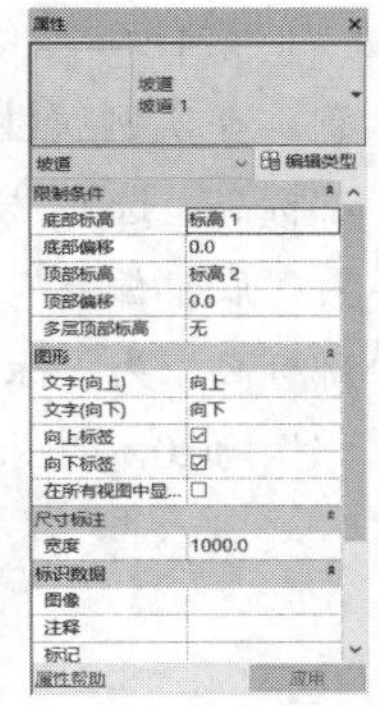

图8-72

知识讲解

- **多层顶部标高**：设置多层建筑中的坡道顶部。
- **宽度**：设置坡道的宽度。

8.3.2 坡道的绘制与调整

第1步：单击“建筑”选项卡，在“楼梯坡道”面板中单击“坡道”按钮，如图8-73所示。

图8-73

第2步：在坡道“属性”对话框中单击“编辑类型”按钮，如图8-74所示。

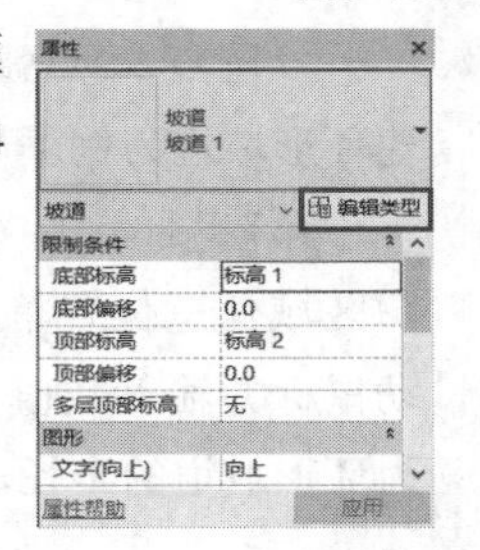

图8-74

第3步：在弹出的“类型属性”对话框中修改坡道最大坡度（1/x），输入数值8，完成后单击“确定”按钮，如图8-75所示。

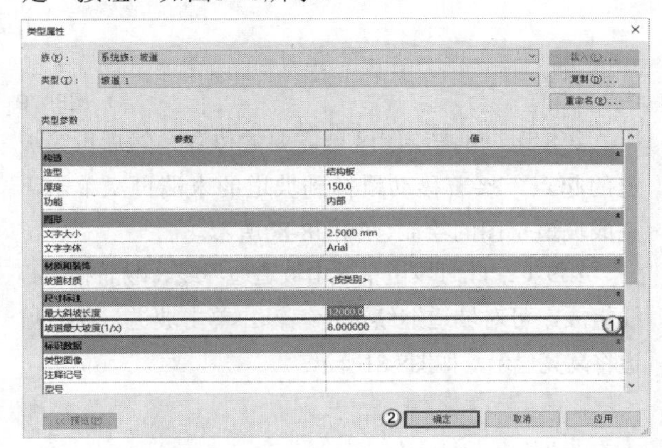

图8-75

第4步：继续进行实例属性设置，在实例属性，面板中修改底部标高，选择“标高1”选项，设置“底部偏移”为－450.0、“顶部标高”为“标高1”、“顶部偏移”为0.0，如图8-76所示。

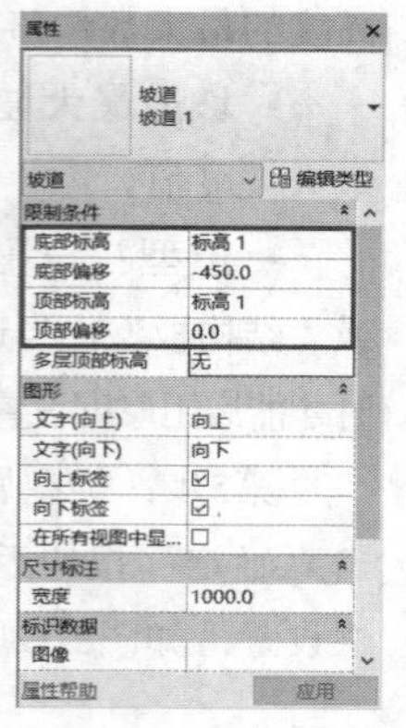

图8-76

第5步：设置完属性参数后，在“修改丨创建坡道草图”选项卡中单击“绘制”按钮，如图8-77所示。

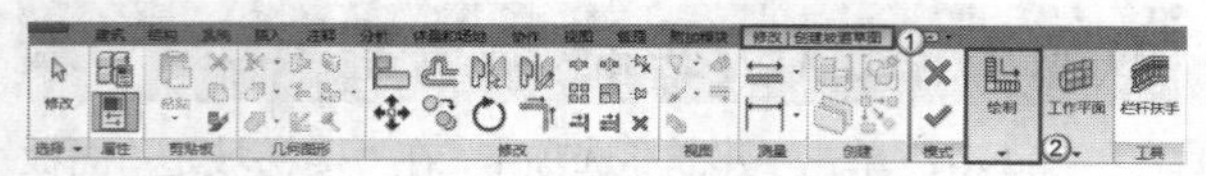

图8-77

第6步：坡道有“直线绘制”和“圆点-端点弧”两种绘制方式，如图8-78所示。

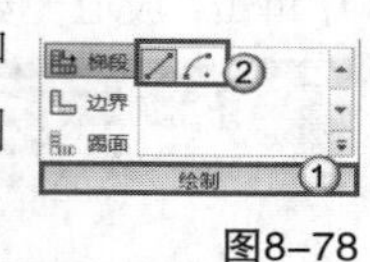

图8-78

“圆点-端点弧”绘制生成的是环形坡道，以创建环形坡道为例。

第7步：单击“圆点-端点弧”按钮，然后在绘图区域任意位置单击作为环形坡道的圆心，接着移动鼠标并输入数值“018000”，最后按Enter键，设为环形坡道的半径，如图8-79所示。

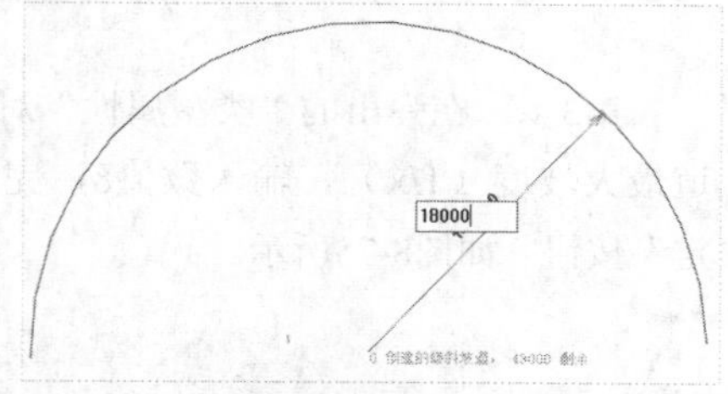

图8-79

第8步：单击绘图区域需要的位置，然后设为坡道的起点，接着移动鼠标到坡道的末端再次单击，完成坡道草图的绘制，如图8-80所示。

第9步：此时坡道草图由坡道边界线、踢面和中心线组成，可对坡道继续进行编辑。单击坡道，此时坡道将高亮显示，如图8-81所示。

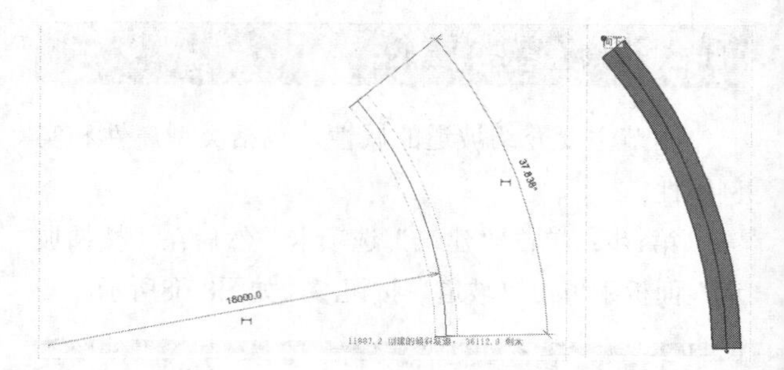

图8-80　　图8-81

第10步：在“修改丨坡道”选项卡中，单击“模式”面板中的“编辑草图”按钮，进入绘制界面，对坡道轮廓线进行修改，如图8-82所示。

图8-82

第11步：修改完成后，单击“工具”面板中的“栏杆扶手”按钮，如图8-83所示，然后在弹出的“栏杆扶手”对话框中设置栏杆扶手的类型和放置方式。

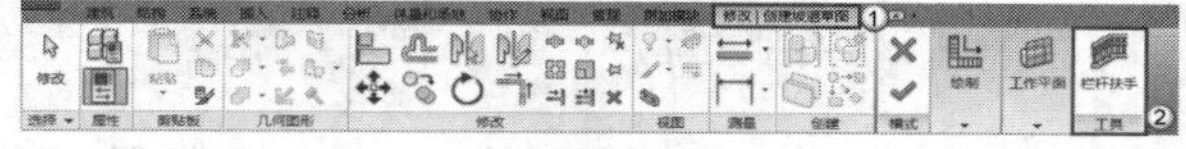

图8-83

第12步：设置栏杆扶手为“900mm圆管”，完成后单击“确定”按钮，如图8-84所示。

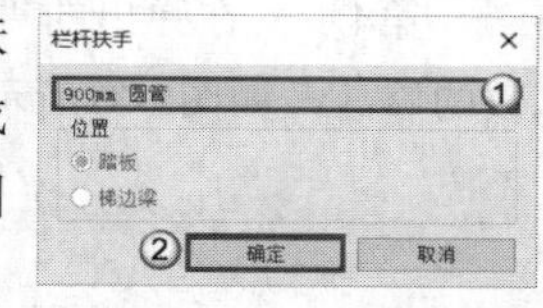

图8-84

第13步：完成后单击“完成编辑模式”按钮，退出编辑状态，如图8-85所示。

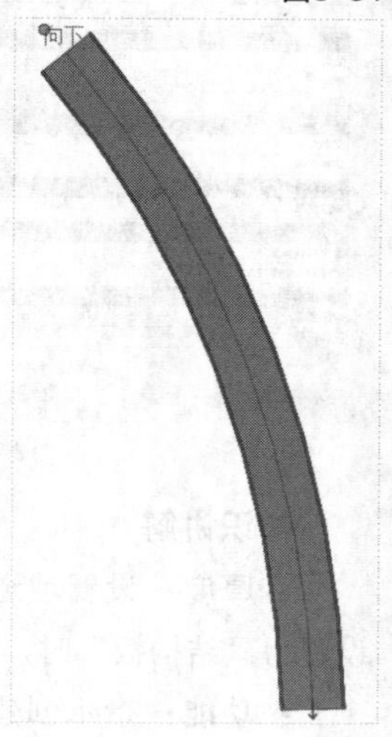

图8-85

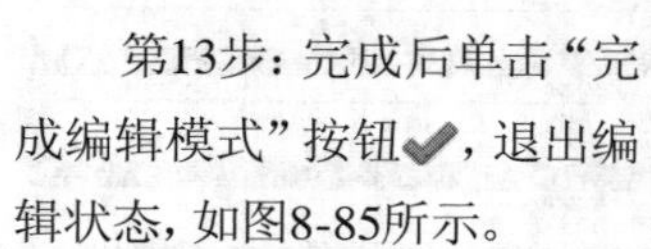

第14步：单击默认三维视图按钮，查看坡道样式，如图8-86所示。

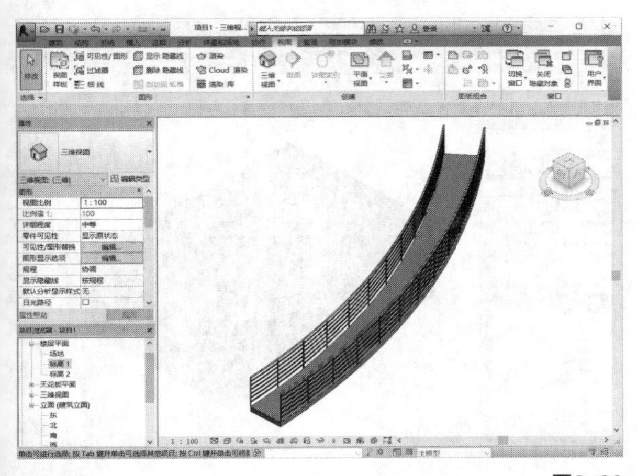

图8-86

8.4 洞口

本节知识概要

知识名称	作用	重要程度
洞口的类型	了解洞口的类型	★★☆☆☆
洞口的创建	掌握面洞口、垂直洞口、竖井洞口、墙洞口和老虎窗洞口的创建方法	★★★☆☆

8.4.1 洞口的类型

使用“洞口”工具可以在墙、天花板和屋顶等图元上剪切洞口。单击“建筑”选项卡，在“洞口”面板中可见洞口的类型包括面洞口、竖井洞口、墙洞口、垂直洞口和老虎窗洞口5种，如图8-87所示。

图8-87

8.4.2 洞口的创建

本节详细介绍5种洞口的特点与创建。

1.面洞口的特点和创建

通过面洞口工具可以创建一个垂直于屋顶、楼板或天花板选定面的洞口，洞口方向始终与所选择的面保持垂直。

第1步：启动Revit 2016，单击按钮，打开应用程序菜单，执行“打开>项目”菜单命令。

第2步：在学习资源中找到“场景文件>CH08>03农宅.rvt”文件，然后单击“打开”按钮，打开项目文件，如图8-88所示。

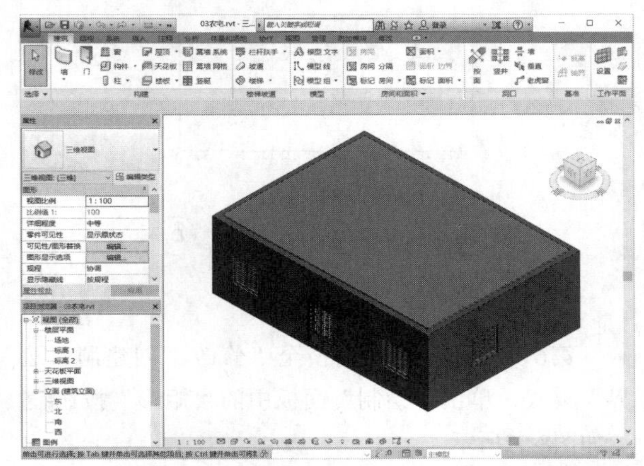

图8-88

第3步：在“项目浏览器”中展开“楼层平面”，双击“标高2”，切换至标高2平面视图，如图8-89所示。

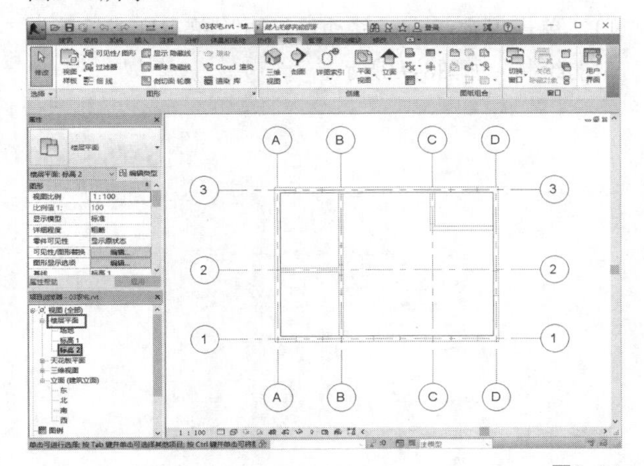

图8-89

第4步：在功能区中单击“建筑”选项卡，然后在“洞口”面板中单击“按面”按钮，如图8-90所示。

图8-90

第5步：将鼠标移动至天花板边缘，天花板将高亮显示，单击选择天花板，如图8-91所示。

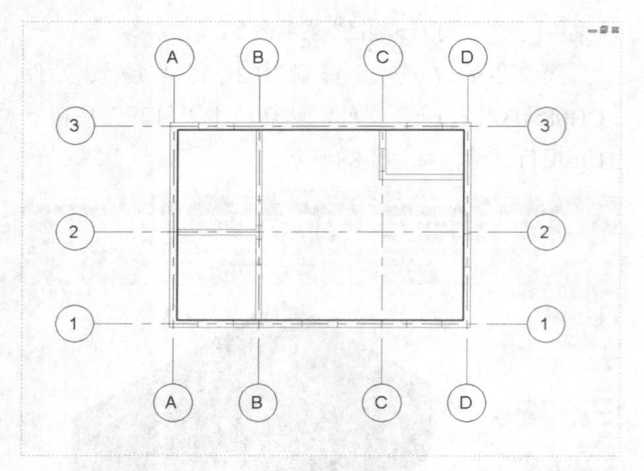

图8–91

第6步：软件自动切换至“修改 | 创建洞口边界”模式，单击“绘制”面板中的“矩形”按钮，如图8-92所示。

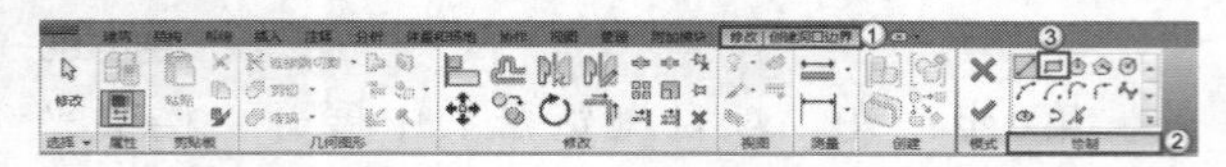

图8–92

第7步：在“标高2”平面绘制需要的矩形洞口，单击确定起点，移动鼠标再次单击完成矩形洞口的绘制，如图8-93所示。

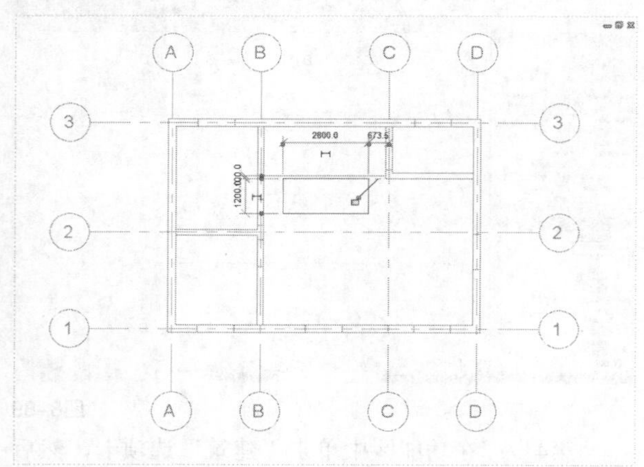

图8–93

第8步：完成后单击“完成编辑模式”按钮，退出编辑状态，如图8-94所示。

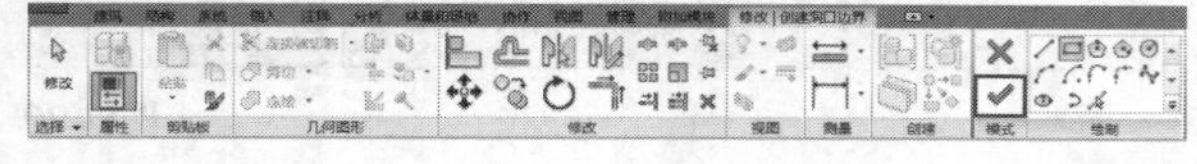

图8–94

第9步：单击默认三维视图按钮，查看已创建完成的洞口，如图8-95所示。

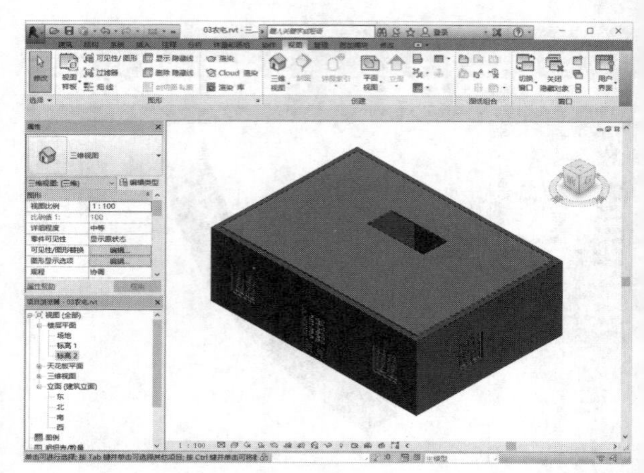

图8–95

2.垂直洞口的特点和创建

通过垂直洞口工具可以创建一个垂直于屋顶、楼板或天花板选定面的洞口，洞口方向始终保持垂直。

第1步：启动Revit 2016，单击按钮，打开应用程序菜单，执行“打开>项目”菜单命令。

第2步：在学习资源中找到“场景文件>CH08>04拉伸屋顶.rvt”文件，单击“打开”按钮，打开项目文件，如图8-96所示。

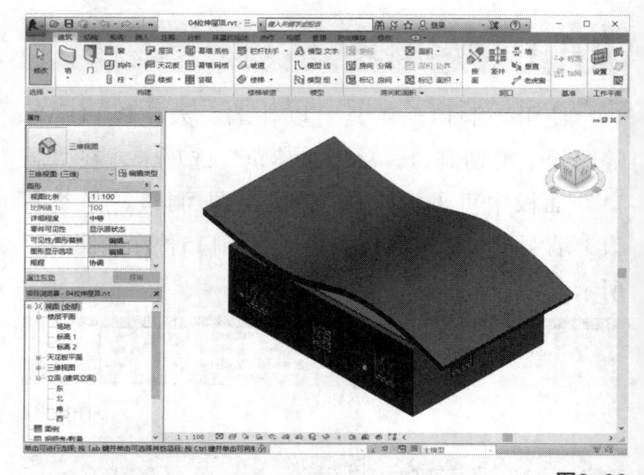

图8–96

第3步：在“项目浏览器”中展开“楼层平面”，双击“标高2”，切换至标高2平面视图，如图8-97所示。

第4步：在功能区中单击“建筑”选项卡，然后在“洞口”面板中单击“垂直”按钮，如图8-98所示。

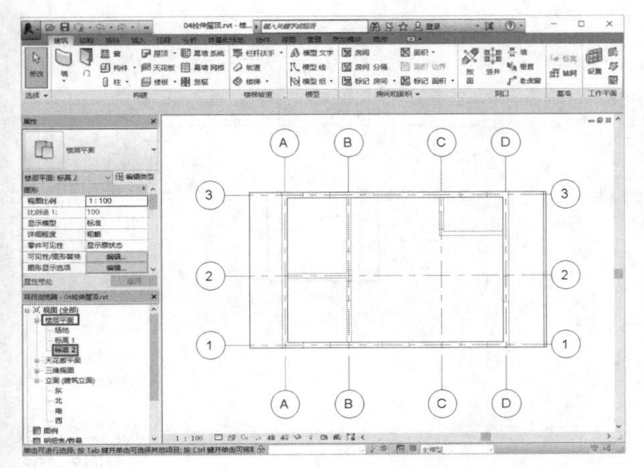

图8–97

图8–98

第5步：自动切换至“修改丨创建竖井洞口草图”模式，单击“绘制”面板中的“圆形”按钮，如图8-99所示。

图8–99

第6步：在“标高2”平面绘制需要的圆形洞口，单击鼠标左键确定起点，然后输入半径值900，再次单击完成圆形洞口的绘制，如图8-100所示。

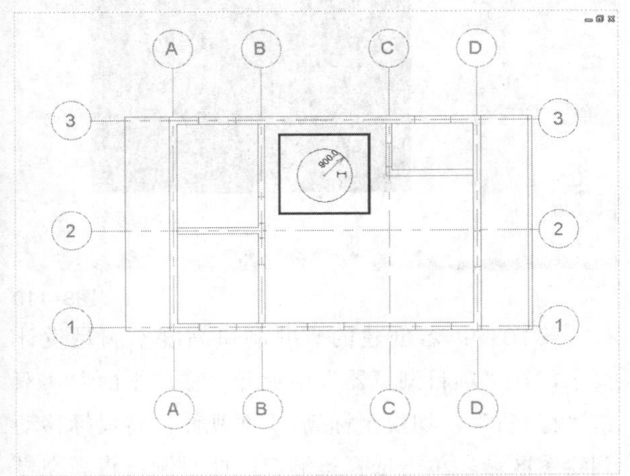

图8–100

第7步：完成后单击“完成编辑模式”按钮，退出编辑状态，如图8-101所示。

图8–101

第8步：单击默认三维视图按钮，查看已创建完成的洞口，如图8-102所示。

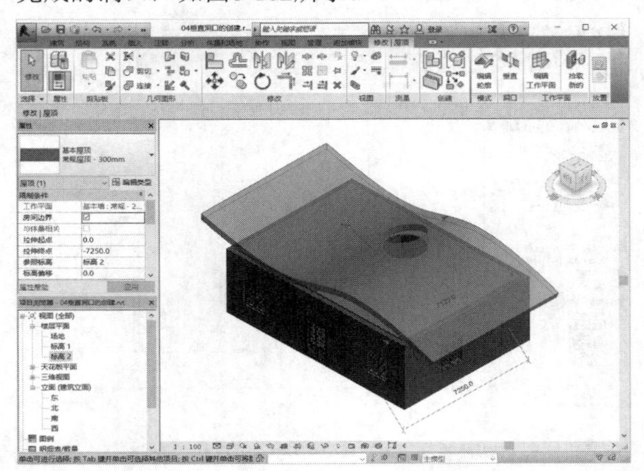

图8–102

技巧与提示

如果创建的洞口垂直于所选的面，则使用“面洞口”工具；如果创建的洞口垂直于标高，则使用“垂直洞口”工具。

3.竖井洞口的特点和创建

通过竖井洞口工具可以创建一个跨多个标高的垂直洞口，对贯穿其间的楼板、天花板、屋顶都可以进行相应的剪切。

第1步：启动Revit 2016，单击按钮，打开应用程序菜单，执行“打开>项目”菜单命令。

第2步：在学习资源中找到“场景文件>CH08>05办公楼楼板天花板屋顶.rvt”文件，单击“打开”按钮，打开项目文件，如图8-103所示。

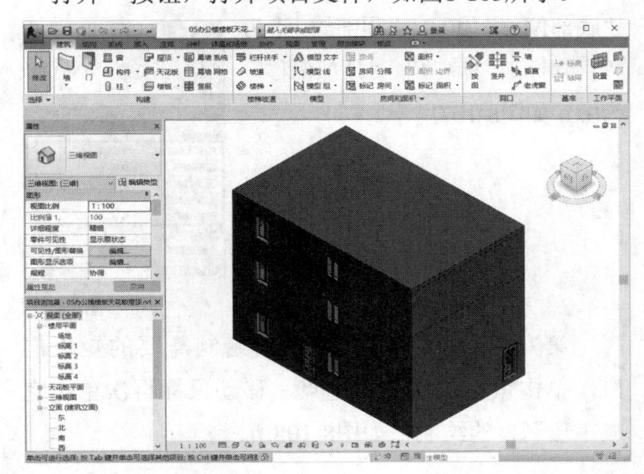

图8–103

第3步：在“项目浏览器”中展开“楼层平面”，双击“标高1”，切换至标高1平面视图，如图8-104所示。

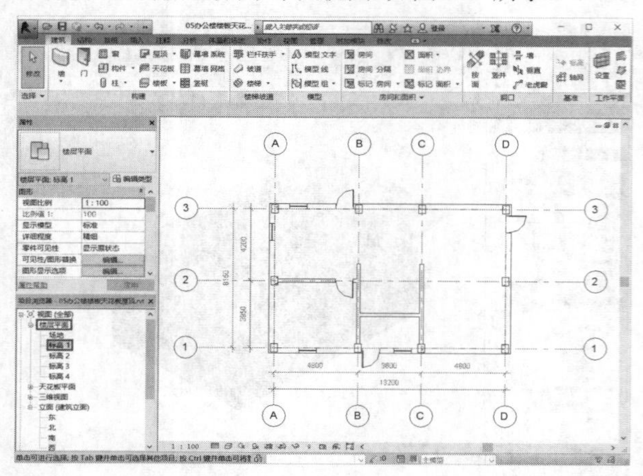

图8-104

第4步：在功能区中单击“建筑”选项卡，然后在“洞口”面板中单击“竖井”按钮，如图8-105所示。

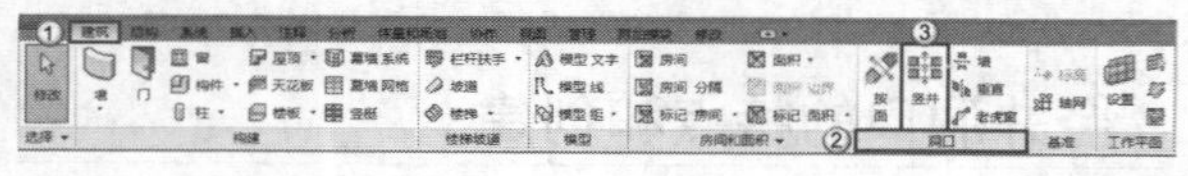

图8-105

第5步：自动切换至“修改丨创建竖井洞口草图”模式，单击“绘制”面板中的“矩形”按钮，如图8-106所示。

图8-106

第6步：在“属性”对话框的限制条件参数栏中修改洞口的相关参数。更改“底部限制条件”为“标高1”、“底部偏移”为0.0、“顶部约束”为“直到标高：标高4”、“顶部偏移”为0.0，如图8-107所示。

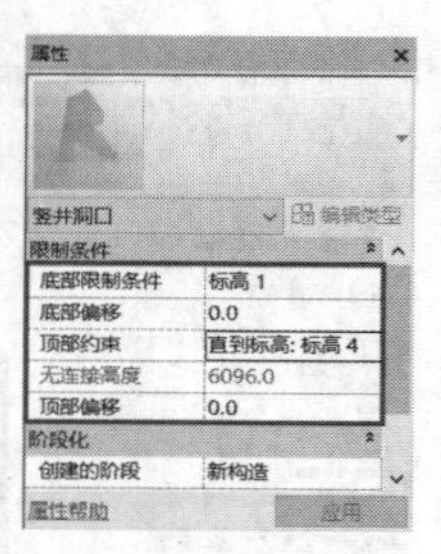

图8-107

第7步：在“标高1”平面绘制需要的矩形洞口，单击鼠标左键确定起点，移动鼠标再次单击完成矩形洞口的绘制，如图8-108所示。

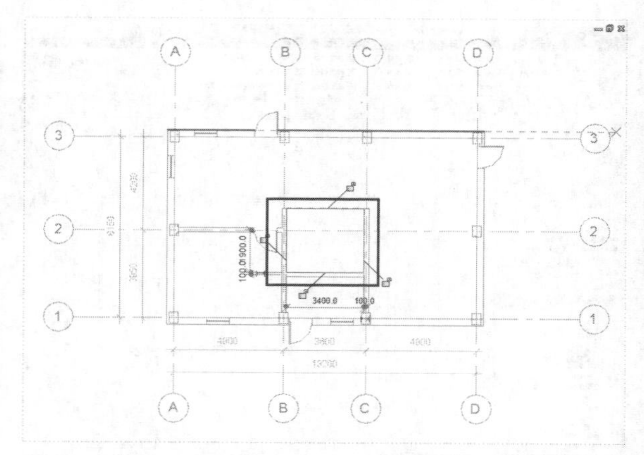

图8-108

第8步：完成后单击“完成编辑模式”按钮，退出编辑状态，如图8-109所示。

图8-109

第9步：单击默认三维视图按钮，查看已创建完成的洞口，此时竖井洞口所经过的楼板、天花板、屋顶都进行了相应的剪切，如图8-110所示。

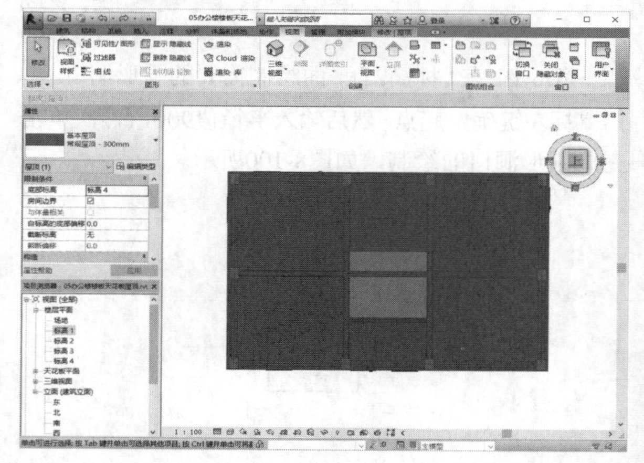

图8-110

第10步：若创建的竖井洞口高度不满足设计要求，在“项目浏览器”中展开“楼层平面”，双击“标高1”，切换至标高1平面视图，将鼠标移动到绘图区域，单击选择该洞口，此时洞口将高亮显示，如图8-111所示。

第11步：在“修改丨竖井洞口”选项卡中，单击“编辑草图”按钮，编辑洞口形状，如图8-112所示。

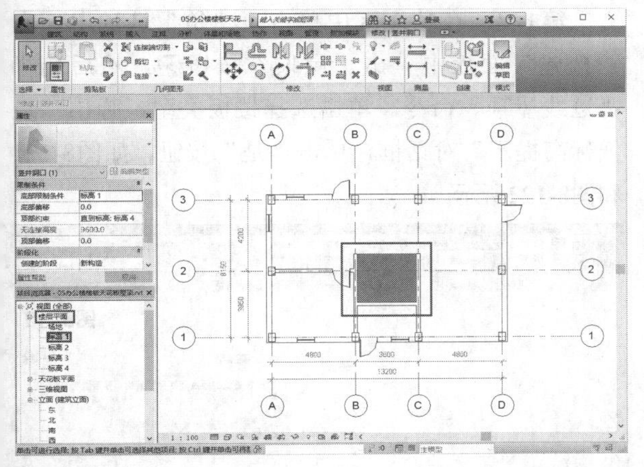

图8-111

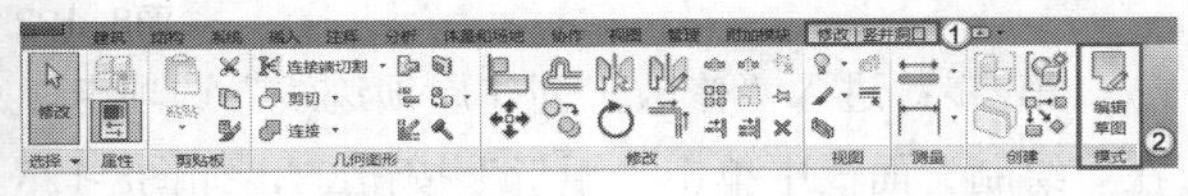

图8-112

第12步：在选择洞口后，在实例属性面板中继续设置实例属性的限制条件，输入顶部偏移量“2000”，完成后单击“应用”按钮，如图8-113所示。

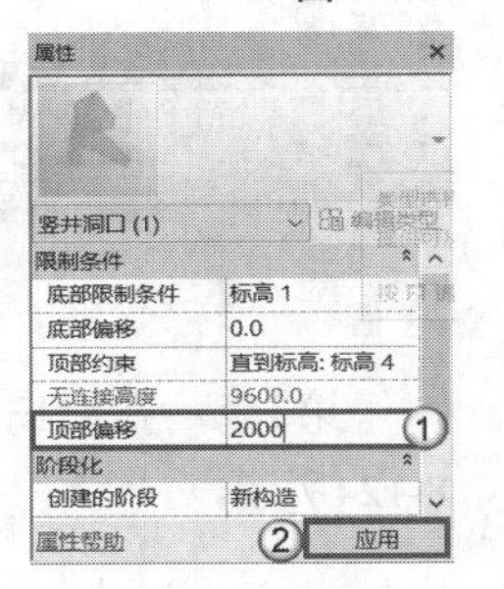

图8-113

第13步：在三维视图中，通过洞口上、下两端的造型操纵柄，拖动改变洞口的上、下段长度，如图8-114所示。

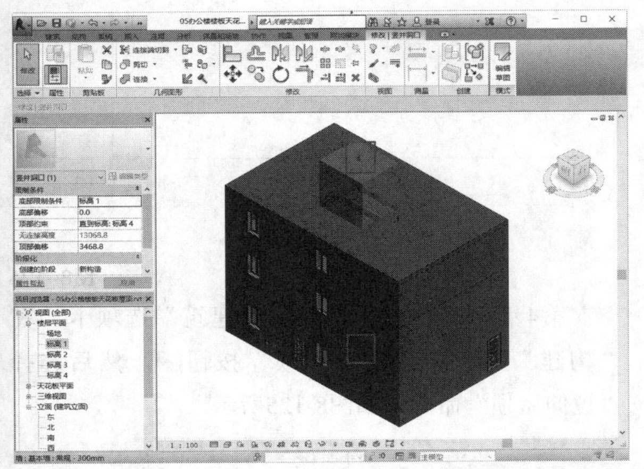

图8-114

4.墙洞口的特点和创建

通过墙洞口工具可在直墙或弯曲墙体上剪切一个或多个洞口。

第1步：启动Revit 2016，单击按钮，打开应用程序菜单，执行“打开>项目”菜单命令。

第2步：在学习资源中找到“场景文件>CH08>06农宅墙地面.rvt”文件，单击“打开”按钮，打开项目文件，如图8-115所示。

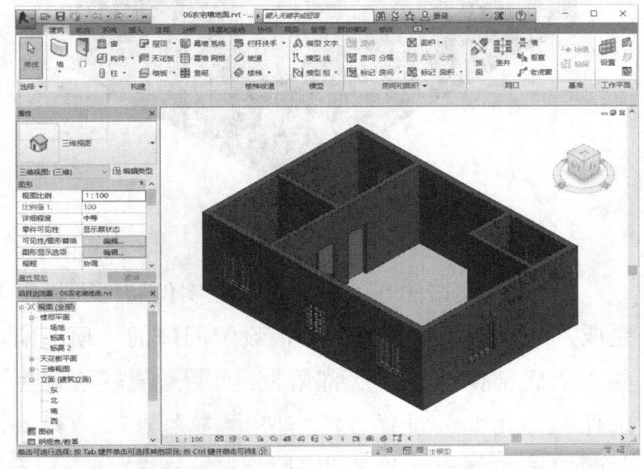

图8-115

第3步：在功能区中单击“建筑”选项卡，然后在“洞口”面板中单击“墙”按钮，如图8-116所示。

图8-116

第4步：在绘图区域，用鼠标左键单击选择需要开洞的墙体，再次单击确定起点，移动鼠标，再次单击完成矩形洞口的绘制，如图8-117所示。

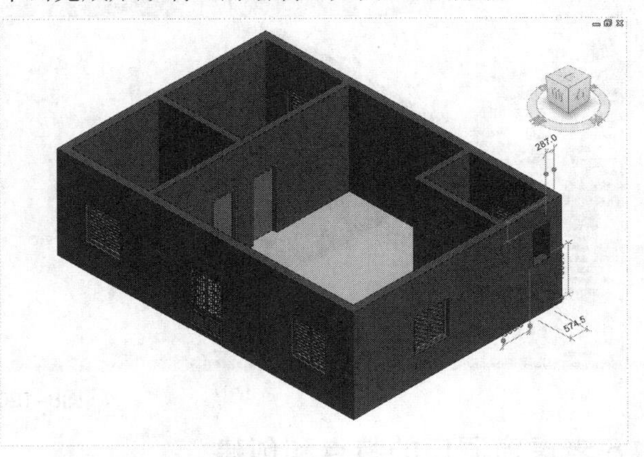

图8-117

第5步：单击已创建的洞口，此时洞口将高亮显示，洞口处显示临时尺寸标注，单击需要修改的数据并输入所需要的数值，按Enter键完成对墙洞口的修改，如图8-118所示。

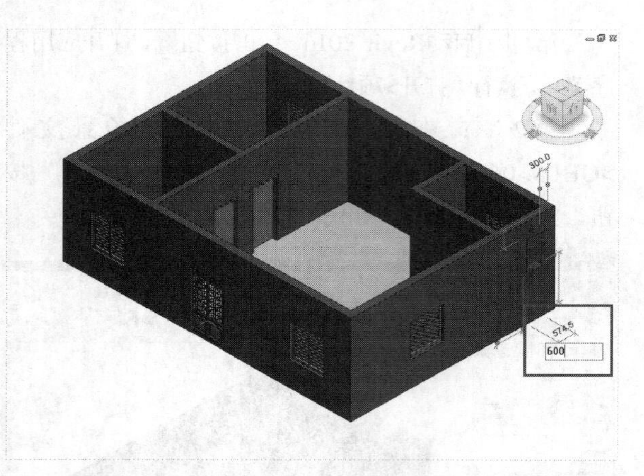

图8-118

第6步：洞口的高度设置可以在实例属性面板中完成，在限制条件参数栏中，设置洞口的“顶部偏移”“底部偏移”“底部限制条件”等属性，设置方法与竖井洞口的实例属性设置相同，如图8-119所示。

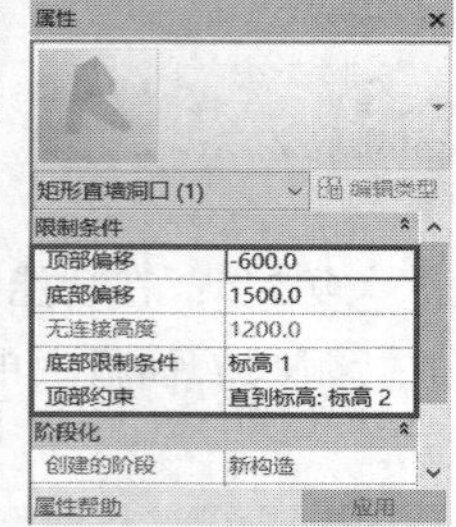

图8-119

第7步：完成后按Esc键退出编辑，如图8-120所示。

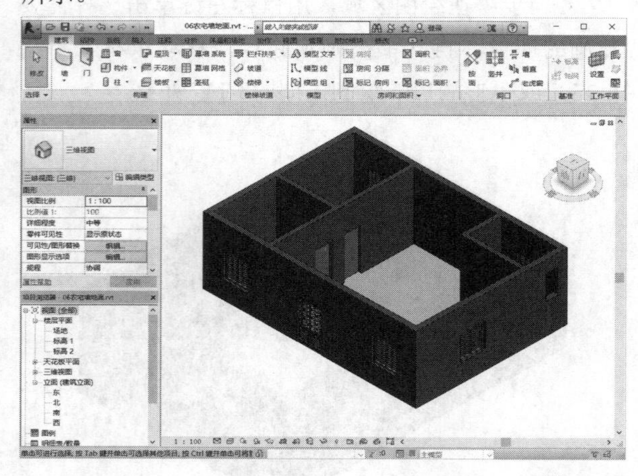

图8-120

5.老虎窗洞口的特点和创建

老虎窗洞口基于屋顶创建，相对复杂一些，绘制老虎窗洞口的步骤与其他洞口的创建略有不同，需绘制对象、处理对象关系、开洞。

第1步：在功能区中单击“建筑”选项卡，在“构建”面板中单击“屋顶”按钮，然后选择“迹线屋顶”命令。单击选择楼板类型，弹出“最低标高提示”对话框，单击“是”按钮，如图8-121和图8-122所示。

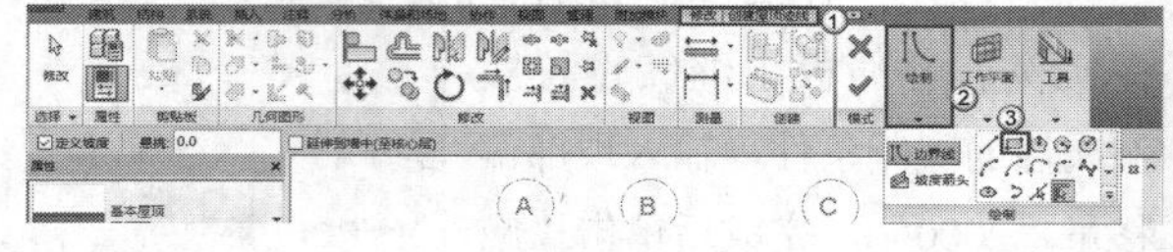

图8-121

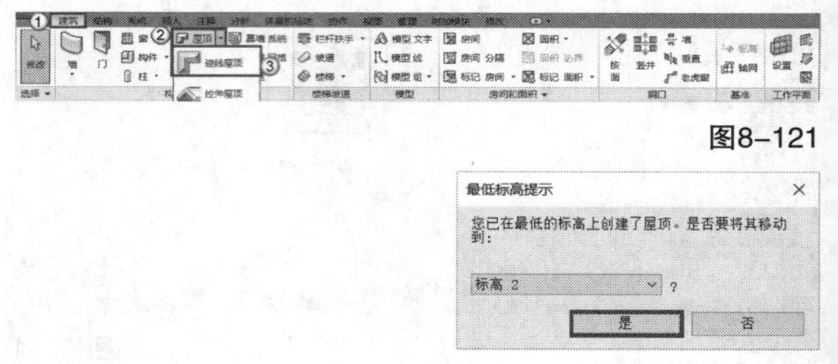

图8-122

第2步：进入“修改丨创建屋顶迹线”选项卡，在“绘制”面板中单击“矩形”按钮，如图8-123所示。

图8-123

第3步：在绘图区域绘制主坡屋顶边界，如图8-124所示。

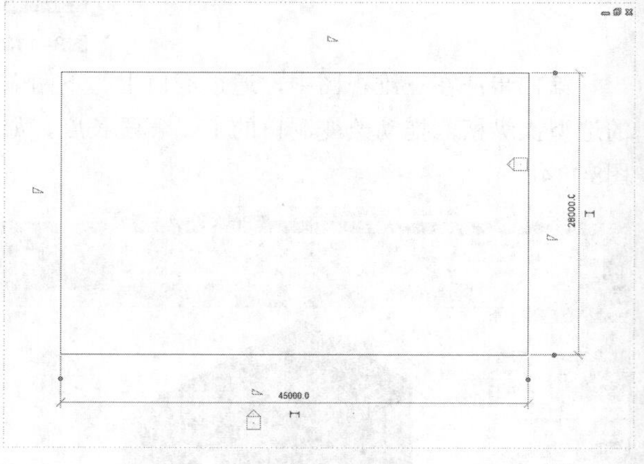

图8-124

第4步：在功能区中单击“建筑”选项卡，在“构建”面板中单击“屋顶”按钮，然后选择“拉伸屋顶”命令，如图8-125所示。

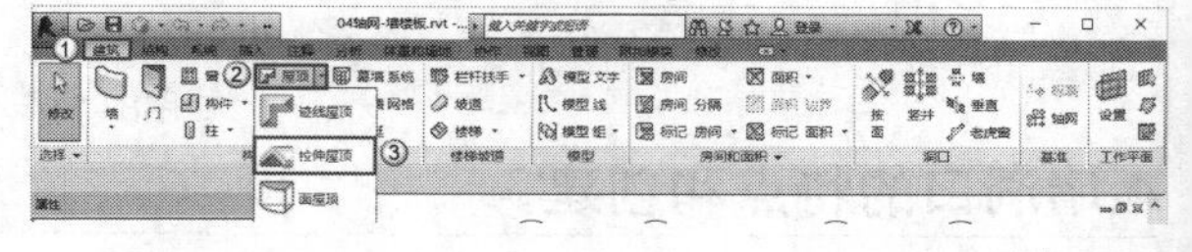

图8-125

第5步：在绘图区域绘制次坡屋顶边界，具体步骤参照7.4.2中，在此不再赘述，如图8-126所示。

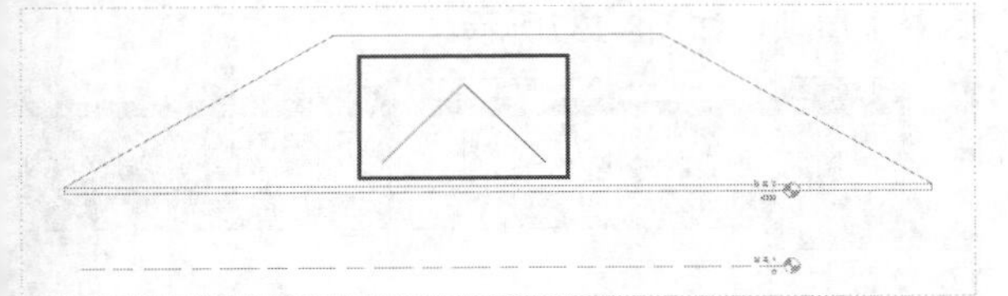

图8-126

第6步：完成后单击“完成编辑模式”按钮✔，退出编辑状态，如图8-127所示。

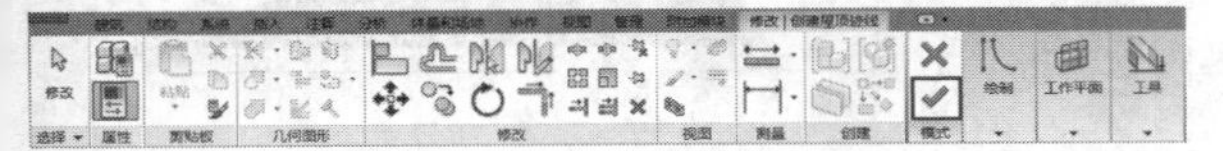

图8-127

第7步：单击默认三维视图按钮，查看屋顶样式，如图8-128所示。

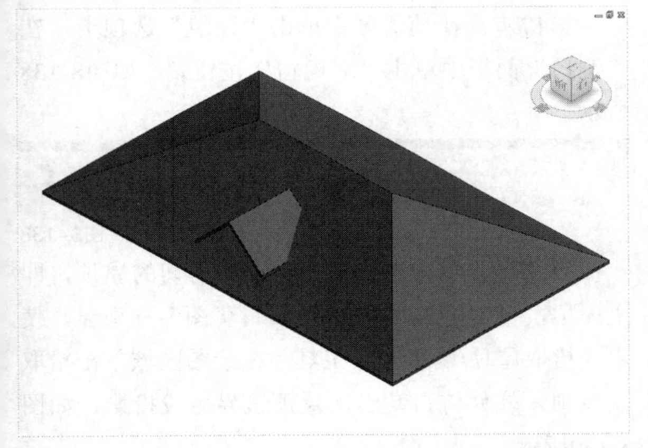

图8-128

第8步：在“项目浏览器”中切换至标高3平面视图，以次屋顶边界为墙外边界绘制墙体，如图8-129所示。

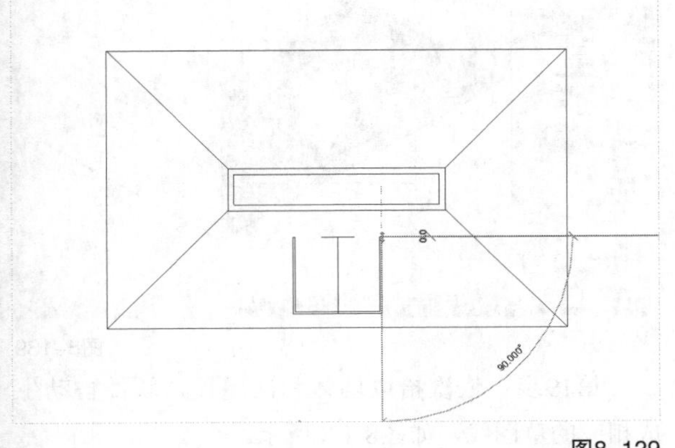

图8-129

第9步：在“项目浏览器”中展开“剖面（建筑剖面）”，双击“剖面1”，切换至剖面图，如图8-130所示。

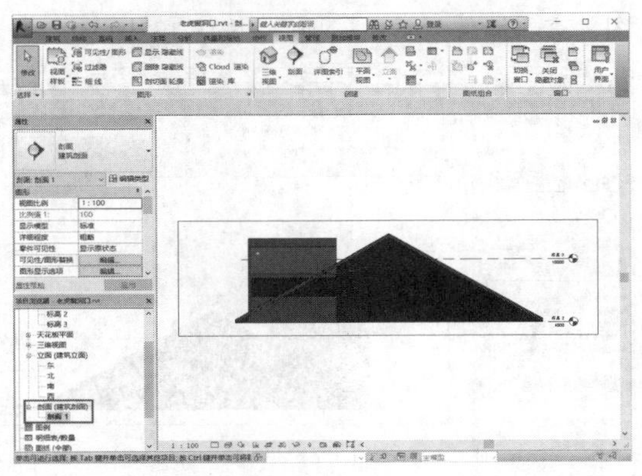

图8-130

第10步：按住Ctrl键，同时单击加选3面墙体，软件自动切换至“修改丨墙”选项卡，单击“修改墙”面板中的“附着顶部”按钮，设置为顶部，如图8-131所示。

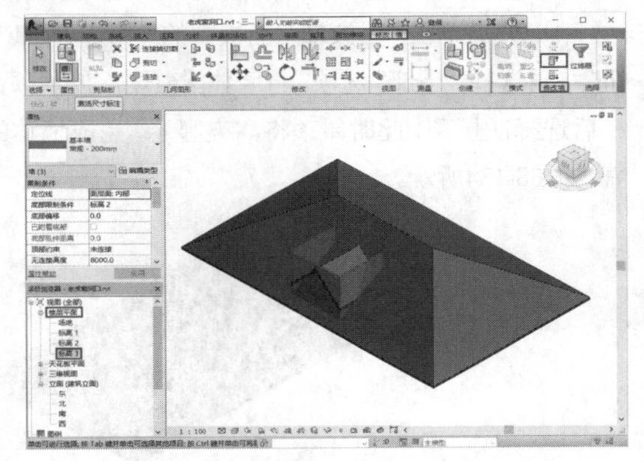

图8-131

第11步：在选项栏中选择“底部”选项，将墙体附着至主屋顶底部。单击选择主屋顶，此时屋顶将高亮显示，完成墙体的附着，如图8-132所示。

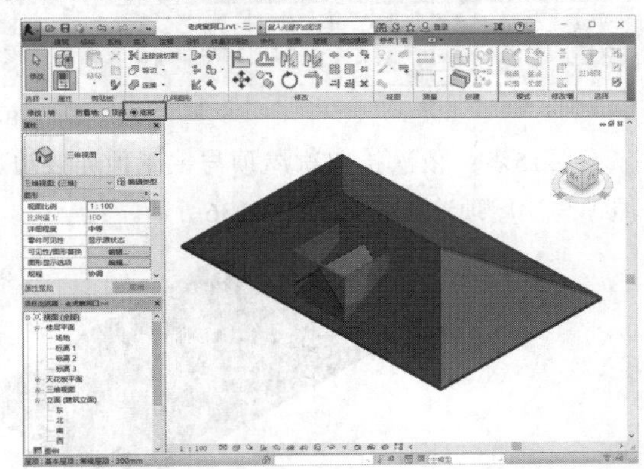

图8-132

第12步：在“项目浏览器”中单击展开“剖面（建筑剖面）”，然后双击“剖面1”，切换至剖面图，查看墙体附着主屋顶，如图8-133所示。

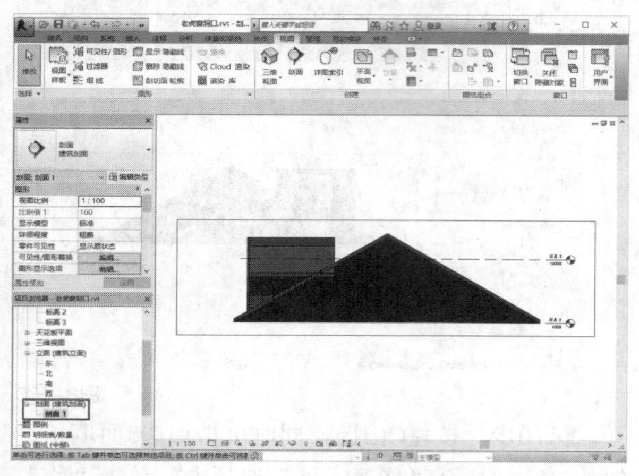

图8-133

第13步：同理完成3面墙体对次屋顶的附着，按住Ctrl键，同时单击加选3面墙体，自动切换至“修改|墙”选项卡，然后单击“修改墙”面板中的“附着顶部”按钮，再选择“顶部”选项，将墙体附着至次屋顶顶部，最后选择次屋顶，此时屋顶将高亮显示，完成墙体的附着，如图8-134所示。

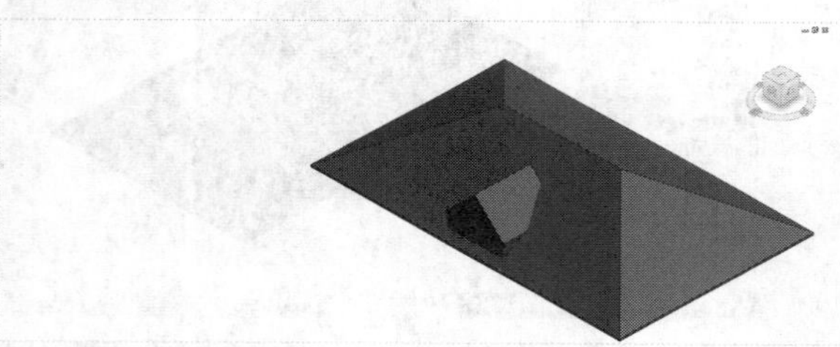

图8-134

第14步：在“修改”选项卡的“几何图形”面板中单击“连接/取消连接屋顶”按钮，如图8-135所示。

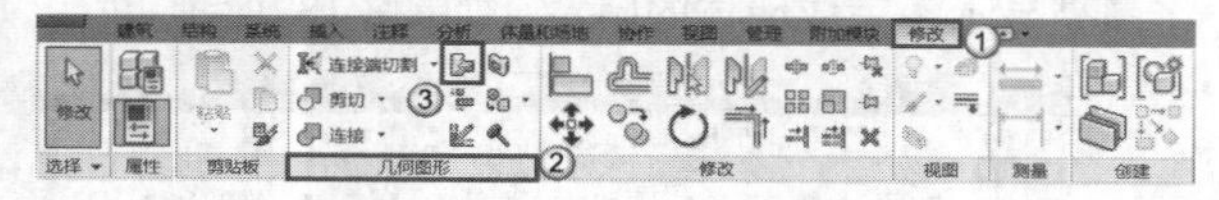

图8-135

第15步：依次拾取次屋顶与主屋顶连接边、主屋顶与次屋顶连接面，如图8-136所示。

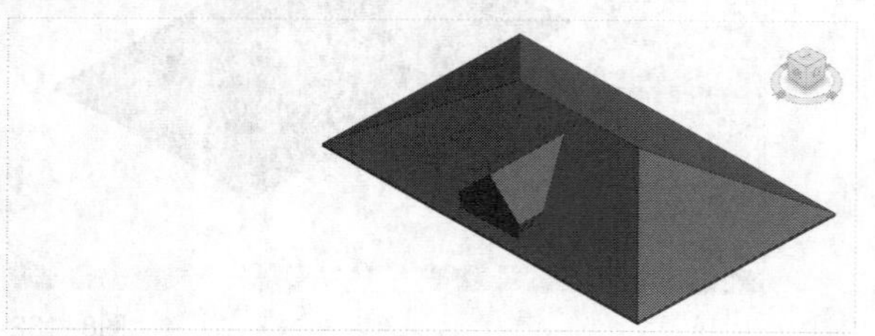

图8-136

第16步：在“项目浏览器”中展开剖面（建筑剖面），双击“剖面1”，切换至剖面图，查看墙体附着主屋顶，如图8-137所示。

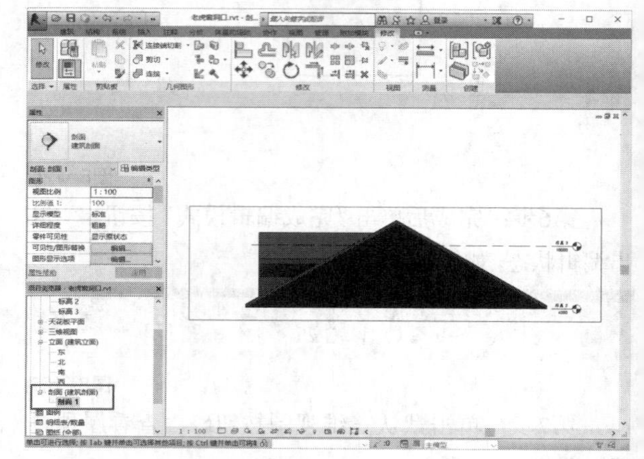

图8-137

第17步：在功能区中单击“建筑”选项卡，在“洞口”面板中单击“老虎窗”按钮，如图8-138所示。

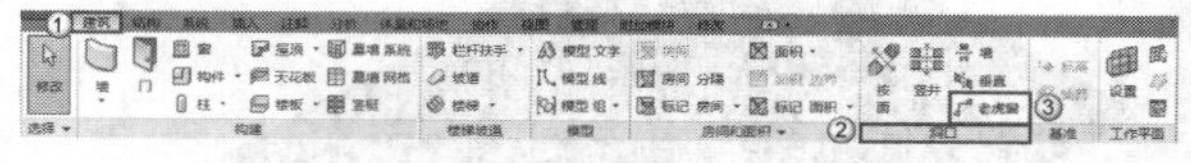

图8-138

第18步：单击选择要被老虎窗剪切的屋顶，即主屋顶，自动进入“修改｜编辑草图”选项卡，使用“拾取屋顶/墙边缘”工具，在绘图区域单击拾取次屋顶，软件将自动沿次屋顶边界生成投影，如图8-139所示。

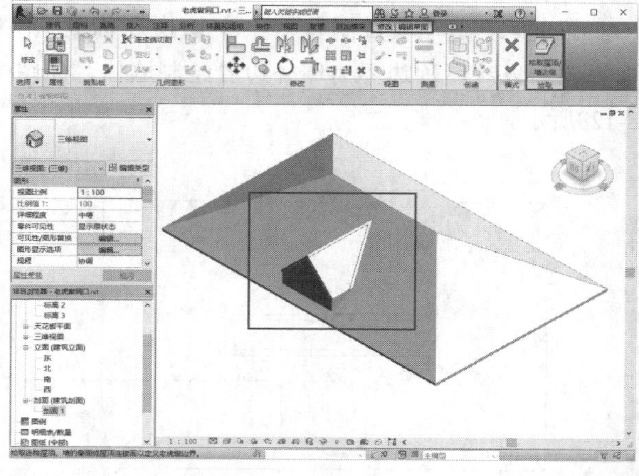

图8-139

第19步：依次拾取墙体和次屋顶，软件自动生成相应的草图线，如图8-140所示。

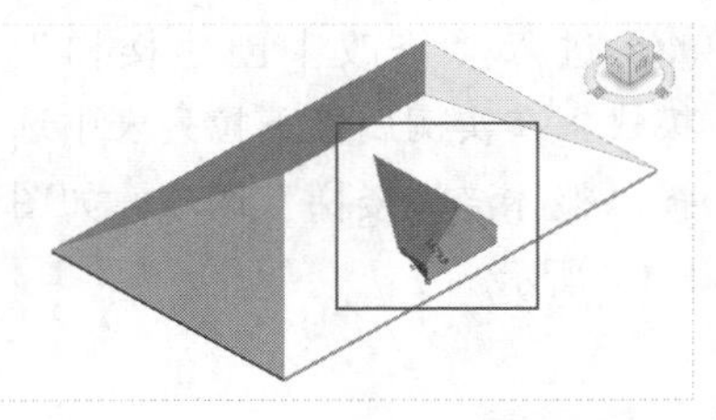

图8-140

第20步：配合使用“修改丨编辑草图”选项卡，在“修改”面板中单击“剪切延伸为角”按钮，接着单击选择需要修改的草图线，完成草图线的修改，形成闭合区域，如图8-141所示。

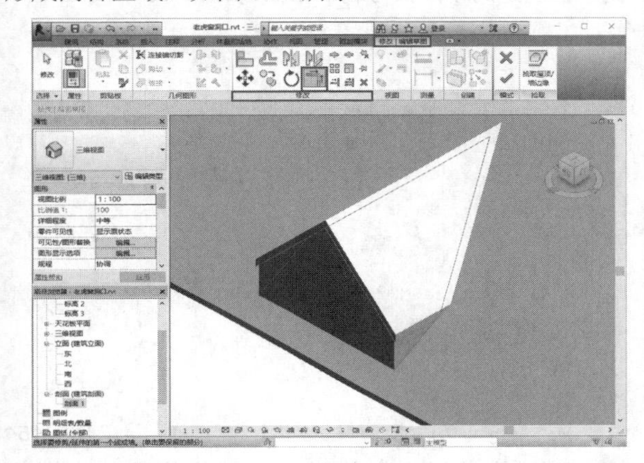

图8-141

第21步：完成后单击“完成编辑模式”按钮，退出编辑状态，如图8-142所示。

图8-142

第22步：按住Ctrl键加选3面墙体和次屋顶，然后单击“临时隐藏/隔离”按钮，接着选择“隐藏图元”命令，查看老虎窗洞口，如图8-143所示。

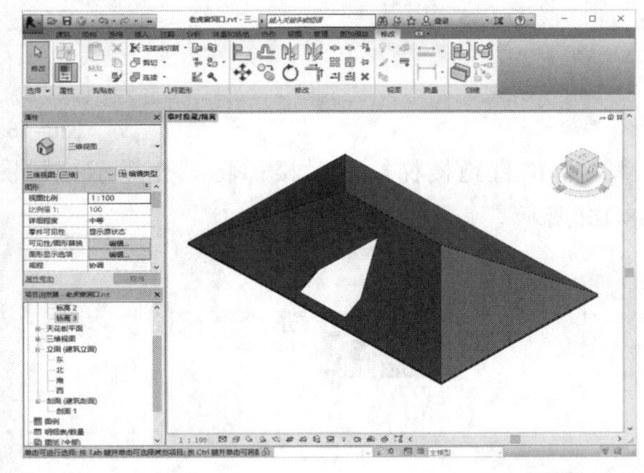

图8-143

8.5 本章总结

本章从楼梯、坡道和洞口3个重要的知识点出发，详细讲解了楼梯的两种绘制方式（按草图和按构件），楼梯栏杆的添加方式，直线坡道和弧形坡道的绘制方式，面洞口、竖井洞口、墙洞口、垂直洞口和老虎窗洞口的区别与绘制方法。以上建筑构件的绘制方法都非常重要，读者要熟练掌握。

8.6 课后拓展练习：别墅室内楼梯创建

场景位置：场景文件>CH08>07别墅.rvt

视频位置：视频文件>CH08>03课后拓展练习：别墅室内楼梯创建.mp4

实用指数：★★★☆☆

技术掌握：掌握别墅室内直跑楼梯的绘制方法

01 启动Revit 2016，单击按钮，打开应用程序菜单，执行“打开>项目”菜单命令。

02 在学习资源中找到“场景文件>CH08>07别墅.rvt”文件，单击“打开”按钮，打开项目文件，如图8-144所示。

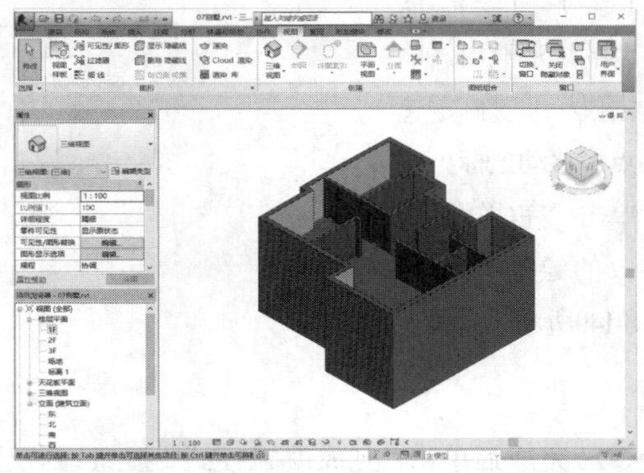

图8-144

03 在“项目浏览器”中展开“楼层平面”，双击“标高1”，切换至标高1（±0.00）平面视图，如图8-145所示。

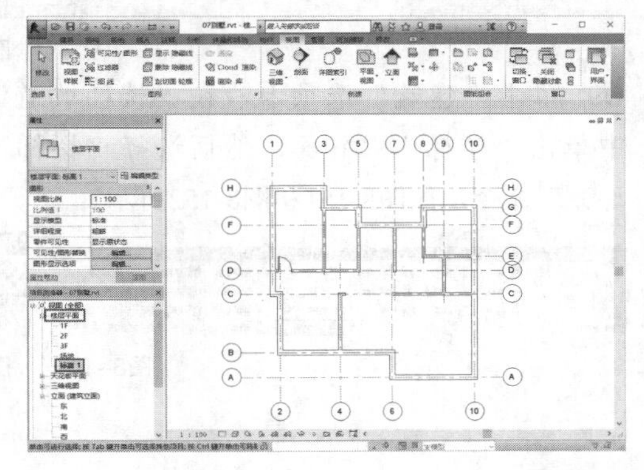

图8-145

04 单击“建筑”选项卡，在“洞口”面板中单击“竖井”按钮，如图8-146所示。

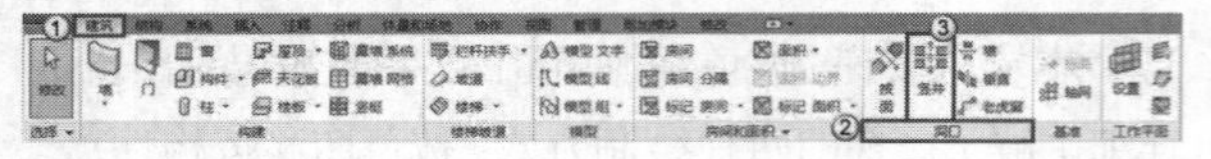

图8-146

05 自动切换至“修改|创建竖井洞口草图”模式，然后单击“绘制”面板中的“矩形”按钮，如图8-147所示。

图8-147

06 在“属性”面板的限制条件参数栏中修改洞口的相关参数。更改底部限制条件为“标高1”，底部偏移量为0.0，顶部约束为“直到标高：1F”，顶部偏移量为0.0，如图8-148所示。

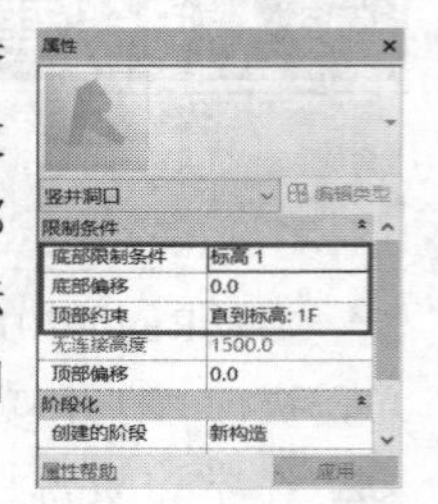

图8-148

07 在“标高1”平面绘制需要的矩形洞口，单击鼠标左键确定起点，移动鼠标再次单击，完成矩形洞口的绘制，如图8-149所示。

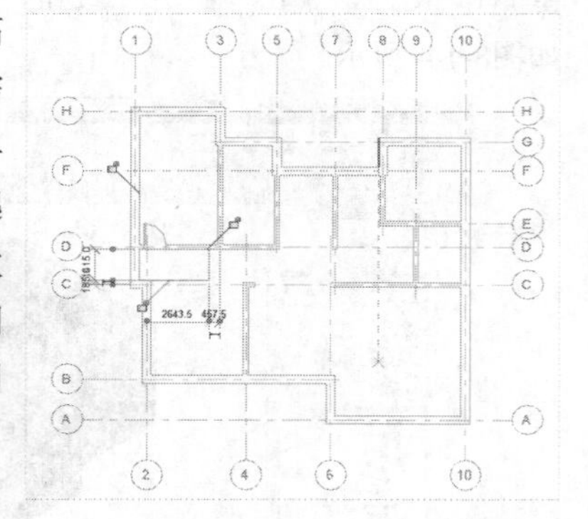

图8-149

08 完成后单击“完成编辑模式”按钮，退出编辑状态，如图8-150所示。

图8-150

09 单击“建筑”选项卡，在“楼梯坡道”面板中单击“楼梯”按钮，然后选择“楼梯（按构件）”命令，如图8-151和图8-152所示。

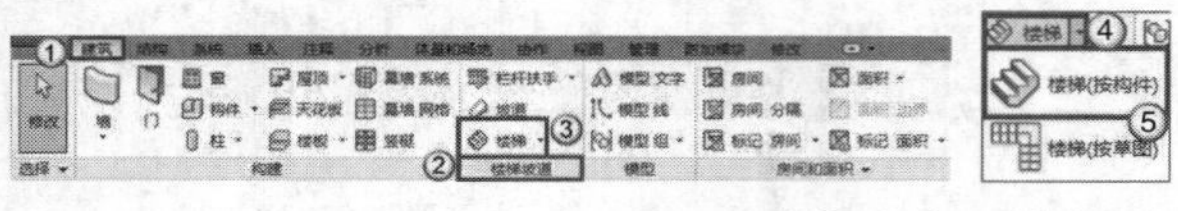

图8-151　图8-152

10 进入“修改 | 创建楼梯”模式，在实例属性下拉列表中选择“整体浇筑楼梯”选项，如图8-153所示。

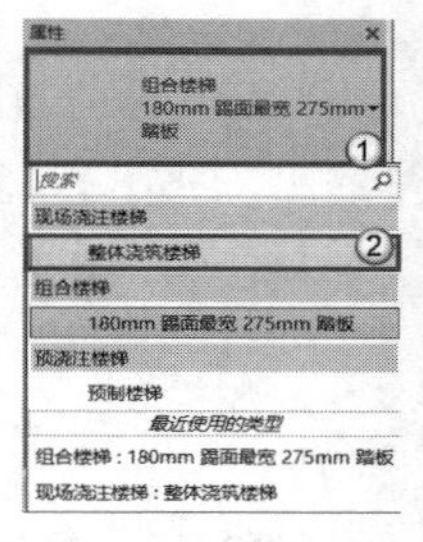

图8-153

11 设置完成后，将光标移动到绘图区域的平面视图中，单击楼梯的起始位置，然后拖曳鼠标，此时软件会提示已创建的踢面数与剩余个数，如图8-154所示。

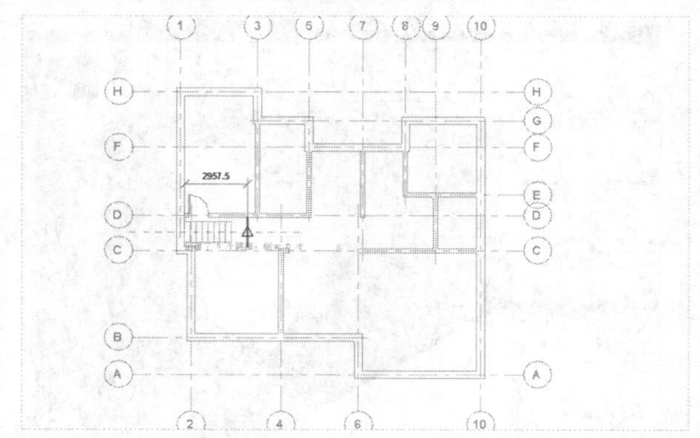

图8-154

12 继续拖动鼠标，然后单击楼梯梯段的末端位置，完成直跑楼梯的绘制，如图8-155所示。

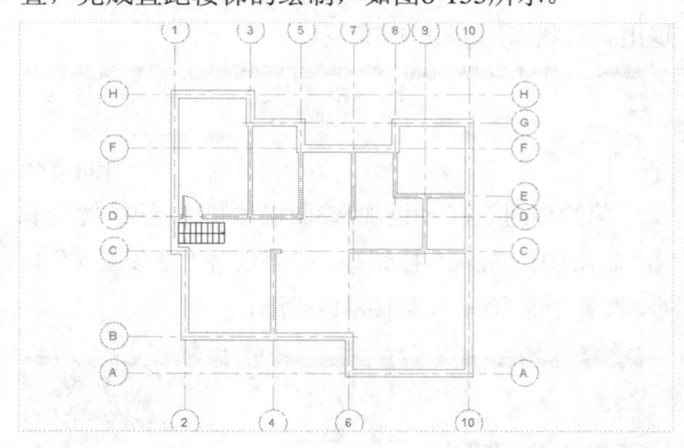

图8-155

13 单击直跑楼梯，此时楼梯将高亮显示，如图8-156所示 。

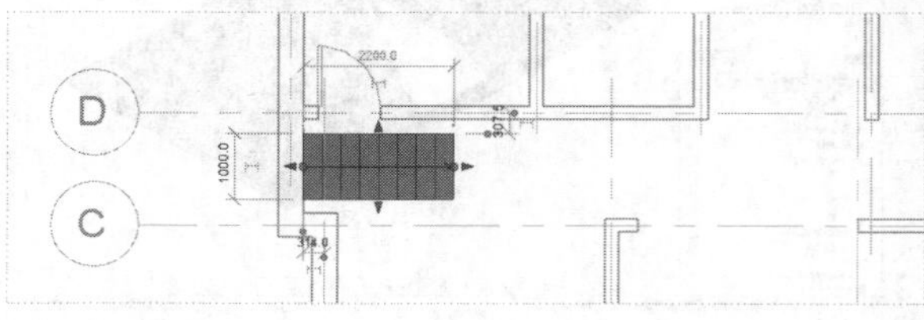

图8-156

14 拖曳上、下两侧控制箭头，调整梯段的宽度与两侧墙边线重合，如图8-157所示。

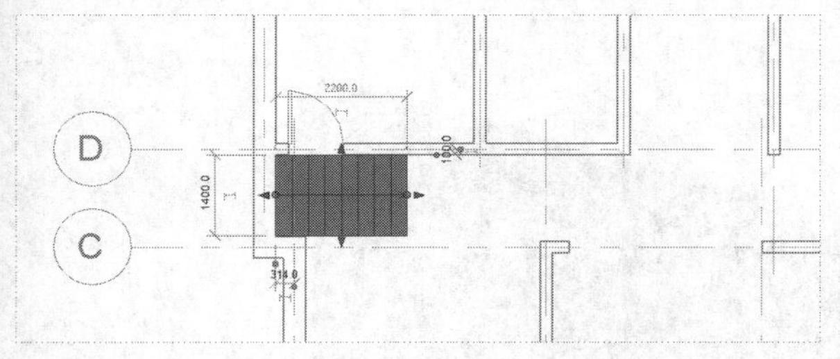

图8-157

15 单击“移动”按钮，将梯段向右移动1000，如图8-158所示。

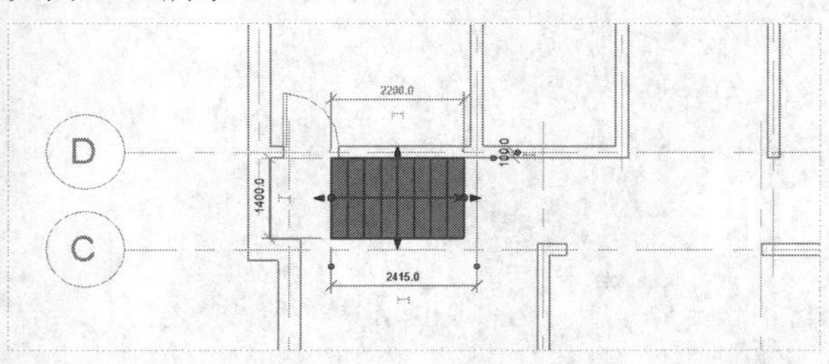

图8-158

16 完成后单击“完成编辑模式”按钮，退出编辑状态，如图8-159所示。

图8-159

17 此时创建的竖井洞口不能满足设计要求，在“项目浏览器”中展开“楼层平面”，双击“标高1”，切换至标高1平面视图，将鼠标移动到绘图区，单击选择该洞口，此时洞口将高亮显示，如图8-160所示。

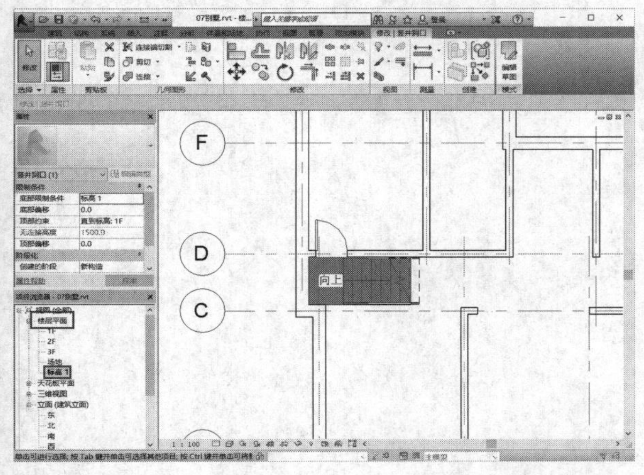

图8-160

18 进入“修改 | 竖井洞口”选项卡，单击“编辑草图”按钮，编辑洞口形状，如图8-161所示。

图8-161

19 单击选择需要调整的洞口轮廓线，单击“移动”按钮，移动至与直跑楼梯边缘线重合，再次单击鼠标左键完成编辑，如图8-162所示。

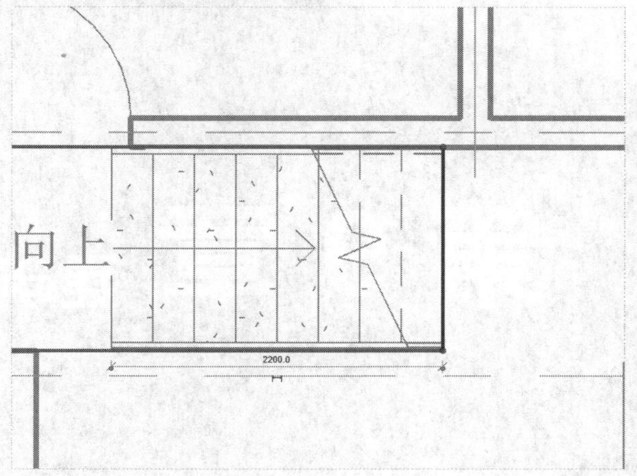

图8-162

20 完成后单击“完成编辑模式”按钮，退出编辑状态，如图8-163所示。

图8-163

21 单击默认三维视图按钮，查看楼梯样式，如图8-164所示。

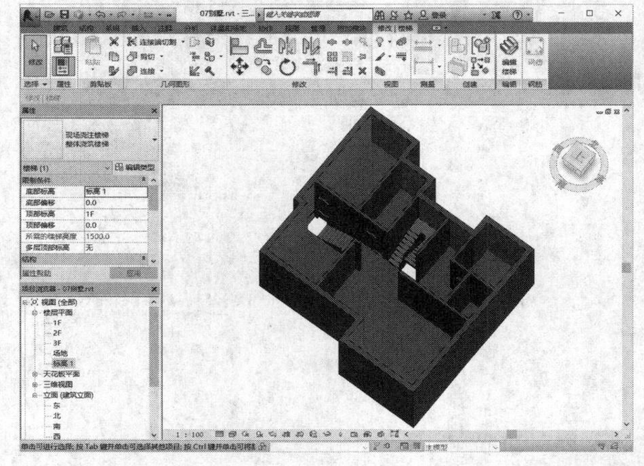

图8-164

第 9 章 建筑构件

本章知识索引

知识名称	作用	重要程度	所在页
室外台阶的创建	掌握使用楼板边缘绘制室外台阶的方法	★★★☆☆	P197
散水的创建	掌握使用墙饰条创建散水的方法	★★★☆☆	P197
雨棚的创建	掌握雨棚的绘制方法	★★★☆☆	P202
栏杆扶手的绘制	掌握栏杆的绘制方法	★★★☆☆	P203

本章实例索引

实例名称	所在页
课前引导实例：办公楼建筑构件绘制	P195
典型实例：农宅室外台阶绘制	P197
典型实例：农宅散水绘制	P200
典型实例：办公楼雨棚绘制	P202
典型实例：楼梯栏杆扶手绘制	P205
课后拓展练习：别墅建筑构件绘制	P207

9.1 课前引导实例：办公楼建筑构件绘制

场景位置：场景文件>CH09>01办公楼.rvt
视频位置：视频文件>CH09>01课前引导实例：办公楼建筑构件绘制.mp4
实用指数：★★★☆☆
技术掌握：了解建筑构件的绘制方法

01 启动Revit 2016，单击按钮，打开应用程序菜单，执行“打开>项目”菜单命令。

02 在学习资源中找到“场景文件>CH09>01办公楼.rvt”文件，然后单击“打开”按钮，打开项目文件，如图9-1所示。

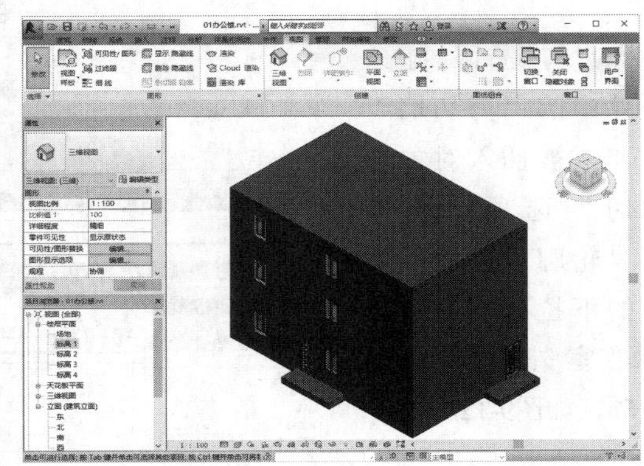

图9-1

03 单击“插入”选项卡，在“从库中载入”面板中单击“载入族”按钮，如图9-2所示。

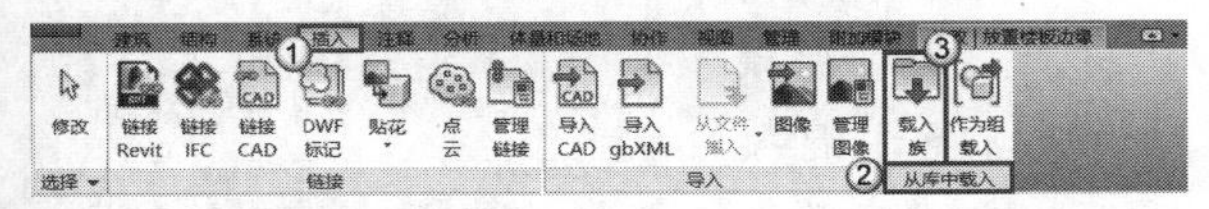

图9-2

04 在“载入族”对话框中选择“场景文件>CH09>01三级室外台阶轮廓.rfa”文件。

05 单击“建筑”选项卡，然后在“构建”面板中单击“楼板”按钮，接着选择“楼板:楼板边”命令，如图9-3所示。

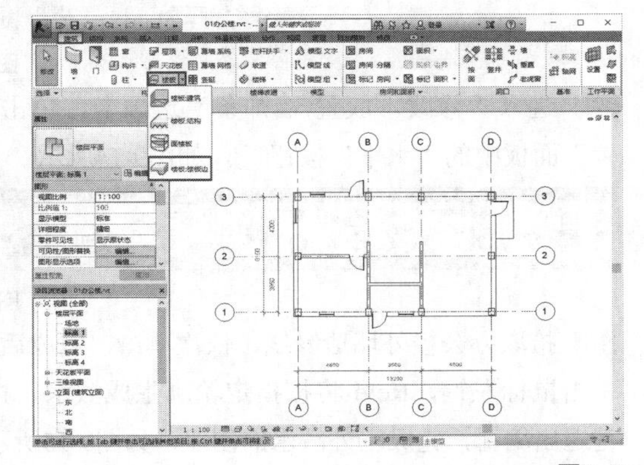

图9-3

06 在“属性”对话框中，设置“垂直轮廓偏移”为0.0，“水平轮廓偏移”为0.0，然后单击“编辑类型”按钮，如图9-4所示。

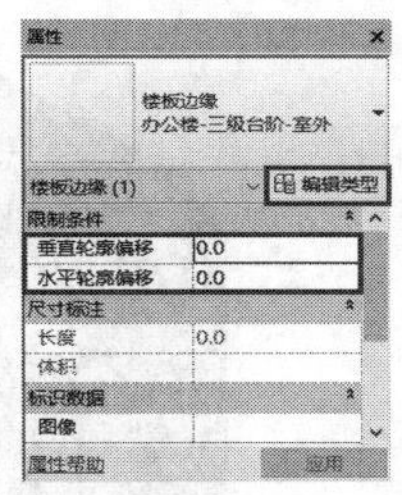

图9-4

07 在弹出的“类型属性”面板中单击“复制”按钮，然后在弹出的对话框中输入“办公楼-三级台阶-室外”，完成后单击“确定”按钮，如图9-5所示。

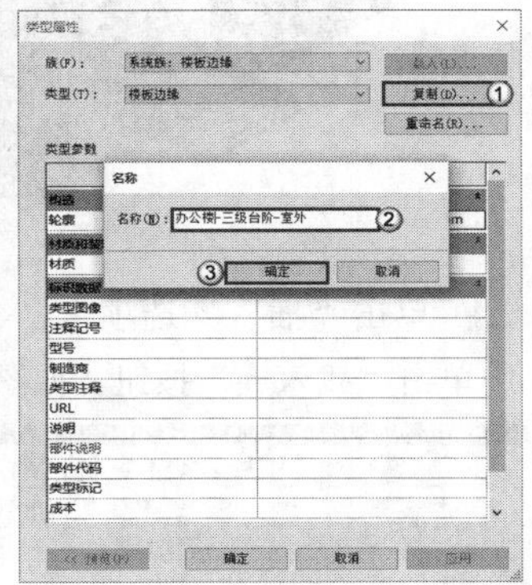

图9-5

08 单击“轮廓”参数后的下拉列表，然后选择“三级室外台阶轮廓”选项，如图9-6所示。

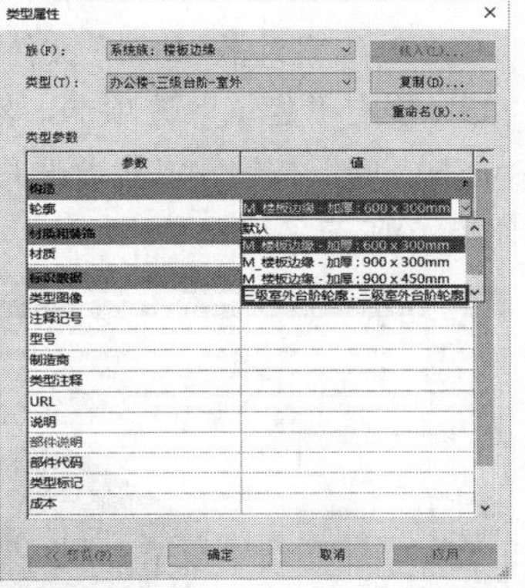

图9-6

09 修改台阶的“材质”为“混凝土-现场浇注混凝土”，完成后单击“确定”按钮，如图9-7所示。

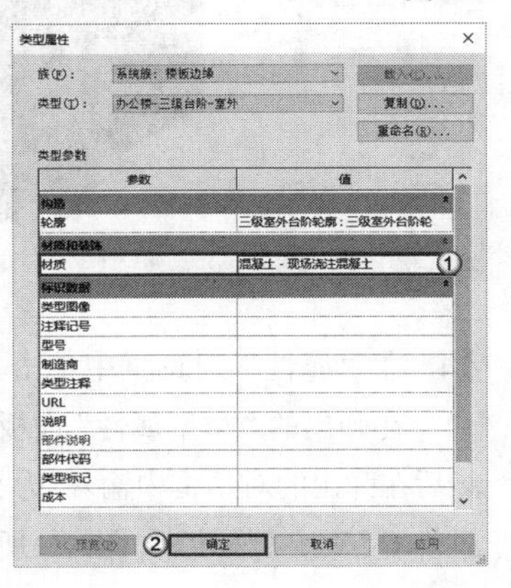

图9-7

10 拾取农宅入口处平台的上边缘单击，Revit将按指定轮廓生成室外楼梯，如图9-8所示。

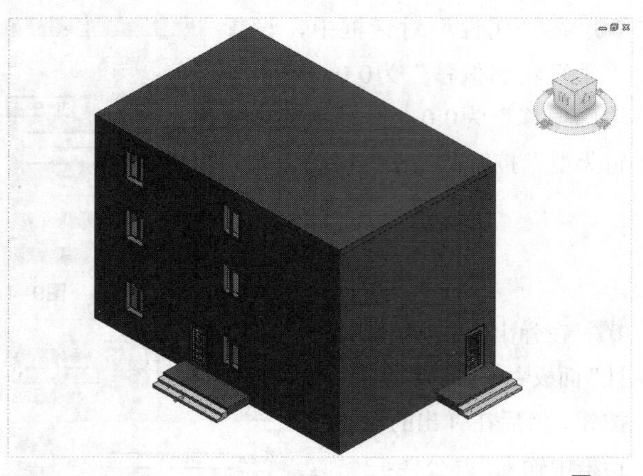

图9-8

11 单击“插入”选项卡，在“从库中载入”面板中单击“载入族”按钮，如图9-9所示。

图9-9

12 在“载入族”对话框中选择“场景文件>CH09>01室外散水.rfa”文件。

13 单击“建筑”选项卡，然后在“构建”面板中单击“墙”按钮，接着选择“墙:饰条”命令，如图9-10所示。

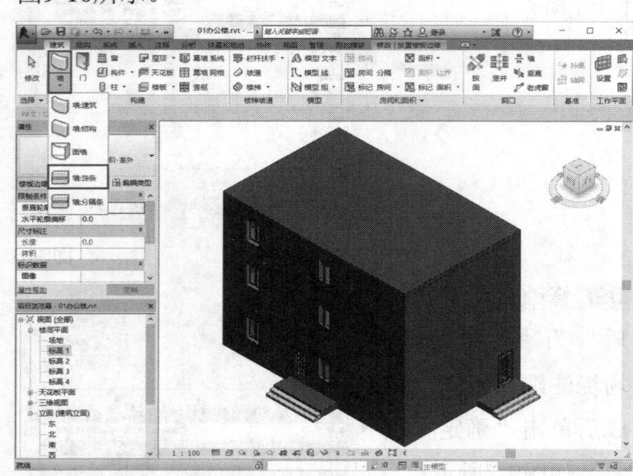

图9-10

14 在“属性”对话框中单击“编辑类型”按钮。

在弹出的“类型属性”面板中单击“复制”按钮，然后在弹出的对话框中输入“办公楼-散水-室外”，完成后单击“确定”按钮，如图9-11所示。

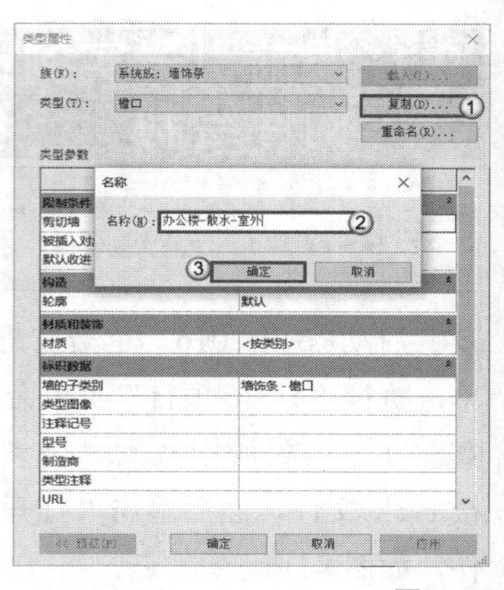

图9-11

15 勾选限制条件中的“剪切墙”和“被插入对象剪切”选项，单击“轮廓”参数后面的下拉列表，选择“室外散水”选项，如图9-12所示。

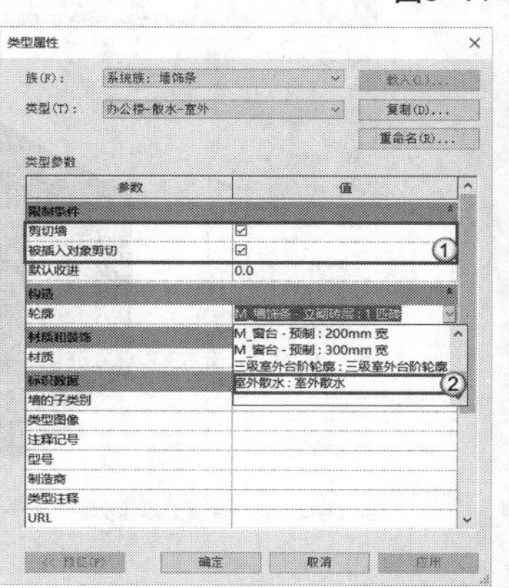

图9-12

16 修改散水的“材质”为“混凝土-现场浇注混凝土”，完成后单击“确定”按钮，如图9-13所示。

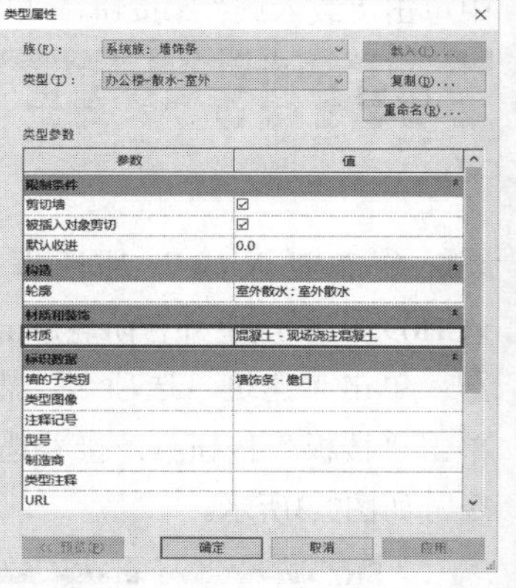

图9-13

17 进入“修改 | 放置 墙饰条”选项卡，单击“放置”面板中的“水平”按钮，如图9-14所示。

图9-14

18 拾取办公楼外墙边缘线，依次单击，完成后再次单击鼠标左键，Revit将按指定轮廓生成散水，按Esc键退出编辑，完成室外散水的创建，如图9-15所示。

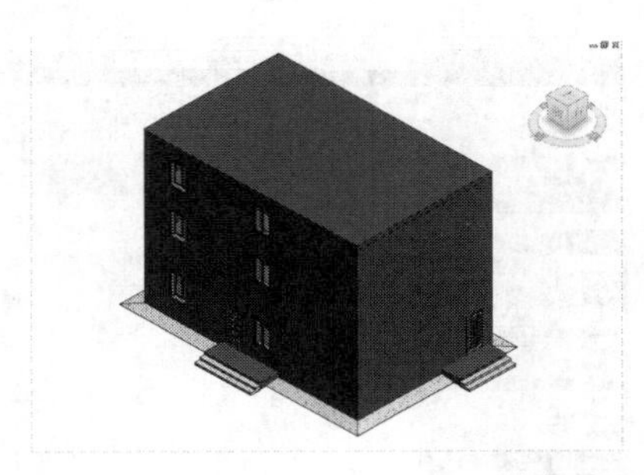

图9-15

9.2 室外台阶和散水

本节知识概要

知识名称	作用	重要程度
室外台阶的创建	掌握使用楼板边缘绘制室外台阶的方法	★★★☆☆
散水的创建	掌握使用墙饰条构件创建散水的方法	★★★☆☆

选择轮廓，可以创建沿建筑主体方向放样的构件。本节将通过两个典型实例讲解楼板边缘和墙饰条构件，为农宅添加室外台阶和散水。

典型实例：农宅室外台阶绘制

场景位置：场景文件>CH09>02农宅.rvt

视频位置：视频文件>CH09>02典型实例：农宅室外台阶绘制.mp4

实用指数：★★★☆☆

技术掌握：了解室外台阶的绘制方法

01 启动Revit 2016，单击按钮，打开应用程序菜单，执行“打开>项目”菜单命令。

02 在学习资源中找到“场景文件>CH09>02农宅.rvt”文件，然后单击“打开”按钮，打开项目文件，如图9-16所示。

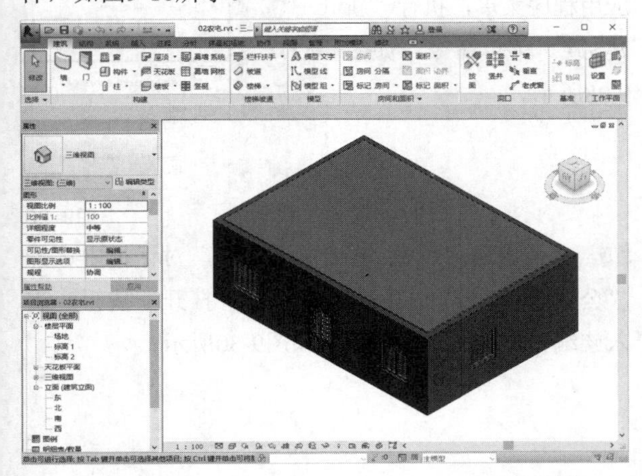

图9-16

03 在“项目浏览器”中展开“楼层平面”，双击“标高1”，切换至标高1平面视图，如图9-17所示。

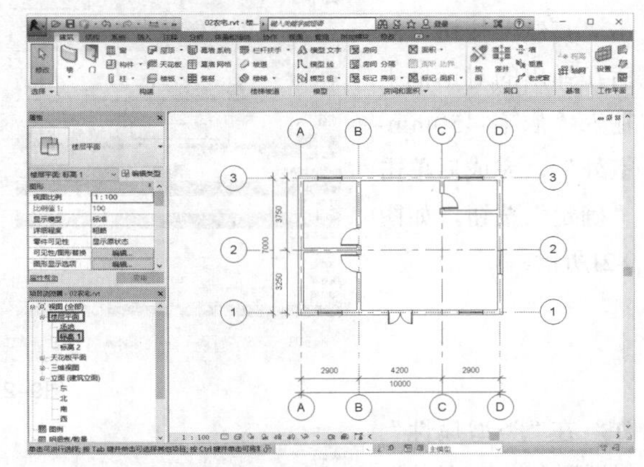

图9-17

04 单击“建筑”选项卡，在“构建”面板中单击“楼板”按钮，如图9-18所示。

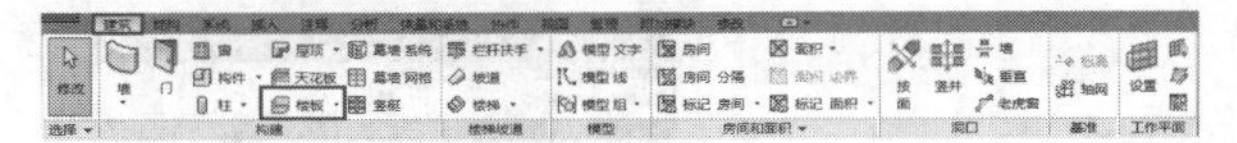

图9-18

05 进入“修改丨创建楼层边界”选项卡，然后在楼板的“属性”面板中选择楼板类型为“常规楼板-400mm”，接着在限制条件中选择“标高1”选项，再设置“自标高的高度偏移”为0.0，如图9-19所示。

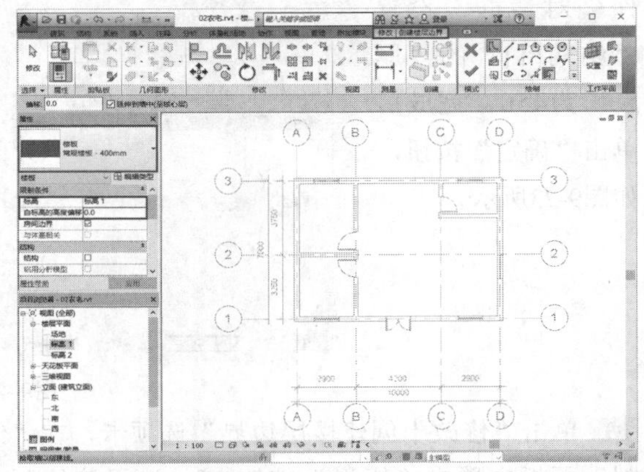

图9-19

06 对楼板构造进行设置，在楼板“属性”面板中单击“编辑类型”按钮，如图9-20所示。

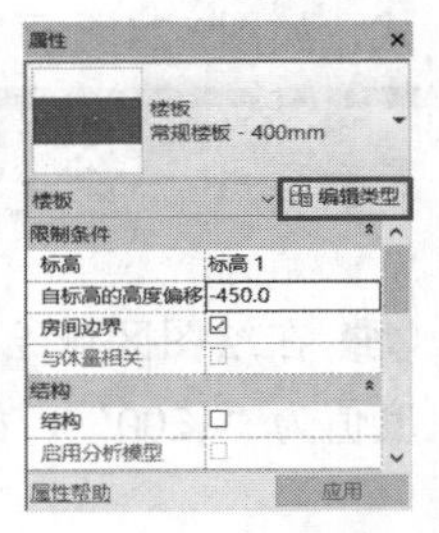

图9-20

07 在弹出的“类型属性”面板中单击“复制”按钮，然后在弹出的对话框中输入“农宅-450mm-室外”，完成后单击“确定”按钮，如图9-21所示。

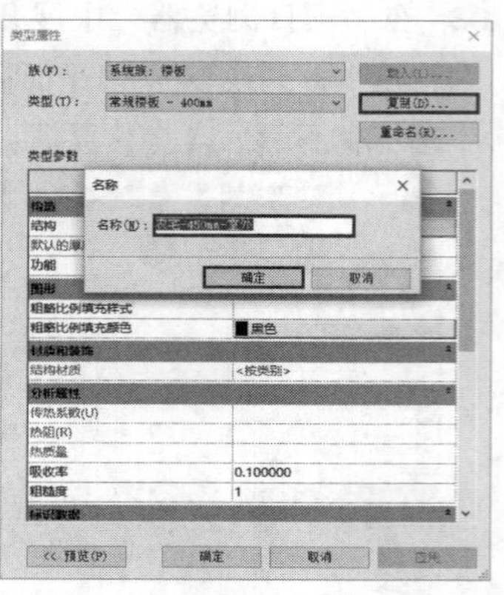

图9-21

08 在“类型属性”对话框中单击“结构”参数后的“编辑”选项，如图9-22所示。

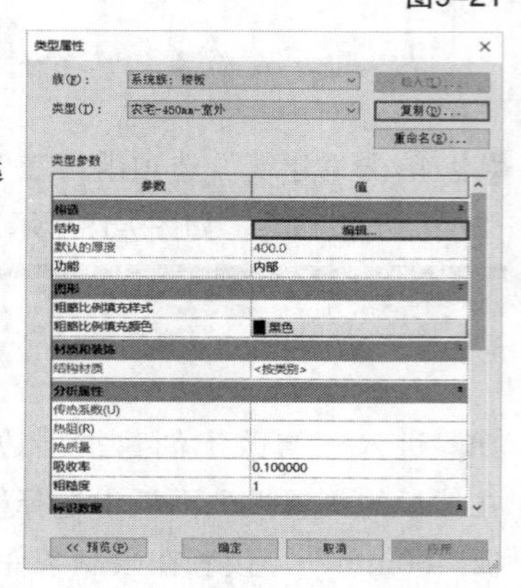

图9-22

09 弹出“编辑部件”对话框，设置“结构[1]”的“厚度”为450，完成后单击“确定”按钮，如图9-23所示。

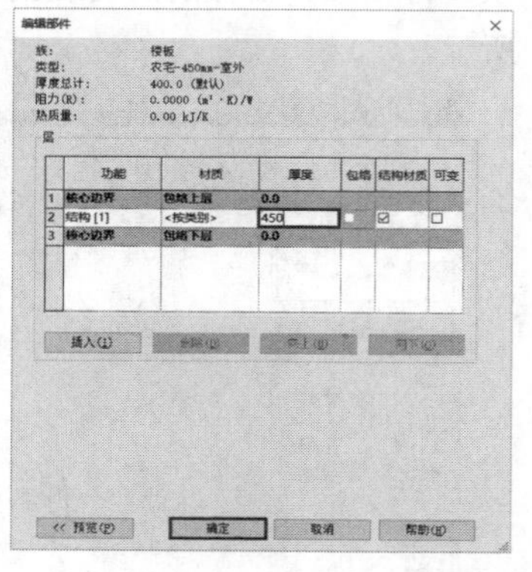

图9-23

10 单击“修改 | 创建楼层边界”选项卡，在“绘制”面板中单击“矩形”按钮，选择该绘制方式，如图9-24所示

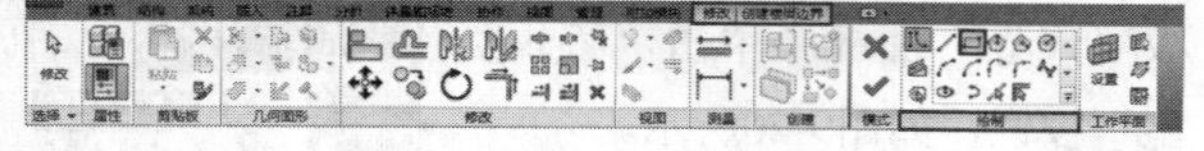

图9-24

11 在绘图区域绘制楼板的边界线，输入平台的宽度值为“1200”，如图9-25所示。

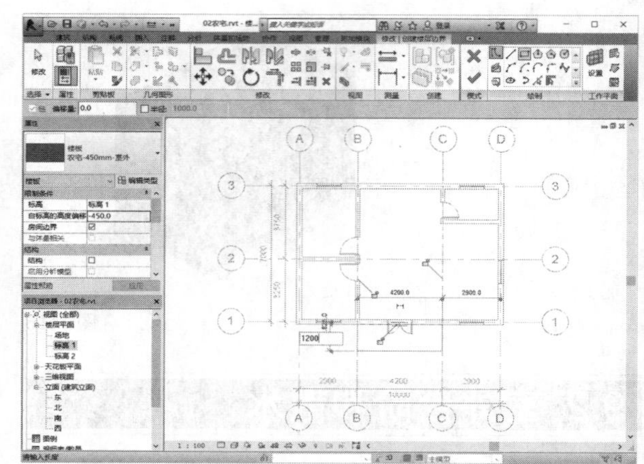

图9-25

12 绘制完成后，单击“完成编辑模式”按钮，完成楼层边界的绘制，如图9-26所示。

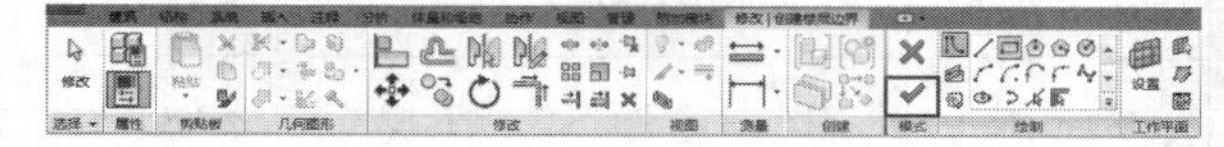

图9-26

13 单击默认三维视图按钮，如图9-27所示。

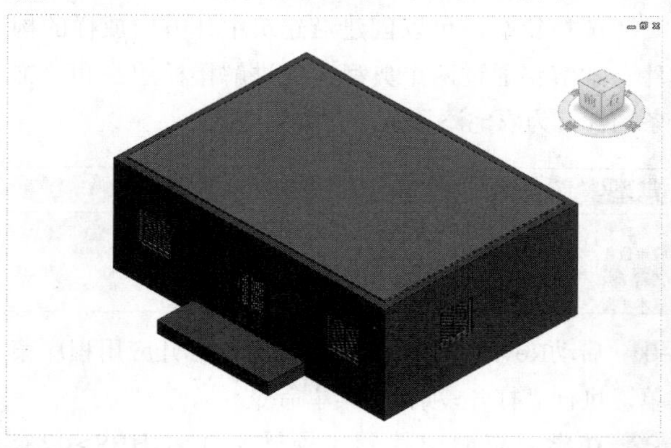

图9-27

14 单击按钮，打开应用程序菜单，执行“新建>族”菜单命令，如图9-28所示。

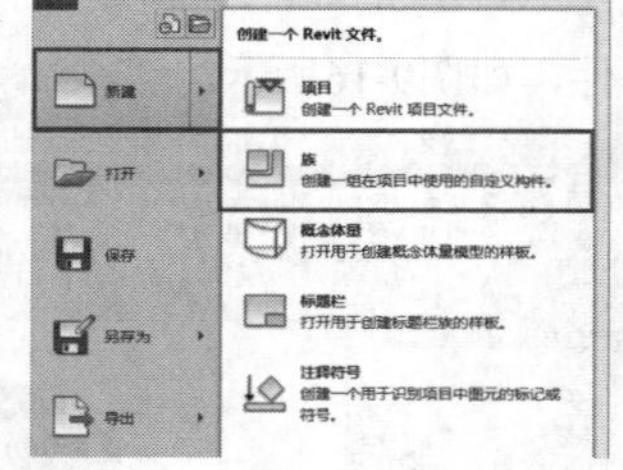

图9-28

15 在弹出的“新族-选择样板文件”对话框中选择“公制轮廓.rft”选项，然后单击“打开”按钮，进入族编辑器模式，如图9-29和图9-30所示。

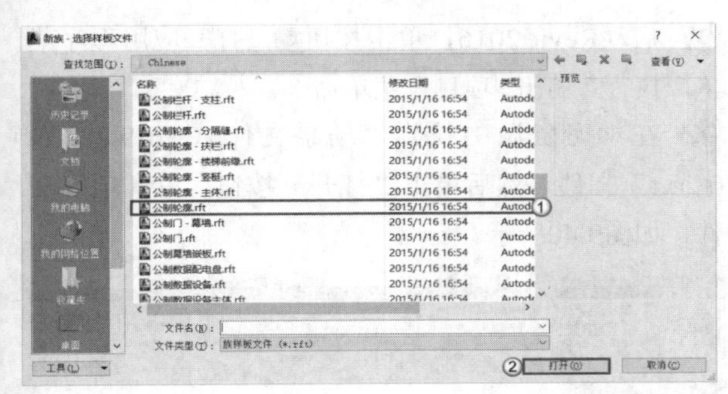

图9-29

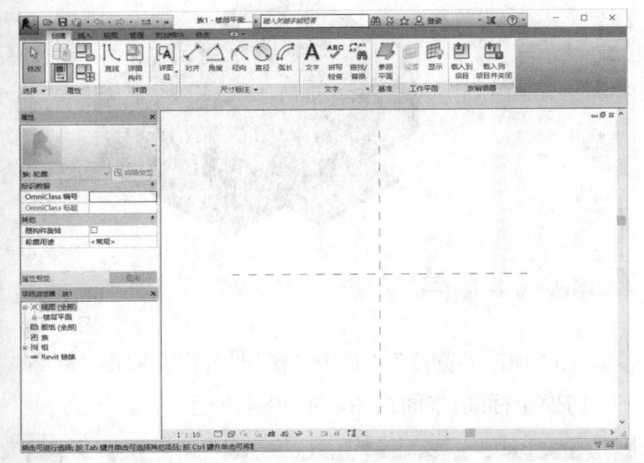

图9-30

16 单击“创建”选项卡，在“详图”面板中单击“直线”按钮，如图9-31所示。

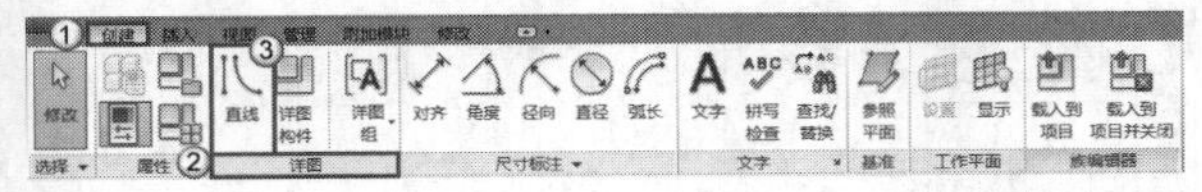

图9-31

17 在绘图区域交点下方150mm处，单击鼠标左键作为起点，水平移动鼠标在300mm位置处再次单击，绘制三级台阶并形成封闭轮廓，如图9-32所示。

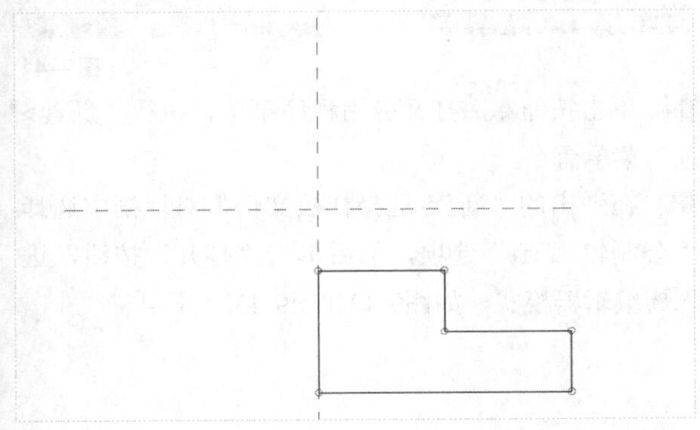

图9-32

18 单击“保存”按钮，设置文件名为“三级室外台阶轮廓”，然后进行保存。

19 单击“修改”选项卡，在“族编辑器”面板中单击“载入到项目”按钮，载入到农宅项目，如图9-33所示。

图9-33

20 单击“建筑”选项卡，然后在“构建”面板中单击“楼板”按钮，接着选择“楼板:楼板边”命令，如图9-34所示。

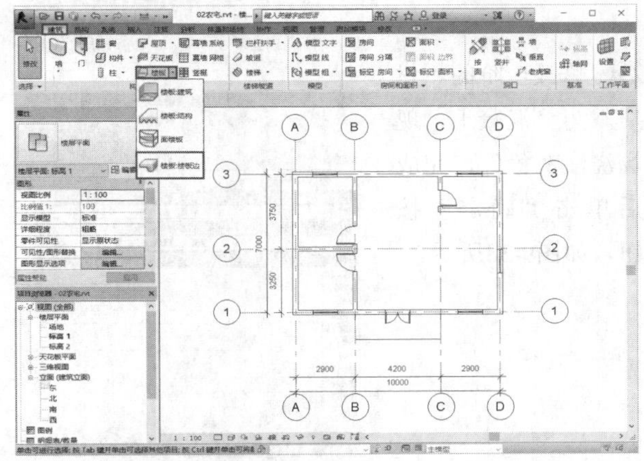

图9-34

21 在楼板边缘的“属性”面板中更改“垂直轮廓偏移”为-450，然后单击“编辑类型”按钮，如图9-35所示。

图9-35

22 在弹出的“类型属性”面板中单击“复制”按钮，然后在弹出的对话框中输入“农宅-三级台阶-室外”，完成后单击“确定”按钮，如图9-36所示。

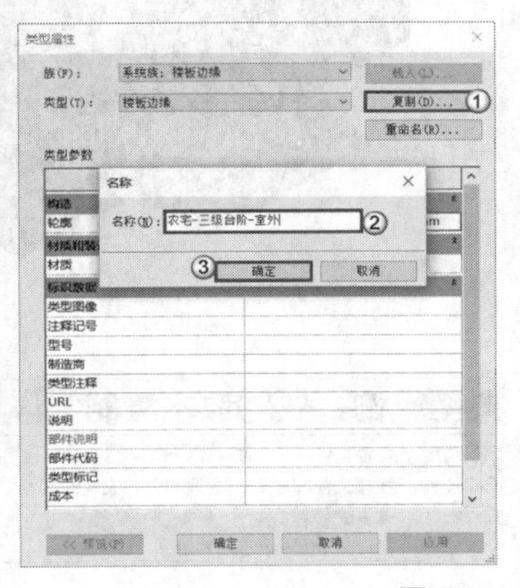

图9-36

23 单击“轮廓”参数后的下拉列表，然后选择“三级室外台阶轮廓”，如图9-37所示。

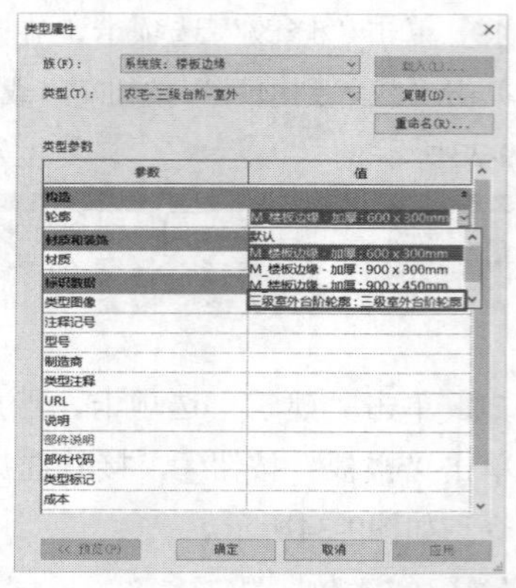

图9-37

24 修改台阶的“材质”为“混凝土，现场浇注灰色”，完成后单击“确定”按钮，如图9-38所示。

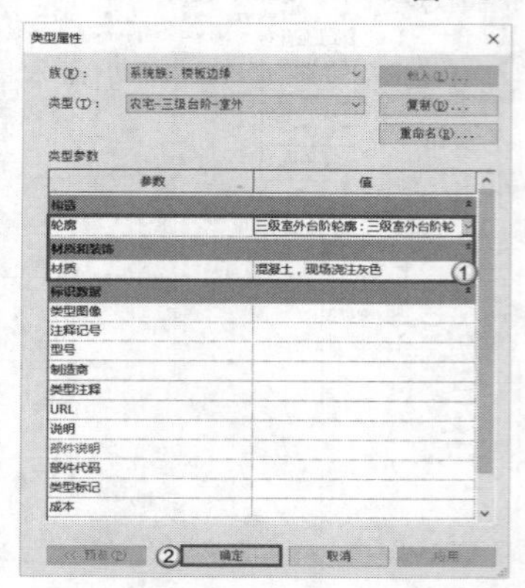

图9-38

25 拾取农宅入口处平台的上边缘，单击鼠标左键，Revit将按指定轮廓生成室外楼梯，如图9-39所示。

图9-39

典型实例：农宅散水绘制

场景位置：场景文件>CH09>03农宅.rvt

视频位置：视频文件>CH09>03典型实例：农宅散水绘制.mp4

实用指数：★★★☆☆

技术掌握：了解室外散水的绘制方法

01 启动Revit 2016，单击按钮，打开应用程序菜单，执行“打开>项目”菜单命令。

02 在学习资源中找到“场景文件>CH09>03农宅.rvt”文件，然后单击“打开”按钮，打开项目文件，如图9-40所示。

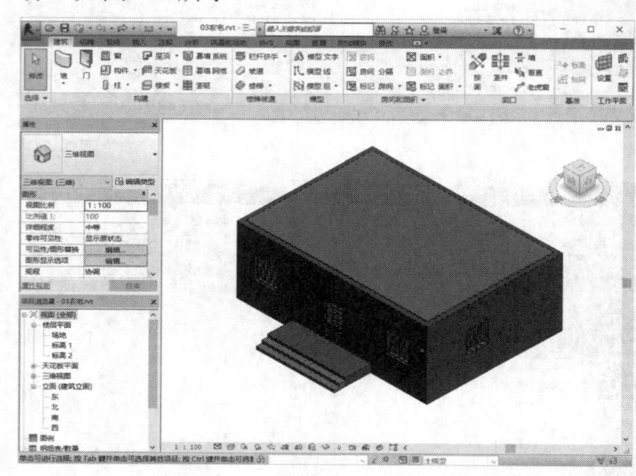

图9-40

03 在“项目浏览器”中展开“楼层平面”，双击“标高1”，切换至标高1平面视图，如图9-41所示。

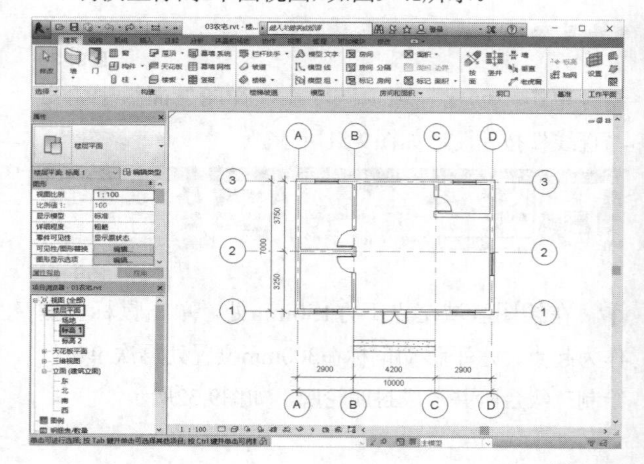

图9-41

04 单击按钮，打开应用程序菜单，执行“新建>族”菜单命令。

05 在弹出的“新族-选择样板文件”对话框中选择“公制轮廓.rft”选项，然后单击“打开”按钮，进入族编辑器模式，如图9-42和图9-43所示。

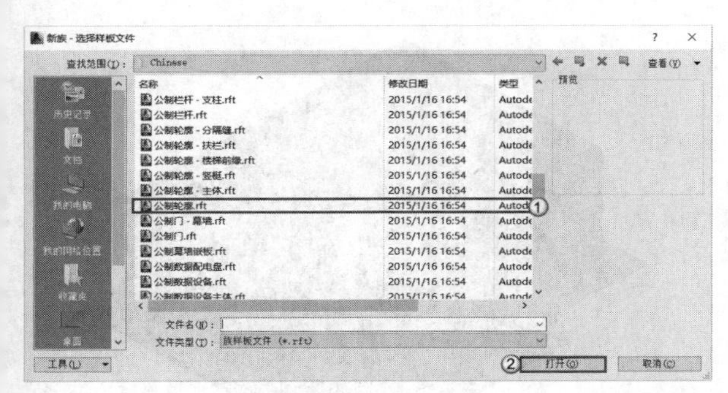

图9-42

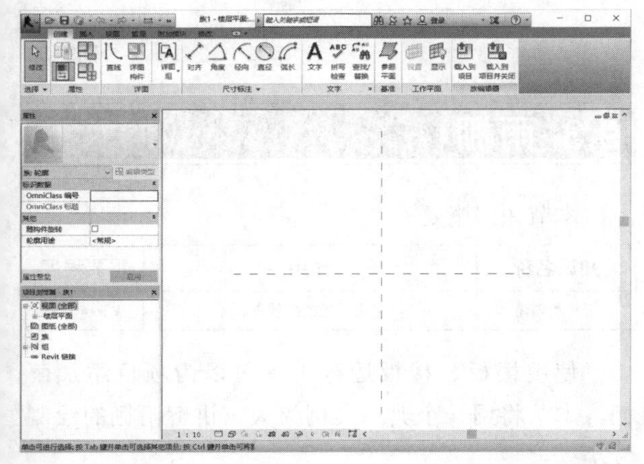

图9-43

06 单击“创建”选项卡，然后在“详图”面板中单击“直线”按钮，如图9-44所示。

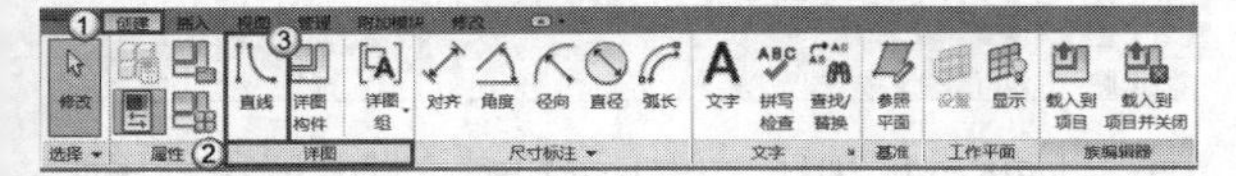

图9-44

07 在绘图区域交点处单击鼠标左键作为起点，水平移动鼠标，在800mm位置处再次单击，向上移动鼠标输入数值20，如图9-45所示。

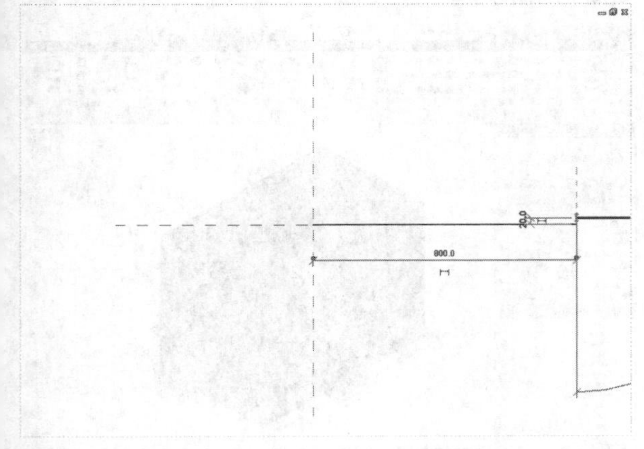

图9-45

08 单击“创建”选项卡，在“详图”面板中单击“直线”按钮，在绘图区域交点处单击鼠标左键作为起点，向上移动鼠标，在100mm位置处再次单击，连接右侧端点，完成后按Enter键，如图9-46所示。

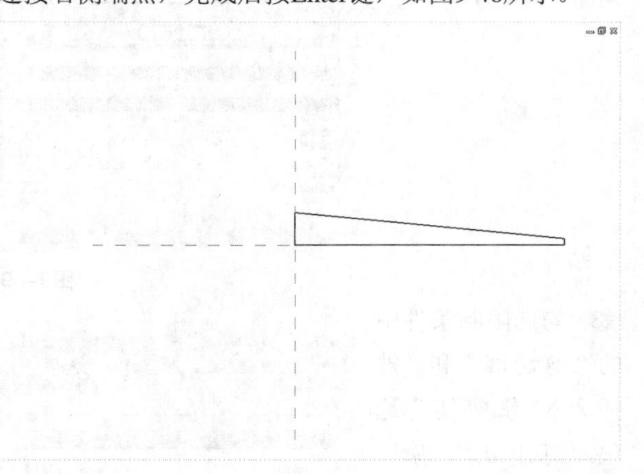

图9-46

09 单击“保存”按钮，将文件命名为“室外散水”，然后进行保存。

10 单击“修改”选项卡，在“族编辑器”面板中单击“载入到项目”按钮，载入到农宅项目，如图9-47所示。

图9-47

11 在功能区中单击“建筑”选项卡，在“构建”面板中单击“墙”按钮，然后选择“墙:饰条”命令，如图9-48所示。

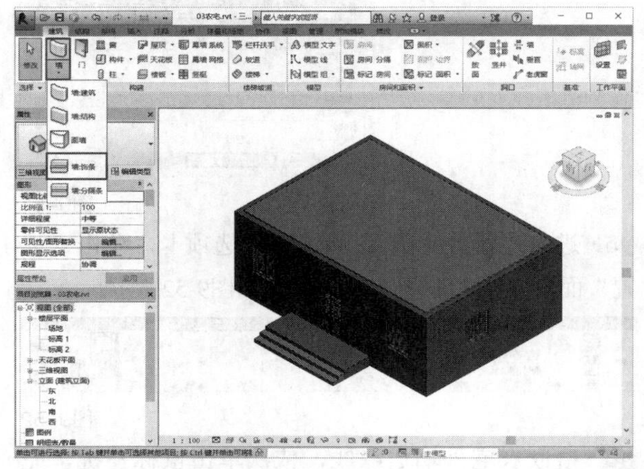

图9-48

在“属性”对话框中单击“编辑类型”按钮。在弹出的“类型属性”面板中单击“复制”按钮，然后在弹出的对话框中输入"农宅-散水-室外"，完成后单击"确定"按钮，如图9-49所示。

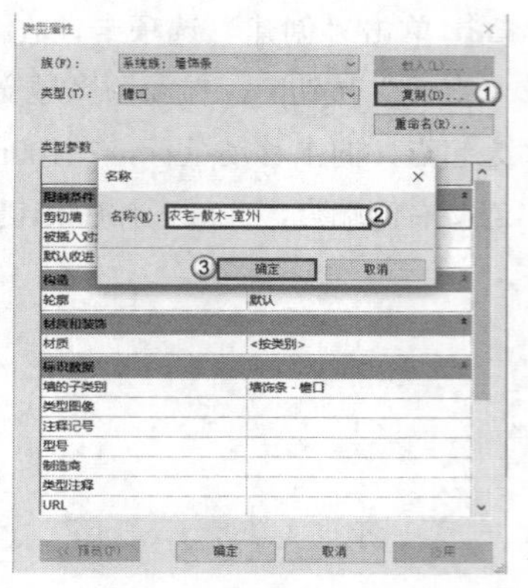

图9-49

13 勾选限制条件中的"剪切墙"和"被插入对象剪切"选项，然后单击"轮廓"参数后的下拉列表，选择"室外散水"选项，如图9-50所示。

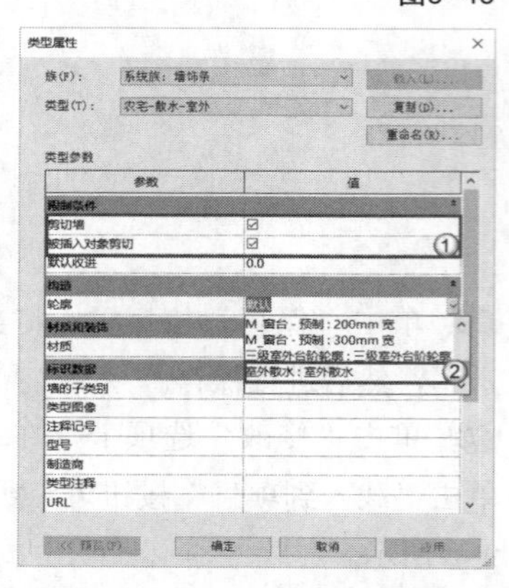

图9-50

14 修改散水的"材质"为"混凝土，现场浇注灰色"，完成后单击"确定"按钮，如图9-51所示。

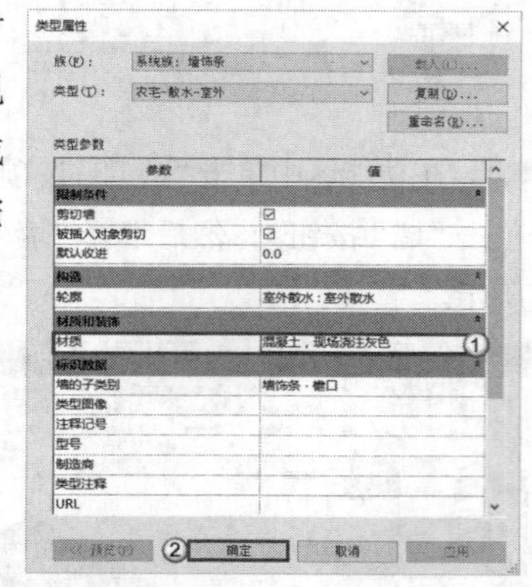

图9-51

15 进入"修改 | 放置 墙饰条"选项卡，单击"放置"面板中的"水平"按钮，如图9-52所示。

图9-52

16 拾取农宅外墙边缘线，依次单击鼠标左键，完成后再次单击鼠标左键，Revit将按指定轮廓生成散水，如图9-53所示。

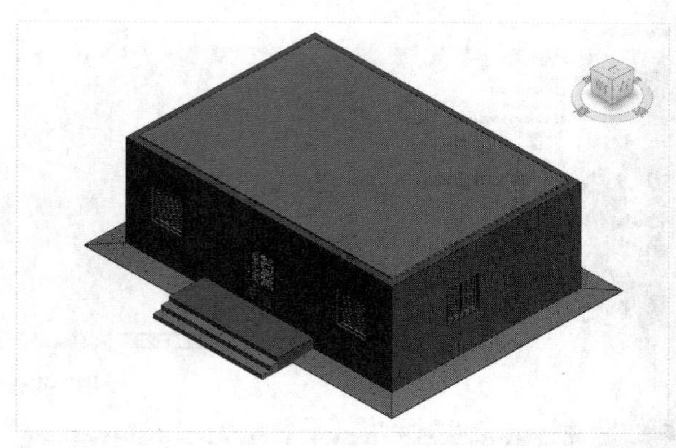

图9-53

9.3 雨棚

本节知识概要

知识名称	作用	重要程度
雨棚的创建	掌握雨棚的绘制方法	★★★☆☆

使用楼板、楼板边缘工具可以为项目添加雨棚。本节将用一个典型实例为大家讲解雨棚的绘制方法。

典型实例：办公楼雨棚绘制

场景位置：场景文件>CH09>04办公楼.rvt

视频位置：视频文件>CH09>04典型实例：办公楼雨棚绘制.mp4

实用指数：★★★☆☆

技术掌握：了解雨棚的绘制方法

01 启动Revit 2016，单击按钮，打开应用程序菜单，执行"打开>项目"菜单命令。

02 在学习资源中找到"场景文件>CH09>04办公楼.rvt"文件，单击"打开"按钮，打开项目文件，如图9-54所示。

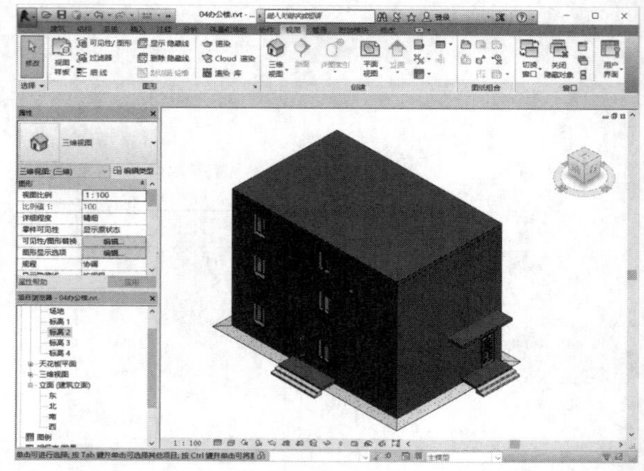

图9-54

03 在功能区中单击“插入”选项卡，然后单击“从库中载入”面板中的“载入族”按钮，如图9-55所示。

图9-55

04 在“载入族”对话框中选择“场景文件>CH09>04楼板边梁.rfa”文件，将其打开。

05 在功能区中单击“建筑”选项卡，在“构建”面板中单击“楼板”按钮，然后选择“楼板:楼板边”命令，如图9-56所示。

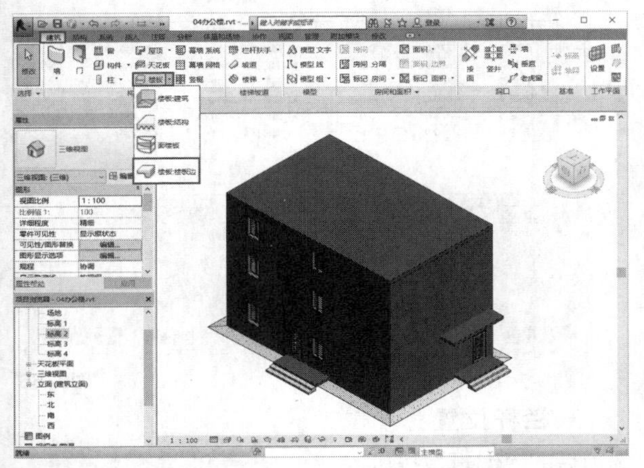

图9-56

06 在“属性”对话框中单击“编辑类型”按钮，如图9-57所示。

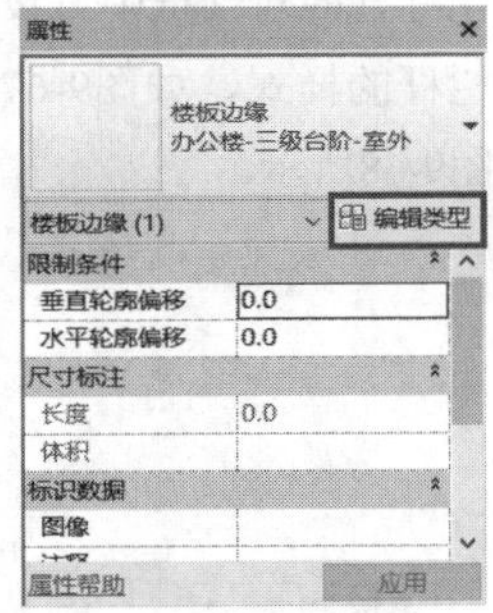

图9-57

07 在弹出的“类型属性”面板中单击“复制”按钮，然后在弹出的对话框中输入“雨棚边梁”，完成后单击“确定”按钮，如图9-58所示。

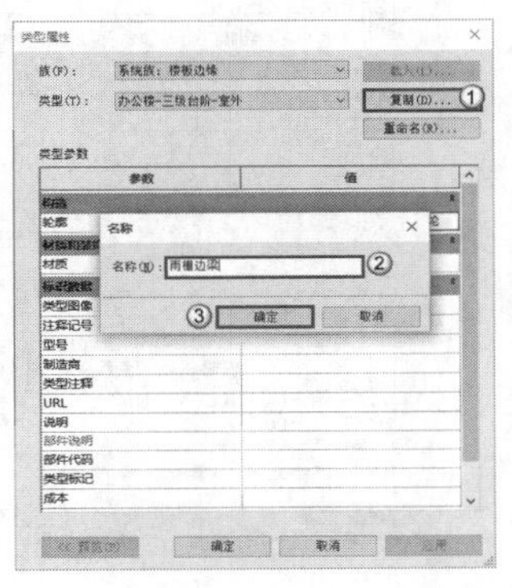

图9-58

08 单击“轮廓”参数后的下拉列表，然后选择“楼板边梁”选项，如图9-59所示。

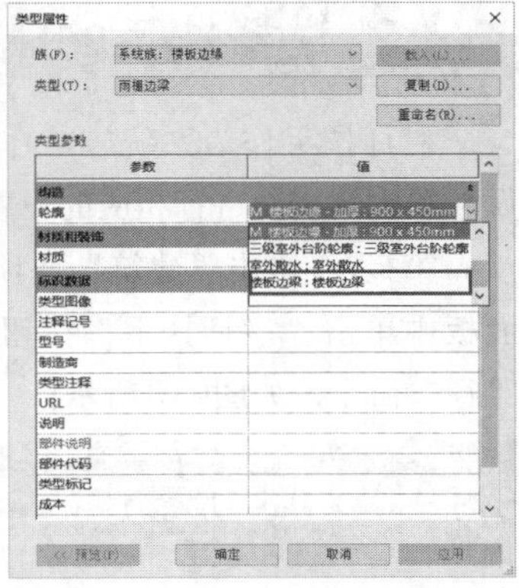

图9-59

09 拾取办公楼入口处雨棚的上边缘，依次单击雨棚出挑边缘，Revit将按指定轮廓生成雨棚边缘，然后按Esc键完成雨棚的创建，如图9-60所示。

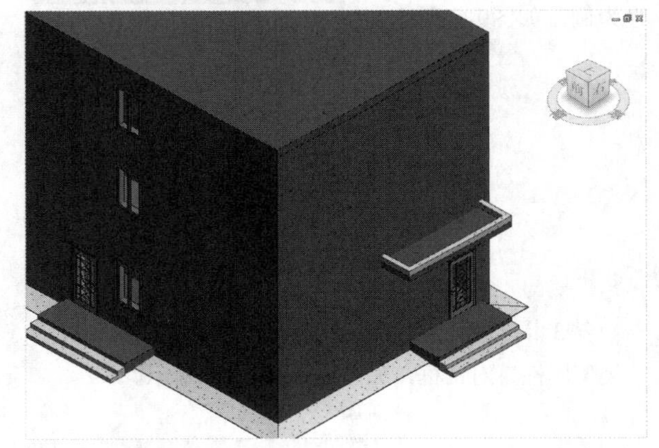

图9-60

9.4 栏杆扶手

本节知识概要

知识名称	作用	重要程度
栏杆的主体设置	了解栏杆主体的种类	★★☆☆☆
栏杆的属性设置	了解栏杆的实例属性和类型属性	★★★☆☆
栏杆的绘制	掌握栏杆的绘制方法	★★★☆☆

栏杆扶手的创建，一般是通过绘制栏杆扶手路径来创建。

9.4.1 栏杆扶手的主体设置

栏杆的主体指栏杆依附的对象，默认情况下为当前标高。有时也需要单独指定，如在绘制坡道栏杆或楼梯栏杆时，需要指定坡道、楼梯等作为栏杆的主体。

9.4.2 栏杆扶手的属性设置

栏杆扶手作为系统族，在绘制前需要对其类型属性和实例属性进行相应的设置。

第1步：单击“建筑”选项卡，在“楼梯坡道”面板中单击“栏杆扶手”按钮，然后选择“绘制路径”命令，如图9-61所示。

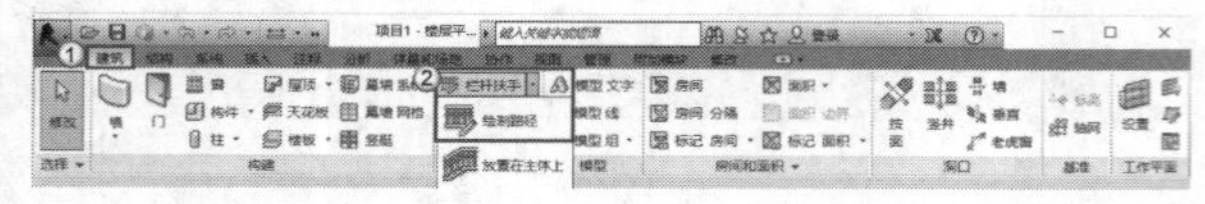

图9-61

第2步：单击类型属性下拉菜单可选择栏杆类型，在此以900mm圆管为例，如图9-62所示。

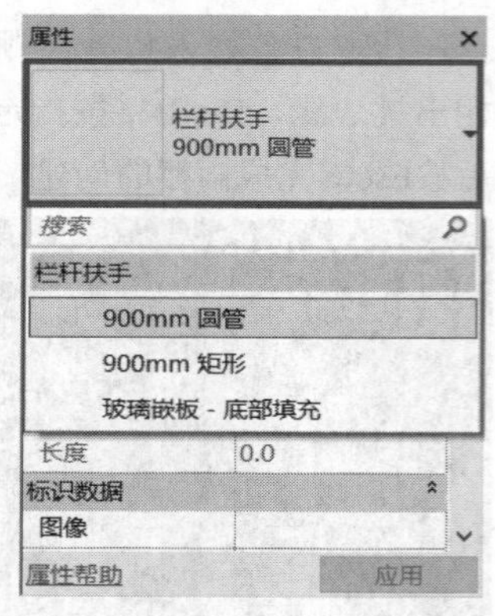

图9-62

第3步：单击“编辑类型”按钮，进入栏杆扶手“类型属性”对话框，如图9-63和图9-64所示。

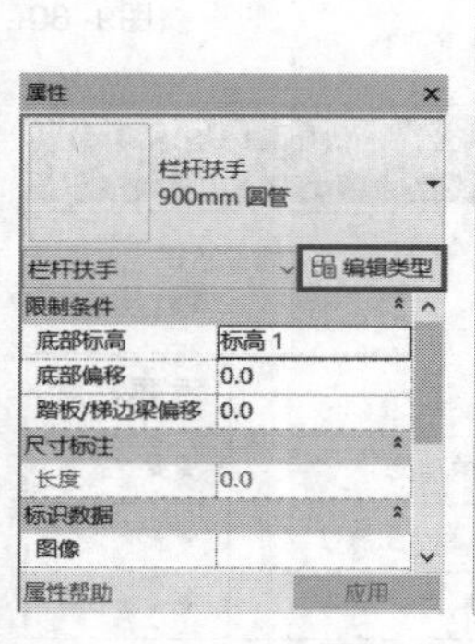

图9-63

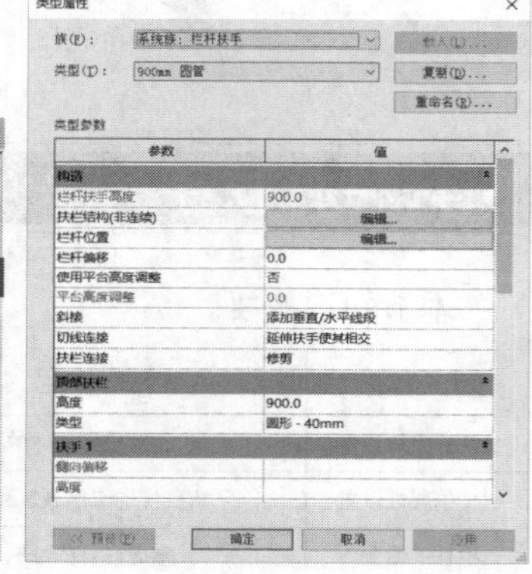

图9-64

知识讲解

- **栏杆扶手高度**：设置栏杆扶手系统中最高栏杆的高度，如果是灰色显示状态，则是由顶部栏杆扶手高度值确定。
- **扶栏结构（非连续）**：单击参数后的“编辑”选项，在打开的对话框中可设置扶手的名称、高度、偏移量和材质等结构参数，如图9-65和图9-66所示。

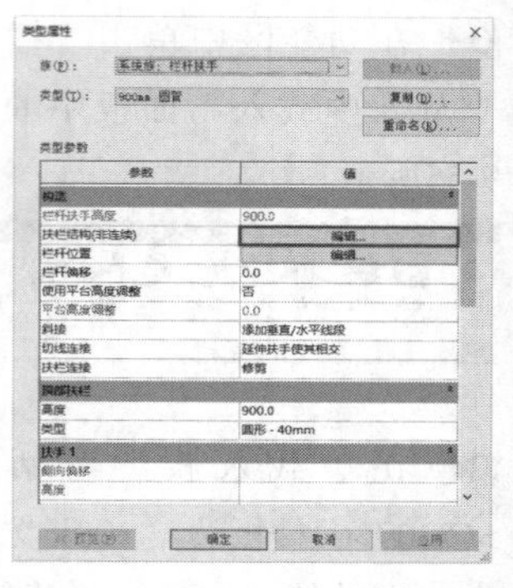

图9-65

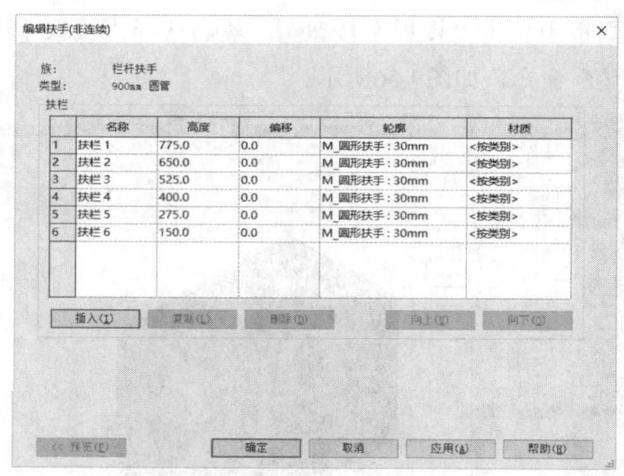

	名称	高度	偏移	轮廓	材质
1	扶栏 1	775.0	0.0	M_圆形扶手 : 30mm	<按类别>
2	扶栏 2	650.0	0.0	M_圆形扶手 : 30mm	<按类别>
3	扶栏 3	525.0	0.0	M_圆形扶手 : 30mm	<按类别>
4	扶栏 4	400.0	0.0	M_圆形扶手 : 30mm	<按类别>
5	扶栏 5	275.0	0.0	M_圆形扶手 : 30mm	<按类别>
6	扶栏 6	150.0	0.0	M_圆形扶手 : 30mm	<按类别>

图9-66

- **栏杆位置**：单击选项后的“编辑”按钮，在打开的对话框中可设置栏杆的样式，如图9-67和图9-68所示。

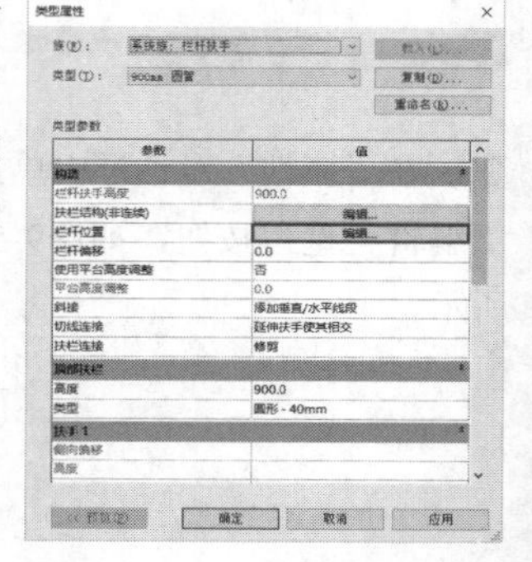

图9-67

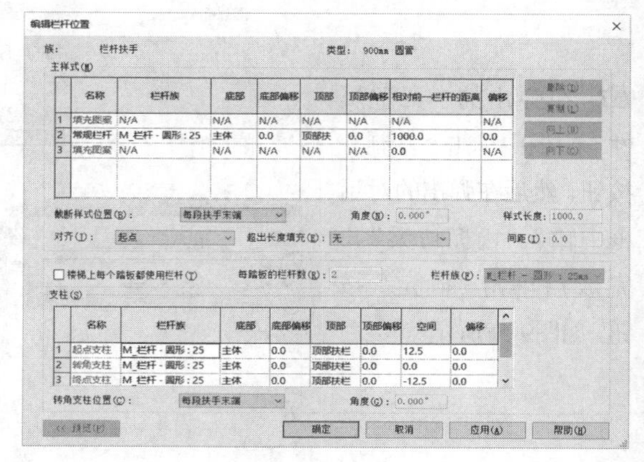

图9-68

• **栏杆偏移**：距离栏杆扶手绘制线的栏杆偏移量。

• **使用平台高度调整**：可以控制平台栏杆扶手的高度。

• **斜接**：如果两段扶手在平面内相交呈一定角度，但没有垂直连接，可选择“添加垂直/水平线段”创建连接，或选择“无连接件”留下间隙。

• **扶手连接**：如果软件无法在栏杆扶手段之间进行连接时创建连接，则可选择“修剪”使用垂直平面剪切分段，或选择“接合”以尽可能接近斜接的方式分段连接。

第4步：类型属性设置完成后，在绘制路径前还需要进行实例属性设置，如图9-69所示。

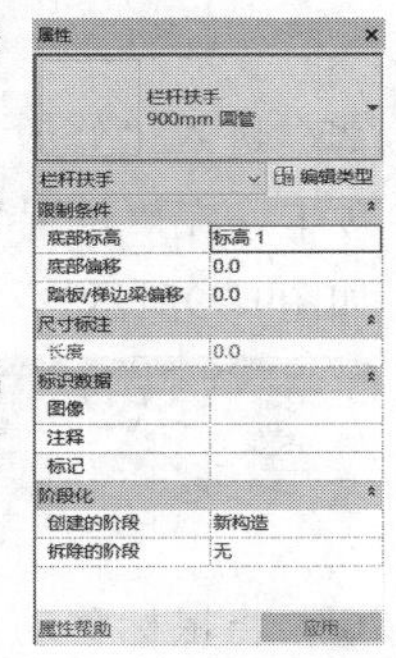

图9-69

知识讲解

• **底部标高**：指定栏杆扶手系统位于楼梯或坡道的底部标高。

• **底部偏移**：楼板或者标高到栏杆扶手底部的距离。

• **踏板/梯边梁偏移**：若在创建楼梯时自动放置了栏杆扶手，可选择将栏杆扶手放置在踏板或楼梯边梁上。

• **长度**：栏杆扶手的实际长度。

典型实例：楼梯栏杆扶手绘制

场景位置：场景文件>CH09>05楼梯.rvt
视频位置：视频文件>CH09>05典型实例：楼梯栏杆扶手绘制.mp4
实用指数：★★★☆☆
技术掌握：了解栏杆扶手的绘制方法

栏杆扶手的绘制方式有两种：绘制路径生成栏杆扶手和拾取主体生成栏杆扶手，如图9-70所示。

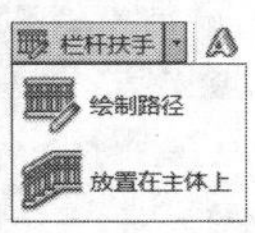

图9-70

1.绘制路径方式

01 在功能区中单击“建筑”选项卡，在“楼梯坡道”面板中单击“栏杆扶手”按钮，然后选择“绘制路径”命令，如图9-71所示。

图9-71

02 在“项目浏览器”中单击展开“楼层平面”，双击“标高1”，切换至标高1平面视图，如图9-72所示。

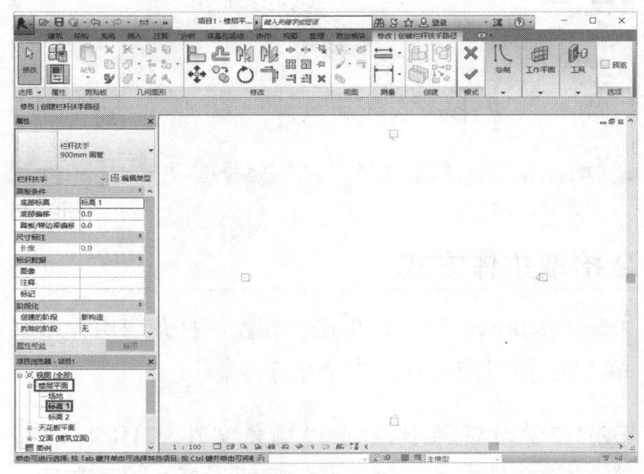

图9-72

03 在绘图区域单击鼠标左键，作为栏杆扶手的起点，移动鼠标再次单击作为栏杆扶手的终点，如图9-73所示。

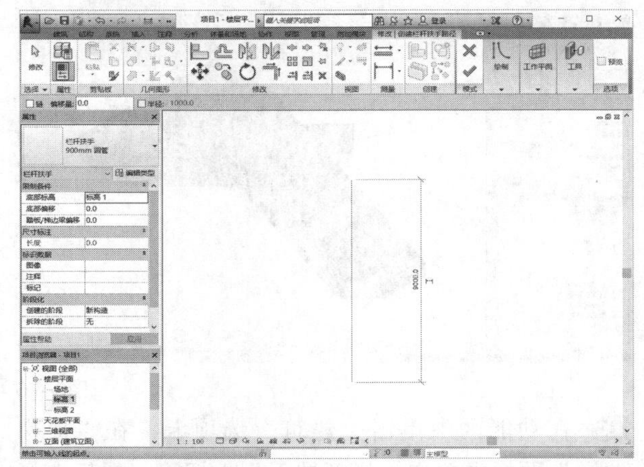

图9-73

04 绘制完成后，单击“完成编辑模式”按钮，完成栏杆扶手的创建，如图9-74所示。

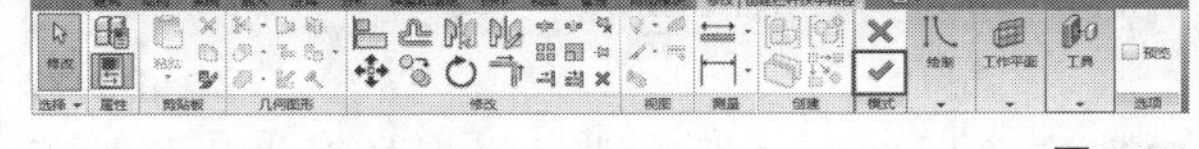

图9-74

05 单击默认三维视图按钮，如图9-75所示。

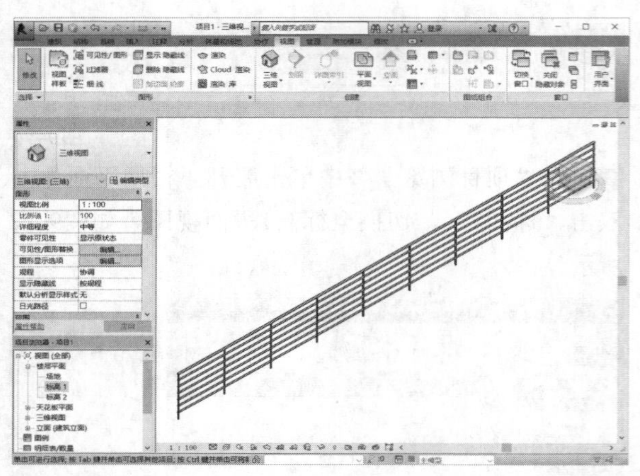

图9-75

2.拾取主体方式

01 启动Revit 2016，单击按钮，打开应用程序菜单，执行“打开>项目”菜单命令。

02 在学习资源中找到 “场景文件>CH09>05楼梯.rvt”文件，单击“打开”按钮，打开项目文件，如图9-76所示。

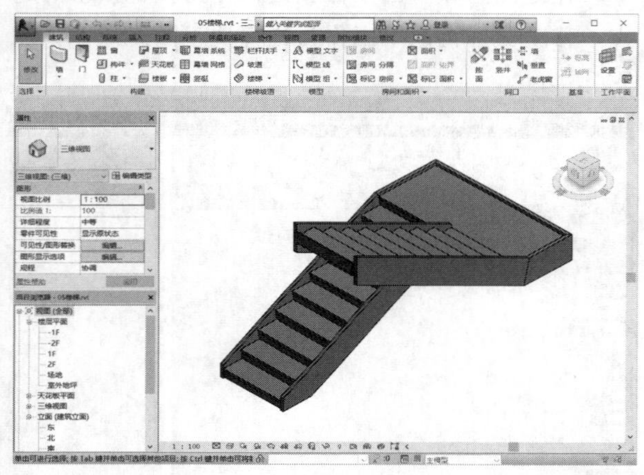

图9-76

03 在功能区中单击“建筑”选项卡，在“楼梯坡道”面板中单击“栏杆扶手”按钮，然后选择“放置在主体上”命令，如图9-77所示。

图9-77

04 在“属性”面板中选择栏杆类型“栏杆扶手900mm 圆管”，如图9-78所示。

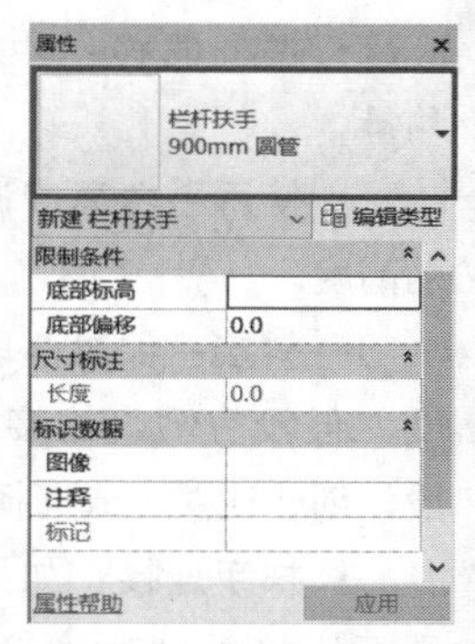

图9-78

05 进入“修改丨创建主体上的栏杆扶手位置”选项卡，在“位置”面板中单击选择“踏板”按钮，如图9-79所示。

图9-79

06 将鼠标移动至绘图区域，将光标放置在主体构件上时，主体将高亮显示，如图9-80所示。

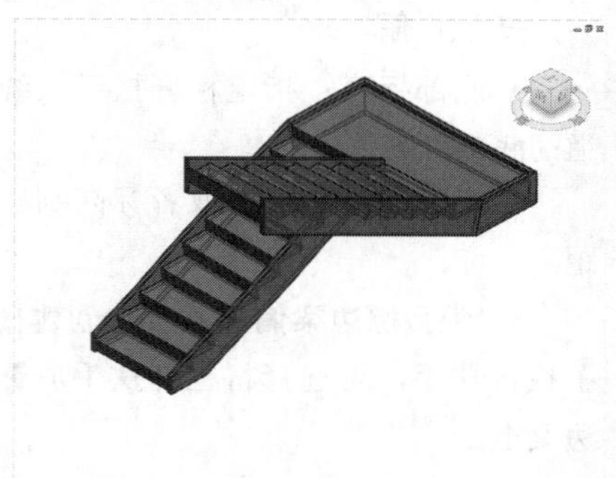

图9-80

07 单击鼠标左键，将自动在主体边界位置生成栏杆扶手，完成栏杆扶手的绘制，如图9-81所示。

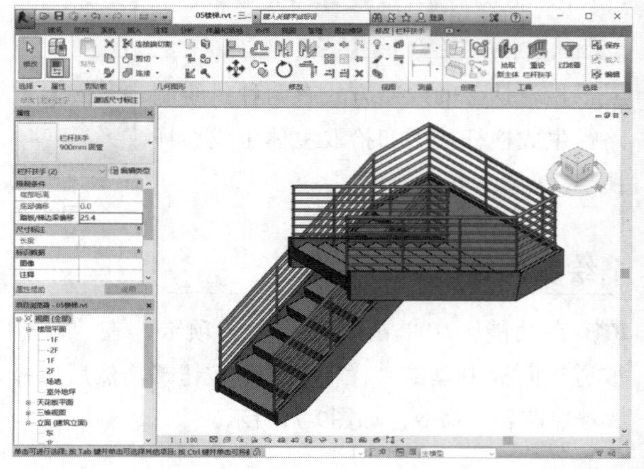

图9-81

9.5 本章总结

本章详细讲解了室外台阶、散水、雨棚和栏杆扶手等建筑构件的绘制。Revit中各类主体构件的设置方式基本相同，即按指定轮廓，通过拾取主体或其边缘进行放样，生成三维构件。本章简要介绍了轮廓族的绘制与载入，以及族的编辑。在其后的章节将做进一步阐述。在构件的绘制中，默认情况下，主体放样的位置取决于使用的轮廓族，在绘制过程中还可对轮廓的垂直、水平偏移和角度等进行调整。

9.6 课后拓展练习：别墅建筑构件绘制

场景位置：场景文件>CH09>06别墅.rvt

视频位置：视频文件>CH09>06课后拓展练习：别墅建筑构件绘制.mp4

实用指数：★★★☆☆

技术掌握：了解建筑构件的绘制方法

01 启动Revit 2016，单击按钮，打开应用程序菜单，执行“打开>项目”菜单命令。

02 在学习资源中找到“场景文件>CH09>06别墅.rvt”文件，然后单击“打开”按钮，打开项目文件，如图9-82所示。

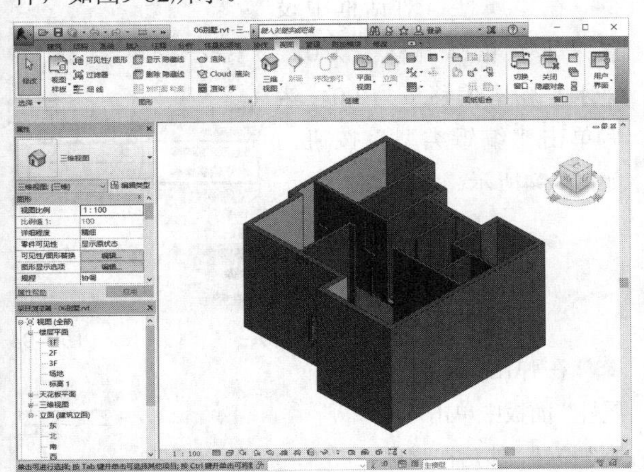

图9-82

03 在“项目浏览器”中展开“楼层平面”，双击“1F”选项，切换至一层平面视图，如图9-83所示。

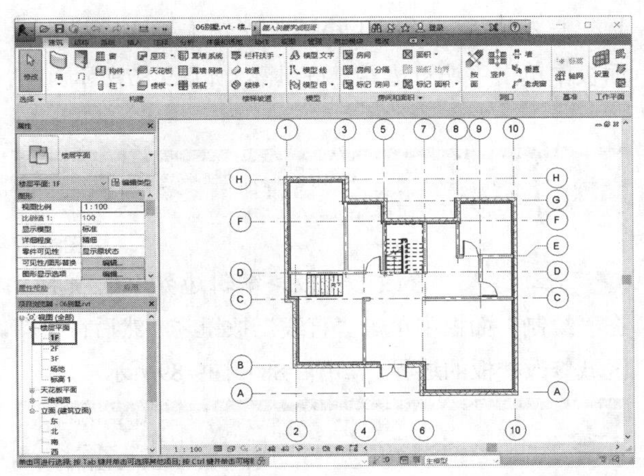

图9-83

04 在绘图区域框选平面，此时被选中部分将高亮显示，如图9-84所示。

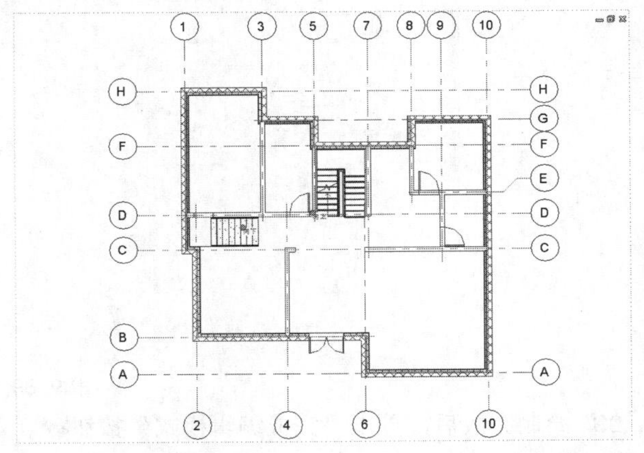

图9-84

05 自动进入“修改 | 选择多个”选项卡，在“选择”面板中单击“过滤器”按钮，如图9-85所示。

图9-85

06 在弹出的“过滤器”对话框中选择“楼板”，完成后单击“确定”按钮，如图9-86所示。

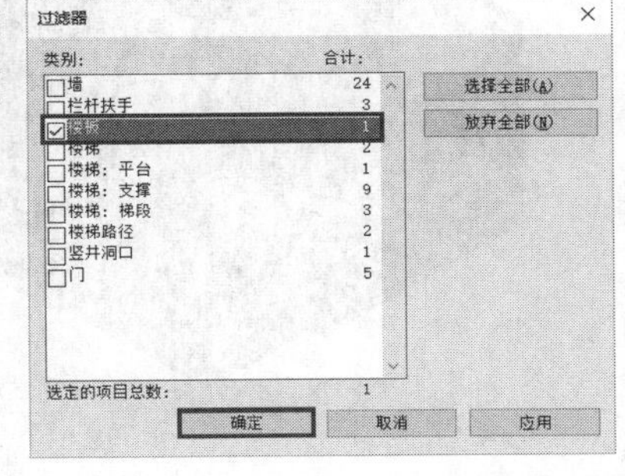

图9-86

07 自动进入“修改丨楼板”选项卡，在“模式”面板中单击“编辑边界”按钮，如图9-87所示。

图9-87

08 自动进入“修改丨楼板>编辑边界”选项卡，在“绘制”面板中单击“直线”按钮，然后在绘图区域修改楼板的边界，如图9-88和图9-89所示。

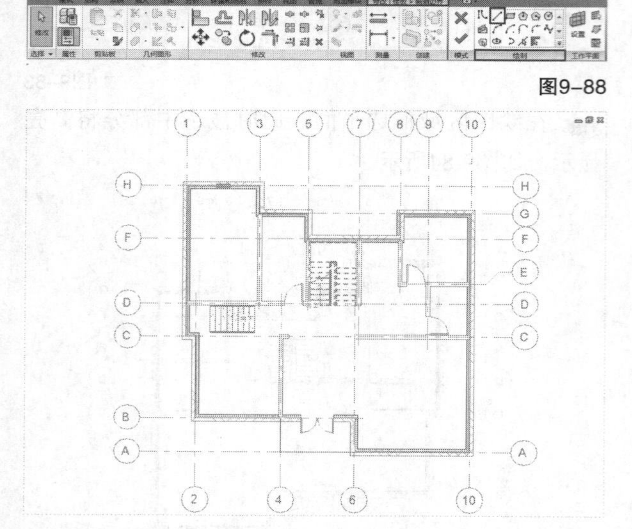

图9-88

图9-89

09 绘制完成后，单击“完成编辑模式”按钮，完成楼层边界的绘制，如图9-90所示。

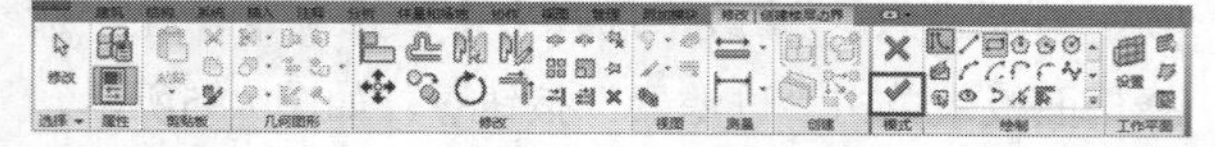

图9-90

10 单击默认三维视图按钮，如图9-91所示。

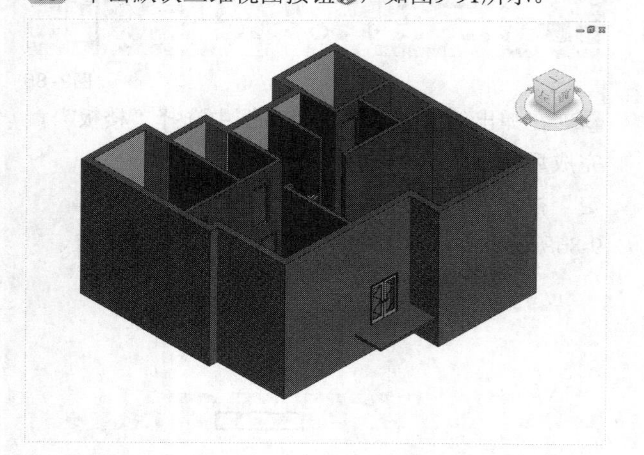

图9-91

11 单击“插入”选项卡，然后在“从库中载入”面板中单击“载入族”按钮，如图9-92所示。

图9-92

12 在“载入族”对话框中选择“场景文件>CH09>06十级室外台阶轮廓.rfa”文件，将其打开。

13 单击“建筑”选项卡，然后在“构建”面板中单击“楼板”按钮，接着选择“楼板:楼板边”命令，如图9-93所示。

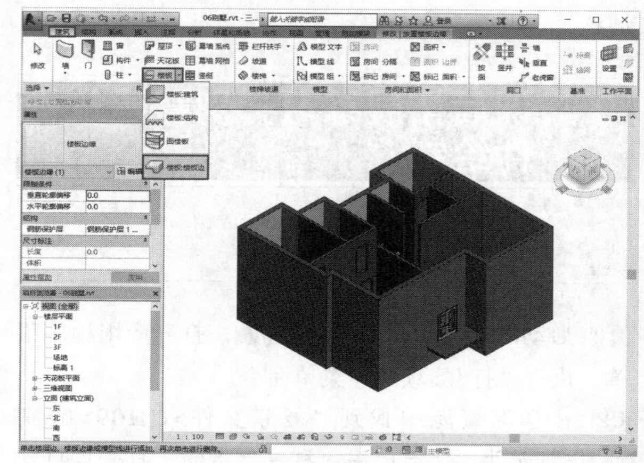

图9-93

14 在“属性”对话框中设置“垂直轮廓偏移”为0，“水平轮廓偏移”为0.0，然后单击“编辑类型”按钮，如图9-94所示。

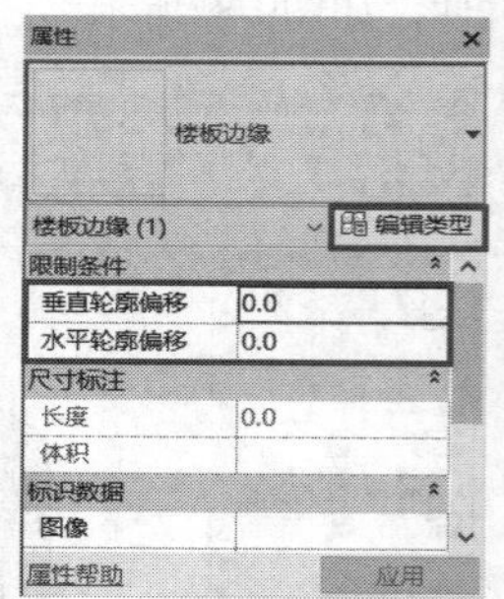

图9-94

15 在弹出的“类型属性”面板中单击“复制”按钮，然后在弹出的对话框中输入“别墅-十级台阶-室外”，完成后单击“确定”按钮，如图9-95所示。

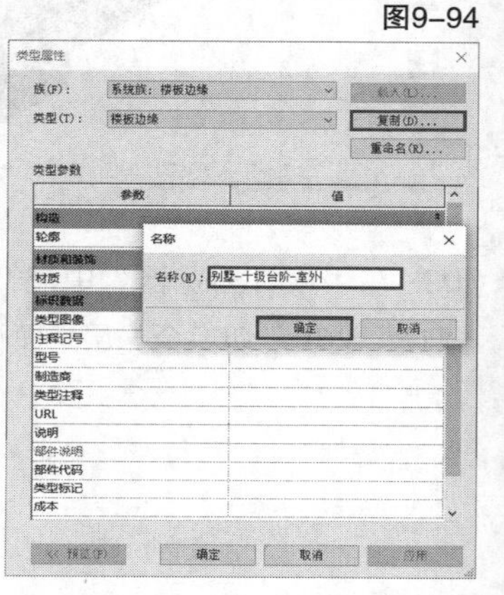

图9-95

16 单击“轮廓”参数后面的下拉列表，然后选择“十级室外台阶轮廓”选项，如图9-96所示。

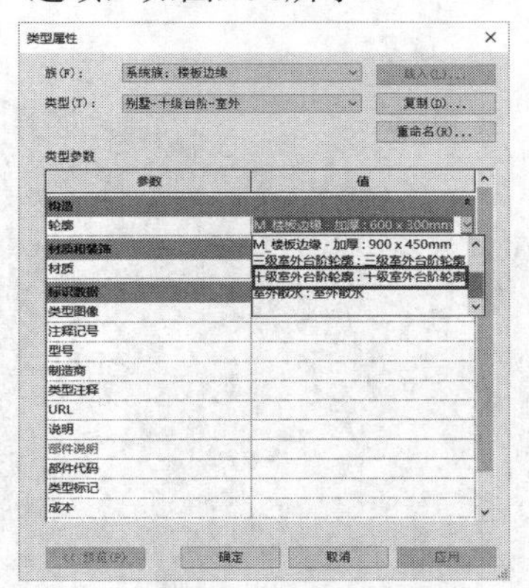

图9-96

17 修改台阶的“材质”为“混凝土-现场浇注混凝土”，完成后单击“确定”按钮，如图9-97所示。

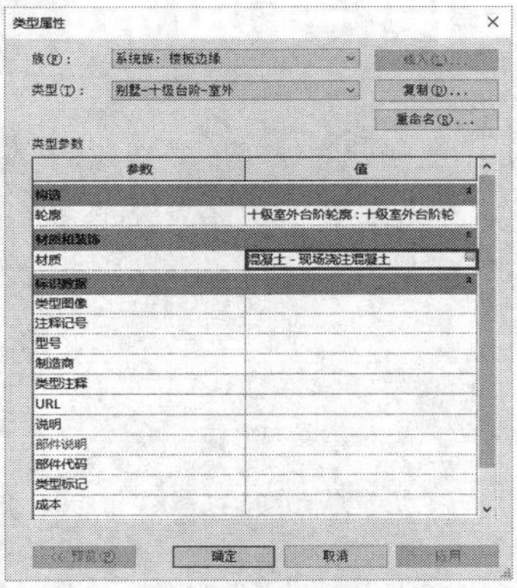

图9-97

18 拾取别墅入口处平台的上边缘，单击鼠标左键，Revit将按指定轮廓生成室外台阶，如图9-98所示。

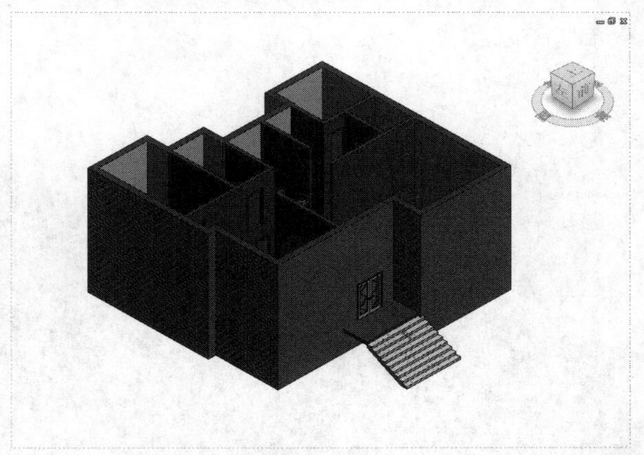

图9-98

第10章 创建房间与面积

本章知识索引

知识名称	作用	重要程度	所在页
房间的添加	掌握房间的创建与放置	★★★☆☆	P211
房间边界的设置	掌握房间边界分割线的添加	★★★★☆	P213
房间标记	掌握房间的标记与标记所有未标记对象的方法	★★☆☆☆	P215
面积的添加	了解创建面积平面的方法，绘制面积边界创建面积	★★★☆☆	P217

本章实例索引

实例名称	所在页
课前引导实例：办公楼房间添加	P211
典型实例：标记房间	P215
典型实例：标记所有未标记的对象	P216
课后拓展练习：别墅房间的创建与标记	P219

10.1 课前引导实例：办公楼房间添加

场景位置：场景文件>CH10>01办公楼.rvt
视频位置：视频文件>CH10>01课前引导实例：办公楼房间添加.mp4
实用指数：★★★☆☆
技术掌握：房间的添加方法

01 启动Revit 2016，单击按钮，打开应用程序菜单，执行“打开>项目”菜单命令。

02 在学习资源中找到“场景文件>CH10>01办公楼.rvt”文件，然后单击“打开”按钮，打开项目文件，如图10-1所示。

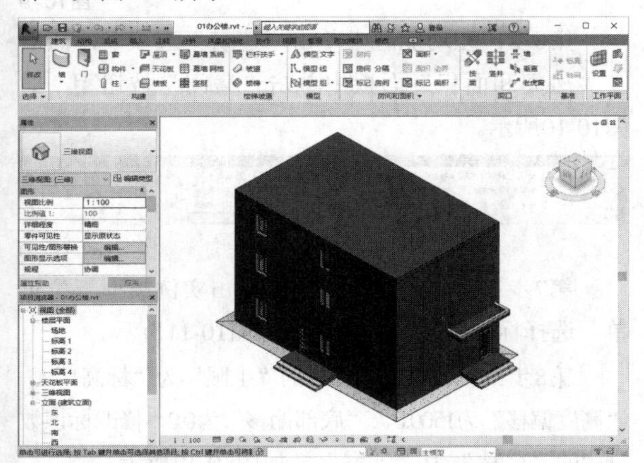

图10-1

03 在“项目浏览器”中展开“楼层平面”，双击“标高1”，切换至标高1平面视图，如图10-2所示。

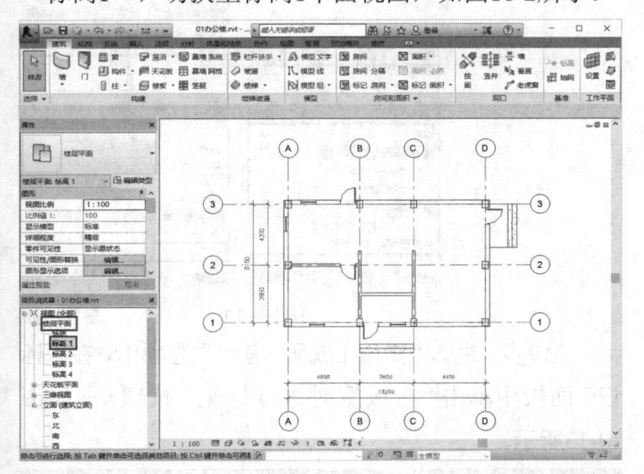

图10-2

04 在功能区中单击“建筑”选项卡，然后在“房间和面积”面板中单击“房间”按钮，如图10-3所示。

图10-3

05 将鼠标移动至绘图区域，房间边缘将高亮显示，单击完成标记，如图10-4所示。

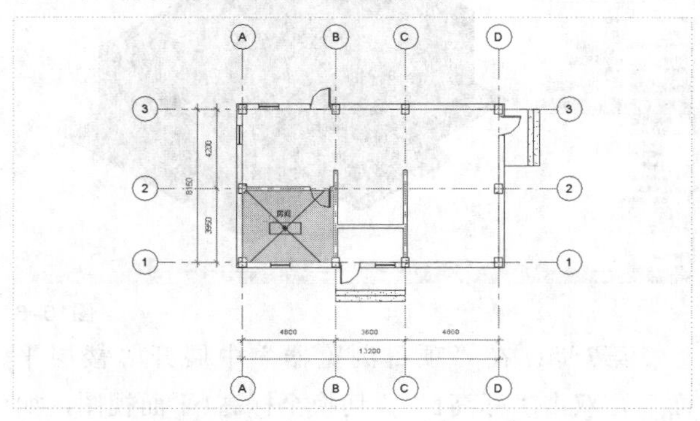

图10-4

06 按Esc键退出标记，在文字上双击鼠标，将原有“房间”文字修改为“办公室”，如图10-5所示。

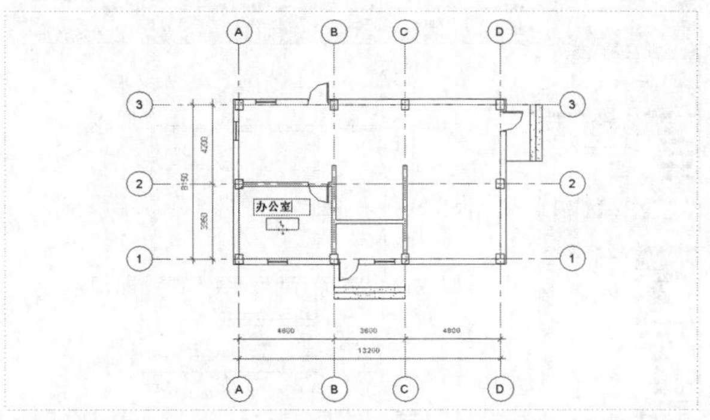

图10-5

10.2 房间的添加

本节知识概要

知识名称	作用	重要程度
房间的设置	了解房间面积、体积的计算设置	★★★☆☆

房间是基于墙体、楼板、屋顶和天花板等图元对建筑模型中的空间进 行细分的部分。

第1步：启动Revit 2016，单击按钮，打开应用程序菜单，执行“打开>项目”菜单命令。

第2步：在学习资源中找到“场景文件>CH10>02农宅.rvt”文件，然后单击“打开”按钮，打开项目文件，如图10-6所示。

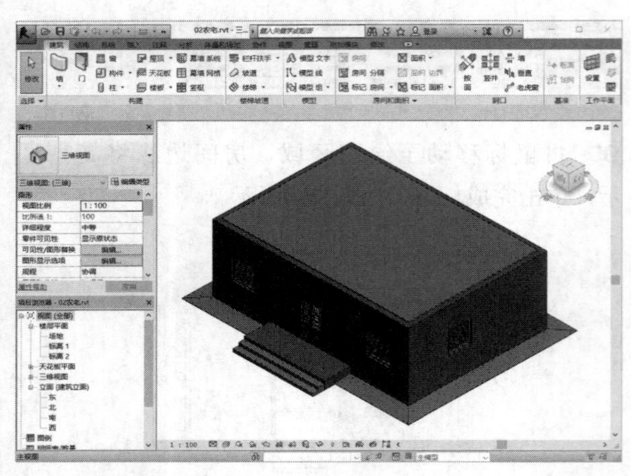

图10-6

第3步：在“项目浏览器”中展开“楼层平面”，双击“标高1”，切换至标高1平面视图，如图10-7所示。

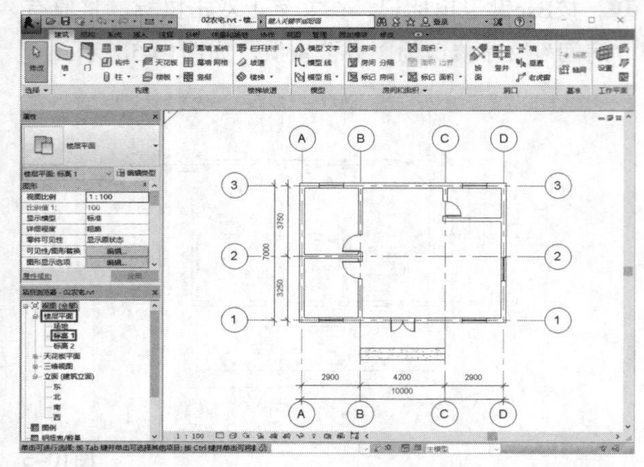

图10-7

第4步：在创建房间之前，需要对房间进行设置。在功能区中单击“建筑”选项卡，然后在“房间和面积”下拉菜单中单击“面积和体积计算”命令，如图10-8所示。

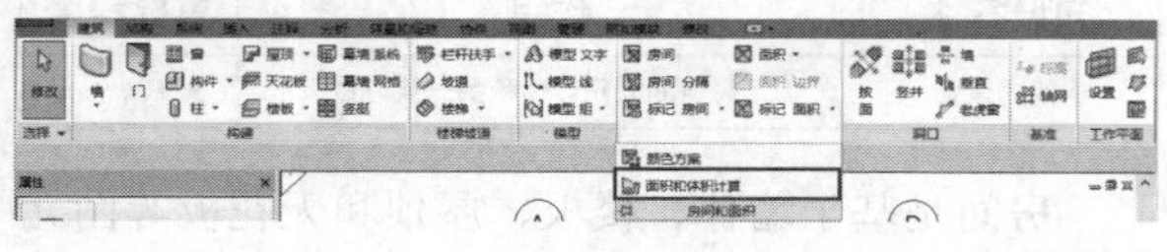

图10-8

第5步：自动打开“面积和体积计算”对话框。在“计算”选项卡的“体积计算”参数栏中选择“仅按面积（更快）”单选项，在“房间面积计算”参数栏中选择“在墙核心层”单选项，完成设置后单击“确定”按钮，如图10-9所示。

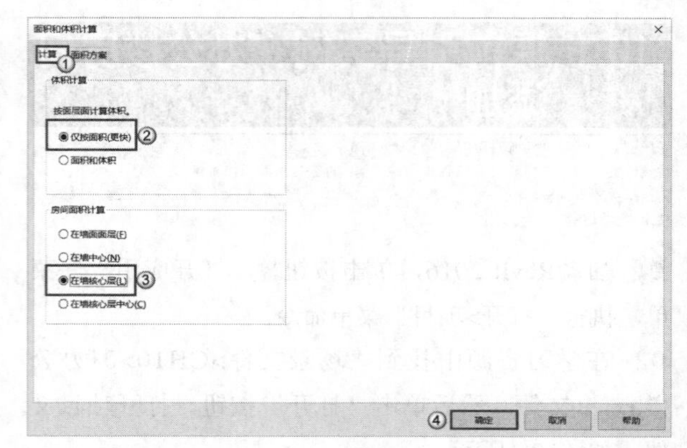

图10-9

第6步：在功能区中单击“建筑”选项卡，然后在“房间和面积”面板中单击“房间”按钮，如图10-10所示。

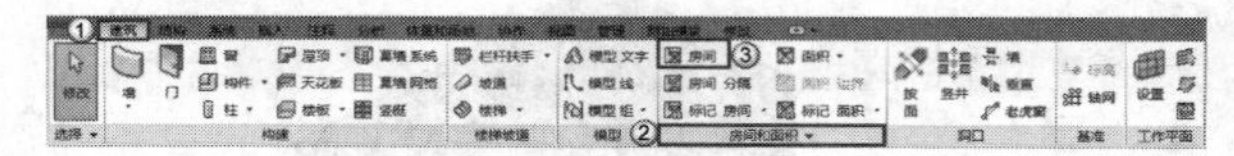

图10-10

第7步：在“属性”面板中单击实例类型下拉菜单，选择标记的类型和样式，如图10-11所示。

第8步：修改限制条件中的“上限”为“标高1”、“高度偏移”为1500.0、“底部偏移”为0.0，修改标识数据中的“名称”为“卧室”，如图10-12所示。

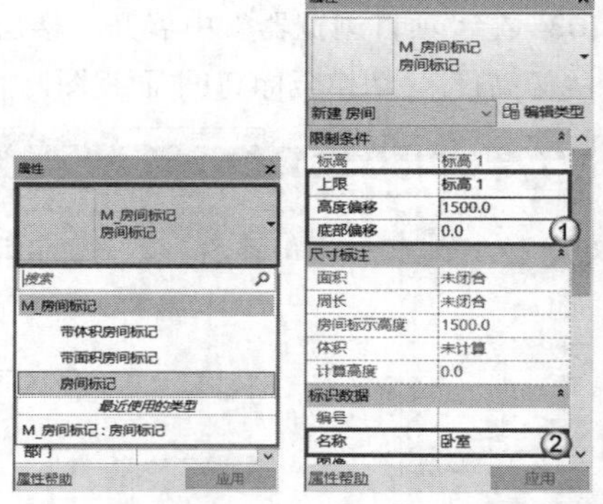

图10-11　图10-12

第9步：进入“修改｜放置 房间”选项卡，在“标记”面板中单击“在放置时进行标记”按钮，如图10-13所示。

图10-13

第10步：将鼠标移动至绘图区域，房间边缘将高亮显示，单击完成标记，如图10-14所示。

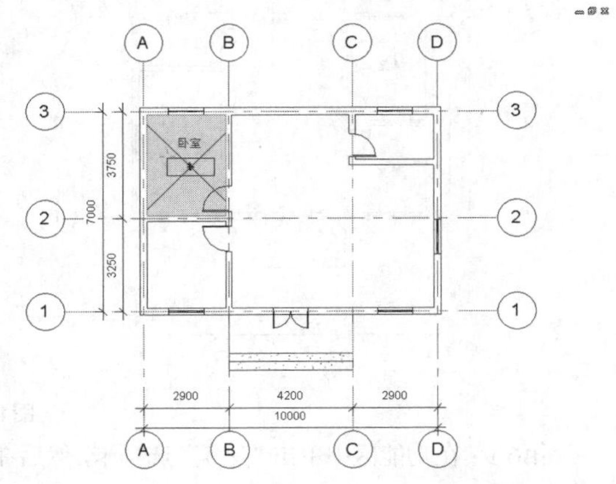

图10-14

第11步：按Esc键退出标记，然后在文字上双击鼠标，将原有“卧室”文字修改为“书房”，运用此方法可完成对房间名称的修改，如图10-15所示。

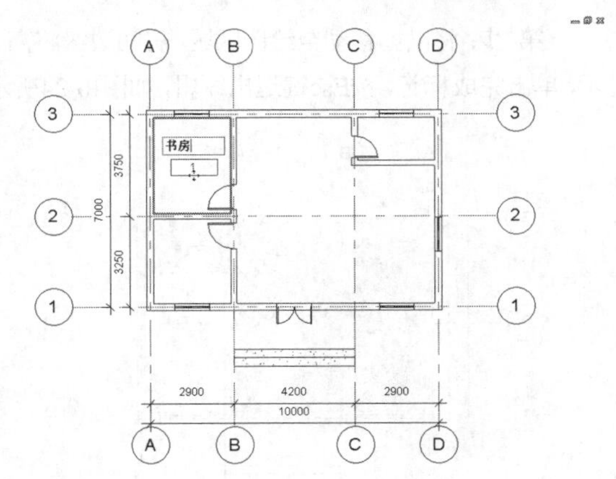

图10-15

第12步：在选择房间标注的状态下，单击“属性”面板中的“编辑类型”按钮，如图10-16所示。

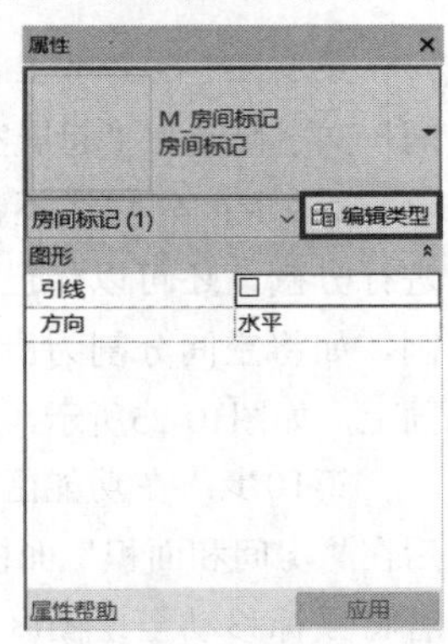

图10-16

第13步：在打开的“类型属性”对话框中取消勾选“显示房间编号”选项，勾选“房间面积”选项，完成后单击“确定”按钮，如图10-17所示。

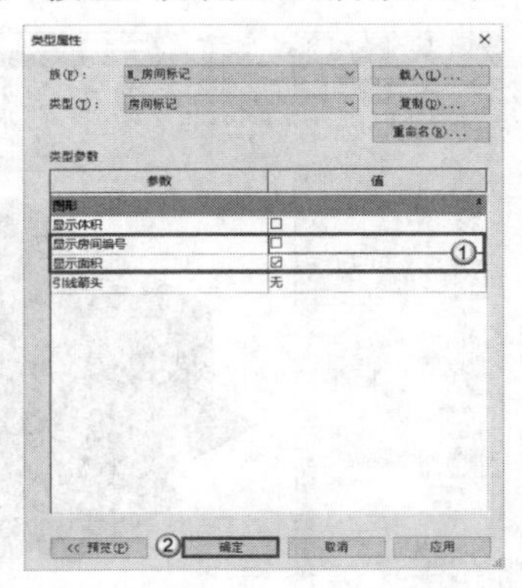

图10-17

第14步：完成修改后，房间的标记已显示房间面积，如图10-18所示。

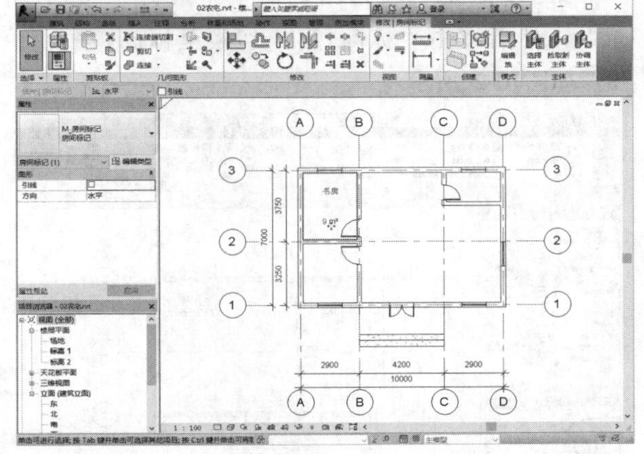

图10-18

10.3 房间边界

本节知识概要

知识名称	作用	重要程度
绘制房间分割线	掌握划分房间、区域的方法	★★★☆☆
补充添加房间	掌握新区域的房间添加	★★☆☆☆

在添加和标记房间时，常遇到无法拾取有效的墙边界的情况，此时需要在房间边界处添加分割线，再次放置房间时软件将会自动将分割线作为房间的边界进行拾取。

第1步：启动Revit 2016，单击按钮，打开应用程序菜单，执行“打开>项目”菜单命令。

第2步：在学习资源中找到“场景文件>CH10>03农宅.rvt”文件，然后单击“打开”按钮，打开项目文件，如图10-19所示。

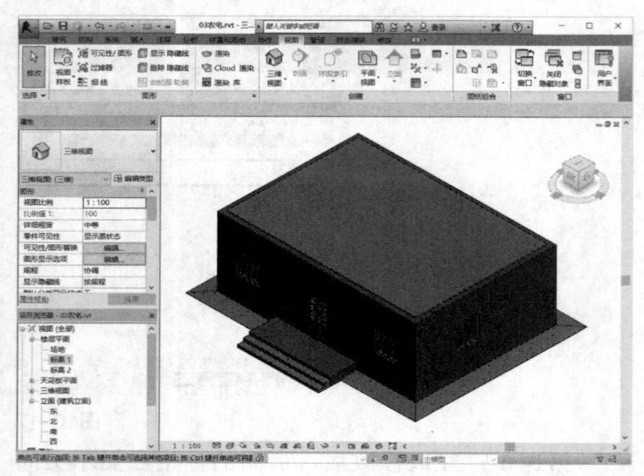

图10-19

第3步：在“项目浏览器”中展开“楼层平面”，然后双击“标高1”，切换至标高1平面视图，如图10-20所示。

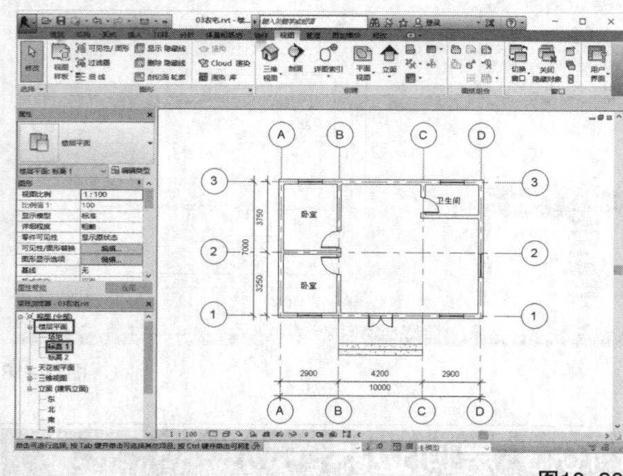

图10-20

第4步：在功能区中单击“建筑”选项卡，然后在“房间和面积”面板中单击“房间 分割”按钮，如图10-21所示。

图10-21

第5步：在需要绘制分割线墙体的一段单击鼠标左键确定分割线的起点，移动鼠标至墙的另一端，单击鼠标左键确定分割线的终点，按Esc键退出编辑，此时分割线将高亮显示，如图10-22所示。

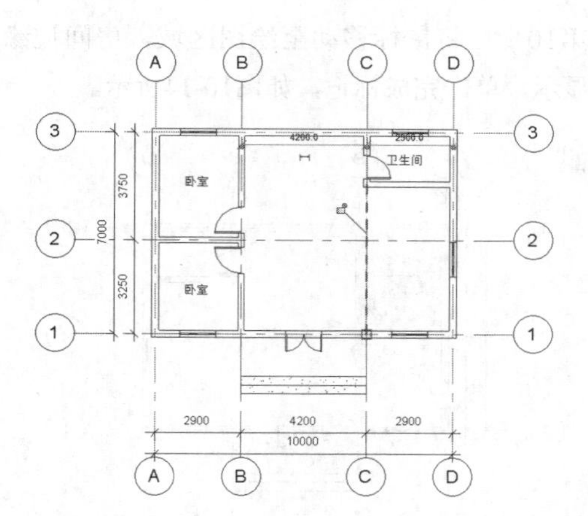

图10-22

第6步：在功能区中单击“建筑”选项卡，然后在“房间和面积”面板中单击“房间”按钮，如图10-23所示。

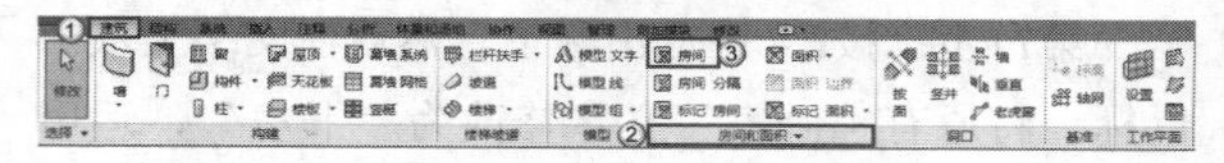

图10-23

第7步：将鼠标移动至绘图区域，房间边缘将高亮显示，单击完成标记，按Esc键退出编辑，如图10-24所示。

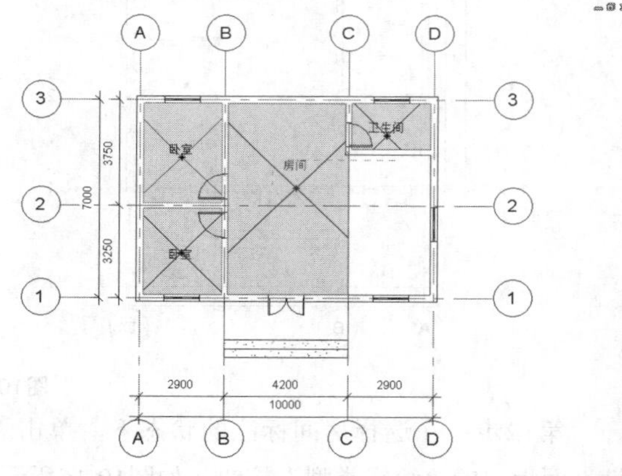

图10-24

第8步：在文字上双击鼠标左键，将原有“房间”文字修改为“起居室”。

第9步：分割线不仅可以对不存在墙体的房间进行分割，还可以将已存在边界的房间进行二次分割，如将空间分割为厨房操作区和餐厅，具体操作同上，如图10-25所示。

第10步：在功能区中单击“建筑”选项卡，然后在“房间和面积”面板中单击“房间”按钮，接着将鼠标移动至绘图区域，房间边缘将高亮显示，单击完成标记，最后按Esc键退出编辑，如图10-26和

图10-27所示。

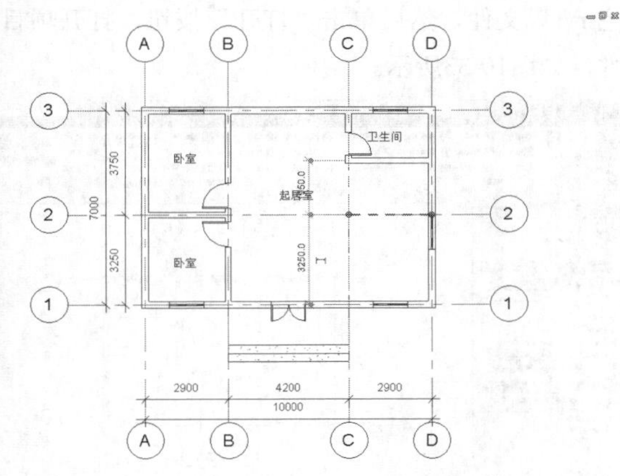

图10-25

图10-26

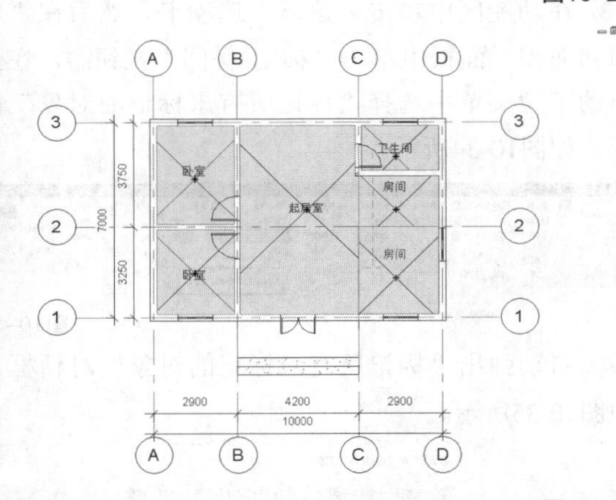

图10-27

第11步：在文字上双击鼠标，将原有“房间”文字修改为“厨房操作区”和“餐厅”，完成后按Esc键退出编辑，如图10-28所示。

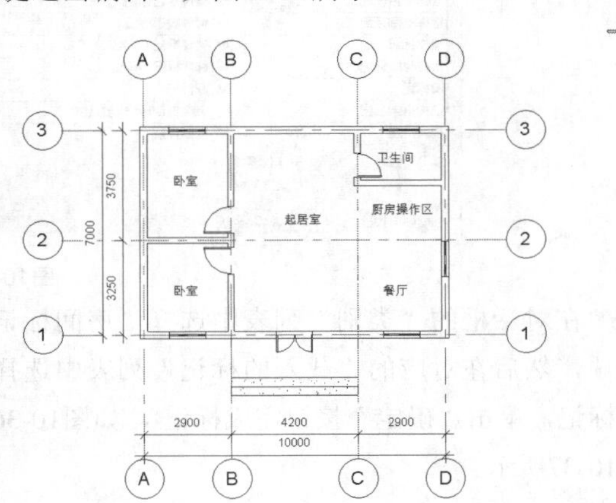

图10-28

10.4 房间标记

本节知识概要

知识名称	作用	重要程度
标记房间	掌握逐一标记房间的方法	★★★☆☆
标记所有未标记的对象	掌握对房间进行统一标注的方法	★★★☆☆

如果在创建房间时未选择“在放置时进行标记”选项，读者可通过“房间标记”工具对选定的房间进行统一标记。房间的添加方式有两种：标记房间和标记所有未标记的对象。本节将通过两个典型实例详细讲解制作方法。

典型实例：标记房间

场景位置：场景文件>CH10>04农宅.rvt

视频位置：视频文件>CH10>02典型实例：标记房间.mp4

实用指数：★★★☆☆

技术掌握：掌握房间的创建、分割与标记

“标记房间”只适用于对房间进行标记，且只能逐一进行标记。

01 启动Revit 2016，单击按钮，打开应用程序菜单，执行“打开>项目”菜单命令。

02 在学习资源中找到“场景文件>CH10>04农宅.rvt”文件，然后单击“打开”按钮，打开项目文件，如图10-29所示。

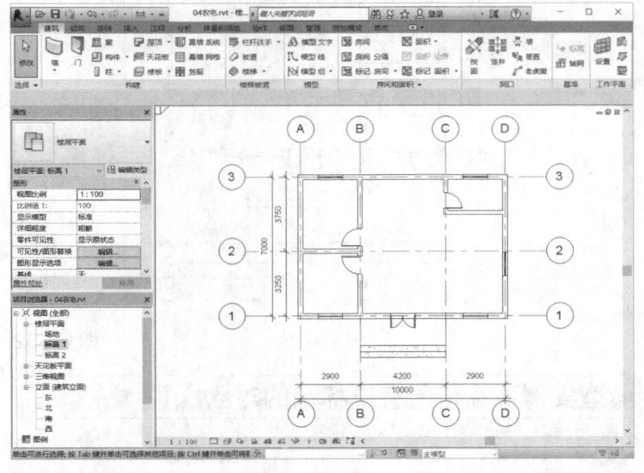

图10-29

03 在功能区中单击“建筑”选项卡，在“房间和面积”面板中单击“标记 房间”按钮，然后选择“标记房间”命令，如图10-30所示。

图10-30

04 将光标移动到绘图区域中的房间位置，单击添加过的房间，会自动显示该房间的名称和编号，在房间中合适区域单击放置标记，如图10-31所示。

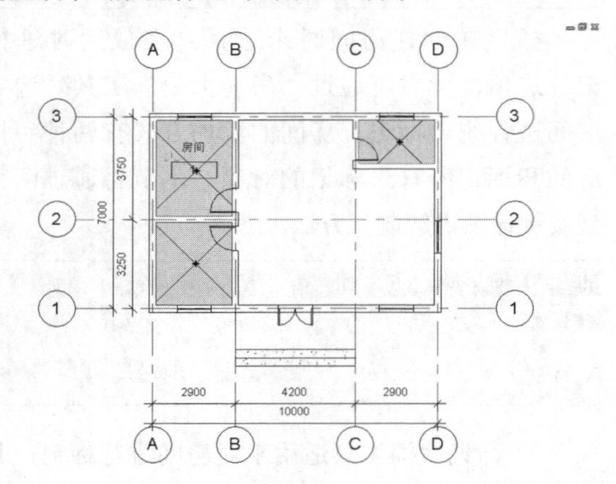

图10-31

05 标记完成后按Esc键退出编辑，如图10-32所示。

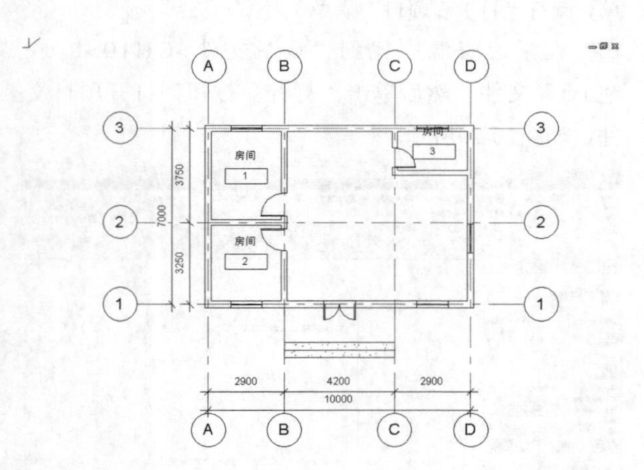

图10-32

典型实例：标记所有未标记的对象

场景位置：场景文件>CH10>04农宅.rvt
视频位置：视频文件>CH10>03典型实例：标记所有未标记的对象.mp4
实用指数：★★★☆☆
技术掌握：掌握房间的标记

“标记所有未标记的对象”不仅可以对房间进行统一标记，还可以对专用设备、卫浴装置、屋顶和天花板进行标记。

01 启动Revit 2016，单击按钮，打开应用程序菜单，执行“打开>项目”菜单命令。

02 在学习资源中找到“场景文件>CH10>04农宅.rvt”文件，然后单击“打开”按钮，打开项目文件，如图10-33所示。

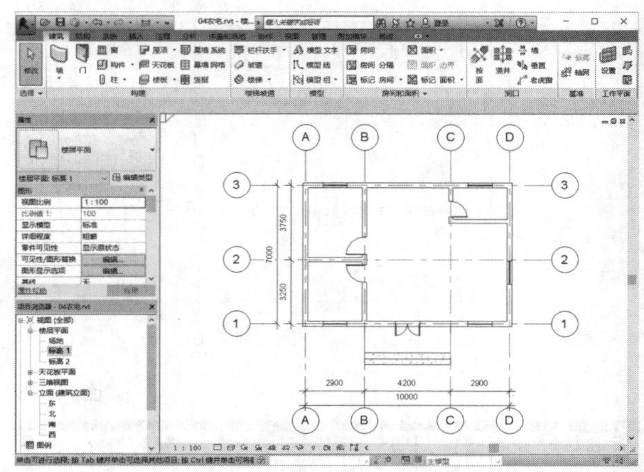

图10-33

03 在功能区中单击“建筑”选项卡，然后在“房间和面积”面板中单击“标记 房间”按钮，在弹出的下拉菜单中选择“标记所有未标记的对象”命令，如图10-34所示。

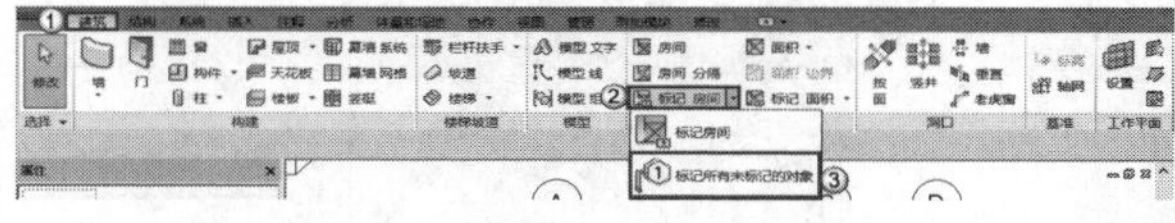

图10-34

04 自动弹出“标记所有未标记的对象”对话框，如图10-35所示。

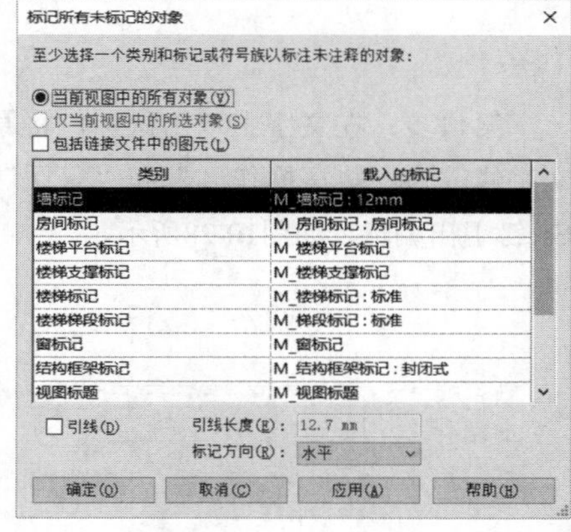

图10-35

05 在对话框的“类别”列表中选择“房间标记”选项，然后在对应的“载入的标记”列表中选择房间标记，单击“确定”按钮完成标记，如图10-36和图10-37所示。

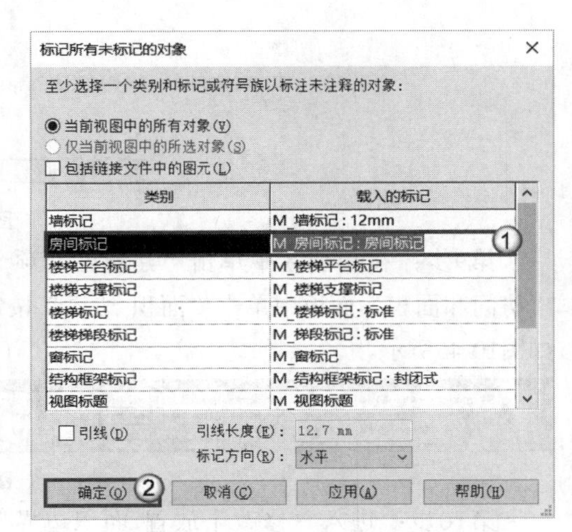

图10-36

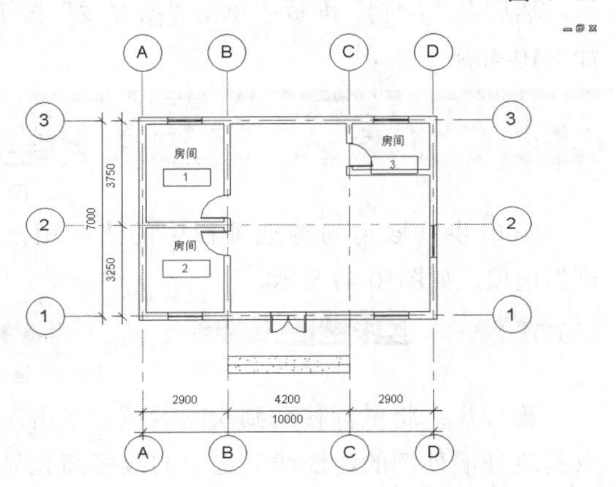

图10-37

10.5 房间面积

本节知识概要

知识名称	作用	重要程度
设计面积计算方案	了解面积的计算方法	★★☆☆☆
添加面积	掌握创建面积平面、绘制面积边界、创建面积的方法	★★★☆☆

通过“房间和面积”面板中的工具，不仅可以对房间进行标记，还可以创建由墙和边界线定义的面积，如建筑物占地面积和楼层基地面积。

第1步：启动Revit 2016，单击按钮，打开应用程序菜单，执行“打开>项目”菜单命令。

第2步：在学习资源中找到“然后场景文件>CH10>05农宅.rvt”文件，单击“打开”按钮，打开项目文件，如图10-38所示。

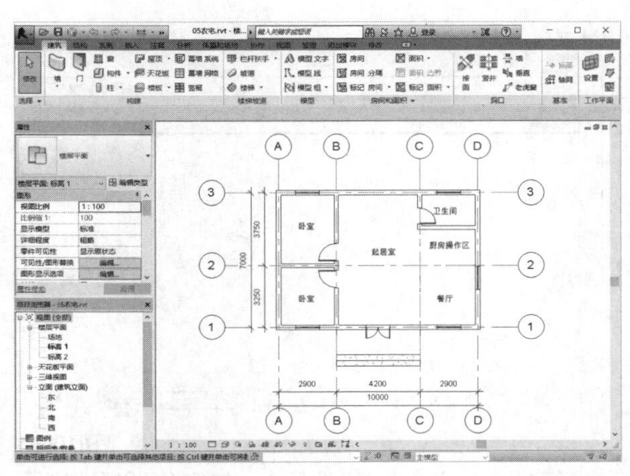

图10-38

第3步：在功能区中单击“建筑”选项卡，然后在“房间和面积”下拉菜单中选择“面积和体积计算”命令，如图10-39所示。

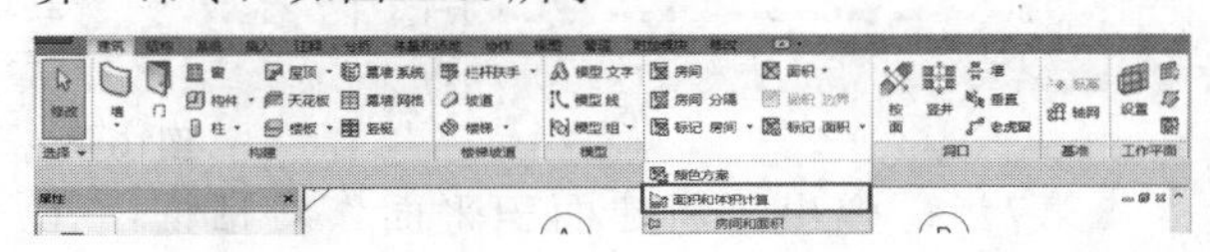

图10-39

第4步：在“面积方案”选项卡中单击“新建”按钮，如图10-40所示。

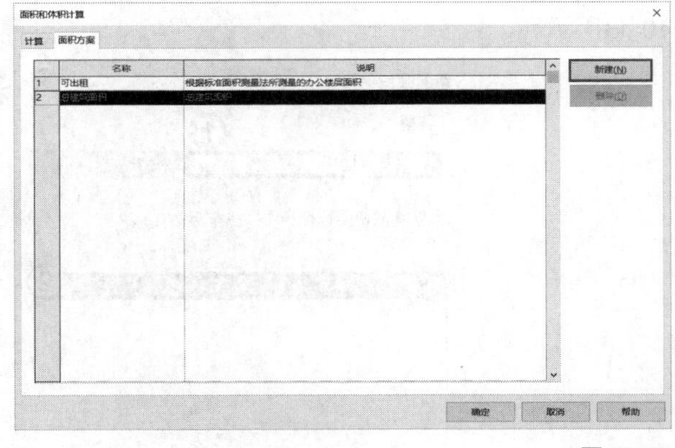

图10-40

面积方案常分为人防分区面积、净面积、总建筑面积和楼层基底面积等。

第5步：在新建的面积方案中，修改其“名称”为“农宅基底面积”，然后在“说明”参数栏中输入“农宅基底面积”，完成后单击“确定”按钮，如图10-41所示。

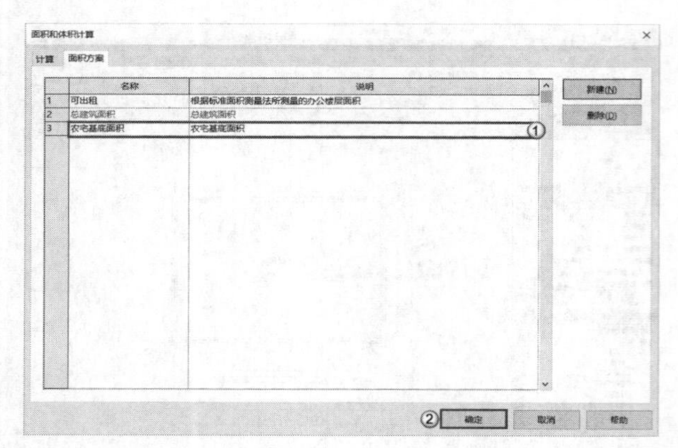

图10-41

第6步：单击“建筑”选项卡，在“房间和面积”面板中单击“面积”按钮，然后选择“面积平面”命令，如图10-42所示。

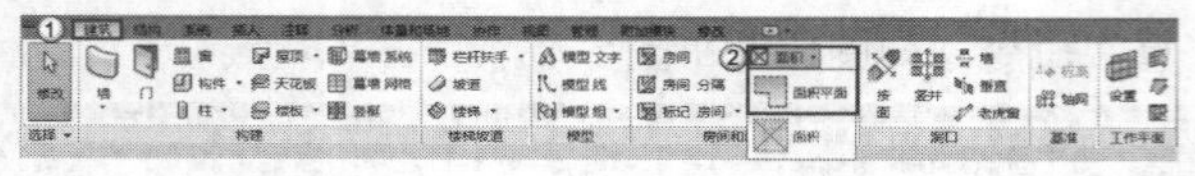

图10-42

第7步：弹出“新建面积平面”对话框，在“类型”下拉列表中选择“农宅基底面积”选项，然后设置下方的“为新建的视图选择一个或多个标高”为“标高1”，完成后单击“确定”按钮，如图10-43所示。

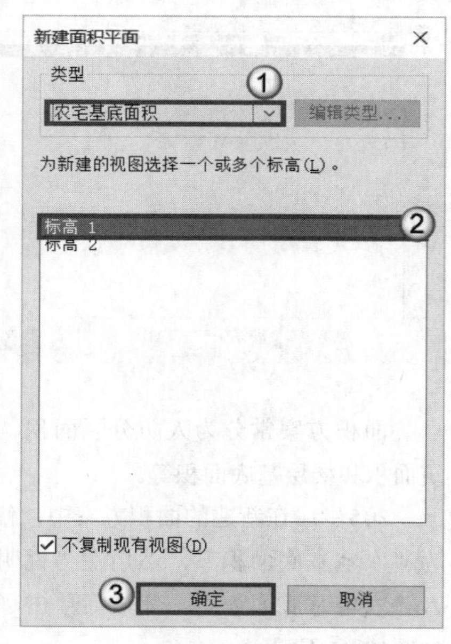

图10-43

第8步：弹出确认对话框，如需手动绘制边界线，单击“否”按钮，如图10-44所示。

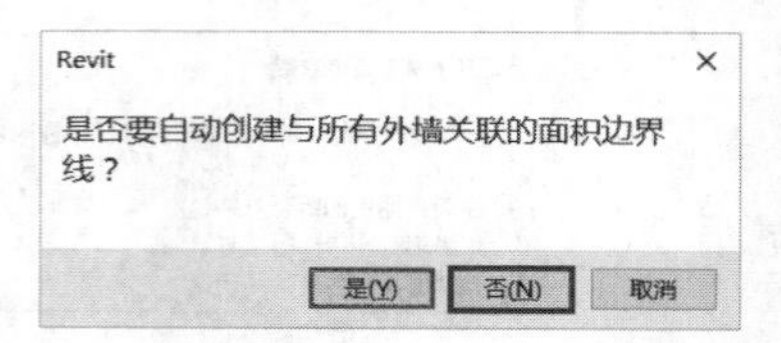

图10-44

第9步：在功能区中单击“建筑”选项卡，在“房间和面积”面板中单击“面积 边界”按钮，如图10-45所示。

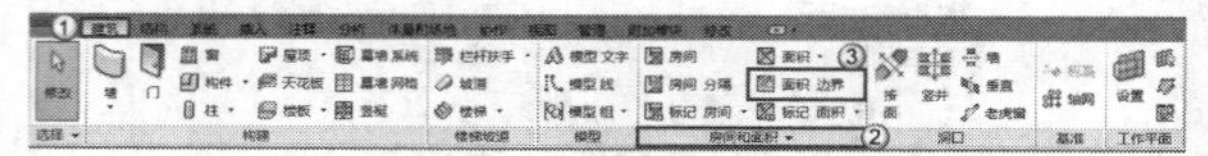

图10-45

第10步：进入“修改 | 放置 面积边界”选项卡，然后在“绘制”面板中单击“拾取线”按钮，如图10-46所示。

图10-46

第11步：取消勾选选项栏中的“应用面积规则”选项，如图10-47所示。

图10-47

第12步：将鼠标移动到绘图区域，单击左键拾取建筑外墙外侧的边缘线，选中的线将高亮显示，如图10-48所示。

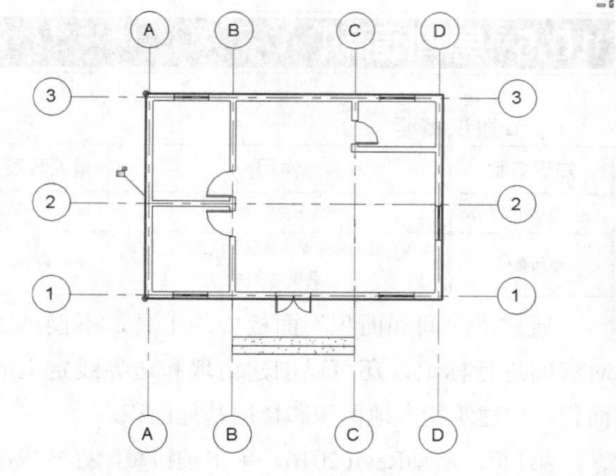

图10-48

第13步：在功能区中单击“建筑”选项卡，在“房间和面积”面板中单击“面积”按钮，然后选择“面积”命令，如图10-49所示。

图10-49

第14步：将鼠标移动至绘图区域，将自动识别之前绘制的面积边界，单击鼠标左键完成农宅基底面积的标注，如图10-50所示。

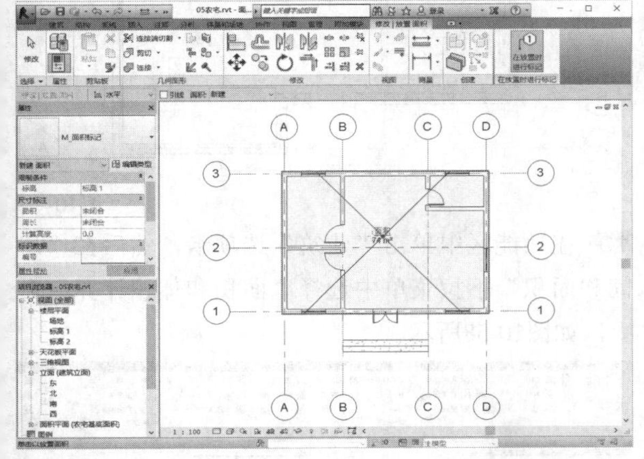

图10-50

10.6 本章总结

本章详细介绍了如何使用“房间”工具为项目添加房间，绘制房间分割线。熟练掌握房间标注和面积的添加方法，有利于直观地表达项目房间的分布信息。

10.7 课后拓展练习：别墅房间的创建与标记

场景位置：场景文件>CH10>06别墅房间与面积.rvt
视频位置：视频文件>CH10>04课后拓展练习：别墅房间的创建与标记.mp4
实用指数：★★★☆☆
技术掌握：掌握房间的创建、分割与标记

01 启动Revit 2016，单击按钮，打开应用程序菜单，执行“打开>项目”菜单命令。

02 在学习资源中找到“场景文件>CH10>06别墅房间与面积.rvt”文件，然后单击“打开”按钮，打开项目文件，如图10-51所示。

03 在“项目浏览器”中展开“楼层平面”，双击“1F”选项，切换至一层平面视图，如图10-52所示。

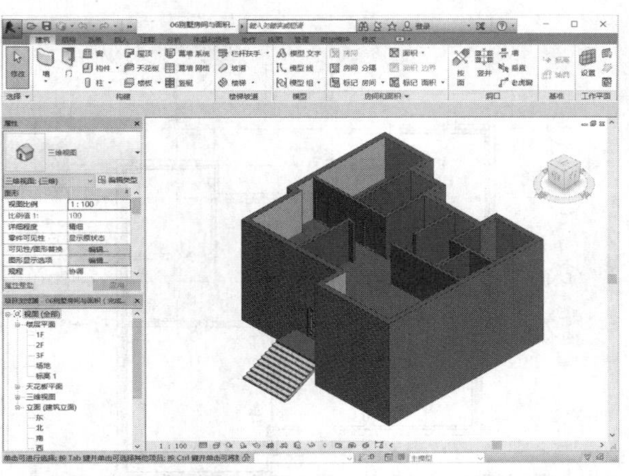

图10-51

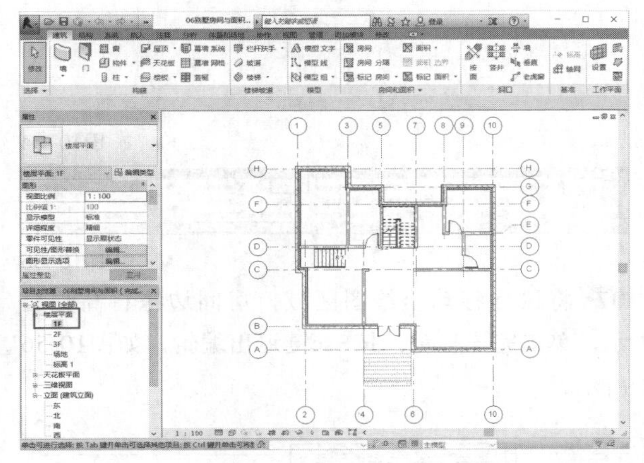

图10-52

04 在功能区中单击“建筑”选项卡，然后在“房间和面积”面板中单击“房间 分割”按钮，如图10-53所示。

图10-53

05 在需要绘制分割线墙体的一段单击鼠标左键，确定分割线的起点，移动鼠标至墙的另一端，单击鼠标左键确定分割线的终点，按Esc键退出编辑，此时分割线将高亮显示，并以此方式完成对建筑一层平面中房间的分割，如图10-54所示。

06 在功能区中单击“建筑”选项卡，然后在“房间和面积”面板中单击“房间”按钮，如图10-55所示。

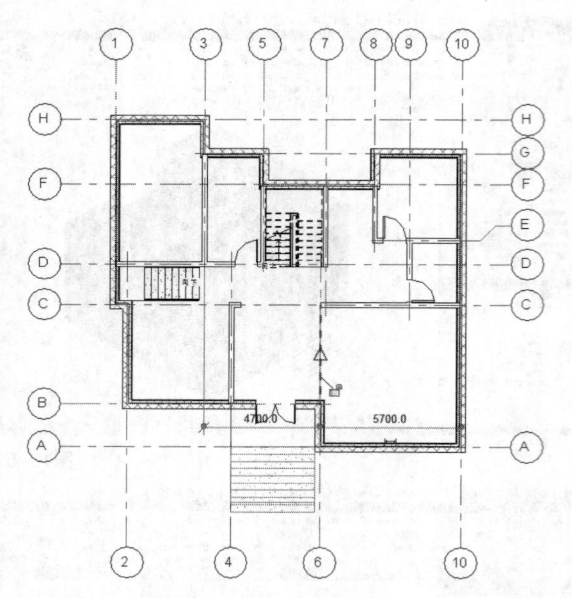

图10-54

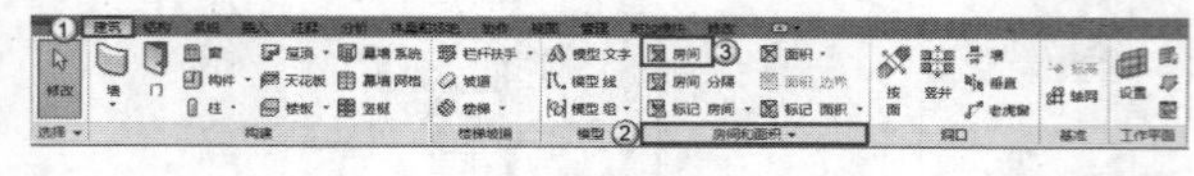

图10-55

07 将鼠标移动至绘图区域，房间边缘将高亮显示，单击完成标记，按Esc键退出编辑，如图10-56所示。

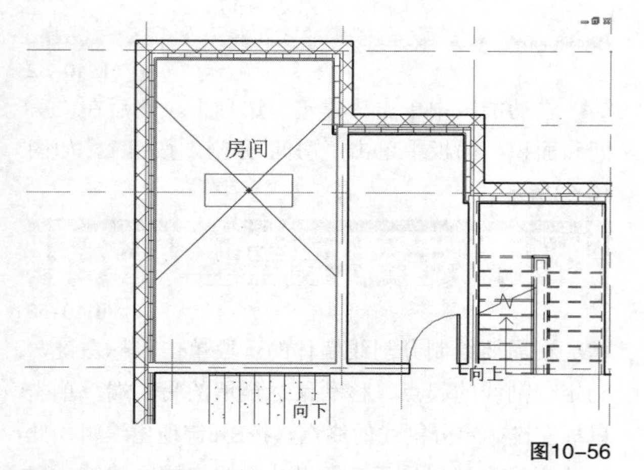

图10-56

08 在文字上双击鼠标左键，将原有“房间”文字修改为“车库”。

09 同理，完成一层全部房间的标注，如图10-57所示。

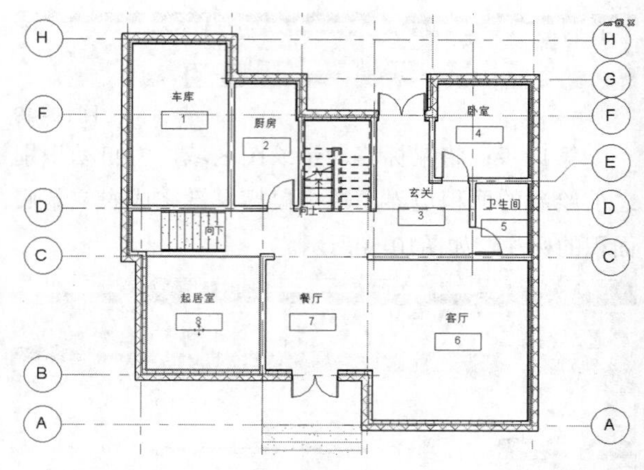

图10-57

10 在功能区中单击“建筑”选项卡，然后在“房间和面积”下拉菜单中选择“面积和体积计算”命令，如图10-58所示。

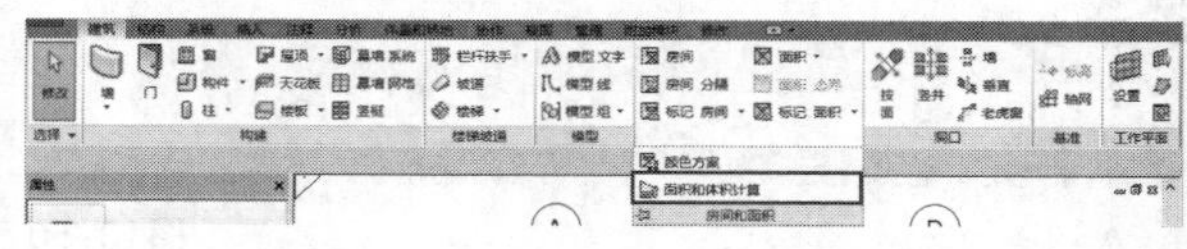

图10-58

11 打开“面积和体积计算”对话框，在“计算”选项卡的“体积计算”参数栏中，选择“仅按面积（更快）”单选项；在“房间面积计算”参数栏中，选择“在墙核心层”单选项，设置完成后单击“确定”按钮，如图10-59所示。

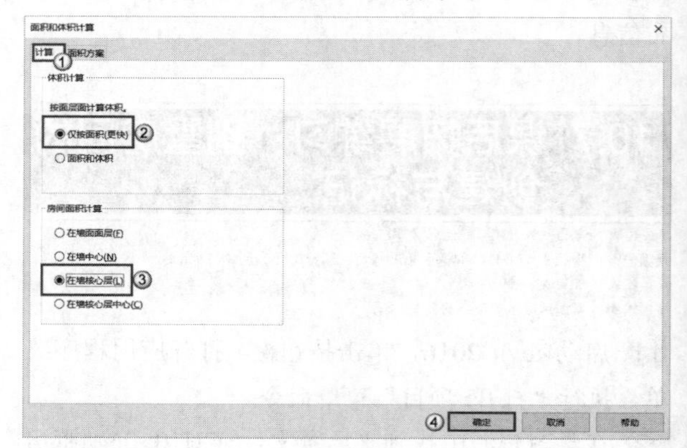

图10-59

12 在选择房间标注的状态下，单击“属性”面板中的“编辑类型”按钮，如图10-60所示。

13 在打开的“类型属性”对话框中取消勾选“显示房间编号”选项，勾选“房间面积”选项，完成后单击“确定”按钮，如图10-61所示。

14 完成修改后，房间的标记已显示房间面积，如图10-62所示。

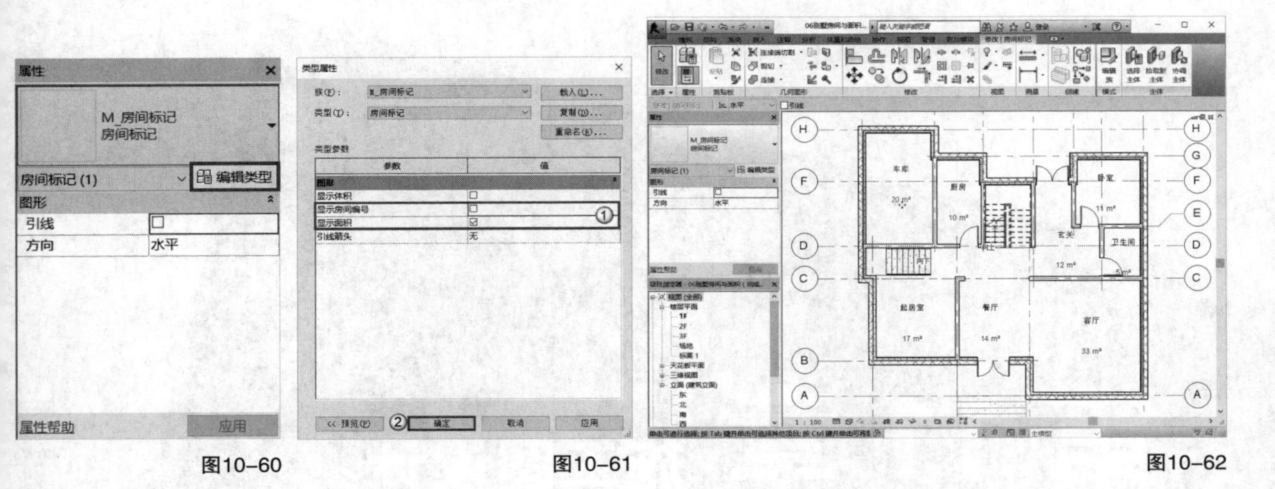

图10-60 图10-61 图10-62

第 11 章 施工图设计

本章知识索引

知识名称	作用	重要程度	所在页
Revit施工图设计流程	了解施工图绘制的流程	★★☆☆☆	P224
总平面图	掌握总平面图的深化	★★★☆☆	P224
平面施工图	掌握平面施工图的深化	★★★★☆	P228
立面施工图	掌握立面施工图的深化	★★★★☆	P230
剖面施工图	掌握剖面施工图的深化	★★★★☆	P232
详细施工图	掌握详细施工图的深化	★★★★☆	P234

本章实例索引

11.1 课前引导实例：导入模型体量和族

场景位置：	场景文件>CH11>01导入模型作为体量.skp 场景文件>CH11>01导入外部族.rfa
视频位置：	视频文件>CH11>01课前引导实例：导入模型作为体量.mp4 视频文件>CH11>01课前引导实例：导入外部族.mp4
实用指数：	★★★☆☆
技术掌握：	了解导入模型作为体量的方法

在设计过程中，设计师经常会使用多种设计工具来表达自己的设计意图，为了实现多软件环境的协同作业，Revit 提供了“导入”工具，可以将DWG、DXF、DGN、STA、SKP等格式文件导入项目内建体量族或新建外部体量族文件。

11.1.1 导入内建体量族

01 启动Revit 2016，执行“新建>项目”菜单命令，进入“体量和场地”选项卡，在“概念体量”面板中单击“内建体量”按钮，如图11-1所示。

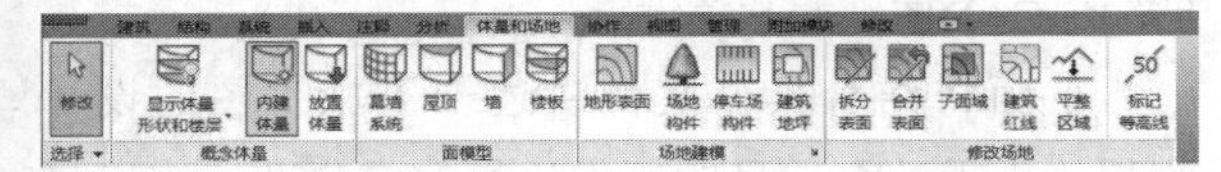

图11-1

02 弹出“名称”对话框，在其中设置名称为“内建体量族示例”，然后单击“确定”按钮，如图11-2所示。

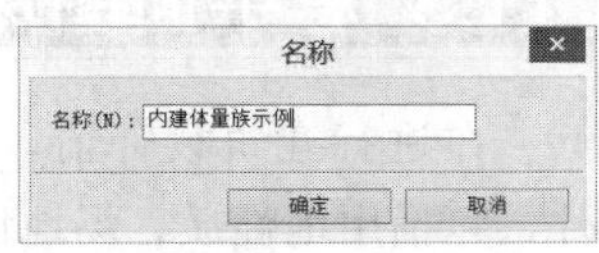

图11-2

03 进入“体量编辑”界面，然后单击切换到“插入”选项卡，接着单击“链接”面板的“链接CAD”按钮，或者单击“导入”面板的“导入CAD”按钮，如图11-3所示。

图11-3

04 在打开的资源管理器中选择“场景文件>CH11>01导入模型作为体量.skp”文件，单击“打开”按钮，导入文件。在导入文件后，还需要单击“完成体量”按钮，这样才能完成导入，效果如图11-4所示。

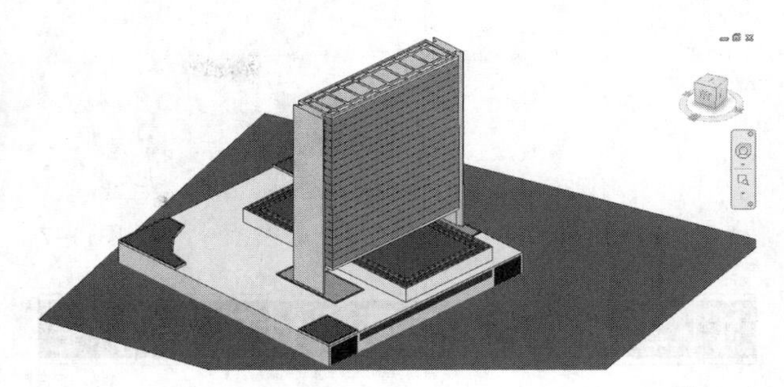

图11-4

11.1.2 导入外部族

继续上一节的练习，在“项目浏览器”中切换到“标高1”楼层平面视图，然后切换到“插入”选项卡，在“从库中载入”面板中单击“载入族”按钮，接着在弹出的资源管理器中选择“场景文件>CH11>01导入外部体量族.rfa”文件，最后单击“打开”按钮，导入文件。

切换到“建筑”选项卡，在“构建”面板中单击“构件”按钮的下拉箭头，选择“放置构件”，然后在“属性”面板的下拉菜单中选择刚刚载入的“导入外部体量族”，如图11-5所示。

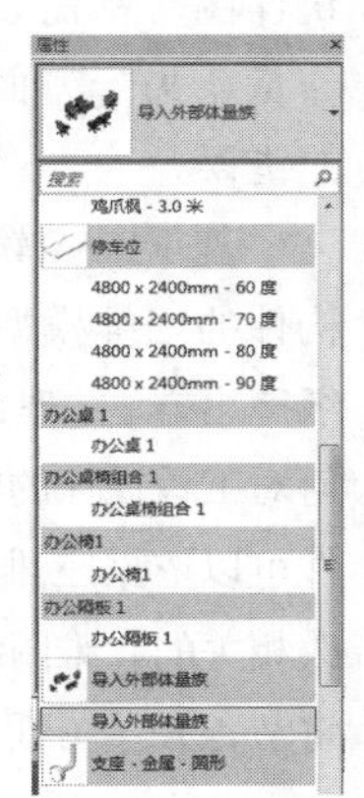

图11-5

为了方便观察，在刚刚内建的体量族的轮廓之外放置族。切换到三维视图，观察通过外部导入的体量族，如图11-6所示。

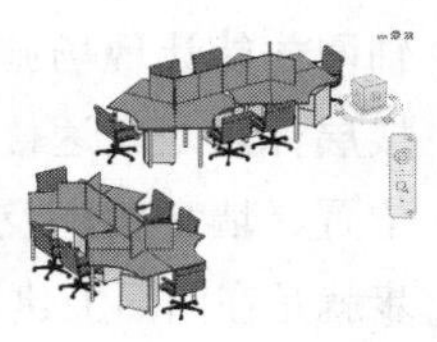

图11-6

选择任一族文件，进入“修改”选项卡，然后单击“模式”面板中的“编辑族”按钮，进入到族编辑模式，可以对该族进行编辑，如图11-7所示。

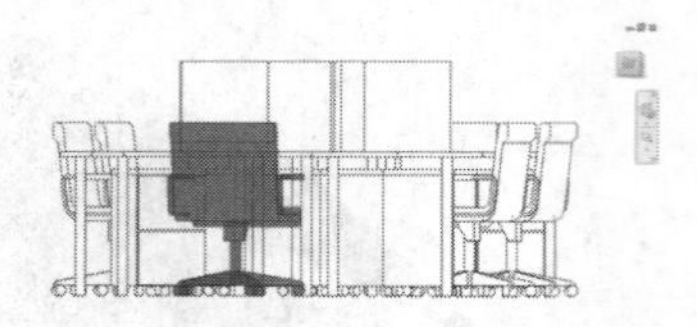

图11-7

11.2 Revit施工图设计流程

设计内容最终落地的关键环节便是施工图，它含有大量的技术信息，用以指导施工企业按图施工。传统的施工图是以二维图纸的形式作为输出成果，但二维绘图与成果展示的形式存在很多局限性和不足。当完成施工图后，如果工程的某个局部发生设计更新，会同时影响与该局部相关的多张图纸。例如，一个柱的断面尺寸发生变化，则含有该柱的结构平面布置图、柱配筋图、建筑平面图、建筑详图等都需要再次修改，一方面增加了修改的工作量，另一方面也容易产生漏项，造成设计或图纸的错误。

基于Revit软件的BIM模型是完整描述建筑空间与构件的三维模型，自动生成二维图纸是一种理想的图纸产出方法。理论上，基于唯一的BIM模型数据源，任何对工程设计的实质性修改都将反映在BIM模型中，软件可以依据三维模型的修改信息自动更新所有与该修改相关的二维图纸，由三维模型到二维图纸的自动更新将节省大量图纸修改时间。

11.2.1 建立轴网及楼层标高

建筑师绘制设计方案和施工图时，轴网以及楼层标高是其重要的依据。放样、柱位判断都要依赖轴网才能让现场施工人员找到基地上的正确位置。楼层标高是表达楼层高度的依据，同时也描述了梁位置、墙高度以及楼板位置等。因此，绘图的第一步就是在图面上建立轴网及楼层标高。

11.2.2 导入CAD文档

如果已经在CAD中完成了图纸的绘制，可以直接将CAD文件导入Revit，作为底图参照，也可以在建立柱、梁、板和墙时，直接选择参照线生成图元。导入CAD时应注意单位以及网格线是否与CAD图相符。

11.2.3 建立柱、梁、板、墙等构件

将柱、梁、板和墙等构件根据图面放置到模型上，要根据构件的不同类型选取相符的形式进行绘制。柱和梁应依其位置放在网格线上，如果以后梁、柱位置有变化，方便一起修改。柱和梁建构完成后，即可绘制楼板、墙、楼梯、门、窗和栏杆等组件。

11.2.4 输出CAD图纸与明细表

建筑信息模型除了能输出各种图纸外，也能输出数量计算表，方便设计师计算数量。如果变更设计，数量明细表也能自动改变。在BIM应用较早的国家，其建筑管理机构已经能接受建筑师递交三维建筑信息模型作为审图的依据，然而在国内并无类似制度，建筑师向建筑管理单位递交资料时，仍以传统图纸或CAD图为主，因此建筑信息模型是否能够输出CAD图纸非常关键。

下面将结合具体案例讲述一下施工图的设计流程，由于整个项目的制作流程非常复杂，难以尽表，本章以演示思路为主，并提供最终项目文件供读者参考和练习。

11.3 总平面图深化

在进行建筑设计前，必须先考虑规划用地条件，包括用地性质、场地情况、周边环境、用地红线、建筑控制线、规划指标和面积指标等因素，明确建筑物所受的各种规范限制条件。这些内容大多体现在总平面图中。

在将CAD总平面图纸导入Revit 后，需要对项目的总平面图进行处理，建立地形模型、绘制建筑红线、标注红线及建筑角点坐标等，供其他专业及报审使用。

典型实例：地形的创建

场景位置：场景文件>CH11>02办公楼案例文件素材.rvt
视频位置：视频文件>CH11>02典型实例：地形的创建.mp4
实用指数：★★☆☆☆
技术掌握：在Revit中使用楼板工具创建地形

地形表面是场地设计的基础，为项目创建地形表面模型，可以使用“地形表面”工具，也可以采用楼板工具直接创建地形，前者可以根据高程点等信息创建复杂场地，后者多用于平整场地。

下面将使用楼板工具为项目创建简单的地形表面模型。

01 启动Revit 2016，打开“场景文件>CH11>02办公楼案例文件素材.rvt”文件，如图11-8所示。

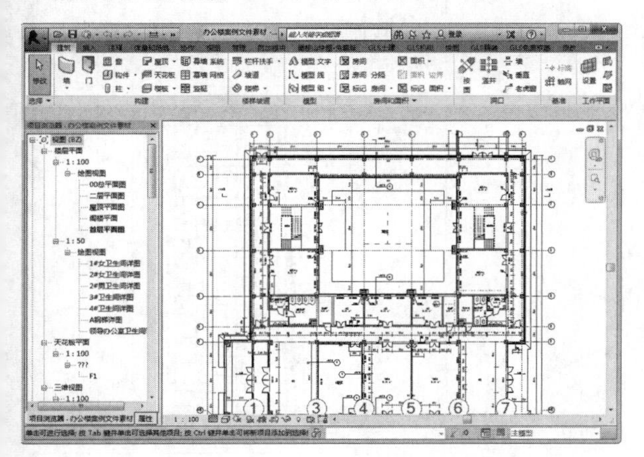

图11-8

02 在“项目浏览器”中双击“楼层平面>1:100>00总平面图”，切换到“总平面图”的楼层平面视图，如图11-9所示。

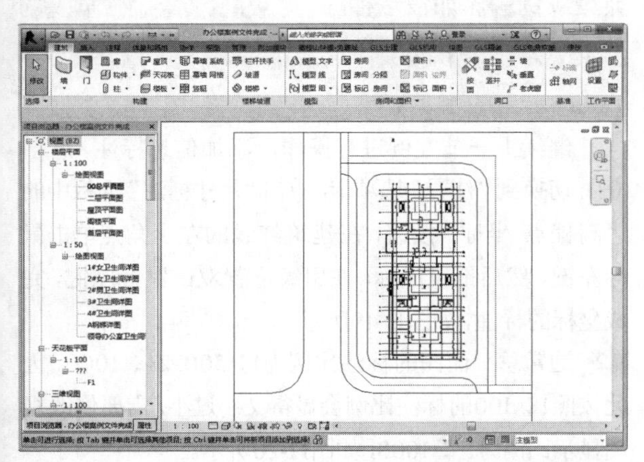

图11-9

03 切换到“建筑”选项卡，在“构建”面板中单击“建筑楼板”按钮，自动切换至“修改丨创建楼层边界”选项卡，单击“边界线”中的“拾取线”按钮，如图11-10所示。

04 拾取场地右上方区域，使用“修剪”等工具闭合该区域轮廓，如图11-11所示。

05 单击“完成”按钮，完成该区域的地形创建。在“属性”面板中，将“标高”设置为“室外标高”，如图11-12所示。

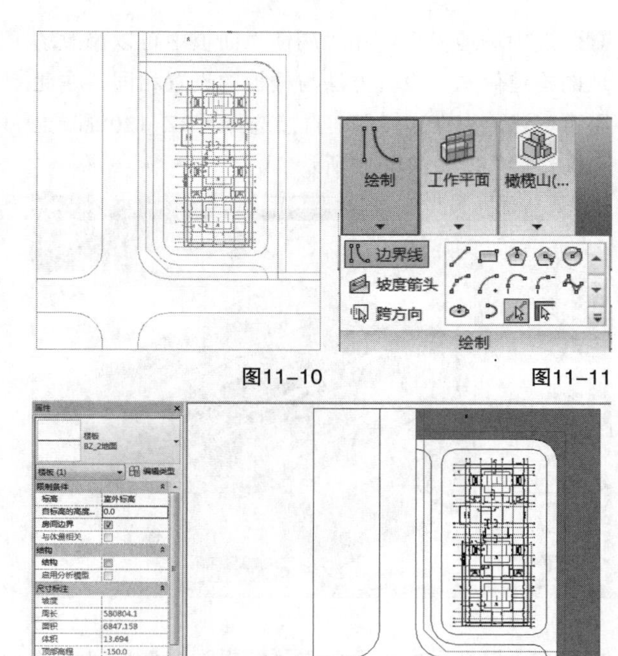

图11-10 图11-11

图11-12

06 按照同样的方法，依次创建其他地块和道路的模型，如图11-13所示。

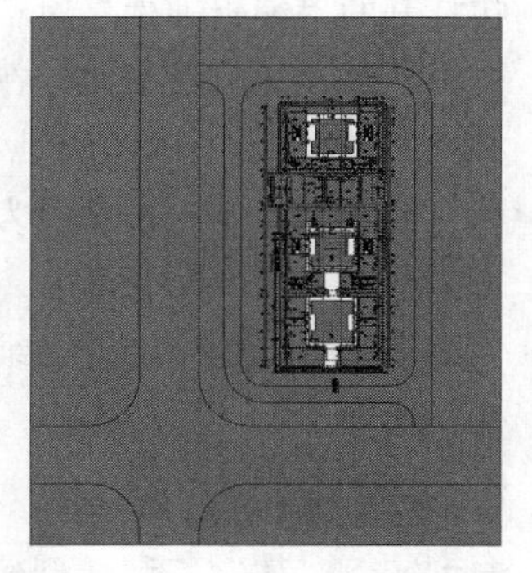

图11-13

07 选中道路的模型，在“属性”面板中将“自标高的高度”改为−100，即道路的标高比场地低100，切换到三维视图进行观察，如图11-14所示。

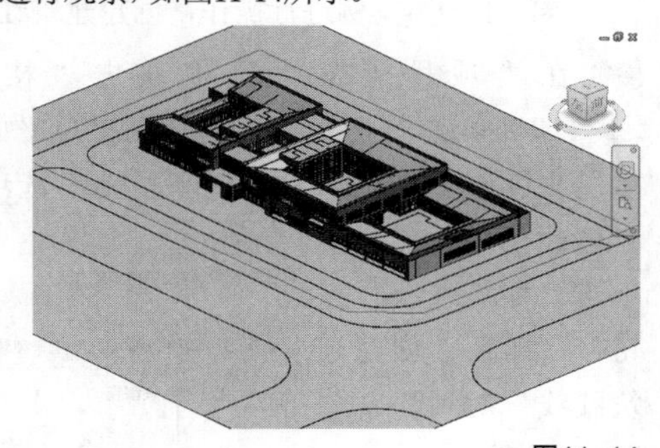

图11-14

08 选中场地模型，在“属性”面板中可以修改场地的构造做法，设置方法与楼板的设置相同，在此不再赘述。为操作简便，直接选择“BZ_120混凝土+100垫层”，如图11-15所示。

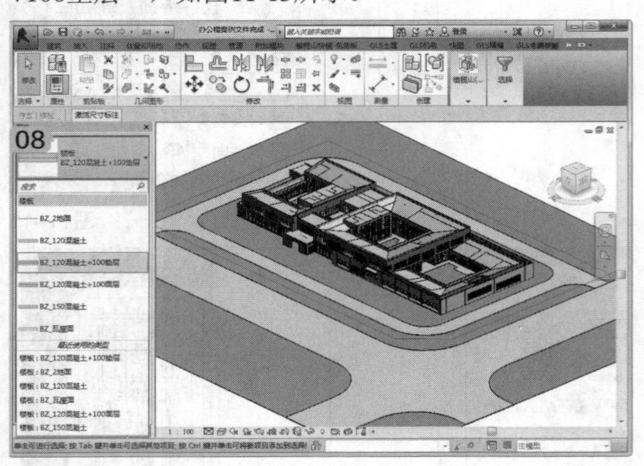

图11-15

09 在“属性”面板中单击“编辑类型”按钮，弹出“类型属性”对话框，选择“BZ_120混凝土+100垫层”，然后单击“结构”右侧的“编辑”按钮，在打开的“编辑部件”对话框中单击“插入”按钮，在材质栏中选择“BZ_场地-草”的材质，并将厚度改为10，如图11-16所示。单击“确定”按钮，返回三维视图观察。

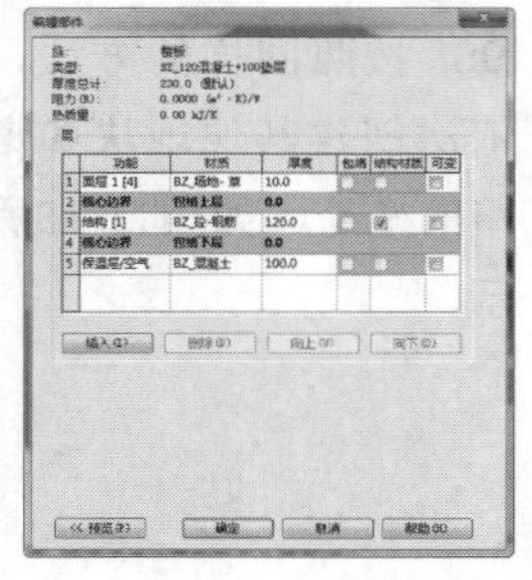

图11-16

典型实例：建筑红线的创建

场景位置：场景文件>CH11>02办公楼案例文件素材.rvt
视频位置：视频文件>CH11>02典型实例：建筑红线的创建.mp4
实用指数：★★☆☆☆
技术掌握：建筑红线的创建方法

继续上一节案例进行操作，创建建筑红线。

01 在“项目浏览器”中双击“楼层平面>1：100>00总平面图”，切换到“总平面图”的楼层平面视图，进入“体量和场地”选项卡，在“修改场地”面板中单击“建筑红线”按钮，打开“创建建筑红线”对话框，如图11-17所示。

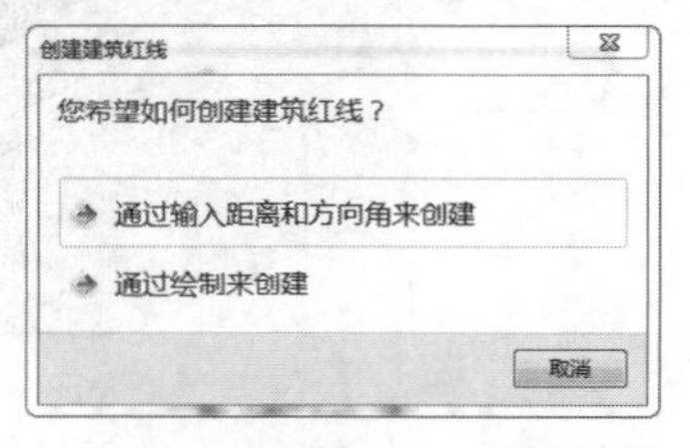

图11-17

02 在“创建建筑红线”对话框中单击“通过绘制来创建”选项，然后使用“直线”工具绘制建筑红线，如图11-18所示。

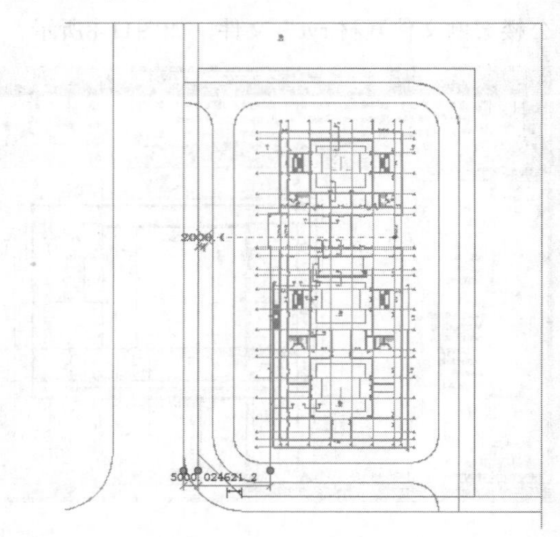

图11-18

03 单击“完成编辑模式”按钮，完成建筑红线的绘制。

典型实例：添加信息标注

场景位置：场景文件>CH11>02办公楼案例文件素材.rvt
视频位置：视频文件>CH11>02典型实例：添加信息标注.mp4
实用指数：★★★☆☆
技术掌握：总平面信息标注的方法

继续上一节案例进行操作，添加信息标注。

01 切换到“注释”选项卡，单击“尺寸标注”面板中的“高程点 坐标”按钮，在建筑红线的左上角点单击鼠标左键，然后拖曳鼠标，在引线位置双击鼠标左键，完成坐标的标注，如图11-19所示。

02 通常总平面图的标注比例为1：500或1：1000，因此按照1：100的标注比例会显得文字过小，需要修改视图显示比例为1 ：1000，如图11-20所示。

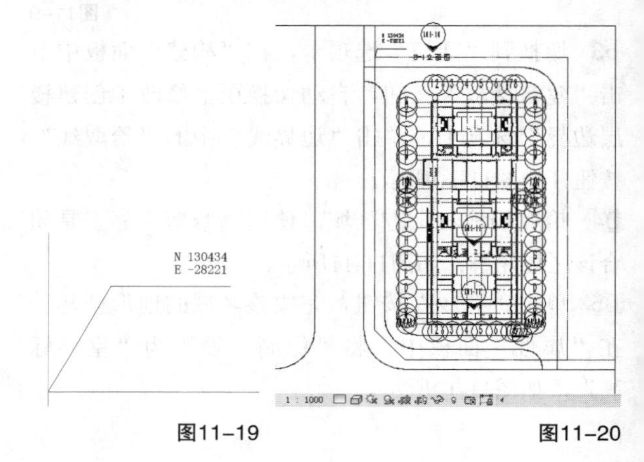

图11-19　图11-20

03 进入“注释”选项卡，单击“尺寸标注”面板中的“高程点”按钮，在道路上单击鼠标左键，完成道路标高的标注，如图11-21所示。

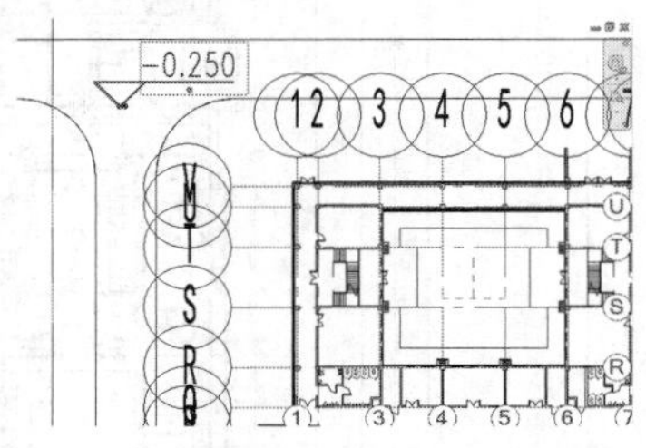

图11-21

04 采用相同的方法对建筑周边场地进行高程标注，如图11-22所示。

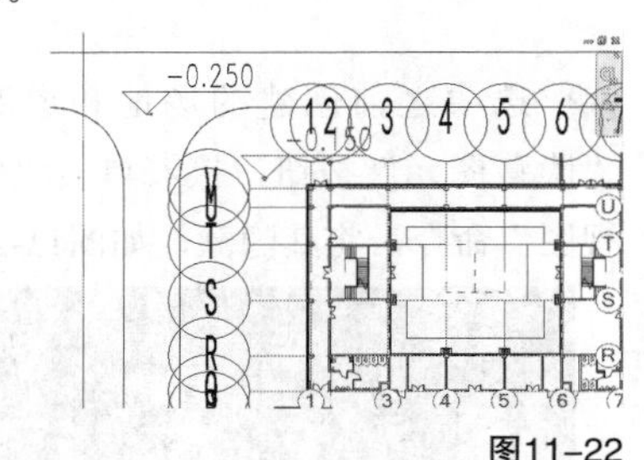

图11-22

典型实例：总平面图视图属性修改

场景位置：场景文件>CH11>02办公楼案例文件素材.rvt
视频位置：视频文件>CH11>02典型实例：总平面图视图属性修改.mp4
实用指数：★★★☆☆
技术掌握：总平面图视图属性的修改方法

01 由于总平面图不需要剖切到建筑墙体，也不需要轴线、立面符号等内容，所以需要对视图属性进行修改，在此仍然对上一节案例进行操作。

02 在“属性”面板中，单击“范围”参数栏中的“视图范围”后的“编辑”按钮，如图11-23所示。

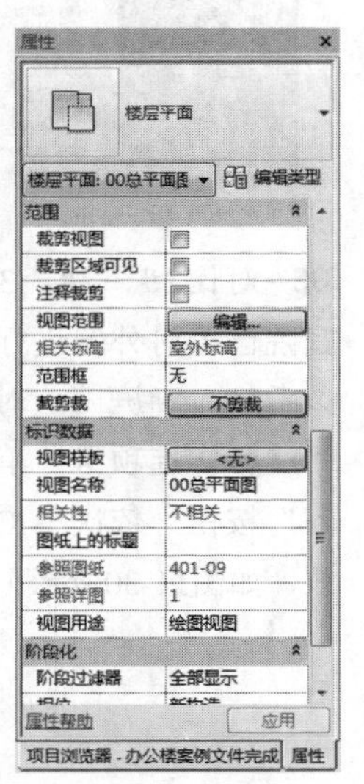

图11-23

03 弹出“视图范围”对话框，设置“顶”为“无限制”，调整“剖切面”的“偏移量”为50000.0，如图11-24所示。

图11-24

04 单击“确定”按钮，此时的总平面图中出现建筑屋顶，如图11-25所示。

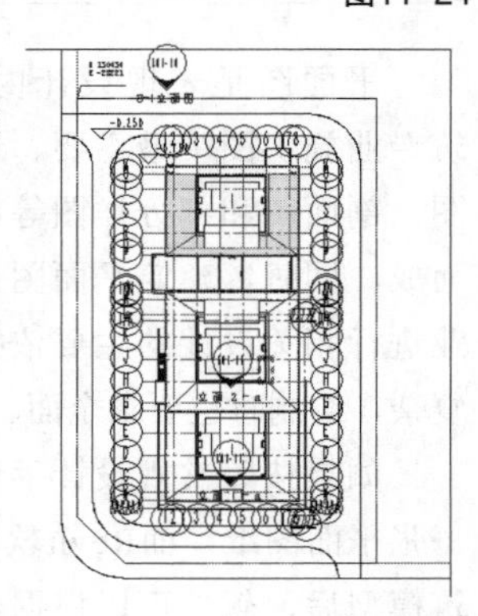

图11-25

05 切换到“视图”选项卡，单击“图形”面板中的“可见性/图形”按钮，打开“可见性/图形替换”对话框，切换到“注释类别”选项卡，取消勾选“剖面”“立面”“轴网”复选项，如图11-26所示。

图11-26

06 单击“确定”按钮，完成总平面视图属性的修改，如图11-27所示。

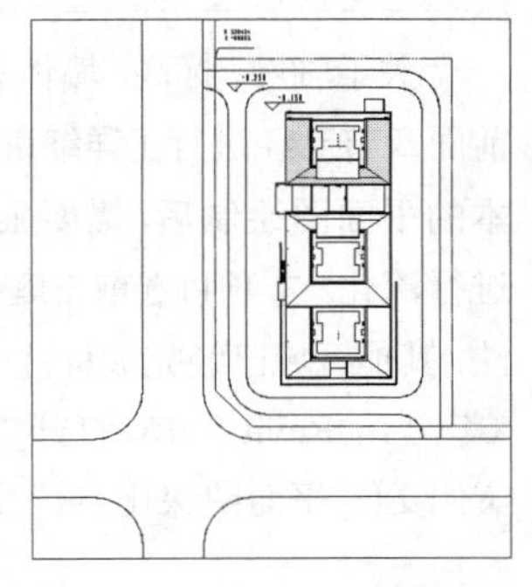

图11-27

通过这几个实例便完成总平面图的基本设置，如果想达到施工图深度，还需要根据国家和相关地区规范修改标记族的样式（如高程）、标注尺寸和建筑角点坐标等内容。

11.4 平面图深化

平面图是表现设计内容的最主要手段，是建筑专业施工图中最主要、最基本的图纸，其他立面图、剖面图和部分详图等都是以平面图为依据深化而成。同时，建筑平面图也是结构、设备和电气专业进行相关设计的主要依据。因此，平面图纸较为复杂，绘制时也要求全面、准确和简明。

如果按照常规设计手段，设计师都要逐一绘制每张平面图纸，而Revit软件无须如此。当创建了建筑模型后，软件可以根据创建的立面标高生成需要的所有平面图纸。

各层平面图一般是在建筑物门窗洞口处水平剖切的俯视图，应按直接正投影法绘制。

平面图绘制的内容可分为两大类，具体如下。

一是用粗实线和图例表示剖切到的建筑实体断面，并标注相关尺寸，如墙体、柱、楼梯、门和窗等。

二是用细实线表示投影方向所见的建筑部件、配件，并标注必要的尺寸和标高，如室内的楼地面、明沟、卫生洁具、台面、踏步、窗台等。应该注意的是，非固定设施不在各层平面图的表达范围之列，如活动家具、屏风和盆栽等。

典型实例：平面图尺寸标注

场景位置：场景文件>CH11>03办公楼案例文件_平面图深化.rvt
视频位置：视频文件>CH11>03典型实例：平面图尺寸标注.mp4
实用指数：★★★★☆
技术掌握：平面图的尺寸标注方法

关于轴网、标高、墙体和门窗等图元的绘制方法，前面章节已经进行了详细讲解，在此不再赘述。完成基本的平面图绘制后，需要根据施工图的深度对平面图进行深化。本项目选取中庭外窗部分为例，讲解标注方法，其他区域已经完成标注，供读者参考。

01 启动Revit 2016，打开“场景文件>CH11>03办公楼案例文件_平面图深化.rvt”文件，如图11-28所示。

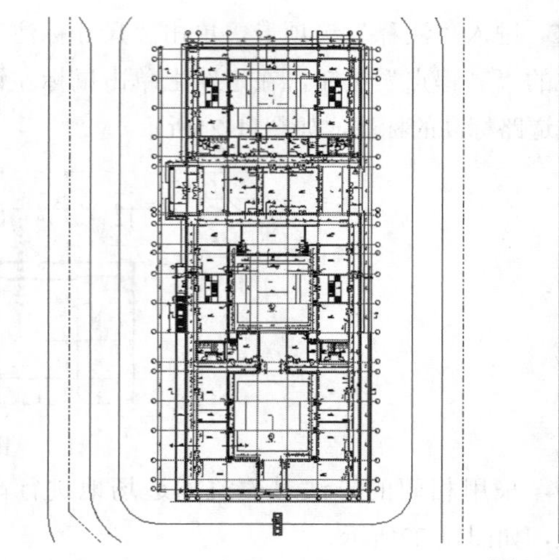

图11-28

02 选中之前创建的场地和道路模型，然后单击“隐藏图元”按钮，接着单击“将隐藏/隔离应用到视图”命令，将其隐藏，如图11-29所示。

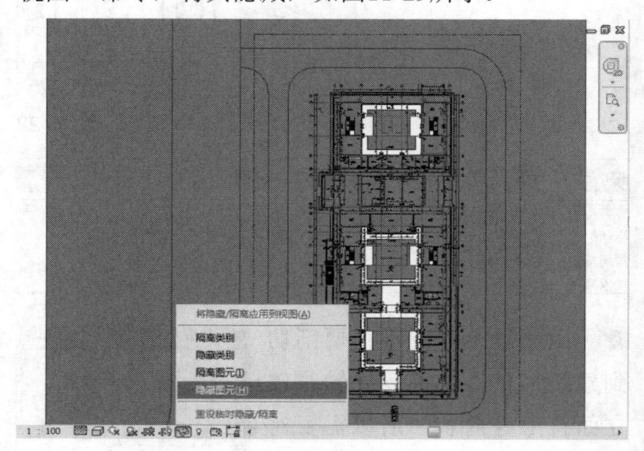

图11-29

03 对比1#、2#、3#庭院区域，可以看到1#、2#庭院已经对外窗进行了标注，3#庭院还缺少标注。参考1#、2#庭院，对3#庭院外窗进行标注。切换到“注释”选项卡，单击“尺寸标注”面板中的“对齐”按钮，依次单击庭院左侧需要标注的门窗和轴线，如图11-30所示。

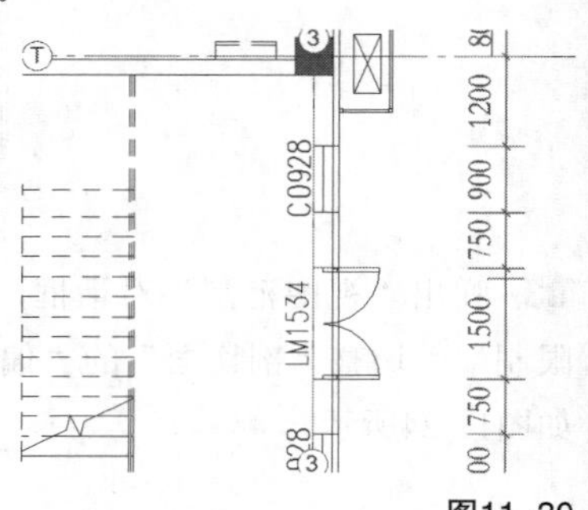

图11-30

04 按照同样的方法完成3个方向的门窗标注，如图11-31所示。

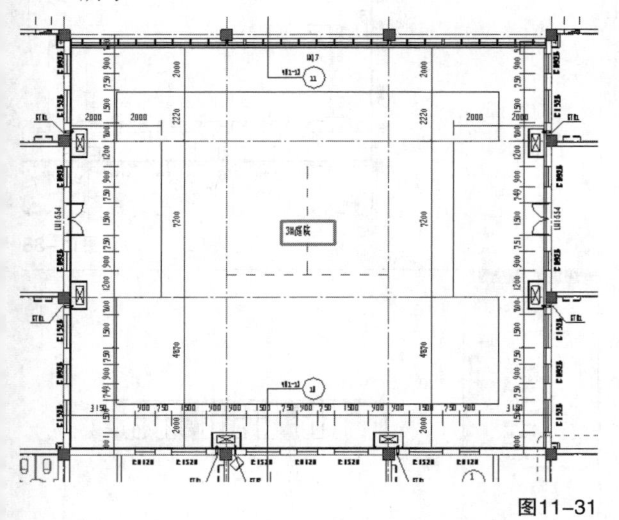

图11-31

典型实例：指北针的放置及标高标注

场景位置：场景文件>CH11>03办公楼案例文件_平面图深化.rvt
视频位置：视频文件>CH11>03典型实例：指北针的放置及标高标注.mp4
实用指数：★★★★☆
技术掌握：指北针的绘制方法和标高的标注方法

继续上一节的案例练习。

01 切换到“注释”选项卡，单击“符号”面板中的“符号”按钮，在“属性”面板中找到“BZ_指北针>填充”，如图11-32所示。

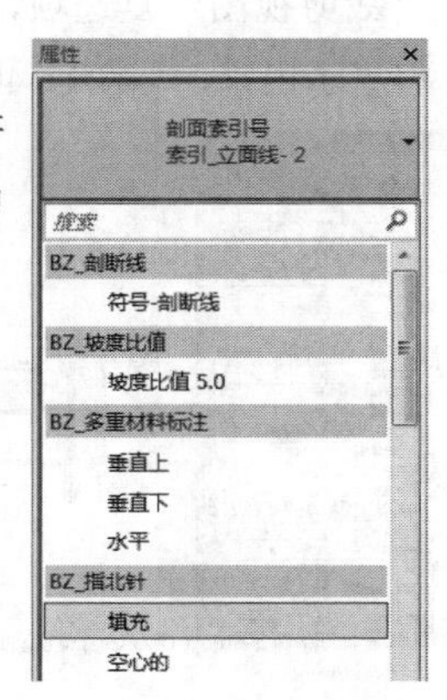

图11-32

02 在绘图区域单击鼠标左键，放置指北针，本项目中指北针为正北，如图11-33所示。

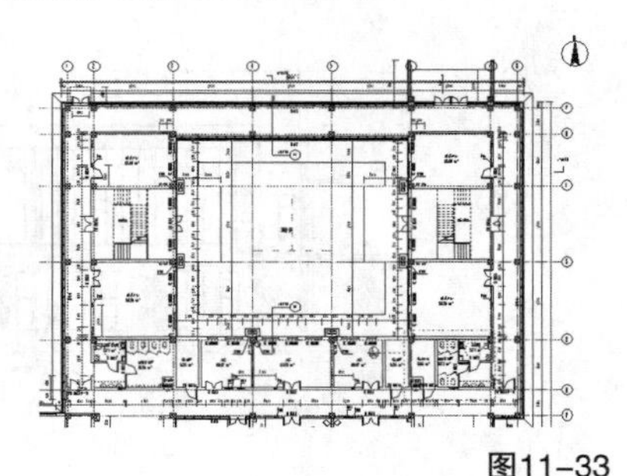

图11-33

03 下面标注房间的标高，如果直接使用“高程点”工具，发现光标在房间中显示为禁止符号，无法进行标注，这是因为房间未设置楼板，无法识别高程。以1#楼梯为例，绘制该处楼板，切换到“建筑”选项卡，在“构建”面板中单击“建筑楼板”按钮，使用矩形工具绘制1#楼梯处的楼板，被楼梯挡住的区域会自动隐藏显示，如图11-34所示。

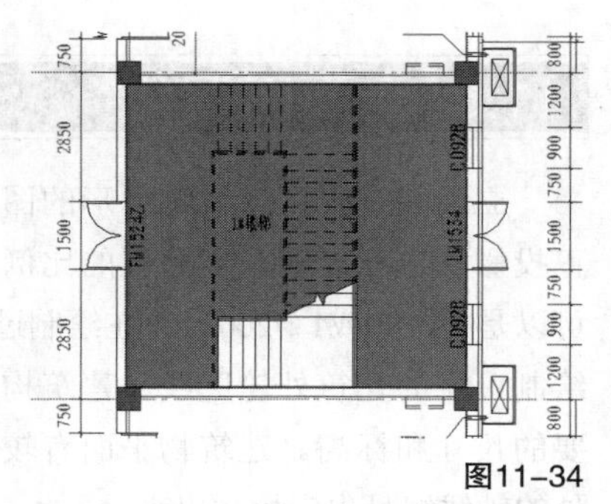

图11-34

04 切换到“注释”选项卡，单击“尺寸标注”面板中的“高程点”按钮，在1#楼梯区域单击鼠标左键，放置标高，如图11-35所示。

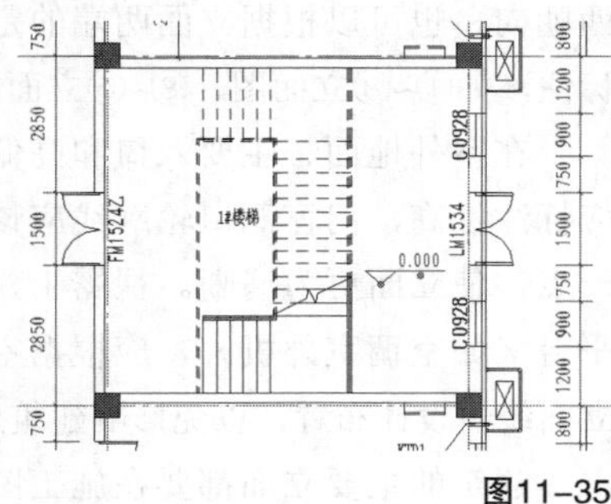

图11-35

05 采用相同的方法绘制3#庭院室外的“楼板”，绘制完成后，选中该楼板，在“属性”面板中将“自标高的高度”修改为-150.0，如图11-36所示。

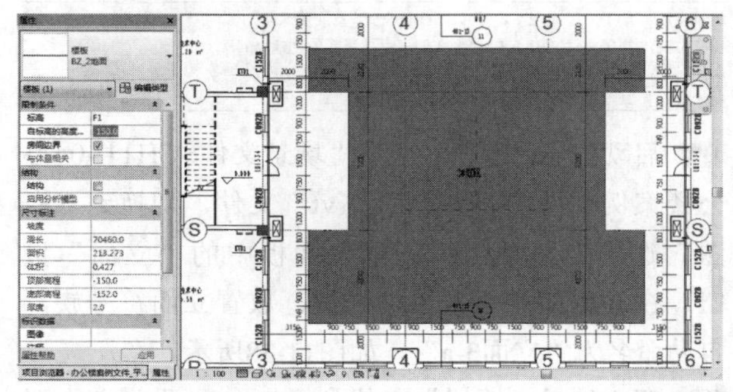

图11-36

06 切换到“注释”选项卡，单击“尺寸标注”面板中的“高程点”按钮，在3#庭院区域单击鼠标左键，放置标高，如图11-37所示。

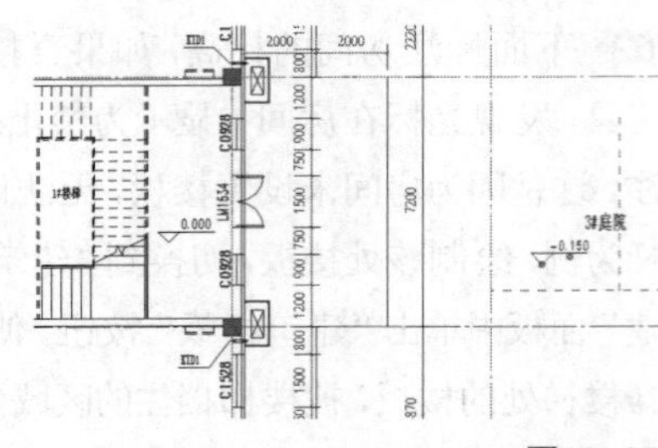

图11-37

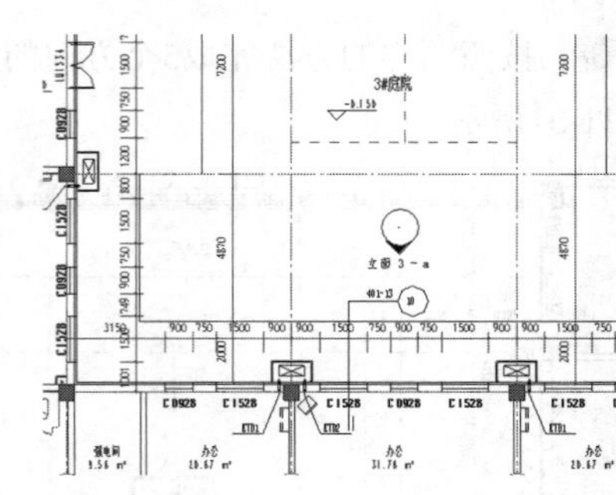

图11-38

11.5 立面图深化

立面图是表达建筑物外形的图纸，要按照直接正投影法进行绘制。立面图的比例，根据复杂程度可以是1 : 100或1 : 200等。在绘制过程中，立面图应绘制可见的建筑外轮廓线、建筑构造、外墙面、必要的尺寸和标高。建筑物平面有较大转折时，转折处的轴线编号也应标注出来。

立面图的名称标注可根据平面图方向来确定，如东立面图、西立面图等。如果建筑不是正东或正西朝向，也可以根据立面两端的定位轴线的编号来标注，如①~⑧立面图、⑧~⑤立面图等。

在室外地面、主要入口和高低变化的檐口部位应标注标高，门窗洞口轮廓线应该比粉刷分割线粗一点，使立面更为清晰。裸露于建筑物外部的设备平台（如空调室外机），应根据室内功能结合建筑立面统一设计布置，以免影响建筑外观。

建筑的主要立面都要在施工图中进行表达，内庭院处也需要建立立面视图，用以指导施工。本节以3#庭院为例创建内部立面视图。

典型实例：立面视图的创建

场景位置：场景文件>CH11>04办公楼案例文件_立面图深化.rvt
视频位置：视频文件>CH11>04典型实例：立面视图的创建.mp4
实用指数：★★★★☆
技术掌握：掌握立面视图的创建方法

01 启动Revit 2016，打开“场景文件>CH11>04办公楼案例文件_立面图深化.rvt”文件，切换到“视图”选项卡，单击“创建”面板中的“立面”按钮，在3#庭院中单击鼠标左键，放置立面符号族，自动命名为“立面3-a”，如图11-38所示。

02 在“项目浏览器”中找到“立面3-a”视图，双击切换至该视图，如图11-39所示。

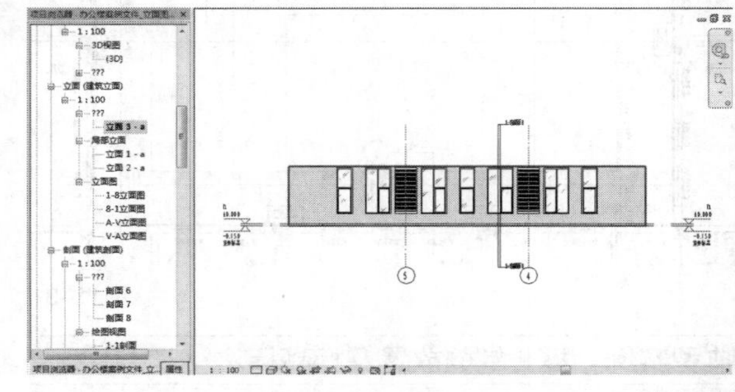

图11-39

03 观察视图发现该视图未能显示全部内容，所以在“属性”面板中取消勾选“范围”参数栏中的“裁剪视图”复选项，此时该视图中的全部图元都将显示出来，如图11-40所示。

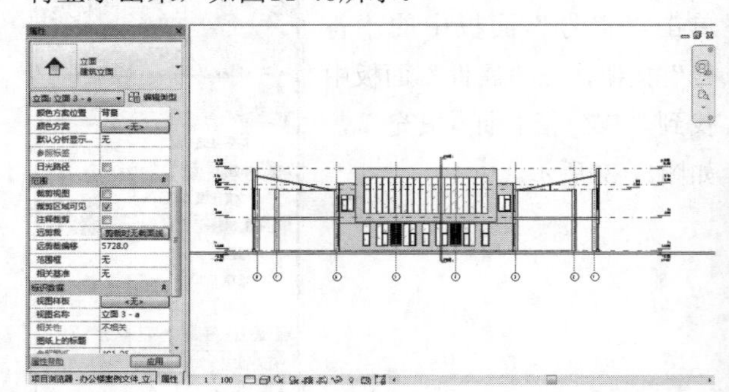

图11-40

04 拖动裁剪框，使其包含全部中庭内容，并排除其他区域图元，如图11-41所示。

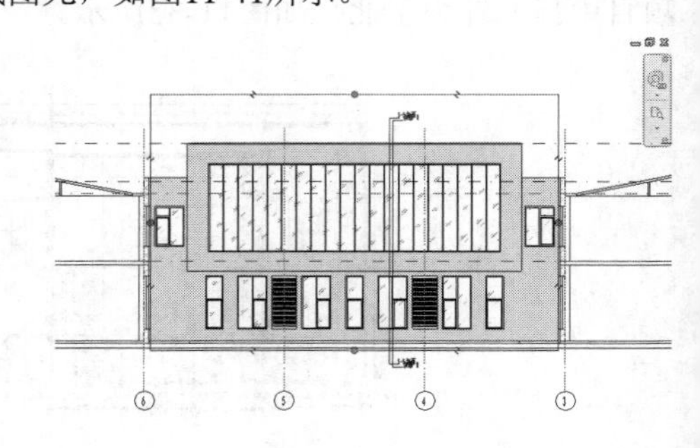

图11-41

05 进入“属性”面板，勾选“范围”参数栏中的“裁剪视图”复选项，并取消勾选“裁剪区域可见”复选项，完成立面视图的创建，如图11-42所示。

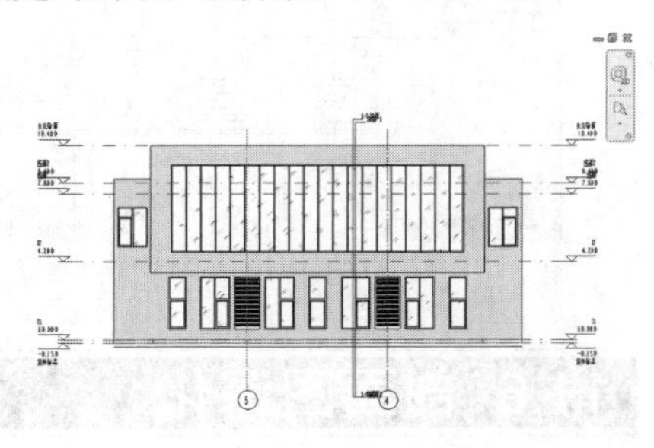

图11-42

典型实例：立面视图标注的创建与修改

场景位置：场景文件>CH11>04办公楼案例文件_立面图深化.rvt
视频位置：视频文件>CH11>04典型实例：立面视图标注的创建与修改.mp4
实用指数：★★★★☆
技术掌握：立面视图标注的创建与修改方法

通过Revit自动生成的立面视图有一些内容需要单独标注，还有一些内容则需要手动隐藏。

01 继续上一节的案例练习，切换到“注释”选项卡，单击“尺寸标注”面板中的“对齐”按钮，分别在－0.150和10.400的标高水平线上单击鼠标左键，标注建筑高度，如图11-43所示。

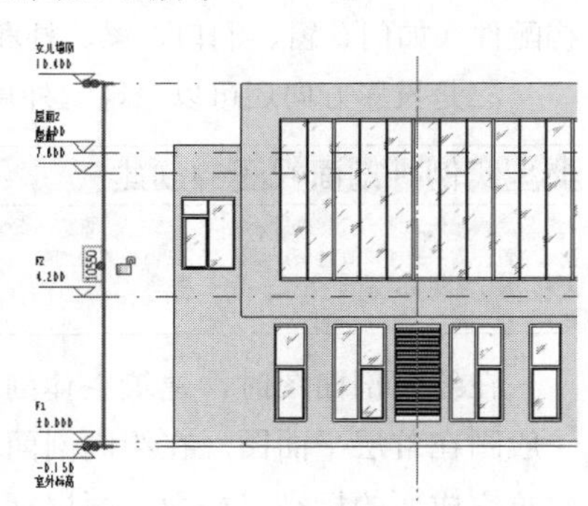

图11-43

02 按照同样的方法，标注第2道层高的尺寸线，如图11-44所示。

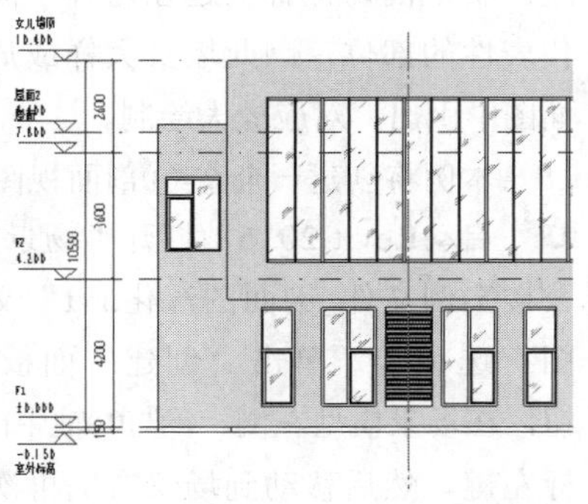

图11-44

03 按照同样的方法，标注第3道门窗定位的尺寸线，如图11-45所示。

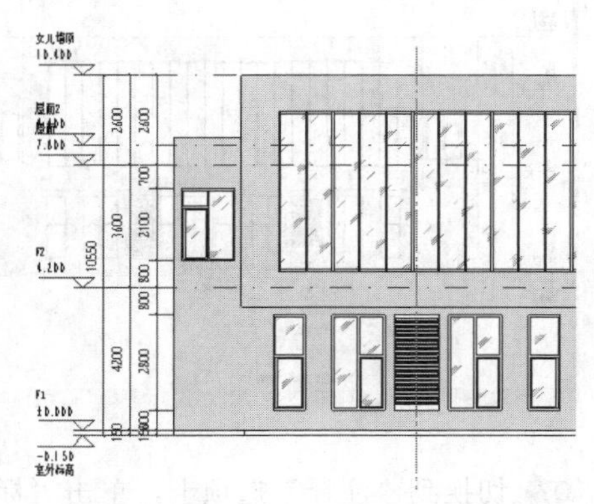

图11-45

04 按照同样的方法完成另一侧的标注，如图11-46所示。

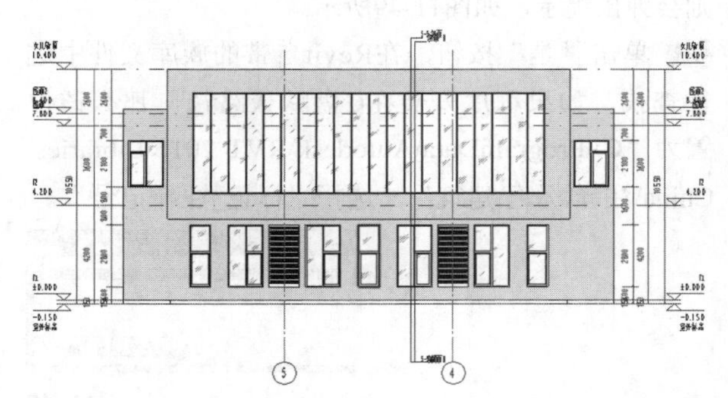

图11-46

05 切换到“注释”选项卡，单击“尺寸标注”面板中的“高程点”按钮，分别在3道尺寸线未能表示的墙体和外窗处标注标高，如图11-47所示。

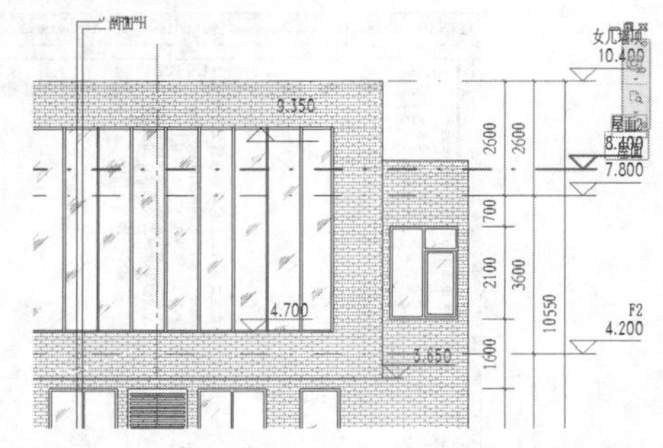

图11-47

06 选中“剖面”符号，还有标高为8.400的线，单击“隐藏图元”按钮，然后单击“将隐藏/隔离应用到视图”命令，如图11-48所示。

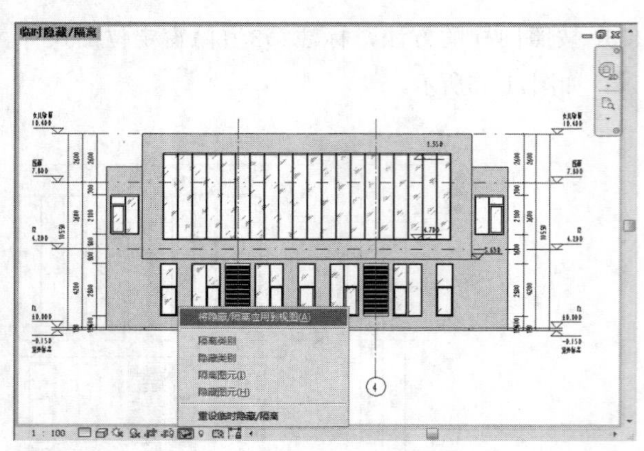

图11-48

07 切换到“注释”选项卡，单击“标记”面板中的“注释记号”下拉菜单，然后选择“材质注释记号”命令，如果当前项目中没有注释记号标记族，则会弹出提示，如图11-49所示。

08 单击“是”按钮，在Revit自带的族库文件中进行查找，如果程序安装在C盘默认路径，那么该位置为“C:\ProgramData\Autodesk\RVT 2016\Libraries\China\注释\标记\建筑”，选择“标记_注释记号”。

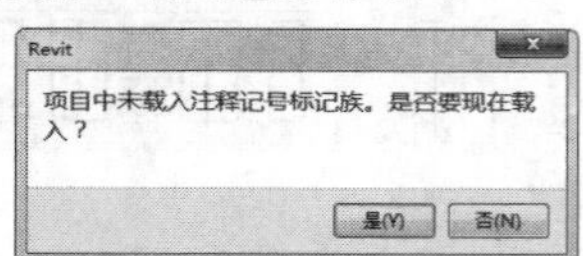

图11-49

09 在墙体上单击鼠标左键，并拖移出引线进行标记，弹出“注释记号”对话框，单击“确定”按钮即可，如图11-50所示。

图11-50

10 选中该注释记号，在“属性”面板中将“关键值”改为“外墙1”，如图11-51所示。

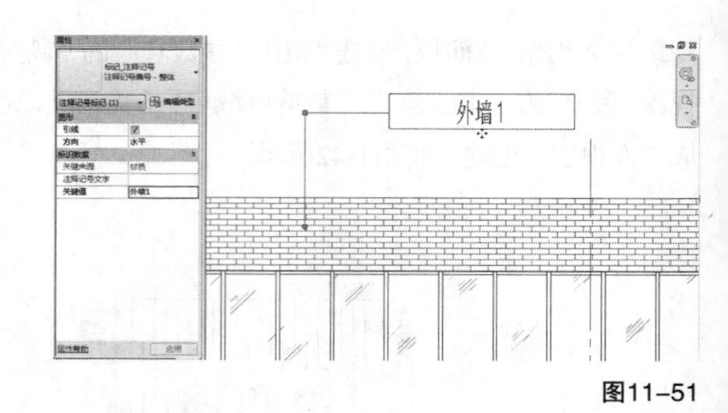

图11-51

11.6 剖面图深化

建筑剖面图表示建筑物在垂直方向上房屋各部分的组合关系，是建筑物的竖向剖视图，主要用来分析建筑物各部分应有的高度、建筑层数、建筑空间的组合和利用，以及建筑剖面中的结构、构造关系等。在二维图纸空间中，建筑剖面图应按直接正投影法绘制。

建筑剖面图要绘制的内容主要有以下3项。

一是用粗实线和图例画出所剖到的建筑实体切面（如墙体、梁、板、地面和楼梯等），以及标注必要的尺寸和标高。

二是用细实线画出投影方向可见的建筑构造和构配件（如门、窗、洞口、梁、柱和坡道等）。

三是投影方向还可以表现室外局部立面。

典型实例：剖面视图的创建

场景位置：场景文件>CH11>05办公楼案例文件_剖面图深化.rvt
视频位置：视频文件>CH11>05典型实例：剖面视图的创建.mp4
实用指数：★★★★☆
技术掌握：剖面视图的创建方法

在绘制剖面图时，建筑主体剖面图的剖切符号一般画在首层平面图。在绘制剖面标高时，一般指建筑完成面的标高，楼面为面层标高，屋面为结构板面标高。有转折的剖面，在剖面图上应画出转折线。鉴于剖切位置应选在内外空间比较复杂、最有代表性的部位，因此墙身大样或局部节点多应从剖面图中引出，对应放大绘制。

本例将创建一个③-③剖面视图。

01 启动Revit 2016，打开“场景文件>CH11>05办公楼案例文件_剖面图深化.rvt”文件，切换到“视图”选项卡，单击“创建”面板中的“剖面”按钮，在场景模型左侧、Ⓝ与Ⓟ轴中间的位置，单击鼠标左键，然后移动到场景右侧再次单击鼠标左键，如图11-52所示。

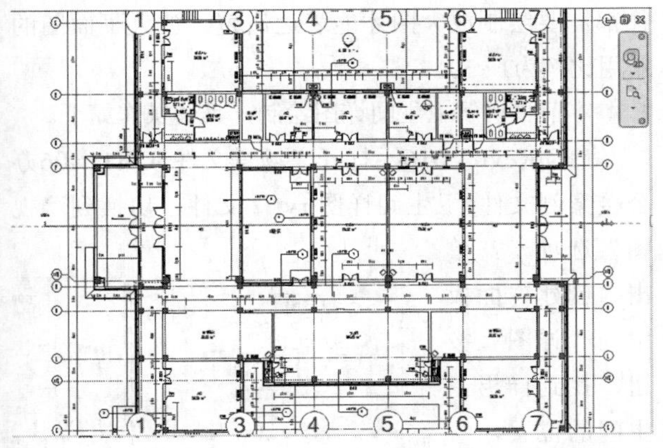

图11-52

02 双击该剖面族，自动切换到该剖面视图，如图11-53所示。

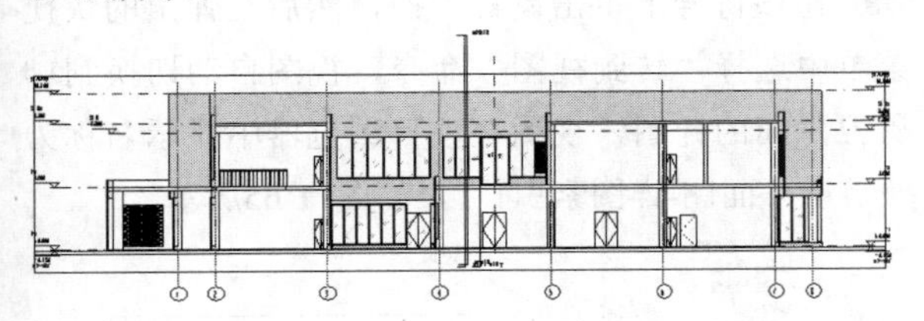

图11-53

03 在“项目浏览器”中，在“剖面9”上单击鼠标右键，然后在弹出的菜单中选择“重命名”命令，接着将名称修改为“3-3剖面”，如图11-54所示。

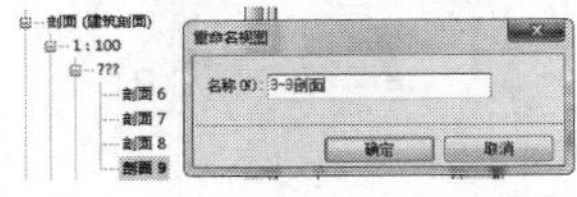

图11-54

04 在“属性”面板中，单击“视图用途”参数后面的下拉菜单，在其中选择“绘图视图”选项，如图11-55所示。

05 此时该视图会在“项目浏览器”中自动合并到“绘图视图”中，如图11-56所示，完成剖面视图的创建。

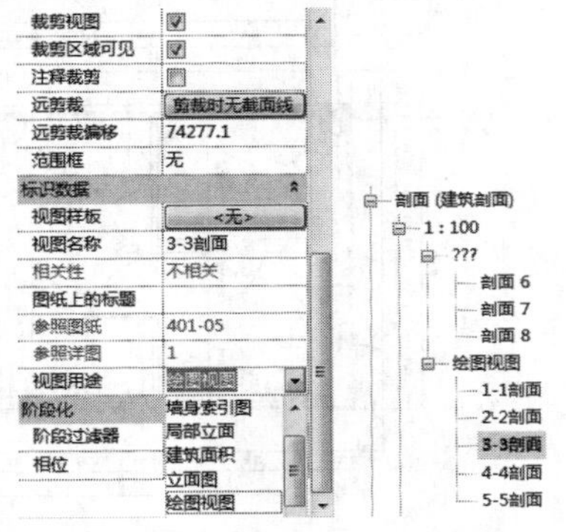

图11-55　图11-56

典型实例：剖面视图标注的创建与修改

场景位置：场景文件>CH11>05办公楼案例文件_剖面图深化.rvt
视频位置：视频文件>CH11>05典型实例：剖面视图标注的创建与修改.mp4
实用指数：★★★★☆
技术掌握：剖面视图标注的创建与修改方法

同立面视图类似，通过Revit自动生成的剖面视图有一些内容需要单独标注，还有些内容则需要手动隐藏。

01 继续上一节案例的练习，切换到“注释”选项卡，单击“尺寸标注”面板中的“对齐”按钮，标注左侧3道尺寸线，如图11-57所示。

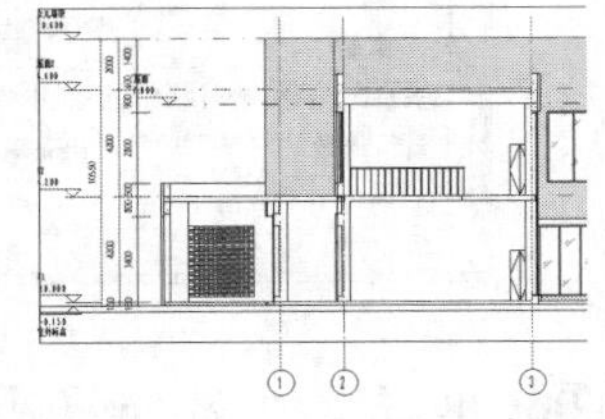

图11-57

02 按照同样的方法标注右侧3道尺寸线，如图11-58所示。

03 再次使用“对齐”标注工具，对剖面中的一些细节进行标注，如图11-59所示。

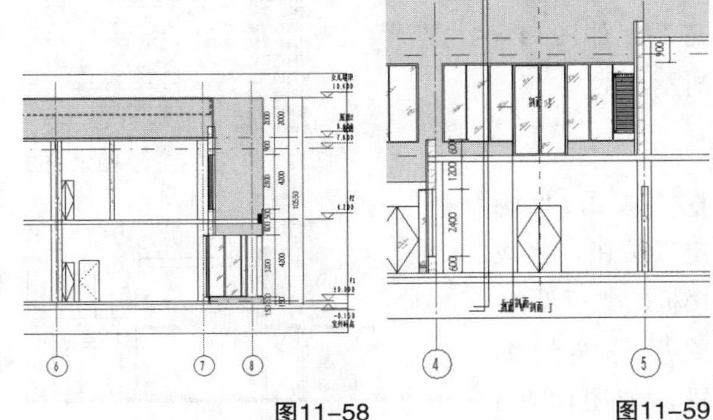

图11-58　图11-59

04 选中“剖面”符号，还有标高为7.800的线，单击“隐藏图元”按钮，然后单击“将隐藏/隔离应用到视图”命令，在“属性”面板的“范围”参数栏中取消勾选“裁剪区域可见”的复选项，如图11-60所示。

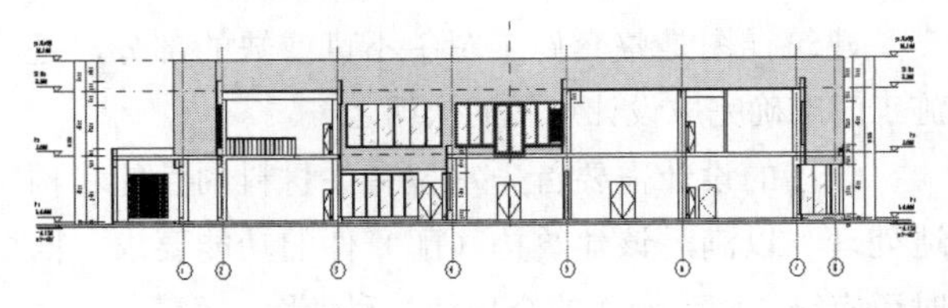

图11-60

05 根据出图要求，剖面图中楼板的截面需要实体填充显示。单击“属性”面板中的“可见性/图形替换”按钮，打开“可见性/图形替换”对话框，在其中选择“楼板”类别，找到“投影/表面”参数栏中“填充图案”的“替换”按钮，如图11-61所示。

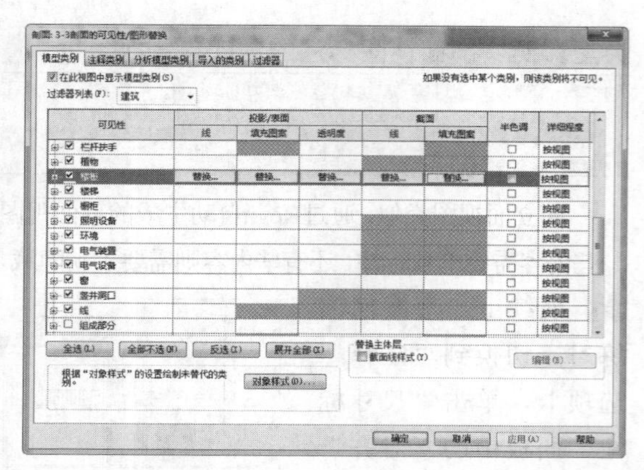

图11-61

06 单击"替换"按钮，弹出"填充样式图形"对话框，在"填充图案"下拉菜单中选择"实体填充"，如图11-62所示。

图11-62

07 单击"确定"按钮，完成楼板的"可见性/图形替换"编辑，如图11-63所示。

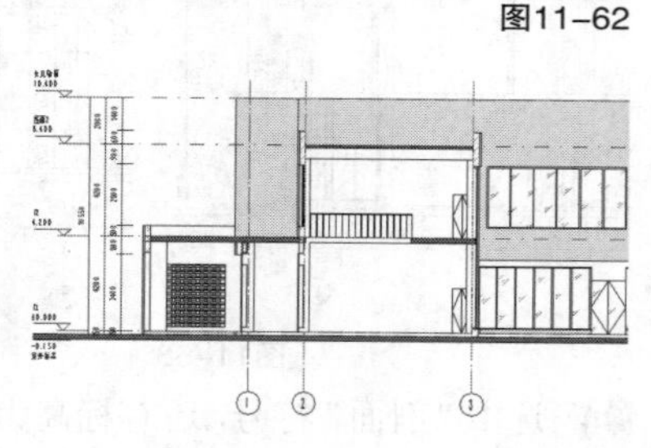

图11-63

11.7 建筑详图设计

建筑详图是整套施工图中不可或缺的部分，是施工时准确完成设计意图的依据之一。

详图的设计需要首先掌握有关材料的性能和构造处理，以满足该建筑构（配）件的功能要求，同时还应符合施工操作的合理性与科学性。

典型实例：卫生间详图

场景位置：场景文件>CH11>06办公楼案例文件_卫生间详图.rvt
视频位置：视频文件>CH11>06典型实例：卫生间详图.mp4
实用指数：★★★★☆
技术掌握：卫生间详图的绘制方法

卫生间是局部放大图的一种，复杂的楼梯、车库的坡道、人防口部以及高层建筑的核心筒等，往往都需要绘制放大图才能表达清楚，放大平面图的常用比例为1:50。

01 本节将讲解卫生间详图绘制，具体操作如下。

启动Revit 2016，打开"场景文件>CH11>06办公楼案例文件_卫生间详图.rvt"文件，切换到"视图"选项卡，单击"创建"面板中的"详图"按钮，找到1#男卫生间的位置，绘制一个矩形，如图11-64所示。

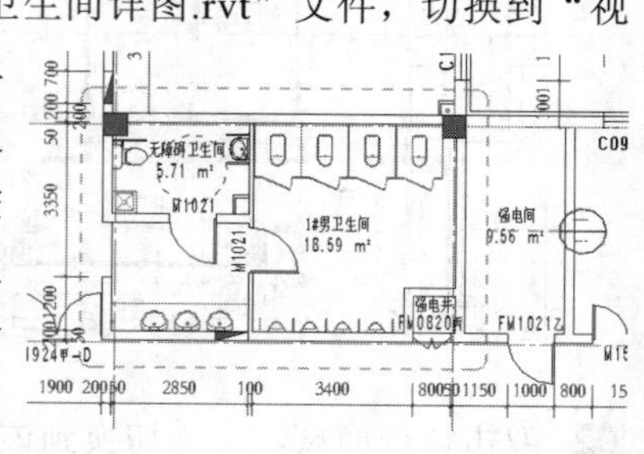

图11-64

02 在该符号上单击鼠标右键，然后在弹出的快捷菜单中选择"转到视图"命令，视图自动切换到1#男卫生间的详图，视图在项目浏览器中显示名称为"首层平面图-详图索引1"，如图11-65所示。

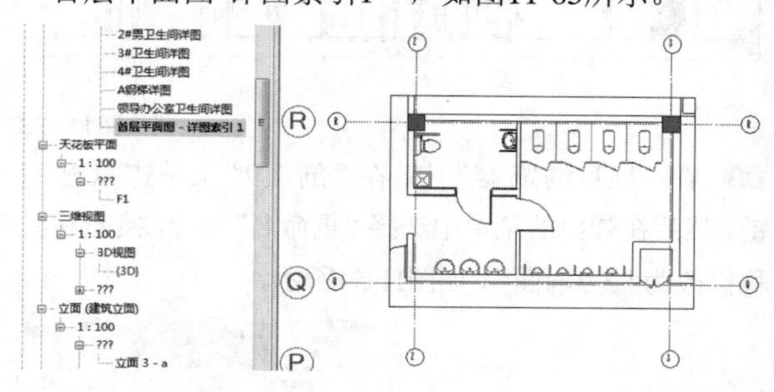

图11-65

03 在该名称上单击鼠标右键，在弹出的快捷菜单中选择"重命名"命令，将名称改为"1#男卫生间详图"，使用"对齐"标注工具，标注外部尺寸线。再次使用"对齐"标注工具，标注内部尺寸，如图11-66所示。

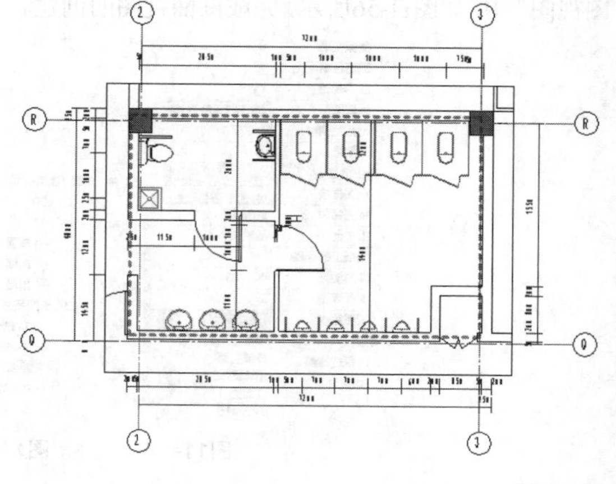

图11-66

04 在"注释"选项卡中，单击"详图"面板中的"详图线"按钮，绘制风井，并使用"对齐"标注工具进行标注，如图11-67所示。

05 继续使用"详图线"工具，绘制地漏和坡度线，并使用"对齐"标注工具进行标注，如图11-68所示。

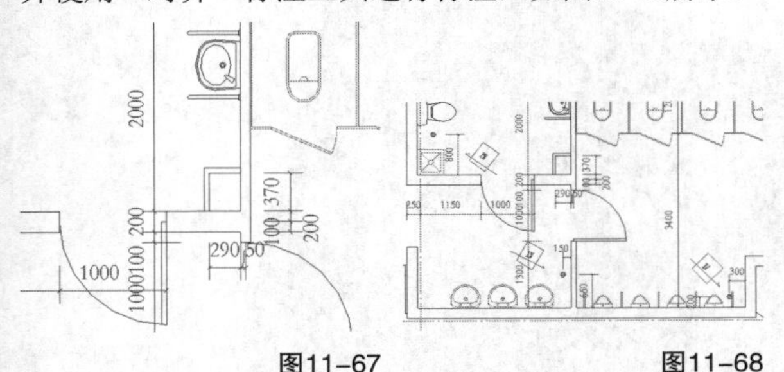

图11-67　　图11-68

06 在"注释"选项卡中，单击"文字"面板中的"文字"按钮，为各空间添加文字标注。

07 切换到"视图"选项卡，单击"图形"面板中的"可见性/图形"按钮，在"模型类别"选项卡中找到"墙"，然后在"截面/填充图案"参数栏中单击"替换"按钮，如图11-69所示。

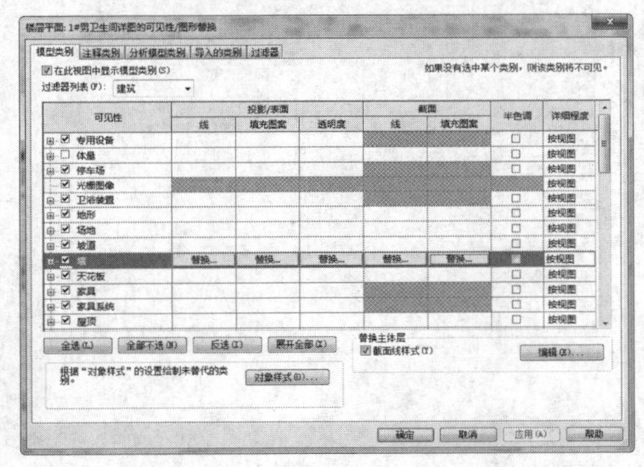

图11-69

08 弹出"填充样式图形"对话框，在其中将"颜色"设置为"RGB128-128-128"，把"填充图案"设置为"BZ_截面_空心砖"，如图11-70所示。

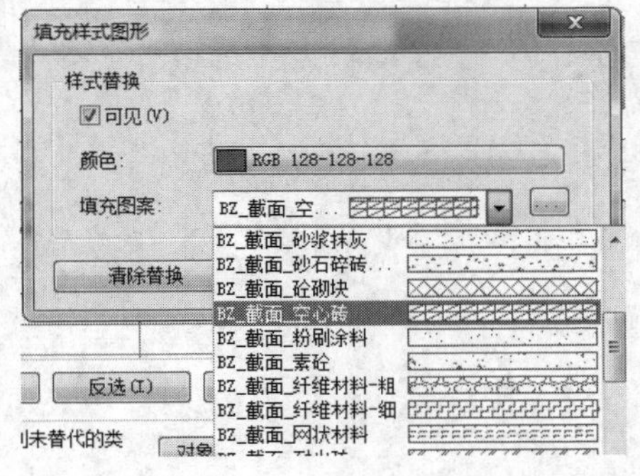

图11-70

09 单击"确定"按钮，完成卫生间详图的绘制，如图11-71所示。

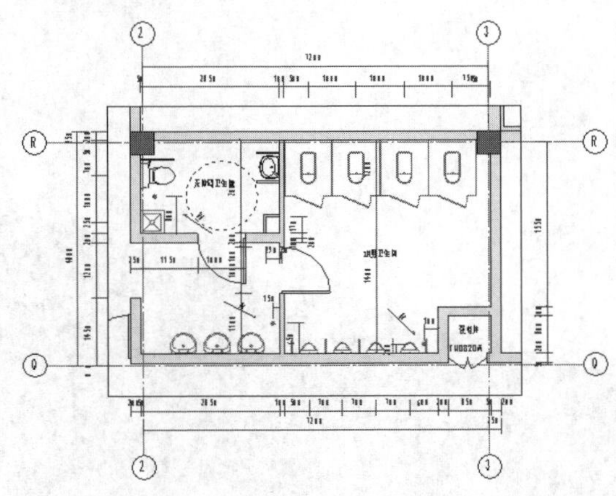

图11-71

其他区域的详图，如楼梯详图和节点详图的绘制方式，都与卫生间详图类似，在此不再赘述。

11.8 本章总结

在完成基本设计模型后，设计师需要按照施工图设计内容和深度要求进行图纸深化，其中平面图、立面图、剖面图、平面详图尤为重要。在场地较为复杂的项目中，总平面图有时仍然在传统的二维环境下进行绘制。另外，很多设计单位有自己现成的节点和详图库，为了减小工作量，可以直接将DWG格式的详图载入，无须重新截取模型绘制详图节点。

为了方便读者理解，本章主要按照建筑师的一般设计习惯安排内容，按照总平面图、平面图、立面图、剖面图、详图的步骤来进行。在使用Revit进行设计时，并没有严格意义上的先后设计流程，往往还需要平、立、剖不同的视图相互切换协调进行，一切以项目设计的具体情况和设计师的个人习惯为准。

11.9 课后拓展练习

练习：继续使用本章案例模型，完善平面图中未进行尺寸标注的内容，制作3#中庭其他立面视图，在1层平面图中重新选择一个位置进行剖切生成新的剖面视图，并选取其他需要引出详图的区域进行深化设计。

第 12 章 应用明细表

本章知识索引

知识名称	作用	重要程度	所在页
门窗表	熟练掌握门窗大样的绘制及门窗表的操作方法	★★★☆☆	P239
材料明细表	熟练掌握材料明细表的操作方法	★★★☆☆	P241
房间、面积和装修明细表	熟练掌握房间明细表和装修明细表的操作方法	★★★☆☆	P242

本章实例索引

实例名称	所在页
课前引导实例：明细表参数的确定	P237
典型实例：门窗大样和门窗表的绘制	P239
典型实例：材料明细表	P241
典型实例：房间和面积明细表	P243
课后拓展练习	P245

12.1 课前引导实例：明细表参数的确定

场景位置 无
视频位置 视频文件>CH12>01课前引导实例：明细表参数的确定
实用指数 ★★★☆☆
技术掌握 了解明细表的参数信息

为了更好地在图纸上表现出设计成果，需要进行一些必要的设置工作。

Revit中的每种对象，都分别为它设定了一些参数，在设置对象的明细表时，其中的可用字段基本上就是这些参数的罗列，如图12-1所示。

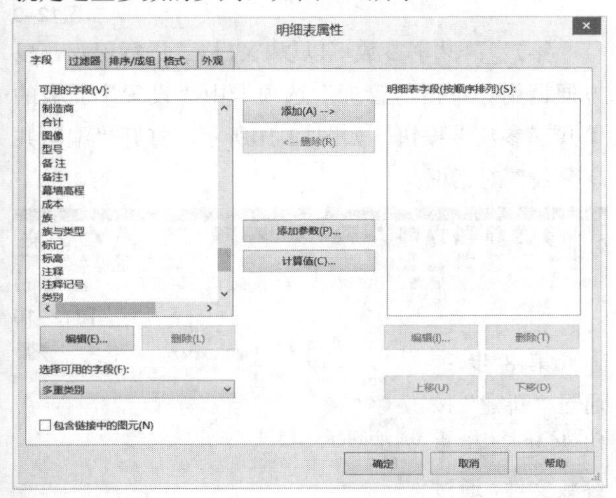

图12-1

或者在打开对象的某个实例"属性"对话框时，里面的一些类型参数和实例参数都会出现在明细表的可用字段中，如图12-2所示。

图12-2

合理选择现有的可用字段

下面以窗的明细表为例来说明怎样将现有的可用字段与施工图窗表中的参数关联起来。图12-3是打开的项目文件，自定义的窗明细表中对字段应用的情况，如图12-4所示。

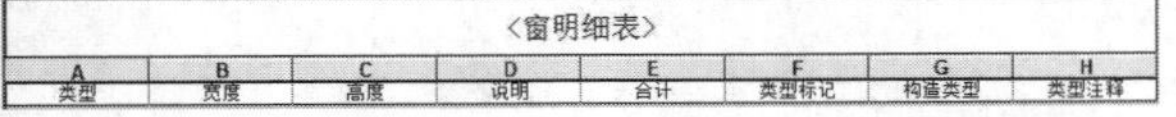

〈窗明细表〉							
A	B	C	D	E	F	G	H
类型	宽度	高度	说明	合计	类型标记	构造类型	类型注释

图12-3

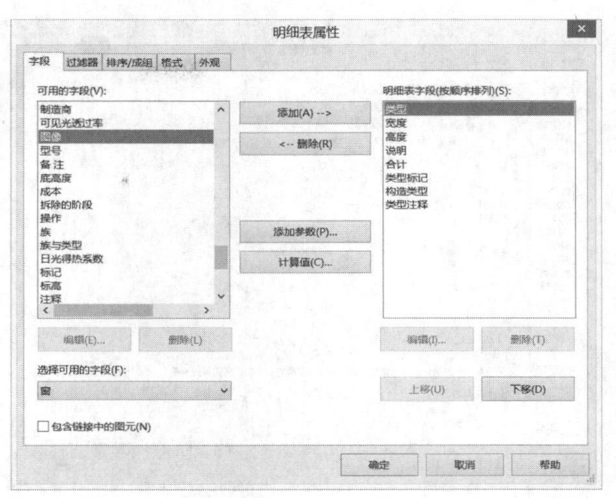

图12-4

参数的分类

在添加明细表参数之前，应该了解Revitz中参数的分类。

第1步：实例参数和类型参数，这是在为明细表选择和添加参数时必须要注意的问题。

第2步：在新建一个明细表时（以窗明细表为例），在打开"明细表属性"对话框中的"字段"选项卡时，可以通过单击"计算值"按钮进入"计算值"对话框，添加包含现有参数的函数公式，并以其运算结果为参数，如图12-5所示。

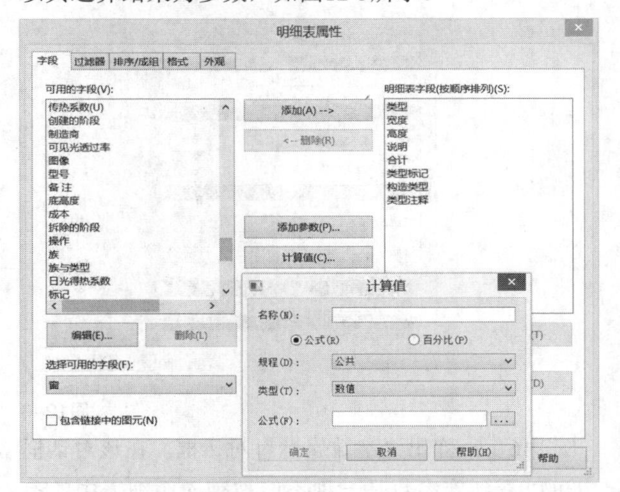

图12-5

第3步：通过单击"添加参数"按钮打开"参数属性"对话框，其中的参数类型有两个选项，即项目参数和共享参数，并有简单的注释，这两种参数都可以列入明细表之中，如图12-6所示。

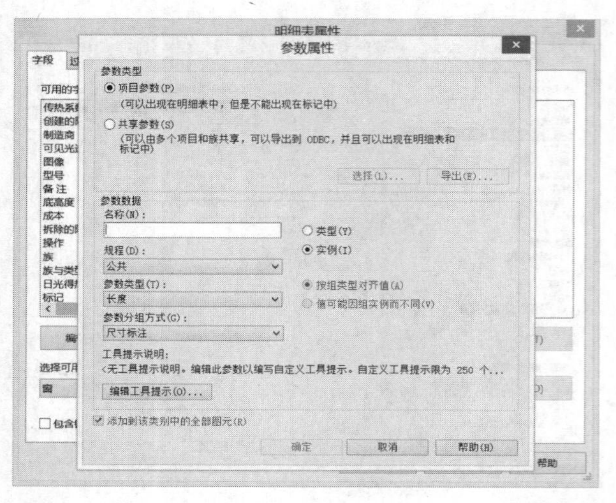

图12-6

第4步：在新建族或使用族编辑器时，单击“创建”选项卡中“属性”面板的“族类型”按钮，如图12-7所示，打开“族类型”对话框。

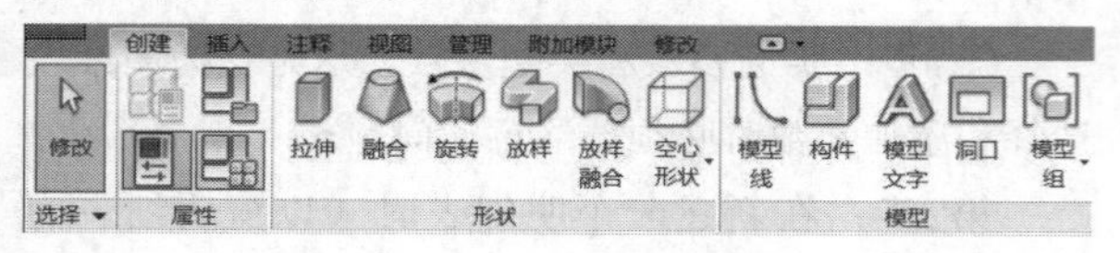

图12-7

第5步：在“族类型”对话框中单击“添加”按钮，如图12-8所示。

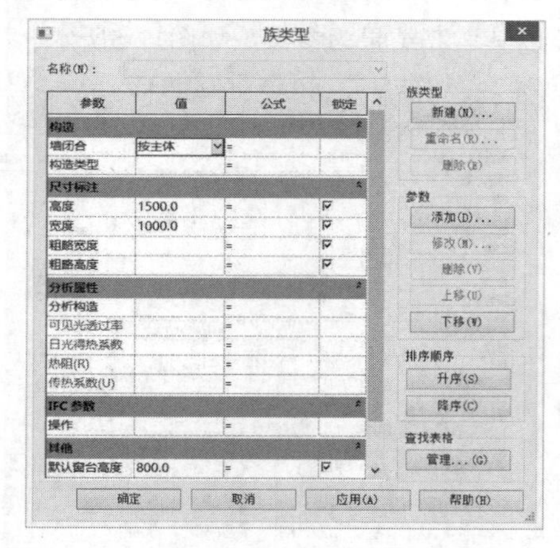

图12-8

第6步：弹出“参数属性”对话框，在该对话框中可以看到族参数是一种不能被列入明细表中的参数，如图12-9所示。

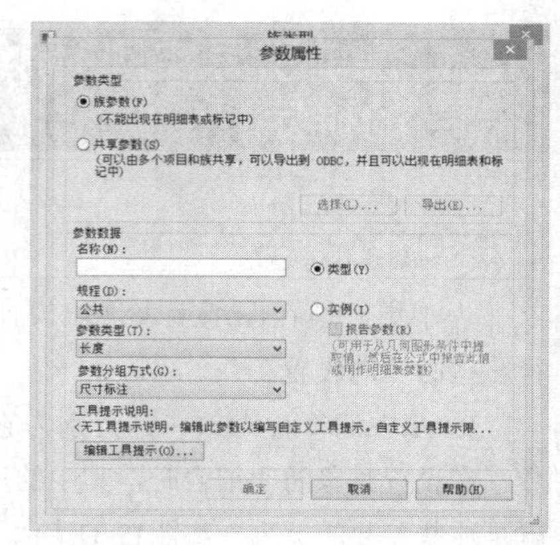

图12-9

第7步：共享参数可以以TXT格式进行保存，以方便调用。单击“管理”选项卡中“设置”面板的“共享参数”按钮，如图12-10所示，打开“编辑共享参数”对话框。

图12-10

第8步：通过“新建”按钮来建立共享参数文件，通过“浏览”按钮来调用以前编辑的共享参数文件，如图12-11所示。

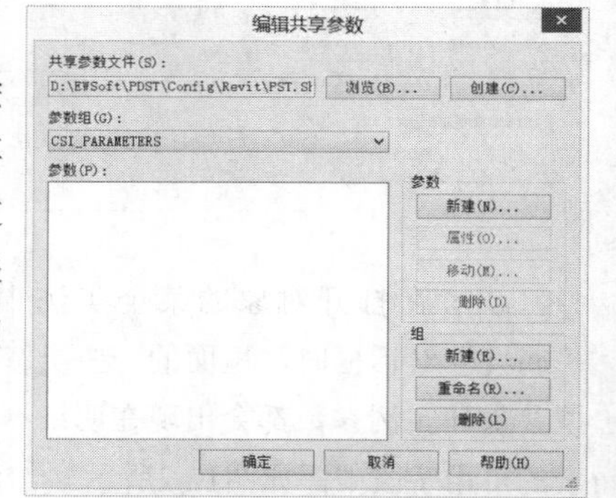

图12-11

为明细表添加项目参数

以窗明细表为例，利用参数类型中的项目参数来添加一些和窗族本身没有联系，但又要出现在明细表中的参数，如窗过梁的选用和备注栏（参数一般选用实例参数）。

为明细表添加共享参数

以窗明细表为例，利用共享参数为明细表添加一些有特殊要求的参数（即可以导至ODBC的参数）。例如，在窗明细表中添加一个窗框材质的参数，并能够与Revit项目文件中窗框实际使用的材质名称相关联。

使用计算值为明细表添加参数

以窗明细表为例，为窗族添加窗洞口面积的参数。

第1步：进入“明细表属性”对话框中的“字段”选项卡，如图12-12所示。

图12-12

第2步：单击“计算值”按钮，打开“计算值”对话框，在“名称”栏中输入“窗面积”，在“类型”栏中的下拉列表中选择“面积”，在“公式”栏输入“宽度*高度”，完成后单击“确定”按钮，如图12-13所示。

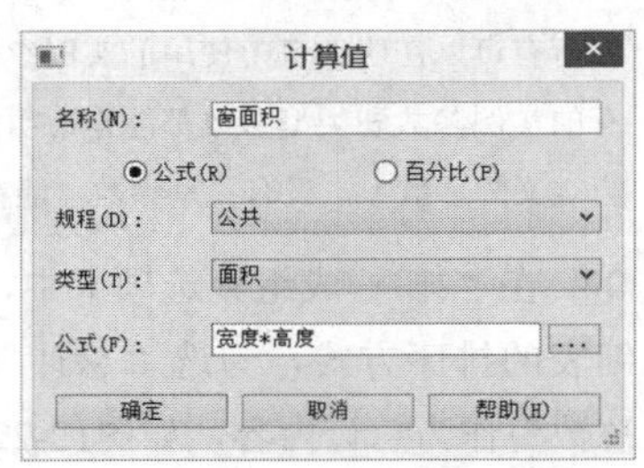

图12-13

技巧与提示

函数计算时要考虑到公式中字段的单位，并确认计算结果的单位，应根据计算结果单位选择计算值的类型，否则会提示单位不一致而不能成功添加参数。

第3步：打开窗明细表“明细表属性”对话框中的“格式”选项卡，在“字段”参数列表中选择“窗面积”，单击“字段格式”按钮，如图12-14所示。

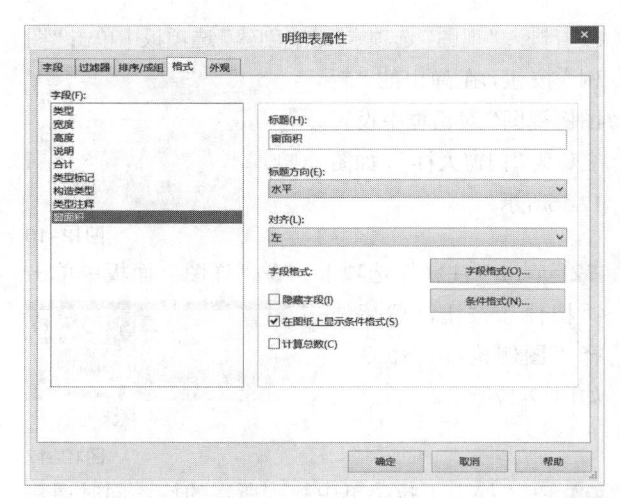

图12-14

第4步：弹出“格式”对话框，取消勾选“使用项目设置”选项，修改格式以提高在明细表中的数值精度，如图12-15所示。

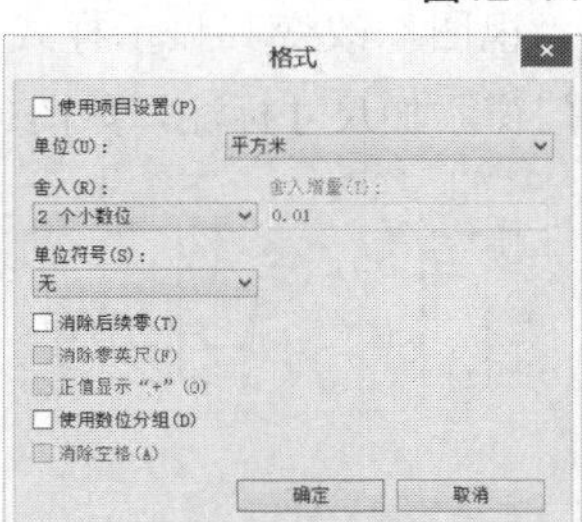

图12-15

12.2 门窗大样及门窗表

门窗详图主要用来表达对厂家的制作要求，如尺寸、形式、开启方式和注意事项等，同时也供土建施工和安装之用。有标准图集的可直接引用或参见引用，不必再画详图；如果没有标准图可引用，或与标准图出入较大，以及用标准图中的基本门窗进行组合时，则应绘制以门窗立面为主的门窗详图。

门窗详图应当按类别集中顺号绘制，以便不同的厂家分别进行制作。例如，木门窗和铝合金门窗多由两个厂家分别加工，其门窗详图分别集中绘制自然比较方便。

下面讲解绘制门窗的大样图。

典型实例：门窗大样和门窗表的绘制

场景位置：场景文件>CH12>门窗大样和门窗表的绘制.rvt
视频位置：视频文件>CH12>02典型实例：门窗大样和门窗表的绘制.mp4
实用指数：★★★☆☆
技术掌握：掌握门窗大样和门窗表的创建方法

01 启动Revit 2016，执行“打开>项目”菜单命令，在学习资源中找到“场景文件>CH12>门窗大样和门窗表的绘制.rvt”文件，然后单击“打开”按钮，打开项目文件，接着进入“视图”选项卡，在“创建”选项板中单击“图例”按钮，在弹出的“新图例视图”对话框中设置名称为“门窗大样”，如图12-16所示。

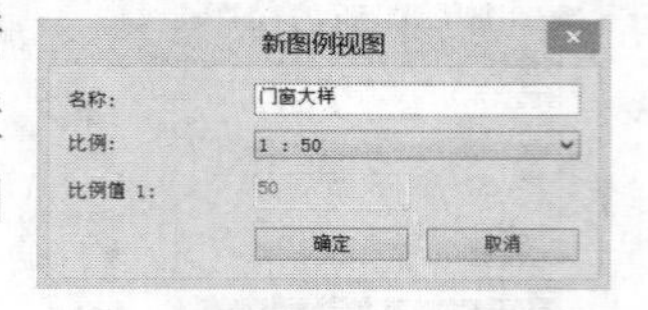

图12-16

02 单击“注释”选项卡，在“详图”面板中单击“构件”按钮，然后选择“图例构件”命令，如图12-17所示。

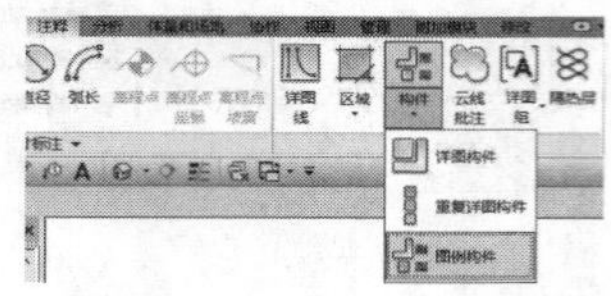

图12-17

03 在“族”下拉菜单中找到所需的族，同时调整“视图”改变其显示样式，运用DI尺寸标注命令对门窗添加尺寸标注，如图12-18所示。

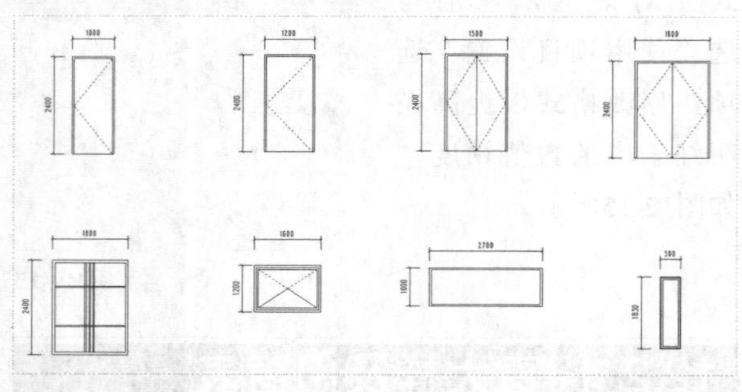

图12-18

04 在“视图”选项卡中，单击“创建”面板中的“明细表”按钮，在下拉菜单中选择“明细表/数量”命令，如图12-19所示。

图12-19

05 在弹出的“新建明细表”对话框中选择“窗”，输入“窗明细表”作为明细表名称，单击“确定”按钮，如图12-20所示。

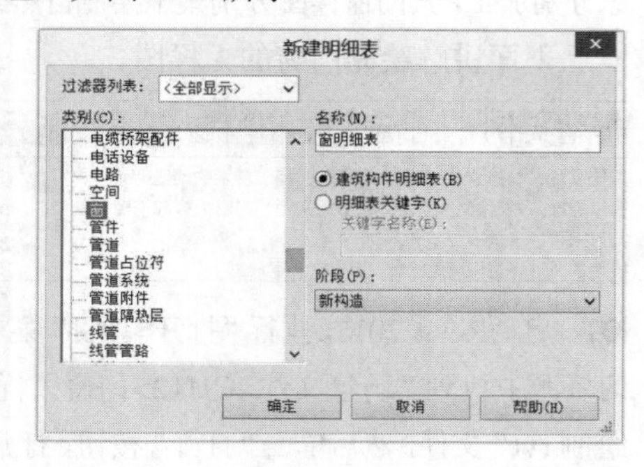

图12-20

06 在“字段”选项卡中，选择“类型”“高度”“宽度”“说明”“合计”作为明细表的字段内容，单击“添加”按钮，将以上参数添加到右侧明细表字段列表中。在明细表字段中选择各参数，通过“上移”和“下移”按键，调整字段顺序，使从上到下的顺序对应明细表中从左到右的顺序，如图12-21所示。

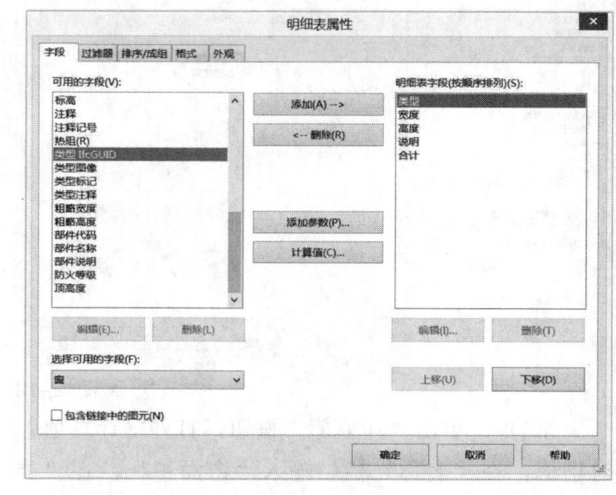

图12-21

技巧与提示

“字段”选项卡的“可用的字段”列表中显示对象类别中所有可以在明细表中使用的实例参数和类型参数。并非所有的实例参数和类型参数都能作为明细表字段显示，在族中自定义的参数中，只有共享参数才能在明细表中显示。

07 在“排序/成组”选项卡中，以“类型”作为明细表的排序方式，勾选“总计”选项，并选择“仅总数”作为总计内容，如图12-22所示。

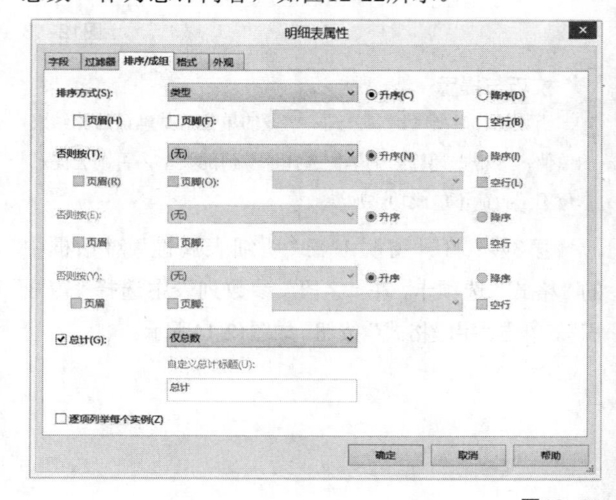

图12-22

08 在“格式”选项卡中选择字段“类型”，然后单击“确定”按钮，完成明细表定制，如图12-23 所示。

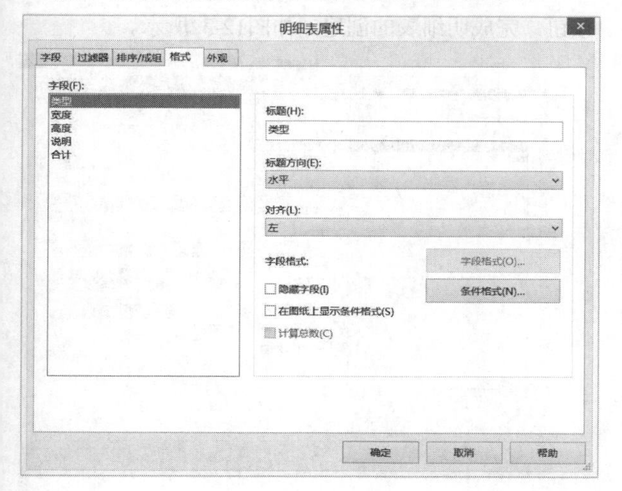

图12-23

09 完成后得到“窗明细表”，如图12-24所示。

<窗明细表>

A	B	C	D	E
类型	宽度	高度	说明	合计
90 系列	5440			2
400 x 800 m	400	800		2
700 x 700 m	700	700		2
700 x 1200	700	1200		2
700 x 1900	700	1900		6
700*1900	700	1900		12
1050 x 800	1050	800		2
1050 x 1100	1050	1100		2
1050 x 1900	1050	1900		8
1200x 800 m	1200	800		1
1700x 500 m	1700	500		1
2800 x 1900	2800	1900		1
MQ-2400X370	2400	3700	LC1	4
MQ-3150X430	3150	4300	LC1	1
MQ-3937	3850	3700	LC1	1
MQ-4050 (81	4050	3700	LC1	1
MQ-4700 (85	4700	4400	LC1	1
MQ-5100 (85	5100	4300	LC1	1
MQ-5137	5100	3700	LC1	2
MQ-6250 (78	6250	3700	LC1	2
MQ-6300 (90	6300	3700	LC1	7
MQ-6350 (79	6350	3700	LC1	7
MQ-6400 (80	6400	3700	LC1	5
MQ-6450 (80	6450	3700	LC1	3
MQ-8650 (86	8650	3700	LC1	3
窗嵌板_上悬				31
窗嵌板_单扇				140

图12-24

10 下面进行门明细表的绘制。以同样的操作完成“门明细表”的设置，如图12-25所示。

<门明细表>

A	B	C	D	E
类型	宽度	高度	说明	合计
600 x 2350m	600	2350	专业厂家设计	10
750 x 2350	750	2350		3
800 x 2100m	800	2100		1
800 x 2350	800	2350		3
900 x 2350	900	2350		2
900 x 2350	900	2350		3
900 x 2350m	900	2100		1
900 x 2400	900	2400		2
1000 x 2350	1000	2350		38
1000 x 2350	1000	2350	专业厂家设计	4
1000 x 2350	1000	2350	专业厂家设计	2
1000 x 2400	1000	2400		1
1000 x 2800	1000	2800		1
1200 x 2350	1200	2350		5
1200 x 2350	1200	2350	专业厂家设计	1
1200 x 2400	1200	2400		1
1250 x 2600	1250	2600		2
1500 x 2150	1500	2150	专业厂家设计	1
1500 x 2350	1500	2350		10
1500 x 2350	1500	2350		4
1500 x 2350	1500	2350		1
1500 x 2350	1500	2350	专业厂家设计	5
1500 x 2400	1500	2400		2
1500 x 2400	1500	2400	专业厂家设计	1
1500 x 2400	1500	2400	专业厂家设计	1
1500 x 2800	1500	2800		28
3000 x 2800	3000	2800		3
4500 x 2800	4500	2800		1
DM1	1300	2200		9
LM5026	1325	2725		27
LM5026	1500	2725		4
LM5026	1500	2725		4
门嵌板_单开				26
门嵌板_双扇				13

图12-25

11 进一步在明细表视图中编辑明细表的外观样式。选择“宽度”和“高度”两列，在“修改明细表/数量”选项卡中，单击“标题和页眉”面板中的“成组”按钮，合并生成新的单元格，如图12-26所示。

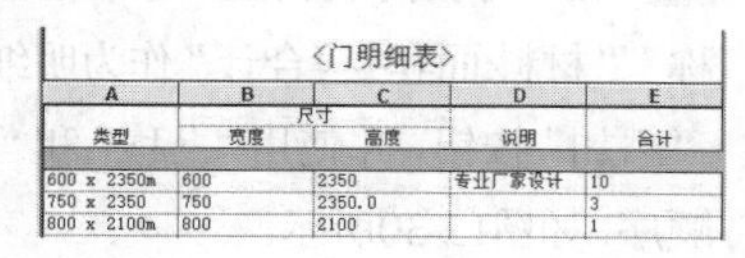

图12-26

12 单击生成的单元格，可以进入文字输入状态，输入“尺寸”。同时，也可以根据需要修改各单元格名称，如图12-27所示。

<门明细表>

A	B	C	D	E
	尺寸			
类型	宽度	高度	说明	合计
600 x 2350m	600	2350	专业厂家设计	10
750 x 2350	750	2350.0		3
800 x 2100m	800	2100		1

图12-27

技巧与提示

修改明细表单元格的名称不会改变图元参数名称。

12.3 材料明细表

材料的数量是项目施工采购或项目预算的计算基础，材料明细表是Revit作用的体现之一。材料明细表具有其他明细表视图的所有功能和特征，但通过它可以了解构件的材质数量。材料明细表的创建方式与明细表的创建方法基本一致，只是操作界面有细微差别。在Revit中，构件的任何材质均可以显示在明细表中。

下面讲解制作材料明细表。

典型实例：材料明细表

场景位置：无

视频位置：视频文件>CH12>03典型实例：材料明细表.mp4

实用指数：★★★☆☆

技术掌握：了解材料明细表的创建方法

01 使用上一节的案例模型，单击“视图”选项卡，在“创建”面板中单击“明细表”，在弹出的下拉菜单中选择“材质提取”命令，如图12-28所示。

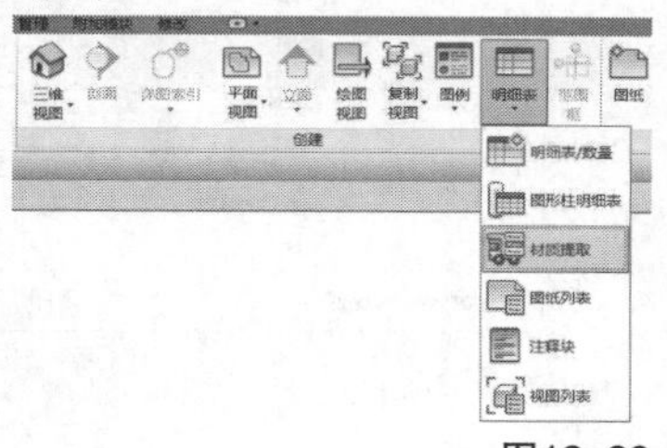

图12-28

02 弹出“新建材质提取”对话框，在“类别”中选择“多类别”，输入“材料明细表”作为明细表名称，单击“确定”按钮，如图12-29所示。

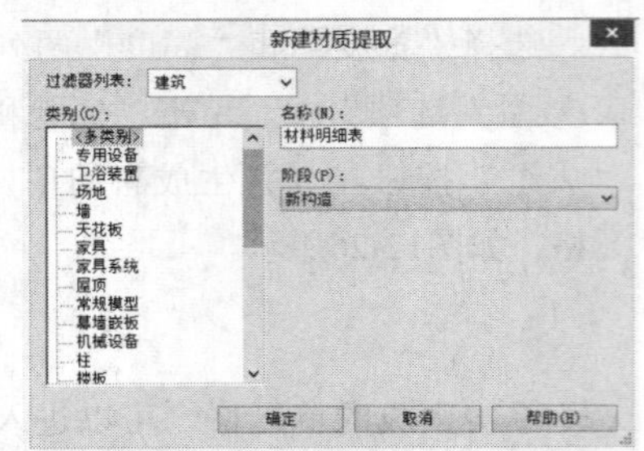

图12-29

03 在“材质提取属性”对话框中，依次添加“材料:名称”“材料:面积”“合计”作为明细表的字段内容，单击“添加”按钮，并使用“上移”和“下移”按钮调整字段顺序，如图12-30所示。

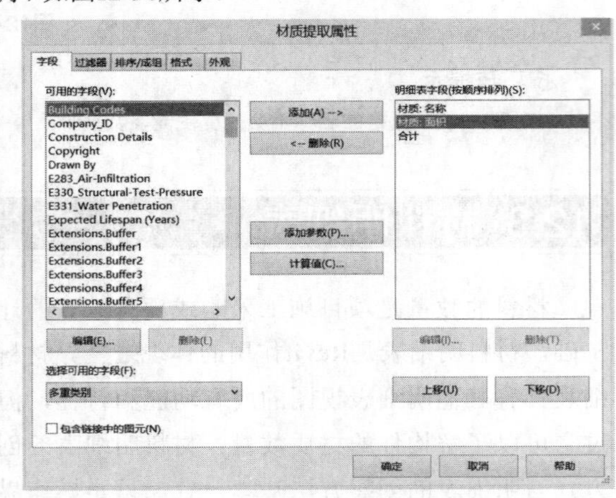

图12-30

04 切换到“排序/成组”选项卡，选择“排序方式”为“材料:名称”，取消勾选“逐项列举每个实例”复选项，单击“确定”按钮，完成明细表属性设置，如图12-31所示。

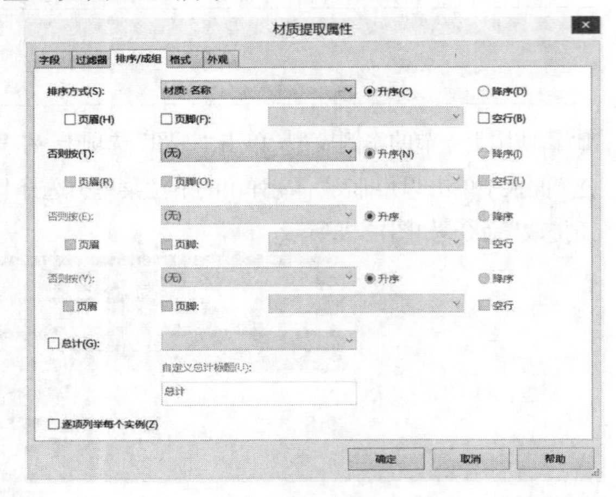

图12-31

05 切换到“格式”选项卡，选择“材质:面积”字段，勾选右下角“计算总数”复选项，单击“确定”按钮，完成明细表的创建，如图12-32所示。

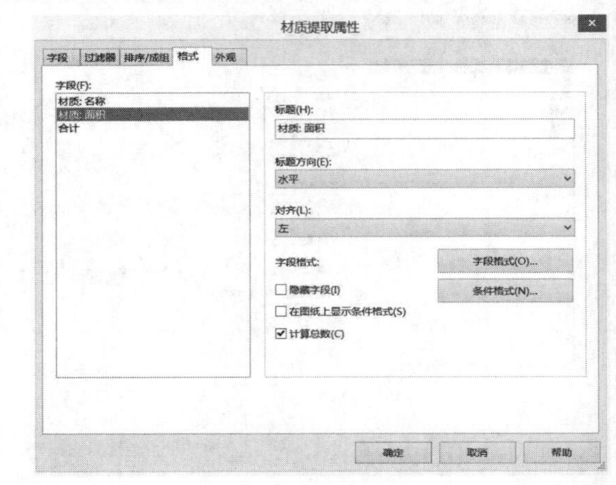

图12-32

技巧与提示

单击“字段格式”按钮可以设置材质面积的显示单位和精度等，默认采用项目单位设置。

06 完成后得到“材料明细表”，如图12-33所示。

<材料明细表>

A	B	C
材质：名称	材质：面积	计数
涂料-米黄色	25.80	1
混凝土 - 现场浇	2.56	1
涂料-米黄色	6.56	1
混凝土 - 现场浇	1.35	1
涂料-米黄色（柱	34.32	1
涂料-米黄色	4.21	1
混凝土 - 现场浇	5.67	1
涂料-米黄色（柱	30.28	1
涂料-米黄色	6.52	1
混凝土 - 现场浇	2.56	1
涂料-米黄色（柱	23.15	1
涂料-米黄色	22.04	1
混凝土 - 现场浇	4.79	1
涂料-米黄色	2.80	1
涂料-米黄色（柱	23.30	1
涂料-米黄色	2.80	1
涂料-米黄色（柱	23.30	1
涂料-米黄色	5.64	1
涂料-米黄色（柱	26.67	1
默认墙	0.07	1
涂料-米黄色	9.70	1
C_保温-挤塑聚苯	0.08	1
涂料-米黄色（柱	29.69	1
涂料-米黄色（柱	40.47	1
涂料-米黄色	9.77	1
涂料-米黄色（柱	34.82	1
涂料-米黄色	6.06	1
涂料-米黄色（柱	31.48	1
涂料-米黄色	29.25	1
涂料-米黄色	32.72	1
涂料-米黄色	32.72	1
涂料-米黄色	29.68	1
涂料-米黄色	4.00	1
涂料-米黄色（柱	32.33	1
涂料-米黄色	4.00	1
涂料-米黄色（柱	32.33	1
涂料-米黄色	27.36	1
涂料-米黄色	7.42	1
涂料-米黄色（柱	29.04	1
涂料-米黄色	5.47	1
涂料-米黄色（柱	30.13	1
涂料-米黄色	5.61	1

图12-33

12.4 房间、面积和装修明细表

房间明细表与房间相关，房间明细表中出现的所有字段都是房间属性列表的一部分。如果修改明细表中字段的值，则房间的相应属性值也随之更新，反之亦然。本节将详细讲解房间明细表和装修明细表的制作。

典型实例：房间和面积明细表

场景位置：无
视频位置：视频文件>CH12>04典型实例：房间和面积明细表.mp4
实用指数：★★★☆☆
技术掌握：了解房间、面积明细表的创建方法

下面讲解房间明细表的创建。

01 继续使用上一节案例模型，单击“视图”选项卡，在“创建”面板中单击“明细表”按钮，在弹出的下拉菜单中选择“明细表/数量”命令，如图12-34所示。

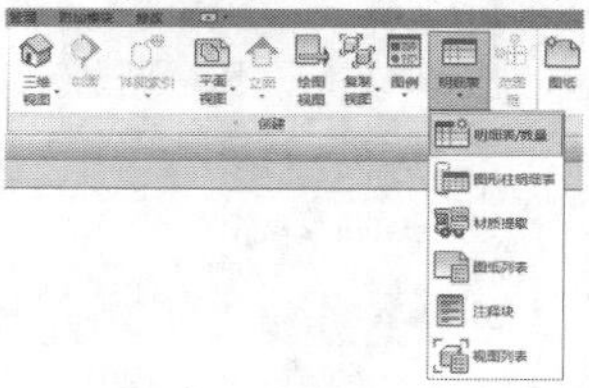

图12-34

02 在弹出的“新建明细表”对话框中选择“房间”，然后输入“房间明细表”作为明细表名称，接着单击“确定”按钮，如图12-35所示。

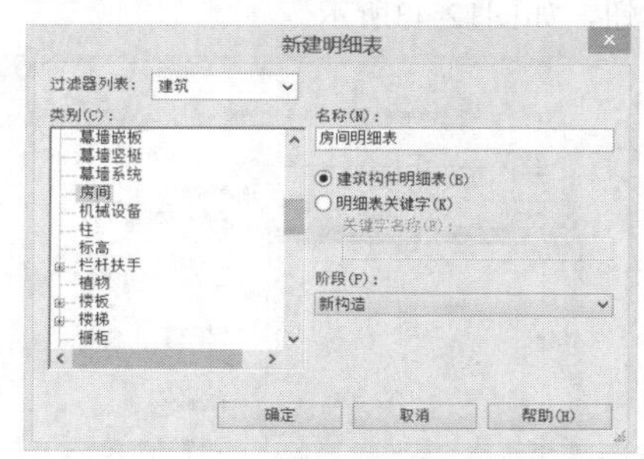

图12-35

03 在弹出的“明细表属性”对话框中，顺次添加“名称”“标高”“面积”“合计”作为明细表的字段内容，单击“添加”按钮，并使用“上移”和“下移”按钮调整字段顺序，如图12-36所示。

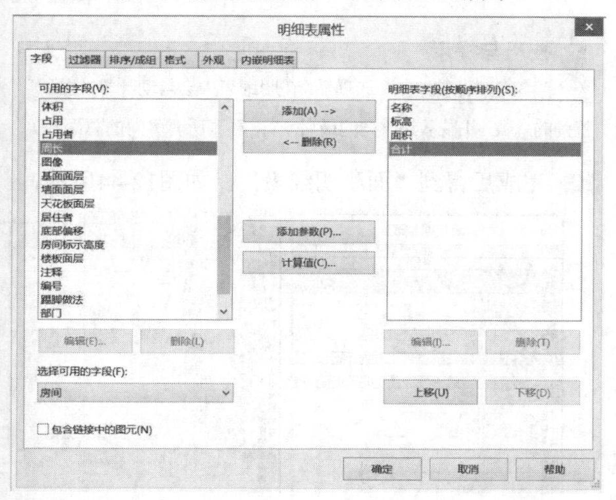

图12-36

04 切换到“排序/成组”选项卡，选择“排序方式”为“标高”，并勾选“页眉”复选项；第一个“否则按”后的选项为“名称”；第二个“否则按”后的选项为“面积”，取消勾选“逐项列举每个实例”复选项，即合并处于同一标高、房间名称和面积相同的行，如图12-37所示。

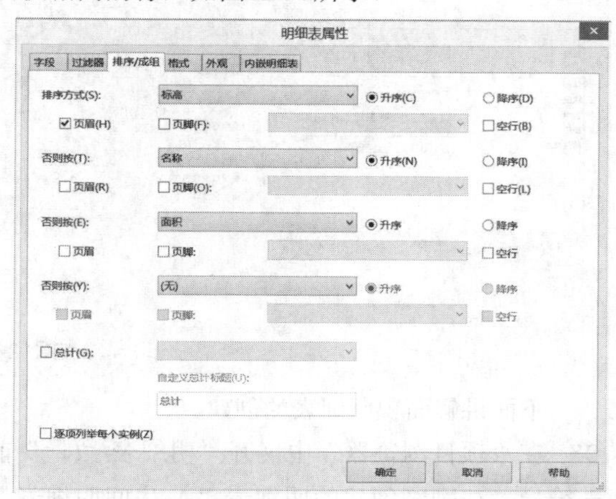

图12-37

05 切换到“格式”选项卡，选择“标高”字段，勾选右下角“隐藏字段”复选项，然后单击“确定”按钮，完成明细表的创建，如图12-38所示。

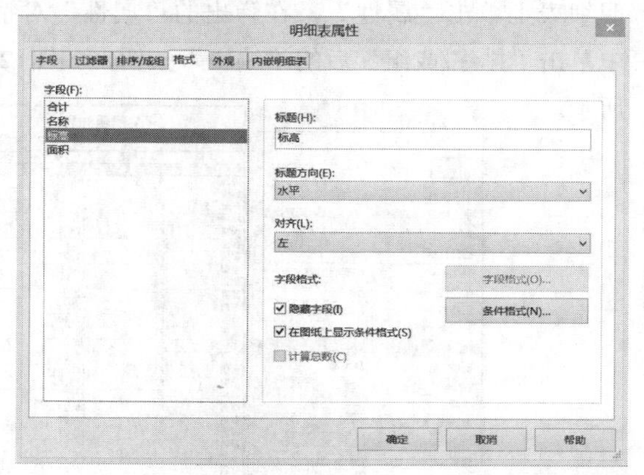

图12-38

06 完成后得到“房间明细表”，如图12-39所示。

<房间明细表>		
A	B	C
名称	标高	面积（平方米）
房间	未放置	未放置
庭院	B1	128.78
开敞茶室	B1	277.74
乒乓球室	B1	47.30
大堂	F1	193.80
客房	F2	22.67
客房	F2	22.97
走廊	F2	290.59
客房	F3	23.02
客房	F3	22.98
走廊	F3	173.35
电梯厅	F1	17.46
走廊	F1	256.87
会议室	F1	36.03
办公室	F1	13.89
商店	F1	103.64
厨房	F1	119.69
客房	F2	22.97
客房	F2	25.26
客房	F2	22.97
客房	F2	29.84
新风机房	F2	19.27
服务间	F2	17.28
客房	F2	29.00
客房	F2	28.66
总统套房电	F3	110.47
新风机房	F3	18.82
客房	F3	25.26
客房	F3	22.98
客房	F3	22.98
客房	F3	29.88
服务间	F3	17.28
客房	F3	37.61
厨房	B1	94.87
报警阀间	B1	1.44
女更衣室	未放置	未放置
男更衣室	未放置	未放置
更衣淋浴	B1	7.30
卫生间	B1	3.25
女卫	B1	8.95
男卫	B1	13.44

图12-39

技巧与提示

如果计算出的面积为整数，单击“管理”选项卡，在“设置”面板中单击“项目单位”按钮，在弹出的对话框中选择“面积”，保留“2个小数位”，单位为“平方米”，如图12-40所示。

项目单位

规程(D)：公共

单位	格式
长度	1235 [mm]
面积	1234.57 [m²]
体积	1234.57 [m³]
角度	12.35°
坡度	12.35°
货币	1234.57
质量密度	1234.57 kg/m³

小数点/数位分组(G)：123, 456, 789. 00

确定 取消 帮助(H)

格式

使用项目设置(P)

单位(U)：平方米

舍入(R)：2 个小数位 舍入增量(I)：0. 01

单位符号(S)：无

消除后续零(T)

消除零英尺(F)

正值显示“+”(O)

使用数位分组(D)

消除空格(A)

确定 取消

图12-40

下面讲解面积明细表的创建。

07 在“项目浏览器”中展开“明细表/数量”前的+符号，在刚刚创建的明细表“A-房间明细表”上单击鼠标右键，在弹出的快捷菜单中单击“复制视图>复制”命令，在打开的“副本:房间明细表”上单击表格标题，输入新标题“面积明细表”，并在明细表上单击“属性”，在弹出的“属性”对话框中单击“排序/成组”后的“编辑”按钮，如图12-41所示。

属性

明细表

明细表: 房间明细表 编辑类型

标识数据	
视图样板	<无>
视图名称	房间明细表
相关性	不相关
工作集	视图"明细表: 房...
编辑者	Administrator
阶段化	
相位	新构造
其他	
字段	编辑...
过滤器	编辑...
排序/成组	编辑...
格式	编辑...
外观	编辑...
内嵌明细表	编辑...

属性帮助 应用

项目浏览器 - 17.1 .rvt 属性

〈房间明细表〉

A	B	C
名称	标高	面积（平方米）
房间	未放置	未放置
庭院	B1	128.78
开敞茶室	B1	277.74
乒乓球室	B1	47.30
大堂	F1	193.80
客房	F2	22.67
客房	F2	22.97
走廊	F2	290.59
客房	F3	23.02
客房	F3	22.98
走廊	F3	173.35
电梯厅	F1	17.46
走廊	F1	256.87
会议室	F1	36.03
办公室	F1	13.89
商店	F1	103.64
厨房	F1	119.69
客房	F2	22.97
客房	F2	25.26
客房	F2	22.97
客房	F2	29.84
新风机房	F2	19.27
服务间	F2	17.28
客房	F2	29.00
客房	F2	28.66
总统套房电	F3	110.47
新风机房	F3	18.82
客房	F3	25.26
客房	F3	22.98
客房	F3	22.98
客房	F3	29.88
服务间	F3	17.28
客房	F3	37.61
厨房	B1	94.87
报警阀间	B1	1.44
女更衣室	未放置	未放置
男更衣室	未放置	未放置
更衣淋浴	B1	7.30
卫生间	B1	3.25
女卫	B1	8.95
男卫	B1	13.44
女更衣、淋	B1	34.29

图12-41

08 在弹出的“明细表属性”对话框中勾选“总计”复选项，并选择“仅总数”选项作为总计的内容，如图12-42所示。

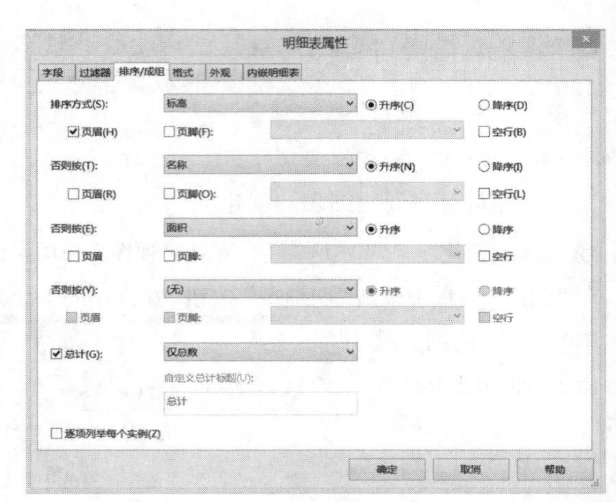

图12-42

09 切换到“格式”选项卡，选择“面积”字段，勾选“计算总数”复选项；选择“合计”字段，同样勾选“计算总数”复选项，最后单击“确定”按钮，如图12-43所示。

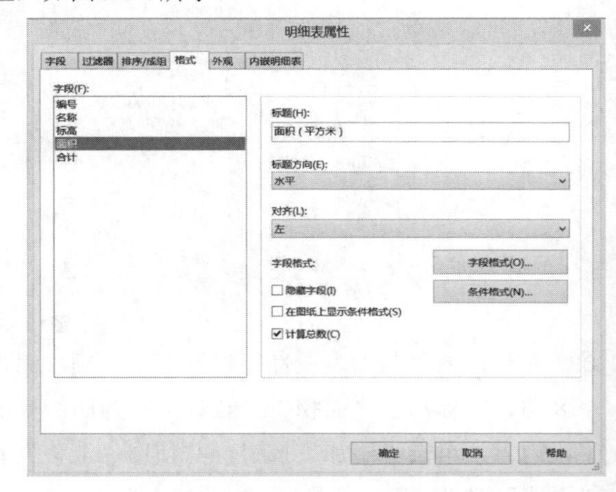

图12-43

技巧与提示

当勾选“计算总数”选项后，在明细表中会自动计算“面积”整列的总数，并显示到该列的最后一行，得到所有房间的总面积。

10 完成后得到“面积明细表”，如图12-44所示。

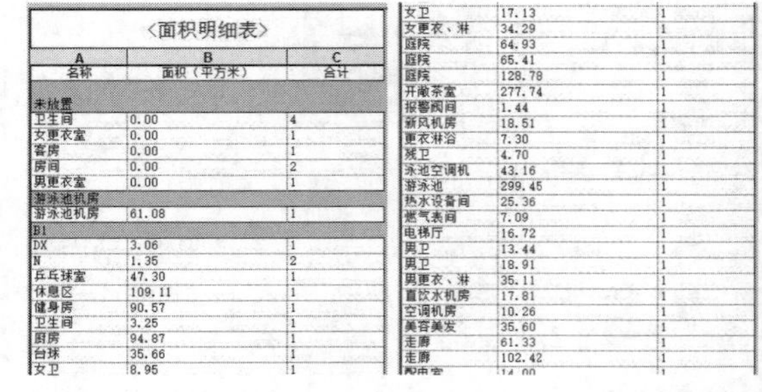

〈面积明细表〉

A	B	C
名称	面积（平方米）	合计
未放置		
卫生间	0.00	4
女更衣室	0.00	1
客房	0.00	1
房间	0.00	2
男更衣室	0.00	1
游泳池机房		
游泳池机房	61.08	1
B1		
DX	3.06	1
N	1.35	2
乒乓球室	47.30	1
休息区	109.11	1
健身房	90.57	1
卫生间	3.25	1
厨房	94.87	1
台球	35.66	1
女卫	8.95	1
女卫	17.13	1
女更衣、淋	34.29	1
庭院	64.93	1
庭院	65.41	1
庭院	128.78	1
开敞茶室	277.74	1
报警阀间	1.44	1
新风机房	18.51	1
更衣淋浴	7.30	1
残卫	4.70	1
泳池空调机	43.16	1
游泳池	299.45	1
热水设备间	25.36	1
燃气表间	7.09	1
电梯厅	16.72	1
男卫	13.44	1
男卫	18.91	1
男更衣、淋	35.11	1
直饮水机房	17.81	1
空调机房	10.26	1
美容美发	35.60	1
走廊	61.33	1
走廊	102.42	1
配电室	14.00	1

图12-44

下面讲解装修明细表的制作。

11 装修明细表可以运用房间明细表来制作，单击“视图”选项卡，在“创建”面板中单击“明细表”按钮，在弹出的下拉菜单中选择“明细表/数量”命令，如图12-45所示。

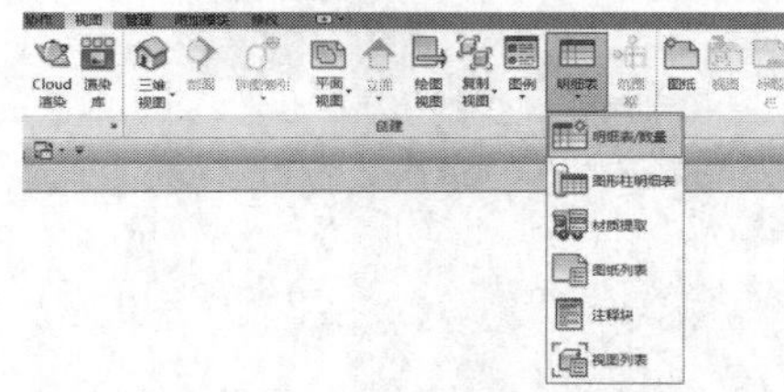
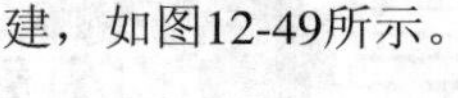

图12-45

12 在弹出的“新建明细表”对话框中选择房间，修改名称为“装修做法表”，如图12-46所示。

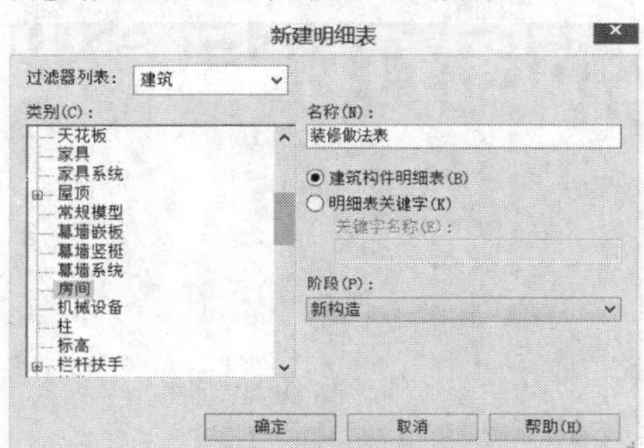

图12-46

13 完成上述操作后单击“确定”按钮，打开“明细表属性”对话框，在“可用的字段”中选择并添加“标高”“名称”“合计”“面积”选项，如图12-47所示。

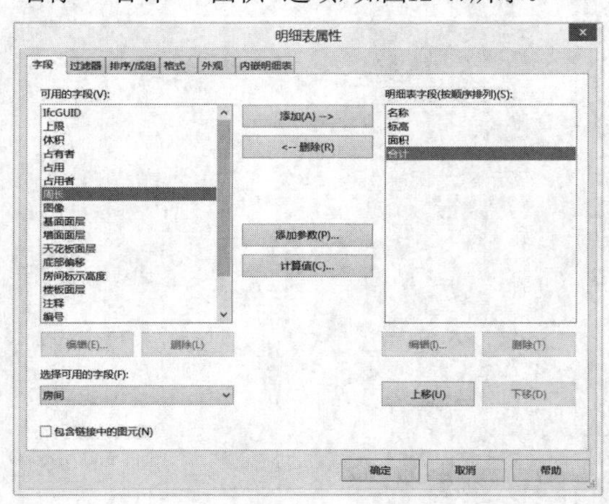

图12-47

14 在绘制装修做法表时，要把内墙、踢脚和顶棚计算在内，需要在明细表属性的可用字段中添加选项。在“明细表属性”对话框中单击“编辑”按钮，在弹出的“参数属性”对话框中添加名称“内墙”，在类别中勾选“墙”选项，单击“确定”按钮，如图12-48所示。

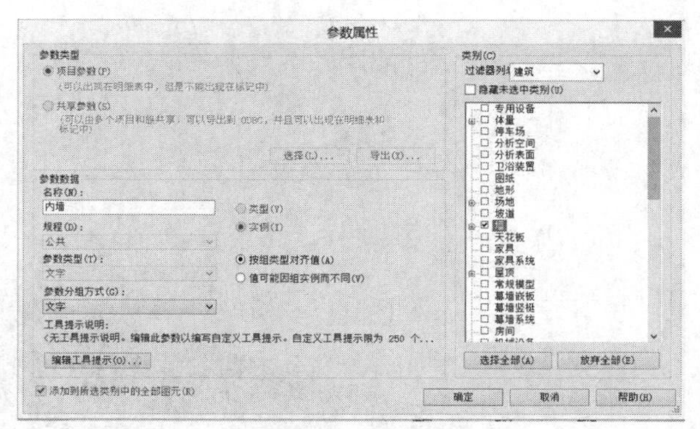

图12-48

15 运用同样的方法完成踢脚、顶棚的编辑，完成上述操作后单击“确定”按钮，完成明细表的创建，如图12-49所示。

<装饰做法表>

A	B	C	D	E	F
名称	标高	面积	踢脚	天花板面层	内墙
房间	未放置	未放置	1		
房间	未放置	未放置	1		
强电	1F	5	1		
弱电	1F	5	1		
排风井	1F	3	1		
水管井	1F	3	1		
电梯间	1F	6	1		
电梯间	1F	6	1		
送风井	1F	1	1		
送风井	1F	1	1		
楼梯三	1F	15	1		
音响设备	1F	15	1		
卫生间	1F	13	1		
残卫	1F	5	1		
管井	1F	1	1		
卫生间	1F	16	1		
合用前室	1F	56	1		
大堂	1F	379	1		
排风井	1F	4	1		
新风井	1F	4	1		
房间	1F	1	1		
房间	1F	2	1		
送风井	1F	1	1		
弱电	1F	3	1		
强电	1F	5	1		
电梯四	1F	6	1		
电梯五	1F	6	1		
楼梯四	1F	18	1		
前室	1F	6	1		
空调机房	1F	47	1		
庭院	1F	674	1		
大堂	1F	550	1		
大堂	1F	401	1		
变电站	1F	186	1		
楼梯五	1F	17	1		
送风井	1F	1	1		
送风井	1F	1	1		
电梯六	1F	6	1		
电梯七（消	1F	6	1		

图12-49

技巧与提示

在项目中选择墙体，根据“属性”面板中所显示的墙体信息，将信息手动输入装修做法表。

12.5 本章总结

通过本章的学习，相信读者对Revit中的明细表功能有了比较清晰的认识和了解。使用Revit的明细表可以导出建筑部件的尺寸和数据，为预算提供资料，熟练掌握明细表的制作可以更好地发挥Revit的作用。

12.6 课后拓展练习

练习：使用“场景文件>CH12>别墅（示例）.rvt”模型，完成门窗大样和门窗表的绘制，创建建筑材料明细表、房间和面积明细表。

第13章 施工图布图打印与输出

本章知识索引

知识名称	作用	重要程度	所在页
图框的创建与修改	掌握图框标题栏的创建方法，学习编辑图框标题栏	★★★☆☆	P248
布置图纸	掌握布置图纸的方法	★★★☆☆	P248
打印出图	掌握打印出图的方法	★★★☆☆	P252

本章实例索引

实例名称	所在页
课前引导实例：创建本公司图框标题栏	P247
典型实例：布置图纸	P249
典型实例：添加多个图纸和视口	P250
典型实例：图例视图制作	P250
典型实例：创建图纸目录	P251
典型实例：创建门窗表图纸	P252
课后拓展练习	P254

13.1 课前引导实例：创建本公司图框标题栏

场景位置：场景文件>CH13>创建本公司图框标题栏.Nvt
视频位置：视频文件>CH13>01课前引导实例：创建本公司图框标题栏.mp4
实用指数：★★★☆☆
技术掌握：了解图纸图框标题栏的创建流程

在打印出图之前，需要先创建施工图图纸。Revit在视图工具中提供了专门的图纸工具来生成项目的施工图纸。每个图纸视图都可以放置多个图形视口和明细表视图。

由于设计机构的图框各不相同，因此图框（标题栏）族的制作是必不可少的定制工作。图框的样式一般有如下两种。

图框A，图签在右侧充满了图纸高度方向，对于这种图框，一般只能对每种图幅（高度不同）的图框单独建立不同的族文件，如图13-1所示。

图13-1

图框B，图签位于图框一角，不随图框的图幅大小而变化，对于这种图框，只制作一个族文件便可以包含不同规格的图框，如图13-2所示。

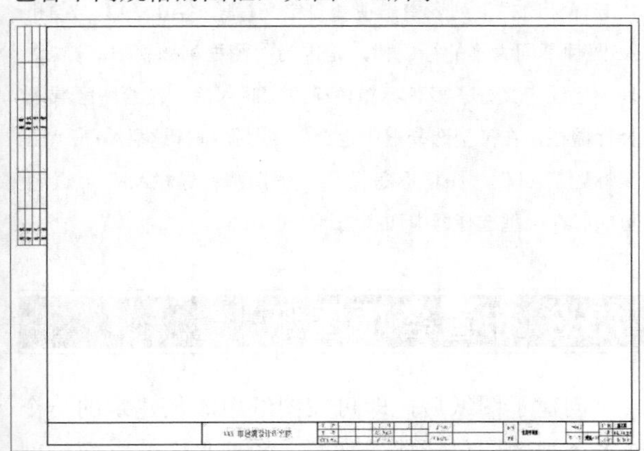

图13-2

下面以图框A为例进行创建。

01 单击按钮，打开应用程序菜单，在弹出的下拉菜单中执行“新建>族”菜单命令，如图13-3所示。

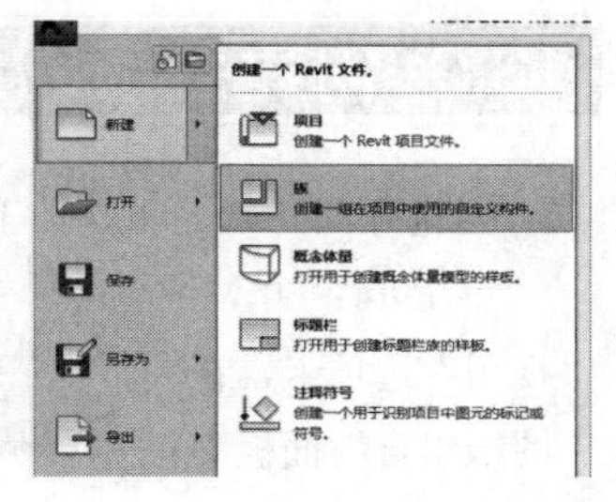

图13-3

02 在弹出的“新族-选择样板文件”对话框中，根据图幅的不同选择对应图幅的族样板，如图13-4所示。

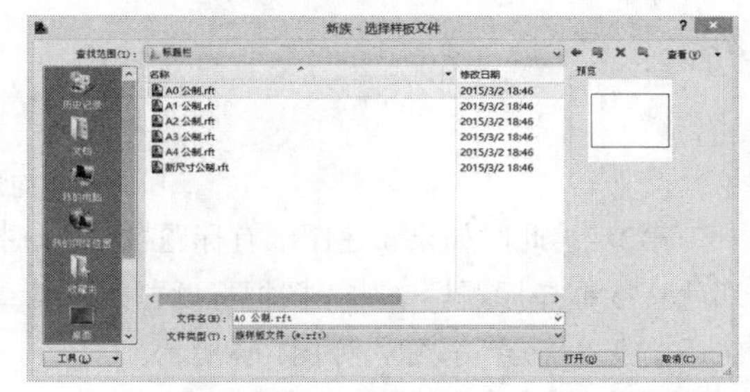

图13-4

03 打开族样板文件，会得到一个可编辑的视图空间，如图13-5所示。

图13-5

04 根据设计机构的图框样式绘制图框内容，并添加必要的标签及文字，组成图签栏和会审会签栏，或者打开学习资源中的“场景文件>CH13>图框标题栏.rfa”文件，载入预先设定好的图框，如图13-6所示。

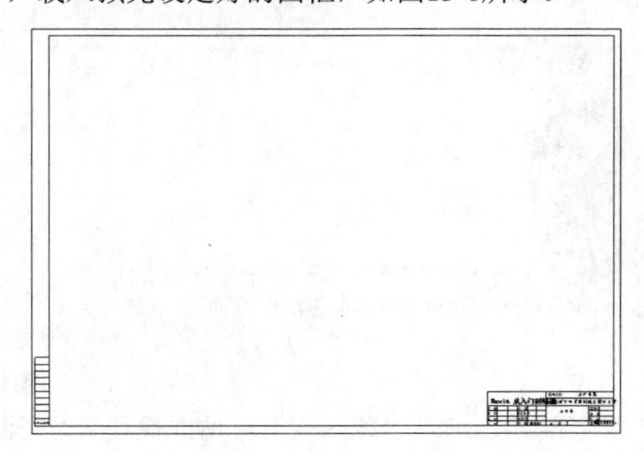

图13-6

13.2 创建各项图纸

创建各项图纸的步骤如下。

第1步：单击"视图"选项卡，在"图纸组合"面板中单击"图纸"按钮，打开"新建图纸"对话框，如图13-7所示。

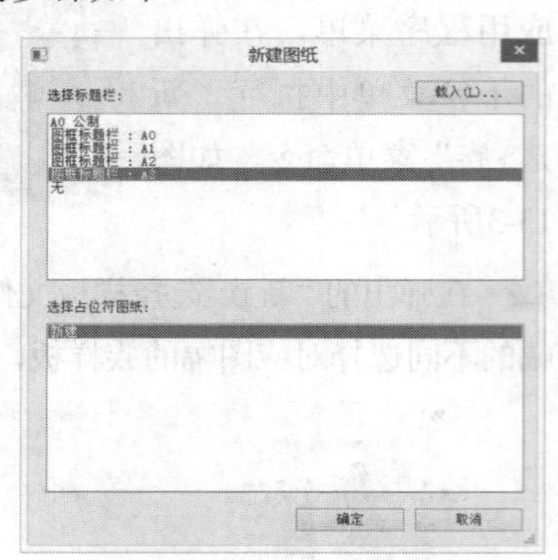

图13-7

第2步：此时如果新建图纸有标题栏可供选择，那就直接选择标题栏（如"图框标题栏：A1"），然后单击"确定"按钮，如图13-8所示。

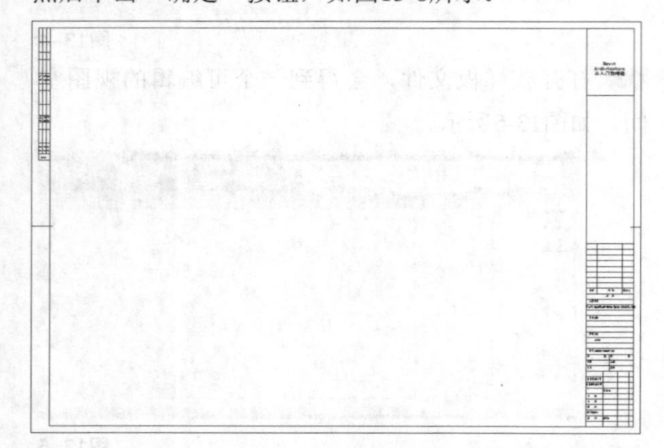

图13-8

第3步：如果没有标题栏可供使用，单击"新建图纸"对话框中的"载入"按钮，打开"载入族"对话框，如图13-9所示。

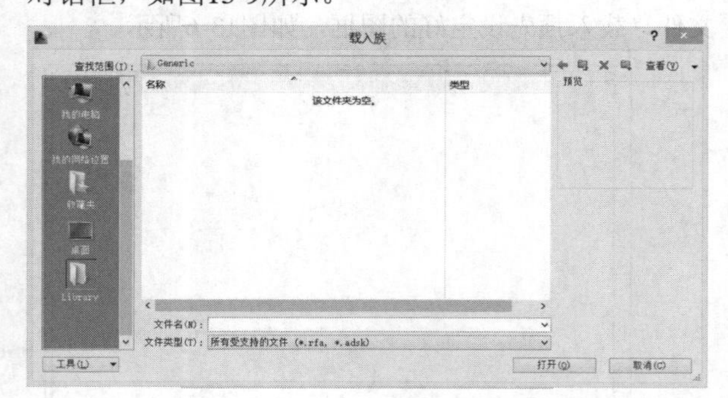

图13-9

第4步：通过"载入族"对话框找到学习资源中的"场景文件>CH13>图框标题栏.rfa"文件，然后单击"打开"按钮，返回到"新建图纸"对话框，将"图框标题栏.rfa"文件载入项目中，如图13-10所示。

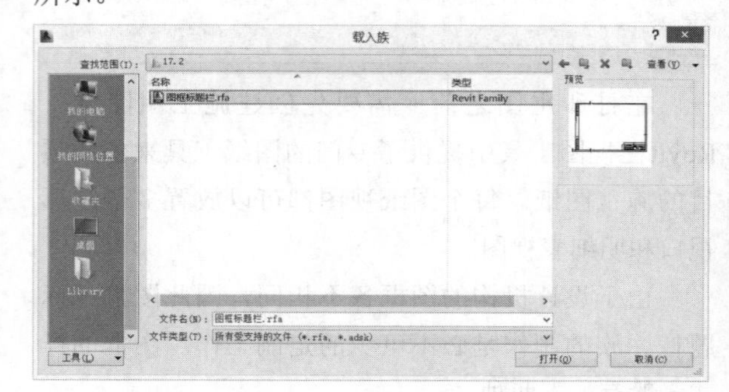

图13-10

第5步：此时绘图区域打开一张刚刚创建的图纸，创建图纸后，在"项目浏览器"的"图纸"选项下自动增加了图纸"A101-未命名"，如图13-11所示。如果模型文件中已经存在其他图纸，图纸名称则会顺延编号。

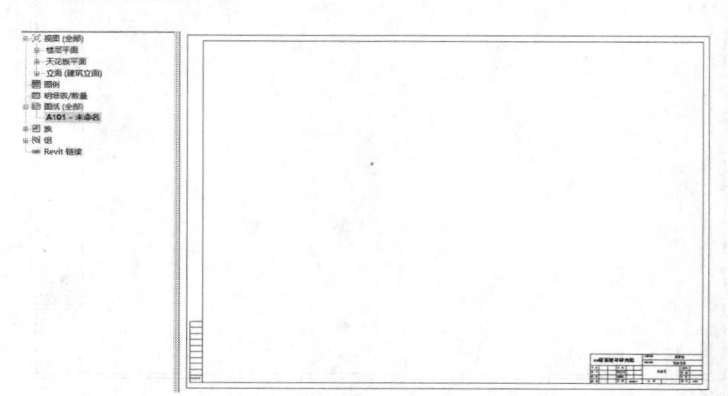

图13-11

技巧与提示

在此只载入了一个图框族文件"图框标题栏.rfa"，但在"选择标题栏"列表中出现了自定义标题栏A0、A1、A2和A3四种不同大小的标题栏，是因为"图框标题栏.rfa"族文件中已经定义好了多种标题栏样式。载入后，在绘图区域选择标题栏，在类型选择器中也会出现"图框标题栏A0""图框标题栏A1""图框标题栏A2""图框标题栏A3"，读者可随时在类型选择器中切换图纸大小。

13.3 布置各项图纸

创建了图纸后，即可在图纸中添加建筑的一个或多个视图，包括楼层平面、场地平面、立面、剖面、详图、三维视图、绘图视图、图例图示、渲染视图或明细表视图等。将视图添加到图纸后还需要对图纸位置、名称等视图标题信息进行设置。

典型实例：布置图纸

场景位置：无
视频位置：视频文件>CH13>02典型实例：布置图纸.mp4
实用指数：★★★☆☆
技术掌握：了解图纸的布置

01 创建一个空白图纸，然后开始给图纸布置视图。在“项目浏览器”中展开“图纸”选项，用鼠标右键单击“建施-J1001”选项，在弹出的菜单中选择“重命名”命令，按图示内容定义图纸编号和名称，如图13-12所示。

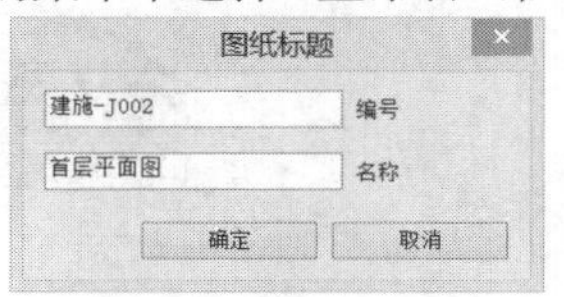

图13-12

02 在“项目浏览器”中拖曳楼层平面F1，放置视图到“建施-J002”图纸视图，如图13-13所示。

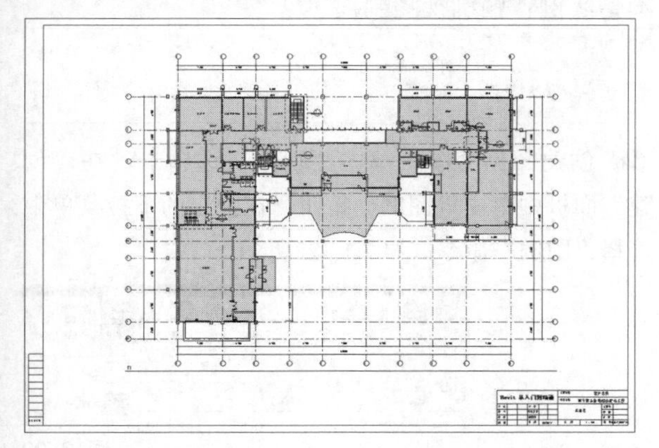

图13-13

03 添加图名，选择平面视图F1，修改其属性中的“图纸上的标题”为“首层平面图”，如图13-14所示。

标识数据	
视图样板	<无>
视图名称	F1
相关性	不相关
图纸上的标题	首层平面图
图纸编号	建施-J001
图纸名称	首层平面图
参照图纸	
参照详图	
工作集	视图"图纸: 建...
编辑者	Administrator

图13-14

04 以同样的操作依次拖曳其余B1、2F、3F、屋顶平面图到“建施-J001”“建施-J003”“建施-J004”“建施-J005”图纸视图，修改平面视图B1、2F、3F和屋顶平面图的属性，将“图纸上的标题”改为“地下一层平面图”“二层平面图”“三层平面图”“屋顶层平面图”。拖曳图纸标题到合适位置，并调整标题文字底线到适合标题的长度，完成结果如图13-15所示。

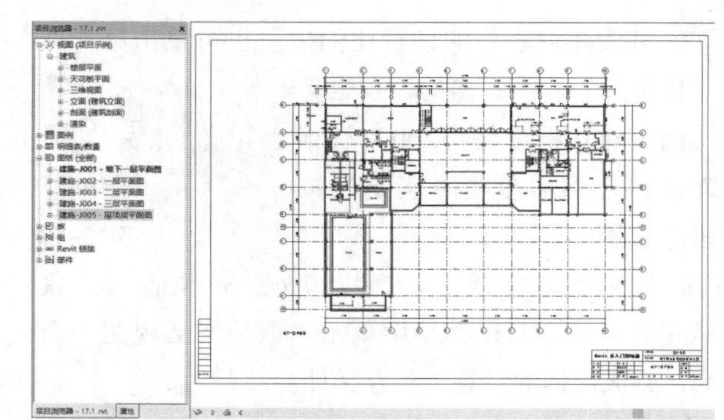

图13-15

05 如需修改视口比例，则要在图纸中单击选择视图，在“修改 | 视口”选项卡的“视口”面板中单击“激活视图”按钮，或者用鼠标右键单击图纸视口，在快捷菜单中选择“激活视图”命令，如图13-16所示。

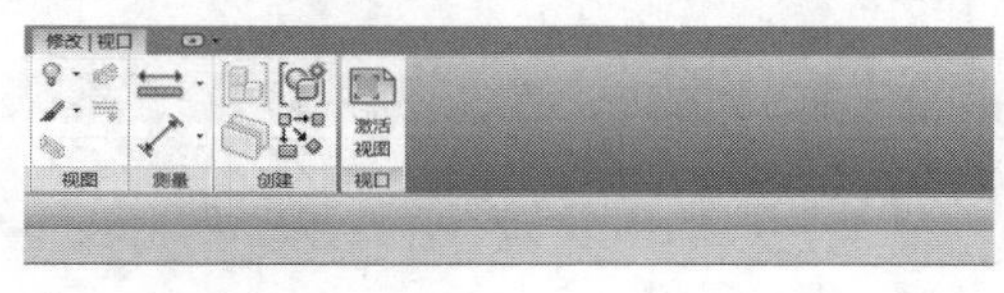

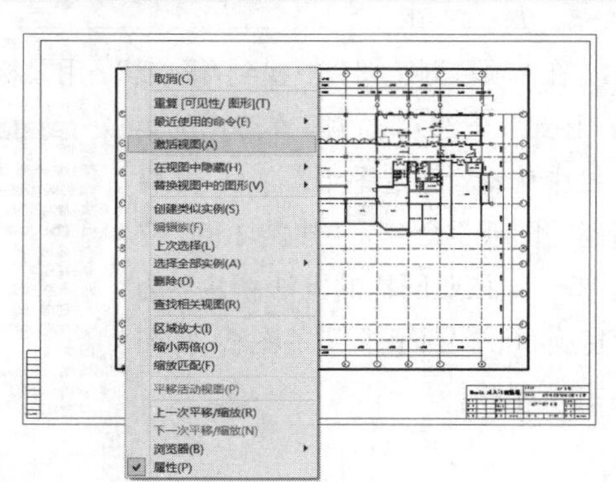

图13-16

06 此时图纸标题栏显示为灰色，单击绘图区域左下角视图控制栏第一项“1：100”，弹出比例列表，如图13-17所示。

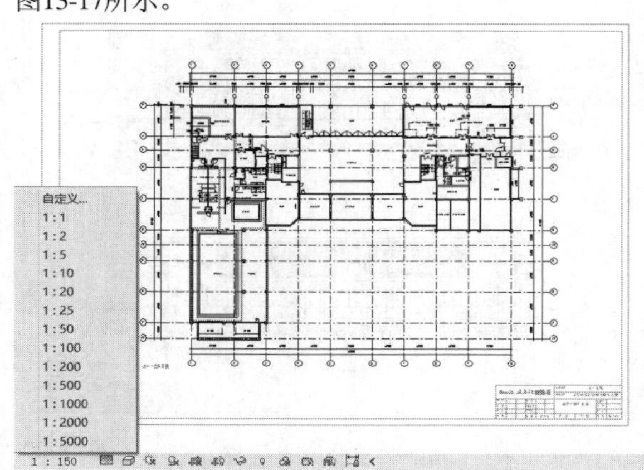

图13-17

07 可选择列表中的任意比例值，也可单击第一项“自定义”，在弹出的“自定义比例”对话框中将“200”设置为新值，然后单击“确定”按钮，如图13-18所示。

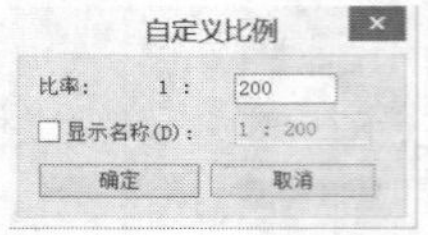

图13–18

08 比例设置完成后，在视口外任意位置双击鼠标左键，或在右键菜单中单击“取消激活视图”命令，完成比例的设置，保存文件。

> **技巧与提示**
>
> 激活视图后，不仅可以重新设置视口比例，且当前视图可以和“项目浏览器”中的“楼层平面”下的F1视图一样，进行绘制操作和修改。修改完成后在视图中单击鼠标右键，选择“取消激活视图”命令即可。

典型实例：添加多个图纸和视口

场景位置：无
视频位置：视频文件>CH13>典型实例：添加多个图纸和视口.mp4
实用指数：★★★☆☆
技术掌握：了解多个图纸和视口的添加

01 在“项目浏览器”中找到“图纸”，用鼠标右键单击“图纸（全部）”选项，在弹出的菜单栏中选择“新建图纸”命令，并将新建的图纸重命名为“建施-J006 立面图一”，按照同样的方法新建名为“建施-J007 立面图二”的图纸，如图13-19所示。

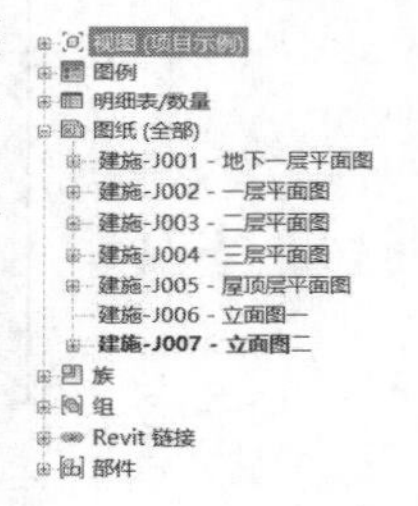

图13–19

02 在“项目浏览器”的“立面（建筑立面）”中，将“1-10轴立面图”和“10-1轴立面图”拖曳到图纸中合适位置，调整视图标题位置到视图正下方，如图13-20所示。

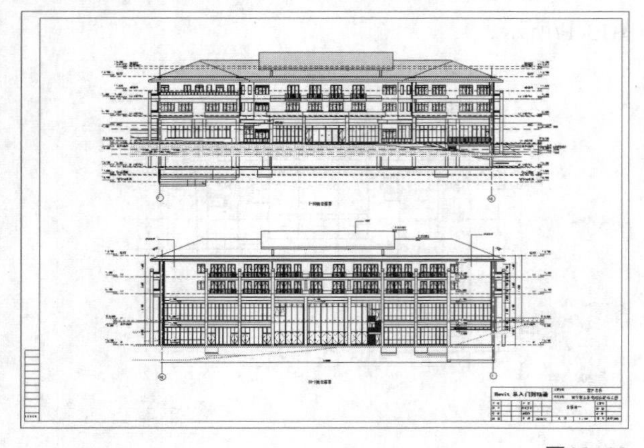

图13–20

03 以同样的方法把“立面（建筑立面）”中的“1/A-K轴线立面图”和“K-1/A轴线立面图”拖曳到图纸中合适位置，然后调整视图标题位置到视图正下方，如图13-21所示。

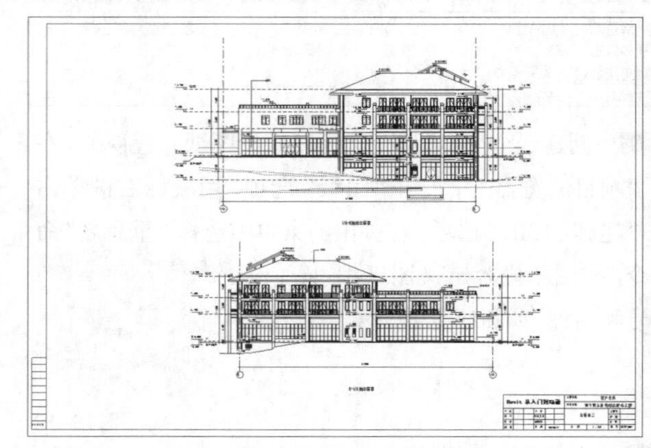

图13–21

典型实例：图例视图制作

场景位置：无
视频位置：视频文件>CH13>图例视图制作.mp4
实用指数：★★★☆☆
技术掌握：了解图例视图的制作

01 创建图例视图。单击“视图”选项卡，在“创建”面板中单击“图例”按钮，在弹出的下拉菜单中选择“图例”命令，如图13-22所示。

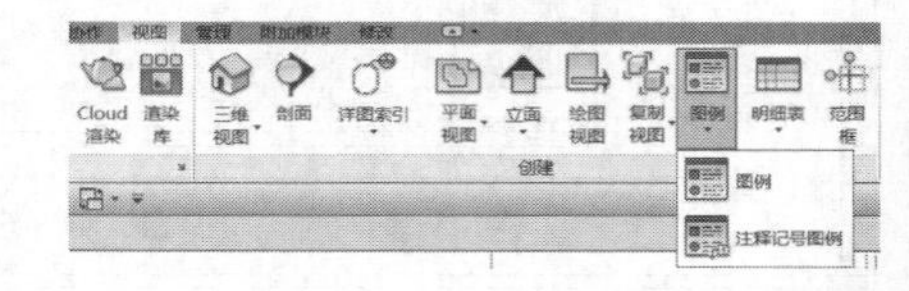

图13–22

02 在弹出的“新图例视图”对话框中输入名称为“图例1”，单击“确定”按钮，新建图例视图，如图13-23所示。

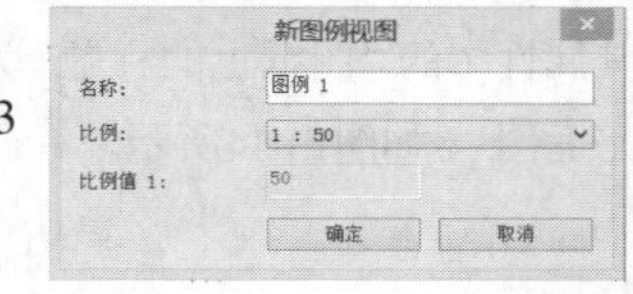

图13–23

03 选择图例构件。进入新建图例视图，单击“注释”选项卡，在“详图”面板中单击“构件”按钮，然后选择“图例构件”命令，按图示内容进行选项栏设置，完成后在视图中放置图例，如图13-24所示。

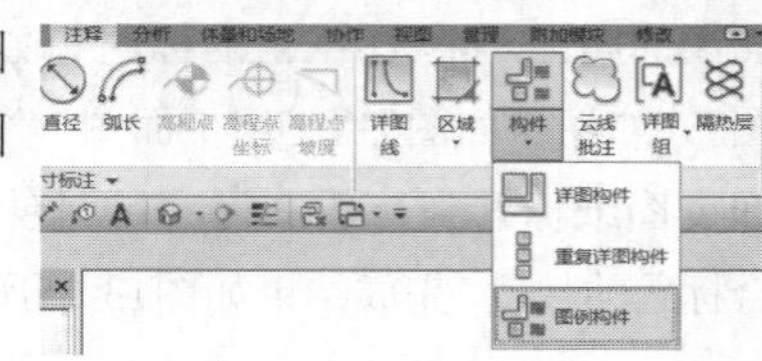

图13–24

04 重复以上操作，分别选择“墙：基本墙：0-混凝土砌块保温外墙”“墙：基本墙：外部 - 带砌块与金属立筋龙骨复合墙”“墙：基本墙：挡土墙 - 300mm 混凝土”“屋顶：基本屋顶：0-上人屋面”在图中进行放置，并使用文字工具按图示内容为其添加注释说明，如图13-25所示。

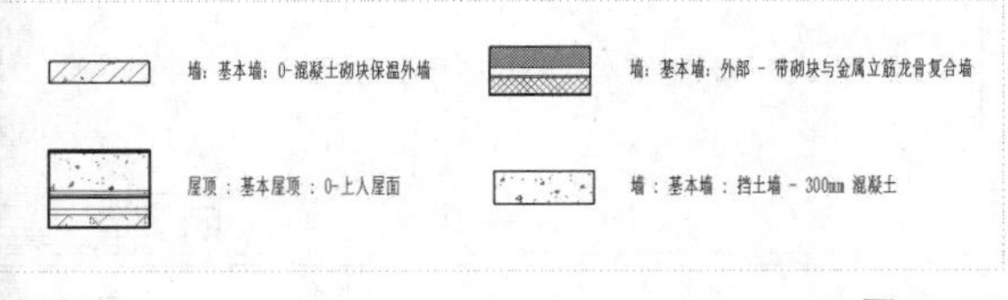

图13-25

典型实例：创建图纸目录

场景位置：图框标题栏：A4.rfa
视频位置：视频文件>CH13>典型实例：创建图纸目录.mp4
实用指数：★★★☆☆
技术掌握：了解图纸目录的创建

01 单击“视图”选项卡，在“创建”面板中单击“明细表”按钮，在弹出的下拉菜单中选择“图纸列表”命令，如图13-26所示。

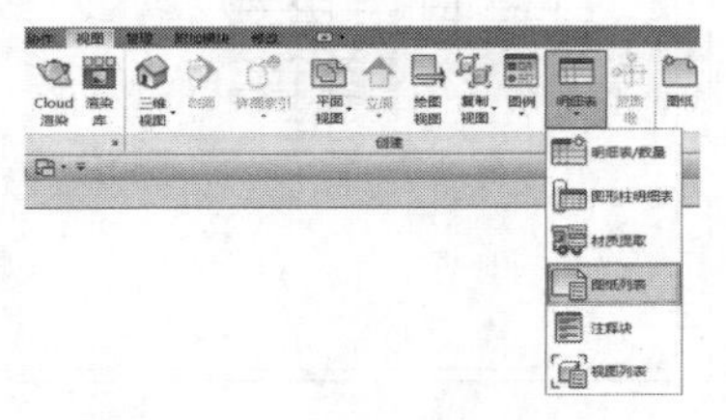

图13-26

02 在弹出的对话框中根据项目要求添加字段，一般各设计机构的图纸目录的外观样式各不相同，但包含明细表字段的内容却大同小异。一般添加“图纸编号”“图纸名称”“图纸规格”“比例”“备注”，如图13-27所示。

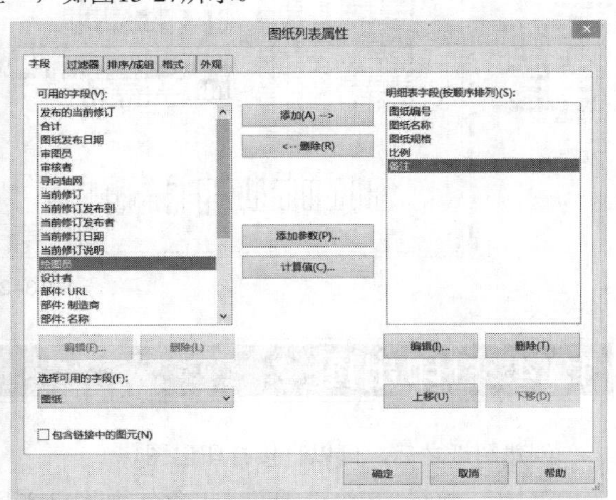

图13-27

03 在“排序/成组”选项卡中，以“图别编号”作为明细图的排序方式，勾选“总计”选项，并选择“仅总数”作为总计内容，如图13-28所示。

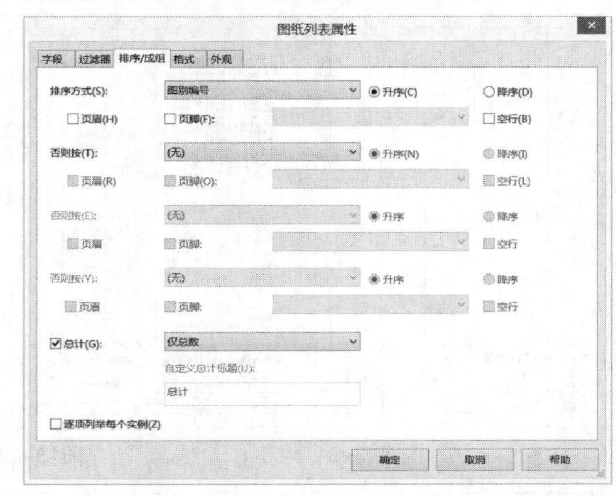

图13-28

04 单击“确定”按钮，完成图纸列表的创建，如图13-29所示。

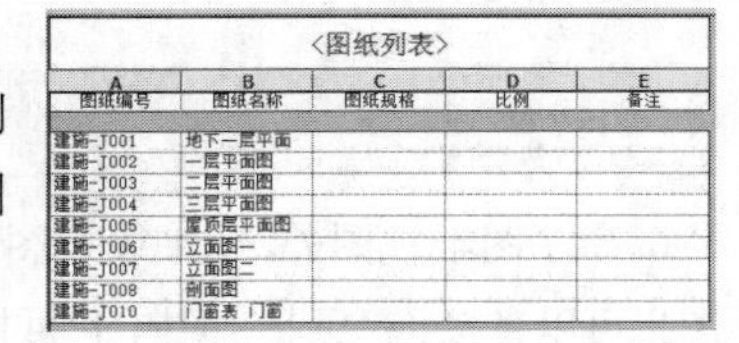

<图纸列表>

A	B	C	D	E
图纸编号	图纸名称	图纸规格	比例	备注
建施-J001	地下一层平面			
建施-J002	一层平面图			
建施-J003	二层平面图			
建施-J004	三层平面图			
建施-J005	屋顶层平面图			
建施-J006	立面图一			
建施-J007	立面图二			
建施-J008	剖面图			
建施-J010	门窗表 门窗			

图13-29

05 打开“外观”选项卡，取消勾选“网格线”和“显示标题”，如图13-30所示。

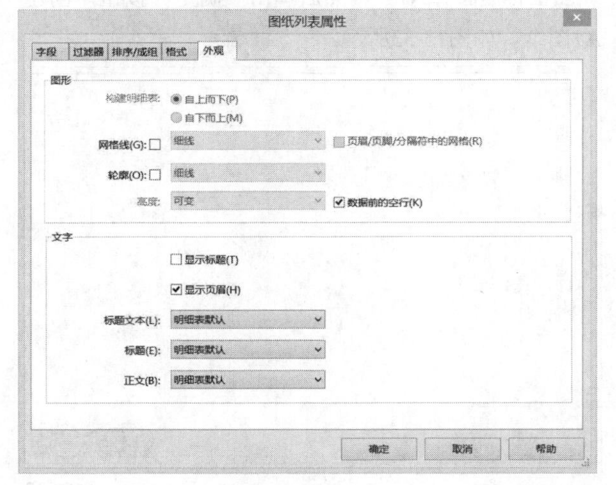

图13-30

06 单击“视图”选项卡，在“图纸组合”面板中单击“图纸”按钮，打开“新建图纸”对话框，单击“载入”按钮，弹出“载入族”对话框，加载学习资源中的“场景文件>CH13>图框标题栏：A4·rfa”文件，如图13-31所示。

07 找到“项目浏览器”中的“明细表/数量”中的“图纸列表”，然后按住鼠标左键，移动光标至图框适当位置，松开鼠标完成放置，如图13-32所示。

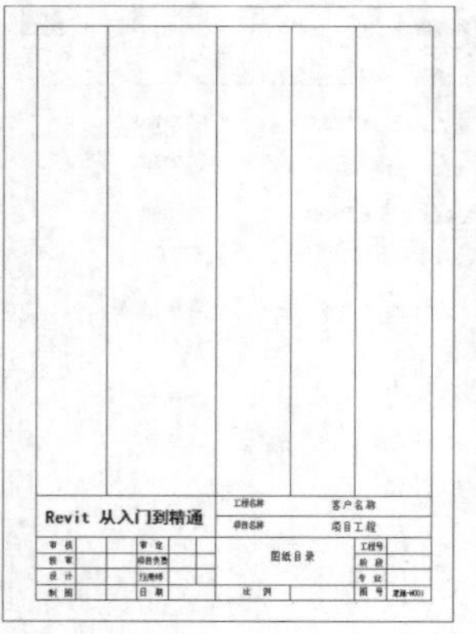

图13-31

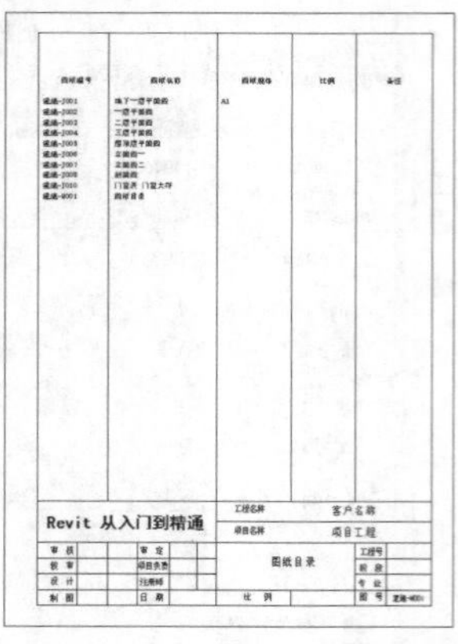

图13-32

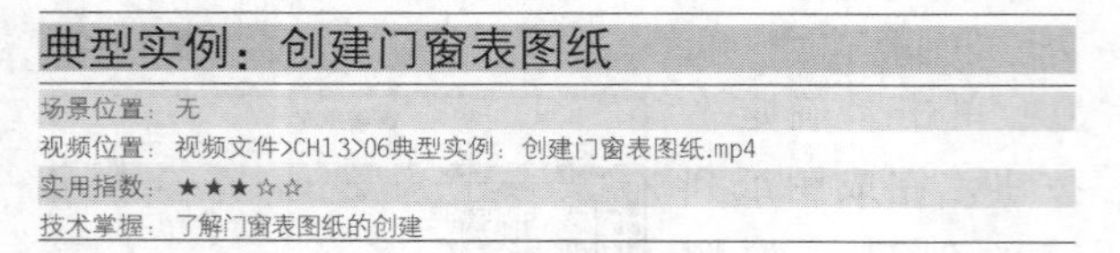

典型实例：创建门窗表图纸

场景位置：无

视频位置：视频文件>CH13>06典型实例：创建门窗表图纸.mp4

实用指数：★★★☆☆

技术掌握：了解门窗表图纸的创建

除了图纸视图外，明细表视图、渲染视图和三维视图也可以直接拖曳到图纸中，下面制作门窗表图纸。

01 单击“视图”选项卡，在“图纸组合”面板中单击“图纸”按钮，打开“新建图纸”对话框并选择“图框标题栏：A1”，然后单击“确定”按钮，创建A1图纸，如图13-33所示。

图13-33

02 展开“项目浏览器”中的“明细表/数量”选项，单击选择“窗明细表”，按住鼠标左键不放，移动光标至图纸中适当位置，松开鼠标放置表格视图，如图13-34所示。

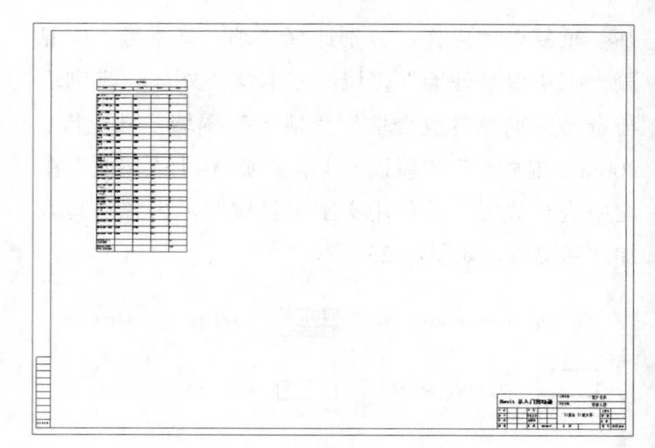

图13-34

03 单击选中“门明细表”，按住鼠标左键不放，移动光标至图框适当位置，如图13-35所示。

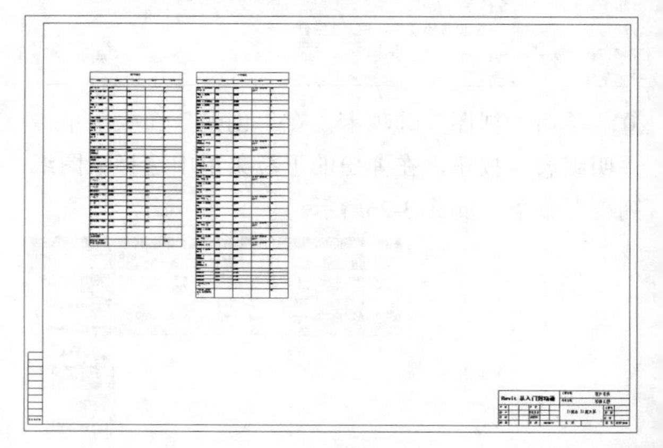

图13-35

04 展开“图例”，单击选择“门窗大样”，按住鼠标左键，移动光标至图框适当位置，完成门窗表图纸的创建，如图13-36所示。

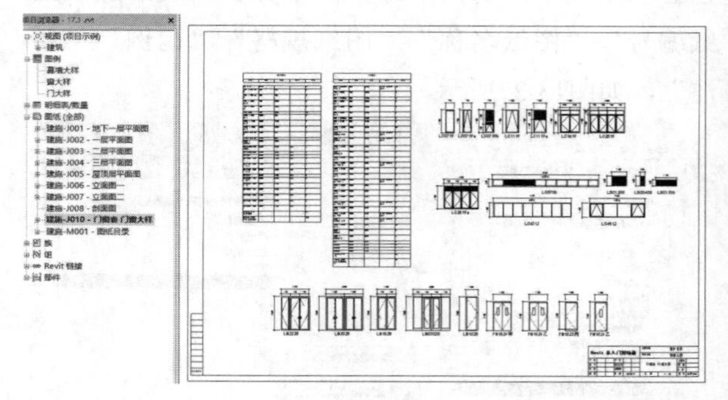

图13-36

13.4 打印出图

创建图纸之后，可以直接打印出图。

第1步：执行“文件>打印”菜单命令，如图13-37所示，弹出“打印”对话框。

第2步：单击“打印机”参数栏中的“名称”下拉列表，选择可用的打印机名称，在此打印成PDF出图，如图13-37所示。

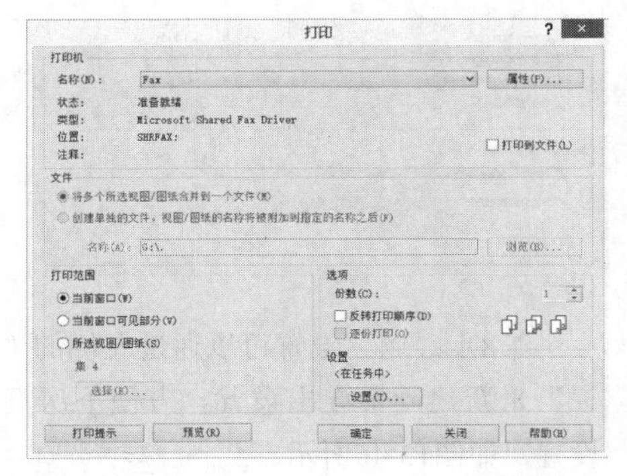

图13-37

第3步：在“打印范围”中单击选择“所选视图/图纸”选项，下面的“选择”按钮由灰色变为可选项。单击“选择”按钮，打开“视图/图纸集”对话框，如图13-38所示。

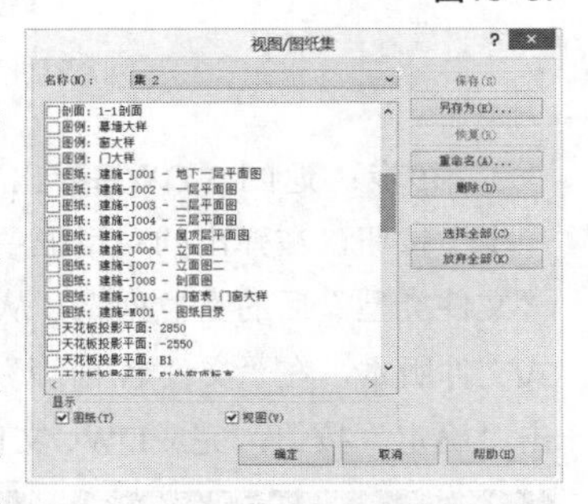

图13-38

第4步：勾选对话框底部的“图纸”复选项，取消勾选“视图”复选项，对话框中将只显示所有图纸。单击“选择全部”按钮，自动勾选所有施工图图纸，单击“确定”按钮回到“打印”对话框，如图13-39所示。

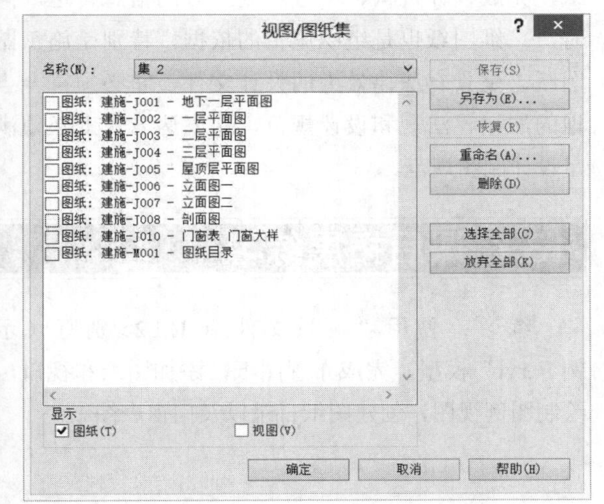

图13-39

第5步：单击“确定”按钮，便可自动打印图纸。

技巧与提示

在“打印”对话框中，选择“当前窗口”选项，可打印Revit绘图区域当前打开的视图；选择“当前窗口可见部分”选项，可打印Revit绘图区域当前显示的内容。此时可单击“打印预览”按钮，预览打印视图，当选择“所选视图/图纸”选项时，“打印预览”不可用。

对于相同图幅的图纸可以使用一种打印设置进行批量打印，对于图幅不同的图纸必须每次都重新设置后进行打印。

13.5 输出DWG

Revit所有的平面、立面、剖面、三维视图和图纸等都可以导出为DWG等格式图形，而且导出后的图层、线型和颜色等，可以根据需要在Revit中自行设置。

第1步：打开要导出的视图，如在“项目浏览器”中展开“图纸（全部）”选项，双击图纸名称“建施-J002 首层平面图”，打开图纸。

第2步：打开应用程序菜单，执行“导出>CAD格式>DWG”菜单命令，如图13-40所示。

图13-40

第3步：打开“DWG导出”对话框，如图13-41所示。

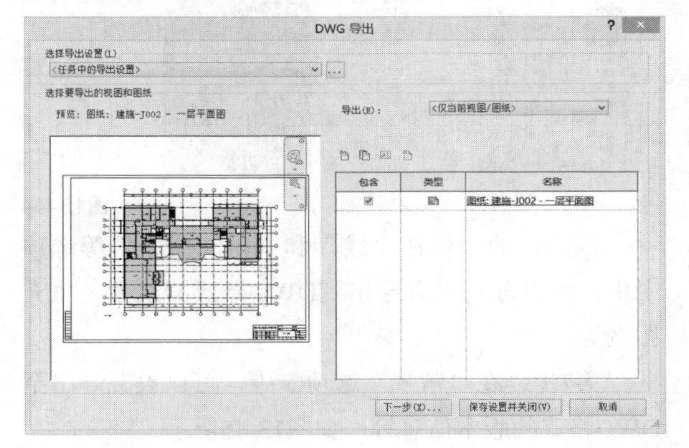

图13-41

第4步：单击“选择导出设置”后的浏览按钮，打开“修改DWG/DXF导出设置”对话框，如图13-42所示。

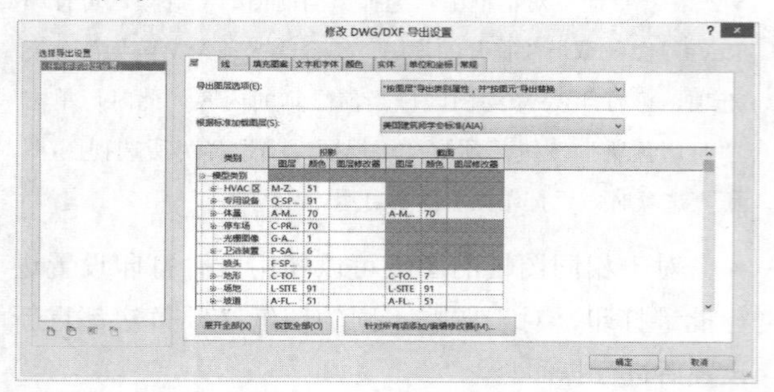

图13–42

第5步：在“层”选项卡中，图层对应AutoCAD中的图层名称。可以从自带的4套图层标准中选择，也可以通过“载入”按钮载入其他已保存好的图层设置标准。以轴网的图层设置为例，轴网和轴网标头的图层名称为S-GRID与S-GRID-IDEN，如图13-43所示。

类别	投影			截面		
	图层	颜色	图层修改器	图层	颜色	图层修改器
详图项...	A-DETL-IDEN	3				
跨方向...	S-FLOR-SYMB	171				
软管标记	P-PIPE-IDEN	2				
软风管...	M-HVAC-DUCT-IDEN	70				
轴网	S-GRID	1	添加/编辑...			
连接符号	S-ANNO-SYMB	2				
通讯设...	E-COMM-IDEN	2				
部件标记	A-ANNO-TEXT	131				
配电盘...	G-ANNO-SCHD	231				
门标记	A-DOOR-IDEN	31				
零件标记	A-PART-IDEN	2				

图13–43

第6步：单击“轴网”图层名称“S-GRID”，输入新名称“AXIS”；单击“轴网标头”图层名称“S-GRID-IDEN”，输入新名称“PUB_BIM”。这样导出的“DWG”文件，轴网在“AXIS”图层上，而“轴网标头”在“PUB_BIM”图层上，符合绘图习惯，如图13-44所示。

类别	投影			截面		
	图层	颜色	图层修改器	图层	颜色	图层修改器
视图参照	G-ANNO-SYMB	111				
视图标题	G-ANNO-TTLB	6				
详图索引	A-ANNO-SYMB	150				
详图项...	A-DETL-IDEN	3				
跨方向...	S-FLOR-SYMB	171				
软管标记	P-PIPE-IDEN	2				
软风管...	M-HVAC-DUCT-IDEN	70				
轴网	AXIS	1	添加/编辑...			
连接符号	S-ANNO-SYMB	2				
通讯设...	E-COMM-IDEN	2				
部件标记	A-ANNO-TEXT	131				

图13–44

以同样的操作在“线”和“填充图案”等选项卡中，可以分别设置导出到DWG格式的线型、填充图案等。

第7步：在“常规”选项卡中，可以设置导出至DWG格式的版本信息等，如图13-45所示。

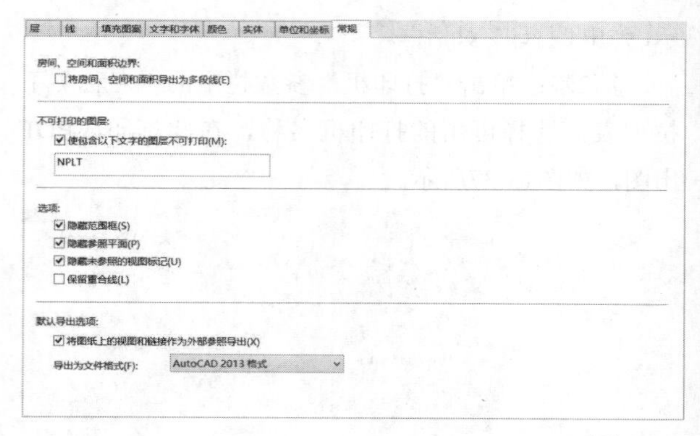

图13–45

第8步：以上设置可以通过左侧的“选择导出设置”来新建一个导出设置，方便下次直接调用这个设置，如图13-46所示。

选择导出设置
<任务中的导出设置>
DWG导出设置

图13–46

第9步：返回“DWG导出”对话框，单击“下一步”按钮，在弹出的对话框中设置保存路径，单击“文件类型”后的下拉列表，从中选择相应的CAD格式文件版本，在“文件名/前缀”后输入文件名称。单击“确定”按钮，完成DWG文件导出设置。

13.6 本章总结

通过本章的学习，相信读者对Revit中的图纸布置与打印出图有了比较清晰的认识，二维图纸依然是设计机构进行图纸审查的重要方式。不管Revit怎样进行模型搭建及深化，现阶段依然要依靠二维图纸，完成设计机构、甲方和施工方的信息传达。同时，二维图纸也是组织施工的依据，特别是施工图图纸，是具有法律效力的设计文件，它必须符合当地的法律、法规和设计规范，从表达方式上必须满足设计制图规范。

13.7 课后拓展练习

练习：使用“场景文件>CH12>别墅（示例）.rvt”模型，完成布置图纸，添加图纸和视口，绘制图例视图，创建图纸目录以及门窗表图纸。

第14章 概念设计

本章知识索引

知识名称	作用	重要程度	所在页
创建体量	熟悉体量的概念，掌握体量的创建方法	★★☆☆☆	P258
编辑体量表面	掌握体量表面分隔、填充等方法	★★★☆☆	P265
体量分析及转换	熟悉体量的分析功能，掌握体量转换成设计模型的方法	★★☆☆☆	P271

本章实例索引

实例名称	所在页
课前引导实例：创建艺术家工作室体量	P256
典型实例：创建超高层建筑概念体量	P263
课后拓展练习：创建概念设计建筑模型	P273

14.1 课前引导实例：创建艺术家工作室体量

场景位置：无
视频位置：视频文件> CH14>01课前引导实例：创建艺术家工作室体量.mp4
实用指数：★★★☆☆
技术掌握：了解体量的创建和转换过程

本节通过一个艺术家工作室的案例，讲解如何创建体量，并转换成建筑设计模型。

01 启动Revit 2016，在“族文件区”中单击“新建概念体量”，在弹出的对话框中选择“公制体量.rft”文件，单击“打开”按钮，如图14-1所示。

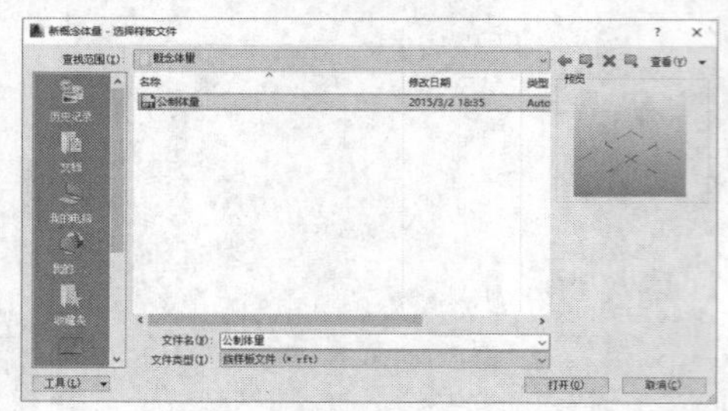

图14-1

02 进入到体量族的编辑模型，在“项目浏览器”的“楼层平面”中找到“标高 1”，双击进入标高 1 平面视图，如图14-2所示。

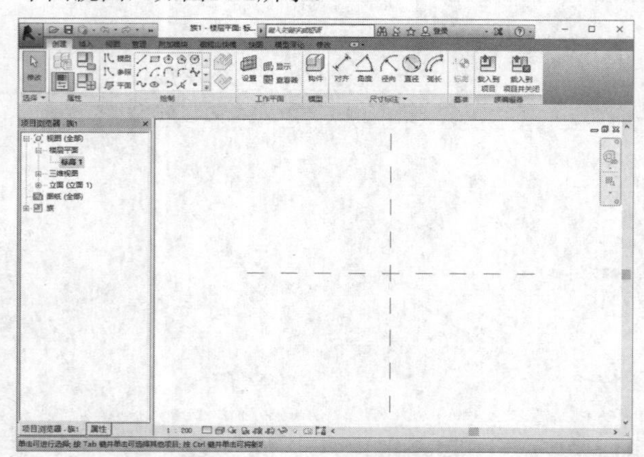

图14-2

03 单击“修改”选项卡，在“绘制”面板中单击“矩形”按钮，绘制两个相邻的矩形，一个矩形的尺寸为24000mm×12000mm，另一个矩形的尺寸为8000mm×6000mm，如图14-3所示。

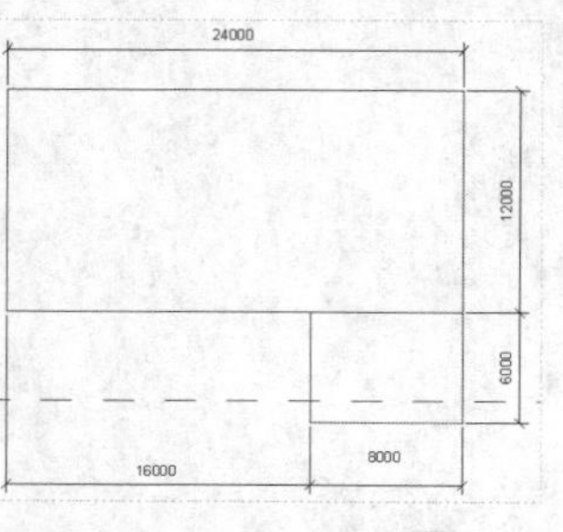

图14-3

04 切换到“三维视图”，选择24000mm×12000mm的矩形，在“修改”选项卡中单击“创建形状”按钮，该矩形自动生成一个体量，如图14-4所示。

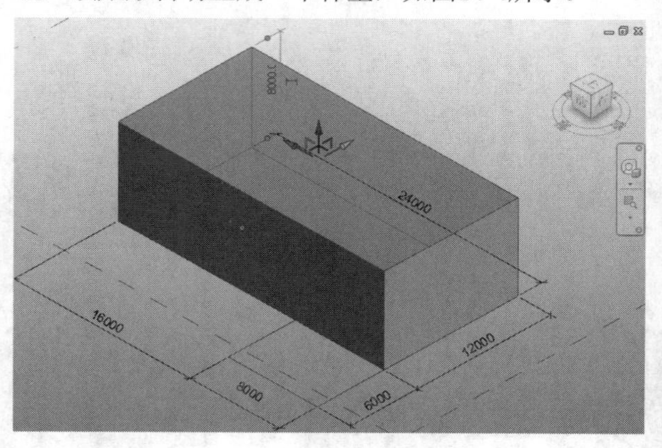

05 编辑高度的尺寸标注为12000，如图14-5所示。

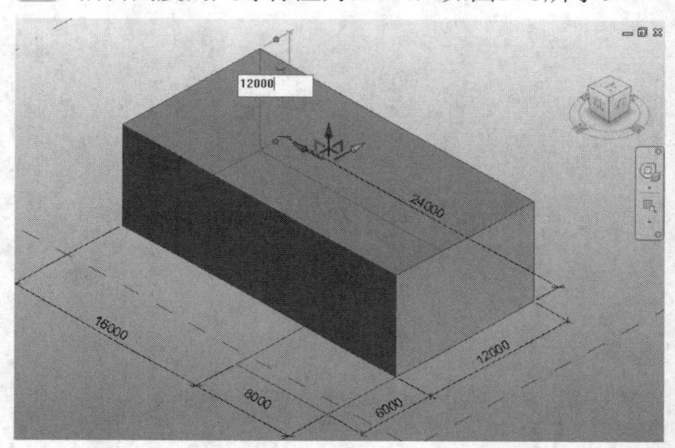

图14-5

06 设置8000mm×6000mm的矩形，生成体量后，将其高度改为6000，完成体量的创建，如图14-6所示。

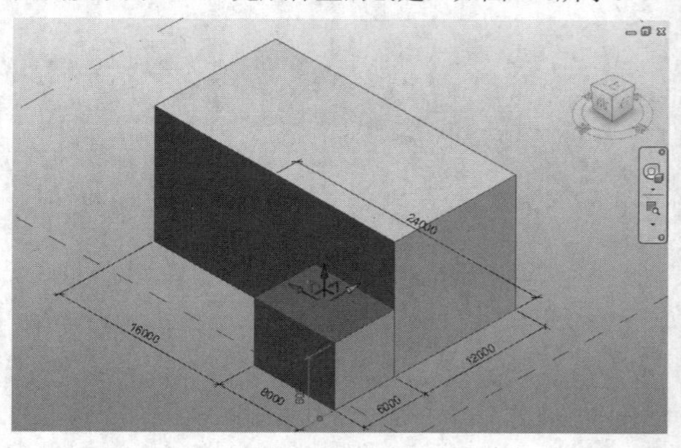

图14-6

07 单击按钮，打开应用程序菜单，执行“新建>项目”菜单命令，选择“建筑样板”，单击“确定”按钮，如图14-7所示。

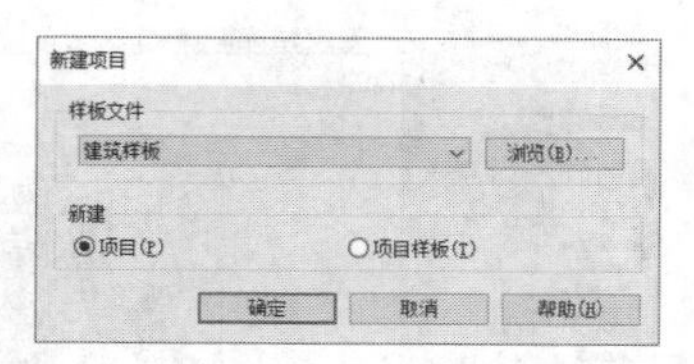

图14-7

08 在“视图”选项卡的“窗口”面板中单击“切换窗口”按钮，切换到族文件的窗口，如图14-8所示。

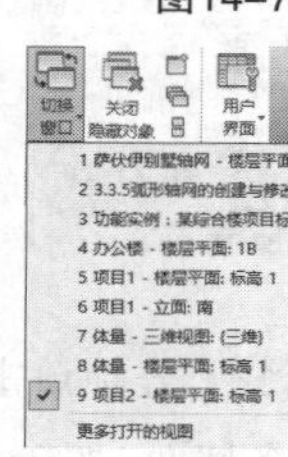

图14-8

09 在“修改”选项卡的“族编辑器”面板中，单击“载入到项目中”按钮，选择新建的建筑样板文件，单击“确定”按钮，然后在新建的建筑样板项目中单击鼠标左键放置该族，如图14-9所示。

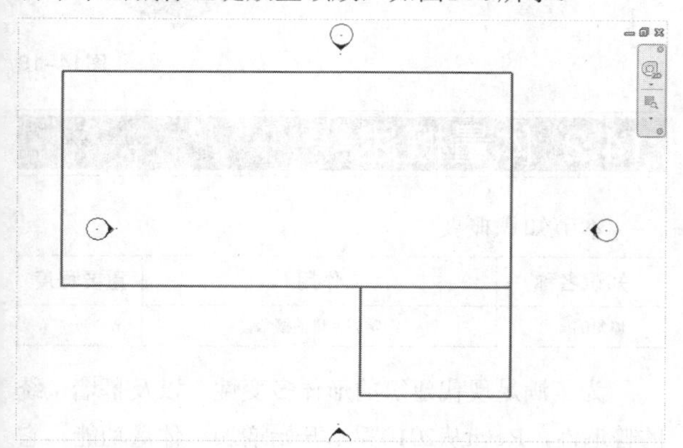

图14-9

10 将项目窗口切换到“三维视图”，如图14-10所示。如果族未能显示，在“体量和场地”选项卡的“概念体量”面板中，单击“显示体量形状和楼层”按钮，便可切换族的显示和隐藏状态。

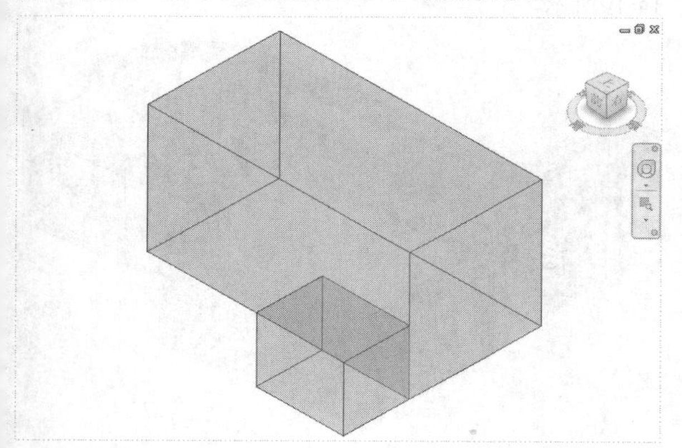

图14-10

11 在“项目浏览器”的“立面”中找到“南”，双击进入“南”视图，将“标高2”删除，并将“标高1”分别向上复制6000mm和12000mm，如图14-11所示。

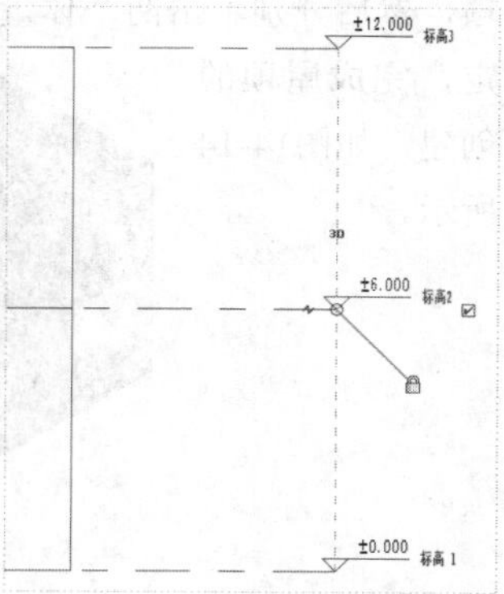

图14-11

12 切换到“三维视图”，选择体量，在“修改”选项卡的“模型”面板中单击“体量楼层”按钮，勾选“标高1”“标高2”“标高3”，单击“确定”按钮，为体量创建楼层，如图14-12所示。

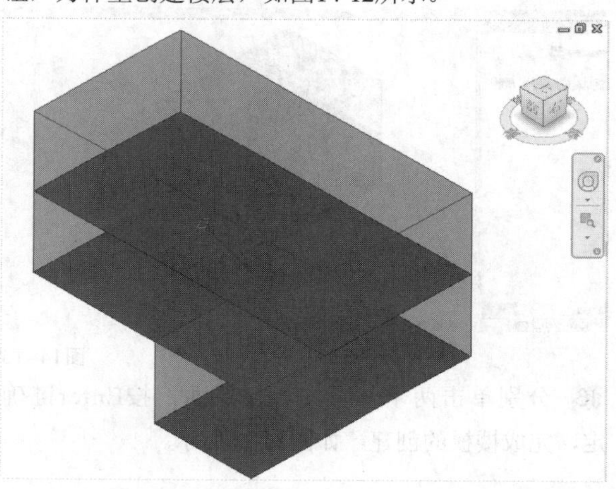

图14-12

13 在“体量和场地”选项卡的“面模型”面板中单击“屋顶”按钮，然后在“属性”面板中选择“常规-400mm”选项，如图14-13所示。

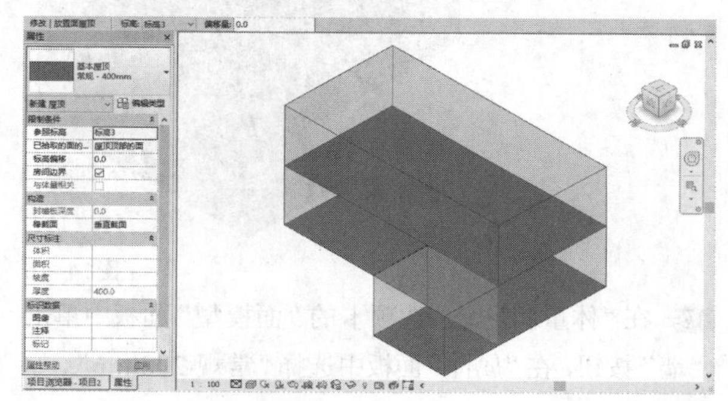

图14-13

14 单击“修改 | 放置面屋顶”选项卡中的“多重选择”面板的下拉箭头，不勾选“多重选择”选项，然后分别单击两个体量的屋顶面，按Enter键确定，完成屋顶的创建，如图14-14所示。

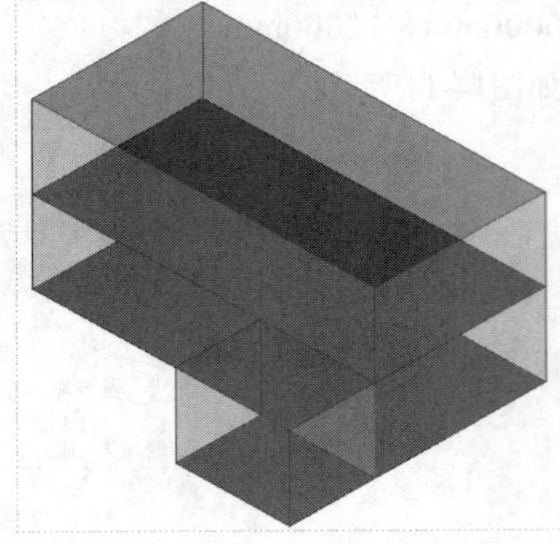

图14-14

15 在“体量和场地”选项卡的“面模型”面板中单击“楼板”按钮，在“属性”面板中选择“常规-150mm”，如图14-15所示。

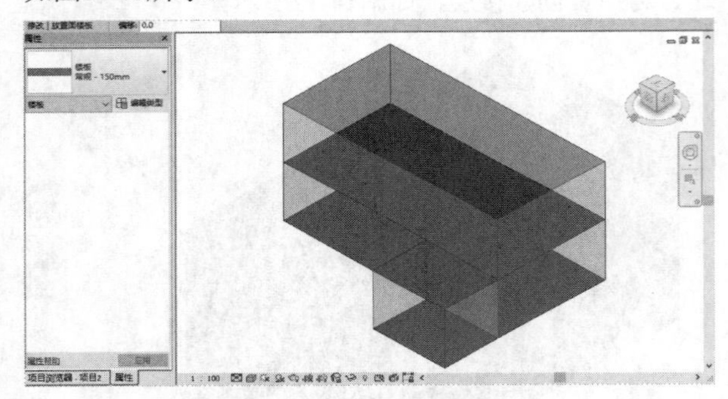

图14-15

16 分别单击两个体量的各楼层面，按Enter键确定，完成楼板的创建，如图14-16所示。

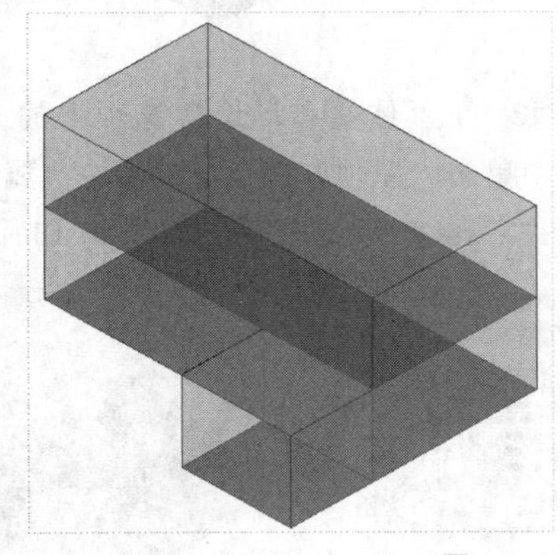

图14-16

17 在“体量和场地”选项卡的“面模型”面板中单击“墙”按钮，在“属性”面板中选择“常规-200mm”，如图14-17所示。

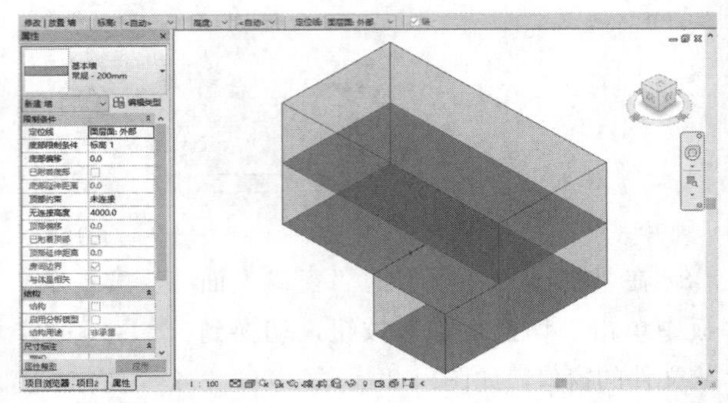

图14-17

18 分别单击两个体量的各墙面，按Enter键确定，完成墙面的创建。完成体量与建筑设计模型的转换，如图14-18所示。

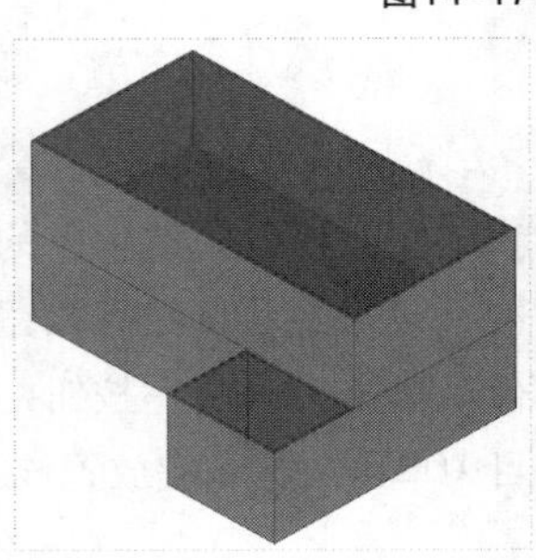

图14-18

14.2 体量概述

本节知识概要

知识名称	作用	重要程度
体量的概念	掌握体量的概念	★☆☆☆☆

为了满足现代建筑的形体多变性，以及幕墙系统的普遍性，Revit从2010版本开始增加了体量功能，它使得Revit在前期概念方案的建模更加灵活，修改也十分方便。随着版本的更新，体量的功能更为全面。

在概念阶段中，通过创建体量，可以表达设计理念，推敲设计方案，进行前期概念分析，如图14-19所示。

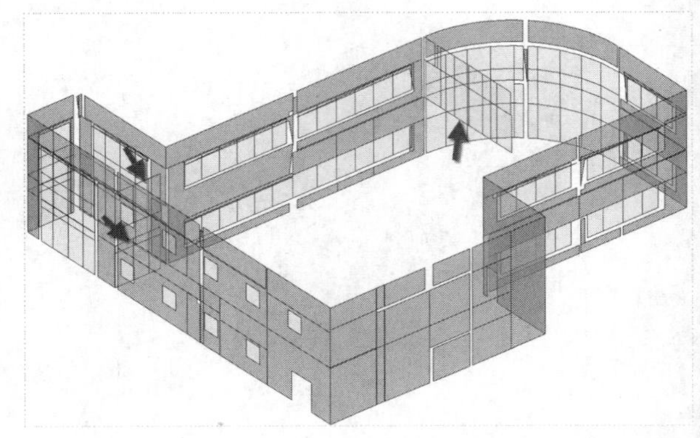

图14-19

随着设计深化与成熟，可以直接利用体量生成建筑实体模型，进一步深化设计，如图14-20所示。

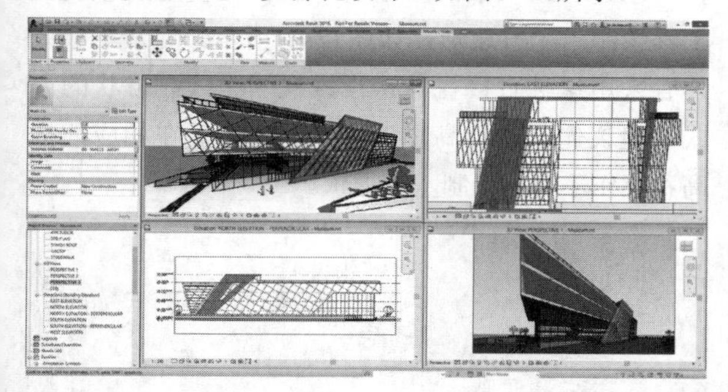

图14-20

14.3 创建体量途径

本节知识概要

知识名称	作用	重要程度
内建体量	掌握内建体量的方法	★☆☆☆☆
创建体量族	掌握创建体量族并载入项目中的方法	★☆☆☆☆
导入体量	掌握导入在其他软件中生成的体量	★★☆☆☆

体量可以在项目内部（内建体量）或项目外部（可载入体量族）进行创建。通常情况下，内建体量主要用于表示具体项目的体量形状。而当需要调用多个重复体量时，则多采用载入体量族的方式。

14.3.1 内建体量

内建体量只能用于当前项目，在其他项目不可重复利用。

第1步：单击“体量和场地”选项卡，然后在“概念体量”面板中单击“内建体量”按钮，设置体量名称为“内建体量”，如图14-21所示。

图14-21

第2步：进入到创建体量的环境，在“绘制”面板中选择相应的工具进行形状绘制，如图14-22所示。

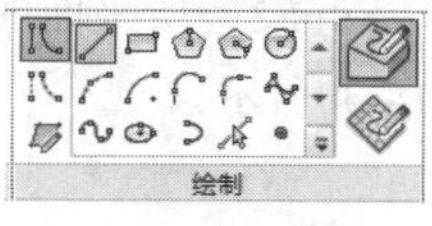

图14-22

14.3.2 创建体量族

当需要创建独立体量族时，单击按钮，执行“新建>概念体量”菜单命令，然后在弹出的“新概念体量-选择样板文件”对话框中选择“公制体量”，如图14-23所示。接着使用形状工具或其他工具创建体量族。

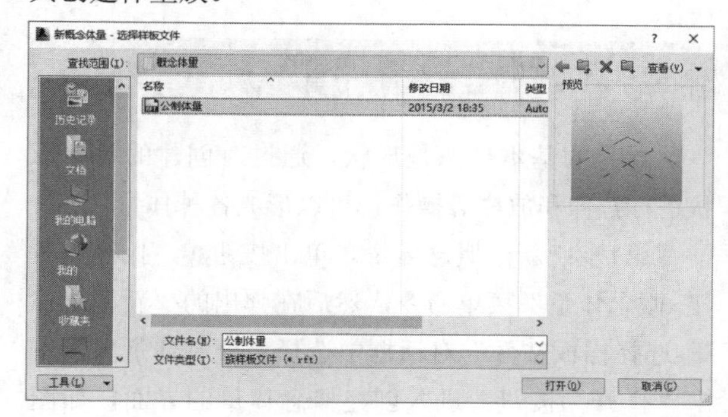

图14-23

14.3.3 导入其他软件模型生成的体量

Revit不仅支持内建体量和创建体量族，还支持导入其他三维软件模型生成体量。导入模型生成的体量可以用于体量分析，或与 Revit 的主体图元（墙、屋顶等）相关联。

目前，Revit支持导入DWG、DXF、DGN、SAT和SKP格式文件。

在“插入”选项卡中，单击“导入”面板中的“导入CAD”按钮，即可导入Revit所支持的相应的三维模型，如图14-24所示。

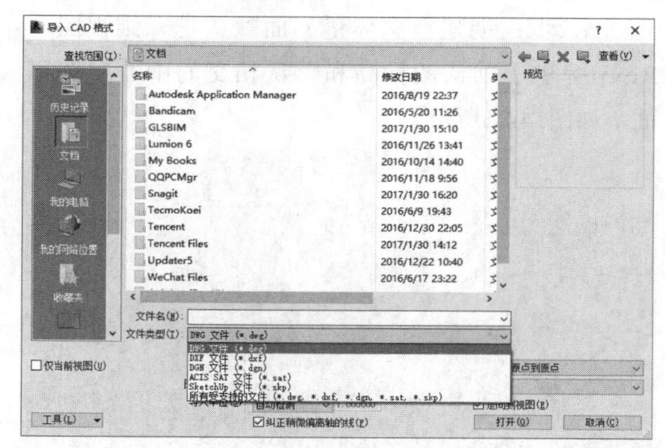

图14-24

14.4 创建体量方法

本节知识概要

知识名称	作用	重要程度
创建基本体量	掌握基本体量的创建方法	★★★☆☆
创建异形体量	掌握异形体量的创建方法	★★★☆☆

14.4.1 创建基本体量

体量的基本形态是形状，通过对创建的基本形状进行拉伸和放样等操作，可以形成各种体量。

第1步：新建概念体量。单击按钮，执行“新建>概念体量”菜单命令，然后在弹出的“新概念体量-选择样板文件”对话框中选择“公制体量”，单击“打开”按钮，进入创建概念体量的界面，如图14-25所示。

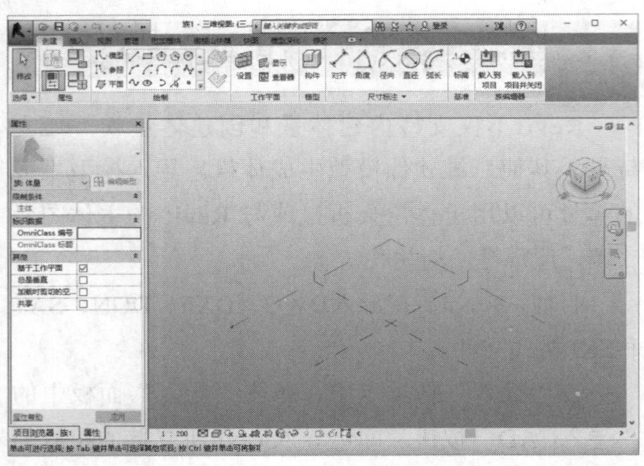

图14-25

第2步：创建概念体量界面默认是三维视图，Revit提供了默认的标高和默认相交的中心参照平面，如图14-26所示。

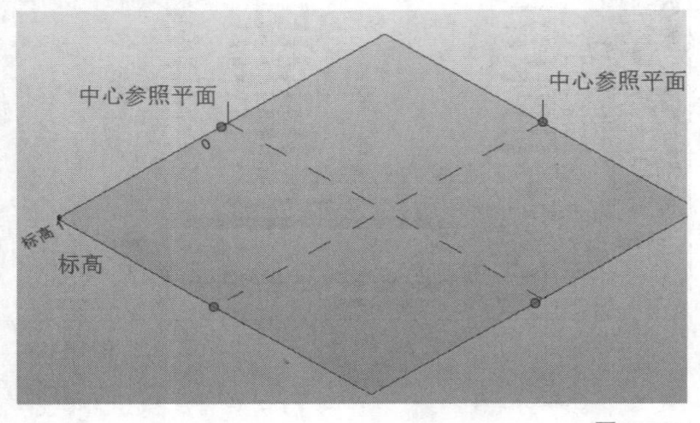

图14-26

第3步：可以直接在三维视图中创建形状，如在“创建”选项卡的“绘制”面板，使用“直线”工具绘制一个五边形，如图14-27所示。通常不建议读者采用这种直接在默认三维视图中绘制形状的方式。建议先创建标高和工作平面，然后在相应的标高和工作平面上绘制基本形状。

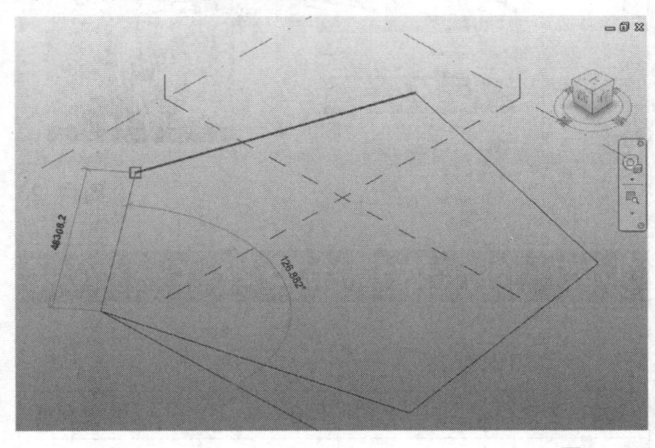

图14-27

第4步：在“项目浏览器”的“立面”中，切换至“南”，如图14-28所示。

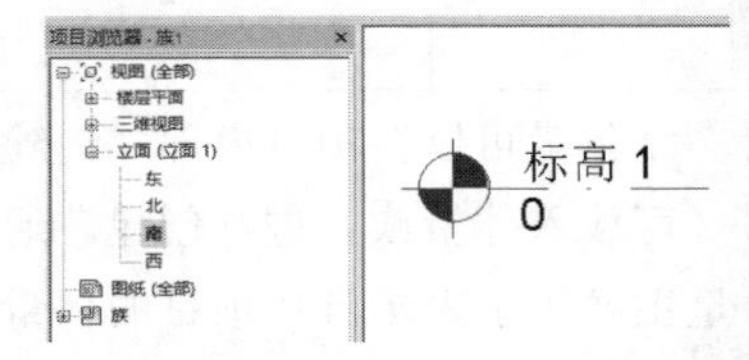

图14-28

第5步：将标高1向上复制15000mm，如图14-29所示。

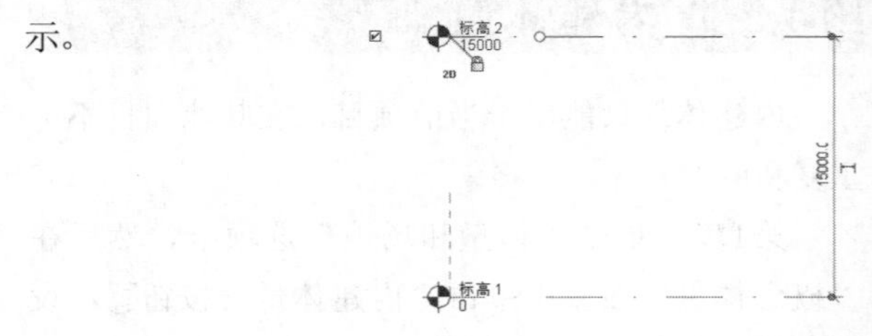

图14-29

第6步：在“视图”选项卡的“创建”面板中单击“楼层平面”按钮，然后在“新建楼层平面”对话框中选择“标高2”选项，并单击“确定”按钮，完成标高2楼层平面的创建，如图14-30所示。

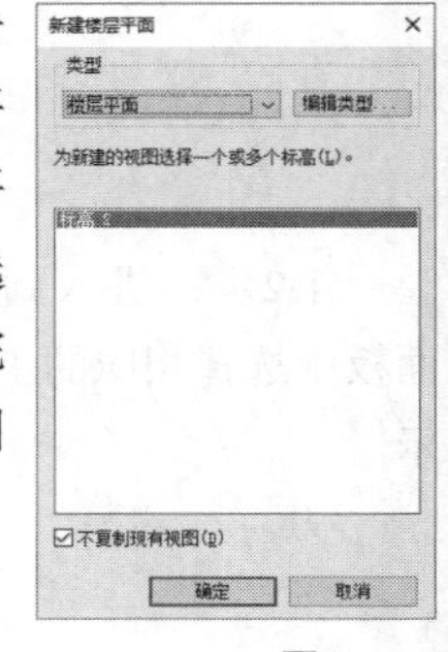

图14-30

第7步：在“项目浏览器”中切换至“标高1”平面视图，绘制一个16000mm×12000mm的矩形，如图14-31所示。

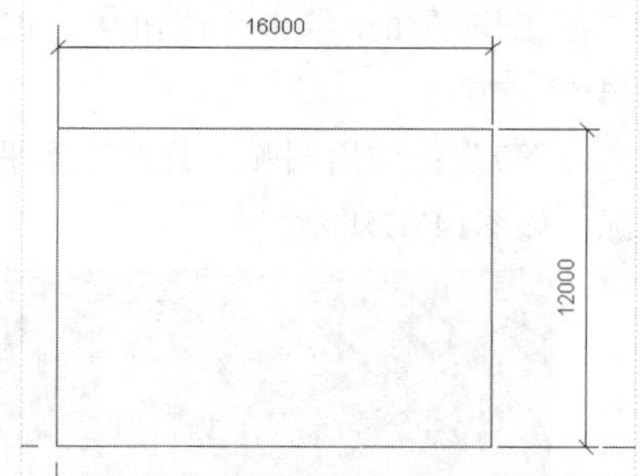

图14-31

第8步：在“项目浏览器”中切换至“标高2”平面，绘制半径为5000mm的圆，如图14-32所示。

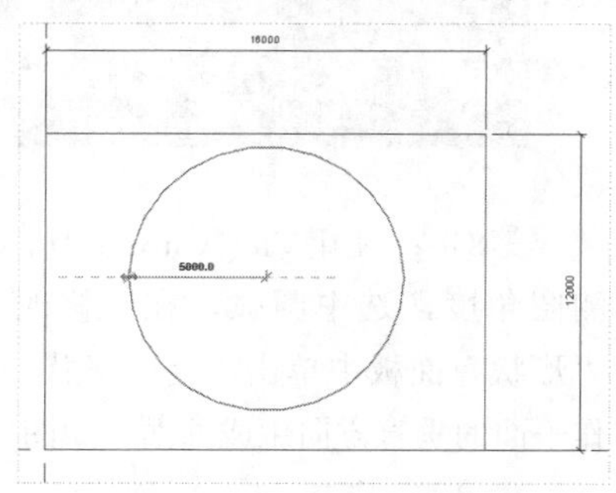

图14-32

第9步：切换至三维视图，观察场景，如图14-33所示。

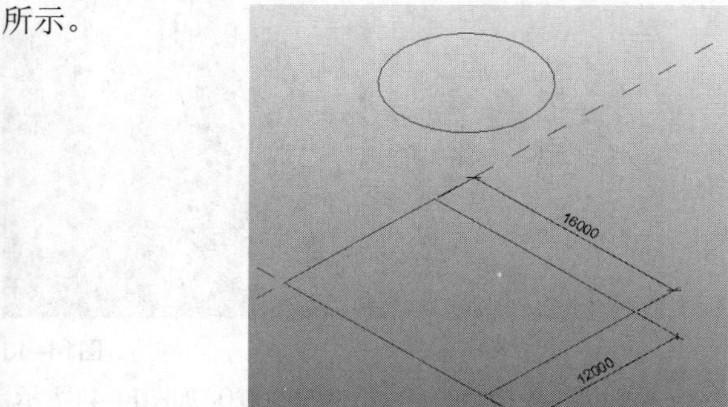

图14-33

第10步：选择矩形和圆，然后在“修改丨线”选项卡的“形状”面板中单击“创建形状”按钮，选择“实心形状”命令，如图14-34所示。此时矩形和圆形会自动相连，完成基本体量的创建，如图14-35所示。

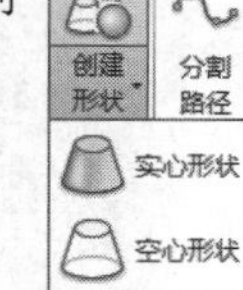

图14-34

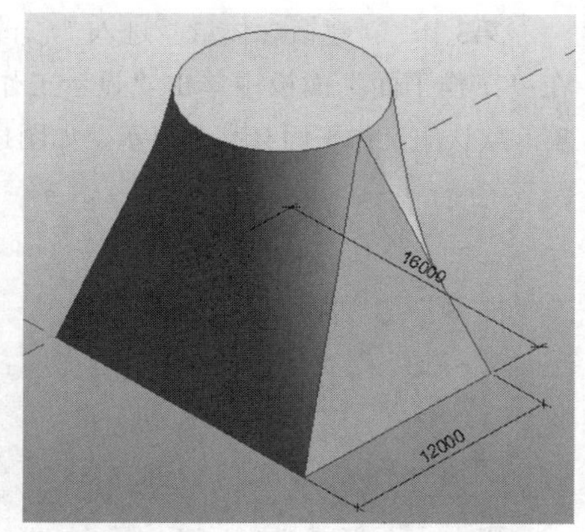

图14-35

14.4.2 创建异形体量

使用“绘制”面板中的工具绘制体量的基本形状，然后使用“拉伸”“旋转”“放样”等方式生成各种复杂的三维模型。

第1步：新建概念体量，在三维视图中绘制一条曲线，如图14-36所示。

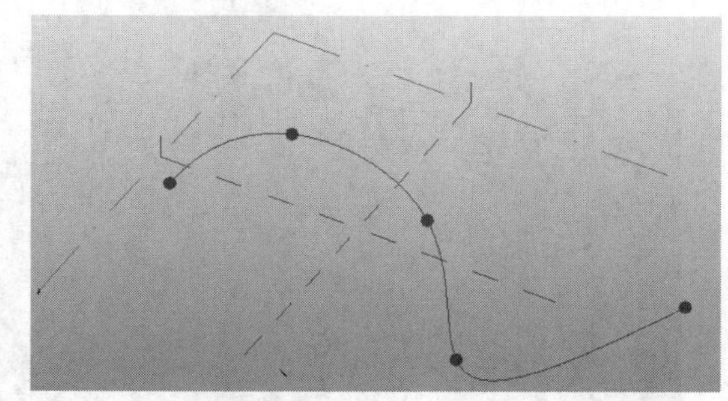

图14-36

第2步：选择曲线，在“修改丨线”选项卡的“形状”面板中单击“创建形状”按钮，曲线沿竖直的方向生成曲面，如图14-37所示。

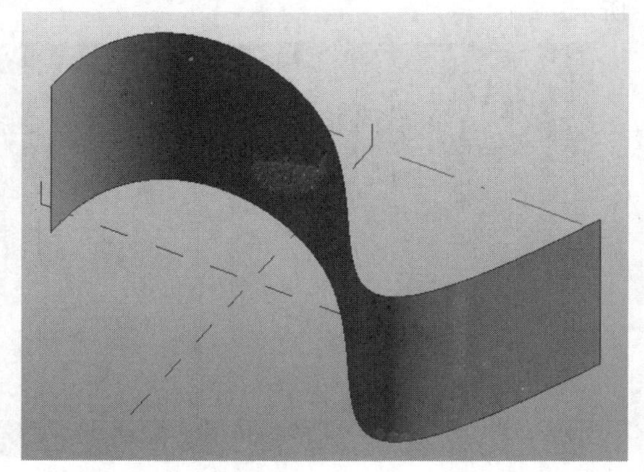

图14-37

第3步：新建概念体量，进入“修改”选项卡，在“工作平面”面板中单击“显示工作平面”按钮，默认的工作平面会高亮显示，如图14-38所示。

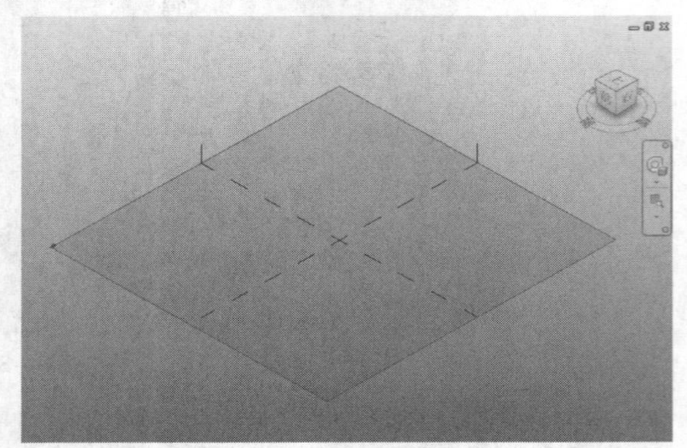

图14-38

第4步：在“工作平面”面板中单击“设置工作平面”按钮，选择中心参照平面，将其设置为工作平面，新设置的工作平面会高亮显示，如图14-39所示。

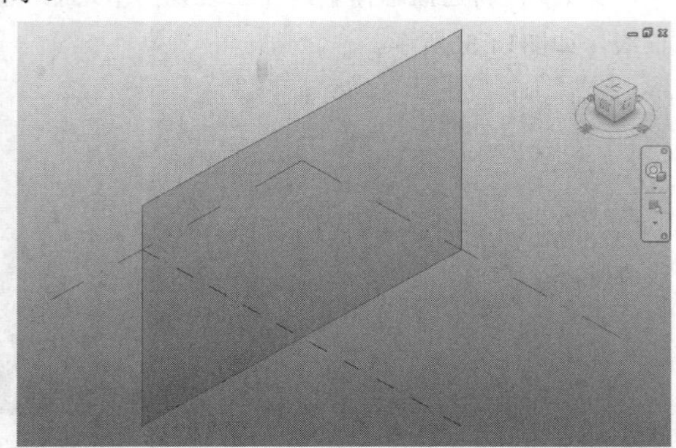

图14-39

第5步：在ViewCube上单击“右”立面，三维视图将转换到右视图，与工作平面平行，如图14-40所示。

图14-40

第6步：单击“创建”选项卡，然后在“绘制”面板中单击“模型线”按钮，同时单击“在工作平面上绘制”按钮，如图14-41所示。

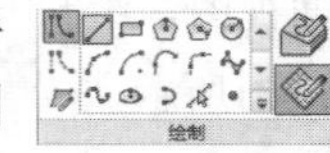

图14-41

第7步：使用圆弧工具在工作平面上绘制一条圆弧，如图14-42所示。

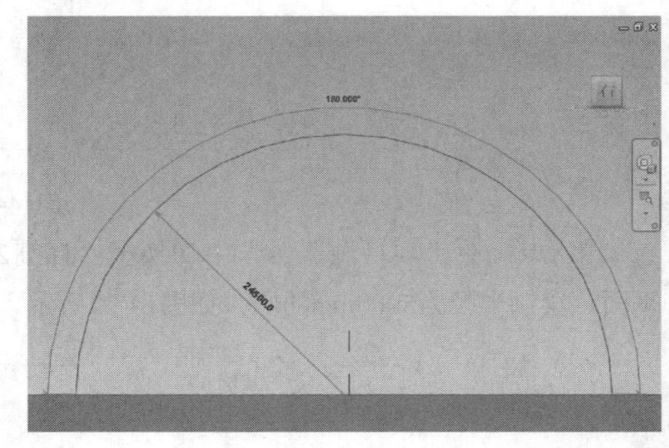

图14-42

第8步：使用ViewCube工具，将视图旋转至轴测图角度，选中圆弧，在“修改丨线”选项卡的“形状”面板中单击“创建形状”按钮，曲线沿工作平面的垂直方向生成曲面，如图14-43所示。

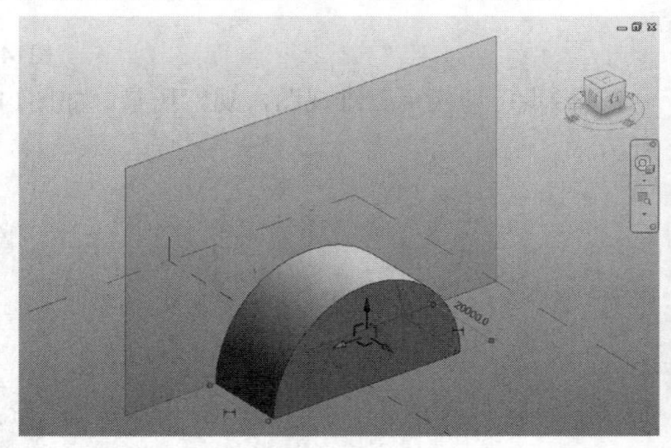

图14-43

第9步：将拉伸的尺寸改为60000.0，如图14-44所示。

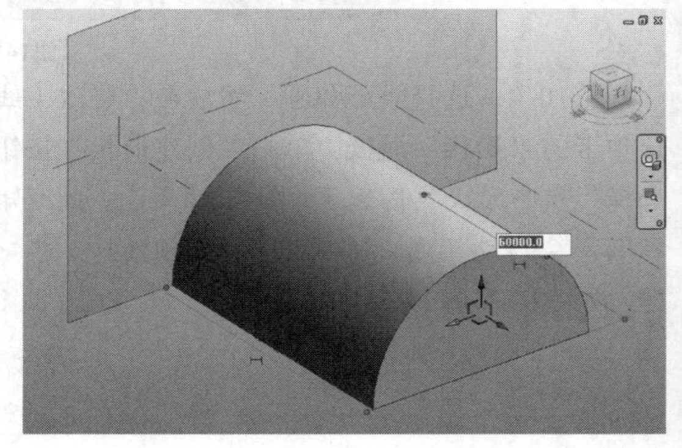

图14-44

第10步：选择曲面，在“修改 | 形式”选项卡中单击“形状图元”按钮，然后选择“添加轮廓”命令，如图14-45所示。

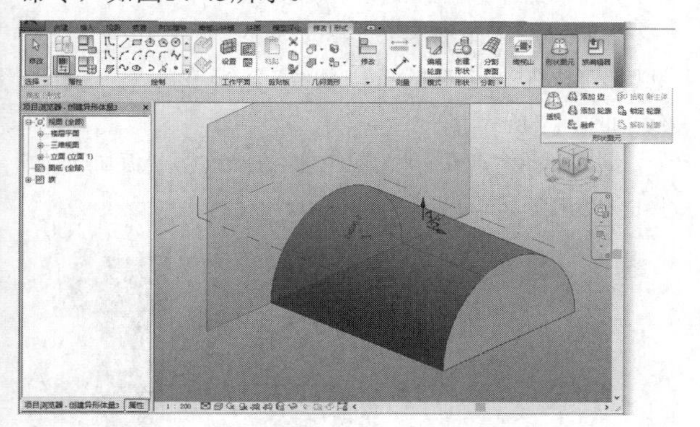

图14-45

第11步：沿曲线表面移动，放置新添加的轮廓线，如图14-46所示。

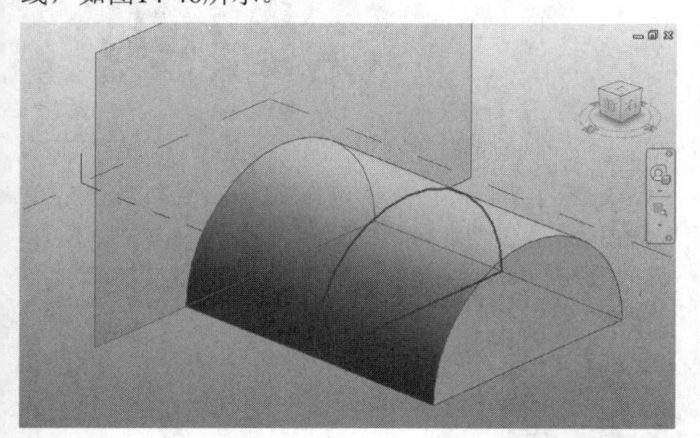

图14-46

第12步：选中该轮廓线，向下拖动曲线顶部控制点，曲面的形态根据轮廓线的调整随之变化，如图14-47所示。

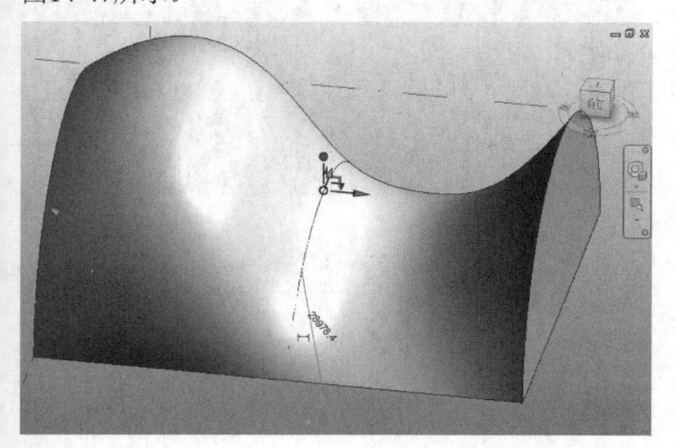

图14-47

第13步：新建概念体量，在“项目浏览器”中切换至“南”立面视图，在该视图下绘制半圆形，如图14-48所示。

第14步：经过半圆的两个端点绘制一条直线，如图14-49所示。

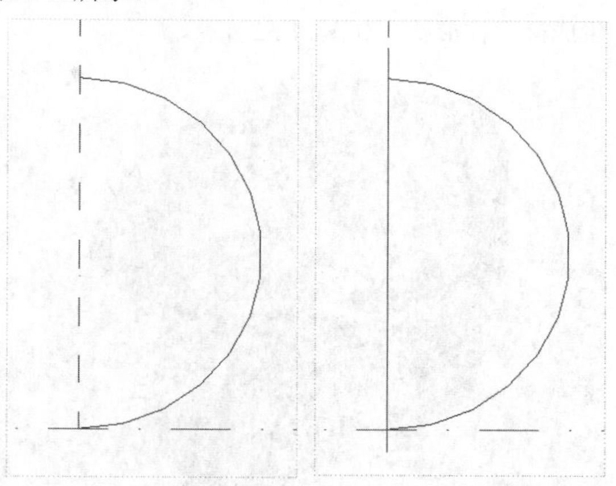

图14-48　　图14-49

第15步：切换至三维视图，同时选中半圆和直线，在“修改 | 线”选项卡的“形状”面板中单击“创建形状”按钮，生成球体表面，如图14-50所示。

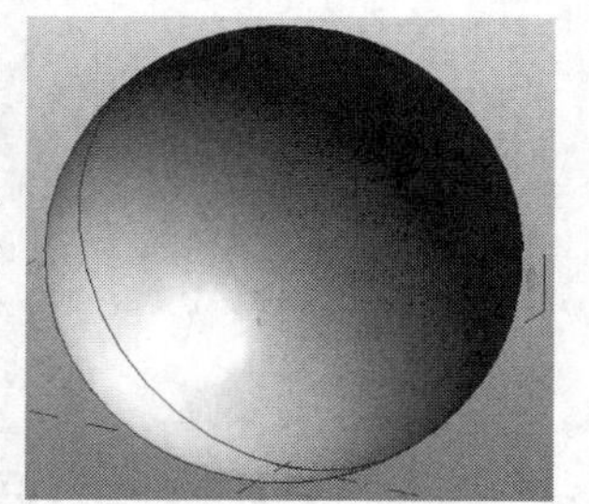

图14-50

典型实例：创建超高层建筑概念体量

场景位置：无
视频位置：视频文件>CH14>02典型实例：创建超高层建筑概念体量.mp4
实用指数：★★☆☆☆
技术掌握：掌握体量的创建方法

通过简单的超高层建筑案例，读者可以更好地了解概念体量在方案设计中的应用。

01 在Revit中新建概念体量，切换至“标高1”楼层平面视图，绘制一个椭圆形，如图14-51所示。

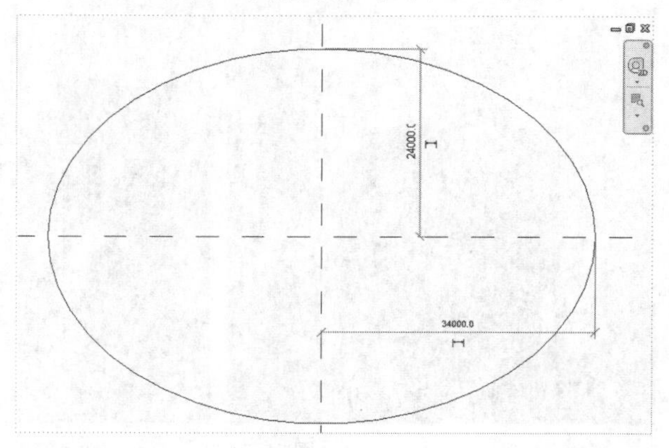

图14-51

02 切换至三维视图，选中椭圆，在“修改丨线”选项卡的“形状”面板中单击“创建形状”按钮，生成椭圆柱形状，如图14-52所示。

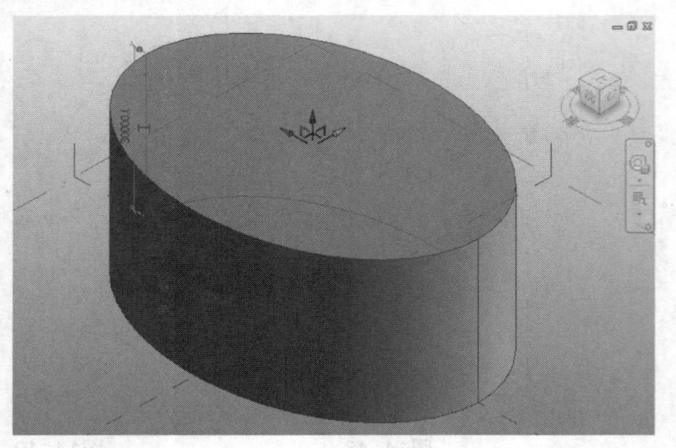

图14-52

03 将其高度修改为200000.0，如图14-53所示。

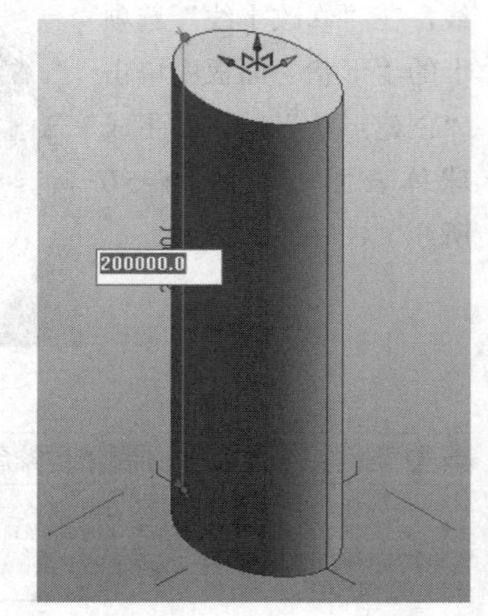

图14-53

04 选中顶面，使用旋转工具，将顶面旋转90°，如图14-54所示。完成旋转的超高层建筑体量如图14-55所示。

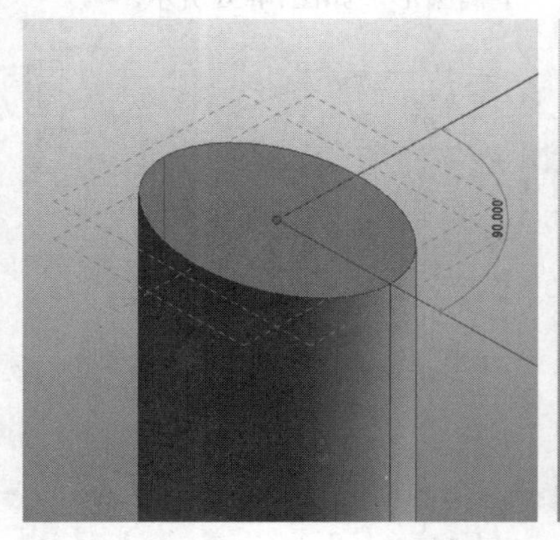

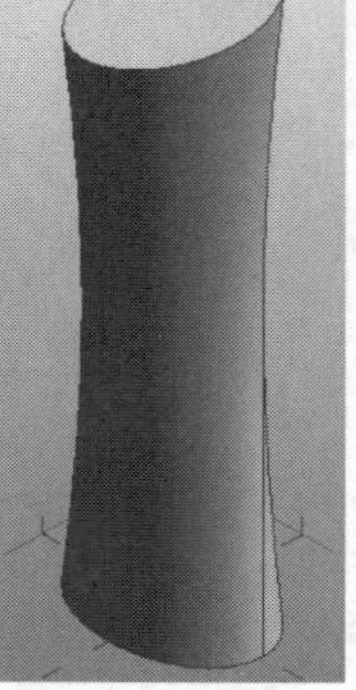

图14-54　图14-55

技巧与提示

可以通过“形状图元”面板中的“添加边线”工具，为异形表面添加边线，根据边线生成建筑构件。

（1）选择整个形体，在“修改丨形式”选项卡中单击“形状图元”按钮，然后选择“添加边线”命令，在曲线上生成边线，如图14-56所示。

（2）使用“点图元”工具，在新生成的边线上添加点，如图14-57所示。

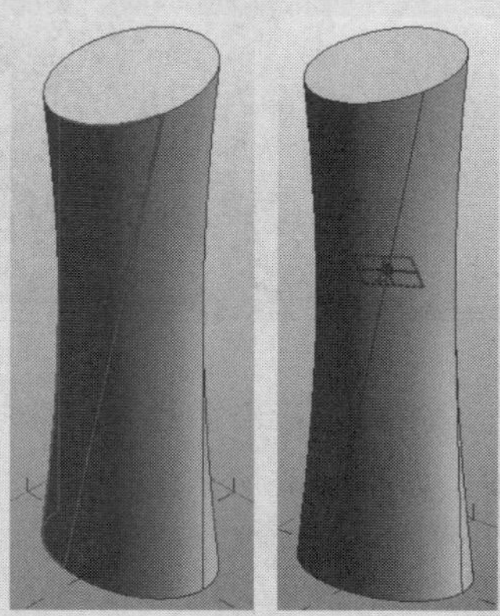

图14-56　图14-57

（3）单击“设置工作平面”按钮，选择点的参照平面，将其设置为工作平面，单击“工作平面查看器”按钮，调出工作平面查看器，如图14-58所示。

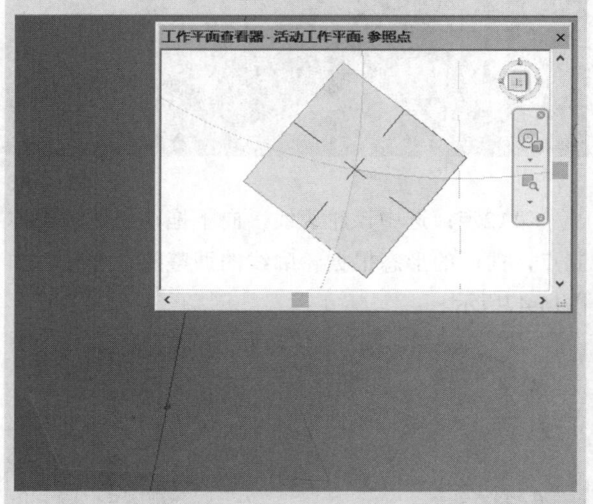

图14-58

（4）在“工作平面查看器”中，在工作平面上以点为圆心绘制一个圆，如图14-59所示。

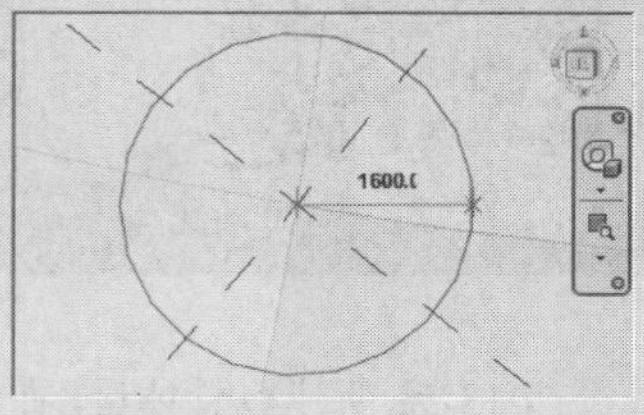

图14-59

（5）同时选中该圆及边线，在“修改 | 线”选项卡的“形状”面板中单击“创建形状”按钮，生成圆柱形建筑构件，如图14-60所示。

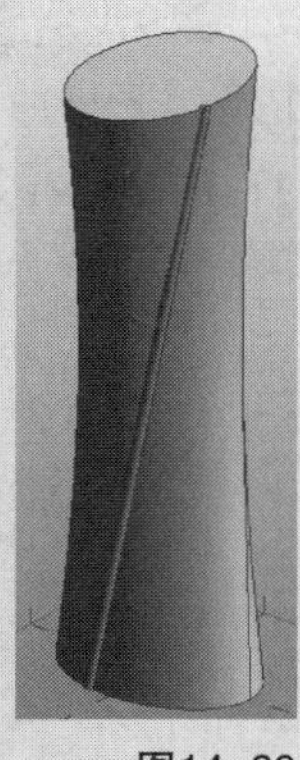

图14-60

14.5 曲面有理化

本节知识概要

知识名称	作用	重要程度
曲面分割	掌握曲面分割的方法	★☆☆☆☆
曲面填充	掌握分割网格、填充图案的方法	★☆☆☆☆

在建筑设计时，常常遇到曲面建筑形体，如何将曲面进行有理化，对其进行分割形成有规律的三维线框模型，是进行后续结构设计的前提。

例如，在曲面的玻璃幕墙中，需要优化曲面分格，将曲面幕墙分成若干独立的玻璃嵌板，以便加工和安装，这个优化过程在Revit中便称为曲面有理化。

14.5.1 曲面分割

在进行曲面有理化时，首先要进行曲面分割。Revit提供了“分割表面”工具，可以对表面以网格、标高和参照平面等为基准进行曲面分割。

第1步：打开“场景文件>CH14>曲面分割.rfa”文件，如图14-61所示。

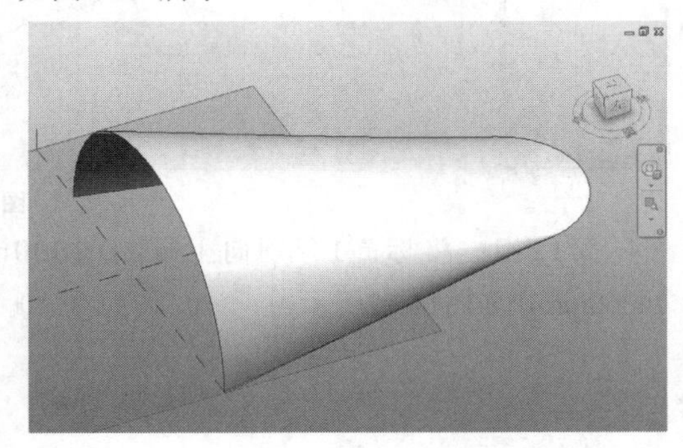

图14-61

第2步：选中该体量，在“修改 | 形式”选项卡中单击“分割表面”按钮，曲面按照表面UV网格进行划分，如图14-62所示。

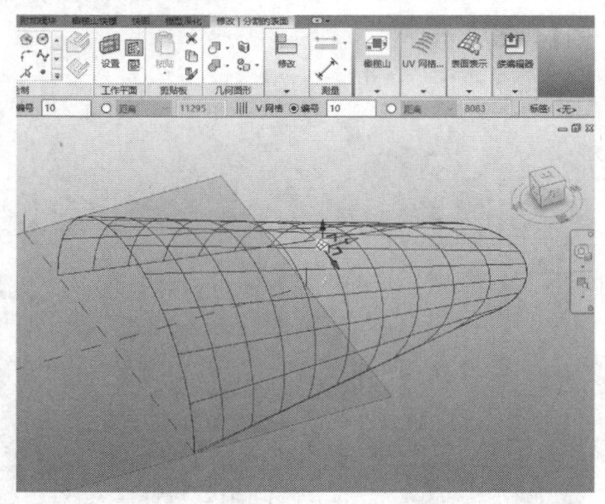

图14-62

第3步：将U网格改为“距离”，输入“10000”，V网格改为“距离”，输入“10000”，如图14-63所示。

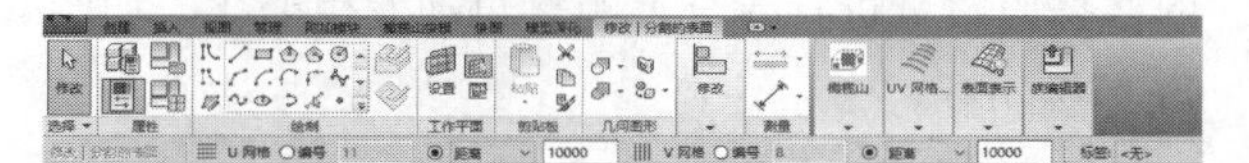

图14-63

第4步：曲面的UV网格自动进行调整，以10000为间距进行划分，如图14-64所示。

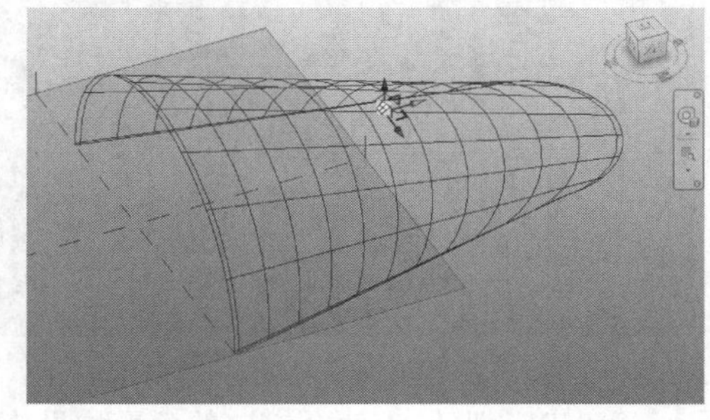

图14-64

第5步：选中曲面后，曲面上部出现“配置UV网格布局”图标，单击该图标进入“修改UV网格模式”布局模式，如图14-65所示。

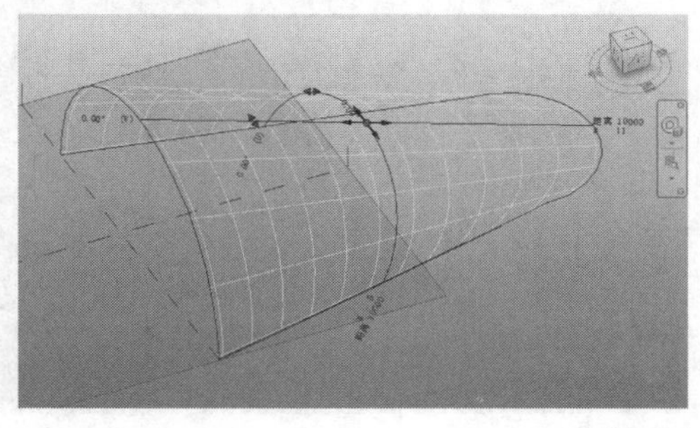

图14-65

第6步：在编辑模式下，可以分别调整UV方向网格的距离、数量和角度，还可以调整UV网格的基准点。将UV网格的基准点拖曳到曲面角点位置，如图14-66所示。

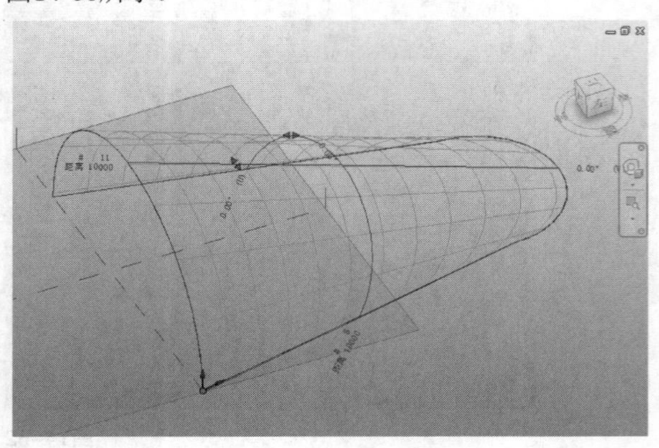

图14-66

第7步：将V方向的数量改为20，则V方向的网格按照数量进行等分，距离自动发生变化，如图14-67所示。

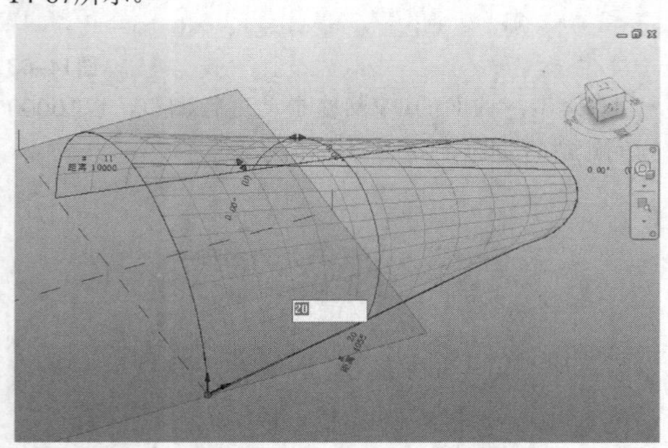

图14-67

第8步：把U、V两个方向的角度均设为45°，如图14-68所示。

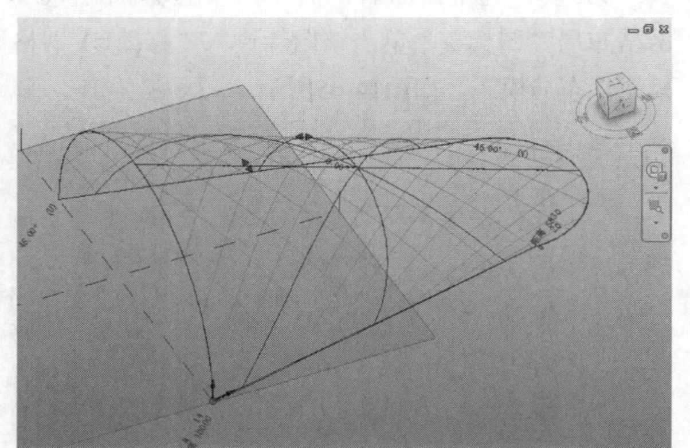

图14-68

第9步：在空白处单击鼠标左键，退出UV网格布局。选择曲面，在曲面的“属性”面板中也可以对曲面的UV网格进行编辑，如图14-69所示。

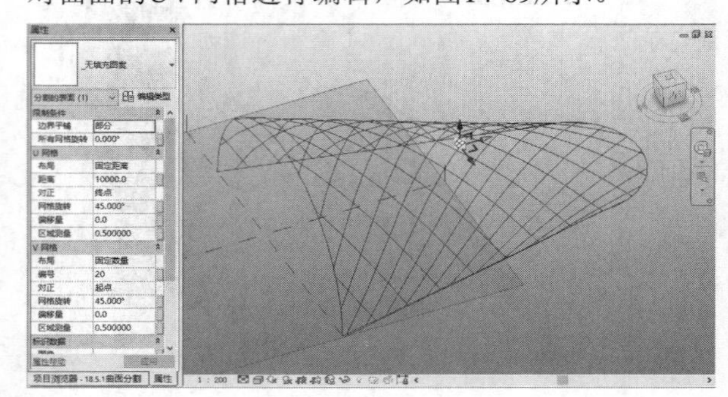

图14-69

第10步：在“属性”面板中，U网格的“布局”设为“固定距离”，“距离”设为12000；V网格的“布局”设为“固定距离”，“距离”设为12000。单击“应用”按钮完成UV网格的修改，如图14-70所示。

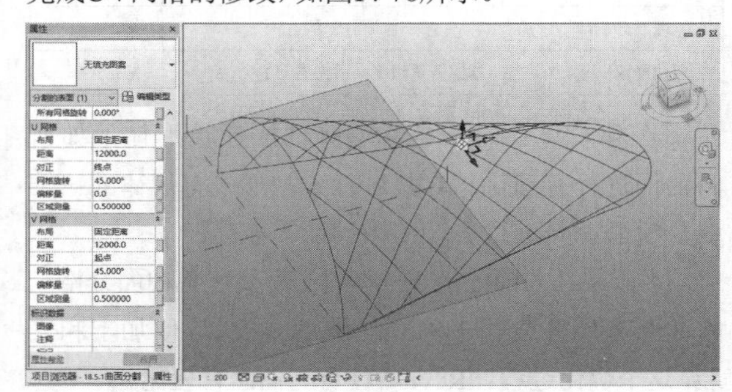

图14-70

第11步：在“项目浏览器”中切换至西立面视图，如图14-71所示。

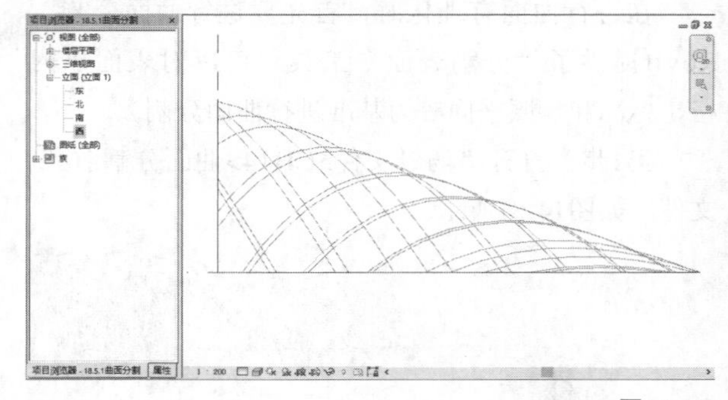

图14-71

第12步：将标高1分别向上复制12000mm和24000mm，如图14-72所示。

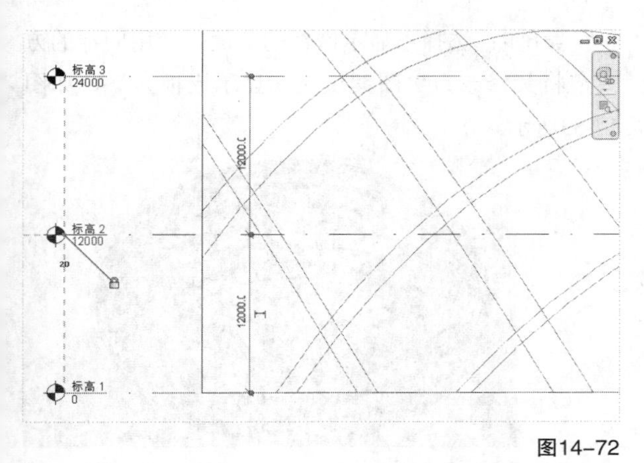

图14-72

第13步：使用直线工具绘制两条斜线，如图14-73所示。

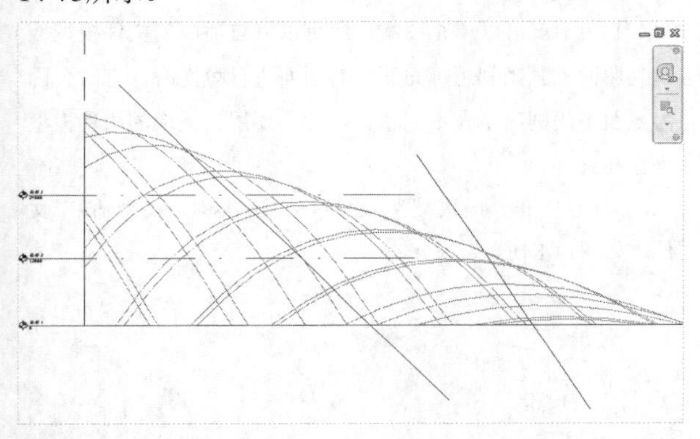

图14-73

第14步：选择曲面，在“属性”面板中将U网格和V网格的“布局”设为“无”，如图14-74所示。

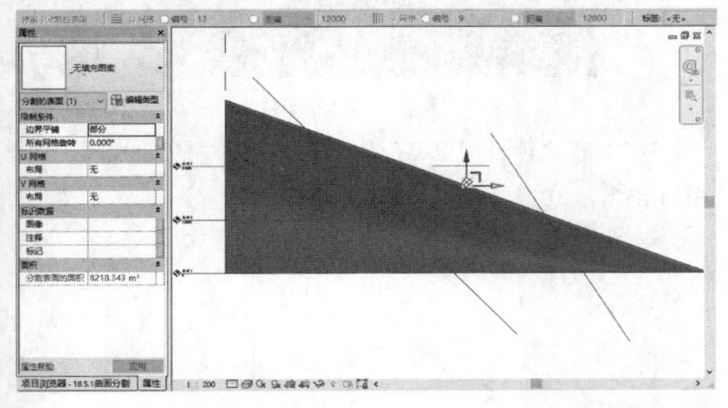

图14-74

第15步：保持曲面的选择状态，在“修改丨分割的表面”选项卡中单击“UV网格”按钮，然后选择“交点”命令，如图14-75所示。

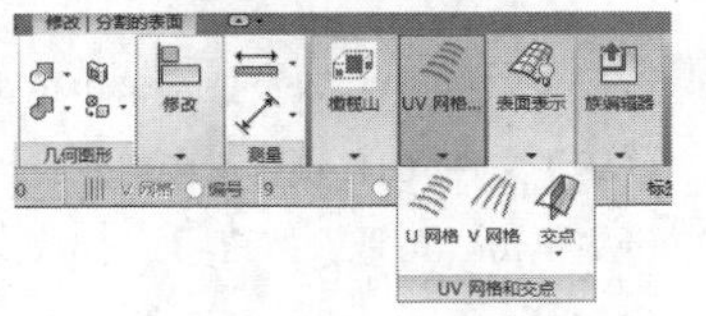

图14-75

第16步：选择全部标高和斜线，单击“交点”按钮，然后选择“完成”命令，如图14-76所示。

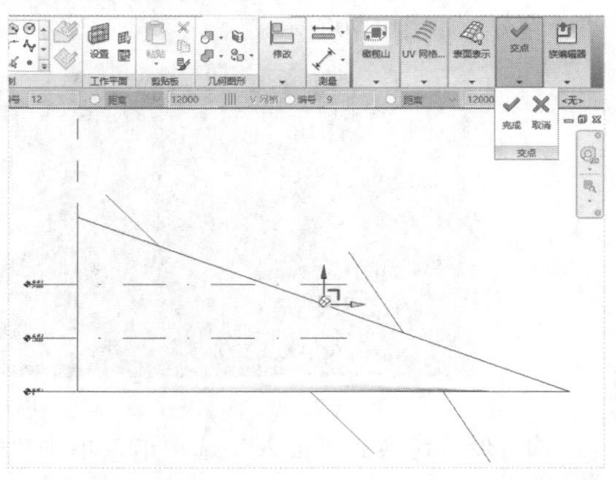

图14-76

第17步：切换到三维视图，观察生成的UV网格线，如图14-77所示。

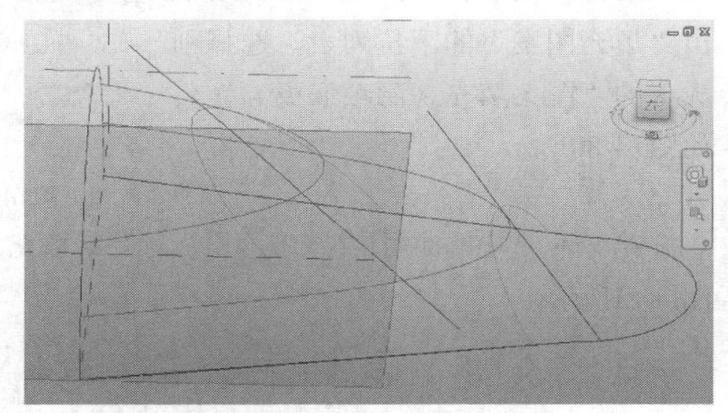

图14-77

14.5.2 曲面填充

曲面UV网格优化后，可以进一步对曲面的UV网格进行图案填充，深化设计方案，完成曲面的有理化操作。

第1步：打开“场景文件>CH14>曲面填充.rfa”文件，如图14-78所示。

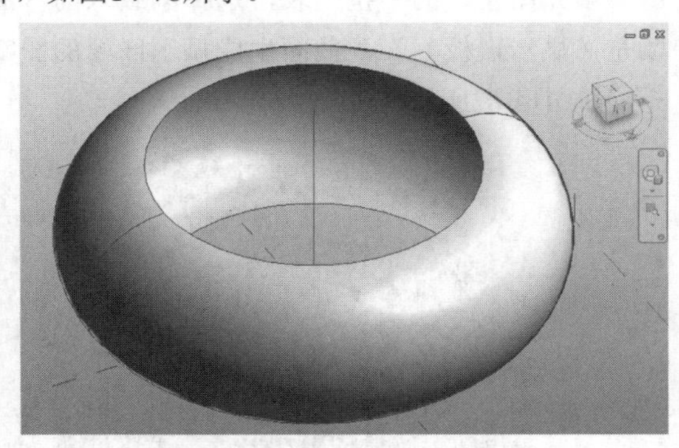

图14-78

第2步：选中该体量，在“修改丨形式”选项卡中单击“分割表面”按钮，曲面按照表面UV网格进行划分，如图14-79所示。

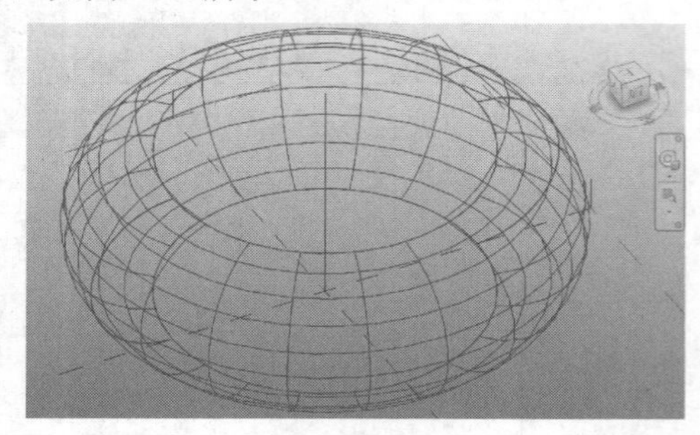

图14-79

第3步：切换到“插入”选项卡，单击“载入族”按钮，找到“场景文件>CH14>图案填充.rfa”文件，单击“打开”按钮载入图案填充。选择曲面，在“属性”面板中单击“填充图案”的下拉列表，选择刚载入的“图案填充（隐藏嵌板）”，如图14-80所示。

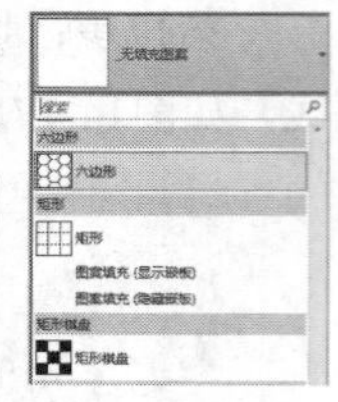

图14-80

第4步：选中的曲面将按UV网格进行图案填充，如图14-81所示。

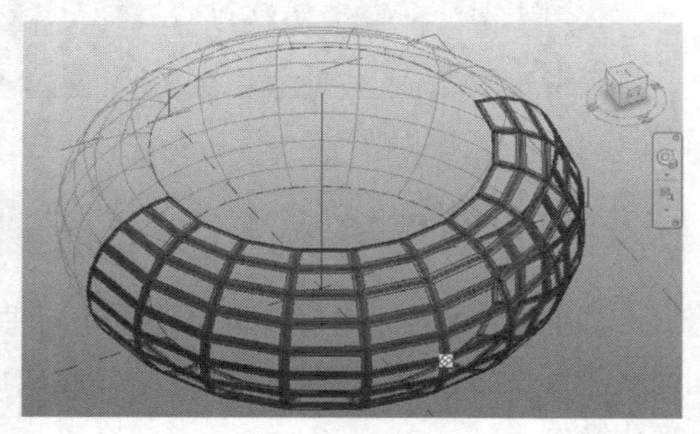

图14-81

第5步：选择另一半曲面，在“属性”面板中单击“填充图案”的下拉列表，选择刚载入的“图案填充（显示嵌板）”，曲面生成显示嵌板的图案填充，如图14-82所示。

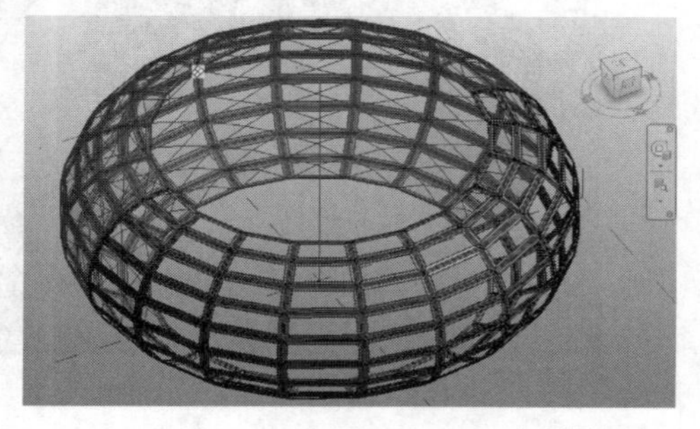

图14-82

第6步：选择不显示嵌板的曲面，使用同样的方式，将其修改为“图案填充（显示嵌板）”，如图14-83所示。

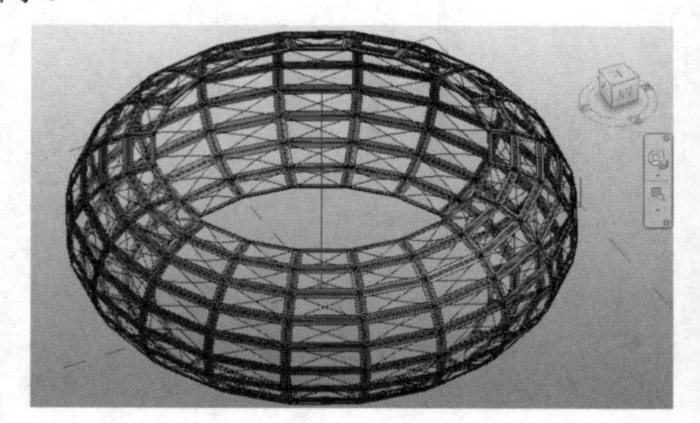

图14-83

技巧与提示

曲面不仅可以填充图案，还可以将自适应的构件模型应用到曲面上。当利用填充图案对曲面进行填充时，有时会因为表面不规则而填充不完整，常常需要用自适应的构件模型进行补充。

（1）打开“场景文件>CH14>自适应构件模型.rfa”文件，如图14-84所示。

图14-84

（2）在“项目浏览器”中切换到“西”立面视图，如图14-85所示。

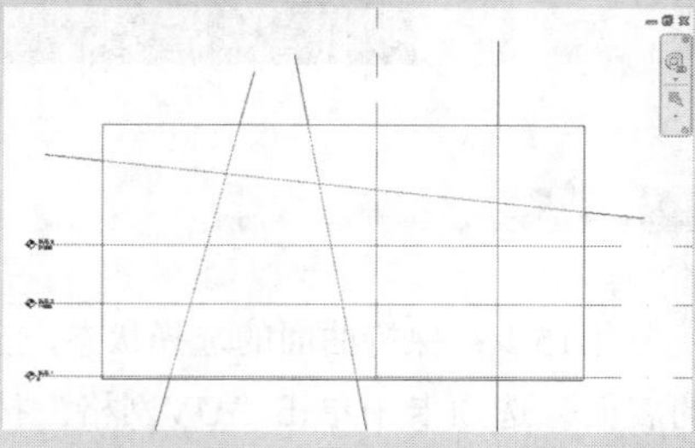

图14-85

（3）在“插入”选项卡中单击“载入族”按钮，打开“场景文件>CH14>自适应构件.rfa”文件。在“创建”选项卡中单击“构件”按钮，光标变成载入族的样式，如图14-86所示。

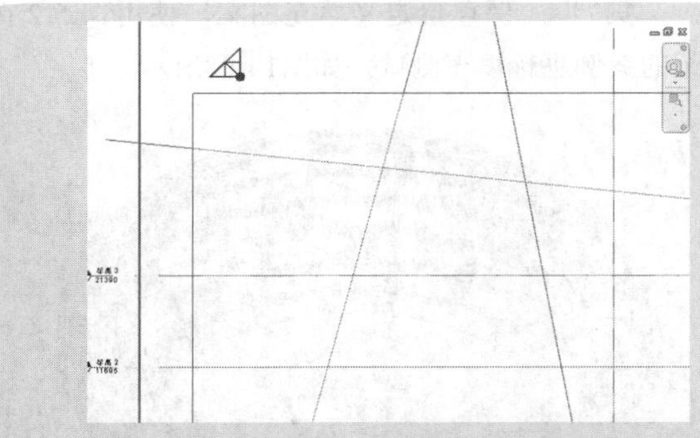

图14-86

（4）选中UV网格，在“修改丨分割的表面”选项卡中单击“表面表示”按钮，曲面按照表面UV网格进行划分，如图14-87所示。

（5）再次单击“表面表示”右侧的箭头，弹出“表面表示”对话框，勾选“节点”选项，单击“确定”按钮，如图14-88所示。

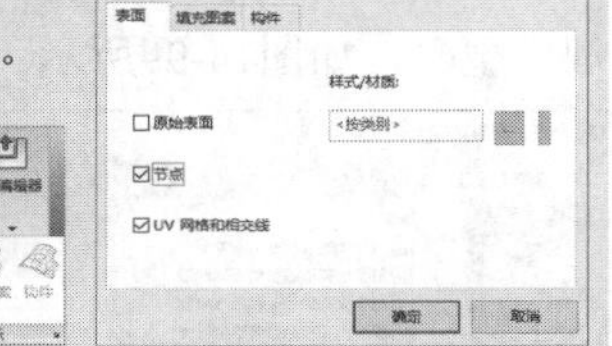

图14-87　图14-88

（6）此时，UV网格的交点以节点形式显示，按顺序依次单击一个带节点的UV网格的4个角点，生成自适应构件，如图14-89所示。

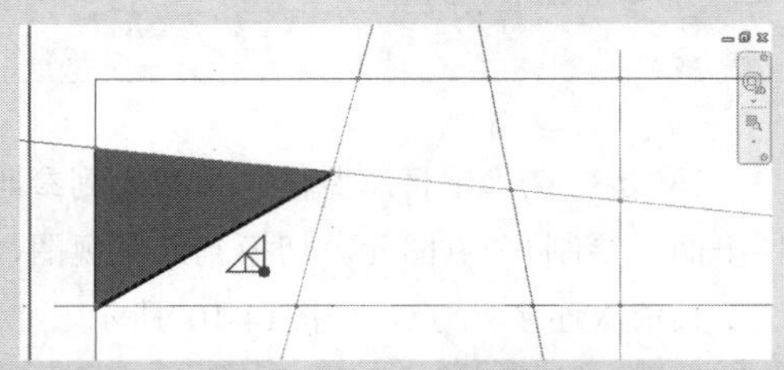

图14-89

（7）选中该自适应构件，在“修改丨幕墙嵌板”选项卡中单击“修改”按钮，然后选择“重复”命令，自适应构件自动填充所有带有节点的UV网格，如图14-90所示。

图14-90

（8）切换至三维视图，观察三维自适应构件，如图14-91所示。

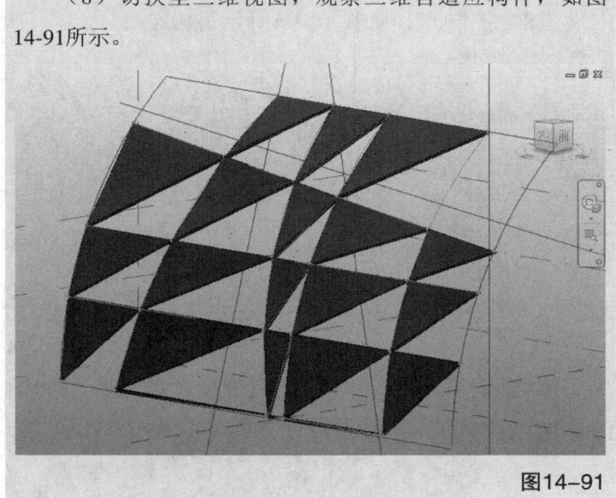

图14-91

14.5.3 自定义填充图案

在Revit中，不仅可以调用内置的表面填充图案和自适应构件模型，还能够自定义表面填充图案和自适应构件模型，其制作方式与概念体量的制作方式类似。

第1步：在“新族-选择样板文件”对话框中选择“基于公制幕墙嵌板填充图案”，如图14-92所示。

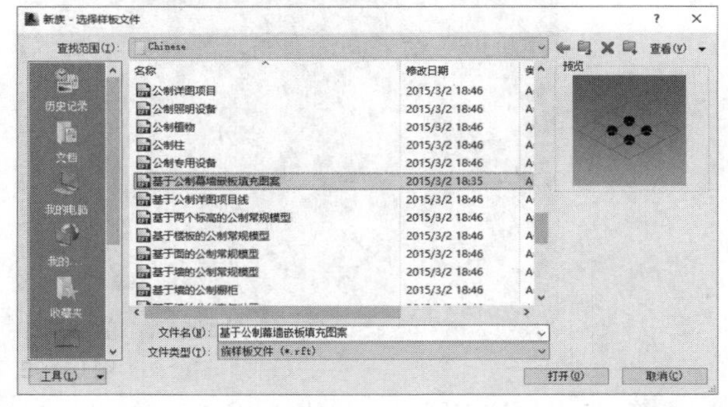

图14-92

第2步：选择网格后，在“属性”面板中可以调节水平间距和垂直间距，如图14-93所示。

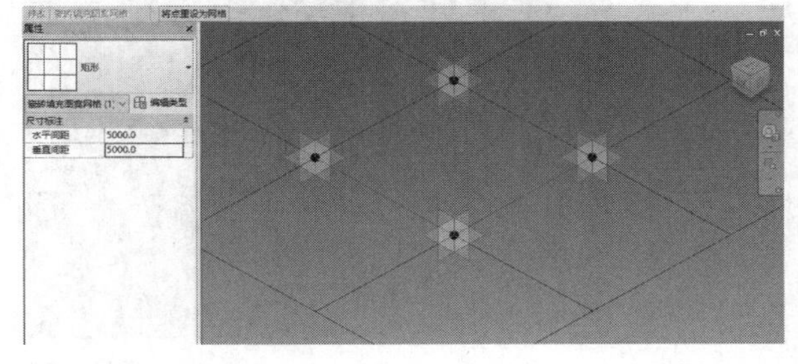

图14-93

第3步：选择“八边形”，可以看到三维视图中出现了8个控制点，如图14-94所示。

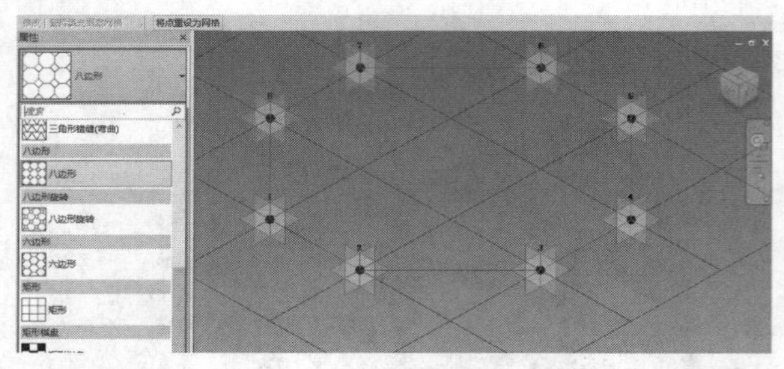

图14-94

第4步：用直线工具连接两个最远的角点，如图14-95所示。

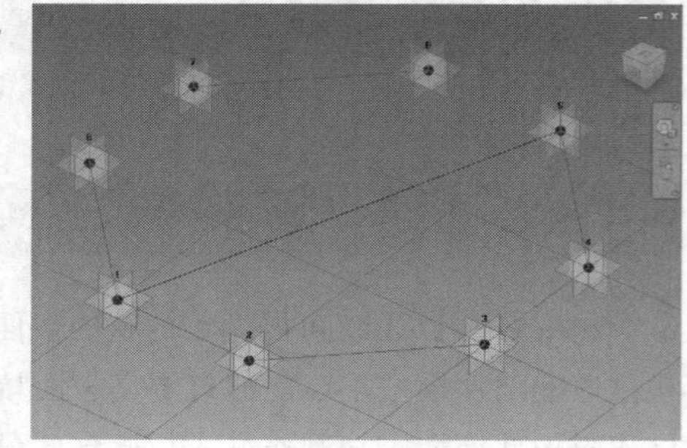

图14-95

第5步：在直线的中点处绘制一个点图元，并将其向上移动，如图14-96所示。

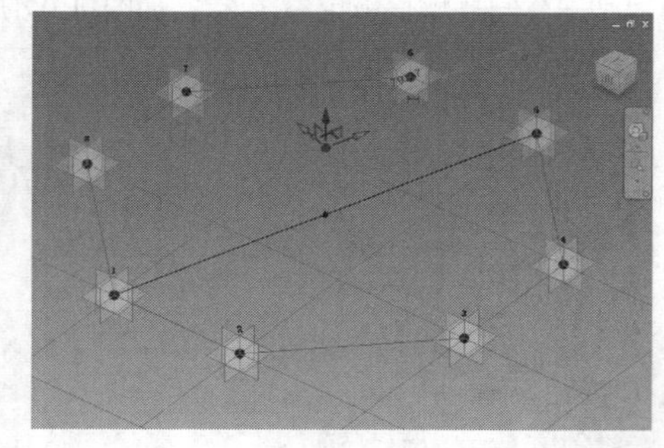

图14-96

第6步：将该点图元与其他点相连，底边各点也依次相连，删除最初绘制的对角线，如图14-97所示。

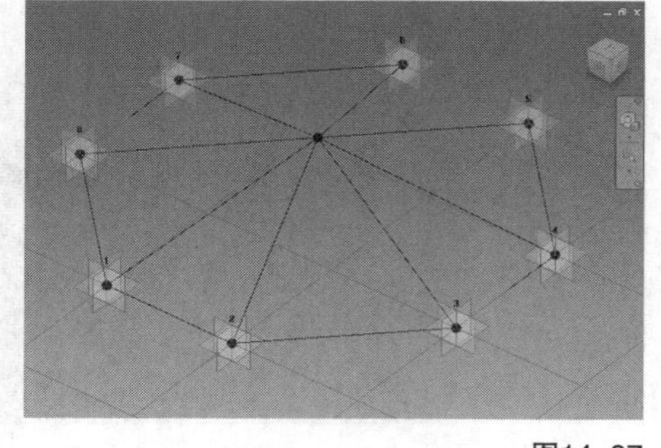

图14-97

第7步：保存自定义填充图案，使用14.5.2节介绍的案例进行填充测试，如图14-98所示。

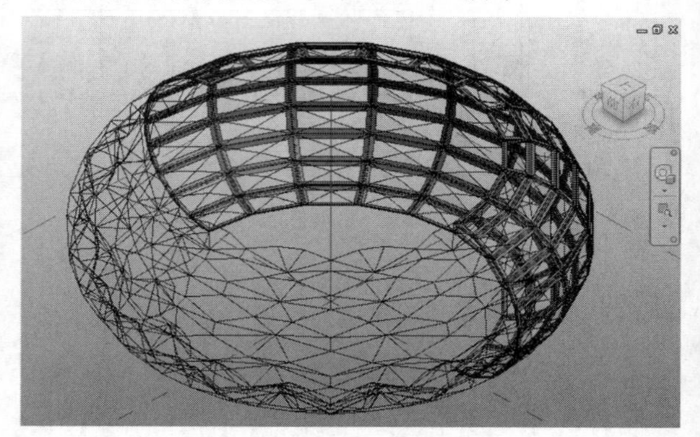

图14-98

第8步：自适应构件的创建方式也很简单，在“新族-选择样板文件”对话框中选择“自适应公制常规模型”，如图14-99所示。

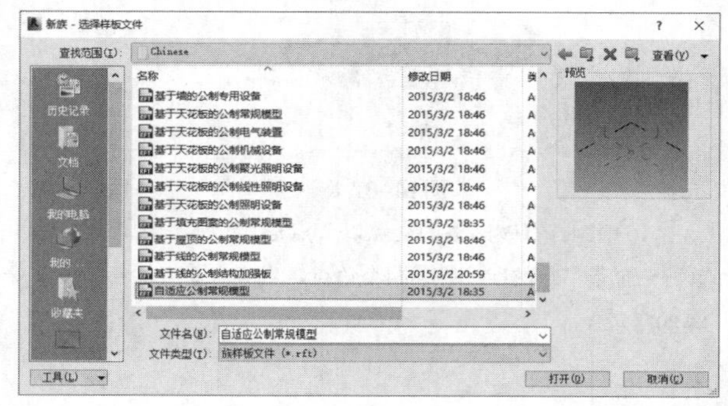

图14-99

第9步：在“项目浏览器”中切换到参照标高楼层平面，绘制4个点图元。切换到三维视图，使用直线工具依次连接4个点，如图14-100所示。

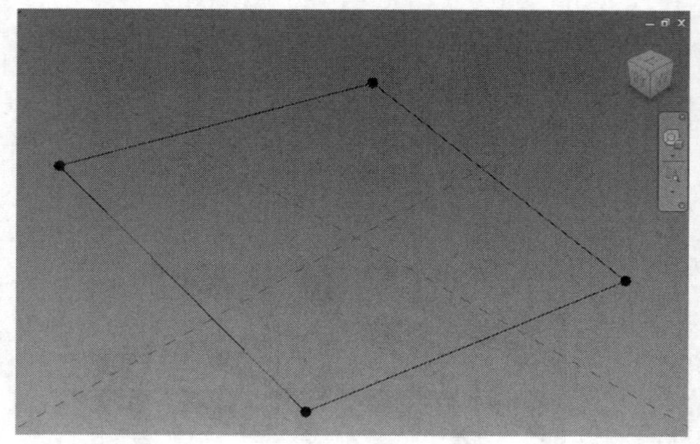

图14-100

第10步：选择4个点图元后，在“修改丨参照点”选项卡中单击“使自适应”按钮，如图14-101所示。

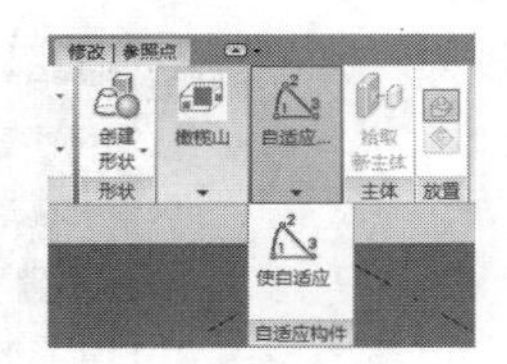

图14-101

第11步：在直线上绘制一个点图元，并将点的参照平面设为工作平面，如图14-102所示。

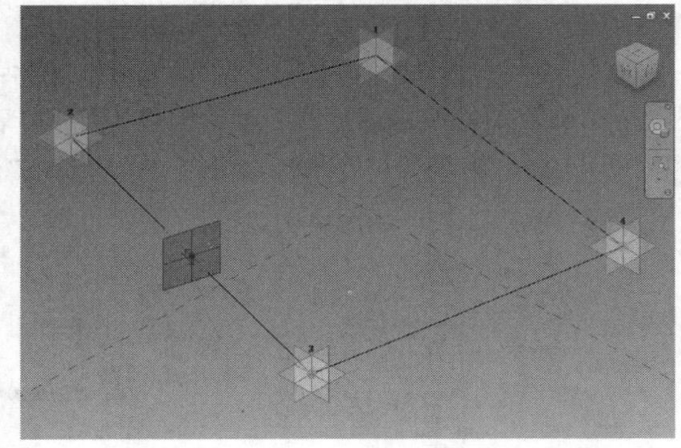

图14-102

第12步：在工作平面上绘制一个矩形，如图14-103所示。

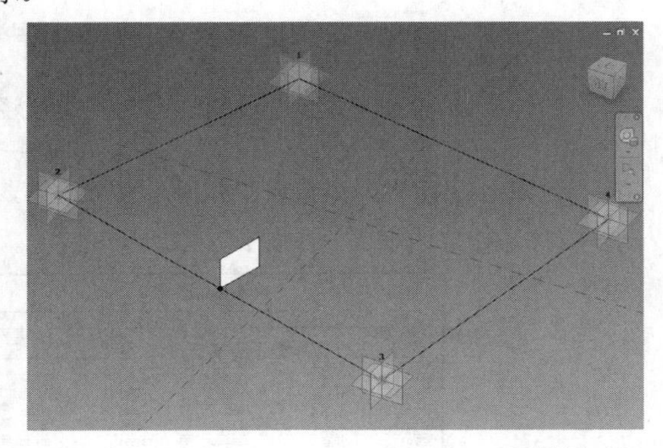

图14-103

第13步：选择全部直线和矩形，单击“创建形状”按钮，如图14-104所示。

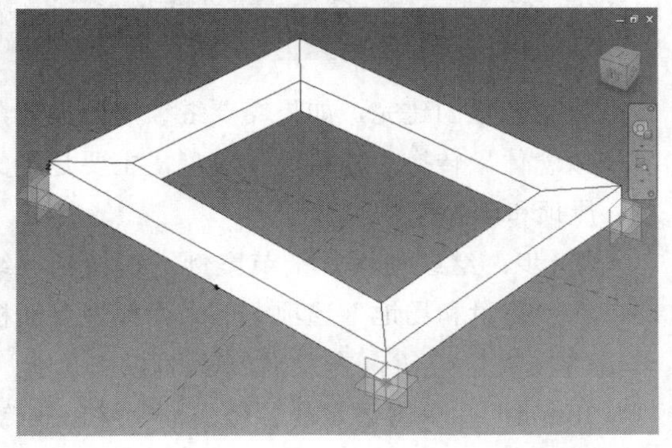

图14-104

第14步：保存该自适应构件，载入该构件进行曲面填充测试，如图14-105所示。

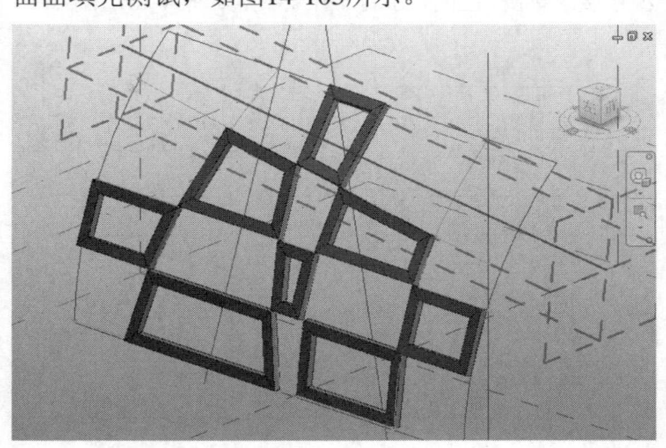

图14-105

14.6 概念设计

本节知识概要

知识名称	作用	重要程度
体量概念设计	掌握体量的分析和转换方法	★★☆☆☆

在概念设计阶段，通过体量制作概念设计模型，并根据体量模型对楼层等内容进行分析，最终还可以将体量转换为建筑设计模型，以便后期进一步编辑。

14.6.1 体量分析

Revit提供了丰富的体量分析功能，最常用的是楼层分析，本节以体量楼层明细表为例进行讲解。

第1步：打开“场景文件>CH14>楼层分析.rvt”文件，如图14-106所示。

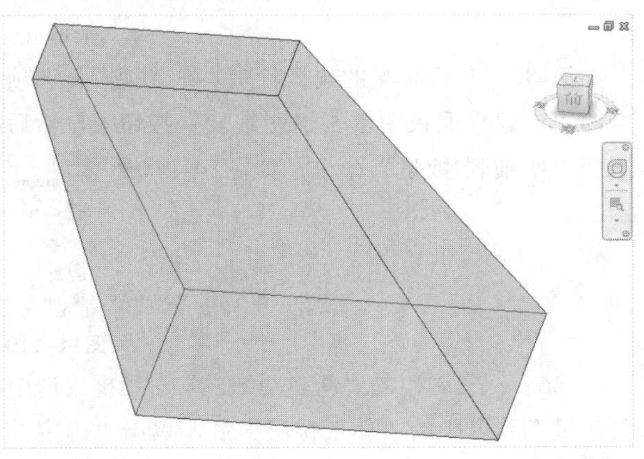

图14-106

第2步：在“项目浏览器”中切换到“南”立面视图，观察楼层标高，已创建了若干个标高，如图14-107所示。

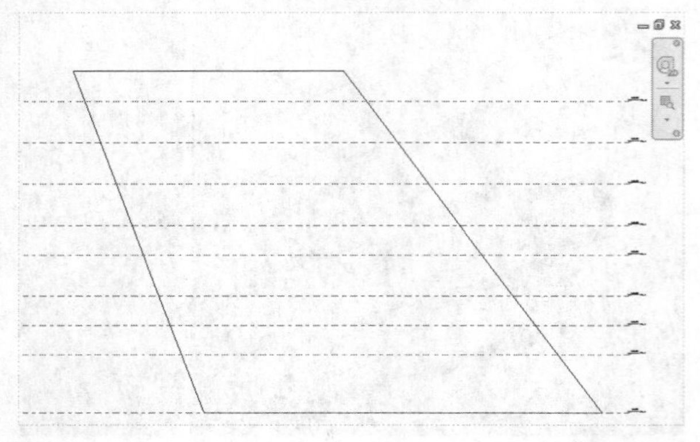

图14–107

第3步：切换回三维视图，选中体量后，在“修改丨体量”选项卡的“模型”面板中单击“体量楼层”按钮，打开“体量楼层”对话框，勾选全部标高后单击“确定”按钮，如图14-108所示。体量根据标高自动创建相应的楼板，如图14-109所示。

图14–108

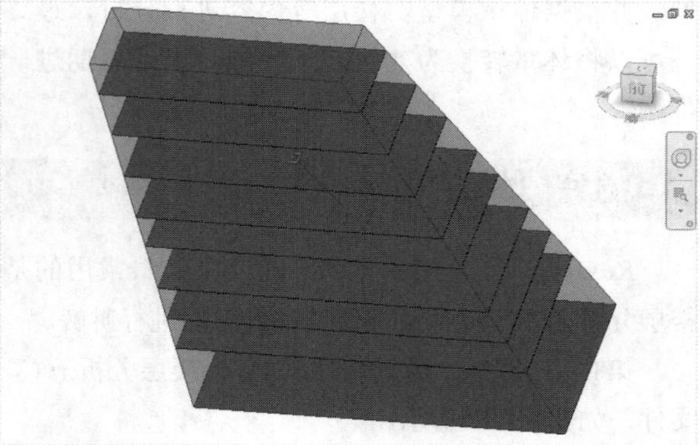

图14–109

第4步：保持体量的选择状态，在“视图”选项卡的“创建”面板中单击“明细表”按钮，然后选择“明细表/数量”命令，如图14-110所示。

图14–110

第5步：在弹出的“新建明细表”对话框中选中“体量”列表中的“体量楼层”后，单击“确定”按钮，如图14-111所示。

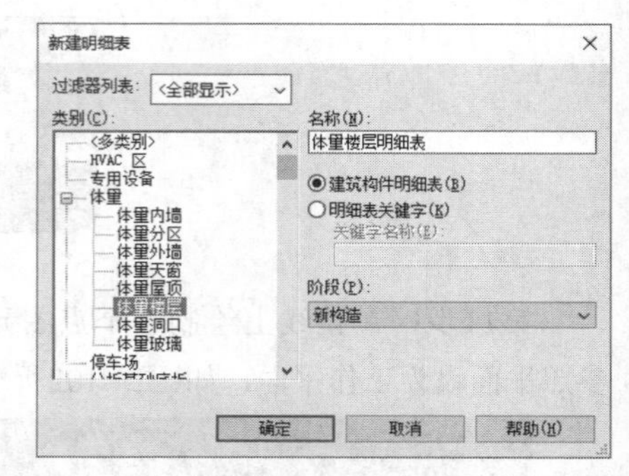

图14–111

第6步：在“明细表属性”对话框中添加“外表面积”“标高”“楼层体积”“楼层周长”“楼层面积”，然后单击“确定”按钮，如图14-112所示。

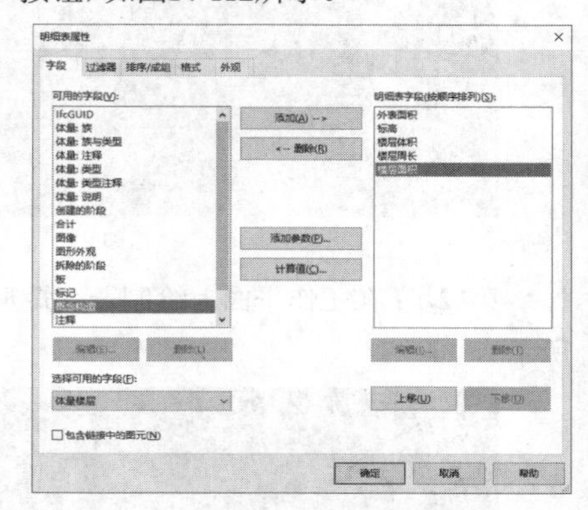

图14–112

第7步：Revit根据体量模型和所选参数内容，自动生成体量楼层明细表，如图14-113所示。

<体量楼层明细表>

A	B	C	D	E
外表面积	标高	楼层体积	楼层周长	楼层面积
2493.53	标高 1	32492.77	238142	3510.54
1173.62	标高 3	14357.55	220484	2994.29
1124.86	标高 4	13161.12	211654	2750.30
1492.88	标高 5	16505.23	202825	2515.72
1007.83	标高 6	10481.82	190464	2203.13
1329.04	标高 7	12944.07	181634	1991.16
1233.47	标高 8	11042.09	169273	1710.22
1137.89	标高 9	9269.34	156912	1447.74
1617.47	标高 10	5811.55	144551	1203.72

图14–113

14.6.2 体量转换

概念体量创建完，如果需要继续深化设计，需要将概念体量转换为建筑设计模型，主要是定义楼板、屋顶和墙面等内容。

第1步：继续使用上一节案例，切换到三维视图，在“体量和场地”选项卡的“面模型”面板中单击“楼板”按钮，在“属性”面板中选择“常规-150mm”，单击体量的各楼层面，按Enter键确定，完成楼板的创建，如图14-114所示。

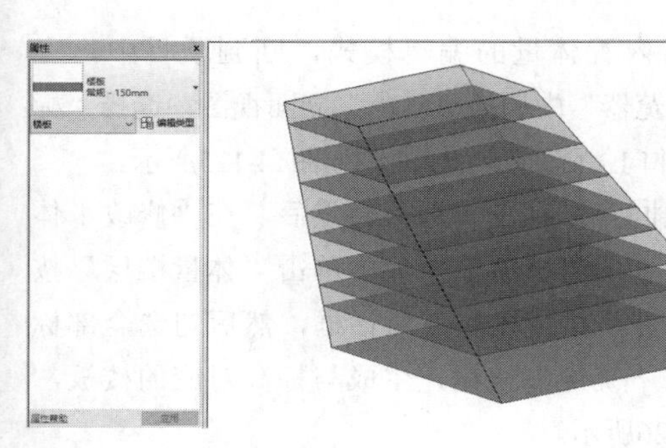

图14-114

第2步：在“体量和场地”选项卡的“面模型”面板中单击“墙”按钮，在“属性”面板中选择“常规-200mm”，如图14-115所示。

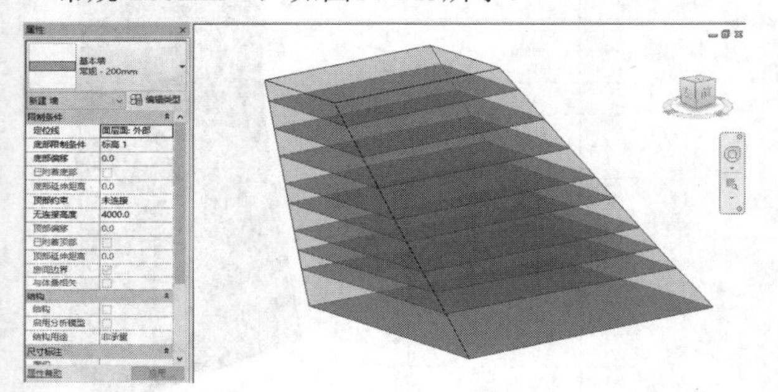

图14-115

第3步：单击体量的各墙面，按Enter键确定，完成墙面的创建，如图14-116所示。

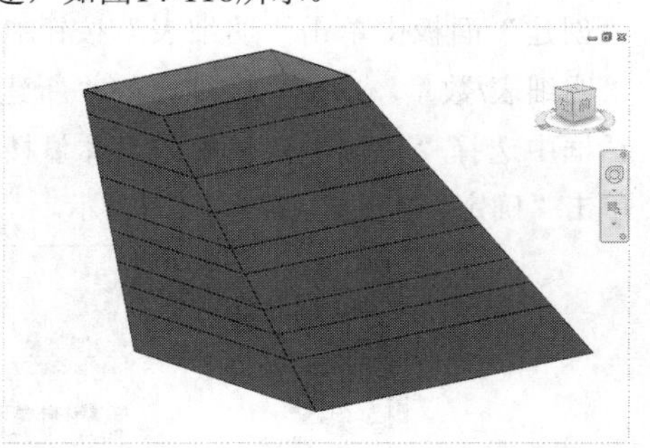

图14-116

第4步：在“体量和场地”选项卡的“面模型”面板中单击“屋顶”按钮，然后在“属性”面板中选择“常规-125mm”选项，接着单击“修改丨放置面屋顶”选项卡中的“多重选择”按钮，不勾选“选择多个”选项，如图14-117所示。

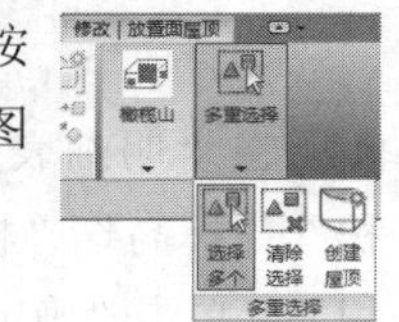

图14-117

第5步：单击体量的屋顶面，按Enter键确定，完成体量到建筑设计模型的转换，如图14-118所示。

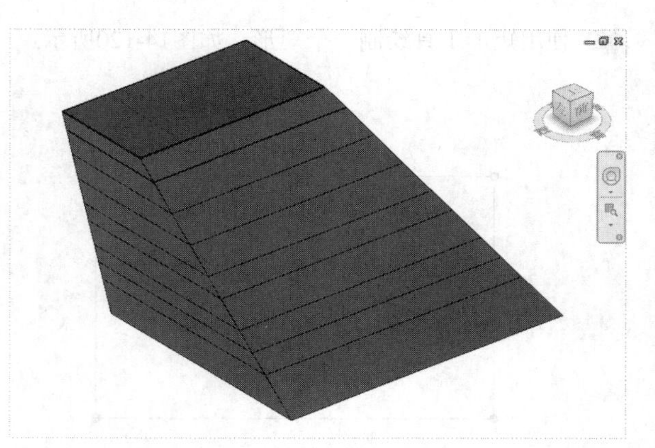

图14-118

14.7 本章总结

概念体量是Revit非常重要的内容，衔接了概念方案阶段和深化设计阶段，极大地弥补了早期Revit在概念设计阶段的不足。利用概念体量工具，可以方便地创建和编辑设计前期的概念模型，辅助设计师推敲建筑体块。

另外，使用体量分析工具，还可以帮助设计师进行快速的建筑体量分析，统计各项建筑指标。概念体量也涉及族的内容，希望读者能够认真学习并灵活运用概念体量工具，也能为后面关于族的学习打下良好基础。

14.8 课后拓展练习:创建概念设计建筑模型

场景位置：无

视频位置：视频文件>CH14>课后拓展练习：创建概念设计建筑模型.mp4

实用指数：★★★☆☆

技术掌握：概念设计建筑模型的创建流程

本节以一个概念设计的建筑模型为例，演示从体量建模到体量分析的全过程。

01 新建项目，选择“建筑样板”，然后在“体量和场地”选项卡的“概念体量”面板中单击“内建体量”按钮，输入体量名称为“概括性练习”，最后单击“确定”按钮，如图14-119所示。

图14-119

02 使用矩形工具绘制一个矩形，如图14-120所示。

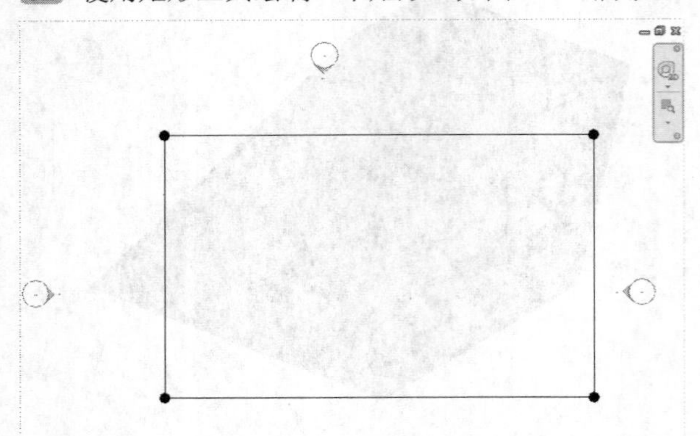

图14-120

03 切换到三维视图，使用创建体量工具，将矩形向上推拉55000mm高度，如图14-121所示。

04 选择体量的上表面，使用缩放工具，将其缩放0.8，如图14-122所示。

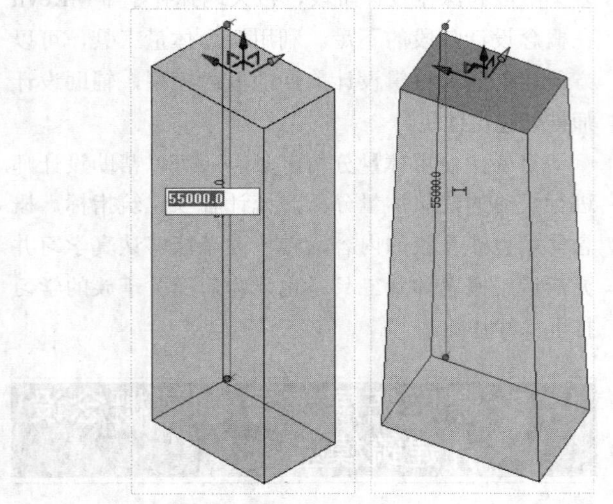

图14-121　　图14-122

05 选择体量的上表面，使用旋转工具，将其旋转45°，如图14-123所示。

06 在“修改丨形式”选项卡中，单击“在位编辑”按钮，然后选择“完成体量”命令，如图14-124所示。

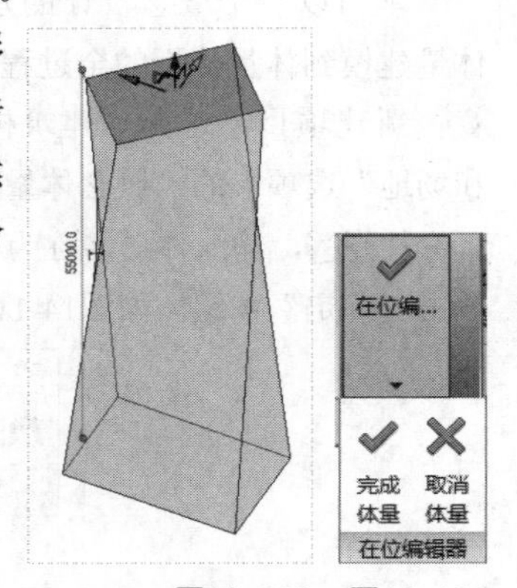

图14-123　　图14-124

07 退出内置体量的编辑模式，回到项目中，在“项目浏览器”中切换至“南”立面视图，选择“标高2”，并向上阵列15个标高，如图14-125所示。

08 切换回三维视图。选中体量后，在“修改丨体量”选项卡的“模型”面板中单击“体量楼层”按钮，打开“体量楼层”对话框，然后勾选全部标高后单击“确定”按钮，生成与标高对应的楼板，如图14-126所示。

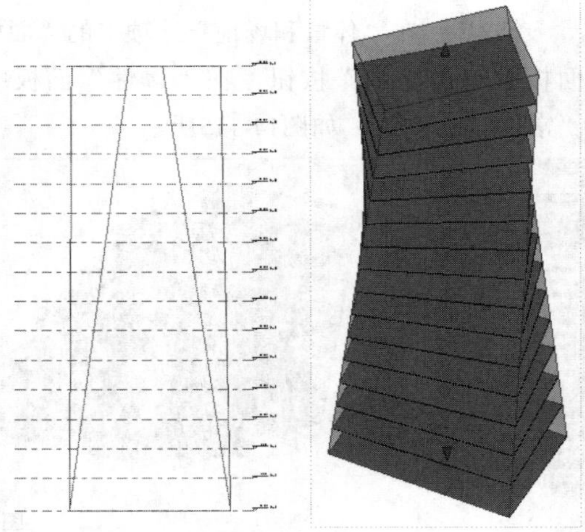

图14-125　　图14-126

09 保持体量的选择状态，在“视图”选项卡的“创建”面板中单击“明细表”按钮，然后选择“明细表/数量”命令，在弹出的“新建明细表”对话框中选择“体量”列表中的“体量楼层”，最后单击“确定”按钮，如图14-127所示。

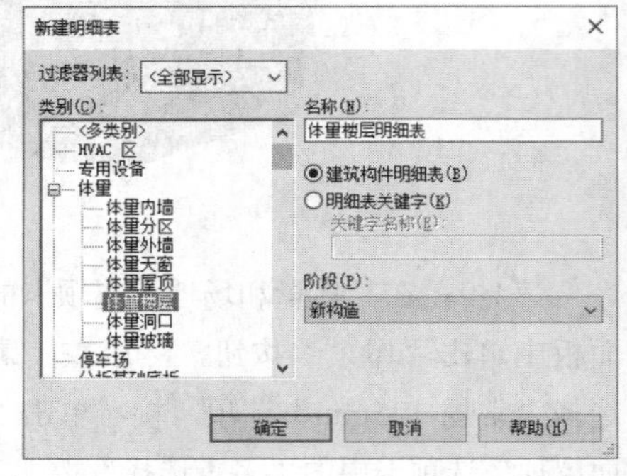

图14-127

10 在“明细表属性”对话框中，添加“外表面积”“标高”“楼层体积”“楼层周长”“楼层面积”，单击“确定”按钮，如图14-128所示。

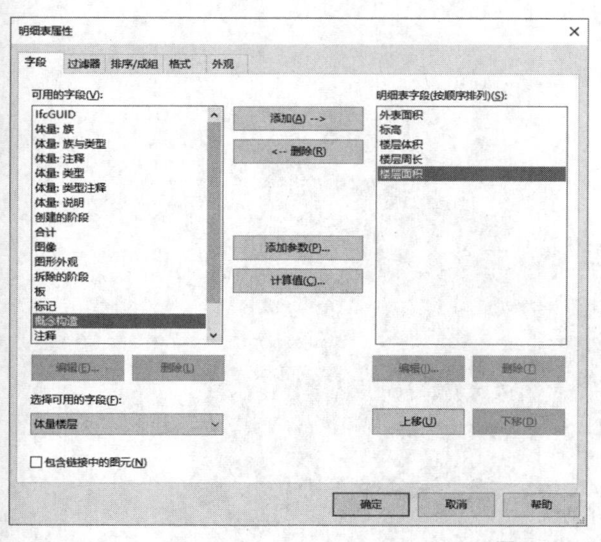

图14-128

11 Revit根据体量模型和所选参数内容自动生成体量楼层明细表，如图14-129所示。

<体量楼层明细表>				
A	B	C	D	E
标高	楼层体积	楼层周长	楼层面积	外表面积
标高 1	906.35	62767	233.76	247.93
标高 2	778.28	60839	219.62	219.22
标高 4	737.26	59184	207.84	213.34
标高 5	700.04	57635	197.10	207.87
标高 6	666.62	56200	187.41	202.82
标高 7	637.00	54887	178.75	198.24
标高 8	611.18	53706	171.15	194.17
标高 9	589.17	52666	164.58	190.62
标高 10	570.95	51775	159.06	187.63
标高 11	556.53	51040	154.58	185.24
标高 12	545.91	50470	151.14	183.45
标高 13	539.09	50069	148.75	182.30
标高 14	536.08	49841	147.40	181.78
标高 15	536.86	49789	147.09	181.92
标高 16	541.44	49914	147.83	332.30

图14-129

12 在“修改 | 体量”选项卡的“模型”面板中单击“在位编辑”按钮，进入体量编辑界面，按Ctrl键逐一选中体量的4个立面（可按Tab键切换选择内容），在“修改 | 形式”选项卡的“模型”面板中单击“分割表面”按钮，体量的立面被UV网格划分，如图14-130所示。

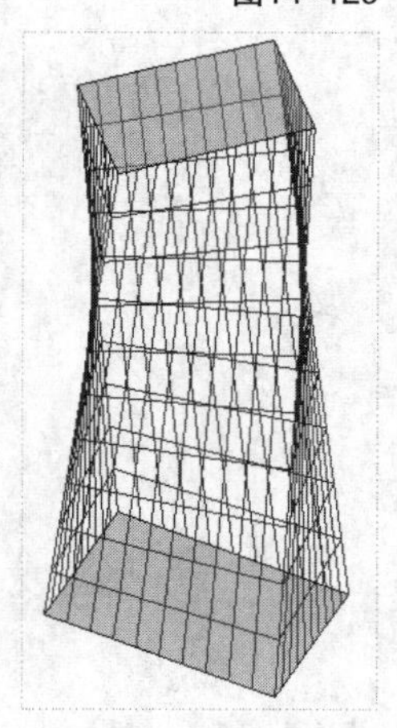

图14-130

13 选择生成的UV网格，然后在“属性”面板中将U网格的“编号”改为12，V网格的“编号”改为8，如图14-131所示。

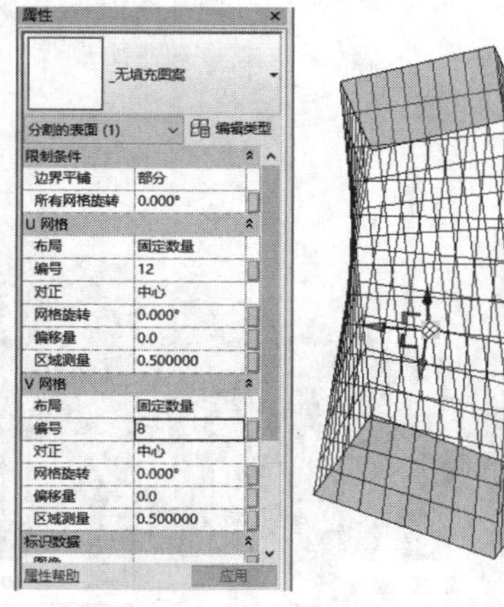

图14-131

14 单击选择一个立面的UV网格，然后在“填充图案”的下拉列表中选择“矩形棋盘”，接着依次设置其他立面UV网格，如图14-132所示。

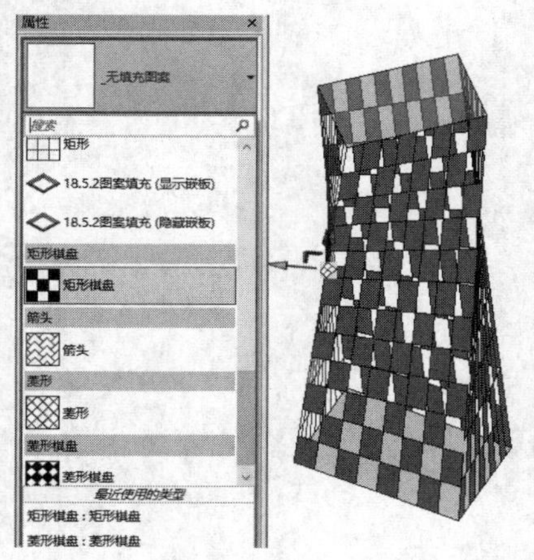

图14-132

15 在“修改 | 分割的表面”选项卡中，单击“在位编辑”按钮，然后选择“完成体量”命令，如图14-133所示。

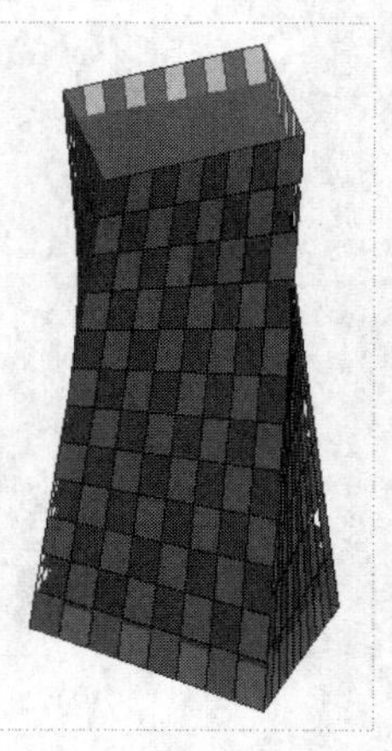

图14-133

第15章 设计选项与项目阶段化

本章知识索引

本章实例索引

15.1 课前引导实例：浏览办公空间方案

场景位置：场景文件>CH15>01浏览办公空间方案.rvt
视频位置：视频文件>CH15>01课前引导实例：浏览办公空间方案.mp4
实用指数：★★☆☆☆
技术掌握：了解选项的切换效果以及工程的不同阶段

本节通过浏览设置好了设计选项和区分了阶段化图元的办公项目，让读者对设计选项和工程阶段有一些了解。

01 启动Revit 2016，打开“场景文件>CH15>01浏览办公空间方案.rvt”文件，如图15-1所示。

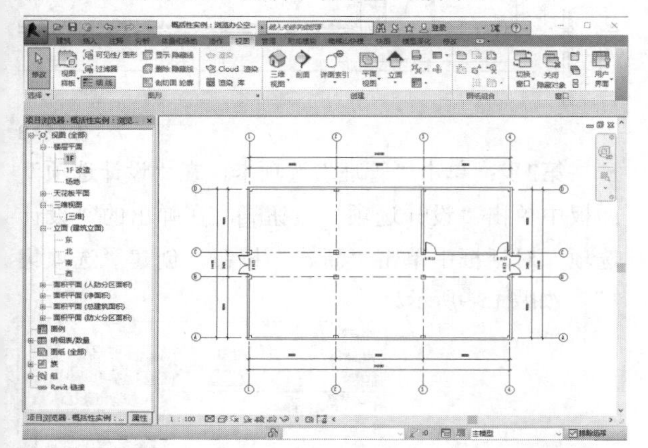

图15-1

02 观察平面图，原始的内外墙和内外门都是以实线显示。在“项目浏览器”中切换到1F改造楼层平面，原有的内外墙集内外门均淡化显示。同时，项目平面中出现了新增的内墙和内门，如图15-2所示。

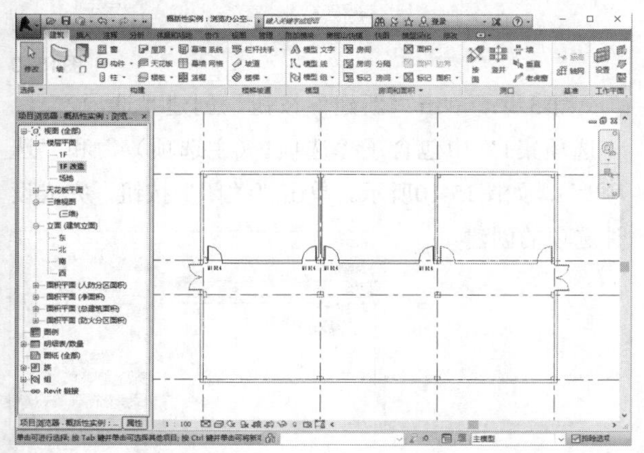

图15-2

03 单击“管理”选项卡，在“设计选项”面板中单击“设计选项”按钮，观察“设计选项”面板中设置的选项集和选项，如图15-3所示。

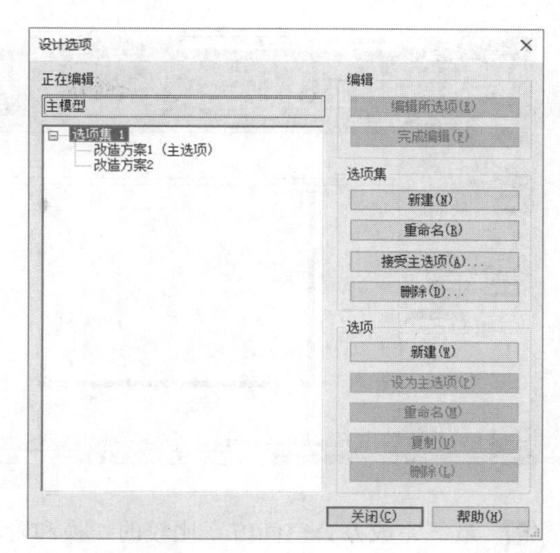

图15-3

04 单击“关闭”按钮，切换到“视图”选项卡，然后在“图形”面板中单击“可见性/图形”按钮，接着在“可见性/图形替换”面板中单击“设计选项”选项卡，在“设计选项集”中选择“选项集1”对应的“设计选项”下拉列表，最后选择“改造方案2”，如图15-4所示。

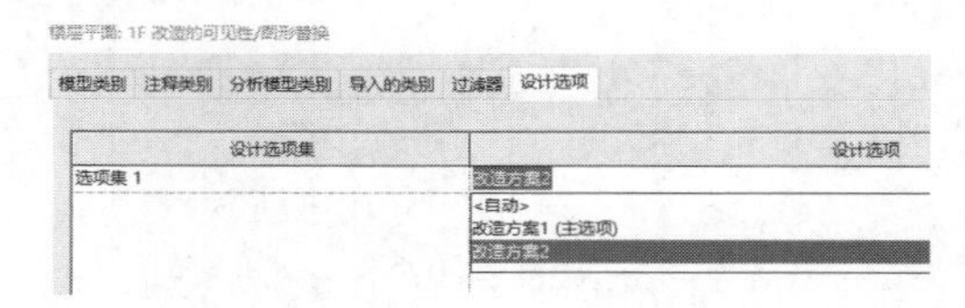

图15-4

05 单击“确定”按钮，返回1F改造平面视图，观察新增的内墙和内门发生的变化，如图15-5所示。

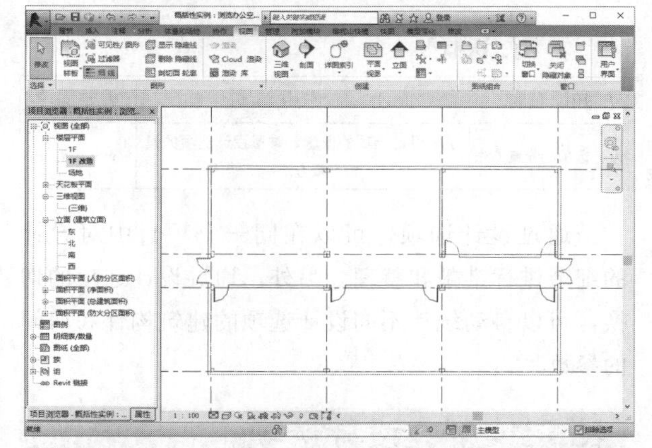

图15-5

06 选择原有的内墙和内门，在“属性”面板中单击“拆除的阶段”下拉列表，选择“2-改造内容”选项，如图15-6所示。

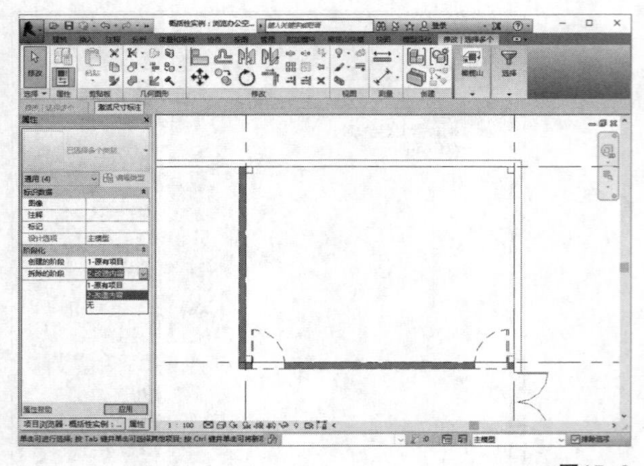

图15-6

07 最终完成办公空间方案比较的切换和阶段化的调整，如图15-7所示。

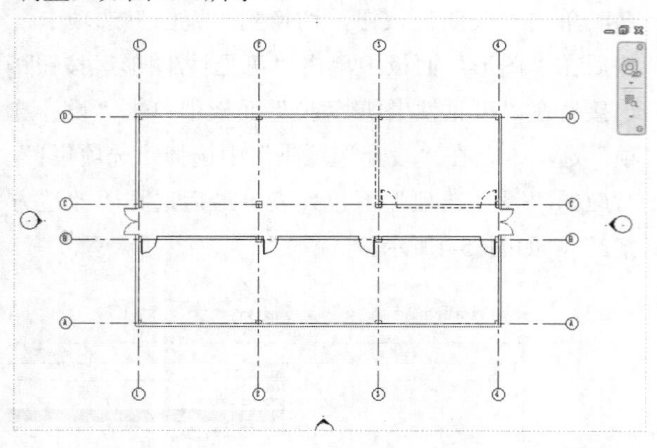

图15-7

15.2 设计选项

本节知识概要

知识名称	作用	重要程度
设计选项的设置方法	了解设计选项的概念，掌握设计选项的设置方法	★★☆☆☆

通过设计选项，可以在同一个项目中对设计的细节进行推敲和整理。另外，通过设计选项的切换，可以自动统计不同设计选项的建筑构件和房间的参数。

15.2.1 创建设计选项

在进行方案设计时，可以创建多个选项集，每个选项集控制某个特定的内容或区域，如房间布局、开窗位置和功能划分等。

在创建选项之前，首先需要创建选项集。

第1步：启动Revit 2016，打开“场景文件>CH15>02设计选项.rvt”文件，如图15-8所示。

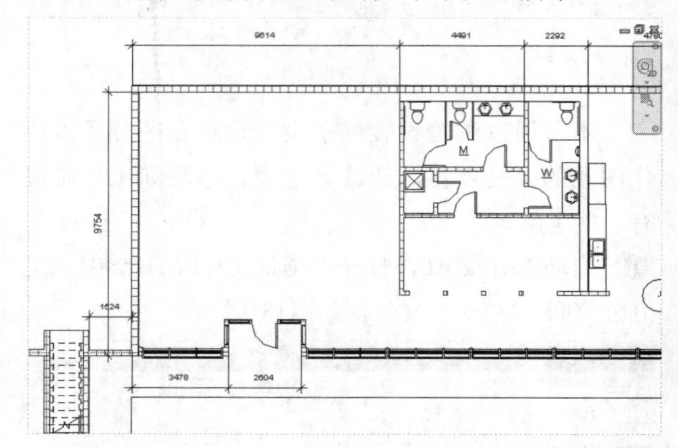

图15-8

第2步：单击“管理”选项卡，在“设计选项”面板中单击“设计选项”按钮，在弹出的“设计选项”对话框中单击“新建”按钮，创建“选项集1”，如图15-9所示。

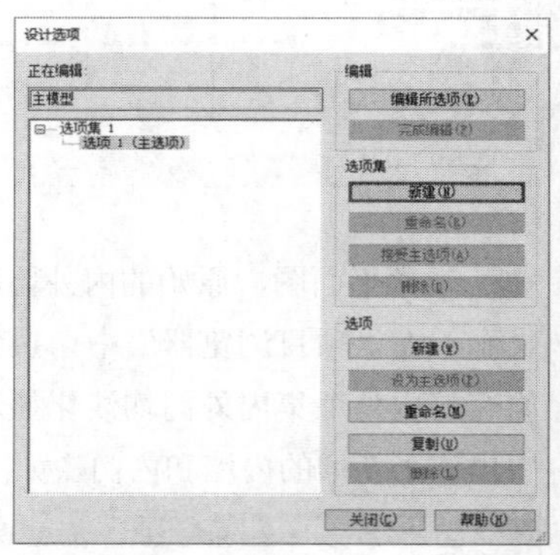

图15-9

第3步：单击“新建”按钮，创建“选项2”，“选项集1”中包含了“选项1（主选项）”和“选项2”，如图15-10所示。单击“关闭”按钮，完成设计选项的创建。

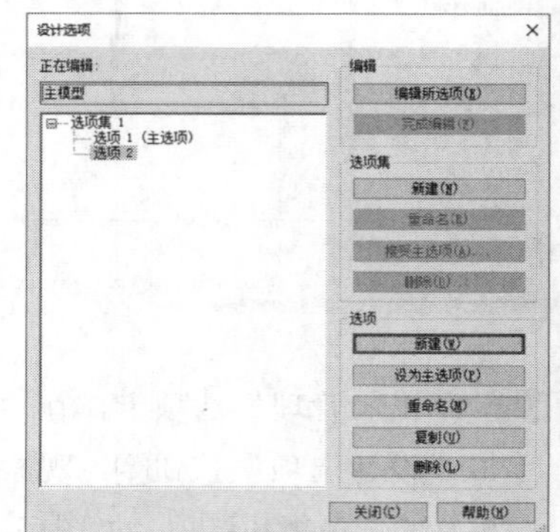

图15-10

15.2.2 编辑设计选项内容

创建完设计选项后，便可以进行方案绘制。继续15.2.1节的步骤进行操作。

第1步：使用墙体工具在平面图中进行绘制，如图15-11所示。

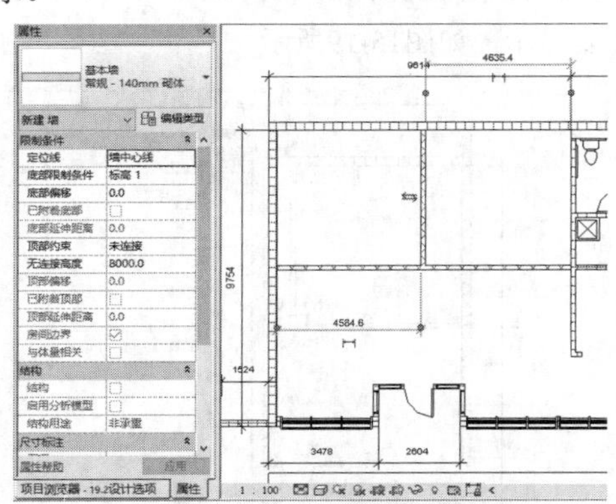

图15-11

第2步：使用门工具在新绘制的墙上添加两个门图元，如图15-12所示。

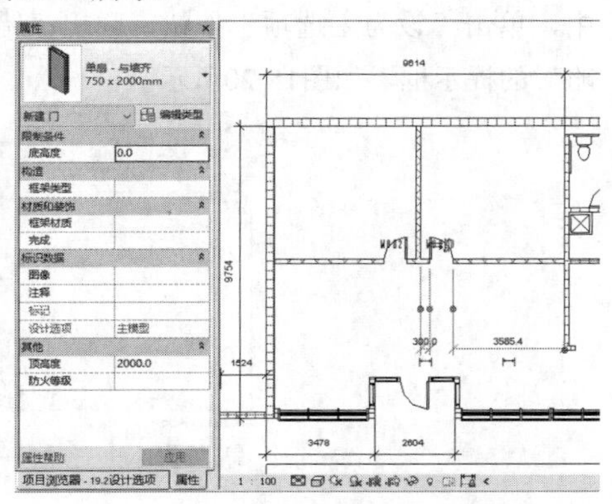

图15-12

第3步：全选新建的墙体和门，切换到“管理”选项卡，然后单击“设计选项”面板中的“添加到集”按钮，接着在弹出的“添加到设计选项集”对话框中勾选“选项1（主选项）”，再取消勾选“选项2”，如图15-13所示。

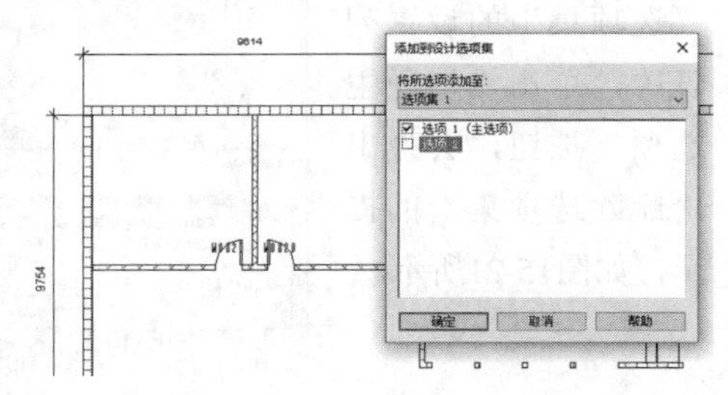

图15-13

第4步：单击“确定”按钮，完成“选项1”内容的创建，在“管理”选项卡的“设计选项”面板中单击下拉列表，选择“选项2”，平面图中的原有图元将以灰色显示，“选项1”的图元则不再显示，如图15-14所示。

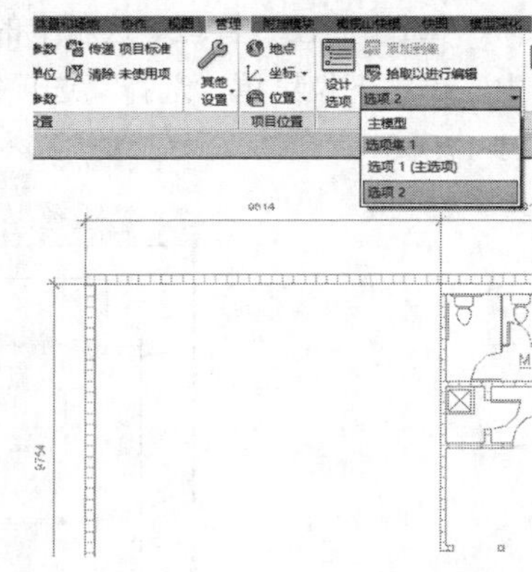

图15-14

第5步：使用墙体工具在平面图中进行绘制，如图15-15所示。

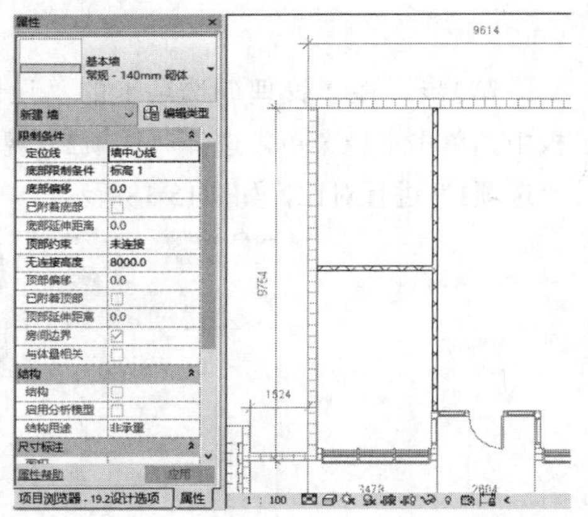

图15-15

第6步：使用门工具在平面图的新建墙体上绘制门图元，完成“选项2”的图元绘制，如图15-16所示。

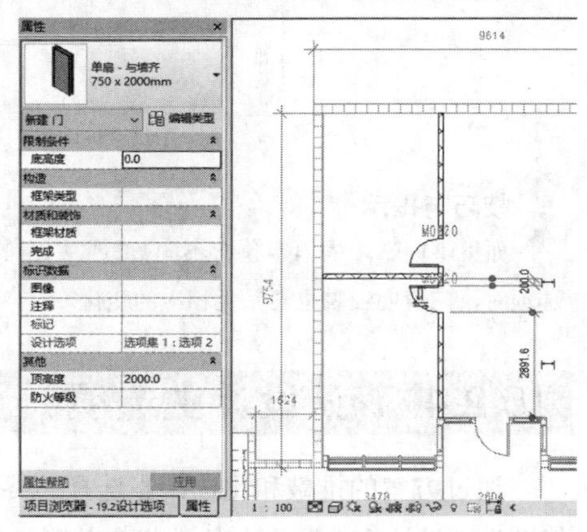

图15-16

15.2.3 方案切换演示

创建完“选项1”和“选项2”，便可以进行两个方案的切换和比较。

第1步：在“管理”选项卡的“设计选项”面板中，单击下拉菜单，选择“选项1”观察方案，如图15-17所示。

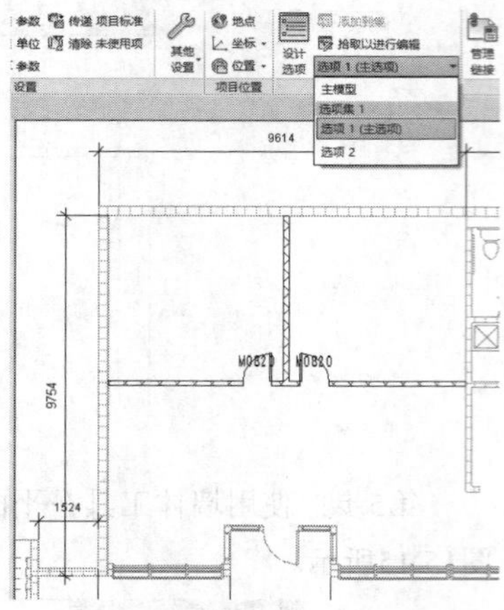

图15–17

第2步：在“管理”选项卡的“设计选项”面板中，单击下拉菜单，选择“选项2”观察方案，与“选项1”进行对比，如图15-18所示。

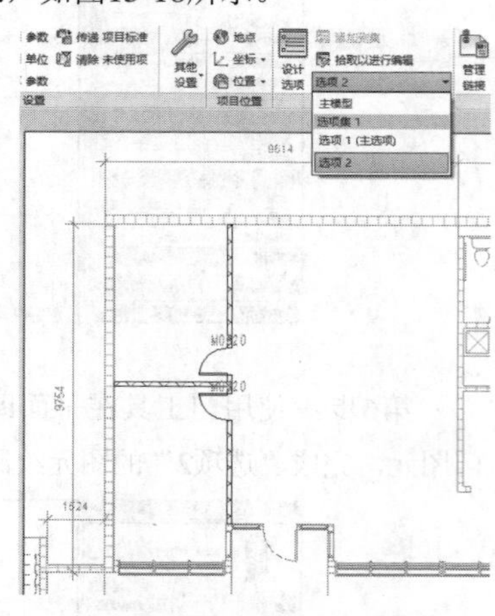

图15–18

技巧与提示

如果不同选项的内容包含不同数量的门窗等内容，切换选项时，门窗明细表也会发生相应的变化。

15.2.4 确认设计主选项

通过方案的推敲和比选，当选择最终方案后，将其设为“设计主选项”，软件将自动删除其他方案。

第1步：继续使用15.2.3节介绍的案例，当通过比选，最终方案选择了“选项2”时，单击“管理”选项卡，在“设计选项”面板中单击“设计选项”工具，选中“选项2”时，单击“完成编辑”按钮，此时“选项2”的设置列表中很多按钮变成可编辑模式，在平面视图中，除“选项1”以外的全部图元恢复显示，如图15-19所示。

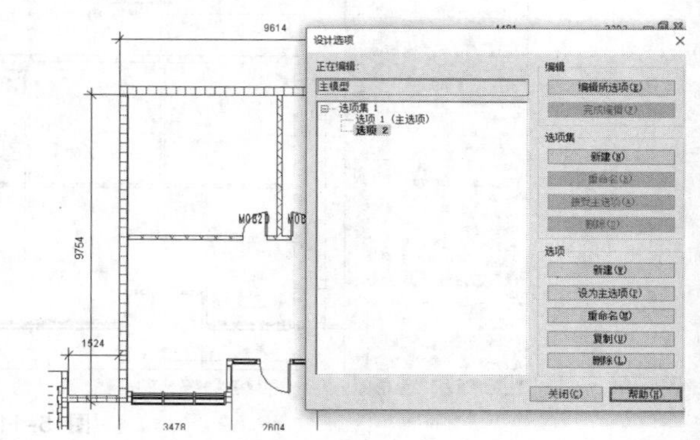

图15–19

第2步：在“选项2”的“选项”的设置列表中，单击“设为主选项”按钮，弹出“错误-不能忽略”的提示框，如图15-20所示。

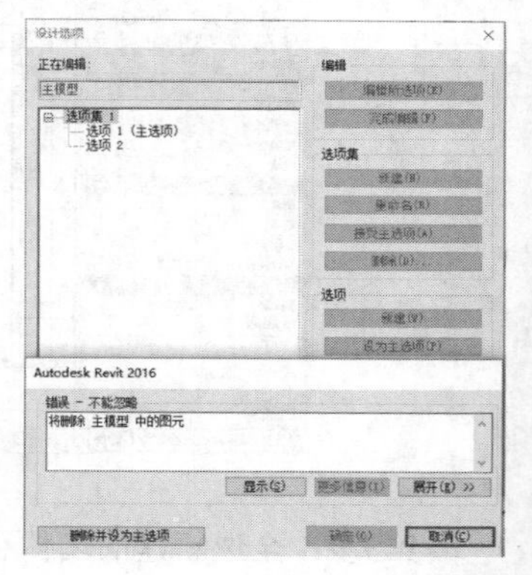

图15–20

第3步：单击“删除并设为主选项”按钮，完成主选项的设置，选择“选项集1”，在“选项集”的设置列表中，单击“接受主选项”按钮，会弹出“删除选项集”的提示，如图15-21所示。

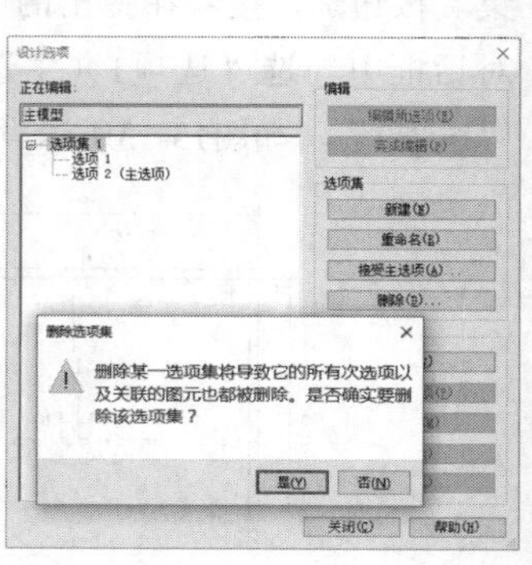

图15–21

第4步：单击“是”按钮，回到标高1平面视图，观察最终方案，如图15-22所示。

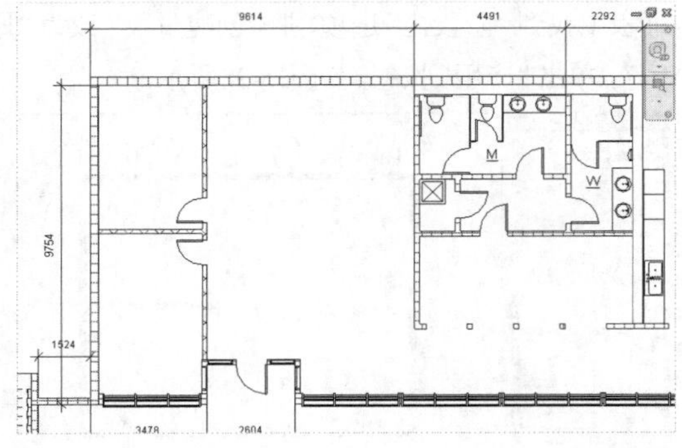

图15-22

15.3 项目阶段化

本节知识概要

知识名称	作用	重要程度
阶段化的用途	了解项目阶段化的用途	★☆☆☆☆
视图的阶段化	掌握视图的阶段化设置	★★☆☆☆
图元的阶段化	掌握图元的阶段化设置	★★☆☆☆
阶段化的显示	掌握阶段化显示的切换方法	★★☆☆☆

很多项目会分阶段进行，尤其是改造项目，一般会划分为拆除阶段和新建阶段。在Revit中可以对视图和图元进行阶段化的划分，使用阶段过滤器，可以定义项目在不同工作阶段的显示方式。

15.3.1 阶段化面板

启动Revit 2016，打开“场景文件>CH15>03项目阶段化.rvt”文件，如图15-23所示。

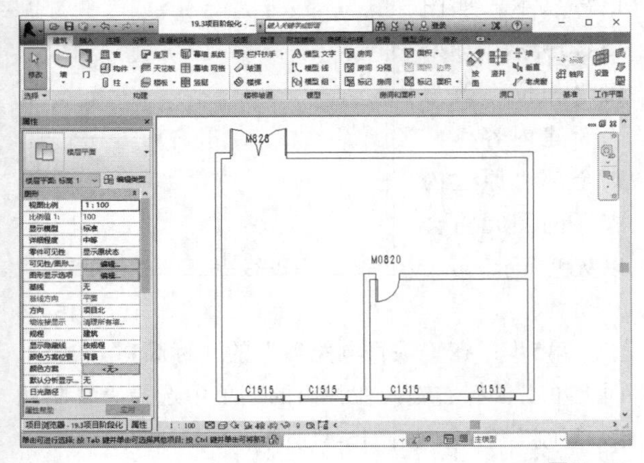

图15-23

在“管理”选项卡的“阶段化”面板中单击“阶段”按钮，打开“阶段化”面板，其中有3个选项卡，分别为“工程阶段”“阶段过滤器”“图形替换”，如图15-24~图15-26所示。

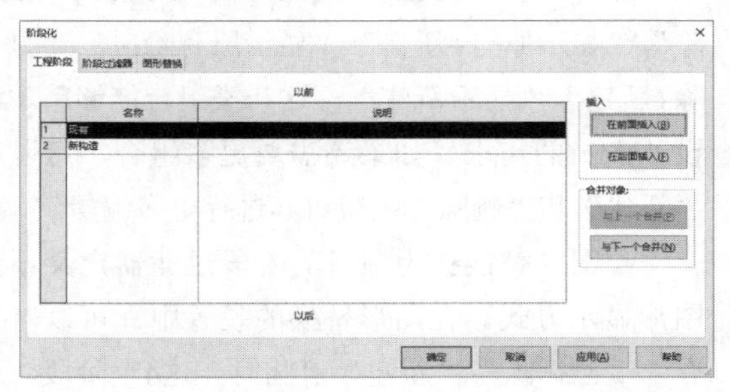

图15-24

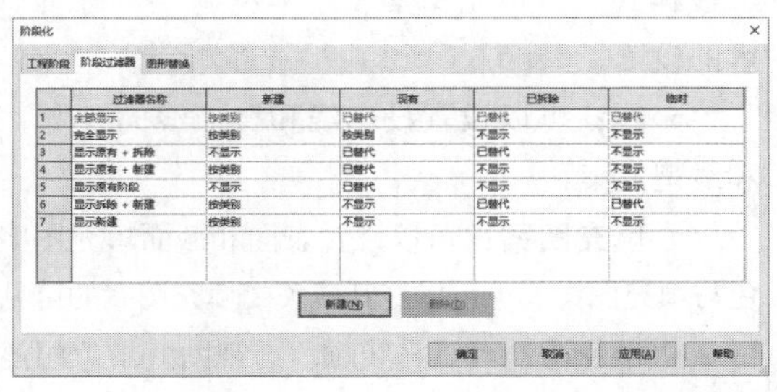

图15-25

图15-26

- **工程阶段：**工程阶段主要用于设置项目的不同阶段划分，默认分为“现有”和“新构造”，可以在设置列表中插入新的阶段，或将多个阶段合并。
- **阶段过滤器：**阶段过滤器用于设定在不同视图下相关图元的显示规则。每个视图可以显示项目的一个或多个阶段，为每个阶段设置不同图元的显示状态。

  » **原有：**表示图元在项目最初阶段创建的，如果是改造项目，表示原有建筑。

  » **拆除：**表示图元属于项目最初阶段创建，并在后期进行删除的内容。如果是改造项目，表示拆除的原有建筑。

  » **新建：**图元是在当前视图的阶段创建的。如果是改造项目，表示新建内容。

» **临时**：图元是在当前视图的阶段创建的，并且已经删除的内容。

在阶段过滤器中，可以对不同状态的图元进行组合显示，默认的包括“全部显示”“显示原有+拆除”“显示原有+新建”“显示原有阶段”“显示拆除+新建”“显示新建”。这几类组合能够基本满足设计人员的需求，如果还需要更多组合，可以通过“新建”和“删除”按钮对其进行更多编辑。

- **图形替换**：为项目的阶段过滤器定义不同的图形显示方式。在图形替换的设置中，可以对“现有”“已拆除”“新建”“临时”这4个阶段，进行“线样式”“填充图案”“半色调”“材质”等内容的设置。

» **线**：可以设置投影线和截面线的线宽、颜色和线型图案。

» **填充图案**：可以设置表面和截面填充图案的颜色与填充图案，也可以打开或关闭填充图案的可见性。

» **半色调**：可以将线颜色与视图背景色相混合。

» **材质**：可以设置着色视图的着色，以及“图形”选项卡上的渲染外观的着色。

15.3.2 设置图元和视图的项目阶段

首先在“工程阶段”选项卡中对阶段化进行设置。在Revit中，默认将项目划分为“现有”和“新构造”，通常将原有建筑的图元定义为“现有”（或自定义名称），新增建筑设为“新构造”（或自定义名称）。需要拆除的图元无须单独设置阶段化内容。

第1步：继续15.3.1节的操作，切换到“阶段化”面板的“工程阶段”选项卡中，为了便于理解，将“现有”阶段重命名为“原建内容”，将“新构造”阶段重命名为“新建内容”，如图15-27所示。

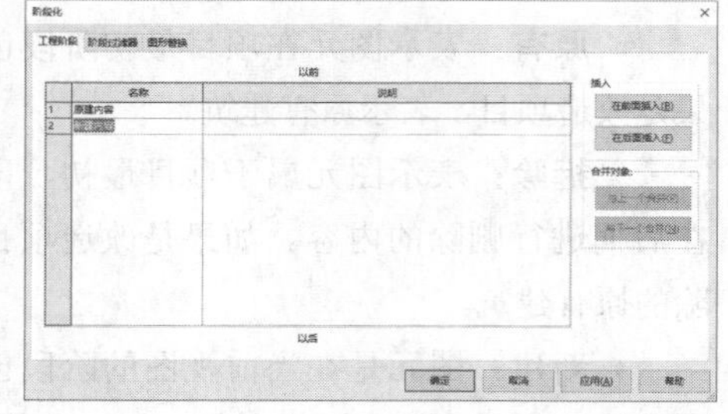

图15-27

第2步：单击“确定”按钮，在“项目浏览器”中切换到“标高1”楼层平面视图，选择全部墙体后，在“属性”面板中找到“阶段化”选项，把“创建阶段”改为“原建内容”，单击“应用”按钮，如图15-28所示。

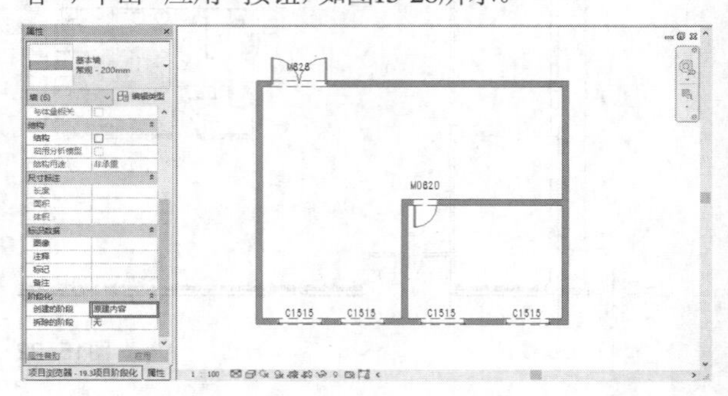

图15-28

第3步：按照同样的方法，分别设置全部门和窗，在“属性”面板中将“创建的阶段”改为“原建内容”，全部图元以灰色显示，完成原建内容的阶段化设置，如图15-29所示。

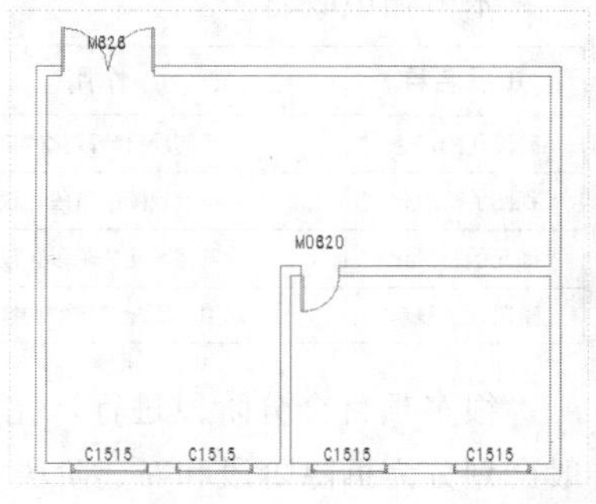

图15-29

第4步：取消选择全部图元，在标高1楼层平面的“属性”面板中，将“阶段过滤器”设为“全部显示”，“相位”设为“原建内容”，此时标高1楼层平面中的全部图元均会显示，并且属于“原建内容”的图元将会正常显示，如图15-30所示。如果将“相位”改为“新建内容”，则全部“原建内容”的图元将会以灰色显示。

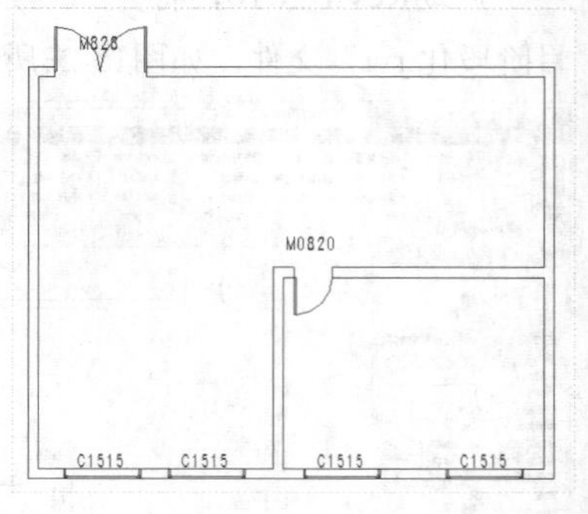

图15-30

第5步：在“项目浏览器”的“标高1”楼层平面上单击鼠标右键，在弹出的菜单中选择“复制视图>复制”命令，如图15-31所示。

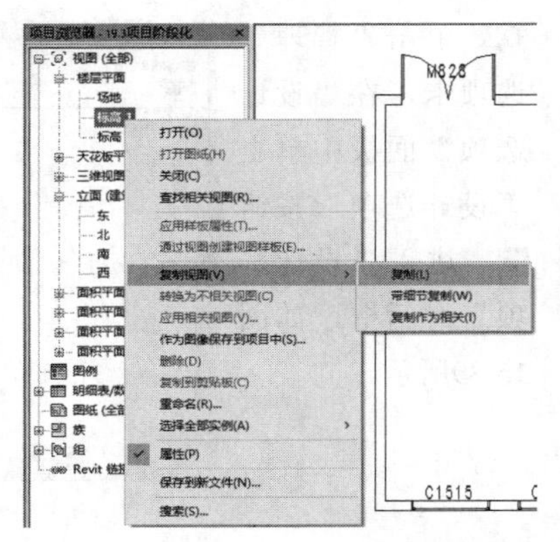

图15-31

第6步：选择“标高1 副本1”楼层平面，在“属性”面板中将“相位”改为“新建内容”，完成视图的初步阶段化设置，如图15-32所示。

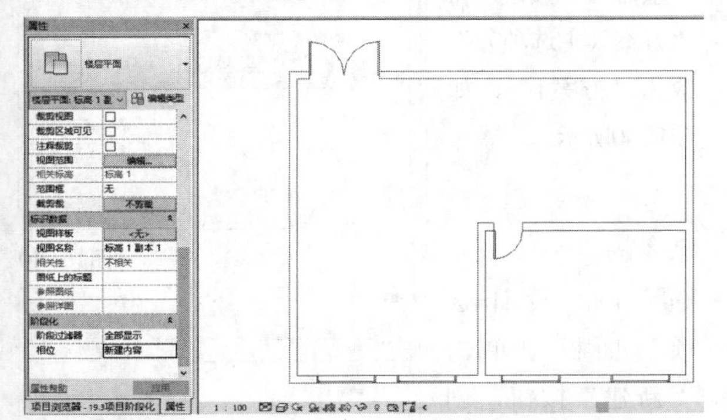

图15-32

15.3.3 设置各阶段的图元显示

完成原始图元和视图的阶段化设置后，需要在原建内容上进行方案设计，包括新建和拆除工程。

第1步：切换到“标高1 副本1”楼层平面，此视图用于标识新建内容，使用墙体工具绘制新增墙体和门窗，新绘制的图元的阶段化属性将自动赋予当前楼层平面视图的相位属性，并以正常方式显示，如图15-33所示。

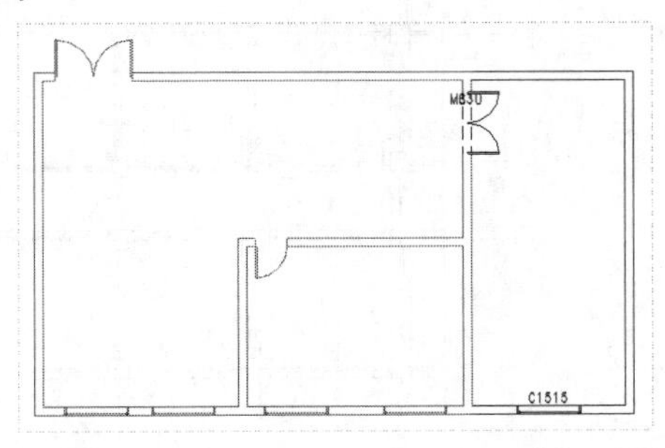

图15-33

第2步：选中原建内容中的内门，在“属性”面板中将其“拆除的阶段”改为“新建内容”，内门将以虚线形式显示，如图15-34所示。

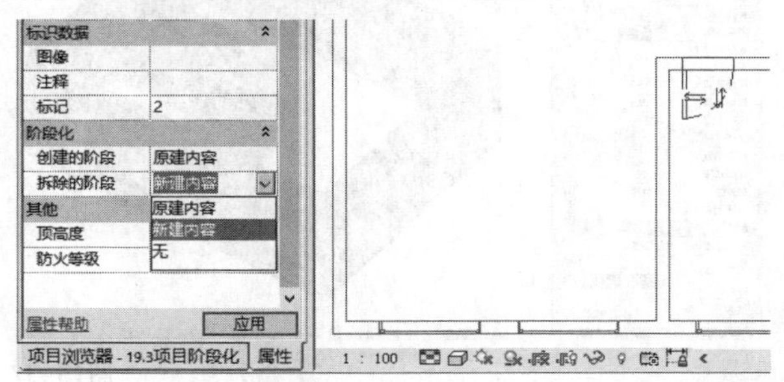

图15-34

第3步：同理，将内墙“属性”面板中的“拆除的阶段”也改为“新建内容”，拆除的内墙将以虚线形式显示，如图15-35所示。

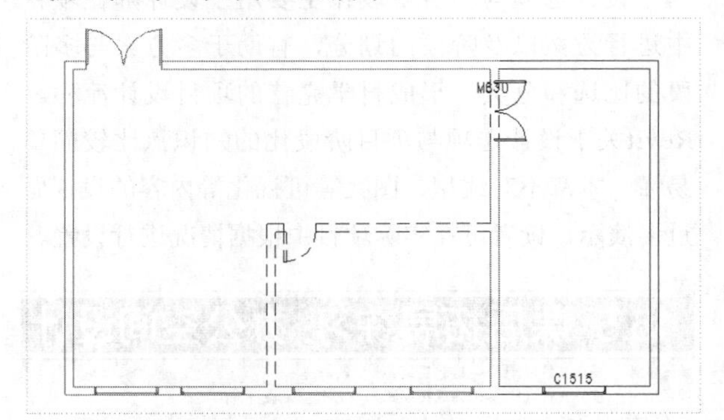

图15-35

第4步：切换到三维视图，观察图元的显示方式，红色表示拆除的内容，有轮廓线的为新建的内容，无轮廓线的为原建的内容，如图15-36所示。

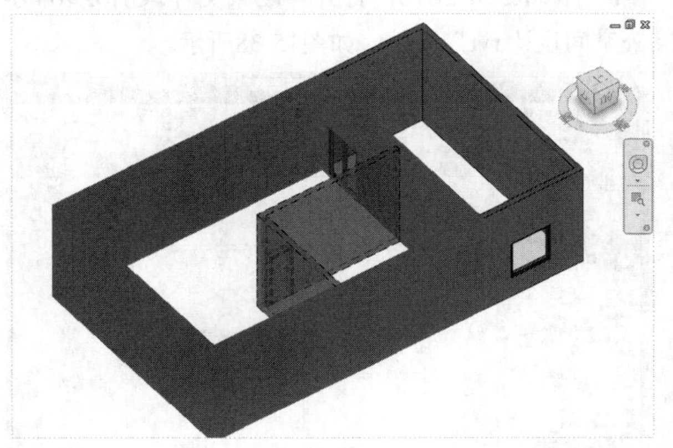

图15-36

第5步：在三维视图的“属性”面板中，将“相位”改为“原建内容”，则视图中仅显示原建图元，如图15-37所示。

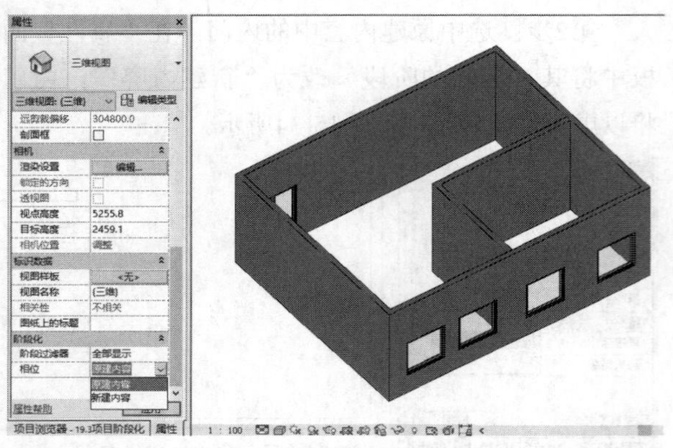

图15-37

15.4 本章总结

设计选项与项目阶段化主要用于设计师在项目中进行方案以及阶段的划分，有助于多方案与多阶段的比选和分类，形成科学完善的项目设计流程。Revit关于设计选项与项目阶段化的知识点比较简单易懂，本章不对线型、图案等可视化等内容的设置做过多演示，读者可在实际项目中根据情况进行设置。

15.5 课后拓展练习：办公空间设计

场景位置：场景文件>CH15>04办公空间设计.rvt

视频位置：视频文件>CH15>02课后拓展练习：办公空间设计.mp4

实用指数：★★☆☆☆

技术掌握：设计选项的设置与切换

本节以一个办公空间方案模型为例，演示设计选项的设置与切换。

01 启动Revit 2016，打开“场景文件>CH02>04办公空间设计.rvt”文件，如图15-38所示。

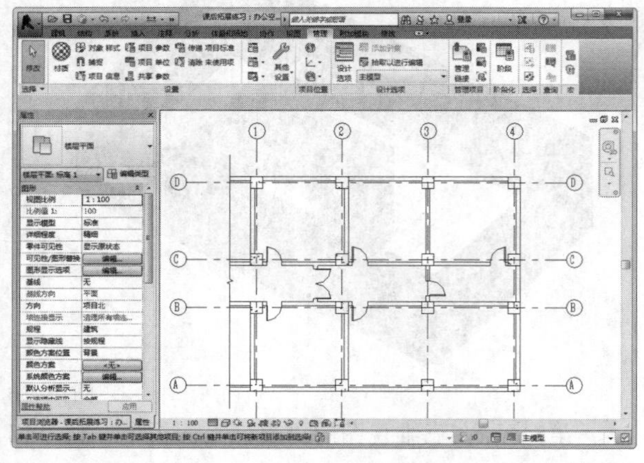

图15-38

02 单击“管理”选项卡，在“设计选项”面板中单击“设计选项”按钮，进入“设计选项”对话框，如图15-39所示。

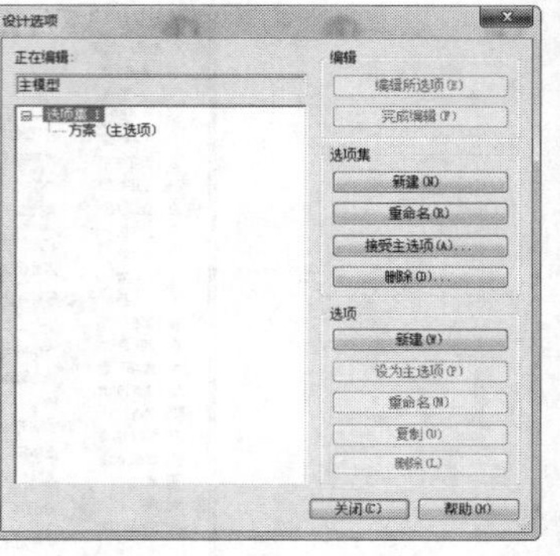

图15-39

03 在选项列表中选中“方案（主选项）”，然后单击“重命名”按钮，将“方案（主选项）”改为“方案1”，如图15-40所示。

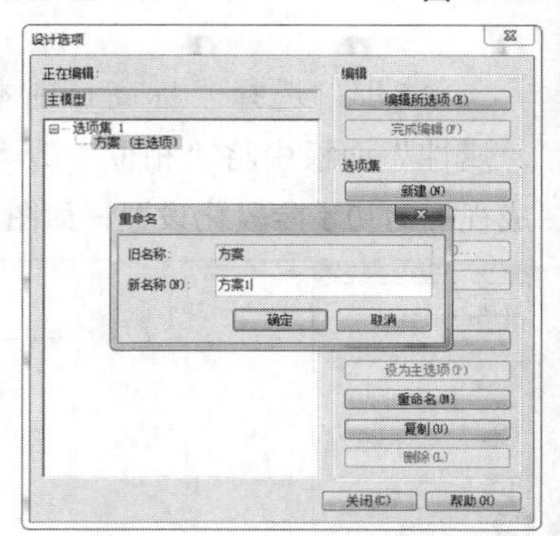

图15-40

04 在“设计选项”面板中单击“新建”按钮，创建“方案2”，如图15-41所示。单击“关闭”按钮，完成设计选项的创建。

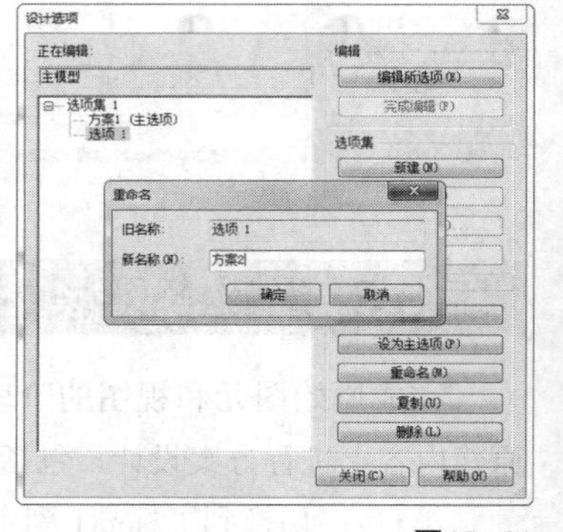

图15-41

05 选中需要设为方案1的设计选项的墙体，如图15-42所示。

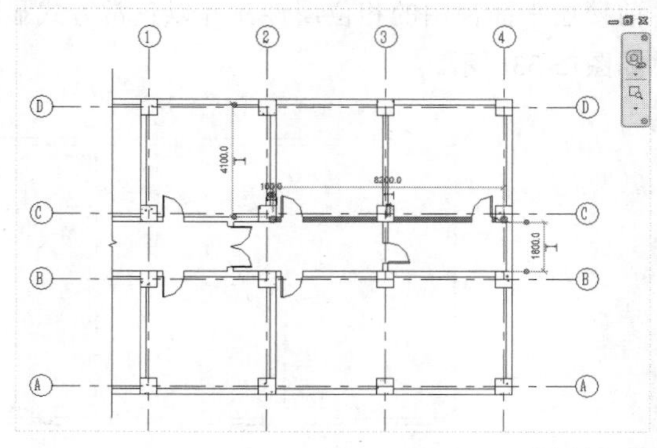

图15-42

06 切换到“管理”选项卡，然后单击“设计选项”面板中的“添加到集”按钮，接着在弹出的“添加到设计选项集”对话框中勾选“方案1（主选项）”，取消勾选“方案2”，如图15-43所示。

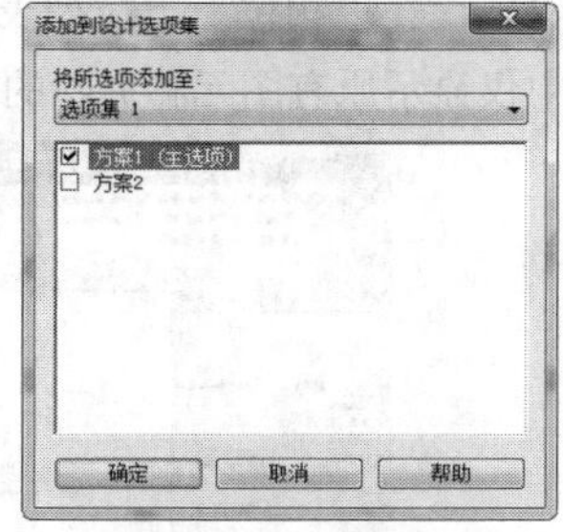

图15-43

07 选中需要设为方案2的设计选项的墙体，如图15-44所示。

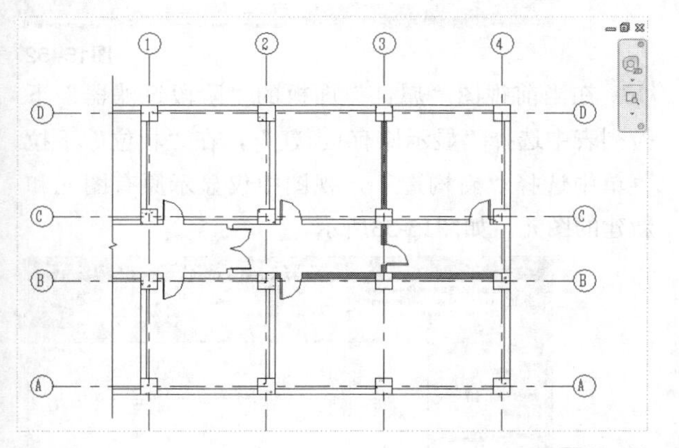

图15-44

08 切换到“管理”选项卡，然后单击“设计选项”面板中的“添加到集”按钮，接着在弹出的“添加到设计选项集”对话框中勾选“方案2”，取消勾选“方案1（主选项）”，如图15-45所示。

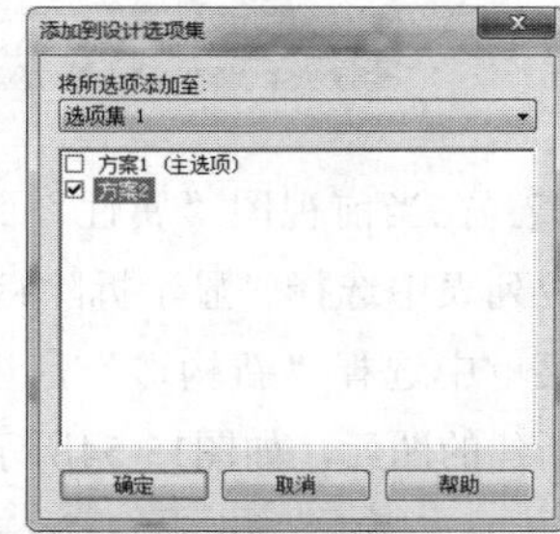

图15-45

09 单击“确定”按钮，观察当前视图的模型。由于“方案1”为主选项，因此项目以方案1的图元进行显示，方案2为隐藏状态，如图15-46所示。

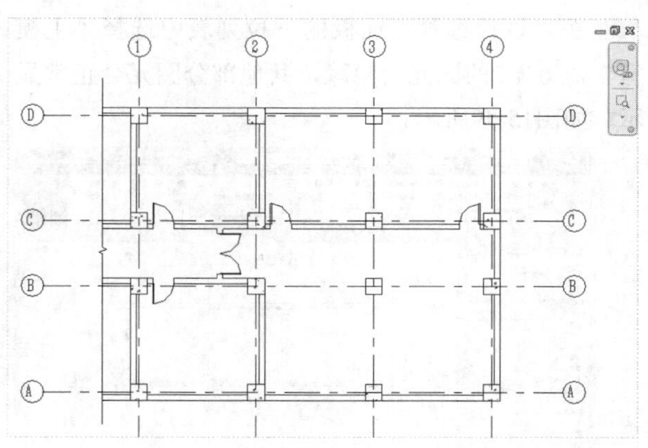

图15-46

10 切换到“管理”选项卡，在“设计选项”面板的下拉列表中选择“方案1（主选项）”，设为方案1的图元会正常显示，方案2的图元会隐藏，其他部分图元以灰色显示，如图15-47所示。

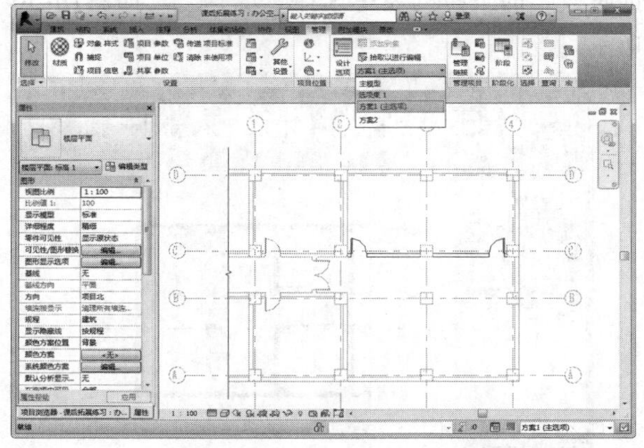

图15-47

11 在“设计选项”面板的下拉列表中选择“方案2”，设为方案2的图元会正常显示，方案1的图元会隐藏，其他部分图元以灰色显示，如图15-48所示。

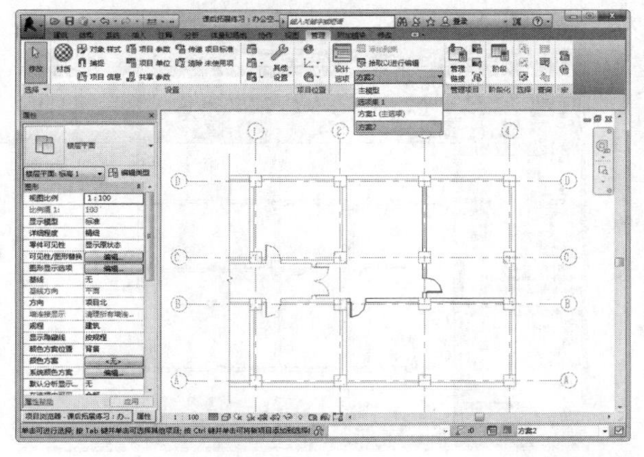

图15-48

12 在“设计选项”面板的下拉列表中选择“主模型”，方案2的图元会隐藏，其他部分图元会正常显示，如图15-49所示。

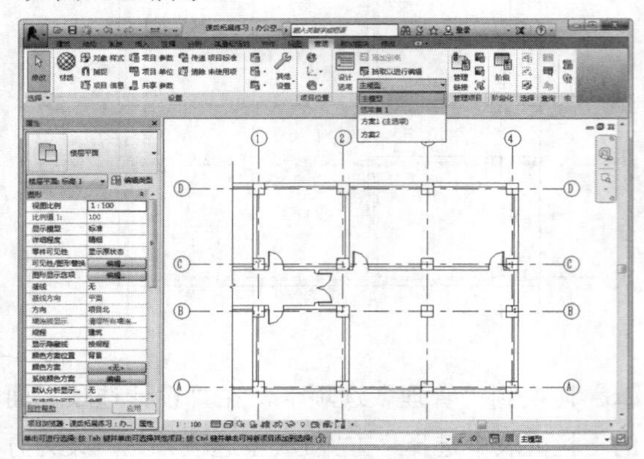

图15-49

13 选择全部墙体和柱，在“属性”面板的“创建的阶段”的下拉列表中选择“现有”，如图15-50所示。

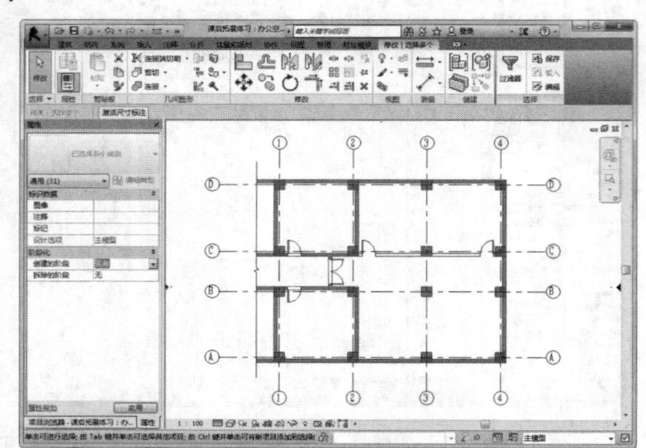

图15-50

14 选择③轴与Ⓑ轴和Ⓒ轴相交两个柱，在“属性”面板的“拆除的阶段”下拉列表中选择“新构造”，如图15-51所示。

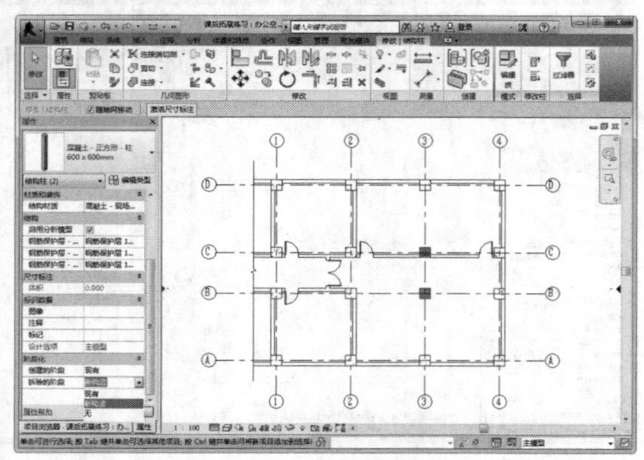

图15-51

15 取消选择图元，在当前视图“属性”面板的“阶段过滤器”下拉列表中选择“显示原有+拆除”，在“相位”下拉列表中选择“新构造”，视图中仅显示原有图元和拆除的图元，如图15-52所示。

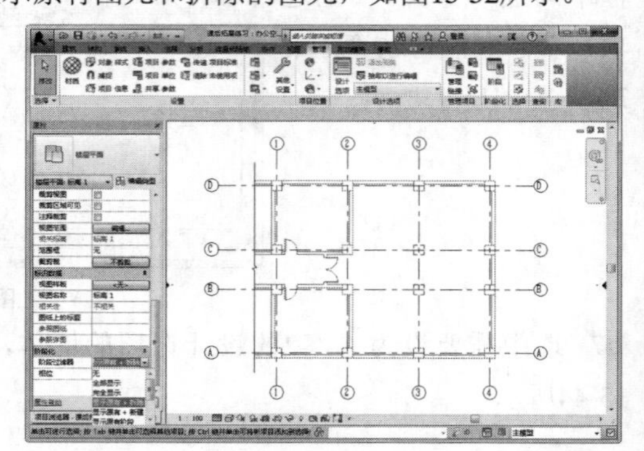

图15-52

16 在当前视图“属性”面板的“阶段过滤器”下拉列表中选择“显示原有+新建”，在“相位”下拉菜单中选择“新构造”，视图中仅显示原有图元和新建的图元，如图15-53所示。

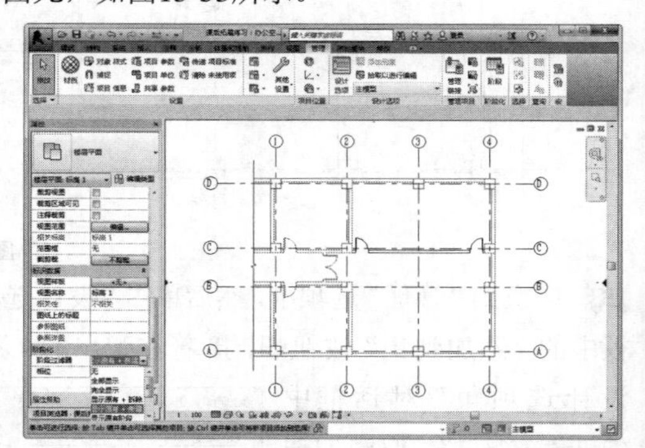

图15-53

17 在当前视图“属性”面板的“阶段过滤器”下拉列表中选择“显示拆除+新建”，在“相位”下拉菜单中选择“新构造”，视图中仅显示拆除图元和新建的图元，如图15-54所示。

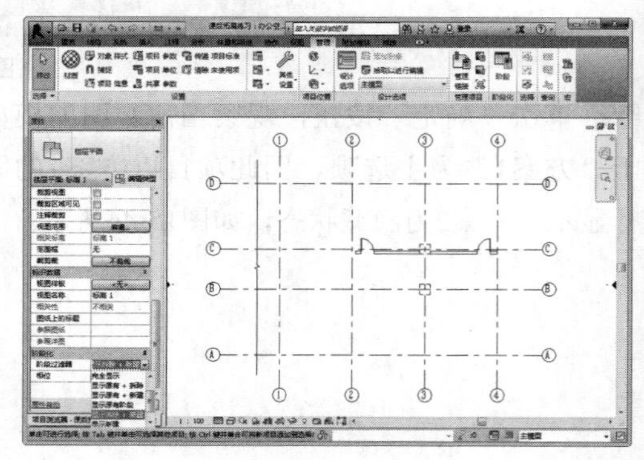

图15-54

第16章 协同工作

本章知识索引

知识名称	作用	重要程度	所在页
Revit协作模式	了解Revit的多种协作模式	★☆☆☆☆	P288
链接文件协同	掌握链接文件协作方法	★★★★★	P289
中心文件协同	掌握中心链接文件协作方法	★★★★★	P299

本章实例索引

实例名称	所在页
课前引导实例：更新链接文件	P288
典型实例：设置项目的基点	P295
典型实例：链接文件的载入与定位	P297
课后拓展练习：中心文件与链接文件综合协同	P303

16.1 课前引导实例：更新链接文件

场景位置：场景文件>CH16>01项目文件.rvt
场景文件>CH16>01链接文件.rvt
视频位置：多媒体文件>CH16>01课前引导实例：更新链接文件.mp4
实用指数：★★☆☆☆
技术掌握：了解链接文件协同模式的修改与更新

本例通过项目中的链接文件的载入、修改和更新，让读者初步了解协同工作的流程和优势。

01 启动Revit 2016，打开学习资源中的“场景文件>CH16>01项目文件.rvt”文件，如图16-1所示。

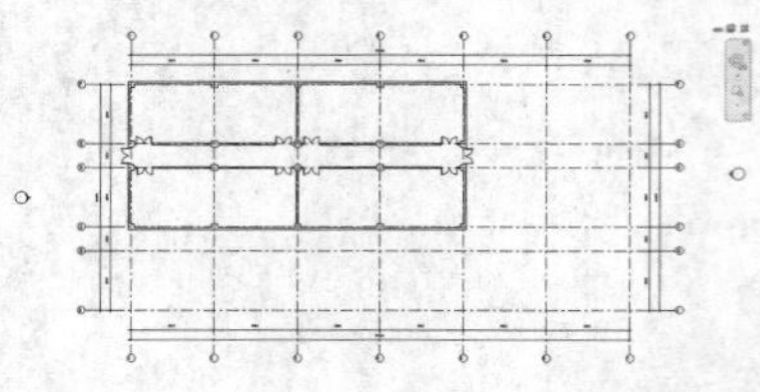

图16-1

02 切换到“插入”选项卡，在“链接”面板中单击“链接Revit”按钮，在学习资源中找到“场景文件>CH16>01链接文件.rvt”文件，单击“打开”按钮，将文件链接到当前项目中，完成链接文件的载入，如图16-2所示。

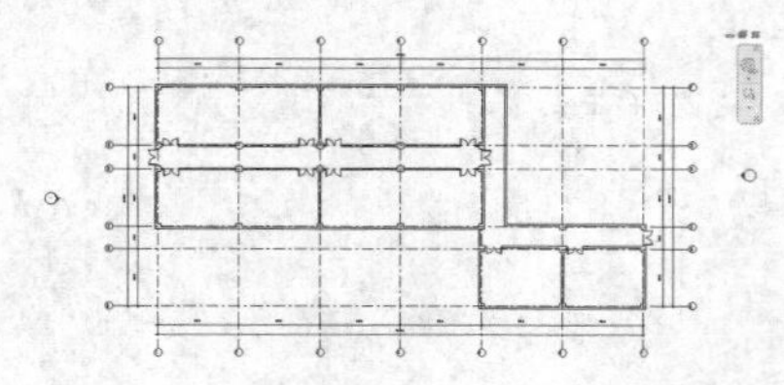

图16-2

03 启动一个新的Revit 2016程序，打开“场景文件>CH16>01链接文件.rvt”文件，如图16-3所示。

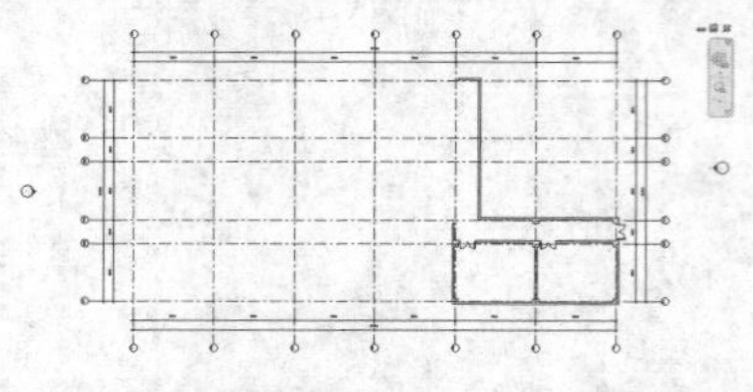

图16-3

04 删除内部墙体，如图16-4所示，然后保存项目文件并关闭。

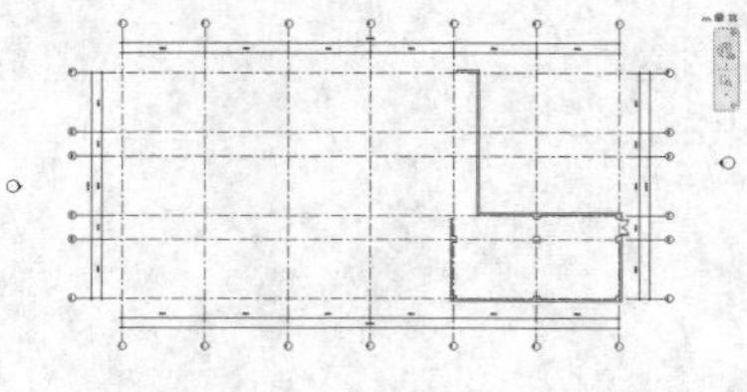

图16-4

05 切回“项目文件”，在“插入”选项卡的“链接”面板中单击“管理链接”按钮，打开“管理链接”对话框，如图16-5所示。

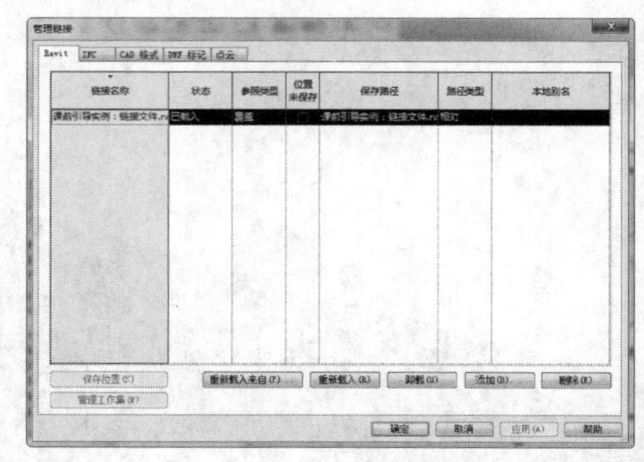

图16-5

06 单击“重新载入”按钮，然后单击“确定”按钮，关闭“管理链接”对话框，观察项目中的链接文件已经自动完成更新，如图16-6所示。

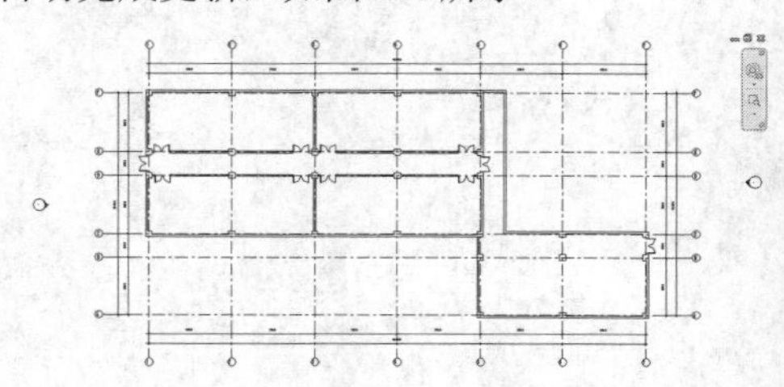

图16-6

16.2 协同方法概述

本节知识概要

知识名称	作用	重要程度
Revit协作模式	了解Revit的多种协作模式	★☆☆☆☆

在Revit中协同工作，有两种方式：链接文件协同和中心文件协同。两种方式各有优势，将在本节进行分析，供读者理解使用。

16.2.1 BIM设计工作流程

在了解Revit协同模式之前，首先要了解整个BIM设计工作流程。本流程以建筑施工图设计流程为参考。

第1步：根据方案设计图纸建立建筑模型。在该阶段，首先要熟悉方案设计图纸，检查方案是否符合国家和地方的建筑法律法规，如不满足，需要跟方案设计方沟通后进行调整，最终使用Revit软件将方案设计图纸转换为Revit模型。

第2步：将建筑模型提交给其他专业。建立建筑模型后，需要将模型提交给结构及设备专业，供其他专业在模型上进行工作。

第3步：其他专业返回设计条件图。各专业根据建筑模型进行设计和计算，建立各专业模型后，返回给建筑专业。

第4步：建筑专业修改模型。根据各专业提交的专业模型，修改建筑模型。

第5步：循环第2～4步，完善建筑模型。这一阶段，主要是各专业间协同修改的过程，形成完善的建筑模型。

第6步：完成模型及图纸。完成建筑模型及图纸，各专业出图。

第7步：进行校对、审核和审定。各专业各级负责人完成图纸的校审工作。

第8步：修改并正式出图。根据校审意见，修改建筑模型，完成最终施工图设计并打印出图。

16.2.2 链接文件协同

链接文件协同的特点是设计师在本地文件中进行建模，以链接方式将其他设计师的图纸和模型载入本地文件中，载入的链接文件主要用于观察和参照，通常不对载入的链接文件进行编辑。如需要调整内容，则将修改意见提交给链接文件的制作者进行修改。

这一方式的特点是管理简单、模型量小。例如，建筑专业完成建筑模型后，直接保存本地文件，其他专业通过链接文件的方式将建筑模型载入各专业本地文件中进行参照，便于设计和制作各专业的模型。

16.2.3 中心文件协同

中心文件协同的方式是设计师都在同一个中心文件中进行工作。在中心文件上设置好各人员的权限，不同人员制作和修改中心文件的不同模型内容。这种方式可以使设计师更方便地查看其他专业工作进展。

16.2.4 协同工作模式的选择

链接文件协同和中心文件协同都是非常重要的协同方式，由于两者各有优势，因此以表格的形式对其进行比较，便于读者理解，如表16-1所示。

表16-1

内容	链接文件协同	中心文件协同
工作文件	不同：本地文件和链接文件	相同：同一中心文件（本地文件不同）
同步方式	单向：本地文件保存后，链接文件需要重新载入更新	双向：本地文件或中心文件保存后，同时同步更新
编辑其他成员构件	无法编辑	可以编辑：申请临时编辑权限
工作模板文件	无限制	相同
性能	大场景速度相对快	大场景速度相对慢
稳定性	稳定性好	稳定性欠佳
权限管理	简单	相对复杂
适用于	专业间协同，建筑单体间协同	专业内协同，建筑单体内协同

Revit支持两种协同模式混合使用，如联系紧密的建筑、结构专业间采用中心文件协同，然后这个中心文件可以同设备专业以链接文件形式进行协同。例如，居住区规划设计时，每个单体建筑内采用中心文件协同方式，不同建筑单体间采用链接文件协同方式。这种混合模式结合了两种协同模式的优点，又降低了计算机设备的负荷，提高了工作效率。

16.3 使用链接文件协同

本节知识概要

知识名称	作用	重要程度
链接文件的载入与管理	掌握链接文件的载入与管理方式	★★☆☆☆
链接文件的使用	掌握链接文件的复制、监视及注释、ID查阅等操作方法	★★★☆☆
链接文件的坐标设置	了解链接文件的原点、测量点的概念，掌握坐标协调管理方法	★★★☆☆

本节将详细讲解链接文件的工作方法。

16.3.1 载入链接文件

在建筑师完成初步建筑模型后，需要提交给其他专业进行后续设计工作，本节以设备工程师载入建筑模型为例，讲解如何载入链接文件。

第1步：启动Revit 2016，新建项目，在“样板文件”中并没有暖通专业的样板文件，单击“浏览”按钮，在弹出的“选择样板”对话框中选择Systems-DefaultCHSCHS文件，单击“打开”按钮，如图16-7所示。

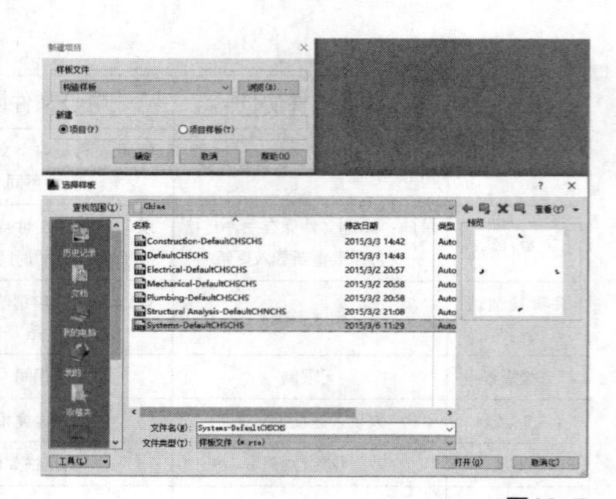

图16-7

第2步：在进行暖通设计前，需要先将建筑模型链接进来，切换到“插入”选项卡，然后在“链接”面板中单击“链接Revit”按钮，最后找到学习资源中的“场景文件>CH16>02小超市建筑.rvt”文件，并单击“打开”按钮，将建筑模型链接到暖通专业的工作模型中，完成链接文件的载入，如图16-8所示。

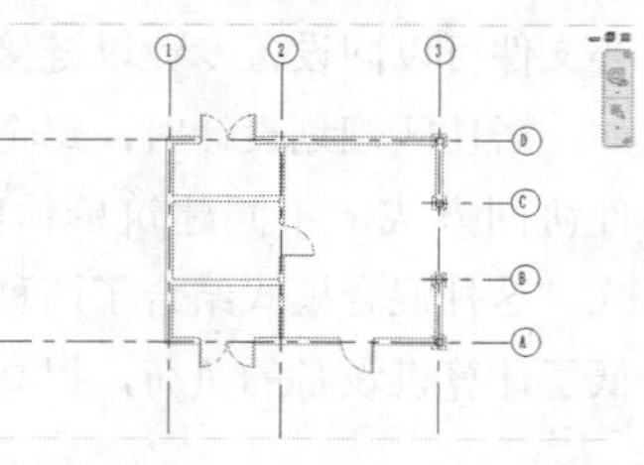

图16-8

第3步：链接文件的默认显示方式是灰色的，切换到三维视图，链接文件仍然以灰色方式显示，如图16-9所示。

第4步：暖通设计师在建筑模型基础上创建暖通模型，如图16-10所示。

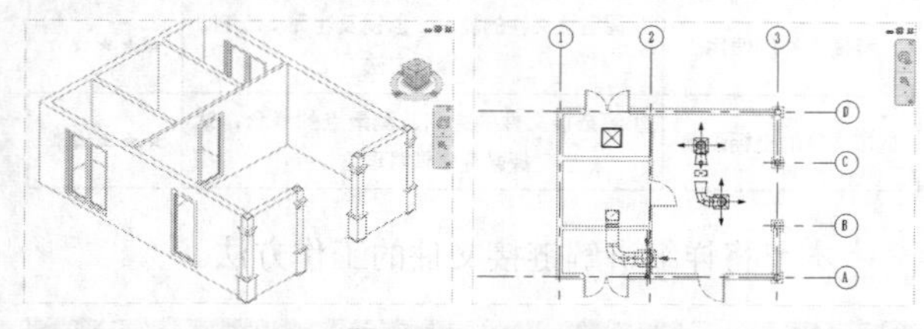

图16-9　　图16-10

第5步：读者可以直接打开学习资源中的“场景文件>CH16>02小超市暖通.rvt”文件进行操作，切换到三维视图，观察模型，可以看到管道与多个链接文件的墙体相交，如图16-11所示。

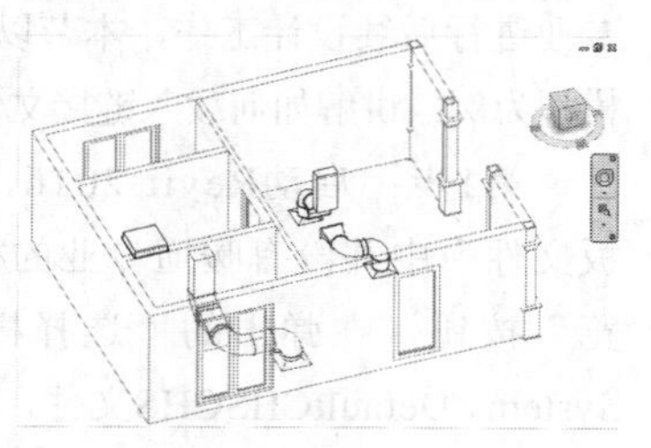

图16-11

第6步：当Revit文件场景较小、模型简单时，暖通工程师可以通过肉眼检测设备管线与建筑、结构模型是否有碰撞。这也是常规二维图纸工作环境下，各专业进行管线综合时的常用方法。但是，当场景复杂、模型量大时，通过肉眼很难检查到全部碰撞点，容易造成遗漏。Revit提供了强大的碰撞检测功能。在“协作”选项卡的“坐标”面板中单击“碰撞检查”按钮，然后选择“运行碰撞检查”命令，如图16-12所示。

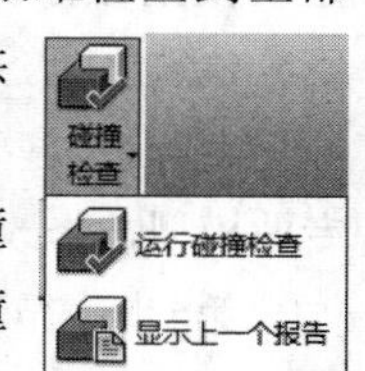

图16-12

第7步：弹出“碰撞检查”对话框，在第1个“类别来自”下拉列表中选择“当前项目”，并勾选“风管”“风管管件”“风道末端”。在第2个“类别来自”下拉列表中选择“小超市建筑.rvt”，并勾选“墙”“柱”“楼板”“门”，如图16-13所示。

第8步：单击“确定”按钮，弹出“冲突报告”对话框，“成组条件”可以按照“类别1，类别2”或者“类别2，类别1”方式进行显示，消息中显示全部冲突部位，如图16-14所示。

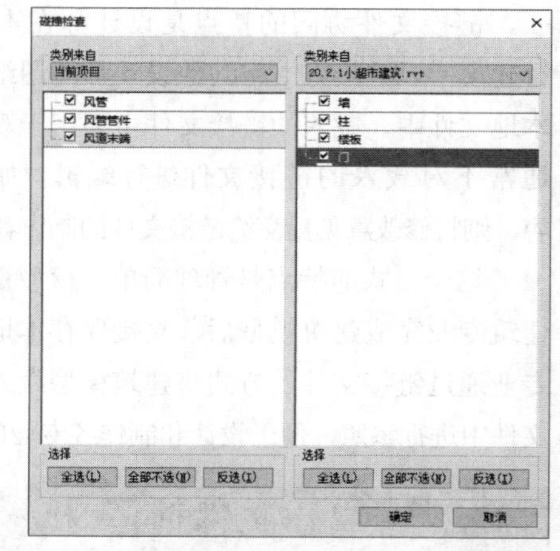

图16-13

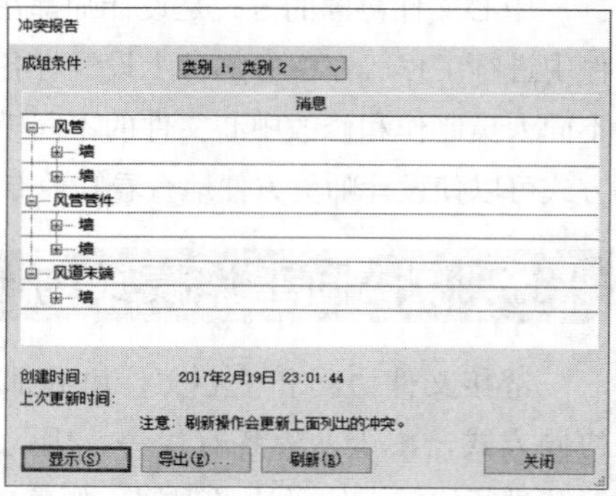

图16-14

第9步：单击“风管”下面“墙体”前面的+号，可以看到该组中的碰撞位置，如图16-15所示。

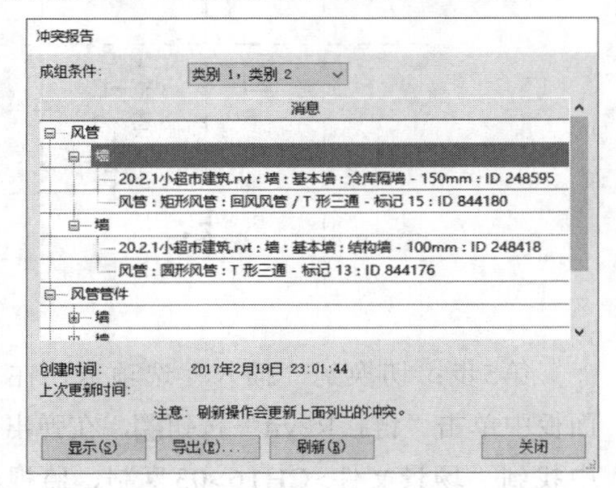

图16-15

第10步：选择一个构件后，单击“显示”按钮，可以在模型中高亮显示该冲突构件，如图16-16所示。

图16-16

第11步：调整全部冲突的设备构件位置，完成全部碰撞点的调整后，再次执行“碰撞检测”命令，打开“未检测到冲突！”对话框，如图16-17所示。

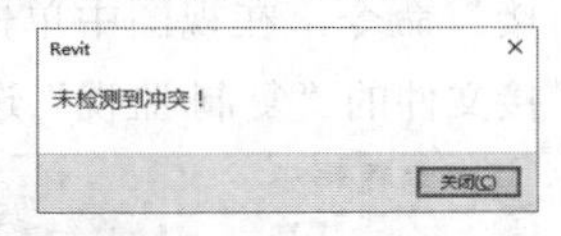

图16-17

技巧与提示

解决碰撞冲突时，有时调整本地模型，有时调整链接文件：当需要调整链接文件时，需要在链接文件的原始文件中进行修改，然后在本地模型中重新载入该文件。

16.3.2 管理链接模型

载入链接文件后，可以通过“管理链接”面板对其状态进行统一查阅和管理，在“插入”选项卡的“链接面板”中单击“管理链接”按钮，打开“管理链接”面板，如图16-18所示。

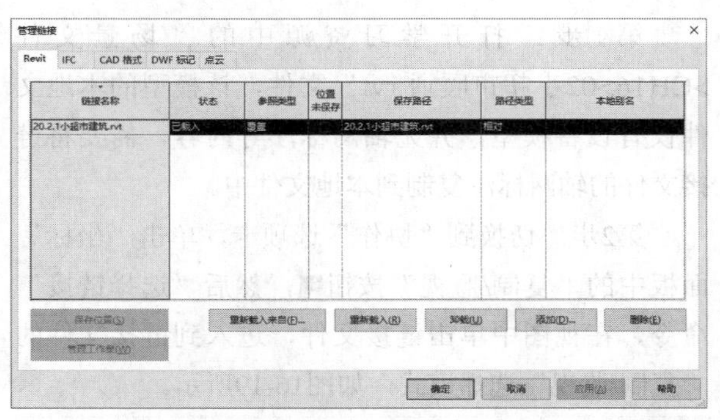

图16-18

知识讲解

- **链接名称**：显示载入的链接文件的原名称。
- **状态**：表示链接文件的载入状态，分别为“已载入”“未载入”“未找到”。
- **参照类型**：分为“覆盖”和“附着”。“覆盖”指的是当链接文件的主体（简称A）链接了另一个文件（简称B）时，载入A文件并不同时载入A链接的B文件。“附着”指的是当链接文件的主体（简称A）链接了另一个文件（简称B）时，载入A文件的同时会载入A链接的B文件。
- **位置未保存**：指示链接的位置是否保存在共享坐标系中。
- **保存路径**：链接文件的存储位置。
- **路径类型**：用于指定链接文件的路径是“绝对”还是“相对”，默认为“相对”。
- **本地别名**：如果使用基于文件的工作共享，并且链接到本地副本文件，其位置会显示在“本地别名”中。

另外，当选中了某一链接文件后，可以对其执行“重新载入来自…”“重新载入”“卸载”“添加”“删除”等操作。

16.3.3 复制、监视及注释批复、ID查阅

链接文件后，为了统一标高、轴网和轴号等内容，可以将链接文件的标高、轴网等内容复制到本地文件进行编辑。在编辑过程中，如果链接文件的标高、轴网等内容发生变化，便会造成本地文件和链接文件的不统一。此时可以通过监视功能追踪链接文件的图元变化情况，方便本地文件调整与统一。

第1步：打开学习资源中的“场景文件>CH16>02小超市暖通.rvt”文件，该模型的本地文件仅有设备模型，并无轴网标注等内容，需要将链接文件的轴网标注复制到本地文件中。

第2步：切换到“协作”选项卡，单击“坐标”面板中的“复制/监视”按钮，然后“选择链接”命令，在视图中单击链接文件，进入到链接文件的“复制/监视”选择模式，如图16-19所示。

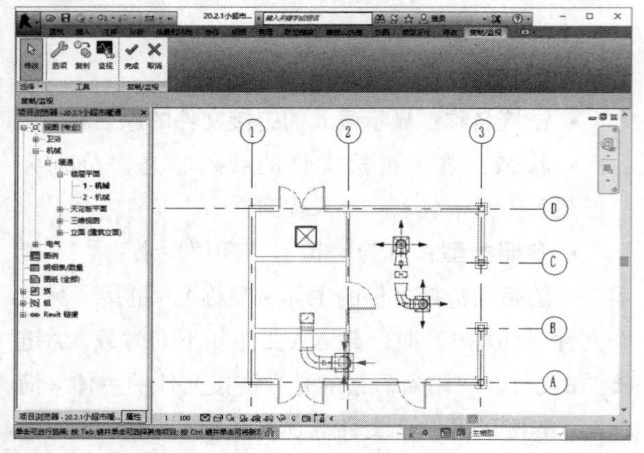

图16-19

第3步：在“修改”选项卡中单击“复制”按钮，依次点选全部轴号，然后单击“完成”按钮，链接文件的轴号便全部被复制到本地文件中，并变成了可编辑状态，如图16-20所示。

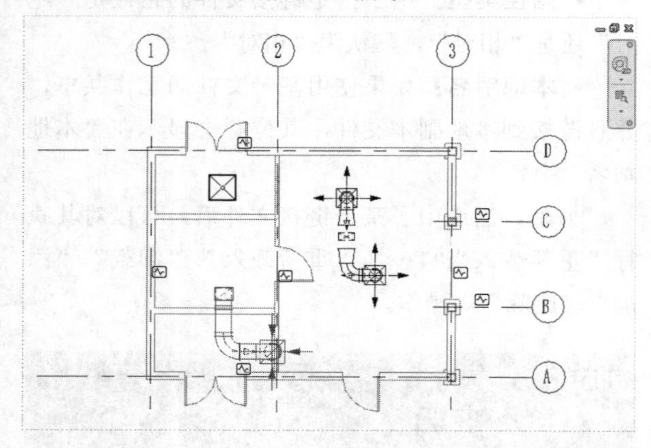

图16-20

第4步：切换到“插入”选项卡，在“链接”面板中单击“管理链接”按钮，打开“管理链接”面板，选择“02小超市建筑.rvt”链接文件，单击“删除”按钮，完成链接文件的删除，但是从链接文件中复制的轴号仍然留在本地文件中，如图16-21所示。

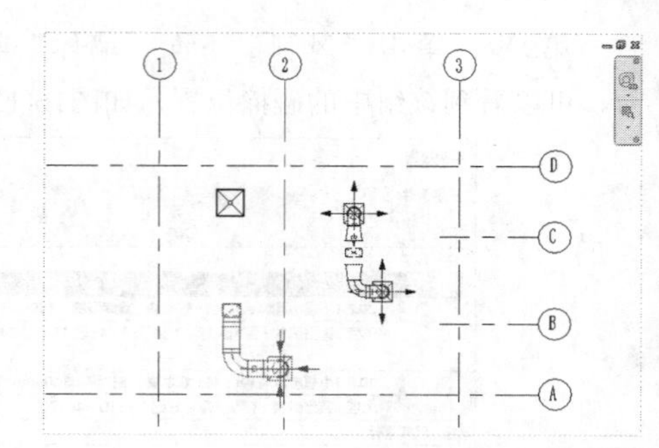

图16-21

第5步：切换到“插入”选项卡，在“链接”面板中单击“链接Revit”按钮，在弹出的对话框中找到“场景文件>CH16>03复制、监视小超市建筑.rvt”文件，单击“打开”按钮，插入链接文件，如图16-22所示。

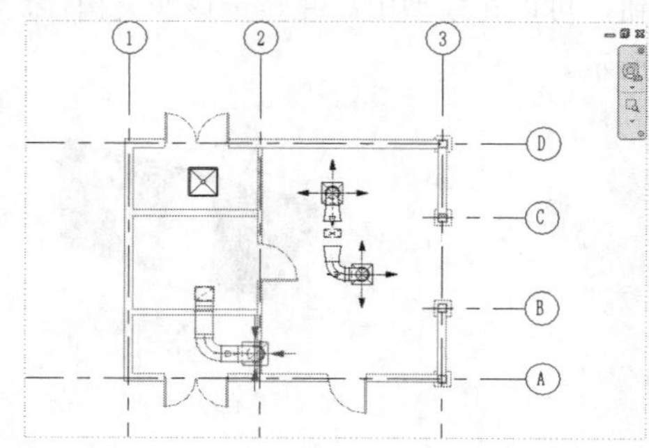

图16-22

第6步：切换到“协作”选项卡，单击“坐标”面板中的“复制/监视”按钮，然后选择“选择链接”命令，在视图中单击“链接文件”，进入到链接文件的“复制/监视”选择模式，如图16-23所示。

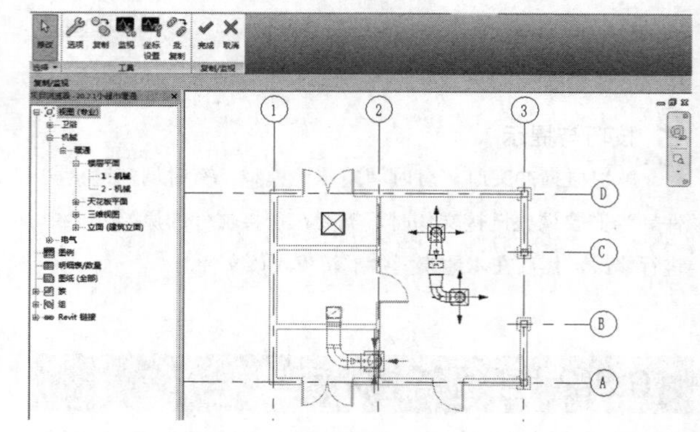

图16-23

第7步：在“复制/监视”选项卡中，单击“工具”面板中的“选项”按钮，在选项中可以对标高、轴网、柱、墙和楼板这5个图元进行设置，如图16-24所示。

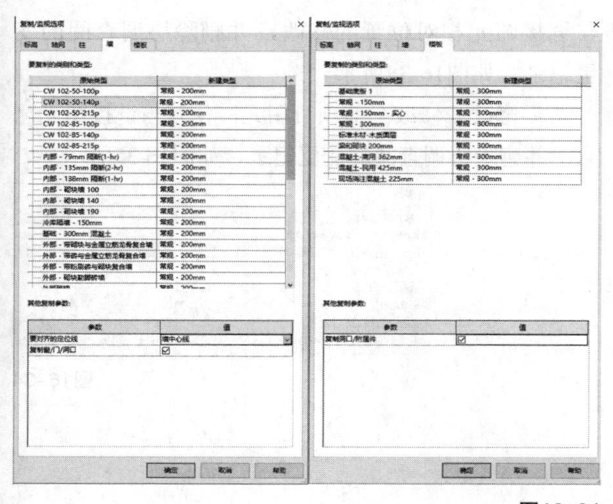

图16-24

知识讲解

- **原始类型**：链接文件中的图元类型。
- **新建类型**：将链接文件中的图元复制到本地文件时要替换的类型。
- **其他复制参数**：设置不同图元的复制参数。

第8步：单击“取消”按钮，退出设置界面，在“工具”面板中单击“监视”按钮，然后选择①轴线，单击“完成”按钮，退出“复制/监视”状态。

第9步：选择①轴线，将其向左移动，此时弹出警告窗口“协调监视警报：已移动轴网”，如图16-25所示。

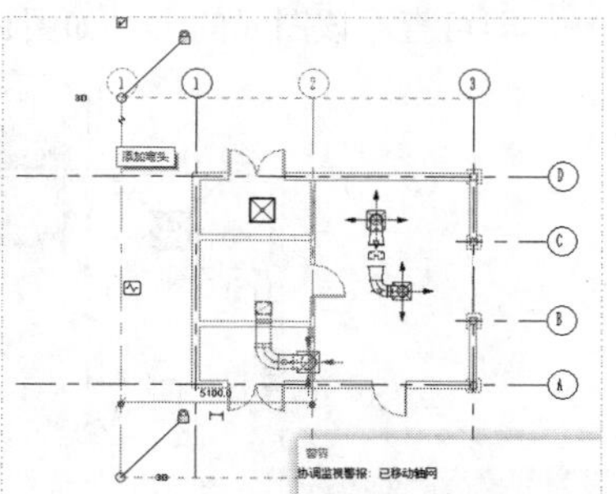

图16-25

第10步：切换到“协作”选项卡，单击“坐标”面板中的“协调查阅”按钮，然后选择“选择链接”命令，接着在视图中单击“链接文件”，打开链接文件的“协调查阅”面板，如图16-26所示。

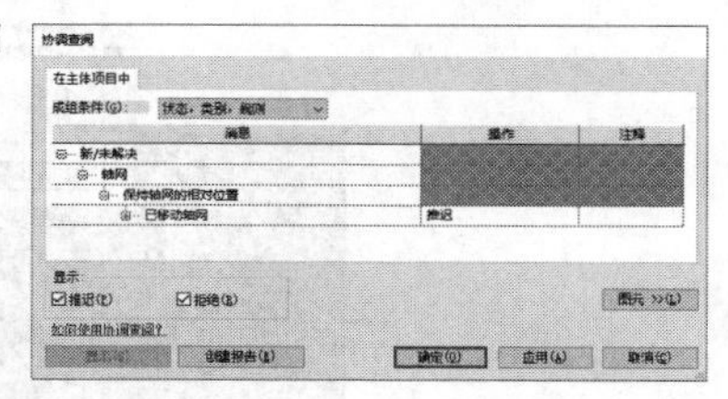

图16-26

第11步：在该面板中，可以查阅监视图元的修改变化情况，单击“已移动轴网”前面的＋号，即可查看该轴号图元的ID及变化情况，如图16-27所示。

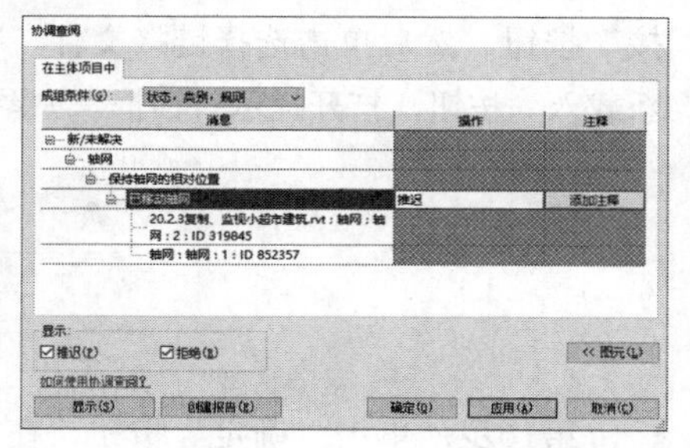

图16-27

第12步：在注释列表中单击“添加注释”按钮，输入“1轴号向左移动”，单击“确定”按钮，完成注释的编辑，如图16-28所示。

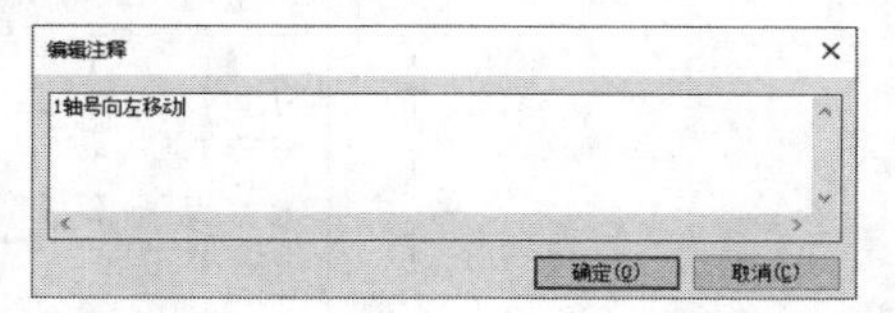

图16-28

第13步：在操作列表中单击“推迟”后面的下拉按钮，选择“修改轴网1”，单击“确定”按钮，则取消①轴线的修改，如图16-29所示。保存并关闭当前项目文件。

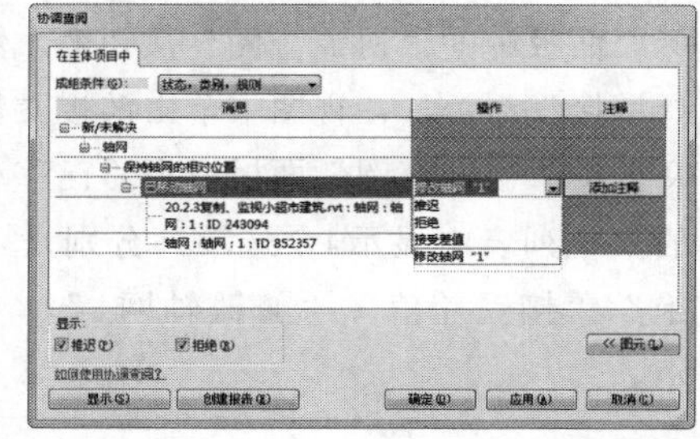

图16-29

第14步：重新开启新的Revit程序，并打开“场景文件>CH16>03复制、监视小超市建筑.rvt”文件，将①轴线向右移动并保存该项目文件，如图16-30所示。

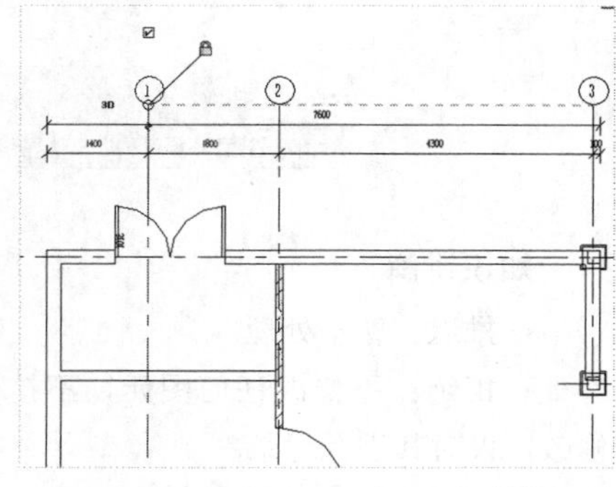

图16-30

第15步：切换到原项目文件的Revit界面中，在“插入”选项卡的“链接”面板中单击“管理链接”按钮，然后单击选择链接文件，接着单击“重新载入”按钮，打开提示对话框，如图16-31所示。

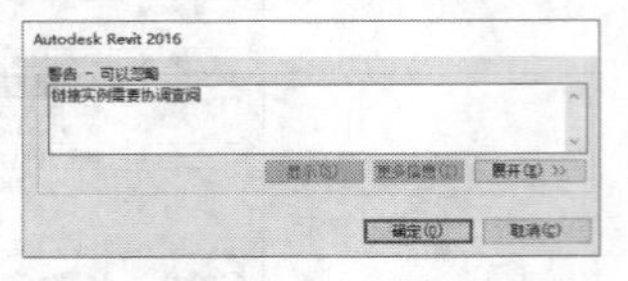

图16-31

第16步：单击“确定”按钮，在当前项目中，链接文件的①轴线位置发生改变，如图16-32所示。

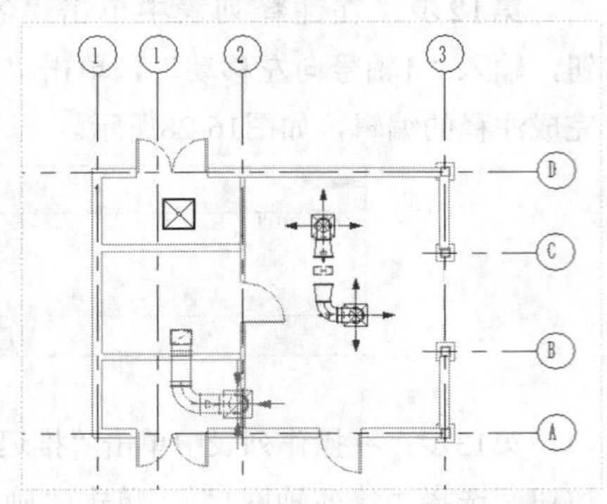

图16-32

第17步：切换到“协作”选项卡，单击“坐标”面板中的“协调查阅”按钮，然后选择“选择链接”命令，在视图中单击链接文件，打开链接文件的“协调查阅”面板，在“已移动轴网”后面的下拉列表中显示4个选项，分别是“推迟”“拒绝”“接受差值”“修改轴网1”，如图16-33所示。

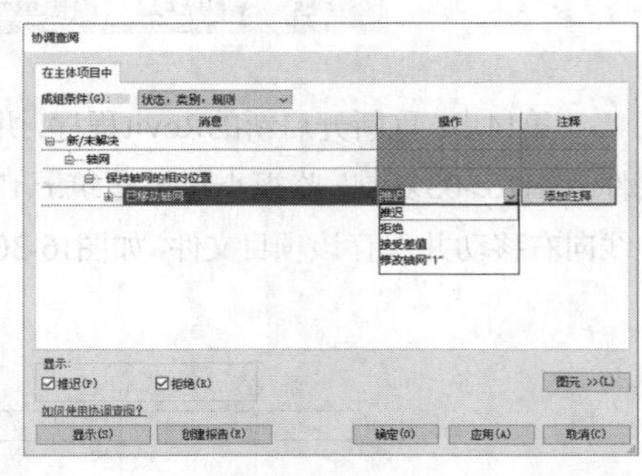

图16-33

知识讲解

- **推迟**：暂不处理。
- **拒绝**：不修改任何图元，不接受链接图元的修改，仅对其进行记录。
- **接受差值**：不修改任何图元，接受当前项目与链接图元相对位置的修改，并删除协调查阅的变更记录，如图16-34所示。
- **修改**：修改当前项目图元，使其与链接图元一致，并删除协调查阅的变更记录，如图16-35所示。

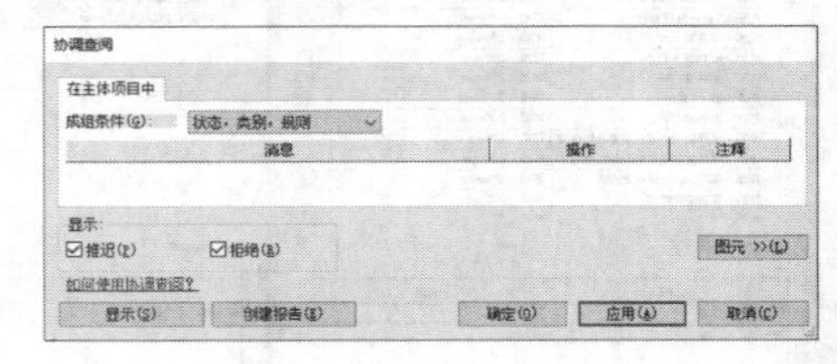

图16-34

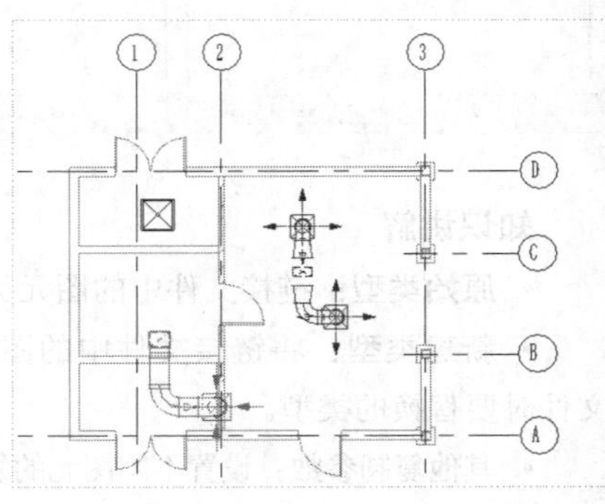

图16-35

第18步：选择任一图元，切换到“管理”选项卡，在“查询”面板中单击“选择项目的ID”按钮，即可查看该图元的ID，如图16-36所示。

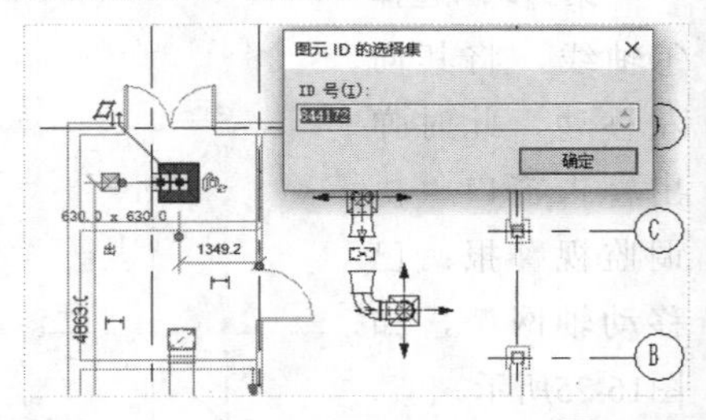

图16-36

第19步：反之，如果已知图元ID，查询图元位置的话，可以直接在“查询”面板中单击“按ID选择”按钮，输入“844172”，即可选择ID为844172的图元，并充满视窗显示，如图16-37所示。

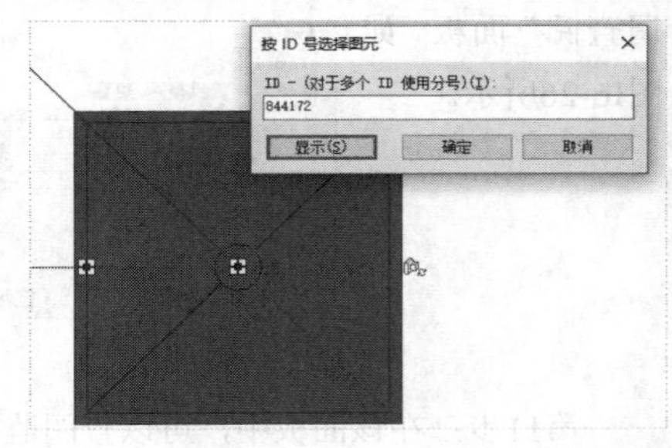

图16-37

16.3.4 项目基点、原点与测量点

每个项目都需要有各自的定位点，这样才能定义项目在总平面图中的位置，以及项目中各部分内容的相对位置。在Revit中是依靠测量点和项目基点来定义的。

知识讲解

• **测量点**：在世界坐标系中实际测量定位的参考坐标原点，我国常用的坐标系为北京54坐标系和西安80坐标系。在总图设计时需要按照世界坐标系进行标注。

• **项目基点**：为了制图方便，使用者可以自定义项目坐标系的原点（0，0，0），这个点便是项目基点。 项目基点可用于在场地中确定建筑的位置，并在构造期间定位建筑的设计图元。

• **原点**：新建Revit项目文件时，测量点和项目基点通常位于同一个位置，此点即为图形原点，不显示标记。

在进行高程点坐标测量时，所报告的坐标取值来源于测量点或项目基点，可以对高程点坐标族的“坐标原点”类型参数的值进行设置。

如果测量点与项目基点不在同一位置，测量的数值也不相同。如果坐标原点基于测量点，那么测量点的坐标为（0，0），如图16-38所示。如果坐标原点基于项目基点，那么项目基点的坐标为（0，0），如图16-39所示。

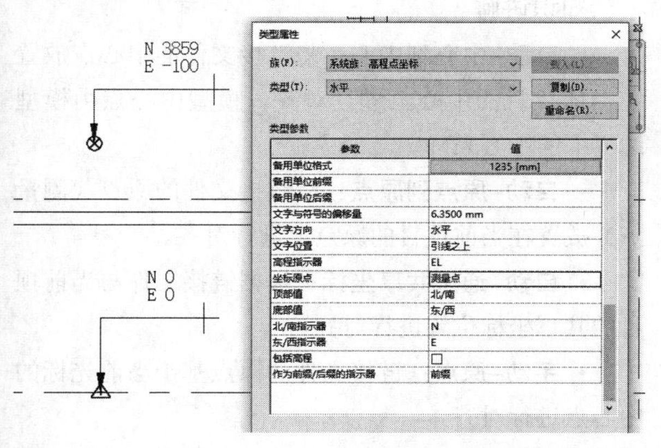

图16-38

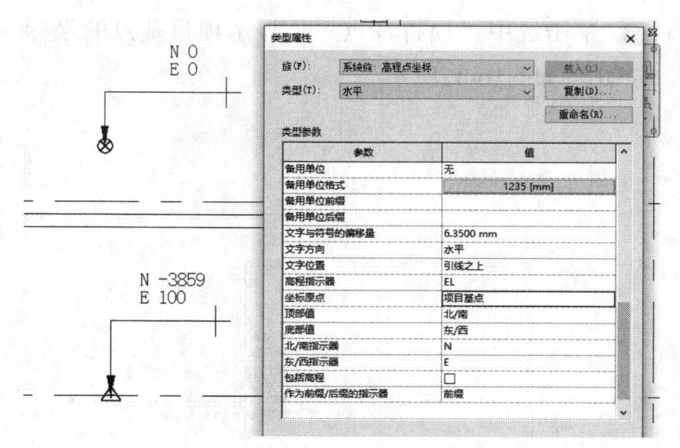

图16-39

典型实例：设置项目的基点

场景位置：无

视频位置：多媒体文件>CH16>02典型实例：设置项目的基点.mp4

实用指数：★★☆☆☆

技术掌握：设置项目基点位置

01 新建一个项目文件，默认视图是标高1平面，切换到“场地”楼层平面视图，视图中出现测量点和项目基点符号，两者重合在一起，如图16-40所示。

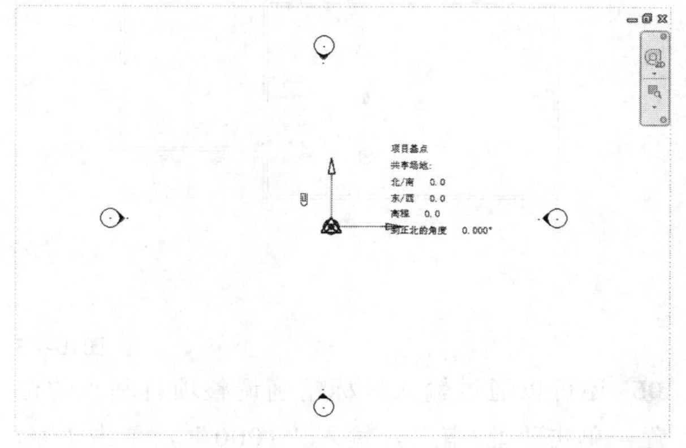

图16-40

02 使用墙体工具，任意绘制一个房间，如图16-41所示。

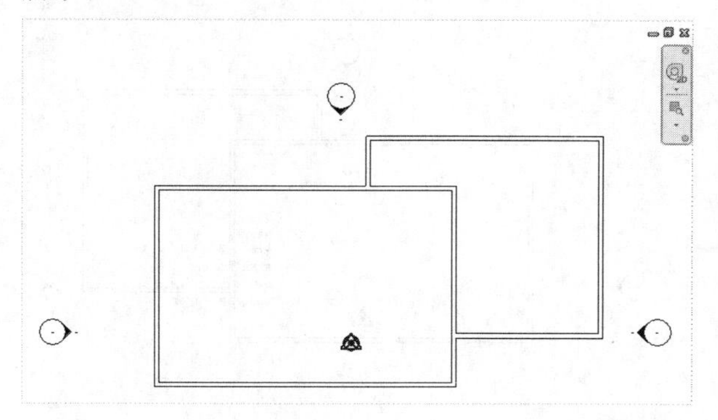

图16-41

03 单击选中“项目基点”，显示项目基点的坐标均为0，如图16-42所示。

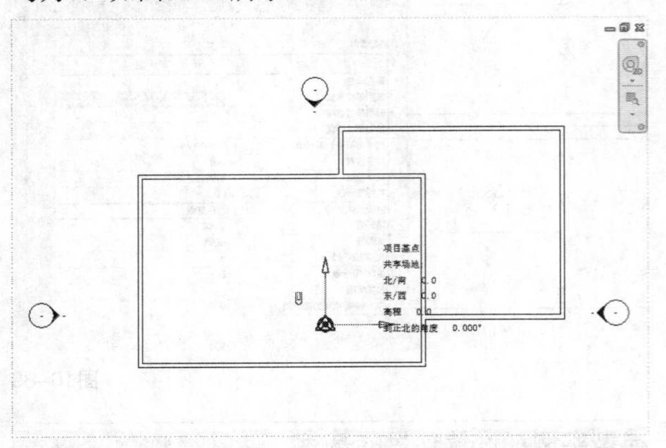

图16–42

04 拖动项目基点，项目基点的坐标数值会发生相应变化，绘制的墙体也会随着项目基点的移动而移动，如图16-43所示。

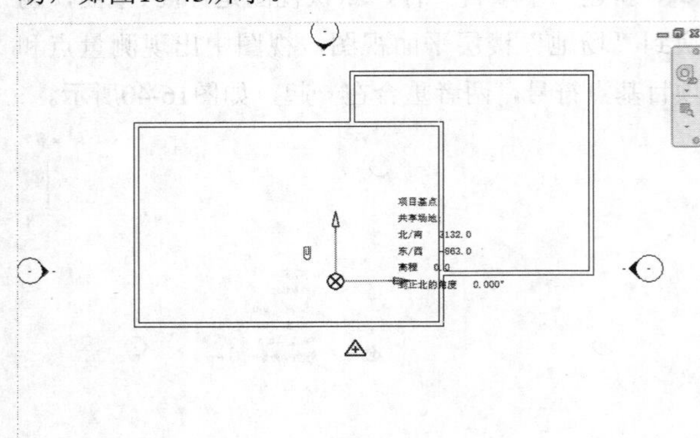

图16–43

05 还可以通过输入坐标精确调整项目基点的位置，单击“北/南”，输入“1000”，单击“东/西”，输入“1200”，项目基点会自动移动到距离测量点北向1000、东向1200的位置，如图16-44所示。

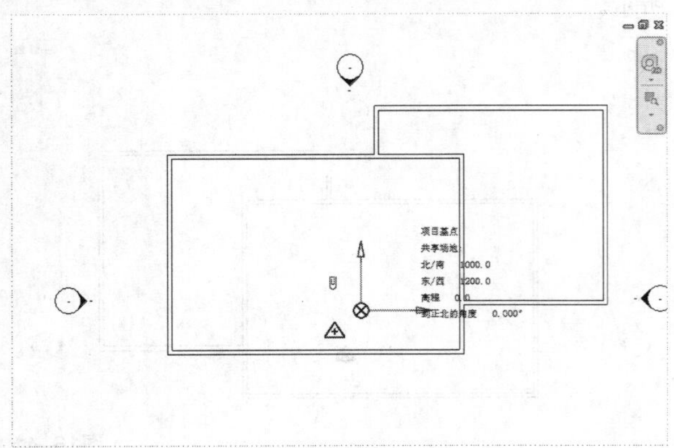

图16–44

技巧与提示

项目基点默认与模型是锁定状态，在锁定状态下，如果移动项目基点，项目基点的坐标会发生变化，墙体保持项目基点相对位置不变，随着项目基点的移动而移动。如果移动测量点，项目基点的坐标同样会发生变化，但墙体并不会发生移动，如图16-45所示。

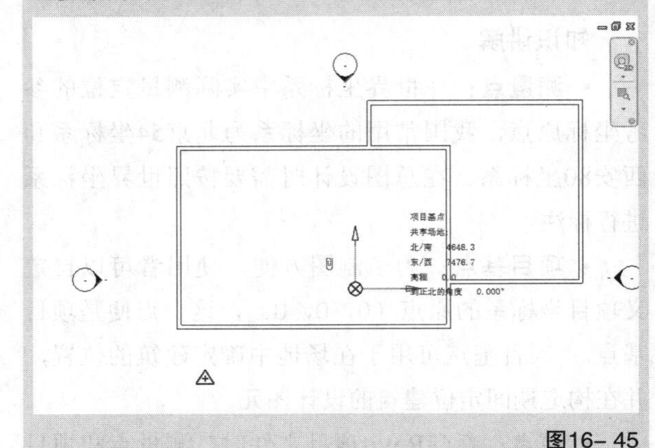

图16– 45

16.3.5 坐标的协调管理

在Revit中链接文件时，可以选择多种定位方式，包括“自动-中心到中心”“自动-原点到原点”“自动-通过共享坐标”“手动-原点”“手动-基点”“手动-中心”，如图16-46所示。

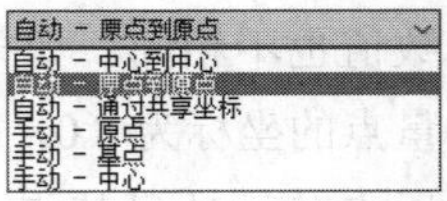

自动 - 原点到原点
自动 - 中心到中心
自动 - 原点到原点
自动 - 通过共享坐标
手动 - 原点
手动 - 基点
手动 - 中心

图16–46

知识讲解

• **自动–中心到中心**：将链接文件的中心点放置在当前项目的中心上进行对齐。模型中心点由模型边界框的中心来确定。

• **自动–原点到原点**：将链接文件的原点（测量点）放置在当前项目的原点上进行对齐。

• **自动–通过共享坐标**：根据链接文件与当前项目的共享坐标位置进行对齐。

• **手动–原点**：链接文件的原点基于当前光标的中心点进行对齐。

• **手动–基点**：链接文件的基点基于当前光标的中心点进行对齐。

• **手动–中心**：链接文件的中心点基于当前光标的中心点进行对齐。

典型实例：链接文件的载入与定位

场景位置：场景文件>CH16>04链接文件的载入与定位-坐标1.rvt
场景文件>CH16>04链接文件的载入与定位-坐标2.rvt
视频位置：多媒体文件>CH16>03典型实例：链接文件的载入与定位.mp4
实用指数：★★☆☆☆
技术掌握：共享坐标的设置方法

使用链接文件进行协同，最重要的一点就是载入与定位，如果定位出现偏差，那么对项目的准确性有着巨大影响。原点、基点和中心点的对齐方式比较简单，共享坐标的方式虽然稍微复杂，但是非常灵活。

01 在学习资源中找到“场景文件>CH16”文件夹，将“04链接文件的载入与定位-坐标1.rvt”和“04链接文件的载入与定位-坐标2.rvt”文件复制到本地硬盘，打开“坐标1”文件并切换到“标高1”，如图16-47所示。

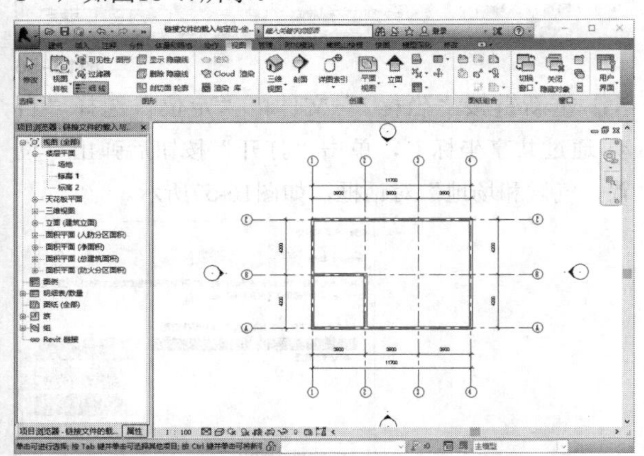

图16-47

02 切换到“视图”选项卡，在“图形”面板中单击“可见性/图形”按钮，在打开的“模型类别”选项卡中展开“场地”，勾选“测量点”和“项目基点”选项，如图16-48所示。

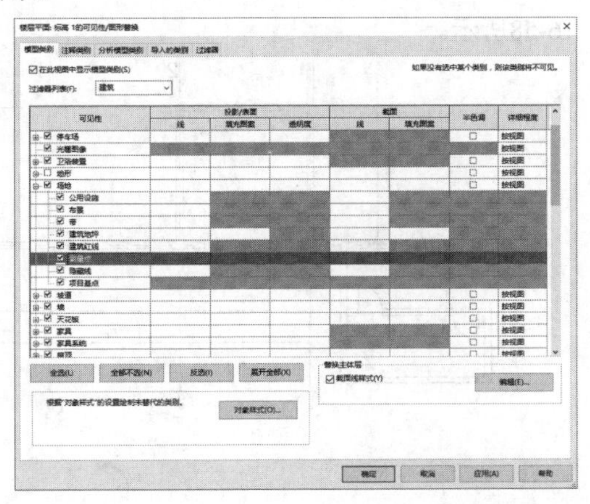

图16-48

03 打开“坐标2”文件并切换到“标高1”，如图16-49所示。

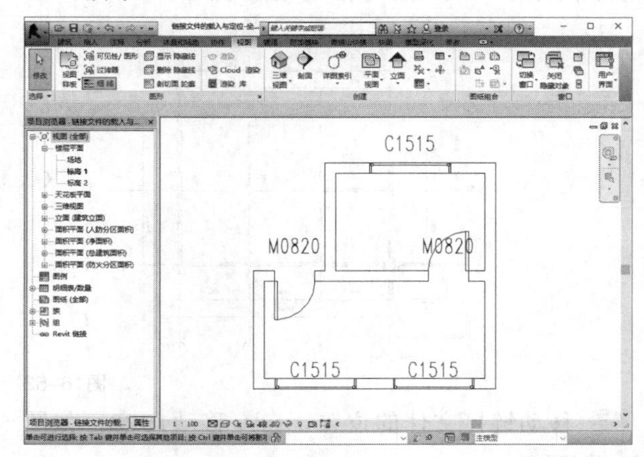

图16-49

04 按照同样的方法显示“测量点”和“项目基点”，项目基点位于模型文件的右上墙体交点处，测量点位于模型文件右侧，如图16-50所示。

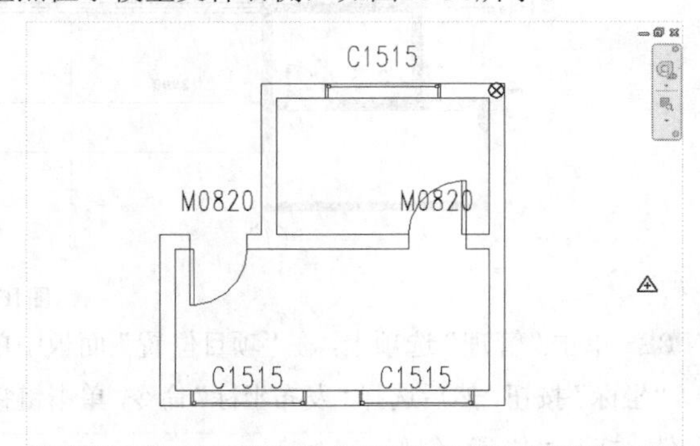

图16-50

05 关闭“坐标2”文件，切换到“坐标1”文件，切换到“插入”选项卡，在“链接”面板中单击“链接Revit”按钮，打开复制到本地硬盘的“坐标2”文件，在“定位”下拉菜单中选择“自动-原点到原点”选项，如图16-51所示。

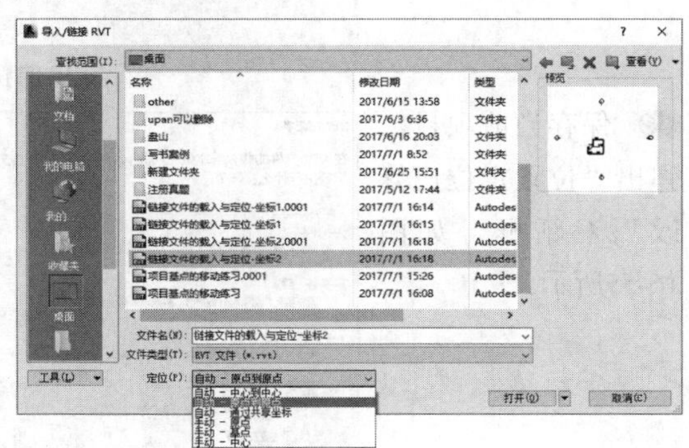

图16-51

06 单击“打开”按钮，把“坐标2”链接到“坐标1”中，并且两者的“项目基点”重合，如图16-52所示。

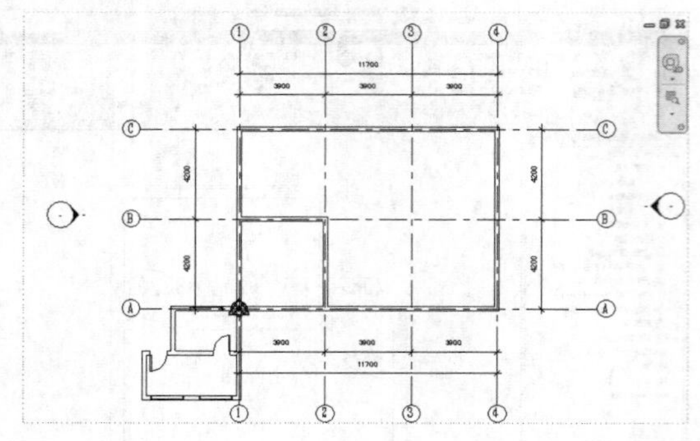

图16-52

07 移动链接文件的位置，向左移动1000，如图16-53所示。

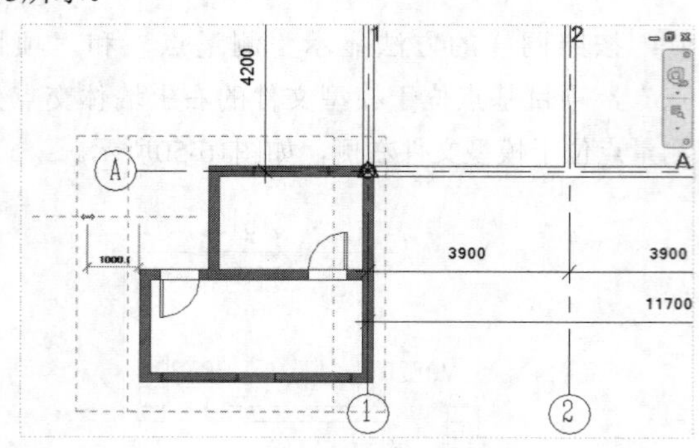

图16-53

08 单击“管理”选项卡，在“项目位置”面板中单击“坐标”按钮，然后选择“发布坐标”命令，单击链接文件，打开“位置、气候和场地”对话框，切换到“场地”选项卡，单击“复制”按钮，输入新名称“坐标2修改位置”，如图16-54所示。

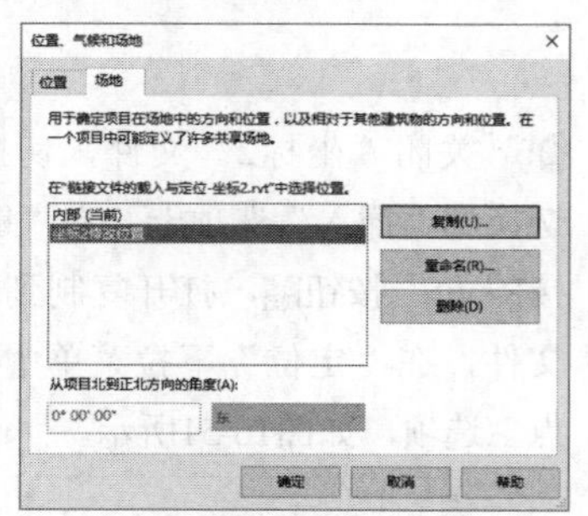

图16-54

09 保存当前项目，弹出“位置定位已修改”对话框，如图16-55所示。

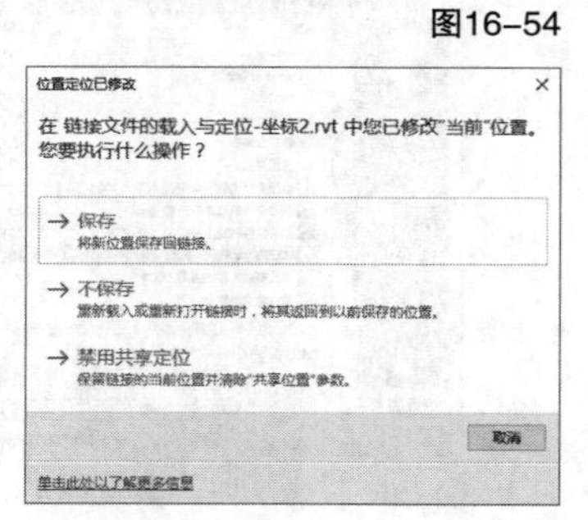

图16-55

10 选择“保存”选项，对“坐标1”文件进行保存的同时，也保存了“坐标2”的共享坐标。删除链接文件，弹出“警告”对话框，单击“删除链接”按钮，如图16-56所示。

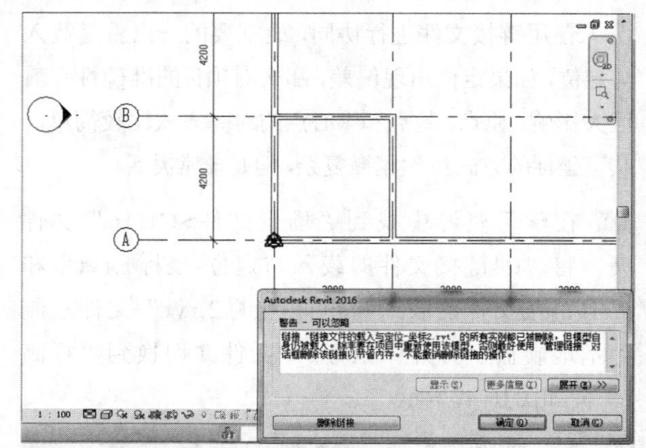

图16-56

11 重新链接“坐标2”文件，“定位”选择“自动-通过共享坐标”，单击“打开”按钮后弹出“位置、气候和场地”对话框，如图16-57所示。

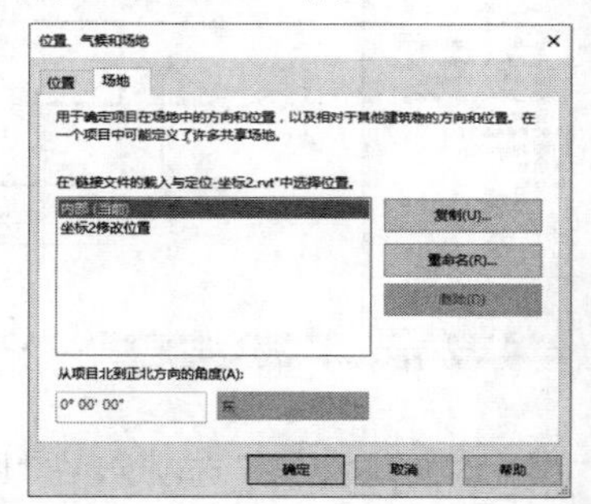

图16-57

12 选择“坐标2修改位置”，单击“确定”按钮，链接文件定位在保存过的“坐标2修改位置”，如图16-58所示。

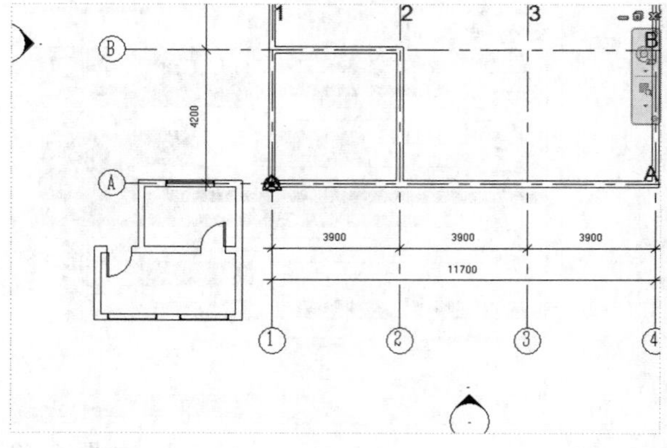

图16-58

13 按照同样的方法，同一个链接文件可以移动到不同位置，并保存成多个场地位置，如图16-59所示。

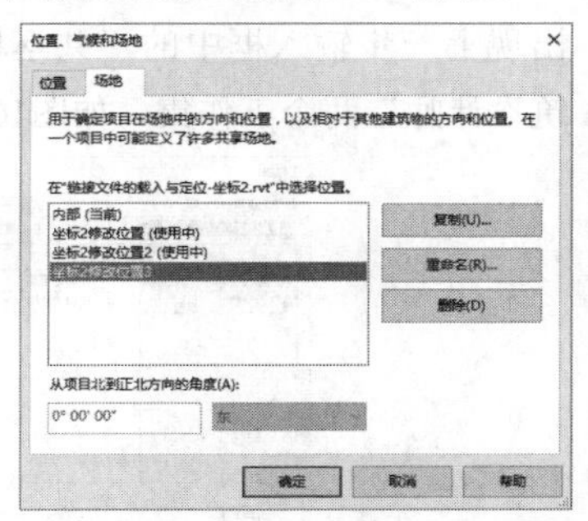

图16-59

14 将同一个链接文件按照保存的不同的场地位置定位到当前项目中，如图16-60所示。

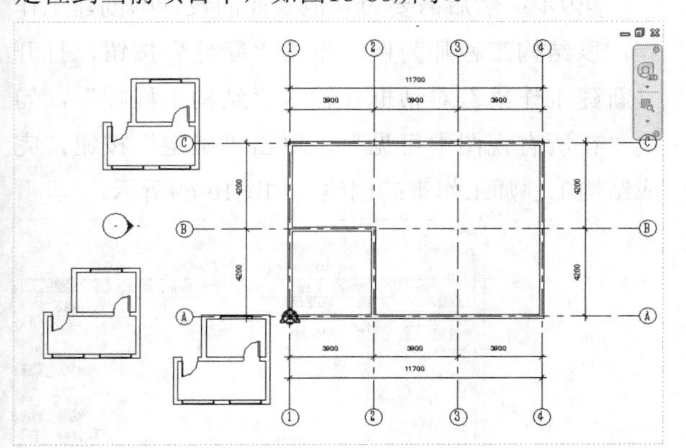

图16-60

16.4 使用中心文件协同

本节知识概要

知识名称	作用	重要程度
工作集的创建	掌握工作集的创建方法	★★★★☆
工作集的管理	掌握工作集的管理模式	★★★★★

除了使用链接文件的方法协同工作，还可以使用中心文件的方法进行协同，本节将详细讲解该工作方法。

16.4.1 工作集创建

使用中心文件进行协同工作时，首先要创建样板，划分权限。通常需要一位项目经理进行统一管理。

第1步：打开“场景文件>CH16>05工作集创建.rvt”文件，如图16-61所示。

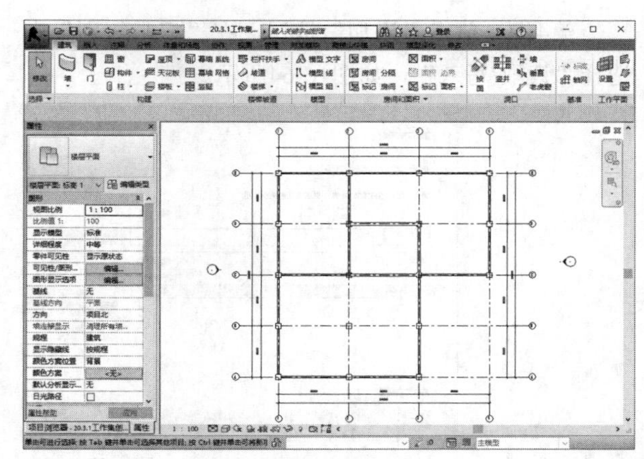

图16-61

第2步：模型已经创建了轴网、柱和墙体，可以直接将其创建为中心文件。在创建之前，需要做一些前期准备工作。首先在本地硬盘创建一个名为“中心文件”的文件夹，然后在该文件夹上单击鼠标右键，选择“属性”命令，在打开的对话框中切换到“共享”选项卡，如图16-62所示。

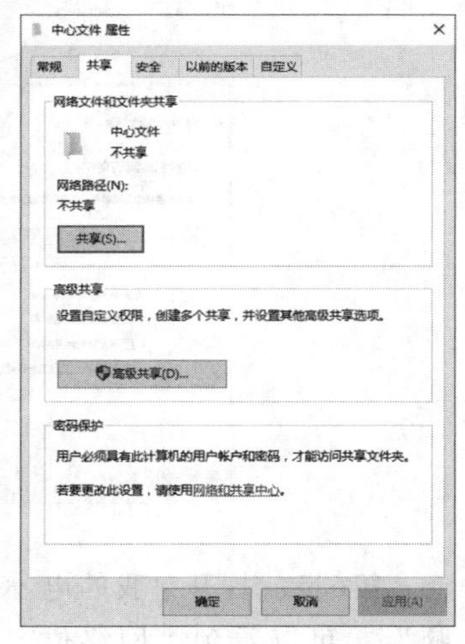

图16-62

第3步：单击“共享”按钮，选择要与其共享的用户，在下拉菜单中选择“Everyone”，如图16-63所示。

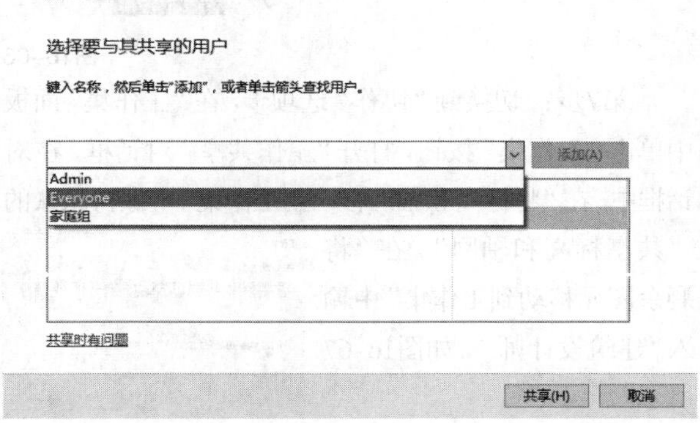

图16-63

第4步：单击“添加”按钮，在“权限级别”中选择“读取/写入”，如图16-64所示。

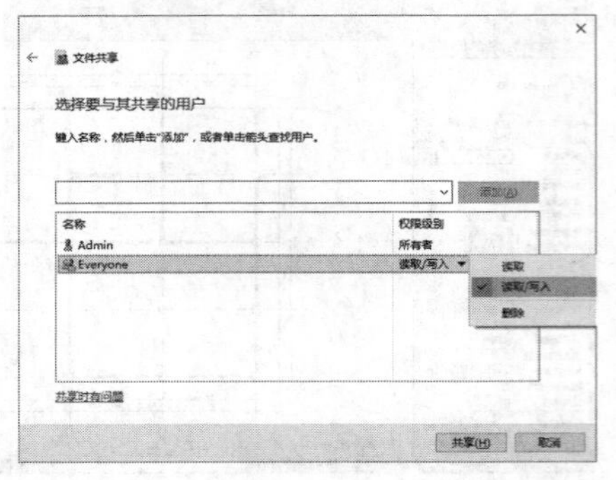

图16-64

第5步：单击“共享”按钮，完成文件夹属性设置。打开网上邻居，用鼠标右键单击中心文件夹，在弹出的菜单中选择“映射网络驱动器”命令，驱动器为“Z:”，勾选“登录时重新连接”选项，如图16-65所示。

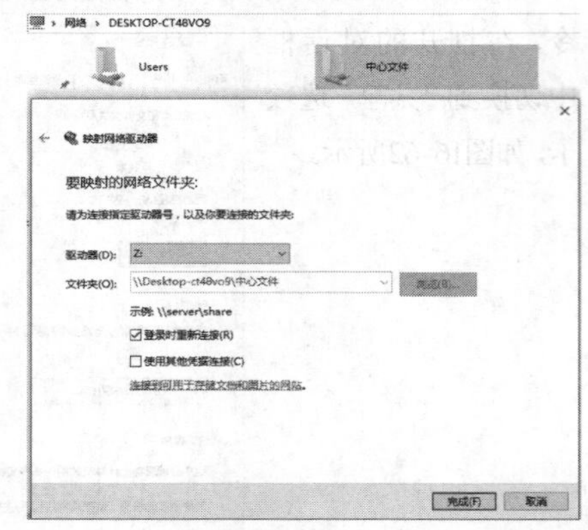

图16-65

第6步：打开“我的电脑”，可以看到“网络位置”中增加了新映射的网络驱动器，如图16-66所示。

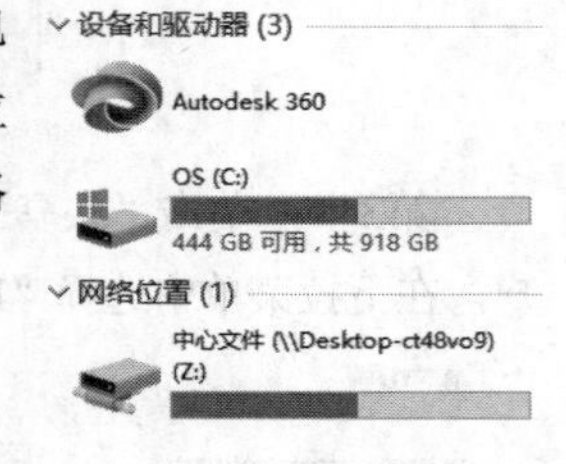

图16-66

第7步：切换到“协作”选项卡，在“工作集”面板中单击“工作集”按钮，打开“工作共享”对话框，在对话框中，在“将标高和轴网移动到工作集”中保持默认的“共享标高和轴网”，在“将剩余图元移动到工作集”中输入“建筑设计师”，如图16-67所示。

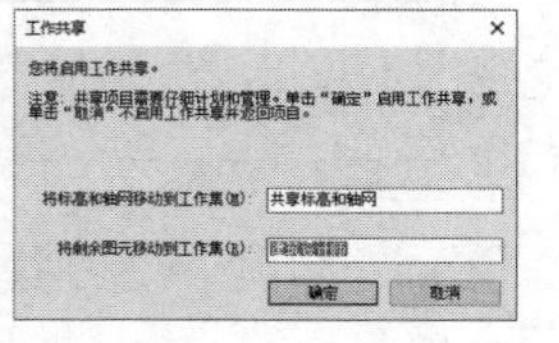

图16-67

第8步：单击“确定”按钮后，全部图元将会按照输入的内容自动分配，弹出“工作集”对话框，出现上一步输入框中的“共享标高和轴网”和“建筑设计师”两个工作集，如图16-68所示。

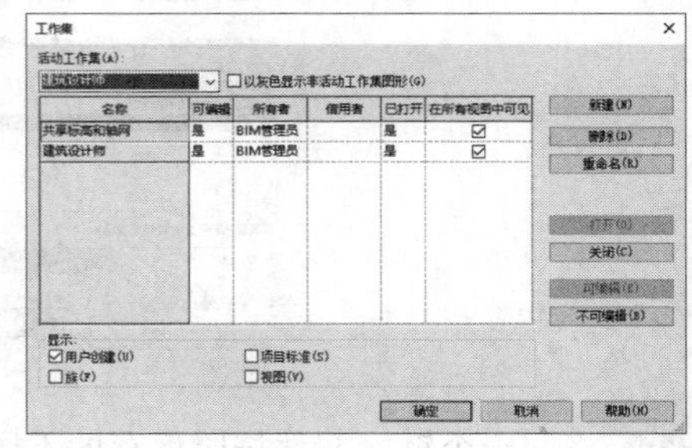

图16-68

第9步：然后需要为其他专业的设计师创建工作集，以结构工程师为例。单击“新建”按钮，打开“新建工作集”对话框，输入“结构工程师”，勾选“在所有视图中可见”，单击“确定”按钮，完成结构工程师工作集的创建，如图16-69所示。

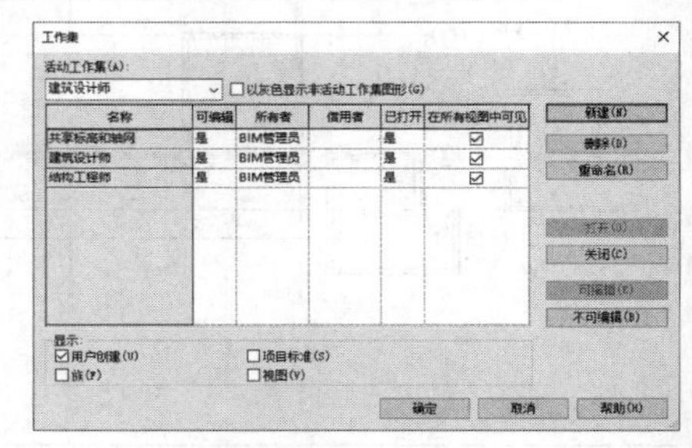

图16-69

第10步：单击“确定”按钮，完成工作集的设置，弹出“指定活动工作集”对话框，单击“否”按钮，如图16-70所示。

图16-70

第11步：接下来需要在绘图区指定不同的图元给不同的工作集。框选全部图元，单击“过滤器”按钮，仅保留结构柱，如图16-71所示。

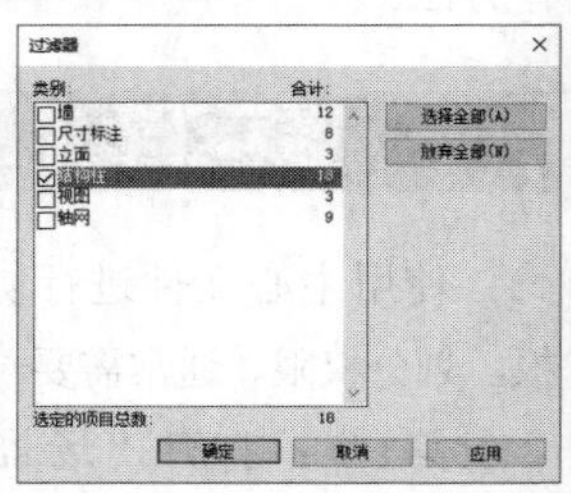

图16-71

第12步：在“属性”面板中，在“标识数据”中“工作集”的下拉列表中选择性“结构工程师”，如图16-72所示。

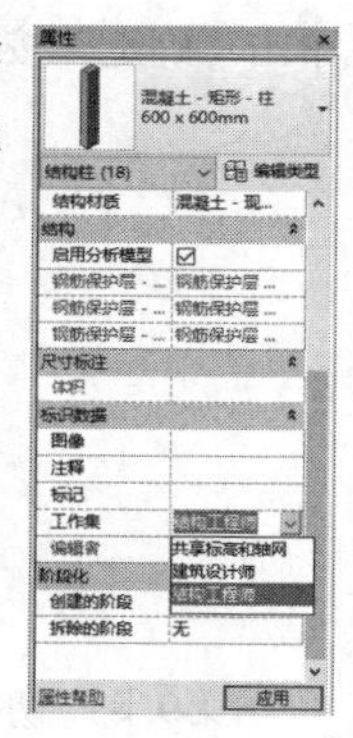

图16-72

第13步：执行“另存为>项目”菜单命令，将其存储到之前创建的“中心文件”中，文件名改为“工作集创建-中心文件”。

第14步：再次打开工作集，将“共享标高和轴网”“建筑设计师”“结构工程师”的“可编辑”；栏选为“否”，如图16-73所示。

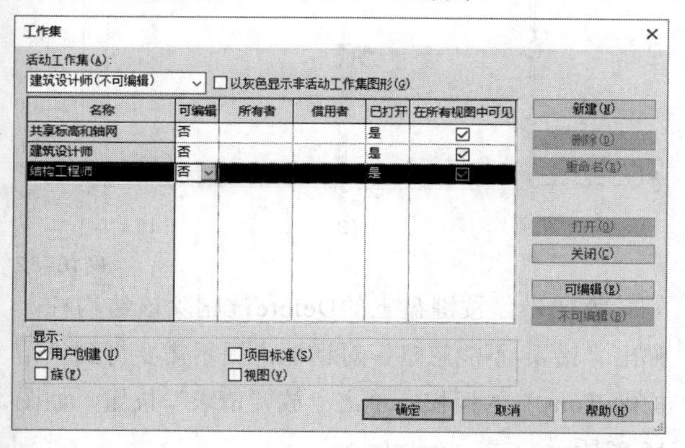

图16-73

第15步：单击“确定”按钮，关闭“工作集”对话框。在“协作”选项卡的“同步”面板中，“与中心文件同步”的命令变为可用，单击“与中心文件同步”按钮，打开“与中心文件同步”对话框，在“注释”中输入“完成工作集的创建”，如图16-74所示。

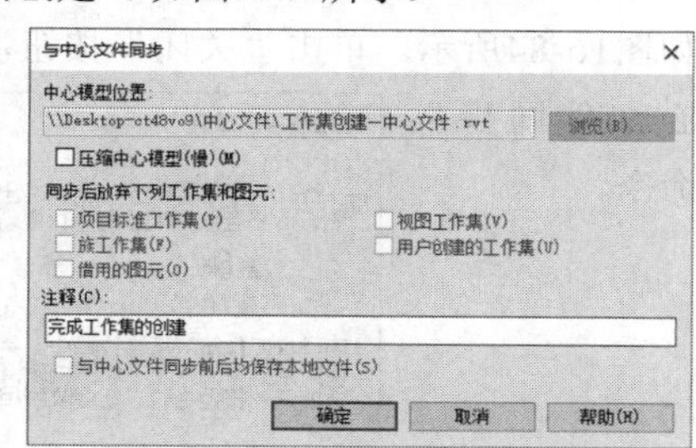

图16-74

第16步：单击“确定”按钮，完成与中心文件的同步。

16.4.2 工作集设置与共享

第1步：关闭全部项目文件，单击按钮，打开应用程序菜单，单击“选项”按钮，在“常规”参数面板中输入用户名“建筑师-Ace”，如图16-75所示。

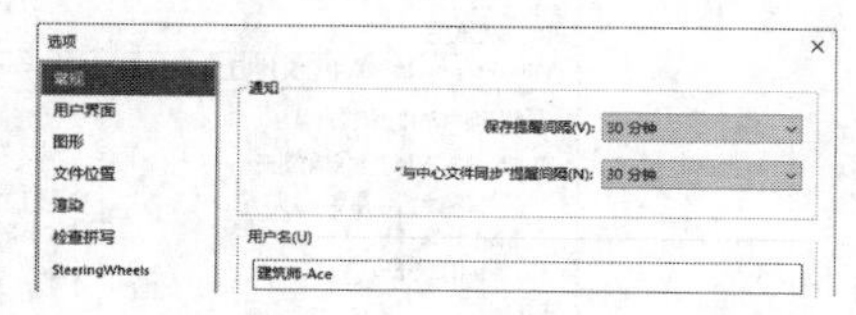

图16-75

第2步：单击按钮，打开应用程序菜单，执行“打开>项目”菜单命令，找到共享的中心文件路径，在“工作共享”中勾选“新建本地文件”选项。单击“打开”按钮，打开中心文件，如图16-76所示。

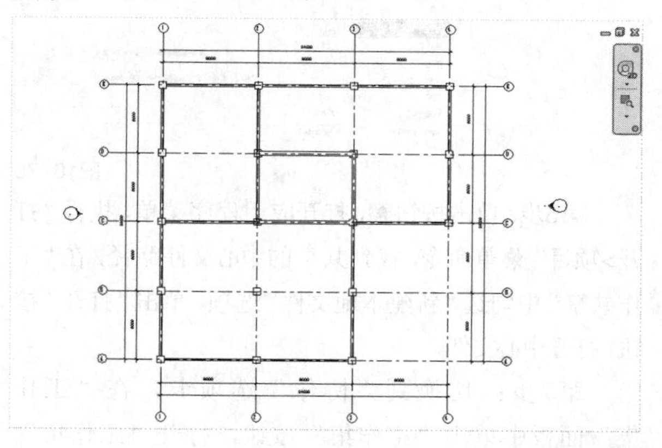

图16-76

第3步：切换到“协作”选项卡，在“工作集”面板中单击“工作集”按钮，打开“工作集”对话框，将“共享标高和轴网”和“建筑设计师”的“可编辑”栏选为“是”，如图16-77所示。

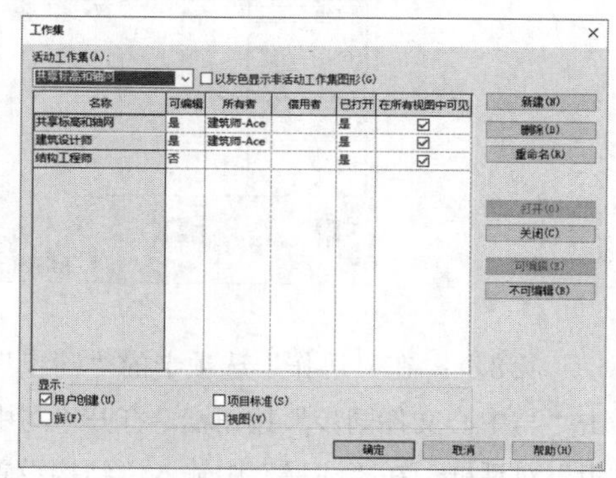

图16-77

第4步：在“协作”选项卡的“同步”面板中，单击“与中心文件同步”按钮，打开“与中心文件同步”对话框，在“注释”中输入“建筑设置权限”，单击“确定”按钮，完成同步，如图16-78所示。

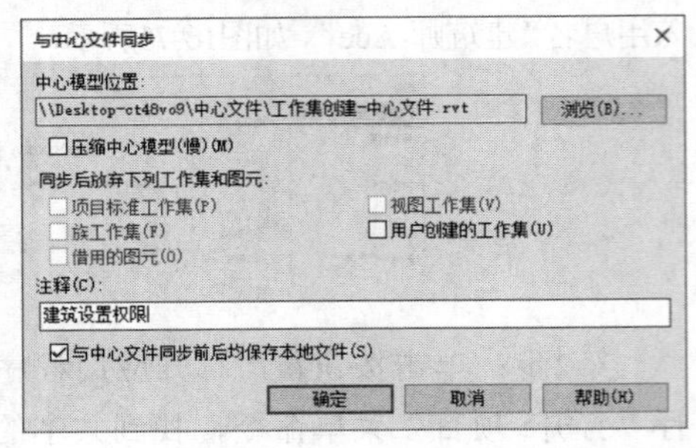

图16–78

第5步：启动一个新的Revit程序，设置用户名为“结构师-Tony”，如图16-79所示。

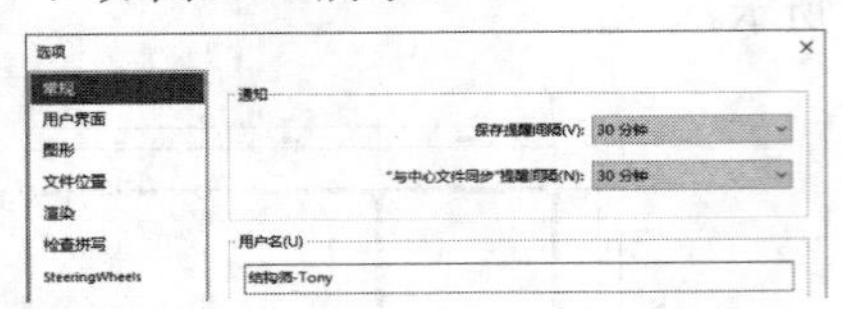

图16–79

第6步：单击按钮，打开应用程序菜单，执行“打开>项目”菜单命令，找到共享的中心文件路径，在“工作共享”中勾选“新建本地文件”选项，单击“打开”按钮，打开中心文件。

第7步：切换到“协作”选项卡，在“工作集”面板中单击“工作集”按钮，打开“工作集”对话框，将“结构工程师”的“可编辑”栏选为“是”，如图16-80所示。

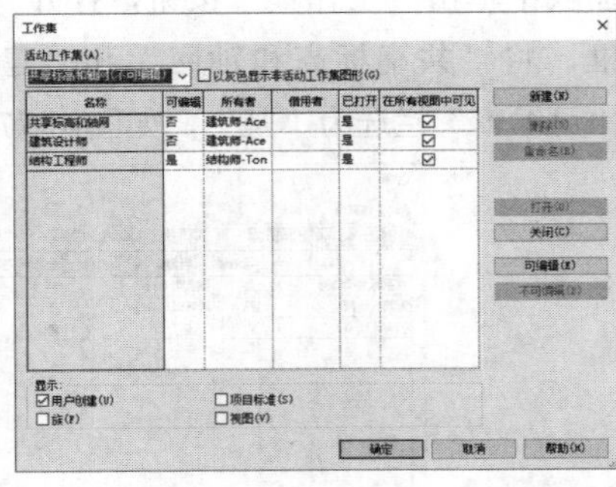

图16–80

第8步：在“协作”选项卡的“同步”面板中单击“与中心文件同步”按钮，打开“与中心文件同步”对话框，在“注释”中输入“结构设置权限”，单击“确定”按钮，完成同步，如图16-81所示。

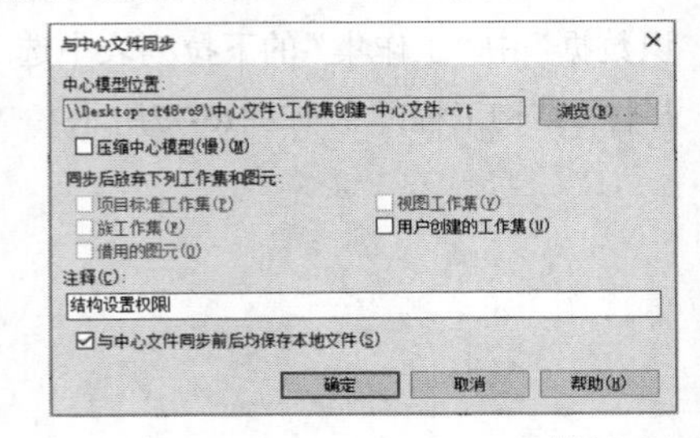

图16–81

第9步：切换到建筑师操作的Revit程序界面，选中结构柱，显示“图元不可编辑”的图标，如图16-82所示。

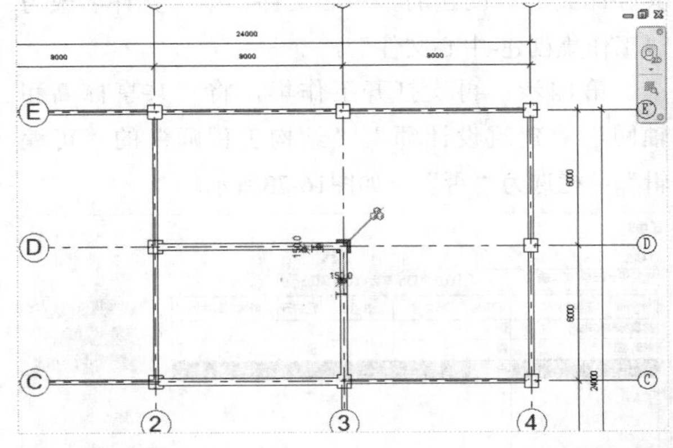

图16–82

第10步：按键盘上的Delete键删除该结构柱，弹出“错误-不能忽略”对话框，提示需要得到“结构师-Tony”的授权，单击“放置请求”按钮，如图16-83所示。

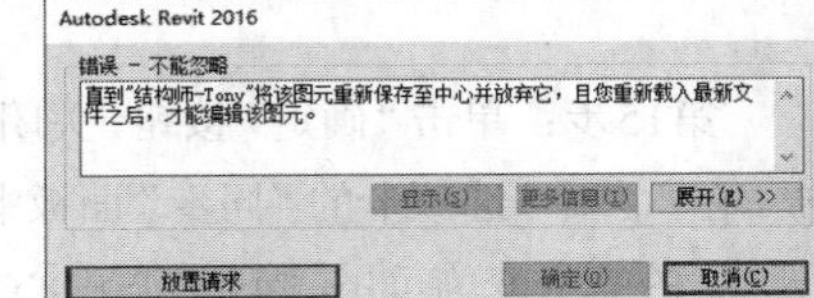

图16–83

第11步：弹出“编辑请求已放置”的对话框，如图16-84所示。单击“关闭”按钮，执行 “与中心文件同步”命令。

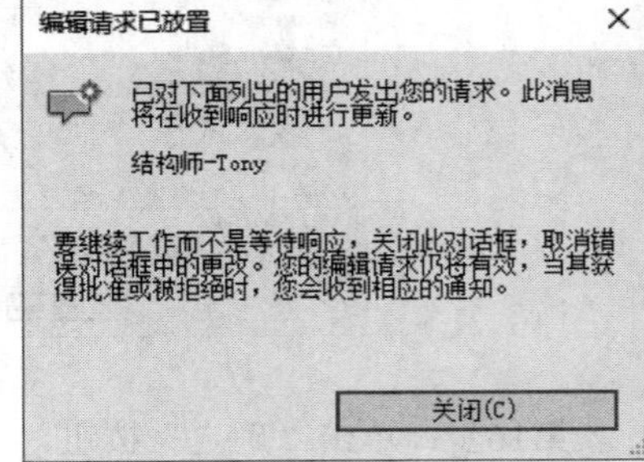

图16–84

第12步：切换到结构师操作的Revit程序界面，执行“与中心文件同步”命令，自动弹出“已收到编辑请求”对话框，如图16-85所示。“显示”可以最大化显示请求的图元，“批准”表示同意建筑师的修改请求，“拒绝”则表示拒绝建筑师的修改请求。单击“批准”按钮，执行“与中心文件同步”命令。

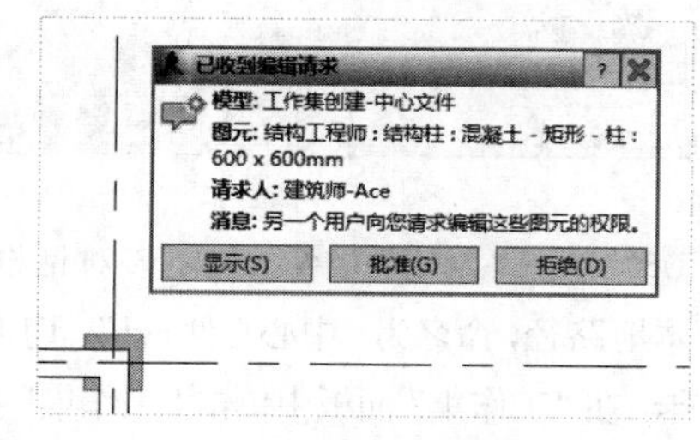

图16-85

第13步：切换到建筑师操作的Revit程序界面，执行“与中心文件同步”命令，自动弹出“已授权编辑请求”的对话框，单击“显示”按钮，可以最大化显示授权图元，如图16-86所示。

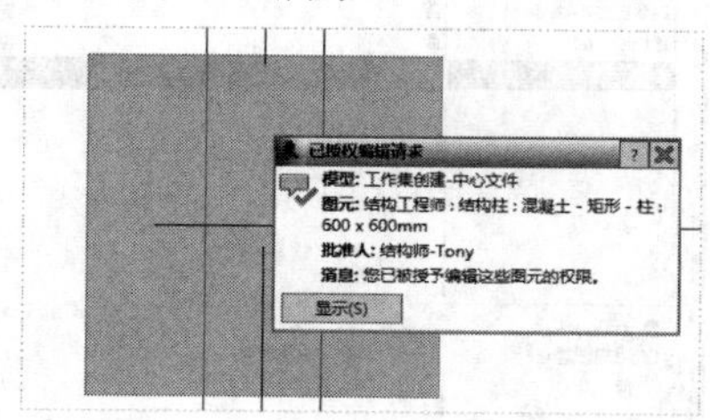

图16-86

第14步：关闭对话框，选中该图元，并按Delete键删除。执行“同步”命令后，切换到结构师操作的Revit程序界面，同样执行“同步”命令，可以看到在结构师的模型中，该结构柱图元已被建筑师删除，如图16-87所示。

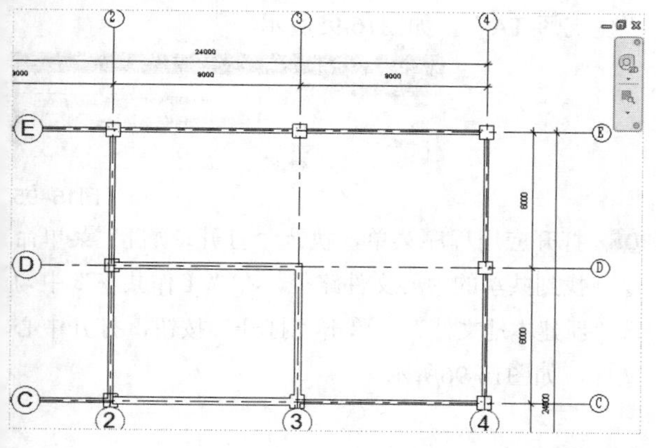

图16-87

技巧与提示

在打开中心文件时，在“工作共享”中有“从中心分离”和“新建本地文件”两个选项，如图16-88所示。

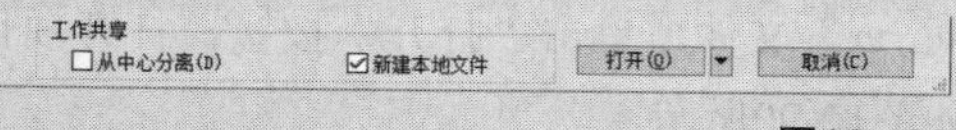

图16-88

当选择“从中心分离”后，弹出“从中心文件分离模型”对话框，“分离并保留工作集”表示从原有的中心文件创建一个独立的模型，并创建一个新的工作集。“分离并放弃工作集”表示从原有的中心文件创建一个独立的模型，不再与工作集相关，如图16-89所示。

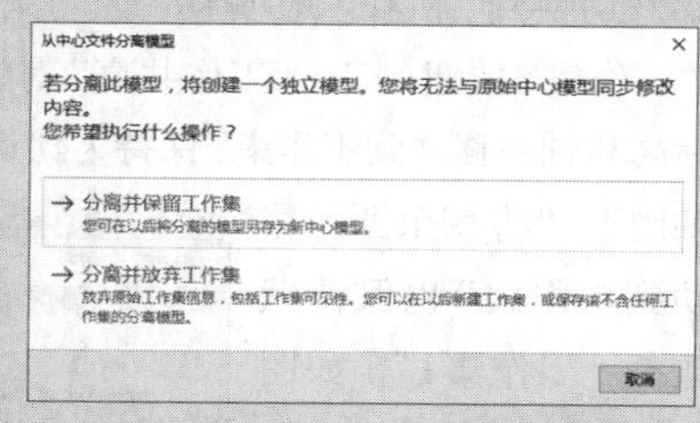

图16-89

当建筑师申请修改其他专业模型权限时，如果其他专业不批准授权，则建筑师无法对其修改。

16.5 本章总结

Revit之所以成为BIM设计的软件，一方面是强大的模型和数据管理功能，另外一个重要方面便是协同工作模式。Revit提供的链接文件和中心文件两种协同方式，可以根据项目和人员分配的不同合理选择，有助于提高工作和沟通效率。

16.6 课后拓展练习：中心文件与链接文件综合协同

场景位置：场景文件>CH16>06中心文件与链接文件综合协同.rvt
视频位置：多媒体文件>CH16>04课后拓展练习：中心文件与链接文件综合协同.mp4
实用指数：★★★☆☆
技术掌握：多种方式协同工作模式

本例将演示不同专业采用中心文件和链接文件方式协同的设置和管理方法。

01 启动Revit 2016，单击按钮，打开应用程序菜单，执行“打开>项目”菜单命令，在学习资源中找到“场景文件>CH16>06中心文件与链接文件综合协同.rvt”文件，单击“打开”按钮，打开项目文件，如图16-90所示。

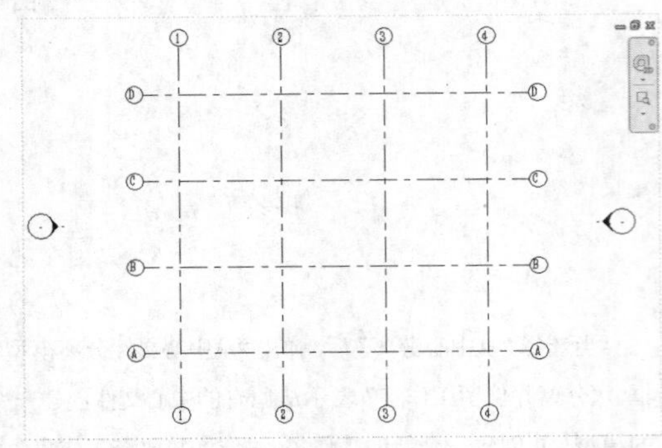

图16-90

02 切换到“协作”选项卡，在“工作集”面板中单击“工作集”按钮，打开“工作共享”对话框，在其中“将标高和轴网移动到工作集”保持为默认的“共享标高和轴网”，“将剩余图元移动到工作集”也保持默认的“工作集1”，如图16-91所示。

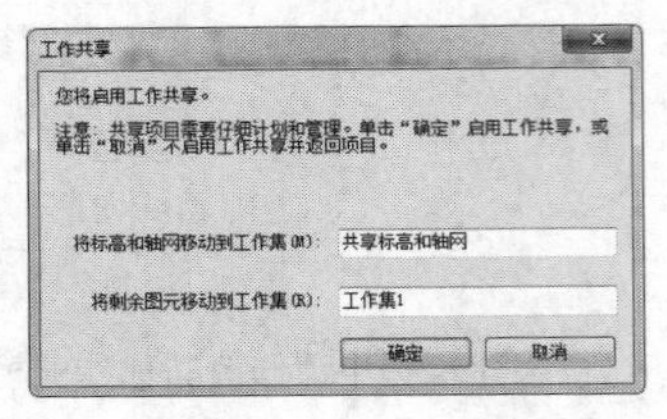

图16-91

03 单击“确定”按钮后，全部图元将会按照输入的内容自动分配，并弹出“工作集”对话框，其中出现“共享标高和轴网”和“工作集1”两个工作集，如图16-92所示。

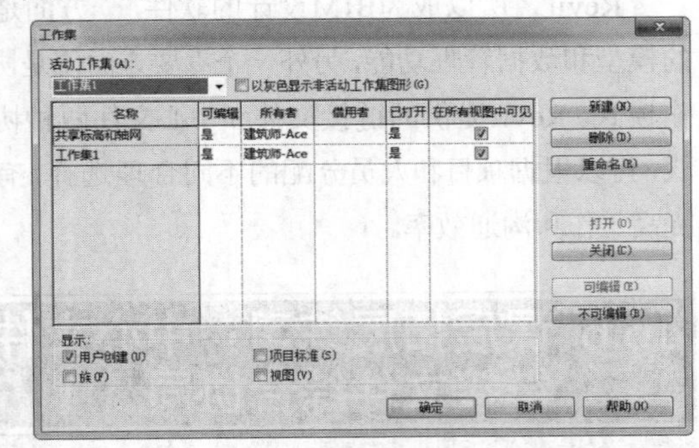

图16-92

04 选择“工作集1”，单击“重命名”按钮，将其改为“建筑设计师”。

05 单击“新建”按钮，新建“结构工程师”工作集，如图16-93所示。

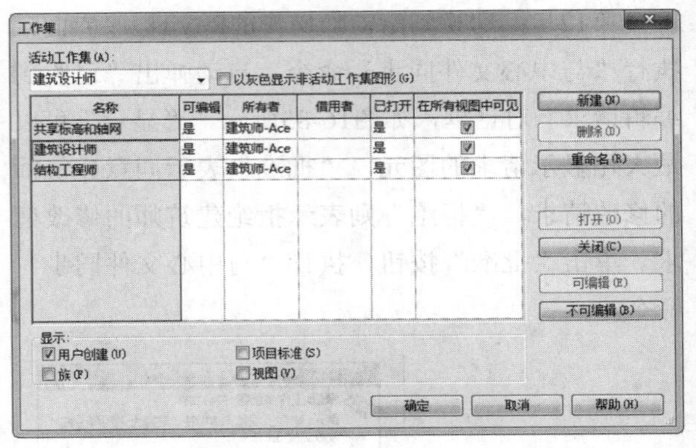

图16-93

06 单击“确定”按钮，关闭该对话框，将项目另存到本地路径，命名为“中心文件.rvt”。切换到“协作”选项卡，在“工作集”面板中单击“工作集”按钮，打开“工作集”对话框，将之前新建的3个工作集的可编辑状态都改为“否”，如图16-94所示。

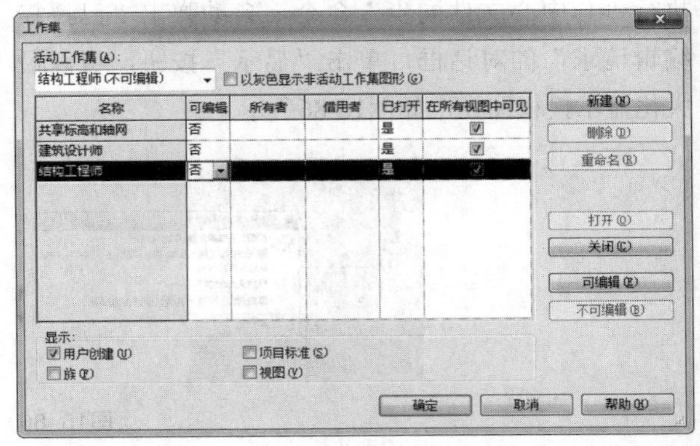

图16-94

07 单击“与中心文件同步”按钮，打开“与中心文件同步”对话框，然后单击“确定”按钮完成同步，关闭该中心文件，接着打开应用程序菜单，单击“选项”按钮，在“常规”面板中输入用户名“建筑师-TA”，如图16-95所示。

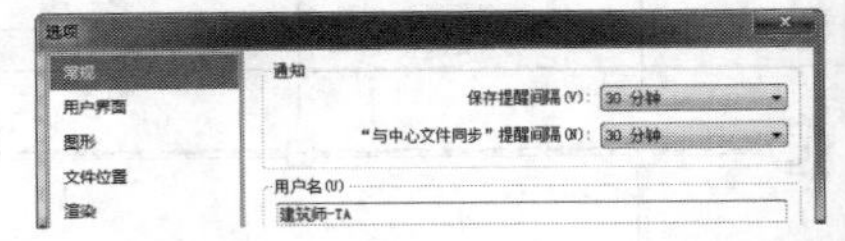

图16-95

08 打开应用程序菜单，执行“打开>项目”菜单命令，找到共享的中心文件路径，在“工作共享”中勾选“新建本地文件”。单击“打开”按钮，打开中心文件，如图16-96所示。

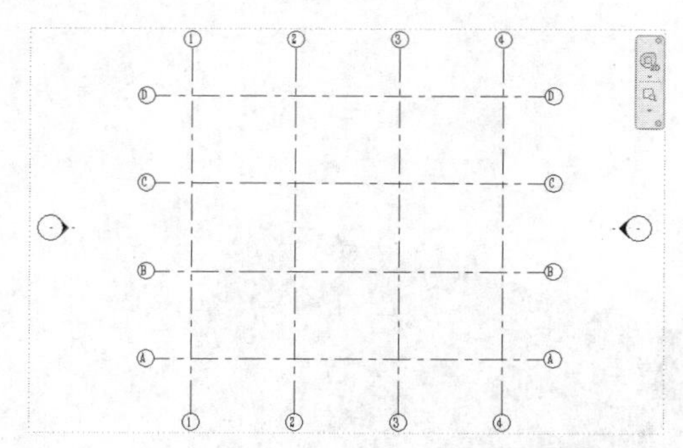

图16-96

09 切换到“协作”选项卡，在“工作集”面板中单击“工作集”按钮，打开“工作集”对话框，将“共享标高和轴网”和“建筑设计师”的“可编辑”栏选为“是”，如图16-97所示。

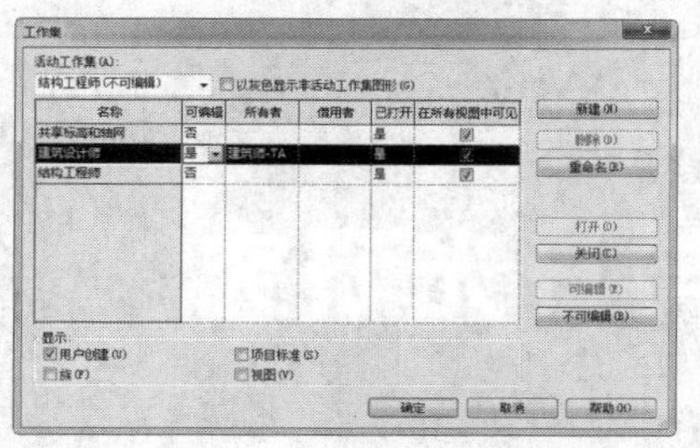

图16-97

10 在“协作”选项卡的“同步”面板中单击“与中心文件同步”按钮，打开“与中心文件同步”对话框，在“注释”中输入“建筑设置权限”，单击“确定”按钮，完成同步，如图16-98所示。将文件另存到本地路径，命名为“中心文件与链接文件综合协同-中心文件_建筑师-TA.rvt”。

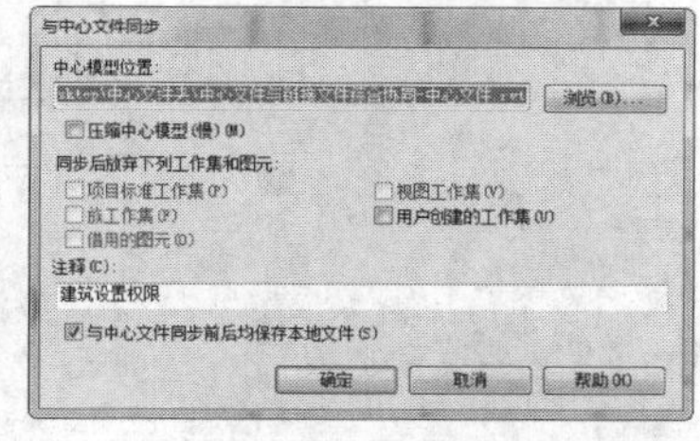

图16-98

11 启动一个新的Revit程序，设置用户名为“结构师-QW”，如图16-99所示。

图16-99

12 打开应用程序菜单，执行“打开>项目”菜单命令，找到共享的中心文件路径，在“工作共享”中勾选“新建本地文件”选项，单击“打开”按钮，打开中心文件。切换到“协作”选项卡，在“工作集”面板中单击“工作集”按钮，打开“工作集”对话框，将“结构工程师”的“可编辑”栏选为“是”，如图16-100所示。

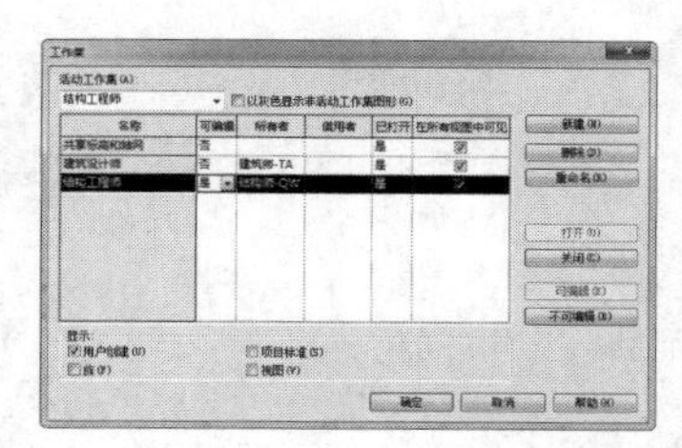

图16-100

13 在“协作”选项卡的“同步”面板中单击“与中心文件同步”按钮，打开“与中心文件同步”对话框，在“注释”中输入“结构设置权限”，然后单击“确定”按钮，完成同步，如图16-101所示。将文件另存到本地路径，命名为“中心文件与链接文件综合协同-中心文件_结构师-QW.rvt”。

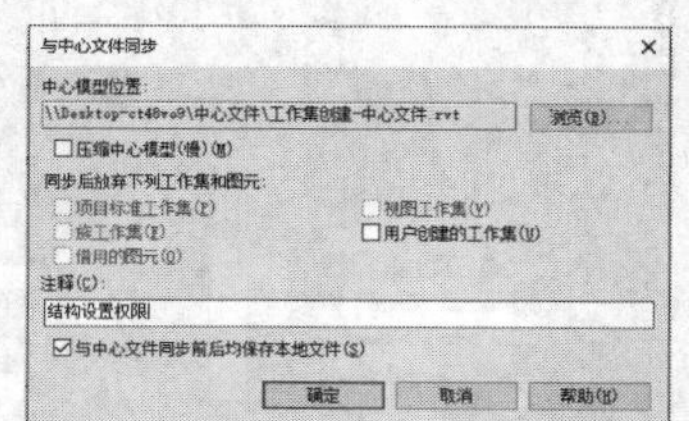

图16-101

14 打开应用程序菜单，单击“选项”按钮，在“常规”参数面板中输入用户名“机电工程师-GR”，如图16-102所示。

图16-102

15 打开应用程序菜单，执行“新建>项目”菜单命令，在“新建项目”对话框中勾选“项目”选项，样板文件选择“Systems-DefaultCHSCHS”。切换到“插入”选项卡，在“链接”面板中单击“链接Revit”按钮，在弹出的对话框中找到中心文件的存储路径。

16 选择中心文件后单击“打开”按钮，将建筑结构的中心文件模型链接到机电专业的工作模型中，完成链接文件的载入，如图16-103所示。

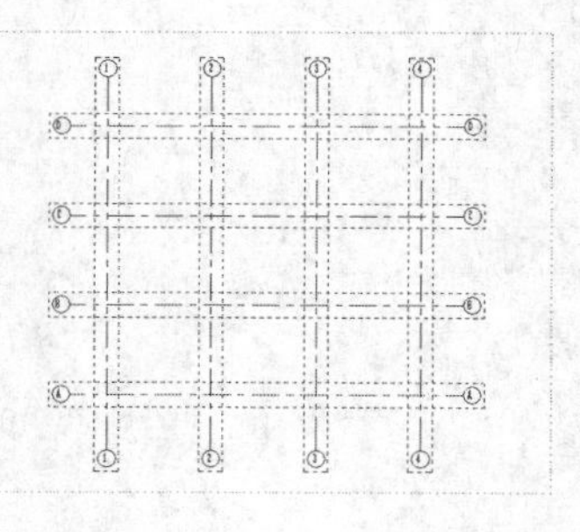

图16-103

整个工作协作文件已经设置完成，该项目中，建筑专业和结构专业是在同一个模型中进行设计和建模，采用了中心文件的协同方式。而机电专业则是通过链接文件协同的方式，将建筑和结构的中心文件链接到机电模型中，进行协同工作。

第17章 阴影与日光研究

本章知识索引

知识名称	作用	重要程度	所在页
项目地理位置	了解项目地理位置的设置方法	★★☆☆☆	P307
日光与阴影的开启	熟悉日光与阴影的概念及开启方式	★☆☆☆☆	P309
日光设置	掌握日光的设置方法	★★☆☆☆	P310

本章实例索引

实例名称	所在页
课前引导实例：开启办公楼日光路径及阴影	P307
课后拓展练习：项目地点及日光设置	P313

17.1 课前引导实例：开启办公楼日光路径及阴影

实例位置：场景文件>CH17>查看日光研究.rvt
视频位置：多媒体文件>CH17>01课前引导实例：开启办公楼日光路径及阴影.mp4
实用指数：★★☆☆☆
技术掌握：了解日光路径和阴影的开启方式

01 启动Revit 2016，单击按钮，打开应用程序菜单，执行"打开>项目"菜单命令，在学习资源中找到"场景文件>CH17>查看日光研究.rvt"文件，然后单击"打开"按钮，打开项目文件。

02 单击默认三维视图按钮，观察三维模型，如图17-1所示。

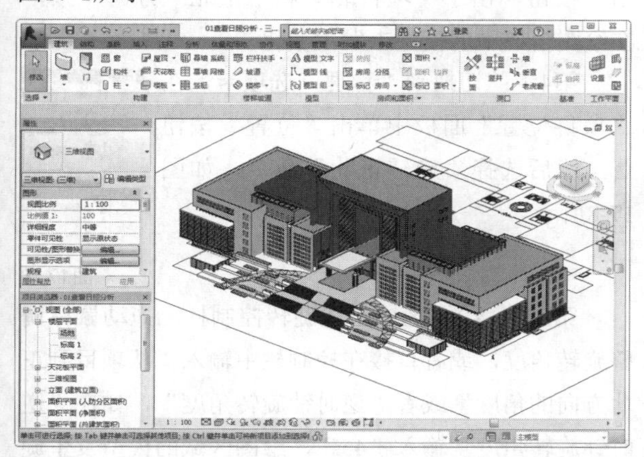

图17-1

03 在视图控制栏中，单击"关闭日光路径"按钮，在弹出的菜单中单击"打开日光路径"命令，如图17-2所示。

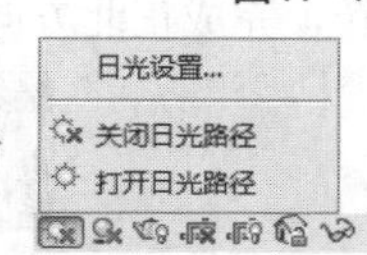

图17-2

04 弹出"日光路径-日光未显示"提示框，单击"继续使用当前设置"选项，如图17-3所示。

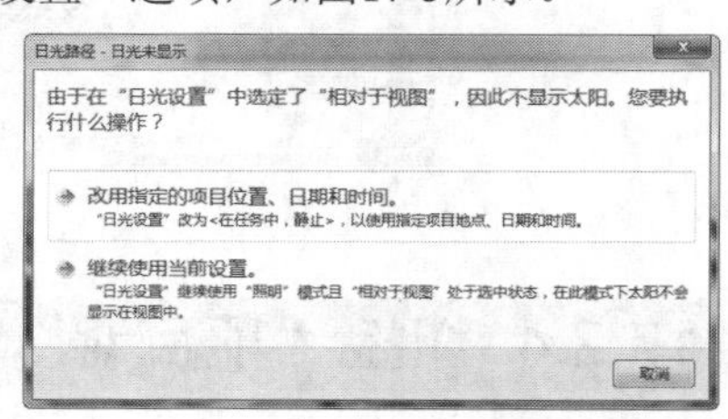

图17-3

05 此时日光路径显示在三维视图中，如图17-4所示。

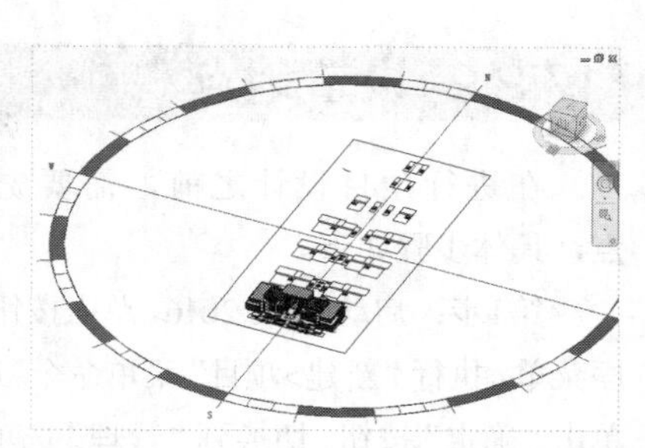

图17-4

06 在视图控制栏中，单击"关闭阴影"按钮，切换到开启阴影模式，如图17-5所示。

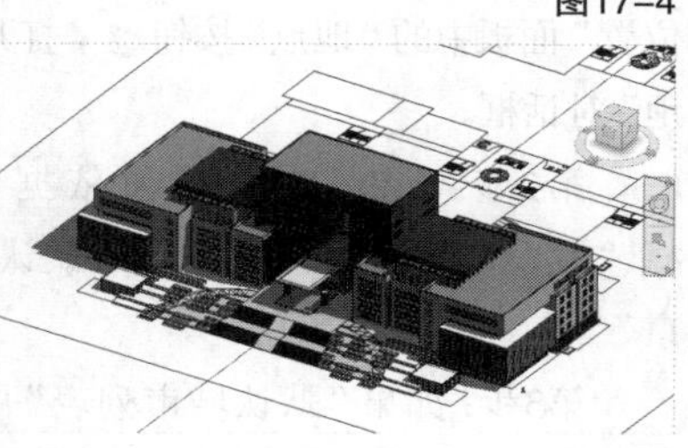

图17-5

17.2 设置项目地理位置

本节知识概要

知识名称	作用	重要程度
项目北与正北	了解项目北与正北的概念	★☆☆☆☆
地点设置	了解项目地点的设置方法	★★☆☆☆

在进行阴影及日光分析前，需要先设置项目地理位置。

17.2.1 项目北与正北

大多数项目并不能与东、南、西、北各方向平行，因此，为了便于绘制，建筑的主要边线通常与绘图窗口平行显示，因此在Revit中存在"项目北""正北"两个概念。

知识讲解

- **项目北**：以绘图窗口为基准，采用"上北下南"的视图体系，即绘图窗口上部为"项目北"，绘图窗口下部为"项目南"，绘图窗口左侧为"项目西"，绘图窗口右侧为"项目东"。
- **正北**：指的是项目所处地理位置的真实北向。

17.2.2 设置地点

在进行项目设计之前，需要先设定项目的地点，具体步骤如下。

第1步：启动Revit 2016，单击按钮，打开应用程序菜单，执行“新建>项目”菜单命令，选择建筑样板，单击“确定”按钮。切换到“管理”选项卡，单击“项目位置”面板中的“地点”按钮，打开“位置、气候和场地”对话框。

第2步：在“定义位置依据”下拉菜单中选择“默认城市列表”，Revit默认选择了“中国北京”。

第3步：如果“默认城市列表”中没有项目所在城市，可以在“定义位置依据”下拉菜单中选择“Internet映射服务”，然后在“项目地址”的“搜索栏”中输入项目所在地区的名称，单击“搜索”按钮，如果计算机接入互联网，那么将在地图框中出现搜索城市地图。

17.2.3 设置正北方向

很多工程师在项目设计前期未对项目地点进行设置，直接进行方案设计和图纸绘制，此“项目北”与“正北”方向一致。为了得到更直观的阴影与日光分析结果，如果“项目北”与“正北”并不一致，需要先设置“正北”方向。具体步骤如下。

第1步：启动Revit 2016，单击按钮，打开应用程序菜单，执行“打开>样例文件”菜单命令，在弹出的对话框中选择“C:\Program Files\Autodesk\Revit 2014\Samples\rac_advanced_sample_project.rvt”文件，单击“打开”按钮，打开项目文件，如图17-6所示。

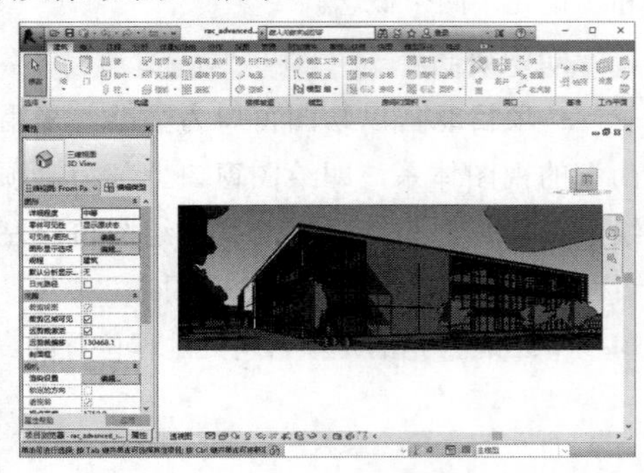

图17-6

第2步：在“项目浏览器”中单击“视图-楼层平面-01 – Entry Level”，切换到该二维视图，如图17-7所示。

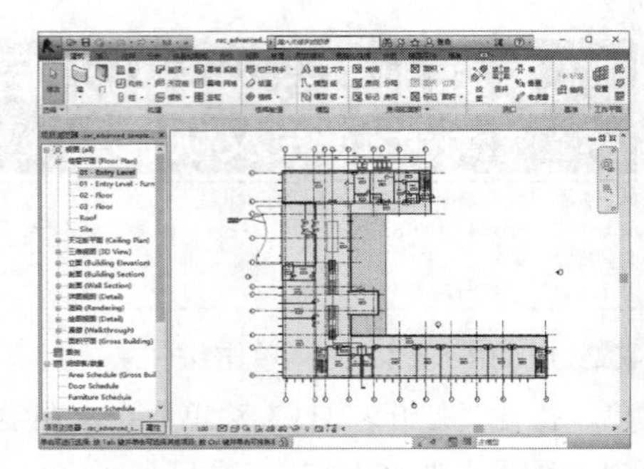

图17-7

第3步：在“属性”面板中，单击“方向”选项后面的下拉列表，选择“正北”，然后单击“应用”按钮，由于“项目北”和“正北”方向一致，在绘图窗口中的模型未发生变化。

第4步：切换到“管理”选项卡，在“项目位置”面板中单击“位置”按钮，然后选择“旋转正北”命令，如图17-8所示。

图17-8

第5步：绘图区域出现旋转控制杆，拖动鼠标调整旋转角度，或者直接在控制栏中输入“从项目到正北方向的角度”或者“逆时针旋转角度”，如在“逆时针旋转角度”输入“45”，绘图区域的模型发生旋转，完成正北方向的设置，如图17-9所示。

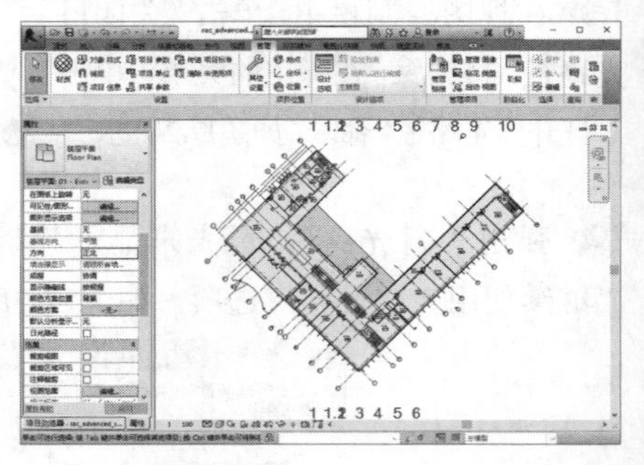

图17-9

17.2.4 切换“项目北”与“正北”

如果“项目北”与“正北”方向不一致，需要切换两个方向进行观察和比较，在上一节的讲解中，已经涉及了该方面内容，本节将以一个实际案例进行比较，便于读者理解。

第1步：启动Revit 2016，单击按钮，打开应用程序菜单，执行“打开>样例文件”菜单命令，在弹出的“打开”对话框中选择“C:\Program Files\Autodesk\Revit 2016\Samples\rac_basic_sample_project.rvt”文件，单击“打开”按钮，打开项目文件，如图17-10所示。

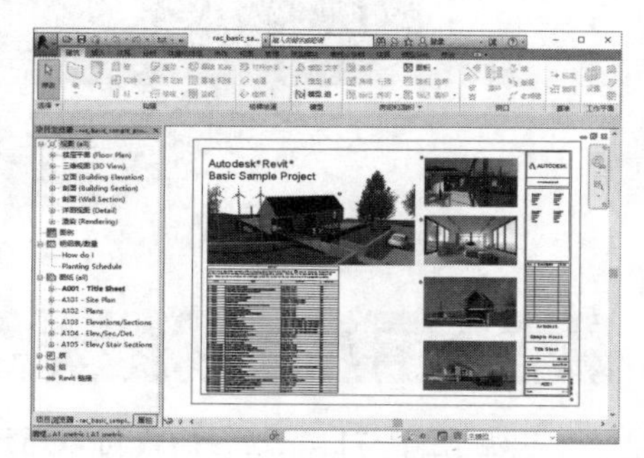

图17-10

第2步：在“项目浏览器”中单击“视图-楼层平面-Level 1”，切换到该二维视图，如图17-11所示。

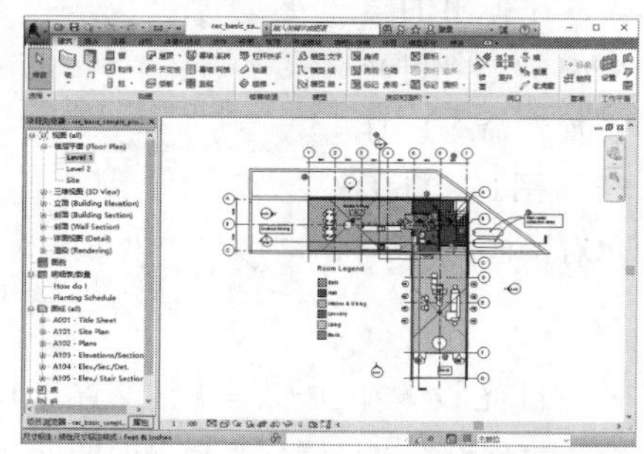

图17-11

第3步：在“属性”面板中，单击“方向”选项后面的下拉列表，选择“正北”，然后单击“应用”按钮。在绘图窗口中的模型发生旋转，如图17-12所示。

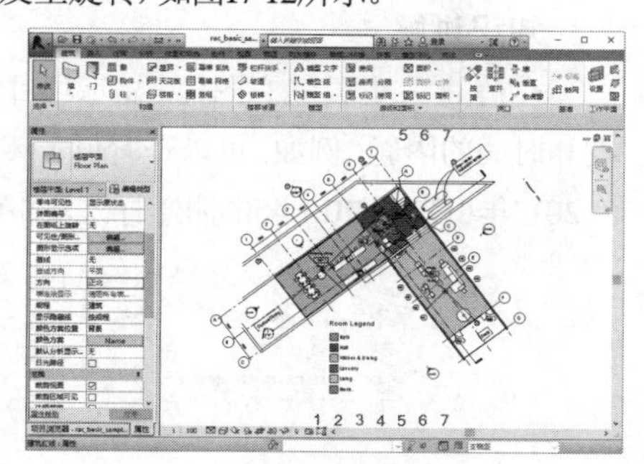

图17-12

第4步：按照同样的方式可以切换回“项目北”的方向。

17.3 阴影与日光设置

本节知识概要

知识名称	作用	重要程度
日光设置	掌握日光的设置方法和设置内容	★★☆☆☆

完成项目地理位置的设置后，需要进一步对日光进行设置，以真实地反映项目在特定条件下的日照情况。

17.3.1 开启阴影与日光路径

第1步：继续采用17.2.3节的案例，切换到三维视图，如图17-13所示。

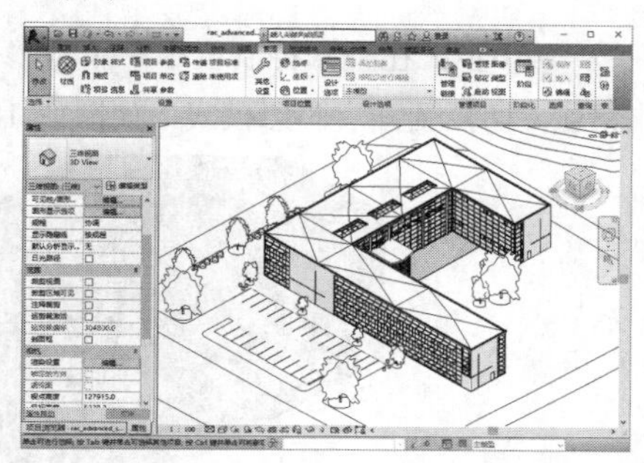

图17-13

第2步：在视图控制栏中单击“视觉样式”按钮，选择“着色”模式，如图17-14所示。

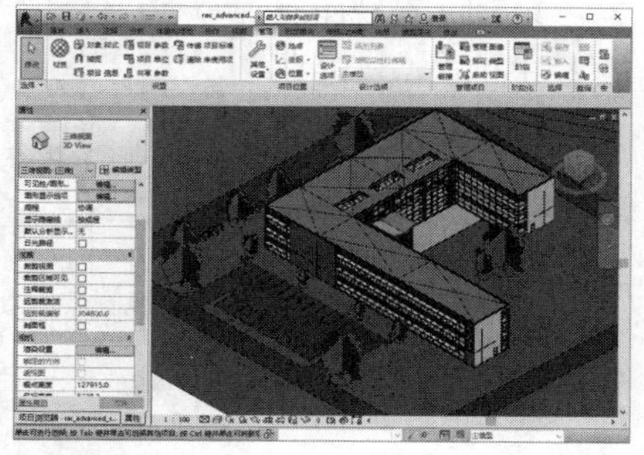

图17-14

第3步：在视图控制栏中单击“关闭日光路径”按钮，在弹出的菜单中选择“打开日光路径”命令，如图17-15所示。

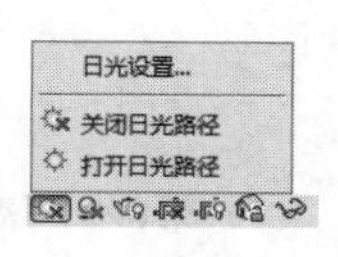

图17-15

第4步：弹出“日光路径-日光未显示”提示对话框，单击“继续使用当前设置”选项，如图17-16所示。

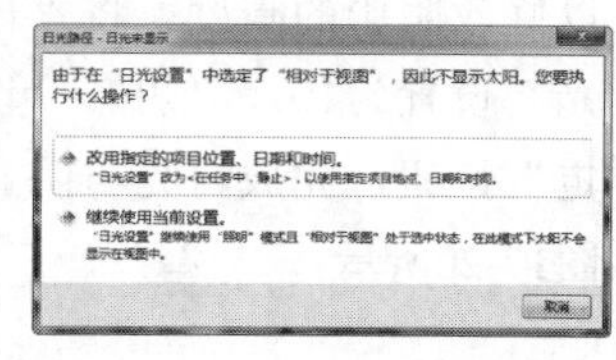

图17-16

第5步：日光路径显示在三维视图中，如图17-17所示。

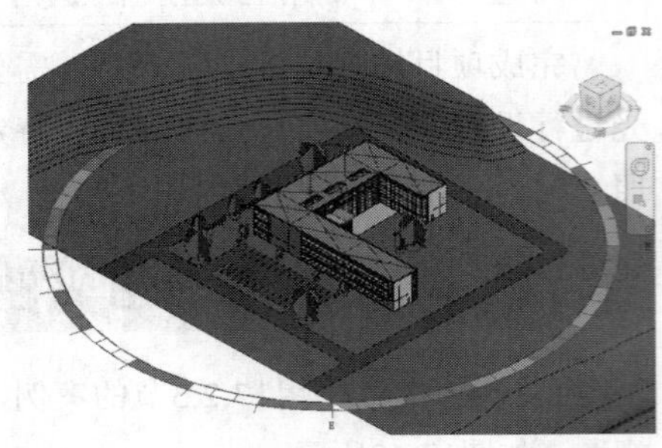

图17-17

第6步：在视图控制栏中，单击“关闭阴影”按钮，切换到开启阴影模式，如图17-18所示。

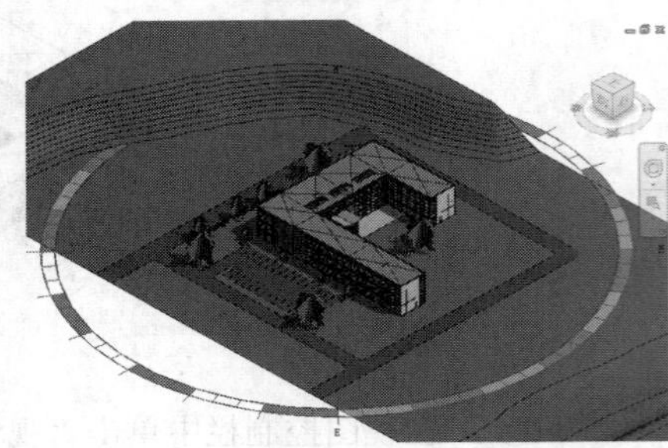

图17-18

第7步：在视图控制栏中单击“视觉样式”按钮，在弹出的菜单中选择“图形显示选项”命令，打开“图形显示选项”对话框，如图17-19所示。

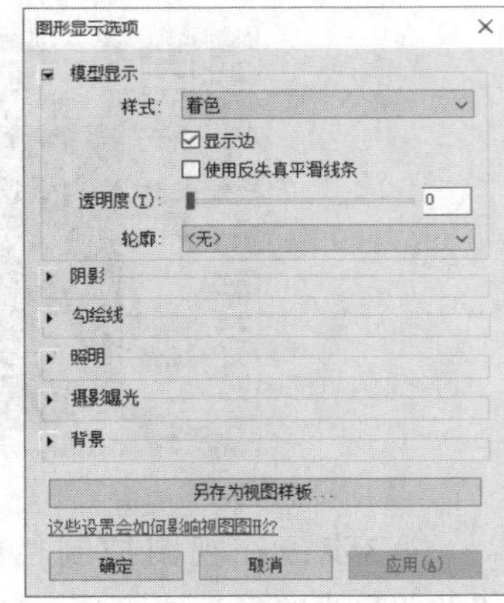

图17-19

第8步：展开“照明”参数选项，移动“日光”滑块或输入0~100的值，可以修改直接光的亮度；移动“环境光”滑块或输入0~100的值，可以修改环境光的亮度；移动“阴影”滑块或输入0~100的值，以修改阴影的暗度。将“日光”设置为80、“环境光”设置为10、“阴影”设置为30，然后单击“确定”按钮，完成日光与阴影等显示效果的设置，如图17-20所示。

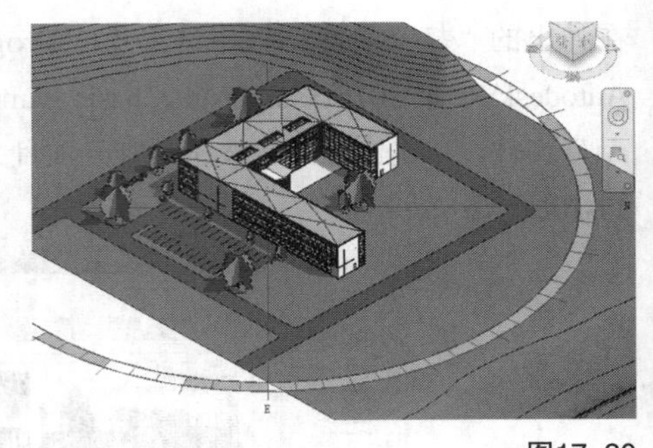

图17-20

17.3.2 日光设置

开启阴影与日光路径后，可以通过日光设置来调整日光的方位。

在视图控制栏中，单击“关闭日光路径”按钮，在弹出的菜单中单击“日光设置”命令，打开如图17-21所示对话框。

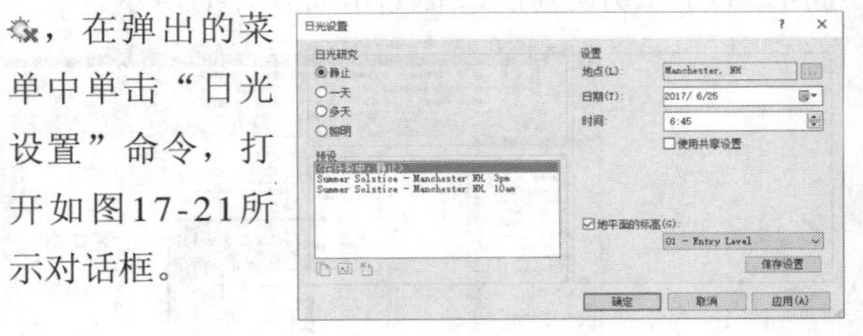

图17-21

日光设置中主要有4个设置选项：“日光研究”“预设”“设置”“地平面的标高”。

日光研究包括4个模式：“静止”“一天”“多天”“照明”。对于每种模式，后面的设置内容均有所不同。

知识讲解

- **静止：** 生成静态图像，显示项目位置在指定日期和时间的阴影。例如，可以查看位于英国伦敦的项目在2017年6月25日10：45的阴影样式，如图17-22所示。

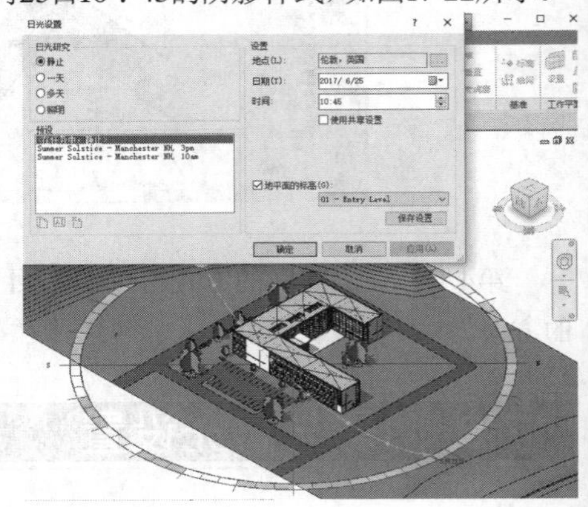

图17-22

• **一天**：生成动态图像，显示项目位置在指定日期、时间范围和时间间隔内阴影的移动。例如，可以按一定的间隔追踪位于某地的项目在某时间段内日光与阴影变化的状况。

• **多天**：生成动态图像，显示项目位置在指定日期范围、时间（或时间范围）和时间间隔内阴影的移动。或者研究这段时间内，每天日出到日落的日照和阴影变化情况。

• **照明**：生成静态图像，与前三者不同的是，"照明"模式的日光和阴影变化不基于项目位置、日期和时间的日光位置，而是基于"方位角"和"仰角"的参数进行设置。通过"相对于视图"选项，可以相对于视图或模型的方向确定日光方向。例如，可以设置"方位角"为90°、"仰角"为45°，如图17-23所示。

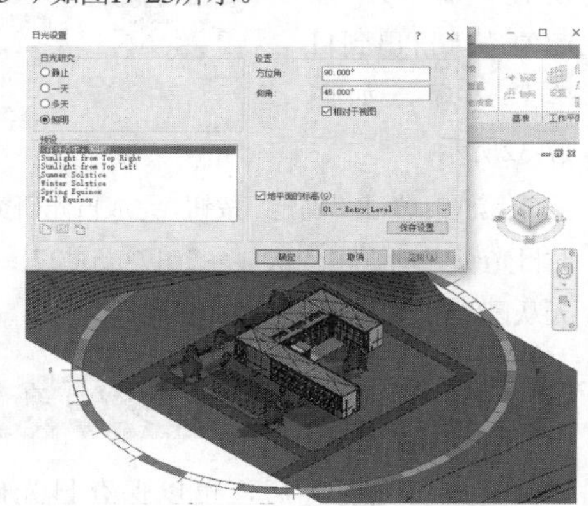

图17-23

17.4 日光研究

使用日光研究，可以评估自然光和阴影对项目的影响。通过日光路径变化和阴影位置变化进行研究，通过静态或者动态图像进行展示。通过日光研究，有助于在方案阶段评估日照及阴影对项目的不同形体和朝向的影响，优化方案、辅助设计。另外，日光研究的结果可以导出图片或者动画，直观地对日照设计的思路进行展示。

17.4.1 日光路径

日光路径是指在为项目指定的地理位置处，太阳在天空中运动范围的可视化表示，如图17-24 所示。

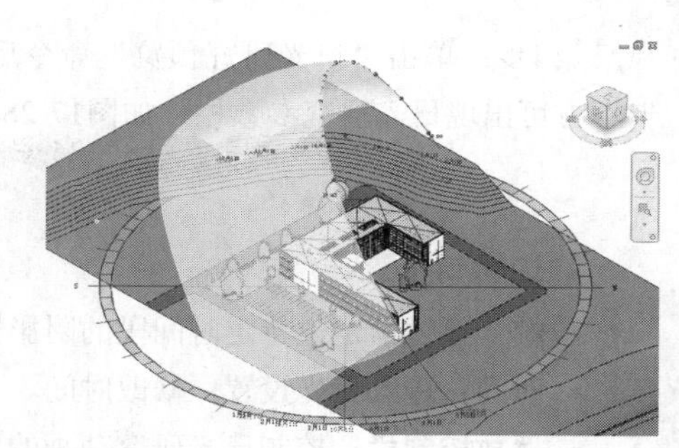

图17-24

使用日光路径的屏幕控制柄，可以将太阳沿其每天的路径放置在任意点，以及沿其 8 字形分度标放置在任意点，用来调整日光位置和阴影方向。与直接在"日光设置"中效果相同，在创建日光分析前，通常结合日光路径和日光设置进行调整。

17.4.2 创建一天日光研究

"一天日光研究"能够生成项目一天内特定时段阴影移动的动画，设置以15 、30、45和1小时为单位的时间间隔。

第1步：继续采用17.3.2节的案例，在视图控制栏中单击"关闭日光路径"按钮，在弹出的菜单中单击"日光设置"命令，打开"日光设置"对话框，在"日光研究"参数栏中点选"一天"，如图17-25所示。

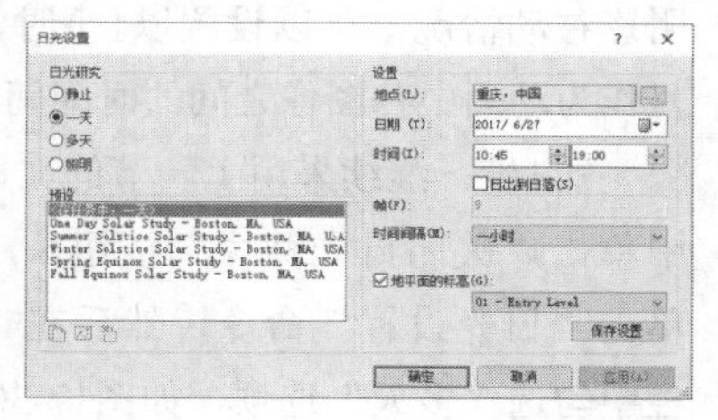

图17-25

第2步：保持"地点""日期""时间"不变，单击"时间间隔"下拉列表，选择不同的时间间隔，"帧"会自动计算变换，如图17-26所示。

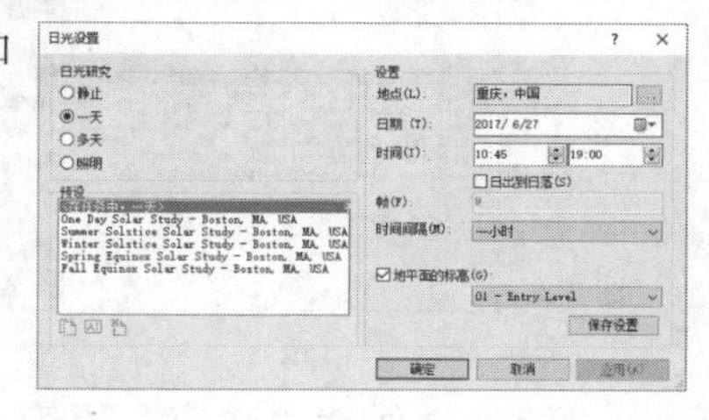

图17-26

第3步：单击"确定"按钮返回绘图区域，在视图控制栏中单击"关闭日光路径"按钮，在弹出的菜单中出现"日光研究预览"选项，如图17-27所示。

图17-27

第4步：单击“日光研究预览”命令后，在选项卡下方可出现日光研究参数栏，如图17-28所示。

图17-28

知识讲解

- **帧**：通过帧定位特定时间段的阴影情况。
- **时间**：进入日光设置，修改时间。
- **播放控制栏**：控制日光研究动画的播放。

第5步：单击“播放”按钮，观察一天日光研究动画，如图17-29所示。

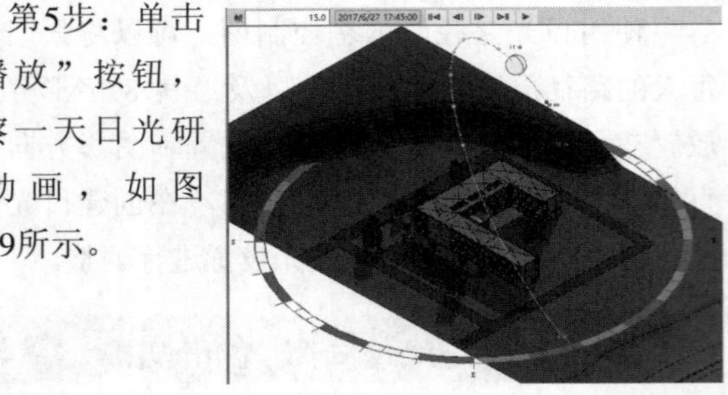

图17-29

17.4.3 创建多天日光研究

“多天日光研究”的设置内容和结果与“一天日光研究”类似，能够生成多天在特定日期范围的阴影移动情况，可以设置以1小时、1天、1周或1个月作为动画中各图像之间的时间间隔。

第1步：继续采用上一节的案例，在视图控制栏中单击“关闭日光路径”按钮，在弹出的菜单中单击“日光设置”命令，然后在“日光研究”选项栏中勾选“多天”选项，如图17-30所示。

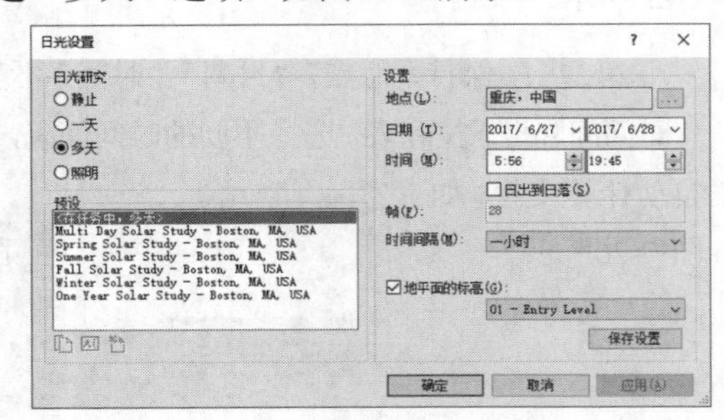

图17-30

第2步：保持“地点”不变，起始日期改为“2017/5/27”，终止日期改为“2017/6/27”，起始时间改为“15：00”，终止时间也改为“15：00”，不勾选“日出到日落”选项，时间间隔不变，如图17-31所示。

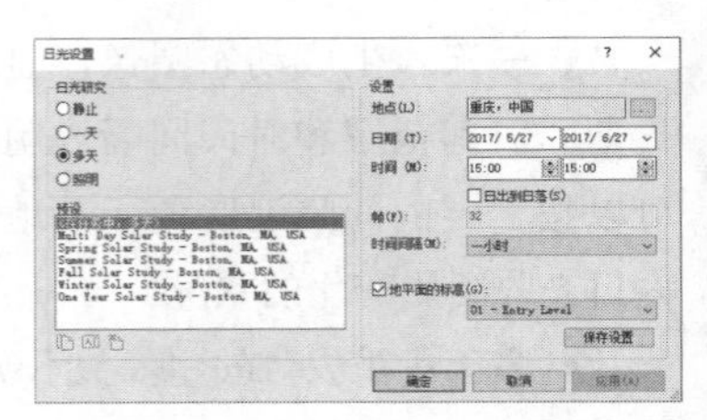

图17-31

第3步：单击“确定”按钮，完成日光研究的设置，此时日光研究动画将依次显示2017年5月27日～6月27日同一时间的阴影变化情况。

第4步：在视图控制栏中单击“关闭日光路径”按钮，在弹出的菜单中单击“日光设置”命令，然后勾选“日出到日落”选项，如图17-32所示。

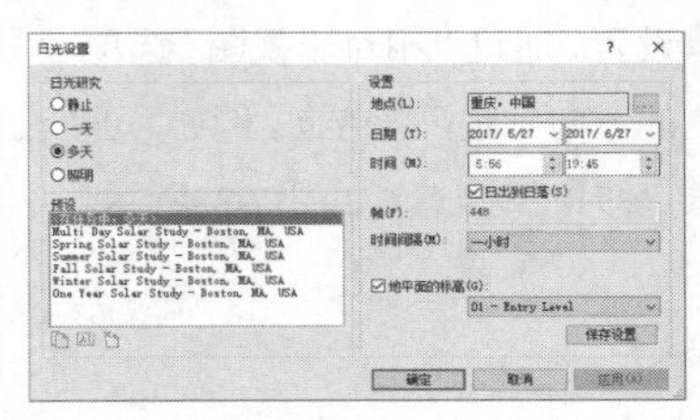

图17-32

第5步：单击“确定”按钮，完成日光研究的设置，此时日光研究动画将依次显示2017年5月27日～6月27日每天从日出到日落的阴影变化情况。

17.4.4 导出日光研究结果

完成日光研究后，可以保存日光研究报告，将日光研究导出为多种文件格式用以浏览和展示。导出文件类型包括 AVI、JPEG、TIFF、TARGA、BMP 和 PNG。其中，只有AVI格式文件是独立的视频文件。所有其他导出文件类型都是单帧格式文件。如果“一天日光研究”和“多天日光研究”的动画导出格式不是AVI，则导出程序会将各指定的帧保存为独立的图像文件。

继续沿用上一案例，确保当前活动视图已启用“阴影”，并且在“日光设置”的选项中勾选“多天”，否则无法导出日光研究。

第1步：打开应用程序菜单，执行“导出>图像和动画>日光研究”菜单命令，如图17-33所示。

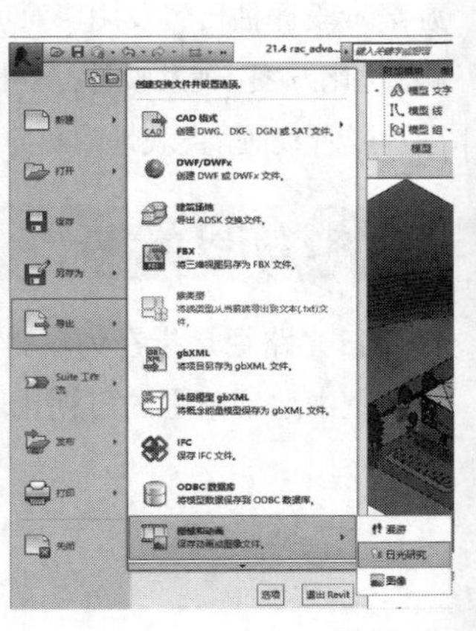

图17-33

第2步：弹出“长度/格式”对话框，如图17-34所示。

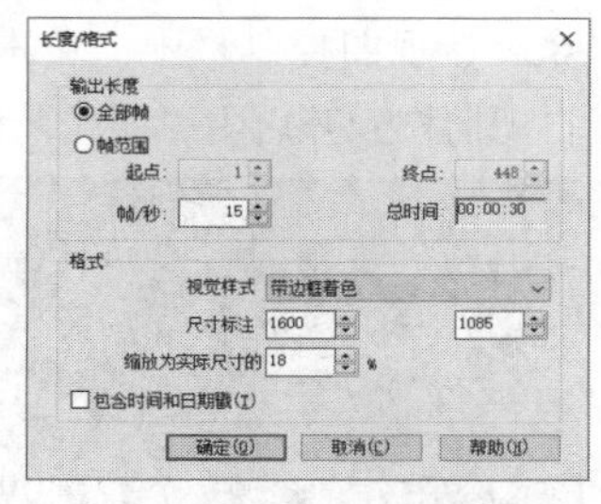

图17-34

知识讲解

• **输出长度**：设置日光研究的动画长度。选择“全部帧”可以导出整个动画，或选择“帧范围”，并指定该范围的开始帧和结束帧。当导出AVI视频文件时，可以输入“帧/秒”数字控制视频的播放速度。随着“帧/秒”的数值变化，“总时间”也会自动调整。

• **格式**：用以设置日光研究动画的“视觉样式”“尺寸”等内容。

第3步：单击“确定”按钮，打开“导出动画日光研究”对话框，单击“文件类型”下拉列表，可以看到支持的多种导出格式，如图17-35所示。

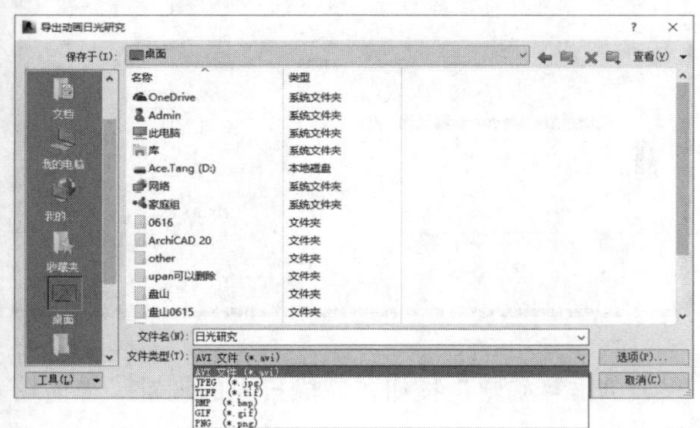

图17-35

第4步：选择AVI格式后，单击“保存”按钮，打开“视频压缩”对话框，如图17-36所示。

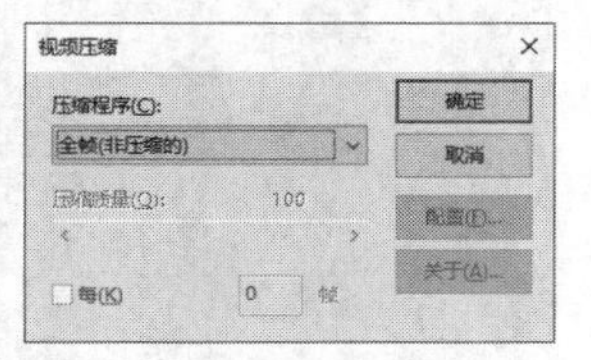

图17-36

第5步：单击“压缩程序”下拉列表，可以选择不同的编码解码器，如图17-37所示。

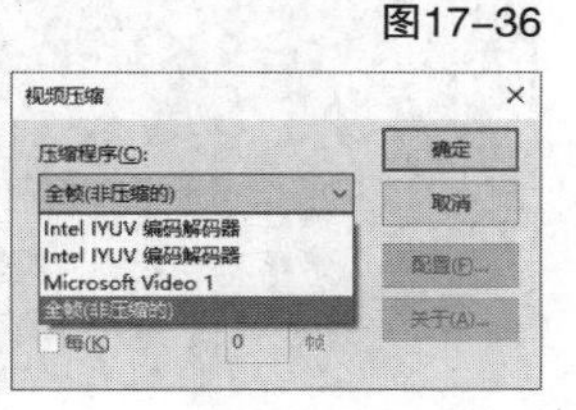

图17-37

第6步：选择“全帧（非压缩的）”，单击“确定”按钮，开始执行“导出”计算。帧数与导出时间成正比，日光设置时，时间跨度越大，间隔越小，则帧数越多，导出时间越久。导出完成后，可以使用视频播放器播放动画。

17.5 本章总结

日光研究主要用于方案设计阶段，便于设计师直观地了解项目和场地的日照情况，也有助于设计内容的全面展示和汇报交流。

由于日光研究大多数是基于真实的地理位置和日期时间，因此要注意地理位置的设置、“项目北”和“正北”的设置，以及日期时间的设置。

17.6 课后拓展练习：项目地点及日光设置

场景位置：场景文件>CH17>项目地点及日光设置.rvt
场景文件>CH17>项目地点及日光设置.skp
视频位置：多媒体文件>CH17>课后拓展练习：项目地点及日光设置.mp4
实用指数：★★★☆☆
技术掌握：项目地点及日光设置的流程

本节演示项目地点设置和日光设置的流程。

01 启动Revit 2016，单击按钮，打开应用程序菜单，执行“打开>项目”菜单命令，然后在学习资源中找到“场景文件>CH17>项目地点及日光设置.rvt”文件，单击“打开”按钮，打开项目文件。切换到“插入”选项卡，在“导入”面板中单击“导入CAD”按钮，在弹出的对话框中选择“文件类型为SketchUp文件（*.skp）”，最后选择“场景文件>CH17>项目地点及日光设置.skp”文件。

单击“打开”按钮，完成模型的导入，如图17-38所示。

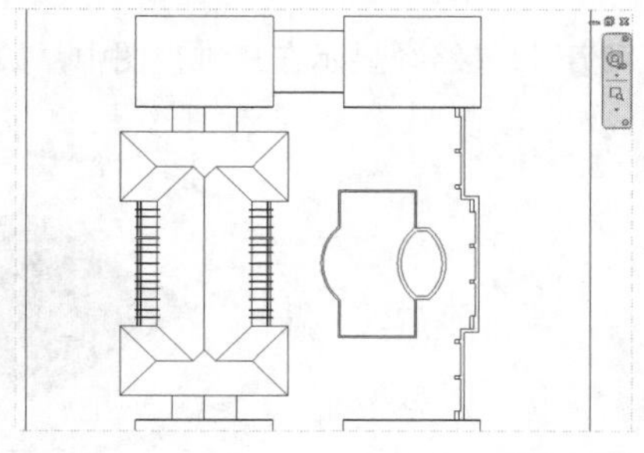

图17-38

02 切换到三维视图，观察模型场景，如图17-39所示。

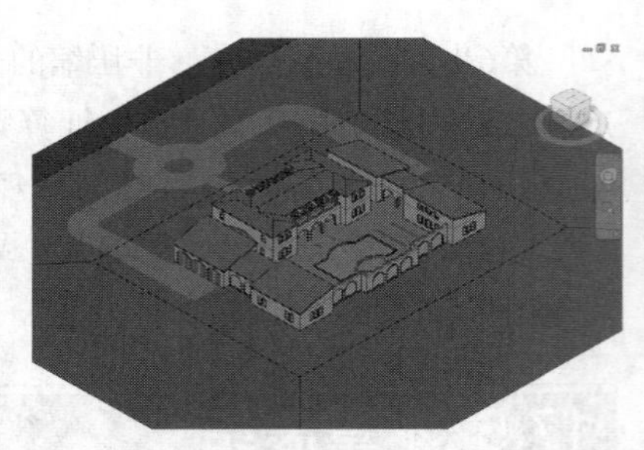

图17-39

03 切换到“管理”选项卡，单击“项目位置”面板中的“地点”按钮，打开“位置、气候和场地”对话框。

04 在“定义位置依据”下拉列表中选择“默认城市列表”，Revit默认选择了“中国北京”的位置，如图17-40所示。

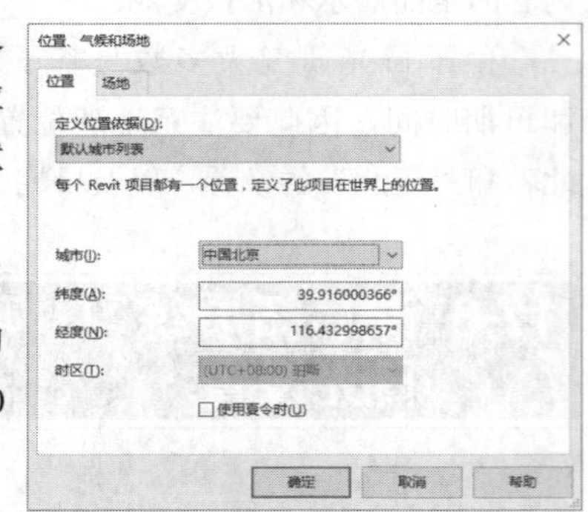

图17-40

05 在视图控制栏中单击“关闭日光路径”按钮，在弹出的菜单中单击“打开日光路径”命令，如图17-41所示。

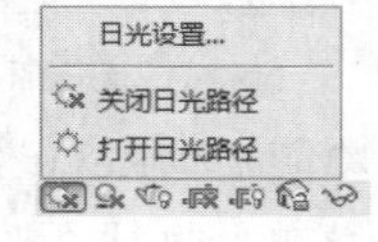

图17-41

06 弹出“日光路径-日光未显示”提示框，单击“继续使用当前设置”选项，如图17-42所示。

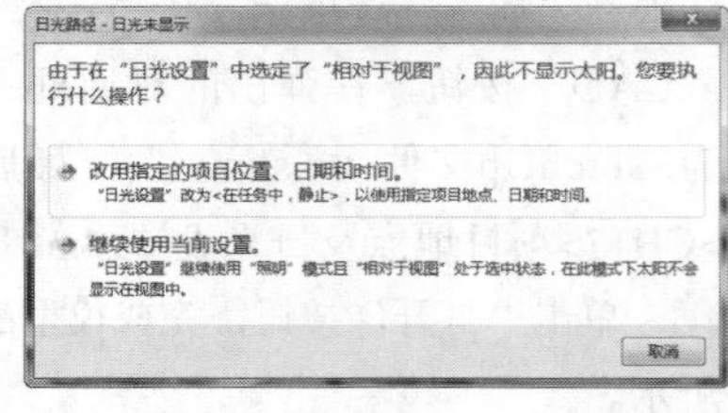

图17-42

07 日光路径显示在三维视图中，如图17-43所示。

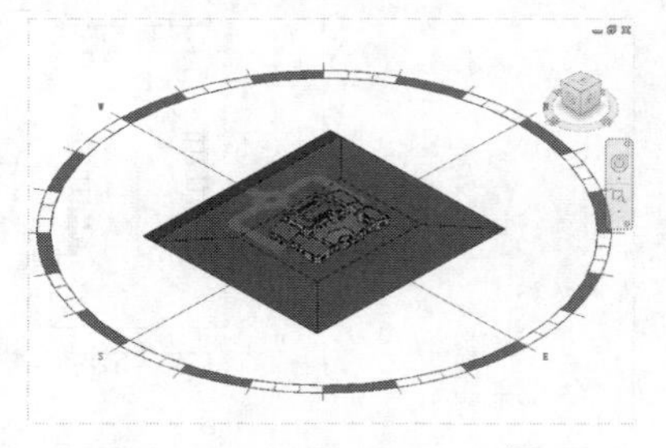

图17-43

08 在视图控制栏中，单击“关闭阴影”按钮，自动切换到开启阴影模式，如图17-44所示。

图17-44

09 在视图控制栏中，单击“关闭日光路径”按钮，在弹出的菜单中单击“日光设置”命令，然后在“日光研究”选项栏中勾选“静止”选项，将日期改为“2017/10/6星期五”，时间改为“下午 4:00”，如图17-45所示。

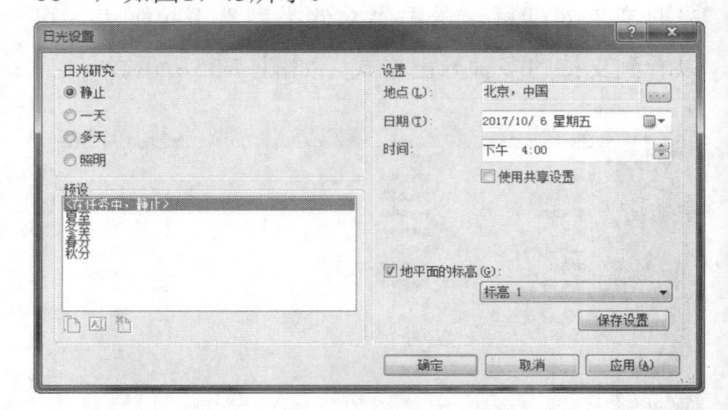

图17-45

10 单击“确定”按钮，完成日光的设置，当前场景的日光效果发生了变化，如图17-46所示。

图17-46

第18章 族的创建

本章知识索引

知识名称	作用	重要程度	所在页
族的概念	了解族的概念	★★★★☆	P317
族的载入与创建	掌握族的载入、编辑和创建方法	★★★★★	P318

本章实例索引

实例名称	所在页
课前引导实例：制作台阶族	P316
典型实例：绘制栏杆扶手	P318
课后拓展练习：族库文件的修改	P331

18.1 课前引导实例：制作台阶族

场景位置：无
视频位置：视频文件>CH18>01课前引导实例：制作台阶族.mp4
实用指数：★★★☆☆
技术掌握：了解族的创建流程

01 启动Revit 2016，单击按钮，打开应用程序菜单，然后执行“新建>族”菜单命令，在弹出的“新族-选择样板文件”对话框中选择“公制常规模型”选项，如图18-1所示。

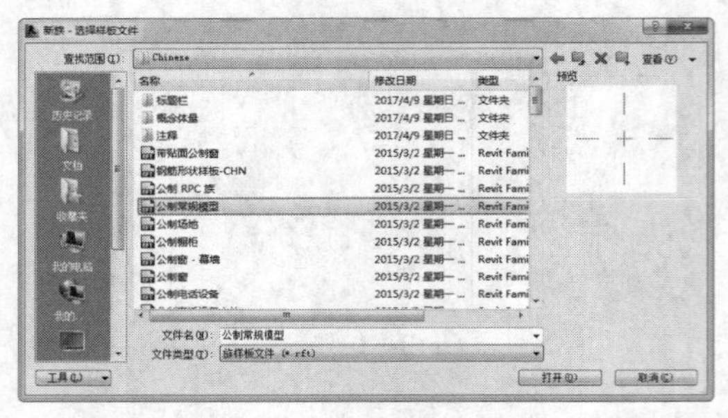

图18-1

02 单击“打开”按钮，然后进入族编辑界面，如图18-2所示。

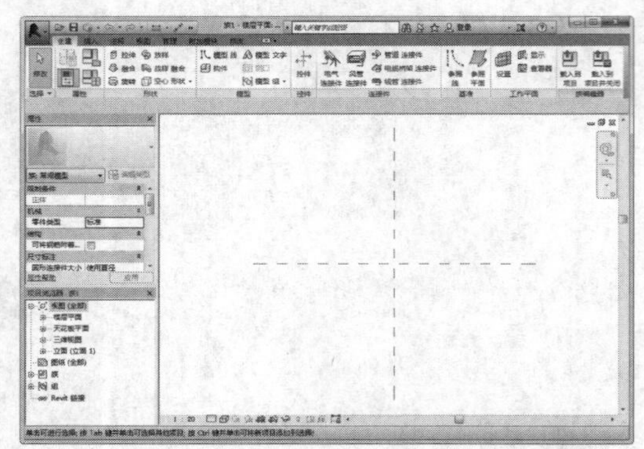

图18-2

03 在“项目浏览器”中切换到“前”立面图，然后在“创建”选项卡的“形状”面板中单击“拉伸”按钮，接着进入轮廓编辑状态，并在“属性”面板中将“拉伸终点”的数值设为2400，如图18-3所示。

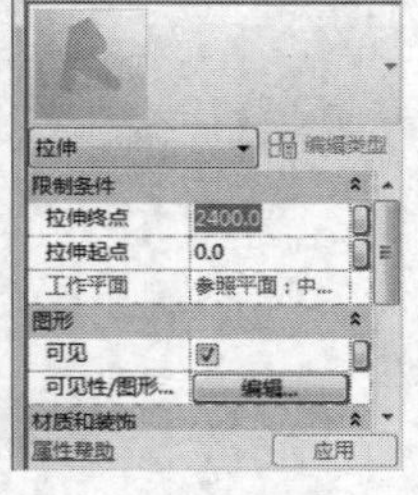

图18-3

04 在“修改|创建拉伸”选项卡的“绘制”面板中单击“直线”按钮，然后绘制台阶轮廓，接着设置台阶踏步高150、宽300，如图18-4所示。

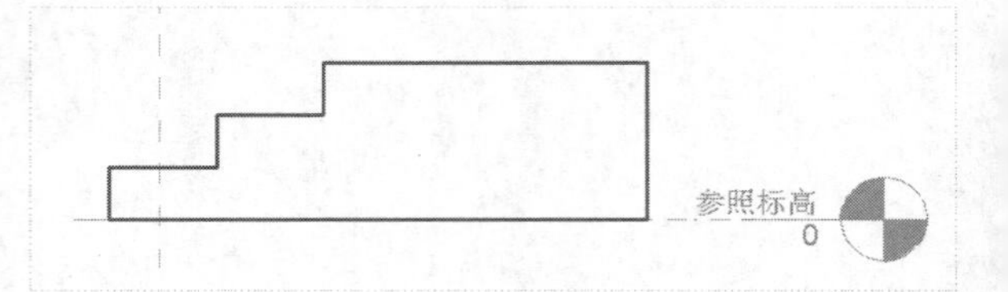

图18-4

05 在“模式”面板中单击按钮，切换到三维视图，观察创建好的台阶族，如图18-5所示。

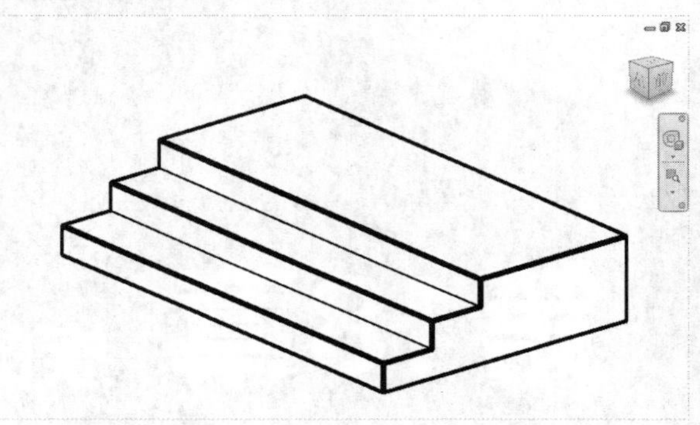

图18-5

06 单击按钮，打开应用程序菜单，然后执行“新建>族”菜单命令，在弹出的对话框中选择“建筑样板”选项。再切换到台阶族文件，在“创建”选项卡的“族编辑器”面板中单击“载入到项目”按钮，自动切换到新建的Revit文件界面中，最后单击鼠标插入台阶族，如图18-6所示。

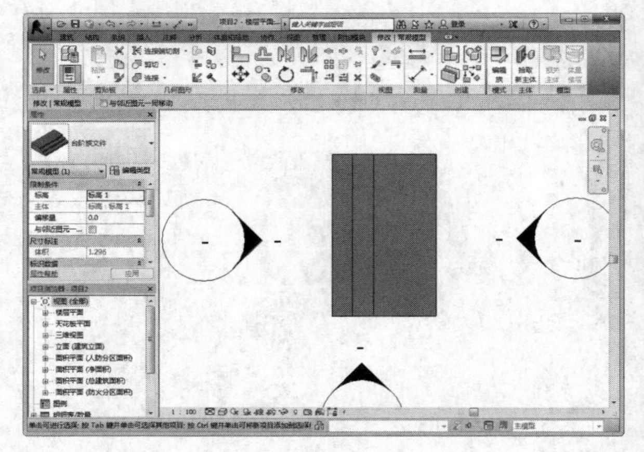

图18-6

本例只是最基础的创建族文件的方法。族文件有很多参数可以进行定义，便于用户后期的使用和修改，下面会详细讲解这些参数内容。

18.2 族的基础知识

本节知识概要

知识名称	作用	重要程度
族的概念	建立对Revit创建图元的核心功能的认识	★★★★☆
族的类别与参数	族的类别与参数的简单介绍	★★☆☆☆
族的类型与实例	族的类型与实例的简单介绍	★★☆☆☆

18.2.1 族的概念

族是一个包含通用属性（称作参数）集和相关图形表示的图元组，即族根据属性（参数）集的通用性、调用的一致性、图形的相似性对图元进行分组。属于同一个族的图元，通用属性集的设置是完全一样的，但是部分参数可以拥有不同的数值，这些变量称为族类型或类型。例如，同一个“单嵌板木门1”族，可以有不同的族类型“700×2100mm”“800×2100mm”等，如图18-7所示。

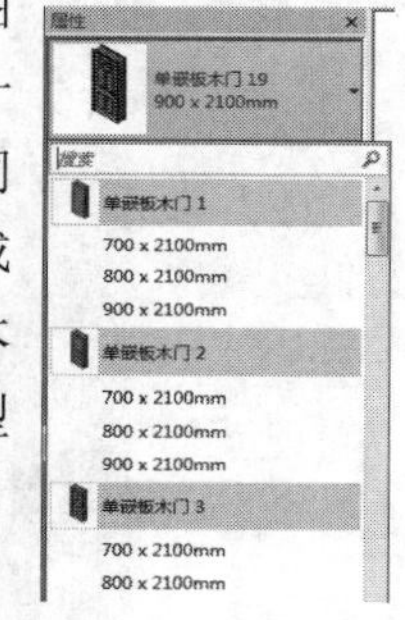

图18-7

所有添加到 Revit 项目中的图元都是使用族创建的。例如，建筑中的墙、柱、楼板、屋顶和门窗，机电中的风管和机械设备等，如图18-8所示。

图18-8

知识讲解

Revit将族分为三大类：系统族、可载入族、内建族。

- **系统族**：保存在样板和项目中，主要用以创建基本的建筑图元，用户只能在当前项目中创建，不能作为外部文件载入，也不能对该类族进行删除和重新定义，但是可以复制和修改系统族中的类型，如墙、楼板和屋顶等。
- **可载入族**：可以通过载入族命令进行载入的外部族。这类族是Revit使用族样板在项目外单独创建的，具有较强的自定义性，使用灵活方便。例如，门、窗和标注样式等。
- **内建族**：通过内建模型命令在项目内部创建族。其特点也是具有较强的自定义性，但是与“可载入族”的区别是只能存储在当前项目中，不能单独存储，也不能加载在其他项目中。

18.2.2 族类别与族参数

以建筑构件性质为基础，在专业、功能中进行分类，对建筑模型进行归类的一组图元称为族类别。

Revit中已经对族类别进行了设定，共计40个大类别，不能自己添加类别，也无法删除类别。任何可载入族和内建族都必须有类别归属。

用户可以修改族的类别，在“修改”选项卡中，单击“属性”面板中的“族类别和族参数”按钮。

弹出“族类别和族参数”对话框，然后将窗的族类别改为“门”，在“族参数”中可以设置族的属性，即可完成该窗族的族类别修改，如图18-9所示。

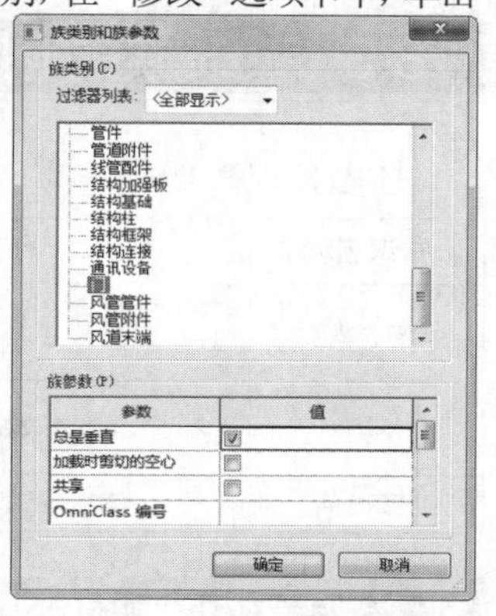

图18-9

18.2.3 族类型与实例

族类型的概念在18.2.1节中已有描述，用于表示同一个族的不同参数（属性）值，同一个族可以有一个或若干个族类型。

例如，“家具”类别包含可用于创建不同家具（如桌子、椅子和橱柜）的族，而每一个家具又根据颜色、尺寸等参数值，拥有多个不同的族类型，如图18-10所示。

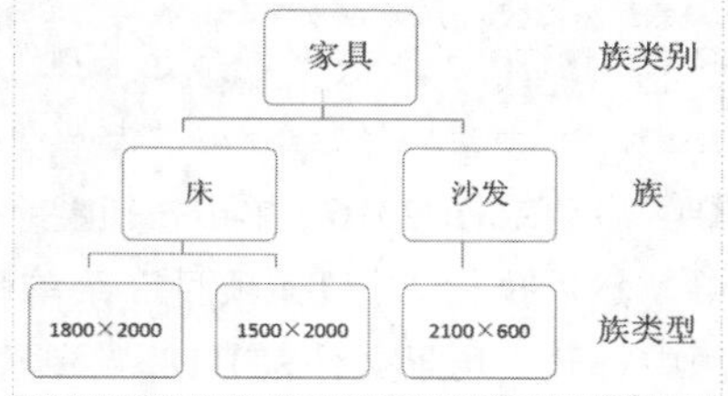

图18-10

将一个族插入到目后，项目中的该图元即为一个实例。实例具有自身的参数属性，如图18-11所示。

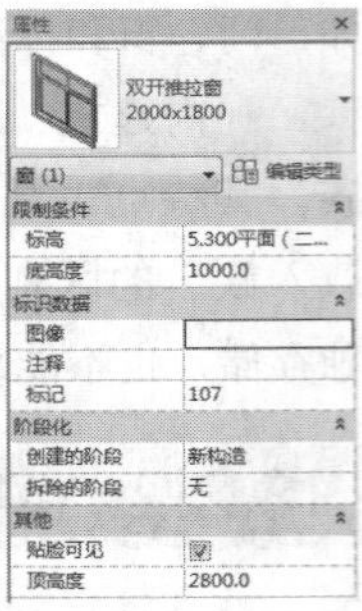

图18-11

如果修改实例自身的参数，只影响了该实例与族类型参数无关的数据，并不改变其他相同族类型的实例的参数。如果修改族类型的参数，那么这些修改将应用于使用该类型创建的所有图元实例。

18.3 二维族的创建

本节知识概要

知识名称	作用	重要程度
轮廓族	了解轮廓族的概念，学会轮廓族的创建方法	★★☆☆☆
注释族	掌握注释族的创建方法	★★☆☆☆
标题栏族	掌握标题栏族的创建方法	★★★☆☆

18.3.1 轮廓族

在使用放样、放样融合等工具时，需要基于轮廓进行操作。这种轮廓便是通过轮廓族创建的。轮廓族是由二维封闭图形构成的，这一图形表示轮廓截面，作为轮廓载入使用。轮廓族可以根据具体的族进行归类整理，用户可以通过替换轮廓族随时改变实体的形状。使用轮廓族辅助建模，可以使建模更加简单快速。

典型实例：绘制栏杆扶手

场景位置：场景文件>CH18>绘制栏杆扶手.rvt

视频位置：视频文件>CH18>02典型实例：绘制栏杆扶手.mp4

实用指数：★★☆☆☆

技术掌握：熟练使用"标准基本体"内的"长方体"按钮来制作模型

01 启动Revit 2016，单击按钮，打开应用程序菜单，然后执行"打开>项目"菜单命令，在学习资源中打开"场景文件>CH18>绘制栏杆扶手.rvt"文件，如图18-12所示。

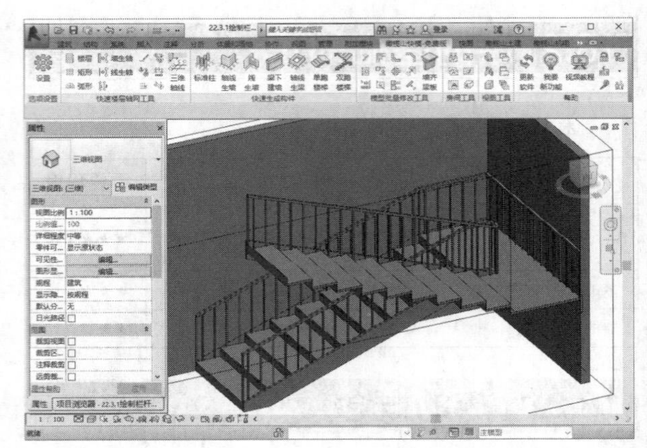

图18-12

02 选择一组栏杆，呈蓝色高亮显示，观察栏杆的形态，如图18-13所示。

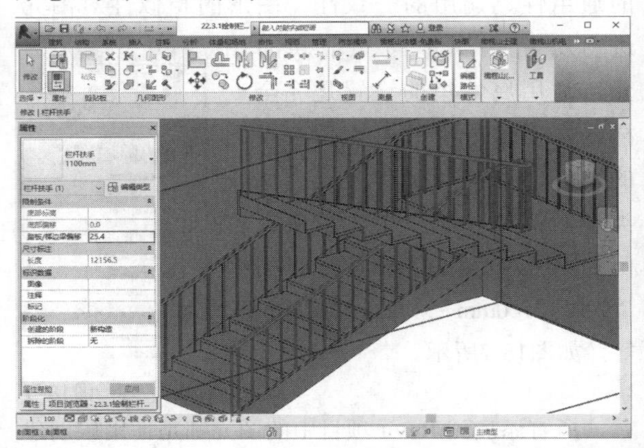

图18-13

03 在栏杆的"属性"面板中单击"编辑类型"按钮，然后在"类型参数"中单击"顶部扶栏"下面的"类型"选项，选择"椭圆形-40×30mm"选项，如图18-14所示。

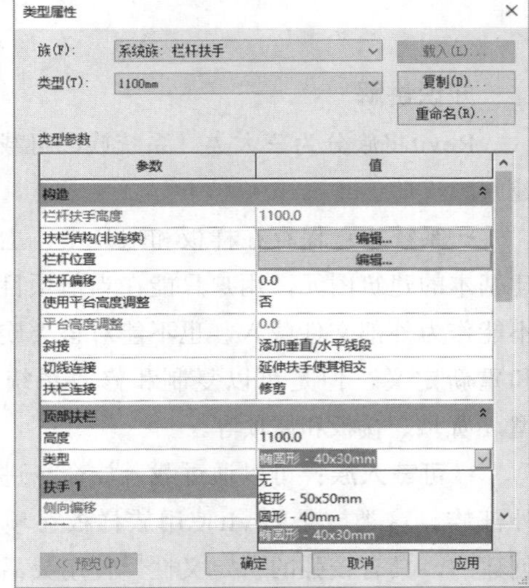

图18-14

04 单击“确定”按钮，完成顶部栏杆扶手的修改，此时观察模型中顶部栏杆扶手的形状已经发生变化，如图18-15所示。

图18–15

05 单击按钮，执行“新建>族”菜单命令，在弹出的“新族-选择样板文件”对话框中，选择“公制轮廓-扶栏”选项，如图18-16所示。

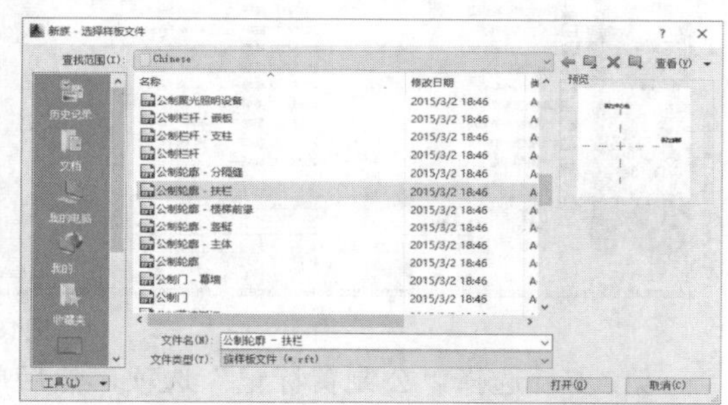

图18–16

06 单击“打开”按钮，然后进入“公制轮廓-扶栏”的族编辑界面，如图18-17所示。

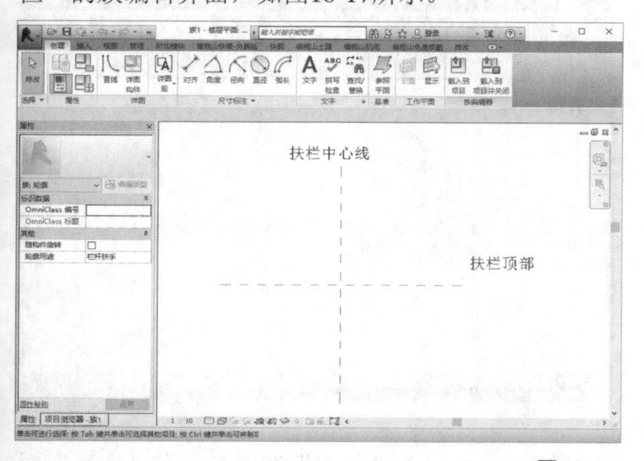

图18–17

07 切换到“创建”选项卡，在“详图”面板中单击“直线”按钮，然后进入“修改 | 放置 线”选项卡，在“绘制”面板中使用“直线”工具绘制T型轮廓，如图18-18所示。

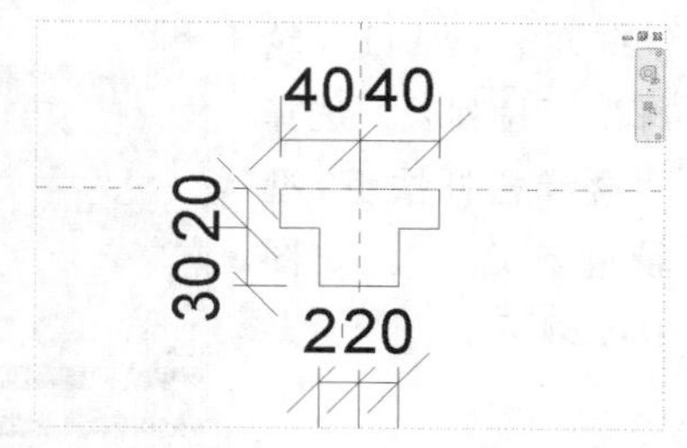

图18–18

08 完成轮廓族绘制后，单击按钮，执行“保存”命令，打开“另存为”对话框，输入族文件名称为“楼梯栏杆扶手T型轮廓族”。

09 在“创建”选项卡的“族编辑器”面板中单击“载入到项目”按钮，然后将新创建的轮廓族载入“绘制栏杆扶手.rvt”项目中，此时视图自动切换到“绘制栏杆扶手.rvt”项目，接着打开项目浏览器，找到“栏杆扶手-顶部扶栏类型-圆形－40mm”选项，在该选项上单击鼠标右键，选择“复制”命令，如图18-19所示。

10 在复制的类型上单击鼠标右键，选择“重命名”命令，然后将名称改为“T型”，如图18-20所示。

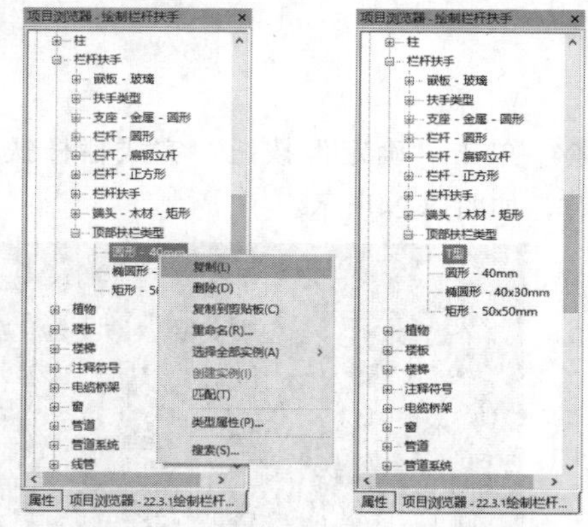

图18–19 图18–20

11 用鼠标左键双击文件名“T型”，打开“类型属性”对话框，如图18-21所示。

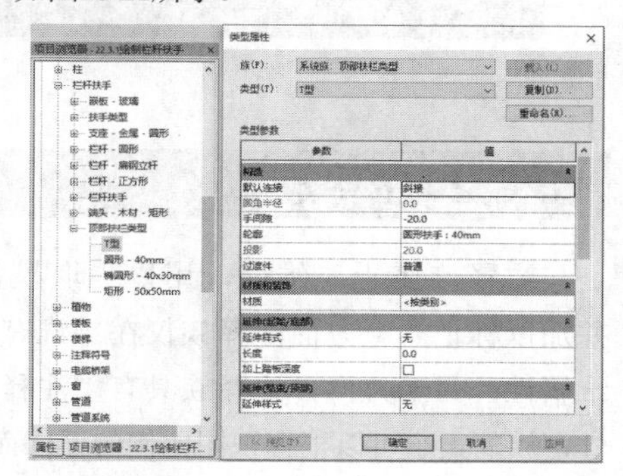

图18–21

12 单击“构造-轮廓”下拉列表，选择“楼梯栏杆扶手T型轮廓族选项，如图18-22所示。

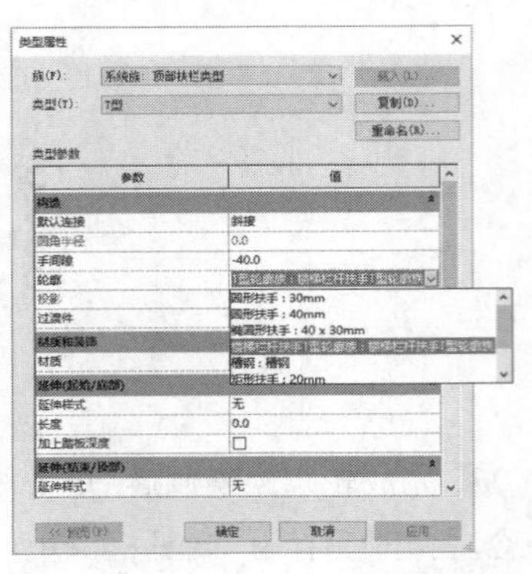

图18–22

13 单击“确定”按钮，完成顶部扶栏族的T型类型的设置，然后选择楼梯栏杆，并在“属性”面板中单击“编辑类型”按钮，接着进入“类型属性”对话框，在“顶部扶栏-类型”下拉列表中选择“T型”选项，如图18-23所示。

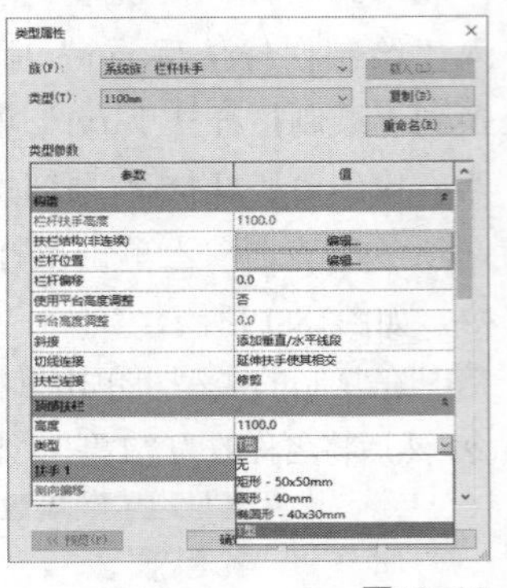

图18–23

14 单击“确定”按钮，完成栏杆扶手轮廓的制作，如图18-24所示。

图18–24

18.3.2 注释族

注释族属于二维族，用以提取模型族的信息并加以标记。一方面注释族仅在二维有效，没有三维属性；另一方面，注释族具有“注释比例”的属性，族的大小可以根据视图比例的不同而变化。

注释族可以分成标记和符号。标记主要用于标注各种图元的属性，如门标记、窗标记等；符号在项目中则用于标记各类系统族，如立面标记、高程点标高等。本节以窗标记族为例进行制作。

第1步：启动Revit 2016，单击按钮，打开应用程序菜单，然后执行“新建>族”菜单命令，在弹出的对话框中选择族样板文件的路径“C:\ProgramData\Autodesk\RVT 2016\Family Templates\Chinese\注释”，在Revit2016中包含19个注释族的样板文件，如图18-25所示。

图18–25

第2步：选择“公制窗标记”选项，然后单击“打开”按钮，进入公制窗标记族的编辑界面，如图18-26所示。

图18–26

第3步：切换到“创建”选项卡，在“文字”面板中单击“标签”按钮，接着在项目视图中单击任意一点，此时自动弹出“编辑标签”对话框，如图18-27所示。

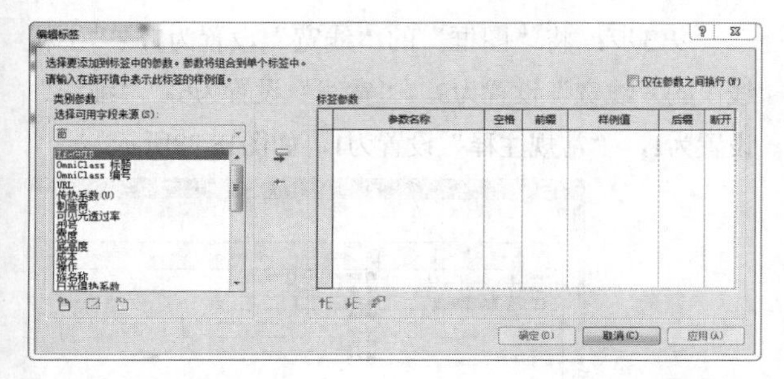

图18-27

第4步：在左侧列表中可以选择“公制窗的类别参数”，然后用鼠标左键双击“类型名称”选项，即被添加到“标签参数”中，如图18-28所示。

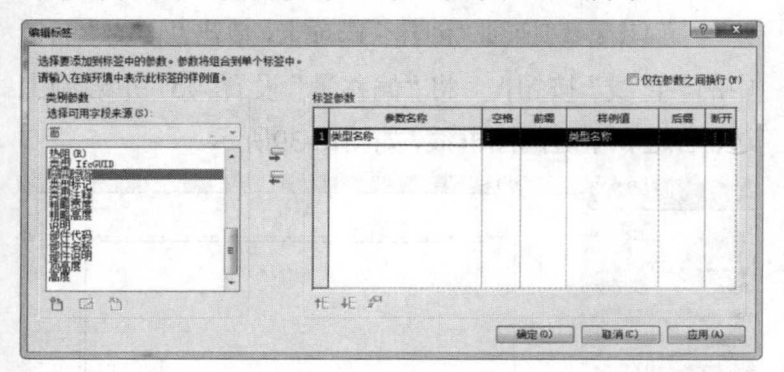

图18-28

第5步：单击“确定”按钮，将设置好的标签载入当前视图，拖曳标签，将其移动到参照平面的交点上方，如图18-29所示。

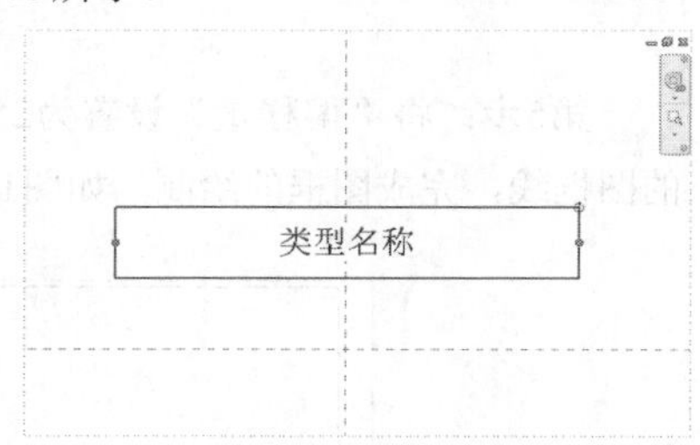

图18-29

第6步：保存窗标记族文件，然后将文件名设置为“窗标记”。单击按钮，打开应用程序菜单，执行“打开>项目”菜单命令，在弹出的对话框中选择学习资源中的“场景文件>CH18>窗标记族案例.rvt”文件，如图18-30所示。

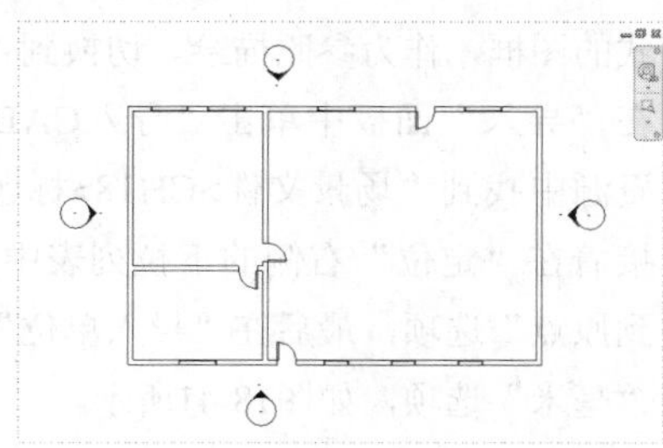

图18-30

第7步：在“视图”选项卡的“窗口”面板中单击“切换窗口”按钮，切换回窗标记族的视图，然后在“族编辑器”面板中单击“载入到项目”按钮，将窗标记族载入项目。此时切换到“注释”选项卡，接着在“标记”面板中单击“全部标记”按钮，打开“标记所有未标记的对象”对话框，如图18-31所示。

第8步：勾选“当前视图中的所有对象”选项，然后在“窗标记”右侧的下拉列表中选择载入的“窗标记”选项，如图18-32所示。

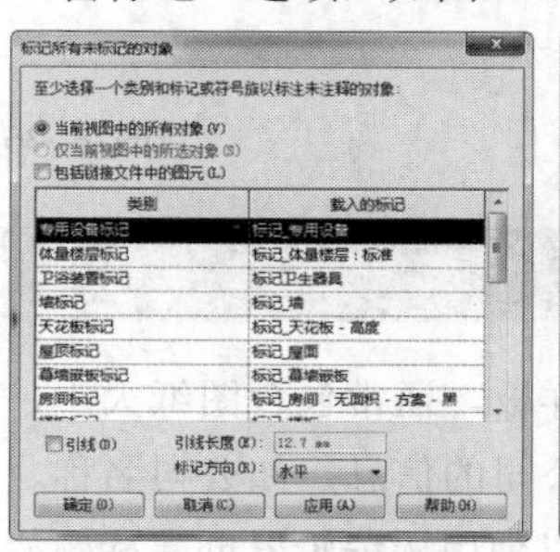

图18-31

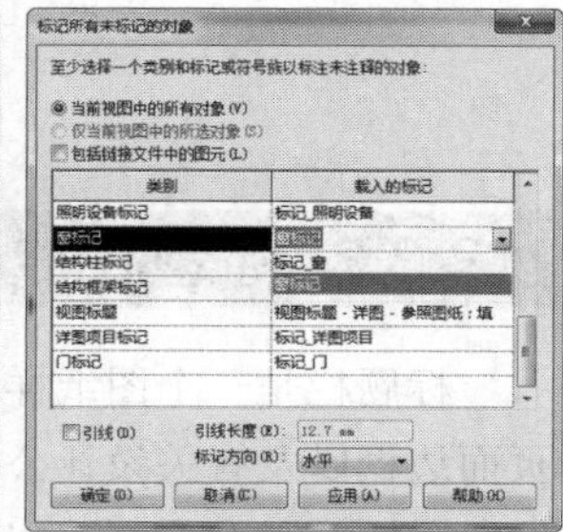

图18-32

第9步：单击“确定”按钮，完成窗标记，如图18-33所示。

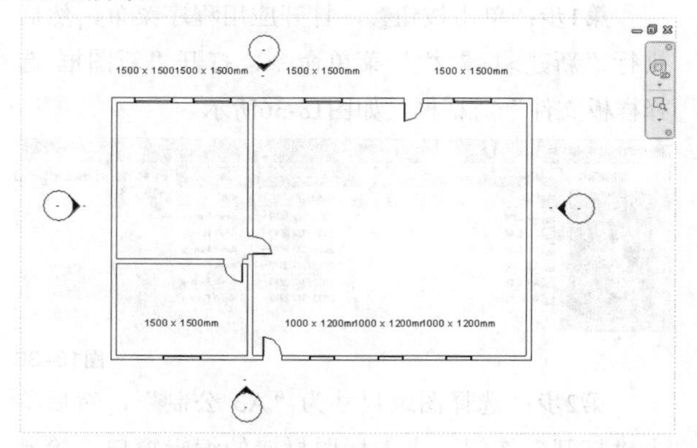

图18-33

第10步：选择任意1500×1500mm的窗族，然后在“属性”面板中单击“编辑类型”按钮，接着在“类型属性”对话框中重命名该族类型为“LC1515”，如图18-34所示。

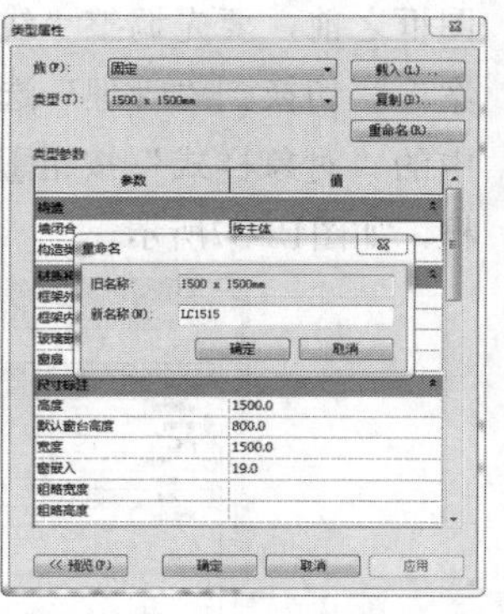

图18-34

第11步：单击“确定”按钮，返回当前视图，此时类型名称已自动改为LC1515，如图18-35所示。

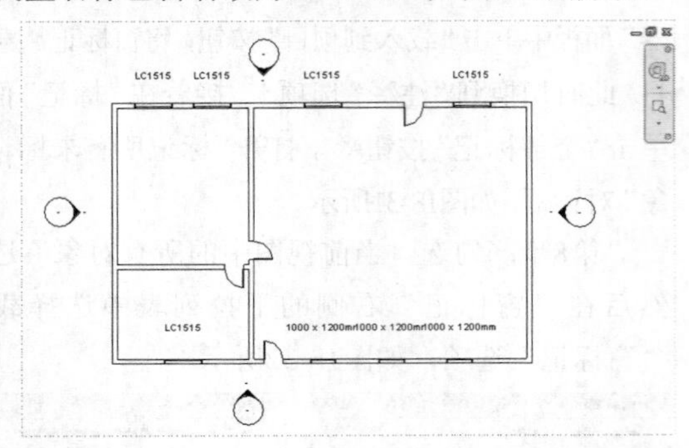

图18-35

18.3.3 标题栏族

标题栏是一个图纸样板，通常包含图纸大小、页面边框以及有关设计公司的信息，如公司名称、缩写和Logo等信息，可以使用族编辑器创建标题栏族。标题栏还可以显示相关的项目、业主和各图纸的信息，包括发布日期和修订信息。

第1步：单击按钮，打开应用程序菜单，然后执行“新建>标题栏”菜单命令，打开“新图框-选择样板文件”对话框，如图18-36所示。

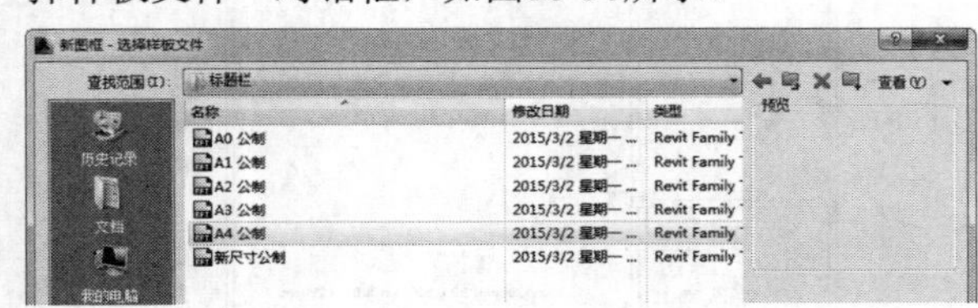

图18-36

第2步：选择图纸尺寸为“A3 公制”，然后单击“打开”按钮，进入标题栏族的编辑窗口。绘制图框之前，要先调整“线宽”“线颜色”“线型图案”。切换到“管理”选项卡，单击“设置”面板中的“对象样式”按钮，打开“对象样式”对话框，如图18-37所示。

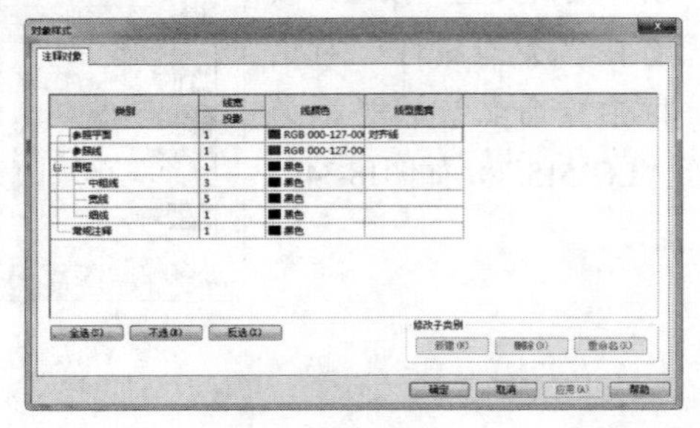

图18-37

第3步：将“图框”的“线宽”设置为1，“中粗线”的“线宽”设置为3，“宽线”设置为6，“细线”设置为1，“常规注释”设置为1，如图18-38所示。

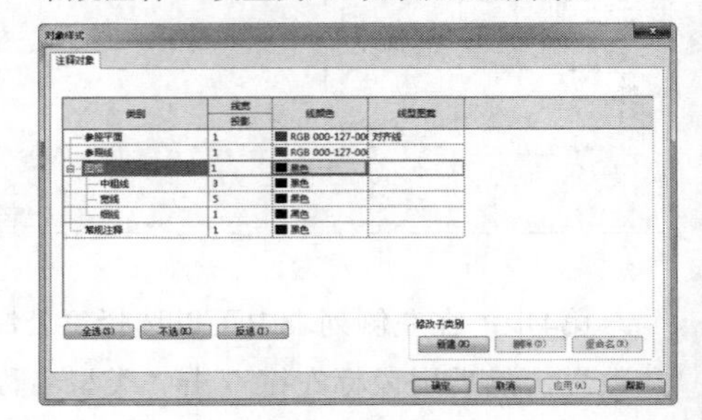

图18-38

第4步：切换到“创建”选项卡，单击“详图”面板中的“直线”按钮，将“偏移量”设置为5，并绘制上边、右边和下边的图框线，如图18-39所示。

图18-39

第5步：将“偏移量”设置为25，然后绘制左边的图框线，完成图框的绘制，如图18-40所示。

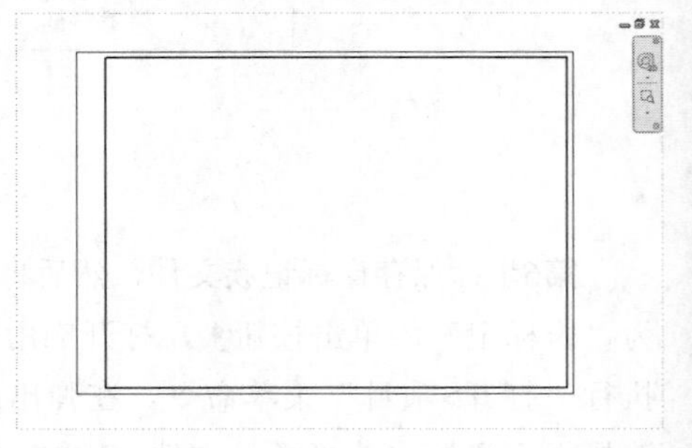

图18-40

第6步：为了便于精确绘制，可以导入DWG格式的图框，作为参照描绘。切换到“插入”选项卡，在“导入”面板中单击“导入CAD”按钮，在学习资源中找到“场景文件>CH18>标题栏.dwg”文件，接着在“定位”右侧的下拉列表中选择“自动-原点到原点”选项，最后在“导入单位”下拉列表中选择“毫米”选项，如图18-41所示。

图18-41

第7步：单击“打开”按钮，然后将图框导入当前视图，接着使用移动工具将两者对齐，如图18-42所示。

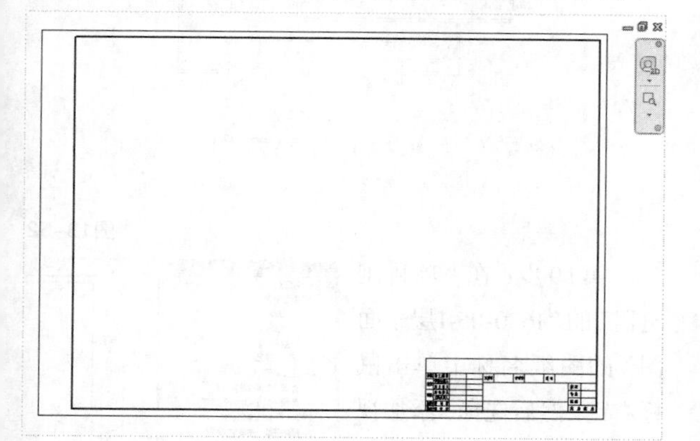

图18-42

第8步：可以在Revit中重新描绘，也可以直接使用导入的CAD图纸作为图框底图。本例直接使用导入的CAD作为图框底图。

第9步：切换到“创建”选项卡，然后单击“文字”面板中的“标签”按钮A，接着在视图中需要放置标签的地方单击鼠标左键，弹出“编辑标签”对话框，如图18-43所示。

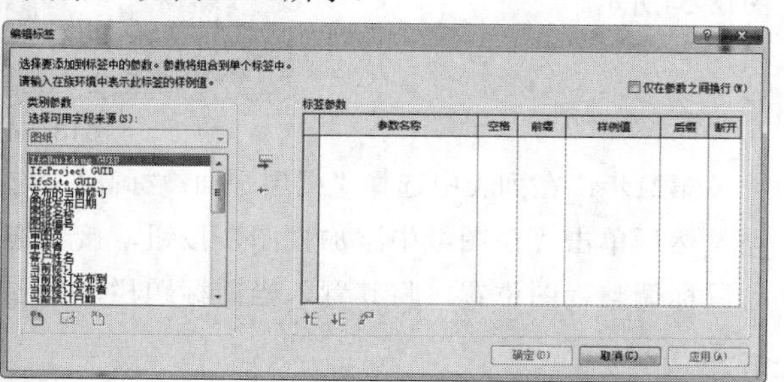

图18-43

第10步：“类别参数”窗口中包含与标记类型相关的标签参数，如图18-44所示。用户可以直接选用类别参数中的标签内容，也可以使用其他族的共享外部参数配置标签。

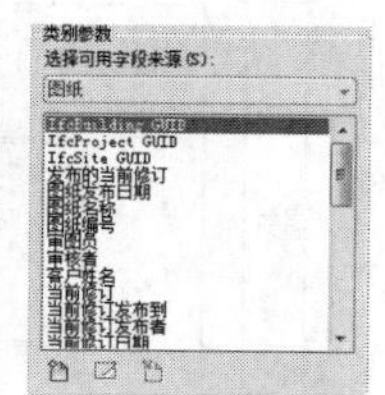

图18-44

第11步：双击“类别参数”窗口的“设计者”选项，该类别参数自动添加到标签参数中，在“样例值”这种输入设计者姓名，如图18-45所示。

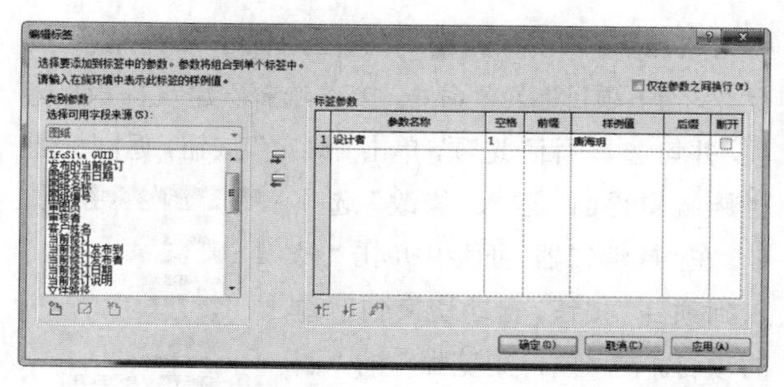

图18-45

第12步：单击“确定”按钮，标签已经创建完成，如图18-46所示。

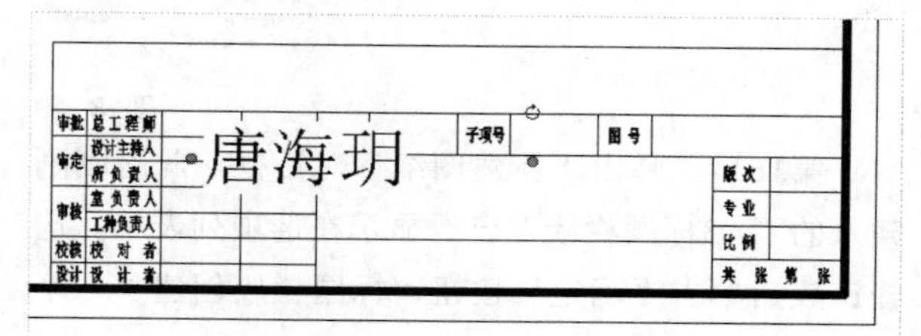

图18-46

第13步：单击标签“属性”面板中的“编辑类型”按钮，打开“类型属性”对话框，将“文字大小”改为2mm，其他设置保持不变，如图18-47所示。

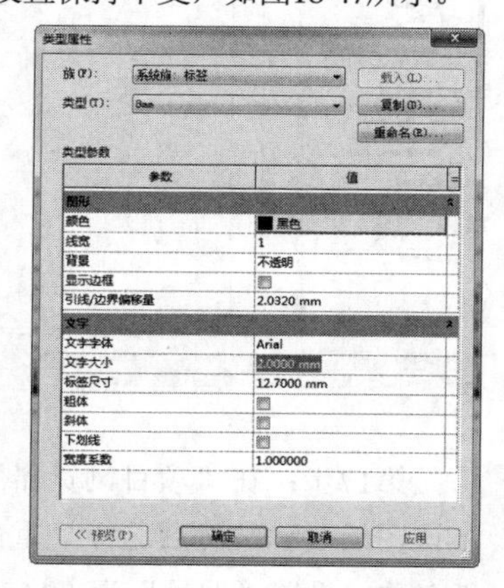

图18-47

第14步：单击“确定”按钮，然后调整标签位置，接着将其放置在标题栏的设计者后面空白处，完成设计者标签的设置，如图18-48所示。

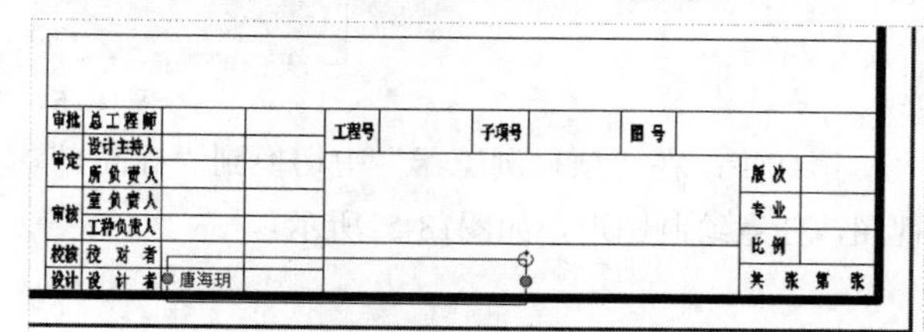

图18-48

第15步：单击按钮，打开应用程序菜单，然后执行"新建>项目"菜单命令，接着选择"建筑样板"选项，并勾选"项目"选项，单击"确定"按钮，返回标题栏族编辑界面。进入"修改"选项卡，在"族编辑器"面板中单击"载入到项目"按钮，自动切换到新建的项目。在"项目浏览器"的"图纸（全部）"上单击鼠标右键，选择"新建图纸"命令，如图18-49所示。

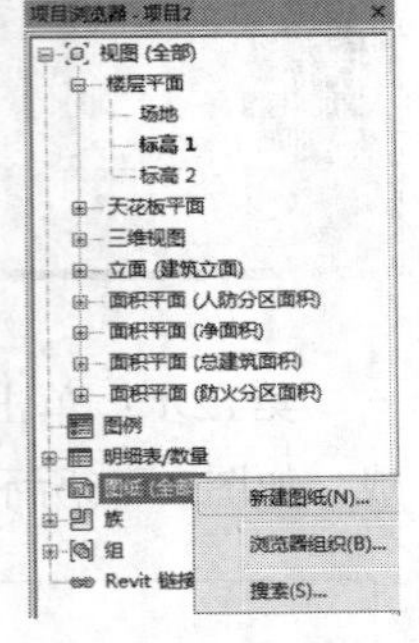

图18-49

第16步：弹出"新建图纸"对话框，此时刚刚载入的"A3标题栏族"已经显示在选项列表中，选择该族后单击"确定"按钮，标题栏族创建了一个新的图纸视图，如图18-50所示。

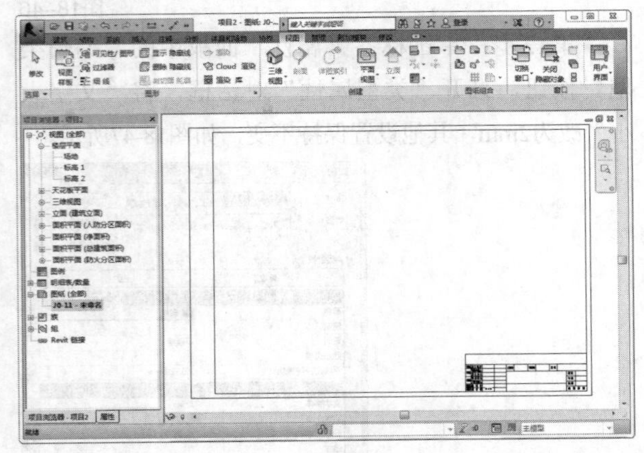

图18-50

第17步：在"项目浏览器"中，用鼠标右键单击该图纸名称，然后选择"重命名"命令，修改图纸名称，设置"编号"为"1630-05"及"名称"为"1层平面图"，如图18-51所示。

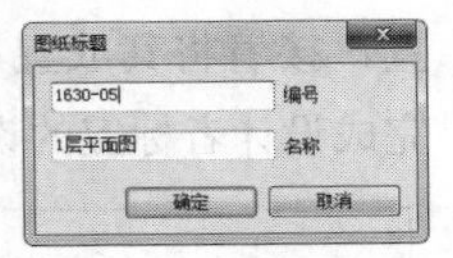

图18-51

第18步：在"项目浏览器"中切换到"标高1"视图，任意绘制图形，如图18-52所示。

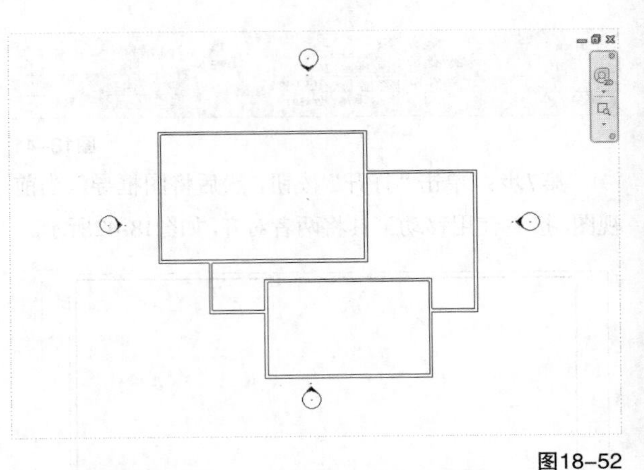

图18-52

第19步：在"项目浏览器"的"1630-05-1层平面图"的图纸名称上单击鼠标右键，然后选择"添加视图"命令，如图18-53所示。

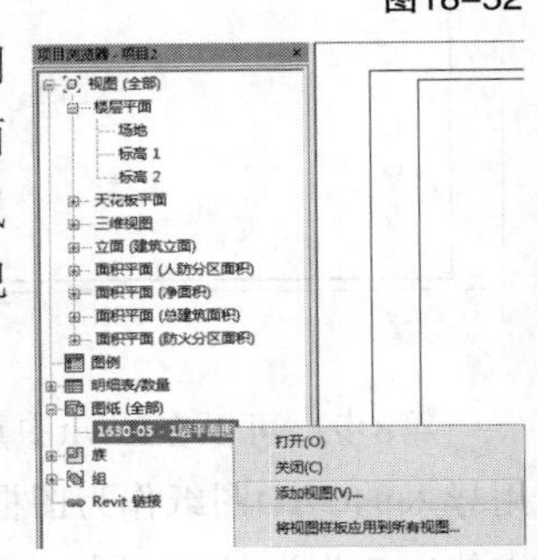

图18-53

第20步：弹出"视图"对话框，其列表中罗列了全部可以添加到当前图纸的视图，如图18-54所示。

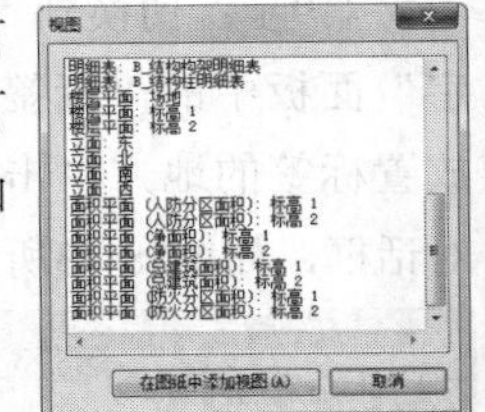

图18-54

第21步：在列表中选择"楼层平面：标高1"选项，然后单击"在图纸中添加视图"按钮，接着拖动鼠标调整视图位置，将其置入当前标题栏，如图18-55所示。

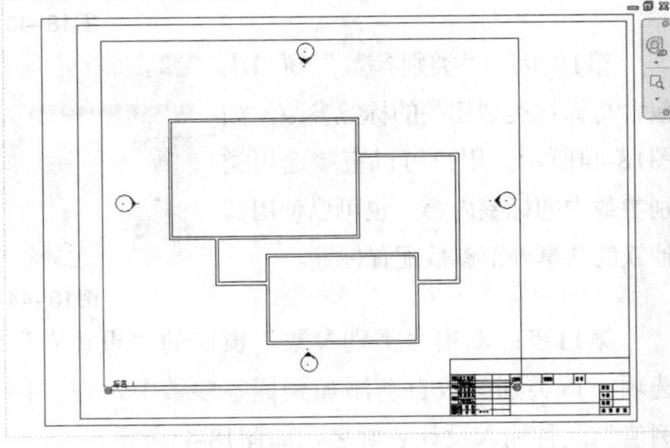

图18-55

第22步：取消选择全部图元，在当前图纸的“属性”面板中将“设计者”改为“郭蓉”，可以看到标题栏中的设计者标签会发生同步修改，如图18-56所示。完成标题栏族的创建与使用。

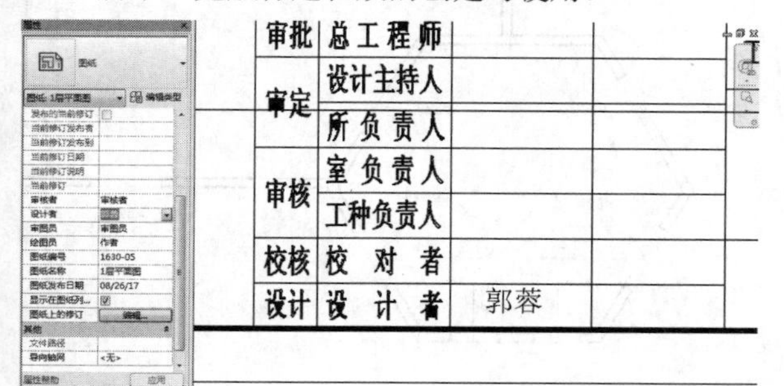

图18-56

18.4 模型族的创建

本节知识概要

知识名称	作用	重要程度
门族的创建	掌握创建门族的方法	★★★★☆
窗族的创建	掌握创建窗族的方法	★★★★☆

模型族包含很多族类别，最常用的便是门族和窗族，本节以门族和窗族的创建为例，讲解模型族的创建方法，读者可以举一反三，制作其他模型族。

18.4.1 创建门族

第1步：单击按钮，打开应用程序菜单，然后执行“新建>族”菜单命令，打开“新族-选择样板文件”对话框，如图18-57所示。

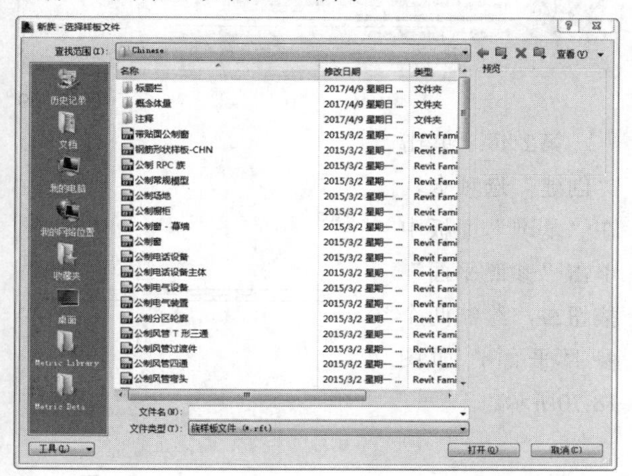

图18-57

第2步：选择“公制门”选项，然后单击“打开”按钮，进入新建的门族编辑窗口，如图18-58所示。

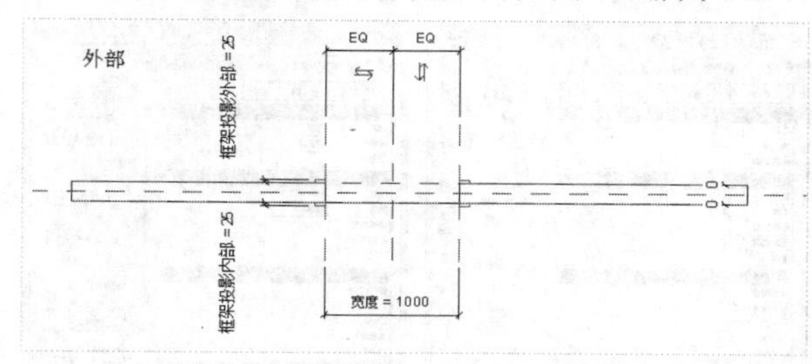

图18-58

第3步：单击默认三维视图按钮，切换到三维视图进行观察，如图18-59所示。

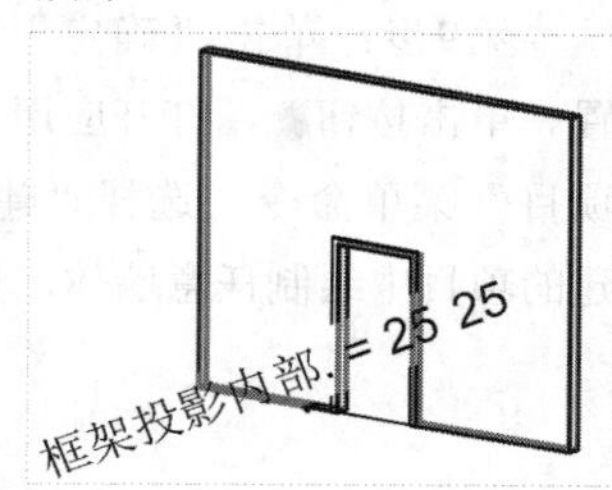

图18-59

第4步：在“项目浏览器”中双击“楼层平面”中的“参照标高”视图，切换回平面视图，然后单击“属性”面板中的“族类别和族参数”按钮，检查族类别是否为“门”，如图18-60所示。

第5步：单击“属性”面板中的“族类型”按钮，打开“族类型”对话框，可以为族添加不同参数的族类型，如图18-61所示。

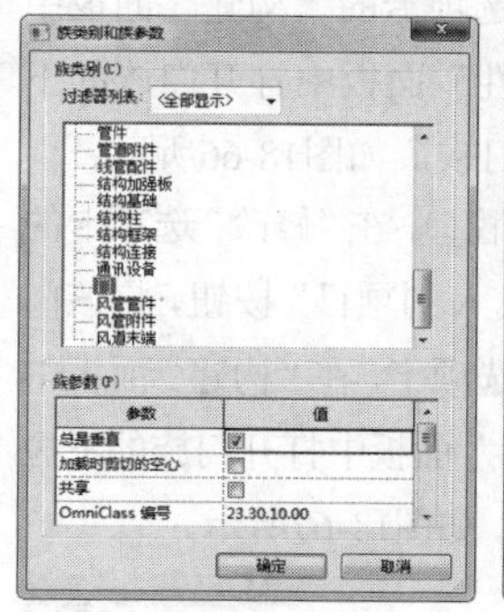

图18-60

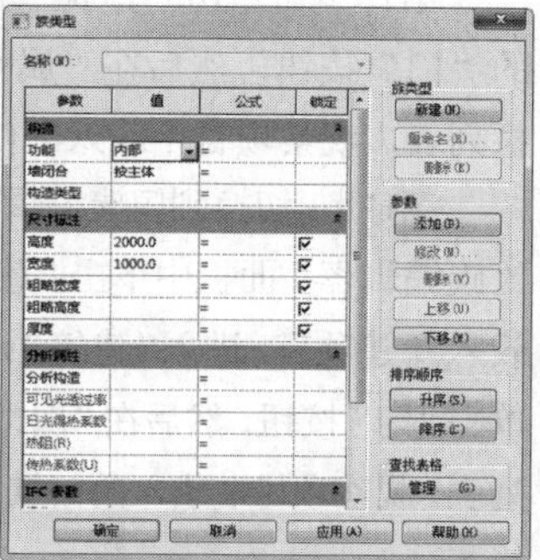

图18-61

第6步：单击“新建”按钮，在弹出的对话框中输入“1000×2100”，接着单击“确定”按钮，如图18-62所示。

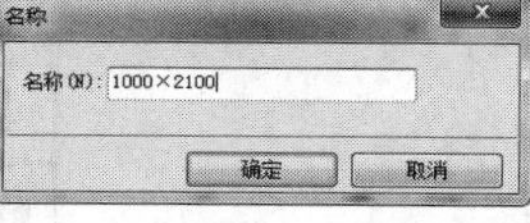

图18-62

第7步：在“尺寸标注”栏中将“高度”设置为2100.0，“宽度”设置为1000.0，如图18-63所示。

第8步：按照同样的方法，再新建一个宽度为1500、高度为2400.0的族类型，如图18-64所示。

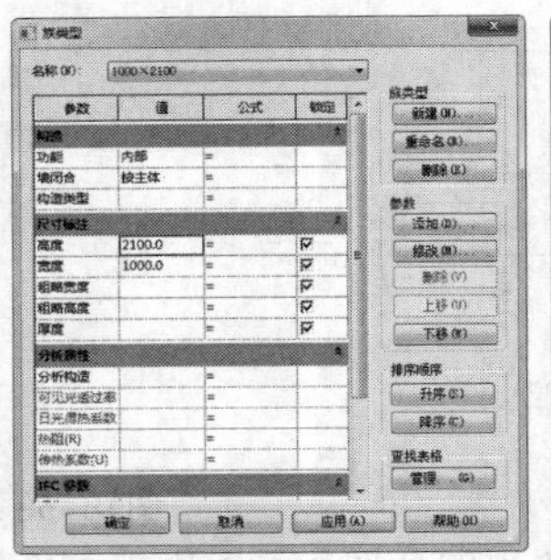
图18-63

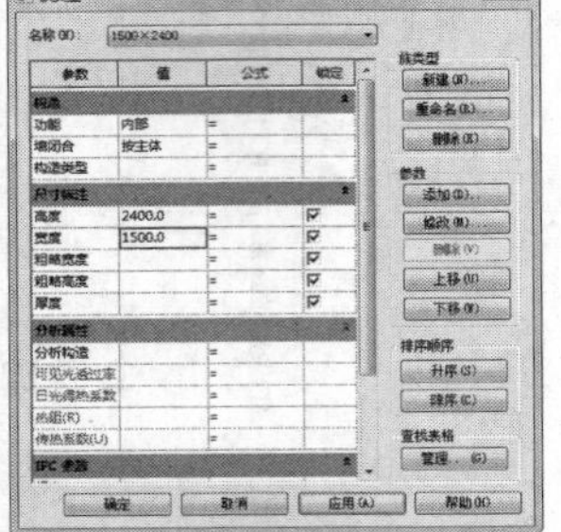
图18-64

第9步：单击“确定”按钮，完成族类型的设置。单击按钮，打开应用程序菜单，执行“新建>项目”菜单命令，选择“建筑样板”选项，并在新建的项目中绘制任意墙体，如图18-65所示。

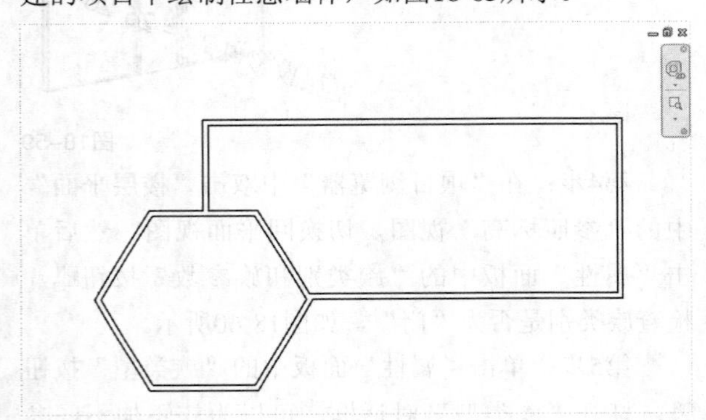
图18-65

第10步：单击“建筑”选项卡的“构建”面板中的“门”按钮，然后在“属性”面板中打开门族的下拉列表，观察项目中载入的门族，如图18-66所示。

第11步：切换到门族编辑窗口，在“修改”选项卡的“族编辑器”面板中单击“载入到项目”按钮，将该门载入新建项目。进入“建筑”选项卡，在“构建”面板中单击“门”按钮，然后在“属性”面板中打开门族的下拉列表，观察项目中载入的门族，如图18-67所示。

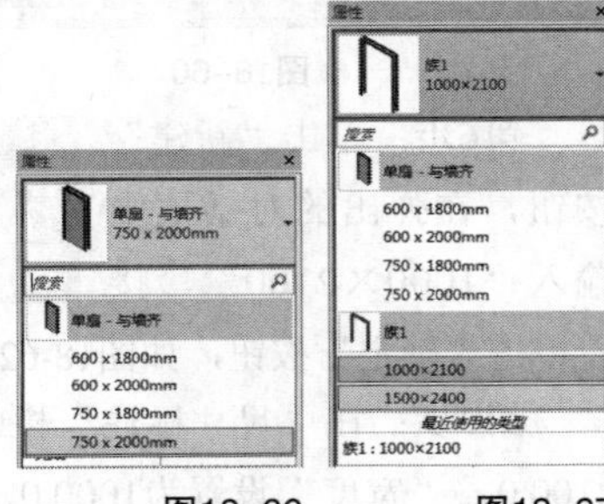

图18-66　　图18-67

第12步：在墙体上插入新建的门族，完成门族的新建和载入，如图18-68所示。

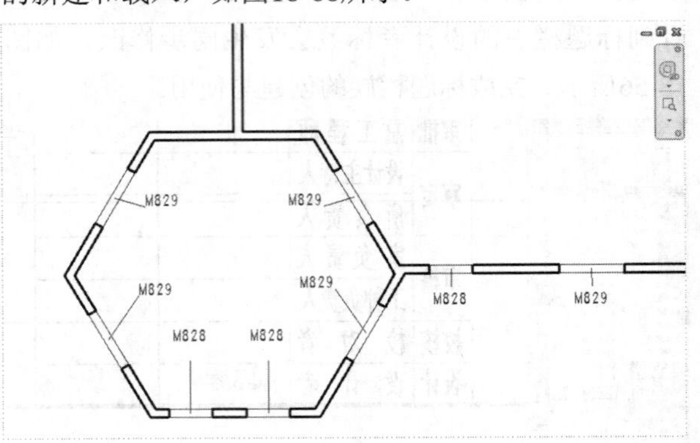

图18-68

18.4.2 创建窗族

第1步：单击按钮，打开应用程序菜单，然后执行“新建>族”菜单命令，打开“新族-选择样板文件”对话框，选择“基于墙的公制常规模型”选项，如图18-69所示。

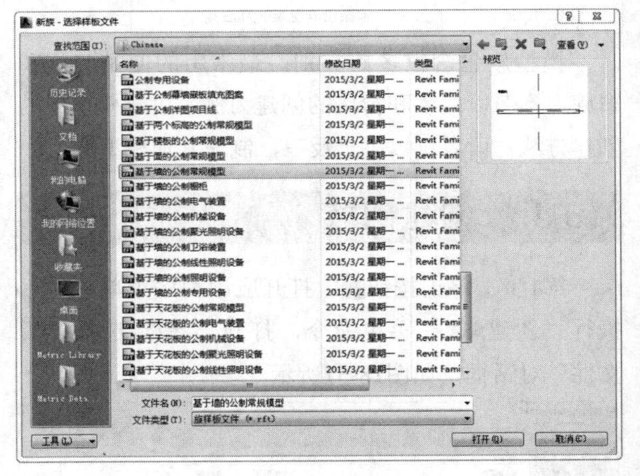

图18-69

第2步：单击“创建”选项卡，在“基准”面板中单击“参照平面”按钮，绘制两个参照平面，如图18-70所示。

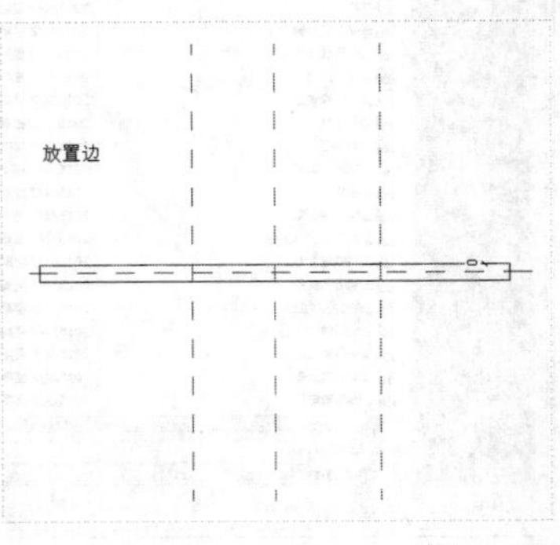

图18-70

第3步：单击“注释”选项卡，在“尺寸标注”面板中单击“对齐”按钮，测量两个参照平面的距离，如图18-71所示。

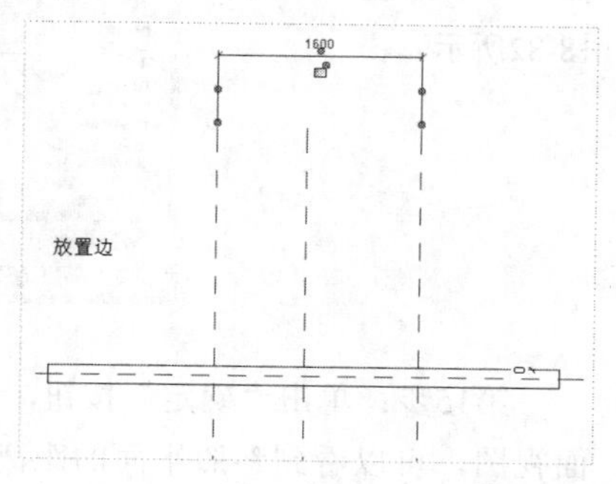

图18-71

第4步：再次使用“对齐”工具测量3个参照平面的距离，然后单击“EQ均分”按钮，均分三者的距离，如图18-72所示。

第5步：在测量数值上单击鼠标右键，在弹出的菜单中单击“标签”命令，如图18-73所示。

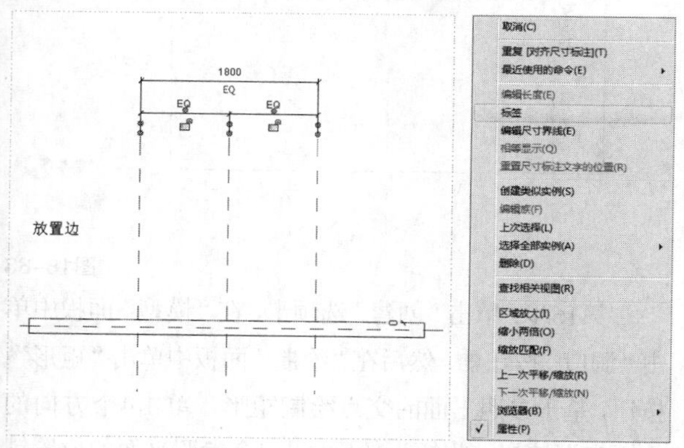

图18-72 图18-73

第6步：弹出标签选择的列表，单击“添加参数”选项，如图18-74所示。

<无>
<无>
<添加参数...>

图18-74

第7步：弹出“参数属性”对话框，勾选“族参数”选项，然后在“参数数据”的“名称”中输入“宽度”，在“参数分组方式”中选择“尺寸标注”，如图18-75所示。

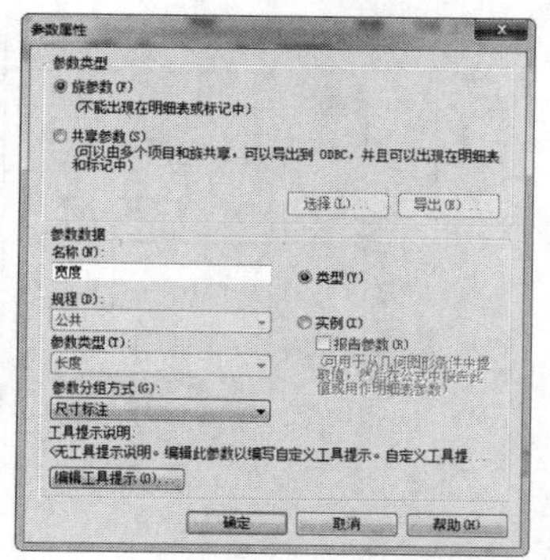

图18-75

第8步：单击“确定”按钮，返回参照标高平面视图，可以看到参照平面的距离数值由1800变为“宽度=1800”，如图18-76所示。

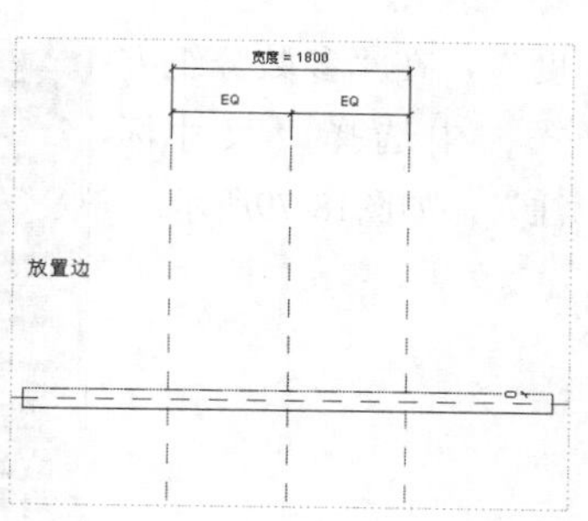

图18-76

第9步：在“项目浏览器”中切换到“后”立面视图，单击“创建”选项卡的“基准”面板中的“参照平面”按钮，绘制两个水平的参照平面，如图18-77所示。

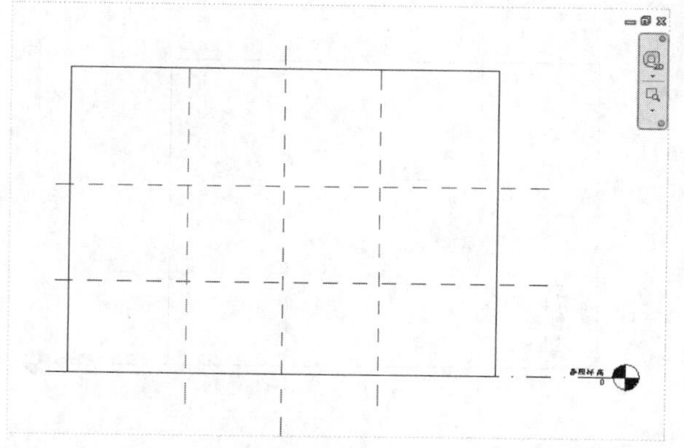

图18-77

第10步：使用“对齐”工具测量标注第2个参照平面与“参照标高”的平面的距离，如图18-78所示。

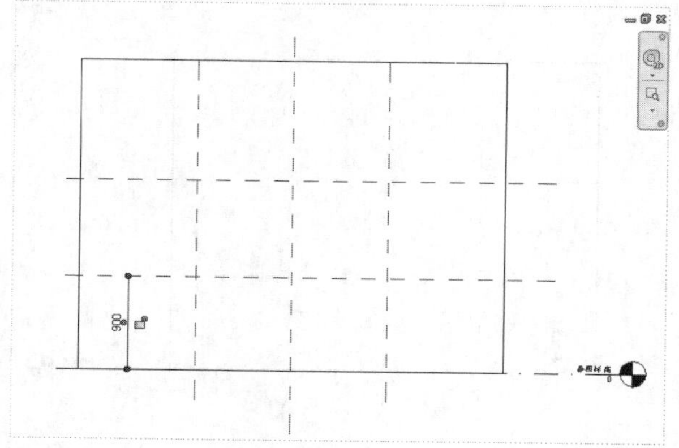

图18-78

第11步：按照同样的方法，在测量数值上单击鼠标右键，然后在弹出的菜单中单击“标签”命令，接着在弹出的标签选择列表中单击“添加参数”选项，打开“参数属性”对话框，勾选“族参数”选项，并在“参数数据”的“名称”中输入“窗台高度”，在“参数分组方式”中选择“尺寸标注”，如图18-79所示。

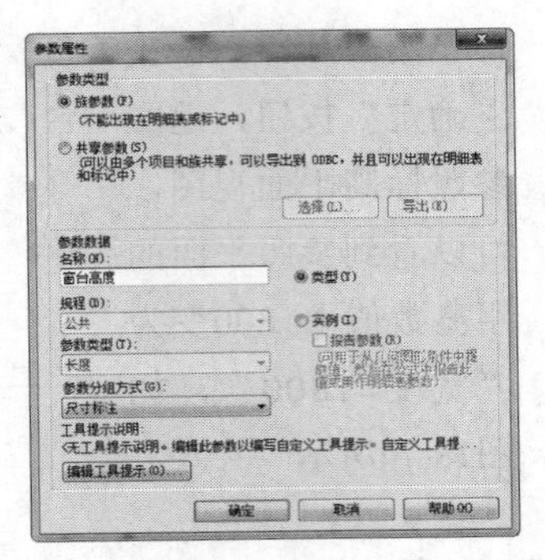

图18-79

第12步：单击“确定”按钮，返回参照标高平面视图，可以看到参照平面的距离数值由900变为“窗台高度=900”，如图18-80所示。

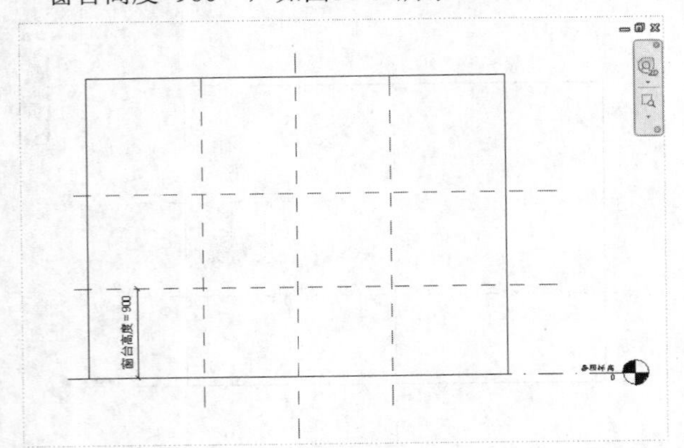

图18-80

第13步：使用“对齐”工具，测量标注第3个参照平面与第2个参照平面的距离，如图18-81所示。

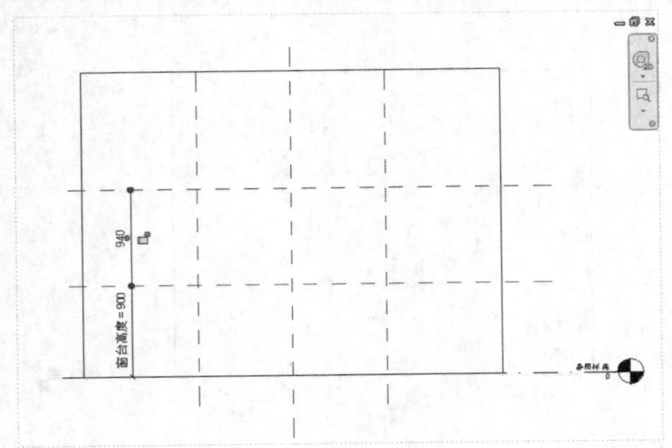

图18-81

第14步：按照同样的方法，在测量数值上单击鼠标右键，在弹出的菜单中单击“标签”命令，弹出标签选择的列表，单击“添加参数”命令，打开“参数属性”对话框，勾选“族参数”选项，并在“参数数据”的“名称”中输入“高度”，在“参数分组方式”中选择“尺寸标注”，如图18-82所示。

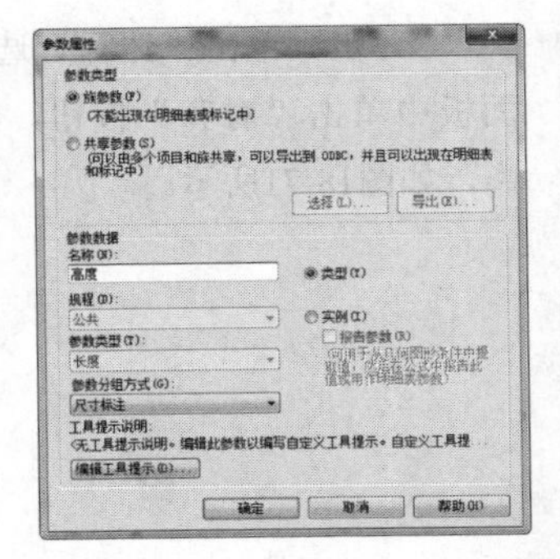

图18-82

第15步：单击“确定”按钮，返回参照标高平面视图，可以看到参照平面的距离数值由940变为“高度=940”，如图18-83所示。

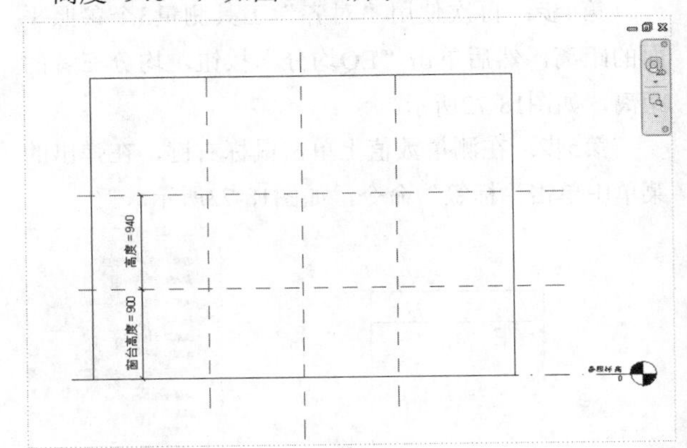

图18-83

第16步：单击“创建”选项卡，在“模型”面板中单击“洞口”按钮，然后在“绘制”面板中单击“矩形”按钮，基于参照平面的交点绘制矩形。单击4个方向的“锁定”按钮，将矩形轮廓线与4个参照平面的位置锁定，如图18-84所示。

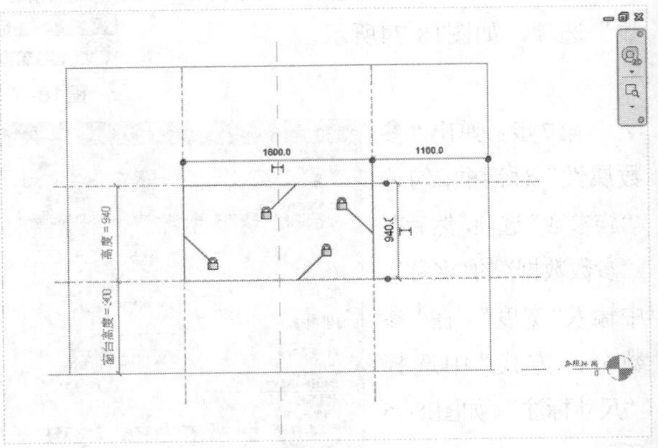

图18-84

第17步：单击“模式”面板中的按钮✔，完成洞口的创建，如图18-85所示。

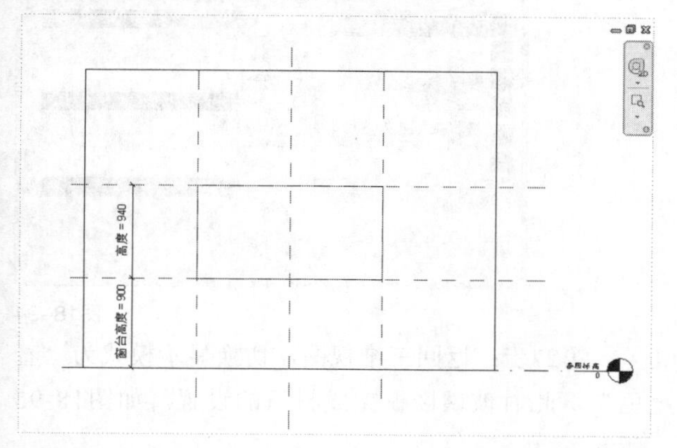

图18-85

第18步：切换到三维视图，观察洞口，如图18-86所示。

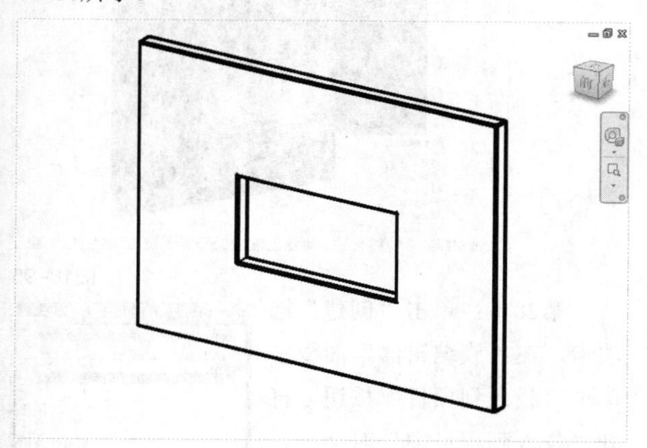

图18-86

第19步：切换到“参照标高”的平面，由于玻璃嵌板厚度比较小，“细线”模式显示方便绘图，单击工具栏中的“细线”按钮，如图18-87所示。

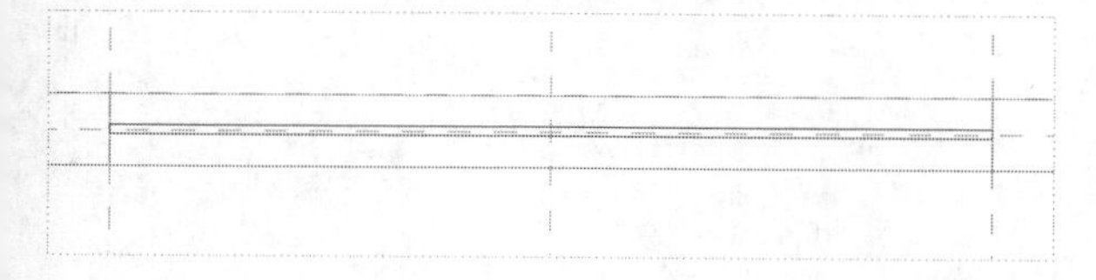

图18-87

第20步：单击“创建”选项卡，在“形状”面板中单击“拉伸”按钮，然后在“绘制”面板中单击“矩形”按钮，在洞口内绘制矩形，如图18-88所示。

图18-88

第21步：单击按钮✔，切换到三维视图，观察新创建的玻璃嵌板拉伸体量，如图18-89所示。

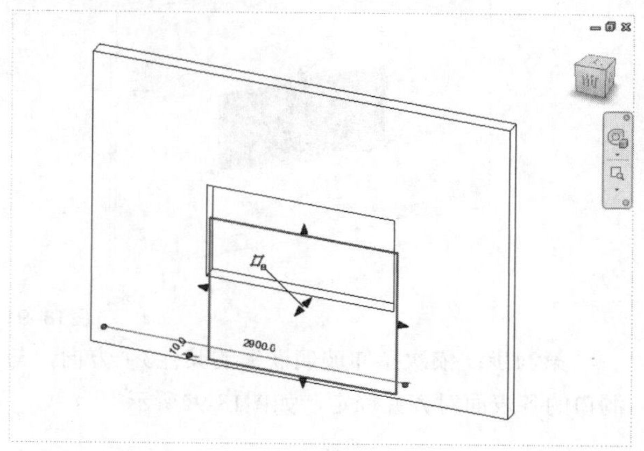

图18-89

第22步：选择玻璃嵌板上面的控制按钮，将其拖曳到洞口上表面，此时会出现虚线的捕捉提示，如图18-90所示。

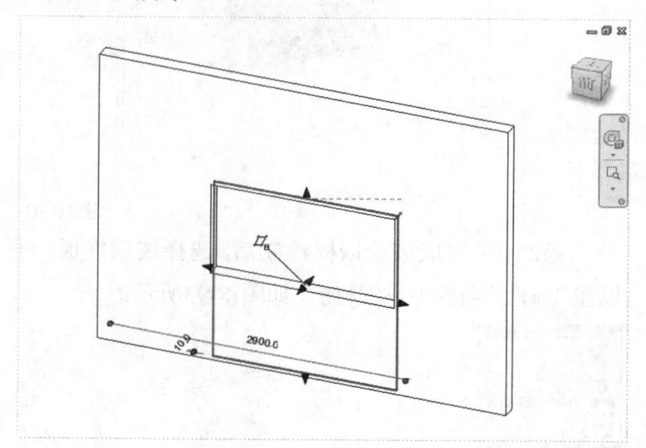

图18-90

第23步：完成拉伸后，玻璃嵌板与洞口上表面的交界处出现锁定按钮。

单击锁定按钮，锁定玻璃嵌板与洞口上表面的位置，如图18-91所示。

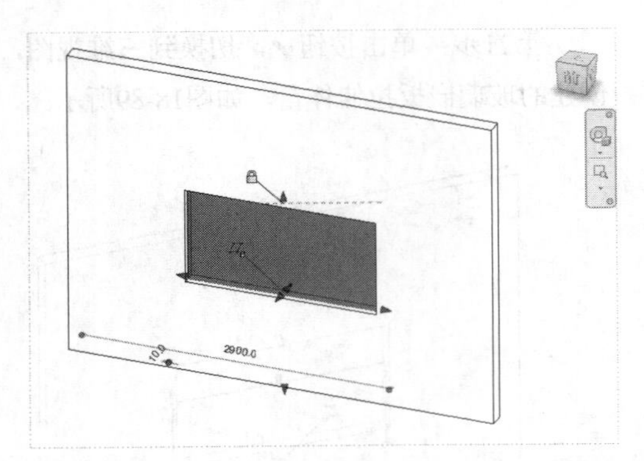
图18-91

第24步：依次拉伸玻璃嵌板的其他3个方向，与洞口的各表面对齐并锁定，如图18-92所示。

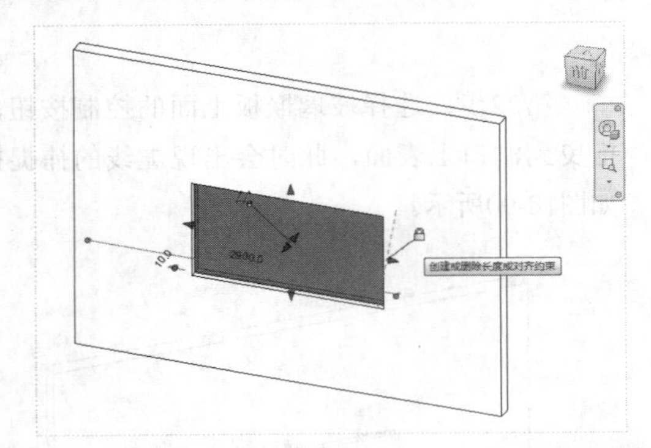
图18-92

第25步：完成玻璃嵌板绘制后，选择玻璃嵌板，可以在“属性”面板中设置材质，如图18-93所示。

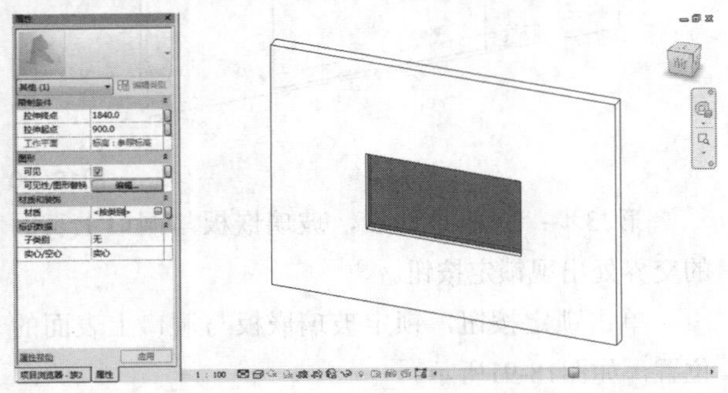
图18-93

第26步：单击“属性”面板中“材质”后面的按钮▭，打开“材质浏览器”对话框，在“材质列表”中选择“玻璃”选项，如图18-94所示。

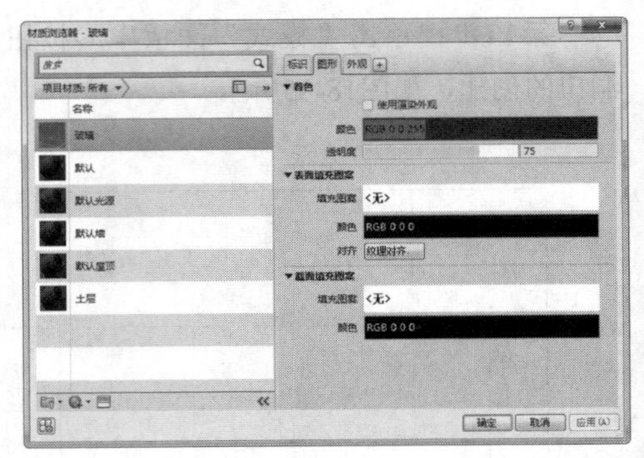
图18-94

第27步：返回三维视图，切换显示模式为“着色”，此时玻璃嵌板完成材质的设置，如图18-95所示。

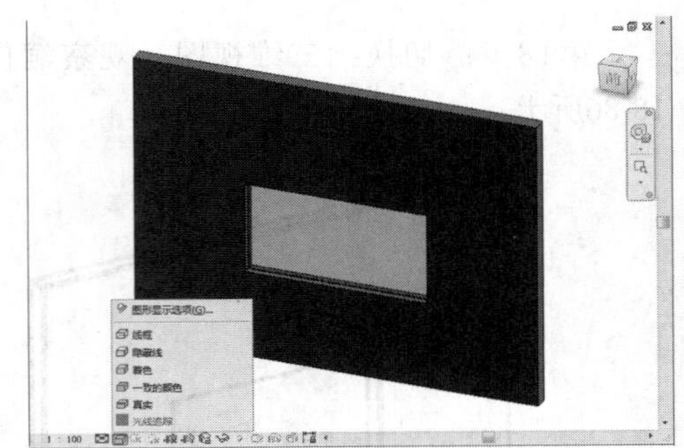
图18-95

第28步：单击“创建”选项卡，在“族编辑器”面板中单击“载入到项目”按钮，打开“载入到项目中”对话框，选择上一节新建的“项目1”选项，如图18-96所示。

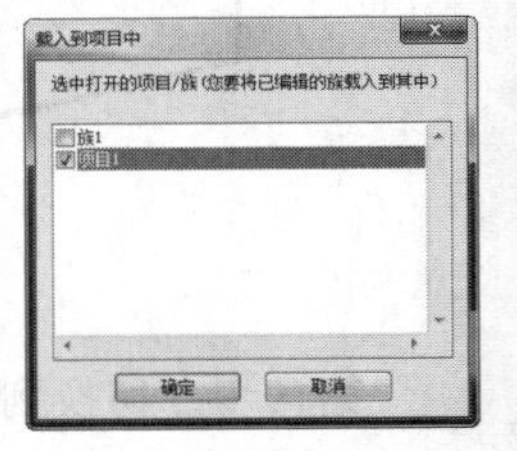
图18-96

第29步：直接在项目的墙体上插入新建的窗族，如图18-97所示。

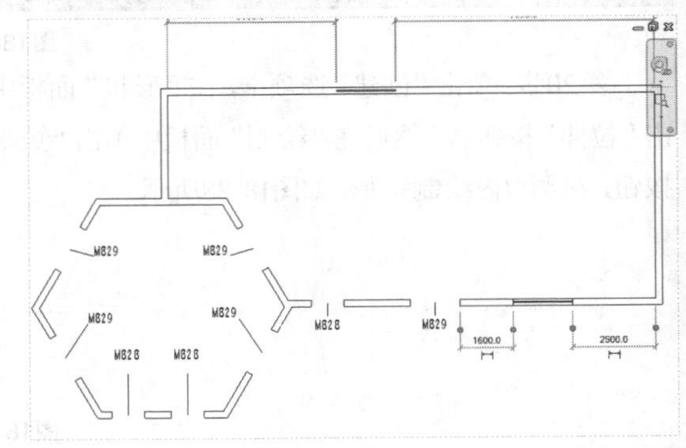
图18-97

第30步：切换到三维视图，观察插入的窗族，在三维视图中继续插入任意窗族，完成窗族的制作与使用，如图18-98所示。

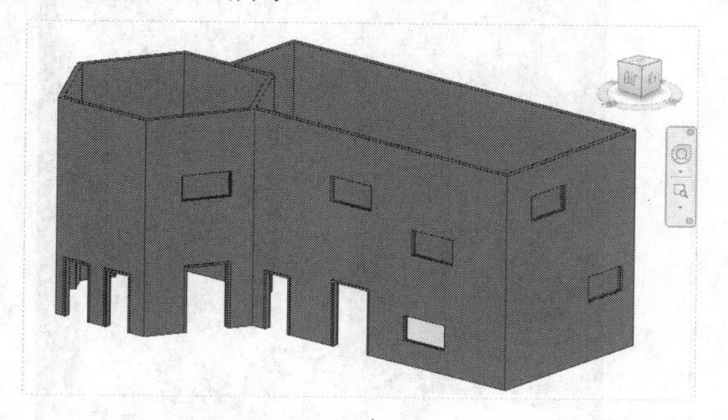

图18-98

18.5 本章总结

族是Revit的核心内容，本章主要讲解了族的基本概念、二维族的创建和模型族的创建。由于族的类别众多，创建方法也多种多样，设计师可以在项目实践中总结出符合自己的建模习惯，还要善于利用参数化的控制方法，这样可以大大提高工作效率。

18.6 课后拓展练习：族库文件的修改

场景位置：场景文件>CH18>族库文件的修改.rvt
视频位置：视频文件>CH18>03课后拓展练习：族库文件的修改.mp4
实用指数：★★★☆☆
技术掌握：族库文件的修改

在Revit自带的族库文件中，很多族文件已经制作得非常细致，往往稍加修改即可满足大多数项目需要，而不必重新创建。本节演示已有族文件的修改方法。

01 启动Revit 2016，单击按钮，打开应用程序菜单，执行“打开>项目”菜单命令，然后在弹出的对话框中找到“场景文件>CH18>族库文件的修改.rvt”文件，单击“打开”按钮，打开项目文件，如图18-99所示。

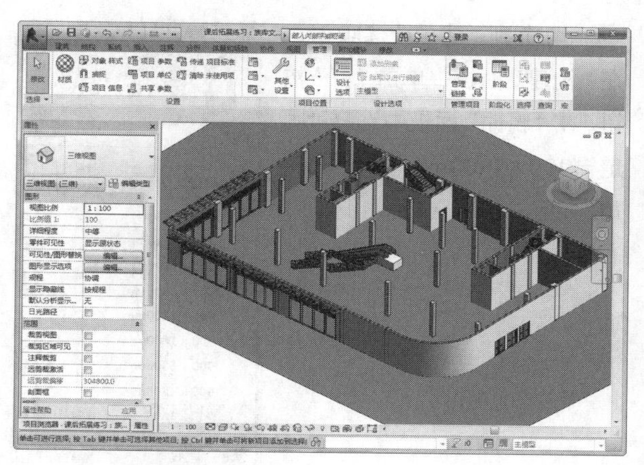

图18-99

02 切换到“插入”选项卡，在“从库中载入”面板中单击“载入族”按钮，然后在弹出的对话框中找到“C:\ProgramData\Autodesk\RVT 2016\Libraries\China\建筑\窗\普通窗\固定窗\固定窗.rfa”文件，如图18-100所示。

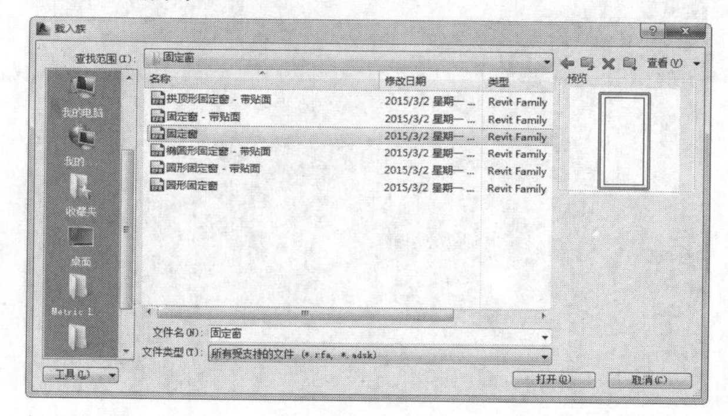

图18-100

03 单击“打开”按钮，弹出“指定类型”对话框，如图18-101所示。选择全部窗类型后单击“确定”按钮，完成固定窗族的载入。

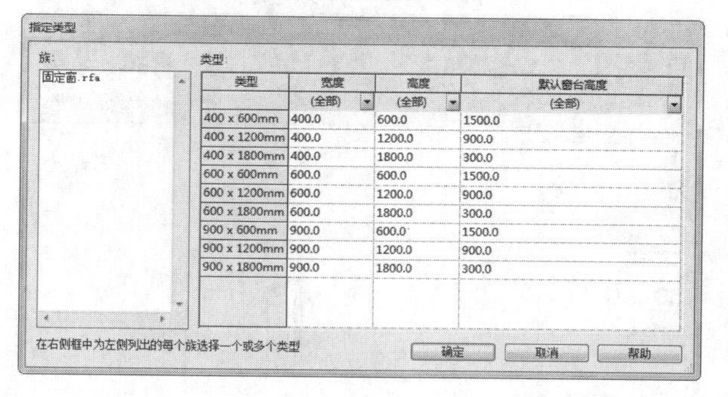

指定类型

族：固定窗.rfa

类型：

类型	宽度	高度	默认窗台高度
	(全部)	(全部)	(全部)
400 x 600mm	400.0	600.0	1500.0
400 x 1200mm	400.0	1200.0	900.0
400 x 1800mm	400.0	1800.0	300.0
600 x 600mm	600.0	600.0	1500.0
600 x 1200mm	600.0	1200.0	900.0
600 x 1800mm	600.0	1800.0	300.0
900 x 600mm	900.0	600.0	1500.0
900 x 1200mm	900.0	1200.0	900.0
900 x 1800mm	900.0	1800.0	300.0

在右侧框中为左侧列出的每个族选择一个或多个类型

确定 取消 帮助

图18-101

04 切换到“建筑”选项卡，在“构建”面板中单击“窗”按钮，在“属性”面板中选择“固定窗900×1800mm”，如图18-102所示。

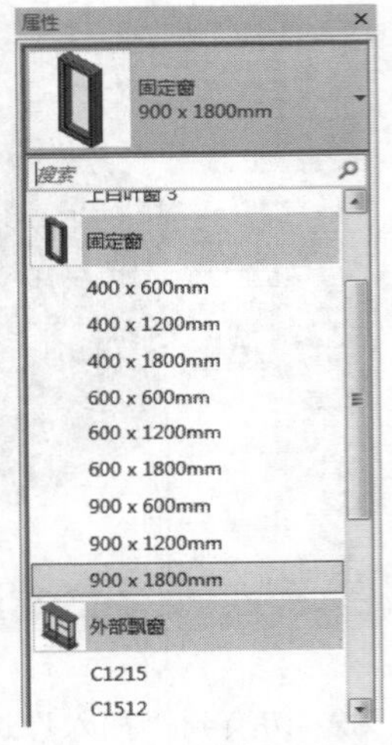

图18-102

05 在模型墙体上单击鼠标左键，插入该窗，如图18-103所示。

图18-103

06 按Esc键取消插入状态，单击选取该窗，进入“修改 | 窗”选项卡，单击“模式”面板中的“编辑族”按钮，进入窗族编辑界面，如图18-104所示。

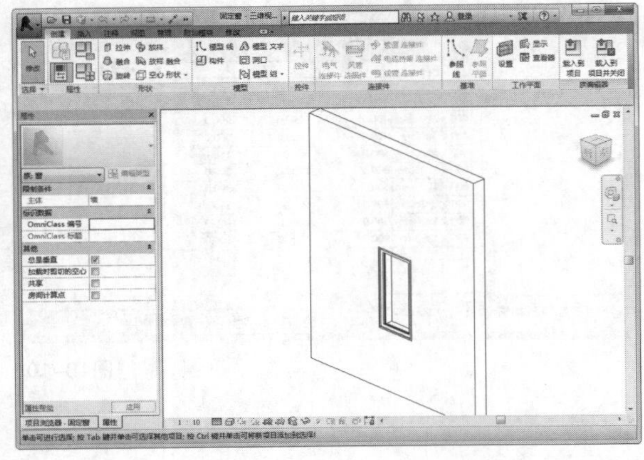

图18-104

07 切换到“着色”显示模式，观察模型，如图18-105所示。

图18-105

08 选择玻璃面板，进行删除，如图18-106所示。

图18-106

09 在“项目浏览器”中切换到“楼层平面-参照标高”，进入“创建”选项卡，在“形状”面板中单击“拉伸”按钮，选择“矩形”绘制方式，在窗洞的位置绘制矩形，如图18-107所示。

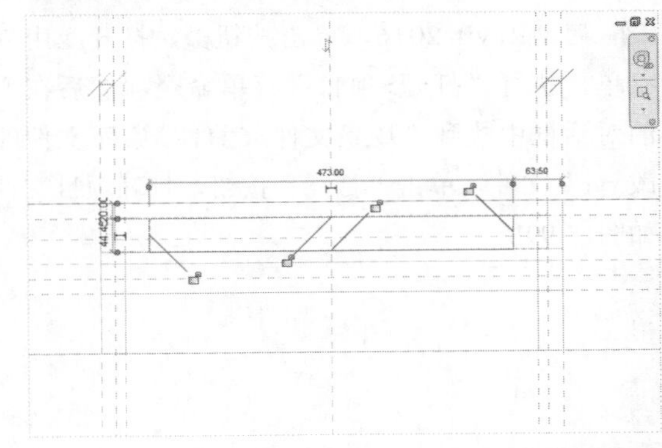

图18-107

10 单击按钮✔，切换到“立面-外部”视图观察，如图18-108所示。

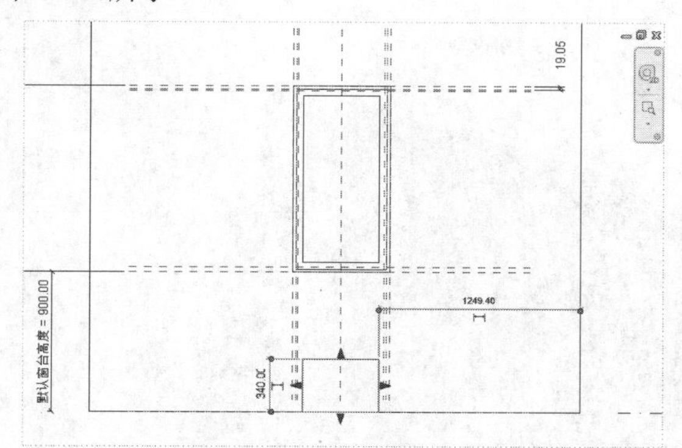

图18-108

11 将该体量的深度改为50，移动到窗洞下部位置，如图18-109所示。

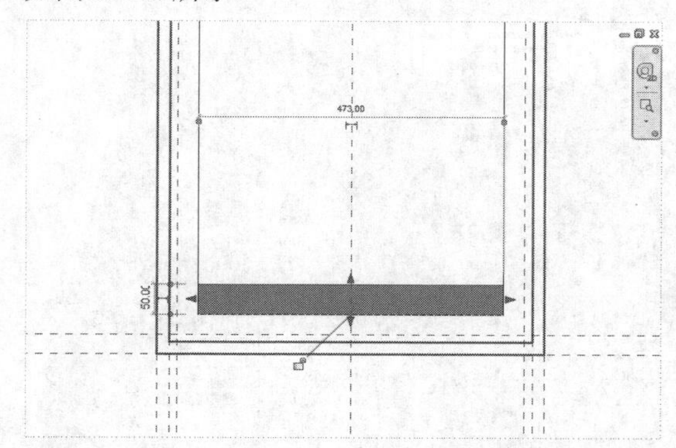

图18-109

12 使用“阵列”工具，将其向上阵列若干，如图18-110所示。

13 切换到三维视图进行观察，如图18-111所示。

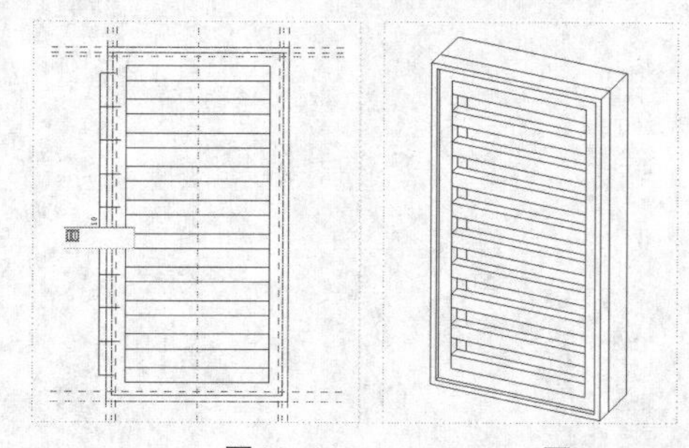

图18-110　　图18-111

14 完成百叶窗的制作后，切换到“修改”选项卡，在“族编辑器”面板中单击“载入到项目”按钮，打开“族已存在”对话框，如图18-112所示。

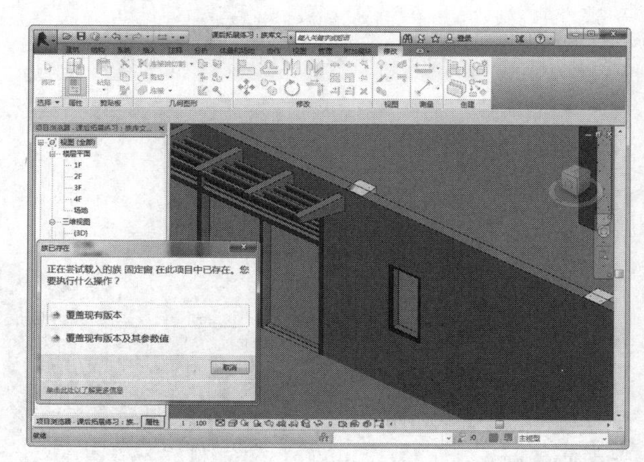

图18-112

15 单击“覆盖现有版本”选项，原有的“固定窗900×1800mm”模型便更新为百叶窗，完成族库文件的修改，如图18-113所示。

图18-113

第19章 项目样板定制

本章知识索引

知识名称	作用	重要程度	所在页
项目样板的概念和意义	了解项目样板的概念和意义	★★☆☆☆	P336
项目样板的制作	掌握项目样板包含的内容和设置方法	★★★☆☆	P336
项目样板的使用	掌握项目样板的保存、调用和传递方法	★★★☆☆	P341

本章实例索引

实例名称	所在页
课前引导实例：项目样板的对比	P335
典型实例：项目样板的制作	P336
课后拓展练习：项目样板的修改	P343

19.1 课前引导实例：项目样板的对比

场景位置：场景文件>CH19>项目样板的对比.rvt
视频位置：视频文件>CH19>01课前引导实例：项目样板的对比.mp4
实用指数：★★☆☆☆
技术掌握：初步了解项目样板的内容

01 启动Revit 2016，单击按钮，打开应用程序菜单，然后执行“打开>项目”菜单命令，在学习资源中找到“场景文件>CH19>项目样板的对比.rvt”文件，单击“打开”按钮，如图19-1所示。

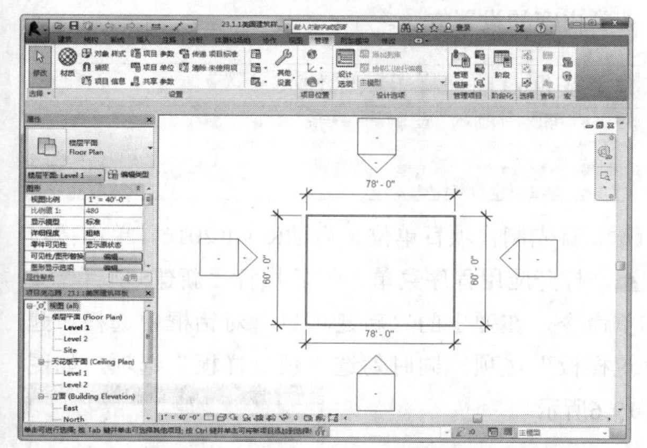

图19-1

02 重新启动一个新的Revit 2016程序，执行“打开>项目”菜单命令，在学习资源中找到“场景文件>CH19>中国建筑样板.rvt”文件，单击“打开”按钮，如图19-2所示。

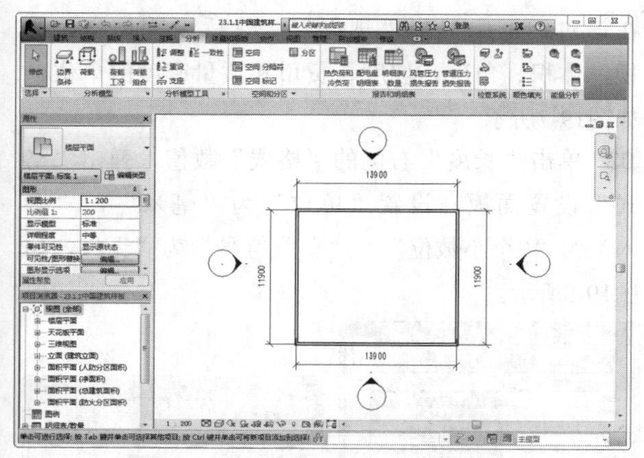

图19-2

03 在“项目浏览器”中观察两个项目样板，美国建筑样板中，楼层平面以英文命名，如Level 1，立面也是以英文命名，如East等；中国建筑样板中，均以中文命名，如图19-3所示。

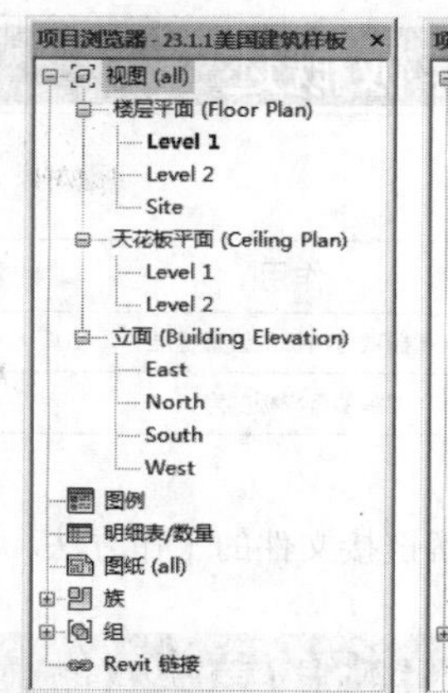

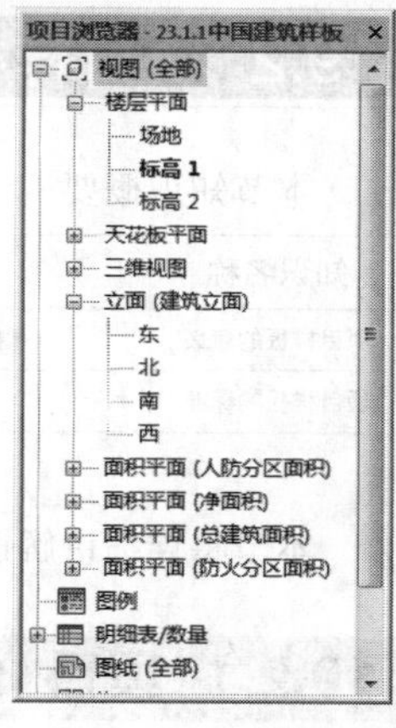

图19-3

04 切换到“管理”选项卡，单击“设置”面板中的“项目单位”按钮，观察两个项目样板的单位设置，长度、面积、体积、坡度、货币和质量密度均有很大差异。美国建筑样板中，长度单位是英尺和英寸，面积是平方英尺；中国建筑样板中，长度单位是mm，面积单位是m^2，如图19-4所示。

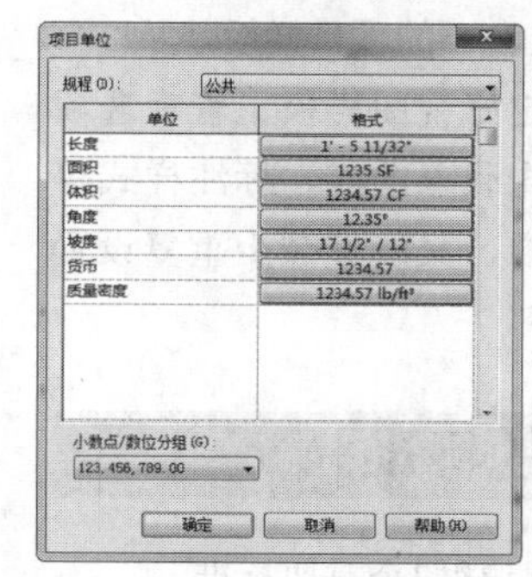

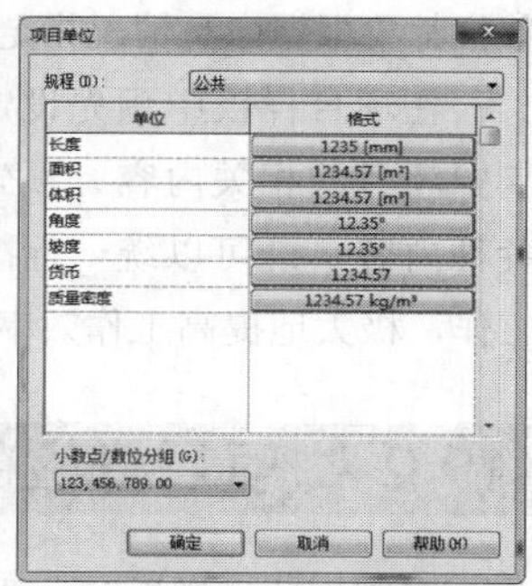

图19-4

05 切换到南立面（South）视图，观察两者的标高符号样式，如图19-5所示。

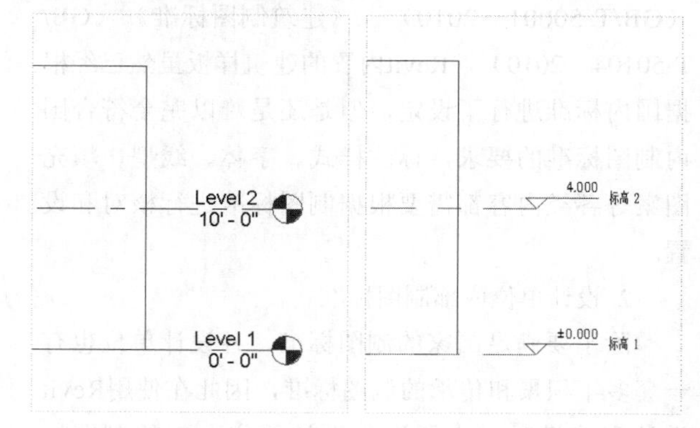

图19-5

样板中包含的信息众多，本节不再赘述，读者可自行比对。

19.2 项目样板概述

本节知识概要

知识名称	作用	重要程度
项目样板的意义	掌握项目样板的设置标准	★★☆☆☆
项目样板的标准	理解项目样板的意义	★★★☆☆

本节将详细讲解链接文件的工作方法。

19.2.1 项目样板的意义

不同的国家和地区、不同的设计领域、不同设计单位的制图标准和设计项目各不相同，因此需要的项目样板也各自不同。尽管Revit软件内置了构造样板、建筑样板、结构样板、机械样板供用户选择，这些样板包含了不同的规程和不同的专业类型，但是很难完全符合项目需要。因此，每个设计单位都要根据自身情况指定自己的项目样板。

在项目样板中预先设定好视图样板、管理选项卡中项目的相关内容、预先载入的族、标注样式等各种内容，既可以统一标准，又能够减少重复设置工作，极大地提高工作效率。

19.2.2 项目样板的标准

在制作项目样板时，要遵循3个重要标准。

1. 符合国内相关制图规范

目前国内主要执行《房屋建筑制图统一标准》（GB/T 50001—2010）、《建筑制图标准》（GB/T 50104—2010），Revit内置的建筑样板虽然已经根据国内标准进行了设定，但是还是难以完全符合国内制图标准的要求，标注样式、字体、线型、填充图案等各类内容都需要根据制图标准进行核对和设置。

2. 设计单位内部制图标准

除了要满足国家的制图标准，各设计单位也有一套多年积累和传承的制图标准，因此在使用Revit设计和建模时，也要满足设计单位内部的制图标准，实现图纸规范、美观的要求。

3. 减少重复工作量，提高工作效率

在各类项目、各设计阶段有很多重复的工作，包括视图样板、族文件的载入、门窗表、材料做法表等内容，这些内容往往非常一致，不需要每次重新设置，根据不同类型项目、不同设计阶段，创建各自的项目样板，有助于提高工作效率。

19.3 项目样板的制作

本节将通过一个典型实例详细讲解项目样板中各类内容的设置方法。

典型实例：项目样板的制作

场景位置：场景文件>CH19>长六边形蜂窝砖.pat
视频位置：视频文件>CH19>02典型实例：项目样板的制作.mp4
实用指数：★★★★☆
技术掌握：掌握项目样板制作的方法

01 首先制作项目单位。启动Revit 2016，单击按钮，打开应用程序菜单，然后执行“新建>项目”菜单命令，在弹出的“新建项目”对话框中选择“建筑样板”选项，同时勾选“项目样板”选项，如图19-6所示。

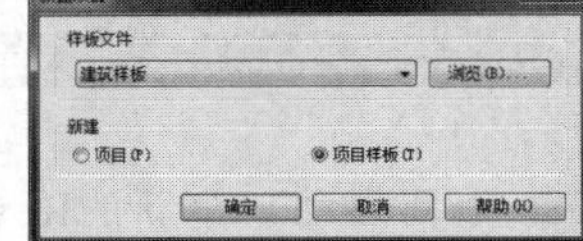

图19-6

02 切换到“管理”选项卡，单击“设置”面板中的“项目单位”按钮，打开“项目单位”对话框，在该对话框中选择“规程”，然后设置长度、面积、体积、角度、坡度、货币和质量密度的单位，如图19-7所示。

03 单击“长度”右侧的“格式”数值，弹出“格式”设置面板，设置“单位”为“毫米”，“舍入”为“0个小数位”，“单位符号”为“无”，如图19-8所示。

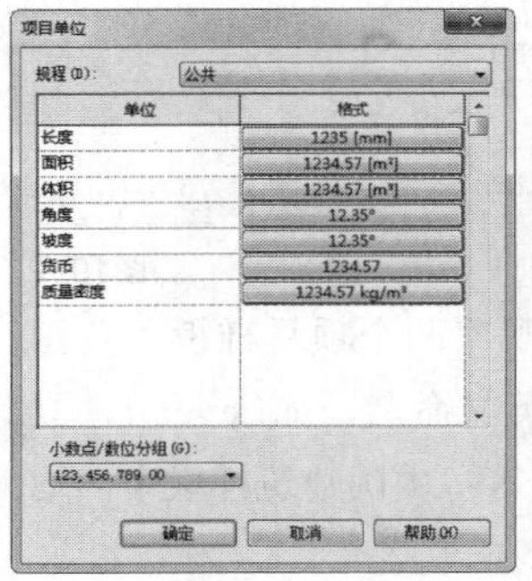

图19-7

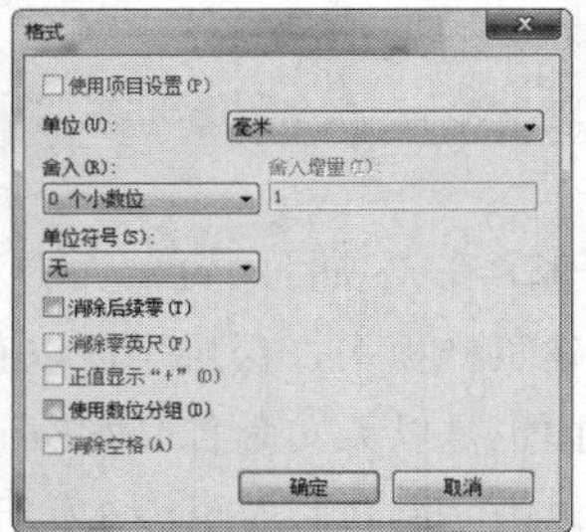

图19-8

04 单击“确定”按钮，返回“项目单位”对话框，然后单击“面积”右侧的“格式”按钮，进入“格式”对话框，设置“单位”为“平方米”、“舍入”为“2个小数位”，其他保持默认，如图19-9所示。

05 单击“确定”按钮，返回“项目单位”对话框，然后单击“体积”右侧的“格式”按钮，进入“格式”对话框，设置“单位”为“立方米”、“舍入”为“2个小数位”，其他保持默认，如图19-10所示。

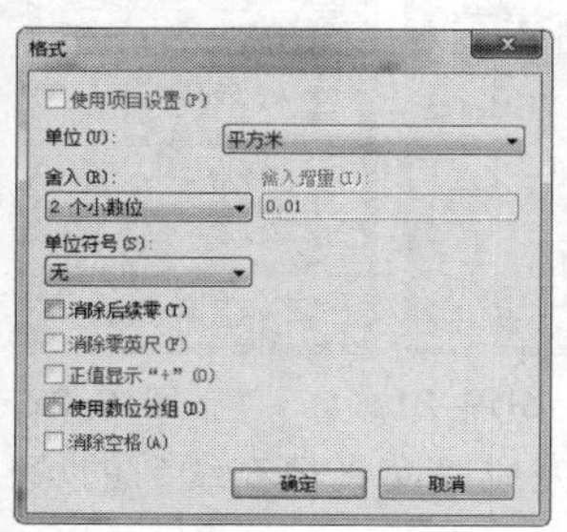

图19-9

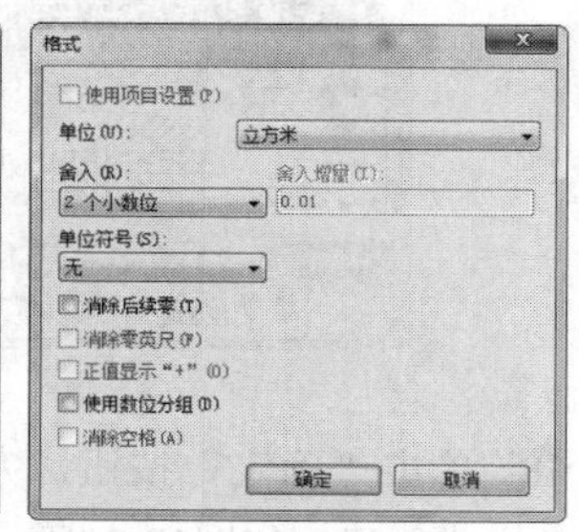

图19-10

06 单击“确定”按钮，返回“项目单位”对话框，然后单击“角度”右侧的“格式”按钮，进入“格式”对话框，设置“单位”为“十进制度数”、“舍入”为“2个小数位”，其他保持默认，如图19-11所示。

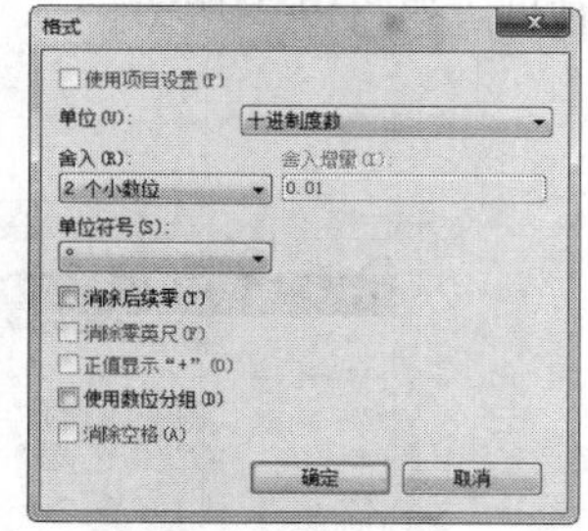

图19-11

07 单击“确定”按钮，返回“项目单位”对话框，然后单击“坡度”右侧的“格式”按钮，进入“格式”对话框，设置“单位”为“百分比”“舍入”为“1个小数位”、“单位符号”选择“%”，其他保持默认，如图19-12所示。

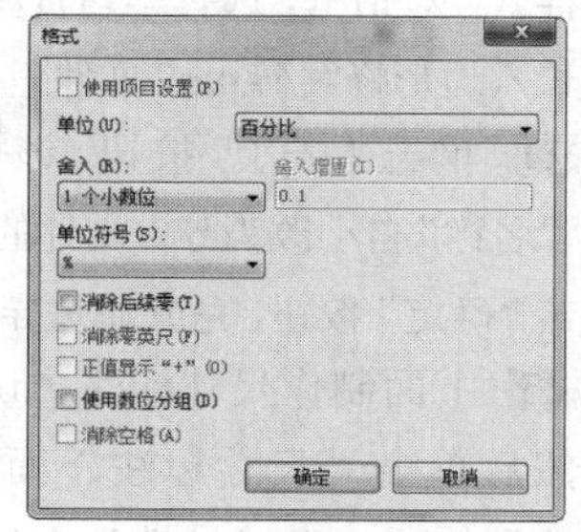

图19-12

08 单击“确定”按钮，返回“项目单位”对话框，然后单击“货币”右侧的“格式”按钮，进入“格式”对话框，设置“舍入”为“1个小数位”，其他保持默认，如图19-13所示。

09 单击“确定”按钮，返回“项目单位”对话框，然后单击“质量密度”右侧的“格式”按钮，进入“格式”对话框，设置“单位”为“千克/立方米”、“舍入”为“2个小数位”、“单位符号”选择“kg/m³”，其他保持默认，如图19-14所示。单击“确定”按钮，返回“项目单位”设置面板，再次单击“确定”按钮，完成项目单位的设置。

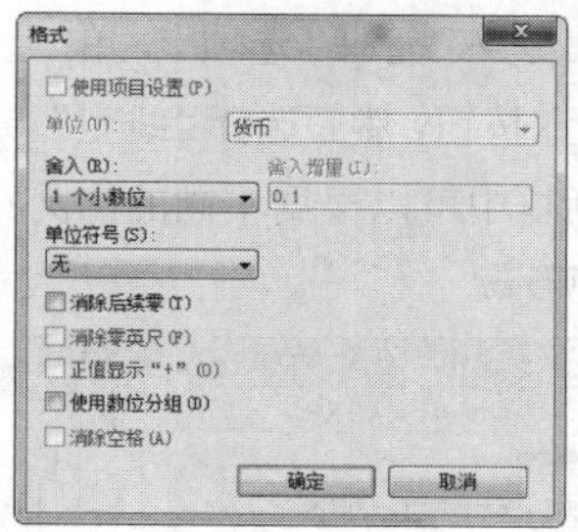

图19-13

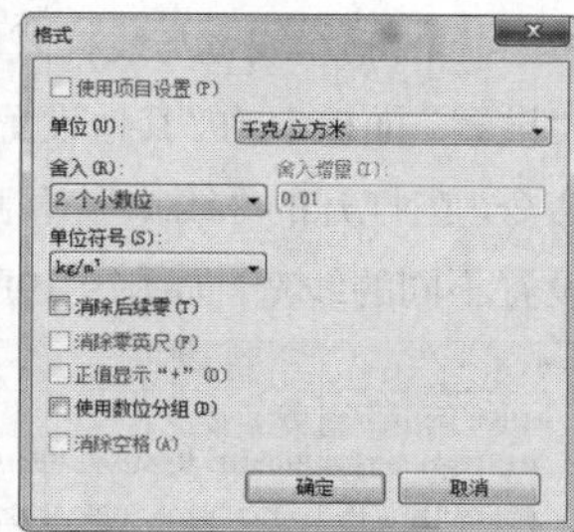

图19-14

10 下面制作线性图案。进入“管理”选项卡，单击“设置”面板中的“其他设置”按钮，然后选择“线型图案”命令，如图19-15所示。

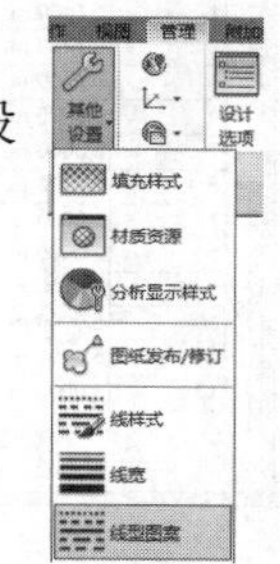

图19-15

11 弹出“线型图案”对话框，可以看到样板文件中自带一些线型，如图19-16所示。

12 单击“新建”按钮，打开“线型图案属性”对话框，然后在“类型”列表中依次设置“划线”“空间”“划线”“空间”“划线”“空间”的“值”为9mm、2mm、9mm、2mm、9mm、5mm，如图19-17所示。

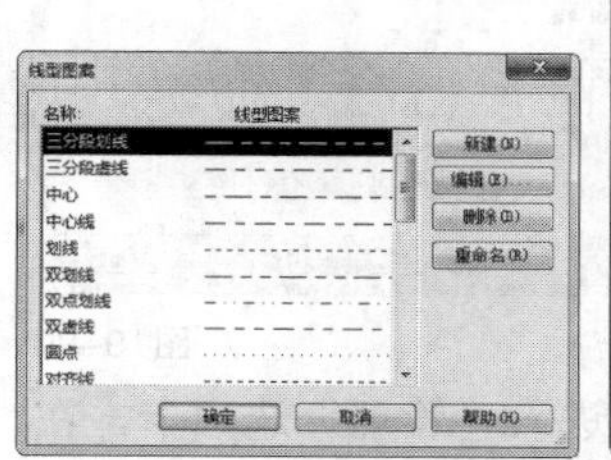

图19-16

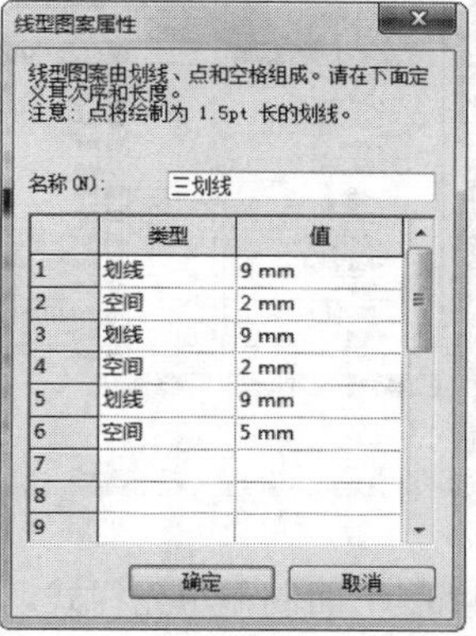

图19-17

13 单击“确定”按钮，返回“线型图案”对话框，此时新创建的“三划线”线型图案已经出现在列表中，如图19-18所示。

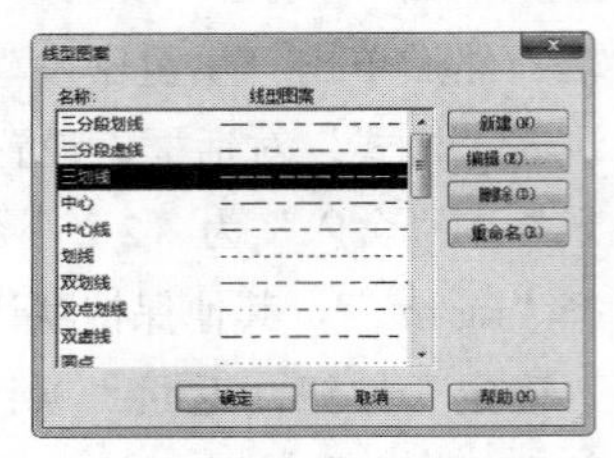

图19-18

14 下面制作线宽与线样式。进入“管理”选项卡，单击“设置”面板中的“其他设置”按钮，然后选择“线宽”命令，在打开的“线宽”对话框中可以根据不同的比例设置不同的线宽，如图19-19所示。

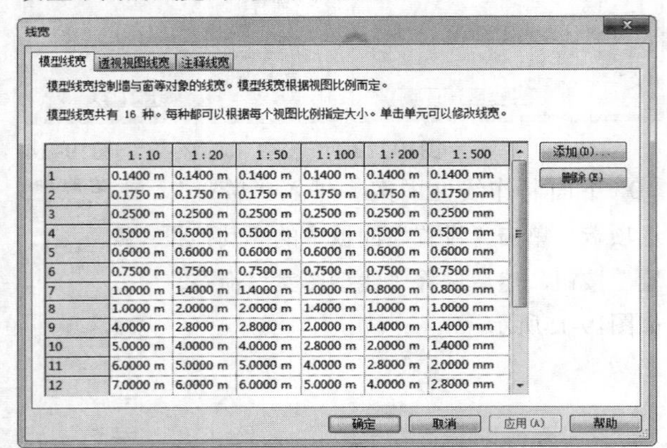

图19-19

15 继续单击“设置”面板中的“其他设置”按钮，然后选择“线样式”命令，打开“线样式”对话框，在其中可以给不同类别的线设置不同的线宽、线颜色和线型图案，如图19-20所示。

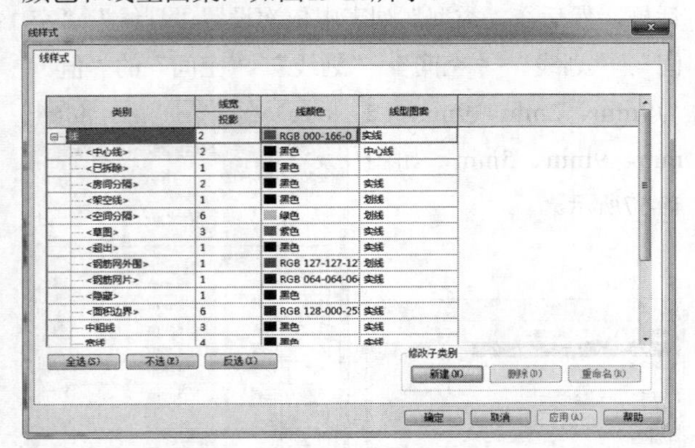

图19-20

16 下面制作填充样式。进入“管理”选项卡，在“设置”面板中单击“其他设置”按钮，然后选择“填充样式”命令，打开“填充样式”对话框，如图19-21所示。

17 单击“新建”按钮，打开“新建填充图案”对话框，设置“名称”为“交叉填充线”、“线角度”为45.000°、“线间距1”和“线间距2”均设为3mm，勾选“交叉填充”选项，如图19-22所示。

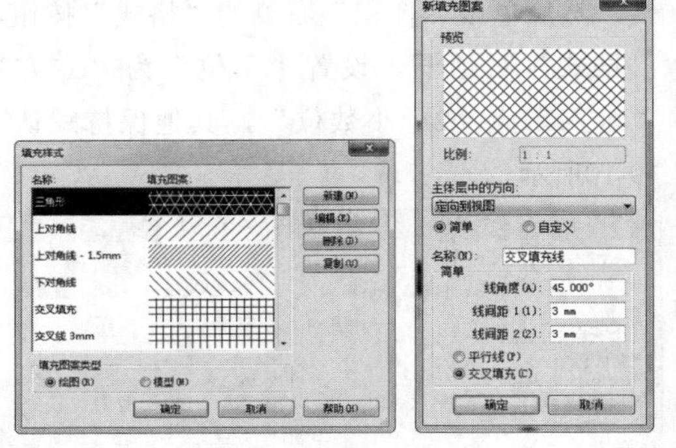

图19-21　图19-22

18 单击“确定”按钮，完成“交叉填充线”的填充样式创建，如图19-23所示。

19 另外，还可以通过导入CAD的填充样式进行设置。单击“创建”按钮，打开“新建填充图案”对话框，如图19-24所示。

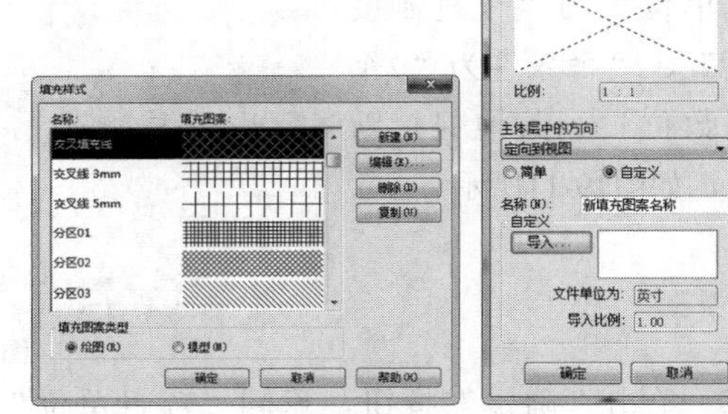

图19-23　图19-24

20 单击“自定义”中的“导入”按钮，打开“导入填充样式”对话框，选择学习资源中的“场景文件>CH19>长六边形蜂窝砖.pat”文件。

21 单击“打开”按钮，该填充图案即导入其中，且“名称”自动改为导入文件的名称，如图19-25所示。单击“确定”按钮，完成通过导入功能新建填充样式。

22 下面制作尺寸标注。切换到“注释”选项卡，然后单击“尺寸标注”面板中的“对齐”或“线性”按钮，在“属性”面板中可以选择“线性尺寸标注样式”选项，如图19-26所示。

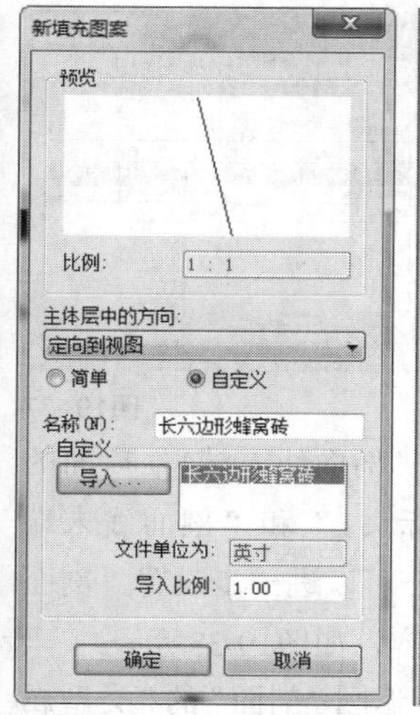

图19-25

图19-26

23 选择“对角线-3mm RomanD”选项，然后单击“编辑类型”按钮，打开“类型属性”对话框，如图19-27所示。

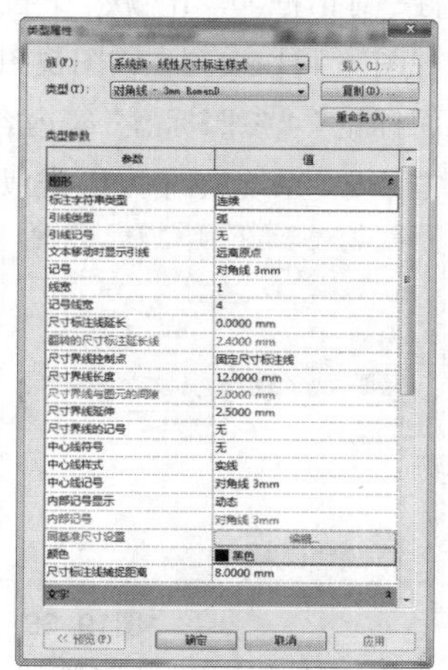

图19-27

24 单击“中心线样式”后面的下拉菜单，可以看到当前样板中已有的线型图案，选择在前面章节创建的“三划线”，如图19-28所示。

25 单击“中心线记号”后面的下拉菜单，然后选择“对角线3mm”选项，如图19-29所示。

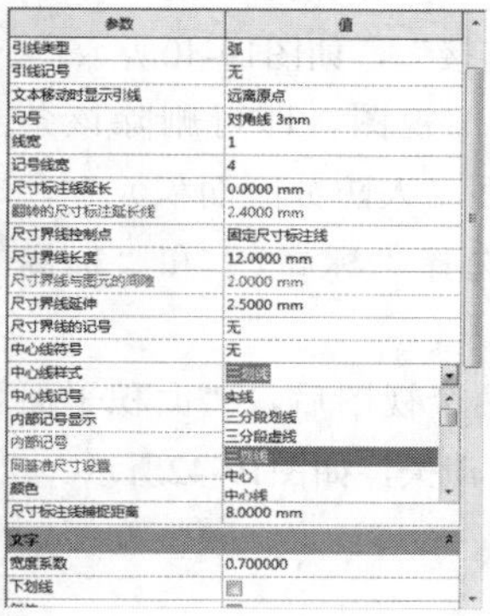

图19-28

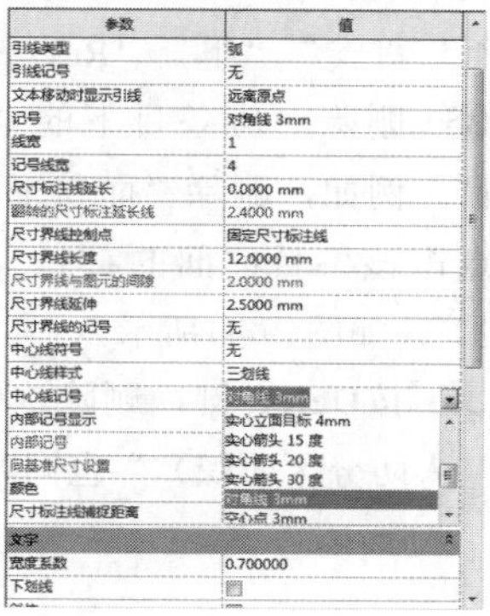

图19-29

26 单击“尺寸标注”面板中的“角度”按钮，然后在“属性”面板中可以选择“角度尺寸标注样式”选项，可以设置具体的角度标注样式参数，如图19-30所示。

27 单击“尺寸标注”面板中的“径向”按钮，然后在“属性”面板中可以选择“径向尺寸标注样式”选项，可以设置具体的径向标注样式参数，如图19-31所示。其他注释的标注样式设置方式都很相似，在此不再赘述。

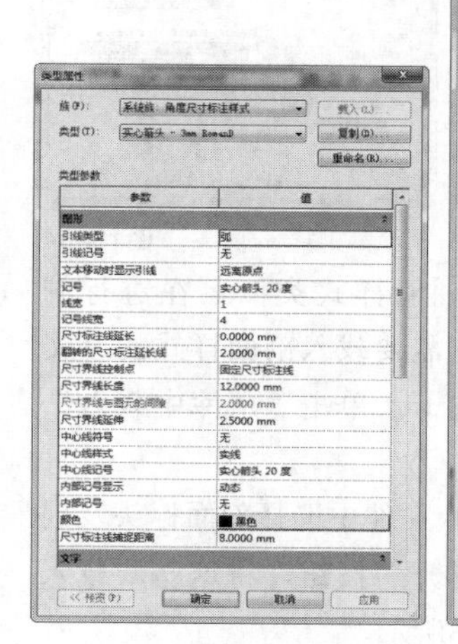

图19-30

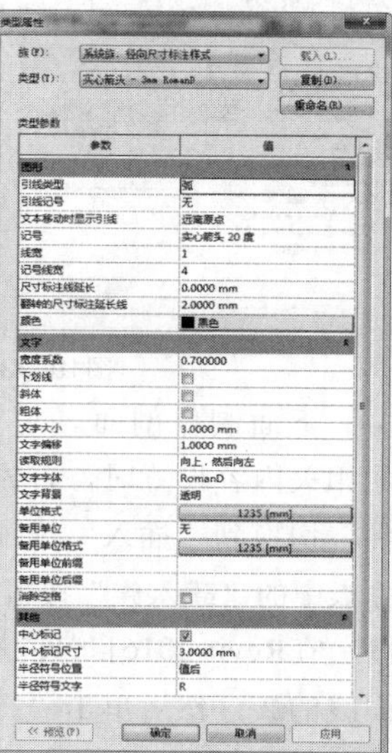

图19-31

下面制作轴线。轴网的样式中，通常需要用户设置的是“符号”“轴线中段”“轴线末段填充图案”。“符号”主要是依托软件自带的轴网标头族或者用户自行创建的族。因此，在设置轴号类型属性前，需要先载入轴网标头相关的族。

28 切换到“插入”选项卡，然后单击“从库中载入”面板中的“载入族”按钮，接着在Revit 2016自带的族文件中选择相关的轴网标头族，再单击“打开”按钮，将这些族载入当前样板文件，如图19-32所示。

图19-32

29 切换到“建筑”选项卡，然后在“基准”面板中单击“轴网”按钮，接着在轴网的“属性”面板中单击“类型属性”按钮，并进入“类型属性”设置对话框，如图19-33所示。

30 在“符号”右侧的下拉菜单可以看到前面载入的轴网标头的相关的族，如图19-34所示。选择适宜的符号，其他参数按照国内相关制图规范设置，完成轴网样式的定义。

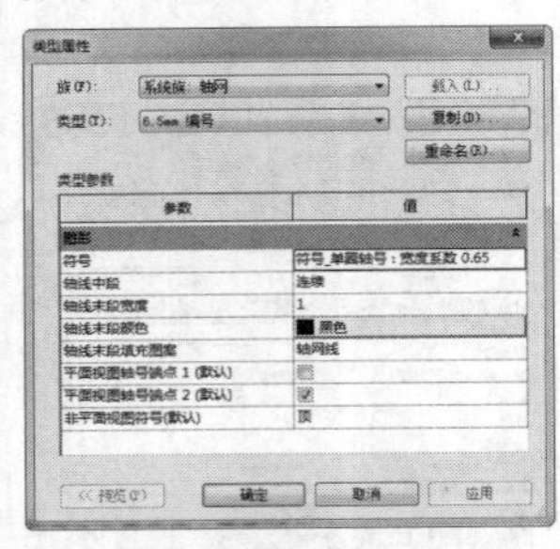

图19-33

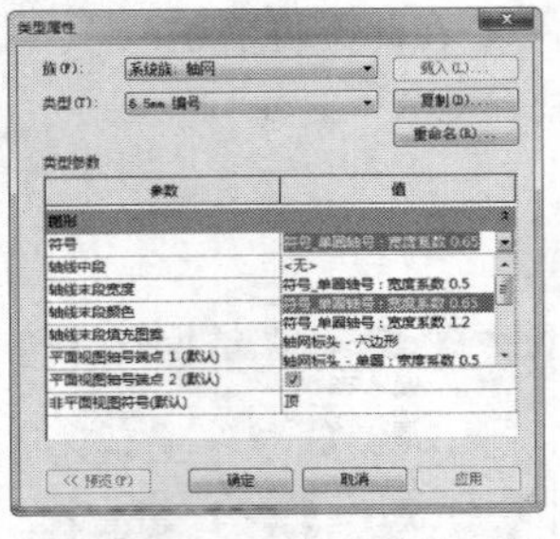

图19-34

下面制作剖面。与轴网样式类似，在进行剖面相关内容设置时，首先需要载入剖面样式的族文件，切换到“插入”选项卡，单击“从库中载入”面板中的“载入族”按钮，

31 在Revit 2016自带的族文件中选择剖面标头及剖面线的族，然后单击“打开”按钮，将这些族载入当前样板文件，如图19-35所示。

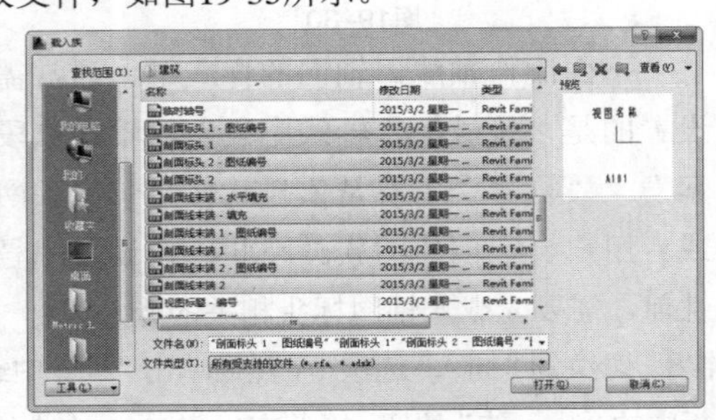

图19-35

32 切换到“视图”选项卡，然后在“创建”面板中单击“剖面”按钮，接着在剖面的“属性”面板中单击“类型属性”按钮，进入“类型属性”对话框，如图19-36所示。

33 单击“详图索引标头”后面的按钮，打开“详图索引标头”的“类型属性”对话框，可以进一步设置“详图索引标头”和“转角半径”，如图19-37所示。然后单击“确定”按钮，返回“剖面”的“类型属性”对话框。

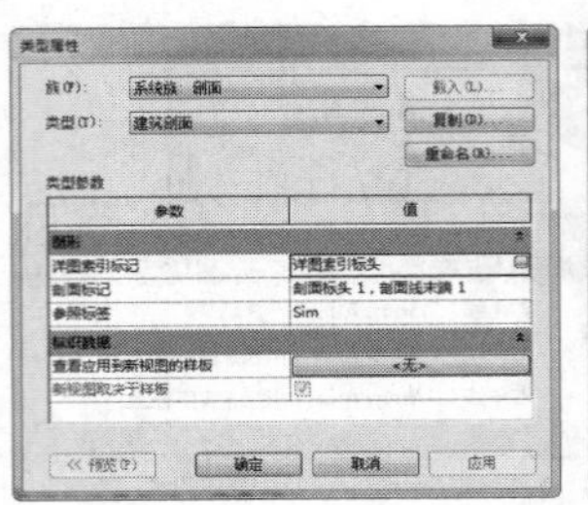

图19-36

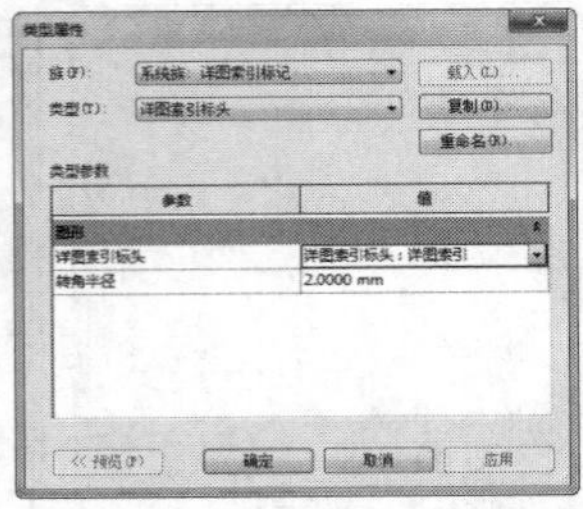

图19-37

34 单击“剖面标头1”和“剖面线末端1”后面的按钮，分别打开“剖面标头1”和“剖面线末端1”的“类型属性”对话框，可以进一步设置“剖面标头”“剖面线末端”等内容，如图19-38所示。

35 单击“确定”按钮，然后返回“剖面”的“类型属性”对话框。单击“族”下拉列表，选择“系统族：详图视图”，可以设置在详图视图下的“详图索引标记”“剖面标记”“参照标签”等内容，如图19-39所示。其设置方法与“系统族：剖面”类似，在此不再赘述。

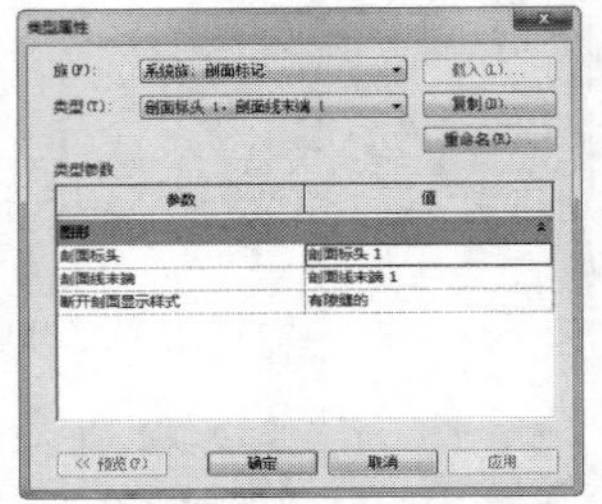

图19-38

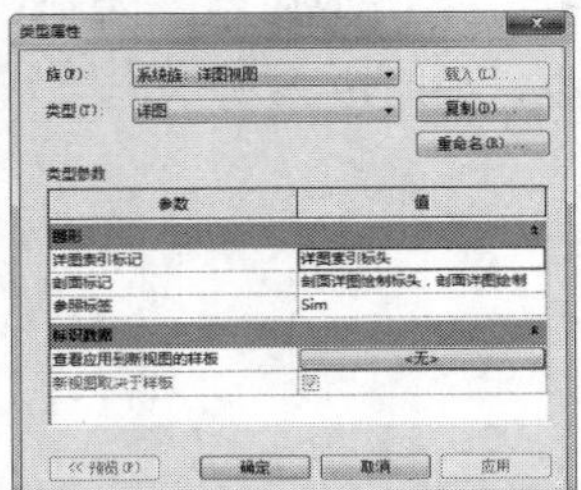

图19-39

下面制作项目浏览器。“项目浏览器”用于显示当前项目中所有视图、明细表、图纸、族、组和其他部分的逻辑层次，是项目样板中比较重要的部分。

由于在创建样板文件时选择了“建筑样板”，因此“项目浏览器”中已经存在“楼层平面”“天花板平面”“三维视图”“立面”“面积平面”“图例”“明细表/数量”“图纸”“族”“组”“Revit链接”，如图19-40所示。

36 删除对应条目下的全部视图，即可删除该条目。例如，删除“面积平面（人防分区面积）”，点击该条目前面的+号，选择“标高1”和“标高2”，如图19-41所示。

37 按Delete键，删除这两个视图后，“面积平面（人防分区面积）”也同时消失，如图19-42所示。

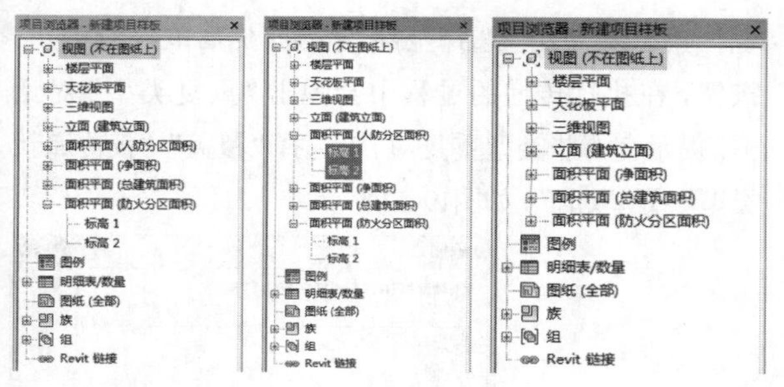

图19-40　　图19-41　　图19-42

38 如果需要添加视图的条目，切换到“视图”选项卡，通过“创建”面板中的“三维视图”“剖面”“详图索引”“平面视图”“立面”等工具进行创建，如图19-43所示。

39 在“项目浏览器”中，可以按照视图或图纸的任意属性值对“项目浏览器”的视图和图纸进行排序。在“项目浏览器”的“视图”上单击鼠标右键，弹出命令菜单，如图19-44所示。

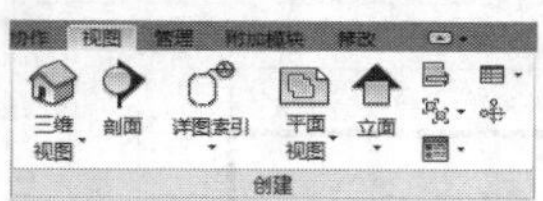

图19-43　　图19-44

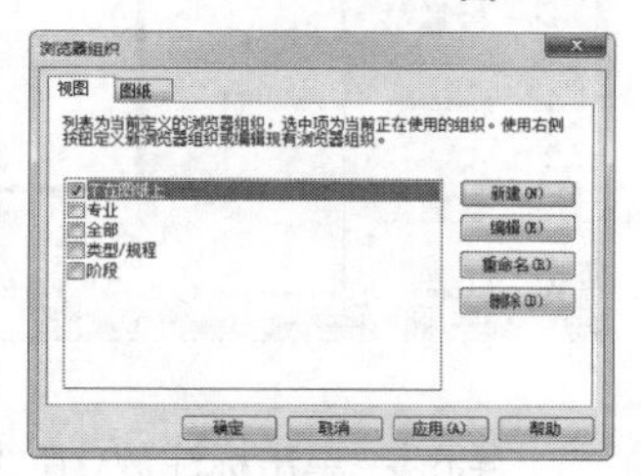

40 单击“浏览器组织”命令，打开“浏览器组织”对话框，可以选择不同的排序组来调整“项目浏览器”的排列顺序，如图19-45所示。

图19-45

41 单击“编辑”按钮，打开“浏览器组织属性”对话框，在“过滤”选项卡中可以设置过滤规则，如图19-46所示。

42 切换到“成组和排序”选项卡，设置浏览器组织的成组/排序规则，如图19-47所示。设置完成，单击“确定”按钮，完成浏览器组织的设置。

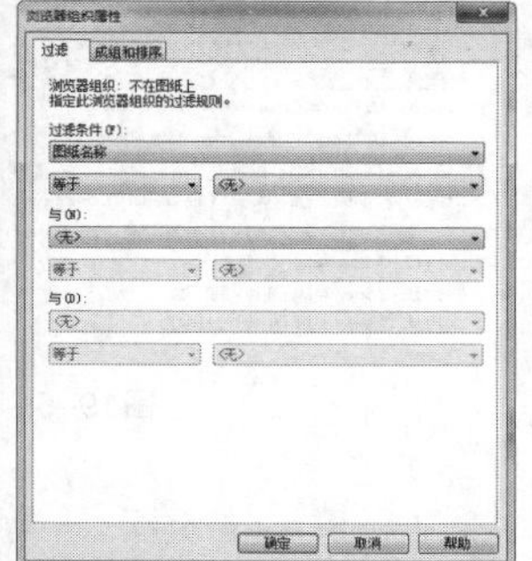

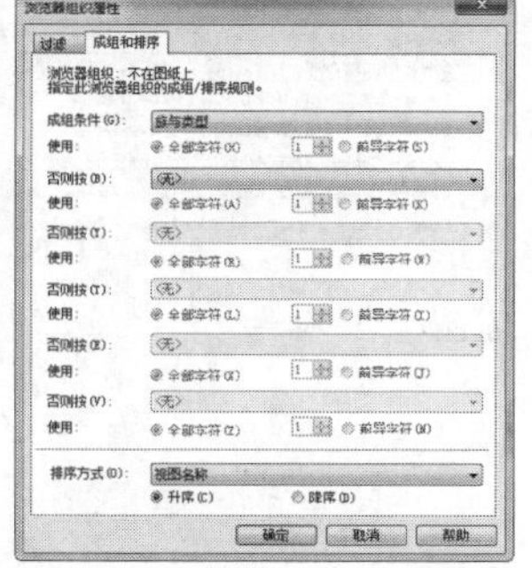

图19-46　　图19-47

19.4 项目样板的管理与设置

本节知识概要

知识名称	作用	重要程度
项目样板的管理	掌握项目样板的保存和使用方法	★★★☆☆
项目样板的传递	掌握项目样板的传递方法	★★★☆☆

创建完项目样板后，要将其保存并应用到项目中，本节将具体讲解项目样板的保存、使用和传递。

19.4.1 项目样板的保存与使用

第1步：项目样板的保存与常规项目保存方式相同，单击按钮，执行“保存”命令，打开“另存为”对话框，选择适宜的文件位置，保存项目样板。

第2步：关闭项目样板文件，在Revit中新建项目，打开“新建项目”对话框，勾选“项目”选项，如图19-48所示。

图19-48

第3步：单击“浏览”按钮，找到之前保存的项目样板文件，单击“打开”按钮。

第4步：单击“确定”按钮，即可按照之前创建的项目样板新建项目。

19.4.2 项目样板的传递

很多时候在新建项目时未选择适宜的项目样板，给后期的修改带来困难，Revit提供了“项目样板的传递”功能，可以将项目样板的设置内容直接传递到已经编辑的项目中。

第1步：启动Revit 2016，单击按钮，打开应用程序菜单，执行“打开>项目”菜单命令，打开任意的练习项目，如图19-49所示。

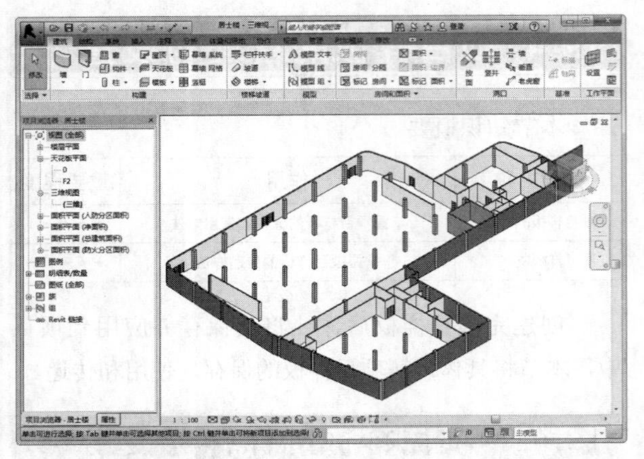

图19-49

第2步：单击按钮，打开应用程序菜单，执行“打开>项目”菜单命令，在学习资源中找到“场景文件>CH19>美国建筑样板.rvt”文件，单击“打开”按钮，如图19-50所示。

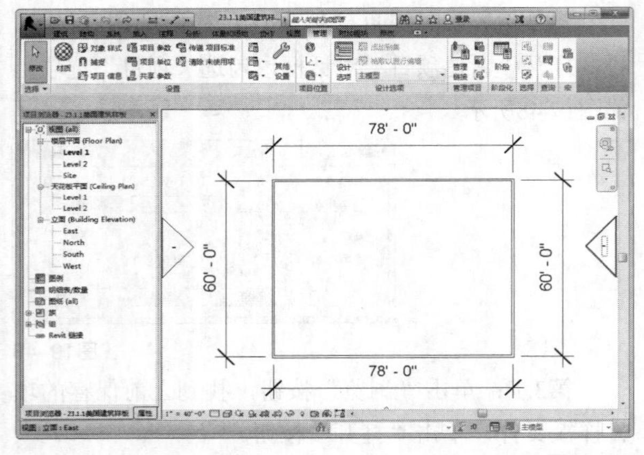

图19-50

第3步：通过观察，发现两者的项目样板完全不同，此时如果需要将练习项目中的项目样板传递到当前项目中，切换到当前项目的“管理”选项卡，单击“设置”面板中的“传递项目标准”按钮，弹出“选择要复制的项目”对话框，可以选择复制的来源，还可以勾选具体的项目样板内容，如图19-51所示。

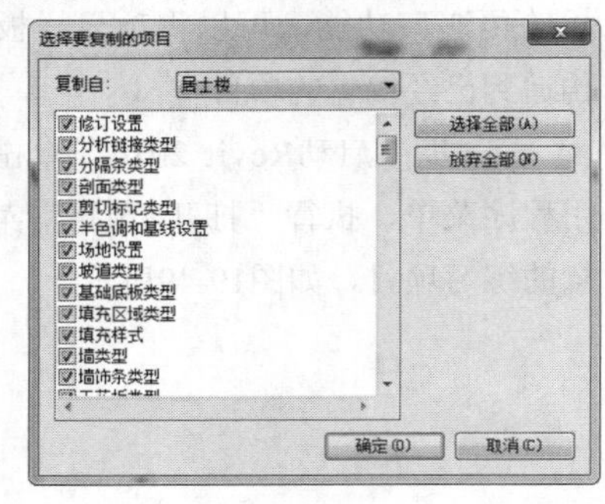

图19-51

第4步：单击“选择全部”按钮，然后单击“确定”按钮，在执行传递的过程中会弹出“重复类型”对话框，提示有哪些类型重复，可以选择“覆盖”“仅传递新类型”或“取消”，如图19-52所示。

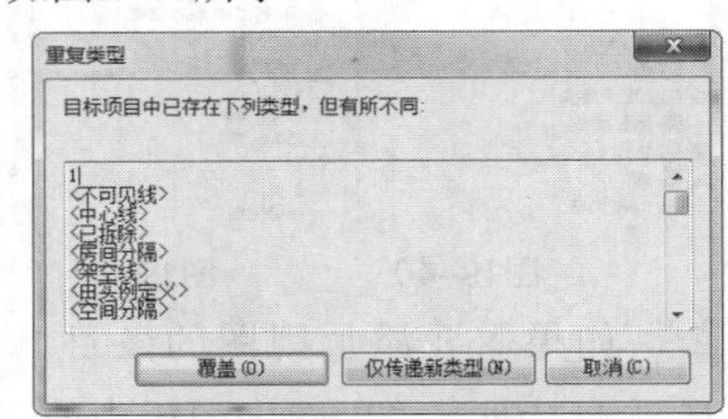

图19-52

第5步：单击“覆盖”按钮，完成项目样板的传递，可以观察墙体的显示样式已经发生了变化，如图19-53所示。

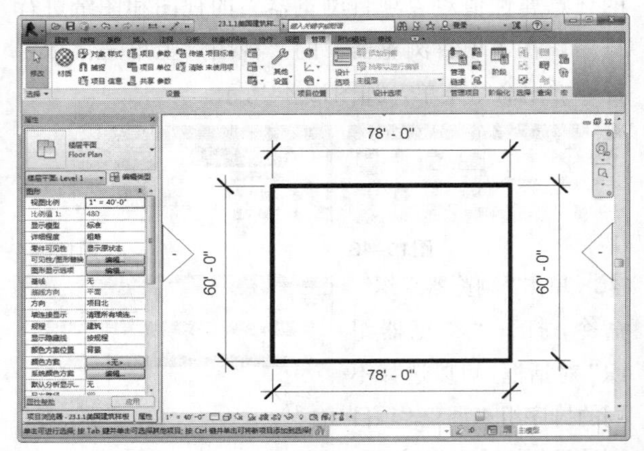

图19-53

第6步：单击标注族，在“属性”面板的下拉菜单中观察传递前与传递后的区别，传递后的“线性尺寸标注样式”中增加了练习项目的内容，如图19-54所示。

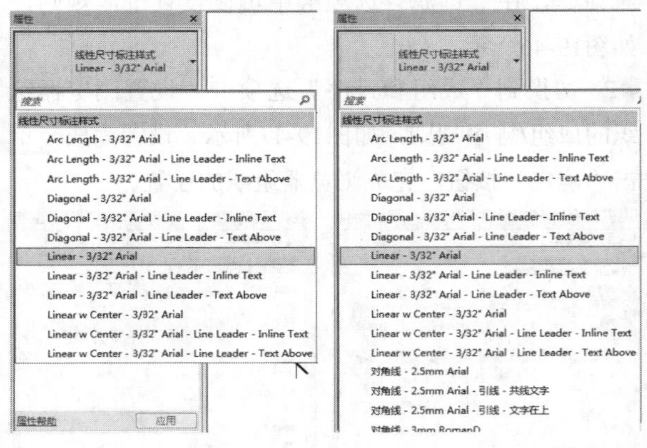

图19-54

19.5 本章总结

BIM近几年在国内发展迅速，但是仍处于探索实践阶段，很多设计单位掌握的BIM技术尚不成熟，大多停留在二维图纸翻建成三维模型的阶段，然而二维图纸仍然是国内必须满足的出图标准，因此还是需要满足国内的制图标准。这些内容大多可以通过项目样板进行设定，新建项目时可以直接调用。另外，条理清晰的视图样板还有利于快速切换图纸显示内容，便于团队中各专业的快速配合。因此，项目样板从多方面都大大提高了设计师的工作效率，一套根据自身特点设定完备的项目样板可以说是每个设计单位的BIM核心技术。

19.6 课后拓展练习：项目样板的修改

场景位置：场景文件>CH19>项目样板的修改.rte
视频位置：视频文件>CH19>03课后拓展练习：项目样板的修改.mp4
实用指数：★★★☆☆
技术掌握：项目样板的修改

Revit自带了建筑样板，各BIM设计单位也有自定义的项目样板，很多通用内容无须重新设置，直接在原有项目样板上进行修改，节省时间。本节演示对项目样板的修改方法。

01 启动Revit 2016，单击按钮，打开应用程序菜单，然后执行“打开>项目”菜单命令，在学习资源中找到“场景文件>CH19>项目样板的修改.rte”文件，单击“打开”按钮，打开项目文件。

02 在“项目浏览器”中切换到“立面-南”视图，修改“标高 1”为“1F”，修改“标高 2”为“2F”，如图19-55所示。

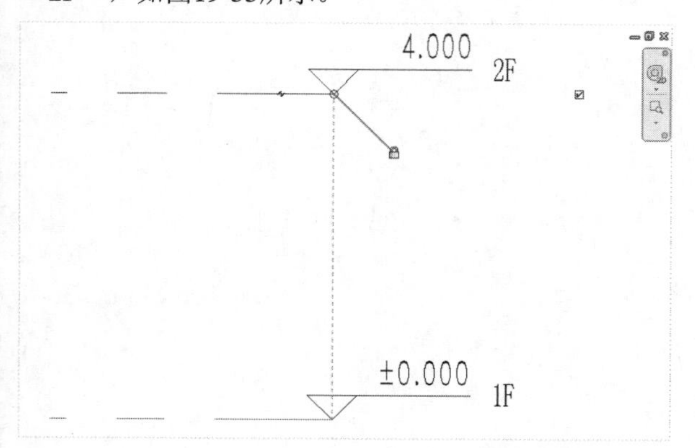

图19-55

03 在“项目浏览器”中切换到“楼层平面-1F”视图，绘制若干轴线组成轴网，如图19-56所示。

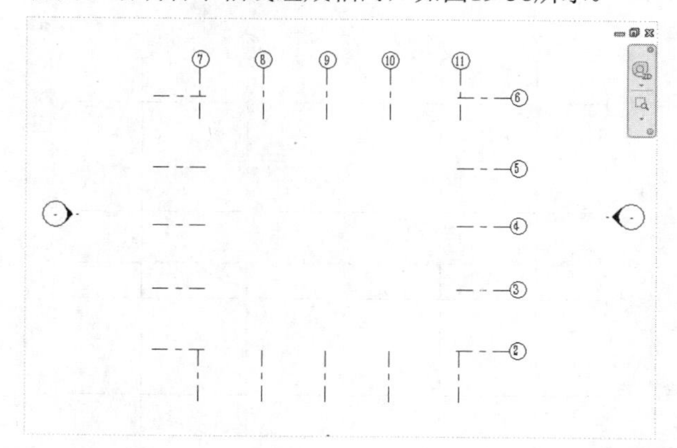

图19-56

04 选择任一轴线，在“属性”面板中单击“编辑类型”按钮，打开“类型属性”对话框，在“轴线中段”的下拉列表中选择“连续”，并勾选“平面视图轴号端点1（默认）”选项，如图19-57所示。

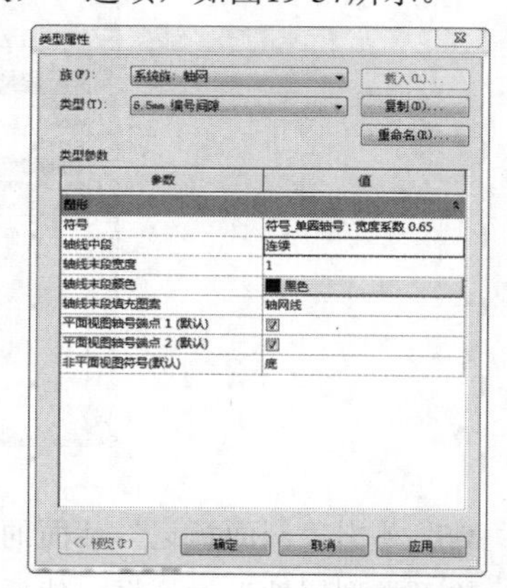

图19-57

05 单击“确定”按钮，完成轴网类型属性的修改，如图19-58所示。

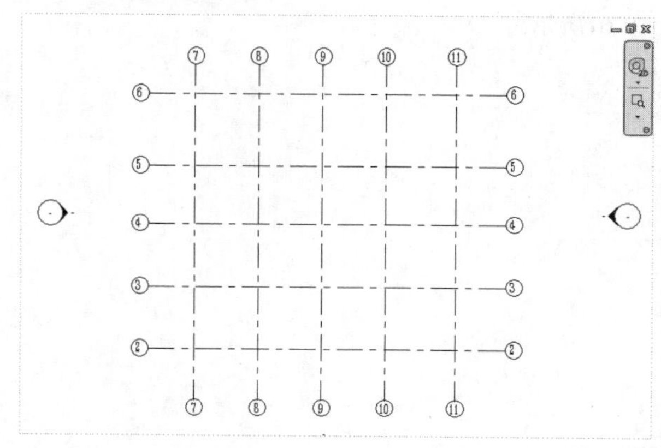

图19-58

06 切换到“视图”选项卡，单击“创建”面板中的“剖面”按钮，绘制一条剖面线，如图19-59所示。

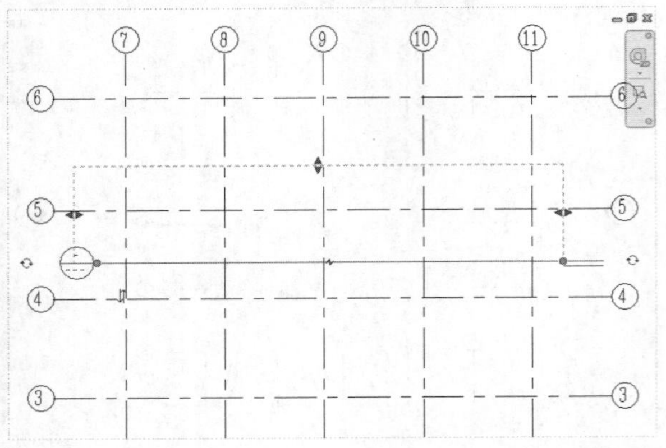

图19-59

07 选择该剖面线，在“属性”面板中单击“编辑类型”按钮，打开“类型属性”对话框，如图19-60所示。

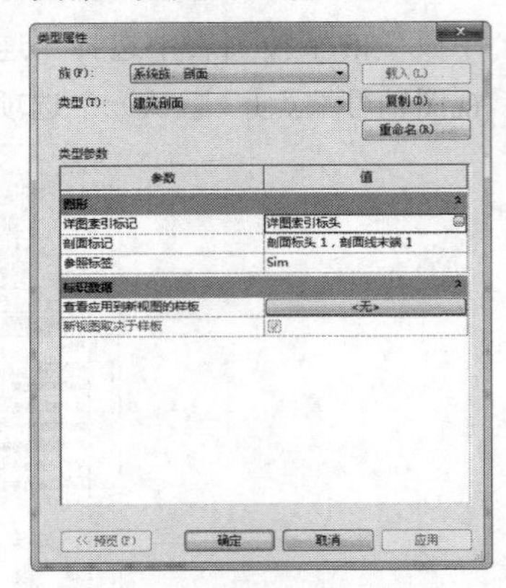

图19-60

08 单击“剖面标记”后面的按钮，进入剖面标记的“类型属性”对话框，然后在“剖面标头”后面的下拉列表中选择“剖面标头1”，在“剖面线末端”后面的下拉列表中选择“剖面标头1”，如图19-61所示。

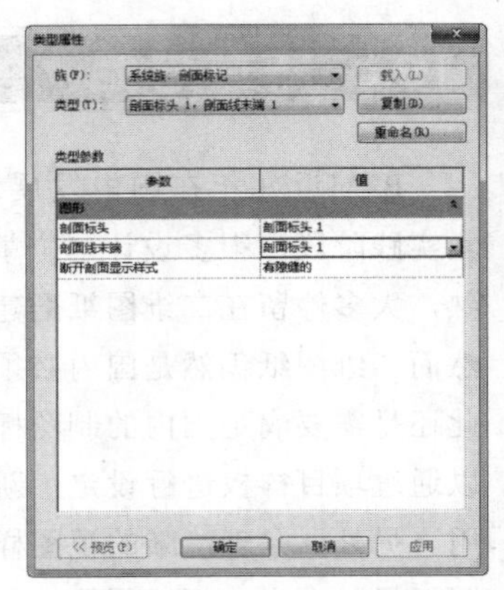

图19-61

09 单击“确定”按钮，完成剖面族类型属性的设置，如图19-62所示。

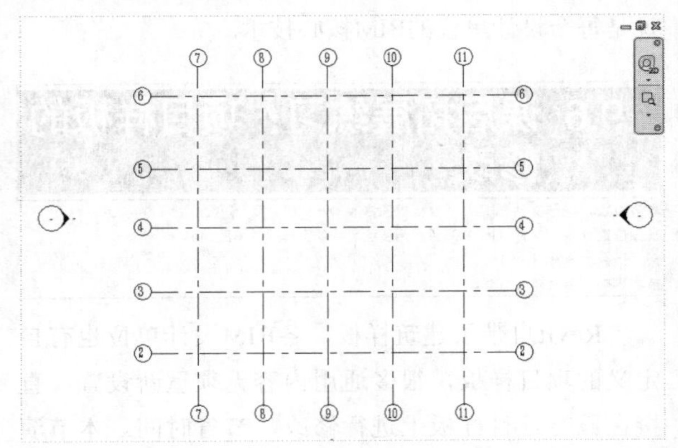

图19-62

10 单击按钮，打开应用程序菜单，执行“另存为>样板”菜单命令，在弹出的对话框中选择本地路径，另存为新的样板文件名，单击“保存”按钮，完成项目样板的修改。